经以济世
建设将来

贺教育印

刻技问项目

成王之能

李鹏林

教育部哲学社會科学研究重大課题攻關項目

中国海洋发展战略研究

RESEARCH ON MARINE
DEVELOPMENT STRATEGY IN CHINA

徐祥民 著

经济科学出版社
Economic Science Press

图书在版编目（CIP）数据

中国海洋发展战略研究/徐祥民著 . —北京：经济
科学出版社，2015.7
教育部哲学社会科学研究重大课题攻关项目
ISBN 978 - 7 - 5141 - 5907 - 3

Ⅰ. ①中…　Ⅱ. ①徐…　Ⅲ. ①海洋战略 - 研究 - 中国
Ⅳ. ①P74

中国版本图书馆 CIP 数据核字（2015）第 164485 号

责任编辑：刘　茜
责任校对：杨晓莹
责任印制：邱　天

中国海洋发展战略研究

徐祥民　著

经济科学出版社出版、发行　新华书店经销

社址：北京市海淀区阜成路甲 28 号　邮编：100142

总编部电话：010 - 88191217　发行部电话：010 - 88191522

网址：www. esp. com. cn

电子邮件：esp@ esp. com. cn

天猫网店：经济科学出版社旗舰店

网址：http: //jjkxcbs. tmall. com

北京季蜂印刷有限公司印装

787 × 1092　16 开　43 印张　820000 字

2015 年 9 月第 1 版　2015 年 9 月第 1 次印刷

ISBN 978 - 7 - 5141 - 5907 - 3　定价：108. 00 元

（图书出现印装问题，本社负责调换。电话：010 - 88191502）

（版权所有　侵权必究　举报电话：010 - 88191586

电子邮箱：dbts@ esp. com. cn）

编审委员会成员

主   任　孔和平　罗志荣

委   员　郭兆旭　吕　萍　唐俊南　安　远

　　　　　文远怀　张　虹　谢　锐　解　丹

　　　　　刘　茜

总　序

哲学社会科学是人们认识世界、改造世界的重要工具，是推动历史发展和社会进步的重要力量。哲学社会科学的研究能力和成果，是综合国力的重要组成部分，哲学社会科学的发展水平，体现着一个国家和民族的思维能力、精神状态和文明素质。一个民族要屹立于世界民族之林，不能没有哲学社会科学的熏陶和滋养；一个国家要在国际综合国力竞争中赢得优势，不能没有包括哲学社会科学在内的"软实力"的强大和支撑。

近年来，党和国家高度重视哲学社会科学的繁荣发展。江泽民同志多次强调哲学社会科学在建设中国特色社会主义事业中的重要作用，提出哲学社会科学与自然科学"四个同样重要"、"五个高度重视"、"两个不可替代"等重要思想论断。党的十六大以来，以胡锦涛同志为总书记的党中央始终坚持把哲学社会科学放在十分重要的战略位置，就繁荣发展哲学社会科学作出了一系列重大部署，采取了一系列重大举措。2004 年，中共中央下发《关于进一步繁荣发展哲学社会科学的意见》，明确了新世纪繁荣发展哲学社会科学的指导方针、总体目标和主要任务。党的十七大报告明确指出："繁荣发展哲学社会科学，推进学科体系、学术观点、科研方法创新，鼓励哲学社会科学界为党和人民事业发挥思想库作用，推动我国哲学社会科学优秀成果和优秀人才走向世界。"这是党中央在新的历史时期、新的历史阶段为全面建设小康社会，加快推进社会主义现代化建设，实现中华民族伟大复兴提出的重大战略目标和任务，为进一步繁荣发展哲学社会科学指明了方向，提供了根本保证和强大动力。

　　高校是我国哲学社会科学事业的主力军。改革开放以来，在党中央的坚强领导下，高校哲学社会科学抓住前所未有的发展机遇，紧紧围绕党和国家工作大局，坚持正确的政治方向，贯彻"双百"方针，以发展为主题，以改革为动力，以理论创新为主导，以方法创新为突破口，发扬理论联系实际学风，弘扬求真务实精神，立足创新、提高质量，高校哲学社会科学事业实现了跨越式发展，呈现空前繁荣的发展局面。广大高校哲学社会科学工作者以饱满的热情积极参与马克思主义理论研究和建设工程，大力推进具有中国特色、中国风格、中国气派的哲学社会科学学科体系和教材体系建设，为推进马克思主义中国化，推动理论创新，服务党和国家的政策决策，为弘扬优秀传统文化，培育民族精神，为培养社会主义合格建设者和可靠接班人，作出了不可磨灭的重要贡献。

　　自 2003 年始，教育部正式启动了哲学社会科学研究重大课题攻关项目计划。这是教育部促进高校哲学社会科学繁荣发展的一项重大举措，也是教育部实施"高校哲学社会科学繁荣计划"的一项重要内容。重大攻关项目采取招投标的组织方式，按照"公平竞争，择优立项，严格管理，铸造精品"的要求进行，每年评审立项约 40 个项目，每个项目资助 30 万 ~80 万元。项目研究实行首席专家负责制，鼓励跨学科、跨学校、跨地区的联合研究，鼓励吸收国内外专家共同参加课题组研究工作。几年来，重大攻关项目以解决国家经济建设和社会发展过程中具有前瞻性、战略性、全局性的重大理论和实际问题为主攻方向，以提升为党和政府咨询决策服务能力和推动哲学社会科学发展为战略目标，集合高校优秀研究团队和顶尖人才，团结协作，联合攻关，产出了一批标志性研究成果，壮大了科研人才队伍，有效提升了高校哲学社会科学整体实力。国务委员刘延东同志为此作出重要批示，指出重大攻关项目有效调动了各方面的积极性，产生了一批重要成果，影响广泛，成效显著；要总结经验，再接再厉，紧密服务国家需求，更好地优化资源，突出重点，多出精品，多出人才，为经济社会发展作出新的贡献。这个重要批示，既充分肯定了重大攻关项目取得的优异成绩，又对重大攻关项目提出了明确的指导意见和殷切希望。

　　作为教育部社科研究项目的重中之重，我们始终秉持以管理创新服务学术创新的理念，坚持科学管理、民主管理、依法管理，切实增强服务意识，不断创新管理模式，健全管理制度，加强对重大攻关项目的选题遴选、评审立项、组织开题、中期检查到最终成果鉴定的全过程管理，逐渐探索并形成一套成熟的、符合学术研究规律的管理办法，努力将重大攻关项目打造成学术精品工程。我们将项目最终成果汇编成"教育部哲学社会科学研究重大课题攻关项目成果文库"统一组织出版。经济科学出版社倾全社之力，精心组织编辑力量，努力铸造出版精品。国学大师季羡林先生欣然题词："经时济世　继往开来——贺教育部重大攻关项目成果出版"；欧阳中石先生题写了"教育部哲学社会科学研究重大课题攻关项目"的书名，充分体现了他们对繁荣发展高校哲学社会科学的深切勉励和由衷期望。

创新是哲学社会科学研究的灵魂，是推动高校哲学社会科学研究不断深化的不竭动力。我们正处在一个伟大的时代，建设有中国特色的哲学社会科学是历史的呼唤，时代的强音，是推进中国特色社会主义事业的迫切要求。我们要不断增强使命感和责任感，立足新实践，适应新要求，始终坚持以马克思主义为指导，深入贯彻落实科学发展观，以构建具有中国特色社会主义哲学社会科学为己任，振奋精神，开拓进取，以改革创新精神，大力推进高校哲学社会科学繁荣发展，为全面建设小康社会，构建社会主义和谐社会，促进社会主义文化大发展大繁荣贡献更大的力量。

教育部社会科学司

前 言

2000 年，严格说来是 1999 年的下半年，我有幸被位于中国最美丽的海滨城市——青岛的中国海洋大学（当时为青岛海洋大学）接纳。走进海洋大学这一步使我与海洋结下了不解之缘，使我所受的教育，包括法学的、历史学的和其他学科的教育越来越牢固地被海洋所吸附，也使我成了一个十足的半路出家的海洋人文社会科学研究者。主持作为教育部"人文社会科学重大攻关招标课题"首批课题之一的"中国海洋发展战略研究"（项目批准号：03JZD0024）是我真正投身海洋的开始。也正是由此开始，我从海洋科学和海洋人文社会科学的初级学习者渐渐变成一个敢于面对海洋人文社会科学前沿问题，并保持了"初生牛犊"气质的研究者。总之，我因为走进海洋大学而成为一个海洋人文社会科学研究者。

起初，战略对我来说是一个只能从《孙子兵法》、毛主席《论持久战》之类的作品中才能找到片段的对应知识的话题，海洋战略或海洋发展战略则基本上是出于对战略和海洋实施强行嫁接的模糊概念。"中国海洋发展战略研究"要求我把握战略的奇妙，了解作为发展战略之发展对象的海洋（后来我把它改为海洋事业）的丰富，探寻由战略推动的海洋事业的多彩。我感谢这个课题，对我来说一个伟大的世界。我充分感受了作为成年人获得新知识的快乐，深刻体验了在一个全新的领域发现真理的幸福。我把中国海洋事业发展战略清楚地置放于五千年文明史的延长线上和我们正经历着的那个远离殖民时代的海洋世纪的时代条件下；我给处于我的构思中的中国海洋事业发展战略找到了它无法回避的政策背景并注意到这个背景对构思中的中国海洋

事业发展战略的利弊；我认真理清了我国经济社会发展和民族情感等
对海洋事业的需求以及这类需求对中国海洋事业的积极的和消极的影
响，对中华民族长远利益、中国国家形象可能带来的正面的和负面的
作用；我对"海洋强国战略"说提出了坚决的否定，坚信"全面推进
海洋事业"的发展才是中国应当做出的战略选择；我给国家海洋事业
发展战略规定的实施"时空"是折射出中华民族悠久历史的长远的未
来，而不是用于处置由眼前的"保钓"、美国"重返亚太"提出的任
务的作坊；我把产业倾向的海洋发展战略，曾经也是我所接受的战略，
调整为与国家经济发展战略相一致且又有中华文明气息散布于其间的
国家海洋战略……在我总结这些想法、设计、主张时，我强烈地意识
到：我和中国海洋战略这个研究课题一起成长。

　　中国国大人众，即使像我这样的法学教育工作者也早已习惯了把
国事交给政治家。对于国家海洋事业，以往我是旁观者，而且是看不
出"门道"的旁观者。现在，海洋战略这个本质上属于政治家的议题
已不容我再寻找"不知者不为过"的借口。不仅对国家海洋事业的发
展不能有所作为即"为过"，而且"不知"亦为"过"。今天，我已
经有所"知"，虽然还不足以避"过"；我也已经有所"为"，具体来
说是有所"言"，虽然未必"言"之成理。不管是以往的"知"和
"言"，还是对我构思的中国海洋战略与国家实践之间可能发生的联系
的期待，都注定了一个前景：我与中国海洋事业一起进步。

摘　要

本书是在明确区分国家战略、国家战略之部门战略和作为行业全局性规划的战略的前提下致力于探讨国家战略层面的中国海洋战略的专门著作；是在系统总结自新中国成立以来的国家海洋政策，深刻总结经验、吸取教训的基础上选择我国海洋战略的精心之作；是在全面考察包括中国的陆地疆域及其赋存、贫瘠又残破的管辖海域等自然基础，我国出洋通道的"通行"状况、我国面临的海洋划界任务和岛屿主权争端等国际环境之后为国家寻求恰当的海洋战略的务实之作；是在发现了人类生存环境已经发生了"从殖民时代到海洋国土化时代"、"从隔绝的世界到连通的世界"、"从干净的世界到环境污染严重的世界"等翻天覆地的变化之后设计国家海洋战略的冷静之作。本书指出"海权论"中的海洋强国的实质是海洋霸权国家，"海洋强国战略"对我国是一个弊大于利的口号；认为我国应当做出的战略选择是"全面推进海洋事业"。这个战略涉及海洋经济、海洋军事、海洋政治、海洋管理、海洋科技、海洋环保、海洋法制、海洋社会、海洋文化等事业。它既是国家经济社会发展总战略的组成部分，又是三十年"开放"战略的自然延伸，是和平发展战略。

Abstract

On the basis of making clear distinction among national strategy, department strategy and the strategy of marine industry overall planning, the book is devoted to explore the marine strategy in the level of national strategy. The book systematically summarizes the national marine policy since the establishment of PRC in 1949 and selects the national marine strategy with lessons learned from the past experience. After the research on the natural basis such as China's land territory and its occurrence and the impoverished sea area under national jurisdiction, the status of the channels to ocean, the maritime delimitation and dispute over island sovereignty confronted by our country, the book intends to search for the practical and appropriate marine strategy. Besides, when realizing the radical change of the world "from colonial era to ocean territory era", "from the isolated world to the connected world", "from the clean world to the heavily polluted world", the book aims to design the national marine strategy. In the book, we think the sea power in the "Sea Power Theory" is in essence the marine hegemony country and the disadvantage of "Sea Power Strategy" outweighs the advantage, so instead, "the strategy of comprehensively promoting marine development" is the right strategy we should choose. This strategy involves such aspects as marine economy, marine military affairs, marine policy, marine management, marine technology, marine environmental protection, marine legal system, marine society, marine culture and etc. It is the strategy composing the national overall strategy of economic and social development, the natural extension of the "Opening-up" strategy in the past 30 years and the strategy of peaceful development.

1

目 录

Contents

Contents

3

第一章

制定中国海洋战略的自然基础

我们所做的是关于制定或调整我国海洋战略的思考。这个思考的基本依据之一是中国的海情和陆情。这是制定或调整我国海洋战略的自然基础。毫无疑问，脱离海情、陆情这个自然基础的海洋战略，不管标注为哪个国家的战略，都只能是纸上谈兵，或者是闭门造车。

作为中国学者，尤其是研究中国发展战略的学者，不能说不了解中国的陆情和海情，因为了解中国的陆情和海情是研究中国发展战略（也包括中国海洋战略）的基础。但从以往的海洋战略研究的状况来看，我们似乎需要提醒自己，自觉地把自己的研究同中国陆情、海情结合起来，把自己对中国海洋战略的研究建立在对中国陆情的全面把握的基础上。中国海洋战略研究的任务绝不仅仅是回答如何发展海洋事业的问题，而是要给作为中国发展战略构成要素的海洋战略设计一个有所依有所托的系统答卷。海洋战略只有成为国家发展战略的构成成分，才能真正上升到"国家战略"①的高度，从而才具有战略的意义。

第一节　中国的陆地疆域及其赋存

中国人向来以中国"地大物博"自喻。陆地国土面积 960 万平方公里曾经

---

① 几年前就有学者建议把"建设海洋强国列入国家战略"（参见杨金森：《中国海洋战略研究文集》，海洋出版社 2006 年版，第 281~293 页）。

是一代又一代人引以为骄傲的庞大数字，而这个数字所描述的国土上的物产丰富也绝无愧色地支撑着中华儿女的民族自豪感。我们是这块土地的儿女，是这方水土养育的精灵，为了这份荣耀我们需要更多地了解自己的家园；为了谋划我国的海洋战略，我们需要数一数自己的"家当"。在细心地数过自己的这份"家当"之后，我们发现，其实正是因为家底并不太厚，"余钱剩米"并不多才要求我们"勤俭持家"，做类似节流与开源并举的战略安排。

一、海洋战略思考不能忽视陆地

以往绝大多数的海洋战略、海洋发展战略思考都是直接关于海洋事务的思考，是立足于海洋的思考。这样的思考，如果没有忽略了陆地，而是在充分考虑了陆地的基础上，在对陆地信息做了"置而不论"，或"知而不述"的处理之后展开的，应当受到赞赏。如果认为海洋战略只是海洋事业发展战略，对这样的战略的思考或规划不应涉及陆地，或不应太多地受陆地事务、情况等的"拖累"，甚至应避免受困于可能远比海洋信息更丰富的陆地信息，那么，这样的海洋战略思考一定是不成功的。

美国军事理论家、曾两度担任美国海军学院院长的马汉，在一百多年前把"影响一个国家海上实力[1]的主要因素"归结为六点，其中包括"地理位置"和"领土范围"。[2] 虽然这两者都是"原因"，但它们也是做战略规划的人们所不能忽视的。马汉谈道，"如果一个国家处于这样一个位置上，即既用不着被迫在陆地上奋起自卫，也不会被引诱通过陆地进行领土扩张，那么，由于其面向大海的目的的单一性，与一个其四周边界皆为大陆的民族相比，它就具备了一种优势。"[3] 他做如此假设的目的意在说明这样的国家具备"提升""海上军事力量"的"优势"，但他也无意中揭示了这样的道理，即陆地情形对国家战略具有决定作用，至少具有明显的影响力。在具备他所假设的那样的地理条件的国家，由于存在"被迫在陆地上奋起自卫"的需要，便不会把更多的国家力量投放到海上。[4] 美国学者罗伯特·阿特为美国设计了一个"外交政策目标加军事战略"的"选择性干预"大战略，其前提性判断是"美国是目前世界上最强大的行为体，

---

① 对马汉的《海权论》本书作者有系统的阐述（参见本书第九章）。这里的"海上实力"只是沿用学界的习惯说法。

②③ ［美］阿尔弗雷德·塞耶·马汉：《海权论》，中国言实出版社1997年版，第29页。

④ 尽管这种战略选择可能是个错误，或许也就是马汉所批评的做法，但这种选择却是任何一个处于这种状态下的国家所无法拒绝的，因为存亡的问题总比强弱的问题更为重要。

而且在未来几十年里依然会维持其超级大国的地位"。① 也就是说，他的大战略设计是以其对美国基本国情，包括美国的国际地位的全面了解和清晰判断为前提的。

如果说罗伯特·阿特为美国设计的"大战略"主要是军事战略，而他是明确地把他的军事战略建立在对美国国情的全面了解的基础之上的，那么，我们注意到，马汉则是明确地把海权思想、海权主张当成国家战略的重要组成部分，甚至是国家战略的核心。从他的海权论中我们能够得到的最大的教益是：海权是国家战略的组成部分；而不是相反，国家战略是海权的组成部分；是海权服务于国家战略，而不是国家战略服务于海权。让我们重温一下马汉的若干论述，他的著名的著作《海权论》开篇便称：

"即使不能说全部至少也是在很大程度上，我们可以认为，海权的历史乃是关于国家之间的竞争、相互间的敌意以及那种频繁地在战争中达到顶峰的暴力的一种叙述。"②

这段话可以说是对海权的毫无保留的讴歌，但是，马汉对海权的好感，对海权的重要性的充分肯定和热情讴歌无法改变这样一个事实，即"海权"服务于国家战略。在这短短的一句话中包含两个认识对象，一个是"国家之间的竞争、相互间的敌意以及那种频繁地在战争中达到顶峰的暴力"，另一个是"海权"，而这句话所表达的作者的思想是关于这两个认识对象之间关系的一个判断，即后者是对前者的"叙述"。尽管海权是那样值得称颂，尽管海权可以"在很大程度上"决定"国家之间的竞争"的胜败，但在这两者之间，毕竟是海权服务于"国家之间的竞争"，"海权""叙述""国家之间的竞争"的历史，而不是相反。按照目前研究者们的表达，如果存在一种"海权战略"，那么这种战略一定是远比海权更丰富的"国家之间的竞争、相互间的敌意以及那种频繁地在战争中达到顶峰的暴力"等的国家战略的组成部分，一定是服务于整体的国家战略的一种战略安排。马汉接着说："海上商业对于国家的财富及其实力的深远影响，早在这些千真万确的原则昭然于天下之前，就已被洞察秋毫，而正是这些原则指导着其增长与繁荣。为了使本国民众所获得的好处超越寻常的份额，有必要竭尽全力排斥掉其他竞争者：要么通过垄断或强制性条令的和平立法手段，要么，在这些手段不能奏效时，诉诸直接的暴力方式。"③ 这里更为关键，也是更具有目的的价值的是"国家的财富及其实力"。国家的基本战略目标是"国家的财富"、"实力"，是赢得"国家的财富"、"实力"的"海上商业"，是"国家的财富"、"实

① ［美］罗伯特·阿特：《美国大战略》，北京大学出版社 2005 年版，第 1 页。
②③ ［美］阿尔弗雷德·塞耶·马汉：《海权论》，中国言实出版社 1997 年版，第 2 页。

力"、"海上商业"的"增长与繁荣"。更具体一点说就是"使本国民众所获得的好处超越寻常的份额"。至于"排斥掉其他竞争者",不管是用"和平立法手段",还是用"诉诸直接的暴力方式",那都是工具性的,都是实现战略目标的手段,是实现国家总的战略目标的战略部署。

马汉笔下的海权,今天我们面对的海洋战略或者海洋发展战略这个选题,说到底都是国家战略的组成部分,都只有在成为国家战略的有机组成部分时才能发挥指导国家战略选择的意义,才具有战略研究的价值。而要使我们所规划、设计的海洋战略具备融入国家战略之中的条件,必须把我们的设计建立在对国家整体,而不是局部的了解的基础之上。我们的设计越是贴近国情,其合理性便越强,与国家应当选择的国家战略的距离便越接近。"贴近"国情的任务,对于研究海洋战略的人来说,主要在于了解陆情,因为海洋研究专家们往往都是对海洋的了解多于对陆地的了解,甚至由于专心深入研究海洋而忽略陆地。

战略研究者在对海洋、陆地等国情充分了解的前提下可以选择以海兴国的战略,也可以选择陆地自强战略。这是两种不同的国家战略,这两种战略包含对海洋的两种不同的态度。对海洋的不同态度可以产生不同的国家战略,同时,自然会造成不同的两种海洋战略。海洋兴国战略把海洋当成国家兴盛的必由出路,对海洋的这种态度可能创生海洋霸权战略、海运通道战略等。陆地自强战略不认为海洋对国家的兴衰有太大作用,在对海洋的这种态度的影响下,国家的海洋战略选择可能是闭关锁国战略、仅收取鱼盐之利战略等。在这个意义上,所谓海洋战略首先需要解决的是如何对待海洋的问题,是在国家发展战略中对海洋如何定位的问题。[①]

二、既广阔又不足的陆地国土

法国学者谢和耐在其所著《中国社会史》中有对"中国的地域和居民"的专门概括。他说:

"中国的社会史涉及了一片非常辽阔的地域……它们从西伯利亚延伸到赤道,从太平洋沿岸一直到达欧亚大陆的腹地。这样辽阔的地域在地理背景中具有

---

① 高之国先生明确地把海洋事业发展战略置于中国国家战略的整体之中。他曾这样谈道:"我国已经决定实施西部大开发战略,加快中西部地区的发展……西部开发是我国 21 世纪初叶国家发展的一项重大战略决策和举措,是一项中期发展战略。同时,应考虑和研究……东部海洋战略。东部的大海洋战略可以作为西部大开发的接替战略,是一项长期发展战略。"他认为,"中国在 21 世纪的发展,应该是东、西两翼的发展战略。"(参见高之国:《关于 21 世纪我国海洋发展战略的新思维》,载王曙光:《海洋开发战略研究》,海洋出版社 2004 年版,第 29 ~ 33 页)

一种很大的差异性和一种综合性的结构……这就是大陆整体性的群山特征，在西南由于神奇的特大群山和辽阔高原的衬托而更加突出了，它们是由自兴都库什到印度支那半岛和喜马拉雅山麓的起伏地带以圆弧状形成的；辽阔的草原（更确切地说是牧场）被沙漠分隔开了，而沙漠戈壁又覆盖了包括西伯利亚森林和华北耕作区之间的辽阔地带；由大河大江的冲击层形成的肥沃平原（……松花江和辽河盆地、覆盖了 30 万平方公里的华北中央大平原、长江中下游平原、广州地区的平原、越南的红河盆地和印度支那半岛上的其他冲击层平原……）；从阿穆尔河（Amour，黑龙江）入海口到马来半岛所延伸的漫长海岸线、从日本群岛直到地域更加辽阔的印度尼西亚岛屿（菲律宾、婆罗洲、苏拉威西、印度尼西亚和苏门答腊）存在着延绵不断的一大串大大小小的岛屿……中国既是西伯利亚式的严寒和隆冬地区，又是赤道带的潮湿和闷热地区。"[①]

这虽然是从社会史的角度对中国地域的描述，而且被描述的地域"远不是完全相同的"，[②] 即在历史上的各个时期是不完全相同的，但它也在一定程度上说明了中国地域的广阔。

然而，如此广阔的地域，在今天，却并不总是能够给我们带来自豪感——那种在小学阶段、中学阶段时常在心头泛起的豪迈、气壮山河、信心十足、站在泰山之巅"一览众山小"的感觉。这是因为另外一些数字足以抵消由地大物博带给我们的喜悦。有统计资料告诉我们，我国"人均占有陆地面积仅 0.008 平方公里，远低于世界平均 0.3 平方公里的水平……全国多年平均淡水资源总量为 28 000 亿立方米，居世界第六位，但人均占有量为世界平均水平的 1/4。矿产资源总量丰富，潜在资源价值居世界第三位，但人均占有量不到世界的一半，居世界第 18 位。据对 45 种主要矿产（占矿产消耗量的 90% 以上）对国民经济保障程度分析……进入 21 世纪……有 1/2 不能满足需要，矿产资源将出现全面紧缺，有些资源还会面临枯竭的局面。"[③] 尽管这已经是 1996 年的数字，但它们却足以说明问题，因为在经过了十多年之后，这些数字所反映的问题只会比那时更加严重。毫无疑问，"人均占有量"会随着人口的增长而变小，而 1996 年以来的中国人口一直在增长。尽管有些估计可能不够精确，因为对"资源总量"的估计会受勘探技术等的影响，而勘探技术会随着我国整体科技水平的提高而提高，会跟随西方发达国家科学技术的进步而提高，但是，发现毕竟不能代替赋存，再先进的勘探技术也无法"无中生有"。

---

① ［法］谢和耐：《中国社会史》，江苏人民出版社 1995 年版，第 2～3 页。
② ［法］谢和耐：《中国社会史》，江苏人民出版社 1995 年版，第 2 页。
③ 国家海洋局：《中国海洋 21 世纪议程》第一章第五节。

三、基于我国陆地资源不足之判断的战略选择

近代以来的人类发展历史，尤其是后来被称为发展中国家的发展历史，都可以概括为资源依赖型发展的历史。中国，作为一个发展中的大国，从总体上看，在很长的一个历史时期内不能摆脱资源依赖型的发展模式。而我国陆地蕴藏资源短缺的情况决定了，依赖这些资源是难以寻求大的发展的。这就是我国的陆情，这就是让我们的自豪感大打折扣的关键因素。

面对这样的陆情，我们怎样选择国家的发展战略？

第一，选择的前提。当前中国的基本战略是发展。1978 年 12 月 22 日发布的《中国共产党第十一届中央委员会第三次全体会议公报》宣布："全会决定……全党工作的着重点应该从 1979 年转移到社会主义现代化建设上来。"[①] 这既是一个庄严的承诺，也是一个战略性的决策，是由此以来的全部中国战略安排的基础，也是后来的中国发展战略的核心。1979 年的"四中全会"重申了"三中全会"的承诺，明确宣布中国共产党在当时的"任务"就是"团结全国各族人民，调动一切积极因素，同心同德，鼓足干劲，力争上游，多快好省地建设现代化的社会主义强国。"[②] 1981 年，中国共产党发布的历史性文件——《关于建国以来党的若干历史问题的决议》（以下简称《决议》）进一步肯定了"三中全会"确定的基本方针——发展经济，建设现代化国家。《决议》指出："我们党在新的历史时期的奋斗目标，就是要把我们的国家，逐步建设成为具有现代农业、现代工业、现代国防和现代科学技术的，具有高度民主和高度文明的社会主义强国。"[③] 中国共产党的这些决议已经变成了党和国家行动的指南，变成了国家发展战略安排的基本指导原则。党的"十二大"把这个指导原则变成了经济和社会发展的具体指标——从 1981 年到 20 世纪末的 20 年，我国经济建设总的奋斗目标是，在不断提高经济效益的前提下，力争使全国工农业的年总产值翻两番，即由 1980 年的 7 100 亿元增加到 2000 年的 28 000 亿元左右。[④]

---

① 《中国共产党第十一届中央委员会第三次全体会议公报》，载中共中央文献研究室：《三中全会以来重要文献选编》，人民出版社 1982 年版，第 1 页。

② 《中国共产党第十一届中央委员会第四次全体会议公报》，载中共中央文献研究室：《三中全会以来重要文献选编》，人民出版社 1982 年版，第 206 页。

③ 《中国共产党中央委员会关于建国以来党的若干历史问题的决议》，人民出版社 1991 年版，第 52 页。

④ 胡耀邦：《全面开创社会主义现代化建设的新局面》，人民出版社 1982 年版，第 9 页。

这就是通常所说的"小康目标"。①

如果说"三中全会"以来的中国实施着某种国家战略，那么这个战略无疑可以概括为发展战略，或者叫经济社会发展战略。②

全国人民代表大会和国务院最近 30 年的工作的确是贯彻了中国共产党确立的新时期建设的方针，也在持续实施着那个被我们称为经济社会发展战略的治国方略。以下是几个事例：

1988 年，李鹏总理在第七届全国人大第一次会议上的《政府工作报告》对过去五年的工作所做的总结第一项就是"国民经济实力继续得到显著增强"。其主要标志是"国民生产总值 1987 年达到 10 920 亿元，按可比价格计算平均每年增长 11.1% ……国民收入 1987 年达到 9 153 亿元，按可比价格计算平均每年增长 10.7%。国内财政收入 1987 年达到 2 243.6 亿元，平均每年增长 12.9% ；……粮、棉、钢、煤、电、石油、化肥、水泥、化纤、纱、布等主要产品的产量，以及交通运输量，都有较大幅度的增长"。③ 这不能不说是积极贯彻经济发展战略所取得的成就。这次的《政府工作报告》对自 1988 年起的"今后五年建设和改革的目标、方针和任务"做了如下规定：

"在这五年里，我们要加快和深化改革，推动生产力发展，实现第七个五年计划，制定和实行第八个五年计划。到 1992 年，力争在不断提高经济效益的基础上，使国民生产总值达到 15 500 亿元左右，平均每年增长 7.5% 左右。"④ 这不能不说是一个雄心勃勃的计划。按照《报告》的分析，"实现了这个目标，我国国民生产总值将比 1980 年增长 1.7 倍，这样就可以为在本世纪末实现国民生产总值翻两番、人民生活达到小康水平打下牢固的基础。"⑤

再让我们看一看"十五"规划执行的情况和"十一五"规划。温家宝总理在第十届全国人民代表大会第四次会议上所做的《政府工作报告》报告了"十五"期间取得的成就：

"2005 年与 2000 年相比，国内生产总值增长 57.3% ，年均增长 9.5% ；财政收入增长 1.36 倍，年均增加 3 647 亿元。农业特别是粮食生产出现重要转机，

---

① 胡耀邦同志说："实现了这个目标，我国国民收入总额和主要工农业产品的产量将居于世界前列，整个国民经济的现代化程度将取得重大进展，城乡人民的收入将成倍增长，人民的物质文化生活可以达到小康水平。"（参见胡耀邦：《全面开创社会主义现代化建设的新局面》，人民出版社 1982 年版，第 9～10 页）

② 邓小平同志称它为"一条一心一意搞建设的新路"［参见《邓小平文选》（第三卷），人民出版社 1993 年版，第 11 页］。

③ 李鹏：《在第七届全国人民代表大会第一次会议上的政府工作报告》，人民出版社 1988 年版，第 2 页。

④⑤ 李鹏：《在第七届全国人民代表大会第一次会议上的政府工作报告》，人民出版社 1988 年版，第 16 页。

主要工业产品产量大幅度增长，高技术产业快速发展，基础产业和基础设施建设成就斐然，在水利、能源、交通、通讯等领域建成或新开工一大批重大工程。经济社会信息化程度迅速提高。"

"五年来，人民生活明显改善。城镇居民人均可支配收入和农村居民人均纯收入，分别实际增长 58.3% 和 29.2%。城镇新增就业 4 200 万人。住房、通讯、汽车和服务消费大幅度增加。科技、教育、文化、卫生、体育等社会事业加快发展。"[①]

没有大发展，哪有这般的大成就？没有对经济社会发展战略的坚定不移的贯彻实施，哪有如此巨大的建设成就？那么，这次的人代会又确立了或者说批准了怎样的发展目标呢？可以概括为一个数字："国内生产总值年均增长 7.5%"。这个数字意味着超过"2010 年人均国内生产总值比 2000 年翻一番"[②] 的目标。

第二，我们应当怎样发展。也就是说，在明确我国陆情的前提下，在一个资源依赖型的发展模式之下，我们应当怎样解决资源不足与远大的发展目标之间的矛盾？发展是确定无疑的，而且发展目标是规模宏大的，从而资源消耗，包括自然资源消耗，社会发展空间条件、容纳发展"副产品"的能力资源等的消耗是巨大的。在这个确定无疑的目标和难以改变的发展模式面前，我们能够做出的唯一选择是到陆地之外寻找资源。

我们说海洋战略就是海洋在国家战略中的定位，海洋战略的内容决定于在国家战略中如何对待海洋。那么，在我国的发展战略中，海洋可以扮演什么样的角色呢？按照我们对国家发展战略与中国陆情关系的分析，海洋在我国发展战略中应当发挥弥补陆地资源不足的作用。在我国总体发展战略下，假如可以叫做如前所述的经济社会发展战略，海洋战略应当就是海洋资源开发战略。[③]

《中国海洋 21 世纪议程》（以下简称《海洋议程》）正是选择了这样的战略，至少是把这样的选择当成海洋战略的重要内容。《海洋议程》在指出我国陆地资源不足的情况之后这样写道：

"要保障国民经济持续、快速、健康的发展，现有陆地资源开发形势将更加

---

① 温家宝：《在第十届全国人民代表大会第四次会议上的政府工作报告》，人民出版社 2006 年版，第 42~43 页。

② 温家宝：《在第十届全国人民代表大会第四次会议上的政府工作报告》，人民出版社 2006 年版，第 44~45 页。

③ 因陆地资源不足而向海洋寻求发展的先例是韩国。韩国学者洪成勇（韩国海洋研究与发展协会海洋工业和政策分会会长）指出："陆地面积及其自然资源的缺乏激励着韩国重视海洋政策。1991 年，朝鲜半岛南部 45% 的土地（即 99 299 平方公里）上，居住着 4 327 万人口，根据等距离原则划分的中央线，属于南韩管辖范围的沿海地区面积大约为 447 000 平方公里，由于其中大约有 26% 的面积是低地和旷野，所以这些沿海地区面积比可耕地面积大 17 倍。如此高的人口密度（436 人/平方公里），贫乏的陆地自然资源以及经济发展的压力，使得对管辖海域的沿海地区内的生物资源的有效管理和非生命资源的有效开发利用迫在眉睫。"（参见 [韩] 洪成勇：《韩国的海洋政策》，载《太平洋学报》1996 年第 3 期，第 49 页）

严峻。然而海洋中有丰富的多种资源，有可能提供巨量财富：①中国海岸线长度、大陆架面积、200 海里水域面积，在世界上排在第 10 位以内，在全球范围处于优势资源；②港湾资源和出海通道是国家战略资源，利用优良港湾建设港口，保护和开辟更多的出海通道，利用全球航道发展对外经济联系，具有重要战略意义；③中国海域已记录海洋生物 20 278 种，30 米等深线以浅海域面积约 1.3 亿公顷，利用浅海发展增养殖业，建设海洋牧场，可以形成具有战略意义的食品资源基地；④海盐占全国原盐产量的 70% 以上，海上油田可以成为油气田的战略接替区，海水直接利用有可能代替沿海地区 70% 以上的工业用水，这些都是行业性的战略资源。"

《海洋议程》得出这个结论的逻辑过程非常简单：发展需要更多的资源，陆地无法提供发展所需要的资源，而海洋里蕴藏着丰富的资源，所以，为了解决发展所需要的资源问题，国家应当开发利用海洋资源。这是《海洋议程》的结论，也是我们基于对发展与资源供给关系、陆地资源赋存状况的分析所期待的合乎逻辑的结论。

然而，它却又是一个值得质疑的结论。

第二节　对中国海情的基本判断

"中国是一个海洋大国"，这是许多研究者、政治家对我国海洋的异口同声的判断。[1] 做出这样坚定判断的基本依据大概是我国拥有 300 万平方公里的可主张管辖海域。《海洋议程》为了说明国家"有必要把眼光转向海洋"，[2] 指出我国管辖海域在资源赋存和提供财富方面的四大优势。这些优势都是弥补陆地不足的"长处"，但这种长处其实只是加法运算获得的加数的绝对值。我们不能把中国海洋发展战略建立在这些数字的基础之上，因为它们远不能说明海洋对于中国，尤其是对于 21 世纪的中国的战略价值。

我们可以相信中国是一个海洋大国，因为根据联合国海洋法公约的规定，我国可主张的管辖海域面积达到约 300 万平方公里。这么广阔的管辖海域，在全世界排名是比较靠前的。[3] 另外，诚如《海洋议程》所说，在我国管辖海域内还存

---

① 参见杨金森：《把握海洋开发新形势，推动我国海洋事业发展》，载王曙光：《海洋开发战略研究》，海洋出版社 2004 年版，第 13～18 页。

② 国家海洋局：《中国海洋 21 世纪议程》第一章第五节。

③ 《中国海洋 21 世纪议程》的判断是在世界排第 10 位（参见国家海洋局：《中国海洋 21 世纪议程》第一章第五节）。

在港湾资源和航道资源优势、渔业资源优势、矿产资源优势，这些也都是大自然赋予中国的优势资源，难得的天然条件。但是，我们还需要冷静地对待这300万平方公里海域和存在于其中的优势。

如果说我们的陆地国土是既广阔又不足的，那么，我们的广大的管辖海域却是既贫瘠又残破。

一、对管辖海域战略价值的计算用除法更精确

把300万平方公里这个数字与960万平方公里放在一起，我们会有宝藏突现的感觉。因为300万平方公里约等于我国陆地面积的1/3。如果把管辖海域称为蓝色国土，那么，有这300万平方公里意味着增加了相当于陆地国土总面积1/3的国土面积。这样一个巨大数字的增加，对于已经感觉到陆地资源不足的中国政府和人民来说，无疑是一个巨大的资源发现。然而，这样的加法运算所得只是一个中立的数字，一个没有价值内涵的数字，一个其自身既不能说明足，也不能说明不足的数字。要赋予这些数字以意义，还需要把它们与关心这些数字的人们联系起来，与人们对这些数字的冀望联系起来。或许除法更能反映这些数字与人们需求之间的关系。

学者们早已发现，"海洋是人类赖以生存的地球上的最大水体地理单元"，其"面积为3.61亿平方公里，约占地球表面积的71%"。[1]《联合国海洋法公约》（United Nations Convention on the Law of the Sea，以下简称《海洋法公约》）的实施把这3.61亿平方公里的海洋在法律上分成了两部分，一部分是公海，另一部分是国家管辖海域。据专家计算，国家管辖海域约占全球海洋的1/3。[2]"约占地球表面积的71%"的海洋的面积数被3除，商是1.2033亿平方公里。算式如下：

算式一：$3.61 \div 3 = 1.2033$

其中的商是国家管辖海域面积。

我国管辖海域300万平方公里（0.03亿平方公里）在整个国家管辖面积中又占多大比重呢？再来看第二个算式：

---

[1] 高之国：《关于21世纪我国海洋发展战略的新思维》，载王曙光：《海洋开发战略研究》，海洋出版社2004年版，第29~33页。

[2] 于宜法、王殿昌等：《中国海洋事业发展政策研究》，中国海洋大学出版社2008年版，《前言》第1页。由于目前并非每个国家都宣布专属经济区或专属渔区，公海的实际范围取决于各毗邻沿海国的实践。对于已宣布建立专属经济区或专属渔区的国家来说，只有专属经济区或专属渔区以外的海域才是公海，公海的范围明显缩小；而对于尚未宣布建立专属经济区或专属渔区的国家来说，其领海以外便是公海。若全世界各沿海国都宣布建立200海里专属经济区或专属渔区，公海的面积将缩小36.5%左右。

算式二：0. 03 ÷ 1. 2033 ≈ 0. 024946

这个结果是，我国管辖海域面积在全部国家管辖海域面积中只占很小的一部分，即 2. 4946%（为了讨论的便利，我们在小数点后保留一位数，即约为 2. 5%）。

300 万平方公里，一个天文数字，一旦把它放在世界这个称量器上去称量，它似乎立即缩水了。2. 5%，一个很小的比例数，一个微不足道的比重。

如果我们已经失望了，那么，让我们继续使用这神秘的除法。到 2020 年预计世界人口将达到 80 亿人，[①] 我国人口将突破 16 亿人。这是一个按照我国人口在世界总人口数中的比重变小的趋势而得出来的数字。[②] 让我们看看这个人口数与管辖海域面积之间的关系：

算式三：1. 2033 ÷ 80 = 0. 01504125

这个商，1 504 125 平方公里，是每一亿人口的平均国家管辖海域面积，人均国家管辖海域面积为 0. 015 平方公里。

算式四：0. 0300 ÷ 16 = 0. 001875

0. 001875 亿平方公里是我国每一亿人口的平均国家管辖海域面积，人均数为 0. 001875 平方公里。

0. 001875 平方公里，这就是中国依据《海洋法公约》可主张的管辖海域人均面积。它已经远远离别了 300 万平方公里那个天文数字。我们再把这个数字放在世界称量器上看看世界称量器的反映：

算式五：0. 001875 ÷ 0. 015 = 0. 125

中国人均占有（姑且使用占有这个词）国家海域面积是全球人均占有国家管辖海域面积数的 12. 5%。

需要强调指出的是，这个比例数是把全世界的人口，包括内陆国家的人口都当作分母所得出的结果。如果只计算沿海国家的人口，如果不是把 2020 年的世界人口夸张到 80 亿人，我国人均占有国家管辖海域的面积与世界人均占有数的差距会变得更大。

二、海洋世纪里的海洋是争议的焦点

海洋曾经是寂静的空间，中国周边的海洋，尤其是远离陆地的海区，曾经是

---

① 国家海洋局：《中国海洋 21 世纪议程》第五章第四条。

② 以往的说法是我国人口占世界人口总数的 1/4，而按 16 亿人和 80 亿人之比，中国人口已经降到了世界总人口的 1/5。

很少有人造访的偏僻处所。当中国政府在地图上用"九段线"标注南海这片领土时，南海除了作为航行通道之外，其开发利用基本上是中国人的"专利"。南海、东海在那时实际上就是中国的南海、中国的东海，所以它们的名字也叫南中国海（South China Sea）、东中国海（East China Sea）。

然而，那样的年代已经过去。《海洋法公约》的实施使得传统的中国海变成周边国家纷纷与中国争的争议海区。人们说 21 世纪是海洋的世纪，这个世纪一出场就给中国人留下了深刻的印象：我们不得不与周边国家进行海洋划界，不得不陷入与周边国家的主权争端。这个世纪是海洋成为争夺焦点的世纪。在这场我们不得不面对的争夺中，我国不得不承受损失。首先，历史上中国人自由开发利用的海区，包括专家们所说的我国的传统渔区可能变成或已经变成其他国家的管辖海域。其次，根据《海洋法公约》主张的我国管辖海域会因与其他国家的主张海域出现重叠而难以真正实现管辖。[①]

人们常说的 300 万平方公里的管辖海域是在忽略争议的前提下的一个测算结果，实际上对这 300 万平方公里海域中的相当一部分我国并没有实际行使管辖权。在黄海，我国与朝鲜、韩国存在争议区；[②] 在东中国海上，我国与日本、韩国存在争议区；[③] 在南中国海北部、西部，我国与越南存在争议区；在南中国海东部，我国与菲律宾存在争议区；在南中国海南部，我国与马来西亚、印度尼西亚、文莱等国也存在争议区。这些争议区的存在不仅使我国实际管辖海域面积减少，而且严重影响我国对相关海域的开发和利用。

三、资源再生速度与资源需求赛跑后者是赢家

我国管辖海域生物资源丰富，"主要渔业经济种类 20 多种"；有良好的渔场，"渔场总面积 281 万平方公里"；"海洋生态系统多种多样"，"生态群落也较多样化"。[④] 这些都是我国的优势，是我国发展海洋经济的优势。但是，我们必须注意，我国管辖海域生物资源的再生速度赶不上我们的需求增长的速度。

如果说在远洋渔业产量只占海洋捕捞总量 7% 左右的情况下，我国已经可以称为"世界上海洋渔业大国之一"，"每年"可以"从中国沿海海域获得""700

---

① 关于我国与周边国家海洋划界的讨论，可参阅本书第二章。

② 黄海宽度为 360 海里，两岸国家按 200 海里确定专属经济区，必然出现两国甚至三国专属经济区的重叠（参见季国兴：《中国的海洋安全与海域管辖》，上海人民出版社 2009 年版，第 52～53 页）。

③ 中国和日本都按照 200 海里确定在东海上的专设经济区，而东海的宽度为 150～360 海里，不足 400 海里，所以双方的专属经济区必须出现重合（参见季国兴：《中国的海洋安全与海域管辖》，上海人民出版社 2009 年版，第 53 页）。不过，中日东海划界不只存在专属经济区重合的问题。

④ 国家海洋局：《中国海洋 21 世纪议程》第五章第三条。

多万吨的渔获量",实现"中国的年人均水产品占有量""20 千克（1995 年），达到世界平均水平"①，那么，取得这些收获的代价是高昂的。

让我们看看渤海的状况：

"20 世纪 60 年代前，近海捕捞量在 200 万吨左右，捕捞对象是大型底层种类和近底层种类，如大黄鱼、小黄鱼、带鱼、鲆鲽类、鳕鱼和乌贼等。""20 世纪 70 年代中期，捕捞量达到 300 万吨，捕捞对象中上述经济种类减少，代之以小型中上层鱼类；20 世纪 80 年代中期，海洋捕捞量平均以 20% 的速度增加，而捕捞对象只以鳀鱼、黄鲫等小型中上层鱼类为主，它们占总产量的 60% 以上。"（21 世纪初与 1992～1993 年相比）"渤海的无脊椎动物减少了 39%。鱼类产卵群体的平均体重只有 10 年前的 30%，鲈鱼、鳓鱼、真鲷、牙鲆、半滑舌鳎、对虾、梭子蟹等重要经济渔业资源的生物量只有 10 年前的 29%……1998 年的调查表明，渤海渔业生物资源已下降到 1992 年的 11%。"②

这段文字所反映的生物资源衰减、枯竭可以概括为以下几个方面：

其一，大型底层和近底层经济种类的大黄鱼、小黄鱼、带鱼等显著减少；鲈鱼、牙鲆、对虾、梭子蟹等重要经济渔业资源的生物量 10 年间减少了 71%。

其二，"无脊椎动物减少"。自 1992～2002 年 10 年间减少了 39%。

其三，鱼类产卵群体的平均体重下降，10 年间降低了 70%。

其四，渔业生物资源总量下降，10 年间下降了 89%。

这说明，渤海资源量已大幅度降低，更可怕的是资源潜力，亦即资源再生能力也大大降低了。

这里分析的只是渤海的渔业资源状况，但它却是中国管辖海域渔业资源状况的缩影和典型代表。

四、海洋净化器不堪过量排入污染物之重负

海洋既是资源宝库，又是渔业等生产活动的天然场所，所以，我们希望海洋向人类贡献更多的财富，提供更多的服务。海洋一直默默地为人类贡献财富、提供服务，但海洋的贡献能力、服务能力却正在降低，而造成海洋的贡献和服务能力降低的主要原因之一是污染。

海洋本来是世界上最大的天然净化器，而人类活动所带给海洋的越来越严重的污染已经使这个天然净化器不堪重负。

---

① 国家海洋局：《中国海洋 21 世纪议程》第五章第一条。
② 相建海：《中国海情》，开明出版社 2002 年版，第 305～306 页。

让我们看一下《中国海洋年鉴 2008》提供的一组数据：

"渤海海域……未达到清洁海域水质标准的面积约 2.4 万平方公里，约占渤海总面积的 31%，比 2006 年增加约 0.4 万平方公里。严重污染、中度污染、轻度污染和较清洁海域面积分别约为 0.6 万、0.5 万、0.6 万和 0.7 万平方公里，严重污染和中度污染海域面积比 2006 年增加约 0.3 万平方公里。"

"东海未达到清洁海域水质标准的面积约 7.1 万平方公里，比 2006 年增加约 0.4 万平方公里。严重污染、中度污染、轻度污染和较清洁海域面积分别为 1.7 万、0.6 万、2.6 万和 2.2 万平方公里，严重污染和轻度污染海域面积比 2006 年有所增加。"

"南海未达到清洁海域水质标准的面积约 2.2 万平方公里，比 2006 年增加约 0.4 万平方公里。其中，严重污染、中度污染、轻度污染和较清洁海域面积分别为 0.4 万、0.2 万、0.4 万和 1.2 万平方公里。严重污染海域面积比 2006 年增加 0.2 万平方公里。"

《中国海洋年鉴 2008》还提供了辽宁近岸海域、河北近岸海域、天津近岸海域、山东近岸海域、江苏近岸海域、上海近岸海域、浙江近岸海域、福建近岸海域、广东近岸海域、广西近岸海域和海南近岸海域的海水质量状况，除上海近岸海域和海南近岸海域未达到清洁海域水质标准的面积比 2006 年减少，广西近岸海域未达到清洁海域水质标准的面积与上年持平外，其他各近岸海域未达到清洁海域水质标准的面积都比 2006 年有所增加。[①]

"未达到清洁海域水质标准"的面积较大，比如约占渤海总面积的 31% 的海域未达到清洁海域水质标准，已经足够反映污染的严重程度，而《中国海洋年鉴 2008》提供的比上年增加的数据则能给人一个正在加剧的动态的印象。

第三节　国门外的海洋

如果说我们的陆地国土已经过于狭窄，（这是相对于十几亿人口、数千年的高强度开发而言的一个判断）我国的海情也不是十分有利（这是主要基于需求和供给能力之间关系所得出的结论），那么，我国国门之外的海洋，不管是其他国家的管辖海域，还是作为人类共同遗产的公海、国际海底、极地区域等，则可以做乐观的估计。不管是开发的强度，还是开发历史的长度、人类已经具备的开

---

①　中国海洋年鉴编纂委员会：《中国海洋年鉴 2008》，海洋出版社 2008 年版，第 270～271 页。

发能力的影响度，国门外的海，尤其是公海、国际海底和南极地区，都还保留着巨大的开发空间。那里，尤其对于中国来说，蕴涵着宝藏，潜藏着机会，代表着未来。

一、公海和国际海底

《海洋法公约》在以往的《公海公约》（Convention on the High Seas）、《大陆架公约》（Convention on the Continental Shelf）等国际公约的基础上，在缔约国的努力下，进一步加强了公海制度，建立了国际海底制度。《海洋法公约》第七部分《公海》明确指出："本部分的规定适用于不包括在国家的专属经济区、领海或内水或群岛水域内的全部海域"。换言之，公海指各国领海、内水、专属经济区和群岛水域以外不受任何主权国家管辖和支配的海洋的所有部分。公海约占全部海洋的2/3。它不是任何国家领土的组成部分，因而不处于任何国家的主权之下；任何国家不得将公海的任何部分据为己有，不得对公海本身行使管辖权。

国际海底区域是《海洋法公约》确立的一个国际海洋法新概念。它是当今国际海洋法中的一个非常重要的领域。《海洋法公约》第一条第一款（1）规定，"区域"是指国家管辖范围以外的海床和洋底及其底土，面积约2.517亿平方公里，占地球表面积的49%，《海洋法公约》中所说的"区域"是"国际海底区域"的简称。根据《海洋法公约》的规定，国际海底区域的范围就是各国大陆架外部界限以外的海床和洋底及其底土，具体说来，就是领海、专属经济区和大陆架等国家管辖范围以外的海床和洋底及其底土。据有的学者统计，国际海底区域约占全球海洋面积的65%。[1]

根据《海洋法公约》第八十七条的规定，"公海对所有国家开放，不论其为沿海国或内陆国。"所谓"公海自由"包括"航行自由"、"飞越自由"、"铺设海底电缆和管道的自由"（受《海洋法公约》第六部分的限制）、"建造国际法所容许的人工岛屿和其他设施的自由"（受《公约》第六部分的限制）、"捕鱼自由"（受《海洋法公约》第七部分第二节的限制）、"科学研究自由"（受《海洋法公约》第六和第十三部分的限制）六大自由。这些自由为所有国家利用海洋、开发海洋中的有用资源提供了国际法上的许可。这些自由为中国，一个发展中的大国，一个资源不足、人口负担过重、管辖海域偏小的沿海国家利用公海资源和条件发展自己提供了可能性。这是制定和调整中国发展战略绝对不能忽视的一种可能性，也是制定和修改中国海洋战略不能忽视的谋划空间。

---

[1] 魏敏：《海洋法》，法律出版社1987年版，第218页。

对于中国的发展而言，"公海自由"可以说就是利用海洋空间实现发展的自由。我国可以为实现发展而在公海自由航行，在公海上空自由飞越，可以自由地在公海开展"科学研究"，包括自由地研究公海，可以为信息传输和物质输运自由地在公海"铺设海底电缆和管道"，可以为了科学、经营等目的自由地在公海"建造国际法所容许的人工岛屿和其他设施"，可以自由地在公海开展渔业捕捞等。

如果说对公海的其他方面的自由利用对于实现中国的发展都十分重要，那么，开发公海渔业资源对中国来说，不管是为了通过渔业生产实现国家富强，还是仅仅为了使中国的蛋白质供给达到世界平均水平，[1] 都是十分重要的，甚至是无可替代的。

让我们先来了解一下公海渔业资源的情况：

依据联合国粮农组织的标准，世界公海渔业资源分为公海浅海资源（high seas neritic resources）和公海洋区资源（high seas oceanic resources）两类。公海浅海资源分布于大陆架及大陆坡的上缘，既包括底层资源，也包括中上层回游资源。公海浅海资源主要存在于世界少数没有被宣布为专属经济区的海域（如地中海沿岸国领海外的海域）和大陆架延伸超过200海里的海域（如西北大西洋弗莱梅士角海域）。公海洋区资源指分布于超出大陆架外缘和大范围回游于大洋间的资源。根据生态习性，公海洋区资源又分为跨界鱼类种群（straddling fishstock）和高度回游鱼类种群（highly migratory fishstock）两类。跨界鱼类种群指既存在于专属经济区之内，又存在于专属经济区以外之公海区的资源种群。高度回游鱼类种群指在专属经济区与公海区之间或于大洋区之间进行大范围回游的种群，如金枪鱼类、类金枪鱼类、大洋性鲨鱼类等。[2]

目前公海渔业资源开发利用量占世界海洋捕捞总量的8%～10%，比实施200海里经济专属区之前提高了3%～5%。目前从事公海渔业的国家，除我国外，主要有日本、韩国、波兰、泰国、乌克兰、爱沙尼亚及欧盟的一些国家。1993年这些国家公海捕鱼总量接近310万吨，占当年世界公海捕鱼总产量的65%。跨界鱼类资源和高度回游鱼类资源是目前公海渔业资源开发利用的主要对象。[3]

再来看国际海底的矿产资源和生物资源。国际海底蕴藏着丰富的金属矿产、海洋能源和生物资源。[4] 深海调查表明，在国际海底区域里蕴藏着极其丰富的资

---

① 关于中国的蛋白质供应与海洋事业的关系，可参阅本书第八章。
② 详见《联合国海洋法公约》附件一：《高度回游鱼类》。
③ 王秉和：《世界公海渔业资源及开发利用现状》，载《齐鲁渔业》1998年第2期，第29页。
④ 莫杰：《国际海底区域矿产资源勘查概况》，载《海洋信息之窗》2000年第2期，第25页。

源，主要包括锰结核矿物、富钴结壳、热液矿床、海底生物资源和天然气水合物等。[①] 这些资源都具有巨大的开发潜力。

锰结核是广泛分布在深海底的铁锰氧化物矿石（又称多金属矿石）的总称，它由 30 多种元素组成，主要成分为锰、铁、硅和铝四种元素。有些锰结核铁的含量极高，故又有铁锰结核之称。[②] 据估计，国际海底的 15% 分布含有锰结核的矿球，世界大洋底的锰结核有 2 万亿～3 万亿吨，其中太平洋海底的锰结核储量最丰富，达 17 000 亿吨。世界各大洋底锰结核平均含锰 18.6%、铁 12.47%、镍 0.66%、铜 0.45%、镍铜锰合物 1.12%、钴 0.27%。仅在太平洋的锰结核中就含有 2 000 亿吨锰、90 亿吨镍、50 亿吨铜和 30 亿吨钴。[③] 按目前世界消费水平，这些资源分别可用 24 000 年、600 年、15 000 年和 13 万年以上。

具有开采价值的锰结核，一般存在于远离海岸、水深 3 000 米到 5 000 米的海床表层。目前已知的锰结核最富集地区位于北纬 6°～20°、西经 110°～180° 之间一条长为 7 000 公里，宽为 1 000～1 300 公里的狭长地带，在地质上属于克拉里昂断裂带和克里帕顿断裂带（Clarion Fracture Zone and Clipperton Fracture Zone，C－C 区）之间。这一区域不仅锰结核分布广泛，而且是世界各大洋海底锰结核中含铜和镍最高的矿床。此外，北大西洋西南部的深海海区，也是一个颇有远景的锰结核勘探和开发区域。

富钴结壳是另一种价值很高的深海矿物资源。1981 年在中太平洋地区第一次对结壳进行系统调查。早期调查工作主要由德国、美国、苏联（后为俄罗斯联邦）、日本、法国、英国、韩国和中国进行。1982 年，美国和联邦德国在太平洋夏威夷群岛和萨摩亚群岛之间进行的联合调查发现了富含钴、锰、镍的钴壳矿。目前发现有钴壳矿的地区大约有 40 亿英亩，其中钴的总存量约为 10 亿吨。富钴结壳主要分布于海山、海脊和海台的斜坡和顶部。太平洋约有 50 000 座海山，其富钴结壳贮存量十分丰富。根据品位、储量和海洋学条件等，最具开采潜力的结壳矿址位于赤道附近的中太平洋地区，尤其是约翰斯顿岛和夏威夷群岛、马绍尔群岛、密克罗尼西亚联邦周围的专属经济区，以及中太平洋国际海底区域。

热液矿床也被称作多金属硫化物或海底金属泥，是由瑞典海洋考察船"信天翁"号于 1948 年在红海海底发现的。热液矿床呈块状[④]或软泥状[⑤]等，含有

①　莫杰：《国际海底区域矿产资源勘查概况》，载《海洋信息之窗》2000 年第 2 期，第 25～26 页。
②　余平：《深海底矿物资源及其开发研究现状》，载《矿山地质》1993 年第 2 期。
③　国际海底管理局和国际海洋法法庭筹备委员会第二届会议文件，1984 年 7 月 18 日。
④　也有专家称之为"海底块状多金属硫化物"（seafloor massive sulfide）（参见邬长斌：《海底多金属硫化物开发动态与前景分析》，载《海洋通报》2008 年第 6 期，第 101 页）。
⑤　也有专家称其为"金属软泥"（参见侯贵卿：《深海矿产资源勘探开发法规及开发前景分析》，载《海洋地质与第四纪地质》1998 年第 4 期，第 122 页）。

锰、铜、铁、铅、铝、锡、金、银等金属元素，大多位于 1 000~3 000 米深的海底。1979 年，在墨西哥附近的东太平洋底发现热液喷口（也称黑烟囱）块状硫化物。[①] 后经不断调查，发现世界各大洋都有热液矿床分布。东中国海的冲绳海槽也有热液矿床分布。[②]

深海底生物物种也很丰富。沿洋脊分布的热液喷口周围活跃着蓬勃的生物群落，包括管状蠕虫、贻贝、蛤、虾以及多种微生物。广袤的海底盆地沉积物中分布着种类丰富的多毛环节类动物、线虫和有孔虫等生物群落。深海底生物处于独特的物理、化学和生态环境中，尤其热液喷口区的生物在高压、剧变的温度梯度和高浓度的有毒物质包围下，其生物结构、代谢机制独特。这些深海底生物的体内存在特殊的生物活性物质，如嗜碱、耐压、嗜热、嗜冷、抗毒的各种极端酶。这些特殊的生物活性物质功能各异，是深海底生物资源中最具应用价值的部分。可以预料，深海底生物资源在工业、医药、环保等领域都将有广泛的应用。

天然气水合物是一种在低温和高压条件下由气体和水合成的类冰固态物质，故也被称为"可燃冰"。天然气水合物具有极强的储载气体的能力。一个单位体积的天然气水合物可储载 100~200 倍于这个体积的气体。天然气水合物中的有用组分主要为甲烷。与常规天然气气田储量相比，海底天然气水合物中潜在天然气资源量极其巨大。根据国际天然气潜力委员会的初步统计，世界各大洋天然气水合物的总量换算成甲烷气体约为（1.8~2.1）×1 016m³，大约相当于全世界煤、石油和天然气等总储量的两倍。2007 年 5 月，我国在南中国海北部钻获天然气水合物样品，证实我国南中国海北部存在天然气水合物蕴藏。

此外，深海海底的石油、天然气储量也很丰富。已知其储量为 2 500 亿吨，占全世界石油、天然气储量的 1/3 以上，其中相当一部分便蕴藏在国际海底里。

世界各国，尤其是西方发达国家，都十分关注国际海底资源的调查研究和勘探开发，目前国际社会已就国际海底资源开发建立了若干制度。如单一开发制、国际注册制、国际执照制、平行开发制等。[③] 一些发达国家以及印度等大国自 20 世纪 60 年代先后在太平洋、印度洋和大西洋开展深海底资源的勘查和研究，并取得重要成果。我国自 20 世纪 70 年代以来，在中太平洋地区多次开展勘查，取得卓有成效的研究成果，并于 1990 年向联合国海底管理局申请成为先驱投资者，1991 年获得批准。[④]

---

① 邬长斌：《海底多金属硫化物开发动态与前景分析》，载《海洋通报》2008 年第 6 期，第 101 页。
② 魏敏：《海洋法》，法律出版社 1987 年版，第 221 页。
③ 金永明：《国际海底资源开发制度研究》，载《社会科学》2006 年第 3 期，第 113 页。
④ 费雪锦：《深海底矿物资源开发现状及前景》，载《中国锰业》1994 年第 6 期，第 6~9 页。

二、南极地区的自然状况及其管理制度

南极地区和南极洲两者既相联系，又有所区别。南极洲是南纬 60°以南的大陆及其附近岛屿的总称。南极地区是 1959 年《南极条约》（The Antarctic Treaty）规定的，包括一切冰架和海洋在内的南纬 60°以南的地区。[①] 国际法上的南极地区比地理学上的南极洲范围要大。[②] 南极地区包括南极洲和南大洋，总面积为 5 200 万平方公里，其中南极洲又包括南极大陆、南极半岛及其周围岛屿，其总面积为 1 400 万平方公里。南极洲在地球的七个大洲中面积位于第五。环绕南极洲的海洋有南太平洋、南大西洋和南印度洋，它们统称为南大洋，其面积为 3 800 万平方公里，被称为世界第五大洋。

南极洲的主体部分是南极大陆。南极大陆是世界上海拔最高的大陆，其平均海拔为 2 350 米。同时，它又是一个无土著居民、无树木的大陆。从自然地理学的角度来看，南极洲具有以下特征：①地球的冰极。南极洲 95%以上的地区常年被冰雪覆盖，其冰雪的总体积大约为 2 400 万立方公里。它是世界上最大的冰库。②地球的寒极。南极点年平均气温 −49.3°C，寒季时南极点的气温低达 −80°C。自 1958 年南极有气象观测以来记录到的绝对最低气温是 −89.6°C、−89.2°C。南极是比北极更为寒冷的一个世界。③地球的干极。南极虽然是世界上最大的淡水资源库，但它同时又是地球的干极。南极大陆常年被冷高压控制，加上南极沿海地区有巨大的冰障的阻挡，使温暖的海洋气流难以深入南极大陆内部，因此南极大陆内部年降水量不足 80mm，有的地区的降水量同撒哈拉大沙漠相差无几。南极大陆中心地带地面空气中的平均水汽含量为 $0.06 g/m^{-3}$，只有我们人类生活大陆地面空气水汽含量的 1‰~2‰。④地球的风极。南极不仅是冰极、寒极、干极，同时它还有世界风极之称。在南纬 40°~63°的西风带，年平均风力在 6~8 级以上。狂风掀起的巨浪可高达 24 米。[③] 尽管那是一个遥远的大陆，一个不适合人类居住的大陆，但它在人类历史发展的当今时代却是一块宝地。经过几十年的科学考察，现已证明在南极大陆及其外围的大陆架蕴藏着丰富的矿产资源和海洋生物资源。南极及其周围海域具有极其丰富的矿产资源和生物资源。

[①] 《南极条约》第六条规定："本条约的规定应适用于南纬 60°以南的地区，包括一切冰架；但本条约的规定不应损害或在任何方面影响任何一个国家在该地区内根据国际法所享有的对公海的权利或行使这些权利。"

[②] 龚迎春："试论《南极条约》体系确立的环境保护规范对各国的效力"，载《外交学院学报》1990 年第 3 期，第 57 页。

[③] 赵烨先生对南极的环境特征有系统的介绍（参见赵烨：《南极乔治王岛菲尔德斯半岛土壤发生类型及其诊断特性》，载《北京师范大学学报》1994 年第 4 期，第 529~534 页）。

（一）海洋生物资源

在南极洲极端严酷的自然条件下，极大地限制了陆地动、植物的生存与繁衍。然而，在浩瀚的南大洋中，生物种类和生物量却很可观，尤其是鲸、海豹、磷虾、鱼类和海鸟资源更为丰富。南极磷虾是南大洋中最重要的甲壳类浮游生物，也是南大洋中数量最大的生物资源和生物链中最为关键的一环。据初步调查，南极海域磷虾总藏量约6亿~12亿吨，总可捕捞量约年5 000万吨，是人类未来的"蛋白资源仓库"。①

（二）矿产和油气资源

南极的矿产资源异常丰富。目前已经发现的矿种就有220种之多。有供全世界开发利用200年的"世界铁山"和总蕴藏量约5 000亿吨的巨大煤田资源。②位于南查尔斯王子山的富铁矿，厚100米的露天铁矿延绵120千米，含铁品位为32.1%，有些区域甚至富达58%。南极半岛的铜、铅、锌、钼以及金、银、铬、镍、钴等有色金属极其丰富，南大洋海底的多金属锰矿资源也很丰富。南极大陆架和西南极大陆分布有石油和天然气，罗斯海、威德尔海、别林斯高晋海陆架区和普里兹湾海区是石油天然气资源潜力最大的主要远景区。据估算，南极地区的石油储存量约500亿~1 000亿桶，天然气储量约30 000亿~50 000亿立方米。③此外，南极地区还存在着巨大的风能、波浪（或潮汐）能和地热能等资源。

（三）淡水资源

南极洲98%以上的面积常年被冰雪覆盖，形成一巨大的冰盖。冰盖平均厚度达2 450m，不少地方达到4 000米，最厚的地方甚至达4 800米。它是一个庞大的淡水库，储存了全世界约72%的可用淡水。④有人估算，这一淡水量可供全人类饮用7 500年。⑤

---

① 每只磷虾体长3~5厘米，其体内高质量的蛋白质含量是其他动物性食用蛋白质的2~3倍，10只成体磷虾就相当于250克猪肉的营养价值。
② 朱建钢：《南极资源及其开发利用前景分析》，载《中国软科学》2005年第8期，第19页。
③ 朱建钢：《南极资源及其开发利用前景分析》，载《中国软科学》2005年第8期，第18页。
④ 武衡等：《当代中国的南极考察事业》，当代中国出版社1994年版，第3页。
⑤ 朱建钢等：《南极资源纷争及我国的相应对策》，载《极地研究》2006年第3期，第19页。

（四） 南极特种微生物资源

南极极端环境下的特种微生物资源具有重大的科学研究价值和潜在的经济价值。[①]

南极地区不仅是一个人类共享的巨大资源宝库，而且还是一个很少被开发的宝库。现在对南极地区的开发，尤其是对南极大陆的开发主要还处在科学考察阶段。目前有 27 个国家在南极共建了 150 多个科学考察站，分为常年考察站、夏季考察站、无人自动观测站三种。[②]

《南极条约》于 1959 年 12 月 1 日签署，1961 年 6 月 23 日生效。该条约虽未要求所有国家放弃其对南极原已存在的领土要求，但却要求冻结对南极的领土主张，要求原来没有提出主权或领土要求的国家不得提出新的要求。《南极条约》没有专设环境保护条款，但第五条"禁止在南极进行任何核爆炸和在该区域处置放射性尘埃"以及第九条关于"南极生物资源的保护与保存"的规定，都提出了保护南极环境，特别是保护生物资源的要求。1991 年，《南极条约》缔约国在西班牙首都马德里通过的《关于环境保护的南极条约议定书》（以下简称《议定书》）及其"环境影响评价"、"保护动植物"、"废物处理与管理"、"预防海洋污染"和"特别保护区"5 个附件，对南极地区的环境保护做了全面的和严格的规定。缔约国签订《议定书》的目的是提高对脆弱的南极环境的保护。[③]《议定书》特别指出，建立一个全面保护南极环境及其附属生态系统的体制符合全人类的利益。在这个大前提下，《议定书》将南极地区规定为贡献和平和科学的自然保护区，并为之规定了全面的保护措施。《议定书》要求：保护南极环境及其附属生态系统和南极的固有价值，包括其荒野价值、美学价值和科学研究价值，应当是规划和在南极条约区域从事任何活动的基本考虑。《议定书》要求在南极地区从事一切活动必须遵守五项原则，即①规划和从事南极条约区域内的活

[①] 朱建钢等：《南极资源纷争及我国的相应对策》，载《极地研究》2006 年第 3 期，第 19 页。

[②] 我国也实施了卓有成效的南极科考。现已在南极建立了三个科学考察站，即以中国万里长城命名的南极长城科学考察站、以孙中山先生的名字命名的南极中山科学考察站和以昆仑山命名的昆仑站。长城站位于西南极洲南设得兰群岛的乔治王岛西部的菲尔德斯半岛上，地理坐标是南纬 62°12′59″，西经 58°57′52″，距北京的直线距离为 17 501.9 公里。可容纳约 40 人度夏、20 人越冬。该站建于 1985 年 2 月 20 日。中山站建于 1989 年 2 月 26 日。该站位于东南极洲大陆拉兹曼丘陵地区，地理坐标是南纬 69°22′24″，东经 76°22′40″，与北京的直线距离为 12 553 公里。该站可容纳约 60 人度夏、20 人越冬。昆仑站建于 2009 年 1 月 27 日，位于南极内陆冰盖的最高点冰穹 A 地区，南纬 80°25′01″，东经 77°06′58″。这是我国第一个南极内陆科学考察站。昆仑站所在的位置拥有 4 000 米厚的冰层，也是世界上最为古老的冰层，对于研究全球气象具有得天独厚的条件。从这里可以绘制出 100 万年间地球气候变化的图像。2014 年 2 月 8 日，泰山站建成。泰山站是我国在南极建立的第四个科学考察站。

[③] 刘惠荣：《国际环境法》，中国法制出版社 2006 年版，第 224 页。

动应旨在限制对南极环境及依附于它的和与其相关的生态系统的不利影响；②规划和从事南极区域内的活动应避免对气候或天气、对空气和水质量等的严重影响，避免引起大气、陆地、冰川和海洋环境的重大改变，避免引起动植物种群的分布、丰富性和生产力的不利变化，避免进一步损害濒危物种及其种群，避免减损或严重危及具有生物学的、科学的、历史的、美学的或荒野的重要性的区域；③南极条约区域内的活动应建立在足以事先评价和有据判定该活动对南极环境及其生态系统的可能影响的资料的基础上；④通过定期的和有效的监测以便评价正在进行的活动；⑤通过定期的和有效的监测以有利于早期发现在南极条约区域内外进行的活动的影响（《议定书》第三条）。同时，《议定书》要求缔约国以立法、行政和执法措施保障对《议定书》的遵守，其中包括根据《南极条约》第七条关于观察员的规定，单独地或联合地安排观察员以监督《议定书》的履行。《议定书》还要求缔约国制订应急计划以应付在南极地区发生的环境事故。

《南极条约》和《关于环境保护的南极条约议定书》（Protocol on Environmental Protection to the Antarctic Treaty）以及适用于南极地区的其他法律文件，如 1946 年的《国际捕鲸管制公约》（International Convention for the Regulation of whaling）、1964 年的《保护南极动植物协议措施》（Agreed Measures for the Conservation of Antarctic Fauna and Flora）、1972 年的《保护南极海豹公约》（Convention for the Conservation of Antarctic Seals）、1980 年的《南极海洋生物资源保护公约》（Convention on the Conservation of Antarctic Marine Living Resources）等，组成了保护南极的一个较为完整的法律体系，为世界各国和平利用南极、公平开发南极提供了保障，对我国参与和平利用、开发南极提供了良好的法治环境。

三、北极地区的自然状况、国家管辖和适用条约

"北极"一词在中文里既指北极点（north pole），也指北极地区（arctic）。北极矿产、油气和渔业资源丰富，潜在交通价值巨大，在政治、经济、科学和军事上均具有重要战略意义。

（一）北极的自然状况

在地理上，北极地区是以地球北极点为中心的一大片区域。该区域包括北冰洋及其岛屿、北美大陆和欧亚大陆的北部边缘地带。北极地区的大小会因研究角度和划分方法的不同而有很大的差别。一般有几何学、物候学和行政学 3 种划分方法，其中几何学划分方法最为简单，也最为一般读者所熟悉。依几何学的方法来看，地球是一个球体状的行星，地球自转轴与北半球地球表面的交点是北极

点。北极地区就是指北极点以南和北极圈（北纬66°33′）以北的广大区域。以北极圈，而不是别的纬度圈作为北极的南部边界，是因为地球北极圈以北和以南区域有一个很明显的天文学差异——极昼和极夜现象，北极圈以北地区存在着一年中天数不等的极昼和极夜现象。

以几何学方法定义的北极地区总面积约2 073万平方公里，包括北冰洋绝大部分及其中的岛屿和群岛、北美大陆和欧亚大陆的北部边缘地带。北极圈内陆地部分（包括岛屿）占800万平方公里，其余1 300平方公里为北冰洋水域。

北极地区的主体之一是北冰洋（the Arctic Ocean）。北冰洋是世界五大洋中面积最小的一个，其绝大部分水域都在北极圈以北，[①] 占北极地区总面积的60%以上。北冰洋为欧亚大陆、北美大陆和格陵兰（Greenland）所环绕，几乎是封闭的，仅通过很窄的白令海峡（Bering Strait）与太平洋连接，通过格陵兰海与大西洋连接。北冰洋分为北极点周围的中心海域和边缘海域两部分，后者又可分为北极海域和北欧海域。这些边缘海按顺时针方向依次为林肯海（Lincoln Sea）、加拿大北极群岛海峡、波弗特海（Beaufort Sea）、楚科奇海（Chukchee Sea）、东西伯利亚海（East Siberian Sea）、拉普捷夫海（Laptev Sea）、喀拉海（Kara Sea）、巴伦支海（Barents Sea）、挪威海（Norwegian Sea）、格陵兰海（Greenland Sea）。

北极圈内全部陆地和岛屿面积约800万平方公里。北冰洋中的岛屿绝大多数属于陆架区的大陆岛。最大的岛屿是格陵兰岛，面积为218万平方公里（北极圈内约174.4万平方公里），最大的群岛是加拿大北极群岛，面积为160万平方公里（北极圈内约140万平方公里）。其他主要岛屿和群岛有：新地岛（Novaya Zemlya）、斯匹次卑尔根群岛（Spitsbergen）、北地群岛（Severnaia Zemlia）、新西伯利亚群岛（New Siberian Islands）及法兰士约瑟夫地群岛（Franz Josef Land）。

北冰洋海底地形的突出特点是大陆架十分宽阔，面积约为584万平方公里，约占北冰洋面积的40%。这些宽阔的陆架区发育出许多浅水边缘海和海湾。在世界各大洋中，北冰洋拥有最大的陆架区，且其大陆架占海底面积比例也为最高。北冰洋另外的60%海底则属中央盆地，被3条近平行的海岭，即门捷列夫海岭（又称阿尔法海岭）、罗蒙诺索夫海岭和北冰洋中脊（又称南森海岭或加克利海岭）所分割。这3条海岭分别将北欧海域分隔为挪威海盆和格陵兰海盆，将北极海域分隔为南森海盆、阿蒙森海盆（又称弗拉姆海盆）、马卡罗夫海盆和

---

① 北冰洋在加拿大北极群岛的水域向南超过了北极圈。

加拿大海盆。[①]

北冰洋表面的绝大部分终年被海冰覆盖，是地球上唯一的白色海洋。北冰洋海冰平均厚3米，冬季时覆盖海洋总面积的73%，有1 000万~1 100万平方公里，而到夏季时仅覆盖53%，有750万~800万平方公里。不过，北极海冰正在减少，冰川正在退缩。引起这种变化的主要原因是全球气候变暖。根据观测，北极气候正快速变暖，尤其是在冬季，这一变暖现象更为明显。虽然有个别地区近几十年来持续寒冷，但北极平均地面温度上升幅度是全球平均温度上升幅度的2倍。自1954年以来，阿拉斯加和加拿大西部气温升高了3℃~4℃。2004年发布的《北极气候影响评价：北极气候变暖的影响》预计，在22世纪整个北极气温会增加4℃~7℃。

北极夏季变暖和融化季节的延长影响了海冰的形状和总量。据对1900年至2003年北极海冰年平均范围的研究，北极海冰面积大约从50年前开始减少，而最近20~30年，减少速度加快。在夏季这一趋势最为明显。最新的气候预测还表明，北极海冰未来的融化速度将是目前的4倍左右。据此，科学家预测，到2070年，北极的夏季可能基本无冰。北极升温所带来的重要影响之一就是冰川融水和冰山崩解。另据估计，在过去30年来，北极陆域的覆雪范围已经减少了约10%，预计在21世纪内将再减少10%~20%。[②]

气候变化给北极的自然条件带来的变化主要集中在冰雪上，概括起来主要是三个变化，一是北冰洋覆冰范围；二是北冰洋覆冰时间；三是北冰洋覆冰的厚度。覆冰范围的大小直接影响北冰洋地区渔业活动范围的大小和通航水域范围的大小。覆冰时间的长短对北冰洋上渔业活动时间的长短和北极航道通航时间的长短有决定性影响。覆冰厚度对在北冰洋地区开展石油及其他矿产资源勘探开发影响巨大。其一，对勘探开发技术的影响。冰上作业和水上作业对技术、设备的要求是不同的。其二，无冰区的扩大总体上有利于北极地区的矿产资源开发。在北极地区宽阔的陆架下埋藏的石油、天然气等矿产资源适合水上作业开发。这些变化对我国参与北极地区的和平利用和勘探开发，将提供更多的机会。

（二）北极地区的资源状况

从人类生活的需要来看，北极地区自然环境十分严酷，总的来说不适宜人类生存。但是，从现在社会发展对资源等的需要来看，北极地区与南极一样都是宝地。

---

① 陈立奇先生对北极的自然状况做过系统的阐述。本书关于北极自然状况的部分信息以《北极小百科》（海洋出版社2006年版）为依据。

② 参见Susan Joy Hassol：《正在变暖的北极的影响——北极气候影响评估》（Impacts of a Warming Arctic – Arctic Climate Impact Assessment），剑桥大学出版社2004年版。

北极地区的自然资源，包括矿产资源、渔业资源和森林资源等可再生生物资源以及水力、风力等可再生能源资源都十分丰富。据俄罗斯和挪威等国家的估计，北极地区的石油储量大约为 2 500 亿桶，相当于目前被确认的世界石油储量的 1/4。同时，北极地区天然气的储量估计为 80 万亿立方米，相当于全世界天然气储量的 45%。第二次世界大战结束以来，主要环北极国家加快了对北极油气资源的调查与勘探速度。美国对阿拉斯加北坡，俄罗斯对西北利亚北部，加拿大对麦肯奇三角洲、波弗特海，挪威对挪威海、巴伦支海都扩大了调查规模，提高了调查与勘探速度。通过这些调查与勘探，这些国家发现了一些油气储藏规模可观的地区。

北极地区的煤炭资源极为丰富。据估计，总储量约 10 000 亿吨，比全世界已探明煤炭资源总量还要多。阿拉斯加北部是北极地区煤炭资源丰富的地区之一。据估计，约 4 000 亿吨煤贮藏于此。从楚科奇海岸向东延伸至内陆 480 公里的区域是世界上最集中连片分布的特大煤田，煤炭储量差不多相当于美国南部 48 个州的煤炭资源量的总和。北极西部的理论储煤量为 30 亿吨，是阿拉斯加北部煤田中质量最高，且可以用最简便的常规露天采掘技术开采的煤田。俄罗斯、美国、加拿大、挪威等都是煤炭储量与产量大国，而其探明的煤炭贮藏量主要分布在北极地区。北极地区的煤炭资源不仅十分丰富，而且其质量优良。其西部的煤经过了 1 亿年古老的地质形成过程，成为高挥发烟煤。其平均热值超过每公斤 12 000 焦耳。这里的煤还具有低硫（0.1% ~ 0.3%）、低灰（10%）、低湿（含水 5%）的特点。

北极的其他矿产资源也很丰富。科拉半岛有世界级大铁矿。铜、铅、锌、镍、钨、磷、金、银、石棉、金刚石、红狗石和其他重金属等矿产资源在北极地区也有大量赋存。同时，北极地区还埋藏有"可燃冰"。

北极地区的海洋生物资源丰富。其经济鱼类主要有：北极鲑鱼、北极鳕鱼、蝶鱼和毛鳞鱼。巴伦支海、挪威海和格陵兰海都是世界著名的渔场，近年来其捕鱼量约占世界总捕捞量的 8% ~ 10%。白令海一直是传统渔场，其经济鱼类主要有鳕鱼、鱿鱼和鲽鱼。北极海域还生活着海象、海豹和鲸类等海洋哺乳动物。环北极众多的河流还为这个区域贡献了丰富的淡水渔业资源。主要鱼种有茴鱼、北方狗鱼、灰鳟鱼、鲱鱼、胡瓜鱼、长身鳕鱼、白鱼及北极鲑鱼等。①

---

① 北极地区的陆地生物资源也很丰富。不仅有北极熊、灰熊、驯鹿、麝牛、北极狼、北极狐、北极兔、北极旅鼠等动物资源，而且还有许多植物资源，包括森林资源和其他植物资源，如北极苔原地带的红猴花、山金花、紫虎耳草、曼陀罗花、银莲花和龙胆花等植物资源。北极地区的淡水资源也相当丰富。在环北极的苔原带和泰加林带上，发育着许多世界著名的河流。如西伯利亚的叶尼塞河（Yenisei River，俄罗斯水量最大的河）、鄂毕河、勒拿河。加拿大高原区的马更些河（The Mackenzie River）是北美洲北极区最大的河流。这些巨大的河流不仅向北冰洋注入大量富含营养盐的淡水，也为北极地区的采矿业、加工工业及居民生活提供了丰富的水力资源。

（三）北极地区的国家管辖区域

讨论北极地区的国家管辖区域首先需要明确在北极地区存在着作为人类共同继承财产的公海。尽管目前北冰洋周边国家的管辖海域范围还无法完全确定，尽管也有国家实施过在北冰洋底显然不属于其管辖海域的地方插国旗的行动，但有一点是明确的，即在北冰洋里存在公海和国际海底区域。这些区域是人类共同继承财产，也是我国可以利用和参与开发、管理的区域。

北极地区除了北冰洋上的公海以外，其他陆地、岛屿和水域，依《海洋法公约》，主权归属基本明确，分属于加拿大、美国、俄罗斯、挪威、瑞典、芬兰、冰岛和丹麦等北冰洋沿岸国家。[①] 这些国家大致可分为三个集团，即北美集团、俄罗斯集团和北欧国家集团。

北美的北极地区包括加拿大和美国两国的一部分。加拿大北极地区共包括 5 个行政区：育空地区、西北地区、纽芬兰—拉布拉多地区、努纳维克地区和努纳维特地区。努纳维克地区原属于加拿大魁北克省。2007 年，魁北克因纽特人、魁省政府以及联邦政府达成协议，允许魁北克省 1 万因纽特人自治，因此努纳维克地区成为魁北克省的一个自治区。美国北极地区只有阿拉斯加一个州。

俄罗斯管辖的北极地区总面积约为 882 万平方公里，涉及 13 个行政区，即阿尔汉格尔斯克州、马加丹州、摩尔曼斯克州 3 个州，卡累利阿共和国、科米共和国、萨哈（雅库特）共和国 3 个共和国，楚科奇自治区、埃文基自治区、汉特—曼西自治区、科里亚克自治区、涅涅茨自治区、泰梅尔（多尔干—涅涅茨）自治区、亚马尔—涅涅茨自治区 7 个自治区。

北欧的北极地区总面积约为 275 万平方公里，挪威、芬兰、瑞典、丹麦、冰岛等 5 个国家享有管辖权。除冰岛外，这些国家在北极地区的行政区共有 10 个，即挪威的芬马克郡、诺尔兰郡、斯瓦尔巴群岛、特罗姆瑟郡，芬兰的拉普兰省和奥卢省，瑞典的北博滕省和西博滕省，丹麦的格陵兰和法罗群岛。

在北极地区，包括那些依照《海洋法公约》及其他双边或多边条约的规定属于某个主权国家管辖的那些区域，原本生存着土著居民。有的土著居民一直到现在还生存繁衍在北极地区。爱斯基摩—阿留申语族、纳—德内语族（北美印第安语族，包括阿萨巴斯卡、伊亚克和特林吉特语族）主要分布在北美和北欧格陵兰；楚科奇—堪察加语族、阿尔泰语族（突厥语族、通古斯语族）、乌拉阿尔语族（芬兰—乌戈尔语族、萨默耶德语族）主要分布在俄罗斯；属于乌拉阿

---

① 在地理上，丹麦本土不在北冰洋沿岸，但该国在历史上取得了对格陵兰、法罗群岛（Faroe Islands）的主权，所以，它是理所当然的北冰洋沿岸国家。

尔语族的芬兰—乌戈尔语族在北欧和俄罗斯均有分布。这些语族可分为 20 多个民族,具有代表性的有印第安人(Indians)、因纽特人(Inuits)、阿留申人(Aleut)、萨米人(Saami)和俄罗斯地区的一些北方少数民族:萨米人、涅涅茨人(Nenets)、汉特人(Khanty)、塞库普人(Selkup)、埃内茨人(Enets)、恩加纳桑人(Nganasan)、多尔甘人(Dolgan)、埃文基人(Evenk)、埃文人(Even)、尤卡吉尔人(Yukagir)、楚科奇人(Chukchi)、丘万人(Chuvan)等。

北极周边国家对北极地区领土主权的取得主要是通过发现、先占、购买以及司法判决等方式进行的,其中有些是原始取得,有些则属于传来取得。在 1553~1848 年,英国得到了从埃尔斯米尔岛(Ellesmere Island)到迈克尔森山脉的广阔区域,构成了加拿大领土面积的主体。在 1648~1743 年,俄国占领了西伯利亚和阿拉斯加。1867 年,美国从俄罗斯手里买下了阿拉斯加,获得了阿拉斯加这个"大冰箱"的主权。1920 年《斯瓦尔巴德条约》(The Svalbard Treaty)确认了挪威对斯瓦尔巴德群岛的主权。1930 年,海牙国际法院将格陵兰岛的所有权判归丹麦。现在,加拿大与丹麦关于汉斯岛(Hans Island)的主权还存在着争端,两国都采取过登岛、插旗、立碑等宣誓主权的行动。

北极地区的海洋划界争端问题主要包括两类情况:一类是 200 海里内专属经济区和大陆架划界争端;另一类是 200 海里外大陆架外部界限的确定问题。

北极地区 200 海里内专属经济区和大陆架划界争端主要包括:俄罗斯与挪威在巴伦支海的划界争端、俄罗斯与美国在白令海的划界争端、加拿大与丹麦在北冰洋地区的海域划界争端、美国与加拿大在波弗特海海域划界争端、冰岛和丹麦法罗群岛(Faroe Islands)之间的划界争端、挪威的斯瓦尔巴德和丹麦的格陵兰之间的划界争端等。俄罗斯与挪威在巴伦支海存在划界争议,争议区包括从俄罗斯新地岛到挪威斯匹茨卑尔根岛之间约 15.5 万平方公里的海域。该区域油气资源丰富,包括已见经济效益的施托克曼天然气田的部分区域。俄罗斯坚持按照 1926 年苏联通过的区域划分原则,在陆地边境线中间,沿子午线到北极点划界,以东所有领土归俄罗斯所有。挪威坚持按中间线划分。

200 海里外大陆架外部界限的确定主要涉及俄罗斯、挪威、加拿大、冰岛、丹麦(法罗群岛)等北极周边国家关于 200 海里外大陆架向北冰洋海域的延伸,以及这些国家扩展的 200 海里外大陆架与国际海底区域之间的界限。根据《海洋法公约》,"区域"是人类共同继承遗产,① 应属全人类所共享。沿海国大陆架的过分延展势必缩小"区域"的范围,从而影响到全人类的利益。

---

① 《联合国海洋法公约》第一百三十六条:"'区域'及其资源是人类的共同继承财产。"

（四）适用于北极地区与确定管辖权和极区利用相关的国际条约

适用于北极地区的与确定管辖权和对极区利用的国际条约，除《海洋法公约》之外还有其他调整北极事务的双边或多边条约。其中大部分都是环北极国家间签订的。这些双边或多边条约主要包括涉及三个方面，即关于领土主权的条约、关于海洋划界的条约、关于环境保护的条约。

适用于北极地区的关于领土主权条约主要有：

1. 1825 年沙俄与英国的条约。1821 年沙皇颁布命令，宣布从白令海峡到北纬 51°之间沿海 100 英里一直延伸到美洲西北海岸为俄国领海，禁止所有外国人进入。1825 年 2 月 28 日沙俄和英国在圣彼得堡缔结条约，解决这一争端。条约第 1 条规定："双方同意，缔约双方的人民在统称为太平洋的那个大洋中的任何部分，无论是在航行，或在捕鱼，或在尚未被占领的任何部分的海岸登陆以便和土著贸易，均不受扰乱和侵犯。"该条约第 3 条规定了西经 141°为阿拉斯加和加拿大之间的界线。后来，在 1867 年俄国将阿拉斯加卖给美国的条约中，该线成了美国（阿拉斯加）和加拿大之间的分界线。

2. 1920 年《斯瓦尔巴德条约》。1920 年 2 月 9 日，挪威与美国、丹麦、法飞国、意大利、日本、荷兰、英国、瑞典在巴黎签订《斯瓦尔巴德条约》，也称《斯匹茨卑尔根群岛条约》（Spitsbergen Treaty）。该条约承认挪威对于斯匹次卑尔根群岛、连同熊岛，包括东经 10°~35°间、北纬 74°~81°间一切岛屿在内，特别是西斯匹次卑尔根、东北地、巴伦支岛、爱崎岛、威治岛、希望岛、查理亲王地以及附属大小岛屿、岩礁，在该条约规定的条件下，具有充分和完全的主权。缔约各国的船舶和国民有权在此地区和其领水内行使捕鱼和打猎的权利。挪威有权维持、采取或公布适当的措施，以便保证在上述地区和其领水内保全并在必要时恢复动物和植物资源。此项措施也应始终一律适用于所有缔约国的国民，而对各缔约国任何一国均不得给予任何直接或间接的豁免、特权和优遇。一切缔约国的国民应有同等的进入、停留于该条约规定地区的水域、海湾和海港的自由，不论因何原因，为何目的，在遵守当地法律规章的条件下，在完全平等的基础上，他们可以在那里毫无阻碍地从事一切海洋、工业、矿业和商业等活动。他们可以在同等的条件下，在陆地上或在领水内，从事一切海洋、工业、矿业或商业活动，在任何方面，不论任何企业，均不得建立任何垄断。

我们应当注意，我国是《斯匹次卑尔根群岛条约》缔约国。依照该条约的规定，我国国民有权进出北极的群岛地区从事科研等活动。①

3. 1867 年美、俄购买阿拉斯加条约。1867 年 3 月 30 日，美、俄于华盛顿缔结关于购买阿拉斯加的条约，与俄罗斯购买阿拉斯加条约［Treaty with Russia（Alaska Purchase）］。条约的核心内容就是美国向俄罗斯支付 720 万美元，俄罗斯将阿拉斯加的领土主权转让给美国。该条约第一条确定的美、俄分界线是自北纬 65°30′，西经 168°58′37″ 的起始点，海上边界线沿西经 168°58′37″ 向北延伸，从白令海峡及楚科齐海中间穿过，到达北冰洋，至国际法所允许的最远处。

适用于北极地区的关于海洋划界的条约主要有以下 7 项：①1957 年挪威和苏联领海划界条约；②1965 年挪威和英国大陆架划界条约；③1973 年丹麦和加拿大大陆架划界条约；④1979 年丹麦和挪威大陆架和渔区划界条约；⑤1979 年冰岛和挪威（杨马延岛）大陆架划界条约；⑥1990 年美国和苏联白令海和楚科奇海划界条约；⑦1997 年丹麦和冰岛关于格陵兰岛和冰岛的海域划界条约。

环北极国家间签订的专门适用于北极地区的环境保护方面的条约等法律文件主要有：

（1）北极环境保护战略。1991 年 6 月，环北极国家在于芬兰举行的部长会议上制定了《北极环境保护战略》（Arctic Environmental Protection Strategy）。它是一个没有拘束力的环境保护文件。《北极环境保护战略》的工作通过 5 个工作组完成。这 5 个工作组是：第一，北极监测和评估项目。该项目从事、协调和评估有关北极的化学和放射性污染物的研究。第二，北极动植物养护项目。该项目从事、协调和评估有关受威胁或濒临灭绝的北极物种的研究。第三，保护北极海洋环境工作组。该项目研究有关人类活动对海洋环境影响方面的问题。第四，危机防止、准备和应对工作组。该工作组研究跨界事故的危险并促进国际合作。第五，可持续发展和利用工作组。该工作组通过研究和解决贸易壁垒政策，鼓励当地和土著人可持续地利用北极的自然资源。

（2）1972 年苏联与美国签订的环境保护合作协定。该协定规定双方应特别在防治空气污染、北极和亚北极生态系统保护、海洋环境保护等方面进行合作。双方声明，它们将根据互相同意的原则，把这种合作的成果交给其他国家使用。为了执行该协定，双方约定建立环境保护合作混合委员会。该委员会通常一年一次在莫斯科或华盛顿轮流举行。混合委员会将制订合作的具体措施和规划，确定

---

① 关于我国在北极地区享有的权利，可参阅史春林：《北冰洋航线开通对中国经济发展的作用及中国利用对策》，载《经济问题探索》2010 年第 8 期，第 51 页；袁力：《中国首个北极考察站"黄河站"》，载《森林与人类》2004 年第 8 期，第 41 页。

参加负责实现这些规划的组织；在必要的情况下，向双方政府提出建议。①

（3）1973 年北极国家签订的《北极熊养护协定》（The International Agreement on the Conservation of Polar Bears）。1973 年 11 月 15 日由 5 个北极国家订于奥斯陆。订约国承认北极国家在保护北极地区动植物方面的特殊责任和利益；承认北极熊是北极地区重要的资源，需要格外保护。除了第三条规定的情况外禁止猎杀、屠杀和捕获北极熊。

（4）1976 年美国与苏联签订的候鸟及其环境养护协定。1976 年 11 月 19 日签订于莫斯科。两国意识到候鸟是有着巨大科学、经济、美学、文化、教育、娱乐和生态价值的自然资源。两国为了在实施养护候鸟及其环境达成该协议。

（5）1983 年加拿大与丹麦签订的关于海洋环境的合作协定。20 世纪 80 年代初期，加拿大打算批准一个"运输碳氢化合物的北极试验项目"，格陵兰对该运输经过巴芬湾和戴维斯海峡表示严重保留态度。为了解决相关问题，1983 年 8 月，加拿大和丹麦签订了关于海洋环境的合作协定。该协定规定，对领海以外的运输通道进行识别、监测和审查。

（6）1988 年加拿大与美国签订的北极合作协定。1988 年 1 月 11 日签订于渥太华。协定规定，两国承认它们作为北极邻国的特殊利益和责任。两国确认，北极航行和资源开发决不能损害该地区独特的环境以及该地区居民的福祉。鉴于两国之间的密切友好关系、冰封海域的独特性、在破冰船航行过程中增进北极海洋环境知识的机会，以及破冰船在它们北极海岸外安全有效的航行是它们共同的利益，美国和加拿大政府承诺用它们的破冰船在各自北极水域中便利航行，并为此目的开展合作。两国政府同意，按照一般接受的国际法原则，利用它们的破冰船航行增进和分享研究信息，以便增进对该地区海洋环境的了解。

（7）2000 年美国与俄罗斯签订养护和管理阿拉斯加—楚科奇北极熊数量协定。2000 年 10 月 16 日，美国和俄罗斯签订协定以养护两国都有的北极熊。该协定统一了管理计划，号召当地居民和组织积极参与对北极熊的养护。协定规定了长期的联合项目，例如栖息地和生态系统的养护、基于可持续的捕获分配、生物信息收集等。

---

① 城乡建设环境保护部环保局海洋环境保护法执行情况调研组：《国内外海洋环境保护法规与资料选编（内部资料）》（下册），1984 年。

第二章

制定中国海洋战略的国际环境

美国学者希尔·琼斯认为："分析组织内外部环境以及选择合适战略的任务通常称为战略制定。"① 按照这个理解，战略是一种无法脱离组织内部和外部环境的选择。我们所做的中国海洋事业发展战略的思考也必须同中国的对外关系——中国所处的国际环境联系起来。首先，"一个国家战略目标的制定是主观需求与环境限制的相互妥协的过程。"本国利益与他国利益之间的关系决定了，我们必须把本国战略放在国际关系中来思考。在这一点上可以说，"知道自己能够获得什么比知道自己希望获得什么有意义。"② 其次，海洋的广泛连通特点决定了任何一个国家的海洋政策都带有一定程度的涉外性，要求制定海洋战略必须充分考虑国际关系和世界形势。我国应该制定怎样的海洋事业发展战略，能够制定怎样的海洋事业发展战略，只有在对国际环境有了充分的了解，做了深入的利弊分析之后才能给出科学的答案。我们认为，在制定中国海洋事业发展战略时，出洋通道、海洋划界、主权争端等都是必须考虑的因素。

在上一章中我们对我国的陆情和海情等做了简单的总结，通过这一总结我们对自己的家底已经有所了解。对家底的了解可能引起两种不同的反应：第一种，陆地资源、发展空间不足，因而向外寻找资源、开拓外部空间。总之，向海洋进军。③ 第二种，家底是否允许走向海洋进军之路。这第二种反应可能产生的结果

---

① ［美］希尔·琼斯：《战略管理》，中国市场出版社 2005 年版，第 10 页。
② 刘清才、高科：《东北亚地缘政治与中国地缘战略》，天津人民出版社 2007 年版，第 339 页。
③ 新加坡对其海洋家底的了解，产生的正确反应是靠海峡吃海峡、管好海峡就发家。

之一是家底太薄不适合走向海洋进军之路。这一结果可能是符合海情、陆情的。但这是一个让人心灰意冷的结论。尽管需要向海洋进军，但却没有向海洋进军的条件。一个完全没有出海口的内陆国家显然无法指望实施什么兴海战略。但是，在第一种反应十分强烈的前提下，第二种反应也可能产生另一种结果，即虽然家底不允许向海洋进军，或不具备向海洋进军的良好条件，但也要努力突破不利条件的限制，走向海洋进军之路。在了解了我国海洋事业的国际环境后，我们会发现，其实摆在中国人民面前的就是这样一种选择：虽然我们没有向海洋进军的良好条件，但为了中华民族的繁荣，为了中国的未来，在更广泛的意义上，也为了人类共同的未来，我们必须走向海洋，包括创造条件走向海洋。

第一节　出洋通道与国际关系

21世纪被称为海洋世纪，这一判断把人类最近百年的发展与海洋紧密地联系在一起，给这个世纪涂抹了海的颜色。然而，海蓝不是21世纪仅有的特点。与海洋的广大、广泛连通特点相关联，21世纪这个海洋的世纪还是一个全球化高歌猛进的世纪。这个世纪，因为是海洋的世纪，要求所有的国家和所有国家的人民走向海洋、亲近海洋，使所有国家和所有国家的人民更加依赖海洋；同时，要求所有的国家和所有国家的人民走向世界、亲近本土以外的世界，使所有的国家和所有国家的人民更多地把自己的幸福和快乐寄托于其他国家和其他国家的人民的合作和支持。

我们必须走向海洋，必须走向世界。从海洋走进世界是明智的选择，因为沿着这条路线既可以实现走向海洋，又可以实现走向世界。

中国怎样才能走向海洋？海洋首先是一个地理概念，而要走进地理的海洋，就得先考虑走进海洋的地理条件。中国进入大洋主要有8条通道，由北向南依次为：（1）"黑龙江—鄂霍茨克海—太平洋"通道；（2）"图们江—日本海—太平洋"通道；（3）"黄海—朝鲜海峡—日本海—太平洋"通道；（4）"东海—太平洋岛链—太平洋"通道；（5）"南海—巴士海峡—太平洋"通道；（6）"南海—苏禄海—苏拉威西海—太平洋"通道；（7）"南海—马六甲海峡—印度洋"通道；（8）"南海—爪哇海—印度洋"通道。

出洋通道这一地理条件对我国走向大洋是十分重要的，对我国整个海洋事业也是十分重要的。同时，这种重要性对我国周边的国家、亚太地区的其他国家也是适用的。季国兴先生的一段话大概可以反映这种情况，尽管这段话不是专门就出洋通道而讲的。他说：

"东亚地区 30 年来的经济发展是与海运贸易紧密相连的，多数东亚国家是出口导向型经济结构，其对海运的依赖性更强，海上运输线在 21 世纪对东亚地区的重要性将越加显现。因此海运线的安全正成为东亚国家战略思想和政策制定上的一项优先考虑事项。"①

海运线显然不能脱离海运通道，没有通道的地方无法成为海运线。这些海运线，尤其被地理条件决定的通道中的海运线，在当今时代是国民经济的生命线。季先生把它叫作"一个国家同外界联系的纽带"，"一个沿海国家的海上生命线"。②

因为是生命线，所以不由各国不重视。而这种重视引来的是把生命线变成焦点，有时也就是矛盾的焦点、争夺的焦点。从以往学者对与我国出洋通道有关议题的讨论中我们可以总结出一个显而易见的结论，即越是经济、军事价值大的通道，与其有关的国际关系便越复杂。

让我们粗略地了解一下这些通道的"通行"状况吧。

一、鄂霍次克海入洋通道

我国不是鄂霍茨克海的沿岸国家，但不管是按历史传统还是按《海洋法公约》的规定，我国都可以沿黑龙江经黑龙江入海口进入鄂霍茨克海，并经鄂霍茨克海进入太平洋。

黑龙江的入海口在鞑靼海峡（Strait of Tartary）。鞑靼海峡南接日本海，北接鄂霍茨克海，而鄂霍次克海通过千岛群岛诸海峡与太平洋相连。黑龙江—鄂霍次克海入海通道既是中国的一条重要的入洋通道，同时又是中国与俄罗斯鄂霍次克海海沿岸、日本国日本海沿岸连接的重要通道。作为中国入洋通道的鄂霍次克海海通道更具体的表述是"黑龙江—鞑靼海峡—鄂霍次克海—千岛群岛诸海峡—太平洋"通道。

黑龙江出海口曾经是中国古代进入鄂霍次克海（Sea of Okhotsk）东出太平洋或南下日本海的重要入海通道之一。依据《尼布楚条约》，黑龙江和乌苏里江流域包括库页岛在内的广大地区是中国领土，中国是鄂霍茨克海的沿岸国。中国官民可以自由地沿黑龙江进入鄂霍次克海，就像沿长江进入东海一样。1858 年，沙皇俄国通过《瑷珲条约》，强迫清王朝将黑龙江以北、外兴安岭以南 60 多万平方公里的大清国领土划归俄国，这样原属中国内河的黑龙江和乌苏里江将落入

---

① ② 季国兴：《中国的海洋安全与海域管辖》，上海人民出版社 2009 年版，第 92 页。

沙皇俄国之手。虽然《瑷珲条约》并不禁止大清船只在黑龙江航行，但两国间的紧张关系决定了中国难以再利用黑龙江进入海洋。

新中国成立后，我国政府积极建立和发展与当时的苏联的经济贸易往来以及发展对苏贸易所需要的水上运输业。1951 年 1 月，中苏两国政府交通主管部门签署了《关于黑龙江、乌苏里江、额尔古纳河、松阿察河及兴凯湖之国境河流航行及建设协定》，并据此成立了中苏国境河流航行联合委员会。1957 年 12 月21 日，中苏签订《中华人民共和国政府和苏维埃社会主义共和国联盟政府关于国境及其相通河流和湖泊的商船通航协定》（以下简称《协定》）。两国政府"基于进一步发展两国之间的物资交流的愿望"，"愿互相提供黑龙江、松花江、乌苏里江、额尔古纳河、喀喇额尔齐斯河、伊犁河、松阿察河及兴凯湖商船通航的方便条件"，基于此签订该《协定》。《协定》规定，"缔约双方""遵守相互和平等的原则，采取措施，以便缔约双方的商船在黑龙江（包括苏维埃社会主义共和国联盟境内黑龙江下游至出海口）、松花江、乌苏里江、额尔古纳河、喀喇额尔齐斯河、伊犁河、松阿察河的通航全程和兴凯湖，以及有关港口，于通航季节昼夜任何时间内可能和自由通航"。① 这一规定为我国船舶沿黑龙江通海提供了法律依据。依据这一规定，作为中苏两国"国境"河流的黑龙江，以及作为"国境"河流的"相通河流"的"苏维埃社会主义共和国联盟境内黑龙江下游"将成为中国"商船"进出海洋的通道。这条通道提供的出入海洋的线路涉及黑龙江水系各港口和俄罗斯布拉戈维申斯克、哈巴罗夫斯克、共青城、尼古拉耶夫斯克等港口，最后从黑龙江下游港口尼古拉耶夫斯克附近入海。由尼古拉耶夫斯克入海的船舶可以穿越鄂霍次克海经千岛群岛各海峡进入太平洋；也可以经鞑靼海峡进入日本海，实现对日本、韩国等东北亚各国以及中国东南沿海的江海直达运输。

这是一条黄金水道，尤其对于我国东北地区来说更是如此。它可以把我国哈尔滨、牡丹江、绥芬河等地的口岸经俄罗斯的符拉迪沃斯托克港或东方港与世界各地港口和中国沿海港口连接起来。不过，中苏《协定》签订后不久，两国关系恶化，中国沿黑龙江出海的愿意由此被推迟。我国实行改革开放政策以来，在利用"中苏国境河流航行联合委员会"等机制，积极寻求恢复该《协定》的效力。20 世纪 90 年代初实现了我国船舶沿黑龙江出海航行。

1992 年，满载 2 000 吨玉米的轮船自佳木斯港起航，途经松花江、黑龙江下游抵达黑龙江出海口俄罗斯马戈港，经过江海两用船换装后穿越鞑靼海峡进

---

① 《中华人民共和国政府和苏维埃社会主义共和国联盟政府关于国境及其相通河流和湖泊的商船通航协定》第一条。

入日本海，于 8 月 4 日抵达日本酒田港。此次江海联运货物标志着我国沿黑龙江入海航行通道正式开通，也由此结束了 130 多年来黑龙江水道对我国封闭的历史。

黑龙江入海航行线路开通之后，1993 年，黑龙江省编制了《黑龙江江海联运规划》。规划预测的主要运输货物品种为粮食，预测 2000 年、2010 年、2020 年的货运量分别为 50 万吨、110 万吨、160 万吨。从黑龙江航线开通后的实践看，该航线也为黑龙江地区大型设备的外运提供了便利。2008 年 8 月 20 日，运载哈尔滨电机厂 438 吨定子的江上运输船队从哈尔滨港东船码头出发，经松花江、黑龙江至抚远县抚远港，并与先期到达的江海两用船"木兰"号进行换装。"木兰"号于 9 月 4 日 16 时从抚远港起航，经俄罗斯尼古拉耶夫斯克港驶入鞑靼海峡，于 9 月 21 日顺利运至广东汕头港。11 月 15 日，再次运载这种大型设备的江海两用船顺利到达广东汕头港，并在广东大唐国际潮州发电有限责任公司重件码头卸船。

这条航线在历史上的两次中断，历经 130 多年，说明它的可航行价值的发挥以中国与俄罗斯（苏联）两国关系的好坏为转移。另外，依据《中华人民共和国政府和苏维埃社会主义共和国联盟政府关于国境及其相通河流和湖泊的商船通航协定》，利用该通道的船舶只能是"商船"。这也就是说，"友好"和"和平"是我国利用这条黄金水道的必要条件。

二、日本海入洋通道与国际关系

前文谈道，我国通过黑龙江可以进入日本海，再经日本海可以进入太平洋。这里所说的日本海入洋通道指的是由图们江进入日本海的入洋通道。

中国的船只由图们江进入日本海，主要有三条通道可以进入太平洋。第一条通道，北上穿越鞑靼海峡（Strait of Tartary）进入鄂霍次克海，再由千岛群岛诸海峡进入太平洋。这条通道的从鞑靼海峡到太平洋的部分与鄂霍次克海通道重合。第二条通道，东出穿过库页岛（Sakhalin，俄罗斯称萨哈林岛）和日本北海道（Hokkaido）之间的宗谷海峡（The Soya Strait，又称拉彼鲁兹海峡）进入太平洋。第三条通道，经日本本州岛（Honshu island）和北海道之间的津轻海峡进入太平洋。

图们江是经我国流入日本海的一条河流，但在图们江入海之前的一段河道是俄罗斯和朝鲜的界河，不是我国领土。图们江边的中国防川村中俄土字界碑距离日本海的直线距离为 10 公里，防川村北的中国五家山哨所边界距日本海只有 3 公里。中国就被这一线之隔隔离在日本海之外。

不管是依据《海洋法公约》的规定，还是中俄、中朝之间达成的边界协议，中国都有沿图们江出海航行的权利。高之国教授等对我国图们江出海权作过非常深刻的论证。① 中国和俄罗斯的边界谈判的结果也承认中国有经图们江出海航行的权利。

早在 1886 年的中俄"岩杆河勘界谈判"就涉及我国的图们江航行权问题。中方使臣吴大澂坚持要求出海权，最后谈判达成的《中俄珲春东界约》确认中国有权沿图们江航行出海。② 这一"界约"的规定奠定了中国图们江出海航行权的条约基础。当 1964 年中苏边界谈判再次提到图们江航行权的问题时，苏方不否认我国享有此项权利。在问及朝鲜方面的态度时，朝方表示，"中国船只通过图们江下游没有任何问题"。20 世纪 80 年代，中苏再开边界谈判。1991 年达成的《中苏东段边界协定》宣称：苏联"同意中国船只（悬挂中国国旗）可沿本协定第二条所述第三十三界点以下的图们江（图曼那亚河）通海往返航行"。在这之后，我国外交部与朝方交涉此事，朝鲜外交部再次正式表示，"朝鲜政府同意中国船只在朝苏之间图们江水域航行"。③ 从上述条约、交涉来看，中国已经取得了图们江出海航行权。

我国不仅依据有关国际公约、条约享有图们江出海航行的权利，而且这条航行通道还曾经进入建设、使用的议程。《清史稿》有以下两则记载：

"（宣统）三年……戊申，吉林濬图们江通于海。"④

"宣统三年，吉林巡抚陈昭常创办吉林图长航业公司，自沪越日本长崎达图们江。以沪商朱江募赀为之。此皆于招商局外别树一帜者也。"⑤

宣统三年即公元 1911 年。虽然"吉林图长航业公司"因受日本的干扰而没有实现在图们江上长期营运，但清朝政府事实上已经行使了图们江出海权，已经为使用图们江航行通道做好了准备。

在《中苏东段边界协定》正式达成之前，因为在图们江出海权问题上已经得到了苏联和朝鲜的认可，我国于 1990 年 5 月实施了图们江复航试验。⑥ 1991年 5 月《中苏东段国界协定》正式生效，中国沿图们江俄罗斯一侧的出海权得

---

① 高之国：《从国际法论我国在图们江的出海权》，载高之国、张海文：《海洋国策研究文集》，海洋出版社 2007 年版，第 597～606 页。

② 李德潮：《中国图们江通海航行权利与图们江国际合作开发》，载高之国、张海文：《海洋国策研究文集》，海洋出版社 2007 年版，第 530～539 页。

③ 李德潮：《中国图们江通海航行权利与图们江国际合作开发》，载高之国、张海文：《海洋国策研究文集》，海洋出版社 2007 年版，第 533 页。

④ 《清史稿·宣统纪》。

⑤ 《清史稿·交通志》。

⑥ 日本占领朝鲜和中国东北时期曾经开通了图们江运输线，那时图们江上也出现过繁忙的运输景象。所以，现在争取在图们江上航行可以叫复航。

到了恢复和法律上的保证，历史由此翻开新的一页。1991 年和 1993 年，我国又两次派科学考察船实施图们江和日本海科学考察。[①] 从这些举动来看，新中国历史上的图们江航行马上就要开始了。在法律上我们有权利在图们江上航行，中国政府也为使用图们江通道做过准备工作，但可惜的是，直到今天，这条通道依然是有而不通。

通道不通，显然不是自然的原因，而是政治环境造成的。教育部东北亚重点研究基地吉林大学东北亚研究院的专家认为，"作为一个整体，东北亚地区始终充满国家间的对抗、军备竞赛的升级、大规模杀伤性武器的扩散和潜在的军事冲突"。[②] 这样的国际关系中的有关国际事务决定了这条通道一时还难以打通，或者说，这一通道的打通还需要付出更艰苦的努力，还需要等待或创造出更合适的条件。

图们江通道对我国来说，不管是在经济上还是在军事上都具有重要的战略意义，对整个东北亚经济的发展也具有重要作用。但其所具有的重要性或许正是其一时难以畅通的原因。即使将来实现了通航，即使我们的船舶或者船队如我国希望的那样通过图们江进入日本海，进而穿行于亚、美大陆和日本之间，这条通道也始终都是处于俄罗斯、朝鲜的夹缝中间。不管是军事的事件，还是经济、政治的变故等，都可能导致这条通道出现阻滞。

三、黄海出洋通道与国际关系

我国享有管辖权的几个海域是连接在一起的，从北到南分别是渤海、黄海、东中国海和南中国海。这四大海域中，除渤海是我国的内海，无法直接进入国际水域和外国管辖水域之外，其他三大海域均与国际水域或外国管辖水域相连。

"黄海—朝鲜海峡—日本海—太平洋"通道从我国管辖海域黄海出发，穿过朝鲜海峡进入日本海。从日本海北上或东进，皆可进入太平洋（见本章对"日本海入洋通道"的讨论）。

沿着这条通道可以到达俄罗斯的远东地区，包括日本海沿岸、鄂霍次克海沿岸、白令海沿岸，北美大陆的加拿大、美国的西海岸，也可以通过白令海峡进入北冰洋，沿北极航道之一的西北航道（the northwest passage），穿越兰开斯特海

---

① 李德潮：《中国图们江通海航行权利与图们江国际合作开发》，载高之国、张海文：《海洋国策研究文集》，海洋出版社 2007 年版，第 530～539 页。

② 刘清才、高科：《东北亚地缘政治与中国地缘战略》，天津人民出版社 2007 年版，第 26 页。

峡、巴罗海峡、梅尔维尔子爵海峡、麦克卢尔海峡等进入北美大陆的北部水域，[①] 向西沿北方海航道（northern sea route）进入俄罗斯北部水域。继续西行则可沿东北航道（northeast passage）进入大西洋，到达冰岛等地。[②]

这是我国东北地区和华北地区通过海路与东北亚连通的重要通道，是我国与日本，尤其是日本北部、俄罗斯、美国、加拿大海上运输、贸易的重要通道。历史上我国许多海运船舶都是穿越这条通道完成对东北亚地区的货物运输任务的。然而这条通道是否畅通取决于韩国和日本之间的关系，取决于这两个国家对中国的关系。津轻海峡直接受控于日本，而朝鲜海峡十分容易受日本和韩国对外政策的影响。尽管韩国和日本在朝鲜海峡都采取了压缩领海宽度的措施，[③] 为非本国船舶航行提供了使用国际通行海峡的便利，[④] 但这种便利更多地是存在于和平时期。

四、东中国海出洋通道与国际关系

东中国海是西太平洋和中国大陆之间的一片海域，其西岸是中国大陆，北与黄海相连，南端是台湾岛，通过台湾海峡与南中国海相连，东部被九州岛、日本南部诸岛、琉球群岛所包围。欲从东中国海走进大洋，除北上黄海、朝鲜海峡，南下台湾海峡之外，只有从台湾岛到日本九州岛之间被岛链分割的水域中寻找出路。

日本九州岛南端与大隅诸岛之间的大隅海峡是一条通道。另外，台湾岛和琉球群岛之间的开阔水域也是一条通道。从东中国海越过由日本九州岛、日本南部诸岛、琉球群岛等构成的太平洋岛链，便进入太平洋。出太平洋之后，船舶北上可达日本东海岸、俄罗斯东海岸，东进可达美洲大陆，南下可达大洋洲诸国，亦可越过大洋洲到达南极洲。

---

① 关于西北航道的详细情况，可参阅郭培清：《北极航道的国际问题研究》，海洋出版社 2009 年版，第 1～5 页。

② 北方方海航道是东北航道的一部分（详细情况可参阅郭培清：《北极航道的国际问题研究》，海洋出版社 2009 年版，第 12～17 页）。

③ 日本和韩国都宣布其领海宽度为 12 海里，但两国都主动把在朝鲜海峡的领海宽度确定为 3 海里。这是因为如果执行 12 海里领海宽度，朝鲜海峡，尤其是朝鲜海峡中的对马海峡（最窄处只有 40 公里宽）就都处于两国的领海之中。这样会给来往船舶通行带来很多麻烦（参见季国兴：《中国的海洋安全与海域管辖》，上海人民出版社 2009 年版，第 94～95 页）。

④ 依照《联合国海洋法公约》的规定，"在公海或专属经济区的一个部分和公海或专属经济区的另一个部分之间的用于国际通行的海峡"（第三十七条），除《公约》有例外规定的情况外，"所有船舶和飞机均享有过境通行的权利，国境通行不受阻碍"（第三十八条）。

尽管日本将大隅海峡海域的领海宽度限定为 3 海里,① 为外国船舶利用该海峡提供了便利,但中日之间时常出现的外交上的不和谐使这份便利难以为中国船舶受用。

琉球在历史上曾经是大清帝国的藩属。"二战"结束后曾经由美国"托管"。1972 年,美国将琉球的行政管理权交给日本。从法理上来说,琉球并不是日本的一部分,而是一个主权未定的区域。② 尽管如此,由于行政管理权在日本,所以,琉球的军事、外交等,事实上都由日本掌握。也就是,我国对琉球的关系只能用我国与日本的关系来解释和说明。当中日关系紧张时,那便意味着中国和琉球的关系也进入紧张状态。反过来,中日关系正常时,我国和琉球的关系也便是正常的。

除此之外,东中国海出洋通道的使用还受制于另外两个因素,其一是日本长期占领我国的钓鱼岛;其二是我国的台湾同大陆处于分离状态。

台湾和钓鱼岛是我国直接面对太平洋的陆地国土。③ 如果台湾在我国政府控制之下,所谓东中国海出洋通道的问题便不再是个问题。如果是那样的话,讨论从东中国海出洋就无需使用通道概念,因为台湾以东就是浩瀚的太平洋。从台湾出发在太平洋里航行要解决的是方向和目的地问题,而不是入洋通道问题。然而,现在,台湾海峡两岸分离的状态、日本对钓鱼岛的占领,不仅造成了中国大陆和中国台湾的政治分离,而且客观上造成了一个被封锁在东中国海以内的中国大陆地区这样一个局面。在东中国海找入洋通道就是在形成了这种封锁之后给我们带来的困局。如果日本对钓鱼岛的占领不能结束,如果台湾与大陆分离的状态不能结束,中国大陆就不得不一直小心翼翼地在东中国海上寻找出洋通道。

日本学者平松茂雄对中国难以走进大洋的分析说明了我国所处的境况是多么困窘。他说:

"中国要进入太平洋或印度洋,就必须打破其被周边国家包围的局面。日本占据重要的战略位置,同中国台湾、菲律宾形成了对中国的包围网。中国必须通过日本西南诸岛海域或者通过中国台湾同菲律宾之间的巴士海峡才能进入远洋,而这两者都处于日本海上自卫队能够轻易实施封锁的势力范围之内。"④

如果说对朝鲜海峡、津轻海峡的使用在不发生重大军事、政治变故的情况下

---

① 季国兴:《中国的海洋安全与海域管辖》,上海人民出版社 2009 年版,第 95 页。

② 徐祥民:《美国将琉球群岛返还给日本的国际法效力》,载高之国等:《国际海洋法发展趋势研究》,海洋出版社 2007 年版,第 199 ~ 210 页。

③ 钓鱼岛原本是台湾的附属岛屿,所以,在不加特别说明的情况下说台湾或台湾地区自然包括钓鱼岛在内。

④ [日]平松茂雄:《中国进入海洋与海上自卫队的作用》,载《世界周报》2002 年 8 月 20 日。转引自朱凤兰:《亚太国家的海洋政策及其影响》,载《当代亚太》2006 年第 5 期,第 36 页。

都是自由的，因为在这个地区我国与韩国、日本之间不存在领土争端，从而也就不存在军事上的对立和冲突，那么，在台湾岛及钓鱼岛地区情况却有所不同。日本对钓鱼岛的非法占领虽不至于即刻引发两国之间的军事冲突，但双方的矛盾是尖锐的，这种矛盾的表现形式常常是武装的。北京大学中国战略研究中心的戴旭研究员对美日联手在东中国海地区对付中国的情形的总结可以在一定程度上反映中日矛盾的激烈程度，或者说是日本方面制造的矛盾的激烈程度。他谈道：

"几年前，日本防务厅成立了'离岛特种部队'，——陆上自卫队西部方面军步兵团，还秘密制定了有关钓鱼岛的'防御'作战计划——'西南诸岛有事'应对方针。内容是：当西南诸岛'有事'时，防卫厅除派遣战斗机和驱逐舰外，还将派遣多达5.5万人的陆上自卫队和特种部队前往。"

"2008年11月，美日两国在硫磺岛附近举行的联合演习中，设置了专门针对中国的演习课目，假想中国'武装占领'钓鱼岛，驻日美军与日本自卫队共同对中国的军事力量发动进攻并夺回岛屿。"

"2009年2月上旬，日本媒体报道日本将在钓鱼岛海域常驻可搭载直升飞机的海巡船，招致中国强烈抗议和警告。2月中旬，日美在冲绳（琉球）海域展开声势浩大的演习，双方战舰达到21艘。美国还派出刚抵达日本不久的一艘核动力航空母舰，规模阵势为冷战后所罕见。"

"2月16日，美国国务卿希拉里访日，日美双方签订驻冲绳（琉球群岛）美军迁往关岛的协议。"

"2009年3月，日本第一艘直升机航母正式服役，几个月后，另一艘直升机航母也下水试航。"

"7月初，日本防卫省证实（疑为'正式'——引者注）计划派遣陆上自卫队进驻日本最西南侧、位于东海的与那国岛。这是地位未定的琉球群岛的一部分。与那国岛距离台湾花莲只有110公里，距钓鱼岛170公里，距日本现在所谓的冲绳却有500公里。"

根据这一系列的举动，戴旭先生分析道："日本在'二战'后并没有退回到近代史的原点，反而又站在1879年吞并琉球、入侵中国和亚洲的起点上。"①

不管是我国大陆与台湾的分离现状，还是日本对我钓鱼岛的占领以及其所谋求的长期霸占，都显然不利于我国对周围海域的使用，更不要说把钓鱼岛及其周

---

① 戴旭：《一位空军上校的"盛世危言"："C"字型战略包围中国》，载《社会科学报》2010年3月18日。戴旭先生所称之"近代史的原点"或为《波茨坦公告》规定的日本的主权范围。《公告》第八条规定："开罗宣言之条件必将实施，而日本之主权必将限于本州、北海道、九州、四国及吾人所决定其他小岛之内。""吾人"指波茨坦公告的签约国家，即美国、中国、英国，或《公告》第一条所说"美国总统、中华民国政府主席及英国首相代表余等亿万国民"。

围海域当作直接面对太平洋的平台了。根据我国台湾与大陆分离的现状，台湾直接面对太平洋的天然条件只对台湾有效，对大陆是没有意义的。不管是军事上，还是在民间的运输、贸易方面，大陆都很难在这里得到便利。尽管近年来两岸关系走向密切，但是，只要两个政府的局面没有改变，只要不能彻底结束两个政权的对立状态，已经开展的密切接触无法从根本上改变台湾构成封堵中国大陆进入太平洋的封锁线的一个重要环节的局面。

五、南中国海出洋通道与国际关系

南中国海被中国大陆、我国的台湾岛、菲律宾群岛、加里曼丹岛、马来半岛、中南半岛所包围。南中国海中散布着大小不等的岛屿共 433 个，它们组成东沙群岛、西沙群岛、中沙群岛和南沙群岛四个岛群。在大陆和半岛、群岛之间，南中国海又与其他海洋相连。从南中国海可以更清楚地认识世界（各国）广泛联系的特点：南中国海联系着美国、中国、日本、东盟、印度、欧洲几乎所有国家。[①] 南中国海与其他海域连通的主要通道有中国大陆和台湾岛之间的台湾海峡、台湾岛和菲律宾群岛之间的巴士海峡（Bashi Channel）、菲律宾群岛和加里曼丹岛（Kalimantan Island，也译作婆罗洲，Borneo）之间水域、加里曼丹岛和马来半岛（Malay Peninsula，亦称克拉半岛，Kra Peninsula）之间水域。作为我国的出洋通道则主要是台湾岛和菲律宾群岛之间的巴士海峡、菲律宾群岛和加里曼丹岛之间水域、加里曼丹岛和马来半岛之间水域。

（一）"南中国海—巴士海峡—太平洋" 通道

"南中国海—巴士海峡—太平洋" 通道是我国南中国海的出洋通道之一。沿着这条通道，从南中国海越过巴士海峡既进入太平洋，可以在太平洋开阔的水域航行，也可到达大洋洲诸国，包括澳大利亚、新西兰、密克罗尼西亚联邦、巴布亚新几内亚、马尔绍群岛、瑙鲁、基里巴斯、所罗门群岛、瓦努阿图、萨摩亚、汤加等。

（二）"南中国海—苏禄海—苏拉威西海—太平洋" 通道

从南中国海东部经菲律宾管辖水域进入苏禄海（Sulu Sea），或从南中国海南部经巴拉巴克海峡（Balabac Strait）进入苏禄海，然后进入苏拉威西海

---

① 江洋：《美国亚太安全战略中的南中国海问题》，载《东南亚研究》1998 年第 5 期，第 33～37 页。

（Celebes Sea，亦称西里伯斯海）。苏拉威西海位于太平洋西部。

从苏拉威西海南行穿过望加锡海峡（Makassar Strait），可达爪哇海（Java Sea）和弗罗勒斯海（Flores Sea）。走这条线路，从爪哇海可进入印度洋。

（三）"南中国海—马六甲海峡—印度洋"通道

加里曼丹岛和马来半岛之间水域给南中国海留出了与其他海域连通的通道。其中一条通道在马来半岛和苏门答腊岛（Sumatra）之间，另一条通道在苏门答腊岛和加里曼丹岛之间。

马来半岛和苏门答腊岛之间是马六甲海峡（Strait of Malacca）。由南中国海西南部穿越马来半岛和苏门答腊岛之间的马六甲海峡，经安达曼海（Andaman Sea）进入印度洋（Indian Ocean）。这条通道经过马来西亚、新加坡、印度尼西亚等国，穿过马六甲海峡后可达缅甸、孟加拉、印度、巴基斯坦、印度洋岛国斯里兰卡、马尔代夫等国。这条通道也可到达非洲东岸，经阿拉伯海进入波斯湾，经红海穿过苏伊士运河可进入地中海。沿着这条通道，还可从印度洋南下，绕非洲南端的好望角进入大西洋。

（四）"南中国海—爪哇海—印度洋"通道

从南中国海进入苏门答腊岛和加里曼丹岛之间水域南下进入爪哇海，从爪哇海南部的爪哇岛的东西两侧均可进入印度洋。爪哇岛以南是开阔的印度洋。从印度洋东进可进入太平洋，到达大洋洲诸国、南美大陆，西行可达非洲大陆，绕非洲好望角可入大西洋，南下可达南极洲。

南中国海位于太平洋和印度洋两洋交界处，是一片交汇海。沟通两洋的特殊地理位置使南中国海成为重要的航行通道。据统计，每年通过南中国海的轮船超过 80 000 艘。其对各国海洋运输所做出的贡献使之赢得了"世界第三黄金水道"之称。[①]

南中国海是一条黄金水道，是兼具军事和经济价值的黄金水道。马来西亚《南洋商报》1991 年 9 月 22 日的文章称："东南亚的海空航线控制了日本 99%的石油输入，左右着美国第七舰队在西太平洋的巡防，在波斯湾的军事行动，以及太平洋地区总司令对印度洋的防守任务。"[②]

美国在南中国海的确具有重大利益，让我们看一看江洋、王义桅二位先生的分析。他们说：

---

① 张小明：《中国周边安全环境分析》，中国国际广播出版社 2003 年版，第 118 页。
② 江洋：《美国亚太安全战略中的南中国海问题》，载《东南亚研究》1998 年第 5 期，第 34 页。

"美国的南中国海政策首先是着眼于美国家利益的需要。南中国海对美国的利益主要包括经济利益、安全战略利益、政治利益等，其中经济利益是先导，安全利益是立足点，而政治利益则是美追求的根本目标。"

"从经济利益说，毋庸置疑最明显的是南中国海作为重要贸易通道的价值。与此相关的是美商业利益的考虑。本质上，美国是希望南中国海永久性地作为公海而存在的，以保证其军事与商业船只的通行自由及海上作业的不受干扰等，经济利益的又一方面是着眼于 21 世纪与日经济竞争的考虑。美国清楚，一旦美国在该地区不能发挥有效的影响，除了中国会积极推进'南进'政策以外，更有可能的是日本借口保护其贸易和航运通道为由发展军事实力来控制该水域。"

"其次是战略安全利益方面，南中国海作为连接印度洋与西太平洋防线中重要战略通道……在美国的'新月形防线'体系中，其军事主导权关系到台湾海峡的战略连线，而这恰恰是遏制中国的最主要支点；就美全球防御体系来说，南中国海又是其'波斯湾—南中国海—朝鲜半岛'战略大防线的关节点。"

"政治利益最为复杂，总体呈现出'遏制中国、影响东盟、安抚日韩'的战略考虑。"①

这的确是十分巨大的利益，是绝对不可忽视的战略利益。这种战略利益的存在使得美国不可能放松对这个地区的关注和渗透。

从存在于南中国海及其周边的复杂关系也能看出美国在这个地区以及在南中国海通道上的利益。江洋先生等分析道：

"南沙争端，已被形容为东盟国家间的'定时炸弹'。而随着越南于 1995 年加入东盟，南中国海争端遂演变成东盟内部及东盟有关国家与中国之间的主权争夺态势。争端各方中，菲律宾等是美国的军事盟友，马来西亚与文莱与美关系密切，越南从美原敌对国变成美颇感兴趣的新兴市场国，中国是美接触加遏制的对象，南中国海域也是美第七舰队'保护'的范围，是其重要的战略与贸易通道，这就是美国与南中国海争端复杂关系的背景。"②

正是因为南中国海、马六甲海鲜、印度洋有美国的重要利益，所以美国不会轻易停止在这个地区的活动，停止对这个地区的事务的关心，包括不会撤走可以对这个地区产生控制作用，至少是重要影响作用的第七舰队。相反，美国一直在努力扩大对这个地区的有关事务的参与，加强对这个地区的控制。正像贾宇先生

---

① 江洋：《美国亚太安全战略中的南中国海问题》，载《东南亚研究》1998 年第 5 期，第 37 页。
② 江洋：《美国亚太安全战略中的南中国海问题》，载《东南亚研究》1998 年第 5 期，第 33 页。

等指出的那样，"美国一直以维护马六甲海峡海上航行安全为名要求在海峡沿岸国驻军，表示愿意派遣海军陆战队和特种部队进驻马六甲海峡，搭乘高速舰艇进行巡逻，以协助那里的反恐斗争。"①

南中国海通道对美国具有战略意义，对我国也是至关重要。张文木先生对"南沙群岛"战略地位的估计就说明了这一点。他认为"南沙群岛""是我们寻求中太平洋国际资源的最起码的滩头堡。没有南沙群岛，我们就对马六甲海峡，从而对国际资源没有一点控制力"。② 他所说的"控制力"显然少不了通道的作用。在这个意义上，中国不仅会投入国力维护自己在南中国海上的主权，而且也应该花气力维护南中国海通道的安全。

除了中国、美国外，南中国海周边国家也会高度关注其在南中国海以及周围海域的利益。朱凤兰先生对由东南亚各国对海洋的态度引起的南中国海地区的竞争做了如下描述：

"东南亚地区国家普遍认为，未来的安全挑战主要来自海洋。为此，'冷战'结束后，特别是《联合国海洋法公约》生效后，东南亚国家纷纷制定了海洋强国战略，积极推行海上扩张政策，扩大其战略纵深，建立200海里专属经济区以远的海上防御圈。在此背景下，东南亚各国开始加速实施其海空军现代化建设，大量更新海军武器装备，并重点采购和建造适合在其专属经济区执行巡逻任务的导弹护卫舰、大型导弹巡逻艇、潜艇和战机，以充分发挥水面舰艇、潜艇、海军航空兵和海军陆战队的整体协同作战能力。泰国海军继续执行'蓝水'计划，发展远洋作战能力，其海军已建成东南亚第一支以航母为核心的战斗编队。越南为控制重点油气田，正在装备导弹护卫舰和潜艇。根据1995年总统签署的《武装部队现代化法案》，菲律宾海军在1996～2010年将得到55亿美元的拨款，这批款项将主要用于采购舰船和战机。马来西亚海军也在继续推行《20年发展计划》（1996～2010），计划到2010年采购54艘新舰艇。"③

这些竞争行为使得南中国海局势更加紧张，从而也使得被称为黄金水道的南中国海通道越发不太平。

不仅超级大国美国关注南中国海黄金水道，其能源主要通过南中国海通道运送的日本关注南中国海通道，南中国海周边国家关注南中国海通道，连印度也对南中国海通道有浓厚的兴趣。印度虽然在独立之初曾一度奉行先经济后国防的政策，在国际上高举不结盟旗帜，不太注重国际关系中的军事因素和对海洋的控

---

① 贾宇：《2004年我国周边海上形势综述》，载高之国、张海文：《海洋国策研究文集》，海洋出版社2007年版，第241～247页。

② 张文木：《经济全球化与中国海权》，载《战略与管理》2003年第1期，第93页。

③ 朱凤兰：《亚太国家的海洋政策及其影响》，载《当代亚太》2006年第5期，第35页。

制，但自 20 世纪 60 年代以来，该国转而采取"实力对实力"① 的态度，开始大规模发展海军。90 年代，印度人民党提出的竞选宣言甚至主张建造能够控制从新加坡到亚丁湾整个印度洋的舰队，还要给这个军队武装上"核牙齿"。② 印度的南进战略自 20 世纪 80 年代起已经有了明确的对抗目标——既要"针对美国的海上力量，也要遏制中国、日本、德国和法国海军进入印度洋"。90 年代以后，印度的南进战略又有了"东进"的倾向。其"东方海洋战略"就是这所谓东进的核心内容。"东方海洋战略"的重要内容是提高向马六甲海峡、南中国海地区投送军力的能力。进入 21 世纪，印度海军力量大肆东扩。其所谓国家安全的界限已经超出南亚，扩展到从波斯湾到马六甲海峡、南中国海的广大区域。按照他们提出的"从阿拉伯到南中国海""都是印度的利益范围"③ 的说法，印度已经不甘心作南亚区域性大国，而是要在从印度洋到西太平洋的广大区域内充分显示自己的存在。而按照所谓"实力对实力"的说法，印度在这些区域里的存在应当是以其实力为后盾的，应当是具有"控制"④ 力的。

这么多的关注说明什么？说明，其一，南中国海通道是全世界的通道；其二，南中国海通道远不是太平的通道。

第二节　海洋划界与邻国关系

海洋划界，有的学者也称之为海域划界，⑤ 指的是海岸相邻或海岸相向的国家之间划分管辖范围，一般包括领海划界、大陆架划界和专属经济区划界、毗连区划界、渔区划界。⑥ 我国濒临的黄海、东中国海和南中国海都是半闭海，周围

---

① 印度的海洋政策曾经历了从"先经济后国防"政策到"实力对实力"政策的转变过程（参见孙士海：《印度的发展及其对外战略》，中国社会科学出版社 2000 年版，第 213～218 页）。
② 孙士海：《印度的发展及其对外战略》，中国社会科学出版社 2000 年版，第 2～3 页。
③ 蒲宁：《地缘战略与中国安全环境的塑造》，时事出版社 2009 年版，第 315～318 页。
④ 印度的战略家早有"谁控制印度洋，谁就控制次大陆"的提法（参见蒲宁：《地缘战略与中国安全环境的塑造》，时事出版社 2009 年版，第 316 页）。
⑤ 傅昆成先生称"海洋划界"（参见傅昆成：《海洋管理中的法律问题》，文笙书局 2003 年版，第 175～343 页）。袁古洁先生有《国际海洋划界的理论与实践》（法律出版社 2001 年版）一书，书名使用的是"海洋划界"一词，而书中讨论划界问题时使用的是"海域划界"，如第二章为"海域划界的国际实践"、第三章是"海域划界的国际司法与仲裁实践"。
⑥ 根据《联合国海洋法公约》关于"海岸相向或相邻国家间专属经济区的界限"未划定之前有关国家应"作出实际性的临时安排"的规定，有关各国所作的"临时安排"常常都是先划定"渔区"。比如《中华人民共和国与大韩民国政府渔业协定》划定的"协定水域"、"暂定措施水域"、"过渡水域"等。

有陆地和依这些陆地建立的国家。我国在黄海、东中国海和南中国海海域都存在海岸相邻或相向的邻国，中国与这些邻国无一例外地存在着划界问题，从而也就存在着由此决定的邻国关系。同时，也决定了中国的现在和未来的发展都将无法完全摆脱这种邻国关系的影响。中国海洋战略一定是，或应该是充分考虑邻国关系的战略，这种战略应该建立在对如何处理这种关系的充分考虑的基础之上。

一、海洋划界势在必行

根据《海洋法公约》的规定，每个沿海国都可以"按照""公约确定的基线量起不超过十二海里的界限"内"确定其领海的宽度"。① "沿海国的大陆架"是沿海国"领海以外依其陆地领土的全部自然延伸，扩展到大陆边外缘的海底区域的海床和底土"。这个区域在 200 海里至 350 海里之间。② 沿海国的"专属经济区"是"从测算领海宽度的基线量起"的不超过"二百海里"的区域。③ 这是《海洋法公约》对各国的"主权"或"主权权利"的确认。沿岸各国，至少是沿岸各《海洋法公约》缔约国都将依照这一"确认"来主张自己的权利。然而，上述区域并非都是直接朝向公海或仅只与公海相连接的区域，而是，且常常都是与其他国家同样以《海洋法公约》为根据可以领有的区域相连接，甚至相重合；与这些区域相联系的主权、主权权利并非只是向作为"人类的共同继承财产"④ 的享有者主张，而是要向相邻或相向的国家主张。各国可以享有的区域能否足额获得，常常不是决定于相邻或相向国家是否友好、政治倾向如何，而是受制于海洋的宽度等自然条件。

中国和朝鲜、越南都是海岸相邻的国家，相邻国家之间不可能存在自然分开的各自的 12 海里领海、200 海里专属经济区和大约 200 海里的大陆架。中国与韩国、日本、菲律宾、文莱、马来西亚、印度尼西亚、越南⑤是海岸相向的国家，在有海岸相向国家的海域，各国是否可以"足额"获得领海、专属经济区、大陆架等，决定于这些海域是否提供了相向各国的主权、主权权利所指向的海域或海底面积，也就是说是否存在足够宽阔的海域。事实上，我国与韩国、日本、菲律宾等国之间的海域都不足以让相向各国获得由《海洋法公约》确认的主权、

---

① 《联合国海洋法公约》第三条。
② 《联合国海洋法公约》第七十六条。
③ 《联合国海洋法公约》第五十七条。
④ 《联合国海洋法公约·序言》。
⑤ 我国与越南是海岸相邻的国家，同时，从我国海岛来看，在南中国海西部、南部，我国与越南又是海岸相向的国家。

主权权利所指向的海域宽度。黄海东西宽约 360 海里，最窄处只有 104 海里，中国、朝鲜和韩国在这个海域都难以获得 200 海里的专属经济区和大陆架。东中国海南北长约 550～750 公里，东西宽约 260～520 公里，① 不足以让中国和日本、韩国充分享有 200 海里专属经济区和大陆架。南中国海海域除存在我国与周边国家的岛屿主权争端之外，也存在与黄海、东中国海类似的情形。既然相邻、相向国家都有主张权利的国际法根据，相邻相向各方都不能充分获得国际法认可的海域面积，而不确定权利界限又必然会带来纠纷，所以便需要在相关国家之间划定权利界限，包括领海的界限、大陆架的界限、专属经济区的界限等。

近年来，中国与韩国、日本、菲律宾、越南等国之间不断发生海上争议以及冲突，究其原因，就是因为各国的权利界限不确定。例如，韩国早在 1970 年曾颁布《海底矿物资源开发法》。根据这个法律制定的《海底矿物资源开发法的实施令》公布了涉及 300 000 平方公里②的 7 个石油开发区。1972 年以来，该国又在黄海建立"海上特区"、"租让区"，允许外国石油公司在黄海大陆架上开采石油和天然气。1973 年，美国石油公司等就开始利用租用的巴拿马石油钻探船等在黄海大陆架开展钻探活动。③ 这时，虽然《海洋法公约》还没有诞生，但此事件所反映的矛盾与《海洋法公约》生效之后的情形相类似，都说明黄海沿岸国家的大陆架界限需要划分清楚。中国外交部就巴拿马石油钻探船在黄海的钻探活动所发表的声明指出，"关于中国同邻国在黄海和东海的管辖范围如何划分问题，迄今尚未确定"，所以"韩国当局"单方面"引进外国石油公司在上述地区进行钻探活动"是不恰当的，这种不恰当的活动可能引起对中国与韩国（当时我国称其为南朝鲜）关系的不良"后果"。④ 这一声明除表明中国的权利主张之外，其揭示的道理就是中韩两国及其他相关国家之间的管辖范围需要划分。再如，中国和日本在东中国海上争议不断。我国建立春晓油田曾引起日本的不满，而日本在东中国海上的一系列调查、钻探、开发、军演等活动也足以构成对中国国家利益和民族感情的伤害。2008 年 6 月 18 日，中日两国达成《关于中日东海问题的原则共识》。双方一致同意在实现划界前的过渡期间，在不损害双方法律

---

① 马英九：《从新海洋法论钓鱼台列屿与东海划界问题》，转引自袁古洁：《国际海洋划界的理论与实践》，法律出版社 2001 年版，第 183 页。另一种说法是：东海"大陆架最大宽度为 385 海里，位于北部；最小宽度不到 200 海里，位于南部；一般宽度为 340 海里"（参见季国兴著：《中国的海洋安全与海域管辖》，上海人民出版社 2009 年版，第 245 页）。

② 这相当于整个朝鲜半岛面积的 1.5 倍（参见张良福：《中国与邻国海洋划界争端问题》，海洋出版社 2006 年版，第 3 页）。

③ 张良福：《中国与邻国海洋划界争端问题》，海洋出版社 2006 年版，第 3～4 页。

④ 《人民日报》1973 年 3 月 16 日。转引自张良福：《中国与邻国海洋划界争端问题》，海洋出版社 2006 年版，第 4 页。

立场的情况下进行合作，在指定区块（面积约为 2 700 平方公里）中选择双方一致同意的地点进行共同开发。① 如果这只是一个"过渡"性的"临时安排"，② 那说明两国间需要这样的临时安排。如果说在这个被称为"共识"的临时安排中包含着双方"在事关主权权利的划界原则立场上"的"巨大""分歧"，且从中"看不出任何妥协的迹象"，③ 那就更说明划界才是最后解决问题的办法。

朱凤兰先生曾指出："面对《公约》生效后海洋管理范围和海洋权益争端等海洋问题日益突出的现实，亚太国家采取了不同的态度。但其中有一点是相同的，这就是各国纷纷出台海洋政策、完善海洋相关立法体系，以期在海洋权益争端中'有法可依'，争取主动和有利地位。"④ 这是对各国态度和做法的概括，同时也说明，解决相邻和相向国家间海域纠纷的最有效的办法还是划界。各国出台政策也好，制定法律也罢，总之都是要为自己争取在利益划分上的主动和有利的地位。一旦划界完成了，这一切努力也就可以停歇了。

二、黄海划界与中国、韩国、朝鲜关系

中国在黄海海域需要与朝鲜、韩国划界，当然韩国和朝鲜之间，如果它们相互承认对方为独立国家的话，也存在划界问题。

中国和朝鲜的划界涉及领海、大陆架和专属经济区三个方面。领海划界和专属经济区划界以领海基线的确定为前提。我国已经宣布了自己的领海基线，并向联合国秘书长提交了我国的领海基线图表，但朝鲜尚未按照《海洋法公约》的要求履行有关手续。这一情况导致的结果不是中朝划界问题的解决，而是给完成划界留下了更繁重的任务。

中朝划界还存在如何克服历史上形成的双边条约造成的障碍问题。1962 年，中朝两国签订了《中华人民共和国和朝鲜民主主义人民共和国边界条约》。该条约在确定鸭绿江口的江海分界线时规定"从江海分界线上的东经 124 度 10 分 6 秒的一点起大体向南直到公海为止的一线为两国的海上分界线，以西的海域属于中国，以东的海域属于朝鲜"。这一规定留下了一个严重的问题，即中国船只只要一出江口就只能进入朝鲜的水域。尽管该条约规定了"在鸭绿江口江海分界线以外，自东经 123 度 59 分至东经 124 度 26 分间的海域，两国的一切船舶都可

---

① 金永明："中日东海问题原则共识内涵与发展趋势"，载《东方法学》2009 年第 2 期，第 99 页。
② 《联合国海洋法公约》第八十三条。
③ 金永明："中日东海问题原则共识内涵与发展趋势"，载《东方法学》2009 年第 2 期，第 102 ~ 104 页。
④ 朱凤兰："亚太国家的海洋政策及其影响"，载《当代亚太》2006 年第 5 期，第 32 页。

以自由航行，不受限制"，① 但这毕竟是权宜之计。

对于大陆架划界，中国与朝鲜存在不同主张。在黄海海域，中国和朝鲜、韩国是相邻共架国。黄海海域全部是陆架浅海，深度平均 55 米，最深处不超过 125 米。黄海中部有一条树状深海区，靠近朝鲜半岛南部海岸，海区深度大多为 60～80 米，地形变化不大，对划界不应有影响。黄海海床沉积底土约三分之一面积（黄海东部）是来自朝鲜"山脉"的沙土，剩下三分之二（黄海西部）是来自中国河流带来的泥土。后者是由"中国黄河每年冲人黄海 150 亿立方码沉积物"造成的。中国认为这个因素在划界时应予考虑。② 中国主张按以海岸线为基础的等比例线③划界，朝鲜则主张以纬度等分线④划界。这不同的主张造成中朝之间存在约 3 000 平方公里的争议区。

在专属经济区（朝鲜称经济水域）划界问题上，中朝也存在争议。朝鲜在 1977 年 6 月颁布了《关于建立朝鲜民主主义共和国经济水域的政令》，宣布建立 200 海里经济区。该政令宣布其"经济区从领海基线起至 200 海里，在不能划至 200 海里的海域划至海洋的半分线"。⑤ 简单来说，朝鲜对经济区的划定持中间线原则。我国的主张是相向海岸线长度比例原则。在北黄海，中国一侧岸线长度为 688 公里，朝鲜一侧仅为 414 公里，其比例为 1：0.6。按照我国所主张的比例原则，中朝划界的结果应当是中国所占有的海域面积大于朝鲜的海域面积。但如果按照朝鲜方面的主张，则朝鲜获得的面积将超过中朝分割海域的一半。因为其"纬度等分线"已经超过了中分线。⑥

与朝鲜的划界还存在另一个巨大的困难，也是黄海开发利用中急需解决的一个问题，那就是朝鲜单方面宣布的"军事警戒区"。在《海洋法公约》签订之前，1977 年，朝鲜发布《朝鲜人民军最高司令部公告》，宣布在海上设立军事警戒区。该警戒区的范围"在黄海（朝鲜也称西海）与经济水域的界线重叠"。根

---

① 资料来源于 http：//lstsz. blog. china. com/200712/1494357. html，2010 年 9 月 4 日。

② 季国兴：《中国的海洋安全和海域管辖》，上海人民出版社 2009 年版，第 57 页。

③ 所谓等比例线，是指如果两个沿海国，不论是相邻还是相向的沿海，管辖的海洋区域之间的疆界线上的每一点，是用距测算每一个国家领海宽度的基线上最近各点距离的固定比例所确定的，则该疆界线将是一条所谓的等比例线。该比例是有关划界国家按照协商确定的比例（参见翁敏、杜清运、龙毅：《海上边界的划分技术方法研究》，载《第三届两岸测绘发展研讨会论文》2000 年 12 月）。

④ 所谓纬度等分线，是指在每间距一定的纬度线上，与岸或划界基线相交的两点的两条经线中央的纬度点的连线。在纬度等分线的构成过程中，主要是按照一定的纬度间隔（如 5′、10′等），判断某一纬度线分别与两侧基线的交点，求出同一纬度线上两交点的经度，从而获得两条经线中央的经度点，连接这些经度点，就可获得纬度等分线（参见翁敏、杜清运、龙毅：《海上边界的划分技术方法研究》，载《第三届两岸测绘发展研讨会论文》2000 年 12 月）。

⑤ 海洋国际问题研究会：《中国海洋邻国海洋法规和协定选编》，海洋出版社 1984 年版，第 5～6 页。

⑥ 江淮："鸭绿江口眺望黄海"，载《世界知识》2009 年第 23 期，第 67 页。

据该《公告》，"在军事警戒线区域内（水上、水中、空中）禁止外国人、外国军事舰船、外国军用飞机活动，民用船舶（渔船除外）、民用飞机只有在得到有关方面的事先商定或批准后，才能在军事警戒线区域内航行和飞越"。① 该《公告》对外国船只设定的限制比进入他国领海的限制还要严苛。正是由于这些限制过分严苛，所以有人说朝鲜这个区域实行的是"领土化"管辖。②

中国与韩国在黄海上的划界与中朝划界相比要简单一些。这一方面是因为中韩之间不存在海岸相邻的关系，从而便不需要考虑因海岸相邻而造成的海域相邻问题。另一方面，韩国和中国都有关于大陆架、专属经济区的明确的法律文件。但这个"简单"的判断并不意味着中韩划界便容易解决。

首先，中韩在大陆架划界和专属经济区划界上所持的基本主张存在分歧。韩国主张以中间线划界，而中国坚持"公平原则"。1996 年 8 月 8 日，韩国颁布《专属经济区法》，宣布确立 200 海里专属经济区，并规定在无双边协定的情况下，其专属经济区延伸至与邻国之间的中间线。③ 虽然韩国主观上曾力图避免因其宣布大陆架或专属经济区政策而"刺激周围邻国或导致与周围邻国发生矛盾"，④ 其颁布《专属经济区法》可能是受到日本的刺激，是对日本 1996 年 6 月颁布《专属经济区和大陆架法》的回应，⑤ 但其所宣布的确定专属经济区的原则与中国的专属经济区划界原则的矛盾是客观存在的。我国主张用公平原则处理两国间的大陆架和专属经济区划界问题。所谓公平原则就是要求相邻双方在划分海域界限时综合考虑各种因素，包括海岸形状、地貌特征、比例性、历史性权利、工业布局等。⑥

其次，苏岩礁因素。苏岩礁，韩国称为离于岛，位于北纬 32°07′22.63″，东

---

① 海洋国际问题研究会：《中国海洋邻国海洋法规和协定选编》，海洋出版社 1984 年版，第 5~7 页。
② 季羡林：《中国的海洋安全和海域管辖》，上海人民出版社 2009 年版，第 304~305 页。
③ 张良福：《中国与邻国海洋划界争端问题》，海洋出版社 2006 年版，第 3 页。不过，袁古洁却认为"韩国在《专属经济区法令》中避免提及具体的划界原则"，并认为这可能是因为其在黄海与中国划界和在东海与日本划界所选择的"原则"不一致（参见袁古洁：《国际海洋划界的理论与实践》，法律出版社 2001 年版，第 179~180 页）。事实上，韩国的《专属经济区法》隐含了张良福先生所说的中间线原则。该法第二条虽然只规定"大韩民国与海岸相向或相邻国家间专属经济区界之划定，应由有关各国依国际法为基础协议划定"，但在其第五条所明确使用了中间线原则。该法的第三条规定的是"专属经济区之权利"，也就是韩国宣布其在专属经济区享有的权利，在第五条"大韩民国权利之执行"中规定，"除非经大韩民国与有关国家之同意，第三条所述大韩民国在专属经济区之权利不应在大韩民国与有关国家间之中间线外实施。"这分明是说只要相关国家之间没有一致同意（"经大韩民国与有关国家之同意"），韩国依据其《专属经济区法》所规定的"在专属经济区之权利"可以在"大韩民国与有关国家间之中间线"内行使。
④ 杨金森、高之国：《亚太地区的海洋政策》，海洋出版社 1990 年版，第 61 页。
⑤ 袁古洁：《国际海洋划界的理论与实践》，法律出版社 2001 年版，第 179 页。
⑥ 季羡林：《解决海域管辖争议的应对策略》，载《上海交通大学学报》2006 年第 1 期，第 13~15 页。

经 125°10′56.81″，在江苏南通和上海崇明岛以东约 150 海里，距我国舟山群岛最东侧的童岛 132 海里，距韩国济州岛 82 海里，是东中国海北部的水下暗礁。苏岩礁最高峰在水下 4.6 米处，南北长 1 800 米，东西宽 1 400 米，面积约 2 平方公里，周边海域平均水深 50 米。苏岩礁附近还有虎皮礁和鸭礁，它们是江苏外海大陆架延伸的一部分，在地质学上是长江三角洲的海底丘陵。

根据《海洋法公约》的规定苏岩礁不构成领土，也不具有《海洋法公约》中的可以领有大陆架和专属经济区的岛屿的地位。因其位于公海之中，其周围海域位于中国和韩国两国专属经济区主张的重叠区，所以，根据《海洋法公约》的规定，这一海域究竟属于中国还是韩国，应通过"协商"解决。然而，韩国从 20 世纪 50 年代初年起便想将此礁据为己有。1951 年，韩国对苏岩礁实施探查，将其命名为离于岛，并在礁上铆钉大韩民国领土离于岛铜牌。从 1987 年起，韩国在苏岩礁上设立航行浮标。1995 年，又在苏岩礁上建设综合海洋基地，名为"韩国离于岛综合海洋基地"。2003 年，该基地投入使用。离于岛综合海洋基地建在苏岩礁最高峰的南侧，为全钢结构海上平台，高 76 米，其中水下 40 米，水上 36 米。这一海上平台的水上部分分为三层。顶层设有直升机停机坪，装置有雷达、灯塔、气象设施、太阳能设施等。其下两层装备有供科研人员工作生活用的设施、码头等。① 2013 年 12 月初，韩国扩大自己的防空识别区，将苏岩礁划入自己航空识别区内。

尽管韩国的做法并不能改变苏岩礁海底丘陵的地位，中国政府也曾表明态度：苏岩礁是位于东中国海北部的水下暗礁，中国与韩国在此不存在领土争端，韩方在苏岩礁的单方面行动不能产生任何法律效果。但韩国的做法无疑给两国的划界抹上了阴影。② 如果韩国的态度不改变，不仅会影响东中国海划界问题的解决，而且也会给本来比较"简单"的中韩黄海划界带来不利影响。

三、东中国海划界与中国、日本、韩国关系

韩国和日本是中国在东中国海上的邻国，中韩、中日之间都存在东中国海划界的事务。朱凤兰先生指出："在总面积 77 万平方公里的东海海域，中日间有

---

① 高之国：《关于苏岩礁和"冲之鸟"礁的思虑和建议》，载高之国等：《国际海洋法发展趋势研究》，海洋出版社 2007 年版，第 1~9 页。
② 韩国《专属经济区法》第三条关于"专属经济区之权利"的规定，宣布大韩民国在专属经济区"具有""公约所规定""人工岛屿、设施或结构之建造、使用"的"管辖权"。苏岩礁显然属于该法所规定的"人工岛屿、设施或结构"。如此看来，韩国就对苏岩礁行使管辖权也是早有准备。

16 万平方公里的争议海域，其中还有部分海域权利与韩国发生重叠。"① 这个概括既反映了东海划界争议涉及中、日、韩三国的客观情况，也说明了争议有大小的不同。韩国在东中国海的海岸线较短，韩国在东中国海上的利益较小，除对苏岩礁的使用管理等之外，与我国的争议不大。在东中国海划界上的矛盾主要存在于中日之间。

早在 1971~1973 年的海底委员会和第三次联合国海洋法会议的初期，国家间大陆架界限的划分及争端的解决就成为与会有关各方关注的焦点之一。此时中国和日本都就该议题向会议提出议案。② 中国政府政府代表安致远在会上提出了平等协商的海洋划界原则。③ 到 1978 年，第三次联合国海洋法会议围绕海洋划界的争论主要存在两派观点，一派主张实行公平原则，另一派主张实行中间线原则。中国政府的观点属于前者，主张实行公平原则，而日本的观点属于后者。《海洋法公约》生效之后，中日之间的争议还在继续。除了岛屿主权争端以及由此引起的划界争端之外，中日之间的分歧主要有以下四点：

第一，确定大陆架宽度的标准。根据《海洋法公约》的精神，大陆架划界首先要解决的是确定大陆架的宽度。《海洋法公约》第七十六条第一款规定，"沿海国的大陆架包括其领海以外依其陆地领土的全部自然延伸，扩展到大陆边外缘的海底区域的海床和底土"。这一规定反映了大陆架在科学上所具有的含义，也是其原本所具有的意义。而该条接下来规定的 "如果从测算领海宽度的基线量起到大陆边的外缘的距离不到二百海里，则扩展到二百海里" 则是为在国际海底和可划归国家管辖的大陆架之间确定一个统一界限，就像该条第五款关于 "不应超过从测算领海宽度的基线量起三百五十海里" 等规定是为了确定一个统一的界限一样。总而言之，《海洋法公约》规定的关于大陆架宽度的几个数字，不管是 200 海里、350 海里，还是可能出现的处于 200 海里和 350 海里之间的某个数字，都是以大陆架的自然形态为依据的。

我国政府所持的关于确定大陆架宽大的标准就是以大陆架的自然形态为依据的。1977 年 6 月 13 日，中国外交部就东中国海大陆架问题发表的声明首先指出："东海大陆架是中国大陆领土的自然延伸，中华人民共和国对东海大陆架拥有不容侵犯的主权"。④ 这一声明符合《海洋法公约》的规定，⑤ 也表明了我国

---

① 朱凤兰：《亚太国家的海洋政策及其影响》，载《当代亚太》2006 年第 5 期，第 35 页。

② 陈德恭：《现代国际海洋法》，海洋出版社 2009 年版，第 182~183 页。

③ 参见朱凤兰：《 "自然延伸" 还是 "中间线" 原则——国际法框架下透视中日东海大陆架划界争端》，载《国际问题研究》2006 年第 5 期，第 21 页。

④ 《人民日报》1977 年 6 月 14 日。

⑤ 季国兴先生认为："东海大陆架与中国海岸的地质关系完全符合陆地领土自然延伸的定义要求。"（参见季国兴：《中国的海洋安全和海域管辖》，上海人民出版社 2009 年版，第 239 页）。

在确定大陆架宽度上所持的以大陆架的自然形态为依据的主张。1980 年 8 月 25 日，中国政府参加联合国海洋法第九期后期会议的代表在全体会议上就大陆架的定义所做的发言指出，大陆架的定义"是以自然延伸原则为基础的，这符合关于大陆架的科学的、地理的和地质的概念"。① 这个解释说明，中国在《海洋法公约》的缔结和执行上始终坚持以科学的大陆架概念作为处理大陆架宽度问题的依据。大陆架自然延伸的原则是以大陆架概念所包含的科学内涵为根据的。

日本方面提出的主张是"中间线"原则。这一主张显然是在海面上做文章，没有给水下的大陆架的自然状况以必要的注意。②

第二，大陆架划界的原则。在对东中国海大陆架宽度的确定上我国主张以大陆架的自然状况为依据，同时，在中日两国大陆架划界问题上我国主张采用公平原则。上文提到的中国外交部于 1977 年 6 月 13 日发表的声明，在明确"东海大陆架是中国大陆领土的自然延伸，中华人民共和国对东海大陆架拥有不容侵犯的主权"的前提下，认可"协商"的原则，即"东海大陆架涉及其他国家的部分""由中国和有关国家协商确定如何划分"。③ 1998 年的《中华人民共和国专属经济区和大陆架法》规定："中华人民共和国与海岸相邻或者相向国家关于专属经济区和大陆架的主张重叠的，在国际法的基础上按照公平原则以协议划定界限。"这是我国以立法的形式把公平原则确定为与海岸相邻或相向国家开展大陆架和专属经济区划界的原则。协商或公平原则，从实践的角度看，包含了对大陆架自然形态等因素的考虑。

1982 年，日本政府向中国政府提出"中间线"划界的主张。这一主张的实质是距离中间线。④ 这一主张不仅忽视了大陆架自然形态因素在划定海岸相邻或相向国家间大陆架界限上的应有的影响，而且也把相邻或相向国家海岸线长度、历史性权利等因素置于不顾。

第三，钓鱼岛在东海大陆架划界中的意义。中日之间不仅存在钓鱼岛主权归属的争议，而这一争议无疑影响东中国海划界，而且存在钓鱼岛的划界效力

① 廖文章：《国际海洋法论——海域划界与公海渔业》，扬智文化事业有限公司 2008 年版，第 86 ~ 90 页。

② 季国兴先生注意到，"日本明知"其"在大陆架划分上的'地理不利'，因此往往只谈专属经济区而避谈大陆架（划界）问题"。日本采取的做法是"把大陆架和专属经济区划界混为一谈"（参见季国兴：《中国的海洋安全和海域管辖》，上海人民出版社 2009 年版，第 244 页）。

③ 《人民日报》1977 年 6 月 14 日。

④ 日本主张"日本的大陆架包括从日本的领海基线向外延伸到其每一点同领海基线的最近点的距离等于 200 海里的线以内的海域的海底及底土。如果大陆架的外部界线的任何一部分超过了中间线，中间线（或者日本与其他国家协商同意的其他线）将代替那条线"（转引自朱凤岚：《"自然延伸"还是"中间线"原则——国际法框架下透视中日东海大陆架划界争端》，载《国际问题研究》2006 年第 5 期，第 22 页）。

争议。① 在东中国海大陆架划界议题中日本提出的中间线原则是建立在以钓鱼岛为日本的国土并给予其完全的划界效力的基础上的。按照日本政府的主张，钓鱼岛作为领海基点可享有大陆架和专属经济区。② 我国政府认为，钓鱼岛是一个不能维持人类居住和基本生存条件的岛礁，不应享有专属经济区和大陆架。

中日之间围绕钓鱼岛发生的争议主要是主权问题，但对于日方来说，争夺对钓鱼岛主权的主要目的是想以钓鱼岛作为其与我国划分东中国海大陆架和专属经济区的陆地基础。日本的这个目的的实现除了必须争得对钓鱼岛的主权之外，还必须借助这样一个条件，即钓鱼岛列岛可以享有大陆架和专属经济区。那么，钓鱼岛列岛能否享有大陆架和专属经济区呢？对此，我们可以告诉日本方面，他们的如意算盘是打不成的。钓鱼岛列岛总面积仅约 6.3 平方公里，又分割为钓鱼岛、黄尾屿、赤尾屿、北小岛、南小岛和北岩、南岩、东礁 8 个互不相连的部分，无法构成一个支持人类经济生活的整体。而这 8 个部分中，除钓鱼岛外，其他 7 个岛、礁均不超过 1 平方公里，不具备人类生存的基本条件。钓鱼岛面积约3.6 平方公里，虽然岛上存在植被，有一定的淡水资源，也是鸟类的栖息地，但它不能成为一个独立支持人类生存的陆地空间。北小岛和南小岛虽有"灌木黍草"等生长，南小岛也曾见泉水，③ 但两岛面积均不到半平方公里，显然也无法维持人类居住和日常的经济生活。按照《海洋法公约》的规定，只有能够"维持人类居住和其本身的经济生活"的岛屿才可以依照《公约》规定的岛屿制度取得领有"领海、毗连区、专属经济区和大陆架"的资格。《海洋法公约》明确宣布，"不能维持人类居住和其本身的经济生活的岩礁，不应有专属经济区和大陆架。"④ 钓鱼岛，过去"长期无人居住"，⑤ 现在也无法为人类的生存提供"经济生活"所需要的条件。

第四，冲绳海槽与东中国海大陆架的关系。我国认为，冲绳海槽无论是地形、地貌还是地质结构上都能将东中国海陆架、陆坡与琉球群岛分开。冲绳海槽东西两侧的地质构造截然不同。东侧为琉球岛弧，地壳运动活跃，而西侧则为一个稳定的大型沉积盆地。⑥ 因此，冲绳海槽是中国大陆架与琉球大陆架之间的天然界线。

---

①② 倪志杰：《中日东海问题的历史演变》，载徐祥民：《海洋权益与海洋发展战略》，海洋出版社2008 年版，第 194～200 页。

③ 鞠德源：《钓鱼岛正名》，昆仑出版社 2006 年版，第 4 页。

④ 《联合国海洋法公约》第一百二十一条。

⑤ 张耀光：《中国海洋政治地理学——海洋地缘政治与海疆地理格局的时空演变》，科学出版社2004 年版，第 59 页。

⑥ 廖文章：《国际海洋法论——海域划界与公海渔业》，扬智文化事业有限公司 2008 年版，第89 页。

日本方面认为，冲绳海槽只是东中国海大陆架的偶然凹陷，不能中断中国和琉球之间大陆架的连续性。同时，冲绳海槽的凹陷部分和隆起部分的地质构造与附近的大陆架的构造相同。因此，日本主张在东中国海大陆架划界问题上应忽略冲绳海槽的"法律效力"。①

四、南中国海划界与中国东盟五国关系

朱凤兰先生曾指出中国在海洋邻国关系上面临的挑战——"中国与周边海上邻国间的海洋划界矛盾突出，岛屿主权争端加剧"。她指出："在南海海域"，中国与"菲律宾、马来西亚、印度尼西亚、文莱、越南"都"存在着划界问题"。② 对划界的难度，早就有学者做过估计。张耀光先生指出："南海总面积约350万平方公里，其中我国'9断线'内的海域约200万平方公里。周边国家均已宣布200海里的专属经济区和大陆架，③ 重叠区总面积约80万平方公里。"④ 这个数字足以说明我国与南中国海周边邻国划界任务的繁重。⑤

总地说来，我国与越南、菲律宾、印度尼西亚、马来西亚、文莱五国之间都存在海洋划界的任务，而从难易程度上来看，中越划界任务最重，其次是中菲划界。

（一）中国、越南划界

中国、越南两国不仅陆上接壤，而且海域相接，除存在岛屿主权争端之外，也需要划分领海、专属经济区和大陆架。中国、越南之间已经完成了北部湾的海洋划界，南中国西部和南部的划界尚未开始。

---

① 廖文章：《国际海洋法论——海域划界与公海渔业》，扬智文化事业有限公司2008年版，第93页。

② 朱凤兰：《亚太国家的海洋政策及其影响》，载《当代亚太》2006年第5期，第35~36页。

③ 周边国家都宣布了其大陆架主张，但并非都用平面距离来表达其大陆架宽度要求。朱文中所说的200海里这个距离只能用来表达这些国家对专属经济区的要求。

④ 张耀光：《中国海洋政治地理学——海洋地缘政治与海疆地理格局的时空演变》，科学出版社2004年版，第121页。

⑤ 当然，也有学者认为南海不存在重新划界问题，至少不存在中国与周边国家的划界问题，理由是"九断线"是中国在南海的国界线，该线以内的水域自然而然就是中国的水域，该水域内的岛屿就是中国的领土。《联合国海洋法公约》规定的关于划界的群岛制度、岛屿制度、专属经济区制度、专属渔区制度、大陆架等概念，不适用于或不完全适用于我国疆界线以内的水域（参见焦永科：《南海不存在重新划界问题》，载《海洋开发与管理》1999年第3期，第52页；张耀光：《中国海洋政治地理学——海洋地缘政治与海疆地理格局的时空演变》，科学出版社2004年版，第120页）。这个观点是值得商榷的。即使九断线以内是我国的领土，我国领土的外缘与周边国家之间也存在着划界问题。比如南通礁周围海域与文莱专属经济区就无法回避划界问题。再如，中国和越南是海岸相邻的国家，不划界就无法确定这样的邻居之间的海域界限。

北部湾，也称"东京湾"（Tonkin Gulf），位于南海西北部，为一个半封闭的狭窄海湾，最宽处为 184 千米，最窄处 125 千米，面积约为 12.8 万平方公里。① 20 世纪 60 年代以前，中、越双方只按各自宣布的领海宽度实施管辖。20 世纪 70 年代初以来，随着现代海洋法制度的发展，尤其是 1982 年《海洋法公约》的缔结，中国、越南两国划分各自对北部湾的管辖范围成了摆在两国政府面前的任务。

第一次中国、越南北部湾划界发生于 1974 年 8 月。在这次划界谈判中，越方主张以 1887 年中法《续议界务专条》确定的东经 108°3′13″经线作为两国的海域边界。这是我国无法接受的。为了避免在最终达成划界协议之前发生冲突，中国代表团曾建议把北纬 18°～20°，东经 107°～108°区域作为中立区或争议区，双方不进入该区域进行勘探开发活动。这次谈判虽未达成一致，但中国、越南双方在行动上遵守了我方提出的设立争议区的建议。我国在较长时期内保持石油勘探开发活动（包括对外招标）不跨入东经 108°线以西海域，越南则中止了与西方石油公司关于在该海湾开展合作勘探的谈判。②

1977 年 5 月 12 日，越南发布《越南社会主义共和国对领海、毗连区、专属经济区和越南大陆架之声明》（以下简称《越南大陆架声明》）。《越南大陆架声明》主张："越南社会主义共和国的专属经济区，邻接于越南领海，从利用作为计算越南领海宽度的基线算起，共有 200 海里的区域。""越南社会主义共和国之大陆架，包括从越南领土向领海外自然延伸到大陆边缘的外缘之海面下区域的海床和底土……至大陆边缘之外缘，或从利用做为计算越南领海宽度的基线起算 200 海里的距离"。这一声明表明，在中越没有就北部湾划界达成协议之前，越南已经不满足于按领海宽度对北部湾实施管辖。这一声明对中、越两国关系的直接影响就是以法律文件的形式提起了中、越之间在北部湾管辖上的不一致。

我国第九届全国人大常委会第三次会议于 1998 年 6 月 26 日通过的《中华人民共和国专属经济区和大陆架法》（以下简称《专属经济区和大陆架法》）确定我国专属经济区的范围为"领海以外并邻接领海的区域，从测算领海宽度的基线量起延至 200 海里"，大陆架范围为"领海以外依本国陆地领土的全部自然延伸，扩展到大陆边外缘的海底区域的海床和底土"；"如果从测算领海宽度的基线量起至大陆边外缘的距离不足 200 海里，则扩展至 200 海里"。③ 我国的《专

---

① 关于北部湾的数据资料参见袁古洁：《国际海洋划界的理论与实践》，法律出版社 2001 年版，第 209 页；薛桂芳：《国际渔业法律政策与中国的实践》，中国海洋大学出版社 2008 年版，第 218 页。

② 袁古洁：《国际海洋划界的理论与实践》，法律出版社 2001 年版，第 217～218 页。

③ 根据最近中国向联合国秘书长提交的关于确定 200 海里以外大陆架外部界限的初步信息，其中虽然只涉及东海部分海域 200 海里以外大陆架外部界限，但中方亦表示保留今后在其他海域提交 200 海里以外大陆架外部界限信息资料的权利，因此中方对于南海暂时还是主张 200 海里的大陆架。

属经济区和大陆架法》并不是专为回应《越南大陆架声明》而制定，但它客观上具有使中、越两国在北部湾管辖问题上的分歧明朗化的作用。它不仅向世界宣布了中国对专属经济区和大陆架主张，而且也告诉越南，只对北部湾内属于中国领海的海域实施管辖的历史已经结束了。

两国都不能再接受只对领海实施管辖的现状，划界势在必行。1991 年 11 月 5 日，中、越关系实现正常化。此后，中、越北部湾划界问题提上日程。1993 年起两国进行第三次副部长级北部湾划界谈判。① 10 月 20 日，两国副外长签订了中、越两国《关于解决两国边界领土问题的原则协议》（以下简称《中越协议》）。《中越协议》规定："双方同意根据国际海洋法并参照国际实践，通过谈判划分北部湾。"为此，"双方应按照公平原则并考虑北部湾的所有有关情况，以取得一项公平的解决办法。"

1993 年之后，中、越两国政府代表团及其下设的联合工作组进行了多轮谈判，已就划界程序达成协议，但在划界范围、内容和方法等关键问题上仍存在严重分歧。到 1995 年 6 月，在中、越联合工作组第 5 轮会谈中，越方声称仍将按照 108°3′13″线要求管辖权，致使谈判中断。1995 年 11 月，越共中央总书记杜梅访华时向江泽民总书记提出恢复北部湾划界谈判的建议。越方口头表示放弃 108°3′13″线的主张，同意公平原则是划分北部湾最重要的原则。1997 年 7 月，杜梅再次访华，江泽民与其就最迟在 2000 年解决北部湾划分问题达成共识。1999 年 2 月，越共中央总书记黎可漂访华，中、越双方总书记又"就 2000 年内解决北部湾划分问题达成重要共识，并写入了《联合声明》，再度为划界谈判解决争议确定时间表。"② 2000 年 12 月 24 日，中、越政府级边界谈判代表团双方代表在北京草签了《中华人民共和国和越南社会主义共和国关于两国在北部湾领海、专属经济区和大陆架的划界协定》（以下简称《北部湾划界协定》）。2000 年 12 月 25 日，中、越双方在北京正式签署了《北部湾划界协定》。③ 协定根据中方提出的两国在北部湾总体政治地理形势大体平衡的观点，并按照国际法上公认的公平原则，规定中、越两国在北部湾的领海、专属经济区和大陆架分界线由 21 个界点以直线顺次连接确定。界限划定后，中、越双方所得海域面积大体相当，实现了双方均满意的公平划界结果。至此，自 1992～2000 年历时 9 年，经 7 轮政府级谈判、3 次政府代表团团长会晤、18 轮联合工作组会谈及多轮专家组会

---

① 第二次发生于 1977 年 10 月，也就是越南发布《对领海、毗连区、专属经济区和越南大陆架之声明》之后。

② 薛桂芳：《国际渔业法律政策与中国的实践》，中国海洋大学出版社 2008 年版，第 223 页。

③ 与此同时，中越双方还签订了《中华人民共和国政府和越南社会主义共和国政府北部湾渔业协定》。之后，又经过近 3 年的谈判，中越双方在北京签署了渔业合作协定的补充议定书。双方最终妥善解决了北部湾的渔业安排事宜。

谈，最终解决了中、越北部湾领海、专属经济区和大陆架的划界争议。

我国在南中国海西部和南部的海域与越南海域连接，所以，依照《海洋法公约》的规定，中、越两国也存在在南中国海西部和南部的划界问题。由于越南占领我国南沙群岛多个岛屿，两国间存在严重的领土岛屿主权，这使中、越两国很难坐到谈判桌前讨论划界问题。

此外，我国政府一向主张南中国海上九段线以内的海域都是中国固有的海域。按照我国的主张，中国与越南在南中国海西部和南部的划界主要就是解决中国的管辖海域可否扩展到九段线以外，越南的管辖海域可否进入九段线以内的问题。而这类问题的解决以两国就九段线的法律地位达成一致为前提。

越南轻易不会放弃其所占领的我南中国海诸岛屿，越南也轻易不会接受九段线为中国海疆线的中国主张。据此分析，中越南中国海西部、南部的划界一定会是困难重重。

（二）中国、菲律宾划界

菲律宾虽曾对南中国海的我国部分海域提出过无理要求，也占领了我国的若干岛屿，但菲方的要求真正经得起推敲，从而能够形成中菲争议海域的争议点并不多。中菲在南中国海海域需要依照《海洋法公约》等开展划界的，主要是专属经济区划界。

最明显的划界需要存在于我国黄岩岛与菲律宾的专属经济区之间。[1] 黄岩岛又称民主礁，历史上也曾被称为斯卡巴洛礁，位于北纬 15°8′ 至 15°14′，东经 117°44′ 至 117°48′ 之间。它是我中沙群岛中的一个岛，也是中沙群岛中唯一露出水面的岛礁。黄岩礁距菲律宾苏必克湾（Subic Bay）约 145 海里。[2] 这个距离无法满足菲律宾的 200 海里专属经济区的要求，所以两国划界无法回避。

按照菲律宾 1978 年 6 月 11 日 "为设立专属经济海域及其他目的" 而发布的 1599 号总统法令第一条的规定，菲律宾的专属经济区要求是 "自领海基线延伸 200 海里"。按照这个主张，其专属经济区覆盖了我国黄岩岛和九段线以内的大片海域。这样，也就提出了情形略有区别的两个划界问题：一个是菲律宾专属经济区与我黄岩岛及其所领海域间的界限；二是菲律宾的专属经济区与我传统海疆线——九段线之间的关系。

---

[1] 此外，在与南中国海相连的巴士海峡还存在中国和菲律宾的划界问题。台湾岛南部与菲律宾的巴坦岛隔巴士海峡相望。该海峡平均宽度约 185 千米，不足 400 海里。如果双方都要求 200 海里专属经济区，就自然存在两国权利要求的重叠（参见张良福：《中国与邻国海洋划界争端问题》，海洋出版社 2006 年版，第 17 页）。

[2] 张良福：《中国与邻国海洋划界争端问题》，海洋出版社 2006 年版，第 16 ~ 17 页。

（三）中国、印度尼西亚划界

印度尼西亚在 1969 年与马来西亚签订的划分大陆架协定，将与其纳土纳群岛毗连的一部分我国海域划入其管辖海域之内，造成了该国管辖海域与我传统海疆线以内部分海域的重叠。1980 年 3 月 21 日，印度尼西亚政府发布《关于专属经济区的声明》（以下简称《声明》）。《声明》称"印度尼西亚专属经济区系 1960 年有关印度尼西亚水域第 4 号法令所规定之印度尼西亚领海以外之海域，其宽度自印度尼西亚领海基线延伸 200 海里。"[1] 依据该声明，印度尼西亚的海域面积将扩大 7 万多平方海里。1983 年 10 月 18 日，该国发布的《专属经济区法》肯定了《声明》的内容，确定印度尼西亚专属经济区为"自印度尼西亚领海基线测定 200 海里界限为止所包含之海床、底土及上覆水域"。[2] 此外，印度尼西亚发布的有关大陆架的政府公告宣布，其大陆架为"领海范围以外、深度达 200 米或超过此限度而上覆水域的深度容许开采其自然资源的大陆架的海床和底土"，"或群岛的类似大陆架"。[3] 印度尼西亚所宣布的大陆架边界"侵入我国传统疆界线以内"，[4] 其专属经济区主张也进入我国传统疆界线以内。印度尼西亚主张的海域范围与我国传统海疆的"重叠"决定了中国、印度尼西亚之间也存在划界任务。

（四）中国、马来西亚划界

马来西亚于 1966 年发布《大陆架法》。1972 年又以第 83 号令修正该法。1984 年发布《专属经济区法》。该法肯定了 1966 年《大陆架法》的效力。其《大陆架法》没有明确规定大陆架的宽度，而是采取了"深度决定"的做法，即"其表面位于海面以下 200 公尺内之深度，或上方邻接之水域深度容许该区域任何深度之天然资源开采"的"海床及底土"。[5] 而其专属经济区法直接规定了专属经济区的宽度，即"自领海宽度测量之基线起延伸 200 海里之距离"。[6] 此外，马来西亚还于 1979 年 12 月 1 日宣布了其大陆架地图，[7] 该地图宣布的大陆架界限侵入了我

---

[1] 印度尼西亚《关于专属经济区的声明》第一条。

[2] 印度尼西亚《专属经济区法》第二条。

[3] 朱听昌：《中国周边安全环境与安全战略》，时事出版社 2002 年版，第 317 页。

[4] 张耀光：《中国海洋政治地理学：海洋地缘政治与海疆地理格局的时空演变》，科学出版社 2004 年版，第 118 页。

[5] 马来西亚《大陆架法》（1966）第二条。

[6] 马来西亚《专属经济区法》（1966）第三条。

[7] 马来西亚《专属经济区法》第三条第三款规定："最高元首得将专属经济区之界限公布于地图或标图上。"或许授权国家元首或政府首脑用地图或标图的方式公布疆域界限是马来西亚立法的习惯做法。

国传统海疆线。① 这一"侵入"也为中、马两国提出了海洋划界的任务。

（五）中国、文莱划界

文莱的海岸线与我国南通礁只有约 80 海里的距离，按照 200 海里专属经济区的主张，② 中、文之间也要开展专属经济区划界。

我国和南中国海周边国家的海洋疆界除北部湾一部分之外均未划定，这不只是我们面临的一桩历史性的任务，而且还是摆在我们面前的亟待解决的问题。

第三节　岛屿主权争端与邻国关系

如果说是《海洋法公约》生效带来了海洋划界问题，或者说海岸相邻或相向国家间不可避免地存在海洋划界问题，这种问题虽不是各国欢迎的，但在一定程度上却是建立稳定的国际海洋秩序所需要的，那么，岛屿主权争端则是由另外两个方面的原因造成的。一方面，来自历史的原因，即历史上发生的非法侵占形成主权享有者与主权侵犯者之间的关系。另一方面，来自《海洋法公约》给予岛屿主权国家的利益的诱惑。我国的钓鱼岛在现代海洋法律制度产生之前就被日本占领，中日之间就钓鱼岛主权存在的争端可以说是由历史原因造成的。这个历史大致可以追溯到 19 世纪的后期。南中国海的诸多岛屿，包括南沙群岛、西沙群岛、中沙群岛中的绝大多数岛、礁等，是我国固有的海疆的组成部分，在历史上没有邻国对它们提出主权要求。《海洋法公约》生效和海洋资源价值的提高，尤其是大陆架油气资源的发现触发了一些国家占有我国南中国海岛屿及其周围海域的欲望。中国与越南、菲律宾等国在南中国海诸岛上的主权争端就属于这种情况。因为与这些岛屿及其周围海域相联系的是有关国家所急切需要的能源资源和其他资源，所以，为这些岛屿而开展的主权争端就已经不能只用追本溯源的思路来理解，而是必须把它与有关国家当今的利益需求联系起来。

我国与海洋邻国之间的岛屿主权争端主要存在于东中国海海域和南中国海海域。东中国海海域的岛屿主权争议主要是由日本侵占我国钓鱼岛引起的钓鱼岛主权争端。南中国海海域的情况要复杂一些。在南中国海海域，与我国存在岛屿主

---

① 张耀光：《中国海洋政治地理学：海洋地缘政治与海疆地理格局的时空演变》，科学出版社 2004 年版，第 118 页。

② 张耀光先生指出，南海"周边国家均已宣布 200 海里的专属经济区"（参见张耀光：《中国海洋政治地理学——海洋地缘政治与海疆地理格局的时空演变》，科学出版社 2004 年版，第 121 页）。

权争端最严重的是越南，其次是菲律宾。我国与马来西亚、文莱也都存在岛屿争端。南中国海周边的东盟五国中唯一与我国没有岛屿争端的是印度尼西亚。该国没有就南海海域的岛屿向我国提出主权要求，也没有派兵占领我国岛屿。

一、中国与日本的岛屿争端

中国与日本的岛屿争端主要是钓鱼岛主权争端。

钓鱼岛，正确的说法应当是钓鱼岛列屿或钓鱼岛列岛。[①] 今天，我国官方文件一般称"钓鱼岛及其附属岛屿"。[②] 它由钓鱼岛、黄尾屿、赤尾屿、南小岛、北小岛、南屿、北屿、飞屿及其附属岩礁组成，总面积约 5.69 平方公里。[③] 钓鱼岛列岛早在两千多年前就已经进入我国先民海洋活动的范围。在历史文献中，先后赋予它"列姑射"、"钓鱼山"、"钓鱼台"、"鱼屿"等名称。这些名称也被日本社会长期使用。日本一直到 1900 年才使用"尖阁列岛"这个名称。

钓鱼岛是钓鱼列岛中面积最大的一个。它位于北纬 25°44.6′，东经 123°28.4′，距离台湾基隆市和冲绳县八重山群岛的石垣市两地都是 190 千米，距离中国大陆 370 千米，距离冲绳本岛 420 千米，距离日本本土约 1 852 千米。其东西长约 3 641 米，南北宽约 1 905 米，面积约 3.91 平方公里，最高海拔 362 米。[④]

黄尾屿亦称黄毛山、黄毛屿、黄麻屿，日本称其为"久场岛"，位于北纬 25°55.4′，东经 123°40.9′，长约 1 293 米，宽约 1 102 米，面积约 0.91 平方公里，最高海拔约 117 米。黄尾屿是钓鱼岛附属岛屿中的第一大岛。[⑤]

赤尾屿，亦称赤尾礁、赤尾山，日本称"大正岛"，位于北纬 25°55.3′，东经 124°33.5′，距钓鱼岛约 110 千米，距冲绳石垣岛约 150 千米，是钓鱼岛附属岛屿最靠东的岛屿。该岛长约 484 米，宽约 194 米，面积约 0.065 平方公里，最

---

① 鞠德源先生认为钓鱼岛是"中国东海台湾岛附属岛屿东北诸岛的东段岛链"，其"总括地域名称为'钓鱼台列屿'或称'钓鱼列屿'"，也可称"钓鱼岛列屿"。参见鞠德源：《钓鱼岛正名》，昆仑出版社 2006 年版，第 2 页。

② 国家海洋局：《中国钓鱼岛地名册》，海洋出版社 2012 年版，第 1 页。

③ 对钓鱼岛的面积有 63 平方公里、5.24 平方公里、4.38 平方公里等不同说法。这些数字间的差异溯源于它们均非出于实测，而是海图量算。采用的海图、使用的量算工具等的不同都会造成量算结果的不同。5.69 平方公里这个数字出于国家海洋局编的《中国钓鱼岛地名册》（海洋出版社 2012 年版），这个数字可能是"已公布"岛屿的总面积。该书的原本表述是："钓鱼岛及其附属岛屿……现已公布的岛屿数量为 71 个，总面积约 5.69 平方公里。"（第 1 页）或许实有岛屿及其附属岩礁的总面积数还要大于这个数字。

④ 国家海洋局：《中国钓鱼岛地名册》，海洋出版社 2012 年版，第 3 页。

⑤ 国家海洋局：《中国钓鱼岛地名册》，海洋出版社 2012 年版，第 9 页。

高海拔约 75 米。①

北小岛，也有人称其为大北小岛，② 位于钓鱼岛以东约 5 千米处，南距冲绳西表岛 160 千米，北纬 25°43.8′，东经 123°32.5′。该岛长约 1 030 米，宽约 583 米，面积约 0.33 平方公里，最高海拔约 125 米。③

南小岛位于北小岛东南，距钓鱼岛约 5.5 千米，距冲绳西表岛约 160 千米，北纬 25°43.4′，东经 123°33.0′。该岛长约 1 147 米，宽约 590 米，面积约 0.45 平方公里，最高海拔约 139 米。④

北屿，也称北岩，日本名之为 "冲北岩"，位于钓鱼岛东北约 6 千米处，北纬 25°46.9′，东经 123°32.6′，长约 193 米，宽约 142 米，面积约 0.02 平方公里，最高海拔约 24 米。⑤

南屿，也称南岩，日本名之为 "冲南岩"，位于钓鱼岛东北约 7.4 千米处，北纬 25°45.3′，东经 123°34.0′，长约 170 米，宽约 75 米，面积约 0.007 平方公里，最高海拔约 4.8 米。⑥

飞屿，位于钓鱼岛东南约 1.5 千米处，北纬 25°44.1′，东经 123°30.4′，长约 63 米，宽约 33 米，面积约 0.001 平方公里，最高海拔约 2 米。⑦

从地理上看，钓鱼岛及其附属岛屿与澎湖列岛、舟山群岛等同属中国大陆架的自然延伸，与台湾岛处于同一地质构造上，是台湾岛大屯山和观音山入海后形成的，它与台湾岛东北方的澎佳屿、棉花屿、花瓶屿等一脉相承，是三岛东段岛链所属岛屿。从地理上看，钓鱼列岛位于东中国海南部浅海海域，处在东中国海大陆架东部边缘上，其附近海域水深均不足 200 米，是大陆板块的组成部分。其东面是南北长约 1 000 千米、东西宽约 150 千米、深度在 500～2 700 米之间的冲绳海槽。冲绳海槽把中国大陆自然延伸而成的大陆架与琉球群岛分割成地质属性明显不同的两个海洋区域。总之，东中国海大陆架是中国大陆的自然延伸，而钓鱼列岛是中国大陆架上的岛屿。⑧

钓鱼岛是我国的固有岛屿。早在明代，钓鱼岛就已经被明确地纳入中国版图和行政管辖范围。日本明治维新以后实行对外扩张政策，开始觊觎我国台湾等岛

① 国家海洋局：《中国钓鱼岛地名册》，海洋出版社 2012 年版，第 12 页。

②⑧ 张耀光：《中国海洋政治地理学——海洋地缘政治与海疆地理格局的时空演变》，科学出版社 2004 年版，第 59 页。

③ 国家海洋局：《中国钓鱼岛地名册》，海洋出版社 2012 年版，第 15 页。

④ 国家海洋局：《中国钓鱼岛地名册》，海洋出版社 2012 年版，第 19 页。

⑤ 国家海洋局：《中国钓鱼岛地名册》，海洋出版社 2012 年版，第 22 页。

⑥ 国家海洋局：《中国钓鱼岛地名册》，海洋出版社 2012 年版，第 25 页。

⑦ 钓鱼岛列岛较大的海岛有钓鱼岛、黄尾屿、赤尾屿等七个，在这七个岛屿周围还散布着六十多个。国家海洋局公布的数字是七十一个（国家海洋局：《中国钓鱼岛地名册》，海洋出版社 2012 年版，第 1 页）。

屿。1879 年，在吞并琉球之后，日本进一步把扩张的目标移向台湾和钓鱼岛。这一年出版的《大日本全图》把钓鱼岛纳入琉球诸岛的范围之内。1885 年冲绳县令根据日本政府的命令对钓鱼岛开展秘密调查。经调查后，冲绳县向日本政府的内务卿报告，建议在岛上树立日本的标桩。日本政府因忌惮清政府的反对而没有贸然行动。甲午战争爆发之后，日本政府判定在中日战争中日方有胜利的把握，于是，正式启动对钓鱼岛的侵占。1895 年 1 月 14 日，日本内阁做出决定，将钓鱼岛划归冲绳县管辖。同年 4 月 17 日，日本政府强迫清政府接受《马关条约》。该条约规定中国将台湾及其附属岛屿割让给日本。从此，钓鱼岛和台湾一起被日本霸占，直到 1945 年。

1945 年 9 月 2 日，日本天皇签署投降文书，宣布接受《波茨坦公告》。《波茨坦公告》全称是《促令日本投降之波茨坦公告》，或《中美英三国促令日本投降之波茨坦公告》。《公告》要求"日本政府立即宣布所有日本武装部队无条件投降"（第十三条），规定"《开罗宣言》之条件必将实施，而日本之主权必将限于本州、北海道、九州、四国及吾人所决定其他小岛之内"（第八条）。这一条所说《开罗宣言》发表于 1943 年 12 月 1 日。其基本内容形成于中、美、英三国首脑为协调对日作战的共同军事问题和战后对日本的处置等于 1943 年 11 月22～26 日召开的"开罗会议"。《开罗宣言》决定"使日本窃取于中国之一切领土，例如满洲、台湾和澎湖群岛等，归还中国"。日本天皇宣布无条件投降，接受《波茨坦公告》，从而也接受《开罗宣言》，就中日关系而言，就是放弃了其侵占的中国领土"满洲"（即我国东北地区）、"台湾"、"澎湖列岛"和其他"窃取于中国之一切领土"。日本投降后，1945 年 10 月 25 日，中国政府正式收复台湾、澎湖列岛，恢复对台湾行使主权。到这时，被日本霸占的我国东北地区、台湾、澎湖列岛都已回到祖国怀抱。

然而，美国遏制新中国的政策和对亚洲事务的操纵又为我收回钓鱼岛制造了麻烦。1951 年 9 月，美国组织一批亲美国家签署旧金山《对日和平条约》，从中窃取了对琉球群岛等地的施政权。此后，1953 年 12 月 5 日，美国的琉球管理机关把钓鱼岛列岛划入其行政管辖范围。这是新一轮侵占我国钓鱼岛列岛的行动。1972 年 5 月，美、日达成《关于琉球群岛和大东群岛的协定》（简称《归还冲绳协定》）。根据此协定，美国将其在琉球群岛的施政权移交给日本，钓鱼岛列岛被作为琉球政府管辖范围内的岛屿交给日本管理。这样，日本第二次侵占了我国的钓鱼岛。

中国各时期从来没有接受美国和日本之间就我国固有岛屿所做的交易，始终没有放弃钓鱼岛是我国固有岛屿的主张。在谋求中日邦交正常化的过程中和中日实现邦交正常化以来，为了不影响两国关系的大局，我国政府以"暂不涉及"、

"搁置争议"的态度对待钓鱼岛争端。我国的和平愿望没有得到日本的积极回应。日本妄图长期霸占我国钓鱼岛,并寄希望于这种霸占能在中日大陆架划界中给其带来更大利益,不断采取措施加强其对钓鱼岛的实际控制。2012 年 9 月 11 日,日本政府与所谓钓鱼岛的岛主签订"购岛"合同,再一次使中、日钓鱼岛主权争端白热化。与日本此举针锋相对,我国政府于 9 月 10 日发表《中华人民共和国政府关于钓鱼岛及其附属岛屿领海基线的声明》,公布包括钓鱼岛、黄尾屿、赤尾屿、南小岛、北小岛、南屿、北屿、飞屿等在内的"钓鱼岛及其附属岛屿"的"领海基线",[①] 并宣布将对钓鱼岛及其附属岛屿开展常态化监视监测。

二、中国与越南的岛屿争端

中、越之间的岛屿争端主要集中于西沙群岛和南沙群岛(越南称黄沙群岛和长沙群岛)。西沙群岛和南沙群岛等南中国海岛屿自古以来是中国领土的一部分。《中华人民共和国领海及毗连区法》第二条第二款明确指出:"中华人民共和国的陆地领土包括中华人民共和国大陆及其沿海岛屿、台湾及其包括钓鱼岛在内的附属各岛、澎湖列岛、东沙群岛、西沙群岛、中沙群岛、南沙群岛以及其他一切属于中华人民共和国的岛屿。"20 世纪 30、40 年代,西沙群岛、南沙群岛一度被法国和日本侵占,[②] 但这丝毫不影响该群岛作为中国领土的法律地位。直到 19 世纪末,法国殖民统治者仍然承认中国对西沙的主权。根据法国殖民当局和清政府于 1887 年缔结的界务条约,法国明确承认南中国海的所有群岛属于中国。进入 20 世纪之后,法国在实施对南中国九小岛的占领之前仍不止一次地对我国的主张表示认可。1923 年广东省政府曾组织考察团到西沙群岛进行调查。1945 年日本投降后,我国政府根据《开罗宣言》和《波茨坦公告》,在派遣"太平"、"中业"两舰驻守南沙(1946 年底)的同时,派员乘"永兴"、"中建"两舰前往西沙接管。接管人员在岛上举行了接归仪式,并在岛上竖立了主权碑。中华人民共和国成立之后,1951 年 8 月 15 日,周恩来曾以外交部长的身份严正指出,南中国海诸岛"一向为中国领土,在日本帝国主义发动侵略战争

---

① 《中华人民共和国政府关于钓鱼岛及其附属岛屿领海基线的声明》。
② 日本从 20 世纪初就秘密地对我南沙群岛到岛屿进行资源考察,并陆续批准一些日本公司开展资源开采。1929 年,日本海军又派遣运输舰胶州号(Koshu)到南沙群岛开展测量。"二战"期间,日本占领了我南沙群岛。在日本占领南沙群岛之前,1933 年 7 月 25 日,法国以有关岛屿为无主地为由,宣布对南海九小岛,包括西鸟岛、丸岛、长岛、双子岛、中小岛、三角岛及附近的小岛礁实现"先占"。

时曾一度沦陷，但是日本投降后已为当时中国政府全部接受"①。1951年9月18日在旧金山签订的美、英《对日和约》第二条（f）款规定："日本放弃对南沙群岛和西沙群岛的一切权利、所有权和要求"。我国外交部长周恩来在评述该《和约》草案时还指出："西沙、南沙群岛像东沙、中沙群岛一样，为中国领土。中国对西沙群岛的主权，不论英美对日和约草案有无规定和如何规定，均不受任何影响。"从1954年一直到1974年，越南政府一直承认并支持中国的要求。1960年越南人民军总参地图处编绘的《世界地图》、1972年越南总理府测量和绘图局印制的《世界地图集》等都将南中国海诸岛标注为中国领土。②在这期间，无论是越南政府的照会、声明等官方文件，还是越南的报刊、教科书和官方版的地图以及一些负责人的谈话，都一再承认中国对西沙群岛、南沙群岛的主权。比如，1956年6月15日，越南外交部副部长会见我国驻越领事馆临时代办李志民时表示：根据越南方面的资料，从历史上看，西沙、南沙群岛应当属于中国领土。当时在座的越外交部亚洲司代司长黎禄说：从历史上看，西沙、南沙群岛早在宋朝时就已属中国了。再如，1958年9月4日我国政府发表《关于领海的声明》（以下简称《声明》）。《声明》宣布的领海宽度为12海里。根据这一《声明》，我国南海诸岛也可另有宽度为12海里的领海。对我国的这一《声明》，9月6日，越南《人民日报》做了详细报道；9月14日，越南总理范文同向周恩来总理表示承认和赞同。又如，1974年越南教育出版社出版的普通学校地理教科书在《中华人民共和国》一课中写道：从南沙、西沙各岛到海南岛、台湾岛……，构成了保卫中国大陆的一座长城。

越南对中国南沙群岛、西沙群岛的觊觎是从南越政权开始的。1956年，当时的越南伪政权派海军部队在南威岛登陆。③1973年，南越政府还曾将"长沙群岛"合并为福绥省的一部分。1974年1月我国发动的西沙自卫反击战就是对南越侵略行径的反击。此战之后，南越阮文绍傀儡集团于同年2月14日抛出了一份《关于黄沙和长沙群岛的白皮书》，妄称我西沙群岛和南沙群岛"历来属于越南"。西贡《史地》季刊与《白皮书》密切配合，在1975年第39期（1月至3月）出版了一集名为《黄沙和长沙特考》的"特刊"，刊发了西贡南越政权对西沙群岛和南沙群岛归属问题上的论点和材料。此后，1979年8月7日，越南外交部发表《越南对于黄沙和长沙两群岛的主权》白皮书，声称中国"非法地占据"越南的"黄沙群岛"，"侵犯越南的领土完整"④。1982年1月18日，越南

---

① 《人民日报》1951年8月16日。
② 吴世存：《南海资料索引》，海南出版社1998年版，第119~120页。
③ 李金明：《中国南海疆域研究》，福建人民出版社1999年版，第162页。
④ 《越南对于黄沙和长沙两群岛的主权》第六条。

外交部发表《黄沙和长沙群岛——越南领土》白皮书，再次对我国的西沙和南沙群岛提出无理的领土要求。1987年2月12日，越南常驻联合国代表给联合国秘书长的照会称：越南"已出版两个白皮书，证实对黄沙群岛和长沙群岛拥有合法的主权"。这位代表还示威式地强调：越南"有决心保卫其领土完整"①。

1975年越南南北统一后，越南完全背弃他们先前所坚持的南沙群岛属于中国领土的主张，加快了侵占我岛礁的步伐。在南海周边国家中，越南侵占我国南沙群岛数目最多。通过1973～1974年、1978年、1988年、1990～1991年和1998年几个较集中的侵占活动，越南先后侵占了我国南沙群岛二十多个岛屿，②其中包括鸿庥岛、南威岛、景宏岛、南子岛、敦谦沙洲、安波沙洲、染青沙洲、中礁、毕生礁、柏礁、西礁、无乜礁、日积礁、大现礁、东礁、六门礁、南华礁、舶兰礁、奈罗礁、鬼喊礁、琼礁、广雅滩、蓬勃堡、万安滩、西卫滩等。③这也就是说，我国南沙群岛的绝大多数岛屿都被越南占领了或占领过。1977年5月12日，越南宣布其大陆架范围和200海里专属经济区。按照其所宣布的要求，我国西沙群岛和南沙群岛都在其管辖范围之内。2012年6月21日，越南国会通过《越南海洋法》，把"黄沙群岛和长沙群岛"（即我国西沙群岛、南沙群岛）宣布为"属于越南主权"的群岛。④

《越南海洋法》的颁布使中、越之间的岛屿主权争端从事实上的争端上升为法律上的冲突。《越南海洋法》与我国《专属经济区和大陆架法》两者规定的主权范围存在明显冲突。在该法颁布之前，解决中、越岛屿主权争端只需要越南结束对我岛屿的事实上的占领，而在该法颁布之后，这个问题的解决就既需要实施结束占领的行动，又需要修改法律。

三、中国与菲律宾的岛屿争端

在菲律宾共和国成立之初，该国没有提出与我国存在冲突的领土、岛屿、海域要求。20世纪60年代起，菲律宾开始对我国南海产生觊觎之心，并开始对我海岛采取侵吞的行动。

1971年，南沙群岛地区发现蕴藏有丰富的石油资源。此后不久，菲律宾政

①　吴世存：《南海问题文献汇编》，海南出版社2001年版，第227页。
②　对越南占据我国南海岛屿的数量研究者有不同的说法，有21个、24个、25个和29个不等。这种差别可能是由对岛的范围的界定不同造成的。
③　参见中国地名委员会：《南海诸岛标准地名表》（1983年1月），载《南海诸岛地名资料汇编》，广东省地图出版社1987年版。
④　《越南海洋法》第一条。

府发表声明，要求中国台湾当局撤出其在太平岛上的驻军，并声称菲方为了"自身安全"已驻军南沙的马欢岛、费信岛和中业岛。当年10月，当联合国大会讨论恢复中华人民共和国在联合国的合法席位时，菲律宾军事当局趁机派兵潜入南沙，窃据了南沙群岛中的6个岛屿，并称这些岛屿不在南沙群岛组合内，是"无主岛屿"。1978年6月11日，菲律宾总统正式宣布菲律宾占领的南沙群岛中的部分岛屿（菲称之为卡拉延群岛）归菲律宾所有，是菲律宾"领土的一部分"。针对这种情况，我国政府发表了措辞强硬的声明。声明指出："任何国家以任何借口或用任何手段侵犯中国对南沙群岛的领土主权，将绝不容忍"。

通过各种军事行动，菲律宾先后占据了马欢岛（1970年9月11日占据）、费信岛（1970年9月占据）、中业岛（1971年5月9占据）、南钥岛（1971年7月14日占据）、北子岛（1971年7月30日占据）、西月岛（1971年7月30日占据）、双黄沙洲（1978年3月4日占据）、司令礁（1980年7月28日占据）、仁爱礁（1999年新占）等9个岛礁。①

此外，菲律宾还就美济礁和黄岩岛大做文章。美济礁为我国实际占有，菲方不断制造我方在美济礁建造军事设施，违反有关和平宣言等谎言，力图挑起事端。我国拥有黄岩岛主权早已是不争的事实。依据1898年的《巴黎协议》、1900年的《华盛顿协议》、1930年的《英美条约》，东经118°线为菲律宾领土的西部边界，黄岩岛不在菲律宾领土的范围之内。在1935年颁布的菲律宾《宪法》和1961年颁布的菲律宾《领海基线法》中，菲律宾都承认东经118°线为菲律宾领土的西部边界。90年代之前菲律宾出版的地图也未将黄岩岛列入其领土。90年代初以来，菲律宾对我国黄岩岛主权的觊觎日趋明朗。1992年，菲律宾国家安全顾问戈勒斯称黄岩岛是菲律宾国土。从1993年起，菲律宾开始对该岛实施勘测、考察和巡逻。1994年，菲律宾政府又以黄岩岛位于其专属经济区内为由宣称对黄岩岛拥有管辖权，后来又将管辖权改为主权，即宣布对黄岩岛拥有主权。1997年，菲律宾海军公然毁坏了黄岩岛上的中国主权标志。1998年，菲律宾针对黄岩岛问题成立了包括舰艇部队、航空分遣队和情报部队的专门机构。1999年5月，中国一艘渔船在黄岩岛遭菲军舰追击并被撞沉。8月，菲政府把"南沙群岛是菲律宾领土"列为修宪内容，试图把其领土扩张要求写进宪法。2009年1月28日，菲律宾参议院通过2699号法案（Senate Bill 2699），即《制定菲律宾领海基线的法案》。2月3日，菲律宾众议院通过第3216号法案（House Bill 3216），将南沙群岛部分岛礁（包括太平岛）以及中沙群岛的黄岩岛划入菲律宾领土。2月17日，菲律宾国会通过《领海基线法案》。该法案将中国

---

① 李金明：《南海主权争端的现状》，载《南海问题研究》2002年第1期，第54页。

的黄岩岛和南沙群岛部分岛礁宣布为菲律宾领土。

这也就是说，我国和菲律宾之间的岛屿主权争端也是双重意义上的争端，不仅在事实上的存在不当占领，而且存在法律上的冲突。

四、中国与马来西亚的岛屿争端

我国与马来西亚之间的岛屿主权争端发生于 1979 年。此前，马来西亚一直未对南沙群岛提出过任何领土要求。这一年，马来西亚在其出版的大陆架地图上将南沙的 12 个岛礁划入其疆域。此举招致中国、菲律宾、越南、印度尼西亚和新加坡等南中国海周边国家的抗议。在将南沙的大片海域划入其地图之后，马来西亚积极密谋占领南沙有关岛礁，以便形成对南沙岛礁实际占有的事实。①

马来西亚侵占南沙岛礁的理由是这些岛礁处在马来西亚的沙巴大陆架上。马来西亚还将其控制的南中国海部分海域改名为"沙巴海"，一方面是为了突出该国与有关海域的关联，另一方面也是为了向中国示威。②

目前，马来西亚共占据我国 3 个岛礁。③

五、中国与文莱的岛屿争端

我国与文莱的岛屿主权争端主要是关于南通礁的主权争端。

从 20 世纪 60 年代末 70 年代初起，随着海洋油气资源开发步伐的不断加快，包括文莱等国在内的南中国海周边国家纷纷对我国南沙群岛提出全部或部分领土主权要求。④ 文莱对南通礁及其邻近海域提出主权要求，涉及曾母暗沙盆地海域面积约 4 万平方公里，大致相当于文莱国土面积的 10 倍。⑤ 文莱声称南通礁在其大陆架上，进而主张对我国南沙群岛的南通礁拥有主权。

目前南通礁被马来西亚控制。

---

① 郭文路、黄硕琳：《南海争端与南海渔业资源区域合作管理研究》，海洋出版社 2007 年版，第 17 页。

② 吴士存：《南沙争端的起源与发展》，中国经济出版社 2010 年版，第 147 页。

③ 张耀光：《中国海洋政治地理学——海洋地缘政治与海疆地理格局的时空演变》，科学出版社 2004 年版，第 108 页。

④ 江淮：《拨开迷雾看南海》，载《世界知识》2010 年第 16 期，第 24 页。

⑤ 张良福：《中国与邻国海洋划界争端问题》，海洋出版社 2006 年版，第 13 页。

第三章

制定中国海洋战略的政策背景

我国战略研究专家周丕启先生曾就大战略的制约因素开展研究，认为"大战略是筹划和指导"，而"作为一种主观活动"，这种"筹划和指导离不开其他主观因素的影响"。① 在他看来，"战略环境、国家战略利益和战略实力"这些制约大战略的"客观因素""对大战略所具有的制约作用，是通过历史传统、价值观念和思维定式等主观认知因素来发挥的"。吴先生也把"渗透到战略思维领域"里的那些"主观认知因素"称为"战略文化"。② 不管战略文化的内涵是简单还是复杂，我们都想接受作为大战略的"筹划和指导"受许多"主观认知因素"制约这一结论，并想沿着这个思路去探讨对中国海洋战略具有制约作用的"主观认知因素"，并为海洋战略这种"筹划和指导"做排除消极因素的探查工作。

从过去的和现在的中国海洋政策中我们可以发现这样的制约因素。

第一节　中国现行海洋政策的形成

所谓中国现行海洋政策是指自中国实行改革开放政策以来逐渐形成的国家处理海洋事务的政策。现行海洋政策的形成过程并不长，只有短短三十多年。在这

---

① 周丕启：《大战略分析》，上海人民出版社 2009 年版，第 46 页。
② 周丕启：《大战略分析》，上海人民出版社 2009 年版，第 81~82 页。

个形成过程中，中国海洋政策大致经历了摸索时期、确立时期和丰富时期三个阶段。本书把这三个时期称为"摸索建立新的海洋政策时期"、"现行海洋政策确立时期"和"现行海洋政策丰富完善时期"。

一、摸索建立新的海洋政策时期

这个时期的重要事件是 1991 年 1 月国家召开了首次全国海洋工作会议。[①] 这个时期形成的重要政策文件是全国海洋工作会议于 1991 年 1 月 8 日通过的《九十年代我国海洋政策和工作纲要》（以下简称《海洋工作纲要》）。首次全国海洋工作会议是经国务院批准于 1991 年 1 月 8 日至 11 日在北京召开的全国性工作会议。沿海省、自治区、直辖市和国务院有关部委、高等院校以及科研机构共 170 余人参加了会议。国务委员宋健出席会议并作了重要讲话。会议在交流海洋工作情况的基础上，审议并通过了《海洋工作纲要》。该《纲要》确定了海洋工作的目标并提出了 90 年代海洋工作的 10 项主要任务，被看作是"指导我国 90 年代海洋工作的重要文件"。[②]

二、现行海洋政策确立时期

这个时期最重要的政策文件是 1996 年 4 月通过的《中国海洋 21 世纪》和 1998 年发布的《中国海洋事业的发展》白皮书。

（一）《海洋议程》及其所确定的海洋政策

《海洋议程》是为了"在海洋领域更好地贯彻《中国 21 世纪议程》，促进海洋的可持续利用"而"制定"的，因而也被看作是"《中国 21 世纪议程》很重要的组成部分之一"，是我国"海洋可持续开发利用的政策指南"。[③] 从这份"政策指南"可以清晰地看出我国海洋政策的内容、形成的思路和政策目标。

《海洋议程》显然是为国家做了一个战略安排。它确定的"总体""战略目标"是"建设良性循环的海洋生态系统，形成科学合理的海洋开发体系，促进

---

① 1991 年 1 月 8～11 日在北京召开。国务委员宋健在会上发表了题为"综合开发海洋，为实现第二步战略目标做贡献"讲话。会议通过了《九十年代海洋政策和工作纲要》。按《中国海洋年鉴》的记述，此次会议是"国家科委委托国家海洋局"召开的（参见《1991～1993 中国海洋年鉴》，第 29 页）。

② 国家海洋局：《中国海洋政策》，海洋出版社 1998 年版，第 87 页。

③ 国家海洋局：《中国海洋 21 世纪议程·前言》。

海洋经济持续发展"。这个总体目标又具体表现为以下四个方面:

1. "海洋资源的可持续开发利用"目标

具体内容包括:"逐步恢复沿海和近海的渔业资源,发现新的捕捞对象和渔场,为海洋捕捞业的持续发展提供资源基础;保护滩涂和浅海区的生态环境,培育优良养殖品种,为海洋农牧化的大规模发展创造条件;扩大油气资源勘探区域,发现新的油气资源;深水港湾必须依据深水深用的原则,用于不同规模的港口建设;为适应海洋旅游娱乐业迅速发展的要求,一切适宜于旅游娱乐的岸线、海滩、浴场和水域,都要预留下来,保证旅游娱乐事业的需要。"[1] 这是关于海洋"渔业资源"、"油气资源"、"港口资源"、"旅游娱乐资源"的目标。

2. 海洋经济增长目标

具体内容包括:"2000 年前,海洋经济增长速度不低于 15%,进入 21 世纪,增长速度略高于整个国民经济增长速度。采取各种有效措施,保护海洋的可持续开发利用,为实现国家总体战略目标做出应有贡献。2000 年以后,逐步使海洋产业的产值,占国内生产总值的 5%~10%,占沿海地区国内生产总值的 20%~30%。海产食品占全国食品等价粮食的 10%,工业用海水和大生活用海水占全国用水总量的 10% 以上。同时,探索新的可开发资源,发展新的开发技术,使更多的海洋有用元素、海洋能、深海矿产成为新的开发对象和形成新的产业。"[2] 这项目标实际上包括两个方面的内容,一个是用数字,包括比例数表现的增长目标;另一个是方向性的目标,即发现新资源,发展新技术,寻找新的开发对象,寻求形成新的产业。

3. 优化海洋产业结构,扩大海洋产业群

《海洋议程》将这个目标表述为:"海洋产业结构不断优化,海洋产业群不断增殖扩大"。这个"优化"、"扩大"的过程分为三个阶段,即:第一阶段,2000 年。这时的"海洋产业及其排序是:海洋交通运输业、海洋渔业、海洋油气业、滨海旅游业、海盐业、海洋服务业、海水直接利用业、滩涂种植业、滨海砂矿业"。第二阶段,2020 年。这个时期的"海洋产业分四个层次:①海洋交通运输业、滨海旅游业、海洋渔业、海洋油气业;②海水直接利用业、海洋药物业、海洋服务业、海盐业;③海水淡化、海洋能利用、滨海砂矿业、滩涂种植业、海水化学资源(重水、铀、钾、溴、镁等)利用、深海采矿业;④海底隧道、海上人工岛、跨海桥梁、海上机场、海上城市。"这个时期"海洋一二三产业的比例为 2:3:5"。第三阶段,21 世纪中叶。那时的"海洋产业数

---

① 国家海洋局:《中国海洋 21 世纪议程》第一章第八条。
② 国家海洋局:《中国海洋 21 世纪议程》第一章第九条。

量还会增多，层次进一步提高，海洋可成为各种类型的生产和服务基地：（原文如此。这里本应为分号——引者注）海港及港口城市成为不同层次的物流和信息交流基地；海湾和近海成为海上牧场，以及能提供 10% 以上食物的食物生产基地；海滩和海上运动娱乐区成为旅游娱乐基地；潮汐、潮流、波浪、热能、风能、重水、油气资源开发，成为多功能能源基地；海水工业利用、耐盐作物灌溉、海水淡化、化学元素提取全面发展，成为海水综合利用基地。"①

4. 海洋环境保护

《海洋议程》使用的概念是海洋"生态环境"。《议程》确定的"海洋生态环境保护工作的总体目标"是"保证海洋的可持续开发利用有良好的生态环境基础"。这个目标的实现也分三个阶段。第一阶段，2000 年。这时的目标是"减缓近岸海域污染和生态破坏的趋势，保持近海大面积水域的良好状态，使部分污染严重的河口、海湾环境质量有所好转，防止新开发区海域污染和生态环境破坏，力争减轻海洋环境灾害，改变海洋环境质量与经济发展不协调的局面。对全部国家管辖海域逐步实施环境管理"。第二阶段，2020 年。这个时期的目标是"基本控制住近岸海域污染和生态破坏的趋势，重点河口、海湾环境质量好转，溢油、赤潮等环境灾害减少，海洋环境质量与经济建设进一步协调发展"。第三阶段，21 世纪中叶。这个时期的目标是海洋环境保护工作"达到更高的水平：在重要渔场和农牧化基地建立高产优质人工渔业生态系统；海水、底质和大气质量满足海洋功能的需要和自然规律，保证各种海洋开发利用活动有良好的环境；建立海洋自然保护区网，保护好重要生态系统、珍稀物种和海洋生物多样性"。②

正如《海洋议程》"总体""战略目标"所规定的那样，这个《议程》是关于发展海洋经济的一个战略安排。它的全部规划设计都围绕着一个中心，那就是发展海洋经济。这从《海洋议程》设立的"方案领域"就可以看得出来（见表 3－1）。

表 3－1　　　　　　《中国海洋 21 世纪议程》方案领域简表

序号	方案领域	所在章节
1	改善和优化海洋产业结构	
2	合理调整海洋产业布局	
3	开展清洁生产	第一章第四条
4	海洋为沿海地区发展拓展空间	

① 国家海洋局：《中国海洋 21 世纪议程》第一章第十条。
② 国家海洋局：《中国海洋 21 世纪议程》第一章第十一条。

序号	方案领域	所在章节
5	海洋为沿海地区发展提供水资源	
6	海洋为沿海地区发展提供食物资源	第三章第五条
7	海岛经济开发	
8	海岛资源和环境保护	
9	无人岛屿的管理和保护	
10	海岛基础设施建设和社会发展	第四章第四条
11	200海里专属经济区生物资源养护和管理	
12	沿海渔业资源管理	
13	海洋自然保护区和海洋特别保护区建设与管理	
14	海洋生物多样性保护	第五章第八条
15	海洋可持续利用的科学基础	
16	探索新的、可开发的海洋资源	
17	提高海洋开发技术水平	
18	发展海洋服务与保障技术	第六章第五条
19	海洋法制建设	
20	海洋综合管理体制和协调机制的建立	
21	海洋功能区划和开发利用规划的编制与实施	
22	海域使用的管理	
23	海洋资源的资产化管理	
24	海洋资源、环境和管理信息系统建设	第七章第五条
25	防止、减轻和控制陆上活动对海洋环境的污染损害	
26	防止、减轻和控制海上活动对海洋环境的污染损害	
27	重点海域的环境整治与恢复	
28	海洋环境污染监测监视能力建设	
29	完善海洋环境保护法律制度	第八章第五条
30	海洋观测系统的建立和完善	
31	海洋预报、警报系统建设	
32	加强海洋防灾、减灾工作	第九章第五条
33	国际海洋立法	
34	公海生物资源保护和利用	

73

序号	方案领域	所在章节
35	国际海底矿产资源研究与开发	
36	海洋科学研究的国际事务	
37	海洋环境保护的国际事务	
38	极地考察与和平利用	
39	亚太和西太地区性海洋事务合作与交流	第十章第五条
40	教育界的参与和大众传媒的介入	
41	科技界的参与	
42	海上作业人员和生产劳动者的参与	
43	基层政府的作用	第十一章第四条

这些方案领域大致可以分为四类：

第一类，直接规定海洋经济发展的方案领域。如"改善和优化海洋产业结构"、"合理调整海洋产业布局"、"海岛经济开发"、"探索新的可开发的海洋资源"、"提高海洋开发技术水平"等。

第二类，为发展海洋经济提供保障的方案领域。如"海域使用的管理"、"海洋资源的资产化管理"、"海洋资源、环境和管理信息系统建设"、"海洋科学研究的国际事务"、"发展海洋服务与保障技术"等。

第三类，海洋支持经济社会发展的方案领域。如"海洋为沿海地区发展拓展空间"、"海洋为沿海地区发展提供水资源"、"海洋为沿海地区发展提供食物资源"等。

第四类，追求海洋可持续发展的方案领域。如"防止、减轻和控制陆上活动对海洋环境的污染损害"、"海洋生物多样性保护"、"海岛资源和环境保护"、"200海里专属经济区生物资源养护和管理"、"海洋自然保护区和海洋特别保护区建设与管理"、"海洋生物多样性保护"、"重点海域的环境整治与恢复"、"海洋环境污染监测监视能力建设"、"完善海洋环境保护法律制度"等。

（二）《中国海洋事业的发展》宣布的国家海洋政策

《中国海洋事业的发展》（以下简称《海洋事业白皮书》）是国务院新闻办借国际海洋年的机会于1998年5月28日发布的白皮书。《海洋事业白皮书》的内容可以概括为以下6点，即①实施"海洋可持续发展战略"；②"合理开发利用海洋资源"；③重视海洋环境的"保护和保全"；④"发展海洋科学技术和教育"；⑤努力"实施海洋综合管理"；⑥加强"海洋事务国际合作"。

《海洋事业白皮书》把中国的海洋战略概括为"可持续发展的战略"，并认为这一战略是由《海洋议程》确定的。《海洋事业白皮书》称："1996年中国制定的《中国海洋21世纪议程》，提出了中国海洋事业可持续发展的战略，其基本思路是：有效维护国家海洋权益，合理开发利用海洋资源，切实保护海洋生态环境，实现海洋资源、环境的可持续利用和海洋事业的协调发展。"①《海洋事业白皮书》对这一战略②的阐述是整个《白皮书》的核心内容。它宣布了"中国在海洋事业发展中遵循"的7条"基本政策和原则"。这7条"基本政策和原则"如下：

第一，"维护国际海洋新秩序和国家海洋权益。"《海洋事业白皮书》根据我国刚刚颁布的《领海及毗连区法》（1992年2月25日通过）、刚刚批准的《海洋法公约》（1996年5月15日，第八届全国人民代表大会常务委员会第十九次会议批准），宣布国家专属经济区和大陆架权利。《海洋事业白皮书》宣布了处理海洋争端的政策——"着眼于和平与发展的大局"，"通过友好协商解决""同邻国在海洋事务方面存在的争议问题"；"一时解决不了的，可以搁置争议，加强合作，共同开发"。③

第二，"统筹规划海洋的开发和整治"。《海洋事业白皮书》主张"加强海岸带的综合开发和管理，合理开发保护近海，积极参与国际海底和大洋的开发利用；沿海陆地区域和海洋区域一体化开发，逐步形成临海经济带和海洋经济区，推动沿海地区的进一步繁荣和发展"。④

第三，"合理利用海洋资源，促进海洋产业协调发展"。这一政策包括"实行开发与保护并重的方针，确保海洋资源可持续利用；综合开发利用海洋资源；不断发现新资源，利用新技术，形成和发展海洋新产业，推动海洋经济持续、快速、健康发展"。⑤

第四，"海洋资源开发和海洋环境保护同步规划、同步实施"。按照这一政策，国家应当"制定海洋开发和海洋生态环境保护协调发展规划，按照预防为主、防治结合，谁污染谁治理的原则，加强海洋环境监测、监视和执法管理；重点加强陆源污染物管理，实行污染物总量控制制度，防止海洋环境退化"。⑥

第五，"加强海洋科学技术研究与开发"。这一政策的内涵包括"重视基础

---

① 《中国海洋事业的发展》（白皮书）第一章。
② 《中国海洋事业的发展》也称其为国家的"一项基本战略"（《中国海洋事业的发展·结语》）。
③ 《中国海洋事业的发展》"基本政策和原则"一。
④ 《中国海洋事业的发展》"基本政策和原则"二。
⑤ 《中国海洋事业的发展》"基本政策和原则"三。
⑥ 《中国海洋事业的发展》"基本政策和原则"四。

研究，组织海洋关键技术攻关，发展海洋高技术，不断提高海洋开发和海洋服务领域的技术水平；加快先进实用技术的推广应用，不断缩小地区间海洋开发技术水平的梯度差；健全高等院校的海洋专业，加强职业教育，培育多层次的海洋科技人才，同时也加强公众海洋知识传播"。①

第六，"建立海洋综合管理制度"。这是关于海洋管理体制的政策。所谓"建立"指争取建立。《海洋事业白皮书》接下来说的"积极进行海岸带综合管理试验，逐步建立海岸带综合管理制度"清楚地表明"建立"是努力的方向。②

第七，"积极参与海洋领域的国际合作"。这包括"认真履行《联合国海洋法公约》规定的义务，积极参与国际海洋事务，推动国际和地区性海洋事务的合作与交流，促进全球海洋事业的繁荣和发展"。③

《海洋事业白皮书》规定的海洋政策的核心内容同样也是海洋经济。同时，《海洋事业白皮书》把科技兴海和力求海洋的可持续利用看作是发展海洋经济的重要手段。所以，这一《海洋事业白皮书》规定的海洋政策可以概括为以科技兴海政策和海洋可持续发展为侧重点的海洋经济发展政策。

三、现行海洋政策丰富完善时期

进入 21 世纪以来的重要海洋政策文件是 2003 年国务院发布的《全国海洋经济发展规划纲要》和 2008 年 2 月 7 日国务院批准的《国家海洋事业发展规划纲要》。这些文件使我国现行的海洋政策得到进一步丰富。

（一）《全国海洋经济发展规划纲要》规定的国家海洋政策

《全国海洋经济发展规划纲要》（以下简称《海洋经济纲要》）把"海洋经济"定义为"开发利用海洋的各类产业及相关经济活动的总和"。④《海洋经济纲要》对海洋经济的意义，也包括制定《海洋经济纲要》的意义做了如下表述："加快发展海洋产业，促进海洋经济发展，对形成国民经济新的增长点，实现全面建设小康社会目标具有重要意义"。⑤ 这一判断基本明了《海洋经济纲要》要宣布的国家海洋政策的定位——海洋经济发展政策。⑥《海洋经济纲要》为海

---

① 《中国海洋事业的发展》"基本政策和原则"五。
② 《中国海洋事业的发展》"基本政策和原则"六。
③ 《中国海洋事业的发展》"基本政策和原则"七。
④ 《全国海洋经济发展规划纲要》第一章。
⑤ 《全国海洋经济发展规划纲要·前言》。
⑥ 应该说这也是"海洋经济发展规划纲要"分内的事。

洋经济发展规定了 6 项"指导原则"。它们是：

第一，"坚持发展速度和效益的统一，提高海洋经济的总体发展水平"。《海洋经济纲要》认为，制定《纲要》时"我国海洋经济正处于成长期"，所以"应保持较高的发展速度，增加海洋经济总量，提高增长质量，提升海洋经济在国民经济中的地位"。①

第二，"坚持经济发展与资源、环境保护并举，保障海洋经济的可持续发展"。《海洋经济纲要》要求"加强海洋生态环境保护与建设"，使"海洋经济发展规模和速度"与"资源和环境承载能力相适应"，"产业现代化与生态环境相协调"。②

第三，"坚持科技兴海，加强科技进步对海洋经济发展的带动作用"。《海洋经济纲要》提出要"加快海洋科技创新体系建设，进一步优化海洋科技力量布局和科技资源配置。加强海洋资源勘探与利用关键技术的研究开发，培养海洋科学研究、海洋开发与管理、海洋产业发展所需要的各类人才，提高科技对海洋经济发展的贡献率"。③

第四，"坚持有进有退，调整海洋经济结构"。《海洋经济纲要》主张"发挥市场配置资源的基础性作用，大力调整和改造传统海洋产业，积极培育新兴海洋产业，加快发展对海洋经济有带动作用的高技术产业，深化海洋资源综合开发利用。在国家规划指导下，调整主要海洋产业布局"。《纲要》还要求"沿海地区发挥自身优势，建设各具特色的海洋经济区域"。④

第五，"坚持突出重点，大力发展支柱产业"。这一"指导原则"的具体要求是"努力扩大并提高海洋渔业、海洋交通运输业、海洋石油天然气业、滨海旅游业、沿海修造船业等支柱产业的规模、质量和效益。发挥比较优势，集中力量，力争在海洋生物资源开发、海洋油气及其他矿产资源勘探等领域有重大突破，为相关产业发展提供资源储备和保障"。⑤

第六，"坚持海洋经济发展与国防建设统筹兼顾，保证国防安全"。《海洋经济纲要》认为"海洋经济发展要与增强国防实力、维护海洋权益、改善海洋环境相适应"，所以要求"坚持军民兼顾、平战结合"，以便"使海洋经济发展与国防建设相互促进、协调发展"。《纲要》还明确提出"保证国防建设的用海需要，保护海上军事设施"⑥ 的要求。

---

① 《全国海洋经济发展规划纲要》第二章第一节第一条。
② 《全国海洋经济发展规划纲要》第二章第一节第二条。
③ 《全国海洋经济发展规划纲要》第二章第一节第三条。
④ 《全国海洋经济发展规划纲要》第二章第一节第四条。
⑤ 《全国海洋经济发展规划纲要》第二章第一节第五条。
⑥ 《全国海洋经济发展规划纲要》第二章第一节第六条。

更能反映《海洋经济纲要》确定的海洋政策的是它规定的"发展目标"。《海洋经济纲要》规定的海洋经济发展"总体目标"是"在国民经济中所占比重进一步提高，海洋经济结构和产业布局得到优化，海洋科学技术贡献率显著加大，海洋支柱产业、新兴产业快速发展，海洋产业国际竞争能力进一步加强，海洋生态环境质量明显改善。形成各具特色的海洋经济区域，海洋经济成为国民经济新的增长点，逐步把我国建设成为海洋强国"。① 与这个总体目标相应的是 3 个具体指标。第一，"全国海洋经济增长目标"。《海洋经济纲要》规定："到 2005 年，海洋产业增加值占国内生产总值的 4% 左右；2010 年达到 5% 以上，逐步使海洋产业成为国民经济的支柱产业"。② 第二，"沿海地区海洋经济发展目标"。《海洋经济纲要》提出："到 2005 年，海洋产业增加值在国内生产总值中的比重达到 8% 以上，一部分省（自治区、直辖市）海洋产业总产值超过 1 000 亿元，形成一批海洋经济强市、强县，海洋产业成为沿海地区的支柱产业。到 2010 年，沿海地区的海洋经济有新的发展，海洋产业增加值在国内生产总值中的比重达到 10% 以上，形成若干个海洋经济强省（自治区、直辖市）"。③ 第三，"海洋生态环境与资源保护目标"。《海洋经济纲要》要求，"到 2005 年，主要污染物排海量比 2000 年减少 10%，近岸海域生态环境恶化趋势减缓，外海水质保持良好状态，海洋生物资源衰退趋势得到初步遏制。进一步提高对赤潮的监控能力，重点海域监控区内赤潮发现率达到 100%，努力减轻赤潮灾害造成的损失。渤海综合整治取得初步成效。逐步实现重点入海河口、湿地及滩涂资源的保护和可持续利用。到 2010 年，入海污染物排放量得到进一步控制，海洋生态建设取得新进展，沿海城市附近海域和重要海湾整治取得明显成效"。④

为了实现这些目标，《海洋经济纲要》对 8 类"主要海洋产业"的发展做了具体的规定，⑤ 对"海洋经济区域布局"、⑥ "海洋生态环境与资源保护"⑦ 提出了具体的要求，还用专章规定了发展海洋经济的措施。⑧

（二）《国家海洋事业发展规划纲要》规定的国家海洋政策

《国家海洋事业发展规划纲要》（以下简称《海洋规划纲要》）是针对"十

---

① 《全国海洋经济发展规划纲要》第二章第二节第一条。
② 《全国海洋经济发展规划纲要》第二章第二节第二条。
③ 《全国海洋经济发展规划纲要》第二章第二节第三条。
④ 《全国海洋经济发展规划纲要》第二章第二节第四条。
⑤ 《全国海洋经济发展规划纲要》第三章。
⑥ 《全国海洋经济发展规划纲要》第四章。
⑦ 《全国海洋经济发展规划纲要》第五章。
⑧ 《全国海洋经济发展规划纲要》第六章。该章标题为"发展海洋经济的主要措施"。

一五"期间海洋事业发展所做的规划。① 这个规划在一定程度上是对国家"十一五"发展规划的落实，或者说是对国家"十一五"发展规划的一种分解。《海洋规划纲要》认为，"我国是海洋大国，海洋问题事关国家根本利益"。② 这一判断在其确定的"指导思想"中有明显的体现。它提出，要"准确把握新时期海洋事业发展的阶段性特征，抓住发展机遇，以建设海洋强国为目标，统筹国家海洋事业发展，维护国家海洋权益，保障国家安全，加强海洋综合管理，规范海洋资源开发秩序，保护海洋生态环境，提高海洋公共服务水平，强化海洋科技自主创新的支撑能力，保障海洋事业可持续发展"。③

《海洋规划纲要》规定了两个阶段的发展目标，一个是"十一五"期间的目标，一个是 2020 年的目标。"十一五"期间的目标有 5 项，即① "海洋综合管理体系继续完善。海洋管理体制改革进一步推进，以生态系统为基础的海洋区域管理模式和海洋管理协调机制初步形成；内水和领海海域各类开发活动得到有效规范；毗连区、专属经济区和大陆架海域资源开发得到有效保障；参与国际海洋事务管理和海洋维权能力显著提高，重点海域年巡航监察面积达到 100 万平方公里。"② "海洋可持续发展能力进一步增强。海洋开发趋于适度、有序，资源利用效率显著提高。海域使用规范合理，近岸海域污染恶化和生态破坏趋势得到基本遏制，重要生态系统得到有效监控。入海主要污染物排放总量减少 10%，陆源排污口、海上石油平台、海上人工设施等达标排放。"③ "海洋公益服务能力明显增强。海洋监测、预报、信息、应急处置和海上救助服务体系基本完善，防灾减灾能力显著增强，风暴潮灾害紧急警报提前 6 小时发布，海啸灾害紧急警报提前 30 分钟发布，可移动养殖网箱规避赤潮率达到 100%，主要海洋污染事故和生态灾害得到有效监控。"④ "海洋经济发展向又好又快方向转变，对国民经济和社会发展的贡献率进一步提高。2010 年海洋生产总值占国内生产总值的 11% 以上；海洋产业结构趋向合理，第三产业比重超过 50% 以上；年均新增涉海就业岗位 100 万以上；海洋经济核算体系进一步完善。"⑤ "海洋科技创新体系基本完善，自主创新能力明显提高。重大海洋技术自主研发实现新突破，科技对海洋管理、海洋经济、防灾减灾和国家安全的支撑能力显著增强，对海洋经济的贡献率达到 50%。海水利用对沿海缺水地区的贡献率达到 16% ~ 24%。海洋

---

① 《国家海洋事业发展规划纲要》的《前言》称："规划期间为 2006 ~ 2010 年，远景展望到 2020 年。""2006 ~ 2010 年"是国民经济发展的第十一个五年计划期间。《纲要》关于发展目标的规定明确地表达了它与《国民经济和社会发展第十一个五年规划纲要》之间的关系。《纲要》第二章第三节称："根据《国民经济和社会发展第十一个五年规划纲要》的总体要求，'十一五'期间海洋事业发展努力实现以下目标"。

② 《国家海洋事业发展规划纲要·前言》

③ 《国家海洋事业发展规划纲要》第二章第一节。

科技的国际竞争力明显加强。"① 到 2020 年的总体目标是："全民海洋意识普遍增强，海洋法律法规体系健全。监管立体化、执法规范化、管理信息化、反应快速化的综合管理体系基本形成。主要海洋产业和海洋科技国际竞争力显著增强，海洋权益、海洋安全得到有效维护和保障。初步实现数字海洋、生态海洋、安全海洋、和谐海洋，为建设海洋强国奠定坚实基础。"②

这个时期的海洋政策与"八五"和"九五"期间的海洋政策相比，总的导向是一致的，形成思路也大体一致。这两个阶段的海洋政策都是国家国民经济发展总政策的组成部分，都是按照国民经济发展规划的要求而形成的政策，都是执行国民经济发展规划的政策。但从政策内容上看，新世纪的海洋政策比"八五"和"九五"期间的海洋政策又有所完善。这集中表现为以下 5 点：

1. 科技兴海的思路更加清晰，政策更明确

这从《"九五"和 2010 年全国科技兴海实施纲要》（以下简称《"九五"兴海纲要》）与《海洋规划纲要》规定的海洋科技政策对比中就可以看出来。《"九五"兴海纲要》规定的"科技兴海的指导思想"是"立足海洋资源优势，以发展海洋经济为中心，紧紧围绕着实现两个转变，通过科技进步，发展海洋经济新的增长点，改造传统产业，开创未来产业，促进海洋可持续利用，推动海洋经济快速发展，提高海洋对国民经济的贡献水平"。③《海洋规划纲要》没有提"立足海洋资源优势，以发展海洋经济为中心"，因为实践已经证明我国并无明显的"海洋资源优势"，而"以发展海洋经济为中心"对那个阶段的海洋科技政策来说是不言而喻的任务。《海洋规划纲要》也没有说要"发展海洋经济新的增长点，改造传统产业，开创未来产业，促进海洋可持续利用，推动海洋经济快速发展，提高海洋对国民经济的贡献水平"，这或许是因为"改造传统产业"的任务已经完成，或者已经不那么重要了，一般地提"促进海洋可持续利用"已经显得有些轻描淡写。它对发展海洋科技的总的提法是："按照自主创新、重点跨越、支撑发展、引领未来的方针，深化近海、拓展远洋、强化保障、支撑开发，大力发展海洋高新技术和关键技术，扎实推进基础研究，积极构建科技创新平台，实施科技兴海工程，加强海洋教育与科技普及，培养海洋人才，着力提高海洋科技的整体实力，促进海洋经济又好又快发展，为海洋事业发展提供保障。"④两个文件对海洋科技总的定位高度不同，设计的研究领域和研究方向也有很大的区别。《"九五"兴海纲要》的主要内容是"五一〇工程"，即①"开发 10 大系列海洋新产品"；②"推广 10 项重点技术"；③"开发 10 类应用技术"；④"建

---

① ② 《国家海洋事业发展规划纲要》第二章第三节。

③ 《"九五"和 2010 年全国科技兴海实施纲要》第二章第一节。

④ 《国家海洋事业发展规划纲要》第九章。

立 10 类科技兴海示范区（基地、工程）"；⑤ "扶持 10 个大型的海洋产业集团"。① 《海洋规划纲要》没有再就这些具体的技术、项目做规定，而是明确了海洋科学技术发展的几个重要领域和平台建设，其中包括：① "海洋前沿技术"；② "海洋关键技术"；③ "海洋基础科学研究"；④ "海洋科技创新平台"；⑤ "科技兴海平台"。②

2. 更加深入地贯彻了可持续发展原则

《海洋议程》毫无疑问是贯彻了"可持续发展"原则的。这可以说是从联合国《里约热内卢环境与发展宣言》（一般简称《里约宣言》）到《中国 21 世纪议程》再到《海洋议程》一脉相承的原则。进入 21 世纪以来的海洋政策继续坚持可持续发展原则，所不同的是，对这个原则的贯彻更加深入，这一原则在海洋事务中的落实更加具体，看起来也更加有效。让我们对《海洋议程》和《海洋规划纲要》做一个简单的比较，就可以发现后者的进步。

《海洋议程》第二章的标题是"海洋产业的可持续发展"，第三章的标题是"海洋与沿海地区的可持续发展"，第四章"海岛可持续发展"，第五章"海洋生物资源保护和可持续利用"，第六章"科学技术促进海洋可持续利用"。仅仅从这些标题来看，我们可以说《海洋议程》是贯彻可持续发展原则的典范，是一个写满了可持续发展字样的国家行动方案。然而，在有了 21 世纪的若干海洋政策文件之后，我们只能不无遗憾地说，《海洋议程》所说的可持续发展不够实。它的"海洋产业的可持续发展"是通过"改善和优化产业结构，科学、合理地进行产业布局，发展高新技术产业和清洁生产"来"实现"③ 的。在《海洋议程》中与"海洋与沿海地区的可持续发展"相应的方案领域是"海洋为沿海地区发展拓展空间"、"海洋为沿海地区发展提供水资源"、"海洋为沿海地区发展提供食物资源"。④ 这些方案领域反映的似乎不是海洋的可持续利用，而是怎样利用海洋促进"沿海地区"的发展。《海洋议程》规定的"科学技术促进海洋可持续利用"说到底就是运用科学技术手段利用海洋，"可持续"指向的其实是进一步挖掘潜力。《海洋议程》认为"作为科学技术重要组成部分的海洋科学技术，将重点致力于海洋资源开发技术发展及其产业化、海洋资源可持续开发与保护、海洋资源开发中的服务保障技术等领域的研究，以提高中国海洋产业增长的质量和效益"，目的是"缓解人口、资源、环境问题给中国可持续发展所带来的

---

① 《"九五"和 2010 年全国科技兴海实施纲要》第四章。
② 《国家海洋事业发展规划纲要》第九章。该章还规定了另外一项规划内容，即"海洋教育与科普"。这一项对应的是该章标题所说的"海洋科技与教育"中的教育。
③ 国家海洋局：《中国海洋 21 世纪议程》第二章第三条。
④ 国家海洋局：《中国海洋 21 世纪议程》第二章第五条。

困难，促进相关产业的形成和发展"。在这里，"开发"才是目标，所谓"可持续开发"主要表现为开发的可持续性。"科学技术促进海洋可持续利用"目标下的方案领域二"探索新的、可开发的海洋资源"就是追求使开发可以持续下去。《海洋议程》对该方案领域的"行动依据"的表述清楚地说明了这一点。《议程》说："中国陆地资源人均值低于世界平均水平，随着国家经济持续、稳定、快速发展，现有的陆地资源开发利用形势更加严峻。海洋具有丰富的、开发利用潜力极大的生物资源、矿产资源、能源、水资源、空间资源等，是巨大的自然资源宝库。深化海洋资源勘查，依靠日益进步的科学技术，探索新的、可开发的海洋资源，是中国在21世纪发展的需要。"① 《海洋议程》关于"海岛可持续发展"的规定比较好地体现了可持续发展的要求，该章较好地处理了"海岛经济开发"与"海岛资源和环境保护"的关系、海岛开发与海岛"管理"、"保护"的关系问题。但是，这一"议程"也明显地表现了以开发为中心的基本思想。在方案领域四"海岛基础设施建设和社会发展"中，《海洋议程》宣布的"行动依据"是："中国海岛基础设施，近年来有较明显的改善，但仍处于滞后状态。海岛交通设施落后，港口码头既少且小，岛屿之间，岛陆之间客货运输动力严重不足，公路多为简易型，路基较差，极易出现道路阻断现象；有民航机场者更是寥若晨星。岛上能源不足，供电紧张，不仅严重影响岛屿经济发展，而且也不能保证居民的基本生活需要。海岛陆域的面积狭小，径流短促，加之缺乏保水蓄水工程，淡水资源十分匮乏。此外，通讯设施落后，成本费用较高，也严重制约了海岛经济的发展。"② 既然问题集中在"海岛经济的发展"受"制约"上，所以，这个方案领域的目标便一定是努力解除这种制约。该章正是按照这样的逻辑确定了行动"目标"——"彻底解决重点岛屿的交通、能源、水源和通讯问题，并逐步实现现代化；一般岛屿的基础设施要有显著的改善，使其逐步适应海岛经济开发的需求。"③

《海洋规划纲要》对可持续发展原则的贯彻更加明确，更有针对性。这表现在：首先，对不利于可持续发展的问题的把握更准确。《海洋规划纲要》指出的"海洋事业发展"所"面临"的"突出问题"有五，即①"维护海洋权益、保障海洋安全的能力薄弱"；②"海洋资源开发无序"；③"生态环境恶化的形势依然严峻"；④"公共服务和科技创新能力不适应海洋事业发展的需要"；⑤"海洋管理工作缺乏统筹，体制性、机制性矛盾依然突出"。④ 其中第二、第三两项是可

---

① 国家海洋局：《中国海洋21世纪议程》第六章第十七条。
② 国家海洋局：《中国海洋21世纪议程》第四章第三十八条。
③ 国家海洋局：《中国海洋21世纪议程》第四章第三十九条。
④ 《国家海洋事业发展规划纲要》第一章。

持续发展的直接障碍。其次，针对不利于可持续发展的问题规定了应对措施。正是为了克服上述两个方面的障碍，《海洋规划纲要》规定了第三章、第四章。第三章是《海洋资源的可持续利用》。这一章规定的内容基本上都是针对"海洋资源开发无序"展开的。它不仅强调了要"强化海域使用、海岛保护、矿产资源、港口及海上交通、海洋渔业等管理，加大海洋开发利用的执法监察力度，规范海洋开发秩序"，而且明确提出"使海洋开发利用的规模、强度与海洋资源、环境承载能力相适应"① 的要求。第四章是《海洋环境和生态保护》。从标题就可以看出，该章的内容是实现海洋可持续发展必须采取的措施。

3. 对海洋管理提出了更高的要求

《海洋议程》第七章是专门就海洋管理设的一章。该章共设 6 个方案领域。它们是：① "海洋法制建设"；② "海洋综合管理体制和协调机制的建立"；③ "海洋功能区划和开发利用规划的编制与实施"；④ "海域使用的管理"；⑤ "海洋资源的资产化管理"；⑥ "海洋资源、环境和管理信息系统建设"。② 这些管理都是必要的，但大多是日常的和初步的，带有海洋管理刚刚起步阶段的特征。《海洋规划纲要》的规定则大不一样。第七章关于"海洋执法"的第一项规定是"海上巡航监视"。该项规定要求："形成基本覆盖我国管辖海域的立体化、全天候的海上监控能力，实施管辖海域定期巡航制度，强化巡航监视，提高发现、识别、监视、跟踪和驱离能力，实现对重点海域非法侵权事件的有效监管。建立和完善维护国家海洋权益的管理协调机制，健全海洋维权应急工作体系。加强领海基点保护与管理，严格我国管辖海域无害通过、涉外海洋科研调查、专属经济区人工构造物、紧追和登临等制度管理。"③ 在以往的政策文件中没有这样明确的要求，似乎也没有定这么高的标准。《海洋规划纲要》第七章对"海洋行政执法"设定的标准也比以往要高。它要求"进一步强化海洋渔业、海上交通运输、海域使用、海洋环境保护等的巡视、监察和处置力度。推进无居民海岛、海洋自然保护区和海洋特别保护区等的执法管理，提高对海岸工程、海洋工程、沿岸陆源排污的综合执法能力。切实维护海洋资源开发秩序，保障海洋开发利用者的合法权益。"④

4. 对国际海洋事务的参与更深入、更具前瞻性，也更具"国际性"

《海洋规划纲要》没有像《海洋议程》那样规定许多方案领域。它在关于国家权益维护的一章中规定："深入开展海洋通道、岛屿制度、群岛制度和历史遗

---

① 《国家海洋事业发展规划纲要》第三章。
② 国家海洋局：《中国海洋 21 世纪议程》第七章第五条。
③ 《国家海洋事业发展规划纲要》第七章第一节。
④ 《国家海洋事业发展规划纲要》第七章第二节。

留问题等海洋权益重大问题研究。做好参与制定国际公约的政策储备，深化国际海洋法理研究，积极参与国际和区域海洋法律法规的修订和制定工作。倡导建立并积极参与地区性双边、多边海洋事务磋商机制。做好与周边国家划界和争端解决预案以及共同开发与合作方案。完善国家海洋权益维护信息与技术支撑系统。"① 这些要求具有明显的走出去，主动参与甚至引导他国的特点。它在"国际海洋事务"一章中只规定了3个方面的内容，即"国际海底区域工作"、"极地科学考察"和"扩大对外合作"，但每个方面的内容都富有远见，对中国海洋事业的发展都有重要意义。例如，"建设国家深海基地"，② 就是要围绕深海的开发与保护展开专门的和长期的工作，包括"发展深海资源勘查与开发技术"，"突破""深海资源勘查、开发技术和装备研制"难题；"推进深海生物基因资源的调查与研究"，"研究""深海地球科学与环境影响评价"；"培育若干个具有商业开发前景的产品，带动深海产业的逐步形成"③ 等。

5. 与时俱进，反映经济发展总体政策的变化

这个变化大致可以概括为从清洁生产到循环经济。④ 这是我国经济发展总体政策变化的反映。《海洋议程》制定时，国家在经济政策方面提倡"清洁生产"，所以《议程》对海洋经济的发展也提出了发展清洁生产的要求。在"海洋产业的可持续发展"一章中，《海洋议程》设计了"清洁生产"一个方案领域。确定的目标是"通过改进生产工艺，优化生产环节，交叉利用可再生资源，以及其他方式，使单纯尾端污染控制（通说为"末端"控制——引者注）转向全过程污染控制，减少海洋产业自身产生的污染物总量，防止海洋产业污染损害海洋环境。"⑤《海洋规划纲要》适应我国总体经济政策的变化，对海洋经济发展提出了"又好又快"等要求。它提出的"发展目标"之一是"海洋经济发展向又好又快方向转变"。⑥ 在"海洋经济的统筹协调"一章中，它要求"制定促进海洋循环经济发展的相关政策和措施，建立海洋循环经济评价指标体系。以海洋资源的节约与循环利用为目标，应用和推广循环经济技术，大力发展海洋资源的综合利用产业，形成资源高效循环利用的产业链，发挥产业集聚优势，提高资源利用

---

① 《国家海洋事业发展规划纲要》第七章第三节。
② 科技部和国家海洋局2010年8月26日宣布国家深海基地已获国务院审批，现在深海基地已经开始在青岛建设。
③ 《国家海洋事业发展规划纲要》第八章第一节。
④ 在环境法和环境保护事业的进步历史上存在从清洁生产到循环型社会（以循环经济为标志）的阶段性变化（参见徐祥民：《从现代环境法的发展阶段看循环性社会法的特点》，载《学海》2007年第1期，第50页），我国海洋政策得发展也经历了这样的阶段性变化。
⑤ 国家海洋局：《中国海洋21世纪议程》第二章第二十七条。
⑥ 《国家海洋事业发展规划纲要》第二章第三节。

率。"① 在"海洋科技与教育"一章，它要求建立"科技兴海平台"，"通过科技推进平台的业务化运行"，"支撑和引领海洋经济转向资源节约型、环境友好型和区域协调型发展模式"。②

第二节　中国现行海洋政策的主要内容

几十年来，中国的海洋政策推动中国海洋事业取得蓬勃发展。在这几十年中，正如前面章节所述，中国的海洋政策也曾发生过一些变化，有不少文件对我国的海洋政策或直接或间接地做过或详或略的表述。或许正是由于有多种文件对其做过表述，再加上政策本身也确实发生了某些变化，我们今天很难用简短的文字对中国的海洋政策做出概括，也很难从某个文件中找到对中国海洋政策的权威解释。

一、《中国海洋政策》对我国海洋政策的表达

1998 年，国家海洋局编制出版了《中国海洋政策》一书。这本书并不是对中国国家海洋政策的权威表达。③ 但是，我们也不得不承认，在可得的若干规定中国海洋政策的文件中，它的表达又是较为完整的。

《中国海洋政策》在第四章《中国发展海洋事业的基本政策》中设了 9 节，除第一节是《发展海洋事业指导思想》外，其他 8 节阐述了 8 项政策，即① "维护海洋权益基本政策"；② "海洋开发利用政策"；③ "海洋生物多样性保护及生态环境整治基本政策"；④ "海洋污染防治政策"；⑤ "减轻海洋和海岸灾害政策"；⑥ "海洋综合管理政策"；⑦ "海洋信息发展政策"；⑧ "气候变化和海平面上升适应性政策"。④ 不过，在该书中还有另外一种表达。在该书的第一章之前有一个类似前言的安排，叫做"中国海洋政策要点"。该"要点"的第一个标题是"海洋可持续发展战略"。在这一部分，该书有以下表述：

"1994 年中国政府制订的《中国 21 世纪议程——中国 21 世纪人口、环境与发展白皮书》中，把'海洋资源的可持续利用与保护'作为其重要的行动方案

---

① 《国家海洋事业发展规划纲要》第五章第三节。
② 《国家海洋事业发展规划纲要》第九章第五节。
③ 从该书自身的文字表述来看，它并不是一个由中央政府授权发布的文件，也不是受国家立法机关委托起草的文件。从该书关于编写组织的说明来看，它应该是一个出自专家之手的学术作品。考虑到该书的著作权人是国家海洋局，这本书可以理解为由国家海洋局安排编写。
④ 国家海洋局：《中国海洋政策》，海洋出版社 1998 年版，第 134~185 页。

领域，1996 年中国发布的《中国海洋 21 世纪议程》，提出了中国海洋事业可持续发展的战略，其基本思路是：有效维护国家海洋权益，合理开发利用海洋资源，切实保护海洋生态环境，实现海洋资源、环境的可持续利用和海洋事业的协调发展。为此，中国海洋事业发展进程中实行以下海洋政策"：①

"统筹规划海洋的开发和整治。加强海岸带的综合开发和管理，合理开发保护近海资源和环境，积极参与国际海底和大洋的开发利用；沿海陆地区域和海洋区域一体化开发，逐步形成临海经济带和海洋经济区，推动沿海地区的进一步繁荣和发展。"

"维护国际海洋新秩序和国家海洋权益。1992 年 2 月 25 日，中国颁布了《中华人民共和国领海及毗连区法》，这是中国海洋领域的一项基本法律制度，是为行使领海主权和毗连区管制权，维护国家安全和海洋权益而制定的……②对于中国同邻国在海洋事务方面存在的争议问题，中国政府着眼于和平与发展的大局，主张通过友好协商解决；一时解决不了的岛屿主权和海洋权问题，③ 可以搁置争议，加强合作，共同开发。"

"合理利用海洋资源，促进海洋产业协调发展。加强海洋资源保护，确保海洋资源可持续利用；合理分配海域空间和海洋资源，促进海洋产业协调发展；不断发现新资源，开发新技术，形成和发展海洋新产业，推动海洋经济持续、快速、健康发展。"

"海洋资源开发和海洋环境保护同步规划、同步实施、同步发展。制定海洋开发和海洋生态环境保护协调发展规划，按照预防为主、防治结合，谁污染、谁治理的原则，加强海洋环境监测、监视和执法管理；重点加强陆源污染物管理，逐步实行污染物总量控制制度，防止海洋环境退化。"

"实施'科教兴海'战略。加强海洋基础科学研究，组织海洋关键技术攻关，发展海洋高技术，不断提高海洋开发和海洋服务领域的技术水平。加快先进适用技术的推广应用，不断缩小地区间海洋开发技术水平的梯度差。健全海洋专业教育、职业教育和公众知识传播、教育体系，培育多层次的海洋科技人才。"

---

① 按照这个表述，下述基础政策似乎出自《中国海洋 21 世纪议程》。经查对，《中国海洋 21 世纪议程》并无下文这样的表达，其章节安排也与下文的表述不相一致。不过，我们还是宁愿相信《中国海洋政策》的作者们准确理解了《中国海洋 21 世纪议程》的思想。

② 省略的内容并不直接表达海洋政策，而是复述我国海洋法制建设的情况。为节省篇幅，故做省略处理。

③ "海洋权问题"或应为"海洋权益问题"。《中国海洋事业的发展》（白皮书）没有具体提"岛屿主权和海洋权益"这些具体问题，它把这些内容都让"中国同邻国在海洋事务方面存在的争议问题"这个表述吸收了。《白皮书》称："对于中国同邻国在海洋事务方面存在的争议问题，中国政府着眼于和平与发展的大局，主张通过友好协商解决，一时解决不了的，可以搁置争议，加强合作，共同开发。"（参见《中国海洋事业的发展》（白皮书）第一章）

"建立海洋综合管理制度。不断完善海洋功能区划和规划，加强海洋开发和保护的科学管理；加强海域使用管理，建立海域有偿使用制度；积极进行海岸带综合管理试验，逐步建立海岸带综合管理制度。"

"积极参与海洋领域的国际合作。认真履行《联合国海洋法公约》，积极参与国际海洋事务，推动国际和地区性海洋事务的合作与交流，促进全球海洋事业的繁荣与发展。"①

按照这一表述，中国的基本海洋政策包括7个方面，而不是8个方面，即①统筹规划海洋的开发和整治；②维护国际海洋新秩序和国家海洋权益；③合理利用海洋资源，促进海洋产业协调发展；④海洋资源开发和海洋环境保护同步规划、同步实施、同步发展；⑤实施"科教兴海"战略；⑥建立海洋综合管理制度；⑦积极参与海洋领域的国际合作。

与《中国海洋政策》几乎同时问世的《中国海洋事业的发展》（白皮书）②（以下简称《海洋白皮书》）共设6章，即第一章，"海洋可持续发展战略"；第二章，"合理开发利用海洋资源"；第三章，"保护和保全海洋环境"；第四章，"发展海洋科学技术和教育"；第五章，"实施海洋综合管理"；第六章，"海洋事务的国际合作"。《海洋白皮书》是为了"介绍中国海洋事业的发展情况"③ 而制作的，不是专门论述国家海洋政策的著作，但它对"中国海洋事业的发展情况"的"介绍"毫无疑问也反映了中国的海洋政策，包括中国海洋政策所发挥的作用、中国海洋政策将要或可能的变化等。如果把《海洋白皮书》的第一章"海洋可持续发展战略"理解为中国海洋政策的基本原则，或者说是一个总政策，那么，它所反映的中国海洋政策应该包括5个方面的内容，即"合理开发利用海洋资源"、"保护和保全海洋环境"、"发展海洋科学技术和教育"、"实施海洋综合管理"和"海洋事务的国际合作"。④

二、《中国海洋事业发展政策研究》对我国海洋政策的阐述

2007年，由于宜法、王殿昌等编著的《中国海洋事业发展政策研究》（以下

---

① 国家海洋局：《中国海洋政策》，海洋出版社1998年版，第2～4页。

② 其文字与国家海洋局编制的《中国海洋政策》所收录的《中国海洋政策要点》相同。

③ 《中国海洋事业的发展·前言》

④ 不过，《中国海洋事业的发展》（白皮书）第一章和国家海洋局编制的《中国海洋政策》所收录的《中国海洋政策要点》的第一部分"海洋可持续发展战略"一样，也把《中国海洋21世纪议程》以来的中国海洋事业发展所实行的政策归结为七个方面（参见《中国海洋事业的发展》（白皮书）第一章）。

简称《海洋发展政策》）又提供了阐述中国海洋政策的另一个文本。该书共设 11 章，除最后一章"我国海洋事业发展中的管理体制创新与科学决策"不直接涉及政策外，其他各章各阐述一项政策。按照《海洋发展政策》的安排，我国的海洋政策，或者叫海洋事业发展政策共包括 10 个方面的内容，即"海洋经济发展政策"、"海洋区域经济政策"、"海岸带管理政策"、"海洋资源保护与开发政策"、"海洋环境污染防治政策"、"海洋生态保护政策"、"海洋权益维护政策"、"海洋科技政策"、"海洋灾害预防及应对政策"、"海洋教育与海洋人才培养政策"。如果把"海洋区域经济政策"与"海洋经济发展政策"合并为"海洋经济政策"或"海洋经济发展政策"，该书表达的中国海洋政策为 9 项内容。

三、《中国海洋 21 世纪议程》中的海洋政策

如果再回顾《海洋议程》的规定，我们会发现，写在议程中的海洋政策涉及范围也比较宽泛。从《海洋议程》的篇章安排和方案领域的设计等，我们可以把它所规定的海洋政策概括为以下几个方面：①

（一）海洋产业政策

在《海洋议程》中有《海洋产业的可持续发展》一章。

（二）促进沿海地区发展政策

《海洋议程》注意到"海洋使沿海地区成为经济、社会和文化最发达，人口最密集的地区"，"全世界经济、社会和文化最发达的区域多位于沿海地区，世界 60% 的人口居住在距海岸 100 公里的沿海地区内"② 的现实，注意到"沿海地区经济和社会的发展离不开海洋空间利用"③，所以设置了"海洋为沿海地区发展拓展空间"这一方案领域，并把"研究开发多种海洋空间利用方式，有计划地把沿海地区生产和生活空间向海洋区域推进，重点利用大陆岸线至海岛之间的水域，缓解沿海地区水域和陆域空间紧张的矛盾"④ 确定为这一方案领域的目标。

---

① 也许我们的概括会与《中国海洋政策》里的表述不完全一样。
② 国家海洋局：《中国海洋 21 世纪》第三章第一条。
③ 国家海洋局：《中国海洋 21 世纪》第三章第六条。
④ 国家海洋局：《中国海洋 21 世纪》第三章第七条。

（三）海岛管理、开发和保护政策

《海洋议程》在《海岛可持续发展》章设定了 4 个方案领域，其中包括"海岛经济开发"、"海岛资源和环境保护"、"无人岛屿的管理和保护"、"海岛基础设施建设和社会发展"[1] 等。这些方案领域需要实施海洋管理、开发和保护的政策。

（四）海洋生物资源保护政策

《海洋议程》第五章不仅提出了对"海洋生物资源保护和可持续利用"政策的需求，因为要实现对"海洋生物资源保护和可持续利用"需要建立相应的政策，而且提出了这一政策的基本框架——"加强生物物种和生态环境的保护，有计划地建立相当规模和数量的海洋自然保护区、保留区，形成区域性、国际性海洋自然保护区网，采取适当措施保护海洋生物多样性；改善及完善各种有效的开发利用技术措施，合理利用经济鱼类；完善海洋生物资源保护法规体系，加强资源开发利用管理；加强国际合作和区域合作，维护海洋生态系统的良好状态，形成养护、研究和管理的国际合作机制。"[2]

（五）科技兴海政策

《海洋议程》认识到"海洋可持续利用必须建立在坚实的科学基础之上"，[3] "为促进海洋的可持续利用，必须全面了解海洋，积累丰富的科学知识"，[4] 所以把"加强与海洋可持续利用有关的管理科学和应用基础科学的研究"、"为协调海洋环境和经济建设的关系"、"促进海洋可持续利用提供科学依据"设为行动目标。

（六）加强海洋管理的政策

《海洋议程》从"管好、用好、保护好中国海洋资源、环境"[5] 的需要出发，认为加强对"沿海区、管辖海域"的管理是"保证经济和社会持续、快速、健康发展的重要途径"，[6] 并按照这样的判断设计了有关的方案领域。其设定的行动目标之一是"从中央到地方，建立一个完整的，对海洋开发和环境保护具有指

---

① 国家海洋局：《中国海洋 21 世纪》第四章第四条。
② 国家海洋局：《中国海洋 21 世纪》第五章第七条。
③ 国家海洋局：《中国海洋 21 世纪》第六章第六条。
④ 国家海洋局：《中国海洋 21 世纪》第六章第八条。
⑤ 国家海洋局：《中国海洋 21 世纪》第七章第一条。
⑥ 国家海洋局：《中国海洋 21 世纪》第七章第三条。

导、规划、协调、监督作用的综合管理体系；加强组织协调机制，继续发挥行业主管部门的作用，共同将海洋管理工作推向新阶段，使海洋开发活动得到合理、有序、协调和可持续发展，并获得最佳的经济、社会和生态环境等综合效益"①。

（七）海洋污染防治政策

《海洋议程》有"海洋环境保护"一章。该章设计了 5 个方案领域，包括"防止、减轻和控制陆上活动对海洋环境的污染损害"、"防止、减轻和控制海上活动对海洋环境的污染损害"、"重点海域的环境整治与恢复"、"海洋环境污染监测监视能力建设"、"完善海洋环境保护法律制度"② 等。它规定的海洋污染防治目标③是："到 2000 年从整体上减缓近岸海域污染和生态破坏的发展势头，继续保持大面积水域环境质量良好状态，使部分污染比较严重的重要河口、海湾的环境质量有所好转，防止对新经济开发区邻近海域生态环境的破坏；力争减轻海洋环境的污染损害程度，努力改变海洋环境质量与沿海经济社会发展不相协调的局面。到 2020 年，控制近岸海域环境污染和生态破坏程度，使重点河口、海湾环境质量明显好转，溢油和赤潮等环境灾害程度明显降低，以达到海洋环境质量与沿海经济、社会发展进一步协调的目的。"④

（八）海洋防灾、减灾政策

《海洋议程》中的"中国政府对海洋防灾、减灾工作一贯重视"⑤ 一语已经告诉我们，海洋防灾、减灾一定属于中国政府政策调整的范围。

（九）国际海洋事务参与政策

《海洋议程》提到，"必须加强国际海洋事务的参与能力，跟踪国际海洋科技动态、研究国际海洋法律，积极参加国际海洋科学研究、全球海洋环境保护，以及国际海底和极地海洋资源的开发与管理。"《议程》认识到，"只有坚持不懈地参与国际海洋活动，才能立足于 21 世纪的国际海洋竞争"。⑥ 这些话是关于中国对国际海洋事务应持态度的主张，而这种主张也应落实为国家政策。

---

① 国家海洋局：《中国海洋 21 世纪》第七章第二十二条。
② 国家海洋局：《中国海洋 21 世纪》第八章第八条。
③ 虽然该章的标题是"海洋环境保护"，它规定的行动目标也写作"海洋环境保护的目标"（《中国海洋 21 世纪》第八章第五条），但从其具体内容来看，这些议程、方案领域、目标等都集中为海洋污染防治。
④ 国家海洋局：《中国海洋 21 世纪》第八章第五条。
⑤ 国家海洋局：《中国海洋 21 世纪》第九章第四条。
⑥ 国家海洋局：《中国海洋 21 世纪》第十章第四条。

四、中国现行海洋政策的基本内容

对《海洋议程》、《中国海洋政策》、《海洋白皮书》和《海洋发展政策》加以对照，对我们更全面地认识我国海洋政策会有一定的帮助（见表3-2）。

表3-2　　　　　　　　中国海洋政策表达对照表

文件		海洋议程	中国海洋政策	海洋事业白皮书	海洋发展政策
政策	1	海洋产业政策	合理利用海洋资源，促进海洋产业协调发展		海洋经济政策
	2	促进沿海地区发展政策			
	3		统筹规划海洋的开发和整治		
	4	海岛管理、开发和保护政策			
	5	海洋生物资源保护政策		合理开发利用海洋资源	海洋资源保护与开发政策
	6				海洋生态保护政策
	7	科技兴海政策	实施"科教兴海"战略	发展海洋科学技术和教育	海洋科技政策
	8				海洋教育与海洋人才培养政策
	9	加强海洋管理的政策	建立海洋综合管理制度	实施海洋综合管理	海岸带管理政策
	10	海洋污染防治政策		保护和保全海洋环境	海洋环境污染防治政策
	11		海洋资源开发和海洋环境保护同步规划、同步实施、同步发展		
	12	海洋防灾、减灾政策			海洋灾害预防及应对政策
	13	国际海洋事务参与政策	积极参与海洋领域的国际合作	海洋事务的国际合作	
	14		维护国际海洋新秩序和国家海洋权益		海洋权益维护政策

91

从这个对照表可以看出，这若干文件对我国海洋政策的表达虽有区别，但总地说来是大同小异。表3-2中所列各项政策，可以概括为14项内容：

（1）海洋产业政策。该政策出自《海洋议程》、《中国海洋政策》和《海洋发展政策》。

（2）促进沿海地区发展政策。该政策出自《海洋发展政策》。

（3）海洋的开发和整治统筹规划政策。该政策出自《中国海洋政策》。

（4）海岛管理、开发和保护政策。该政策出自《海洋议程》。

（5）合理开发利用海洋资源政策。该政策出自《海洋议程》、《海洋白皮书》和《海洋发展政策》。

（6）海洋生态保护政策。该政策出自《海洋发展政策》。

（7）科技兴海政策。该政策出自《海洋议程》、《中国海洋政策》、《海洋白皮书》和《海洋发展政策》，只是有的文件把其中的"政策"表述为"战略"。

（8）海洋教育与海洋人才培养政策。该政策出自《海洋发展政策》。

（9）加强海洋管理或对海洋实行综合管理的政策。[1] 该政策出自《海洋议程》、《中国海洋政策》、《海洋白皮书》和《海洋发展政策》。

（10）海洋污染防治政策。该政策出自《海洋议程》、《海洋白皮书》和《海洋发展政策》。《中国海洋政策》所述的"海洋资源开发和海洋环境保护同步规划、同步实施、同步发展"也包含"海洋污染防治"的内容。

（11）海洋资源开发和海洋环境保护同步规划、同步实施、同步发展政策。该政策出自《中国海洋政策》。

（12）海洋防灾、减灾政策。该政策出自《海洋议程》和《海洋发展政策》。

（13）国际海洋事务参与政策。该政策出自《海洋议程》、《中国海洋政策》和《海洋白皮书》。

（14）海洋权益维护政策。该政策出自《中国海洋政策》和《海洋发展政策》。

这14项政策的内容又可进一步概括为以下7项：其一，海洋产业政策；其二，促进沿海地区发展政策；其三，防治海洋污染，合理开发利用海洋资源（海岛资源），保护海洋环境政策；其四，科技、教育兴海政策；其五，加强海洋管理，科学管理海洋政策（科学管理包含海洋开发和整治统筹规划）；其六，海洋防灾、减灾政策；其七，广泛参与国际海洋事务，维护国际海洋秩序和国家

---

[1] 对海洋实行综合管理与海岸带综合管理有明显的不同。本书认为我国需要推行或促进实行的是海岸带综合管理。它是仅适用于海岸带管理的一种管理模式，而不是可以适用于一般意义上的海洋管理的管理模式。详见本书第十一章第三节。

海洋权益政策。

第三节　对中国现行海洋政策的评价

有专家曾做过这样的判断，即"1998 年颁布①的《中国海洋政策》对于我国海洋事业的发展发挥了重要作用"。② 事实上，自我国实行改革开放政策以来形成的海洋政策，不管它在表达上是完整的还是零碎的，对我国海洋事业的发展都发挥了积极的作用。这是毋庸置疑的。然而，本书的使命不是简单地对以往形成的或正式实行的政策做定性的评价，而是对建立或完善我国的海洋战略做研究，所以，我们更应该做的是对以往的海洋政策多一点挑剔，多做一些批评性的评价。

一、割裂的海洋政策

《海洋议程》、《中国海洋政策》、《海洋事业白皮书》和《海洋发展政策》等都比较系统地表达了中国的海洋政策，或者说它们都力图系统地表达中国的海洋政策。但是，作为政府官方文件的《海洋议程》和《海洋白皮书》没有告诉我们一个完整的海洋政策，这或许有出于国防或外交需要的某种考虑；作为学术研究成果的《中国海洋政策》和《海洋发展政策》也没有给读者一个完整的中国海洋政策。非常明显，提高海军的战斗力是中国海洋政策的重要内容。③ 然而，上述文件没有一个把海军建设作为中国海洋政策的组成部分来"介绍"或阐述。虽然《中国海洋政策》和《海洋发展政策》都有维护海洋权益的内容，尽管人们都知道维护海洋权益常常都需要以一定海上军事力量为后盾，但在事实上，这些文件并未把海军建设列入国家海洋政策之中。

我国现行海洋政策的割裂还表现在其他一些方面。最明显的是在海洋管理政策上。《海洋议程》对海洋综合管理的表述不可谓不清楚，上述 4 份文件即《海洋议程》、《中国海洋政策》、《海洋白皮书》和《海洋发展政策》对加强海洋管

---

① 《中国海洋政策》这本书并不具有颁布政策的资格，如果考虑到其所载内容的一部分曾以《中国海洋事业的发展》（白皮书）的形式发布，说颁布似亦无不可。

② 于宜法、王殿昌等：《中国海洋事业发展政策研究·前言》，中国海洋大学出版社 2008 年版，第 5 页。

③ 参见房功利等：《中国人民解放军海军 60 年》，青岛出版社 2009 年版，第 289～293 页。

理的态度不可谓不一致，2008 年经国务院批准的《国家海洋事业发展规划纲要》
对"加强海洋综合管理"、①"深化海洋综合管理"② 的措辞不可谓不严肃，国务
院对《纲要》的《批复》③ 也强调实施《纲要》应"加强海洋综合管理，规范
海洋资源开发秩序"，④ 然而，这些文件关于改革海洋管理体制、"深化海洋综合
管理"之类的政策表达在很大程度上只是一种愿望。作为一项政策，它并没有
给出划界一个基本矛盾的办法。这里所说的基本矛盾就是我国基本管理体制下的
行业管理与海洋管理所无法回避的区域管理之间矛盾。虽然《海洋规划纲要》
也把"海洋综合管理体系继续完善"列为"十一五"期间"海洋事业发展"要
"努力实现"的目标，但这一目标仅仅靠呼吁和文件中的表态是没法实现的，因
为如果没有直截了当的规定，前述体制性的矛盾是不能克服的。事实上，海洋综
合管理也好，海洋管理体制改革也罢，一直到 2013 年国家海警局成立之前，依然
维持在 1998 年政府发布《海洋事业白皮书》时的状态。下面是白皮书的概括：

近年来，中国积极开展海岸带综合管理试验，并取得了一些可喜成绩。1979
年至 1986 年开展的"全国海岸带和海涂资源综合调查"，为开展海岸带综合管
理积累了丰富的资料。自 1994 年起，中国政府与联合国开发计划署等机构合作，
在厦门市建立海岸带综合管理示范区，取得了良好的效果，受到国际组织的好
评，为中国和其他国家进行海岸带综合管理提供了经验。1997 年，中国又与联
合国开发计划署合作，在广西的防城港市、广东的阳江市、海南的文昌市进行海
岸带综合管理试验。⑤

到目前为止，这种状况没有根本变化。如果说也发生了某些变化，那就是试
验区有所增加。

二、陆地痕迹浓重的海洋政策

我们的海洋政策文件的起草者都知道中国有 960 万平方公里的陆地领域和约
300 万平方公里的"管辖海域"。这是有国际法根据的中国领域，或可主张的管
辖区域，是中华民族长期经营于其上的家园。但在我们的海洋政策，至少是表达
我们的海洋政策的文本中，政策制定者的立足点却不是 1 260 万平方公里，而是
960 万平方公里。《海洋议程》的表达可以反映一般。《议程》称：

---

① 《国家海洋事业发展规划纲要》第二章第一节。
② 《国家海洋事业发展规划纲要》第二章第二节。
③ 即《国务院关于国家海洋事业发展规划纲要的批复》。
④ 《国务院关于国家海洋事业发展规划纲要的批复》第二条。
⑤ 《中国海洋事业的发展》（白皮书）第五章。

　　"多种陆地资源日趋紧缺，有必要把眼光转向海洋。中国陆地自然资源人均量低于世界水平。人均占有陆地面积仅 0.008 平方公里，远低于世界人均 0.3 平方公里的水平，因此有必要向海洋要空间，包括生产空间和生活空间。全国多年平均淡水资源总量为 28 000 亿立方米，居世界第六位，但人均占有量为世界水平的 1/4。矿产资源总量丰富，潜在价值居世界第三位，但人均占有量不到世界一半，居世界第 18 位。据对 45 种主要矿产（占矿产消耗量的 90% 以上）对国民经济保证程度分析，今后 10 年将有 1/4 不能满足需要，进入 21 世纪则有 1/2 不能满足需要，矿产资源将出现全面紧缺，有些资源还会面临枯竭的局面。要保障国民经济持续、快速、健康的发展，现有陆地资源开发形势将更加严峻。然而海洋中有丰富的多种资源，有可能提供巨量财富：①中国海岸线长度、大陆架面积、200 海里水域面积，在世界上排在第 10 位以内，在全球范围处于优势资源；②港湾资源和出海通道是国家战略资源，利用优良港湾建设港口，保护和开辟更多的出海通道，利用全球航道发展对外经济联系，具有重要战略意义；③中国海域已记录海洋生物 20 278 种，30 米等深线以浅海域面积约 1.3 亿公顷，利用浅海发展增养殖业，建设海洋牧场，可以形成具有战略意义的食品资源基地；④海盐占全国原盐产量的 70% 以上，海上油田可以成为油气田的战略接替区，海水直接利用有可能代替沿海地区 70% 以上的工业用水，这些都是行业性的战略资源。"[①]

　　不是因为海洋是我们的家园才要好好地经营它，而是因为"多种陆地资源日趋紧缺"才感觉"有必要把眼光转向海洋"。不是按照海洋家园自身的规律去建设它，而是因为认识到"中国陆地自然资源人均量低于世界水平"才把海洋当回事，才跑到海边"向海洋要空间"，是因为注意到陆地上的"主要矿产"将渐渐地"不能满足需要"，甚至"面临枯竭"才想起来向海洋要资源。

　　《海洋议程》对海岛经济开发的意义的判断也明显地反映了重陆轻海，以陆为主以海为辅的认识。《海洋议程》称："开发海岛，不仅是发展海洋经济的需要，而且也可弥补陆地资源的不足。"[②] 读到这里我们就清楚了，不管是整个海洋还是海洋里露出水面的岛屿，在我们的海洋政策里都只具有辅助的价值，都因对大陆具有某种补充作用才进入我们的海洋政策。

　　我们可能没有根据否定在中国发展的历史进程中大陆比海洋更重要的判断，也不想说海洋一定比陆地更重要。但我们想提出这样的问题，即我们是否按照海洋家园建设的规律考虑了它的建设，我们的海洋政策是不是来自于海洋家园建设

---

　　① 国家海洋局：《中国海洋 21 世纪议程》第一章第五条。
　　② 国家海洋局：《中国海洋 21 世纪议程》第四章第五条。

的自身需要。

在我们的海洋政策文件中多次出现过"拓展空间"这样的说法，如《国务院关于国家海洋事业发展规划纲要的批复》就认为发展海洋事业对"拓展发展空间""意义重大"。[①] 我们希望"拓展空间"一语是在向公海、国际海底、南极扩展的意义上使用的，而不是用来表达由陆地向海洋上扩展，或者向中国海上扩展，或者如下文所说向部分中国海上扩展。

三、部分中国海的海洋政策

我们的海洋政策文件大多要点到海洋占地球表面积的比例，而海洋事业应该是在这个占地球总面积71%左右的海洋上的事业，但我国现行的海洋政策似乎对这个占地球总面积71%左右的广大空间并不太感兴趣。整个海洋政策基本上都集中在调整和规范中国海的一部分海域内的事务。在前述14项海洋政策中，没有一项涉及对他国专属经济区的利用。"海洋生态保护政策"虽然可以涉及我国管辖海域之外的海洋，但我国的实际政策安排基本没有脱离开我国专属经济区这个范围。"科技兴海政策"和"海洋教育与海洋人才培养政策"虽然也与国家管辖海域之外的海洋的开发利用有关，但在我国的海洋政策中，只有在国际海底勘探开发、极地科考等方面才与这一政策有关联。科技和教育政策基本上都是用于中国海的。中国的海洋政策对那大部分都远离我国大陆的浩瀚海洋的态度留给我们的总的印象是：远海被置于过于遥远的远方了。

如果说我国的海洋政策主要是用来指导中国海上的海洋事业的，那么，它指向的中国海往往又只是中国海的局部，具体说来主要指向近岸海域。在把中国现行的海洋政策归纳为前述7项内容之后我们便很容易发现，其中6项基本上都是指向近海的。"规范海洋开发秩序"[②] 曾受到海洋管理部门和国务院的重视，而所谓开发秩序主要与近岸海域的开发和海岸线的开发有关。

海洋事业是具有国际性特点的事业，但我国的海洋政策总体上来看是"国内管理实，国际层面虚"。对内管理政策往往条理清晰，而涉外的方面则相对模糊。比如，污染防治。甚至连国务院对《国家海洋事业发展规划纲要》的《批复》也同意"加快实施以海洋环境容量为基础的总量控制制度，遏制近岸海域污染恶化的生态破坏趋势"，[③] 但在国际合作领域，虽然有关于国际合作的种种

---

① 《国务院关于国家海洋事业发展规划纲要的批复》第七条。
② 《国务院关于国家海洋事业发展规划纲要的批复》第三条。
③ 《国务院关于国家海洋事业发展规划纲要的批复》第四条。

表达，但具体的政策措施却不多见。

"根据《联合国海洋法公约》有关规定和我国的主张"，南中国海是属于"我国管辖"的"约300万平方公里""海域面积"① 的重要组成部分，然而，对于南中国海西部、南部等争议地区，我们除了"一贯主张和平利用海洋，合作开发和保护海洋，公平解决海洋争端"，② "搁置争议，加强合作，共同开发"③ 的一般表态，以及粗线条地设想划界方案外，④ 再也没有其他政策安排。

四、海洋事业的海洋政策

正像《中国海洋事业发展政策》一书的名字所示的那样，我国的海洋政策在很大程度上只是海洋事业的政策，而不是作为国家政策有机组成部分的海洋政策。如前所述，我们可以把由海洋部门完成的或者由海洋部门组织完成的文件中的海洋政策列举出14项，归纳为7项，但在脱离开海洋事业这个语境之后，在重要的国家政策文件或党和国家领导人的讲话中，海洋这个词出现的频率低得可怜。胡锦涛在《中国共产党第十七次全国代表大会上的报告》涉及海洋。《中国海洋年鉴》（2008）在"特载"栏目登载了讲话的相关部分。其全部内容如下：

"提升高新技术产业，发展信息、生物、新材料、航空航天、海洋等产业。"

"加强能源资源节约和生态环境保护，增强可持续发展能力。建设科学合理的能源资源利用体系，提高能源资源利用效率。"⑤

大概就是"海洋"这两个字让《中国海洋年鉴》的编辑甚至更多的人欣喜若狂。《中国海洋事业发展政策研究》的作者在其前言中历数了国家重要政策文件、党和国家领导人近几年的讲话涉及海洋的内容，从而也就是涉及海洋政策的内容。作者们的努力一方面说明，此类"资源"实在太少；另一方面则说明，海洋在国家宏观政策中的地位还不是很高。作者们历数的资料如下：

"2004年3月10日，国家主席胡锦涛在中央人口资源环境工作座谈会上强调：开发海洋是推动我国海洋经济发展的一项战略性任务，要加强海洋调查和规划，全面推进海域使用管理，加强海洋环境保护，促进海洋开发和经济发展。在2005年的政府工作报告中，温家宝总理强调指出，要'重视海洋资源开发与保

---

① 《国务院关于国家海洋事业发展规划纲要》第一章。

② 《中国海洋事业的发展》（白皮书）第六章。

③ 《中国海洋事业的发展》（白皮书）第一章。

④ 《中国海洋政策》有一节专门讨论"南海海域划界及本政策"（参见国家海洋局：《中国海洋政策》，海洋出版社1998年版，第144～145页）。

⑤ 中国海洋年鉴编纂委员会：《中国海洋年鉴》（2008），海洋出版社2008年版，第6页。

护'。《中华人民共和国国民经济和社会发展第十一个五年规划纲要》提出，要'强化海洋意识，维护海洋权益，保护海洋生态，开发海洋资源，实施海洋综合管理，促进海洋经济发展。'"①

可以写成宏篇巨著的国家重要文件在使用海洋一词时总是惜墨如金，这说明我国的所谓海洋政策主要还是关于"海洋事业"的海洋政策，而不是作为国家战略的或具有国家战略意义的海洋政策。② 而这些政策所涉及的"海洋事业"也主要是海洋产业，或者叫海洋经济、海洋资源的可持续利用等。

对照一下俄罗斯的海洋政策我们会对我们的海洋政策仅仅或主要是关于海洋事业的海洋政策这一缺陷有更明确的认识。俄罗斯为了更好地执行其"海洋政策"，于 2004 年 6 月组建了政府海洋委员会。从这个委员会所承担的主要任务③我们就可以看出俄罗斯的海洋政策的大致轮廓。而这个轮廓向我们传递的信息是：俄罗斯的海洋政策显然不以所谓海洋事业为限。或许正是因为接收到了这样的信息，杨金森先生才在讨论俄罗斯海洋政策的时发表了关于国家海洋政策应有特点的看法。他认为，"国家海洋政策是超出部门政策的综合性政策"。④ 如果说俄罗斯的"国家海洋政策"是"综合性海洋政策"，那么，我国的海洋政策则明显地是非综合性的政策。

五、缺乏社会文化内涵的海洋政策

从 1991 年首次全国海洋工作会议之后，我们可以轻易地找到若干我国关于

---

① 于宜法、王殿昌等：《中国海洋事业发展政策研究》，海洋大学出版社 2008 年版，第 4 页。

② 《全国海洋经济发展规划纲要》认为"20 世纪 90 年代以来，我国把海洋资源开发作为国家发展战略的重要内容，把发展海洋经济作为振兴经济的重大措施"（《全国海洋经济发展规划纲要》第一章第一节第二条）。这个判断也许是不错的，但这样的"战略"并未形成系统的政策。同样，《国务院关于国家海洋事业发展规划纲要的批复》认为"海洋问题事关国家根本利益。发展事业对保障国家安全，缓解资源环境瓶颈制约，拓展发展空间，推动我国经济社会发展意义重大"（《国务院关于国家海洋事业发展规划纲要的批复》第七条），但这样的认识也没有转化为系统的用以实现"国家根本利益"的政策或者战略安排。

③ 杨金森先生对俄罗斯政府海洋委员会的任务作了如下描述："协调领导联邦政府相关机构和非政府组织，维护俄罗斯在内水、领海、专属经济区和大陆架、南极、北极的权益，军事政治形势的稳定，国防安全和海洋灾害问题，协调处理俄罗斯的国际权益问题等。具体功能包括：确定联邦在海洋领域的优先事项；协调联邦乡管机构、科学研究单位、非政府组织的涉海工作；研究和准备关于海洋方面的政策建议，包括产业调整，海洋环境保护，海洋工作经费估算，国际海洋协议的协调，海洋政策的执行情况评估；协调联邦执行机构执行总统和政府发布的涉海法律法令，研究和发展我国在世界海洋领域的事业，海洋利用和自然环境保护；世界海洋工作项目的管理，包括军事技术和经济方向的工作，涉海劳动力、财产和设施的合理利用；海洋信息工作……"（参见杨金森：《中国海洋战略研究文集》，海洋出版社 2006 年版，第 207 页）

④ 杨金森：《中国海洋战略研究文集》，海洋出版社 2006 年版，第 207 页。

发展海洋经济、加强海洋科技研究的文件。例如，1992 年 12 月国务院批准的《海洋技术政策要点》，1995 年 5 月国务院批准的《全国海洋开发规划》，2000 年 11 月农业部渔业局发布的《我国远洋渔业发展总体规划》，2002 年国务院批准的《全国海洋功能区划》，2003 年国务院印发的《全国海洋经济发展规划纲要》（国发［2003］第 13 号，《国务院关于印发全国海洋经济发展规划纲要的通知》），2005 年国家发展改革委员会、国家海洋局和财政部三家联合发布的《海水利用规划》等，但我们却很难找到一份关于海洋文化建设的专门文件。《海洋议程》第三章"海洋与沿海地区的可持续发展"涉及海洋与社会发展之间的关系，给海洋的"议程"增加了社会内容，给海洋事业这个概念添加了社会内涵。然而，这项"议程"却只考虑了让海洋服务于"沿海地区的可持续发展"，而没有让社会走进海洋。在以后的若干文件和重要研究报告中，偶尔也能看到海洋教育和海洋人才培养等内容，如《中国海洋事业发展政策研究》的第十章。如果说我国海洋事业在"艰难前进"时期的"艰难"的主要表现之一是"海洋教育事业遭破坏"，[①] 那么当我们的"海洋事业全面发展"的时候，发展的内容却只剩下"海洋科学技术研究成果巨大"[②] 这一方面了。在我们的海洋政策中真正受重视的海洋教育是那些与海洋科学技术相联系的教育，而不是人文社会科学方面的教育。

六、近距离的海洋政策

《中国 21 世纪议程》以及为落实其中的"海洋资源的可持续开发与保护"方案领域而编制的《海洋议程》本来为政策的制定树立了大尺度的典范——它们都以世纪为时间范围，但在我国所见到的海洋政策文件，大多只是就近期的海洋事务提规划、设目标，其适用期限都很短。比如，《全国海洋经济发展规划纲要》"规划期为 2001 年至 2010 年"。[③]《国家海洋事业发展规划纲要》"规划期限为 2006～2010 年，远景展望到 2020 年"。[④] 其他写在国民经济发展五年规划中的海洋政策，毫无疑问，也都会随五年规划期限的"届满"而丧失效力。

规划总是与时间相联系的，写在规划中的政策无法拒绝"近距离"特性。上述规划中存在具有"近距离"特性的海洋政策是正常的。但我们需要注意的是，在这些近距离海洋政策之外，我们还有没有可以在更长时段内适用的政策。

---

① 国家海洋局：《中国海洋政策》，海洋出版社 1998 年版，第 81～82 页。
② 国家海洋局：《中国海洋政策》，海洋出版社 1998 年版，第 93～96 页。
③ 《全国海洋经济发展规划纲要·前言》。
④ 《国家海洋事业发展规划纲要·前言》。

《海洋议程》应该表达我国在整个 21 世纪适用，至少在 21 世纪的上半世纪适用的海洋政策。事实是怎样的呢？让我们列举《海洋议程》的若干段落：

"2000 年前，海洋经济增长速度不低于 15%，进入 21 世纪，增长速度略高于整个国民经济增长速度。采取各种有效措施，保护海洋的可持续开发利用，为实现国家总体战略目标做出应有贡献。2000 年以后，逐步使海洋产业的产值，占国内生产总值的 5%～10%，占沿海地区国内生产总值的 20%～30%。海产食品占全国食品等价粮食的 10%，工业用海水和大生活用海水占全国用水总量的 10% 以上。同时，探索新的可开发资源，发展新的开发技术，使更多的海洋有用元素、海洋能、深海矿产成为新的开发对象和形成新的产业。"①

"发展海洋油气工业。加强海洋石油地质理论研究，开辟勘探开发新领域；发展先进的勘探开发新技术、水下采油和集疏运技术，不断扩大产业规模，2000 年海上石油、天然气产量要分别达到全国石油、天然气总产量的 5% 左右和 16% 以上；同时带动造船、平台建造、潜水、水下通信等行业的发展。"②

"规划海洋油气资源开发布局。2000 年以前油田勘探开发集中在珠江口、渤海、北部湾、莺歌海—琼东南海域，共开发油田 18 个，气田 4 个，东海的平湖气田等也要投入开发建设；2000～2020 年重点开发莺—琼大气田，以及东海和南海其他区域的油气资源勘探和开发。"③

"通过实施可持续发展战略，争取到 21 世纪初期，主要海岛基础设施有较大的改善，经济建设有较大的提高，生态环境保护有较大的进步，海岛居民生活达到小康水平。"④

这些"议程"、规划都是就眼前正在发生或将要发生的事务所作的计划，有些都是稍加努力就能使之成为过去的计划，都是容易用数字表达的计划。⑤

---

① 国家海洋局：《中国海洋 21 世纪议程》第一章第九条。
② 国家海洋局：《中国海洋 21 世纪议程》第二章第十条。
③ 国家海洋局：《中国海洋 21 世纪议程》第二章第二十一条。
④ 国家海洋局：《中国海洋 21 世纪议程》第四章第九条。
⑤ 《中国海洋 21 世纪议程》并非没有对 21 世纪中期甚至更远的目标。在其规定的总体"战略目标"中，关于"海洋产业结构"、"海洋生态环境保护"等的规划就都把眼光放到了 21 世纪中叶（参见国家海洋局：《中国海洋 21 世纪议程》第一章第十条、第十一条）。问题在于，它在多大程度上关注了这些远距离规划，有多少篇章是为这种远距离政策而写的。

第四章

制定中国海洋战略的时代条件

时代不是时间的简单推移，而是人类生活不断发生改变，且人类也在不断改变生存于其中的环境的过程。这个过程发生了重大的阶段性变化，我们就可以说人类的历史进入了新的阶段，就可以把这个新阶段称作一个时代。如按照生产力的发展变化，人类历史经过了由农业文明时代到工业文明时代两个时代。其中农业文明时代的基本文明特点是"农业成为文明社会发展的主要动力"，而工业文明的时代特征则在于"生产力""以蒸汽机的使用为标志"[①]。再如，以"从单纯的摄取天然产物的掠夺经济转变为以种植农业、饲养家畜为主的生产经济"为界限，人类早期的历史分为旧石器时代和新石器时代。[②] 就对海洋的利用而言，人类也经历了不同的时代，或者说人类利用海洋的历史也可以划分为不同的时代。了解这不同的时代，搞清不同时代的特点，对我们思考或制定国家海洋战略是十分有益的，甚至是必要的。不了解时代条件而做决策有可能是"拔苗助长"，也有可能是"刻舟求剑"、"守株待兔"。

下面便是我们对海洋事业发展历史所做的时代划分以及对不同时代的特点所做的总结。我们的总结并没有涵盖人类利用海洋的全部历史，而是主要讨论对我们认识今天的时代有直接帮助的那些发展阶段，集中思考那些对说明当今时代的特点有关的问题。

[①] 马克垚：《世界文明史》（上、下），北京大学出版社 2004 年版，第 7～10 页。

[②] 白寿彝：《中国通史》第二卷《远古时代》（苏秉琦），上海人民出版社 1994 年版，第 45～47 页。

第一节　从殖民时代到海洋国土化时代

我们研究的是 21 世纪的国家海洋战略，但我们在研究过程中接触最多的材料，也是许多研究者力图用以阐述 21 世纪海洋战略的材料却是来自殖民时代，或出于对殖民时代的描述的。我们必须清楚地认识到，殖民时代和当今世界的情况有质的差别，殖民时代的所谓成功经验未必适用于当今时代。我们可以从中领悟的倒是：认识到两个时代的巨大差距，清醒地规划当今时代的国家战略。

一、殖民时代一去不复返

著名海洋战略研究专家杨金森先生把世界历史划分为"陆权时代（陆权为主、海权为辅的时代）、海权时代（海权为主、陆权为辅的时代）和新海权时代（海权、陆权、天权等多元化时代）。"[①] 他也把"海权时代"称为"大航海时代"，认为这个时代是"从 15 世纪开始，到 20 世纪 40 年代中期"，经历了"约600 年的时间"[②]。在他看来，海权时代又可分为"封建时代晚期"和"资本主义时代"两个阶段。这两个阶段的主要不同点在于海洋强国"走向海洋的目的"有所不同。"封建时代晚期"的海洋强国"走向海洋"的"主要目的是探索环球航线，发现新的陆地，搜刮海外的金银财富，占领殖民地"[③]，而"资本主义时代的海洋强国"走向海洋的目的却不再是那样直白的搜刮。杨先生谈道："资本主义诞生初期的原始积累阶段，是海权发展的极其重要的时期，海洋强国依赖海上霸权，实现了在全球掠夺资源，掠夺贵金属，完成了资本的原始积累。在最初的全球资源分配中，海洋和海权发挥了通道和有效手段的作用。全球海洋大通道形成之后，出现了葡萄牙、西班牙、荷兰和英国等海洋强国。这些海洋强国凭借其海军力量，在全球范围掠夺财富，开始了资本原始的积累过程。"[④]

我们先不必讨论杨先生所做的历史分期是否合乎世界历史实际发生的阶段变化，他赋予他所划分的两个阶段的海洋强国建设的目的是否准确，从杨先生的"写实性"的总结中我们可以发现与海权联系着的历史画面：殖民地、掠夺。

---

① 杨金森：《海洋强国兴衰史略》，海洋出版社 2007 年版，第 2 页。
② 杨金森：《海洋强国兴衰史略》，海洋出版社 2007 年版，第 8 页。
③ 杨金森：《海洋强国兴衰史略》，海洋出版社 2007 年版，第 9～10 页。
④ 杨金森：《海洋强国兴衰史略》，海洋出版社 2007 年版，第 12～13 页。

"探索环球航线，发现新的陆地"，接下来历史演变分为两类：一类是殖民——新的航线那端是新的陆地，有主的和无主的陆地，而这些陆地给"探索"者、"发现"者，更重要的是给取得了海权优势的人们（他们后来成为征服者），提供殖民地，使他们或他们同意的人变成殖民者。另一类是掠夺——新的航线那端是新的陆地，有主的和无主的陆地，而这些陆地和这些陆地上的人民赋有或拥有财富，"金银财富"、"贵金属"或其他财富，这些财富成了"探索"者、"发现"者，或其他取得了海权优势的人们掠夺的对象，使他们或他们的同伙变成侵略者、掠夺者。

在这方面，英国无疑是最有说服力的例证。美国独立战争之前，后来称为美利坚合众国的那片土地上的殖民地绝大部分都是英国的。加拿大很早就是英国的自治领。1867 年，英国议会通过的《英属北美法案》进一步确认了加拿大作为英国自治领的地位。除此之外，亚洲、非洲、美洲、大洋洲到处都是英国的殖民地。印度被称为"英国维多利亚女王王冠上的一颗明珠"。从 1600 年（伊丽莎白一世时期）英国建立特许商业机构"在印度群岛贸易和伦敦商人的总裁和公司"，即通称的东印度公司。该公司用约 15 年的时间实现了对从好望角到麦哲伦海峡的全部商业的垄断。在打败了印度土著的各种反抗力量，征服了这块土地上大大小小的政权，战胜了前来争夺果实的法国、西班牙、荷兰等国之后，于 1849 年完成对整个印度的征服。[①] 非洲是欧洲列强殖民争夺的焦点，而英国无疑是这场争夺中的最大获胜者。在北非，英国于 1882 年占领埃及全境，1898 年打败苏丹抵抗力量并夺取苏丹，实现对整个北非的控制。在西非，英国侵略者先行占领冈比亚、塞拉利昂、黄金海岸（今加纳）等的沿岸地区，然后逐步向内地渗透。1887 年，英国政府宣布凡与"皇家尼日尔公司"（1886 年成立）订立保护条约的地方（有 400 多个酋长与该公司有约）都是英国的保护领。后"皇家尼日尔公司"又武力侵占尼日利亚北部。1900 年，英政府接管"皇家尼日尔公司"的权力，把尼日利亚分成"南尼日利亚保护领"和"北尼日利亚保护领"。到 1914 年，整个尼日利亚，包括拉各斯在内都成为英国的殖民地。在东非，1890 年，英国宣布桑给巴尔及其所属岛屿归其保护。1894 年，乌干达成为英国的保护国。1895 年，肯尼亚成为英属东非保护领。在南非，英国 1806 年夺取开普殖民地，1843 年吞并纳塔尔，1871 年侵占西格利伽兰，1879 年吞并东格利伽兰，1884 年宣布对巴苏陀兰实行保护，1885 年对贝专纳实行保护，1889 年宣布对尼亚萨兰实行保护，1894 年英国南非公司占领整个南罗得西亚，1902 年通过英布战争吞并德瓦士兰和奥伦治，1910 年开普、纳塔尔、德瓦士兰和奥伦治组

---

① 丛胜利、李秀娟：《英国海上力量：海权鼻祖》，海洋出版社 1999 年版，第 124～132 页。

成南非联邦，成为英国的自治领。在亚洲，两个最大的亚洲国家都是英国殖民、掠夺的对象。数次对中国用兵，迫使清政府割地赔款；1849 年把整个印度变成其殖民地。除此之外，1811 年进攻爪哇，占领巴达维亚，把印度尼西亚变成其殖民地；1819 年占领新加坡；1839 年吞并亚丁；1840 年占领沙捞越；1843 年夺取信得；1878 年夺取奥斯曼土耳其帝国的塞浦路斯岛；1879 年把阿富汗变成保护国；1881 年其北婆罗洲公司获得在婆罗洲（加里曼丹）活动的特许状；同年英国从美国手里获得对文莱的承租权；1886 年北婆罗洲、文莱和沙捞越都成为英国的殖民地；同年英国吞并缅甸；1895 年英国完全控制马来西亚；1896 年英国与法国瓜分暹罗（今泰国）。在大洋洲，英国除很早便占领澳大利亚并把那里作为流放犯人的场所使用之外，1840 年强迫新西兰接受英国保护；1874 年把斐济变成自己的殖民地；1887 年与法国一起对新赫布里底群岛（New Hebrides，即今瓦努阿图）实行共管；1888 年把柯克群岛变成殖民地；1900 年宣布汤加为其保护国。在南美，从 16 世纪末英国殖民者就开始了冒险和殖民活动。到 1630 年，英国建立了苏里南殖民地，后经过与法国、荷兰的争夺，把整个圭亚那变成英国的殖民地。据统计，到 19 世纪末 20 世纪初，英国占领的包括自治领、自治殖民地、直辖殖民地、保护领和保护国在内的殖民地总面积达 3 000 多万平方公里。[①]

这个时期的英国是成功的，这个时期的世界可以称为不列颠的时代，所谓"日不落帝国"的称号不正是对这个时代的表达吗！英国是成功的，这从英国经济学家杰文斯不无骄傲的描述中就能看出来：杰文斯说："北美和俄国的平原是我们的玉米地，芝加哥和敖德萨是我们的粮仓，加拿大和波罗的海是我们的林场，澳大利亚、西亚有我们的牧场，阿根廷和北美的西部草原有我们的牛群。秘鲁运来的白银，南非和澳大利亚的黄金则流到伦敦，印度人和中国人为我们种植茶叶，而我们的咖啡、甘蔗和香料种植园则遍及印度群岛，西班牙和法国是我们的葡萄园，地中海是我们的果园，长期以来早就占在美国南部的我们的棉花地，现在正向地球的所有的温暖区扩展。"[②] 的确，任何一个国家能在世界上取得这样的优越地位都是成功的。

人们也把英国这个时期的成功理解为海权战略的成功。文天尧先生在分析这个时期英、法对决中的成败时有这样的话："当时英法各自的处境和实力证明，谁拥有制海权，就相当于获得了在当地（指英法卡纳蒂克战争的所在地）争霸的决定性、永久性的胜利。"[③] 在英法此次对抗中，英国获得了制海权，也取得

---

① 丛胜利、李秀娟：《英国海上力量：海权鼻祖》，海洋出版社 1999 年版，第 133～140 页。
② ［苏］特鲁汉诺夫斯基：《丘吉尔的一生》，北京出版社 1965 年版，第 229 页。
③ 文天尧：《争霸海洋：制海权与国家命运》，凤凰出版社 2009 年版，第 159 页。

了对法国的胜利，在整个印度洋上的胜利，以及帮助英国成为"日不落帝国"①的胜利。

然而，这种成功如果不是前无古人，那么，今天，我们可以说"后无来者"，而且，我们有必要大声说，有必要向世界宣布："后无来者"！

丛胜利和李秀娟两位先生曾提出"海权"有"三要素"的观点。虽不确知他们的观点究竟是系统研究海权得出的一般结论，还是对他们的研究对象——海权鼻祖所取得的成功的一种描述，但我们深信，他们的看法对说明海权价值的时代性是很有帮助的。他们认为：

"海外贸易、殖民地和海军是构成近代海权的三个要素。海外贸易和殖民扩张是海军发展的动力，而海军又反过来促进海外贸易和殖民事业。谁在这三个方面做得最好，谁就可以取得海洋霸权。之所以称英国为海权鼻祖，就是基于这三方面的考虑。英国在世界上第一个建立了比较完善的资本主义制度，第一个完成了工业革命，并曾一度享有'世界工厂'的美名。英国建立了一个横跨三大洋、分布五大洲、面积达3 350万平方公里，拥有4亿人口的空前绝后的大帝国。英国海军称霸海洋百余载，拥有世界上第一流的强大的舰队。最为重要的是，大不列颠是在同一个时期创立了所有这些伟业。那时，商船的主要航线不断从地中海转向大西洋，在西印度群岛、北美洲、印度次大陆和远东拓展殖民地和兴办商业企业能得到巨大的收益。蓬勃发展的海外贸易加速了英国经济的发展，促进了航海技术和造船业的进步，给英国提供了大量资金。殖民地不仅是英国产品的最大销售市场，而且提供很多工业原料和生活用品，如蔗糖、香料、粮食、烟草、木材和棉花等。强大的英国皇家海军保护了海上贸易，开辟了更多的殖民地。海外贸易、殖民地和海军构成'有效的三角关系'，相辅相成，是日不落帝国的三根支柱。"②

"海权"不是只有一个因素——海军，或强大的海军，所谓"谁控制了海洋，谁就控制了世界"不是无条件的，而是附条件的。在丛胜利先生他们看来，从强大的海军到"控制世界"不仅是附条件的，而且海军和海外贸易、殖民地还必须是有机联系的。英国之所以取得了成功，是因为它"在同一个时期创立了所有这些（三个方面）伟业"，而不是只有一个方面或两个方面。仅仅有强大的海军不足以让英国成为"日不落帝国"，仅仅有海外贸易也无法实现这样的伟业，"日不落帝国"需要牢度地联系在一起的"三根支柱"的支撑。

杨金森先生并不接受"三根支柱"的判断，但他对他所说的"大航海时代"

---

① 文天尧先生正是在分析英法之间的角逐之后称，"在七年战争（指发生在1785～1763年的英法第三次战争）中，英国是最大的赢家。英国自此稳坐海外殖民地霸主的宝座，一步步靠近日不落帝国那个传奇。"（参见文天尧：《争霸海洋：制海权与国家命运》，凤凰出版社2009年版，第160页）。

② 丛胜利、李秀娟：《英国海上力量：海权鼻祖》，海洋出版社1999年版，第2页。

以来的海洋政策的一般总结却支持了三根支柱中的一根，即殖民地。他说：

"自从 15 世纪的大航海时代以来，大国海洋政策的核心都是通过海洋获取财富。早期的殖民主义者争夺海洋霸权，是为了争夺海外殖民地，掠夺殖民地财富。世界进入帝国主义时代以后，由于资本主义国家发展不平衡，后起的帝国主义强国要求重新瓜分世界，引起世界大战，引起海洋战略争夺，目的是通过海洋占领殖民地和海外市场，掠夺殖民地和通过海外贸易市场聚敛财富。"[1]

他没有特别地把殖民地或夺取殖民地突出出来，没有给殖民地一根"支柱"的特殊地位，但殖民地却是他所总结的海洋政策的重要内容，也是他心目中成功的海洋政策的核心内容。

如果说海军是英国战胜竞争对手法国、西班牙等殖民者，打败印度、非洲等殖民地的抵抗者的关键，那么，广大的殖民地，潜在的和被占领的殖民地的存在是成就"日不落帝国"伟业的决定性条件。那在丛先生他们笔下表现为"横跨三大洋、分布五大洲、面积达 3 350 万平方公里，拥有 4 亿人口"的广大的殖民地使英帝国成为"日不落"式的帝国。

不管是海权包含三个要素，还是海外殖民地决定"日不落帝国"的成立，用海权创造世界强国的战略都只能用于历史，无法用于当今。原因很简单，殖民地，可用于殖民的土地已经不复存在。"日不落帝国"的成功是殖民地时代的成功，海权成就"日不落帝国"的时代是殖民地时代，而这样的时代已经一去不复返了。

在当今时代，既找不到被称为"东亚病夫"的中国，也没有了这样的酋长、首领，仅凭在不认识的条约上的签字就可以剥夺其对自己王国的管辖权。大洋洲不再空旷，南美洲早已建立了几十个主权国家，第二次世界大战后的民族独立运动已经把全世界几乎所有可居住的甚至不可居住的土地都交给了被国际社会普遍认可的主人。不管它是欧洲强国，是美洲强国，还是非洲新兴的大国，世界上都没有可供凭海军开拓的殖民地，没有可以由军事强制驱使的没有政治国家庇护的土著人、殖民者眼里的劣等人或者其他可被轻易征服的人。

如果说海权曾经创造了历史上的辉煌，那时，海权创造辉煌所需要借助的殖民地这个条件已经不存在。所以，今天的人们，已经告别了殖民时代的人们，不应简单搬用历史上创造了辉煌的海权经验。

二、海洋国土化

殖民地时代已经成为历史。做出这样的判断的基本依据并不是什么精深的理

---

[1] 杨金森：《中国海洋战略研究文集》，海洋出版社 2006 年版，第 240 页。

论，不是人类历史车轮滚滚向前带来的人类道德的进步，也不是某些先知先觉的贤人以及受他们启发的那些发达国家给人类创造了前所未有的阻止殖民制度再度发生的国际秩序，而是一个完全出乎人们情愿之外的客观事实，即地球空间的有限性。史学家曾把由哥伦布及其后继者的航海活动所带来的成果归结为"地理大发现"。从历史发展的过程看，是这次大发现给殖民制度提供了广阔的空间。在这个意义上人们感谢哥伦布、歌颂那个时代的航海家。然而，从地球与人类活动的关系的角度看，是土著人生活的土地，或无人居住的土地给殖民者留出了殖民的空间，是殖民者驱逐了那些土地上的原住民，或者用以"先占"即为主人的逻辑实现了他们的殖民愿望。在这个意义上，殖民者只能庆幸他们比土著人更早地产生了征服的野心、实施了征服的行动。如果要感谢的话，按照西方人的逻辑，那也只能感谢"上帝"，是"上帝"在他们生活的地区之外的某个遥远的地方预留了等待他们去开拓的陆地。航海家还会出现，但航海家再也不能指望有哥伦布的功业。人们再也不用因为他们发现新的大陆而去感谢航海家，因为这个星球上再也没有新的大陆。这个星球上的所有的土地都已经有主人，再也没有所谓冒险家的乐园，没有殖民者可以放任地开发、掠取的土地、财富。不是别的，正是我们的星球的这一特点，这一封闭、有限的特点宣布了殖民时代的结束。

今天，当我们宣布殖民时代已经成为历史的时候，我们面对的世界不仅没有了可供殖民的无主的土地，而且，那些有主的"土地"与殖民时代也大不一样了。这个区别主要有二：第一，当年的殖民者实施殖民的那种土地都有了主人，而且那些主人已经不只是事实上的占有者，而是国际社会承认的主人，一种"法定"的主人。这种主人和历史上某些事实上的占有者的最大的不同在于，其统治地位已经不容许另外的人用阴谋手段或者武装的手段轻易取代。第二，与当年的殖民者实施殖民的那种土地相连的海域及海域的底土也都变成了明确的主人的领有物，它们或者叫领海，或者叫毗连区、大陆架、专属经济区等。如果说殖民时代在殖民者居住的陆地之外还存在他们可以视为无主地的陆地，那么，今天不仅没有了这样的无主地，而且所有的土地的主人还都把他们的土地从陆地扩展到了海上，从海面"加深"到海中、海底。

今天，陆地国土早已是一个无须讨论的话题，因为在陆地上仅有的可讨论的议题就是邻国之间的疆界界定。在世界范围内与国土有关的仅有的议题是海洋国土，也就是国家间开展海洋划界。今天的世界处在一个海洋国土化的时代。

《海洋法公约》在以往国际海洋法律文件的基础上，经缔约国的反复协商，确立了领海制度、毗连区制度（第二部分）、大陆架制度（第六部分）、专属经济区制度（第五部分）、群岛国制度（第四部分）等，这些制度不仅明确了沿岸国家对内海的主权，把大片的海域宣布为沿岸国家的领海，而且将大面积的公海划归沿海国的管辖范围。《海洋法公约》在全球引起了一场海洋国土化运动。《海洋议程》总结道：

"1994 年 11 月 16 日生效的《联合国海洋法公约》，确定了 12 海里领海制度、200 海里专属经济区制度、大陆架制度，以及国际海底区域及其资源是全人类共同继承的财产和公海的管理制度等。这些制度的贯彻实施将……引起重大变革：一是约 1.3 亿平方公里的近海（占海洋总面积的 35.8%）将被沿海国以 200 海里专属经济区等形式划为管辖海域，脱离公海的性质，向国土化的方向发展；二是沿海国家将制定国内法律制度，陆续划定 370 多处国家间的海上边界；三是将对国际海底矿产资源逐步建立国际社会共同管理的制度……"①

《海洋法公约》带来的这些"变革"，除了第三点之外，其他两点的共同特点是海洋国土化。在这样的"国土"里，没有新大陆可供发现，不可能像当年的八国联军那样到处殖民。毫无疑问，殖民的海洋政策，或以殖民为特点的海洋政策在这样的海洋国土里是行不通的。

在由《海洋法公约》实施带来的以"海洋国土化"为特点的当今时代，海洋大致以三种形式存在：一是公海，二是本国管辖海域，三是他国管辖海域。②这是当今世界各国海洋战略的客观基础。在这个基础上演化出的海洋战略的最大施展空间是充分利用本国领海和管辖海域，依照国际公约使用公海，尽量协商使用他国领海和管辖海域。如果国家制定的海洋战略没有做到"充分利用本国领海和管辖海域，依照国际公约使用公海，尽量协商使用他国领海和管辖海域"，我们就可以说这个战略设计没有充分挖掘本国的战略潜力，是一个不充分的战略设计。反过来，如果国家制定的海洋战略超出了"充分"、"尽量"的限度和国际公约许可的范围，我们便可以说这个战略设计逾出了可能的范围，是一个危险的战略设计。

三、遵循国际海洋秩序的海洋事业发展战略

海洋国土化时代的时代特点直观上看是沿岸国家分割了更广大的海域面积，大面积的漂流涌动的海洋变成了主权国家的"国土"，而这个直观特点的背后是海洋利用的有序化。这个时代是有序利用海洋、开发海洋、保护海洋的时代，简单说就是建立了国际海洋秩序的时代，一个有序的时代。

---

① 国家海洋局：《中国海洋 21 世纪议程》第一章第二条。
② 这是一个大致如此的判断。实际上世界上还存在与海洋有关的未决事项。限于本书的主题，兹不赘述。

在殖民时代，作为殖民时代主角的殖民国家是掠夺者，而其他国家和民族是被掠夺者；在殖民过程中，殖民者不断扩张，而被殖民者或被削弱、或被消灭；实现扩张和削弱的根据是武力，不是契约、公理，总之不是既定的规则。文天尧先生所说的"整个 20 世纪上半叶，全球基本处于尽皆癫狂的争霸氛围中"[①]，充分表达了那个时代的无序特征。人类还会回到那个时代吗？我们的判断，不会。我们应该对和平和国际社会的有序充满信心。[②]

海洋国土化的时代是一个有序的时代。这个时代的有序性表现在以下几个方面：第一，国家的主体地位明确。确定的主体和明确的主体权利是秩序建立的基础条件。依照《海洋法公约》（以下简称《公约》），所有沿岸国家在分享领海、专属经济区、大陆架等方面都是平等的主体，所有国家，包括内陆国家都有和平利用公海的资格。[③] 第二，"国土化"的海洋有确定的数量或界定标准。不同的国家拥有多少海洋"国土"或管辖海域不是凭国家的意愿、国家军事实力或其他某种不确定的因素，而是有《公约》等国际法的根据。第三，"公海自由"是公海利用的基本原则，但公海自由是海洋利用秩序的一种形式。除此之外，公海的利用，如公海资源的开发与利用也有其秩序要求。[④] 不仅公海的利用有规范，而且领海和其他国家管辖海域的利用也有国际间认可的规范，如无害通过的规范[⑤]等。第四，公共的海洋事务管理有管理秩序，有解决争议的国际组织。

尽管还有少数国家没有正式签署《公约》，但《公约》作为全球利用、开发、管理海洋的共同准则的地位已经是不可动摇的。它是形成国际海洋秩序的基本法律依据。在这个法律文件的基础上，国际海洋法形成了由国际签订的公约、条约和缔约国国家立法机关或政府自行制定的法律文件共同组成的规范体系。这个体系正在不断丰富，而由这个规范体系作为文本表现形式的国际海洋秩序正在逐步完善。

我国是《公约》的缔约国，由《公约》等国际法律文件建立起来的海洋秩序给我们提供了保护。依据《公约》的规定，我国不仅享有自己的领海，而且享有专属经济区和大陆架。依据《公约》的规定，我国可以主张约 300 万平方公里的管辖海域。一方面，国际海洋秩序使我国得以对 300 万平方公里的海域主张管辖权，将来经过与周边国家的协商、谈判，最终会确定我国管辖海域的具体面积。另一方面，我国可以对 300 万平方公里或其他更精确数量的管辖海域加强

---

① 文天尧：《争霸海洋：制海权与国家命运》，凤凰出版社 2009 年版，第 209 页。
② 如本章第一节所述，和平和发展是当今时代的主旋律。这一点短期内不会改变，也没有改变的征兆。
③ 《联合国海洋法公约》第八十七条规定："公海对所有国家开放，不论其为沿海国或内陆国。"
④ 如《联合国海洋法公约》关于"公海上捕鱼的权利"（第一百一十六条）的规定。
⑤ 《联合国海洋法公约》第四十五条。

管理，建立我国自己的不违背国际法准则的管理规范，形成我国自己的与国际海洋秩序相协调的海洋管理秩序。

在这个有序的时代，虽然还存在与秩序不一致的行为，也必然存在这样的行为，我们所做的战略安排一定是符合秩序要求的和顺从秩序的。这里有三个方面需要考虑：第一，作为一个刚刚从半殖民地半封建的不利境遇中走出来的国家，也是从国际海洋秩序中获益的国家，我国应当遵守国际海洋法，顺从国际海洋秩序。我们要制定的海洋战略一定是符合国际海洋秩序的战略。第二，秩序需要维护。写在纸上的规范、由国际会议通过由主权国家签署的文件本身并不等于秩序，秩序的真正形成需要相关主体对规范的遵守和维护。无人遵守的规范无法形成社会秩序，而任何规范都不能指望所有的行为主体自动遵守。秩序的价值往往就表现为一定存在不乐意遵守规范的主体。要想使规范能够变成秩序，使秩序得以建立并具有稳定性，就需要有对违反规范的主体说不，或制止违反规范的行为的主体或机构。中国作为一个大国，一个海洋大国，一个负责任的大国，[①] 应当努力维护国际海洋秩序，也应当成为具有维护海洋秩序能力的大国，为维护秩序发挥作用。第三，秩序需要改善，需要生长。任何秩序都不可能一下子长成，一下子就达到十分完美的程度，而是需要秩序建设者们不断努力使之不断完善，使之根据现实生活的需要适时改进。中国作为一个大国，一个海洋大国，一个负责任的大国，应当为海洋秩序的完善发挥建设作用。

所以，我们的利益在秩序中，我们的战略利益在秩序的营造和维护中。

第二节　从隔绝的世界到连通的世界

《尚书·立政》载周公训词有"其克诘尔戎兵，以陟禹之迹，方行天下，至于海表，罔有不服"之语。如果不是周公夸大大禹的业绩的话，那么，在夏禹的时代我们中华民族的足迹就已经达于后世所称的东海了。如果此说可靠，中华民族与海洋打交道的历史已经有四千多年了。据杨金森先生考查，中国"自进入封建社会之后"，"基本保持了统一大帝国状态"，且"一直处于世界先进的地

---

① 我国执政党和我国政府领导人一直都按照对世界、对时代负责的精神参与国际事务。2010年11月12日在韩国首都首尔举行的二十国集团领导人第五次峰会上，国家主席胡锦涛发表题为《再接再厉 共促发展》的重要讲话。讲话指出："我们要本着对历史、对未来负责的态度，站在维护人类共同利益的高度，发扬同舟共济精神，再接再厉，努力促进世界经济强劲、可持续、平衡增长。"这是一个负责任大国对国际局势表达的负责任的态度。

位，是大国和强国，也是海洋强国"①。按照这个说法，中国经略海洋的历史至少也有两千多年了。

在这两千多年与海洋打交道的历史中，海洋虽然一直都是人类活动的对象，但其角色地位却在随时代的变化而变化，随中国与世界关系的变化而变化。在中华民族独享一个"完整"的"天下"的时代，海洋是"天下"的边界；而在中华民族的"天下"暴露在世界面前时，在这个"天下"变得不再完整的时候，海洋曾被当作屏障。今天，海洋的屏障意义也不存在了。我们需要了解海洋在中国与世界关系中的地位的变化，在设计今天的海洋事业发展战略时需要认真考虑应当把海洋放在怎样的位置，以及如何发挥海洋的作用。

一、从"筹边"到应对经济全球化

中国古人在自己的生活疆域里形成了以"六合之内"为"天下"的观念，这"六合"中的一合就是"东海"②。这时的"东海"既是"鱼盐之利"的产生地，也是天下的边际。坐落在今山东荣成境内的"天尽头"就出自对这个边际的判断。因为有这个观念中的边际，一个与自然地理不相合的边际，而超出这个边际的世界又时常走进人们的视野，所以，在中国文化中始终存在着开放与封闭的双重属性。说开放，没有错。秦统一以前的中国本来就是诸侯并立，甚至是万国并立③，而这并立的诸侯或万国之间是"开放"的。说封闭，也正确。中华民族数千年来始终不渝地坚守的家园就是上述"六合之内"，既不离弃，也不他求。尤其是日子不好过的时期，我们民族常取的姿态就是谨守门户、捍卫家园。不管是明代的禁海政策，还是清代的迁海政策，④ 都反映了这种封闭的特点。

张斯桂先生于清同治癸亥年（公元 1863 年）为《万国公法》写的序言充分反映了中国文化的开放与封闭兼具的特性。张先生题《万国公法序》云："间尝观天下大局，中华为首善之区，四海会同，万国来王，遐哉勿可及已。此外诸国，一春秋时大列国也。若英吉利、若法郎西、若俄罗斯、若美利坚之四国者，强则强矣，要非生而强也。英吉利，一岛国耳。其君若相，务财训农通商惠工而财用足，秣马厉兵修阵固列而兵力强，遂雄长乎西洋。然犹虞土产不丰易致坐

---

① 杨金森：《海洋强国兴衰史略》，海洋出版社 2007 年版，第 326 页。

② 《史记·秦始皇本纪》，载《琅琊刻石》有"六合之内，皇帝之土。西涉流沙，南尽北户，东有东海，北过大夏。人迹所至，无不臣者"之语。

③ 蓟伯赞先生认为"周初"有"八百国"，"到春秋中叶以后，就只存在几十个国了"（参见蓟伯赞：《先秦史》，北京大学出版社 1988 年版，第 293 页）。

④ 关于明代的禁海和清代的迁海，可参阅杨金森、范忠义：《中国海防史》，海洋出版社 2005 年版，第 78~81 页、第 547~565 页。

困，乃多设兵船分布天下，暇则遍历山川，有立马绘图之概；急则夺据关隘，有投鞭直渡之强。故越国鄙远，不知其难。法郎西，制器之巧、用军之精，为西国冠，竟与英吉利并驾齐驱，树晋角楚犄之势。俄罗斯积弱久矣。自其先君见西洋诸国蒸蒸日上，恐外患之迭乘而内顾之不暇也，乃效赵武灵微服过秦之术，游历诸国，罗奇才而致之幕下，购利器而教之国中，不二十年，遂郡县北方诸国而统苫之舆图，几与中国埒。然北地苦寒，无南方通商海口，则地势使然也。美利坚，初为英之属地，嗣有华盛顿者，悯苛政倡大义，鏖战八年而国以立，而官天下，未尝家天下，俨然禅让之遗风。且官则选于众，兵则寓于农，内资镇抚而不假人尺寸柄，外扦强御而不贪人尺寸土。华盛顿迈百王哉。在昔春秋之世，秦并岐丰之地，守关中之险，东面而临诸侯。俄罗斯似之。楚国方城汉水虽众无用，晋则表里山河亦必无害，英法两国似之；齐表东海，富强甲天下，美利坚似之。至若奥地利、普鲁斯，亦欧罗巴洲中两大国，犹鲁卫之政，兄弟也。土耳其、意大利，犹宋与郑，介于大国之间也。瑞士、比利时，国小而固，足以自守。丹尼、荷兰、西班牙、葡萄牙等国，昔为大国，后渐陵夷，然于会盟征伐诸事，亦能有恃无恐，而不至疲于奔命。其间蕞尔国，不过如江、黄、州、蓼，降为附庸，夷于邾邿，或割地而请和，或要盟以结信，不祀忽诸可胜道哉。可知不备不虞，不可以师鲜虞不警边，舒庸不设备。千古有同慨焉！东方亚细亚洲内如日本、安南两国，诚能振作有为，休养生息，富强可待也。统观地球上版图大小，不下数十国，其犹有存焉者，则恃其先王之命，载在盟府，世世守之，长享勿替，有逾此盟，神明殛之。即此万国律例一书耳，故西洋各国公使大臣水陆主帅领事翻译教师商人以及税务司等，莫不奉为蓍蔡。今美利坚教师丁韪良翻译此书，其忘我中华之曲体其情而俯从其议也。我中华一视同仁，迩言必察，行见越裳献雉西旅贡獒，凡重译而来者莫不畏威而怀德，则是书亦大有裨于中华，用储之以备筹边之一助云尔。"①

　　不管是最初组织翻译瓦特尔（Vattel）《国际法》的林则徐，还是向林则徐推荐瓦特尔著作的袁德辉，是最初帮助林则徐翻译外文著作的人，还是后来清廷成立的同文馆的中国官员，其实对西洋世界并不了解。然而，当西洋各国的简单信息、粗略描述"地球""版图"轮廓的信息传来之后，人们，当然主要是指在开放的中国文化中熏陶成长起来的知识分子，便能迅即给那个他们了解并不多的西方世界一个清晰的判解。不管是英法两国的"并驾齐驱"，还是"丹尼、荷兰、西班牙、葡萄牙"等已"渐陵夷"的小国"于会盟征伐诸事，亦能有恃无恐，而不至疲于奔命"，都可以在我们丰富的文化中找到诠释之例证。英法关系

---

① 张斯桂：《万国公法·序》，载于根据同治三年京都崇实馆存版由台湾"中国国际法学会"1998年出版的《万国公法》。

无非"晋角楚犄",两个强大诸侯之间相安无事的关系。丹尼、荷兰、西班牙、葡萄牙等国在欧洲的地位与"宋与郑""介于大国之间"、瑞士和比利时"国小而固"情形相像。张斯桂先生这则序言反映了国人认识世界,形成观念中的外面世界的过程。无须乎游历,无须乎体验,只需要把传来的外部世界的信息与中华的"国情"、历史做一个比对,一切繁复、曲折便迎刃而解。一个"似"字,把俄国的经历、美国的富强、强强相遇的英法关系非常形象地摆在国人面前。俄罗斯的所为不过就是秦国的行径:"并岐丰之地,守关中之险,东面而临诸侯"。英法关系无非就是楚晋之交:"楚国方城汉水虽众无用,晋则表里山河亦必无害"。富强的美利坚正像春秋五霸之首的齐国,即所谓齐国"表东海,富强甲天下"。一个"犹"字,拉近了那实际上并不了解的西方与国人的距离。总之,中国文化的开放性可以从容消解由"不下数十国"组成的开放的世界。这个世界千百年间大小国家间的争斗分合,优胜劣汰,不管是波澜壮阔,还是荡气回肠,在我中华学人面前就是平常的春秋故事。英、法、俄、美相当于"春秋时大列国",作为"欧罗巴洲中两大国"的奥地利和普鲁斯,大致就是"鲁卫";那些"蕞尔国",其地位就是"江、黄、州、蓼"之类。

然而,用"开放"的文化对世界的诠解又是封闭的。以张斯桂先生的《序》为代表的"世界观"用开放的文化解释了开放的欧洲和开放的世界,但却把中国放在了世界之外。一个因有齐楚秦晋鲁卫陈蔡在其中而构成了一个完整"天下"的中国和一个由英法俄美等构成的世界被放在了并列的位置上。在这种诠解中存在两个世界:一个是欧美俄亚组成的"地球"世界,另一个是由齐楚秦晋等组成的中国世界、"天下"世界,或者中华世界。在张斯桂先生看来,那个由英法俄美组成的世界不过是中国这个世界需要接待的"重译而来者"。这些可以称为万国的国不在我们的天下之内,我中华也不在那个由万国组成的世界之内。我们的世界"四海会同,万国来王"不包含英法俄美,而以英法俄美为春秋"大列国"的地球世界中也不包括我中华。因为是两个世界,所以,就是这部《万国公法》,虽然为"西洋各国公使大臣水陆主帅领事翻译教师商人以及税务司等""奉为蓍蔡",但对于我中华,那不过是"一视同仁,迩言必察"的借镜,而不是我中华融入其中的世界的良法美俗,更不是我中华与世界共守的规约。虽然张先生认为"地球上""大小"不等的"数十国"需要"恃其先王之命,载在盟府,世世守之",因靠了"有逾此盟,神明殛之"的保佑才得以"存",但他绝不认为我中华也需要与英法俄美共守万国公法之类的盟约。他对《万国公法》功能的理解只是"筹边之一助"。

张斯桂先生的序言是为一本书作的,但这本书太不平常。它是中国境内翻译印行的第一部国际法著作,同时也是中国政府组织翻译并出资出版的第一部国际法的著作，是系统地向中国人传达近代国际法乃至近代国际关系知识的第一部著作。[①] 这则序言出自张先生之手，但它反映的却是那时的中国知识界对国际关系的认识。中国是一个一统垂裳的"天下"，这个"天下"有四裔或四境，所以便需要"筹边"或者安边。大清国的对外事务在大清国的君臣们看来大致都是"筹边"，或"筹边"之类。

对外交往可以归于"筹边"，海为天下之边，筹海自然也就是筹边；而患害自于海上，防御患害就更属筹边无疑。不管是魏源"师夷之长技以制夷"[②] 的方针，还是李鸿章的"决胜海上"的构想，[③] 都是筹边之策。

海洋仅仅是边塞吗？海洋仅仅是屏障吗？仅仅根据敌人从海上来的经验而赋予海洋的地位就是海洋的全部价值吗？显然不是。黑格尔曾指出："河川江海不能算做隔离的因素，而应该看作是结合的因素。英格兰和布列坦尼，挪威和丹麦，瑞典和利芳尼亚，都是由海结合的。""地中海是地球上四分之三面积结合的因素，也是世界历史的中心。"[④] 海洋绝不仅仅是闭门自保的堡垒或城墙。但是，大清帝国面对的是一而再、再而三地来自海上也只能防之于海上的敌人，大清帝国的君臣们一议再议的都是如何防止来自于海上的敌人登陆。随着这样的历史剧的一再上演，此类谋划的一再举行，海洋在人们心目中成了一道寄托了埋葬来犯之敌希望的壕沟。不管人们是否能够如愿，不管这道壕沟能否真的将来犯之敌埋葬，海洋始终被置于敌我之间，它成了一道担当将敌我分开职能的墙。晚清的海战打得次数越多，失败的次数越多，这道墙在人们观念中就变得越厚；西方列强前来骚扰、掠夺的次数越多，大清被劫掠得越惨重，海洋之"墙"的观念就越牢固。这样的经验不是让国人接受一个外面的世界，而是让他们一再加深海洋为中国"天下"之边的认识。

然而，海洋不是"天下"之边，而是"天下"的有机组成部分；海洋不是中国与外国之间的隔离墙，而是把中国与外国联系起来的最便捷的通道，是黑格尔所说的"结合的因素"，是使中国融入世界的纽带和桥梁。

今天的世界已经充分展示了海洋的这种连通特点和桥梁作用。例如，到2006

---

① 许倬云先生认为"由传教士丁韪良从 Wheaton 的英文原作 Elment of International Law 译成中文，刊布于同治三年"的这部《万国公法》是"中国第一本国际公法著作"（参见许倬云：《重印万国公法序》，载《万国公法》，台湾"中国国际法学会"1998 年版）。

② 魏源：《海国图志·叙》。

③ 李鸿章虽有决胜海上之说，但其总体战略思想的基本倾向是防守。他的以"守定不动"与"挪移泛应"相结合的守口之法等反映了他的海军建设思想最是为实现海防目的服务的（参见刘中民：《中国近代海防思想史论》，中国海洋大学出版社 2006 年版，第 73～84 页）。

④ ［德］格奥尔格·威廉·弗里德里希·黑格尔：《历史哲学》，上海书店出版社 1999 年版，第 93 页。

年，全球"海上货运量"就占"货运总量的60%"，而"国际货运的90%以上是通过海上运输完成的"①。再如，我国对南极的科学考查、一系列气象观测活动等都是在海洋上或通过海洋来实现的。

海洋作为沟通的桥梁和纽带早已不是只表现在难得的若干事例上，不管是人类对海洋资源的需求，还是人类各种经济活动对海洋的依赖，都自然而然地把不同的政治国家和分属于不同政治国家的人们联系在一起。随着世界经济突飞猛进的发展，经济全球化的浪潮把全世界联系得越来越紧密，而海洋这一实现世界连通的桥梁则变得越来越重要。世界贸易组织第一任总干事雷纳托·鲁杰罗（Renato Ruggiero）对经济全球化浪潮作了这样的描述："以要素自由流动为基础的经济全球化趋势不可逆转，正在加速。在全球范围内，经济力量和技术力量为依托的经济外交正在拆除各种围墙藩篱，跨越各国国界，编织一个统一的世界经济。一个以经济全球化为基础的'无国界经济'正在全球范围内形成。"②

经济全球化正在"拆除各种围墙藩篱，跨越各国国界"，而这种"不可逆转"的力量将要"拆除"的"围墙藩篱"当然也包括被我们的前人当作屏障的海洋这种藩篱，将要"跨越"的"国界"无疑也包括存在于海洋里或被人们刻画在海洋里的国界。

二、连通的世界里的海洋战略

海洋本来就具有广泛连通的特点，不管是太平洋、印度洋，还是大西洋、北冰洋都被水体联系在一起，不管是欧亚非之间的地中海，还是中日韩之间的黄海、东海，其实原本都是一个完整水体的不同区域。如果说历史上距离和交通工具的限制使这些海洋区域在人类的利用上相互分割，波罗的海是北欧人的海，红海是西亚人的海，东海是东亚地区国家的海，那么，现在，科学技术以及科学技术带来的交通工具的发达已经使不同海区之间的距离大大缩短，而经济全球化及其所带给人们的经济和社会生活的要求更使距离变短、海洋变窄。这些巨大的变化逐渐使海洋的连通特征变成人类对海洋利用上的社会特征。自然的海洋是同一片海洋，社会利用的海洋逐渐成为同一个海洋世界。我们依然可以用经纬度给海洋划分地理区域，依然可以实施海洋划界把特定区域的海洋置于特定国家的管辖范围之内，但此类定划分、归置都无法改变海洋广泛连通的自然特点，也不会给

---

① 国家海洋局海洋发展战略研究所课题组：《中国海洋发展报告》，海洋出版社2009年版，第141页。

② 转引自叶江：《改革开放以来中国对大国关系认识的发展轨迹辨析》，载唐晋：《大国外交》华文出版社2009年版，第32页。

人类利用同一个海洋世界构成不可逾越的障碍。

如果说科学技术已经逐渐地把连通的海洋的整体越来越清晰地展现在人们面前，逐渐地揭去蒙在人们心头的隔绝的、分裂的海洋烟幕，而经济全球化浪潮则催促人们更多地了解和利用连通的海洋、同一的海洋。那么，今天，当我们思考国家的海洋战略时，当我们从事国家海洋战略的设计时，我们对海洋的理解便应更多地体现海洋的这种自然特征。科学家研究海浪、海流、潮汐，研究海洋动力、海洋生物、海洋生态，等等，帮助我们认识海洋的自然特征；社会科学家研究海洋的经济价值、文化价值，研究海洋如何净化人们心灵，如何陶冶人们的心胸、情操等，帮助我们认识海洋与社会生活之间的关系。这些研究，还有这里没有提到的其他研究都有助于我们形成或加深对海洋的认识。不过，除了一般地认识海洋、了解海洋的价值之外，从海洋与国家战略之间的关系来看，海洋战略思考更需要的是对海洋的连通特性以及这种连通特性对当今中国的特有价值的认识。由于我们民族经历了以海为边际的太长时期的古代繁荣，经历以海为屏障的太长时间的被动防御，我们需要从思想深处主动地越出作为自卫屏障的海洋这道坎，自觉地去拥抱更加浩瀚的海洋，自觉地把我们家门口的海洋与大洋和别人家门口的海洋联系在一起。

讨论海洋战略，我们需要更多地用民事的眼光看海洋，而不是用边防的眼光看海洋。需要更多地注意鲁杰罗所说"经济力量和技术力量"在国际关系中的作用，并根据这种判断考虑海洋在国际关系中的地位，以及如何发挥海洋在国际关系中的作用，考虑"经济外交"中的海洋而不是战火硝烟下的海洋。今天的世界存在着国家的划分，这一点在可以预见的未来不会改变；今天的世界国家间、民族间存在这样那样的矛盾，包括经济的、政治的、文化的等矛盾，这一点在可以预见的未来也不会发生根本的改变。但是，有一点却是已经发生了的，同时也是我们不得不承认的改变，即当今的世界，从国家间关系的角度上看，首先是一个经济的世界，而不是一个军事对抗的时代、宗教冲突的世界。制订用于这个时代的海洋战略，必须首先考虑民事的需要，必须首先用经济的眼光看待海洋，必须充分注意海洋在经济方面的作用、意义等。

许多研究者对我国的海洋安全一直忧心忡忡，因而在国家海洋战略的思考上也更多地关注军事形势和海军建设。例如，空军上校戴旭就发表了他的"盛世危言"。这位上校谈道："有人说我们的朋友遍天下。我于是拿着放大镜在世界地图上找啊找，没有发现真正的朋友在哪，却发现了一个比万里长城长得多的一个包围圈。"① 这是戴旭先生的《C 型包围：内忧外患下的中国突围》的核心观点，而支持他的这一观点的基本理由大致如他对 2009 年有关国际动态的总结：

"2009 年一开年，中国周边就格外热闹：美日韩在东北亚，围绕朝鲜核问题，政治、军事大动作不断，明对朝鲜暗对中国；日本在 2 月和美国达成冲绳撤军协议之后，7 月宣布与美国一起驻军与那国岛，此岛距台湾仅 110 公里；菲律宾、越南、马来西亚连续在中国南沙群岛宣布法理拥有中国海域；印度对巴基斯坦几次发出战争威胁，同时搞掉了尼泊尔的亲华总理，还突然增兵 6 万到藏南地区；澳大利亚在南太平洋也对着中国叫嚣。美国先是在南海间谍船和我们的渔政船对峙，后又在东海和中国的渔民冲突。而蒙古国亲西方的政府悄悄地上台，8 月，缅甸在接待了美国议员之后，突然对华人自治区大打出手。""大国小国或公开耀武扬威，或暗中排兵布阵，或公然抢劫，或大肆挑衅……这都不是偶然的，而是互相联系、互相配合的。这些小事件，都是大包围圈上一个又一个火力点。"②

不管所谓"C"型包围的判断是否有充分的证据支撑，我们都可以不去排除美国人设计、构造这个"C"型包围圈的可能性，甚至延伸"C"型，设计、构造"O"型包围的可能性，因为国际间制约与反制约、控制与反控制都是常有的事。20 世纪中叶关系决裂后的中苏之间、冷战时期的俄美之间、北约组织与华约组织之间等，都存在这种情况。控制与反控制的系统性、完整性也符合"武器系统和政治同盟已覆盖全球"③ 的时代特点。面对戴上校发出的"危言"我们需要思考是：第一，"C"型包围所代表的中美关系（假定是成立的）在整个中美关系中的分量有多大，是中美关系的全部、主导方面，还是次要方面？第二，"C"型包围所代表的中美关系在整个中外关系中的分量有多大，足以影响中外关系的全局，还是对中外关系的整体"无伤大雅"？只有解决了这两个问题，才能明确应对"C"型包围在我国的国家战略中的地位，包括在我国海洋战略中的地位。经济全球化的世界趋势，下面章节将要谈道的和平与发展的时代潮流都告诉我们，我们的战略安排应当立足于和平，应当更多地考虑民事因素。

讨论海洋战略，我们需要有"小"世界、"压缩"了的世界的眼光。上文谈道我国与南中国海周边国家间的海洋划界和岛屿主权争端问题。在 20 世纪 20 ～ 30 年代，我国对南中国海实施开发与管理并把这种开发与管理落实在管理机构上、宣示在地图上。那个时候几乎不需要顾虑会有什么不同的声音，因为那时开发南中国海、管理南中国海的国家只有中国，在南中国海里谋生存的人基本上都

---

① ② 戴旭：《一位空军上校的"盛世危言"："C"字型战略包围中国》，载《社会科学报》2010 年 3 月 18 日。

③ ［澳］约瑟夫·A·凯米莱里等：《主权的终结：日趋"缩小"和"碎片化"的世界政治》，浙江人民出版社 2001 年版，第 1 页。

是中国人。现在，在南中国海开发与管理上为什么会出现那么多问题，从 20 世纪 50 ~ 60 年代起为什么出现的问题逐步增多，除了其他原因之外，关键的因素是人们生活的地域范围在放大，人类生活于其中的地球在缩小。① 每个个体影响范围的扩展使不同个体间影响范围重叠的机会增加，使各国人民共同生活的星球被浓缩。在这个浓缩的世界里，"非请莫人"的空间越来越少，因为世界市场可以无形地进入任何私密的所在。在这个浓缩的世界里，此疆彼界的意义越来越小，因为跨越边界的方式已经十分多样，大大超出了传统民法设计的侵权行为类型和传统国际法规定的越境的类型。在这个浓缩的世界里，拦截舰船、缉捕空降兵等物质形态的阻挡对国家安全的意义越来越小，因为真正的摧毁可能无影无形。在这样的历史时代，继续沿着沿岸防御、近海防御之类的思路安排国家海洋战略无异于画地为牢。

在当今时代规划海洋战略，需要先行明确世界的透明状态。世界已经变得越来越透明，例如，"通讯系统事实上把全球表面的每一个点都直接联系在一起"②。这是一个被无数的眼睛扫描过无数遍的世界，正像戴旭先生用放大镜就可以发现"比万里长城长得多的一个包围圈"那样，其他国家的研究者、政府也可以轻易地发现我国的动向。不管是联合国有关机构的统计调查，还是世界银行、世界贸易组织等大大小小的国际机构所做的统计分析、研究报告，都把世界各国，不管它们相互之间是敌对关系还是朋友关系，摆在了"明处"。那些跨国集团、专门的研究机构所做的专项研究，可以把任何一个国家在任何一个领域中的作为清晰地告诉世界。不管是大国还是小国，不管是发达的国家还是发展中国家，都可以在瞬间让全世界知道发生在其本国内的事情或其想让世界知道的事情；不管是大国还是小国、是科技领先的国家还是技术落后的国家，都无法封锁发生在本国事件的消息或其不想让他国知道事件的消息。在这个世界里，国家不需要担心敌人会悄悄地就摸进家门，也不能指望致敌死地于完全无备的状态。

在这样的时代，不管是自然存在的还是人为设置的阻隔对实现知己知彼的影响都是微弱的。我们在这样的时代制定国家战略必须立足于国与国之间的透明和相互了解，而海洋战略则需要在海深可测、海水可量的假定下去规划。在这样的历史条件下，把自己海情、意图包裹起来设计对外关系策略和国家战略，那就只能用"掩耳盗铃"来描述。这种努力是徒劳的。

---

① 澳大利亚学者约瑟夫·A·凯米莱里和吉米·福尔克认为，在"政治、经济、军事乃至生态方面"，世界都"已经变小，而且还在日益缩小"（参见［澳］约瑟夫·A·凯米莱里等：《主权的终结：日趋"缩小"和"碎片化"的世界政治》，浙江人民出版社 2001 年版，第 1 页）。

② ［澳］约瑟夫·A·凯米莱里等：《主权的终结：日趋"缩小"和"碎片化"的世界政治》，浙江人民出版社 2001 年版，第 1 页。

在这个浓缩的世界里，海洋战略的制定还需要深刻地理解世界的浓缩对国家发展的另一个方面的影响，即浓缩的世界需要精细的生活安排。

以往讨论战略问题的人们往往把注意力投放在远交近攻、开疆辟土之类宏大主题上，似乎战略一定宏大，一定有一个广阔的舞台。然而，响应秦孝公"求贤令"前往秦国的卫鞅贡献给秦孝公的强秦战略却主要寄托于两个字，即"刑赏"①。实施这个战略的主要舞台是政府管制，这种战略要处理的也只是通常的政府与百姓的关系。第二次世界大战的战败国日本在战后仅仅用了40年左右的时间就成长为全球贸易大国、经济强国和技术先进的国家，成为世界经济舞台上可以与欧美抗衡的举足轻重的国家，其战略安排也没有横扫宇内之类的雄韬大略。其成功主要在教育、科技方面，在民族振兴的气势和决心。今天的海洋战略应该就是这样的具有"精细"特征的战略。海洋资源价值的充分挖掘，包括本国资源价值在国际环境中的充分实现；海洋家园的精心维护，包括本国海洋家园给居民、访客提供的舒适、宜人的服务；海洋与国人在情感、信仰等方面的交融，海洋与中华民族的利益之间的和谐关系的营造；海洋事务领域各种关系的处理，包括邻国关系的处理，等等，这些才是实现海洋对于中华民族的价值的真正出路。

第三节　从"冷战"时代到"和平与发展"时代

国家的海洋战略不是孤立的海洋事务的战略，也不是纯粹一国内政的战略，而是国际关系制约条件下的战略，是作为一般国家战略之组成部分的战略。这种战略至少受两个方面形势的左右，一个方面是国际形势和国际关系，另一个方面是国家内部事务之间的关系。这两个方面是紧密联系和相互影响的。考虑到这一点，我们对国家海洋战略的探讨还必须先回到当前的中国所处的国际形势上来，回到那足以影响国家的战略安排的国际政治和军事形势上来。如果要对这种国际政治和军事形势做长时段的概括，那么，概括的结果应当是人类发展的时代。

我们所处的是怎样一个时代？我们正在讨论的国家海洋战略是怎样一个时代

---

① 商鞅用"变法"实现秦孝公"修穆公之业，东复侵地"（《史记·商君列传》）愿望，而他的变法之令的基本内容就是赏罚，而他的变法之令的赏罚手段可以概括为刑和赏。《商君列传》载其令的内容曰："令民为什伍，而相牧司连坐。不告奸者腰斩，告奸者与斩敌首同赏，匿奸者与降敌同罚。民有二男以上不分异者，倍其赋。有军功者，各以率受上爵；为私斗者，各以轻重被刑大小。僇力本业，耕织致粟帛多者复其身。事末利及怠而贫者，举以为收孥。宗室非有军功论，不得为属籍。明尊卑爵秩等级，各以差次名田宅，臣妾衣服以家次。有功者显荣，无功者虽富无所芬华。"

的战略？对这个问题或许会有很多回答，很多沿着不同路线思考而作出的回答。我在这里首先想给出这样一个回答，即我们正处在一个以和平与发展为主旋律的时代，我们正在讨论的国家海洋战略应当是适合和平与发展时代需要的战略。

一、从"冷战"到以和平、发展、合作为时代"主流"

上文曾讨论过国门外的海洋及其与制定国家海洋战略之间的关系。如果说那些探讨需要解决的是国门外的海洋对于中国的战略价值，那么，除了这种研究之外，制定国家海洋战略还需要考虑的是国门外的国家是否允许我国运用国门外的海洋，是否许可我们发挥国门外的海洋对我们所具有的价值。上文也曾系统讨论过制定我国海洋战略的国际环境问题。如果说那些论述回答了我国与海洋邻国之间关系对我国海洋事业的影响和对我国海洋战略设计的影响，那么，影响海洋战略制定的还有另外一个带有历史纵深的国际环境，即作为一个时代的国际环境。我们所处的国际环境的时代特点可以概括为和平与发展。我们可以说我们处在一个和平与发展的时代。从思考海洋战略的设计的需要来看，我们告别的是一个可以概括为"冷战"的时代，而今天我们处在可以概括为"和平与发展"的时代。

苏联解体之后，中国共产党敏锐地发现了世界格局的变化。江泽民同志在中国共产党第十四次全国代表大会上作的题为《加快改革开放和现代化建设步伐，夺取有中国特色社会主义事业的更大胜利》的报告中指出："当今世界正处在大变动的历史时期。两极格局已经终结，各种力量重新分化组合，世界正朝着多极化方向发展。新格局的形成将是长期的、复杂的过程。在今后一个较长时期内，争取和平的国际环境，避免新的世界大战，是有可能的。""和平和发展仍然是当今世界两大主题。"① 这个判断实际上包含两项内容：一项内容，世界格局发生了显著变化；另一项内容，世界的主题是和平与发展。这两项内容是联系在一起的，没有世界格局的变化就不会出现和平与发展的世界主题。在这个意义上，世界格局的变化是因，和平与发展的世界主题的出现是果。也正是在这个意义上，可以说从当时一直到今天乃至更远，我国需要的是这个结果。这个结果给我国提供了和平发展的国际环境。这个环境的持续存在是我国发展建设的机会。由于这个机会对我国具有战略意义，而且它又可以维持"相当长的时期"，所以这个可以维持足够长时间的机会对于我国就可以说是一个"战略机遇期"。江泽民同志在迎接 21 世纪的中国共产党第十五次全国代表大会上的讲话除再次认定世

---

① 江泽民：《加快改革开放和现代化建设步伐夺取有中国特色社会主义事业的更大胜利——在中国共产党第十四次全国代表大会上的报告》第三章"国际形势和我们的对外政策"。

界的主题是和平与发展之外，还肯定这个主题给我国提供的发展机会是长时期的，尽管这个长时期的到来可能需要争取。他说："当前国际形势整体上继续趋向缓和。和平与发展是当今时代的主题。多极化趋势在全球或地区范围内，在政治、经济等领域都有新的发展。世界上各种力量出现新的分化和组合。大国之间的关系经历着重大而又深刻地调整。各种区域性、洲际性的合作组织空前活跃。广大发展中国家的总体实力在增强。多极化趋势的发展有利于世界的和平、稳定和繁荣。各国人民要求平等相待、友好相处的呼声日益高涨。要和平、求合作、促发展已经成为时代的主流。维护世界和平的因素正在不断增长。在相当长的时期内，避免新的世界大战是可能的，争取一个良好的国际和平环境和周边环境是可以实现的。"① 到党的第十六次全国代表大会时，江泽民同志明确地把和平与发展这个时代主题带给中国的发展时机称为战略机遇。他说："和平与发展仍是当今时代的主题。维护和平，促进发展，事关各国人民的福祉，是各国人民的共同愿望，也是不可阻挡的历史潮流。世界多极化和经济全球化趋势的发展，给世界的和平与发展带来了机遇和有利条件。新的世界大战在可预见的时期内打不起来。争取较长时期的和平国际环境和良好周边环境是可以实现的。"② 当今时代的主题是和平与发展。经过十多年的检验，再加上对国际形势发展趋势的分析，今天可以说这个判断是正确的，所谓"较长时期的和平"有可能是对我国的发展具有重大意义的一个历史阶段。这个历史阶段对中国就是一个战略机遇期。党的十七届五中全会通过的《中共中央关于制定国民经济和社会发展第十二个五年规划的建议》（以下简称《建议》）也把和平与发展这个世界主题提供给我国的发展机会称为战略机遇期。《建议》指出："综合判断国际国内形势，我国发展仍处于可以大有作为的重要战略机遇期"，"当今世界，和平、发展、合作仍是时代潮流，世界多极化、经济全球化深入发展，世界政治格局出现新变化，科技创新孕育新突破，国际形势总体上有利于我国和平发展。"③

以和平、发展为主题的国际形势是我国的一个战略机遇期。这个判断是中国共产党的领导集体和我国政府领导人的共识。例如，时任国务委员的戴秉国先生就曾作了如下论述：

"由于经济全球化和信息化深入发展，科学技术迅猛进步，世界变得越来越'小'，俨然成了'地球村'。各国相互联系、相互依赖、利益交融达到了前所未

---

① 江泽民：《高举邓小平理论伟大旗帜把建设有中国特色社会主义事业全面推向二十一世纪——在中国共产党第十五次全国代表大会上的报告》第九章《国际形势和对外政策》。

② 江泽民：《全面建设小康社会开创中国特色社会主义事业新局面——在中国共产党第十六次全国代表大会上的报告》，人民出版社 2002 年版，第 46 ~ 47 页。

③ 《中共中央关于制定国民经济和社会发展第十二个五年规划的建议》第一章第二条。

有的程度，共同利益变得越来越广，需要携手应对的问题越来越多，互利合作的愿望越来越强，从某种意义上讲，世界已是一个'利益共同体'。任何国家哪怕是最强大的国家也不可能独善其身、单打独斗，任何国家的行为不仅事关自己，也会对其他国家产生重要影响。那种只顾自己不顾别人，以武力征服、威胁别人，或以非和平手段谋求发展空间和资源的做法，越来越行不通。那种以意识形态划线，以各种理由拉帮结伙，一方或几方就想独揽世界事务的做法，也越来越不得人心。在日益增多的各种风险和挑战面前，要和平、谋发展、促合作已成为不可阻挡的时代潮流。各国唯有同舟共'挤'，同舟共渡而不是同舟共'斗'，才有出路。"①

如果说起初和平与发展是人们盼望的世界主题，是争取的目标，党的十七大所说的"争取较长时期的和平国际环境和良好周边环境是可以实现的"表现了这种期盼，那么，现在和平与发展已经成了"唯"有的出路，起码是唯有的正确道路。如果说起初做出世界主题为和平与发展这一判断，其基本依据是"两极格局已经终结"，"多极化趋势的发展有利于世界的和平、稳定和繁荣"，那么，现在说世界的主题是和平与发展有了更加充分的依据。不管是"地球村"的出现（尽管还只是"俨然"），还是"世界""利益共同体"的形成；是这种"共同利益"引发的"互利合作的愿望"，还是"任何国家"包括"最强大的国家"都无法用"单打独斗"的方式应对"各种风险和挑战"的现实；是"相互联系、相互依赖、利益交融""程度"的提高，还是"需要携手应对的问题"的增"多"，都说明"同舟共'挤'，同舟共渡"才是出路。如果说起初对和平与发展的世界主题的出现还不是那么确定，因为根据只是"维护世界和平的因素正在不断增长"这一判断，这个判断没有回答增长的实际程度，这个程度是否足以促成和平与发展主题的出现，所谓"多极化趋势的发展有利于世界的和平、稳定和繁荣"也只是根据"有利"所做的一个带有良好愿望这种成分的推断，那么，现在已经可以确定无疑地说"要和平、谋发展、促合作已成为不可阻挡的时代潮流"。

此外，在戴秉国先生的阐述中还有一项新内容，即"合作"。这是党的十七届五中全会给以往作出的关于世界主题的判断增加的一项新内容。② 虽然这一增加不至于导致对世界主题的判断的改变，但却给和平与发展的主题增加了鲜活的

---

① 戴秉国：《坚持走和平发展道路》，载《〈中共中央关于制定国民经济和社会发展第十二个五年规划的建议〉辅导读本》，人民出版社 2010 年版，第 73 页。

② 虽然此前的文件也有"要和平、求合作、促发展"之类的表达（参见江泽民：《高举邓小平理论伟大旗帜把建设有中国特色社会主义事业全面推向二十一世纪——在中国共产党第十五次全国代表大会上的报告》第九章《国际形势和对外政策》），但那时并未真正认识到世界合作对于"和平与发展"的世界主题的意义。

内容。它使和平与发展不再是各国互不干涉的状态，不再是你发展你的，我发展我的，简单的互不干涉、互不侵扰，而是相互联系的和平与发展。这样的和平与发展是更高水准的和平与发展。首先，"合作"把和平与发展联系起来了。它是各国既互不侵扰又互相给他方提供发展所需要的便利和条件，避免了因互不干涉带来的互不来往。其次，"合作"给和平与发展提供了动力。合作是发展的必要条件，发展，尤其是发展中国家的发展是和平的保障。"合作"既给发展提供动力，又因对发展的助推而促进和平的实现。如果说我们原来期盼"和平与发展"的到来，主要是珍惜"和平"的机会，是为和平的来之不易而激动，重视的是利用难得的和平机会，以发展自己，里边包含着躲避战争恶魔、担心帝国主义侵略和压迫的内容，那么，现在我们需要考虑的更多的是怎样发展，如何利用国际大舞台实现发展。不是有和平就有发展，而是有了和平又有合作才能有更好的发展。过去我们说的是：为了发展，我们应当争取和平，现在我们要说，为了更好的发展，我们必须争取更多的合作。如果说更持久的和平是发展的条件，那么，更广泛的合作是更迅速发展的保障。根据这一判断，合作还不应只是一种态度，甚至也不应只是一种积极的态度，而是包含自己主动与他国合作和促使他国积极开展合作（也就是"促合作"）两个方面的要求，通过这两个方面的积极性的发挥实现更加广泛的合作。因为合作越广泛，越有利于发展。

二、和平、发展、合作主题下的海洋战略

在以往发表的海洋战略研究成果中不乏精品力作。其中，有对明王朝禁海政策的归罪，也有对大清帝国海战失策的痛定思痛；有对海防战略中的被动防御的批评，也有对近海防御之不足的反省；有对海军建设战略的精辟分析，也有对海洋文化的深刻反思。这些研究对今天继续探讨我国海洋战略的制订与调整具有很好的指导作用，也给我们提供了过往思虑之不周的"前车之鉴"。

非常明显，过去的海洋战略思考极富抵抗者的"气质"。这种气质或许来源于我国在自明王朝告别郑和下西洋那辉煌的航海历程以来在海洋事务上一直被动挨打的遭遇，其中包含着中华民族百年甚至数百年的"蓝色伤痛"。但是，总结历史教训和展望未来的发展前景毕竟是两回事。我们是要避免历史悲剧的重演，我们应该通过对历史的回顾学得更聪明些，不仅今天的中国不再是历史的中国，更重要的是，今天的世界也不再是历史上的世界。过分的"怀古"会影响对当今事务的判断，用旧年的黄历难以安排明日的行程。我们也常常批评西方大国习惯于用冷战思维考虑今天的行动方案，用过去习惯的做法处理今天事实上已经不同于过去的事务。我们发出的批评也提醒我们自己，应当以当今的现实为依据重

新调整我们的战略思维。

我们今天的海洋战略应当是和平的战略。"公海自由"给这个战略提供了广阔的国际海洋环境。《海洋法公约》及其他国际法律文件为实施和平战略提供了良好的行为准则。和平战略应包括和平利用海洋资源、和平开展海洋事务交流、和平解决国家间的海洋争端，等等。当然，我们所说的和平战略绝不意味着忽略战争，忽略战争发生的可能性。当今世界的主要潮流是和平与发展，这个判断里从来没有排除发生战争的可能性。局部战争在今天这个多极化的世界里，在今天这个非军事竞争越来越激烈的时代，是难以避免的。我们不仅要有打局部战争的准备，我们还必须有打赢局部战争的准备。从维护世界和平的需要来看，我们不仅需要有在中国近海打赢局部战争的准备，而且还必须有在远离家门的地方打赢局部战争的准备。但是，战争对于今天总的海洋战略安排来说是非主流的。如果说 20 世界 50～60 年代我们需要倾全国之力研制"两弹一星"，那么，今天，我们显然没有必要用"举全国之力"的办法制造航空母舰，① 或构建其他某种防御系统。

我们今天的海洋战略应当是发展的战略。海洋资源开发与养护、服务于海洋开发利用与保护等和平目的海洋科学研究、海洋环境的保护等是施展这个战略的主要战场，如何用海洋资源、海洋空间的开发利用弥补资源的不足和空间的不足，增加资源供给和空间供给总量是这个战略在整个国家战略中价值的重要体现。

我们今天的海洋战略应当是合作的战略。不管是共同的海洋，还是划分为国家管辖海域但却无法拒绝海洋的连通性的海域，它们的管理、保护甚至开发都需要相关国家，甚至所有的国家的合作。合作战略应当落实在资源养护领域，不管是跨界鱼类、回游鱼类还是其他生物资源的养护都需要相关国家之间的合作。濒危物种的保护需要所有国家的合作，虽然这个合作可能表现为遵守某种共同规则。大生态系的概念更直观地告诉人们，生态系的保护需要"大"范围的合作。合作战略需要落实在海洋污染防治领域，不管是国家管辖海域，还是极地、公海的污染防治都需要广泛的合作。合作战略不能不表现在海洋科学研究领域。广泛连通的海洋的环境保护不是仅靠哪个点、哪个局部的工作就能够奏效的。生产领域的合作也是海洋战略不可忽视的领域。除了上述这些常规性的合作领域之外，合作战略的影响领域还包括：合作营造海洋秩序、以合作的方式解决海洋争端等。

在抵抗战略的构思中，防御体系建设是战略的主要关注点。不管是岸防还是海防，战略布局集中在防御上。在这样的战略安排中，海事的成败决定于防御体

---

① 这样说不是反对制造航母。作为一个需要履行大国责任的国家。我国在海军力量上与许多海军强国相比存在明显弱项是不应该的。

系是否坚固。这种战略即使是成功的，它也是一种"被动"型的战略安排。合作的战略与此不同。这种战略的成败决定于与人合作是否成功。这种战略即使没有取得重大成功，它也是一种主动型的战略安排。

第四节　从干净的世界到环境污染严重的世界

黑格尔在他的《历史哲学》中告诉人们，在对历史的地理基础的思考中，"我们不应把自然界估量得太高或者太低"[①]。我们的确不应把自然因素对人类的作用估计得太高或太低。在黑格尔生活的时代及其以前的历史上，"在寒带和热带上，找不到世界历史民族的地盘"。"历史的真正舞台""是温带"，而且只是"北温带"。之所以如此，按照黑格尔和他的先驱古希腊人的看法，是因为"在极热和极寒的地带上，人类不能够作自由运动，这些地方的酷热和严寒使得'精神'不能够给它自己建筑一个世界"[②]。在这个意义上，我们不可以把自然估计得太低。因为是它决定了人类可以在哪里"建筑"自己的世界。而在今天，不仅在南温带，还是在热带、寒带都展开了人类历史的画卷，而且人类的旗帜已经在两极高高竖起。人类用自己的能力，在极大程度上克服自然限制的能力，在原本难以演出历史的地方给自己的肉体和精神"建筑"了一个世界，或者说使原来只存在于北温带的世界延展到了南温带和热带、寒带。在这个意义上，现代人已经没有必要再像古代人那样把自然的力量估计得过高。然而，我们也不能根据现代人改造自然的能力如此之大就把自然界估量得太低。今天，我们在自然面前不得不适当放缓前进和改造的步伐，因为自然在我们前进的道路上设置或者预设了使我们无法逾越的障碍。我们无法再造一个地球，无法脱离地球；在这个无法舍弃的地球上我们无法使它的总面积扩大以便安置更多无家可归的人；我们依赖这个地球的资源生存繁衍但我们无法使这里的资源按照人类需求的增长而增长。

事实上，我们生活在不得不对"自然界"做更高"估量"的时代。一方面，自然界在许可人类在原本不可以"建造"人类"舞台"的"寒带和热带"实行开发之后，向人类发出了第二道禁止令，即地球之外为"禁地"。人类不可以再

[①] ［德］格奥尔格·威廉·弗里德里希·黑格尔：《历史哲学》，上海书店出版社1999年版，第85页。

[②] ［德］格奥尔格·威廉·弗里德里希·黑格尔：《历史哲学》，上海书店出版社1999年版，第86页。

次体验超越禁区的快乐。另一方面，不管是"北温带"还是整个"温带"，是原本"精神"可以给自己"建筑一个世界"的地方，还是后来人类强行开发的高纬度地区，都不允许人类的"自由运动"太过张狂，或者说大自然原本就没有许可人类在这个星球上"自由运动"。黑格尔的"自由运动"的说法原本就是一个错误，是在人类还没有充分展示其"自由运动"的威力的历史条件下受人类自身能力开发不足的限制而作出的一个错误判断。

一、从干净的世界到污染严重的世界

在齐国人"东"取"鱼盐之利"的时代，海洋是深不可测、深不必测的宝藏，人们只管尽其所能地从中收取，除为了自愿的祭奠而有所付出之外完全不必考虑大海是否需要回报。在 13、14 世纪之交，意大利人、德国人、英国人等学会使用地中海到直布罗陀海峡再到大西洋沿岸这条海路时，大海是免费的铁路，人们使用它只需要考虑船舶卸货、停泊和运行所需要的费用是否低于陆地交通工具就可以了。① 美国渔业从 17 世纪一直到 20 世纪 20 年代，刨除战争等对经济的影响不算，一直在增长。17 世纪末仅马萨诸塞州"每年干鳕鱼出口量达 11 000 吨"，"约值 40 万美元"。"19 世纪初期"，"鳕鱼出口扩大到法国、西班牙和西印度群岛，并且盈利很大"。"到 1808 年前的 10 年内，平均每年出口干鱼 9 600 万吨"。"1818 年，在格林斯特村"检验的鲭鱼只有"2 000 桶"，而到 1864 年，"这种鱼的检验量已猛增到 154 938 桶"。在美国鱼类及渔业委员会成立之后有了较为准确的渔业统计数字之后，1880 年，"渔业雇用"员工达"131 426 人，其中包括 101 648 名渔工和 29 742 名辅助管理人员、佣工及其他与该行业有关的人员"，"渔业产值"达到"43 046 053 美元"。一直到 1921 年，美国渔业部才注意到"过去从未适当考虑过"的"至关重要的资源养护问题"②。在这之前，从海洋里捞取鱼类都是"免费午餐"③。

1997 年 7 月 21 日，中国国家科委、国家海洋局、国家计委、农业部联合发布的科技兴海实施纲要有如下表达：

---

① ［法］阿尔德伯特等：《欧洲史》，海南出版社 2000 年版，第 261～262 页。
② ［美］杰拉尔德·丁·曼贡：《美国海洋政策》，海洋出版社 1982 年版，第 154～159 页。
③ 美国人并不是在 1921 年才发现鱼类资源衰退，我们这里不过是借用美国渔业局的报告中的话给美国的渔业发展史找一个历史节点。实际上，最晚在 19 世纪的中期美国就已经发现了渔业资源衰退的问题。据杰拉尔德·丁·曼贡说，美国"'国家海洋渔业局'的由来可以追溯到 1871 年 2 月 9 日的国会联合决议案，这项决议要求总统任命一名联邦渔业委员，以判明是否'美国东海岸的食用鱼类一直在减少'的问题"（参见［美］杰拉尔德·丁·曼贡：《美国海洋政策》，海洋出版社 1982 年版，第 162 页）。根据对美国海洋渔业局的由来的这一判断，最晚在 1871 年美国有关渔业资源衰退的反应就已比较强烈。

"中国是世界上人口最多的国家，是陆地自然资源人均占有量很少的沿海国家。中国的可持续发展必然越来越多地依赖海洋，把海洋开发作为跨世纪的国家经济发展战略，走科技兴海之路，从海洋中获取日益增加的财富，为保持经济和社会的可持续发展做出更大的贡献。"[1]

《纲要》的制定者并非不知道开发海洋是需要买单的，但解决"陆地自然资源人均占有量很少"这一问题的需要，通过从"从海洋中获取"更多的"财富"以便"为保持经济和社会的可持续发展做出更大的贡献"的强烈愿望，掩盖了这个时代早已提出的保护海洋环境、养护海洋资源的需要。

从齐人取"利"于海，到欧洲人通海路，再到美国人从海里捞取"免费午餐"，中国政府希望用海洋资源弥补陆地资源之不足，大致代表了人类利用海洋的四个时期。齐人从"东海"取鱼盐之利和欧洲人发现并利用海洋通道，对于人类来说只是一个有和无的问题。齐国"有"东临大海的自然条件，齐国人便可以庆幸得天独厚；俄罗斯"无南方通商口岸"，那是"地势使然"[2]。俄罗斯人只能为"无"这样的通道扼腕叹息。欧洲人通海路，这要感谢它们的造物主让地中海和大西洋之间"有"可以建海路的海峡。美国人大规模地从大海捞金，中国政府把弥补陆地资源不足的希望寄托于大海，在人类与海洋的关系上就不再是有和无、遇和不遇的问题，而是海洋对于人类的"利"是否能够满足人类的欲求的问题。从这个意义上说，人类利用海洋的上述四个时期可以分为两个大的阶段：一个阶段是海洋之利"取之不尽用之不绝"时期；另一个阶段是海洋之利"有尽有绝"时期。1921 年之前的美国渔业、14 世纪欧洲人开发海洋通道、春秋时期齐国人取"东海"鱼盐等，属于海洋之利"取之不尽用之不绝"时期。1921 年之后的美国渔业、20 世纪后期中国为补陆地资源之不足而向海洋要资源，则属于海洋之利"有尽有绝"时期。人类与海洋的自然关系没有改变，但人类与海洋的社会利用关系已经发生了变化。所谓海洋之利"有尽有绝"主要表现在 4 个方面，即海洋污染、海洋资源减少、海洋生态破坏、海洋环境退化。[3] 这 4 个方面的环境问题可以概括为一点，即对人类的不利变化。也就是说，我们今天遭遇的海洋是已经发生了不利变化的海洋。这和当年齐国东临大海、地中海沿岸的欧洲有直布罗陀海峡这样的通道、船舶技术领先的美洲人可以肆无忌惮地从大西洋、太平洋捕捞海产已经大不一样。

---

[1]　国家科委、国家海洋局、国家计委、农业部：《"九五"和 2010 年全国科技兴海实施纲要·序言》。

[2]　张斯桂：《万国公法·序》，载《万国公法》，台湾"中国国际法学会"1998 年版。

[3]　人类遭遇的环境问题大致可分为环境污染、资源较少、生态破坏和环境退化四个方面（关于这种划分可参阅徐祥民：《环境与资源保护法学》，科学出版社 2008 年版，第 6~10 页）。

我们不必羡慕中国古人可以自由地取"利"于海，也没有可能再走一遍欧洲人开辟航路以及发现新大陆的"自由通道"，更不用奢望像 18、19 世纪的美国人那样尽情捕捞海洋生物资源。今天的海洋开发在许多方面已经临近海洋资源的再生能力或海洋的容纳能力的顶点，在有些方面甚至已经超过海洋资源的再生能力或海洋的容纳能力。当我们决定集结队伍向海洋进军的时候，海洋除了继续担当生命的摇篮、资源宝库、天然净化器等之外，已经向人类提出了"庇护"请求。

让我们简单浏览一下海洋所提出的要求"庇护"的请求吧：

1921 年美国渔业部提出的报告除宣布"尽人皆知的某些宝贵渔业的衰退"对人们的渔业行为"应该是一个有效的警告"之外，还谈道"淡水及咸水水域迅速增加的污染问题"，认为"这些污染是工业发展造成的，特别是石油及其制品，以及据认为有害或怀疑有害的废弃物造成的"。由于出现了这种情况，"整个（20 世纪）20 年代美国渔业的某些品种一直前景惨淡"。例如，"缅因州卡斯科湾的鳕鱼严重枯竭"，"东北大西洋"的"绿鳕、尖口鲷（一种平鱼）、变色窄牙鲷和犬牙石首鱼的渔获量""减少了三分之一甚至更多"，"纽约州的牡蛎一点一点地灭绝了，新泽西、马里兰、特拉华和弗吉尼亚州的牡蛎也在退化"，"太平洋庸鲽（大比目鱼）的上市量""从几年前的平均 1 210.4 万磅减少到780.5 万磅"。① 正是因为出现了这类情况，美国"国会于 1871 年 2 月 9 日通过一项法令，决定两院联合成立'鱼类及渔业委员会'（Commission on Fish and Fisheries）"，起初负责"调查美国渔业状况"，后来还担当"通过人工繁殖增加鱼类种群"② 的任务。1915 年，美国联邦颁布《拨款法》（Appropriation Act），根据该法"国会要求各州必须制定出保护鱼类的适当法律，才能得到联邦通过渔业局提供的传播鱼种的好处"③。1921 年，美国政府拿出"7 500 美元的一小笔资金"对污染问题"进行科学调查"④。1923 年美国与加拿大签订条约（1924年生效），成立"国际渔业委员会"，授权该委员会监督"禁渔期"制度的实施。到 1931 年，又授权这个委员会"将渔场划成若干分区，确定这种区域每年的庸鲽总渔获量，规定捕鲽装具的尺寸和性能"，"禁止在庸鲽种群尚小或不成熟的区域从事任何捕捞"⑤。

据姜旭朝先生研究，我国从 1979 年进入"海洋渔业高速发展期"。⑥ 迎接我

① ④　［美］杰拉尔德·丁·曼贡：《美国海洋政策》，海洋出版社 1982 年版，第 159 页。
②　［美］杰拉尔德·丁·曼贡：《美国海洋政策》，海洋出版社 1982 年版，第 162 页。
③　［美］杰拉尔德·丁·曼贡：《美国海洋政策》，海洋出版社 1982 年版，第 164～165 页。
⑤　［美］杰拉尔德·丁·曼贡：《美国海洋政策》，海洋出版社 1982 年版，第 170～171 页。
⑥　姜旭朝：《中国海洋经济史》，经济科学出版社 2008 年版，第 154～167 页。

国这个高速发展期的是什么？我们看到的是关于海洋资源养护、湿地保护等的公约、协定。比如：《国际捕鲸管制公约》（International Convention for the Regulation of Whaling，1946）、《公海生物资源捕捞和养护公约》（Convention on Fishing and Conservation of the Living Resources of the High Seas，1958）、《养护大西洋金枪鱼国际公约》（International Convention for the Conservation of Atlantic Tunas，1966）、《关于特别是作为水禽栖息地的国际重要湿地公约》（Convention on Wetlands of International Importance Especially as Waterfowl Habitat，1971）、《濒危野生动植物物种国际贸易公约》（Convention on International Trade in Endangered Species of Wild Fauna and Flora，1973）、《南极海洋生物资源养护公约》（Convention on the Conservation of Antarctic Marine Living Resource，1980）、《〈濒危野生动植物物种国际贸易公约〉修正案》（1983）、《亚洲太平洋水产养殖中心网协议》（Agreement on the network of Aquaculture Centres in Asia Pacific，1988）、《生物多样性公约》（The Convention on Biological Diversity，1992）、《中白令海狭鳕养护与管理公约》（Convention on the Conservation and Management of Pollock Resources in the Central Bering Sea，1994）、《跨界鱼类种群和高度洄游鱼类种群的养护与管理协定》（Straddling Fish Stocks and Highly Migratory Fish Stocks Agreement for the Conservation and Management，1995）。这不是给中国的"下马威"，而是对海洋资源减少状况的如实反映。

如果说20世纪50年代之前的国际海洋公约、议定书还主要是规定资源养护、物种保护方面的事项，《海洋法公约》之前的四大海洋公约《大陆架公约》（Convention on the Continental Shelf）、《领海和毗连区公约》（Convention on the Territorial Sea and the Contiguous Zone）、《公海公约》（Convention on the High Seas）和《公海渔业和生物资源养护公约》（Convention on Fishing and Conservation of the Living Resources of the High Seas）涉及海洋的利用需要人类付出代价问题的主要是《公海渔业和生物资源养护公约》，那么，在我国决定要大规模地实施海洋开发时，我们却又遭遇了另外一种打击——海洋污染加剧。国际间1969年签订《国际干预公海油污事故公约》（International Convention on Oil Pollution Accidents to Intervention on the High Seas），1973年签订《国际防止船舶造成污染公约》（International Convention for the Prevention of Pollution from Ship）、《干预公海非油类物质污染议定书》（Protocol Relating to Intervention on The High Seas in Cases of Marine Pollution by Substances Other Than Oil 1973），1990年签订《国际油污防备、反应和合作公约》（International Convention on Oil Pollution Preparedness，Response and Co-operation）。此外还有《防止倾倒废物及其他物质污染海洋公约》（Convention on the Prevention of Marine Pollution by Dumping of Wastes and

Other Matter，1972）、《关于 1973 年国际防止船舶造成污染公约的 1978 年议定书》（1978 年）、《关于逐步停止工业废弃物的海上处置问题的决议》（1993 年）、《关于海上焚烧问题的决议》（1993 年）、《关于海上处置放射性废物的决议》（1993 年）、《〈防止倾倒废物及其他物质污染海洋公约〉的 1996 年议定书》（1996 年）等。《海洋法公约》用了一个整章①（第十二章）共 46 条（自第一百九十二条至二百三十七条）规定"海洋环境的保护和保全"。《海洋法公约》关于海洋环境保护的规定不仅说明海洋污染及其他环境问题已经比较普遍，已经成为世界性的问题，而且告诉正寻求更大规模利用海洋的中国，利用海洋必须"付费"。

国家海洋局海洋科技情报研究所、中国海洋年鉴编辑部编写的《1986 中国海洋年鉴》是中国正式出版的第一部海洋年鉴。② 虽然它是第一卷，但它已经开始承担对海洋污染的报道任务。请看它对 1986 年之前历时 12 年完成的"近海海域污染基线调查及沿海地区污染源调查"等所得出的结论：

"中国海域环境质量总的属正常，但沿海部分海域受到了一定程度的污染，部分港湾、河口如：渤海、大连湾、胶州湾、长江口、杭州湾、珠江口、湛江港等污染较严重，其主要污染物是石油。少数海湾已遭有机物和重金属污染。有些海区时有赤潮发生。个别地方有生物效应迹象。主要是陆源性污染源所致。主要污染途径是河流携带入海，其次是沿海油田、船舶排污、港口排放等。"

作者们没有说明"总的属正常"中的正常是怎样的标准，但从他们对污染及污染物、污染途径等的描述，我们知道最早的《海洋年鉴》为我们描述的海洋环境状况已是污染比较严重。这些信息至少可以让我们明白，对海洋的进一步的使用，也就是强度更大的使用是必定要有所支付的。当然，这份《海洋年鉴》提供的国家从 1977 年开始"对渤海、黄海的石油和重金属污染"进行重点"治理"③ 的信息更让我们确信：使用或利用海洋真的需要承担费用。事实上，后来

---

① 海洋出版社 1983 年出版的《联合国海洋法公约》称为"部分"。按照我国法律文件的体例，这个"部分"应为章或编。

② 国家海洋局海洋科技情报研究所、中国海洋年鉴编辑部：《1986 中国海洋年鉴》的"编辑说明"说：在编辑出版《中国海洋年鉴》之前，编者曾编辑过《海洋技术年鉴》，而《中国海洋年鉴》是"在原《海洋技术年鉴》的基础上"编辑出版的。所谓"在原《海洋技术年鉴》的基础上"意指《中国海洋年鉴》是在过去出版过的《海洋技术年鉴》之外"增加了海洋开发、海洋服务、海洋科学等方面的内容"的一本新的出版物。"编辑说明"还告诉我们，《1986 中国海洋年鉴》作为计划"每三年出版一次"的系列出版物中的第一卷，它"收集了 1985 年以前的国内外海洋各领域的进展和资料"（国家海洋局海洋科技情报研究所、中国海洋年鉴编辑部：《1986 中国海洋年鉴》，海洋出版社 1988 年版）。这说明，这种《年鉴》也不是《海洋技术年鉴》的继续，而是可以覆盖后者的一种系列出版物。

③ 国家海洋局海洋科技情报研究所、中国海洋年鉴编辑部：《1986 中国海洋年鉴》，海洋出版社 1988 年版，第 343 页。

的海洋污染情况比《1986中国海洋年鉴》反映的要严重。

不管是海洋污染，还是海洋资源减少、海洋生态破坏、海洋环境退化，都不是仅仅发生在我国的特例，也不是只在美国等少数几个国家发生过，而是一种普遍现象。更为重要的是，它代表了人类利用海洋的一个时代，一个几千年来一直"心甘情愿"地任凭人类使用甚至蹂躏的海洋要求人类对他们自己的使用、利用或开发及其所产生的后果负责的时代。这不是一个作为发展中的大国，或者后发展的大国的中国所欢迎的时代，但这个时代的到来完全不考虑它将影响的人们是否乐于接受它的到来。

二、兼顾开发与保护的海洋战略

使用或利用海洋需要承担费用的时代是一个怎样的时代？面向未来，根据人类的愿望和能力，人们把这个时代叫做"可持续发展时代"[1]。所谓可持续发展，简单说就是充分考虑发展给进一步的发展带来的不利影响并尽可能地消除这种不利影响的发展或发展模式。

在人类遭遇了由自身的发展带来的环境污染、资源减少、生态破坏和环境退化等不利影响成为人类自身发展的障碍的时候，人们意识到必须改变发展模式，为人类的长远发展克服眼前发展中的不当举措。于是，可持续发展成了人类作出的新选择。1972年在瑞典首都斯德哥尔摩召开的人类环境会议的主题报告《只有一个地球》，提出让我们的地球不仅现在适合人类生活，而且"将来也适合子孙后代居住"的口号，为可持续发展观点的提出做了舆论准备。在人类环境会议之后，1980年，一个名为《世界保护战略》的国际政治文件正式使用了可持续发展的提法。该文件的副标题就使用了这个提法："为了可持续发展的生物资源保护"。在这之后，1982年10月28日通过的《世界自然宪章》"已经具备了可持续发展思想的各种要素"[2]，而在联合国世界环境与发展委员会1987年发表的研究报告《我们共同的未来》中，可持续发展已经成为一个被正式提出且有明确内涵的概念。1989年5月，联合国环境署第15届理事会发表的《环境署第15届理事会关于"可持续发展"的声明》不仅再一次表明可持续发展是一个被正式提出的概念，而且更近一步明确宣布可持续发展就是"既满足当代人的各

---

① 参见徐祥民等：《可持续发展：从发展观到法律制度》，载徐祥民：《中国环境资源法学评论》（第一卷），中国政法大学出版社2006年版，第85~134页。

② 徐祥民等：《可持续发展：从发展观到法律制度》，载徐祥民：《中国环境资源法学评论》（第一卷），中国政法大学出版社2006年版，第89~134页。

种需要，又保护生态环境，不对后代人的生存发展构成威胁的发展"①。

实行改革开放政策以来的中国一直急于实现发展。在实行改革开放政策的初期，国家更多地计划、安排的都是发展，不管是政策还是立法都以促进发展为目的。但在这样的发展政策实施了一个时期之后，领导者们不得不接受前述《1986 中国海洋年鉴》指出的海洋污染以及比这卷《年鉴》表达的更严酷的现实，开始调整指导思想，提出了科学发展观。可以说科学发展是中国化的可持续发展。只是科学发展观比可持续发展的思想内容更加丰富。它"是在总结中国现代化建设经验、顺应时代潮流的基础上提出来的，也是在继承中华民族优秀文化传统的基础上提出来的"②，"是立足社会主义初级阶段基本国情，总结我国发展实践，借鉴国外发展经验，适应新的发展要求提出来的"③。

仔细研读党中央和中央政府的文件、领导人的讲话关于科学发展观的论述，我们会发现，科学发展和可持续发展的共同特点是以人与自然的关系为核心内容。尽管对它们的表达可能从这些人与那些人的关系上展开，或者从现在和未来的关系上展开，但这个展开的过程所表达的现实的关系是人与自然的关系。《中共中央关于制定国民经济和社会发展第十二个五年规划的建议》（以下简称《建议》）认为"制定'十二五'规划的指导思想"必须"以科学发展为主题"。那么，该《建议》所说的科学发展的内容是什么呢？《建议》指出：

"我国是拥有十三亿人口的发展中大国，仍处于并将长期处于社会主义初级阶段，发展仍是解决我国所有问题的关键。在当代中国，坚持发展是硬道理的本质要求，就是坚持科学发展，更加注重以人为本，更加注重全面协调可持续发展，更加注重统筹兼顾，更加注重保障和改善民生，促进社会公平正义。"④

根据这一段文字的表述，科学发展有以下 4 项内容：第一，中国需要发展。"我国是拥有十三亿人口的发展中大国"，"仍处于并将长期处于社会主义初级阶段"的判断说明了发展的必要性。而"发展仍是解决我国所有问题的关键"⑤ 的判断则不仅表达了发展的必要性，而且指出了发展的急迫性和重要性。第二，中国必须尽快发展。《建议》认为："综合判断国际国内形势，我国发展仍处于可

① 关于可持续发展思想的形成、发展及其被立法和国际条约接受，可参阅徐祥民等：《可持续发展：从发展观到法律制度》，载徐祥民：《中国环境资源法学评论》（第一卷），中国政法大学出版社 2006 年版，第 85~134 页。

② 胡锦涛：《在美国耶鲁大学德演讲》，载《十六大以来重要文献选编》（下），中央文献出版社 2008 年版，第 428 页。

③ 胡锦涛：《高举中国特色社会主义伟大旗帜，为夺取全面建设小康社会全面胜利而奋斗》，载《中国共产党第十七届全国代表大会文件汇编》，中央文献出版社 2008 年版，第 13 页。

④⑤ 《中共中央关于制定国民经济和社会发展第十二个五年规划的建议》（2010 年 10 月 18 日中国共产党第十七届中央委员会第五次全体会议通过）第一章《加快转变经济发展方式，开创科学发展新局面》。

以大有作为的重要战略机遇期"，"国际环境总体上有利于我国和平发展"①。这个分析的言外之意是："有利于我国和平发展"的国际形势不能保证长期存在。由于中国需要发展，而许可中国发展的国际环境又不能保证长期存在，所有中国才应抓住难得出现的有利于中国实现发展目的的国际环境，尽快实现发展。② 第三，发展应坚持以人为本。温家宝总理指出："坚持发展为了人民，发展依靠人民，发展成果由人民共享，这是科学发展观的核心。我们必须坚持从最广大人民根本利益出发谋发展、促发展，尊重人民主体地位，保障人民各项权益，加快推进以保障和改善民生为重点的社会建设，坚定不移走共同富裕道路，促进社会公平正义，促进人的全面发展。"③ 第四，永续发展是发展战略的有机组成部分。温家宝总理在谈选择科学发展主题的"考虑"时提到的第四点是"全面协调可持续发展"。他解释说："这是解决我国经济社会发展中突出矛盾和问题的迫切需要。只有坚持走生产发展、生活富裕、生态良好的文明发展道路，加快建设资源节约型、环境友好型社会，实现速度和结构质量效益相统一、经济发展与人口资源环境相协调，才能实现经济社会永续发展。"④ 很明显，永续发展是科学发展观的题中之义。按照温总理的理解，科学发展一定要追求永续发展，不以永续发展为目标的发展一定不是科学发展。

在上述四个方面的内容中，第一项内容"中国需要发展"和第二项内容"中国必须尽快发展"都是讲发展，它们与一般的发展观没有太多区别，第三点"发展应坚持以人为本"解决的是发展中的人与人之间的关系问题，只有第四点——追求"永续发展"，才是具有时代特点的内容。《建议》提出的第四项要求就是这方面的内容——"坚持把建设资源节约型、环境友好型社会作为加快转变经济发展方式的重要着力点。深入贯彻节约资源和保护环境基本国策，节约能源，降低温室气体排放强度，发展循环经济，推广低碳技术，积极应对气候变化，促进经济社会发展与人口资源环境相协调，走可持续发展之路。"⑤ 很明显，这是关于如何处理人与自然之间关系的建议。科学发展观最具有时代特点的内容

---

① 《中共中央关于制定国民经济和社会发展第十二个五年规划的建议》（2010 年 10 月 18 日中国共产党第十七届中央委员会第五次全体会议通过）第一章。

② 上文谈道，对和平与发展这个当今世界的主题的判断经历了一些变化，起初人们期盼，是努力争取它的到来，对这个主题的到来的判断包含着某种不确定性，而后来，人们可以确信"要和平、谋发展、促合作已成为不可阻挡的时代潮流"，接下来我们需要考虑的更多的是怎样发展，如何利用国际大舞台实现发展，包括通过促合作实现发展。这个判断是对总的趋势的判断，它不能说明所有的人、所有的官方文件都发生了这种变化。

③④ 温家宝：《关于制定国民经济和社会发展第十二个五年规划建议的说明》（2010 年 10 月 15 日）。

⑤ 《中共中央关于制定国民经济和社会发展第十二个五年规划的建议》（2010 年 10 月 18 日中国共产党第十七届中央委员会第五次全体会议通过）。

其实是如何处理人与自然的关系的思想。

不管是出自西方人之口的可持续发展，还是中国共产党人提出的科学发展，都充分反映了"使用或利用海洋需要承担费用的时代"的要求。如果我们承认科学发展观是一个"大战略思想"①，那就需要我们用这种思想指导我们的海洋战略思考，或者在我们的海洋战略设计中贯彻这样的大战略思想。

根据这样的大战略思想，我们的海洋战略应当是体现海洋环境保护要求的战略。在一个严重污染的海域实施"耕海牧渔"，收获物的产量、质量会大大降低，以严重污染的海域为家园的家族、社区、民族难以长久繁荣。在这个意义上，即使是为了眼前的生产和生活，也应当采取措施防治海洋污染，保护海洋环境。当然，为了保护海洋环境，如在一定区域一定时间防止海洋污染，需要牺牲生产、限制某些发展。我们曾提出在海洋环境保护上贯彻"以海定陆，海陆协调"②的原则，这个原则就要求限制向海洋排污，包括生产活动、生活活动排污。

在对海洋战略的制定提出这样的要求时，我们发现，一旦把海洋真的当作战略的中心，以往人们给海洋安排的任务，比如开发海洋资源弥补陆地资源之不足等并不是很妥当。海洋不应仅仅充当配角，仅仅为陆地服务。海洋事业自身的发展需要陆地提供保障，海洋问题的解决常常需要在陆地上开展的工作的配合。

我们的海洋战略应当把资源的可持续利用作为重要战略安排。一切生物资源都会因不当的开采而出现减少或者衰退。海洋生物资源，包括某些具有跨界性和高度洄游性的资源，在过度开发导致衰退的规律面前也不能例外。古人不要涸泽而渔的忠告不仅适用于内陆的河湖，也适用于海洋。为了实现资源的可持续利用，就必须下决心减少今天的捕捞、限制不当的捕捞方法等，必须下决心实施禁渔期制度、禁渔区制度、捕捞总量控制制度等，当然还要为因实施这些制度可能带来的社会问题安排好应对的办法。

我们的海洋战略应当把海洋生态保护放在重要的位置。"海洋环境包括由彼此关联的海岸、海底、水体及其运动等构成的自然环境，也包括由以这种自然环境为载体的各种生命形态构成的生态系统，即同样作为人类环境的海洋生态环境"③。海洋服务社会的能力是这两个方面的总和。这两个方面中的任一方面的不利改变都会导致海洋服务能力的下降。我们的海洋战略无疑应当关心海洋

---

① 胡锦涛：《在参加中国共产党第十七次全国代表大会江苏代表团讨论时的讲话》，《人民日报》2007 年 10 月 17 日。

② 徐祥民：《保护海洋环境应当坚持的几项基本原则》，载徐祥民：《海洋法律、社会与管理》（2010 年卷），海洋出版社 2010 年版，第 3～25 页。

③ 徐祥民：《保护海洋环境应当坚持的几项基本原则》，载徐祥民：《海洋法律、社会与管理》（2010 年卷），海洋出版社 2010 年版，第 5 页。

服务能力的维持和提高。这样的海洋战略需要关心海洋生态环境的保护，为克服诸如"产卵场退化、生境丧失或改变、生物群落结构异常"① 之类的情况作出战略安排。

我们的海洋战略应当防止海洋环境的退化。海洋服务社会的能力是由海洋千百万年来形成的物理、化学等结构，自然形态、地理分布等天然情况所决定的，对这种天然情况的人为的或自然的改变大多会引起海洋服务功能的降低，或者叫海洋环境退化。例如，因海底挖沙造成的海岸侵蚀就会造成海岸无法承载人类的家园及这种家园里的生产和生活活动。② 我们的海洋战略不应忽略防治海洋环境退化。

上文从和平与发展这个世界主题的要求谈道海洋战略应当是合作的战略，而这里，从在污染严重的时代条件下发展海洋事业的需要来看，我们的海洋战略也应该把国际合作作为重要的战略措施来使用。不管是海洋污染的防治还是海洋生态的保护、海洋生物资源的养护，都需要通过国际合作来实现。戴秉国先生所说的任何一个国家都不可能"独善其身"③ 用在海洋污染防治和海洋资源养护、海洋生态保护上非常准确。我们的海洋战略，不管是遵循"经济全球化"这一"客观趋势"，贯彻我国多年来执行的"对外开放政策"，还是从海洋污染防治、海洋资源养护、海洋生态保护的客观需要出发，都必须贯彻"积极参与国际合作和竞争"④ 的精神。

开展国际合作意味着承担国际义务。没有哪种合作是只得利不需要付出的。防治海洋污染、养护海洋生物资源、保护海洋生态中的国际合作常常都是表现为"一起做"某些有利于资源养护、生态保护的事，或对治理污染采取某种行动等。这种"一起做"，从给合作者增加支出、负担的角度来看实际上就是义务。⑤我们既要通过国际合作实现对海洋的保护、对海洋的合理利用，以便实现我国的发展目标，同时也必须准备好履行保护海洋的义务。

---

① 《2006 年中国海洋环境质量公报》。

② 徐祥民：《保护海洋环境应当坚持的几项基本原则》，载徐祥民：《海洋法律、社会与管理》（2010 年卷），海洋出版社 2010 年版，第 3～25 页，对海洋自然形态的变化及造成这种变化的人为原因做了一些探讨，请参阅。

③ 戴秉国：《坚持走和平发展道路》，《〈中共中央关于制定国民经济和社会发展第十二个五年规划的建议〉辅导读本》，人民出版社 2010 年版，第 73 页。

④ 江泽民：《当前的国际形势和我们的外交工作》，载《江泽民文选》（第二卷），人民出版社 2006 年版，第 201 页。

⑤ 《生物多样性公约》第五条规定的"合作"就要求："每一缔约国应尽可能并酌情直接与其他缔约国和酌情通过国际组织为保护和持久使用在国家管辖范围以外地区生物多样性并就共同关系的其他事项进行合作。"这一规定虽然使用了"尽可能"、"酌情"等较有弹性的语词，但它们给缔约国在履约形式上留出的弹性不能改变其加给缔约国义务的实质。

第五章

海洋战略的定位与我国的选择

海洋战略在关于海洋发展、建设海洋强国等话题的讨论中无疑是一个十分常用的概念，但在战略学的话语体系中，它显然不属于基本范畴之列。尽管本书不是一本研究战略学理论的著作，不以回答战略学的问题或提供战略学的新知识、新结论为目标，但为国家勾画海洋战略的应然方案却属于本书不可辞却的任务。为了给并非战略学基本范畴的海洋战略找准定位，为了提供符合中国国家利益的海洋战略方案，我们不得不回到战略学的一般知识领域，从战略学的原初概念出发寻找海洋战略的学理地位，并根据国家战略的应有地位和品格设计国家海洋战略方案。

第一节　战略与国家战略

吴春秋先生曾指出："研究战略，首先要对战略概念本身有个基本认识"，也就是要确定研究者的"战略观"①。我们这里讨论战略的概念首先是要确定我们作为研究者的战略观，但同时也是为了给关于战略的讨论确定一个共同的话语基础。基于这样的考虑，本章先对战略的由来与发展、国家战略的含义以及战略研究者对国家战略的不同理解做一个粗略的梳理。

---

① 吴春秋：《大战略论》，军事科学出版社 1998 年版，第 1 页。

一、由服务于军事的战略到超越军事的战略

钮先钟先生认为，战略这个词"具有先天的高度模糊性"[①]。尽管如此，不管是被学者反复推敲的作为一个概念的战略，还是作为军事家、政治家、学者们反复研究或使用的实际发生的战略，其由来和发展历程还是可以说清楚的。总的说来，战略经历了由军事战略到超越军事战略的发展过程，而在超越军事战略的阶段，战略的内涵远比军事战略阶段丰富。

我们不得不承认一个事实，即"千百年来，战略一直被认为就是单纯的军事战略"，是"指导战争的谋略"[②]。战略是从战争中产生的学问，它首先是"为战争服务"[③]的。所以，"传统上"人们把战略定义为"为取得对敌重大战役的胜利或赢得整个战争的胜利而对军事资源的规划和运用"[④]。在关于战略的一般解说中，人们还把它称为或解释为"将军的知识"（general's knowledge）、"将军的智慧"（general's wisdom）[⑤]、"统帅之道"[⑥]等。产生于军事、服务于军事的战略是战略的本意。在战略作为概念和作为一个事物发展的历史上，它首先是军事战略。钮先钟先生甚至认为战略仅仅属于军事。他说：

"战略观念的内涵随着时代的进步而不断扩大和加深，形成一种源远流长的演进过程。我们从此种过程中可以获得三点初步认识：①战略是智慧的运用，中国古人称之为'谋'。孙子说：'上兵伐谋'，所以，战略是斗智之学，伐谋之学；②战略所思考的范围仅限于战争，与战争无关的问题则不包括在内，这也是当年翻译'strategy'这个名词的人在'略'字前面再加一个'战'字的理由；③战争中所使用的主要工具就是武力，也就是'兵'，所以中国古代把战略称为兵学，简言之，战略为用兵之学，作战（operation）之学。"[⑦]

我们认为，钮先钟先生的看法反映的是战略的真正来源和原初意蕴。

战略产生于军事，服务于军事，但它后来的发展却超出了军事的范围。或许是由于战略所具有的"运用""智慧"的特点，具有来自于"统帅"的宏观谋划的特点，由于战略总是回答涉及"全局性的指导规律"[⑧]的问题，人们习惯于

---

① 钮先钟：《西方战略思想史》，广西师范大学出版社 2003 年版，第 2 页。
②③ 吴春秋：《大战略论》，军事科学出版社 1998 年版，第 5 页。
④ ［美］理查德·罗斯克兰斯等：《大战略的国内基础》，北京大学出版社 2005 年版，第 3 页。
⑤ 钮先钟：《西方战略思想史》，广西师范大学出版社 2003 年版，第 2 ~ 3 页。
⑥ 洪兵：《中国战略原理解析》，军事科学出版社 2002 年版，第 1 页。
⑦ 钮先钟：《西方战略思想史》，广西师范大学出版社 2003 年版，第 4 页。
⑧ 吴春秋：《大战略论》，军事科学出版社 1998 年版，第 3 页。

把"全局规划、长远规划"等"视为'战略'"①。这样一来,战略的外延就大大扩展了。按照吴春秋先生的判断,战略概念"被用于政治领域,于是产生了……政治战略"②。洪兵先生提到的"外交战略"、"经济战略"、"公司战略"、"文化战略"③等,孙书贤先生提到的在"科技、教育、经济、政治、外交和社会等领域""伸展应用"④ 的战略等,都是战略在军事领域之外使用的例证。经过这样的"伸展应用",于是便产生了经济战略、政治战略、军事战略、文化战略、科技战略、外交战略等。⑤ 下文将要讨论的大战略等也是"伸展应用"的作品。

二、对国家战略的一般理解

在战略学家的著作中有两个重要的术语,一个是国家战略,另一个是大战略。这是两个既有所区别,但其界限又不是太明显因而在实践中经常被混用的概念。薄贵利先生在他的《国家战略论》一书中对二者的关系作了简略的总结。大致的流变如下:美国人首先提出"国家战略",而其"直接母体"是英国人原已使用的"大战略"(grand strategy)概念。大战略概念产生于第一次世界大战之后。支持这个新概念产生的主要理由是第一次世界大战表现出的军事因素与非军事因素及其相互间的影响已经超出了传统的军事战略概念的容纳能力。人们希望创造一个凌驾于军事战略之上的新概念。经过多年的加工、提炼,英国军方把大战略定义为"为了实现国家目标而最有效地发挥国家全部力量的艺术。它包括采取外交措施,施加经济压力,与盟国缔结有利的条约,动员全国的工业和分配现有的人力,以及使用陆海空军进行协同作战"。美国在从英国引进了大战略概念之后吸收大战略概念的要素,创立了国家战略(national strategy)的概念。这两个概念在美国同时被使用着。一方面,它们常常被视为同一种战略。"在美国人的观念里,国家战略和大战略是一回事",包括战略学家在内的人们也认为"所谓国家战略是一个特定国家的大战略"。另一方面,如果仔细推敲,可以发现这两者又有所区别。据薄贵利先生考查,两者的区别在于:"国家战略是为了实现国家的利益和目标,而大战略则是为了实现国家的安全的利益和目标;国家战略是国家全部力量的协调运用,而大战略则是军事战略加上政治、经济和心理

---

①③　洪兵:《中国战略原理解析》,军事科学出版社 2002 年版,第 1 页。

②　吴春秋:《大战略论》,军事科学出版社 1998 年版,第 5 页。

④　孙书贤:《战略决策学总论》,军事译文出版社 1992 年版,第 1 页。

⑤　产生了这样的战略也便出现了关于这类战略的研究。例如,政治战略便是许多学者和政治家研究的热点课题(参见吴春秋:《大战略论》,军事科学出版 1998 年版)。

等其他战略领域内与'国家安全'有直接关系的那一部分的总和。"①

当研究者置身军事领域时，大战略的军事分量就会变得更重些。罗伯特·阿特教授以回答"美国应该采取何种外交政策和军事战略"为目的而创作的《美国大战略》就是十足的军事战略。他在其著作的《导论》部分谈道：

"一项大战略要告诉国家领导人应该采取何种目标，应该如何最成功地运用国家军事力量实现这些目标。大战略类似于外交政策，它们面对的均为国家在外交事务中的重大选择。大战略在一个基本点上根本不同于外交政策。国家为了确定其外交政策，需要设计出国家在世界上追求的一系列对外目标，并决定如何综合运用各种国家机器（包括政治力量、军事力量、经济力量和意识形态力量）以实现这些目标。大战略同样涉及国家应当追求的一系列目标，但它集中关注为实现这些目标而采取的军事工具的使用方式。大战略告诉人们，一个国家应当怎么样通过运用军事力量来实现外交政策目标。"②

这样的大战略与军事战略不仅形似，而且精神也没有太大差别。一方面，它与外交政策的关系充分表达了它的军事特点——大战略是外交的继续，是外交政策所追求的国家目标的保障。不管是继续，还是保障，都以武装为内容，即"运用军事力量"。另一方面，罗伯特·阿特所阐述的制定一个大战略需要回答的四个问题中，除目标一项之外，其他全都以军事为内容。这四项内容是：第一，国家"在世界上的利益是什么，这些利益面临着哪些威胁"；第二，国家"为了保卫这些利益免受威胁，可以采取哪些可能的大战略模式"；第三，"这些大战略模式中哪一种能够最好地保卫""国家利益"；第四，"为了支持选定的大战略，需要实施什么样的具体政治政策，运用什么样的军事力量"③。这里的大战略模式是军事战略模式，是可以用来"保卫""国家利益"的战略模式，它的基本特征是"运用""军事力量"，包括选择"运用""什么样"的"军事力量"④。

不过，我们也不得不注意到，国家战略与大战略在人们通常的使用中差别确实不大。从美国官方和学者对国家战略和大战略所下的定义或做的解释来看，两

---

① 薄贵利：《国家战略论·自序》，中国经济出版社 1994 年版，第 2~5 页。

② ［美］罗伯特·阿特：《美国大战略》，北京大学出版社 2005 年版，第 1~2 页。

③ ［美］罗伯特·阿特：《美国大战略》，北京大学出版社 2005 年版，第 2 页。

④ 我们不得不说罗伯特·阿特对大战略的解说是不科学的。他的解说与其说是科学，毋宁说是描述，是对美国情况的描述。他的解说的合理性是建立在美国已经拥有"相对于其他国家的……军事力量上的优势"的基础上的。尽管他也认识到美国的这种优势"不会永远维持下去"（［美］罗伯特·阿特：《美国大战略》，北京大学出版社 2005 年版，第 2 页）。他的全部四个问题都是以已经拥有军事力量为前提的，所谓"回答"问题只是回答如何"选择"和如何"运用"，而不是创造、聚集。这与人类政治史，也包括战争史的实际是不相符的。仅就军事意义上的战略而言，如何聚集力量、借助力量、创造力量等都是战略家必须回答的问题。

者的确是大同小异。例如，美国战略学家约翰·柯林斯对大战略所作的解释是：

"（大战略）是在各种情况下运用国家力量的一门艺术和科学，以便通过威胁、武力、间接压力、外交、诡计以及其他可以想到的手段，对敌方实施所需要的各种程度和各种样式的控制，以实现国家安全的利益和目标。"①

他对国家战略所作的解释是：

"国家战略在平时和战时综合运用一个国家的各种力量以实现国家的利益和目标。按照这种观点，战略可分为应付国际和国内问题的全面政治战略；对外和对内的经济战略以及国家军事战略等等。每一种战略都直接或间接地关系着国家的安全。"②

对这两个解释，如果不加特别说明，人们就不会太在意它们的区别。这两种战略的作用都是实现"国家的""利益和目标"。尽管大战略概念下的"利益和目标"之前有"安全"这个限制词，而国家战略概念下没有，但"每一种战略都直接或间接地关系着国家的安全"一语又把这个区别抹掉了。这两种战略的实施都需要"运用""国家的各种力量"，尽管在大战略概念下的解释显得内容十分丰富——"通过威胁、武力、间接压力、外交、诡计以及其他可以想到的手段，对敌方实施所需要的各种程度和各种样式的控制"，但这丰富的内容说到底离不开对"国家的各种力量"的"运用"。

我国学者常常把国家战略直接解释为大战略。例如，葛振峰先生在给"中国古典战略丛书"作的序中说，用以"指导国家安全与发展的国家战略，是战略的最高层次，是大战略"③。

除国家战略、大战略两个概念间存在上述不易理清的关系之外，政治战略与这二者也有些瓜葛。按照"国家战略是国家的最大的政治"④ 的判断，国家政治战略应当与国家战略具有相近的含义。吴春秋先生就曾做出这样的判断："政治战略本来是指凌驾于军事战略之上的总体战略，大体相当于……大战略或国家战略。"⑤ 根据吴先生的研究，"当代日本和某些西方国家的研究者，有时把与军事战略平行的所谓心理战略或思想战略也称为政治战略。"⑥ 这种包含了"心理战略或思想战略"的政治战略与约翰·柯林斯的使用"威胁、武力、间接压力、外交、诡计以及其他可以想到的手段"并追求"对敌方实施所需要的各种程度和各种样式的控制"的大战略相差无几。

---

① ［美］约翰·科林斯：《大战略》，战士出版社 1978 年版，第 43 页。
② ［美］约翰·科林斯：《大战略》，战士出版社 1978 年版，第 47 页。
③ 葛振峰：《〈中国古典战略丛书〉总序》，军事科学出版社 2002 年版。
④ 薄贵利：《国家战略论》，中国经济出版社 1994 年版，第 423 页。
⑤⑥ 吴春秋：《大战略论》，军事科学出版社 1998 年版，第 5 页。

国家战略、大战略、国家政治战略这三个概念的含义都比较接近。本书讨论的是国家战略。在语词上也会坚持使用国家战略这一表达方法。① 我们理解的国家战略可以解释为国家总体战略。所谓总体战略包含以下几层含义：第一，它在国家战略安排中处于最高层次，是国家的最根本、最具统率力、最能反映国家重大利益要求的战略。第二，总体战略的提法意味着国家可以制定自己的战略体系，或者说在一个国家的战略安排中存在一个战略体系，而总体战略在战略体系中处于主导地位、统率地位。处于总体战略统率下的是部门战略。讨论国家战略一方面是要在确定国家利益和目标的前提下安排实现国家战略利益和战略目标的总的路径、方法等，另一方面则是给部门战略设定核心和战略体系框架等。

本书研究国家战略的一般概念的一个具体目标是回答海洋战略在国家战略体系中的地位。北京大学出版社出版的"大战略丛书"的编委会为丛书写的总序指出："只有确立了大战略，中国才能据此开发、动员和运用国家政治、经济、军事、外交和精神资源实现国家的根本战略目标。"② 的确如此，只有了解了国家战略的一般概念才有条件回答一个叫做海洋战略的战略与处在国家战略体系最顶端的国家战略是怎样的关系，才有可能对这个战略的内容做出合理的设计或者解释。

三、国家战略的类型

约翰·柯林斯对"国家战略"所做的"在平时和战时"如何运用国家力量实现国家的"利益和目标"的解释赋予国家战略"平战两栖"的特点。这个解释是合乎实际的。因为"国家，特别是近代意义上的国家，是不能孤立而存在的"。它必须"与其他国家在一定的范围内和在一定的程度上有彼此的交往"③。不管是"一定的范围内"的交往，还是"一定的程度上"的交往，都既不能始终处于战争状态，也无法避免会出现战争状态。这样的国家的国家战略必须是"平战两栖"的。在当今时代，不管是强大的美国，还是弱小的科威特、叙利亚，其国家战略都需要有"平时和战时"的安排。

然而，战略学原理对国家战略的"平战两栖"表达并不等于所有国家实际制定和实施的国家战略都一定同时安排了兼顾平战的内容，更不等于所有国家的国家战略都只有一种模式。只要注意到国家战略的制定这个环节，我们就会明白

---

① 不过，概念上的始终如一并不表明本书中的国家战略可以与大战略、国家政治战略的概念划清界限，更不表明我们讨论的国家战略不会借鉴大战略、国家政治战略研究的成果。

② "大战略丛书"编辑委员会：《"大战略丛书"总序》，北京大学出版社 2005 年版。

③ 王铁崖：《国际法引论》，北京大学出版社 1998 年版，第 1 页。

国家战略会有多种类型。例如，国家战略环境是"对国家战略的制定和实施"会"产生直接或间接影响作用"的那些"背景情况和条件"的"总和"①，而不同的国家制定和实施自己的国家战略的这类"背景情况和条件"及其"总和"一定是不相同的。既然"影响""国家战略的制定和实施"的"背景情况和条件"不同，受这些"背景情况和条件"影响产生的战略也就自然不同。

战略环境只是影响国家战略类型的因素之一。概括起来影响国家战略类型的因素主要有以下几个方面：

（一）国家战略利益

每一个国家都有自己的利益，一个国家在不同的历史年代也会有不同的国家利益。美国的利益是维持其"影响世界的能力"②，而巴勒斯坦的利益是争取建立独立的巴勒斯坦国，鸦片战争时期大清帝国的利益是不让西方列强进入中国国土，今天的太平洋岛国以及其他低地国家的国家利益是阻止海平面上升。薄贵利先生论述的"国家生存战略"、"国家发展战略"和"国家扩张战略"③ 代表了三种不同的国家利益所要求的三种国家战略。

（二）国家战略力量

按照约翰·柯林斯的说法，国家战略是"综合运用一个国家的各种力量以实现国家的利益和目标"的艺术，而不同的国家，其"各种力量"是不同的，有时是大不相同的。中东国家的力量主要是拥有石油资源，新加坡及其他海峡沿岸国家的国家力量可能主要是交通资源，而美国和历史上的苏联的力量则主要是掌控世界的海上和空中军事力量。依据这不同力量制定的国家战略会是大不相同的。

---

① 薄贵利：《国家战略论》，中国经济出版社 1994 年版，第 221 页。

② ［美］罗伯特·阿特著：《美国大战略》，北京大学出版社 2005 年版，第 2 页。罗伯特先生认为目前"美国影响世界的能力"正"处于巅峰状态"。他显然不想让这个状态结束。他谈道："美国当前的艰巨任务是搞清楚美国人希望美国扮演什么样的国际角色。彻底消灭恐怖主义组织对美国的进攻并不是唯一的答案。不可否认，任何大战略的首要目标是保护祖国不受侵犯，任何国家如果忽略了这个目标，那么离消亡的日期就不远了。然而，尽管国土安全极为重要，它并不能成为外交政策和大战略的终极目标：美国的国际目标不能仅仅归结为本土防御。美国是世界上最强大的国家，世界大国从来不是仅仅为安全而活着。美国人有责任做出决定，在美国的世界影响力达至顶点的未来几十年里，美国应当在世界事务中发挥什么样的作用。"（［美］罗伯特·阿特著：《美国大战略》，北京大学出版社 2005 年版，第 2～3 页）。他虽然没有直接说出美国在世界事务中要发挥怎样的作用，但他却已经告诉我们这作用不是什么。他要让美国发挥的那些作用对于美国来说就是美国的国家利益。

③ 薄贵利：《国家战略论》（中国经济出版社 1994 年版）的第一章是"国家生存战略"，第二章是"国家发展战略"，第三章是"国家扩张战略"。

（三）国家战略环境

薄贵利先生曾指出：“在不同的时代、不同的历史条件下，国家战略环境的性质和内容是不一样的。在同一时代和大致相同的国际背景下，国家战略环境又因国而异，即不同的国家具有不同的战略环境。”[①] 不管是自然环境、社会环境，还是国际环境，都会给国家战略的制定带来影响，从而选择不同类型的国家战略。很显然，在不利的战略环境下制定的国家战略和在有利的战略环境下制定的国家战略就是不同的两种类型。前述关于“制定中国海洋战略的时代条件”的分析回答的就是我国制定海洋战略的战略环境，尽管海洋战略不等于国家战略。[②]

第二节　海洋战略的定位

战略在脱离了军事领域之后被广泛使用在政治、经济、社会等领域。这种情况一方面促进了战略研究范围的扩大和研究深度的加大，另一方面也造成了战略研究中话语上和知识依托上的不统一。在这双重的影响下，战略研究形成了两个截然不同的思维路径，一个是从具体的事物到战略的高度。这是从具体到抽象的研究思路；另一个是从国家战略到部门战略或到战略的构成要件。这是从整体到局部、从抽象到具体的研究思路。从事企业管理研究的人向国家提出的“名牌”战略、旅游管理部门向当地政府提出的旅游资源开发战略、大学校长提出的人才强校战略等，一般都是出自从具体到抽象的研究思路。战略在这类方案中的意义主要在于表达方案具有全局性、宏观性、决定性等价值。在明确国家战略和国家利益的前提下去研究地缘战略、近海防御战略等，大致说来是从整体到局部、从抽象到具体的研究。战略在这类方案中既是出发点，也是目标，而地缘战略、近海防御战略等都是为国家战略服务的，或者都是国家战略的组成部分。

那么，我们前面提到的“政治战略”、“外交战略”、“经济战略”、“文化战略”，以及出于对战略的“伸展应用”而可能产生的其他战略属于哪种情况呢？我们应该用哪种思路研究这些战略，或者我们应该赋予这些战略怎样的地位和功能呢？更具体一点说，我们讨论的海洋战略应该用哪一种思路去研究，应该把它放在怎样的位置上呢？这一题目至少有三个答案。我们需要明确理论上存在的这

---

① 薄贵利：《国家战略论》，中国经济出版社 1994 年版，第 221～222 页。
② 下文将就海洋战略与国家战略的关系做专门的讨论。请参阅。

三个答案是什么，我们还需要从这三个可能的答案中选择一个最适合我国需要的答案。

一、作为海洋行业全局性规划的海洋战略

在与海洋有关的话题中，战略的提法不少见。虽然在字面上都是使用了战略这样的称呼，但它们所反映的却可能是不同层面的战略构思，或对不同层面的事务的规划。人们讨论最多的海洋战略是关于海洋行业自身发展的全局性规划。

20世纪80年代，国家海洋局就开始谈海洋战略。例如，当时的国家海洋局局长严宏谟先生在与《中国海洋报》记者的谈话中就提到"海洋开发战略"。他所说的战略以国家海洋局的业务工作范围为依据。当时国家给海洋局规定的工作任务是"执法管理、公益服务、调查科研和组织协调"，而严局长所谈的海洋战略就是关于这些工作任务的"全局性"规划。他的规划思考的核心内容是"把以维护海洋权益，保护海洋环境为重点的执法管理和以发布海洋水文预报、海洋资料服务为重点的公益服务两方面为主导，以带动海洋业务工作的全面发展"。围绕这个核心，他考虑了海洋开发原则、海洋立法、海洋权益维护、海洋水文预报、海洋信息网络建设、海洋调查和科研工作等工作和任务。为了实现上述核心规划，使上述工作和任务能够顺利完成，他提出要尽快健全"国家海洋业务工作体系"。他所说的这个体系包括"不同的部分和层次的基础设施"，主要有"一个网络"、"三个体系"。"一个网络"是"由遥测资料浮标、台站、观测船舶和飞机组成的海洋观测监视网"；"三个体系"是"由中国海洋监察队伍与海域分区管理的机构组成执法管理系统"，"由海洋环境预报中心与各海洋台站组成预报服务系统"，"由海洋资料中心与全国各海洋资料情报单位组成海洋信息资料服务系统"①。

不管是他所说的"海洋开发战略"，还是他对海洋局的工作所做的其他带有全局性的思考和安排，都只是一个部门或一个行业的工作规划，是对"全局性、高层次的重大问题的筹划"②。如果叫战略的话，这样的筹划就是工作战略，就像一些企业为自己的经营制定的战略一样。尽管我们可以把这样的规划与国家的战略需求联系在一起，或者把这种规划所包含的建设任务等视为国家战略的组成

---

① 严宏谟：《严宏谟局长谈国家海洋局的工作方针》，载《中国海洋年鉴（1986）》，海洋出版社1988年版，第3~4页。
② 葛振峰先生对广义的战略所作的解释。见葛振峰：《中国古典战略丛书·总序》，军事科学出版社2002年版。

部分，给它们以客观上符合国家战略要求的评价，[1] 但这种客观结果不能改变它们原本的设计依据，不能改变其作为为完成工作任务而做的谋划的本质特征。

二、作为部门战略的海洋战略

在战略思考中，除了专门的国家战略设计之外，更多的是对部门战略或作为国家战略之组成部分的有关问题的研究。一个国家的国家战略往往都需要通过有关的部门战略来保障实施。一般来说，国家战略之下会有政治战略、军事战略、外交战略、经济战略等部门战略。学界之所以也把国家战略说成是总体战略，是因为在总体战略下经常会存在"分体"战略。依据国家战略制定的政治战略、军事战略、外交战略、经济战略等部门战略都可以说是国家总体战略的"分体"。

人们常说的部门战略主要有军事战略、经济战略、科技战略、教育战略等，[2] 不包括海洋战略。一些研究者曾描述过作为部门战略的海洋战略。《海洋议程》（以下简称《议程》）的某些表达看起来也很像海洋部门战略。《议程》的"前言"中有以下表述：

"中国政府根据 1992 年联合国环境与发展大会的精神，制定了《中国 21 世纪议程——中国 21 世纪人口、环境与发展白皮书》，确立了中国未来的发展要实施可持续发展战略。中国既是陆地大国，又是沿海大国。中国的社会和经济发展将越来越多地依赖海洋。因此，《中国 21 世纪议程》把'海洋资源的可持续开发与保护'作为重要的行动方案领域之一。"[3]

这段话中的可持续发展战略可以归结为国家战略，那个叫做"海洋资源的可持续开发与保护"的"重要的行动方案领域"可以看作是服务于国家战略的全局性规划，亦即部门战略。《议程》的第一章《战略和对策》，从内容上看，它规定了"战略目标"。其中"总体目标"是"建设良性循环的海洋生态系统，

---

① 1987 年 4 月 5 日国务院副总理万里在考察青岛时要求"凡靠海的省、市、自治区，都要把海洋资源的研究、开发、利用与保护作为战略任务来抓"（《万里副总理指出，要高度重视海洋资源的研究开发利用和保护》，载国家海洋局海洋科技情报研究所、中国海洋年鉴编辑部：《1986 中国海洋年鉴》，海洋出版社 1988 年版，第 2 页）。有关省市自治区所为的对"海洋资源的研究、开发、利用与保护"等可能都只是出于本地经济的考虑，甚至就是解决民生问题而采取的措施。这些已经采取的和尚未采取的措施，在总理看来符合国家的"战略"要求，是具有"战略"意义的"任务"，但那些已经采取了的措施非出于国家战略，那些将要采取的措施虽然符合国家战略的要求，也不必一定是国家战略的内容，因为采取这些措施的地方或部门可能依然是在打本单位本地区的"小九九"。

② 薄贵利：《国家战略论·自序》，中国经济出版社 1994 年版，第 5 页。

③ 国家海洋局：《中国海洋 21 世纪议程·前言》。

形成科学合理的海洋开发体系，促进海洋经济持续发展"①。它还规定了确保战略目标实现的"战略原则"。其中包括"把海洋可持续利用和海洋事业协调发展作为 21 世纪中国海洋工作的指导思想"②、"以发展海洋经济为中心"③、"适度快速发展"④、"海陆一体化开发"⑤、"科教兴海"⑥、"协调发展"⑦ 等。从与可持续发展战略的关系上看，这些内容似乎可理解为海洋部门战略。

需要指出，第一，部门战略不同于一个具体的管理部门的战略。这里的部门是指对国家战略具有重要支撑作用的行业或者"领域"⑧。第二，部门战略必然以国家机器的某种机能为依据，必然是对这种机能的战略运用。

三、作为国家战略的海洋战略

海洋战略的最高层次解释是国家战略，即作为国家战略的海洋战略。刘中民先生曾谈道："一个国家的海洋战略是涉及政治、经济、法律、社会、军事等各领域的综合战略体系。"⑨ 所谓"综合战略体系"的说法不足以表明这一战略的定位是什么，但刘先生的确注意到海洋战略应当是"一个国家的海洋战略"。"一个国家的"而不是一个部门的这一表达反映了他思想中的海洋战略的高度是"国家的"，尽管它对这个问题的整个论述并没有把这一点说清楚。

不仅刘先生脑子里装着的海洋战略具有"国家的"这一高度，而且我国的许多研究者对作为国家战略的海洋战略也都不陌生。杨金森先生笔下"15 世纪以后"的葡萄牙、西班牙、荷兰、英国、法国、美国、德国、日本、俄国"利用海洋发展成为世界强国"的"国家海洋政策"⑩ 是国家战略，不是这些国家的海洋管理部门的规划，也不是这些国家的国家战略下的部门战略。李明春先生对中国古代海权思想提出的"放弃海洋，就是放弃富国"⑪ 的批评是对关于作为国家战略的海权思想的批评。为人们一再推崇的狄米斯托克里所说的"谁控制了

---

① 国家海洋局：《中国海洋 21 世纪议程》第一章第七条。

② 国家海洋局：《中国海洋 21 世纪议程》第一章第十二条。

③ 国家海洋局：《中国海洋 21 世纪议程》第一章第十三条。

④ 国家海洋局：《中国海洋 21 世纪议程》第一章第十四条。

⑤ 国家海洋局：《中国海洋 21 世纪议程》第一章第十五条。

⑥ 国家海洋局：《中国海洋 21 世纪议程》第一章第十六条。

⑦ 国家海洋局：《中国海洋 21 世纪议程》第一章第十七条。

⑧ 薄贵利先生也把部门战略叫做"某一领域"的战略。参见薄贵利：《国家战略论·自序》，中国经济出版社 1994 年版，第 5 页。

⑨ 刘中民：《世界海洋政治与中国海洋发展战略》，时事出版社 2009 年版，第 363 页。

⑩ 杨金森：《中国海洋战略研究文集》，海洋出版社 2006 年版，第 193 页。

⑪ 李明春：《海权论衡》，海洋出版社 2004 年版，第 33 ~ 51 页。

海洋，谁就控制了世界" 的名言无疑属于国家战略，而非部门战略。印度首任驻华大使潘尼迦（P. M. Panikkar）对印度海洋政策的分析对这句名言是极有说服力的注脚：

"印度如果自己没有一个深谋远虑、行之有效的海洋政策，它在世界上的地位总不免是寄人篱下而软弱无力；谁控制了印度洋，印度的自由就只能听命于谁。因此，印度的前途如何，是同它会逐渐发展成为强大到何等程度的海权国，有密切联系的。"[①]

他所关心的海洋政策是以海权为内容的政策，而这个政策的实施效果——何等程度的海权国是直接决定 "印度的前途如何" 的。这样的海洋政策无疑是国家战略。

许多专家研究过海洋强国发展的历史。从这些研究中我们可以发现，一些国家是先有明确的国家海洋战略而后才实现国家强盛的。在明确确立国家海洋战略的国家中，英国无疑是最好的例证。

英国是一个岛国，而且还不是一个远离大陆的岛国。它隔英吉利海峡和多佛海峡与欧洲大陆相望。这个国家的安全和发展都离不开海洋。正是这样的特殊的地理条件决定了英国人自古以来对海洋的依赖，并因为这种依赖而把海洋事务放在与国家生存和发展相联系的战略地位。"坚守大海这堵英国的城墙，我们就能得佑于上帝之手"[②] 的诗句反映的是把海洋当作防御的围墙的战略构想。这是田园生活风格的英国寻求自保的战略。[③] 而 16 世纪之后，尤其是工业革命之后，英国则逐渐形成了通过海洋谋求财富继而是控制生财通道、统治非洲、亚洲甚至全世界的海洋战略。杨金森先生把 "海上霸权" 说成是 "英国的命根子"[④]。与这个 "命根子" 相关联的战略设计就是海洋兴霸战略。沃特·雷利爵士的名言表达了这样的战略构想：

---

① 潘尼迦：《印度和印度洋——略论海权对印度历史的影响》，转引自张文木：《论中国海权》，海洋出版社 2009 年版，第 39 页。

② ［英］J. R. 希尔：《英国海军》（上），海洋出版社 1987 年版，第 2 页。

③ 丛胜利先生等对这个自保战略的来历做了说明："自古以来，英国遭到过许多次来自海上的外族入侵。第一个来的是罗马人。公园前 55 年夏天，恺撒征集近百艘帆船，带领 2 个步兵团和 1 个骑兵队共 1 万人左右渡海远征。部队在迪尔登陆⋯⋯带着抓到的人质返回高卢（今法国）。公元前 54 年，恺撒又带领 2 个军团、200 艘商人和冒险家的船只以及上次俘虏的人质第二次入侵英国⋯⋯公元 43 年，罗马帝国皇帝克劳狄任命阿鲁斯·普劳提乌斯为司令官，统率 4 个军团共 5 万人远征不列颠。⋯⋯不久，克劳狄就迫使英国投降。5～6 世纪，罗马人撤出不列颠，盎格鲁萨克森人入主英国，建立了许多小王国。⋯⋯8～9 世纪，斯堪的纳维亚人侵入英国，并最终夺得半壁河山。1066 年，位于法国塞纳河下游的诺曼公国的威廉公爵征服英国，史称 '诺曼征服'。这些入侵和征服均来自海上。"（丛胜利、李秀娟著：《英国海上力量：海权鼻祖》，海洋出版社 1999 年版，第 5 页）

④ 杨金森：《海洋强国兴衰史略》，海洋出版社 2007 年版，第 129 页。

"谁控制了海洋,即控制了贸易;谁控制了贸易,即控制了世界财富,因而控制了世界。"①

这是贸易为生财之道的时代的战略思考,这是海外贸易已经或即将成为最重要的生财之道的时代的国家战略。这个战略或许并没有形诸文字,但却以一次再次的悲壮的战争留在了人类文明史上。没有这样的国家战略,就难以有对享有"海上马车夫"之称的荷兰的战胜;不是因为有这样的战略,就不会有被称为"七年战争"之类的英法大战;不是因为有这样的国家战略,把"无敌舰队"掀翻是难以想象的。

四、我国需要国家战略层面的海洋战略

学者们讨论的海洋战略,管理者们常常议论的海洋战略至少有以上三种定位。我国需要哪种定位的海洋战略,我国应该选择哪种定位的海洋战略呢?我们的答案是作为国家战略的海洋战略。

(一)不能接受"作为海洋行业全局性规划的海洋战略"

新中国成立初年、我国实行改革开放政策的初年,在百废待兴的历史条件下,在海洋仅仅是或主要是作为部门思考的对象、部门工作指向的对象时,我们可以接受"作为海洋行业全局性规划的海洋战略"。在这样的历史条件下和这样的工作场合,一个部门能制定出本部门的带有"全局性的"规划,说明这个部门已经掌握了"控制事变,而不受事变的左右"的"思想方法"②,说明这个部门已经至少在一定程度上具备了把握全局的能力。在这样的历史条件下和这样的工作场合,一定部门的"全局性"规划的制定有利于统一整个部门的思想和行动,从而有利于在部门或行业内部统一步调,取得工作的胜利。

海洋的重要性,海洋对于当今中国的重要性,对于努力实现振兴的中国的重要性等是我们不能满足于在海洋实施"作为海洋行业全局性规划的海洋战略"。

"作为海洋行业全局性规划的海洋战略"对国家战略也存在指导和被指导的关系、原则和对原则的贯彻的关系,甚至命令与服从的关系,因为行业的管理机构、部门的领导者一定会努力把国家战略的要求贯彻到本行业或本部门的全局规划中,从而实现部门规划与国家战略的一致。例如,原国家海洋局局长在谈道90年代"海洋工作"的"基本任务"时特别提到"沿海地区经济'翻两番'的

---

① 丛胜利、李秀娟:《英国海上力量:海权鼻祖》,海洋出版社1999年版,第1页。
② 洪兵著:《中国战略原理解析·前言》,军事科学出版社2002年版,第4页。

宏伟目标"①。这个"宏伟目标"显然来自当时我国确定的到 20 世纪末"国民生产总值"翻两番的战略目标,② 来自我国的总体战略。

然而,这种客观上的一致,经过行业和部门领导者的努力实现的作为结果的一致是不必然出现的。不管是哪个行业、哪个部门,它们在制定自己行业和部门的规划时往往都要考虑多方面的因素,如国家战略、国家需要、社会需要、行业需要、行业或部门利益、行业或部门员工的意愿等。出于对这 6 项因素和我们没有列举的那些因素或问题(为论述方便我们这里暂时忽略这类因素)的考虑而制订的行业规划很难与国家战略实现高度一致。对 6 项因素综合考虑可以有若干种结果,这若干种结果不可能都与国家战略相一致。以下几种情况都会造成行业或部门规划与国家战略的不一致:

第一,行业或部门理解的国家需要未必一定符合国家战略,一定是国家战略意义上的国家需要。国家需要有很多种类,而不同种类的需要之间往往会出现"不可兼得"。行业或部门考虑的国家利益常常就是不可兼得的国家需要中的一种,而这一种未必符合国家的战略利益的需要。利用时机消灭国家的敌人、教训国家的敌人是国家的需要,但未必符合国家对和平的国际环境这一战略利益的需要。加大生产力度,增加 GDP 是国家的需要,但对于我国就温室气体减排对国际社会的承诺这一战略利益来说,它就不是一个好的选择。

第二,社会需要与国家战略之间难以确保不发生不一致。行业或部门基于对社会需要的考虑而制定的规划难以确保不同国家战略发生冲突。如渔民需要打鱼,需要增加渔船、渔具,需要提高渔获量,而面对渔业资源急剧衰退的现实,国家战略的要求却可能是减少渔船、渔具,限制渔获量,甚至让部分渔民不再打鱼。

第三,行业需要难以确保与国家战略高度一致。行业有自身规律,遵循行业规律会产生行业发展的要求,这些规律、要求必然影响到行业规划。依据这些规律、要求制定的行业规划可能是合理的,但与国家战略的要求却未必是一致的。因为作为行业规划的合理性往往都是就行业而言的合理性,而不是其在整个国家战略中的合理性。"农、轻、重"哪个应当优先发展显然不是农业、轻工业或重工业部门自己的规划可以回答的。我国应当优先发展陆军、海军还是空军,这个

---

① 严宏谟:《迎接海洋事业发展的新时代》,载《中国海洋年鉴(1987~1990)》,海洋出版社 1990 年版,第 3 页。

② 赵紫阳在中国共产党第十三次全国代表大会上的报告对"翻两番"是这样表述的:"当的十一届三中全会以后,我国经济建设的战略部署大体分三步走。第一步,实现国民生产总值比 1980 年翻一番,解决人民的温饱问题。……第二步,到本世纪末,使国民生产总值再增长一倍,人民生活达到小康水平。第三步,到下个世纪中叶,人民国民生产总值达到中等发达国家水平,人民生活比较富裕,基本实现现代化。"(赵紫阳:《沿着有中国特色的社会主义道路前进——在中国共产党第十三次全国代表大会上的报告》,人民出版社 1987 年版,第 14~15 页)

问题不能让陆军、海军或者空军自己来回答。

第四，行业或部门利益常常表现为不同行业、部门之间的利益划分，而反映这种利益需要的行业或部门规划与国家战略常常是不一致的。

第五，行业或部门员工的意愿是行业、部门规划的重要依据，也应当是重要的依据，而作为对行业或部门员工意愿的反映的行业或部门规划也很难保证与国家战略的一致。在国家间发生领土及其他主权冲突时，军队内部一般都会有战和和平两种声音，无疑，在特定历史条件下，只有一种声音符合国家战略，因为国家要么实行和平战略，要么实行战争战略。

总之，作为"行业全局性规划"的战略不必然与国家战略一致，而在当今时代，在国家管理早已实现科学管理、法制化管理的时代，任何对国家具有战略意义的行业或部门，都不应在规划中或在行动上与国家战略不一致，我们也不能再接受那种不必然的一致。因此，我们需要必然的一致，而不是可能的一致。

（二）作为部门战略的海洋战略无法成立

我国曾经存在过作为部门战略的海洋战略吗？回答是否定的。[①] 首先，在国家战略安排中，海洋事业从来都没有取得作为部门战略的完整资格。比如，薄贵利先生提到的部门战略包括"军事战略、经济战略、科技战略、教育战略"，没有出现海洋战略。再如，孙书贤先生提到的战略的"伸展应用"虽然已经涉及"科技、教育、经济、政治、外交和社会"等这么多领域，仍然不涉及海洋。

其次，国家海洋局起草的或设想的具有战略高度的文件中的海洋都是被割裂的，国家海洋局提供的海洋战略设计可以说都是割裂的海洋战略。国家海洋局起草的《中国海洋政策》是规划我国海洋事业的内容很全面的文件。这份文件的起草者也注意到了"海洋的战略地位"；注意到了海洋政策或海洋战略与国家战略之间的联系（文件甚至明确提出要"把海洋开发纳入跨世纪的国家发展战略"），但从这个文件中我们却看不出其政策设计、规划设计作为部门战略的整体性。它的"基本政策"章共提供了 8 项政策，它们分别是"海洋权益""维护""政策"[②]、"海洋开发利用政策"、"海洋生物多样性保护及生态环境整治基本政策"、"海洋污染防治政策"、"海洋和海岸灾害"防治"政策"[③]、"海洋综合管理政策"、"海洋信息发展政策"、"气候变化和海平面上升适应性对策"[④]。

---

① 这个否定的答案并不意味着对国家海洋局工作的否定。因为国家战略与其部门战略之间的客观逻辑不是国家海洋局的努力所能改变的。

② 该章第二节的标题为"维护海洋权益基本政策"。

③ 该章第六节标题为"减轻海洋和海岸灾害政策"。

④ 国家海洋局：《中国海洋政策》，海洋出版社 1998 年版，第 134～185 页。

无须须细推敲就可以看出来，这 8 项政策是没有统一战略目标的各自独立的政策。虽然"海洋开发利用政策"、"海洋生物多样性保护及生态环境整治基本政策"、"海洋污染防治政策"之间，"海洋开发利用政策"、"海洋生物多样性保护及生态环境整治基本政策"、"海洋污染防治政策"与"海洋信息发展政策"之间，"海洋和海岸灾害"防治"政策"与"海洋信息发展政策"之间有一定的联系，但它们各自的独立性超过它们相互间的联系。大致说来，"海洋开发利用政策"隶属于国家经济发展政策，①"海洋生物多样性保护及生态环境整治基本政策"和"海洋污染防治政策"属于国家环保政策，"海洋和海岸灾害"防治"政策"是国家防灾减灾政策的组成部分，"海洋信息发展政策"则属于国家科技政策和信息政策，而"海洋综合管理政策"则属于国家行政管理体制问题。它们分属于不同的国家政策或者国家部门战略，所以不仅它们各自难以成为独立的部门战略，而且它们集中在一起更无法成为一个部门战略。它们中的若干政策间的联系与作为国家战略之部门战略之间存在联系一样，并不表示它们已经成为一个整体。

我国一直不存在作为部门战略的海洋战略。这是一个事实，那么，这是不是一个必然如此的事实呢？难道是薄贵利先生等的看法不全面，他们对海洋有不恰当的忽略？难道是海洋局作为我国海洋事务的主管机关长期失职，没有及时地勾画出作为国家战略之部门战略的海洋战略，没有把自己所做出的勾画融入国家战略的体系？

要回答这个问题需要先了解作为国家战略体系之组成部分的部门战略的特点。国家是一台运行着的机器，而这台机器的运行需要若干个系统的支持。人们常说的政治、经济、军事、文化等就是支持国家机器运行的最重要的系统。没有这四个系统，尤其是前三个系统支持的国家是不可想象的。如果一个国家制定了或形成了自己的国家战略，那么，在这个战略体系中，政治战略、经济战略、军事战略、文化战略，尤其是前三个战略都是不可或缺的部门战略。为了使国家机器的运转更加高效平稳，国家机器的支持系统需要更加精细，于是人们从政治系统中再分出外交系统——专门的对外政治系统，把经济系统分为农业经济系统、工业经济系统、商业（或第三产业）经济系统，把军事系统按照兵种分成陆军系统、海军系统和空军系统，等等。在国家机器的运行实现了这样的精细化之后，国家战略体系也可以增加相应的部门战略。国家机器的支持体系可以进一步精细化，国家战略体系也可以相应地再析出更多的部门战略。比如，从经济体系

---

① 所谓"把海洋开发纳入跨世纪的国家发展战略"的提法已经透露了这一秘密。海洋开发利用政策与国家发展战略之间的关系与严宏谟先生所谈道的"沿海地区经济'翻两番'的宏伟目标"与国家国民经济翻两番的战略规划之间的关系是相同的。

中分出资源管理体系，从资源管理体系中再分生物资源体系和非生物资源体系，而从这两者中又可以继续再分。生物资源可以分为林木资源、水产资源等，非生物资源可以分为国土资源、矿产资源等。国家战略的部门战略也完全可以做这样精细的一分再分。那样就会出现林木资源战略、水产资源战略、土地资源战略、矿产资源战略等部门战略。从国家机器支持系统的一分再分我们可以看出，这所有的系统、亚系统、支系统、分支系统等都具有支持国家机器运行的机能，如政治系统组织国家机构，建立和保持一定的政权结构、区划结构和社会结构，维护国家机构、社会组织的运行；军事系统维护国家安全和政权稳定；经济系统向国家提供物质供应等。那些一分再分的亚系统、支系统等也都具有特定的机能。比如，林木资源向国家供应林木产品或加工林木产品的原料，水产资源向国家提供水产品以及水产品所含有的蛋白质等物资，土地资源供应生产、生活需要的土地，而矿产资源则为工业生产、人们的生活提供原材料或生活必需品等。这些所谓机能从管理的角度来看就是职司，就是由不同的国家机关管理的事务。经济是财政税收等机关的职司；军事是军队机关的职司，不管这个机关是叫国防部、军部，还是中国古代称呼的兵部；文化是文化、教育、宣传等机构的职司。其他如矿产资源是矿产资源管理机关的职司、林木资源是林业机构等的职司、水产资源是渔业机关的职司等。部门战略是什么？简单说就是国家制定的与有关国家机关职司相对应，用以发挥国家支持系统应有机能的管理规划。① 当然我们可以给这个规划加上全局性、长期性等修饰。国家需要经济机能维持其运转，国家战略一定是以国家的经济机能为保障的战略，所以机关体系中需要有经济部门，国家战略体系中需要经济战略这样一个部门战略。国家需要军事机能，国家战略一定以国家的军事机能为保障，所以，国家不仅需要有军事部门，而且在国家战略体系中也需要军事战略。如果国家战略以国家安全为主要战略目标，那么，国家不仅需要国家的军事机能充分发挥作用，而且需要军事机能更加强大；这时的国家战略不仅不能缺少军事战略这个部门战略，而且这个部门战略还会比其他部门战略处于优先地位。国家战略以解决国民生活的温饱为目标，经济职司便需要供应更多的粮食、布匹以及加工衣食所需的其他原材料等；这时就需要有与完成"供应更多的粮食、布匹以及加工衣食所需的其他原材料"职司相应的部门战略。总之，部门战略来自国家机能，与国家机关的职司有不可分割的联系。

在做了如上分析之后我们可以回答我国为什么一直不存在作为部门战略的海洋战略这个问题了。我们一直不存在作为部门战略的海洋战略不是因为薄贵利先

---

① 这样说并不等于承认部门战略就是部门制订的行业全局性规划，因为国家机关规划的事项与国家机关应有的职能并不是一回事。

生等对部门战略的列举不全面，也不是因为我国国家机关体系中的国家海洋局履行职务不力，而是一个必然如此的事实。我国没有作为部门战略的海洋战略，是因为在国家管理中不存在海洋这一职司。而之所以没有海洋这一职司，是因为在国家机器中不存在一种叫做海洋的机能。如果使用部门的概念，我们则可以说国家没有海洋这个部门。[①] 国家没有出现独立的海洋战略，不是战略制定者的失误，而是因为海洋不具有成为部门战略的对象的条件。

现在我们可以回答为什么海洋事业从来都没有取得作为部门战略的完整资格、海洋局起草的战略性文件中的海洋为什么常常都分成若干块了。按照我们对机能、职司和战略三者关系的判断，国家的资源职司可以延伸到海洋矿产资源（如盐业资源），可以延伸到作为水产资源类型之一的海洋渔业资源，国家的交通职司可以延伸到海洋交通，国家的国土资源职司可以延伸到海域资源。这些职司都延伸到了海洋，但海洋都是被别的职司所覆盖的。国土资源的职司覆盖海域资源、水产资源职司覆盖海洋渔业资源、交通职司覆盖海洋交通等就是显例。正是因为海洋里的事务可以被别的职司所覆盖，所以才会出现交通部管海上交通、农业部管海洋渔业、公安部管海上治安等部门分工。也正是因为存在这种情况，所以我国可以长期不设海洋主管部门，日本可以设多个管理海洋的机关（其中包括文部科学省、通商产业省、环境省和水产省等）[②]，韩国的海洋主管部门可以叫国土水产厅。正是因为与海洋有关的职司的渊源是不同的国家机能，分属于不同的国家机关，所以海洋也只能在不同的部门战略中成为被涉及的事务，而无法形成一个独立的叫做海洋的部门战略。在国家战略体系的部门战略中，海洋要么被忽略，要么作为别的战略的内容出现。也正是因为如此，即使是出自我国专门设立的海洋管理机关之手的，甚至也被称为海洋战略的规划性文件，也只好把海洋写成左一块，右一块，如渔业一块、海域一块、交通一块、矿产一块等，无法创造一个真正具有同一国家机能基础的战略，处于同一种职司之中的战略。

（三）可以选择作为国家战略的海洋战略

我们不需要"作为海洋行业全局性规划的海洋战略"，国家不可能产生作为国家战略之部门战略的海洋战略，我们可以选择的海洋战略只能是作为国家战略

[①] 说海洋不是一个部门会遭到批评，有人会认为这个判断是睁着眼睛说瞎话。批评者的理由是我国明明设置了这个部门。批评者的判断符合事实，而我们所做的判断符合国家管理的一般规律。从职司看管理部门的设置，的确不存在海洋这个部门。同样，从职司上看，国家也不存在"发改委"这个部门。发改委不是一个部门。我们认为我国实际上已经设置的海洋部门应该是像发改委一样的国家特别机关。

[②] 卢效东：《日本 21 世纪的海洋政策》，载《海洋信息》2002 年第 4 期，第 26～27 页。

的海洋战略。当今的中国需要的海洋战略也只能是作为国家战略的海洋事业发展战略。

从高之国先生为论证自己的"大海洋战略""思考"所说的一段话中我们看到的是对国家战略的期待。他说：

"古今中外的史实说明，凡大力向海洋发展的国家，皆可国势走强；反之，则有可能沦为落后挨打的地步。昔日的海洋强国葡萄牙、西班牙和荷兰，当年的日不落帝国英国，"二战"后的两个超级大国之一的苏联，和现在盛气凌人、不可一世的美国，无一走的不是海上兴兵强国之路。我们中华民族五千多年的文明史，更是直接证明中国的统一、稳定、繁荣和昌盛与海洋休戚相关。……认真总结历史经验可以看出，重陆轻海是中华民族在过去四五百年间由强到弱，大国地位不保，以及 1840 年鸦片战争后的 100 多年间沦为一个半封建半殖民地国家的重要原因。"①

用"凡大力向海洋发展的国家，皆可国势走强；反之，则有可能沦为落后挨打的地步"的"史实"说明的战略只能是国家战略，不会是部门战略；葡萄牙、西班牙、荷兰、日不落帝国英国，这些例子要证明的战略是国家战略，"盛气凌人、不可一世的美国"的"海上兴兵强国之路"说的是国家战略，与中国"由强到弱，大国地位不保"相联系的战略只能是国家战略。总之，这段文字能够说明的海洋战略都不是行业内部规划或部门战略那样的战略。②

我国的许多海洋战略研究者，不管他们把海洋战略描述为一个什么样态，刻画出什么样的特征，梳理出什么样的特点，他们所期望的海洋战略其实都是国家战略意义上的海洋战略，都是近代史上的英国、现代史上的美国实施过的那种意义上的海洋战略。这些研究者的梦，不管这梦境是否能够清楚描述，都是与一个世界强国，一个可以表现为"日不落"、"最强大的行为体"等情形的强大国家相联系的海洋战略，都是可以帮助国家走向强大的，包括洗雪中华民族百年屈辱的海洋战略。

研究者们心中有一个通过海洋实现国家强大的理想，但却没有认真勾画过借以实现这样的理想的海洋战略，或者说没有给他们心目中的海洋战略一个清晰的国家战略的身份。

国家战略是国家的全局性、长期性的规划和安排。英国人成功地实施的海洋

---

① 高之国：《关于 21 世纪我国东部大海洋战略的思考》，载高之国、张海文：《海洋国策研究文集》，海洋出版社 2007 年版，第 3 页。

② 不过，高之国先生并没有把他的国家战略进行到底。高先生和其他一些学者一样，他们在论证海洋战略重要性时说的往往都是国家战略意义上的战略，而到战略的具体设计时便又回到作为行业规划的战略或作为部门战略的战略。

战略，欧洲殖民国家，尤其是英国、法国、葡萄牙、西班牙、荷兰等国成功地实施的殖民战略，日本在"二战"时期长期实施的"大东亚共荣圈"战略，都是这样的全局性、长期性的规划，都是国家战略。我国在完成了"三大改造"之后长期实施"四化"战略（尽管实施的效果不是十分令人满意，这个战略的实施也遭遇到了种种阻力），是那个时代我国的国家战略。与改革开放政策付诸实施相伴随的我国的国家战略是"现代化建设"战略，一个延续了"四化"建设战略的国家战略。①

部门战略是国家战略的子战略。笼统说来，部门战略是国家战略的组成部分，但部门战略和国家战略的区别又是十分明显的。一般说来，一项国家战略往往都需要若干个部门战略的支撑，就像国家机器的运行需要若干机能的支持一样。比如，"四化"建设战略②明显地涉及四个方面，即工业、农业、军事、科学技术。直观地看，它需要四个部门战略的支持才能真正成为一项国家战略，也才有可能达到预定的战略目标。这四个部门战略包括工业发展战略、农业发展战略、军事发展战略和教育科技发展战略。再如，西部开发战略③显然不是国家某个部门的战略，它既不属于农业部门，也不属于工业部门、教育部门、科技部门、水利部门，而是国家的全局性安排，但这个全局性安排只有得到工业、农业、科技、教育、水利、矿产等部门战略的共同支持才能成为一个可实施的国家战略，才有可能取得战略制定者所追求的经济和社会发展成效。不管部门战略在国家战略中的地位多么重要，对国家战略目标的达成具有怎样不可替代的作用，它都始终处于子战略的地位，都只能是作为国家战略的支持系统，也就是国家战略体系的分支系统而存在。部门战略是因国家战略的存在而存在的。它不是一个独立的战略体系，④尽管它也需要它的次级战略的支持，从而与其次级战略一起

---

① 1980 年 1 月 16 日，邓小平在中央召集的干部大会上指出，我国在 20 世纪 80 年代要做三件事，一是"在国际事务中反对霸权主义"，二是"台湾回归祖国"，三是"加紧经济建设，就是加紧四个现代化建设"。他认为"四个现代化，集中起来讲就是经济建设"。同时，他明确指出，"三件事的核心是经济建设"。"其他许多事情都要搞好，但是主要是必须把经济建设搞好"。他还把"搞四个现代化建设"叫做"总任务"（邓小平：《目前的形势和任务》，载《邓小平文选（1975 ~ 1982）》，人民出版社 1983 年版，第 203 ~ 205 页）。他说的总任务可以说就是那时国家的总的战略任务。

② 这里说的四化建设战略、现代化建设战略、西部开发战略等，以及下文将要涉及的统一中国的战略都可以成为国家战略。在可以成为国家战略这个意义上我们称它们为国家战略。至于它们是否经过了战略决策、战略实施等过程，以及是否已经作为现实存在的国家战略付诸实施，则是另一回事。

③ 国家有关文件把这个战略表述为开发战略。这个表述不全面，也不科学。"开发"一词留给人的印象是挖掘、开垦，是经济生产。而我国实施这一战略显然不只是为了追求经济上的利益。所以，这个战略的更恰当表达是西部发展战略。

④ 在国家机关体系中设置的管理部门可以制定其所主管的行业或部门的战略，这种"作为行业全局性规划的战略"在没有纳入国家战略体系之前只是部门的规划，而不是部门战略，更不是国家战略。"作为行业全局性规划的战略"只有纳入国家战略体系才能成为部门战略。

构成一个战略体系。

按照我们对国家战略的一般认识，作为国家战略的海洋战略不是作为国家的某种职司的规划，不是关于国家的某项机能的规划，而是国家具有全局性和长期性的规划。那么，海洋有没有可能成为国家的具有全局性和长期性的规划呢？回答是肯定的。

应该说国家各职司范围内的事务都有可能成为国家战略，成为对国家具有全局性和长远性意义的事务。比如，发展经济在正常情况下是农业部门、工业部门、商业部门等的职司，这些部门可以制定本行业或部门的"作为行业全局性规划的战略"。但在今天，或者说我们国家认识到落后的生产与人们的物质文化需要之间的矛盾依然是我国社会的主要矛盾时，国家便可以把原本主要是由农业部门、工业部门、商业部门等规划的经济事业上升为国家战略，进而也要求农业部门、工业部门、商业部门之外的教育、科技、卫生、体育等部门参与以经济建设为主要内容的现代化建设战略，并反过来要求农业、工业和商业部门，要求教育、科技、卫生、体育等部门都建立作为国家现代化建设战略的子战略的部门战略。"发展生产力"，实现"国民生产总值"翻番，这无疑是属于经济领域里的事，在这个意义上，为发展生产力而提出的战略安排应当是经济管理部门提出的"作为部门全局性规划"战略。但是，当我们认识到"发展生产力"是"社会主义社会的根本任务"，在"社会主义初级阶段"是具有"长远意义"[1] 的任务时，所谓"经济建设的战略部署"、所谓"经济发展战略"[2] 就已经是国家战略。这个例子告诉我们，一项事务，不管它属于哪一职司范围，能否成为国家战略的关键在于其对国家的重要性。统一中国是国家战略，因为中华民族不能容忍国土和人民的长期分裂。这是中国国家的利益，是中华民族的利益。西部开发是国家战略，因为西部不只是一个地域概念，它包含政治、经济、文化、社会甚至军事等内涵，是中华民族的重大利益，而这个利益之重大是可以由历史、文化、自然环境、经济发展水平等来加以说明的。

海洋并不是一种独立的国家职司，这一点已如前述，那么，海洋有没有可能成为国家战略？[3] 海洋不是一个独立的职司，但国家的许多职司却都与海洋有关，如上文提到的交通、资源，再如军事、外交等职司都与海洋有关。当这些职司中与海洋有关的部分与国家的重大利益相关联，或者就是国家的重大利益所在

---

① 赵紫阳：《沿着有中国特色的社会主义道路前进——在中国共产党第十三次全国代表大会上的报告》，人民出版社 1987 年版，第 11 页。

② 赵紫阳：《沿着有中国特色的社会主义道路前进——在中国共产党第十三次全国代表大会上的报告》，人民出版社 1987 年版，第 14～15 页。

③ 这个问题的实质内容是，海洋有没有可能成为国家战略实施的战场。

的时候，这一部分就可以成为国家战略。比如，对于新加坡、巴拿马等国来说海洋交通便是国家的命运所系。在这样的国家，海洋交通就可以是国家战略，似乎也应该成为国家战略。历史上的荷兰，贸易是国民经济的支柱，而其贸易主要通过海洋来实现。这个国家的国家战略就是与海洋有关的贸易战略，也可以说是海洋商贸战略。在这种情况下，国家利益所在的领域已经是海洋，而不再是交通、贸易。对于新加坡和巴拿马来说，海洋——具体说是海峡或运河通道作为一种空间所具有的意义已经远远超过交通管理这一职司的意义。对于荷兰来说，海洋通道、海洋运输的形式所具有的意义已经超过了贸易所属职司的意义。在这个意义上，新加坡、巴拿马的交通战略、荷兰的商贸战略就是海洋战略。

海洋不仅会因国家某一职司涉及海洋而进入国家战略，而且也有条件独立地成为国家战略的主题。当国家的某些重大利益都与海洋有关，如来自海上、生于海中等，而这些利益又非单独的某个职司的工作所能实现，而是需要若干职司一起行动才能实现时，海洋便不能不成为国家战略，就像西部开发不能不成为我国的国家战略一样。例如，日本陆地国土资源贫乏，它的能源资源、渔业资源，当然还包括国土资源都严重地依赖海洋，海洋是其资源利益所系；日本国土狭窄，人口众多，贸易是其经济的支柱产业之一，而其贸易主要通过海洋运输来实现，海洋是其贸易利益之所系；日本国土狭窄，人多地少，资源少是其发展的"瓶颈"，而其实现国土扩展的唯一可能在海上，或者与俄罗斯争夺北方四岛，或者与中国争夺钓鱼岛，当然日本也曾经长期占领我国的台湾岛，海洋是其军事利益、主权利益之所系。这些利益都在海洋上，这样重大、众多的利益都集中海洋上，这样的利益只能被称为海洋利益。单独的资源利益、贸易利益、军事利益等已经不足以表达这种利益对日本国家的意义。日本之所以实行"海洋立国"的基本国策，[①] 就是因为日本民族的重大利益在海洋，没有海洋就没有其国家的根本。在这个判断中，资源、贸易、军事等已经显得很轻微。我们也可以由此得出一个一般性的结论，即当海洋作为利益载体的重要性超过利益所属职司对利益的重要性时，海洋就可以取代职司而成为战略指向的对象。而国家从国家战略的高度对待有关的利益，采取战略措施争取着有关的利益，海洋就可以成为国家战略，就像"西部大开发"或西部发展成为国家战略一样。

海洋可以成为国家战略的主题，那么我国是否需要制定作为国家战略的海洋战略，是否需要制定以海洋为主题的国家战略呢？这个问题的答案也是肯定的，

① 《日本海洋基本法》第一条明确宣布日本"坚持海洋立国"。根据对该条的文意的解读，日本制定海洋基本法，"确定海洋基本理念，明确国家、地方、公共团体、海洋产业者及国民的职责和义务，制定海洋基本计划和其他相关海洋政策，设置综合海洋总部，有计划、综合地推进海洋政策实施"等也都出于这一立国思想。

因为这是由中国的国家利益所决定的。

中华民族的重大利益、国家的重大利益要求当代中国制定作为国家战略的海洋战略。我们所说的中华民族的重大利益、国家的重大利益包括以下七个方面：

第一，空间。中国向来以地大物博自喻，但这个地大物博的优势已经随着人口的增长而变成了昔日的优势。不管人口密度，还是人均占有耕地面积，我国在全世界都是倒数在前的国家。[①] 尽管我国采取计划生育政策已经多年，该政策也取得了举世瞩目的成就，但人口增长的大趋势无法彻底改变。这一增长趋势告诉我们，我国不管是人口密度还是人均占有耕地面积、人均占有其他自然资源的量等指标都将继续"走低"。空间缩水已经成为制约中华民族繁荣发达的重要因素，而随着时间的推移，这一制约还将越来越严重。因此，为了中华民族的持续繁荣，我们必须开拓生存空间。《"九五"和2010年全国科技兴海实施纲要》指出，"中国的可持续发展必然越来越多地依赖海洋"[②]。这里的依赖自然也包括对海洋空间的依赖。

德国军事理论家波恩哈迪曾说："坚强、健全、兴旺的民族的人口不断增多，需要不断地扩大国境，以便安置剩余的人口。但是既然地球上差不多所有地方都已殖民化，新土地只有靠牺牲已占有这些土地的人来获得。"[③] 他的话指出了一个事实，即近代以来的所谓世界强国大多是靠掠夺、霸占才变得强大的。没有美洲殖民地、亚洲殖民地、非洲殖民地，就没有繁荣的欧洲。我们不靠霸占那些其祖先已占有其国土的人们的土地、掠夺他人的财富填充自己的腰包，我们绝不走强盗致富之路。我们要靠自己的勤劳、智慧与世界一起经营世界、经营海洋，分享由自己的勤劳和智慧创造的成果。目前，世界上可供开拓的空间都在海上，或为公海，或为极区。我们不走昔日列强的殖民之路，但在与世界共同开发海洋这项事业中，我们不能再落后于世界。

第二，资源。我国研究者早已指出我国陆地资源不足的问题，本书也对这一点做过考查（参见本书第一章）。中华民族的繁荣离不开资源供给，而且离不开比现在更多的资源供给。从哪里可以获得资源？除了购买、除了进一步搜刮本国陆地资源之外，基本的渠道在海洋，在我国管辖海域内的海洋和我国管辖海域外的海洋。为了说明资源利益对中国的意义，这里还想再一次引用《海洋议程》对资源情况的估计：

---

① 国家科委、国家海洋局、国家计委、农业部：《"九五"和2010年全国科技兴海实施纲要·引言》所说的"中国是世界上人口最多的国家，是陆地自然资源人均占有量很少的沿海国家"就是指这一国情。

② 国家科委、国家海洋局、国家计委、农业部：《"九五"和2010年全国科技兴海实施纲要·引言》。

③ 袁明：《国际关系史》，北京大学出版社1994年版，第81页。

"多种陆地资源日趋紧缺,有必要把眼光转向海洋。中国陆地自然资源人均量低于世界水平。人均占有陆地面积仅 0.008 平方公里,远低于世界人均 0.3 平方公里的水平,因此有必要向海洋要空间,包括生产空间和生活空间。全国多年平均淡水资源总量为 28 000 亿立方米,居世界第六位,但人均占有量为世界水平的 1/4。矿产资源总量丰富,潜在价值居世界第三位,但人均占有量不到世界一半,居世界第 18 位。据对 45 种主要矿产(占矿产消耗量的 90% 以上)对国民经济保证程度分析,今后 10 年将有 1/4 不能满足需要,进入 21 世纪则有 1/2 不能满足需要,矿产资源将出现全面紧缺,有些资源还会面临枯竭的局面。要保障国民经济持续、快速、健康的发展,现有陆地资源开发形势将更加严峻。"①

这就是我国的国情,这就是中国的国家利益之所在。我们必须向海洋,尤其是向我国管辖海域外的海洋,其中主要是公海和国际海底要资源。

第三,主权、主权权利和管辖权。如前所述,我国的一些岛屿、岛礁还在别的国家的占领之下,依照《海洋法公约》的规定和我国依照《公约》及其他国际法律文件的规定所提出的主张,我国的专属经济区、大陆架等主权、主权权利和管辖权还没有得到确认和充分保护。当今中国的政府有责任使这些权利和利益得到确认和实现。

第四,祖国统一。由于历史的原因,我国的台湾岛与大陆还处于分离状态,从两岸近年来的交往情况看,海峡两岸的统一还不是近期可以实现的愿望。两岸隔海相望,两岸的统一需要铲除海峡阻隔。两岸的统一是中华民族的重大利益,而两岸的分离除了分离状态的继续不符合中华民族的愿望和要求之外,使我国在军事、外交、贸易等领域常常陷入被动、遭受损失也是值得中华民族高度重视的严重问题。我国必须解决这个问题,而且必须尽快解决这个问题。

第五,安全。历史的教训一再表明,中国的国家安全,尤其是近代以来的国家安全所受到的威胁主要来自海上。即使是某些来自陆上的安全威胁也都与来自海洋上的威胁相伴随。所以,可以说中国的国家安全问题主要就是海洋安全问题,中国国家的国家安全利益主要就是海洋安全利益。

第六,交通。中国早已结束了"闭关锁国"的历史,中国不会再重演那样的历史,中国一定是世界的中国,且永远都会是世界的中国,就像唐宋王朝所表现的那样。在当代,不管是全球化浪潮的洗礼,还是中国主动实行的开放政策,都把中国推向了世界,推向全球统一的,至少是全球主要的经济体构成的国际社会。不管是让中国成为世界的中国,还是要保证中国顺利地参与国际社会的生活,交通都是其必备的条件,而海洋交通则又是各种交通形式中最为重要的。傅

---

① 国家海洋局:《中国海洋 21 世纪议程》第一章第五条。

勒先生说："在一个商业的时代，赢得海洋要比赢得陆地更为有利。"① 我想，他所说的"海洋"首先是作为交通载体的海洋。在今天，阻断了海上交通就在一定程度上阻断了中国走进国际社会的路，宣布了中国对于世界的孤立，而限制了海洋交通就在一定程度上限制了我国生产生活对外的人、货流通，从而也就限制了我国的经济和社会发展。

此外，还请注意上文所做的考查——我国的几乎所有入洋通道都不太畅通，都随时可能发生阻塞。② 国民经济和社会生活对海洋交通的越来越多的依赖和不利的海洋交通条件，一起把海洋交通举升为国家重大利益。

第七，社会健康发展。沿着海岸线向海向陆扩展的一个可以叫做海岸带的带状区域正成为经济、社会、文化生活的中心，成为金融的"盆地"、消费长廊，成为社会变革的发源地，同时也正成为环境压力、生态风险最大的区域。这里代表着民族新的繁荣。这里是环境治理和生态保护的最前沿，从而又代表着中华民族未来的繁荣。③

第八，科学研究。按照科学技术是第一生产力的说法，科学研究对一个国家，尤其是对一个发展中国家来说也是不可或缺的利益，一种可以产生经济、军事和社会等利益的利益。

第九，国家地位和国家角色。中国是一个大国，同时也是一个海洋大国。在全球化时代，在海洋的世纪里，大国应当发挥大国的作用，海洋大国应该有海洋大国的作为。海洋是一个国际舞台，这个舞台上有很多角色，中国应当成为这些角色中的"主角"。中国应当通过适时地出场、恰当的表演，影响观众，影响国际社会，而不是像以前那样只被国际社会影响，而且是接受不乐于接受的影响。

这九个方面的国家利益都是重大利益。而这九个方面的利益都集中在海洋上，都以海洋为载体。我们为实现这些利益的所有作为都将以海洋为表演的舞台。所以我们不得不充分认识"海洋战略地位"的"重要"④。而实现以海洋为载体的国家利益的有效办法就是制定以海洋为载体实施的国家战略。

上述这些重大利益中的每一种利益基本上都不是某个职司管理范围内的利益，更不是靠哪个职能部门的工作所能实现的利益。没有人会把"空间"这种利益交给国土部来完成；没有人会认为"主权和管辖权"应当由外交部负责，

---

① ［英］J. F. C. 傅勒《西洋世界军事史》，广西师范大学出版社 2004 年版，第 37 页。

② 参见本书第二章第一节"出洋通道与国际关系"。

③ 我们在实践中一直把海岸带当作开发的对象，更乐于品尝从对海岸带的开发中获得的收益，岂不知这种开发行为有可能是对中华民族未来繁荣的葬送。仅就这一点而言，海洋管理，更具体一点说是海岸带管理也应上升为国家战略。

④ 国务委员宋健 1987 年 1 月 6 日在海岸带综合开发座谈会上的讲话。载《中国海洋年鉴（1987～1990）》，海洋出版社 1990 年版，第 5 页。

或者认为"祖国统一"是国防部应当完成的任务；也不会有人认为这里所说的"资源"、"交通"可以通过矿产资源管理部门、渔业资源管理部门、交通部门等的努力就能得以实现。"社会健康发展"是一种极富综合性的利益，这个利益没有哪个部门可以担当。至于"国家地位和国家角色"这种利益显然不是靠责成那个部位，如外交部、国家海洋局等多参加国际会议就能实现的。这些利益在作为行业全局性规划的海洋战略中只能是望"海"兴叹。这些利益在非为海洋而专门制定的国家战略中，只能处于被割裂的状态，而且很难成为国家战略体系中的部门战略所关心的对象。国家要实现这些利益，要争取这些利益，必须制定作为国家战略的海洋战略。

今天，我们对这个国家战略的放弃在一定程度上就是对国家利益，对中华民族利益的放弃；我们推迟制定这样的战略就是对争取更大的国家利益、民族利益的机会的放弃。所以，我们不仅可以说我国需要制定作为国家战略的海洋战略，需要制定以海洋为主题的国家战略，而且还要说，我国必须尽快制定作为国家战略的海洋战略，制定以海洋为主题的国家战略。

第六章

对海洋强国战略说的质疑

在最近几十年关于海洋战略的讨论中，海洋强国一词出现的频率不可谓不高。国家海洋局一位高级官员（以下简称海洋局领导）在世纪之交明确提出："在海洋世纪里我们肩负的一项庄严的使命，就是要努力把我国建设成为海洋强国。"[①] 他所说的"建设""海洋强国"在另外的场合就表达为海洋强国战略（详见下文）。国家海洋局的一位资深专家（以下简称资深专家）不仅对海洋强国战略作了认真的"思考"[②]，而且还曾撰文提出"把建设海洋强国列入国家战略"[③]，设计了"海洋强国战略的基本框架"[④]。此外，资深专家还著有《海洋强国兴衰史略》（海洋出版社 2007 年版），对海洋强国兴衰的历史作了全面的梳理。高之国先生则提出："一个真正意义上的世界大国，同时必须是海洋强国。"[⑤] 从国家海洋局海洋发展战略研究所多年来对海洋战略研究的总体情况更可以看出"海洋强国"在海洋战略研究中的地位。为庆祝海洋发展战略研究所成立 20 周年编辑出版的《海洋国策研究文集》的第一个栏目（该书称第一篇）

---

① 王曙光：《论中国海洋管理》，海洋出版社 2004 年版，第 3 页。

② 杨金森：《关于海洋强国战略的思考》，载《中国海洋战略研究文集》，海洋出版社 2006 年版，第 294 ~ 304 页。

③ 杨金森：《建议把建设海洋强国列入国家战略》，载《中国海洋战略研究文集》，海洋出版社 2006 年版，第 281 ~ 293 页。

④ 杨金森：《海洋强国战略的基本框架》，载《中国海洋战略研究文集》，海洋出版社 2006 年版，第 305 ~ 320 页。

⑤ 高之国：《关于 21 世纪我国海洋发展战略的新思维》，载王曙光：《海洋开发战略研究》，海洋出版社 2004 年版，第 29 ~ 33 页。

为"海洋发展战略"。该栏目共收录该所研究人员发表的文章9篇，其中除杨金森先生的论文《全面关注国家海洋利益》[①]、贾宇的论文《关于完善我国海洋法律体系的基本设想》[②]、刘容子的论文《加快我国海洋自主创新技术产业化发展的战略思考》[③] 没有直接谈论海洋强国这个话题外，其他6篇论文都或多或少地谈道海洋强国。张海文先生的论文题目为《关于建设海洋强国的几点战略思考》[④]。这是一篇专门论述海洋强国战略的论文。高之国先生的论文则以海洋强国战略为重要话题。比如，高先生认为：

"第45届联合国大会曾作出决议，要求沿海国家把海洋开发列入国家发展战略。这个决议是符合中国情况的，我国应该把海洋开发作为国家的发展战略，并且采取一些政策措施，把海洋开发真正放在战略地位，使中国成为海洋强国，使海洋为实现国家的第二步、第三步战略目标做出更大的贡献。"[⑤]

他还指出：

"党的十六大报告中提出要'实施海洋开发'，这是一项具有深远历史意义的战略部署。党的十六大报告是指导我国未来发展的纲领性文件，海洋开发列入其中，即意味着它已经列入党的议事日程，列入了国家的发展战略。这是海洋事业大发展的历史性机遇，是启动建设海洋强国战略的最好时机。'实施海洋开发'的战略部署，建设海洋强国，是我们这一代海洋工作者义不容辞的历史任务。"[⑥]

刘岩、曹忠祥先生的论文以"发展海洋经济，建设海洋经济强国"为当代中国的历史任务。他们认为：

"21世纪是全世界大规模开发利用海洋资源、扩大海洋产业、发展海洋经济的新时期。未来20年，是我国全面建设小康社会的关键时期，也是我国和平崛起和实现民族伟大复兴的历史进程中承上启下的重要阶段。'实施海洋开发'是实现上述宏伟目标的重要举措。在这样的历史时期，必须认清形势、抓住机遇、创新思路、明确任务，加快海洋开发步伐，发展海洋经济，建设海洋经济强国。"[⑦]

[①] 高之国、张海文：《海洋国策研究文集》，海洋出版社2007年版，第10~18页。

[②] 高之国、张海文：《海洋国策研究文集》，海洋出版社2007年版，第40~52页。

[③] 高之国、张海文：《海洋国策研究文集》，海洋出版社2007年版，第53~63页。

[④] 高之国、张海文：《海洋国策研究文集》，海洋出版社2007年版，第27~28页。

[⑤] 高之国：《关于21世纪我国东部大海洋战略的思考》，载高之国、张海文：《海洋国策研究文集》，海洋出版社2007年版，第3~6页。

[⑥] 高之国：《贯彻十六大"实施海洋开发"的战略部署》，载高之国、张海文：《海洋国策研究文集》，海洋出版社2007年版，第19~25页。

[⑦] 刘岩、曹忠祥：《21世纪海洋开发面临的形势和任务》，载高之国、张海文：《海洋国策研究文集》，海洋出版社2007年版，第29~33页。

王芳的论文《关于将海洋纳入全国国土规划的思考》从题目上看与国家海洋战略似乎没有直接关系，但这篇论文却没有忽略"全国国土规划"与海洋强国的关系。论文谈道：

"海洋作为我国国土的重要组成部分，在全国国土规划中理应作为一个重要的区域来进行谋划。通过合理规划海洋开发格局，科学合理地配置和利用海洋资源与空间，促进近海海域及岛屿的开发和整合，利用毗邻海洋的区位优势推动陆地生产力布局重心向海推移，实现海域与陆域国土开发格局的衔接，加快向海洋经济大国的转变，以最终完成建设海洋强国的历史性任务。"①

海洋强国战略这个话题在海洋战略的讨论中如此集中地出现，② 说明海洋强国战略在整个海洋战略研究中具有重要的地位。面对如此多的海洋强国战略论述，一般读者很容易被感染，因为我们民族需要体验强大，找回历史上曾有的强大感觉；政治家也会被说服，因为建设强大的中国是自新中国成立以来党的几代领导集体孜孜不倦的追求。然而，我们的国家真的要实施海洋强国战略，真的可以实施这样的战略吗？

第一节　对"海洋强国战略"的三种理解

对于海洋强国战略的如此多的议论对帮助我们理解何谓海洋强国是有意义的，但或许正是因为议论多了才难以避免地发生各参与议论者之间的不一致，甚至同一议论者不同时期或不同场合发表的议论之间的不一致。现在，我们面临着为中国选择（当然是理论上选择）海洋战略的任务，所以不得不花气力对以往的观点作必要的鉴别。

以往学者、官员对海洋强国的解释存在差异。有的学者、官员对海洋强国的解释存在多义性。下文对"海洋强国"含义的辨别足以说明这一点。不同的人使用的相同的语词"海洋强国"之所以会出现不同的意义，同一个人使用的同一个语词"海洋强国"之所以会出现多义现象，从词汇学的角度来看，主要导因于"强"这个词存在多义性。强，在更多的场合是被用作形容词，并且是一个表达比较含义的形容词。其反义词是弱。强，意味着超过比较对象，也就是超

① 王芳：《关于将海洋纳入全国国土规划的思考》，载高之国、张海文：《海洋国策研究文集》，海洋出版社 2007 年版，第 34~39 页。

② 我们把国家海洋局海洋发展战略研究所的几位专家讨论海洋战略的论述都罗列在一起，这不等于说几位专家对海洋战略持相同的看法，更不等于说他们都是本章所批评的"海洋强国战略论"的持论者。

过弱的一方。没有弱就没有强。强，也可以用作动词，即运用形容词的使动用法，赋予其动词功能。在这种情况下，强的含义是"使……强"，而所谓"海洋强国"中的强表达的是"使国强"。当强是形容词时，海洋强国可以理解为"海洋强大的国家"或"海洋上强大的国家"。而当强被用作动词时，海洋强国的含义是"用海洋使国强"，或"以海洋使国强"、"通过海洋使国强"。对强这个语词的这两种不同用法会产生两种意义上的海洋强国。当不同意义上的海洋强国被置于对国家战略的表达之中时，其"战略"意义大不相同。而如果同一个人兼用强这个语词的两种不同用法，海洋强国就变成了"海洋强大的国家"和"用海洋使国家强"。用如此解释的海洋强国去勾画国家战略，其战略的意义与前两种解释也大不相同。

一、"海洋强大的国家"论

对海洋强国战略的第一种理解是"海洋强大的国家"战略，或建设海洋强大的国家战略。比如，海洋局领导把建设海洋强国看作是我们在海洋世纪里肩负的一项"使命"，而且给海洋强国确定了几项指标。他们提出："海洋强国的主要标志是：海洋经济发达，产值占 GDP 的 10% 以上；海防力量强大，能有效维护国家海洋权益；海洋大国地位明显，在国际海洋事务中能发挥重要作用。"[①] 由这些指标所表现的海洋强国就是一个海洋强大的国家。所谓海洋强大，从上述指标来看，包括三个方面的强大，即海洋经济强大、海防力量强大、对国际海洋事务的影响力强大。

一位地方海洋部门的领导（以下简称王专家）主张"国家要把 21 世纪海洋战略同科教兴国战略、可持续发展战略摆到同等重要的位置上，将其作为国家发展战略的重要组成部分来组织实施。"[②] 他的 21 世纪海洋战略也可以称为海洋发展战略。他在论述"实施 21 世纪海洋战略的意义"时就直接把他的"21 世纪海洋战略"写作"海洋发展战略"。在论述"实施 21 世纪海洋战略"的"经济意义"时他说，"实施海洋发展战略，是壮大国民经济，建设现代化强国的必由之路，具有重要的经济意义。"[③] 虽然王专家曾把他的 21 世纪海洋战略和建设海洋强国作为两个对象来表述，如他有"把建设海洋强国和实施 21 世纪海洋发展战

---

① 王曙光：《论中国海洋管理》，海洋出版社 2004 年版，第 12 页。

② 王诗成：《龙，将从海上腾飞——21 世纪海洋战略构想》，青岛海洋大学出版社 1997 年版，第 254 页。

③ 王诗成：《龙，将从海上腾飞——21 世纪海洋战略构想》，青岛海洋大学出版社 1997 年版，第 127 页。

略纳入中国国民经济和社会发展计划和远景目标纲要中"① 的提法，但他的 21 世纪海洋战略其实与建设海洋强国没有实质性区别。王专家给中国 21 世纪海洋战略规定的 "总的目标" 是："到 21 世纪中叶，使海洋产业能够承载全国人口的 1/4 乃至更多，使海防现代化水平进一步提高，进入海洋军事强国之列，从而使我们在拥有一个 960 万平方公里的 '陆上中国' 的同时，拥有一个在约 300 万平方公里蓝色国土上耸立起来的 '海上中国'。"② 这明显就是一个海洋强国的目标。按照前述海洋局领导等的思路，"进入海洋军事强国之列" 无疑是海洋强国的标志，而 "海上中国" "耸立起来" 所包含的也只能是对海洋强国的期待。虽然王专家所列的这些指标与海洋局领导的海洋强国指标看上去有些差异，但其主要思想体现了王专家所说的海洋经济强大和海防能力强大这两个方面。"海洋产业能够承载全国人口的 1/4 乃至更多" 这个目标的核心是海洋产业，而 "承载全国人口的 1/4 乃至更多" 的海洋产业无疑是强大的海洋产业。这个表达与海洋局领导所列指标的不同之处只在于，一个以人口承载能力的提高为衡量标准，而另一个以 GDP 的增长为计算依据。"使海防现代化水平进一步提高，进入海洋军事强国之列" 的表达与王专家的海防强大相比，前者增加了一个比较对象，即其他国家的 "海洋军事"。至于 "使我们在拥有一个 960 万平方公里的 '陆上中国' 的同时，拥有一个在约 300 万平方公里蓝色国土上耸立起来的 '海上中国'"，如果剔除其中的某些渲染性的成分，其核心思想完全可以用王专家所说的 "有效维护国家海洋权益" 来概括。

"海洋强大的国家" 这种意义上的海洋强国战略常常被表达为 "建设海洋强国" 或建设海洋强国战略。海洋局领导集中论述海洋强国战略的一篇文章的题目就叫 "论建设海洋强国"③。他明确地把 "建设海洋强国" 看作是我国的 "海洋战略目标"。在他的论述中，"建设海洋强国" 就是我国的 "海洋战略目标"，而 "海洋战略目标" 也就具体表现为 "海洋强国的主要指标"。这样看来，所谓海洋战略，或者海洋发展战略，就是建设海洋强国的战略，至少其核心内容是建设海洋强国。在海洋局领导和许多研究者的著述中，海洋强国都是建设的对象。可以说海洋强国战略就是海洋强国建设战略。海洋局领导在他的文章中讨论了 "建设海洋强国是我国的客观选择"、"我国具备建设海洋强国的基本条件"、"围

---

① 王诗成：《龙，将从海上腾飞——21 世纪海洋战略构想》，青岛海洋大学出版社 1997 年版，第 254 页。

② 王诗成：《龙，将从海上腾飞——21 世纪海洋战略构想》，青岛海洋大学出版社 1997 年版，第 117 页。

③ 王曙光：《论建设海洋强国》，载王曙光：《论中国海洋管理》，海洋出版社 2004 年版，第 3～17 页。

绕建设海洋强国"　"需要解决的问题"① 等几个方面的问题，而在全部的论述中，海洋强国都是建设的对象。

王专家的论述更清楚地表达了海洋强国作为建设对象的特点。他赋予作为"世纪战略"的海洋强国建设战略以多方面的内容，其中包括"加强海洋管理部门建设"、"建立激励机制"、"制定切实可行的投入政策"、"加强海洋科技和海洋教育力度"等。他之所以把"加强海洋管理部门建设"作为海洋强国建设战略的重要内涵是出于这样一个判断："没有一个强有力的海洋综合管理部门来组织实施对海洋的开发与管理，将直接影响建设海洋强国进程。"　"建立激励机制"、"制定切实可行的投入政策"、"加强海洋科技和海洋教育力度"等都是为了建设海洋强国而提出的建设措施。他建议"对有重要贡献的海洋科技人员、管理人员、企业家和领导干部进行重奖，并授予荣誉称号"。这是要运用激励机制调动"海洋科技人员、管理人员、企业家和领导干部"投身海洋强国建设的积极性。他提出"组建"　"海洋开发建设银行"，"建立"　"建设海洋强国基金会"、"发行"　"海洋重点工程建设债券"等。这是为了给海洋强国建设筹集资金。他希望国家"增加海洋科教投入"、"建立"　"海洋科技教育发展基金"、"新建海洋重点实验室"、"组建中国海洋科学和海洋工程研究院"②，等等。这是要为海洋强国建设解决科技和人才问题。

为了实现建设海洋强国的战略目标，王专家还提出了一系列的"战略措施"。包括"海洋宣传教育战略"、"海洋文化发展战略"、"海洋经济强省带动战略"、"海洋人才开发战略"③。这些战略都是实现海洋强国建设战略目标的手段或者措施。

先让我们来看他的"海洋宣传教育战略"。下面的话反映了他关于"海洋宣传教育"与海洋强国建设之间关系的认识。他说：

"实施海洋宣教战略，大张旗鼓地进行海洋知识的宣传、普及和教育，强化中华民族的海洋国土意识、海洋经济意识、海洋环境意识和海洋国防意识，是实施 21 世纪海洋战略的前提。只有使'陆海并重，以海兴国'成为全国人民的共识，才能保证建设海洋强国这一宏伟战略目标得以实现。"④

非常明显，"实施海洋宣教战略，大张旗鼓地进行海洋知识的宣传"，"强

---

① 王曙光：《论中国海洋管理》，海洋出版社 2004 年版，第 12～17 页。

② 王诗成：《龙，将从海上腾飞——21 世纪海洋战略构想》，青岛海洋大学出版社 1997 年版，第 254～256 页。

③ 王诗成：《龙，将从海上腾飞——21 世纪海洋战略构想》，青岛海洋大学出版社 1997 年版，第 256～272 页。

④ 王诗成：《龙，将从海上腾飞——21 世纪海洋战略构想》，青岛海洋大学出版社 1997 年版，第 256 页。

化"海洋意识等与海洋强国目标之间，是"保证"和被保证的关系。他接着谈道的"编制海洋宣传大纲"，确定"中国海洋日"、"中国海洋年"，"建立国家海洋教育电台和电视台"等，都属于保证措施。在他看来，海洋宣传教育能够"提高全国人民热爱海洋、开发和保护海洋的热情，从而提高全国人民建设海洋强国的责任感、紧迫感和使命感"。有了这种"责任感、紧迫感和使命感"，海洋强国建设目标的实现也就有了保证。

再来看他对海洋文化发展与海洋强国目标之间关系的表达。他认为，实施他所说的"海洋文化发展战略"，"对加快我国海洋经济的发展，加强海洋国土和海洋权益保护，促进海洋与陆地经济、社会的协调发展，具有极其深远的意义"。做出这样的判断的依据可以用他的一句话来概括，即"海洋文化""是中国建设海洋强国的力量源泉"①。非常清楚，"实施海洋文化发展战略"是开凿"力量源泉"，有了这个源泉，便自然会流淌出一个海洋强国。

"海洋经济强省带动战略"与海洋强国建设又是什么关系呢？王专家表达得很清楚。就是"目标"与"措施"之间的关系。他说："为实现建设海洋强国的战略目标，要以'海洋经济强省带动工程'……作为实施建设海洋强国过程中的具体措施。"在王专家的论述中可以看出，所谓"强省带动工程"只能是措施。对此他作了如下解释：

"所谓'强省工程'是指在海洋经济建设中，以某一海洋经济指标来衡量沿海行政区域的经济发展水平，以达标的'强'乡镇带动县，以'强'县带动市，以'强'市带动省，以'强'省带动全国海洋经济的发展，最终建成海洋经济强国。"②

这是一种"以点带面"的措施，也是一个充分利用激励机制和竞争机制的措施。王专家设计的竞争机制的关键环节是表彰和奖励，其中包括对强省、强市、强县的"命名表彰"，还包括"物质奖励和政策优惠"。相信"政策优惠"，也就是他所说的"配套相应政策"③，对省、市、县政府会产生一定的激励作用。

王先生对"海洋人才开发战略"的论述比较多，但其中心思想可以概括为他的文章中的一个小标题，即"科教兴海，人才是关键"。他按照"科学技术是第一生产力这个马克思主义观点"，明确科学技术的重要性，然后进一步阐述科技与人才之间的关系。他说："从根本上说，海洋科技的发展，海洋经济的振兴

---

① 王诗成：《龙，将从海上腾飞——21世纪海洋战略构想》，青岛海洋大学出版社1997年版，第257页。

② 王诗成：《龙，将从海上腾飞——21世纪海洋战略构想》，青岛海洋大学出版社1997年版，第258～259页。

③ 王诗成：《龙，将从海上腾飞——21世纪海洋战略构想》，青岛海洋大学出版社1997年版，第260页。

以及社会的进步，都取决于劳动者素质的提高和大量合格人才的培养。"他的"海洋人才开发战略"就是要解决这个决定"海洋科技的发展，海洋经济的振兴以及社会的进步"的决定因素，即人才。他认为，"我国海洋职工队伍的文化技术结构不合理，劳动力整体素质偏低，已成为实施 21 世纪中国海洋发展战略的重大障碍；不大力加强这方面的投入和采取其他社会改革措施，21 世纪中国海洋事业前景堪忧。因此，加速培养跨世纪海洋人才，实施海洋人才开发工程，就成了一个十分紧迫的战略任务。"① 王专家这段话已经把"海洋人才开发战略"和海洋强国建设两者之间的关系表达得十分清楚。所谓"海洋人才开发战略"就是一个"工程"，一个解除海洋事业人才"忧"患和排除实施"中国海洋发展战略""重大障碍"的"海洋人才开发工程"。实施了这个工程，海洋事业的前景便可无"忧"，就排除了实施"中国海洋发展战略"的"重大障碍"。总之，所谓"海洋人才开发战略"是实施 21 世纪中国海洋发展战略，从而也就是海洋强国建设战略的一项人才工程。

强大需要建设，强大是建设的结果，所以，建设是"海洋强大的国家"战略的重要内涵。注意到"海洋强大的国家"战略的"建设"内涵之后，对这种战略观的进一步审视会进一步揭示，这种战略其实就是强海战略，或者使"海强"的战略。不管是"海洋经济""产值占 GDP"比例的提高（10% 以上），还是"海防力量"具备"有效维护国家海洋权益"的能力，等等，所要追求的都是海洋（海洋经济、海防能力等）的强大。王专家笔下的"海洋宣传教育战略"、"海洋文化发展战略"、"海洋经济强省带动战略"、"海洋人才开发战略"等，无一不是强海战略。

我们的这个判断从《国家海洋事业发展规划纲要》（以下简称《纲要》）中也可得到印证。《纲要》对海洋事业发展的目标作了如下规定：

"到 2020 年，海洋事业发展的总体目标是：全民海洋意识普遍增强，海洋法律法规体系健全。监管立体化、执法规范化、管理信息化、反应快速化的综合管理体系基本形成。主要海洋产业和海洋科技国际竞争力显著增强，海洋权益、海洋安全得到有效维护和保障。初步实现数字海洋、生态海洋、安全海洋、和谐海洋，为建设海洋强国奠定坚实基础。"②

这一目标以及其同"建设海洋强国"之间的关系，充分说明，写在我们海洋事业发展规划中的海洋强国是建设的对象，海洋强国战略说到底是强海战略。

在"海洋强大的国家"战略论中，表现这一战略设计的"强海战略"特质

① 王诗成：《龙，将从海上腾飞——21 世纪海洋战略构想》，青岛海洋大学出版社 1997 年版，第 260 页。

② 《国家海洋事业发展规划纲要》第二章第三节。

的莫过于论者对这个战略中的海洋防卫或者海洋安全、海洋军事的讨论。来自军方的论者大多是"海洋强大的国家"战略论者，而他们心目中的海洋强国无疑首先是海洋军力强大的国家。"建设海洋强国"在他们的著述中"聚焦"为"建设""强大海军"①。反过来说，这些学者、军官讨论的"建设""强大海军"就是一般"海洋强大的国家"战略论者的海洋军事论或者海防论主旨的集中体现。说我国海军力量得到加强，论者给出的例证是中国向俄罗斯订购"现代"级驱逐舰、"6 000吨级以上的大型作战舰艇陆续建造"、被称为"中华神盾"舰的"中国新型导弹驱逐舰"②下水等。说我国海军亟须加强建设，论者几乎异口同声地把航母提出来。房功利先生等谈道："蓝色海军是能够独立在远离海岸线的海域作战，保护本国利益的海军。没有制空权就没有制海权，一支没有航空母舰的'蓝色海军'，失去对空防御保障的'蓝色海军'，只能在远海大洋被动挨打。因此，建设蓝色海军，必须要有航空母舰，要有一支可实施水面、水下、空中立体火力打击和兵力投送能力的航母舰队编队。"③这可以算是中国海军的航母情节。不管是美国航空母舰在太平洋、大西洋等海域的驻扎、游弋，还是印度、日本、泰国等国拥有航母或航母数量增加，都会勾起我们的论者心头的不快。戴旭上校在分析"C"字型战略包围中国时痛惜我国的"航空母舰还在纸上"，痛感没有航母的我国海军只能"在自己的洗澡盆里活动"，难以"到太平洋和印度洋的游泳池"④去游泳。这些不快、痛惜等走进战略思考之后，自然而然就是在建设蓝色海军或深水海军的强烈愿望推动下的战略设想，具体表现为购买、建造、投入。他们的基本思想可以概括为："建设——使海洋军事力量强"。这是许多中国人的"强海"思想的浓缩，是对来自海洋上的民族屈辱在我们民族心头反射出来的一种"强海"愿望的写照。

二、"以海洋致国强"论

在建设"海洋强大的国家"这种海洋强国战略中，海洋强国是建设目标。这样理解的海洋强国战略主要要解决的是两个问题：一个是海洋强大的国家的目标（用 G 表示），一个是实现这个目标的措施（用 M 表示）。如果说前者是国家

---

① 房功利、杨学军、相伟：《中国人民解放军海军建军 60 年》，青岛出版社 2009 年版，第 348 页。

② 房功利、杨学军、相伟：《中国人民解放军海军建军 60 年》，青岛出版社 2009 年版，第 348 ~ 351 页。

③ 房功利、杨学军、相伟：《中国人民解放军海军建军 60 年》，青岛出版社 2009 年版，第 352 页。

④ 戴旭：《一位空军上校的"盛世危言"："C"字型战略包围中国》，载《社会科学报》2010 年 3 月 18 日。

目标，那么，后者则是用以实现国家目标的措施或国家政策。这种国家政策可以具体化为用以实现海洋强大的国家这一目标（可以称为"海洋强国目标"）的国家建设政策。这样理解的海洋强国战略（可称为海洋强国战略解释 A）的核心内容是解决从 M 到 G 的问题。可以用图示（见图 6-1）表达如下：

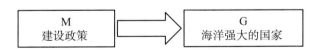

图 6-1　海洋强国战略解释 A 图示

如果说海洋强国战略解释 A 的目标落在海洋上，那么，对"海洋强国"的第二种解释（海洋强国战略解释 B）则是以海洋为出发点，目标在海洋之外。

在海洋战略乃至国家战略的讨论中，"和平崛起"是一个重要的话题。如郑必坚先生在《中国和平发展道路与中华文明的复兴》一文中就告诉人们，中国选择的是在和平环境中通过改革开放实现现代化的发展道路。[①] 这类讨论不管观点如何，它们要回答的都是如何实现"崛起"的问题。按照我国目前的需要来解释，就是如何实现国家强大的问题。在这个意义上，关于"和平崛起"的讨论其实是走什么道路、用什么方法或方式实现强大的问题。

李珠江先生等曾对"自工业革命至今""世界历史上大国崛起"的"方式"做过梳理。在他们看来主要有三种方式，即①"军事战略方式"。李先生等认为，"英国、德国、日本和苏联"都曾使用这个方式。这种方式的主要特点是"利用军事力量侵略扩张"。②"'搭便车'的复兴方式"。他们认为"第二次世界大战后德国、日本"曾使用这种方式。这种方式的核心是利用"以苏联和美国为首的东西方两大势力集团相抗衡""为整个世界创造"的"一个相对稳定的发展环境"，"通过积极参与以美国为首的西方国家共同发展体系"，实现"从战争废墟中迅速崛起"。③"增强经济实力后逐步走向霸权强国的方式"[②]。这是美国使用过的方式。这种方式可以概括为经济先行的霸权方式。[③]

国家实现崛起的方式有不同，中国要实现自己的崛起也有一个选择崛起方式的问题。众所周知，中国选择的是和平崛起方式。人们对"和平崛起"的内涵的理解或许有不同，但人们对和平崛起在实现国家"崛起"的目标中的形式意义的

① 郑必坚：《中国和平发展道路与中华文明的复兴》，载《世界》2006 年第 12 期，第 5~6 页。

② 李珠江、朱坚真：《21 世纪中国海洋经济发展战略》，经济科学出版社 2007 年版，第 22~23 页。

③ 李珠江先生等也把美国的道路概括为"以经济利益优先的霸权方式"（参见李珠江、朱坚真：《21 世纪中国海洋经济发展战略》，经济科学出版社 2007 年版，第 23 页）。但从李先生等对这种方式的总的描述来看，其实质是"先""增强""经济实力"，再实现霸权，所以把这种方式概括为"经济先行的霸权方式"更贴切。

理解是一致的，即它是达到目标的路、手段，或如我们使用的概念——方式。这种方式与"崛起"之间的关系可以简单概括为"以××方式致（实现）崛起"。

在对海洋强国的第二种解释中，海洋就是"方式"，而不是"崛起"。李珠江先生等设计的海洋发展战略就把海洋当作实现崛起的方式。他们所论述的海洋发展战略属于中国崛起之"路"的内容。这条崛起之"路"是在排除了"采取军事战略挑战世界强国来实现自身发展"的英国模式、通过"搭""西方发展的'便车'""实现复兴"的德日模式和"美国崛起模式"三者之后的选择。这种选择本身已经把他们最后选择的所有可能的方案都放在了"方式"的位置上了。李珠江先生等对海洋战略和国家崛起两者之间的关系的理解是：海洋发展战略是和平崛起战略的组成部分。他们对两者之间的逻辑关系做了如下的说明：

"中国和平崛起的国家发展战略是广泛涉及内政外交、政治经济和社会文化发展的长期全方位战略。21 世纪是海洋世纪，21 世纪也是中国崛起、振兴的世纪，因此，中国在新世纪走上和平崛起的发展道路，离不开海洋发展的支持，这是中国坚持和平发展目标的客观要求……"[①]

显然，海洋发展或海洋发展战略同"和平崛起"都是崛起的方式。

不仅如此，李珠江先生等还把他们设计的"方式"做了进一步的延伸，当然这种延伸是他们的著作的论题所要求的。这里所说的延伸是指，他们把海洋发展战略同他们专门讨论的海洋经济战略联系起来，把海洋经济战略置放在实现海洋发展战略目标的方式的地位。他们谈道：

"中国海洋发展战略是国家为实现海洋发展战略目标而建立的最高层次的总战略，这一总战略又是由一系列相互联系、相互渗透和相互支撑的子战略组成的。……海洋经济发展战略以建设海洋经济强国为目标，其功能在于指导海洋开发、利用，增强中国的海洋经济实力，提高海洋经济在国民经济中的比重，促进经济繁荣，为其他海洋发展子战略的实施提供经济支持……"[②]

按照这里的说法，国家既有崛起、振兴的总战略目标，也有海洋发展的战略目标，此外还有海洋经济发展目标。"和平崛起"是实现国家总战略目标的方式，海洋发展战略（在与国家战略的相对关系上或可表达为海洋发展政策）[③] 是实现海洋发展战略目标的方式，海洋经济发展战略是实现海洋经济目标的方式。如果说国家总战略目标是一级目标，那么，海洋发展目标和海洋经济发展目标则是二级目标和三级目标。海洋发展战略是实现海洋发展战略目标的方式，海洋经济发

---

① 李珠江、朱坚真：《21 世纪中国海洋经济发展战略》，经济科学出版社 2007 年版，第 27 页。

② 李珠江、朱坚真：《21 世纪中国海洋经济发展战略》，经济科学出版社 2007 年版，第 26～27 页。

③ 参见薄贵利关于国家战略与国家政策之间关系的论述（参见薄贵利：《国家战略论》第五章（国家战略结构），中国经济出版社 1994 年版，第 271～332 页）。

展战略是实现海洋经济目标的方式，这二者都服从"和平崛起"的"方式"的要求，都是"和平崛起"这种方式的组成部分。对于国家的崛起、振兴目标来说，它们都是方式，即实现崛起、振兴的方式。所以，和平崛起作为当代中国总的战略安排可以表达为"以和平方式致（实现）崛起"。如果把这一"和平"方式具体到海洋战略，中国发展战略则可以表达为"以（海洋战略这种）和平方式致（实现）崛起"，简化一下就是"以海洋致崛起"，或"以海洋致国强"①。

马志荣先生的海洋强国战略具有"以海洋致国强"的特点。他的一篇论文的题目《海洋强国——新世纪中国发展的战略选择》表达了"海洋强国"中的强的"使动"意义。虽然他也使用了"实现海洋大国向海洋强国的跨越"的说法，使他笔下的海洋强国留给人以"海洋强大的国家"的印象，但实际上他的海洋强国还是以海洋实现强国，即"以海洋致国强"。所谓"强国之源在海洋"的提法非常明显地把强国与海洋放在了手段和目标的关系中，或源和流的关系中。海洋是手段，是"源"，强国或强盛的国家是目标，是"流"。他所说的"走海洋强国之路"就是开海洋之"源"，成强国之"流"，或者如这句话所说的，海洋是"路"，强国是路所达致的目标。他对海洋强国战略内容的理解也充分说明了这一点。他认为，"海洋强国战略的核心是发展海洋经济"。这个判断非常清楚地表达了他对海洋与强国之间关系的理解——发展海经济，实现经济繁荣，从而实现国家的强盛。他在其文章的一开头就表达了这样的思想。他说：

"进入新世纪，人口、资源、环境问题引起人们广泛关注。世界把注目的焦点转向了海洋。全世界形成了向海洋发展的共识。谁在海洋开发中走在前面，谁就在未来的经济竞争中占据主动地位。"②

这里的"在……经济竞争中占据主动地位"是强国的标志，而实现强国的手段，或者说"源"、"路"则是开发海洋，并且争取"在海洋开发中走在前面"。因为开发海洋毫无疑问是"海洋经济"的内容，而"发展海洋经济"又是海洋强国战略的核心，所以，积极开发海洋，争取"在海洋开发中走在前面"就是抓住了海洋强国战略的中心，从而也就有希望等待国家强盛的结果，即前面所谓的"流"、"路"所指向的目标。③

海洋强国战略解释 B 中主要要解决的问题也是两个，即强大的国家（目标，用 G 表示）和海洋事业（措施，或手段、方式，用 M 表示）。按照上述对海洋

---

① 如果再具体到海洋经济发展战略，这个发展战略就是"以（海洋经济发展战略这种）和平方式致（实现）崛起"，其简化的表达就是"以海洋经济致崛起"或"以海洋经济致国强"。

② 马志荣：《海洋强国——新世纪中国发展的战略选择》，载《海洋开发与管理》2004 年第 6 期，第 3 页。

③ 不过，马志荣先生文章开头的表述却也能给人留下"海洋强大的国家"那样的印象。

强国战略解释 A 的表达方式，第二种解释中的海洋强国战略的核心内容也是解决从 M 到 G 的问题。与第一种解释不同的是，海洋的地位从 G 变成了 M，G 也从"海洋强大的国家"变成了"强大的国家"（见图 6 – 2）。

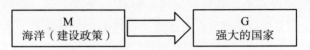

图 6 – 2　海洋强国战略解释 B 图示

不少学者论述、官方文件没有使用海洋强国或海洋强国战略这样的提法，但其思想、主张却都与海洋强国战略解释 B 相合。比如，《海洋议程》提出"建设良性循环的海洋生态系统，形成科学合理的海洋开发体系，促进海洋经济持续发展"的"总体目标"①，为我国海洋事业的发展设定了若干方案领域和相应的行动方案等。如果把它的这些设计叫做国家海洋政策的话，那么，这些海洋政策都是为实现国家的总体战略目标服务的。这是《海洋议程》的使命所决定的。《海洋议程》是"为了在海洋领域更好地贯彻《中国海洋 21 世纪议程》（以下简称《中国议程》）精神，促进海洋的可持续开发利用"而"特制定"的，所以，它不仅应当是《中国议程》"在海洋领域的深化和具体体现"②，而且应该服从《中国议程》设定的国家目标，"为实现国家总体战略目标做出应有贡献"③。

《中国议程》在充分估计我国国情、④ 谨慎选择发展道路⑤的基础上设定了如下目标："即在本世纪末实现国民生产总值比 1980 年翻两番和下一世纪中叶人均国民生产总值达到中等发达国家水平，同时保护自然资源和改善生态环境，实现国家长期、稳定发展。"⑥ 它所规定的"可持续发展的战略与对策"（第二章）、"与可持续发展有关的立法与实施"（第三章）、"可持续发展经济政策"（第四章）、"费用与资金机制"（第五章）等，都是为实现这个目标服务的。同样，作为《中国议程》所确定的"重要的行动方案领域之一"的"海洋资源的可持续

---

① 国家海洋局：《中国海洋 21 世纪议程》第一章第七条。

② 国家海洋局：《中国海洋 21 世纪议程·前言》。

③ 国家海洋局：《中国海洋 21 世纪议程》第一章第九条。

④ 《中国海洋 21 世纪议程》认为："中国是发展中国家，要提高社会生产力、增强综合国力和不断提高人民生活水平，就必须毫不动摇地把发展国民经济放在第一位，各项工作都要紧紧围绕经济建设这个中心来开展。中国是在人口基数大，人均资源少，经济和科技水平都比较落后的条件下实现经济快速发展的，使本来就已经短缺的资源和脆弱的环境面临更大的压力。"（参见国家海洋局：《中国 21 世纪议程》，第一章第二条）

⑤ 《中国海洋 21 世纪议程》认为："走可持续发展之路，是中国在未来和下一世纪发展的自身需要和必然选择。"（参见国家海洋局：《中国 21 世纪议程》，第一章第二条）

⑥ 国家海洋局：《中国海洋 21 世纪议程》，第一章第二条。

开发与保护"① 也是为实现《中国议程》确定的目标服务的。

根据《中国议程》和《海洋议程》的规定，可以给我们所讨论的海洋事业一个定位：即实现国家战略目标的一个方案领域。如果用前述"方式"一词来表达，国家战略目标和海洋事业之间的关系就是：以发展海洋事业的方式实现国家的战略目标。如果我们的理解不错的话，那么，《中国议程》和《海洋议程》都是沿着"以海洋致国强"的思路设计的，这个设计思路与"以海洋致国强"的海洋强国说相合。

三、对海洋强国战略的"第三种理解"

对海洋强国战略的讨论还存在第三种认识（以下称"海洋强国战略解释C"）。这种认识的最大特点是：海洋既是目标（G），又是手段（M）。一方面，以建设海洋强国为战略目标；另一方面，又把这海洋强国当成实现国家强大的手段。如果说"海洋强国战略解释A"把海洋当作目标，"海洋强国战略解释B"把海洋当作措施，那么，"海洋强国战略解释C"的核心是"强大的海洋国家"，而这个核心担当建设目标（G）和强国手段（M）双重使命，同时扮演目标和手段两个角色（见图6-3）。

图6-3　海洋强国战略解释C图示

关于海洋强国战略的三种解释中共有三个要素，前两种解释只使用了其中两个要素，而第三种解释使用了全部三种要素。表6-1所做的对照可以让我们更清楚地看出它们的区别：

表6-1　　　　　　　　海洋强国战略诸说要素对照表

要素 理解	要素甲	要素乙	要素丙
海洋强国战略解释A	建设政策	海洋强大的国家	
海洋强国战略解释B		海洋政策	强大的国家
海洋强国战略解释C	建设政策	海洋强大的国家	强大的国家

---

① 国家海洋局：《中国海洋21世纪议程·前言》。

资深专家是对海洋强国战略做第三种理解的代表。为了说明这一点，让我们先来回顾一下杨先生关于海洋强国模式的论述。

资深专家认为存在两种海洋强国模式。一种是战争模式，一种是和平模式。他赋予战争模式这样的"主要特征"——"形成统一的国家——建立中央集权的政府——建设强大的军事力量——用战争打败竞争者——利用海洋谋求国家利益"。这主要特征包括5个要素：即①"形成统一的国家"；②"建立中央集权的政府"；③"建设强大的军事力量"；④"用战争打败竞争者"；⑤"利用海洋谋求国家利益"。在他的笔下，和平模式具有如下"主要特征"："具有建设海洋强国的综合国力——确立走向海洋的国家战略——建设以海军为骨干的综合海上力量——利用海洋谋求国家发展和安全利益"。资深专家给这种模式提炼出4个要素：①"具有建设海洋强国的综合国力基础"；②"确立走向海洋的国家战略"；③"建设以海军为骨干的综合海上力量"；④"利用海洋谋求国家发展和安全利益"。把这两种模式的要素作一下对照，（见表6-2）我们会发现两者都可以增加或减少某些要素。

表6-2   资深专家海洋强国两模式"主要特征"对照表

	战争模式		和平模式
1	形成统一的国家		
2	建立中央集权的政府		
		1	具有建设海洋强国的综合国力
		2	确立走向海洋的国家战略
3	建设强大的军事力量	3	建设以海军为骨干的综合海上力量
4	用战争打败竞争者		
5	利用海洋谋求国家利益	4	利用海洋谋求国家发展和安全利益

从表6-2我们可以更清楚地看出，如果按照认识"战争模式"发现特征的思路，也可以给非战争模式找出相应的特征。按照这个思路，和平模式至少应当再增加两个特征，即形成统一的国家、用综合海上力量对其他国家形成威慑。显然，用和平模式建设海洋强国也必须先形成统一的国家，没有统一的国家何来海洋强国？要知道，"国家生存，是国家全部活动的基础和前提。没有生存，便没有一切；失去生存，便失去一切。"[1] 不管是国家战略还是以国家为制定主体的大战略以及其他追求国家利益的战略，毫无疑问都以国家的生存为前提。战争模

---

① 薄贵利：《国家战略论》，中国经济出版社1994年版，第5页。

式的海洋强国"用战争打败竞争者",从而使自己有条件"利用海洋谋求国家利益",和平模式的海洋强国也需要具备"以海军为骨干的综合海上力量"才能"利用海洋谋求国家发展和安全利益","综合海上力量"肯定要有所作为。即使不能像战争模式那样"用战争打败竞争者",也总得有所表示,否则"建设以海军为骨干的综合海上力量"这个特征就没有意义了。我们总不能说只要有这样的综合力量就足够了。按照一些学者所持的拥有"威慑力量"的观点,我们可以给和平模式海洋强国增加一个"特征",即"用综合海上力量对其他国家形成威慑"。在做了这些添加之后,和平模式的海洋强国的主要特征有 6 项,而战争模式的海洋强国的主要特征只有 5 项,而且两者的特征还不对应(见表 6 - 3)。

表 6 - 3   资深专家海洋强国两模式"主要特征"补充对照表

战争模式		和平模式	
1	形成统一的国家	1	形成统一的国家
2	建立中央集权的政府		
		2	具有建设海洋强国的综合国力
		3	确立走向海洋的国家战略
3	建设强大的军事力量	4	建设以海军为骨干的综合海上力量
4	用战争打败竞争者	5	用综合海上力量对其他国家形成威慑
5	利用海洋谋求国家利益	6	利用海洋谋求国家发展和安全利益

为了克服这种不对应,再让我们按照资深专家发现和平模式海洋强国主要特征的思路去"照顾"一下战争模式的海洋强国。和平模式的海洋强国需要"具有建设海洋强国的综合国力",相信战争模式的海洋强国更需要具有这样的力量。所以这个特征也应给予战争模式的海洋强国。"确立走向海洋的国家战略"是和平模式的海洋强国的特征,战争模式的海洋强国也不会是在未确定这种战略的时候误打误撞成为海洋强国。所以,这个特征也应赋予战争模式的海洋强国。这样一来,战争模式的海洋强国的主要特征就变成了 7 项,比和平模式的海洋强国多出一项,即"建立中央集权的政府"。难道这一条是足以把海洋强国区分为两类的"关键"特征吗?似乎不是。英国无疑是战争模式的海洋强国,至少在其取得"海上霸主"地位时应当属于资深专家分类法中的战争模式的海洋强国,[1] 但英国似乎

---

① 杨先生明确指出:"英国的海上霸主地位是经过战争获得的。1588 年战胜了西班牙的无敌舰队,英国取得了海上争霸的初步胜利。17 世纪中期战胜'海上马车夫'荷兰,海上霸主地位初步确立。从 1485 年督铎王朝建立算起,经过 170 多年的奋斗和争夺,英国终于成为海上霸主。"(见杨金森:《海洋强国兴衰史略》,海洋出版社 2007 年版,第 11 页)

并没有建立过真正意义上的中央集权的政府。英国是否真的成为海上霸主与其是否"建立中央集权的政府"没有关系。资深专家注意到，美国是"经过两次世界大战"才成为"第一海洋强国"的，而作为打造"世界强国的政治基础"的美国"民主制度的理论和国家政体"① 却不是"中央集权的政府"，而是联邦制的政府。看来，资深专家所列的这个特征既不属于和平模式的海洋强国，也不属于战争模式的海洋强国。如果我们的判断是正确的，那么资深专家两种模式的海洋强国的"主要特征"应各有 6 项（见表 6 - 4）。

表 6 - 4　　资深专家海洋强国两模式"主要特征"整理对照表

战争模式		和平模式	
1	形成统一的国家	1	形成统一的国家
2	具有建设海洋强国的综合国力	2	具有建设海洋强国的综合国力
3	确立走向海洋的国家战略	3	确立走向海洋的国家战略
4	建设强大的军事力量	4	建设以海军为骨干的综合海上力量
5	用战争打败竞争者	5	用综合海上力量对其他国家形成威慑
6	利用海洋谋求国家利益	6	利用海洋谋求国家发展和安全利益

在做了这样的对照和整理之后，我们会发现，资深专家的两个模式的海洋强国的主要特征其实只有 4 项，即第 2 项、第 4 项、第 5 项、第 6 项。前已述及，所谓海洋强国，它讨论的对象是国家，海洋强国战略是国家战略或属于国家战略，② 是以国家生存为前提的战略思考或战略安排，是以国家利益为追求的战略。这是论题本身已经确定了，它是海洋强国战略的内容。所以，把"形成统一的国家"这一点说成是战争模式或和平模式的海洋强国的特征没有太大意义。"确立走向海洋的国家战略"无疑是海洋强国战略的重要内容。我们可以把它理解为实现国家战略目标的国家政策，即"运用国家力量达成国家目标的手段和工具"，是海洋强国战略中关于国家"应该怎样做"③ 的要求。它显然不是足以把战争模式的和非战争模式的海洋强国或海洋强国战略区别开来的所谓"特征"。在刨除这两个"主要特征"之后再来看资深专家的两种模式，我们不难发现，这两种模式的核心都是海洋军事（见表 6 - 5）。

---

①　杨金森：《海洋强国兴衰史略》，海洋出版社 2007 年版，第 17 页。
②　关于对海洋事业发展战略的定位，可参阅本书第五章《海洋事业发展战略的定位与我国的选择》。
③　薄贵利：《国家战略论》，中国经济出版社 1994 年版，第 322～323 页。

表6-5　　　资深专家海洋强国两模式"主要特征"删减对照表

战争模式		和平模式	
1	具有建设海洋强国的综合国力	1	具有建设海洋强国的综合国力
2	建设强大的军事力量	2	建设以海军为骨干的综合海上力量
3	用战争打败竞争者	3	用综合海上力量对其他国家形成威慑
4	利用海洋谋求国家利益	4	利用海洋谋求国家发展和安全利益

从表6-5中我们可以清楚地看出，资深专家的两种模式的基本区别只是表现在两种模式的第3个特征上。战争模式是把军事力量用于战争，是通过流血的战争打败竞争者，而和平模式虽然也有"以海军为骨干的综合海上力量"，但这种力量主要用来威慑，可以是并不实际使用的军事"储备"。

我们做上述回顾的目的不是有意指出两种模式其实没有实质区别，而是想从中发现资深专家对海洋强国的理解与其他论者究竟有何不同。

资深专家的两种海洋强国模式都有海洋军事这一内容，而且作为他的海洋强国模式之特征的海洋军事还需要达到"强大"的程度，这是他的海洋强国战略论的核心，也是区别于对海洋强国战略的上述两种理解的关键。资深专家的海洋强国战略包括两个环节，两个以强大的海军为过渡的两个环节。这两个环节恰好就是前述的两种理解：即建设"海洋强大的国家"和"以海洋致国强"。

第一，让我们先来明确，资深专家所理解的海洋强国战略是国家战略。他曾明确指出："建设海洋强国是一项国家战略。"[1] 他提出的"把建设海洋强国列入国家战略"[2] 的建议无疑是把他说的海洋强国战略当成国家战略的。除了建议的标题明明白白地写作"国家战略"之外，他建议"尽快组织力量研究""建设海洋强国的战略方案"，那应该是"纳入21世纪国家长远发展战略"[3] 的方案所指向的，只能是国家战略。在讨论海洋强国战略的"定位"问题时，他直截了当地给出的结论就是"国家战略"。他的专门讨论海洋强国战略的论文[4]的一个标题写作："定位：国家战略。"他在论文中谈道：

"走向海洋，建设海洋强国，是国家战略利益的需要，包括维护国家主权独立，确保领土完整，保证国家海上利益的安全，以及维护正义和反对霸权。因

---

[1]　杨金森：《关于海洋强国战略的思考》，载杨金森：《中国海洋战略研究文集》，海洋出版社2006年版，第299页。

[2]　杨金森：《建议把建设海洋强国列入国家战略》，载杨金森：《中国海洋战略研究文集》，海洋出版社2006年版，第281~293页。

[3]　杨金森：《建议把建设海洋强国列入国家战略》，载杨金森：《中国海洋战略研究文集》，海洋出版社2006年版，第287页。

[4]　杨金森：《关于海洋强国战略的思考》，载杨金森：《中国海洋战略研究文集》，海洋出版社2006年版，第294~304页。

此，海洋强国战略是一项维护国家战略利益的国家战略。"①

这样的战略不能不是国家战略。

第二，资深专家的海洋强国战略包含建设"海洋强大的国家"这一内容。非常明显，资深专家建议"列入国家战略"的对象是"建设海洋强国"。在资深专家看来，可以列入国家战略的"建设海洋强国"这一建设任务，同时也就是国家战略，即"建设海洋强国的战略"②。

资深专家要建设的海洋强国本质上是海洋军事强国。他说："建设海洋强国的本质是增强综合国力，其中核心是：建立一支强大的海上力量"。他对这个"核心"力量的要求包括"有效控制内海"，"必要时能够控制内海和近海的战略通道"，具有"远洋抵御能力"③。

资深专家不仅主张建设海洋强国，而且还为海洋强国建设安排了时间表。他的时间表是："从现在（文章撰写时间为 2001 年——引者注）开始实施建设海洋强国战略，用 50 年左右时间把我国建设成为海洋强国。"④ 资深专家认为这个时间表是可行的。在资深专家看来，"建设一个海洋强国，需要几十年，甚至上百年的时间。"这大概指一般规律。50 年建成海洋强国也是有先例的。这个先例就是美国。"美国自 19 世纪末马汉提出建立太平洋地区海洋强国以来，到第二次世界大战成为世界海洋强国，用了 50 年时间。"根据上述一般规律和美国的成功先例，资深专家认为中国也可以用 50 年左右的时间建成海洋强国，起码可以建成"太平洋地区的海洋强国"⑤。资深专家对不能尽早启动海洋强国战略以及对影响这一战略启动的人和观点显然十分不满意。他谈道："中国的综合国力逐步增强，已经有可能更多地关注海洋。虽然我们的国力相对还比较弱，但是，我们的综合国力位居世界第七位，比晚清时期强得多，比建国初期也强很多。应该说，现在是最有能力发展海洋事业的时期。我国的国内生产总值已经超过 1 万亿美元，再说没有能力开发海洋、发展海洋事业，是没有道理的。"⑥

---

① 杨金森：《关于海洋强国战略的思考》，载杨金森：《中国海洋战略研究文集》，海洋出版社 2006 年版，第 299 页。

② 杨金森：《海洋强国战略的基本框架》，载杨金森：《中国海洋战略研究文集》，海洋出版社 2006 年版，第 300 页。

③ 杨金森：《关于海洋强国战略的思考》，载杨金森：《中国海洋战略研究文集》，海洋出版社 2006 年版，第 303 页。

④ 杨金森：《海洋强国战略的基本框架》，载杨金森：《中国海洋战略研究文集》，海洋出版社 2006 年版，第 305 页。

⑤ 杨金森：《海洋强国战略的基本框架》，载杨金森：《中国海洋战略研究文集》，海洋出版社 2006 年版，第 315 页。

⑥ 杨金森：《建议把建设海洋强国列入国家战略》，载杨金森：《中国海洋战略研究文集》，海洋出版社 2006 年版，第 286 页。

　　资深专家不仅给海洋强国建设安排了时间表，而且还就实施这项"系统工程"提出了启动计划。他的方案是在"2010 年之前"，由"党中央和国务院启动两项战略谋划工程"。其中第一项是"由党中央政策研究机构，组织力量制定建设海洋强国战略规划"。具体内容是："由中央政策研究机构、国家有关部门、重要科技咨询机构，组成合作研究班子，启动建设海洋强国战略规划编制工程，进行理论研究、规划制定、方案设计，制定建设海洋强国的战略规划，并由党中央作出政治决策。"第二项"战略谋划工程"是确定"启动项目"。具体办法是"由国家发改委牵头，国家海洋局具体组织，筛选海洋强国建设的启动项目，开始有计划地进行实施"。资深专家考虑的项目包括："建设军民兼用的海洋环境保障体系"；"把海洋工程作为与航天工程类似的国家重点工程"；"建设具有远海作战能力"的"在西北太平洋拥有制海权、制空权的海军和空军"；"建立一支准军事化的海上维权执法队伍"[①]。

　　第三，在资深专家的论述中，海洋强国是实现国家强大的手段。非常明显，资深专家对海洋强国战略寄予的"厚望"主要在于这个战略可以使中国变成一个强国，甚至世界强国。如前所述，资深专家曾系统研究过海洋强国的兴衰史，而他的这番研究总结出的"历史经验"大概可以概括为他的一段话。他在提议"把建设海洋强国列入国家战略"的文章中说：

　　"谁控制了海洋，谁就控制了世界。这是 2500 年前的古希腊海洋学者狄米斯托克利的预言，后来被许多国家的政治家重复强调，许多国家把建设海洋强国作为立国思想。古希腊打败波斯人的入侵，控制东地中海，成为当时的强国。罗马由海上战胜迦太基，建立了强大的帝国。15 世纪以后，西班牙、葡萄牙、荷兰向海外扩张，成为海上强国，也成为当时的世界强国。后来，英国和法国强大起来，海上霸权被英国取代。当时英国雷莱爵士说：'谁控制了海洋，谁就控制了世界贸易；谁控制了世界贸易，谁就可以控制世界的财富，最后也就控制了世界本身。'这是当时英国的立国思想。在这个思想指导下，扩大海军，开拓海外殖民地，发展海外航运和贸易。英国掌握了海上霸权一百多年，殖民地遍布全球，成为当时最强大的国家。美国在开国初期，是不求向外发展的国家。19 世纪末，马汉提出了海权论，他认为，美国只有向外发展，才能富强，成为世界强国。美国总统罗斯福接受了马汉的思想，改变国策，扩大海军，加强海外事业，到第二次世界大战期间，成为世界海洋强国。日本也是在改变'锁国政策'之后，向海权国家转变，建设海军，向海外发展，中日、中俄两次海战之后，成为东亚地

――――――――――

　　① 杨金森：《海洋强国战略的基本框架》，载杨金森：《中国海洋战略研究文集》，海洋出版社 2006 年版，第 315～316 页。

区的海洋强国，世界三大强国之一。"①

在这份世界历史经验的总结中，资深专家集中回答了一个问题，即海洋事业与世界强国之间的关系。不过，按资深专家的论述，对这个问题的答案则在2500年以前就已经做出来了，而且后来还"被许多国家的政治家重复强调"过，其中包括英国的雷莱爵士。把资深专家的经验阐述排列成表就是下面的情形（见表6-6）。

表6-6 经营海洋成世界强国历史经验汇总简表

经验国	经营海洋的做法	成就
古希腊	控制东地中海	成为当时的强国
罗马	由海上战胜迦太基	建立了强大的帝国
西班牙、葡萄牙、荷兰	向海外扩张	成为海上强国，也成为当时的世界强国
英国	扩大海军，开拓海外殖民地，发展海外航运和贸易	掌握了海上霸权一百多年，殖民地遍布全球，成为当时最强大的国家
美国	扩大海军，加强海外事业	世界海洋强国
日本	向海权国家转变，建设海军，向海外发展	东亚地区的海洋强国，世界三大强国之一

从表6-6中我们可以清晰地看出历史的经验，也可以轻易地理解论者的追求。不管是古代的古希腊、古罗马，还是近代的西班牙、葡萄牙、荷兰、英国，抑或是离我们更近一些的"二战"前后的美国，都是因为走了海这条"路"，不管是"控制东地中海"、"向海外扩张"，还是"扩大海军，开拓海外殖民地，发展海外航运和贸易"、"扩大海军，加强海外事业"，甚至只是"由海上战胜"敌国，就能取得"成为当时的强国"、"成为海上强国，也成为当时的世界强国"、成为"东亚地区的海洋强国，世界三大强国之一"，甚至"成为当时最强大的国家"这样的业绩。正是因为海这条"路"是如此的灵验，所以"狄米斯托克利的预言"才受到历代的传颂，雷莱爵士的话才对英国的"立国思想"产生决定性的影响，马汉的海权论才被"美国总统罗斯福接受"，并造成美国"国策"的"改变"。那些接受这种"预言"，接受与这一预言一致的学说、建议的国家，那些按照这一"预言"、这种学说去经营海洋的决策者为什么要接受，要改变，要

---

① 杨金森：《建议把建设海洋强国列入国家战略》，载杨金森：《中国海洋战略研究文集》，海洋出版社2006年版，第281~282页。

大刀阔斧地经营海洋呢？目的很清楚，即成为世界强国，至少也要成为地区强国或海洋强国。

在对海洋事业与世界强国两者之间关系的阐述中还存在一个角色，在很大程度上可以说是一个中介，即预言的发表者、理论的阐述者、建议的提出者。古希腊的预言家提出那样的预言，心里想的是"控制""世界"；后来的建议者、理论家向国王、政治家贡献自己的智慧，想的也是"控制世界的财富"、"控制""世界"，或至少"成为世界强国"。按照资深专家的考查，这些预言家、建议者、理论家都是成功的。表6-7可以说明这一点：

表6-7　　　经营海洋成世界强国智慧来源与历史经验汇总简表

经验国	智慧来源	经营海洋的做法	成就
古希腊		控制东地中海	成为当时的强国
罗马		由海上战胜迦太基	建立强大的帝国
西班牙、葡萄牙、荷兰	阿丰索·恩里克等①	向海外扩张	成为海上强国，也成为当时的世界强国
英国	雷莱爵士	扩大海军，开拓海外殖民地，发展海外航运和贸易	掌握海上霸权一百多年，殖民地遍布全球，成为当时最强大的国家
美国	马汉	扩大海军，加强海外事业	世界海洋强国
日本	佐藤信渊②	向海权国家转变，建设海军，向海外发展	东亚地区的海洋强国，世界三大强国之一

不管是雷莱爵士、马汉先生，还是阿丰索·恩里克国王等，他们的智慧都赢得了使有关国家成为世界强国之类的收获。

那么，资深专家总结这样的历史经验做什么，颂扬这些做出经营海洋决策并取得建设强大国家业绩的国家做什么？是希望中国变成世界强国，并希望中国通过向这些成功的国家学习，通过经营海洋变成世界强国。他的思路非常清楚：因

---

① 据杨金森先生考查，作为葡萄牙勃艮第王朝第一代国王的阿丰索·恩里克，在葡萄牙实现独立之后就确定了"向海上扩张"的政策，而从这位国王开始，葡萄牙的"历代国王都非常重视航海事业的发展"，并"把它作为传统的国策"（参见杨金森：《海洋强国兴衰史略》，海洋出版社2007年版，第89~91页）。由此看来，葡萄牙向海洋扩张的智慧不是来自民间，而是国王家自产。

② 杨金森先生认为，佐藤信渊是"日本'大陆政策'的鼻祖"。此人著有《宇内混同秘策》，提出"征服满洲"，"将中国纳入日本的版图"的狂妄的想法和具体的扩张计划（杨金森：《海洋强国兴衰史略》，海洋出版社2007年版，第286页）。这人或许就是对日本经营海洋有建议之功的人。

为"世界强国必须是海洋强国"①，所以他希望中国一定要把自己建设成为"海洋强国"。根据他的"宽视野、大时空的海洋战略观"，我国应"争取用30年时间建成东亚地区海洋强国，50年时间建成太平洋地区海洋强国"②。也就是说，作为一个建议者，他也希望自己的智慧能够像雷莱爵士、马汉等的思想一样，并取得他们那样的成果。

在对资深专家的海洋强国战略的上述三方面内容作了总结之后，让我们再来分析前述两种模式的海洋强国为什么都以强大的海军为基本特征，而且两种模式的仅有的区别只在于是"用战争打败竞争者"还是"用综合海上力量对其他国家形成威慑"（见表6-5中的特征三）。在资深专家的海洋强国战略认识中，"强大的军事力量"，或者更具体点说强大的海军是海洋强国战略的核心，或者说是关键，是整个战略展开过程中"承上启下"的中间环节，是手段和目标的复合。对于"强大的国家"这个最后目标，"强大的海军"是手段，而对于"走向海洋的国家决策"，它又是目标。这个目标是到达最后国家目标的手段。这个战略构想如下所示：

走向海洋──→强大海军──→强大国家

资深专家对他的海洋强国战略的许多论述都表达了这一思想。例如，他指出："在中国的治国方略中，历来存在要不要走向海洋的争论。"

"走向海洋，建设海洋强国，是国家战略利益的需要，包括维护国家主权独立，确保领土完整，保证国家海上利益的安全，以及维护正义和反对霸权。因此，海洋强国战略是一项维护国家战略利益的国家战略。"③

这里，"走向海洋"是整个战略的入手处；"走向海洋"，从海洋这里入手的直接目标是建设"海洋强国"；"维护国家主权独立，确保领土完整，保证国家海上利益的安全，以及维护正义和反对霸权"是"国家战略利益"，也是强大的国家的体现。

资深专家还说："进入21世纪，我国应该开始启动建设海洋强国的战略，逐步成为海洋强国，为我国最终成为发达国家和世界强国创造条件。"④

这一表述把"走向海洋──→强大海军──→强大国家"的逻辑展示得更清楚。

---

① 杨金森：《建议把建设海洋强国列入国家战略》，载杨金森：《中国海洋战略研究文集》，海洋出版社2006年版，第286页。

② 杨金森：《建议把建设海洋强国列入国家战略》，载杨金森：《中国海洋战略研究文集》，海洋出版社2006年版，第287页。

③ 杨金森：《关于海洋强国战略的思考》，载杨金森：《中国海洋战略研究文集》，海洋出版社2006年版，第298~299页。

④ 杨金森：《关于海洋强国战略的思考》，载杨金森：《中国海洋战略研究文集》，海洋出版社2006年版，第300页。

"启动建设海洋强国的战略"也就是"走向海洋","成为海洋强国"当然少不了"强大海军"。有了这前两步，便会迎来第三步，也就是整个战略的战略目标——"发达国家和世界强国"。

第二节 "海洋强大的国家"的实质

不管是建设"海洋强大的国家"的海洋强国战略（海洋强国战略解释 A），还是"第三种解释"中的海洋强国（海洋强国战略解释 C），都需要回答海洋强大的国家是什么。① 所谓"海洋强大的国家"的实质含义是什么呢？

一、对"海洋强大的国家"的两种表述

什么是"海洋强大的国家"？这看起来似乎不是问题，但实际上在论者们的口中或者笔下，"海洋强大的国家"的具体含义却是一个需要费心猜度的概念。与海洋强国战略有多种解释这种情况相像，"海洋强大的国家"也存在"多样性"。

大致说来，在学界和政界的讨论中，存在两种类型的"海洋强大的国家"。一种类型可以称为原本意义上的海洋强国，或人们羡慕的海洋强国；另一种类型是经改造的海洋强国，或提议建设的海洋强国。

（一）原本意义上的海洋强国

原本意义上的海洋强国，人们心目中的，也就是人们用羡慕的语气描述，用夸赞的语言评论的海洋强国，都是在历史上有过称霸海洋业绩的国家。海洋战略

---

① 对"以海洋致国强"的海洋强国战略中的"海洋"可以做多种选择，例如，第三种解释中的以海洋军事力量为核心的"海洋强大的国家"。再如，开发海洋，发展海洋经济。对于前一种选择，下文对海洋强国战略解释 A 和海洋强国战略解释 C 的回答就可以说明其不可取。对于第二种选择，即通过开发海洋，发展海洋经济致国强，限于本书的篇幅不做全面的评判。这里仅做以下几点说明：第一，对于中国这样一个大国（我们也称陆海兼备的国家）来说，发展海洋经济有助于国家实现富强，但国家富强这一战略目标的实现主要不能靠发展海洋经济。第二，即使海洋经济存在诸多的优越性，单纯发展海洋经济也不是最佳选择。按照"集成效益"的经济建设思路，（参见本书第八章）陆海统筹才能产生更好的经济建设效果。第三，开发海洋，发展海洋经济的战略构思与本书选择的"全面推进海洋事业战略"比较接近，但它显然没有"全面推进海洋事业战略"那么丰富的内容，也不具有"全面推进海洋事业战略"那样的战略意义。

研究者常常提及的葡萄牙、西班牙、荷兰、法国、英国、美国是这样的国家，被称为"千年帝国"①的古罗马、"日不落帝国"的英国，还是号称"海洋马车夫"的荷兰，等等，都在人们赞赏的海洋强国之类。

（二）经改造的海洋强国

在学者们、官员们关于海洋战略的讨论中还有另一种海洋强国。我们称之为"经改造的海洋强国"，或"经改编的海洋强国"。

"经改造的海洋强国"笼统说来属于"海洋强国战略解释 A"对海洋强国的理解。这种海洋强国的最大特点是其"强"体现为多个指标，或多个指标的整体。大致说来，学者、官员对这种海洋强国的指标设计存在三项指标说、四项指标说和八项指标说。

海洋局领导认为海洋强国指标有 3 项，即：①海洋经济指标。"海洋经济发达，产值占 GDP 的 10% 以上"。②海洋军事或海洋国防指标。"海防力量强大，能有效维护国家海洋权益"。③海洋事务的国家影响力指标。表现为"海洋大国地位明显，在国际海洋事务中能发挥重要作用"②。郑淑英先生也认为海洋强国有三项"基本要素"。她的三项"基本要素"与海洋局领导的三指标有所不同。她的三项"基本要素"是"经济、国防和科技"。不过，仔细研读郑先生的论文就会发现，她的三项"基本要素"中的"科技"并不是独立与经济和国防之外的一项因素，因为她相信"科技"是"第一生产力"，科技对于"强大的海上国防力量"的"依托和保障"，在确认"科技是实现海洋经济和军事强国的依托和条件"③的同时，她并不认为海洋经济和国防对于海洋科技也具有"依托和条件"或类似的意义。这样，她的三项"基本要素"就被海洋局领导的三要素中的前两个指标吸收了。

把王专家对海洋强国要件的论述归纳起来，大致可以归集为 5 项要素。它们是：

（1）海洋经济指标。该指标是："海洋经济总产值达到国民生产总值的 1/4"，"海洋产业能够承载全国人口的 1/4 乃至更多"。

（2）海洋军事指标。这项指标的大致内容是："海防现代化水平进一步提高，进入海洋军事强国之列。"④

---

① 文天尧：《争洋霸海：制海权与国家命运》，凤凰出版社 2009 年版，第 36 页。
② 王曙光：《论中国海洋管理》，海洋出版社 2004 年版，第 12 页。
③ 郑淑英：《科技在海洋强国战略中的地位与作用》，载《海洋开发与管理》2002 年第 2 期，第 41 页。
④ 王诗成：《龙，将从海上腾飞——21 世纪海洋战略构想》，山东人民出版社 1997 年版，第 117 页。

（3）海洋科技指标。① 王专家为"我国海洋科技发展"设定了一个"总体目标"。具体内容是："不断提高对海洋资源的勘探和开发水平，提高国民经济对海洋的依存度；实现海洋科学技术与海洋经济一体化发展，形成海洋科技向现实生产力转化的机制；逐步提高海洋科技在海洋经济中的贡献率，推动海洋高新技术产业快速增长；提高海洋服务和保障技术水平，实现海洋观测、监测、预报和信息传输现代化；提高海洋资源和环境保护水平，保障海洋资源的可持续利用；大力提高海军高科技水平，为海军装备的现代化提供可靠的技术保证，促进我国海洋事业的持续快速健康发展。"②

（4）海洋环境保护指标。这一指标可概括为"海洋环境""居世界领先水平"③。

（5）海洋管理指标。这一指标简单说来就是"海洋管理""居世界领先水平"④。

殷克东先生明确地为海洋强国设定了 8 项指标，并提供了一个完整的"海洋强国指标体系"，其中包括"一级指标 8 个，二级指标 49 个，三级指标 151 个，四级指标 229 个，五级指标 104 个，六级指标 57 个"⑤。在他的"海洋强国指标体系"中的 8 项指标是：

①海洋经济综合实力。②海洋科技综合水平。③海洋产业国际竞争力。④海洋资源环境可持续发展能力。⑤沿海地区社会发展制度。⑥海洋事务调控管理能力。⑦海洋军事实力。⑧海洋外交力。⑥

这是来自对国家进行"综合国力评价"⑦ 思路的一个海洋强国指标。按照这个评价思路，只有"综合海洋国力"评价为优的国家才是海洋强国，就像"综合国力"被评价为优的国家是强大的国家一样。

---

① 需要说明，王诗成先生在明确宣布的"21 世纪海洋战略的目标"中只规定了两项，即海洋经济指标和海防指标。但从王先生关于海洋强国建设分阶段实施的计划（参见王诗成：《龙，将从海上腾飞——21 世纪海洋战略构想》，山东人民出版社 1997 年版，第 118～119 页），其大作的"战略篇"的布局，以及其关于把建设海洋强国作为基本国策的论述中（参见王诗成：《把建设海洋强国作为基本国策》，载《龙，将从海上腾飞——21 世纪海洋战略构想》，山东人民出版社 1997 年版，第 254～272 页），我们可以看出，他的海洋强国实际上包含了多于这两个指标的指标。

② 王诗成：《龙，将从海上腾飞——21 世纪海洋战略构想》，山东人民出版社 1997 年版，第 183 页。

③ 还需要说明，王诗成先生对海洋开发战略、海洋科技战略、海洋防卫战略、海洋管理战略都作过专门的讨论（参见王诗成：《龙，将从海上腾飞——21 世纪海洋战略构想》"战略篇"第二章、第三章、第四章、第五章，山东人民出版社 1997 年出版），但没有专门讨论过海洋环境保护战略。

④ 王先生给海洋强国建设第二阶段规定的任务之一是"海洋综合管理……达到沿海发达国家水平"（参见王诗成：《龙，将从海上腾飞——21 世纪海洋战略构想》，山东人民出版社 1997 年版，第 118 页）。

⑤⑥⑦ 殷克东等：《海洋强国指标体系》，经济科学出版社 2008 年版，第 45 页。

二、海洋强国的原意是海洋军事强国

把历史上的英国、荷兰、葡萄牙、西班牙、法国等和当今的美国等称为海洋强国不会引起争议，它们的确原本就被大家接受为海洋强国，或者海洋强大的国家。但是，认可这些国家是海洋强国的人们却未必能就它们作为海洋强国的基本特征达成一致的看法。或者说，人们或许并没有真正细心地思考这些海洋强国的基本特征是什么，虽然答案可能并不复杂。

这些国家之所以称之为海洋强国，之所以赢得了"海洋强大的国家"的美誉，是因为它们的强大征服了或压倒了反对它们强大、阻碍它们强大的对手，而它们强大的基本标志是海军强大。或者更直白地说，这些所谓海洋强国都是海洋军事强国，是凭借强大的海军力量战胜对手的强国，甚至就是海洋霸权国家。

葡萄牙是海洋强国，① 因为它拥有足够强大的海军力量与西班牙相抗衡。它曾经"掌握了欧洲通往印度的制海权"，其舰队有能力"占领""控制红海航路的索科拉特岛"，"遏波斯湾入口处霍尔木兹岛"② 等。这个国家可以"依靠强大的海上力量，大规模向印度洋地区扩张与殖民"③。

西班牙是海洋强国，因为它拥有"无敌舰队"。西班牙拥有强大的海上力量，所以它可以"征服""牙买加、波多黎各"（1509 年），"征服古巴和整个西印度群岛"（1512 年），"征服厄瓜多尔、哥伦比亚"（1534 年），可以"彻底征服""墨西哥"并把它变成"新西班牙"（1521 年），也可以把"玻利维亚"变成西班牙人的"乐园"（1538 年），还可以"控制""智利等南美国家"（1541年)④。因为它拥有强大的海军，所以才可以战胜当时的强大帝国土耳其，其舰队并因而赢得"无敌舰队"的殊荣。据杨金森先生考查，西班牙在 1588 年为封锁英吉利海峡曾出动战舰 132 艘（其中大型战舰 60 艘），参战人员达 3 万余名。⑤ 就是凭借了如此强大的海军，小小的西班牙才可以建立"许多海外殖民地"，"称霸大西洋"⑥。同样，后来的西班牙之所以不再被称为海洋强国，那是因为它的"无敌舰队"被英国人打败，西班牙不再有能力作海上霸主。

荷兰被称为海洋强国，这个海洋强国的标志是"一支强大的海军"，一支可

① 杨金森先生称其为"世界性海洋强国"（参见杨金森：《海洋强国兴衰史略》，海洋出版社 2007年版，第 89 页）。

② 文天尧：《争洋霸海：制海权与国家命运》，凤凰出版社 2009 年版，第 96～100 页。

③ 文天尧：《争洋霸海：制海权与国家命运》，凤凰出版社 2009 年版，第 90 页。

④ 文天尧：《争洋霸海：制海权与国家命运》，凤凰出版社 2009 年版，第 99～100 页。

⑤ 杨金森：《海洋强国兴衰史略》，海洋出版社 2007 年版，第 108 页。

⑥ 杨金森：《海洋强国兴衰史略》，海洋出版社 2007 年版，第 103 页。

以为荷兰"垄断""世界贸易"担当"炮舰""后盾"① 的海军，一支可以打败曾经打败过西班牙"无敌舰队"的英国海军②的海军。

英国人懂得"要控制海洋就要有强大的海军"③。它的海洋强国地位是通过打败西班牙的"无敌舰队"，与荷兰反复进行海上较量导致荷兰衰败，后来又在海洋上"完全战胜""法国"的情况下才实现的。它的海洋强国地位是和"英西海战时期的德雷克、英荷海战时期的布莱克、英法海战时期的纳尔逊"等一批"名垂史册的杰出将领"④的名字联系在一起的。

历史上的俄国也有过可以被称为"海洋强国"的时期。这个时期是怎样迎接来的？张世平先生给我们提供了这样的线索：

（1）彼得一世认为，"只有陆军的君主是只有一只手的人，而同时也有海军才成为两手俱全的人。"于是着手建设海军。

（2）1695 年，俄国建立顿河小舰队。

（3）1702 年，俄国在拉多加湖和楚德湖上建立内湖舰队，并投入同瑞典舰队的战斗。

（4）1714 年，俄国舰队以绝对优势兵力，在芬兰湾口汉科半岛以北礁区与瑞典舰队进行了两小时激战（即汉科角海战），全歼了瑞典的艾伦希尔德分舰队。

（5）1719～1721 年，俄国多次在瑞典沿海登陆。

（6）1721 年，俄国舰队在格良汉姆再次大败瑞典舰队。

（7）1721 年，瑞典被迫与俄国签订了《尼什塔德和约》。依据和约，俄国获得了立沃尼亚、爱沙尼亚、因格里亚、库尔兰一部分和芬兰东部。在得到这些土地之后，俄国就可以"自由地进入波罗的海"。

（8）1768～1774 年，俄国发动了俄土战争。1770 年，"俄国舰队主动攻击土耳其海军并将其击败，控制了爱琴海和地中海东部，封锁了达达尼尔海峡"。战后签订的《库楚克—凯纳吉条约》规定，"黑海不再是土耳其的内湖，而为俄、土两国所共有；俄国商船可以在黑海自由航行和出入博斯普鲁斯和达达尼尔海峡"等。

（9）1853～1856 年，俄国为与英国、法国、撒丁王国等争夺近东发动了克里木战争。在这场战争中，"强大的俄国海军舰队"曾取得"巨大胜利"，"夺取了黑海制海权"⑤。

无疑，俄国这个在北方战胜荷兰，在南方战胜土耳其，拥有波罗的海、黑海

---

① 文天尧：《争洋霸海：制海权与国家命运》，凤凰出版社 2009 年版，第 118 页。
②④ 丛胜利、李秀娟：《英国海上力量：海权鼻祖》，海洋出版社 1999 年版，第 6 页。
③ 文天尧：《争洋霸海：制海权与国家命运》，凤凰出版社 2009 年版，第 120 页。
⑤ 张世平：《中国海权》，人民日报出版社 2009 年版，第 70～71 页。

制海权的海洋强国首先是海洋军事强国。

我们还可以再去讨论美国等海洋强国，而且我们也相信对它们的讨论会得出与前面相同的结论。因为，已经有研究者给出了这样的结论。高之国先生这样写道：

"昔日的海洋强国葡萄牙、西班牙和荷兰，当年的日不落帝国英国，第二次世界大战后的两个超级大国之一的苏联，和现在盛气凌人、不可一世的美国，无一走的不是兴兵强国之路。"①

这就是海洋强国。这些海洋强国都是以拥有强大的海军为显著特征的海洋强国，都是依靠用海上力量战胜敌国而取得海洋强国称号的海洋强国。这样的海洋强国都是通过一场接一场的海战，如布匿战争、英荷战争（包括第一次英荷战争、第二次英荷战争）、英法七年战争（1756～1763年）、英法尼罗河口之战（1798年）、英法哥本哈根之战（1801年）、英法特拉法加之战（1805年）、俄土战争、克里木战争等打出来的。它不是别的什么光彩的头衔，而是只有战胜者才有资格佩戴的花环。是这些战争，还有那些我们没有提到的战争换来了战胜国的强国头衔。对这一点，有位研究者做了如下的总结：

"近代以来的海战，主要是围绕世界性海洋霸权的争夺展开的。无论西班牙与葡萄牙，还是英国与西班牙、法国，等等，无一例外地都包含着世界性海洋霸权的因素。"②

是的，是以争取霸权为明确目的的战争和以其他理由发动的战争把一些国家成全为海洋强国。这样的海洋强国说白了就是海洋霸权国家。辛向阳先生关于"追逐""海洋霸权"是"500年来所有成为霸权国家"（也就是我们所说的世界强国）的"必经之道"③ 的判断说明的也是这个道理。

在赢得这样的头衔的过程中，最有说服力的东西既不是王朝正统、民族关系，也不是传统地位、生活习惯，而是海军。英国之所以是最无疑义的海洋强国，被一些学者称为"海权鼻祖"，是因为它拥有且长期拥有全世界最强大的海军。请看资深专家提供的数字：

"英国海军所拥有的舰船数量和吨位迅速增加，海军规模越来越大。1870年英国海军舰船总吨位为633 000吨；1882年有装甲舰74艘，523 080吨；非装甲舰85艘，189 046吨，合计159艘，721 126吨。1890年装甲舰和非装甲舰共254艘，892 361吨；1899年为472艘，1 265 969吨。30年间，其舰船的总吨位

① 高之国：《关于21世纪我国海洋发展战略的新思维》，载王曙光：《海洋开发战略研究》，海洋出版社2004年版，第29页。

② 张世平：《中国海权》，人民日报出版社2009年版，第80页。

③ 辛向阳：《霸权崛起与挑战国家范式分析》，载《当代世界社会主义》2004年第4期，第99页。

翻了一番，平均每年增长 3.3%。在这 30 年中，英国海军舰船吨位数始终大于或相当于同时期西欧任何两国乃至三国海军总吨位之和。1870 年，英国海军舰船相当于法、德、奥、俄五国海军总和的 65%，1890 年时这个比例更上升到 67.5%。"①

一个国家是不是海洋强国是海军力量对比的结果，不是别的什么评选程序产生的结果。英国可以在百余年中维持"日不落帝国"的地位，是因为其海洋军事强国地位无人能够撼动，是因为其海军一直保持着绝对优势。它的海军强国不是来自诀窍，而是来自实力。第一次世界大战中的德国为什么会败在英国之手，或者说败在由英国参与的联盟之手，海军力量的对比便可以给出答案。当时"英国共有大小军舰 668 艘，海军人员 201 000 人"，而德国只有舰艇"391 艘"，海军人员"79 000 人"②。

三、综合指标的海洋强国：虚拟的竞争和失去利爪的雄狮

原本意义上的海洋强国是通过战胜产生的强大国家，从这个原本意义上的海洋强国出发去接受"经改造的海洋强国"，落差很大。非常明显，"经改造的海洋强国"实际上没有了可以决定胜负的那种力量的支持，海洋军事只是其中一个指标，而且在具体的国家可能是很微不足道的指标。面对如此"设计"的海洋强国，我们不仅要问，它还是海洋强国吗？这样的国家还是强大的国家吗？

我们的结论是：综合指标的海洋强国不是海洋强国，不是强大的国家。如果论者仍然坚持那样的国家也是海洋强国，那么，他们所说的海洋强国，或海洋强大的国家，只能是被建设的海洋国家，拿来供欣赏的摆设，而不是借以实现国家强大的海洋强国战略所需要的海洋强大的国家。

不管是三指标说的海洋强国，还是五指标、八指标的海洋强国，它们共同的特点是由多个指标的相加之和或相乘之积决定一个国家是不是海洋强国。这样的海洋强国是"计算"出来的，而不是战争较量出来的，不是历史淘洗出来的。这种计算出来的海洋强国真的是海洋强国吗？有可能，但可能的概率并不高。

为论述方便，我们以五指标的海洋强国说为例。设定海洋强国的综合指标是 100。假定两个国家都拥有综合指标 100，海洋军事指标多的一方一定战胜对方。请看以下对照表（见表 6 - 8）。

---

① 杨金森：《海洋强国兴衰史略》，海洋出版社 2007 年版，第 142 页。
② 杨金森：《海洋强国兴衰史略》，海洋出版社 2007 年版，第 143 页。

表6-8   对比一

指标	甲国	乙国
海洋经济	20	10
海洋科技	20	20
海洋军事	20	40
海洋管理	20	20
海洋环保	20	10
综合指标	100	100
强弱	弱	强

如果甲国的综合指标多于乙国，但只要乙国拥有的军事指标强于甲国，甲国依然是弱国（见表6-9）。

表6-9   对比二

指标	甲国	乙国
海洋经济	20	10
海洋科技	20	10
海洋军事	20	30
海洋管理	20	10
海洋环保	20	10
综合指标	100	60
强弱	弱	强

一个国家不管海洋经济多么发达，海洋环境保护得多么好，海洋科技水平多么高，其海洋管理多么井井有条，只要其海洋军事不强大，就只能成为海洋弱国，而不是海洋强国。因为在军事力量面前，所有的经济、政治、文化等都缺少说服力，都不具备决定力。

如果说原本意义上的海洋强国是战场上的雄狮，因为打败了所有的对手才可称霸海洋，那么，综合指标的海洋强国，那经"改造的海洋强国"就是没有利爪和犬齿的狮子。

有学者一定会辩解说，一个没有强大的经济力量的国家不可能长期维持强国地位，清朝末年的中国由于政治体制的原因所以才在拥有舰船数量和吨位占优的海军的情况下败北。一个国家维持强国地位需要综合指标的强大。这个辩解所讲的道理是成立的，但这个成立的道理却不能用来说明海洋综合指标强大的国家可以成为海洋强国。道理非常简单，国家与国家之间的竞争，靠的是国家的综合实力，但海洋强国与海洋强国之间的抗衡靠的却不是海洋综合实力。你可以说国家综合实力决定一个国家能不能成为海洋强国，但一个国家能不能成为海洋强国却不是靠海洋综合实力。在"对比二"的情况下，乙国的其他非海洋指标完全可以弥补海洋综合指标的不足。表6-10就可以说明这一点：

表6-10　　　　　　　　　　　　对比三

甲国	乙国	
海洋经济 20	海洋经济 10	非海洋经济指标 20
海洋科技 20	海洋科技 10	
海洋军事 20	海洋军事 30	
海洋管理 20	海洋管理 5	
海洋环保 20	海洋环保 5	
综合指标 100	60	20
	80	
弱	强	

在这个对比中，虽然乙国的综合实力还是不如甲国，甲为100，乙只有80，但乙国除了在军事上可以战胜甲国外，还可以为维持这种战胜提供足够的经济支持，甚至在经济上也胜过甲国。"对比三"告诉我们的一个基本道理是，国家间的竞争是国家综合实力的竞争，而海洋综合实力不等于国家综合实力。所谓"海洋综合指标"论者误把海洋综合实力当成了国家综合实力。

"综合指标的海洋强国"论者还会坚持说，他们的海洋强国是非进攻性的，而是防御性的。[①] 那么防御性的海洋强国能否靠综合指标实现防御的成功呢？也不能。因为综合指标的强大不能抵挡军事指标的强大，不管是进攻还是防御，这种力量对比关系及其所可能导致的结果不会改变。综合指标的海洋强国不能帮助国家实现进攻性的胜利，也无法使国家获得防御的成功。

政治家建设海洋强国的要求和学者对海洋强国的向往大多来自于对竞争局势或竞争关系的关注。强，本来就是一个具有比较意义的形容词，没有比较便没有强弱。同样，没有比较，没有竞争或战争就没有强国。"综合指标的海洋强国"论者或许不承认自己的强国不是比较意义上的强国，他们会说可以比较不同国家

---

① 张海文：《关于建设海洋强国的几点战略思考》，载高之国、张海文：《海洋国策研究文集》，海洋出版社2007年版，第27页。

间的综合指标。按照这个解释，哪个国家的海洋综合指标强，哪个国家便是海洋强国。资深专家曾这样解释说："凡是能够利用海洋获得比大多数国家更多的海洋利益，从而使他们的国家成为比其他国家更发达的国家，都可以称为海洋强国。"[①] 如果统计部门提供帮助，使用算数的方式可以计算出海洋强国，然而，历史上有过这样的海洋强国吗？国家需要这样的海洋强国吗？这样的海洋强国在国家竞争中有意义吗？那些念念不忘"日不落帝国"、马汉名言等的论者真的欣赏这样的海洋强国吗？这样的海洋强国除了可以满足从事海洋工作的人们的虚荣心之外，似乎没有更多的意义。[②]

另外，如果说别的学者或许可以对海洋强国做这样的解释的话，因为他们可能一直这样理解海洋强国，那么，资深专家不可以这样解释。那是因为，在资深专家自己的海洋强国理论体系中，海洋强国或海洋强大的国家已经被赋予了工具价值，它是实现国家强大的手段，也就是海洋强国战略解释 C 中的要素乙，而不是要素丙。而"获得""更多的海洋利益"的国家不具备海洋强国战略解释 C 中的要素乙的功能。世界历史证明的是，以海洋军事强大为强大的海洋强国可以成为世界强国，但没有提供获得"更多的海洋利益"的国家可以成为世界强国的经验。我们可以接收这样的逻辑：

大前提：世界强国都是海洋霸权强国；

小前提：中国想成为世界强国；

所以：中国应该建设海洋霸权强国。

但是，我们不可以接受如下杨先生的逻辑：

大前提：世界强国都是获得"更多的海洋利益"的国家；

小前提：中国想成为世界强国；

所以：中国应该建设获得"更多的海洋利益"的国家。

总之，综合指标的海洋强国只存在于统计计算中，在现实生活中根本不存在。

四、双重选择所反映的顾虑

大致说来，"经改造的海洋强国"与海洋强国战略解释 A 相应，是海洋强国战略解释 A 中的要素乙，而原本意义上的海洋强国与海洋强国战略解释 C 相应，相当于海洋强国战略解释 C 中的要素乙。这提醒我们，虽然"海洋强国战略诸说要素对照表"中"要素乙"栏中存在两个"海洋强大的国家"，但实际上两者

---

① 杨金森：《海洋强国兴衰史略》，海洋出版社 2007 年版，第 1 页。
② 这样的解释反映了海洋强国战略论者的顾虑（参见本节"四、双重选择所反映的顾虑"）。

的含义是不同的。海洋强国战略解释 A 所追求的"海洋强大的国家"是海洋的若干指标的综合指数高的国家,而海洋强国战略解释 C 中的"海洋强大的国家"是以在海洋军事上战胜对手为基本特征的海洋强国。这二者不仅含义不同,而且其功能也不同,或者说正因为人们赋予它们的内容不同,所以它们的功能也就不同。显然,海洋强国战略解释 C 加给"海洋强大的国家"的"战略性"任务是建设强大的国家,甚至是世界性的强大的国家。

从学者们的表述中,我们可以给"经改造的海洋强国"、"原本意义上的海洋强国"找到与之对号的"海洋强国战略解释",但实际上,这种"对号入座"常常是贯彻不到底的。有两种情况妨碍了"对号"的进行。一种情况是,即使是在给海洋强大的国家定指标时采纳"经改造的海洋强国",在对海洋强国的解释中选择海洋强国战略解释 A 的人,他们笔下赞美的、心里憧憬的海洋强国也是"原本意义上的海洋强国"①。比如,刘曙光先生无疑是经改造的海洋强国论者,但他所总结的"世界主要海洋强国"的发展历史不仅都是原本意义上的海洋强国的发展历史,而且这历史的核心内容也是"海上霸权"、"海权"、"海外扩张"、"无敌舰队"、"教皇子午线"、"英西大海战"、"以武力'拓万里波涛,布国威于四方'"、要求中国"门户开放"② 等。海洋局领导给海洋强国提出的三项指标简单明了,根据这一点我们把他的观点归入"经改造的海洋强国"。但是,翻阅海洋局领导的文章就会发现,支持他提出建设海洋强国设想的"历史的有益启示"都来自原本意义上的海洋强国,而不是经改造的海洋强国。请看他是怎样从历史中获得"启示"的:

"古罗马是从海上起家,罗马人重视船舶制造和海洋军事技术发展,牢固控制地中海制海权,把地中海及其所属海域变成罗马帝国领海,罗马帝国称雄天下……"

"15 世纪到 16 世纪初,西班牙、葡萄牙大力发展海洋事业和海洋军事力量,大面积控制制海权,都曾称霸世界。"

"英国……沃尔特·雷利公爵提出的'谁控制了海洋,谁就控制了世界'的理论成为当时对英国影响深远的战略思想……16 世纪末,英国一举挫败西班牙'无敌舰队',标志着……英国开始取得霸主地位。其后英国都是以强大优势战胜任何国家的挑战,控制着整个海洋……"

"1890 年,美国著名的战略家马汉提出的'对于美国来说,国家的生存有赖于对海洋的控制','世界统治地位可以由控制海权而取得'的建议,被他的密

---

① 本书使用的所谓"原本意义上的海洋强国"这个称谓本来就是来自于对人们不假思索便能普遍接受这种情况的判断。

② 殷克东等:《海洋强国指标体系》,经济科学出版社 2008 年版,第 3~9 页。

友、当时的总统罗斯福定为美国全球战略……第一次世界大战，德、英决战，在英国霸主地位摇摇欲坠之时，美国已开始实施独霸海洋的计划。第二次世界大战……美国建立起了最强大的海上军事力量和最发达的海洋经济，远远超过英国，从此成了新的海上霸主和超级大国。"

"资本主义国家早就争夺海洋，当今的世界海洋上仍然记录着这些国家的残酷掠夺和殖民地国家的丧权屈辱。四大洋上150多个群岛被美国、英国、法国、西班牙等用武力占领。"

"海洋也记录着我国历史上的兴衰荣辱……"

"前车之辙，不可不鉴，海兴则国盛，海弱则国衰。"①

这几乎就是一首海洋军事强国赞歌。可是，对海洋军事强国的赞美与对"经改造的海洋强国"方案的选择却是一对矛盾。

另一种情况是给"经改造的海洋强国"和"原本意义上的海洋强国"找与之对号的"海洋强国战略解释"的障碍来自"原本意义上的海洋强国"论者。他们给海洋强国安排的任务是建设强大国家，是对国家能否成为世界强国具有决定影响力的那种海洋军事强国，但在具体讨论海洋强国建设计划时，他们却把"原本意义上的海洋强国"折扣成了"经改造的海洋强国"。

资深专家是明确的"原本意义上的海洋强国"主张者，是典型的"海洋强国战略解释C"论者。这类论者在讨论到中国具体的"海洋强国"建设的"目的、目标"等时，靠"世界上最强大的海军"这种手段实现世界强国建设目标的全部逻辑都被放弃了。资深专家谈道：

"我们建设海洋强国的目的与西方海洋强国（这大概就是原本意义上的海洋强国——引者注）不同，我们不搞炮舰政策，有了强大的海洋力量，也要依靠政治、外交、经济、科技等多种手段（原本意义上的海洋强国就没有运用这些手段吗？——引者注），与世界各国交往；不搞海上霸权，不侵略别国，不干涉别国内政；不是进攻型的强国，而是防御性的强国。"②

这显然是一个被打了折扣的海洋强国。资深专家描述的这个海洋强国与"原本意义上的海洋强国"相比缺少了两个关键的要素：一个是海洋强国的核心内容——强大海军、可以战胜对手的海上军事力量；另一个是霸主地位。

为了给自己的这个"拟建"的海洋强国更多的合理性，资深专家提出了所谓"一批"海洋强国说。③ 他用这个说法把中国要建设的海洋强国与"西方海洋

---

① 王曙光：《论中国海洋管理》，海洋出版社 2004 年版，第 3～6 页。

② 杨金森：《中国海洋战略研究文集》，海洋出版社 2006 年版，第 287 页。

③ 杨金森："霸权国家是一个或两个国家，海洋强国是一批国家。"（杨金森：《海洋强国兴衰史略》，海洋出版社 2007 年版，第 1 页）

强国"那样的海洋强国区别开来。他想用这样的办法避免"霸权"的归罪。

为什么"经改造的海洋强国"与"原本意义上的海洋强国"两种海洋强国模式的论者都存在"双重"选择？这或许可以归结为"顾虑"，或者是论者的"务实"精神。"原本意义上的海洋强国"论者的顾虑是明显的——因为原本意义上的海洋强国不能不搞"炮舰政策"，而持论者知道我国不想成为那样的一直被我们中国人仇恨的国家，不想把自己变成那样的一直让世界用警惕的眼光盯着的国家，所以必须给海洋强国另外的解释。"不搞海上霸权，不侵略别国，不干涉别国内政"，"不是进攻型的强国"等，都清楚地表明了论者的顾虑。[1] "经改造的海洋强国"论者不会担心被世界紧"盯"，不需要担被别人骂为霸权主义的风险，但他们实在也并非不羡慕历史上的海洋霸权国家。或许是面对现实，考虑到中国无望成为历史上那种海洋霸权国家，或者时代也不允许中国成为那样的国家，他们才选择了比较保守的海洋强国方案。不过，选择是一个方面，而羡慕是另一个方面。选择了保守的方案，不耽误憧憬另一个方案。

第三节　海洋强国战略——一个弊大于利的口号

海洋强国的口号和海洋强国战略主张无疑与人们对 21 世纪是海洋的世纪的判断有关。这个口号或以这个口号为核心的海洋战略主张在形式上是符合时代潮流的，看起来与中国现行的现代化建设政策、改革开放政策等也是合拍的。但从国际关系的角度看问题，从实现中国在海洋上的实际利益的需要看问题，这个口号的合理性便大打折扣了。总的来说，喊这个口号的弊大于利。

一、中国需要做海洋霸权国家吗

在明确了"海洋强大的国家"的核心是海洋军事强国，而海洋军事强国的实质是海洋霸权这一点之后，所有热心思考中国海洋战略问题的人需要提出这样的一个严肃的问题，即中国需要做海洋霸权国家吗？或者我国有必要遵循下文所述海洋军事强国逻辑Ⅱ去建设海洋霸权强国吗？

---

[1]　因借鉴英、美海洋强国而发表其海洋强国战略主张的人一般都没有完成其战略规划——没有涉及一个关键的问题，即如何战胜美国、俄罗斯、英国等国的海军，没有提出控制海洋、控制海洋通道、建立制海权之类的方案。

"海洋强国战略解释C"作为国家战略方案，需要把国家先建成海洋军事强国，这是这一战略构想的核心。当把它作为贡献给中国的发展战略的时候，这个解释遵循的逻辑是（海洋军事强国逻辑Ⅰ）：

大前提：世界强国都是海洋强国；

小前提：中国想成为世界强国；

所以：中国应该建设海洋强国。

西班牙、葡萄牙、英国、美国无数的先例证明了这个三段论的大前提。中国无疑想把自己建设成为世界强国。这是中华民族的百年梦想。小前提成立也没有问题。既然如此，中国应当选择建设海洋强国的方案。

如前所述，由海洋强国而成为世界强国的国家都是海洋霸权国家，也就是说作为西班牙等国家成败的关键的"海洋强大"都表现为海洋霸权。当我们揭穿了历史上的海洋强国都是海洋霸权国家这个老底之后，上述逻辑就变成了以下的三段论（海洋军事强国逻辑Ⅱ）：

大前提：世界强国都是海洋霸权强国；

小前提：中国想成为世界强国；

所以：中国应该建设海洋霸权强国。

我们依然接受这个三段论的小前提，中国的确想成为世界强国，这是不需要隐讳的，也是我国几十年来一直对全世界公开宣布的。我们也当然承认"世界强国都是海洋霸权强国"这个大前提，因为这是历史的真实，不容你不承认，更何况我们还乐于在一些场合强调这一历史事实。

那么，我们要不要接受这个逻辑所给出的结论？我们不能接受这个结论。我国政府历来的文件，包括专门的对外声明，都一直反对霸权，而且是反对任何形式的霸权，包括地区霸权。毛泽东时代的方针是努力"防止战争"，"争取持久和平"[①]，这和平方针不能容忍霸权战略。以邓小平为代表的党第二代领导集体奉行的是"两句话"政策。一句话是"反对霸权主义，维护世界和平"；另一句话是"中国永远属于第三世界"[②]。不管是反对霸权主义，还是"永远不称霸"，都不能接受霸权战略。胡锦涛于2005年9月在联合国成立60周年首脑会议上提出的"坚持包容精神，共建和谐世界"的"中国主张"[③] 显然与这种战略安排不相容。我国海权研究专家张文木先生所说的"中国不想放火，只想为自己点

---

① 《毛泽东外交文选》，中央文献出版社1994年版，第168页。

② 这第二句话还可以扩充为："中国现在属于第三世界，将来发展富强起来，仍然属于第三世界。中国和所有第三世界国家的命运是共同的。中国永远不会称霸，永远不会欺负别人，永远站在第三世界一边。"［见邓小平著：《维护世界和平，搞好国内建设》，载《邓小平文选》（第三卷），人民出版社1993年版，第56页］

③ 沈骥如：《21世纪中国国际战略"路线图"》，载《社会科学报》2010年3月4日。

一盏海权之灯"①，虽有对海权的憧憬，但却明显与霸权战略相抵触。资深专家早已注意到中国不能做海洋霸权国家。他对海洋强国所给出的双重解释已经明确表达了他的观点。不管是"不搞炮舰政策"、"不搞海上霸权"，还是"不侵略别国"、"不干涉别国内政"等，都已经对海洋霸权国家实施了"武装解除"。

到这里，我们就已经可以宣布，"海洋强国战略解释C"不能成为我国的海洋战略，或者说我国的海洋战略不能按照"海洋强国战略解释C"思路设计。我国不能走海洋霸权之路。

资深专家虽然已经注意到上述逻辑的结论不能接受，但他没有就此放弃自己的海洋强国逻辑，而是去修改对海洋强国的内涵的界定，给海洋强国增加非霸权主义的指标。这个努力是善良的、积极的，但却是多余的和无效的。当资深专家把海洋强大的国家从一个海洋军事强国折扣为"不搞炮舰政策"的，"不搞海上霸权"、"不侵略别国"、"不干涉别国内政"的，甚至也"不是进攻型的强国"的时候，他推翻的是上述整个逻辑。因为这个逻辑的中间环节是"海洋霸权"，是"侵略别国"，是"干涉别国内政"，是"进攻型"的，是因为有这个中间环节才有建设海洋霸权国家与建设世界强国之间的逻辑联系。

按照资深专家作的修改，上述逻辑将变为（海洋军事强国逻辑Ⅲ）：

大前提：世界强国都是不搞炮舰政策的海洋强国；

小前提：中国想成为世界强国；

所以：中国应该建设不搞炮舰政策的海洋强国。

在这个逻辑中，小前提没有改变，结论是资深专家修改的结论，而大前提却不能不走样，变成"世界强国都是不搞炮舰政策的海洋强国"。这个逻辑的倒推告诉我们，资深专家对海洋强国内涵的修改是不可行的。这个修改造成了对原本的逻辑的彻底否定。现在的这个逻辑的大前提是不符合事实的。虽然我们已经经历了几十年的和平，但当今的世界还没有条件证明这个大前提的正确。当这个大前提错误时，资深专家的逻辑结论就是靠不住的。

资深专家不应再做逻辑上的修补，而应选择放弃海洋军事强国的逻辑，尤其是上述海洋军事强国逻辑Ⅱ。不仅中国一贯的政策和文化传统不能接受霸权战略，当今世界的潮流不允许我们采取这样的战略，刚刚发生的历史教训也告诫我们不可以采用这样的战略。沈骥如先生曾对"苏联解体的原因"等做过总结。他认为，"苏联解体的主要原因来自苏联内部：苏联与美国的争霸战略使苏联树立了敌人，失去了朋友，耗尽了国力；失败的经济改革加重了苏联的社会危机；对不同意见的高压政策使苏共失道寡助。"对其中第一条，他还补充说："苏联……

---

① 张文木：《经济全球化与中国海权》，载《战略与管理》2003年第1期，第92页。

热衷于军备竞赛，不惜代价地与美国争霸世界，耗尽了国力。这是苏联解体的重要原因之一。"①苏联因走霸权之路而归于失败，我们还要重蹈覆辙吗？

人们都知道，作为国家的战略设计是为实现国家利益和国家目标服务的。在海洋军事强国逻辑Ⅱ中，国家利益和国家目标是"世界强国"。世界强国就是"日不落帝国"、用"教皇子午线"分割世界，等等。这样的世界强国不是中国国家的利益，不是中国应该追求的国家目标。如前所述，"永远不称霸"是中国政府长期遵守的原则。依据这个原则，我们应当彻底放弃沿着"海洋强国战略解释C"设计的海洋战略。只要我们不改变"不称霸"的立国原则，就永远都不需要接受沿着"海洋强国战略解释C"设计的海洋战略。

如前所述，我国确实有自己的海洋利益，空间、资源、主权和管辖权、祖国统一、国家安全、海上交通、社会健康发展、科学研究、国家地位和国家角色等等都系于海洋，我们一定要实现自己的利益，维护自己的利益，但实现和维护我们的国家利益不必一定做霸权国家。难道说只有霸权国家才可以实现自己的国家利益，才可以维护自己的国家利益吗？如果这个逻辑是成立，那岂不等于说凡不是霸权国家的国家都无法实现自己的国家利益，无法维护自己的国家利益吗？今天的世界恐怕不是这样的世界。争取实现国家利益、维护国家利益，不排除使用武力，军事作为政治的继续是不可缺少的手段，是坚强的后盾，但这与是否一定要成为霸主没有必然联系。

二、中国能够做海洋霸权国家吗

我们不仅要问中国是否需要做海洋霸权国家，我们还应该再深问一句：中国有可能建成海洋霸权国家吗？

按照"海洋强国战略解释C"和"海洋军事强国逻辑Ⅱ"展开的海洋战略不仅对于我国来说是不必要的，而且也是不可行的。我们这里所说的不可行包括两个方面：一是人类历史发展的时代决定的不可行；二是中国自身条件决定的不可行。

以海洋霸权国家为核心环节的海洋强国战略不仅不符合我国的国家利益和国家目标，而且也不符合我国的自身条件。这里不想全面论证我国是否可以建成当年的西班牙、葡萄牙、大不列颠那样的海洋霸权国家，只想简单说明中国不具备建设那样的海洋强国的条件。

研究海洋战略的人不会不了解马汉在讨论海权时对地理位置的重视，也不会

① 沈骥如：《21世纪中国国际战略"路线图"》，载《社会科学报》2010年3月4日。

不注意他对英国的地理位置的好感。如他说：

"一个国家处于这样一个位置上，即既用不着被迫在陆地奋起自卫，也不会被引诱通过陆地进行领土扩张，那么，由于其面向大海的目的单一性，与一个其四周边界皆为大陆的民族相比，它就具备了一种优势。这一点，作为一个海洋国家，英国就拥有对于法国与荷兰的巨大优势。"①

"就其本身而言，地理位置可能会达到提升或分散海上军事力量的地步。在这一点上，英伦三岛再度拥有对法国的优势，后者的位置，除了濒临大西洋以外，也伸向了地中海，尽管这有其长处，然而，总体上而言，却是海上军事力量薄弱的症结所在。只是在穿越直布罗陀海峡之后，法国的东、西部舰队才能实现汇合，而要这们（疑为'么'——引者注），他们得经常承担风险，并且时常遭受损失。美利坚合众国濒临两洋的位置也就要么成了巨大劣势，要么成了耗资无度的原因……"

"一个国家的地理位置不仅有助于集中其军事力量，而且还能为展开针对其潜在对手的敌对军事行动提供进一步的中心位置与良好基地等战略优势。英国的状况就每每与此相符。一方面，它面对着荷兰与北部的强国，另一方面，它面对的是法国与大西洋。当受到法国与北海和波罗的海的海上强国组成的聪明的威胁时，正如同其时常所为那样，其在多佛海峡与英吉利海峡，甚至在布列斯特不远处游弋的舰队，就去占领纵深基地，并因此能够迅速地投入其合成部队，反击伺机穿越英吉利海峡的任何一个敌人，从而影响其与盟国的联合。同样，在两边之中的任何一边，上苍都赐给了它更好的港口与更为合适安全靠近的海岸……"

"除了有利于进攻之外，如果上苍这样设置一个国家，它能够轻而易举地进入公海本身，而与此同时，它控制着世界航运的一个咽喉要道，那么，十分明显，其地理位置的战略价值就十分之高。这再度并且在很大程度上正是英国所处的位置，荷兰、瑞典、俄罗斯、丹麦的商贸，以及那些溯流而上直入德国腹地的交易，都不得不穿越在家门口的英吉利海峡……"②

马汉的判断已经被历史所证明，这也就是马汉所说的英国"时常所为"。但是，论者却没太注意把马汉关于地理位置对于建设海洋强国的巨大影响应用来分析所谓世界海洋强国的兴衰变化，没有把他的观点用来指导我国的海洋战略设计。比如，多数论者都把俄罗斯当成海洋强国来看待，但实际上，俄罗斯从来都没有真正成为如论者所说的那种世界海洋强国，它充其量也只是能够战胜其柔弱的近邻的海洋强国。而影响其建设成那种可以称霸世界的海洋强国的决定性因素

---

① ［美］阿尔弗雷德·塞耶·马汉：《海权对历史的影响》，解放军出版社 2006 年版，第 29 页。
② ［美］阿尔弗雷德·塞耶·马汉：《海权对历史的影响》，解放军出版社 2006 年版，第 29～32 页。

是其地理位置。如果说法国的海军"只是在穿越直布罗陀海峡之后","才能实现""东、西部舰队"的"汇合",那么,俄罗斯的波罗的海舰队要与其黑海舰队实现汇合则要穿过多佛海峡、英吉利海峡、直布罗陀海峡等。① 如果它的波罗的海舰队要与鄂霍次克海的海军实现汇合,则需要经过苏伊士运河、印度洋,或者南绕非洲好望角等。姚效瑞先生把俄罗斯的海军及其业绩"与俄罗斯的'抱负'""极不相称"的原因归结为"地理环境"不利的分析是极有说服力的。他从以下 5 个方面论证了自己的观点:①"俄国地处高纬度地区,缺少海军常年活动的不冻港作为海军基地";②"俄国重要海军基地的所临海域相对封闭,出海口不畅,舰队活动受到极大限制";③"在海陆相关位置上,俄国四大舰队所在海域被陆地隔绝,互不相连,各舰队彼此孤立,难以集中和相互配合";④"俄国是一个陆地殖民国家,既缺少需要保护的海外利益,也缺少控制海上要道的据点和海外军事基地,这对俄国海军的成长和远洋作战的能力都有严重的影响";⑤"俄国的地缘环境不仅影响着俄国海军的实践,而且也深深影响着俄国海军的战略思想"②。一心想称霸世界的俄罗斯不能通过海陆实现愿望,主要原因在于地理环境不利。

论者羡慕历史上的海洋强国创造的业绩,但很少有人在讨论国家海洋战略的时候思考中国是否也有俄罗斯遇到的那样的地理条件的制约。我们在日常生活中都经常讲求天时、地利、人和,而在讨论国家战略这样严肃的事项的时候,却忘记了"地利"这个重要指标。无须多说,我国是"海洋地理不利"的国家。③这是几乎所有研究过海洋战略问题的人都知道的事实。这个事实历史上就存在,现在也依然如故,甚至还不如历史上的某个时刻。中国的地理条件决定了即使是在古代和近代,中国也无法成就英国人曾经成就过的伟业,如果我们愿意承认那是伟业的话。

按照"海洋强国战略解释 C"和"海洋军事强国逻辑 Ⅱ"展开的海洋战略在我国是不可行的。这不可行除了中国地理环境的决定之外,还是由人类历史发展的时代条件决定的。

---

① 1770 年俄罗斯的北方舰队就从"喀朗斯塔特出发,经大西洋,从直布罗陀海峡驶入地中海"。而当时,法国也曾想过拦截这些不速之客,让俄罗斯遭受法国为实现海军汇合所常遭受的损失(参见张世平:《中国海权》,人民日报出版社 2009 年版,第 70 ~ 71 页)。

② 姚效瑞:《地缘环境对俄国海军发展的影响》,载《广播电视大学学报》1999 年第 3 期,第 111 页。

③ 对"海洋地理不利"有不同的理解。《联合国海洋法公约》第七十条规定:"为本部分的目的,'地理不利国'是指其地理条件使其依赖于开发同一分区域或区域的其他国家专属经济区内的生物资源,以供应足够的鱼类来满足其人民或部分人民的营养需要的沿海国,包括闭海、半闭海沿岸国在内,以及不能主张有自己的专属经济区的沿海国。"我们这里所说的"海洋地理不利"显然不是基于对管辖海域生产海洋生物资源多寡的评价。

我们已经讨论过我国制定海洋战略的时代条件，我们也已经充分地说明了人类历史已经宣告了殖民时代的结束。[①] 历史上的海洋强国，真正的具有一定程度的世界性的海洋强国，如人们讨论最多的西班牙、葡萄牙、荷兰、英国、美国等，都是殖民地时代成就的海洋强国。如果它们的成功里面包含某些经验的话，那全部的经验几乎都以殖民地时代为必要条件。殖民时代不可能再重现，中国也不喜欢那样的时代，因为那个时代带给中国的是灾难和悲伤。那个时代证明的道理是殖民主义、帝国主义的道理，即使它依然有效，我们中国也不应接受那种野蛮的道理，不应把自己曾遭受过的灾难和悲伤强加给其他国家及其人民。

三、霸权战略的影响与我国海洋战略口号的选择

不管是在中国经济实现飞速发展的最近几十年，还是在中国尚未实现经济好转的时候，都有一些人，或出于反华的一贯立场，或出于本国利益的需要，制造"中国威胁论"。

作为奉行对华友好政策的一代印度政府领导人尼赫鲁对中国保持着高度的警惕。他的判断是："从大量的历史中得知，强大的中国通常都是扩张主义的，在其整个历史上都是如此。"因而他认为，中国"在工业化方面的极大推进，加上其人口的惊人的增长，两者的结合会造成一种最为危险的形势"。而这种形势与"中国在强大时那种固有的扩张倾向"相结合，留下来的便是中国对"印度的危险"[②] 这一判断。与这位领导人的看法差不多，印度国际中心主任 U. S. 巴杰帕依不仅也认定中国会有"全球和地区野心"，而且把中国视为天然的竞争对手。他在 1983 年出版的《印度的安全》一书中认定，"中国是关系到印度安全的最重要的因素，中国的政策、战略和策略已经而且必将继续对印度的安全产生重大的影响。"他做出这一判断的基本理由之一是"中印之间存在着固有的和根本性的竞争[③]……中国政策的制定从一开始就是为了实现其成为世界强国和亚洲领导的目标……从长远看，中国的全球和地区野心可能与印度的利益相对立。"[④] 尼

---

① 参见本书第四章（制定中国海洋战略的时代条件）。

② 孙士海：《印度的发展及其对外战略》，中国社会科学出版社 2000 年版，第 215 页。

③ 这个根本性的竞争来自两国战略目标的冲突。许多人把中国的战略目标描述为世界强国，而印度也有许多人在做大国梦。印度一退役海军军官里克耶曾这样看待海军与国家战略目标之间的关系："海军是大国的象征。我们想做世界级的大国，因此我们应当拥有世界级的海军。"（参见孙士海：《印度的发展及其对外战略》，中国社会科学出版社 2000 年版，第 223 页）。印度要作世界级大国，而他们同时认为中国也要作世界级大国，所谓根本性的竞争就是两个欲成为"世界级大国"的国家之间的不可避免的冲突。

④ 孙士海：《印度的发展及其对外战略》，中国社会科学出版社 2000 年版，第 215～216 页。

赫鲁、巴杰帕依的看法不只是两个人的看法，而是对印度的对华政策有深远影响的看法。据张力先生分析，即使是在"冷战"之后，印度的"中国威胁论"仍然"根深蒂固并且不时影响印度的国家战略"①。

美国是世界上最强大的国家，它经常对其他国家实施打击或威胁而不担心任何国家的威胁，但它却没有因此而忘记用所谓"中国威胁论"制造中国与其他国家之间的矛盾，遏制中国的发展。美国的这种态度不仅见于其官方文件，而且也反映在美国学者的言论中。约翰·米尔斯海默称："一个富裕的中国将是一个决心获得地区霸权的侵略性的国家——不是因为一个富裕的中国将具有邪恶的动机，而是因为任何一个国家为了生存而使它的繁荣达到最大限度的最佳办法就是统治世界上它所在的地区。"② 这是一个没有任何根据的推断，而且是颇符合"小人度君子"特点的一个推断，但他的消极影响却是巨大的。所谓"统治世界上它所在的地区"的话无异于把中国置于与周边国家敌对的状态。

从周边国家传出的"中国威胁论"的声音可以说是不绝于耳。比如，菲律宾一方面不断在南中国海制造侵占我海岛等事端，另一方面则不断散布中国威胁的舆论。其总统安全顾问吴礼斯扬言要"利用多种论坛"，向"世界""大声疾呼"，用这样的办法对付中国"这样一个大国"③。再如，日本自身是个海洋大国，也是一个经济大国，但它却借东南亚国家因与我国存在海岛和海域主权争端而对我军事力量有所忌惮的可乘之机，大肆宣扬中国威胁论，以挑起我周边国家的反华情绪。④

威胁本来就是对一种可能性的推断，它并不是实际的危害、现实发生的打击。因为是推断，不是对事实的求证，所以推断者便可以尽情地发挥，大肆地挥洒。因为是推断，所以这种议论，这种宣传甚至不需要任何"迹象"作为支撑。如果说中国威胁论有一点"根据"的话，这个根据就是中国是个大国，中国正在迅速发展。只要你是大国，你就是威胁；只要你在发展，你在走向富强，你就是威胁。所以，"中国威胁论"说白了就是"大国威胁论"，"中国威胁论"就是"富强即威胁"⑤。同样，只要中国是个大国的事实不改变，"中国威胁论"便不会停歇；只要中国还在继续发展，"中国威胁论"就不会罢休。

---

① 张力：《后冷战初期影响印度战略变化的外部因素》，载《南亚研究季刊》2000 年第 4 期，第 49 ~ 50 页。

② 转引自辛向阳：《霸权崛起与挑战国家范式分析》，载《当代世界社会主义》2004 年第 4 期，第 98 页。

③ 李金明：《南海主权争端的现状》，载《南洋问题研究》2002 年第 1 期，第 61 页。

④ 朱凤兰：《亚太国家的海洋政策及其影响》，载《当代亚太》2006 年第 5 期，第 36 页。

⑤ 吴纯光先生曾对"富强就是一种威胁"的错误观点提出过批评（参见吴纯光：《太平洋上的较量：当代中国的海洋战略问题》，今日中国出版社 1998 年版，第 175 ~ 178 页）。

"中国威胁论"不会对那些叫嚣中国威胁的国家构成威胁，但却可以对中国自身的发展构成威胁，对中国国家战略的实施构成消极的影响。比如，我们需要一再做不称霸的表态，需要防范周围国家形成类似反华联盟之类的组织或者机制，需要做更多的说明才能让不明真相的国家知道中国一向坚持的和平政策，需要投入更多的谈判精力才能把本来轻易可以做到的事情做成。因此，虽然我们无法让"中国威胁论"的叫嚷停息，但我们却应该努力使这种声音变低，使这种声音的声源变少。

宣布实施海洋强国战略，哪怕只是宣布，而非真的实施这样的战略，毫无疑问会成为"中国威胁论"者用来攻击中国的证据。如果说制造"中国威胁论"本来就不需要什么证据的话，那么，宣布实施海洋强国战略却给"中国威胁论"者提供了证据。"中国威胁论"者，他们可能是英国人、美国人，便可以把英、美霸权的历史"加工"成中国霸权的未来。

刘清才先生等曾为我国"寻求一种同实力相称的地位和发言权"的战略目标定位。他说：

"中国的战略目标是寻求一种同实力相称的地位和发言权，并不要求超越自身发展正常需要之上的影响力，中国也不需要以损害邻国利益为前提条件的影响力。在有争议的问题上，中国坚持拥有保留自己看法的权利，但不谋求以自己提升的地位与发言权强制它国接受自己的意志。"[1]

这看起来依然是和平的主张，没有多少霸道的成分，但这一提法已足以被中国威胁论者用来指责中国。很明显，这种战略思想反映的是实力战略，是让外国感到恐惧的战略。因为所谓"同实力相称"带有明显的扩张倾向。其言外之意就是，实力越强地位越高，发言权越大——这让那些实力弱的国家，那些中小国家怎么想，这与美国的实力战略又有什么差别？这样的提法不正是印度人所担心的由"在工业化方面的极大推进"和"人口的惊人的增长"带来的"最为危险的形势"吗？

资深专家等曾提出建设太平洋地区强国的战略目标。高先生认为，"建设太平洋地区海洋强国，是实现中华民族伟大复兴的重要战略措施之一。"因为在他看来"21世纪是海洋的世纪，更是太平洋世纪"[2]。这看起来也不算是十分狂妄的想法。资深专家做的计划是"争取用30年左右的时间建成东亚地区海洋强国，50年建成太平洋地区海洋强国"[3]。对于中国威胁论者来说，这样的文章无

---

① 刘清才等：《东北亚地缘政治与中国地缘战略》，天津人民出版社2007年版，第340页。

② 高之国：《关于21世纪我国海洋发展战略的新思维》，载王曙光：《海洋开发战略研究》海洋出版社2004年版，第29～33页。

③ 杨金森：《中国海洋战略研究文集》，海洋出版社2006年版，第287页。他的更确切的时间表是到2030年"成为东亚地区的海洋强国"，"2050年成为太平洋地区的海洋强国"（见杨金森：《中国海洋战略研究文集》，海洋出版社2006年版，第288页）。

异于不打自招。这不正是印度人所预言的"世界强国和亚洲领导的目标"吗？不正是巴杰帕依所担心的"全球和地区野心"吗？

吴纯光先生估计中国具备"威胁美国的力量"要等到"22世纪以后"①。他的用意是说中国威胁美国是100年以后的事，现在无须担心。但他的良苦用心却难以产生良好的效果，因为他的判断实际上证明了中国威胁的存在，不管这一威胁会在何时发生。顺着吴先生的话往下说，中国的"世界""野心"将在100年后，即在有能力威胁美国时充分表现。

海洋强国战略，不管它表述为"同实力相称的地位和发言权"，还是具体化为30年建成"东亚地区海洋强国"，50年建成"太平洋地区海洋强国"，抑或是100年后"威胁美国"，都只能是为"中国威胁论"提供把柄，只能给中国和中国的发展带来更多的麻烦。所以，我们需要谨慎选择海洋战略口号。

---

① 吴纯光：《太平洋上的较量：当代中国的海洋战略问题》，今日中国出版社1998年版，第178页。

第七章

中国国家海洋战略：全面推进海洋事业

我们已经做了两个选择，一个是以海洋为主题的战略的定位。我们选择了作为国家战略的海洋战略。这是科学本身的选择，我们只是遵循事物本身的逻辑找到了这个结论。这个选择没有主观偏好。另一选择是放弃以海洋霸权为核心内容的海洋强国战略。这是时代的选择，是中华民族一贯坚持和平的文化传统、政治传统的选择，也是中华民族在当代的利益和当今世界共同利益的需要。对于21世纪的中国来说，推行霸权战略既非中国的实际需要，也不具有现实可能性，除了招惹邻国的敌意、强国的戒备和遏制之外没有太多积极作用。海洋强国战略不是中国应为的选择。以上这两个选择意味着我们还必须至少再做一次选择，即选择我们应当采取的海洋战略，因为关于海洋战略定位的选择要求我们采取海洋战略，而不是放弃海洋战略；而放弃海洋强国战略的选择要求我们放弃的是以军事征伐为特征的海洋战略，而不是所有可能的海洋战略。现在需要我们在这两个选择的基础上再做一次选择。我们的选择是：全面推进海洋事业。这一选择是国家战略层面的海洋战略，是一个既与历史上的"强大海洋军事国家"类型的海洋战略不同，又能较好地实现中国国家利益的战略。

作为国家战略，作为全球化时代的一个大国的国家战略，它不能不是面向世界的和带有"国际性"的，或者用我们常用的概念，不能不是带有"涉外性"的。这一面向世界的战略必然处在与相关国家的战略的"对抗"或竞争之中。这里所说的相关国家至少包括我们的海洋邻国、与我国的海洋事业发生"协作"或其他联系的国家、与我国海洋事业的发展和这一事业所追求的利益存在明显冲突的国家等。

第一节　全面推进海洋事业战略——我国的国家海洋战略选择

不管是制定我国海洋战略的自然基础（见本书第一章），还是国际环境（见本书第二章），抑或是时代条件（见本书第四章），都决定了作为中国国家战略的海洋战略一定以海洋为战场，一定是在海洋这个流动的世界里排兵布阵。在海洋上，或主要在海洋上展开的战略可以有多种，比如，马汉所力主的海权战略、我国历史上的以海为垄的海防战略、当今日本的海洋立国战略等。今天的中国一定要在海洋上实现自己的复兴宏图，而我们认为中国应取的海洋战略既不应是海权战略，也不应是日本那样的海洋立国战略，当然更不应该是海垄战略，而应是全面推进海洋事业战略。

一、全面推进海洋事业战略的实质是走向海洋

我国有巨大的海洋利益，中华民族、中国国家所需要的空间、资源、主权、主权权利、管辖权、祖国统一、国家安全、海上交通、社会健康发展、科学研究、国家地位和国家角色等都系于海洋（见本书第五章）。要实现中国国家利益、民族利益，我们必须经略海洋，必须启动经略海洋的国家战略。我们把这个战略叫做全面推进海洋事业战略。

国家海洋利益的存在要求政府更多地关注海洋。为了实现国家的利益，国家需要启动或者加快向海洋的运动，而国家的战略安排则应给海洋更重要的地位，向海洋集中、向海洋靠拢。因为国家利益在海洋，所以国家便不能不搭海洋的台，唱海洋的戏，而以实现国家利益为宗旨的国家战略便不能不是以海洋为题的战略。所谓全面推进海洋事业战略，其实质是走向海洋，要求国家的战略方针指向海洋，国家的战略部署安排在海洋领域。既然海洋是国家利益所在，不管是为了实现国家利益，还是为了维护国家的利益，国家都应该把自己的战略力量投向海洋。这就像因为"西部"是国家的重大利益所以国家才实施西部发展战略一样。

全面推进海洋事业战略的实质是走向海洋，而走向海洋的战略对于我国以往的基本政策来说意味着战略的转向，即转向海洋。以往已经有许多关于海洋意识的批评，关于"闭关锁国"基本国策的批评，关于立足防御的被动海洋战略的

批评，关于如何处理蓝色文明与黄土文明之间关系的批评，这些批评的核心观点是希望国家不只把 960 万平方公里的陆地国土当成自己的根基，而是实实在在地把内海、领海和其他国家管辖海域当成自己的家园；既要有陆地大国的意识，也要有海洋大国的明确概念；既要经营自己的国土，也要经营人类共享的海洋。把这些批评与我们今天讨论的话题结合起来，或者说在国家战略的论证中接受上述批评意见，我们可能得出的最重要的结论就是：国家战略应当从过去的陆地战略向海洋战略转向。这个转向包括从历史上的以海为堑的海防战略转向既经营陆地又经营海洋的战略，从最近几十年的经营陆地延伸至海洋的战略转向明确的经营陆地同时也经营海洋的战略。这个转向向我们提出的基本要求是：国家应建立明确的海洋战略。国家在战略上走向海洋不是简单地涉足海洋，不是在管理上从陆地延及海洋，不是在经济、社会活动中简单地增加海洋的比重，而是建立系统的经营海洋的国家战略。

　　国家战略转向海洋的主张可以得到关于海洋意识等的批评意见的支持，但我们却不是因为有这样的批评才主张国家战略转向的。制定国家战略的需求来自国家利益或"国家战略利益"[①]，制定国家海洋战略的需求来自国家在海洋上的利益或通过海洋实现的利益。然而，并非所有有海洋利益的国家都需要制定国家海洋战略。我们主张我国的国家战略向海洋转向，这不等于我们主张所有的国家的战略都要发生这样的转向。

　　所有的国家都有海洋利益，这是一个事实。说所有的国家都有海洋利益主要是要强调，即使是内陆国家也有其海洋利益。依据《海洋法公约》的规定，内陆国享有"出入海洋的权利和过境自由"等权利。这为内陆国获取海洋利益提供了法律上的便利，是为享受《海洋法公约》规定的以"公海自由和人类共同继承财产有关的权利"为核心的权利[②]而必须享有的权利。以"公海自由和人类共同继承财产有关的权利"为核心的权利可能给内陆国家带来的实体海洋利益主要是交通（包括航行、飞越和管道运输[③]）、建造人工岛屿和其他设施、[④] 资源（包括渔业资源、矿产资源等）、科学研究。这是内陆国在海洋中可以获得的主要利益，也是其他各国可以在海洋中获取的最基本的海洋利益。我们姑且称之为

---

　　① 李珠江等把"国家所要追求的利益"称为国家战略中的"国家战略利益"（参见李珠江等：《21世纪中国海洋经济发展战略》，经济科学出版社 2007 年版，第 1 页）。其他专家也把作为国家战略之构成"要素"的这种利益称为"国家利益"（参见薄贵利：《国家战略论》，中国经济出版社 1994 年版，第 271页）。

　　② 《联合国海洋法公约》第一、第二、第五条。

　　③ 《联合国海洋法公约》第八十七条。

　　④ 《联合国海洋法公约》第八十七条第一款第四项的具体规定是"建造国际法所容许的人工岛屿和其他设施的自由，但受第六部分（即本书所称的第六章——引者注）的限制"。

四大基本海洋利益。如果可以把在公海"建造人工岛屿和其他设施"理解为利用公海空间的话，这一利益则可以纳入空间利益。这样的四大基本海洋利益就是交通、资源、空间、科学研究。

内陆国家依法可以享有这四大海洋利益，那么，是否所有内陆国家都需要为实现自己的这四大海洋利益而制定自己的海洋战略呢？非常明显，并非所有内陆国家都需要制定海洋战略。一般来说，内陆国家必须把自己国家的命运和前途建立在陆地的基点上，而不应放在海洋里。这些国家的海洋利益的实现必须依赖"过境国"提供的便利，而这种便利既受自然条件的限制，也受内陆国与过境国之间关系的影响。这种其能否实现不得不受制于他国的利益不应该是国家追求的重大利益。俄罗斯南下印度洋战略的失败就是前车之鉴。另外，内陆国通过过境国所可能实现的利益一般来说都要付出较大的成本。从投入产出关系上来看，内陆国追求越过过境国的利益是不经济的。总之，内陆国的国家战略一般来说都应当是陆地战略，而不是海洋战略。

沿海国家也都享有交通、资源、空间和科学研究这四大基本海洋利益。除此之外，沿岸国家还享有其他一些利益，其中包括：第一，主权、主权权利和管辖权利益。所有沿岸国家都享有领海主权、在专属经济区内的主权权利和管辖权。第二，国家安全利益。所有沿岸国家都存在来自海上的安全威胁和利用海洋实现国家安全的利益。第三，社会健康发展利益。海岸带地区对生产和生活的重要性、这个区域的环境治理和生态保护的重要性等，在各沿岸国家都是相同的，至少各沿岸国都存在这种利益。为论述简便起见，我们把这三种利益简称为主权利益、安全利益和环境利益。主权利益、安全利益、环境利益这三项海洋利益加上四大基本海洋利益，一共是七项海洋利益。这是所有沿海国家普遍存在的七项海洋利益。国家为了实现这些利益，这些对沿海国家来说一般都具有战略意义的利益，需要制定自己的海洋发展战略。

我们国家不管是在历史上，还是在当今时代，都有自己的海洋利益，都需要制定自己的海洋战略并组织实施。如果说我国历史上选择了以海为堑的海防战略，或简言之，海堑战略，在以往的一个时期曾经实行经营陆地延伸至海的战略，那么，今天，我国的海洋利益，我国在海洋上实现的国家利益要求我们采取全面推进海洋事业战略。

全面推进海洋事业战略不只是国家战略向海洋"转向"，而是一个面向世界的战略，也可以说是一个全球战略。在这个意义上，全面推进海洋事业战略与美国的"全球战略"存在相似性——如果说美国的全球战略以全球为舞台，我们的全面推进海洋事业战略则以全球的海洋为舞台。

二、全面推进海洋事业战略是国家经济社会发展总战略的组成部分

自实行改革开放政策以来，我国经济和社会发展的总战略大致可以概括为"三步走"战略。[①] 中国共产党的第十三次全国代表大会对"三步走"战略做了如下表述：

"党的十一届三中全会以后，我国经济建设的战略部署大体分三步走。第一步，实现国民生产总值比一九八零年翻一番，解决人民的温饱问题……第二步，到本世纪（指二十世纪——引者注）末，使国民生产总值再增长一倍，人民生活水平达到小康水平。第三步，到下个世纪（指二十一世纪，引者注）中叶，人均国民生产总值达到中等发达国家水平，人民生活比较富裕，基本实现现代化。"[②]

这个被定义为"经济发展战略"[③] 的战略规划其实就是我国近四十年不断完善并一直奉行的国家战略。在这个战略形成的同时，党和国家做出了各项工作都"以经济建设为中心"[④] 的决定；在这个战略被贯彻实施的这几十年中，党和国家也一直认真贯彻执行以经济建设为中心这个决定。所以，这个时期实施的经济发展战略实际上也就是国家的总战略。此外，这个被定义为经济发展战略的战略也不仅只是关于经济建设的战略，而是经济与社会发展的总战略。显然，在党中央对"三步走"战略的表述中，社会发展的指标是清晰可见的。比如，这一战略"坚持把发展教育事业放在重要的战略位置"，强调"营造尊重知识、尊重人才的社会环境"，"改善知识分子的工作和生活条件"[⑤]。再如，这一战略还把"人口控制、环境保护和生态平衡"当成"关系经济和社会发展全局的重要问题"，要求"在推进经济建设的同时""大力保护和合理利用各种自然资源，努力开展对环境污染的综合治理，加强生态环境的保护，把经济效益、社会效益和

[①] 杨凤城：《邓小平与"三步走"发展战略的形成》，载《光明日报》2011 年 8 月 3 日。

[②] 赵紫阳：《沿着有中国特色社会主义道路前进——在中国共产党第十三次全国代表大会上的报告》，人民出版社 1987 年版，第 14 ~ 15 页。

[③] 赵紫阳在中国共产党第十三次全国代表大会上代表党中央所做的报告的第三部分标题为"关于经济发展战略"。这一部分，《报告》对"三步走"战略做了系统阐述（参见赵紫阳：《沿着有中国特色社会主义道路前进——在中国共产党第十三次全国代表大会上的报告》，人民出版社 1987 年版，第 14 ~ 25 页）。

[④] 江泽民：《加快改革开放和现代化建设步伐，夺取有中国特色社会主义事业的更大胜利》，载《江泽民文选》（第一卷），人民出版社 2006 年版，第 222 页。

[⑤] 赵紫阳：《沿着有中国特色社会主义道路前进——在中国共产党第十三次全国代表大会上的报告》，人民出版社 1987 年版，第 17 ~ 18 页。

211

环境效益很好地结合起来"①。

我们既然已经把海洋战略定位为国家战略（参见本书第五章），这便决定了我们所规划的海洋事业发展战略一定是可以用"三步走"来概括的国家战略的组成部分，一定是为实施"三步走"战略而为的战略设计。这一点是我们讨论中国海洋战略的基本遵循。脱离"三步走"战略的海洋战略设计是不着边际的遐想；违背"三步走"战略的海洋战略设计则注定与我国的国家利益格格不入。

我国规划的全面推进海洋事业战略具有以下几个要素：

第一，全面推进海洋事业战略是关于各项海洋事业的战略。如果说来自军队的海洋战略专家更多地关注海洋军事的发展，把航空母舰、核潜艇等作为主要的指标来对待；从经济建设需要出发研究海洋战略的专家把更多的注意力放在海洋产业上，海洋产业的产值、利润、创汇率等是他们眼里的海洋战略实施好坏的主要标志，那么，全面推进海洋事业战略是关于多种多样的海洋事业的战略。从国家管理的职司划分的角度来看，这一海洋事业包括海洋经济事业、海洋国防或海洋军事事业、海洋外交事业、海洋管理事业、海洋科技事业、海洋教育事业、海洋资源开发保护事业、海洋环境保护事业，等等，而在海洋经济事业中还包括海洋渔业、海洋盐业、海水利用、海洋运输、海洋旅游、海洋能源开发等不同的产业门类。殷克东先生"海洋强国指标体系"涉及的那些指标类别给我们这里所说的"各项海洋事业"一个概括的表达。这个体系中的 8 个一级指标包括"海洋经济综合实力"、"海洋科技综合水平"、"海洋产业国际竞争力"、"海洋资源环境可持续发展能力"、"沿海地区社会发展程度"、"海洋事务调控管理能力"、"海洋军事实力"、"海洋外交力"②。按照尹先生的设计，一个国家要想成为一个海洋强国，就一定要努力实现上述那些指标的综合得分不断提高。我们所说的全面推进海洋事业战略所要推进的海洋事业包括尹先生的指标体系所列举的那些事业。

全面推进海洋事业战略是关于各项海洋事业的战略。这个战略可以对不同的海洋事业做轻重不同的安排，如可以把海洋产业放在首位，可以把海洋科技发展列为重中之重，也可以把海洋环境保护放在"量力而行"的地位，把海洋军事的发展放在战略实施的后期，等等，但不可以忽略这种或那种海洋事业。比如，如果海洋教育事业的发展落后于海洋经济、军事等的发展水平，就会出现海洋人力资源匮乏的状况，并最终制约海洋经济、军事等的发展。2008 年 2 月，经国务院批复的《国家海洋事业发展规划纲要》所做的规划之一就是"加快海洋职

---

① 赵紫阳：《沿着有中国特色社会主义道路前进——在中国共产党第十三次全国代表大会上的报告》，人民出版社 1987 年版，第 24 页。

② 殷克东等：《海洋强国指标体系》，经济科学出版社 2008 年版，第 45 页。

业教育，培养海洋职业技术人才"①。这是为"促进海洋经济又好又快发展"采取的措施。显然，没有充足的"海洋职业技术人才"的供给或储备，需要"海洋职业技术人才"建设的海洋事业就很难取得建设的成功。正是为了给"海洋事业发展提供"有力的"保障"②，这份《纲要》要求"紧密结合海洋事业和海洋经济发展需要，调整海洋教育学科结构，建设高水平的海洋师资队伍，努力办好海洋院校，提高海洋高等教育水平"③。

第二，全面推进海洋事业战略是由国家推进的战略。战略作为一种谋略，无疑是战略主体的一种选择。所谓"主观战略选择"④的说法清楚地表达了它作为主体选择对象的特征。全面推进海洋事业战略作为被选择的一种谋略，其中的各项海洋事业的发展显然不应是自发的发展，也不是不同事业的管理部门各自"自谋"的发展，因为选择者做出选择的直接目的是实施，而不是听任周围世界自然演进。战略作为"运用国家力量的一门艺术和科学"⑤，它的本质特征就是"运用国家力量"，而不是让国家力量"刀枪入库，马放南山"，或者听任社会力量自由发挥其作用。所谓推进意味着国家要通过对国家力量的运用，实现某种战略目标，或者通过国家力量的运用调动或推动社会的力量，以实现某种战略目标，或者通过国家力量和国家力量运用所调动或推动的力量的共同作用实现国家的某种战略目标。

2007年国家发展和改革委员会和国家海洋局报送的《国家海洋事业发展规划纲要》（以下简称《纲要》）是一份具有战略规划特点的文件。国务院在对该《纲要》的批复中指出："沿海地方各级人民政府要将《纲要》内容纳入本地区国民经济和社会发展规划，结合本地区实际制定实施计划。中央和沿海地方各级人民政府要加大对海洋事业的投入力度，进一步落实和完善《纲要》实施的各项政策措施。国务院各有关部门要按照职能分工，加强对《纲要》实施的指导和支持。发展改革委、海洋局要对《纲要》的实施进行监督和跟踪分析，适时组织中期评估，并加强对海洋重大问题的研究。"⑥ 这里的"纳入本地区国民经济和社会发展规划，结合本地区实际制定实施计划"、"加大对海洋事业的投入力度，进一步落实和完善《纲要》实施的各项政策措施"、"加强对《纲要》实施的指导和支持"、"进行监督和跟踪分析"，"组织中期评估"、"加强对海洋重大问题的研究"等，都是对国家力量的运用。全面推进海洋事业战略就是通过

---

①③　《国家海洋事业发展规划纲要》第九章第六条。

②　《国家海洋事业发展规划纲要》第九章。

④　赵丕等把"主观战略选择"视为"决定国家命运的关键所在"（参见赵丕等：《大国崛起与国家安全战略选择》，军事科学出版社2008年版，第9页）。

⑤　［美］约翰·科林斯：《大战略》，战士出版社1978年版，第43页。

⑥　《国务院关于国家海洋事业发展规划纲要的批复》（国函［2008］9号）第七条。

"纳入"（规划）、"投入"（人力物力等力量）、"指导和支持"、"监督"、"评估"、"研究"等推进手段以实现国家战略目标的战略。

全面推进中的"推进"包括任何需要的措施，其中最不可缺少的是三种措施，即组织、投入、协调。

推进意味着组织。作为国家海洋战略中的海洋事业显然不是国家只需铺好市场经济轨道然后听凭市场主体各显神通便可成就的事业。不仅全面推进的目标不是市场主体的自由行动可以达致的，而且有些海洋事业是市场主体无利可图的。《海洋事业纲要》要求"加强海洋生物多样性、重要海洋生境和海洋景观的保护"，其中包括"实施红树林、海草床、珊瑚礁、滨海湿地等典型生态系统的保护、恢复和修复工程"，使"海洋保护区总面积达到管辖海域面积的5%"，"建立珍稀濒危物种监测救护网络和海洋生物基因库，开展典型海域水生生物和珍稀濒危物种的繁育与养护"，"关闭重点生态区的直接排污口"① 等。这类事业没有完整的国家机关体系认真开展的组织工作是无法取得成功的。

推进意味着投入。战略无疑是以达到某种目标为内容的，但战略绝不是消极地等待某种美好前景的出现，全面推进海洋事业战略也不是坐等海洋的产出。推进要求实施投入，也就是把财力、物力、人力等"国家力量""运用"到某种或某些海洋事业中去。战略目标的实现以一定的投入为条件；全面推进海洋事业战略以一定的投入为推进手段，通过这种投入谋求战略目标的实现。《海洋事业纲要》在《国际海洋事务》章要求"进一步拓展极地考察空间，完善极地考察工作体系"。那么，怎样才能实现这种"拓展"、"完善"呢？具体的工作内容包括"建设第三个南极站"②，"加强极地考察的基础设施和支撑能力建设，形成南极内陆站运输支撑体系、能源供应体系"③ 等。这些工作内容说明，要使南极海洋科学研究这项事业取得成功，没有足够的人力、物力、财力的投入是不可能的。由此推而广之，其他领域其他区位的海洋科学事业的成功也需要投入。或许我们也可以由此进一步推断，其他类型的海洋事业的成功也以必要的投入为条件。

在这个意义上，国家海洋战略，包括我们所选择的全面推进海洋事业战略是否合理、恰当以国家是否有能力实施"投入"为评判的标准。根据这个原理，即海洋事业的成功以必要的投入为条件，我们也可以做出如下判断，在国家有"投入"能力的情况下，国家海洋战略，包括我们所选择的全面推进海洋事业战略的战略目标能否得以实现，取决于国家是否适时地实施了"投入"。

---

① 《国家海洋事业发展规划纲要》第四章第四条。
② 这个目标早已完成。今天，我们的第四个科考站已经建成了。中国南极泰山站已经于2014年2月8日成功建立。
③ 《国家海洋事业发展规划纲要》第八章第二条。

推进意味着协调。所谓推进，实际上表达了战略实施的含义。而战略实施不是特定战略决策的简单"交付执行"，而是一个复杂的布局、调度、调整等的过程。这个过程能否达致理想的战略目标，在很大程度上决定于这个战略的不同组成部分的实施之间是否协调。作为一项国家战略，它必然通过某种战略布局来实现战略目标。战略布局是"战略实力在一定的时间和空间"的"调动、分配和投送"①。"战略实力"的"调动、分配和投送"如果是不协调的，整个战略实施就很难是成功的，而"战略实力"的"调动、分配和投送"对"时间"的要求、在"空间"上的分布就更需要协调，否则就只能等待战略实施失败的结果。国家战略不仅需要通过布局来实现意图，而且还常常需要根据实施的情况做出调整。② 这战略调整，其内容不管是"战略充实"、"战略完善"，还是"战略转换"，其调整方式不管是"拓展式"还是"缩减式"，其调整的节奏是"激进式"还是"渐进式"，其调整的强度是"废止式"还是"延续式"③ 等，都必然提出协调的要求。薄贵利先生在谈国家战略实施中的"结构上的协调"时指出："在国家发展战略中，存在着产业结构、生产力布局结构等各种结构关系。""对关系战略全局的重大结构关系进行协调，是国家战略实施中所要解决的重要问题之一。"他举例说道："1956 年，毛泽东在《论十大关系》中所讲的重工业和轻工业、农业的关系，沿海工业和内地工业的关系，经济建设和国防建设的关系等，就是讲的要如何协调好这些重大的经济结构关系。"④

全面推进海洋事业战略的实施所需要的协调显然不只是薄贵利先生所谈道的经济结构协调。它至少包括两个方面，即不同海洋事业之间的协调和海洋事业与其他经济社会发展事业之间的协调。

第三，全面推进海洋事业战略以经济建设为中心。作为"三步走"战略组成部分的全面推进海洋事业战略一定是围绕经济建设这个中心展开的战略。我们可以列举若干海洋事业，如海洋外交事业、海洋军事事业、海洋文化事业等，我们也认为这些海洋事业之间需要协调发展，因为任何一个方面的偏废都有可能影响整个海洋战略的成功，但是，所有这些考虑、安排、协调等，都必须围绕经济建设这个中心进行。

全面推进海洋事业战略中的经济建设这个中心有两层含义：其一，国家经济发展战略是全面推进海洋事业战略所服务的中心。比如，我国经济建设高速发展

---

① 周丕启：《大战略分析》，上海人民出版社 2009 年版，第 130 页。

② 周丕启先生认为，"大战略（也就是本书所讨论的国家战略——引者注）筹划是一个逐步深入的过程，一开始就制定出完美无缺的战略可能性很小。"（参见周丕启：《大战略分析》，上海人民出版社 2009 年版，第 238 页）。这一认识反映了战略实施中的战略调整存在的必要性。

③ 周丕启：《大战略分析》，上海人民出版社 2009 年版，第 249～254 页。

④ 薄贵利：《国家战略论》，中国经济出版社 1994 年版，第 415～416 页。

遭遇的最大"瓶颈"制约是资源短缺，海洋战略便应把解除这个制约或减缓这一制约作为首要的战略安排。再如，我国经济的腾飞严重依赖对外贸易，而对外贸易的扩大意味着大量货物的运进运出，海洋战略便应在战略布局中把发展海洋运输业放在重要的位置。其二，在各项海洋事业中，海洋经济是中心。党的第十三次全国代表大会对经济发展战略的阐述充分表达了经济建设的中心地位，即有关各业服务经济建设，它们的重要性依对经济建设的重要性而定。之所以要"把发展科学技术和教育事业放在首要地位"，为的是"把经济建设转移到依靠科技进步和提高劳动者素质的轨道上来"[1]。之所以要"加快和深化""经济体制改革"，包括"按照所有权经营权分离的原则，搞活全民所有制企业"，"促进横向联合的进一步发展"，"加快建立和培育社会主义市场体系"，"逐步健全以间接管理为主的宏观经济调节体系"，"在公有制为主体的前提下继续发展多种所有制经济"，"实行以按劳分配为主体的多种分配方式和正确的分配政策"等，是因为"经济发展战略的实现，从根本上说，要依靠经济体制改革的加快和深化"[2]。之所以要进行政治体制改革，是因为服务于经济建设的"经济体制改革的展开和深入，对政治体制改革提出了愈益紧迫的要求"。"政治体制改革"的"目的"和经济体制改革一样，都是为了"更好地发展社会生产力"[3]。在全面推进海洋事业战略中，在各项海洋事业的相互关系的处理上也应当紧紧围绕海洋经济和这个中心。海洋经济无疑是我国整个经济建设战略的重要方面军，按照《海洋事业纲要》的规划，到 2010 年"海洋生产总值"将占"国民生产总值的 11% 以上"[4]，其他海洋事业对海洋经济的服务就是对国家经济发展战略提供服务，对海洋经济的促进就是对实现国家经济发展目标的促进。

三、全面推进海洋事业战略是三十年"开放"战略的自然延伸

如果说我国近四十年来的国家经济社会发展总战略是"三步走"战略，那么，这个战略的构成要素之一是改革和开放这两项国家政策。之所以说全面推进

---

① 赵紫阳：《沿着有中国特色社会主义道路前进——在中国共产党第十三次全国代表大会上的报告》，人民出版社 1987 年版，第 16 页。

② 赵紫阳：《沿着有中国特色社会主义道路前进——在中国共产党第十三次全国代表大会上的报告》，人民出版社 1987 年版，第 24～34 页。

③ 赵紫阳：《沿着有中国特色社会主义道路前进——在中国共产党第十三次全国代表大会上的报告》，人民出版社 1987 年版，第 34～35 页。

④ 《国家海洋事业发展规划纲要》第二章第三条。

海洋事业战略是我国国家总战略的一部分，重要的依据之一是这一海洋战略是国家战略中的对外开放政策的自然延伸。

江泽民同志曾指出："新时期最鲜明的特点是改革开放。改革开放从十一届三中全会起步，十二大以后全面展开。它经历了……从对内搞活到对外开放的波澜壮阔的历史进程。"[①] "建设有中国特色社会主义理论的主要内容"之一是，"在社会主义建设的外部条件问题上，指出和平与发展是当代世界两大主题，必须坚持独立自主的和平外交政策，为我国现代化建设争取有利的国际环境。强调实行对外开放是改革和建设必不可少的，应当吸收和利用世界各国包括资本主义发达国家所创造的一切先进文明成果来发展社会主义，封闭只能导致落后。"[②] 这是江泽民同志于1992年所做的总结，但这一总结所作出的判断不仅与今天的实践相一致，而且也会在以后的实践中得到验证。

从逻辑上来看，国家总战略是对外开放的战略，那么作为国家总战略之组成部分的海洋事业发展战略也一定是对外开放的战略，至少是服务于对外开放的战略。而从海洋的特性，从而从海洋事业的特性来看，全面推进海洋事业战略也一定是对外开放的战略。海洋的流动性把全世界的海洋连成一体，只要你涉足海洋，你就已经走进了世界。海洋事业有多种，一个国家建设的海洋事业种类越多，这个民族走进"世界的海洋"的深度便越大。只要我们顺从海洋的连通特性发展自己的海洋事业，我们就必然地走进"世界的海洋"，就自然地登上了"世界的海洋"这个国际交流的舞台。如果我们想把海洋事业建设得更加红火，我们就必须更主动地深入"世界的海洋"，更积极地同走进这个"世界的海洋"里的其他国家、民族开展交流、合作。

如果说海洋战略是在海洋上展开的战略，那么，全面推进海洋事业战略则是在广阔的国际环境中展开的战略。也就是说，这一战略展开的战场是世界，而不是中国，尽管这个战略的主体是中国；这一战略的战场是全世界的海洋，而不是中国自己家门口的"四海"，尽管这个战略的展开注定要从中国海，比如东中国海、南中国海为基地或始发港。

全面推进海洋事业战略显然不是关起门来搞建设的战略，它包含向外出口我们的产品、引进外国先进的海洋仪器设备，与其他国家分享公海资源等，但简单的对外部世界的进入和对来自外部世界的资源的引入远不是对外开放的全部内涵。不少学者对明清时期的闭关锁国政策提出过批评。明清海洋政策的所有过误

---

① 江泽民：《加强改革开放和现代化建设步伐，夺取有中国特色社会主义事业的更大胜利》，载《江泽民文选》（第一卷），人民出版社2006年版，第214页。

② 江泽民：《加强改革开放和现代化建设步伐，夺取有中国特色社会主义事业的更大胜利》，载《江泽民文选》（第一卷），人民出版社2006年版，第218~220页。

中最严重的一条就是使伟大的中华文明丧失了与渐渐繁荣起来的西方文明主动交流的机会，使富强的中国丧失了与世界同步发展的机会（参见本书第十六章）。黑格尔所说的"没有"分享航海和追求"商业"利润那种事业的"光荣"①，马克思对锁闭的中国所作的"小心保存在密闭棺木里的木乃伊"② 之比，都揭示了相同的道理，即丧失了历史提供的机会，牺牲了本应发生的进步。全面推进海洋事业战略作为对外开放战略的延伸，它的重要内涵是向先进的国家学习，与外部世界交流，与其他国家和地区一起推动海洋事业的更大进步，一起推进海洋文明的发展。

四、全面推进海洋事业战略是和平发展战略

战略与其来源于战争的"出身"赋予它军事斗争的特质（参见本书第五章），所以即使在它的用途已经远远超出"服务"于"战争"这一界限的当代，人们依然乐于用与战争有关的知识来解释战略。作为军事战略专家的洪兵先生对战略下了以下定义："'战'是指对抗，'略'是指谋划"，战略就是"一种进行对抗的谋划"③。这一定义无疑揭示了军事战略或原本意义上的战略的特性。在海洋战略的研究中，提倡海权战略的专家也总是加给战略以战争色彩，因为海权的本性就是"控制"、"征服"④。

革命战争年代，中国共产党领导的人民军队奉行的是推翻三座大山建立新中国的战略。这个战略首先是政治战略，是以军事斗争为核心内容的战略。毛泽东同志所精心研究的作为"带全局性的战争指导规律"的"战略学"⑤ 就主要是关于军事、战争的战略。

然而，我们今天所讨论的海洋战略，正像中国共产党的第三代领导集体经常研究的发展战略那样，它主要不是服务于军事的设计，不必然是以军事为核心内容的设计。

全面推进海洋事业战略是和平发展战略这个判断至少包含三个层面的含义。

（一）它是和平发展海洋事业的战略

如果说，国家发展战略的基本战略目标是发展，且这种发展不是军事的发展

---

① ［德］黑格尔：《历史哲学》，上海书店出版社 1999 年版，第 96～97 页。
② 马克思：《中国革命与欧洲革命》，载《马克思恩格斯选集》（第二卷），人民出版社 1972 年版，第 3 页。
③ 洪兵：《中国战略原理解析》，军事科学出版社 2002 年版，第 2 页。
④ 本书对海权的本质特征做了较为深入的研究，某些结论不同于报刊上常见的表达（参见本书第十章）。
⑤ 毛泽东：《中国革命战争的战略问题》，载《毛泽东选集》（第一卷），人民出版社 1991 年版，第 175 页。

或军事力量的发展，那么，海洋战略这个注定要在海洋上实施的战略不是以对海洋的军事占领或摧毁为目标的战略，而是开发利用海洋的战略、保护海洋的战略。如果说"全面推进海洋事业战略是国家经济社会发展总战略的组成部分"，那么，这个定位还包含这样的含义，即所谓开发利用海洋的战略是服务于国家经济与社会发展总战略的战略。国家之所以要实行这样的战略，重要的依据是海洋具有开发利用的潜力，开发利用保护海洋有利于实现国家经济与社会发展总战略的目标。海洋里蕴含着丰富的资源，包括可再生资源，全面推进海洋事业战略是以开发利用这些海洋资源为目标的战略；海洋是运输通道，是实现人员、物资位移的便捷途径，从而是现代商业贸易不可或缺的商路，全面推进海洋事业战略就是以开发利用这样的商路为目的的战略；海洋深不可测，无数科学奥秘还隐藏在深远的、变幻不定的大海里，全面推进海洋事业战略就是探究海洋里的科学或通过研究海洋发现其他科学、探索海洋隐藏的潜能或通过研究海洋发现大自然的其他潜能的战略；海洋是不同于陆地的一个漂移的世界，是人类生存基地的两种主要类型之一，它为丰富人们的社会生活提供了与陆地迥然不同的另外一种场所，全面推进海洋事业战略就是以更好地营建人类的海上家园为目的的战略；海洋在地球生态系统中具有"下游"的特征，是当今人类追求的可持续发展的最后的自然根基，全面推进海洋事业战略就是以维护这个根基永存永固为目标的战略……总之，全面推进海洋事业战略是关于海洋的"民事"的战略。

（二）它是以和平利用海洋为核心的战略

全面推进海洋事业战略是和平发展海洋事业的战略，这一战略无疑会以实现国家战略利益为基本追求，而国家战略利益的实现无疑需要运用各种不同的战略手段，通过对国家各种战略实力的积累、调度等来实现，所以，这一战略显然不是排除海洋军事安排的战略，不是无军事要素的战略，也不是非军事战略。作为一个经历过百年受侵略、受压迫屈辱历史的民族，其国家战略一定不会是无军事或非军事的战略。但是，作为和平发展海洋事业的战略，全面推进海洋事业战略的基本战略目标、核心战略安排却是和平利用海洋。

在海洋战略讨论中，有论者专注于军事战略意义上的海洋战略。比如，以"太平洋上的较量"为题所讨论的"当代中国的海洋战略问题"① 不能不是以

---

① 吴纯光：《太平洋上的较量——当代中国的海洋战略问题》，今日中国出版社1998年版。

"舰炮力量对比"① 为内容的战略论，而这样的战略研究的结果不能不是关于"一定要建立强大的海军"② 之类的呼吁或战略设计。我们不反对这样的战略研究，国家也不可忽视关于海军建设的战略安排，尤其不可忽视关于海军建设的战略思考。然而，这种战略思考所提出的战略设计与作为国家战略之组成部分的海洋战略不是同一个层面的战略，这种设计只能是中国国家海洋战略这个大战略之下或之内的"小战略"。全面推进海洋事业战略中包含海洋军事事业，但海洋军事事业不是海洋事业的主体，更不是全部。如果说为实现中华民族伟大复兴而设计的国家发展战略主要或首先是通过经济活动来实现的，那么，我国的全面推进海洋事业的海洋战略也以海洋经济活动和为国民经济提供支持的海上活动为重点。

全面推进海洋事业战略以全球海洋为舞台，但是，我们的这一全球战略与美国的全球战略有所不同。美国战略学家罗伯特·阿特曾把美国的全球战略称为"选择性干预"战略。这一战略是在以往美国实行的"孤立主义战略"和"冷战"时期推行的"广泛的军事干预"战略这"两种极端做法"之间取得的"平衡"。这种战略要实现的目标是"美国领导世界"，而它的核心内容是，即使在和平时期也将"维持""前沿配置的防御部署"，而在特殊时期则"将美国的政治军事资源集中投入到那些对美国具有最重要影响的地区"③。我国的全面推进海洋事业战略虽然也以全球为舞台，但我们在这个舞台要演出的是和平曲目，而不是战争曲目。美国的以军事干预为核心的全球战略是殖民地时代靠掠夺致富强的战略的继续。我们的全面推进海洋事业战略是追求通过对海洋的和平利用实现我国经济和社会发展的目标，实现我国与世界各国共同进步。

如果说美国"选择性干预"战略的核心是军事力量的配置与使用，那么，我国全面推进海洋事业战略的核心是经济先行。它既符合当代世界各国对和平、发展、合作的政治需求，又可避免因过度使用军事力量为西方人炒作的"中国威胁论"提供口实。以经济先行为核心的全面推进海洋事业战略不仅有别于美国的"选择性干预"战略，而且与历史上殖民主义国家实行的殖民战略、一些发达国家对发展中国家实施的以"文化渗透"先行的战略等都明显不同。我们之所以选择经济先行，是因为发展经济是我国最大的国家利益，而走和平发展的道路，实施经济先行的战略，我们判定能够实现这一国家利益。

我们之所以选择以和平利用海洋为核心但不排除海洋军事的海洋战略，主要

---

① 吴纯光：《太平洋上的较量——当代中国的海洋战略问题》，今日中国出版社 1998 年版，第 274 ~ 307 页。

② 吴纯光：《太平洋上的较量——当代中国的海洋战略问题》，今日中国出版社 1998 年版，第 344 ~ 378 页。

③ ［美］罗伯特·阿特：《美国大战略》，北京大学出版社 2005 年版，第 158 ~ 159 页。

基于以下几个基本判断：其一，关于和平、发展、合作是当今世界形势的主题的判断。作为一个发展中的大国，中国需要和平发展，需要集中精力实现发展。在国际形势允许发展的历史时期，中国理所当然地选择和平发展的战略。其二，海洋上存在巨大的和平利用的空间和机会，存在着国际间通过合作来实现的共同利益和本国利益。这些空间的利用不以军事征伐为前提，这些机会的把握不以军事占领为必要条件，这些利益的实现不需要使用军事夺取的手段。为开发这样的空间，利用这样的机会，取得这样的利益，即使是海洋军事力量十分强大的国家也不必一定动用军事机器，何况我国并不具备海洋军事上的突出优势。其三，海洋的可持续利用对人类提出更多要求的是国际合作，而不是国际对抗。不管是海洋科学研究，还是海洋大生态系的维护；不管是海洋环境保护，还是海洋生物资源的养护，等等，都要求世界各国携起手来，通过合作实现各自的和人类共同的利益。作为一个负责任的大国，中国要在海洋的可持续利用方面有所作为，就应当选择和平利用海洋的海洋战略。

（三）它是立足于和平解决海洋争端的海洋战略

如前所述，我国与邻国间存在海岛和海域划分上的争端，尤其在南中国海更存在岛礁被邻国强行占领等情况。这些争端和情况涉及国家核心利益。这些争端、冲突的存在使得我国与有关邻国的关系始终存在着难以抹去的军事因素，因为领土主权争端最容易引发相关国家诉诸武力。仅仅考虑到这一点，我们选择的全面推进海洋事业战略就不能完全排除对海洋军事的战略安排，就不能是无军事战略或非军事战略。然而，全面推进海洋事业战略之所以是和平发展战略，就是因为这个战略设计立足于用和平的方式解决海洋争端。

我们之所以主张制定和平发展的海洋战略，除了服务于国家战略的总体设计之外，还基于以下理由：其一，不管是南中国海争端还是东中国海争端，更不要说黄海划界，都不存在即刻开动战争机器的急迫性。今天的中国，不管是在陆上还是在海上，既不面临强敌环伺，[①] 意图吞噬的危险，也未遭遇割地赔款的强盗勒索，所以便不需要倾国而出、全民御敌的紧急战争动员。其二，在中国国家所要大力发展的各项海洋事业中，最容易遭受损失的不是海洋军事事业，甚至也不是海岛、海域争端是否能够及时解决，而是不存在争端的海域中的产业发展、生物多样性保护，是公海、国际海底、南极等极地区域、国际通行海峡等的和平利

---

① 所谓"C型包围"（参见戴旭：《C型包围——内忧外患下的中国突围》，文汇出版社 2010 年版）的说法，在军事地理学上无疑是有意义的，用来提醒国家领导人居安思危上也是有价值的，但却不足以说明我国的国家战略应以冲破那种所谓包围（戴旭将军称"突围"）为目标，更不足以说明中华民族因此便陷入了危难。

用，是稍纵即逝的国家发展战略机遇期。

五、全面推进海洋事业战略具有蓝色文明特征

中华民族开发利用海洋的历史源远流长，然而，开发利用海洋却从来都不是中华文明发展的主旋律，不是民族繁荣发展历史画卷的主色调。经过数千年的民族融合、疆域整理等最后沉积下来的 960 万平方公里的陆地国土是中华文明的基本载体，在这 960 万平方公里的陆地国土上发生的悲剧、喜剧构成中华民族生存繁衍历史剧的主要画面，海洋则主要出现在"鲲鹏展翅，翻动扶摇羊角"① 的想象空间里，主要在取"鱼盐之利"以补陆上资源之不足的意义上发挥作用，经常扮演的是维护陆地国土安宁、朝廷安宁的"藩屏"角色。② 所以，在历史上，我国是得海洋之利的国家，但却很难说是一个海洋国家。中国文明是有海洋成分的文明，但却不是以海洋为特质的文明。中国没有发达的海洋文明，在中国文明的整体画卷中，蓝色只是点缀（参见本书第十六章）。陆儒德先生关于国土观的一段话可以反映中国文明的这一特点。他说："中国长期'重陆轻海'，传统的大陆观使民族视野囿于陆土而忽视海洋，直至当今烙印犹存，酷爱祖国半壁江山，却冷漠海洋。"③

全面推进海洋事业战略不再是"重陆轻海"的"大陆观"羁束下的战略，而是具有蓝色文明特征的战略。

全面推进海洋事业战略的实质是走向海洋，而所谓走向海洋不是简单地开发利用海洋，像历史上的取"鱼盐之利"那样；也不是一般地把海洋纳入战略视野，仅用来装饰战略安排的"周全"，而是让中华民族走向海洋，让这个民族像经营陆地家园一样经营海洋，像创造陆上文明成果一样去创造海洋文明的成果，像今天可以享受来自陆地经营的儒家文化等文明成果那样享受西方人创造的或东方人创造的，或西方人、东方人一起创造的海洋文明。因为我们民族需要走向海洋，因为我们民族应该走向海洋，所以，国家才应当制定足以把这个民族引向海洋的战略，才应当通过战略的实施使我们民族真的进入海洋。因为我们需要的是全民族向海洋进军，所以我们拟订的海洋战略才应该是全面推进海洋事业。单一的以鱼获为目标的海洋战略，尽管比较容易实现，也容易产生收益，但却无法实现民族向海洋的进发；仅仅为了记住历史的屈辱，为了避免重蹈有海无防的覆辙

---

① 毛泽东：《念奴娇·鸟儿问答》。

② 今人对中国近代"有海无防，国门洞开，海洋成为帝国主义入侵的门户"（参见陆儒德：《中国走向海洋》，海潮出版社 1998 年版，第 194～195 页）的批评不正反映了国人赋予海洋的藩屏地位吗？

③ 陆儒德：《中国走向海洋》，海潮出版社 1998 年版，第 194 页。

而设计的海洋战略，尽管比较容易得到民众情感上的共鸣和符合有备无患的先喆遗训，但却无法实现中华民族文明轨辙的改易。全面推进海洋事业是以海洋为家园的战略。因为要以海洋为家园，那就免不了衣食住行各色装备一起制备，少不了士农工商、五行八作全面启动。陆上文明不是单一行业建立的文明，建设海洋文明或者融入海洋文明需要像经营陆上家园那样启动所有的行业、所有工种。从建设海洋文明的需要来看，我们对海洋事业门类的列举往往都是不全的，甚至是挂一漏万的。为了建设海洋文明，我们能够做的是，明确应当全面推进海洋事业，而不是按照列举的三种或五种海洋事业开展推动工作。

全面推进海洋事业战略是与封疆自守的文明观相对立的。人们常把海洋文明称为蓝色文明。这里的海洋、蓝色为我们提供了理解这种文明的线索。海洋也好，蓝色也罢，其突出的特点是没有区块的界限。那些建设海洋文明、享受蓝色文明的人们都是在相互连通的同一片海洋实施创造，经历享受。不管是直布罗陀海峡，是南非好望角，还是率先开凿的苏伊士运河、晚些挖通的巴拿马运河，它们向全世界所有的船舶提供通道。尽管蓝色文明的建造者们之间也有纷争，也实施过诸如封锁海峡之类的战术，但他们在连通的海洋上实施着无法拒绝的交流，营造着无法抗拒的共生关系。中华民族在中华大地上创建的文明是一种封闭的文明，是存在于如马克思所说与文明世界"隔绝"状态中的文明。[①] 这种文明的突出特点就是封疆自守。不管这种文明发展的原动力是御敌，还是社会生活的自给自足，其结果都是营造了一个与外分割、独自发展的世界。在这个文明发展的数千年的历史上，虽然一直都有一些贸易、使节等保持着帝国对外的某些联系，但那锤炼着帝国居民的人格、品行、风尚等的却是天朝大国的封闭。长城作为中国陆地文明的象征，这个文明符号所传递的最强烈的信息就是封闭。而海洋，作为蓝色文明的自然载体，其天然的流动特性赋予文明的主人的特质是交流。全面推进海洋事业战略是与人交流的战略，是中华民族走向海洋并通过海洋走向世界的战略。这个战略中的与人交流不是政治打造出来的交流，不是为了炫耀文治武功而特遣使者周游列国，而是事业发展所需要的交流。全面推进海洋事业战略的实施将是对普遍的国际交流的推动。全面推进海洋事业可望的前景是在各项海洋事业上和在各项事业上与世界的普遍的交流。如果说在陆地文明发展时期中华民族独立地营建了一个以 960 万平方公里的陆地国土为基本载体的独立的"天下"，那么，建设蓝色文明的最高境界应当是中华民族与世界上其他民族一起经营一个美好的海洋世界。

---

① ［德］卡尔·马克思：《中国革命与欧洲革命》，载《马克思恩格斯选集》（第二卷），人民出版社 1972 年版，第 2～3 页。

在明确了全面推进海洋事业战略的蓝色文明特征之后，我们有必要指出，全面推进海洋事业战略与所谓海洋国土①的观念是不一致的。这种陆地国土加管辖海域的国土观是扩大的封闭，扩大的陆地文明观。它不符合海洋文明所具有的开放和交流的特点，也不具有让中华民族摆脱与世隔绝状态的文化基因。

六、全面推进海洋事业战略是借鉴"商业交换精神"的战略

马汉在论及美国对华战略时曾有这样一段文字：

"客观的不可回避的形势要求条顿国家进行合作，这既由于它们有着根本一致的利益，也由于受其利益和权力本质驱使的行为由同一种精神所激励。这就是本质上自由、追求影响扩大的商业交换精神。"②

他为了证成当年美国对华采取的"门户开放"、"利益均沾"政策，对商业交换与对华政策的关系做了很多论述。以下是他写下的几段文字：

"'商业'这个词让人想到海洋，因为海上商业在任何时代都是财富的主要来源，而财富又具体象征着一国的物质和精神活力。所以，如同陆军对于陆上军事行动至关重要、雨水和阳光对于植物的生长绝不可少一样，海上交通通过被用来保证自身利益或扰乱敌手，决定着一个国家的根本活力。"③

"海上国家对促进所经水道的国家的发展比征服它们更感兴趣。为了整个世界的福祉，它们更多注意的是增进自己的影响而不是强制。是通过物质进步和社会的文明，来促进当地人民的逐步发展，而不是占有他们的国家。"④

"由于……所有海上国家要想实现它们的商业目标，就不能通过炫耀武力（虽然需要一点暴力手段），而要充分发挥他们的优势。这种优势最明显和最令人信服的体现，就在于商业及来自其中的种种好处上。借助于商业，就能使道义和精神能得以传播。这好比人一旦拥有这些，他就会看轻物质上的享乐，认定人不是仅为面包而生存。"⑤

"海上强国和俄国间的互惠协定……应建立在按互让精神对现实的承认之

---

① 陆儒德先生曾论述过他的"新的国土观"。他认为，他"从小就知道"的"祖国国土面积为960万平方公里"的"大陆概念"属于传统的国土观，而新的国土观"将置于一个国家主权和管辖权下的所有地域空间称为国土"。按照他的计算，"我国的国土面积可视为1 260万平方公里"（参见陆儒德：《中国走向海洋》，海潮出版社1998年版，第194页）。

②④ ［美］阿尔弗雷德·塞耶·马汉：《大国海权》，江西人民出版社2011年版，第166页。

③ ［美］阿尔弗雷德·塞耶·马汉：《大国海权》，江西人民出版社2011年版，第167～168页。

⑤ ［美］阿尔弗雷德·塞耶·马汉：《大国海权》，江西人民出版社2011年版，第185页。

上。并且还应包含这种认识：即不应在长江沿岸实行任何军事占领从而使某些水域对海上强国强行关闭。在这种条件下，后者也应在和平时期避免使用海军力量阻止其他国家享受对长江的商业使用权，其保证一是在于拥有强大海军的国家间订立的保证协议，二是在于它们间的相互监督。在这方面，海军国家间的合作既离不开对抗，也和相互间利益的共通紧密相关。这些共同点会防止那种由某个国家发挥不适当影响的情形出现。"①

我们既不需要对他言辞中的"高尚"、"公允"投赞成票，也不需要对这些文字所转达的美国对华政策是否"恶毒"或"缓和"做肯定或否定的评价，我们只需要关注一下这些文字所传递的关于商业交换或"商业交换精神"的信息。

我们的论者对列强侵略中国的历史多是在军事进攻、武装占领、强迫签订割地赔款不平等条约等方面着墨，而较少关注列强在商业，哪怕是掠夺性的商业上的作为，较少对其商业行为和商业精神做抛开敌对情绪影响的心平气和的分析。研究国家海洋战略需要贯彻一点"商业交换精神"，而当今世界的情形也要求我国多用这种精神指导国家的外交政策、发展政策的制定。我们所提倡的全面推进海洋事业战略就是借鉴马汉"商业交换精神"的战略。

中国应当怎样对待海洋，怎样开创自己的海洋事业？我们认为，对这个问题的回答需要实现一个根本的转变，即从与外敌对的防御、对抗精神转变为比邻汇通的商业交换精神。

在中华民族经历的最近的历史上，我们长期处于与外敌对的状态，而海洋则是对立、对抗的象征。大致说来，我们先后经历了三种与外敌对的状态。

第一种，倭寇袭扰，御敌于陆的敌对状态。这是由倭寇侵扰我沿海地区引起的我与外的敌对。尽管只是为了防备倭寇，但当时的抗倭政策却把全民族置于与外对抗的敌对关系之中。

第二种，国门洞开，强敌内侵，国家被列强瓜分的敌对状态。如果说英法德意美等算是近代文明的代表者，那么，这第二种敌对状态是落后的中华帝国与西方文明世界的敌对。

第三种，新获独立解放，帝国主义国家"亡我之心不死"的敌对状态。以美国为首的西方国家对新中国的封锁是这种敌对的起因，而西方国家先后发动的目标指向新中国的入侵朝鲜的战争、入侵越南的战争等使敌对的气氛变得更加浓重。②

---

① ［美］阿尔弗雷德·塞耶·马汉：《大国海权》，江西人民出版社 2011 年版，165～166 页。

② 所谓"C 型包围"（参见戴旭：《C 型包围——内忧外患下的中国突围》，文汇出版社 2010 年版）的说法如果确实存在并构成中国与外国的对抗，那它就是第四种类型的敌对状态。本书作者认为，我们不应受"C 型包围"说的影响重新把中国置于与外敌对的状态。我们的选择不是出于喜好，而是植根于对国际形势的估计。

我们经历过这种敌对状态，我们在那些敌对的环境下遭受了种种的困难，甚至丧失了民族的尊严，所以我们必须牢记历史，必须记取落后就会挨打的历史教训。但是，我们不能因此便自我蒙蔽，把自己锁闭在往古的历史里，锁闭在与世敌对的牢笼里。毕竟列强瓜分、帝国主义封锁已成过去，敌对状态已经结束（参见本书第四章）。尽管我们与资本主义各国还存在着意识形态、社会制度等方面的冲突，尽管霸权主义依然影响着整个世界，左右着国际关系的发展，但今天的中国毕竟没有处在与某个国家或某个国家联合的直接的敌对状态之下。我们没有必要按照虚拟的国际紧张局势把自己置于与世敌对的困境之中。

如果说在适用马汉所阐述的对华政策的时代，美国、英国等制造了它们与中国的敌对状态，那么，列强在与中国的对抗中却不忘商业交换，或者如我们所痛斥的那样，不忘经济掠夺。[①] 今天，在我们实际上已经走出与美帝国主义、苏联修正主义等敌对的困局之后，国家不应该继续接受"冷战思维"或其他敌对精神的影响，而应借鉴马汉所说的"商业交换精神"。如果说当年的殖民者所从事的贸易是掠夺式的，那么，我国今天需要公平的贸易；如果说殖民者的贸易是拿了诸如鸦片之类毒害百姓的货物来实现其掠夺目的，那么，我们需要通过货真价实的产品，包括被打上"中国制造"烙印的产品与其他国家交换，为我国的产品寻找用户；如果说殖民者是凭借其军事优势实施近乎强买强卖的贸易，那么，我国作为一个贫穷的大国，一个由人口和资源的比例关系注定的穷国，需要通过自由贸易与其他国家互通有无，调剂余缺。

在海洋战略中借鉴"商业交换精神"并不等于放弃海军，不等于不承认海洋军事力量的作用，更不等于彻底放弃海上武装力量。马汉笔下的英美等国都充满商业交换精神，都是在商业交换精神的指导下赶赴亚洲的，而就是这样的持商业交换精神而来的强国相信，"商业影响需要通过在各地部署海军来得以存在"，尽管他们也知道商业影响"不能借助于海军而广泛传播"[②]。按照马汉的"忠告"，这些国家"为了"他们所谓的"普遍利益""必要时可使用武力"[③]。

我们主张在海洋战略中借鉴马汉的"商业交换精神"丝毫不意味着对海洋军事的放弃。这种战略思考不是在军事和贸易之间进行取舍的选择，而是关于国家是应当按照商业交换（以下简称商业或商业战略）的规律还是按照国家对抗的规律来做战略规划的选择。我们需要先明确，商业战略不排除军事安排的存

---

①　赵丕等把葡萄牙、荷兰、英国等"殖民帝国崛起之路"概括为"坚船利炮＋自由贸易＋殖民主义"（参见赵丕等：《大国崛起与国家安全战略选择》，军事科学出版社 2008 年版，第 20～22 页）。其中的"自由贸易"就反映了通过贸易的掠夺在那些国家殖民扩张中的作用。

②　［美］阿尔弗雷德·塞耶·马汉：《大国海权》，江西人民出版社 2011 年版，166 页。

③　［美］阿尔弗雷德·塞耶·马汉：《大国海权》，江西人民出版社 2011 年版，189 页。

在，对抗战略也不排除商业的实施。然而，这绝不说明商业战略和对抗战略没有区别。事实上，这两种战略选择的结果大相径庭。

敌对战略把主要注意力投放到建设军事设施和调整军事对峙局势、应对军事冲突上。在这种战略下，商业只能是"捎带"的、枝节性的和次要的。其特点是以处理军事事务的需要为转移：在不影响对抗时，可顺便开展商业；在影响或可能影响对抗时，便停止实施或取消商业行动。敌对战略，从军事的需要来看，它的进攻性本身要求对内管理上的封闭，而封闭显然是与贸易的自由天性相违背的。这也就是说，奉行敌对战略的国家即使并不经常与对手处于剑拔弩张的状态，这个国家也难以具备贸易的优势。而从军事和商业活动的实践结果来看，在这样的战略下只能有发达的军事，不可能出现繁荣的商业。在这种战略安排中，军事和商业之间的对比关系大致呈以下图示（见图 7-1）的状态：

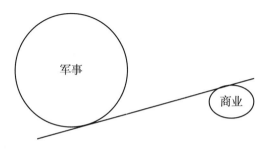

图 7-1 敌对战略下军事/商业对比图

这种战略实施的结果，可能产生强大的军事，但却不可能产生强大的商业；军事的强大不必然带来商业的繁荣，相反，军事的充分展示往往使商业被挤压，甚至使商业活动消失。苏美"冷战"时期俄罗斯贯彻的争霸战略大概就造成了这样的结局。

在充分贯彻"商业交换精神"的战略中，虽然也与敌对战略一样运用商业和军事两种手动，或者开展军事和商业两种活动，但其结果却与敌对战略大不相同。因为战略重心在商业，而军事是实现商业目标的手段，所以，其商业注定随战略的实施而走向繁荣。这种战略推进得越有力越成功，这个国家的商业便越发达。由于商业往往需要军事的支持，就像马汉所论证的那样，所以，商业的发达会要求有发达的军事为其保驾护航。反过来，在多国存在商业竞争的场合，或者在多国的商业竞争需要借助于军事力量的介入时，国家对军事投入越多意味着这个国家的商机越大，商业获得成功的机会越多。商业战略中的军事和商业之间的关系可以用以下图示（见图 7-2）来表示：

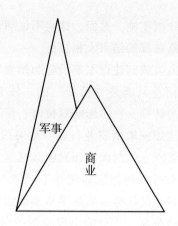

图 7 - 2　商业战略下军事—商业关系图

这种战略实施的结果无疑是商业的发达，因为以商业为目标，所以，只要这个战略得到了有力的实施，其结果一定是商业的发达。由于军事投入和军事活动的开展可以给商业创造机会、提供保障，所以，国家在军事上的投入越大，商业便越成功。在图 7 - 2 中，商业尖塔因借助军事尖塔的基础（两者基础合一），所以它才那样宽厚、稳固。这种战略因为立足于商业，所以，商业的自由精神得到充分的发挥。虽然军事的展开也会引起对自由、自由贸易活动的某些限制，但由于这种军事活动是补充性的，是在必要时才实施的，所以，它不会对商业自由和商业的自由精神构成严重的限制和根本的影响。这种战略的最大成功在于它不以军事敌对为目标，而是以军事所保护的和战争之后的经济建设、社会发展为目标。英国战略家巴兹尔·利德尔·哈特提醒战略研究者，"政策是通过战争而延续到随后的和平当中"①。商业战略是关于"延续到"可能的军事行动和军事力量所庇护的"和平当中"的战略。

以上对两种战略及其实施结构的描述已经足以让我们相信，这两种战略，虽然都有军事和商业这两个要素，但其结果，或者战略效果②却大不一样。前者只有萎缩的商业，而后者却可以造成繁荣的商业。

或许有人会说，敌对的战略收获了强大的军事，可以使国家在军事上处于常胜地位，所以，即使丢掉商业或损失商业也是值得的。

这一判断的合理性也许可以从某些短暂的成功中得到证明，但却无法得到

---

①　转引自［美］理查德·罗斯克兰斯等：《超越现实主义：大战略研究》，载［美］理查德·罗斯克兰斯：《大战略的国内基础》，北京大学出版社 2005 年版，第 3 页。

②　研究战略肯定是要讲求战略效果。这与研究专利要追求专利实施可能产生的效果具有类似的道理。周丕启先生在讨论战略评估时对战略效果就有专门的介绍（参见周丕启：《大战略分析》，上海人民出版社 2009 年版，第 232～236 页）。

"常胜"的验证。假定图7-1和图7-2代表一个战略周期结束时的情形，并由此开始考虑下一个战略周期的安排，那么，我们会发现这样的结果，即实施敌对战略的国家无力巩固其军事的强大，而实施商业战略的国家随时都可以使其军事得到加强。

实施敌对战略的国家由于商业萎缩，其强大的军事难免会陷入经济支持难以为继的局面。因为没有发达的国际贸易，所以，无法从这种贸易中获得财力支持。因为缺少国际贸易所产生的收益，其军费开支只能从国内生产和交换中提取。时间久了，财力不支必然影响军事力量的维持和加强，甚至造成军事力量的下滑。可以把图7-1中的军事和商业的位置颠倒过来来表达这种战略必将面临的结局（见图7-3）：

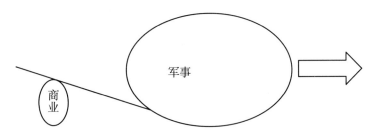

图7-3　敌对战略下商业无力维持军事示意图

图7-3中的商业相当于一个滚铁环的人，他虽然翘起脚跟，倾尽全力，也难以推动庞大的战车。而随着时间的推移，这架战车越发变得扁平，滚铁环的人越是没有能力让这架战车运转起来。

实施商业战略的国家，由于已经取得了商业的发达，从而获得了财富；由于在维护商业活动的过程中始终保持着军事机器的运行，甚至是高效的运行，所以，其军事虽不必一定十分强大，但却有很好的积累和基础。在这种条件下，这种国家一方面可以继续发展商业，继续发挥其军事力量对商业的维护作用；另一方面，可以加强军事以便战胜影响其商业发展的竞争对手，为商业的发展拓展新的市场。在后一种情况下，由于其有积累起来的财力，所以，这样的国家有能力为加强军事而投入财力；由于其保持着商业的活力，所以，这样的国家可以为加强军事提供源源不断的财政支持。我们也可以把图7-2中的商业和军事颠倒过来表达商业战略节节胜利的前景（见图7-4）：

商业为国家积累了财富，为国家不断地创造财富。商业这个源源不断的财富之源既可以使国民安居乐业，也可以给军事的发展提供有力的财政支持。当年的殖民主义的最大的成功就在于实施了此种战略，这种战略可以用今天人们非常熟悉的一个词汇来表达，即可持续。

图 7 - 4　商业战略商业支持军事示意图

以往的研究者，大概是受了敌对战略的战略观的影响的研究者，过多地注意了炮舰在殖民主义走向胜利的道路上的作用，而对这个战略中的精华——可持续却论究不深。

如前所述，实施商业战略的国家一方面可以继续发展商业，同时发挥其军事力量对商业的维护作用；另一方面，可以加强军事以便战胜影响其商业发展的竞争对手，为商业的发展拓展新的市场。这种战略的进可攻、退可守得益于商业优先的战略选择，得益于商业交换精神。当代中国应当汲取这种战略选择的精华，争取让国家走进进可攻退可守的良性循环，而不是固守出自于以往百年灾难的敌对战略。

我国需要接受或选择借鉴"商业交换精神"的海洋战略和国家战略。或许日本的"贸易国家理论"，不管这个说法是日本人自己的发明，还是外国人对日本战略的评价，值得中国的战略家们借鉴。查莫斯·约翰逊的一段话可供我们参考：

"（在对伊拉克—科威特危机的处理上——引者注）日本政府仅仅是根据人们所不熟悉的原则来形成政策。这种观点认为，日本是一个'贸易国家'，它对世界的看法与主要以军事和疆域条件来界定自己的民族国家截然不同。"

"现代日本和它的态度使很多人回想起了三十年战争之后再以军事力量捍卫领土的体制产生之前所繁盛起来的古老贸易国体制。认为国家从事国际经济活动是为了提高其自身的财富和权势，而不是像经济学家们所让我们相信的是为了提高全球效率的看法似乎是有道理的……日本通商大臣……和我本人关注的是十五、十六世纪威尼斯战略和1952年后日本战略的相似之处。正像罗斯科兰斯所指出的：'海洋或贸易体系……是以那些意识到自给自足是不可能的国家为基础而建立起来的……日本和欧洲国家（尤其是西德）居于这一体系的核心。今天，西德和日本利用国际贸易来获得在20世纪30年代通过武力征服才能得到的原材料和石油。'"①

我们需要反思：①"以军事和疆域条件来界定自己的民族国家"在国家战略的制定上占多大分量；②我国是不是已经意识到了"自给自足是不可能的国家"。我们需要正视的是，"西德和日本"早已懂得并实践着"利用国际贸易来获得在20世纪30年代通过武力征服才能得到的原材料和石油"。

第二节　全面推进海洋事业战略的目标

我国海洋战略研究专家都描述过他们设计的海洋战略的目标。例如，杨金森先生设计的目标是："海洋经济的新增产值占国内生产总值的比重由目前（写作的时间是2003年——引者注）的3%上升到2020年的5%～6%。""海洋经济的新增产值达到国内生产总值的10%。21世纪中叶建国100周年时，海洋经济成为支柱产业，海洋综合国力增强，成为太平洋地区海洋强国。在（应为'再'——引者注）经过几十年的努力，21世纪末成为世界海洋强国。"② 这类设想、论证都富有启发意义，因为目标本来就不是对某个已然存在的事实的求证，而是根据已有基础和发展趋势、潜力等而做的主观设计。然而，作为国家战略的构成要素，战略目标的设计至少需要处理好两对关系，一对是战略目标与战略目的的关系；另一对是战略目标与到达目标的手段、条件之间的关系。

一、战略目的与战略目标

在我们的日常表达中，目的和目标常常都可以混用，可以互换。这或许是因为二者所指向的事物非常接近，或者就是同一事物。然而，仔细推敲，尤其是在做战略研究的场合，两者还是有明显不同的。周丕启先生谈道二者的区别。他说：

"战略目的是一定时期国家在国际社会中运用实力所要达到的最终结果……一般说来，战略目的具有鲜明的政治性，即体现了国家的政治要求……战略目标……的政治性较弱……是一段时间内国家在国际社会中……要到达的全局性结果，不

---

① ［美］查莫斯·约翰逊：《国家和日本大战略》，载［美］理查德·罗斯克兰斯等：《大战略的国内基础》，北京大学出版社2005年版，第214～215页。

② 杨金森：《中国海洋战略研究文集》，海洋出版社2006年版，第304页。

一定是最终结果。"①

他还用实例来说明二者的区别。他说："在 1990 年的海湾战争中，美国的战略目的是'迫使伊拉克无条件撤出科威特，恢复科威特合法政府，保护美国侨民，确保地区安全'，具有明显的反侵略性和正义性。战略目标由沙漠盾牌和沙漠风暴两部分组成，沙漠风暴的战略目标是打击伊拉克领导人和指挥控制系统；夺取和保持控制权；切断伊拉克的补给线；摧毁伊核生化作战和生产能力；消灭科威特战区的伊拉克占领军；解放科威特市。"②

从周先生对二者的比较以及他所提供的实例中我们可以总结出战略目的和战略目标的基本区别，即战略目的是最终性的，而战略目标是非最终的；战略目的具有较强的政治性，而战略目标的政治性则较弱。在二者的关系上，非常明显，战略目标是为最终实现战略目的服务的。除此之外，我们还应注意到，战略目标往往比较"直观"。它往往是战略手段的直接结果，如在伊拉克战争中"摧毁伊核生化作战和生产能力"的战略目标是美军使用的军事打击手段的直接的和直观的结果。而战略目的包含的政治意图则较为复杂，它与战略手段之间没有必然的联系。比如，解放战争时期中国共产党领导的人民解放军所实施的战略，其战略目标是"消灭国民党有生力量"，而不是"保守地方"③，而其战略目的不是一般的军事上的胜负、占据地盘的大小，而是"打倒蒋介石独裁政府，成立民主联合政府"④。

制定国家海洋战略无疑应当考虑这个战略的战略目标，正像前述杨金森先生研究海洋战略而提出战略目标设想那样，那么，这样的战略目标依据什么确定，与它相对应的战略目的又是什么呢？在不考虑战略实力的前提下，战略目标无疑应根据战略目的的要求来设计。那么，与我们探讨的国家海洋战略的战略目标对应的战略目的是什么，或应当是什么呢？不解决这个问题，就无法确定战略目标，勉强确定了，那被确定下来的战略目标也有可能与国家所欲达到的战略目的南辕北辙。另外，考虑到国家海洋事业发展战略是国家总战略的组成部分，国家海洋事业发展战略的战略目标还必须与国家总战略的战略目标保持一致。所以，要想确定国家海洋战略的战略目标，我们必须先解决两个问题：第一，以国家海洋战略为内容的国家总战略的战略目标是什么；第二，国家海洋战略的战略目标所服务的战略目的是什么。

---

① 周丕启：《大战略分析》，上海人民出版社 2009 年版，第 14～15 页。
② 周丕启：《大战略分析》，上海人民出版社 2009 年版，第 15 页。
③ 毛泽东：《将革命进行到底》，载《毛泽东选集》（第四卷），人民出版社 1991 年版，第 1375 页。
④ 毛泽东：《目前形势和我们的任务》，载《毛泽东选集》（第四卷），人民出版社 1991 年版，第 1256 页。

　　先来看以国家海洋战略为内容的国家总战略的战略目标。

　　如果说邓小平同志是我国新时期国家战略的设计者，那么，已如前述，他设计的国家战略可以概括为"三步走"战略，而这个战略的战略目标是"实现现代化"。"三步走"战略的内容大致是："第一步，实现国民生产总值比一九八〇年翻一番，解决人民温饱问题……第二步，到本世纪（二十世纪——引者注）末，使国民生产总值再增长一倍，人民生活达到小康水平。第三步，到下个世纪中叶，人均国民生产总值达到中等发达国家水平，人民生活比较富裕，基本实现现代化。"① 邓小平同志自己的概括是：

　　"我国经济发展分三步走，本世纪（指二十世纪——引者注）走两步，达到温饱和小康，下个世纪（指二十一世纪——引者注）用三十年到五十年时间再走一步，达到中等发达国家水平。这就是我们的战略目标，这就是我们的雄心壮志。"②

　　这个战略目标的核心数据是国民生产总值或人均国民生产总值。所谓"温饱"，其标准是人均国民生产总值五百美元；③"小康"，其标准是人均国民生产总值八百美元，④ 所谓"中等发达国家水平"就是"人均国民生产总值四千美元"⑤。

　　这几个数字说明，国家战略目标是以经济建设指标为核心、为标志的目标。这个目标符合国家战略"以经济建设为中心"的要求。国家海洋战略作为国家战略的组成部分，它的目标无疑也应当围绕"经济建设"这个"中心"设定，应当服务于经济建设指标的实现。

　　再来看国家的战略目的。

---

　　① 赵紫阳：《沿着有中国特色的社会主义道路前进——在中国共产党第十三次全国代表大会上的报告》，人民出版社 1987 年版，第 14～15 页。

　　② 邓小平：《一切从社会主义初级阶段的实际出发》，载《邓小平文选》（第三卷），人民出版社 1993 年版，第 251 页。

　　③ 邓小平在会见西班牙工人社会党副总书记、政府副首相格拉时谈道："我们原定的目标是，第一步在八十年代翻一番。以一九八〇年为基数，当时国民生产总值人均只有二百五十美元，翻一番，达到五百美元。"（参见邓小平：《吸取历史经验，防止错误倾向》，载《邓小平文选》（第三卷），人民出版社 1993 年版，第 226 页）

　　④ 据杨凤城先生研究，1981 年 8 月 6 日，邓小平在会见澳大利亚总理时，明确指出："我们经过反复研究之后，觉得可能一千美元还是高了一点，因为必须考虑到人口增长的因素。所以我们把本世纪末的国民生产总值人均放在争取达到八百美元的水平上。"（参见杨凤城：《邓小平与"三步走"发展战略的形成》，载《光明日报》2011 年 8 月 3 日）

　　⑤ 邓小平对"第三步"的"目标"有明确的界定。他说："我国制定的目标更重要的还是第三步，在下世纪用三十年到五十年再翻两番，大体上达到人均四千美元。做到这一步，中国就达到中等发达的水平。这是我们的雄心壮志。目标不高，但做起来可不容易。"（参见邓小平：《吸取历史经验，防止错误倾向》，载《邓小平文选》（第三卷），人民出版社 1993 年版，第 226 页）

我国实行改革开放以来的国家战略目的是对新中国成立以来的战略目的的继续。大致说来这个战略目的可以概括为"实现现代化"。中国共产党第十二次全国代表大会的《报告》所说的"逐步实现工业、农业、国防和科学技术现代化，把我国建设成为高度文明、高度民主的社会主义国家"① 就表达了国家的战略目的。此后，党和国家的一系列重要文件都做了与此大同小异的表达。比如，中国共产党第十三次全国代表大会的《报告》表达为"把我国建设成为富强、民主、文明的社会主义现代化国家"②。再如，中国共产党第十三次全国代表大会的《报告》在阐述了"到 2010 年"的战略目标之后又增加了一句，即"把我国建成富强民主文明的社会主义国家"③。后来，江泽民在中国共产党第十六次全国代表大会上的《报告》再一次提出"把我国建成富强民主文明的社会主义国家"④。这一表达指向的就是最终的和具有政治性的战略目的。这与"在社会主义基础上实现中华民族伟大复兴"⑤ 一样都是战略的最终追求。

这个战略目的与国家战略目标的区别在于，后者的指标主要表现为经济增长，是对国力增长的追求，而前者，战略目的则明显具有综合性。概括起来，我国国家战略的战略目的包含以下几个要素：第一，社会主义国家；第二，文明的国家；第三，民主的国家；第四，富强的国家。这样的国家战略目的规定了国家海洋战略的战略目标的方向、品质、时代特性等。

根据以上对国家总战略的战略目标、国家战略的战略目的的分析，我们可以给国家海洋战略的战略目标的确定规定两项要求，即第一，与国家战略目的相一致；第二，有助于国家战略目标的实现。

二、全面推进海洋事业战略的总目标

以往的许多政府文件，尤其是关于海洋的文件，都涉及我国海洋战略的目标问题。然而，那些文件所规定的目标，不管是按照与海洋事业有关的国际文件的要求、按照国家对海洋事业的期望，还是按照上述"与国家战略目的相一致"

---

① 胡耀邦：《全面开创社会主义现代化建设的新局面——在中国共产党第十二次全国代表大会上的报告》，人民出版社 1982 年版，第 10 页。

② 赵紫阳：《沿着有中国特色的社会主义道路前进——在中国共产党第十三次全国代表大会上的报告》，人民出版社 1987 年版，第 13 页。

③④ 江泽民：《全面建设小康社会，开创中国特色社会主义事业新局面》，载《江泽民文选》（第三卷），人民出版社 2006 年版，第 542 ~ 543 页。

⑤ 江泽民：《高举邓小平理论伟大旗帜，把建设有中国特色社会主义事业全面推向二十一世纪——在中国共产党第十五次全国代表大会上的报告》，载《江泽民文选》（第二卷），人民出版社 2006 年版，第 13 ~ 15 页。

和"有助于国家战略目标的实现"的标准来衡量，都有明显的不足。以下我们选择了三个文件当做我们解剖的"麻雀"。

（一）《中国海洋21世纪议程》中的战略目标

《中国海洋21世纪议程》（以下简称《议程》）为我国的海洋战略规定了"总体目标"，即"建设良性循环的海洋生态系统，形成科学合理的海洋开发体系，促进海洋经济持续发展"[①]。这一表述中的"总体目标"包括两个方面的内容，一方面是"建设良性循环的海洋生态系统"。我们可以把它叫做"海洋生态系统"保护指标；另一方面是"科学合理的海洋开发体系"的"形成"，当然是能够"促进海洋经济持续发展"的"海洋开发体系"的"形成"。我们可以把它叫做"海洋经济"建设指标。

《议程》把这个包括两个方面内容的"总体目标"细化为以下4项指标：

（1）"海洋资源""可持续开发利用"（可以概括为资源合理利用）。《议程》规定：

"采取各种有效措施，保证海洋资源的可持续开发利用。逐步恢复沿海和近海的渔业资源，发现新的捕捞对象和渔场，为海洋捕捞业的持续发展提供资源基础；保护滩涂和浅海区的生态环境，培育优良养殖品种，为海洋农牧化的大规模发展创造条件；扩大油气资源勘探区域，发现新的油气资源；深水港湾必须依据深水深用的原则，用于不同规模的港口建设；为适应海洋旅游娱乐业迅速发展的要求，一切适宜于旅游娱乐的岸线、海滩、浴场和水域，都要预留下来，保证旅游娱乐事业的需要。"[②]

（2）"海洋经济增长"。《议程》规定：

"2000年前，海洋经济增长速度不低于15%，进入21世纪，增长速度略高于整个国民经济增长速度。采取各种有效措施，保护海洋的可持续开发利用，为实现国家总体战略目标做出应有贡献。2000年以后，逐步使海洋产业的产值，占国内生产总值的5%～10%，占沿海地区国内生产总值的20%～30%。海产食品占全国食品等价粮食的10%，工业用海水和大生活用海水占全国用水总量的10%以上。同时，探索新的可开发资源，发展新的开发技术，使更多的海洋有用元素、海洋能、深海矿产成为新的开发对象和形成新的产业。"[③]

（3）"海洋产业结构""优化"。《议程》规定：

---

① 国家海洋局：《中国海洋21世纪议程》第一章第七条。
② 国家海洋局：《中国海洋21世纪议程》第一章第八条。
③ 国家海洋局：《中国海洋21世纪议程》第一章第九条。

"海洋产业结构不断优化，海洋产业群不断增殖扩大。根据《全国海洋开发规划》提出的设想，2000 年的海洋产业及其排序是：海洋交通运输业、海洋渔业、海洋油气业、滨海旅游业、海盐业、海洋服务业、海水直接利用业、滩涂种植业、滨海砂矿业。"

"2020 年的海洋产业分四个层次：①海洋交通运输业、滨海旅游业、海洋渔业、海洋油气业；②海水直接利用业、海洋药物业、海洋服务业、海盐业；③海水淡化、海洋能利用、滨海砂矿业、滩涂种植业、海水化学资源利用（重水、铀、钾、溴、镁等）、深海采矿业；④海底隧道、海上人工岛、跨海桥梁、海上机场、海上城市。海洋一二三产业的比例为 2∶3∶5。到 21 世纪中叶，海洋产业数量还会增多，层次进一步提高，海洋可成为各种类型的生产和服务基地：海港及港口城市成为不同层次的物流和信息交流基地；海湾和近海成为海上牧场，以及能提供 10% 以上食物的食物生产基地；海滩和海上运动娱乐区成为旅游娱乐基地；潮汐、潮流、波浪、热能、风能、重水、油气资源开发，成为多功能能源基地；海水工业利用、耐盐作物灌溉、海水淡化、化学元素提取全面发展，成为海水综合利用基地。"①

（4）"生态环境基础"建设。《议程》规定：

"海洋生态环境保护工作的总体目标是，保证海洋的可持续开发利用有良好的生态环境基础。2000 年海洋生态环境保护目标是减缓近岸海域污染和生态破坏的趋势，保持近海大面积水域的良好状态，使部分污染严重的河口、海湾环境质量有所好转，防止新开发区海域污染和生态环境破坏，力争减轻海洋环境灾害，改变海洋环境质量与经济发展不协调的局面。对全部国家管辖海域逐步实施环境管理。2020 年基本控制住近岸海域污染和生态破坏的趋势，重点河口、海湾环境质量好转，溢油、赤潮等环境灾害减少，海洋环境质量与经济建设进一步协调发展。21 世纪中叶，海洋生态环境保护工作达到更高的水平：在重要渔场和农牧化基地建立高产优质人工渔业生态系统；海水、底质和大气质量满足海洋功能的需要和自然规律，保证各种海洋开发利用活动有良好的环境；建立海洋自然保护区网，保护好重要生态系统、珍稀物种和海洋生物多样性。"②

这个目标在《议程》制定的时候可能是合适的，从把作为《中国 21 世纪议程》的一个方案领域的"海洋资源的可持续利用"做明晰化的规定这个要求来看也许已经"超标"，但对于我们选择的全面推进海洋事业战略来说，显然是不合适的。即使我们把这个《议程》严格地放置在 1992 年联合国环境与发展大会

---

① 国家海洋局：《中国海洋 21 世纪议程》第一章第十条。
② 国家海洋局：《中国海洋 21 世纪议程》第一章第十一条。

的背景下，把它看作是专门为实现环发大会所提倡的可持续发展的规划文件，这个总体目标也显得有些保守了。比如，《里约环境与发展宣言》要求"各国制定有效的环境立法"①。在上述目标中没有法律制度建设，它只关注了"生态系统"和"海洋经济"这些"物"的层面的东西。上述目标没有把制度建设作为目标，或许《议程》只把生态、环境这类通过"建设"最终达致的结果看作是目标了。

（二）《全国海洋经济发展规划纲要》中的战略目标

《全国海洋经济发展规划纲要》（以下简称《经济发展纲要》）设专章规定"发展海洋经济的原则和目标"。它规定的目标或"总体目标"是：

"海洋经济在国民经济中所占比重进一步提高，海洋经济结构和产业布局得到优化，海洋科学技术贡献率显著加大，海洋支柱产业、新兴产业快速发展，海洋产业国际竞争能力进一步加强，海洋生态环境质量明显改善。形成各具特色的海洋经济区域，海洋经济成为国民经济新的增长点，逐步把我国建设成为海洋强国。"②

除了这个总体目标之外，《经济发展纲要》还对目标做了"细化"。细化后的目标包括"全国海洋经济增长目标"③、"沿海地区海洋经济发展目标"④ 和"海洋生态环境与资源保护目标"⑤ 三个方面。这三个方面的细化指标告诉我们，《经济发展纲要》虽名为"海洋经济"的发展规划，但实际上它是一个关于"海洋产业及相关经济活动"和海洋污染、海洋生态、海洋自然形态保护等的发展建设规划。"海洋生态环境与资源保护目标"中实际上包含了若干个目标。

我们先来看《经济发展纲要》对这个目标的规定：

"到 2005 年，主要污染物排海量比 2000 年减少 10%，近岸海域生态环境恶化趋势减缓，外海水质保持良好状态，海洋生物资源衰退趋势得到初步遏制。进一步提高对赤潮的监控能力，重点海域监控区内赤潮发现率达到 100%，努力减轻赤潮灾害造成的损失。渤海综合整治取得初步成效。逐步实现重点入海河口、

---

① 《里约环境与发展宣言》原则十一。

② 《全国海洋经济发展规划纲要》第二章第二节第一条。

③ 《全国海洋经济发展规划纲要》第二章第二节第二条。该条规定的具体目标是："到 2005 年，海洋产业增加值占国内生产总值的 4% 左右；2010 年达到 5% 以上，逐步使海洋产业成为国民经济的支柱产业。"

④ 《全国海洋经济发展规划纲要》第二章第二节第三条。该条对"沿海地区"提出的"海洋经济发展目标"是："到 2005 年，海洋产业增加值在国内生产总值中的比重达到 8% 以上，一部分省（自治区、直辖市）海洋产业总产值超过 1 000 亿元，形成一批海洋经济强市、强县，海洋产业成为沿海地区的支柱产业。到 2010 年，沿海地区的海洋经济有新的发展，海洋产业增加值在国内生产总值中的比重达到 10% 以上，形成若干个海洋经济强省（自治区、直辖市）。"

⑤ 《全国海洋经济发展规划纲要》第二章第二节第四条。

湿地及滩涂资源的保护和可持续利用。到 2010 年，入海污染物排放量得到进一步控制，海洋生态建设取得新进展，沿海城市附近海域和重要海湾整治取得明显成效。"①

这里的"主要污染物排海量比 2000 年减少 10%"、"外海水质保持良好状态"、"入海污染物排放量得到进一步控制"属于海洋污染防治，"海洋生物资源衰退趋势得到初步遏制"、"入海河口、湿地及滩涂资源的保护和可持续利用"是资源保护的指标，"进一步提高对赤潮的监控能力，重点海域监控区内赤潮发现率达到 100%，努力减轻赤潮灾害造成的损失"是海洋防灾减灾的任务，至于"沿海城市附近海域和重要海湾整治取得明显成效"、"渤海综合整治"则可能指向包括"海岸侵蚀"防治等海洋自然形态保护的内容。②

此外，《经济发展纲要》"细化"的三个指标中的前两个虽然都只表达为经济增长指标，即"全国海洋经济增长目标"和"沿海地区海洋经济发展目标"，但实际上《经济发展纲要》对海洋产业的发展还提出了其他的具有可测量性的要求。其中最明显的一项要求就是"调整结构，优化布局"。这是针对"海洋经济发展缺乏宏观指导、协调和规划"、"海洋产业结构性矛盾突出"等"存在的主要问题"③ 而提出的发展指标。

根据上述分析，《经济发展纲要》规定的目标实际上包括以下 8 项：①海洋经济增长；②海洋产业结构调整；③海洋经济区域布局优化；④海洋污染防治；⑤海洋生态保护；⑥海洋资源可持续利用；⑦海洋防灾减灾；⑧海洋自然形态保护。

作为一份名为海洋经济的规划，《经济发展纲要》虽已突破了"经济"的界限，设立了经济以外的战略目标，但它的局限性仍然是明显的。不必做更多的挑剔，《海洋议程》存在的不足在《经济发展纲要》中都能找到。④

（三）《国家海洋事业发展规划纲要》中的战略目标

《国家海洋事业发展规划纲要》（以下简称《海洋事业纲要》）的发展目标是根据"《国民经济和社会发展第十一个五年规划纲要》的总体要求"确定的，

---

① 《全国海洋经济发展规划纲要》第二章第二节第四条。
② 《全国海洋经济发展规划纲要》第五章第四节规定的"海岸、河口和滩涂保护"中"海岸"保护就属于海洋自然形态保护。该节的内容更清楚地说明了这一点。该节内容有："严禁非法采砂，加强侵蚀岸段的治理和保护"和"防治河口区……海岸侵蚀"。
③ 《全国海洋经济发展规划纲要》第一章第二节。
④ 尽管《全国海洋经济发展规划纲要》有关于"完善法律法规体系，加大执法力度，理顺海洋管理体制"的专门规定，但那是作为"发展海洋经济的主要措施"（参见《全国海洋经济发展规划纲要》第六章）写在这份《经济发展纲要》中的。

"五年规划"的期限属性使这个目标的"战略"特征难以彰显。《海洋事业纲要》中的发展目标分为"'十一五'期间"的"目标"（可称届期目标）和"到2020年"的"总体目标"两个层次。把这两个层次的目标总括起来看，《海洋事业纲要》规定的目标包括以下几个方面：

（1）"海洋综合管理体系继续完善"。（可以把这个指标概括为海洋管理）这是《海洋事业纲要》规定的届期目标之一。《海洋事业纲要》规定：

"海洋管理体制改革进一步推进，以生态系统为基础的海洋区域管理模式和海洋管理协调机制初步形成；内水和领海海域各类开发活动得到有效规范；毗连区、专属经济区和大陆架海域资源开发得到有效保障；参与国际海洋事务管理和海洋维权能力显著提高，重点海域年巡航监察面积达到100万个平方公里。"[①]

《海洋事业纲要》规定的"到2020年""总体目标"中的"监管立体化、执法规范化、管理信息化、反应快速化的综合管理体系"也属于"海洋综合管理体系继续完善"的范畴。

（2）"海洋可持续发展能力进一步增强"。这是《海洋事业纲要》规定的第二个届期目标。《海洋事业纲要》规定：

"海洋开发趋于适度、有序，资源利用效率显著提高。海域使用规范合理，近岸海域污染恶化和生态破坏趋势得到基本遏制，重要生态系统得到有效监控。入海主要污染物排放总量减少10%，陆源排污口、海上石油平台、海上人工设施等达标排放。"

这一目标，按照对《经济发展纲要》中的目标的剖分模式，大致可以分为三项内容，即其一，海洋污染防治；其二，海洋资源可持续利用；其三，海洋生态系统保护。"近岸海域污染恶化""得到基本遏制"，"入海主要污染物排放总量减少10%，陆源排污口、海上石油平台、海上人工设施等达标排放"等属于海洋污染防治；"海洋开发趋于适度、有序，资源利用效率显著提高"是资源可持续利用的指标；"重要生态系统得到有效监控"是保护生态的措施，应归属于生态保护指标。《海洋事业纲要》中的"总体目标"提到的"生态海洋""初步实现"也属于海洋生态保护的指标。

（3）"海洋公益服务能力明显增强"。这是《海洋事业纲要》规定的第三个届期目标。《海洋事业纲要》规定：

"海洋监测、预报、信息、应急处置和海上救助服务体系基本完善，防灾减灾能力显著增强，风暴潮灾害紧急警报提前6小时发布，海啸灾害紧急警报提前30分钟发布，可移动养殖网箱规避赤潮率达到100%，主要海洋污染事故和生态

---

① 《国家海洋事业发展规划纲要》第二章第三节。

灾害得到有效监控。"

这里提到的"海洋公益服务"大致分属于两个方面：一方面，包括"海洋监测、预报、信息、应急处置和海上救助"等在内的"服务体系"；另一方面，"防灾减灾"。2020年"总体目标"中的"数字海洋"大概与"海洋公益服务"，尤其与其中的"服务体系"有一定关系。

（4）"海洋经济发展向又好又快方向转变，对国民经济和社会发展的贡献率进一步提高"。这是《海洋事业纲要》规定的第四个届期目标。《海洋事业纲要》把这个目标具体规定为：

"2010年海洋生产总值占国内生产总值的11%以上；海洋产业结构趋向合理，第三产业比重超过50%以上；年均新增涉海就业岗位100万个以上；海洋经济核算体系进一步完善。"

"又好又快"是一个包容性很强的评价指标。按照《海洋事业纲要》下文的表述，同时也是按照我们对《经济发展纲要》的分析模式，它大概包括以下两个方面：一方面，海洋经济增长。"海洋生产总值占国内生产总值的11%以上"显然是经济增长指标。另一方面，海洋产业结构优化。《海洋事业纲要》对优化提出的"定性"指标是"趋向合理"，"定量"指标是"第三产业比重超过50%以上"。2020年"总体目标"中的"主要海洋产业……国际竞争力显著增强"可以理解为这两个方面的提高所产生的结果。

《海洋事业纲要》中的第四个届期目标除了包含上述产业上的"又好又快"之外，实际上还有另外的指标。那就是"对……社会发展的贡献率进一步提高"，而其更具体的量化指标就是"年均新增涉海就业岗位100万以上"①。

（5）"海洋科技创新体系基本完善，自主创新能力明显提高"。（这一指标可以概括为科技创新）这是《海洋事业纲要》规定的第五个届期目标。《海洋事业纲要》规定：

"重大海洋技术自主研发实现新突破，科技对海洋管理、海洋经济、防灾减灾和国家安全的支撑能力显著增强，对海洋经济的贡献率达到50%。海水利用对沿海缺水地区的贡献率达到16%~24%。海洋科技的国际竞争力明显加强。"②

2020年"总体目标"所要求的"主要……海洋科技国际竞争力显著增强"也属于科技创新的范畴。

《海洋事业纲要》为实现科技创新目标不仅设专章（第九章）规定"海洋科

---

① 需要说明，虽然《国家海洋事业发展规划纲要》规定的"发展指标"中有对"社会发展的贡献率"之类的内容，有增加"就业岗位"的具体数字，但却没有关于如何实现这类目标的具体打算和措施。
② 《国家海洋事业发展规划纲要》第二章第三节。

技与教育", 而且在"国际海洋事务"、"海洋循环经济培育与引导"等章节中也都就有关科学、技术问题提出要求。

（6）全民海洋意识普遍增强。这是《海洋事业纲要》规定的 2020 年"总体目标"的第一项内容。

《海洋事业纲要》对"海洋事业发展""到 2020 年"的"总体目标"做了如下规定：

"全民海洋意识普遍增强，海洋法律法规体系健全。监管立体化、执法规范化、管理信息化、反应快速化的综合管理体系基本形成。主要海洋产业和海洋科技国际竞争力显著增强，海洋权益、海洋安全得到有效维护和保障。初步实现数字海洋、生态海洋、安全海洋、和谐海洋，为建设海洋强国奠定坚实基础。"①

这一"总体目标"的主要内容可以概括为以下 6 个方面：①"全民海洋意识普遍增强"；②"海洋法律法规体系健全"；③"监管立体化、执法规范化、管理信息化、反应快速化的综合管理体系基本形成"；④"主要海洋产业……国际竞争力显著增强"；⑤"主要……海洋科技国际竞争力显著增强"；⑥"海洋权益、海洋安全得到有效维护和保障"。

《海洋事业纲要》为实现全民海洋意识的增强提出了"增强全民海洋意识，大力弘扬海洋文化"的要求，其中包括"努力把增强全民海洋意识与爱护生存环境、拓展发展空间结合起来，把构建海洋强国与现代化建设结合起来，把弘扬海洋文化与建设文明社会结合起来。有针对性地开展各类海洋文化活动和海洋警示教育。加强海洋文化遗产的保护和挖掘，开展海洋文化基础设施建设。充分发挥各种媒体和宣传渠道的作用"② 等。

（7）海洋法律法规体系健全。这是《海洋事业纲要》规定的 2020 年"总体目标"的第二项内容（可以概括为海洋法制建设）。《海洋事业纲要》在关于维护国家海洋权益的章节中提到要"制定、完善维护国家海洋权益的政策和法律法规"③，在"海岛开发保护"一节提出要"推进海岛立法及配套法规建设进程"④。

（8）海洋权益和海洋安全维护。这是《海洋事业纲要》规定的 2020 年"总体目标"的第六项内容。《海洋事业纲要》在"海洋执法和权益维护"一章中对"国家权益维护"做了专门规定。其主要内容是："制定、完善维护国家海洋权

---

① 《国家海洋事业发展规划纲要》第二章第三条。
② 《国家海洋事业发展规划纲要》第十章第六节。
③ 《国家海洋事业发展规划纲要》第七章第三节。
④ 《国家海洋事业发展规划纲要》第三章第二节。

益的政策和法律法规。深入开展海洋通道、岛屿制度、群岛制度和历史遗留问题等海洋权益重大问题研究。做好参与制定国际公约的政策储备，深化国际海洋法理研究，积极参与国际和区域海洋法律法规的修订和制定工作。倡导建立并积极参与地区性双边、多边海洋事务磋商机制。做好与周边国家划界和争端解决预案以及共同开发与合作方案。完善国家海洋权益维护信息与技术支撑系统。"①

《国家海洋事业发展规划纲要》，作为一个为落实《国民经济和社会发展第十一个五年规划》而制定的专门规划，其为我国海洋事业在"十一五"期间的发展设定上述目标或许是合适的，其对"十一五"之后一直到2020年设定的上述长远目标也显然比《海洋议程》的规定更有气魄，也更全面，但显然没有达到"全面推进海洋事业战略"所应有的要求。

对比这三个重要的海洋规划文件关于海洋发展目标的规定，我们会发现一个非常直观的差别，即形成得越早的文件，其目标包含的指标越少。《海洋议程》形成于1996年，其战略目标只有4项指标。《经济发展纲要》形成于2003年，其战略目标的实际指标数是8项。《海洋事业纲要》形成得最晚，2008年，它的战略目标的实际指标数为12项（见表7-1）。

表7-1　　　　　　　　　3项重要规划战略的目标对照表

指标＼规划	1	2	3	4	5	6	7	8	9	10	11	12	13	14	小计
海洋议程	海洋经济增长	海洋产业结构优化		资源合理利用	生态环境基础建设										4
经济发展纲要	全国和沿海地区海洋经济增长			海洋生态环境和资源保护											8
	海洋经济增长	调整海洋产业结构	优化海洋经济区域布局	海洋资源可持续利用	海洋生态保护	海洋污染防治	海洋自然形态保护	海洋防灾减灾							

① 《国家海洋事业发展规划纲要》第七章第三节。

续表

指标\规划	1	2	3	4	5	6	7	8	9	10	11	12	13	14	小计
								海洋公益服务能力明显增强							
								防灾减灾	服务体系						
海洋事业纲要	海洋经济增长	调整海洋产业结构		海洋资源可持续利用	海洋生态保护	海洋污染防治		防灾减灾	服务体系	海洋管理	科技创新	增加涉海就业岗位	海洋法制建设	海洋意识增强	12

如果对这些指标按照领域去分类，我们会注意到，形成得越早的文件，其目标覆盖的范围越窄。《海洋议程》的指标只覆盖 3 个领域，《经济发展纲要》覆盖 4 个领域，而《海洋事业纲要》的指标覆盖领域达到了 10 个（见表 7 - 2）。

表 7 - 2　　　　　　　　3 项重要规划的战略目标覆盖领域对照表

领域\规划	产业/经济		资源	环境 生态保护	环境 污染防治	环境 自然形态保护	海洋防灾减灾	海洋公益服务	海洋管理	海洋科学技术	海洋社会发展	海洋法制建设	海洋意识增强
海洋议程	海洋经济增长	产业结构优化	资源合理利用	生态环境基础建设									
经济发展纲要	海洋经济增长	调整产业结构	优化经济区域布局　资源可持续利用	海洋生态保护	海洋污染防治	海洋自然形态保护	防灾减灾						
海洋事业纲要	海洋经济增长	调整产业结构	资源可持续利用	生态保护	污染防治		防灾减灾	服务体系	海洋管理	科技创新	增加涉海就业岗位	海洋法制建设	海洋意识增强

这么大的差距是由文件性质不同造成的吗？不是。《经济发展纲要》是为"加快发展海洋产业，促进海洋经济发展"而"制订"，它的战略目标应该仅限

243

于表7-2中的第一个领域,即"产业/经济"领域。或许正是这样的制作目的决定了《经济发展纲要》的"产业/经济"目标领域项下有三个更具体的目标,即"海洋经济增长"、"调整产业结构"和"优化经济区域布局"。其他两个文件虽然也都在这个领域设定了目标,但其目标都只有两个具体的目标。然而,《经济发展纲要》没有仅把目标限定在"产业/经济"这个范围内。它所设定的目标不仅覆盖了《海洋议程》规定的全部三个目标领域,而且还把"防灾减灾"也设定为战略目标。

三个文件设定的目标领域之间的巨大差异是不是由文件起草水平不断提高造成的,是不是由海洋开发领域经历的不断扩大的过程造成的?都不是。当我们用《里约宣言》评价《海洋议程》时就已经回答了这个疑问。在编制《海洋议程》时我们就已经全面掌握《里约宣言》,我们国家的海洋事务就已经包括诸如"海洋法制建设"、"海洋防灾减灾"等。我国的这三项重要的海洋规划文件,尤其是《海洋议程》和《海洋事业纲要》,这些文件的起草者关注的领域,从而也就是这些文件的覆盖领域,并无明显的差别,[1] 差别只在于编制者把相关领域中的哪些部分当成目标。比如,在表7-2中,《海洋议程》的目标领域不包括"海洋防灾减灾",但《海洋议程》却用一章(第九章)专门规定这项事务。仔细对照,我们还注意到,《海洋议程》的内容涉及表7-2中全部10个领域,同时也就是《海洋事业纲要》的全部目标领域(见表7-3)。

表7-3 　　《海洋事业纲要》目标领域与《海洋议程》内容对照表

	海洋事业纲要		海洋议程	备注
1	产业/经济	海洋经济增长	海洋经济增长	与表7-2同
		调整产业结构	产业结构优化	与表7-2同
2	资源可持续利用		资源合理利用	与表7-2同
3	环境	生态保护	生态环境基础建设	与表7-2同
		污染防治	第1章第25条"保护海洋环境"。第8章《海洋环境保护》	

---

[1] 这些文件都是对海洋事务的反映,它们所覆盖领域大体一致,说到底,是由实际存在的海洋事务没有明显的变化决定的。

	海洋事业纲要	海洋议程	备注
4	防灾减灾	第1章第26条"加强海洋观测、预报、预警和减灾工作。完善海洋观测和预警系统，及时准确预报海洋自然灾害；制定防灾减灾对策和应急计划，减轻灾害损失"。 第9章《海洋防灾、减灾》	
5	服务体系	第9章第1条"海洋预报和警报对海上交通运输具有非常重要的保证作用……在海洋水产资源开发利用方面，海洋预报和警报不仅可以保证海洋捕捞和增养殖作业的安全，而且有利于做好渔情预报，提高海洋渔业的经济效益。海岸工程和海洋油气勘探、开采更需要提供海洋气象、海浪、海流、海冰、潮汐、海域地震、海岸侵蚀、海平面升降等可靠数据和预报、警报服务。其他海洋开发活动，如海洋盐业、滩涂围垦、滨海旅游、海洋矿产等，也需要海洋观测、预报和警报工作的保障"。 第9章第5条"本章共设3个方案领域……B. 海洋预报、警报系统建设"	
6	海洋管理	第1章第24条"建立海洋综合管理体系"。 第7章《沿海区、管辖海域的综合管理》	
7	科技创新	第1章第23条"科技进步促进海洋可持续开发利用"。 第6章《科学技术促进海洋可持续利用》	
8	海洋社会发展	第3章第3条"经济和社会发展水平越高，人口越向最适合人类居住的沿海地区集中……海岸带要为沿海地区解决居住用地、休养用地（水域）和提供食品作出贡献"。 第4章第16条"帮助贫困海岛制定'脱贫开发工程'计划，在资金、人才、科技、政策、信息服务等方面给予特殊照顾"	

	海洋事业纲要	海洋议程	备注
9	海洋法制建设	第8章第52条"'依法治海'是强化海洋环境管理和防止、减轻、控制海洋环境恶化的重要手段。为了有效实施海洋环境保护行动，协调社会经济发展与海洋环境保护的关系，必须完善法律制度，建立海洋环境质量标准和污染物排海标准体系等。" 第8章第54条"建立、健全海洋环境保护法规和标准体系"。 第8章第55条"建立、健全海洋环境保护法规执法体系和保障监督机制"	
10	海洋意识增强	第1章第28条"促进海洋事业的公众参与，形成全民族关心海洋，保护海洋，社会各界人士参与发展海洋事业，沿海民众协同开发海洋、保护海洋的新局面。加强海洋知识的普及教育和专业教育，建立沿海地方政府和民众海洋事业参与机制，建立海洋开发、保护专家咨询制度等"	

表7-3显然不是对《海洋议程》内容的全面梳理，而是为了说明问题选取了其中可以作为例证的部分资料。然而，仅仅作为例证而被选取的资料已经足以说明，《海洋议程》规定的"方案领域"几乎完全覆盖了《海洋事业纲要》各个目标领域。《海洋议程》的目标领域比《海洋事业纲要》的目标领域窄不是因为《海洋议程》规定的事务范围窄，而是因为《海洋议程》中的许多事务没有列入目标领域。

那么，《海洋议程》中那些没有进入目标领域的事务被放在哪里了呢？我们可以用几个例子来说明这个问题。

《海洋事业纲要》把海洋防灾减灾作为目标来对待，而在《海洋议程》中防灾减灾却是手段。《海洋议程》第9章"海洋防灾、减灾"的"导言"指出：

"海洋环境复杂多变，沿海地区和海上自然灾害较多。一切海洋开发活动都离不开海洋环境的评价、预报、警报和必要的防灾、减灾措施。海洋预报和警报对海上交通运输具有非常重要的保证作用，世界上70%～80%的沉船事故都与海洋预报失误有关。在海洋水产资源开发利用方面，海洋预报和警报不仅可以保证海洋捕捞和增养殖作业的安全，而且有利于做好渔情预报，提高海洋渔业的经济效益。海岸工程和海洋油气勘探、开采更需要提供海洋气象、海浪、海流、海冰、潮汐、海域地震、海岸侵蚀、海平面升降等可靠数据和预报、警报服务。其他海洋开发活动，如海洋盐业、滩涂围垦、滨海旅游、海洋矿产等，也需要海洋观测、预报和警报工作的保障。"

因为"一切海洋开发活动都离不开海洋环境的评价、预报、警报和必要的防灾、减灾措施"，所以才讨论"防灾、减灾"。"防灾、减灾"是为"海洋开发活动"服务的。简言之，"海洋开发活动"是目的，"防灾、减灾"是手段。"防灾、减灾"是防止灾害损失、减少灾害损失的手段——因为"世界上70% ~ 80%的沉船事故都与海洋预报失误有关"，所以才使用"海洋预报和警报"这种手段。"防灾、减灾"是提高经济效益的手段——"做好渔情预报"显然有利于"提高海洋渔业的经济效益"，"保证海洋捕捞和增养殖作业的安全"无疑也可以带来效益。因为"防灾、减灾"是对"海洋开发活动"提供服务的手段，所以"防灾、减灾"设施、设备、体系"远不能适应海洋资源开发利用和环境保护的客观需求"① 的状况必须改变。

再如，在《海洋事业纲要》中，海洋管理是被列为首位的"发展目标"。其原本的表述是"海洋综合管理体系继续完善"②。《中国海洋21世纪议程》（以下简称《议程》）显然不是不关心这个问题，相反，它也把海洋管理放在了十分重要的地位。在"沿海区、管辖海域的综合管理"一章，《议程》把"海洋综合管理体制和协调机制的建立"作为"方案领域"之一，不管是对"行动依据"，还是对目标的设定都有根有据。《议程》对建立"海洋综合管理体制和协调机制"的行动依据所做的基本判断是：

"中国海洋资源的开发利用和环境保护基本上是以行业和部门管理为主。近年来，由于海洋开发活动广泛、深入地发展，特别是沿海地区的经济腾飞，海岸带资源、环境的开发和保护面临一种新的、较为严峻的形势；资源开发利用不尽合理，综合效益不高；局部地区资源浪费严重，生态失衡，环境质量下降。究其原因，主要是由于管理部门分散、政出多门、利益纷争、力量不集中的结果。而沿海区、管辖海域的多种经营与综合开发，更大范围地对外开放，更高层次的开发利用，都迫切要求建立新的海洋综合管理体制和协商机制。"③

这一判断指出了实行综合管理的必要性和迫切性。在此基础上，《议程》对这个方案领域设定了"目标"：

"从中央到地方，建立一个完整的，对海洋开发和环境保护具有指导、规划、协调、监督作用的综合管理体系；加强组织协调机制，继续发挥行业主管部

---

① 国家海洋局：《中国海洋21世纪议程》（以下简称《议程》）第九章第四条。
② 《国家海洋事业发展规划纲要》第二章第三节。
③ 国家海洋局：《中国海洋21世纪议程》第七章第十八条。

门的作用，共同将海洋管理工作推向新阶段，使海洋开发活动得到合理、有序、协调和可持续发展，并获得最佳的经济、社会和生态环境等综合效益。"①

这个目标应该说也是很有气魄的——不是在某个局部，比如说某个省、市、自治区，比如海岸带地区，实行综合管理，而是要建立一个"从中央到地方"的"完整的""综合管理体系"。尽管如此，《议程》中的海洋管理体制却不是海洋事业的"目标"，而是手段；作为"方案领域""目标"的"综合管理体系"建设是为与海洋有关的经济效益、社会效益等服务的。《议程》在"沿海区、管辖海域的综合管理"一章的"导言"中做了如下的表达：

"沿海区、管辖海域的综合管理是保证经济和社会持续、快速、健康发展的重要途径。综合管理往往要通过行政、法律、经济、科技和教育等手段，对海洋开发活动进行组织、指导、协调、控制和监督。其目的是保证合理利用海区的各种资源，促进各行各业协调有序地发展，提高整个海区的经济效益、社会效益和生态环境效益。综合管理还体现在联合组织编制海域功能区划、海洋开发规划，协商解决开发过程中出现的各种矛盾和问题，以及在更高层次上进行决策磋商等方面。"②

很清楚，《议程》认定"综合管理""是保证经济和社会持续、快速、健康发展的重要途径"。因为"综合管理"是具有如此重要意义的"重要途径"，所以才要实行"综合管理"。因为"综合管理"具有这样的特异功能，所以《议程》才把构建这样的管理体系的"目的"确定为"合理利用海区的各种资源，促进各行各业协调有序地发展，提高整个海区的经济效益、社会效益和生态环境效益"的"保证"。在"综合管理"和"提高""经济效益、社会效益和生态环境效益"之间，前者是手段，后者是目的。

不用一一考证了，那些出现在《议程》中的海洋事务之所以没有成为"战略目标"，是因为它们在"措施"、"手段"的队列中已经有位置。海洋防灾减灾是措施，海洋管理体制是手段，《里约宣言》所提倡的"每一个人都应能适当地获得公共当局所持有的关于环境的资料，包括关于在其社区内的危险物质和活动的资料，并有机会参与各项决策进程"，"应让人人都能有效地使用司法和行政程序，包括补偿和补救程序"③ 的"公众参与"制度建设也是手段。④ 涉及海洋

---

① 国家海洋局：《中国海洋21世纪议程》第七章第二十四条。

② 国家海洋局：《中国海洋21世纪议程》第七章第三条。

③ 《里约环境与发展宣言》原则十。

④ 《中国海洋21世纪议程》宣称："合理开发海洋资源，保护海洋生态环境，保证海洋的可持续利用，单靠政府职能部门的力量是不够的，还必须有公众的广泛参与，其中包括教育界、大众传媒界、科技界、企业界、沿海居民，以及流动人口的参与。"（参见国家海洋局：《中国海洋21世纪议程》第十一章第一条）。"公众参与"作为措施要达到的目标很清楚——"合理开发海洋资源，保护海洋生态环境，保证海洋的可持续利用"。

事务几乎所有领域的《议程》之所以提出的海洋发展战略目标很少，是因为在《议程》中更多的海洋事务都被置于手段的地位。被做了"经济发展"标记的《全国海洋经济发展规划纲要》规定的战略目标之所以多于《议程》，是因为专心于安排海洋经济发展规划的人们已经把诸如海洋防灾减灾之类的事务列入目标的行列，已经把海洋防灾减灾等当成一项独立的海洋事业。

在规划海洋战略目标时，似乎应当首先明确何为海洋事业，应当明确我们所关心的海洋事业是目的还是手段。这里至少涉及两个问题：一是在众多的海洋事务中，哪些是我们国家，甚至我们民族应当为之努力、奋斗的事业，哪些不是；二是海洋事务本身是事业，还是为事业服务的一般事务，是为实现其他目标或目的服务的手段。

对这样的设问我们的回答是明确的：第一，众多的海洋事务都是我们的海洋事业，是我们国家的、民族的事业；第二，海洋事业本身是目的，而不是实现其他目的的手段，尽管这所有的"目的"都要服务于国家战略的总目标和总目的。

当我们为国家选择全面推进海洋事业战略作为国家海洋战略时，我们遇到的最大的障碍其实不是别的，而是人们，包括许多研究海洋战略，甚至参与制定海洋战略的人们没有把他们讨论的、关心的海洋事务当成事业，没有从思想深处把海洋事业当成民族行动的方向和国家活动的目标。①

在把海洋事务安放在事业的行列，把海洋事业当成行动的目的之后，我们便可以给全面推进海洋事业的国家海洋战略设定战略目标了。我们认为，全面推进海洋事业战略的总目标应当是：形成完整的海洋事业体系，各项海洋事业发达，使经济、政治、军事、管理、环保、社会等在"陆海兼备"的自然条件基础上得到充分发展，使中华海洋文明在继承传统海洋文明的基础上成为世界海洋文明的重要组成部分。

这个总目标具有以下几个突出的特点：

第一，它与国家总战略的战略目的相一致，有助于国家总战略的战略目标的实现。在这一目标实现时，我们便可以为国家总战略的战略目标的实现而欢呼。

第二，它是一个海洋国家有条件发展的各项海洋事业的目标，是一个海洋国家如何促使其已有的海洋事业进一步发达，如何推动可能出现的海洋事业尽快出现并得到良好发展的目标。这个目标一定包含现在已有的和尚未出现的丰富多彩的海洋事业。

---

① 《国家海洋事业发展规划纲要》使用了"海洋事业"这个概念。与此前的海洋规划文件相比，这是一个巨大的进步。然而，这个进步依然是有限的。比如，"建立和完善海洋管理的公众参与机制"（第十章第六节）就被当成措施。制定这个纲要的人们没有明确接受以下判断："公众参与机制"的海洋管理是我国海洋管理事业的发展方向，应当是从事海洋管理制度建设的人们的奋斗目标。

第三，它是以世界海洋为实现条件的目标。这一目标是中国的"世界目标"，也是"世界的中国"的目标。

第四，它包含民族发展和社会演进的内容。这个目标的实现或朝向这个目标的前进将是海洋文明的发达，而沿着这个方向的进一步发展应当是一个真正的海洋民族的形成。

第三节　全面推进海洋事业战略的构成

全面推进海洋事业战略要推进的海洋事业可以概括为"一个海洋国家有条件发展的各项海洋事业"。这样的一个范围界定和上述总目标的规定已经说明了全面推进海洋事业战略一定包含多个要素，或者多个成分。

全面推进海洋事业战略至少包括以下几个构成成分：

一、海洋经济战略

我们已经把国家海洋战略定位为国家战略（参见本书第五章），把全面推进海洋事业战略界定为国家总战略的组成部分，而我国近40年来不断完善并一直奉行的国家总战略的核心就是"经济发展战略"，一个可以用"三步走"来概括的战略设计。这些判断无疑包含着丰富的内涵，其中包括海洋经济事业的地位和作用，从而也就先行确定了海洋经济事业发展战略在全面推进海洋事业战略中的地位。如果说近40年来我国国家总战略的核心是经济发展战略，那么，我国全面推进海洋事业战略的重中之重则是海洋经济战略。[①]

海洋经济不等于海洋产业。海洋经济的地位和作用主要不是表现为对国内生产总值的贡献率，虽然不少管理者、研究者特别看重这个贡献率，而是在国家产业结构中的地位、在满足国民经济和社会发展需求方面的作用、在国际经济体系和国际经济竞争中的地位。我国的海洋经济事业的发展应当实施：①"海陆统筹战略"，就是根据经济全球化时代的经济发展趋势和一般规律，为实现国家经济发展而在资源开发利用、产业布局和结构调整、产业升级和产业集聚等方面进行统一调度、筹划的战略。②"资源（能源）磁铁战略"。资源磁铁战略的首要

[①]　这一判断并不等于仅用"海洋经济事业"为国家的经济发展战略服务，而是说在服务国家经济发展战略的各项海洋事业中，海洋经济事业应处于重要地位。

任务是发现资源，其重要手段是资源开发、开采，包括参与开发、开采。资源磁铁战略的核心是分配和取得资源。③"以保护环境为目的的'反哺'、'休耕'、'轮作'、'保留区'战略"。这个战略中的海洋"休耕"就是在局部海域停止开发和利用，让海洋有时间自净，有机会恢复资源和生态的生产能力；所谓"轮作"就是实行不同海域之间的轮换耕作。这是与休渔制度相类似的制度。实行这一制度的目的是让不同海域轮流"休养"；所谓保留区就是在海域中划出的暂不开发的区域。将特定区域保留下来暂不开发，目的是给将来的开发或利用留下"原生"状态。④"战略产业扶持战略"。这一战略是要求国家利用国家的科技、教育、财政等力量支持那些具有战略价值的产业，以便保证其健康发展，促进其快速发展。我国应当列为战略产业予以扶持的海洋产业有以下几种：第一，海洋渔业；第二，海洋休闲、旅游业；第三，海洋航运业；第四，海洋油气业。⑤科技服务和引领战略。海洋经济事业发展战略中的科技工作不仅应当对海洋经济事业的发展提供服务，而且还应发挥引领作用。服务是指解决海洋经济等海洋事业发展中遇到的科技难题。引领是指科技为海洋经济的发展创造新产业、指出新方向等（详见本书第八章）。

二、海洋军事战略

许多研究者都对马汉的海权战略情有独钟。然而研究者的喜好不能代替国家的战略选择。海权战略在本质上是霸权战略，马汉的海权说到底还是对那句古老格言的演绎。古人说"谁控制了海洋，谁就控制了世界"。马汉说为了控制世界必须先控制海洋。英国人瓦特·罗列所说的"谁控制了海洋，就控制了贸易；谁控制了世界贸易，就控制了世界财富，因而也控制了世界本身"清晰地表述了希腊箴言和海权论的逻辑结构，而其中的海权的秘密就是控制海洋。马汉的海权论的实质是霸权论。不管是为马汉学说提供理论源泉的英国，还是按照马汉学说取得成功的美国，① 都是控制海洋的典型，也都是几乎可以排除掉所有竞争对手的霸权国家。"谁控制了海洋，谁就控制了世界"这一战略思想所包含的战略目标是"控制""世界"，而控制世界的战略目标仅仅属于霸权国家。那些为发

---

① 刘中民教授对马汉学说与美国控制巴拿马运河之间的关系做了如下总结："1901 年，对'海权'情有独钟的西奥多·罗斯福成为美国总统，美国'大海军主义'更是蓬勃发展。西奥多·斯福完全赞同马汉对巴拿马地峡问题的分析，积极采取行动对巴拿马运河进行控制。1901 年和 1902 年，罗斯福派军舰到巴拿马地峡，谓之保护地峡交通安全；1903 年，策动哥伦比亚的巴拿马省独立，与之签订美国在巴拿马开凿运河的条约；1914 年 8 月 15 日，巴拿马运河正式开通，主权归属美国。北美海岸东西两大洋的通道掌控于美国之手，为美国走向世界海洋强国开辟了道路。"（参见刘中民等：《地缘政治理论中的海权问题研究——从马汉的海权论到斯皮科曼的边缘地带理论》，载《太平洋学报》2006 年第 7 期，第 38 页）

展中国家"发展海权"① 而为的设计，那些总结"近代中国在海权问题上的教训"② 的努力等，都是没有吃透海权的精神。海权，作为谋求霸权的国家"政策工具"，不仅不适合内陆国家采用，也不是所有的沿海国家都可以采用的（参见本书第六章）。

我国不能接受海权战略，但我国需要有自己的海军建设战略，而且这个战略的重要内容之一是建设强大的海军，一支能够有效维护国家海洋利益的海军。我们认为，中国作为一个大国，一个曾经长期遭受外来军事力量摧残的国家，不能不建立自己的军事力量。中国作为一个海洋大国，一个历史上曾因"有海无防"而让西方列强一再畅行无阻地打进家门的大国，不能不建立自己的海洋军事力量。中国作为一个注定要担当国际责任的大国，为了海洋和谐和世界和平，不能不建设强大的海洋军事力量。但是，我国的海洋军事事业发展战略必须坚持"和平利用海洋"的方针，绝不应为争取世界霸权而发展海洋军事力量。

尽管我国也要建设强大的海军，这在形式上与海权战略中的强大海军一致，但两者对"强大"的要求是不同的。海权战略追求对世界的控制，所以它对海军提出的"强大"的要求以能否控制世界为衡量的标准，而我国海洋军事战略仅是为了实现合法的利益，所以这个战略所要求的海军的"强大"只需要能够对世界产生影响。我们要建设的足以影响世界的强大的海军是以得到世界正义力量的支持为基础的军事选择和政治选择。作为维护正义的海洋军事力量，它与世界正义力量一道构成不可战胜的铜墙铁壁。

我们主张以"精干"、"顶用"为海军能力建设的原则，而顶用的具体要求为以下5种能力，也就是5种战斗力。它们是：①与陆防力量配合行动，可以战胜任何侵犯我内海、领海的来犯之敌的能力；②可以安全抵达世界上任何有中国利益存在的地方并对中国利益实施有效保护的能力；③可以摧毁任何沿岸军事和非军事目标的能力；④可以有效开展登陆作战和对沿岸目标或内陆目标实施有效救援和其他保护的能力；⑤可以战胜任何一支海军舰艇编队或至少可以严重损伤其战斗力的能力（详见本书第九章）。

三、海洋政治战略

刘中民先生认为，"海洋政治战略就是一个国家为维护和巩固其海洋权益在较长时期内所确立的，对指导国家的海洋活动具有重大指导意义的方针、政策及

---

① 刘新华：《现代海权与国家海洋战略》，载《社会科学》2004 年第 3 期，第 74 页。
② 刘新华：《试论中国发展海权的战略》，载《复旦学报》2001 年第 6 期，第 70 页。

其战略安排的总和。"① 这个界定似乎窄了些。我们所讨论的海洋政治显然不是国内政治意义上的"管理众人的事",而是主权国家,作为国际社会的一个成员,在世界大家庭中处理海洋事务的路线、方针。针对我国的具体情况,海洋政治,笼统地说来是用来处理"对外关系"的路线、方针、决策,② 而不是用来处理和平背景下国家行政权正常管理范围内的海洋事务的路线、方针、决策。③

　　讨论主权国家参与世界大家庭中的海洋事务的政治战略必须立足于世界舞台,必须对这个舞台的设施、运行状态、场次安排的节奏等有较充分的了解。对我国的战略设计者来说,则应该跳出敌对战略的思维定式,先在认识上还原中国在世界上应有的地位,在"世界的中国"的视野下为中国"虑"今,用"中国对于世界"的胸怀为中国"谋"远。

　　站在这样的高度,用这样的眼光看待我国的海洋政治战略,我们对作为国家海洋战略之组成部分的海洋政治战略应当确立这样的基本原则:①维护和平;②促进发展;③优化秩序。维护和平、促进发展都是我国经济社会发展的总战略明确而直接的要求,而优化秩序,具体来说就是优化海洋秩序,则是我国总战略在海洋领域里的更加具体的要求。

　　世界上还有战争,世界无法避免冲突,包括海洋上的冲突和其发生、解决与海洋有关联的冲突,但这些冲突与邻国之间互相以占领对方的国土、霸占对方的人民、抢夺对方的财产为目的的冲突是不同的。今天的世界是交往广泛发生且这种交往趋向于更加广泛和更加密切的世界,当今的海洋是开发利用普遍发生且开发利用趋向于更加广泛和更加深入的海洋,在今天的世界和当今的海洋里,交往、秩序是主流,是具有决定性的因素,而冲突、战争是支流,是被决定性的因素。

　　马克思很早就发现了他所观察的时代的特点,同时也"预言"了今天:贸易、交往"消灭了以往自然形成的各国的孤立状态","使每一个文明国家以及这些国家中的每一个人的需要的满足都依赖于整个世界","过去那种地方的和民族的自给自足和闭关自守状态,被各民族的各方面的互相往来和各方面的互相依赖所代替了"④。无疑,由彼此依赖的各国构成的世界更需要的是秩序,而不是战胜、奴役甚至消灭。秩序不仅是这个时代的普遍要求,更是我国在目前发展阶段的特别需求。全面推进海洋事业以各项海洋事业有得以发展的国际秩序为条

---

① 刘中民:《世界海洋政治与中国海洋发展战略》,时事出版社 2009 年版,第 363 页。
② 这里的"对外"可以理解为"对"国家行政权正常管理范围之"外"。
③ 国家行政权对海洋的正常管理在本书中被归属于海洋管理。关于海洋管理的战略思考,可参阅本书第十一章。
④ 〔德〕马克思:《马克思恩格斯选集》(第一卷),人民出版社 1995 年版,第 114 页、第 234页、第 276 页。

件，良好的国际秩序是国家实现对各项海洋事业的成功推进的保障。从我国海洋事业与世界的关系的角度来看，可以这样说：我国海洋事业对世界提出的最大的需求是秩序。如果考虑到我国是一个海洋事业后发展的国家，那么，我们只能说，我国对海洋秩序有着更加强烈的需求。因为弱者更依赖秩序，更希望有已经成立的公平的和稳定的秩序。

我国对海洋秩序的要求可以概括为建设和谐海洋。尽管世界上还有许多不和谐的因素，而且这种不和谐因素还将长期存在，我们依然坚信，建设和谐海洋是可能的。这是因为那些不和谐的因素不必然导致国际海洋关系的紧张。首先，不同国家间意识形态的不同不一定表现为政治关系上的剑拔弩张。其次，世界走向和谐、国际海洋事务走向和谐是一个大趋势。

为了建设和谐海洋，我国应当积极采取建设措施。一方面是在处理我国与其他国家，尤其是邻国关系上减少军事冲突和对抗，增加对话与交流。另一方面，积极推进国际海洋秩序的建立和优化。我国应积极推进或参与以《海洋法公约》为框架基础的国际海洋秩序建设、公共海洋利益共享机制和责任分担机制建设、解决世界各国共同面对的海洋问题的机制或程序的建设、便于各国和各国际组织等国际主体发起或参与国际海洋事务处理的机制和程序建设，积极支持和维护海洋的天然便利为国际社会方便利用。

依照"建设和谐海洋"的要求，在海洋事务的处理上，我国对台湾问题应采取"安内"战略，而对有关国家则应当采取"睦邻、交远、抑霸"的外交战略。对台湾问题的处理和对国际关系的处理战略合起来就是"安内、睦邻、交远、抑霸"。

海洋安全是国家海洋政治战略的重要组成部分，而我国的国家海洋安全战略包括海防安全、海洋通道安全和能源供应安全、海洋环境安全等内容。

我国海洋政治的重要内容之一是国家海洋权利和海洋利益的维护与实现。我国既要行使与维护无争议的海洋主权、权利，又要行使和维护存在争议的岛屿、水域的主权、权利。对存在争议的岛屿和海域的主权和有关开发利用问题，在邓小平同志确立的主权在我、搁置争议、共同开发基本原则的基础上，我们主要采取以下十六字方针，即"明确海疆，主权在我，搁置争议，共同开发"。

我国海洋权利的重要内容是"九段线"以内的历史性水域的权利。对这一权利的主张和维护，我们主张实施"证成"、"持续"、"说服"和"维护"的八字战略安排。所谓"证成"就是用证据证明我国对历史性水域享有权利的事实和逻辑。"持续"是指历史性权利的持续状态或延续状态。"说服"是指对国际社会的说服。"维护"是指国家调动其所具有的力量支持本国公民、企业利用和保护有关海域，依据我们所主张的历史性权利在有关海域开展生产和生活（详见本书第十章）。

四、海洋管理战略

我们要开创和从事的海洋事业是以海洋为依托展开的事业。这里的"依托"或者说这个"舞台"非常特殊，其特殊性在于：一方面，它给事业的多样性提供了广阔的空间；另一方面，它决定了以海洋为依托的事业超出任何一个国家职能部门主管的范围。这后一个特殊性告诉我们，海洋战略，或者如我们所设计的"全面推进海洋事业战略"并不是设计战略方案交有关部门实施，或者由有关职能部门设计出来经更高级别的国家机关批准实施那样简单。"全面推进海洋事业战略"要付诸实施，必须先建立这个战略的中枢机关，就像三军出征必先选主帅那样。我们认为，这个机关必须是"中央"机关，而不是省部机关；其组织形式应为一个委员会；这个委员会的构成应当包括"各项海洋事业"所隶属的各部门的人员；这个委员会除通过会议决定重大事项、实施重大决策外，由委员会的常设执行总部传达、落实委员会的各项决议、决定，协调各有关部委和各地方实施海洋战略的行动，各有关部委和各地方分头执行委员会的决议、决定等。①

全面推进海洋事业战略是主要以海洋为舞台的战略。这个战略实施的成功与否无疑与海洋管理的好坏有直接关系。从海洋管理的实践来看，急待解决的也是对海洋战略的实施具有重大影响的问题有三个，即如何加强对海洋的管理、如何加强海洋上的管理和如何加强海洋管理者。针对这些问题，我们认为，全面推进海洋事业战略中的海洋管理事业发展战略主要应完成以下三项战略任务：第一，加强海洋管理机关体系建设。这需要赋予国家海洋主管部门发展海洋事业所需要的更多的职司，包括海域管理和海岛管理，海洋环境保护，海洋科学技术研究规划与管理，对海洋划界等涉及国家主权、主权权利和管辖权等的事务的参与或协助，海洋执法，海洋信息和海洋防灾减灾，海洋渔业管理，海洋工程和海岸工程管理，海洋文物考古管理，海水利用和海洋可再生能源资源的研究、应用与管理，海洋国际交流与合作等。第二，实行海岸带综合管理。为了科学管理海岸带地区，这需要在国家职能管理不改变的情况下对海岸带地区实行特别的管理体制。其核心是把海岸带地区的涉海事务从过去的单一职能部门依职权管理改为对

---

① 第十二届全国人民代表大会第一次会议于 2013 年 3 月 14 日通过的《关于国务院机构改革和职能转变方案的决定》已宣布设立国家海洋委员会。不过，这个委员会及其与国家海洋局的关系同本书的设计有很大不同（另见本书第十一章）。

所有关涉海洋的事务，尤其是对产业和环境保护事务实行"通盘考虑"，做相互协调的安排。第三，统一海上执法。这是为提高执法效率和执法的有效性，针对海洋上的多种事务而为的对常规国家职能划分的局部调整或者合并。其关键措施是把海洋上的多种执法权交给单一一个或少数几个机关。这个机关有权代表国家处置海洋上的各项管理事务。从我国海上行政执法的现有状况和隶属关系来看，这个统一执法机关建设的便捷路径是在中国海监基础上组建中国海洋警察队伍。①

五、海洋科学技术战略

现代海洋事业不仅门类繁多且不断出新，科学技术水准高且不断提出更高的科学技术要求。不管是海洋经济的发展、海洋文化事业的进步、海洋管理水平的提高，还是海洋军事实力的增长、海洋环境保护有效性的实现，都越来越多地依赖科学技术的投入和科学技术水平的提高。如果说全球正在进入新一轮的密集创新时代，那么，这个时代特征也反映在海洋事业中。海洋事业的发展已经对海洋科学技术提出了强烈的需求，随着海洋事业的进一步发展还会不断有新的科技需求提出来。对于海洋科技水平还不算高的我国来说，海洋事业对海洋科技发展的需求是双重的。一方面，在以往的海洋开发利用与保护中，科技水准偏低、科技对海洋经济、海洋军事等的贡献率偏低。我国的海洋科技事业应当弥补这个亏空。另一方面，海洋科技先进的国家正在向科学技术的更高水平迈进，它们的进步可能使我国的科技水平与先进国家之间的差距进一步拉大。我国的海洋科技事业应当奋起直追，力争成为海洋科技先进的国家。

面对双重的海洋科技需求，我国的海洋科学技术发展的战略安排应当妥善处理以下几对关系：①海洋经济事业发展的需要和其他海洋事业发展的需要；②眼前发展的需要与未来发展的需要；③科学服务的各项事业的需要和科学自身发展的需要；④本国海洋事业的需要与国际社会的需要；⑤本国竞争地位的需要与人类共同利益的需要。在很大程度上说，处理好这几对关系是制定我国海洋科学技术事业发展战略的关键，也是海洋科技事业发展战略对全面推进海洋事业发展战略实现密切配合、有效服务的关键。

海洋科学技术事业的发展实际上包括海洋科学事业的发展和海洋技术事业的发展两类任务。我们认为，我国的海洋科学事业主要应当争取在以下领域实现突

---

① 第十二届全国人民代表大会第一次会议于 2013 年 3 月 14 日通过的《关于国务院机构改革和职能转变方案的决定》已宣布组建中国海警局。

破：①海洋与气候变化；②海洋与生命起源；③极地综合研究；④生态科学研究。我国的海洋技术事业主要应当解决以下领域的技术难题：①海水养殖技术；②船舶制造技术；③海洋油气资源勘探开发技术；④海底矿产资源勘探开发技术；⑤海洋军事技术；⑥海洋生物技术；⑦海水利用技术；⑧海洋能开发技术（详见本书第十二章）。

六、海洋环境保护战略

在各项海洋事业中，大多数的事业都是以对海洋的某种形式的利用而成就的事业。所谓以海洋为依托就包含了对海洋的利用，或者从海洋里取得某种物品，或者利用海洋的某种自然特性，或者向海洋释放某种物质。这类利用都会给海洋带来某种不利影响，其中包括污染、海洋资源减少、海洋生态破坏、海洋自然形态不利变化等。这类不利影响达到一定程度就会影响海洋事业和其他相关事业的进一步发展，也就是影响人们继续原来的直接或间接利用海洋的活动，或影响原来的利用活动的利用效果。为了克服这类消极影响，我们不得不实施另外一种海洋事业，即海洋环境保护事业。

如果说各项海洋事业都必须利用海洋这个自然条件或海洋的某种功能，那么，海洋环境保护事业则是保证其他各项海洋事业能够继续利用海洋自然条件或海洋功能的事业，是保证其他各项海洋事业所继续利用的海洋自然条件或海洋功能得到保持或维护的事业。尽管它只是与其他各项海洋事业一样的一种海洋事业，但它的成败对整个海洋事业，也就是我们的全面推进海洋事业战略所指向的作为整体的海洋事业却具有决定性影响。我们可以这样说：海洋环境保护事业的成功虽不能换来整个海洋事业的成功，但它的失败却可以宣布整个海洋事业的失败。在明确了这一点之后，我们不得不说海洋环境保护事业是全面推进海洋事业战略所要推进的一项十分重要的事业，海洋环境保护事业发展战略是全面推进海洋事业战略的重要组成部分。

我们认为海洋环境保护的任务主要是由人类对海洋的利用给海洋带来的不利变化决定的。人类的海洋利用行为给海洋带来的不利影响主要包括4类：即①海洋污染；②资源减少；③海洋生态破坏；④海洋自然形态破坏或不利改变。海洋环境保护事业的任务就是克服这些不利变化，消除或减轻这些类别的不利变化。

海洋环境保护是一项高尚的事业，一项其长远价值比眼前价值更突出的事业。同时，海洋环境保护事业又不是到处都可以获得支持和响应的事业，尽管它的价值可以得到普遍的认同。这项事业需要克服其他事业，其中包括其他各项海洋事业，那些其正当性几乎无须证明的各项事业的阻碍才有可能取得成功。它与其他事业的这种矛盾决定了海洋环境保护事业的成功是不易取得的。正是因为如此，海洋环境保护事业更需要有自己的发展战略，也更需要成为作为整体的海洋事业发展战略的内容。

我们认为，我国的海洋环境保护事业应当做如下战略安排：①以海定海，整体保护；②以海定陆，海陆协调；③普遍保护与分区保护"双管齐下"；④广泛开展海洋环境保护国际合作（详见本书第十三章）。

七、海洋法制建设战略

不少研究者都十分羡慕被称为"日不落帝国"的英国等国家在殖民地时代在海洋上或利用海洋所创造的业绩，并不同程度上把这些所谓海洋强国作为中国学习的楷模。然而，不仅昔日的所谓海洋强国，除美国保持长盛不衰之外，如西班牙、葡萄牙、荷兰、法国，也包括英国等，早已是好景不再，而且在它们之后未见有继起者。这是因为人类历史的发展已经发生了翻天覆地的变化，告别了殖民时代。[①] 西班牙、葡萄牙等国之所以可以在很短的时间内骤然上升为强大殖民帝国，仅有"三岛之区"的英国之所以可以一跃而为"日不落帝国"，是因为各殖民帝国在世界上奉行"丛林法则"，只要武力强大就可获得国土和财富。今天的世界不同了。世界已经形成一个有秩序的国际社会，世界各国都需要按照规则行事，或者用国际规则维护本国利益，或者不得不用国际规则约束本国的行动。当世界把更多的目光投向海洋之后，海洋的开发与保护不仅已经有章可循，而且还将为更多的规则所规制。我国要全面推进海洋事业，要在海洋这个世界做深度开发，必须"循规蹈矩"地开创事业的准备。

我国的海洋事业发展不得不走"循规蹈矩"的路，而海洋事业所需要的规则主要由两部分构成，即我国缔结或参加的国际公约、条约，我国和其他主权国家独自颁布的法律法规。作为一个海洋大国，为了海洋事业的发展，既需要接受国家间结成的条约、公约，在与它国打交道并需要服从它国管辖时接受它国的法律，更需要制定自己的适用于海洋事务的法律。从我国海洋事业发展的需要来看，在我国的全面推进海洋事业战略中也应当有海洋法制建设事业战略。我们认为，在运用本国立法资源的范围内，我国的海洋法制建设事业应当尽快达到以下战略目标：①完善我国的海洋法律体系；②颁布国家海洋基本法；③制定渤海专门法（详见本书第十四章）。

---

① 关于当今时代与殖民地时代的不同可参阅本书第四章。

八、海洋社会发展战略

在现代商业文明的冲击之下，以渔民社会、海商社会为典型形态的海洋社会与农耕社会、游牧社会等社会类型一样都在走向衰微。[①] 现代工商文明已经并且还在继续以其"独一无二"的满足人的需求的"方式"[②] 消除不同社会之间的差别，创造具有"同质"特点的大社会。然而，一方面，包括渔民社会、海运社会、海商社会等在内的海洋社会都有其抗冲击能力，事实上也还都顽强地延续着。另一方面，海洋社会对海洋事业大有用武之地，尽管国家所进行的包括海洋经济事业等在内的现代化建设在很大程度上是对海洋社会具有瓦解作用的工商文明的推广。比如，海洋渔业对国家来说是具有"战略"意义的产业，而渔民社会无疑是海洋渔业发展的最重要的力量。国家要扶持海洋渔业的发展，就需要调动渔民社会的力量。再如，我国国民经济发展，我国海洋政治、海洋军事、海洋管理、海洋科技、海洋环境保护等的发展也都离不开海运和海洋航行。海洋航运业在一定程度上可以说是整个国民经济运行的大动脉。海运社会的发达无疑对实施海洋航运大有助益，尽管并非全部航运活动都由海运社会来完成。

我们还注意到，第一，海洋社会的多样性有利于保持海洋文化的多样性，从而保持民族文化的多样性。从保护文化多样性的需要来看，与其单独保护作为人类创造物的海洋文化，即把海洋文化同文化的创造主体分开单独保护海洋文化，或单独保护已经与文化的创造者相分离的文化成果，不如保护活着的文化，即把文化的创造者和文化产品放在一起保护，保护文化的创造者（海洋社会）运用、丰富文化成果的活动。第二，海洋社会是海洋环境保护的重要力量。以海为生的人们不可能不爱海。从渔民社会本然的特点来看，它是海洋环境的保护力量。第三，以我国为移出国的海外移民社会不仅是我国经济贸易的伙伴，而且是我国与移民社会居住国之间开展政治、科技、文化，甚至军事交流的桥梁。

海洋社会发展的战略任务主要有两个方面，即维护和创建。所谓维护就是维护正在受到工商文明冲击的海洋社会；所谓创建就是根据社会发展的客观规律和海洋事业发展的实际情形，在有条件时促进新的海洋社会类型的建立和发展。在工商文明肢解、瓦解各种社会的大背景下，不管是血缘纽带，还是地域上、经济上的联系都不足以有效维持一种社会的长期存续。在政治民主的国家，在信奉自

[①] 参见徐祥民：《寻找海洋社会》，载徐祥民：《海洋法律、社会与管理》（2012 卷），社会科学文献出版社 2013 年版，第 3～37 页。

[②] ［英］布莱恩·特纳：《社会理论指南·序言》（第二版），上海人民出版社 2003 年版，第 3 页。

由、平等的时代，不管是与社会有关的制度，还是政治国家，都无法运用直接的强制去维持一种社会。国家对海洋社会的维护只能运用政策杠杆，比如有利于改善渔民待遇的政策，扶持渔民社会。

海洋社会创建大致说来就是一般社会学理论所说的"社会一体化"①，就是把原本不相统属的社会因素结合为一个社会整体。比如以正在蓬勃兴起的休闲渔业为依托创建休闲渔业社会。客观上休闲渔业已经形成了社会成员的聚集。在这个以职业为核心的人的聚集的基础上，文化、亲情等的作用，相关管理和政策服务的支持，有望推动一个新型的具有商业文明特点的社会类型的形成。

职业（尤其是家庭职业倾向）、地域和文化等虽都包含着来自"父辈"的因素，都带有继承"父辈"的倾向，但仅仅靠这些"因素"或"倾向"本身不足以维系一个社会。它们要有效维系海洋社会，还需要借助外力的帮助。海洋社会管理，包括海洋社会的自我管理和来自国家有关部门的管理，有助于激发来自"父辈"的因素、继承"父辈"的倾向等在维系海洋社会上的活力。我们提出的海洋社会管理制度建设的战略构想有以下几点：①建立海洋民间社团制度；②建立海洋文化建设制度；③建立海洋产业界交流制度；④组建海洋移民联盟和海外移民大联盟（详见本书第十五章）。

九、海洋文化建设战略

文化事业是更具有"自我"特征的事业，但在全球化时代，在世界上事实上已经形成一个国际社会的历史条件下，这项事业不仅获得了国际意义，而且还取得了国家"软实力"的地位。我们相信海洋文化是国家实力的组成部分，而且我国有可能成为海洋文化软实力方面的世界强国。不管是海洋文化的凝聚力、领导力或规定力，还是海洋文化的创造力、吸引力，都是国家应当努力培养和充分利用的国际竞争力。

在规划我国海洋文化事业的发展时，我们需要明确几个认识，或者说纠正某些不正确的看法：

第一，我们的先辈在海洋的开发利用中创造了伟大的业绩和丰富多彩的海洋文化。"海上丝绸之路"的长期畅通，"环中国海文化圈"，或者作为这个文化圈之组成部分的"环黄海文化圈"、环黄海"中国文化圈"、环黄海"汉文化圈"、"东亚文化圈"、"东北亚文化圈"、"东南亚文化圈"等的形成，都是一个伟大民族的骄傲，都闪耀着中华文化的熠熠光辉。那些对中国在近代的经历痛心疾首

---

① 郑杭生：《社会学概论新修》（第三版），中国人民大学出版社 2003 年版，第 362 页。

的人们无须怀疑中华文化的先进与深厚，那些对征服非洲、亚洲、美洲的殖民主义业绩欢欣鼓舞的外国专家无人敢于奢望唐宗宋祖领受过的荣耀与辉煌。

第二，明王朝以来中国渐渐走下坡路，明清时期的海洋政策使中华民族损失了三百年的健康发展，承受了一百年的屈辱，但这些不是我们对自己的文化妄自菲薄的理由。中国人开辟的"海上丝绸之路"向中国人关闭，苏禄、琉球、安南、缅甸、逻罗等属国渐次离开宗主国的怀抱，中国渔民、商人、华侨渐渐从他们祖祖辈辈经营的海洋世界中的主人变成了西方人主宰的海洋世界中的奴隶、劳工。这些都是中华民族的灾难。然而，三百年之失的根本错误在于隔绝——在欧美实现近代化时，中国因为"与世隔绝"而没有与世界一起进步。这与我们是否拥有海洋文化，以及我们的海洋文化的成功与失败没有直接的因果关系。一个与世界连通的中国绝对不会因本土文化的障碍而出现历史性的衰败。

第三，建设和平的海洋世界需要中国成为海洋国家。历史上的几乎所有海洋强国，或者曾经被我们当作海洋国家榜样的那些国家都是殖民主义、帝国主义国家，都是曾经在非洲、美洲、亚洲等地犯下滔天罪行的国家，都是手上沾满包括中国在内的被压迫民族和人民的鲜血的刽子手们的国家。由这些国家主导的海洋秩序是强权秩序，是被称为"丛林法则"的秩序。中国所遭遇的"百年屈辱"就是这种秩序安排的结果。即使是经过了第二次世界大战之后民族独立浪潮的冲洗，由美英主导的世界结构也与中国文化存在着严重的冲突。今天，中国已经重返海洋，不能再退出海洋世界，而中国又不能接受以往的海洋世界里的秩序，留给中国的只有一种选择，那就是：走进海洋世界，建设东方"海洋国家"。这一建设的重要内容之一是按照中国文化的价值标准，按照世界上爱好和平的国家的意愿，与那些爱好和平的国家一道，改造海洋世界的秩序，建立有助于实现"太平"的新秩序。这是通过我国的"文化自觉"所寻出的重要结论。

如果说建设东方"海洋国家"是我国海洋文化事业发展的重要战略目标，那么，除此之外，我国的海洋文化建设还应实施以下战略行动：①通过海洋产业建设海洋文化；②通过宣传、教育建设海洋文化；③把海洋科技成果用于海洋文化建设；④通过"经济搭台，文化唱戏"建设海洋文化；⑤培育"亚—大—非海洋文化圈"（详见本书第十六章）。

以上9个方面是对全面推进海洋事业发展战略的一个框架性的描述。对这个框架性的描述似乎还需要做些补充说明。一方面，作为战略设计，它一定是粗线条的，而不是事无巨细尽皆罗列。在这个意义上，上述框架，加上我们对这个战略的总目标等的论述，就是这个战略的基本内容。另一方面，这个框架似乎又缺少了什么，或者说很难是完美无缺的。我们对全面推进海洋事业发展战略的总目标概括出的特点之一是包含民族发展和文明演进内容。这一特点透露了这样的信息，即这个战略可能不像军事战略中的"调兵遣将"那样简单。行政命令和政府强制的决定性作用在这个战略中，或者在这个战略的某些构成要素的实施中可能并不明显。或许这样的战略目标只有等我们所列举的和没有列举的那些海洋事业都能充分发达时才能实现，只有期待这些或那些海洋事业之间形成有机联系和良性互动时才能实现。总之，这样的战略目标无法用简单的"投入—产出"关系来计算，这样的战略在投入"战略实力"之后难以产生"立竿见影"的效果。

第八章

海洋经济战略

不管是在一般的经济发展研究中，还是在海洋发展研究中，海洋经济都是重要的话题。在许多研究海洋战略的文章中，海洋经济战略都是其中的重要篇章。这类文章对我们今天规划海洋经济事业发展战略无疑是有帮助的。不过，我们也注意到，以往的海洋经济战略研究存在以下两种倾向，第一，与国家发展战略、国家海洋战略的统属关系不够明确。不少文章讨论的对象都是孤立的海洋经济，或海洋经济战略。在这些文章中，某种战略设计的合理性既无法用国家海洋事业的需要来说明，也没有用国家战略的需要来阐述。第二，制定海洋经济战略的环境概念不清楚。一些战略设计主要以中国管辖海域的情况为依据，很少讨论对国际环境的适应性等。

作为中国海洋战略组成部分的海洋经济事业发展战略，是以整个世界为上演的舞台的战略设计。我们的设计从对我国海洋经济的地位和作用的解答开始。

第一节　海洋经济的地位和作用

从各项国家事业的高度看经济事业，后者是一项很单纯的事业，而当我们直接面对经济事业的时候却发现，这单纯的一项事业其实是十分复杂的。随便列举出的税收、财政、金融、交通、能源、基础设施、宏观调控、市场规制等术语就足以反映经济事业的复杂。国家的"经济发展战略"① 不能不反映上述事务，以及这里没有列举的经济事务的特点、发展现状和建设任务等，而我们讨论国家海洋经济事业发展战略则不能不明确这一海洋经济事业在国家海洋战略，甚至在国家总战略中的应有的地位和应当发挥的作用等。

一、对海洋经济的界定

经济为人们所熟知，海洋经济这一概念虽然没有经历太多沧桑，但人们也还是可以比较轻易地用身边的海洋盐业、海洋捕捞等事务来对它加以诠解。与在其他专业领域一样，政界、学界和一般社会成员对海洋经济的理解不尽相同。刘容子先生曾介绍给我们两种来自美国的解释：一种认为，"海洋经济是指沿海社团进行的因海而生的经济活动"；另一种认为，"海洋经济是指与海有关的商业经济活动"②。不管是"因海而生"的，还是"与海有关"的，其指向都是多，而不是一。

在我国，不少学者都用概括的方法界定海洋经济。用这种方法便于处理上述美国看法中的"多"。我国著名海洋管理专家周秋麟先生利用"总和"概念的囊括作用来反映海洋经济内涵中的多。他说："随着社会分工和经济融合的发展，海洋经济不仅涉及海上活动，也涉及与之相关联的活动，因此海洋经济被定义为开发、利用和保护海洋的各类产业活动，以及与之相关联活动的总和。"③ 这个"被定义"的海洋经济概念也就是周先生所使用的概念。

与周先生的"总和"略有不同，刘旼晖先生使用的概括术语是"集合"。他说，"现代海洋经济包括为开发海洋资源和依赖海洋空间而进行的生产活动，以及直接或间接为开发海洋资源及空间的相关服务性产业活动，这样一些产业活动而形成的经济集合均被视为现代海洋经济范畴。主要包括海洋渔业、海洋交通运输业、海洋船舶工业、海盐业、海洋油气业和滨海旅游业。"④ 刘先生所说的"集合"大概就是对其所列举的"海洋渔业、海洋交通运输业、海洋船舶工业、海盐业、海洋油气业和滨海旅游业"等的集合。

我国著名经济学家郑贵斌先生把海洋经济界定为一个综合性经济系统。他认

① 赵紫阳在中国共产党第十三次全国代表大会上代表党中央所做的报告的第三部分标题为"关于经济发展战略"。在这一部分，《报告》对"三步走"战略做了系统阐述（参见赵紫阳：《沿着有中国特色社会主义道路前进——在中国共产党第十三次全国代表大会上的报告》，人民出版社1987年版，第14～25页）。

② 刘容子：《何谓海洋经济》，载《今日浙江》2003年第16期，第27页。

③ 周秋麟：《国外海洋经济研究进展》，载《海洋经济》2011年第1期，第43页。

④ 刘旼晖：《浅析我国海洋经济发展战略》，载《海洋开发与管理》2011年第11期，第127页。

为"海洋经济是海洋水体资源经济、海洋产业经济、海洋区域经济三位一体的综合性经济系统。"① 他也把这里的"三位一体"中的"三"扩大解释为"各类"及"相关",把"海洋经济"判定为"开发利用海洋资源的各类产业及其相关经济活动的综合"②。

上述来自中外的海洋经济解说大致说来都是用产业概念解释海洋经济,③ 按照这些解释,海洋经济具有以下三个突出的特点:第一,海洋经济指"经济活动"、"商业经济活动"、"生产活动"、"产业活动",或者"产业"。第二,这些经济活动或产业与海洋具有相关性。来自美国的海洋经济定义中的"因海而生"、"与海有关",郑贵斌先生所说的"开发利用海洋资源"等,都揭示了海洋经济与海洋的关联性。第三,产业或活动内容的多样性。不管是刘旸晖先生所做的列举,还是周秋麟、郑贵斌先生等使用的"各类"概念,都说明了海洋经济概念中的产业或者活动等都指向多,而不是只有一。

二、海洋经济的地位和作用

在我国实行改革开放政策以来的三四十年中,海洋经济越来越受到重视。尤其是最近几年,海洋经济事业更是受到"党和国家领导"的"高度重视"。旅居国外的王敏旋先生对此作了系统的总结。他列举的以下事件可以给这个判断提供有力的支持:

第一,2003 年 5 月,我国颁布实施的《全国海洋经济发展规划纲要》对我国 21 世纪前 10 年的海洋经济发展进行部署。

第二,2004 年,国家发展改革委、海洋局和财政部联合发布了《海水利用专项规划》,对 2006～2015 年的海水利用进行了部署。

第三,2006 年,《国民经济和社会发展第十一个五年规划纲要》中规定了"保护和开发海洋资源","积极开发海洋能","开发海洋专项旅游"和"重点发展海洋工程装备"等内容。

---

① 郑贵斌:《海洋经济创新发展战略的构建与实施》,载《东岳论丛》2006 年第 2 期,第 83 页。
② 郑贵斌:《海洋经济发展的战略体系与战略集成创新》,载《生态经济》2009 年第 10 期,第 120 页。
③ 对海洋经济的产业解说无疑是不全面的。下文将要谈道的,以及这里提到的学者对海洋经济的"全球"性的判断等,都说明海洋经济绝不仅仅是海洋产业。杨国桢先生的海洋经济概念明显突破了产业的范围。他认为,"海洋经济,指人类在海洋中及以海洋资源为对象的生产、交换、分配和消费活动。"(参见杨国桢:《关于中国海洋社会经济史的思考》,载《中国社会经济史研究》1996 年第 2 期,第 3 页)。杨先生还曾明确把海洋经济界定为产业的不足。指出那样的海洋经济定义"局限于生产领域,忽略了流通领域和消费领域"(参见杨国桢:《论海洋人文社会科学的概念磨合》,载《厦门大学学报》2000 年第 1 期,第 97 页)。

第四，2007 年，党的十七大报告做出"发展海洋产业"的战略部署，沿海省市纷纷加速建设"海洋经济强省"，促进海洋经济又好又快发展。

第五，2008 年 2 月，国务院发布《国家海洋事业发展规划纲要》，其中规定海洋经济发展向又好又快方向转变，进一步提高对国民经济和社会发展的贡献率。

第六，2008 年 9 月，国家海洋局、科技部联合发布了《全国科技兴海规划纲要（2008～2015 年）》。这是我国首个以科技成果转化和产业化促进海洋经济又好又快发展的规划。

第七，2009 年 4 月，胡锦涛总书记视察山东时做出重要指示——"要大力发展海洋经济，科学开发海洋资源，培育海洋优势产业，打造山东半岛蓝色经济区"。

第八，2009 年 5 月，国务院公布《关于支持福建省加快建设海峡西岸经济区的若干意见》。

第九，2009 年 6 月，国务院通过《江苏沿海地区发展规划》。

第十，2009 年 7 月，国务院通过《辽宁沿海经济带发展规划》。

第十一，2009 年 12 月，国务院批准《黄河三角洲高效生态经济区建设规划》。

第十二，2010 年 10 月 18 日召开的十七届五中全会通过的"十二五规划"，提出了"发展海洋经济"的百字方针，[①] 对海洋资源利用、海洋产业发展做出了明确要求。[②]

在此之后，还有若干事件可以用来支持上述判断。与上述事件连续起来就是：

第十三，2011 年 1 月 4 日，国务院批复《山东半岛蓝色经济区发展规划》。

第十四，2011 年 3 月 1 日，国务院批复《浙江海洋经济发展示范区规划》。

第十五，2011 年 7 月 5 日，国务院批复《广东海洋经济综合试验区发展规划》。[③]

海洋经济受到党和国家的如此重视，从一个侧面反映了海洋经济在国家生活，尤其是在国民经济和社会发展中的地位。

那么，海洋经济在我国海洋事业中，在我国经济和社会发展中究竟占有怎样的地位，从而，作为国家海洋战略重要组成部分的海洋经济事业发展战略在我国

---

① 其原文为："坚持陆海统筹，制定和实施海洋发展战略，提高海洋开发、控制、综合管理能力。科学规划海洋经济发展，发展海洋油气、运输、渔业等产业，合理开发利用海洋资源，加强渔港建设，保护海岛、海岸带和海洋生态环境。保障海上通道安全，维护我国海洋权益。"

② 王敏旋：《国内大力开发海洋经济的十点思考》，载《环渤海经济瞭望》2011 年第 12 期，第 42 页。

③ 《山东半岛蓝色经济区发展规划》、《浙江海洋经济发展示范区规划》、《广东海洋经济综合试验区发展规划》曾被学界称为"海洋经济发展试点的三驾马车"（参见张汉澍：《海洋经济上升至国家发展战略层面》，载《共产党员》2011 年第 7 期，第 23 页）。

国家战略中究竟应当发挥怎样的作用呢？回答这个问题是制定海洋经济事业发展战略的前提。在没有回答这个问题之前就去规划海洋经济事业发展战略，这样做出的规划是盲目的；在没有很好地回答这个问题之前就去制定海洋经济事业发展战略，这样产生的战略即使看上去十分完美，也注定是残缺的。

我们认为，海洋经济事业的地位和作用应当从海洋事业自身的特点中去发现，应当从海洋事业与国家经济和社会发展的需求二者的关系中去发现，应当从我们要建设的事业所处的时代条件和国际环境中去发现。

以往的研究者多把海洋经济的发展目标规定为经济增长指标，或者把"建设海洋经济强国"设定为"海洋经济发展战略"的总"目标"[①]。这样的设计、建议遵循的基本逻辑是把国内生产总值（Gross Domestic Product，GDP）分解给海洋经济，也就是要求海洋经济分担国内生产总值增长指标，就像各省市自治区分担全国国内生产总值增长指标那样。（以下简称"GDP 海洋经济观"）这个思路的另一个表现形式就是用海洋经济增长指标衡量海洋经济的发展水平。以下是"GDP 海洋经济观"的几个例子：

第一，《中国海洋 21 世纪议程》给我国海洋事业规定的海洋经济战略目标包括："2000 年前，海洋经济增长速度不低于 15%，进入 21 世纪，增长速度略高于整个国民经济增长速度。……2000 年以后，逐步使海洋产业的产值，占国内生产总值的 5%～10%，占沿海地区国内生产总值的 20%～30%。"[②]

第二，《全国海洋经济发展规划纲要》给海洋经济发展规定的"总体目标"要求"海洋经济在国民经济中所占比重进一步提高……海洋经济成为国民经济新的增长点"。还要求"逐步把我国建设成为海洋强国"[③]。这个总体目标的第一项分解指标是"全国海洋经济增长目标"。该目标的具体要求是："到 2005 年，海洋产业增加值占国内生产总值的 4% 左右；2010 年达到 5% 以上，逐步使海洋产业成为国民经济的支柱产业。"[④]

第三，《国家海洋事业发展规划纲要》"根据《国民经济和社会发展第十一个五年规划纲要》的总体要求"为"十一五"期间的海洋事业规定了发展目标，其中的经济目标包括："海洋经济发展向又好又快方向转变，对国民经济和社会发展的贡献率进一步提高。2010 年海洋生产总值占国内生产总值的 11% 以上。"[⑤]

GDP 指标不是这些文件为海洋经济设定的仅有的目标，它们在规定 GDP 指

---

① 李珠江等：《21 世纪中国海洋经济发展战略》，经济科学出版社 2007 年版，第 26 页。

② 国家海洋局：《中国海洋 21 世纪议程》第一章第九条。

③ 《全国海洋经济发展规划纲要》第二章第二节第一条。

④ 《全国海洋经济发展规划纲要》第二章第二节第二条。

⑤ 《国家海洋事业发展规划纲要》第二章第三节。

标的同时也规定了诸如"年均新增涉海就业岗位 100 万以上"① 之类的社会指标、"海产食品占全国食品等价粮食的 10%"② 之类海洋与陆地分担对产品社会总需求的供给的指标，但大致说来，这种设计的总的思路是从 GDP 增长到海洋经济强国，或者海洋强国。《海洋经济纲要》的"海洋经济发展的总体目标"是"逐步把我国建设成为海洋强国"③。《海洋规划纲要》为"2020 年"设定的"海洋事业发展的总体目标"的"最后指标"是"为建设海洋强国奠定坚实基础"④。国家海洋局制作的《海洋经济统计公报》报告"海洋经济总体运行情况"则显示总产值为多少，比上年增加有多少。比如，对 2010 年"海洋经济总体运行情况"的表述为"全国海洋生产总值 38 439 亿元，比上年增长 12.8%。海洋生产总值占国内生产总值的 9.7%。其中，海洋产业增加值 22 370 亿元，海洋相关产业增加值 16 069 亿元；海洋第一产业增加值 2 067 亿元，第二产业增加值 18 114 亿元，第三产业增加值 18 258 亿元"⑤。报告"主要海洋产业发展情况"也主要用产值、增加值来说明问题。比如，2010 年的《公报》先综合报告"总体保持稳步增长"，"主要海洋产业增加值 15 531 亿元，比上年增长 13.1%，海洋科研教育管理服务业增加值 6 839 亿元，比上年增长 10.7%"，然后再分别报告"主要海洋产业"发展情况，报告的内容基本都是增加值、增长率之类。比如"海洋船舶工业"的情况是："造船完工量及新承接船舶订单量大幅增长，海洋船舶工业继续保持较快增长，全年实现增加值 1 182 亿元，比上年增长 19.5%。"⑥ 这一重要《公报》给人留下的印象是，海洋经济的价值仅仅在于增加产值，向国家贡献国内生产总值。

坚持以建设海洋经济强国为目标的海洋开发战略是"GDP 海洋经济观"的突出表现。许多研究也都对 GDP 贡献率给予特别关照。张海峰先生对我国海洋经济的设想是：到"2020 年"，"海洋产业产值递增率保持 8% ~ 10%，总产值达 30 000 亿元，海洋三次产业增加值占整个国民生产总值的近 10%，沿海省（区）市占 30% 左右，海洋经济综合评价进入世界 8 强。"⑦ 刘明先生对我国海洋经济的预测是："到 2015 年我国海洋生产总值占国内生产总值比重将达到 13%，海洋生产总值将达到 70 000 亿元。到 2020 年我国海洋生产总值占国内生产总值比重将达到 15%，海洋生产总值将达到 100 000 亿元。"⑧ 宋增华先生设

---

① ④ 《国家海洋事业发展规划纲要》第二章第三节。

② 国家海洋局：《中国海洋 21 世纪议程》第一章第九条。

③ 《全国海洋经济发展规划纲要》第二章第二节第一条。

⑤ 《2010 年中国海洋经济统计公报》第一章。

⑥ 《2010 年中国海洋经济统计公报》第二章。

⑦ 张海峰：《争取 20 ~ 30 年把中国建成海洋经济大国》，载《太平洋学报》1994 年第 2 期，第 41 页。

⑧ 刘明：《我国海洋经济的十年回顾与 2020 年展望》，载《宏观经济研究》2011 年第 6 期，第 26 页。

计了系统的"21世纪海洋开发""两步走"方案。他说:

"第一步,从现在起至2020年左右,实施东部沿海地区海洋开发战略,即在国家的宏观指导下,以东部沿海各省(直辖市、自治区)为主体,以海洋资源为开发对象,以制度体制创新(如海洋资源产权制度、海洋投资机制、海洋法律制度、海洋教育科研体制、海洋管理体制等)为重点的有特色的区域海洋开发战略。这一阶段既是国家海洋开发战略的初步实施阶段,也是海洋开发战略全面实施的准备阶段。第二步,从2020年左右至本世纪中叶,全面实施海洋开发战略,对海洋资源、海洋能源进行大规模、多层次地开发利用,争取到本世纪中叶时把我国建设成为海洋经济强国。"[①]

这是一个"开发"战略。这个战略设计中"创新"、"特色"之类的动听词汇都是装饰,设计者真正关心的是从海洋里"开发"出"资源"、"能源",关心的是对海洋的"利用",是通过对海洋的开发"把我国建设成为海洋经济强国"。

我们不反对给海洋经济规定GDP指标,海洋经济的发展也可以用GDP指标加以衡量,但是,我们不主张简单地把海洋经济理解为担当增加国内生产总值的一类产业活动,不赞成仅仅用或主要用对GDP的贡献率来看待海洋经济的地位和作用,不赞成仅仅或主要把海洋当成开发的对象,当成简单增加财富的场所。GDP偏少是中国经济的问题,但不必是海洋经济的问题。海洋经济的发展是要考虑增加GDP,但不必以增加GDP为主要任务,这就如同教育担负科技创新的任务,但小学教育不必承担产生突破科学难关的成果之类的任务。经济统计可以按照产业门类统计其GDP贡献率,但这种贡献率不是评价一定产业优劣的唯一依据,甚至不是主要依据。如果说海洋经济可以在增加国内生产总值方面对国民经济和社会发展发挥作用,增加对GDP的贡献率也是海洋经济事业管理者需要认真对待的指标,那么,我们认为,这些并不是海洋经济对于我国或我国的国民经济和社会发展,对于中华民族最重大的使命。我们应该更科学地看待海洋经济在国民经济和社会发展中的地位,应该赋予海洋经济更重大的使命。

怎样看待海洋经济的地位?从在国家产业结构中的地位、对满足国民经济和社会发展的需求方面的作用、在国际经济体系和国际经济竞争中的地位几个方面可以更准确地把握海洋经济在我国的地位,更恰当地为海洋经济的发展设定目标。

(一)在国家产业结构中的地位

《海洋规划纲要》列举的"主要海洋产业"包括"海洋渔业、海洋交通运输业、海洋油气业、滨海旅游业、海洋船舶工业和海洋生物医药"等6种,《中国

---

① 宋增华:《我国海洋开发战略的实施步骤》,载《决策与信息》2004年第9期,第11页。

海洋经济统计公报》统计的"主要海洋产业"包括"海洋渔业"、"海洋油气业"、"海洋矿业"、"海洋盐业"、"海洋化工业"、"海洋生物医药业"、"海洋电力业"、"海水利用业"、"海洋船舶业"、"海洋工程建筑业"、"海洋交通运输业"、"滨海旅游业"等 12 种。① 这 6 种或 12 种产业的地位如何、重要性有多大,仅仅从这些产业本身无法判断。只有把它们与国家的其他各种产业放在一起,从这些产业在国家产业结构中所处的位置上才能看出来。反过来,如何对待这些产业,为这些产业的发展设定怎样的目标,也只能以完善国家产业结构的需要为根据才能做出正确的判断。我们至少可以设定以下几个指标:

(1) 为国家产业结构增添新的产业门类。如果说一个国家的产业门类越多意味着国民经济健康发展的条件越好,那么,海洋产业能否为国家总的产业结构增加新的门类是评价海洋经济地位的一个重要指标。比如,"海水利用业"对许多沿海国家来说都是新兴的产业。再如,"海洋盐业"、"海洋油气业"对一些陆地没有盐业资源和油气资源的国家来说就具有增加一个产业类型的作用。

对一些陆海兼备的国家来说,许多产业都是既可以在陆上也可以在海洋上兴建。在《中国海洋经济统计公报》统计的 12 种产业中,除"海水利用业"是仅仅属于海洋产业外,其他各业都有与之相对应的陆上产业。比如,陆上显然早就有与"海洋工程建筑业"相对应的工程建筑业;"交通运输业"显然也不是只能发生在海上;与"滨海旅游业"相对应的有非滨海的旅游业;在没有"海洋船舶业"之前,船舶制造早就有自己悠久的历史。同一产业既可以在陆上经营,也可以在海洋上营建的情况给我们提供了评价海洋产业的标准,那就是看海洋产业中是否具备在陆上已经发生的那些产业。比如,体育产业在许多发达国家都已经成为一种重要的产业门类,从体育活动的发展现状和发展趋势来看,海洋体育领域有条件产生一个产业门类。如果在我国的产业结构中还不存在这个门类,那就说明我国的海洋产业还不够发达。如果我国沿海具有开展海洋体育活动的条件,我们也就可以把发展海洋体育产业列入我国的海洋经济事业发展战略,或者在这个战略中对海洋体育产业规定更高的目标。

(2) 利用自然和资源优势的情况。许多海洋产业,比如海洋渔业、海洋运输业、海洋能源产业等,都是沿海国家共有的产业。这些产业在不同的国家有不同的地位,国家也应当对这些产业提出不同的要求。自然条件就是这种"区别对待"的依据。比如,对于新加坡、巴拿马等国来说,其海洋交通运输业在国民经济中具有重要地位,这些国家也应对海洋交通运输业提出更高的要求。

---

① 在主要海洋产业之外,海洋产业还有"海洋科研教育管理服务业"。此外,纳入《中国海洋经济统计公报》统计范围的还有"海洋相关产业"。

国家产业结构的优化需要考虑诸多因素，国家的自然条件，包括版图大小、人口多少、资源状况、所处纬度、降雨量及其时空分布、是否临海以及海岸线和海域状况等。我国学界、政界讨论海洋经济总要先谈论我国的"海况"。《海洋经济纲要》在做规划之前先行做出我国"海洋自然条件优越、资源丰富"的判断，其合理性在于，海洋自然条件是规划海洋事业的前提，是我们对海洋寄予厚望还是对其置而不论的依据。我国管辖海域石油天然气埋藏丰富，我国的海洋油气业显然还没有充分利用我国管辖海域的资源优势。

（3）产业建设适应社会需要变化的情况。对特定产业在国家产业结构中的地位和作用的评价有多种评价依据，其中之一是特定产业满足经济社会发展需要的情况。当一个有漫长海岸线，且有良好晒盐条件的国家其生产生活对盐或盐制品的需要得不到满足时，我们有理由断定其海盐业失败。再如，海洋休闲业也为社会所需要，而社会趋海移动的大趋势正不断加大这种需要。根据张广海先生的研究"滨海旅游业""已经成为海洋产业的重要支柱"。"2005 年滨海旅游业收入占到我国旅游业总收入的 65％，而滨海旅游国际旅游收入占到总国际旅游收入的一半以上。"[1] 已经成为"支柱"的判断显然可以说明需求很旺盛。张先生的研究可以从发生在舟山的特例那里获得支持。据周达军先生的研究，"舟山海岛、海洋旅游……为舟山的经济建设，做出了巨大的贡献。2000 年舟山接待游客 459 万人次，2005 年接待游客 1 001 万人次，旅游人数比 2000 年增长117.89％；2000 年舟山年旅游总收入 226 184 万元，2005 年旅游总收入 614 075万元，比 2000 年增长 171.18％；2000 年舟山旅游外汇收入 24 642 万元，2005年 60 795 万元。比 2000 年增长 146.71％。"[2] "舟山全社会客货运输量，2000 年旅客运输 7 518 万人次，其中水运 1 560 万人次，陆运 5 958 万人次，2005 年旅客运输 8 794 万人次，其中水运 1 880 万人次，陆运 6 914 万人次，2000 年陆运人次是水运人次的 3.82 倍；而 2005 年陆运人次是水运人次的 3.67 倍。2000 年货物运输量 2 947 万吨，其中水运 1 679 万吨，陆运 1 268 万吨，2005 年货物运输量为 6 717 万吨，其中水运 4 911 万吨，陆运 1 806 万吨，2000 年水运货物是陆运货物的 1.32 倍；而 2005 年水运货物是陆运货物的 2.72 倍，增长了 1.4％。水运社会客货运输量在逐年增加。"[3] 滨海旅游增加的态势也出现在国际市场上。2004 年的统计资料显示，"按照国际旅游接待能力进行排名，国际旅游收入方面，前十名的省市中有八个位于沿海地区；而接待国际旅游人次上排名也同样如

---

① 张广海：《我国滨海旅游发展战略初探》，载《海洋开发与管理》2007 年第 5 期，第 101 页。
② 周达军：《海洋经济对舟山的贡献研究》，载《海洋开发与管理》2007 年第 4 期，第 137 页。
③ 周达军：《海洋经济对舟山的贡献研究》，载《海洋开发与管理》2007 年第 4 期，第 138 页。

此。"①刘明先生的结论与此相近——近年来我国"滨海旅游业呈现强劲增长势头，旅游市场持续扩大。2009年，我国滨海旅游业实现3 725亿元，与2000年相比，滨海旅游业增加值年均增长29.8%。除了2008年，受南方雨雪冰冻灾害及国际金融危机等影响，滨海旅游业发展与上年保持基本持平外，其他年份都保持强劲增长势头"②。

社会对滨海旅游或海洋旅游的需要持续上升已经被发达国家的实践所证实。宋炳林先生研究发现，"随着消费时代的来临，利用海洋资源结合消费社会人们的猎奇、个性和品位休闲心理，美国海洋休闲旅游业得到蓬勃发展。"他列举了若干数据来说明美国海洋旅游业的发达。他说："美国旅游业每年产值超过7 000亿美元。而滨海是最主要的旅游目的地，沿海州的旅游收入占美国旅游总收入的85%，每年有近1.8亿美国人在沿海地区度假和娱乐。"他认为，这种发展态势"反映了海洋和海岸带的独特吸引力，也反映了居民生活水平的提高"。所以，他把"美国滨海休闲旅游"如此"蓬勃发展"与"居民生活水平不断提升的大背景"联系在一起。正是根据滨海旅游的发达与居民生活水平提高之间关系的分析，考虑到"我国人均GDP已经超过4 000美元"的发展状况，他断定，"居民度假旅游的需求将逐步旺盛起来，我国滨海休闲旅游的市场前景十分广阔"③。

张广海先生等的研究用滨海旅游产值提高、游客数量增大、服务于滨海旅游的运输服务的扩大等说明：其一，滨海旅游业存在旺盛的社会需求；其二，滨海旅游客观上已经成为一个重要的海洋产业门类。而我们要说的是：这些数字不能说明这个产业是否满足了或在多大程度上满足了社会的需求。我们对海洋旅游业的评价更应该寻求这样的说明。同样，对海洋经济事业的战略规划也应该从这种评价中寻找尺度。

（二）在满足国民经济和社会发展需求方面的作用

海洋经济在不同的国家会有不同的地位，海洋经济中的各产业在不同的国家重要性也会不同。假定世界各国国民经济和社会发展的总需要是相同的，由于不同国家的陆地状况和陆海关系不同，不同国家的人口、资源禀赋等不同，其海洋经济便需要扮演不同的角色。比如，日本的海洋运输业显然比中国的海洋运输业更加重要，因为在排除空中运输不论的前提下，日本的所有货物进出口都需要由

---

① 张广海：《我国滨海旅游发展战略初探》，载《海洋开发与管理》2007年第5期，第102页。
② 刘明：《我国海洋经济的十年回顾与2020年展望》，载《宏观经济研究》2011年第6期，第24页。
③ 宋炳林：《美国海洋经济发展的经验及对我国的启示》，载《吉林工商学院学报》2012年第1期，第52页。

海洋运输业来完成，而中国与阿富汗、塔吉克斯坦等中亚邻国之间的货物进出口的全部，与俄罗斯、越南、印度、巴基斯坦等国家间的货物进出口的一部分都可以通过陆路交通来完成。每个国家的国民经济和社会发展都会存在优势和劣势、长项和短板。如果海洋经济具有补足短板的作用，我们便可以说海洋经济十分重要；反之，其重要性就不那么突出。

我国的国民经济和社会发展存在明显的短板，而国家对海洋经济可以提出补齐短板的要求。我们可以根据弥补短缺的程度判断我国海洋经济的成败，也可以根据弥补短缺的需要为海洋经济的发展设定战略目标。我国国民经济和社会发展中存在的最突出的短板有三，即人口过多、资源短少、污染严重。前国家海洋局局长严宏谟先生曾指出："我国国情最大的特点是人口众多，资源按人口平均相对贫乏。这一特点对我国社会和经济发展的压力比任何其他国家都大。"[1] 他指出了我国经济和社会发展中的两块短板。张海峰先生等不仅给严宏谟先生的两点"国情"增加了第三项内容，而且认为它们不只是我国经济和社会发展中的短板，而是全球性的"三大矛盾"。他说："人口增加、陆地资源减少、环境污染这全球性三大矛盾越来越突出，越来越制约""人类经济和社会的发展"[2]。这些研究者不仅指出了经济和社会发展中遇到的突出矛盾，而且也指出了发展海洋经济的理由或者原因，从而也就是明确了我国发展海洋经济的重要性。著名海洋经济专家韩增林先生指出："随着人口的增加，全球资源和环境的压力加重，开发海洋是缓解这一压力的重要出路之一。"[3] 因为人类遭遇了这样严重的和难以解决的问题，而"开发海洋"是"缓解"这些"压力"的"出路"，所以"开发海洋"不能不是国家的重要选择，与"开发海洋"相关的海洋经济不能不是国民经济的不可替代的组成部分。正是因为遇到了"人口增加、陆地资源减少、环境污染"这三个"越来越突出"的问题，所以"许多国家"才不得不"把开发利用海洋资源作为基本国策"，把"开发利用海洋资源，发展海洋经济"当成"发展战略问题"来对待。"人口增加、陆地资源减少、环境污染"这些问题越严重，对"人类经济和社会的发展"的"制约"[4]越严重，那用来克服这种"制约"的海洋经济就越是重要，越应当被放到"基本国策"的高度来对待。

我国资源能源短缺早已成为共识。《"九五"和2010年全国科技兴海实施纲要》在"前言"中明确指出："中国是……陆地自然资源人均占有量很少的沿海

---

① 严宏谟：《认识海洋，开发海洋，发展海洋经济》，载《中国人口资源与环境》1992年第2期，第17页。

②④ 张海峰：《争取20～30年把中国建成海洋经济大国》，载《太平洋学报》1994年第2期，第39页。

③ 韩增林：《海洋经济可持续发展的定量分析》，载《地域研究与开发》2003年第3期，第1页。

国家。"海军将军尹卓先生算了一笔账——"全世界战略矿产资源大约为 45 种。迄今为止,中国能自给自足的不足一半,到 2020 年可能只有十几种,到 2030 年可能只有几种。随着中国经济的发展越来越快,需求越来越大,不可再生资源将会越来越少。"① 连琏先生列举的一些指标也清楚地说明了能源短缺的状况:

"我国常规能源资源占世界总量的 10.7%,其中石油居第 12 位,天然气居第 22 位。但由于我国人口众多,人均能源可采储量远低于世界平均水平,因此我国又是一个人均能源资源相对贫乏的国家。2000 年人均石油可采储量只有 4.7 吨,人均天然气可采储量 1 262 立方米,分别为世界平均值的 20.1%、5.1%。"

"当前我国能源供需矛盾突出,我国油、气可采资源量仅占全世界的 3.6% 和 2.7%,而我国的油气消耗量占到世界第三位,仅次于美国和日本,2004 年原油进口超过 1 亿吨,列居世界第二,因此石油供应安全问题凸现。石油安全已经成为国家三大经济安全问题之一……"②

要评价我国海洋经济的发展状况吗?看海洋经济在多大程度上解决了这个瓶颈性的问题,看是否"从海洋获得"了"更多的油气资源"。要设计我国的海洋经济战略吗?让海洋经济去填补能源资源的短缺,去完成确保"经济安全"的"历史使命"③。

我国的环境问题,这里说的是除资源短缺之外的环境问题,越来越严重,这也是不争的事实。《中华人民共和国国民经济和社会发展第十二个五年规划纲要》的判断是:"我国发展中不平衡、不协调、不可持续问题依然突出",其中最明显的就是"经济增长的资源环境约束强化"④。我国海洋经济的重要性应该在缓解这种"约束"上得到体现,国家规划海洋事业也应当把缓解这种"约束"作为努力的方向。

人口问题是我国发展中遇到的最难以解决的问题。《中国 21 世纪议程》认识到作为"一个人口众多的发展中大国",我国在发展过程中面临着"艰巨的人口控制"⑤ 的任务。它估计,到本"世纪中叶","人口总数将达到 15 亿~16 亿人"⑥。与之相应的是,"劳动力数量也将持续增长"。由此产生的新的困难是怎样才能"创造更多的就业机会,以满足劳动力增长对就业的需求","缓解劳动力供大于求的矛盾"⑦。《海洋规划纲要》宣布,在"规划期限"内要实现"年

---

① 尹卓:《我为何提议制定国家海洋战略》,载《中国经济周刊》2010 年第 9 期,第 43 页。
②③ 连琏:《海洋油气资源开发技术发展战略研究》,载《中国人口·资源与环境》2006 年第 1 期,第 66 页。
④ 《中华人民共和国国民经济和社会发展第十二个五年规划纲要》第一章。
⑤ 国家海洋局:《中国 21 世纪议程》第七章第九节。
⑥ 国家海洋局:《中国 21 世纪议程》第七章第十节。
⑦ 国家海洋局:《中国 21 世纪议程》第七章第十一节。

均新增涉海就业岗位 100 万以上"①。这说明海洋经济有能力解决我国国民经济和社会发展中的突出问题。海洋经济的重要性就表现在对这类问题的处理上。

在以往的研究者中已经有人注意从"补短"作用看海洋经济的意义，确定海洋经济的战略地位。比如，王敏旋先生就指出："我国制定海洋经济国家规划的战略意义体现在国内和国际两个战略层面。从国内方面看，在海洋经济发展战略的指导下，有利于破解我国经济发展的资源限制，缓解土地的压力，缓解我国的能源危机和粮食危机。"② 马涛先生对上海海洋经济发展应取的定位的看法也主要强调了上海的产业选择应当考虑在国民经济体系中的分工，而不是只算计GDP 指标。他说：上海"今后的发展战略主题应该不同于周边省份，要更多从可持续发展的国家战略高度出发，为'创新型国家'多做贡献"，比如应"充分利用公共海洋资源，发展高科技海洋产业，打造新兴产业的经济增长点，培育新的科技和产业竞争优势"。从这个基本判断出发，他主张，上海"除了巩固和发展""海洋交通运输业和海洋船舶工业的优势外"，"战略重点"应当是"解决经济发展的重要资源瓶颈即能源、水资源和土地资源问题"。他还谈道一些具体的设计：在"海洋能源勘探与开发"方面，考虑到"能源需求缺口越来越大"，"陆上能源的开采趋于饱和"，"海底石油""开发潜力""较大"，"海底天然气及其水合物'可燃冰'储量丰富"等，"上海应抓住东海油气开发的契机，大力开发和使用海洋油气资源"。在"海水利用的相关技术和产业培育"方面，他注意到作为联合国认定的"13 个最贫水国之一"的中国，"淡水资源的供需矛盾"已经成为制约经济社会可持续发展的"瓶颈"。因此，他认为上海应当率先"向大海要水"，以"保障沿海地区经济社会可持续发展"。他还提出，上海应"向深海开发，减少沿海土地资源的占用"。他的"走向深海，走向公海，充分利用公共海洋资源，发展高科技海洋产业，在高度（构筑海洋经济和科技战略高地）、广度（滩涂、浅海、深海等空间范围上的多重利用）和深度（资源的深层次、集约型开发和利用）上全面推进海洋经济发展"③ 的主张都是补中国之不足，而不是要求作为经济龙头的上海向国家贡献更多的 GDP。

"未来，解决中国人口、资源和环境三大压力的希望在海洋"④。这一判断符合中国的国情，也发现了我国海洋经济事业的真正意义。要解决我国国民经济和社会发展中遇到的难以纾解的"三大压力"，必须在海洋上做文章。反过来说，我国的海洋事业发展战略必须以纾解这三大压力为战略目标。

---

① 《国家海洋事业发展规划纲要》第二章第三节。

② 王敏旋：《国内大力开发海洋经济的十点思考》，载《环渤海经济瞭望》2011 年第 12 期，第 43 页。

③ 马涛：《上海市发展海洋经济的战略思考》，载《海洋开发与管理》2007 年第 1 期，第 99 页。

④ 李珠江、朱坚真：《21 世纪中国海洋经济发展战略》，经济科学出版社 2007 年版，第 154 页。

（三） 在国际经济体系和国际经济竞争中的地位

经济全球化摧毁了自然经济自给自足的堡垒，这一经济形态把世界各国、各个国家的各个地区、经济体系中的各个行业、每个行业中的各个生产或销售的环节等都连接为一个整体，用无处不在的信息网络、广泛的交换、便利的结算和支付手段等把几乎所有的生产者、销售商、消费客户等都联系起来。这种经济形态使任何一个国家都无法建立所谓独立的经济体系，这种经济形态要求世界各国必须从"全球化"的市场中寻找客户，从国际经济体系寻找本国经济的位置，根据全球市场和国际经济体系的情况安排本国的经济。所谓产业优势必须是在全球市场中的优势，否则就不能算是优势。所谓传统优势产业，只有得到国际市场（国内市场也是国际市场的一部分）的认可才能继续享有优势。周秋麟先生通过总结国外海洋经济研究的进展，注意到国外对海洋经济的认识有一个逐渐深化的过程，或正在"不断深化"。这深化的标志之一就是发现了海洋经济的"全球经济"特点。他提到，世界海洋理事会的执行理事 Holthus 曾做出"海洋经济 = 全球经济"[①] 的判断。周先生显然认可这位执行理事的看法。他认为，"这个结论首先表现在现代海洋经济与世界经济具有极大的耦合性，海洋经济总量反映在世界经济总量上。""其次表现在海洋经济对于全球工业化具有重大影响"[②]。当把海洋经济转换为海洋产业时，上述特点就表现得更清楚了。周先生注意到："海洋产业在性质上属于全球产业，不会受到国家疆界的限制。"[③] 海洋产业与传统的陆上产业相比无疑具有更大的国际性或全球性。比如，一国的国内客货运输可以相对独立于国际市场，而一国的海洋运输业则与世界各国的海洋运输业连成一体。随着经济全球化进程的加快，独立于世界海运市场之外的海洋运输业已经不存在，把某国的海洋运输业排除在外的世界海运市场也不存在。海洋经济发展的战略设计必须以经济全球化作为战略展开的战场，必须充分考虑我国海洋经济在国际经济竞争中可以或应当处于怎样的地位。

对具有高度国际化特点的海洋经济的战略安排需要考虑如何在国际竞争中取得优势地位。以下几个方面是提高海洋经济国际竞争力的突破口：

第一，海洋新兴产业发展。海洋渔业、海洋盐业等传统海洋产业是几乎所有沿海国家都具备的产业。这类产业，一方面，竞争者众多，在产品中加入的竞争成本高，所以很难取得较大的收益，更不要说垄断性的收益；另一方面，常常出现产能过剩，产品找不到用户的情况。所以，传统海洋产业很难在国际竞争中取

---

①② 周秋麟：《国外海洋经济研究进展》，载《海洋经济》2011 年第 1 期，第 46 页。
③ 周秋麟：《国外海洋经济研究进展》，载《海洋经济》2011 年第 1 期，第 47 页。

得优势。王敏旋先生指出，"在海洋经济体系中，海洋产业结构层次的高低和合理与否决定着海洋经济整体素质、实力的强弱和能否实现稳定而快速的增长。"[①]他所说的海洋产业结构层次的高低就是指传统产业与新兴产业在海洋经济体系中的比重等。如果一国的海洋产业以新兴产业为主，或新兴产业占较大比重，则其产业结构层次高，反之则低。我国的海洋经济要提高自己的地位，要对国民经济和社会发展做出更大的贡献，必须努力开辟新兴产业，在存在市场空白或明显的供给不足的领域实现自身价值。

那么，我国海洋经济的实际状况怎样呢？总的说来，"传统海洋产业始终占据主导产业地位"。据刘明先生研究，"2000～2009年期间，海洋渔业、海洋交通运输业、滨海旅游业、海洋盐业四大传统海洋产业的增加值占海洋产业增加值的比重始终保持在75%以上。海洋渔业……总体保持平稳发展。2009年，海洋渔业实现增加值2 509亿元，与2000年相比，年均增长6%。其中海水养殖……产量连续11年超过捕捞产量，连续18年居世界首位，占世界总产量的70%，占全国农业总产值的10.5%。"[②] 总之，传统海洋产业，尤其是"海洋渔业""在海洋产业的发展中地位优势明显"。王敏旋先生把这视为"当前我国海洋经济比较薄弱的主要结构原因"[③]。

第二，海洋产业科技含量提高。在无法形成新兴产业，或无法在新兴产业领域形成优势的情况下，提高产业的科技含量，用新产品、产品的新品质或高品质赢得优势也是海洋经济发展的优良途径。国家海洋局等部门主张"走科技兴海之路"[④] 可以说抓住了我国海洋经济事业乃至整个海洋事业发展的关键。在以往的一个时期，我国经济在世界上的竞争力主要表现为所谓"中国制造"。"中国制造"的确创造了我国经济发展历史上的辉煌，但粗放的"中国制造"绝非长久之计。王敏旋先生把发达国家海洋经济发展的趋势总结为"海洋经济开发不断依托科技向高精深层次拓展"[⑤]。这对我们是"叠加"的挑战。一方面，我国海洋经济的科技水平与发达国家的现有水平有差距；另一方面，发达国家正在向"高精深层次拓展"。虽然《全国科技兴海规划纲要（2008～2015年）》指出我国"科技进步对海洋经济的贡献率显著提高"[⑥]（这大概是跟过去比的结果），

①③ 王敏旋：《世界海洋经济发达国家发展战略趋势和启示》，载《中国与世界》2012年第3期，第44页。

② 刘明：《我国海洋经济的十年回顾与2020年展望》，载《宏观经济研究》2011年第6期，第24页。

④ 国家科委、国家海洋局、国家计委、农业部：《"九五"和2010年全国科技兴海实施纲要·引言》。

⑤ 王敏旋：《世界海洋经济发达国家发展战略趋势和启示》，载《中国与世界》2012年第3期，第42页。

⑥ 《全国科技兴海规划纲要（2008～2015年）》第二章第三节第一条。

但实际上，该《纲要》不得不承认，"科技兴海工作还不能适应海洋经济发展的形势和需要"。这表现为"尚未形成科技促进海洋经济持续健康发展的长效机制"；"科技对海洋经济贡献率小，关键技术自给率和科技成果转化率低"；"高新技术产业比重较小"① 等。在我国动手总结"科技兴海工作"存在的"突出问题"时，发达国家注定与我国海洋经济存在竞争关系的国家都在大力发展海洋科技。王敏旋先生的总结对我们或许有借鉴意义。他说：

"20 世纪 80 年代以来，美国、英国、法国等传统海洋经济强国以及亚太日本、韩国、澳大利亚等国都分别制定了海洋科技发展规划，提出了优先发展海洋高科技的战略决策。韩国在《OK（Ocean Korea）21》展望中提出，要通过'蓝色革命'加强韩国的海权，通过发展以科技知识为基础的海洋产业促进海洋资源的可持续发展。澳大利亚拟订了《澳大利亚海洋科学技术发展计划》，通过制定一系列的海洋科学技术发展政策，旨在激励和引导科学技术发展，保护海洋生态环境，提升海洋竞争力，保持其在海洋科技领域的领先地位。海洋科技的发展使得海洋研究领域不断拓展，而海洋研究领域的拓展又导致海洋开发深度逐渐加深。尤其是深海勘测和开发技术的逐渐成熟，以及科学考察船、载人潜水器、遥控潜水器、深海拖拽系统、卫星等先进设备的使用，人们对海洋的开发开始从近海转向深海，开发内容也由简单的资源利用向高、精、深加工领域拓展。"②

王先生的总结显然不是世界各国发展海洋科技的全部，但仅就这些而言，有关国家用海洋科技提高海洋经济竞争力的做法对我国的海洋经济发展就已经是严峻的挑战。我国的海洋经济发展应当是以有关国家用科技支持海洋经济发展为背景的战略设计，我国海洋经济的发展应当是以这些已经为发展海洋经济而实施科技计划的国家为竞争对手，我国的海洋经济事业发展战略应当以在竞争中战胜这些对手为战略目标。

第三，海洋产业、海洋产业与非海洋产业的集成效应。在实行"改革开放"政策的初年，我国一度出现个体户和乡镇企业遍地开花，引领时代潮流的盛况。随着经济体制改革的深入、生产和管理技术水平的提高等，乡镇企业的辉煌时代已经结束。不管是集约经营给产品质量带来的提高，还是规模效益造成的成本降低等，都会带来个体经营无法产生的经济效益。不管是在国内市场上还是国际市场上，集成经济性原理都是普遍适用的。那种"由战略集成创新所带来的所有效益的组合"③ 不是单一产业单打独斗或单一产业中仰赖上游支持或下游青睐的

① 《全国科技兴海规划纲要（2008～2015 年）》第一章第一节。
② 王敏旋：《世界海洋经济发达国家发展战略趋势和启示》，载《中国与世界》2012 年第 3 期，第 42 页。
③ 郑贵斌：《海洋经济创新发展战略的构建与实施》，载《东岳论丛》2006 年第 2 期，第 84 页。

个别环节等所能产生的，也不是若干单一产业或单一产业中的若干环节的简单相加所能企及的。一般来说，完整产业的效益大于产业内部生产环节的效益，产业集群的集成效益大于单一产业的效益。海洋产业参与国际竞争存在如何通过产品生产、运输、销售等力量的组合以提高竞争力的任务。

从发展海洋经济的目的出发，我们需要明确，我国海洋经济要在国际舞台上长期立于不败之地，必须按照集成经济性的原理，以集成效益或集成绩效取胜。从我国国民经济和社会发展的总体需求来看，我国参与国际竞争还需要按照集成经济性的原理，寻求海洋经济与非海洋经济之间的集成。姚文清先生给了我们一个鲜活的例子。他说：

"日本曾经利用港口优势，即充分利用东京湾、大阪湾、伊势湾、濑户内海'三湾一海'的海岸线，建成世界最大的港口群，并依靠港口建立了临海工业带，在这里集中了全国96%的钢铁产量，100%的石化工业产值，85%的产业人口，90%的国民生产总值，几个港口的吞吐量占了全世界的半数……"[1]

在日本的经验中，显然不存在海洋产业与非海洋产业的划分，日本经验中的巨大效益是由海洋产业和非海洋产业组成的巨大的产业集群赢得的。

我国的海洋经济发展战略显然不应只顾海洋产业发展，而应努力使海洋经济对国家总体的经济发展产生"一加一大于二"的效果。如果我们的海洋经济对国家经济的整体产生了聚合产业集群、协调产业集群的作用，那就是成功的海洋经济。我国海洋经济在我国经济生活中是否重要，更应该用海洋经济对产业集群的形成发挥了怎样的作用和在提高产业的集成效益上发挥怎样的作用来衡量。在制定海洋经济发展战略时，我们既需要建立"海洋经济创新集成绩效观"[2]，也需要海洋经济与非海洋经济的集成效益观。

第二节　我国的海洋经济战略

我国海洋经济事业发展战略是完成海洋经济使命，高效实施国家海洋战略的设计，是努力提高海洋经济在国民经济和社会发展中的重要性的战略安排。根据对我国海洋经济地位和作用的分析，我们认为我国海洋经济事业的发展应做如下战略安排：

---

[1]　姚文清：《福建省海洋开发与可持续发展战略》，载《华侨大学学报》1999年增刊，第108页。

[2]　郑贵斌：《海洋经济创新发展战略的构建与实施》，载《东岳论丛》2006年第2期，第83页。

一、海陆统筹

如果说我国国家管理中存在着部门利益和部门壕沟，那么，在战略设计上，必须填平部门壕沟，忘却或暂时忘却部门利益，从国家战略、民族利益的高度对待战略规划。在海洋经济事业发展战略的设计上尤其需要克服狭隘的部门主义的影响。所谓海陆统筹战略就是根据经济全球化时代的经济发展趋势和一般规律，为实现国家经济发展而在资源开发利用、产业布局和结构调整、产业升级和产业集聚等方面进行统一调度、筹划的战略。① 郑贵斌先生从海洋与陆地的依存互补关系方面阐述了陆海统筹的意义。他认为，"海洋与陆地，唇齿相依，互为依托"，所以，一方面，"海洋资源的深度和广度开发，需要有强大的陆地经济作支撑，只有在与陆地经济的互补、互助中才能逐步消除海洋经济发展中的制约因素"。另一方面，"陆域经济发展战略优势的提升和战略空间的拓展，必须依托海洋优势的发挥和蓝色国土的开发与利用。"② 在郑先生看来，经济全球化的加深也对国家提出了统筹海洋经济和陆域经济的要求。他说："随着经济全球化的深入，陆海关系越来越密切，陆海资源的互补性、产业的互动性、经济布局的关联性逐步增强。"③ 这是世界性的大趋势造成的"海陆产业""在技术上、空间上相互依赖，相互促进"，使这种"依赖"不断加深，使这种"促进"越发重要。

讨论海洋经济和海洋经济的发展难免受海洋的自然地理的约束，把注意力仅仅放在海洋上或者海洋和滨海区域上；我国的管理职权划分也容易让研究者和管理者陷入海洋的地理圈子。孙吉亭先生对山东省的海洋经济建设规划，包括经中央政府批准的建设计划的评价就反映了这种限制。他说："从 20 世纪 90 年代初期提出的建设'海上山东'和黄河三角洲开发两大跨世纪工程到进入 21 世纪后相继提出的胶东半岛制造业基地、山东半岛城市群、黄河三角洲高效生态经济区，山东省海洋经济战略逐步形成了区域发展格局，实现了由'点'到'线'再到'面'的深刻变化。但是，在这些战略构思中，始终没有一个以统筹海洋与陆地资源、产业与区域经济，以整合陆地与海洋两大发展空间，以海洋生态文

---

① 郑贵斌先生对陆海统筹做过系统的解释。他认为："陆海统筹就是要在区域社会经济发展过程中，综合考虑陆、海资源与环境特点，系统优化陆海的经济功能、生态功能和社会功能，以陆海两方面协调为基础进行区域发展规划、计划的编制及执行工作，以便充分发挥陆海互动、联动作用，从而促进陆海一体化和区域经济协调发展。"（参见郑贵斌：《山东实施陆海统筹的探索实践与重要启示》，载《山东社会科学》2011 年第 9 期，第 11 页）

②③ 郑贵斌：《山东实施陆海统筹的探索实践与重要启示》，载《山东社会科学》2011 年第 9 期，第 11 页。

明和可持续发展为本质的海陆统筹，经济、社会、文化、生态协调全面发展的战略。"① 这在很大程度上是由规划者的"海洋立场"决定的。海洋经济对于国家来说，其优势不只在于它可以利用比陆地上更丰富的渔业资源，它有更加便利的与外国沟通、与国际市场连接的条件，而在于它是国家的陆地经济与外国沟通的自设桥梁，是陆地经济走向国际市场的自然通道，是把国家的海洋产业和陆地产业有机地连接起来到国际市场去打拼的前沿阵地。海洋经济的发展不能仅仅以发挥海洋产业优势为满足，而应以带动国家经济的整体发展为己任。从国家经济整体发展的需要着眼，海洋经济的发展应当努力实现陆海关系的协调，把海洋的优势变成国家经济整体发展的战略优势。上文曾提到日本经验。如果对日本经验做一个追根溯源的考察，我们会发现，成功的诀窍之一不是仅仅发挥了海洋产业的优势，而是在充分利用海陆连接自然条件的基础上实现产业聚集和优势聚升，也就是"造山运动"那样的整体"隆起"。郑贵斌先生把日本经济发展的特点概括为"陆海联动"——"以大型港口为依托，以拓宽经济腹地范围为基础，海洋产业与陆地原有产业连为一体。大陆经济成为海洋经济的腹地，海洋经济成为大陆经济的延伸。"② 在那里，陆海联动的结果是陆与海双双得到提升。

《中华人民共和国国民经济和社会发展第十二个五年规划纲要》提出"坚持陆海统筹，制定和实施海洋发展战略"③，这是一项英明的决策。2011 年，国务院相继批准了《山东半岛蓝色经济区发展规划》（1 月 4 日）、《浙江海洋经济发展示范区规划》（3 月 1 日）、《广东海洋经济综合试验区发展规划》（7 月 5 日）。这三项规划被称为"海洋经济发展试点地区发展规划"，而这三项规划所在的地区被称为"三大海洋经济发展试点地区"④。这些规划和国务院对这些规划的批复都是对"坚持陆海统筹，制定和实施海洋发展战略"决策的执行。比如，《山东半岛蓝色经济区发展规划》的重要规划内容之一是"优化海陆空间布局"。《山东半岛蓝色经济区发展规划》指出，要"按照以陆促海，以海带陆，海陆统筹的原则，优化海洋产业布局，提升胶东半岛高端海洋产业集聚区核心地位，壮大黄河三角洲高效生态海洋产业集聚区和鲁南临港产业集聚区两个增长极；优化海岸与海洋开发保护格局，构筑海岸、近海和远海三条开发保护带；优化沿海城镇布局，培育青岛—潍坊—日照、烟台—威海、东营—滨州三个城镇组团，形成

---

① 孙吉亭：《山东海洋经济发展的前瞻与对策》，载《中国渔业经济》2011 年第 3 期，第 10 页。
② 郑贵斌：《山东实施陆海统筹的探索实践与重要启示》，载《山东社会科学》2011 年第 9 期，第 12 页。
③ 《中华人民共和国国民经济和社会发展第十二个五年规划纲要》第十四章。
④ 王敏旋：《我国发展海洋经济上升到国家战略的几点思考》，载《当代经济》2012 年第 3 期，第 66 页。

'一核'、'两极'、'三带'、'三组团'的总体开发框架"①。这样的规划追求的是"集聚功能"的提高,是海陆多种"资源要素"的"配置效率"和"海陆两大发展空间整合",是"海陆资源、产业、经济"等的"统筹"②。这样的规划不仅要"提升核心","建设全国重要的海洋科技产业基地和具有国际先进水平的高端海洋产业集聚区"③,而且还要"带动两极",即"黄河三角洲高效生态产业集聚区和鲁南临港产业集聚区"④,"培育三个城镇组团",即"青岛—潍坊—日照"组团、"烟台—威海"组团和"东营—滨州"组团。⑤《山东半岛蓝色经济区发展规划》的另一规划内容是"统筹海陆基础设施建设"。其中包括"快捷畅通的交通网络体系、配套完善的水利设施体系、安全清洁的能源保障体系和资源共享的信息网络体系"⑥。这里所说的统筹显然不是某个产业内部的统筹,不是为某个产业发展而为的统筹,也不是仅仅为海洋产业发展所做的统筹。这样的"统筹"为整个规划区域提供"支撑保障",也为借助于规划区域实现发展的内陆地区的经济社会发展提供这样的支撑和保障。显然,山东半岛蓝色经济区内的"功能完善、高效便捷的现代化铁路运输网络"⑦对河南、山西、河北等与山东的省际客货运输以及这些地区向海外的客货运输都可以提供保障。

《山东半岛蓝色经济区发展规划》、《浙江海洋经济发展示范区规划》和《广东海洋经济综合试验区发展规划》作为"海洋经济发展试点的三驾马车"⑧,它们的实施意味着海陆统筹这一具有"国家战略"意义的战略规划正式进入战略实施阶段。孙吉亭先生曾对《山东半岛蓝色经济区发展规划》的实施做了如下的展望:

"争取经过10年或更长一段时间,将山东省建设成为以海洋经济为显著特征的区域经济示范区、中日韩自由贸易先行区、海洋高端制造业中心、海洋高科技研发中心、东北亚国际航运中心和海洋文化旅游中心。"⑨

这一展望与《山东半岛蓝色经济区发展规划》实施后可能产生的实际效果之间肯定会有差别,但它所描述的轮廓应当不会有大的错误。按照这一轮廓,《山东半岛蓝色经济区发展规划》的实施将收获"中日韩自由贸易先行区"可能

---

① 《山东半岛蓝色经济区发展规划》第三章。
② 孙吉亭:《山东海洋经济发展的前瞻与对策》,载《中国渔业经济》2011年第3期,第10页。
③ 《山东半岛蓝色经济区发展规划》第三章第一节。
④ 《山东半岛蓝色经济区发展规划》第三章第二节。
⑤ 《山东半岛蓝色经济区发展规划》第三章第四节。
⑥ 《山东半岛蓝色经济区发展规划》第六章。
⑦ 《山东半岛蓝色经济区发展规划》第六章第一节。
⑧ 张汉澍:《海洋经济上升至国家发展战略层面》,载《共产党员》2011年第7期,第23页。
⑨ 孙吉亭:《山东海洋经济发展的前瞻与对策》,载《中国渔业经济》2011年第3期,第10~11页。

带来的成果，"海洋高端制造业"、"海洋高科技研发"、"海洋文化旅游"等按照传统海洋产业发展的思路无法取得的成果。

"山东半岛蓝色经济区"、"浙江海洋经济发展示范区"、"广东海洋经济综合试验区"既是我国海洋经济发展的示范区，也是实行海陆统筹战略的试验区。我们的看法是，海陆统筹是陆海兼备的国家在经济全球化时代发挥海洋优势实现经济快速发展的最佳选择。我国的海洋经济事业的发展不仅要在上述示范区实施海陆统筹战略，而且也应在非示范区实施这一战略。或者说，我国海洋经济事业发展就应当实施海陆统筹战略。

实施海陆统筹战略必须有步骤地向规划区、向海洋空间转移生产要素。刘容子先生曾谈道他对发展海洋经济的设想。他的重要观点之一就是实现生产力或生产要素与海洋优势条件的结合，通过生产要素的重新配置形成新的生产力。他主张向沿海"移民和转移其他生产要素"，使之结合为现实的海洋生产力。他提到的具体方案包括"改进技术手段和加强基础设施建设"，"开展海底仓储、水上机场乃至人工岛、人造城市等新兴海洋空间利用，发展远洋捕捞、深海采矿等产业，使海洋生产力向外海域扩展"[1] 等。今天的海陆统筹不管是视野还是力度，都已经超过了刘先生当年的设计，但刘先生的思路对今天的海陆统筹战略的实施依然是有效的。海陆统筹无疑需要对生产要素实施统筹。郑贵斌先生提到的四个统筹[2]之一就是"资源要素统筹配置"。这个统筹与刘先生的"生产要素"转移可以说是异曲同工。

实施海陆统筹战略必须加强经济和社会发展的规划以及规划的实施。不管是为了"把适宜临海发展的高端产业向沿海布局，把海洋产业链条向内陆腹地延伸"，还是建立"内外通达的海陆空立体综合交通体系"[3]，都不能消极地等待市场去配置资源，尽管市场会对《山东半岛蓝色经济区建设规划》等的实施做出积极的反应。在这一战略的实施上主张"市场导向"原则，或"市场导向、政府引导的原则"都是不恰当的。[4] 以往海洋经济发展中发生的一些问题都与产业发展缺少规划，听任市场摆布有关。比如，渤海资源开发中出现的问题就与缺少

---

① 刘容子：《积极开发海洋资源，建设海洋经济强国》，载《国际技术经济研究》1997 年第 4 期，第 22 页。

② 即"资源要素统筹配置、优势产业统筹培育、基础设施统筹建设、生态环境统筹整治。"（参见郑贵斌：《山东实施陆海统筹的探索实践与重要启示》，载《山东社会科学》2011 年第 9 期，第 13 页）

③ 郑贵斌：《山东实施陆海统筹的探索实践与重要启示》，载《山东社会科学》2011 年第 9 期，第 12 页。

④ 李珠江先生提出，"海洋经济的发展也应当按照市场化的机制进行操作，不必再走陆域经济从计划走向市场的转变道路，而应直接发挥市场对海洋资源配置的基础性作用，引导资源向最优的发展方向流动。"（参见李珠江、朱坚真：《21 世纪中国海洋经济发展战略》，经济科学出版社 2007 年版，第 132 页）

规划、管理不到位有关。张海峰先生对此做过认真的总结。他说：

"由于对渤海缺乏统一的开发利用规划，没有统一的协调管理，面临渤海的4个省市，在行业和地区的组织下分别向渤海延伸开发，致使不仅资源利用不合理、环境受到破坏，而且也发生了大量矛盾，使渤海的资源潜力得不到充分发挥。如渔业从70年代的捕捞过度逐渐演变到近期的竭泽而渔。目前的年捕捞量只有40万到50万吨之间。其他资源的开发不合理与破坏也是普遍存在的。"[①]

海洋资源开发需要规划，而要促成产业集聚和"经济势能"的"集聚"[②]，"提升总体竞争力"[③]，没有规划是难以如愿的，不严格执行规划也是无法是实现的。

二、锻造资源（能源）磁铁

资源赋存，尤其是陆地资源赋存与人口的比例关系决定了中国现在和未来发展的最大"瓶颈"是资源短缺，尤其是作为工业化血脉的能源的短缺。我国的海洋经济，从发挥满足国民经济和社会发展需求的作用的角度来看，最艰巨的任务是获取以能源为核心的资源。丁学良先生认为"中国经济再崛起"有"三大薄弱环节"，其中之一便是"战略性经济资源的对外依赖"[④]。这个判断为海洋经济战略设定了战略目标。

要完成为国民经济和社会发展获取能源、资源的使命，我国海洋经济应当实施资源（能源）磁铁战略。这里所说的磁铁战略包括以下内容：

（一）资源（能源）磁铁战略中的资源

这里的资源泛指各种不可再生和可再生资源，可再生资源中的生物资源和非生物资源。在我国的官方文献和研究资料中经常出现的都是石油、天然气、铜、铁、煤炭等矿产资源，水、可耕地等资源的人均占有量偏低之类的数据。[⑤] 其

---

① 张海峰：《世界海洋开放形势和我国海洋资源综合开发利用战略研究的思考》，载《国际技术经济研究》1991年第1期，第21页。

② 郑贵斌：《山东实施陆海统筹的探索实践与重要启示》，载《山东社会科学》2011年第9期，第12页。

③ 《山东半岛蓝色经济区发展规划》第三章第一节。

④ 丁学良：《中国经济再崛起的三大薄弱环节——清华大学演讲摘要》，载唐晋：《大国战略》，华文出版社2009年版，第81~87页。

⑤ 例如，《中国的能源状况与政策（白皮书）》发布了如下信息："人均能源资源拥有量较低。中国人口众多，人均能源资源拥有量在世界上处于较低水平。煤炭和水力资源人均拥有量相当于世界平均水平的50%，石油、天然气人均资源量仅为世界平均水平的1/15左右。耕地资源不足世界人均水平的30%，制约了生物质能源的开发。"

实，除个别矿产资源外，我国资源的短缺指向生产生活所需要的各种资源。一个向来以地大物博自居的国家为什么会出现资源的全线短缺，说到底就是人口这个"分子"太大了。我国人口太多是一个无法改变的事实，虽然我国已经成功地实施了计划生育政策，并且还将继续实施严格的计划生育政策。因此，资源短缺将是我国长久不变的国情。

人口与资源的对比关系决定了国家战略必定以解决资源问题为重要的战略任务。同时，我们也应注意到，由人口与资源的比例关系造成的资源短缺将越来越具有全球性。这一情况告诉我们，为了人类共同的繁荣，任何一个负责任的国家，尤其是世界大国都不能不在自己的发展战略中把资源放在重要的地位。

（二）资源（能源）磁铁战略的首要任务是发现资源

人类发展正在遭遇资源短缺，而且这种短缺还将越演越烈。但这个说法只是一个大概的判断。至于短缺到何种程度，经过努力这种短缺可以在多大程度上得到缓解，以对资源赋存和资源的可再生能力的知晓，以及人类对资源的消耗状况的了解为前提。一个国家的资源战略必须首先实现对这些信息的准确把握，尤其是对资源信息的把握。

这里所说的发现包括对本国资源的发现和对外国资源信息的了解、对全球资源状况的了解;[①] 发现的方法包括调查、勘查、探查、勘探、统计。对国外资源信息的发现方法包括合作勘探、合作研究。对公海和极地等资源信息的发现可以通过独立或合作或多国共同勘探、调查等方法实现。我国在保持国民经济较高增长的基础上，应该对深海资源开发、极地勘探做长线投资。

调查、勘探设备制造也是实现资源"发现"的一种参与。

（三）资源（能源）磁铁战略的重要手段是资源开发、开采，包括参与开发、开采

资源的理论蕴藏量、再生量具有战略价值，而生产生活的现实需要依靠开发、开采取得的资源来满足。我们正处在快速发展时期，同时也是处在单位产品消耗能源、资源偏高的时期，因此也就是处在能源资源需求旺盛，对国外资源的依赖比较严重的时期。资源的开发、开采是中国当下更加关心的问题。以石油天然气的开采为例。如果能从南中国海海域开采出石油天然气，则可以满足海南省

---

① 我国战略研究者都十分熟悉知己知彼的道理。在经济全球化时代，我们需要对这个原理实施"创新"——知己知天下。资源的战略价值是由全球资源供给能力决定的。要向判断特定资源的战略价值，必须了解全球资源的供给能力或潜在供给能力。

和我国其他地区工农业生产和居民生活的需要。这样便可以减少石油天然气进口，降低对中东石油的依赖，提高国家能源安全指数。

这里所说的资源开发、开采包括对管辖海域内的资源的开发开采，也包括在其他国家管辖海域内的和国家管辖海域之外的资源的开发、开采，包括单独实施的开发、开采和合作实施的开发、开采。当然，这类的开发、开采必须以遵守相关国家的法律和国际法为前提。

与前相同，开发、开采技术的研发，开发、开采设备的制造也是资源磁铁战略的内容。从现实的需要来看，深海石油天然气开采技术和开采设备制造在一定程度上决定深海石油天然气开采的进程和效率，从而也具有影响石油天然气市场和价格的作用。

（四）资源（能源）磁铁战略的核心是分配和取得资源

中国的未来发展，也就是继续延续目前的高增长的发展，需要取得更多的来自国外的资源，尤其是能源。[①] 这里所说的"分配和取得资源"，包括分配和取得两项内容。取得是指通过交换实现资源进口。分配是指资源分配政策的制定，资源开发、开采许可的分配，比如，国际渔业组织对渔业配额的分配等。我国海洋经济战略中的"分配和取得"要求国家积极参与分配政策的制定，在具体资源开发、开采配额等的分配中争取有利的分配结果。

资源（能源）磁铁战略是我们为我国海洋事业所做的战略设计。这个设计大致反映了我国经济和社会发展对资源能源的战略需要。在这个意义上，把资源（能源）磁铁战略说成是国家的经济发展战略也不为过。

三、为保护环境实行"反哺"、"休耕"、"轮作"

我国实行改革开放政策之后，经济建设取得了一些成就，同时环境也遭受了一定的损害。让我们看一看来自三个不同时期的研究报告。

张克先生等在20世纪80年代中期做的研究表明，那时，尽管我国的《海洋环境保护法》已经实施多年，但海洋环境还是出现了严重的问题，其中包括"内湾渔场遭到不同程度的破坏"、"洄游性鱼虾类的产卵场受到不同程度的损

---

① 《中国的能源状况与政策（白皮书）》宣布的"中国能源战略"的基本内容"立足国内"，表示我国将"主要依靠国内增加能源供给，通过稳步提高国内安全供给能力，不断满足能源市场日益增长的需求"（参见白皮书第二章）。这样的战略安排有脱离实际之嫌。我国能源消费主要依赖进口早已为国内外普遍知晓，而这种情况短期内不会发生改变。

害"、"溯河性鱼虾类资源遭到破坏"、"海涂贝类受到严重损害"、"赤潮频繁发生"给"渔业造成""危害","风景旅游区"遭到"损害","滩涂"被"不合理""开发","乱砍红树林"造成"不良后果"①。从这一研究结果来看，可以说那时的海洋环境已经全面受损。

21世纪初，张元和先生对我国最著名的渔场舟山渔场及浙江省管辖范围内的其他渔场的渔业资源状况做了专门研究。其研究结果更是让人触目惊心。他说："浙江海域历史上是一个大渔场，总面积在22万平方公里以上，渔场内有黑潮和其分支台湾暖流、黄海冷水及长江径流为主的近岸低盐水系。浙江渔场分为舟山渔场、舟外渔场、鱼山渔场、鱼外渔场、温台渔场和温外渔场等六个渔场。其中舟山渔场是我国最著名的渔场，也是世界四大渔场之一。"但是，"随着捕捞过度和海洋环境的恶化，浙江近海乃至东海渔场的主要渔业资源逐渐衰退，单位渔获量不断下降，渔获群体组成小型化、低龄化。渔获种类组成低龄化、低质化现象日趋严重，有的传统经济鱼类几乎已经绝迹。"② 这是来自最有代表性的渔区的最有说服力的研究结果。

2011年，刘明先生发表了他的研究成果。成果表明，"我国近海渔业资源长期处于过度捕捞状态"。他的依据是："《我国专属经济区和大陆架勘测专项综合报告》测算，我国近海捕捞渔业的最大可持续产量为567万吨，而目前我国每年近海捕捞量达到1 200万吨以上。"也就是说，近海实际"捕捞量远远超过最大可持续捕捞量"③。

张克先生、张元和先生和刘明先生的研究从不同的侧面反映了不同年代我国海洋环境遭受的损害。这些损害的发生在很大程度上是为经济和社会发展（包括因工农业生产的需要向海洋排放污染物，为获得经济建设和社会生活所需要的资源而对海洋生物资源的捕捞等）而付出的代价。虽然有识之士一再提醒我们的政府、企业不要走"先污染后治理"的老路，不要为"竭泽而渔"的不智之举，但在20世纪70~80年代，牺牲环境、廉价出售资源对许多地方来说几乎是获取发展所需要的"第一桶金"的唯一出路，或仅有的出路之一；直到今天，对许多以实现GDP增长为职责而又无力实现产业升级的地方政府来说，消耗资源、牺牲环境仍然是"履行"职责的最便捷的出路。

"先污染后治理"的老路不能再继续走下去了，"竭泽而渔"的蠢事不能再做了。我们也已经具备条件宣告这种建设模式结束了。我国的财政能力早已是今非昔比；我国实现经济发展的方式也已不再是无原则的"八仙过海，各显神

① 张克等：《加强海洋环境保护》，载《中国环境管理》1987年第5期，第21页。
② 张元和：《建设海洋渔业资源特别保护区》，载《浙江经济》2005年第20期，第46页。
③ 刘明：《我国海洋经济的十年回顾与2020年展望》，载《宏观经济研究》2011年第6期，第26页。

通"；我国海洋管理水平不论是在理论上还是在实践中都已达到了新的高度。在今天，讨论海洋事业发展，讨论海洋发展中的海洋经济事业的发展，我们对遭受了严重损害的海洋环境应该有"反哺"的意识。这是科学发展观的要求，这是实现科学发展的需要。

先污染后治理，造成资源枯竭再来恢复资源，引起了生态破坏才来帮助生态恢复健康，这是不经济的选择。在还没有出现污染、资源尚未枯竭、生态尚未被破坏之前，我们会坚决拒绝走这样的不经济之路。但是，在污染已经发生、资源已经枯竭、生态已遭破坏的情况下，如果不去治理污染，不努力恢复资源，不帮助生态恢复健康，那是不科学的，甚至可以说是愚蠢的做法。

为了实现资源、海洋纳污能力的可持续利用，让海洋生态在健康的状态下为经济和社会发展提供优质服务，我们必须还海洋以洁净、丰富和健康。为了有效地实现"反哺"，实现科学发展，国家除了继续实行禁渔区、禁渔期制度之外，[①]还应赋予反哺战略更多具体的要求。

（一）海洋"休耕"

所谓海洋"休耕"就是在局部海域停止开发和利用，让海洋有时间自净，有机会恢复资源生产能力和生态平衡。张海峰先生等在对世界海洋开发形势做过系统总结的基础上，对我国的海洋资源综合开发利用提出了很有见地的建议，叫做"抓两头养中间"。这"两头"指海水养殖和远洋捕捞，而"中间"指近海捕捞。他们所说的"抓两头"就是要"努力发展滩涂和浅水的养殖业"，"积极发展远洋捕捞"。这样做的目的是"争取用10年左右时间，对大陆架专属经济区内的水域实行投资养息，从根本上改变几十年来捕捞过度、生态恶性循环的局面"[②]。这里所说的"投资养息"也就是我们所主张的"休耕"。

渤海是我国的内海，但这片内海却不是得到最充分呵护的海洋，相反，种种指标表明，它是受污染最严重、资源减少最明显、生态和海洋自然形态破坏最严重的海洋。我们应该首先对这片海洋实行"休耕"，让它恢复到半个世纪以前那样的洁净、富有，那样有生机。

---

① 《中国水生生物资源养护行动纲要》规定了"坚持并不断完善禁渔区和禁渔期制度"这一"重点渔业资源保护"。其中包括："针对重要渔业资源品种的产卵场、索饵场、越冬场、洄游通道等主要栖息繁衍场所及繁殖期和幼鱼生长期等关键生长阶段，设立禁渔区和禁渔期，对其产卵群体和补充群体实行重点保护。""继续完善海洋伏季休渔、长江禁渔期等现有禁渔区和禁渔期制度。"（参见第三章第一节）

② 张海峰：《世界海洋开放形势和我国海洋资源综合开发利用战略研究的思考》，载《国际技术经济研究》1991年第1期，第21页。

（二）"轮作"

所谓"轮作"就是实行不同海域之间的轮换"耕作"。这是与休渔制度相类似的制度。实行这一制度的目的是让不同海域轮流"休养"。已经实行多年的休渔制度对恢复渔业资源、遏制渔业资源衰减的趋势发挥了积极的作用，但休渔结束之后渔业企业常常"饿虎扑食"地对经过"休养"的渔业资源实施"一网打尽"式的攻击。这说明，要恢复渔业资源，仅靠海域的短期"修养"是不够的。

我国有条件实行海洋轮作。由北向南我国有四大海区，即渤海、黄海、东中国海和南中国海。如果说以往渤海开发比较充分，甚至过分，那么，南中国海则明显开发不足。而南中国海也是资源丰富的海区。据专家研究，南中国海占我国海域"总面积"的"74%"，占我国"大陆架渔场面积"的"65%"。既然南中国海有条件成为"我国海洋资源开发的主战场"[①]，我们便可以在四大海区之间，或在这些海区的渔场之间实行"轮作"。

实行"轮作"至少有两点好处：其一，不使生产活动完全停止；其二，给"轮休"海域的资源一个完整的恢复期。当然这里所说的恢复不仅指渔业等生物资源，海砂资源等矿产资源也可以通过海洋的泥沙输运而得到恢复。

海洋的污染防治工作也可以实行"轮作"，比如宣布某些倾倒区暂时关闭。

（三）"保留区"

所谓"保留区"就是在海域中划出的暂不开发的区域。将特定区域保留下来暂不开发，目的是给将来开发或利用留下"原生"状态。实行"保留区"制度建立在以下认识的基础之上，即人们对自然的价值的认识客观上存在由浅入深的过程。比如，起初人们可能仅仅把鱼类资源看做是蛋白质资源，而后来人们发现某些鱼类还是珍贵的医药资源。建立"保留区"就是给人们继续发现新的价值留出时间、留下"标本"。

既然大自然隐藏着我们还一时无法发现的价值，所以保留大自然的某种自然状态，或在某些区域保持大自然的自然状态就是明智的。李珠江先生等曾把这种保留称为"预留"，即给未来开发利用自然的活动"预留不可修复、不具有更新能力的海洋和海岸资源，为技术经济能力发展预留相应的海洋资源基础、环境容量和生态服务功能"，或者说是"为未来""预留'生态位'"[②]。

"保留区"不同于以保护生态，或以保护濒危物种为基本目标的保护区。美

---

① 张尔升：《南海资源开发的区域合作模式研究》，载《浙江海洋学院学报》2007年第4期，第8页。
② 李珠江、朱坚真：《21世纪中国海洋经济发展战略》，经济科学出版社2007年版，第133页。

国学者索贝尔（Jach Sobel）和达尔格伦（Craig Dahlgren）在研究海洋保护区的功能时谈道生态系统管理的"要求"——"①了解不同系统的运转过程；②在所有操作系统中设立安全运行预警极限；③对全部重要部件紧紧连续监控。"海洋保护区正是因为如此开展工作才被他们认为是"海洋生态系统管理的最佳工具"。① "保留区"显然不需要如此"要求"。设置"保留区"只是为了"保留"，它并不追求对区内特定生态系统的积极保护，尽管"保留区"的选设也不排除有保护生态的考虑。

四、扶持战略产业

人们习惯上把海洋产业分为传统海洋产业和新兴海洋产业。这样的划分无疑是有道理的。比如，根据这一划分，我们可以判断哪些产业发展空间大、哪些企业待解决的科技难题多等。这样划分的依据是对事物发展历史的事实判断。本书所说的战略产业不以特定产业发展的历史长短为依据，也不是对特定产业成熟度的评价，而是指那些对我国经济和社会发展，对中华民族的长远利益有重大意义的产业。也就是说，战略产业出自价值判断。当然，需要进一步说明的是，本书所说的价值显然不是指可以带来更多的 GDP，而是前面章节曾提到的"战略价值"。

扶持战略产业是要求国家利用国家的科技、教育、财政等力量支持那些具有战略价值的产业，以便保证其健康发展，促进其快速发展。我国应当列为战略产业予以扶持的海洋产业有以下几种：

（一）海洋渔业

海洋渔业无疑是典型的传统海洋产业，但这个产业不会因过于传统而价值降低，对于我国来说尤其如此。我们常说我国因人口过多而成为资源贫乏的国家，因为人口分子过大而人均占有资源量偏低，然而，人们常常忽略这种资源状况中最值得计算，也最值得政府关注的资源不是其他稀缺的或价格高昂的资源，而是蛋白质资源，或者说是粮食资源。② 1995 年，我国"年人均水产品占有量为 20 公斤"，达到"世界平均水平"。③ 近年来，在我国已经成为海水养殖第一大

---

① ［美］索贝尔、达尔格伦：《海洋自然保护区》，海洋出版社 2008 年版，第 75 页。

② 李波先生谈我国海洋管理的重要性时就特别提到"我国海洋区域是我国重要的蛋白质""基地"，我们要"解决粮食、蛋白质供给问题需要依靠海洋"（参见李波：《从地理观念谈国家海洋管理问题》，载《中国软科学》1997 年第 11 期，第 62 页）。

③ 国家海洋局：《中国海洋 21 世纪议程》第五章第一条。

国、① 全球渔获量第一大国②的前提下，我国人均占有水产品量取得了大幅度的提高。但是，一方面，我国人均占有水产品量不仅远远落后于日本这样的海洋捕捞大国、美国这样的超级大国，而且与大多数欧洲国家相比也有一定差距。另一方面，这样的增加是以牺牲海洋环境，尤其是近岸海域环境，对管辖海域内的渔业资源采取远远超过最大可捕捞量的力度实施捕捞为代价的。据陈国生先生考察，"我国近海鱼类可捕量约 400 万吨，占世界海洋鱼类可捕量的 4%。但我国近海鱼类可捕量人均还不到 4 千克，大大低于世界人均可捕量 19 千克的水平。"③ 这也就是说，目前取得的水产品人均占有量的提高是难以长期维持的。从资源破坏状况来看，我们水产品人均占有量难以保持已有的"高水平"，而从人口增长的趋势看，情况就更不容乐观了。郑淑英先生注意到，"2030 年，我国人口将达 16 亿，至 2050 年面临的人口、资源与环境的压力还要更大"。正是考虑到人口增长的趋势，郑先生判定，只依靠陆地资源"不能解决如此众多人口的食品来源问题"，"从海洋中获取食品，是解决我国粮食问题的重要途径"④。考虑到这种趋势，我们有理由判定，仅仅靠近海资源也不能很好地解决更多的人口的"食品来源问题"，在更广阔的海洋里做工作，用更大的努力发展海洋渔业是有效解决"我国粮食问题"的必由之路。

　　充足的水产品占有是一个民族保持繁荣昌盛的基本条件之一。⑤ 为了保证我们民族的繁荣昌盛，我们必须保证有充足的和持续的水产品占有。也许这样的占有并不是增加 GDP 的有效途径，不是实现经济增长的便捷通道，就像坚持 18 亿亩耕地红线⑥不一定有利于 GDP 的快速增长一样，但它却是民族的需要。《海洋规划纲要》为"十一五"期间的海洋事业设定了若干"发展目标"，其中之一是"海产食品占全国食品等价粮食的 10%"⑦。这样的目标显然不是为了增加 GDP 而设计的。为了实现这种充足的和持续的占有，我们必须努力维持海洋渔业的发

---

　　① 《全国出口水产品优势养殖区域发展规划（2008～2015 年）》。

　　② 2005 年海洋渔获量最多的 9 个国家依次是中国（占世界渔获总量的 16.93%）、秘鲁（10.91%）、美国（5.67%）、智利（5.051%）、印度尼西亚（4.72%）、日本（4.69%）、俄罗斯（3.47%）、印度（3.32%）和泰国（2.8%）（国家海洋局海洋发展战略研究所课题组：《中国海洋发展报告（2009）》，海洋出版社 2009 年版，第 140 页）。

　　③ 陈国生：《海洋资源可持续发展与对策》，载《海洋开发与管理》2009 年第 9 期，第 107 页。

　　④ 郑淑英：《科技在海洋强国战略中的地位与作用》，载《海洋开发与管理》2002 年第 2 期，第 42 页。

　　⑤ 《中国水生生物资源养护行动纲要》指出："随着我国经济社会发展和人口不断增长，水产品市场需求与资源不足的矛盾日益突出。"（参见第一章第二节）这个判断已经透露了这样的信息，即中华民族的繁荣昌盛面临着"水产品市场需求与资源不足的矛盾"。我们的海洋事业发展战略必须把克服这一矛盾当成一项战略目标，哪怕是一个枝节性的目标。

　　⑥ 《全国土地利用总体规划纲要（2006～2020 年）》要求"守住 18 亿亩耕地红线"（第二章第二节）。

　　⑦ 国家海洋局：《中国海洋 21 世纪议程》第一章第九条。

展，把发展海洋渔业当成国之大计来抓。

（二）海洋休闲、旅游业

如前所述，海洋休闲、旅游业的社会需求正在逐渐加大。随着我国人口老龄化的加快和居民人均收入的增长，来自本国的休闲旅游需求，尤其是海洋休闲旅游需求会迅猛增长。如果说"脱贫"、追求"温饱"、奔"小康"是以往几十年的紧急需要，那么，将来的社会需求将朝医疗、养生、休闲娱乐、旅游度假等方面集中。在陆地国土相对拥挤的国情下，走向海洋、走进海洋将会成为更多休闲、旅游消费者的优先选择。为了应对这种社会需求，国家需要未雨绸缪，大力扶持海洋休闲、旅游业的发展。据专家研究，"海洋旅游娱乐业"已经是澳大利亚的"主要海洋产业"[1] 之一。前述美国旅游业的事例、澳大利亚的实践，对我们都是很好的借鉴。

我国"滨海旅游资源"丰富，具备发展海洋休闲、旅游业的条件。陈国生先生对此做过全面考察。他说：

"我国沿海地带跨越热带、亚热带和温带三个气候带，具备'阳光、沙滩、海水、空气、绿色'五个旅游资源基本要素，旅游资源种类繁多，数量丰富。据初步调查，我国有海滨旅游景点 1 500 多处，滨海沙滩 100 多处，其中最重要的有国务院公布的 16 个国家历史文化名城，25 处国家重点风景名胜区，130 处全国重点文物保护单位以及 5 处国家海岸自然保护区。按资源类型分，共有 273处主要景点，其中有 45 处海岸景点，15 处最主要的岛屿景点，8 处奇特景点，19 处比较重要的生态景点，5 处海底景点，62 处比较著名的山岳景点，以及 119处比较有名的人文景点。"[2]

我国应充分利用本国丰富的滨海和海岛旅游资源，真正把海洋休闲、旅游业作为战略产业来抓。

南中国海海域是我国发展海洋休闲、旅游业的最具优势的区域。那里岛屿众多，海洋生物多样性丰富，因与大陆，尤其是大陆北方之间的纬度差异较大而具有的异域风光、气温差异等优势，使这里的旅游资源价值倍增。发展南中国海的旅游业还有助于维护我国的海洋权益。在南中国海经营休闲旅游业，政府对这里的休闲旅游业实施管理，更多的本国游客光顾南中国海的岛屿、海域，一方面可以实现我国对这些岛屿及其周边海域的实际占有和和平管理，另一方面则有助于防止其他国家侵犯我国的主权和管辖权。除此之外，发展南中国海的旅游业还是

---

① 荆公：《澳大利亚海洋产业发展战略》，载《海洋信息》1998 年第 6 期，第 5 页。
② 陈国生：《海洋资源可持续发展与对策》，载《海洋开发与管理》2009 年第 9 期，第 106 页。

开展爱国主义教育的好方法。因此，在南中国海发展休闲旅游业可以实现"经济发展"和"国防安全"等方面的"统一"①。

（三）海洋航运业

经济全球化使世界更紧密地连成一体。这是当今世界发展的总的情况，也可以说是一个大趋势。但是，如果要问世界是怎样连成一个整体的，或用什么工具或手段连成一体的，人们便会注意到，实际上是信息、人员和物资的交流把地球变小，让地球看起来更像一个大家庭。如果我们再进一步追问，是什么帮助人类实现了这三种交流，结论则是信息技术和运输工具。我们把信息技术对信息交流提供的服务搁置不问，剩下的即是人员和物资的交流。人员、物资交流可以利用汽车等陆路交通工具、飞机等飞行器和船舶等水上或水下运输工具，部分物资的交流还可以通过管道等运输工具。如果人员交流的主要运送工具是飞机和陆上交通工具，那么，部分人员的交流，绝大部分的物资的交流都是通过水上运送工具，尤其是海洋运输工具实现的。蔡一鸣先生的研究显示，"国际海上运输完成的全球货运量占外贸货物总运量逾80％，在货物周转量中所占的份额则逾90％。"② 据此我们有理由说经济全球化是由海洋运输工具"运送"来的。海洋军事专家认为"在一个商业的时代，赢得海洋要比赢得陆地更为有利"③。我们认为，在经济全球化时代，"赢得海洋"首先表现为国家海洋运输业对海洋的四通八达特性的充分利用。中国对经济全球化的响应集中表现在发展航运业上。中国应当成为航运大国，扩大中国航运企业的客货运量、运输里程等。当然，除此之外，我国的航运业还应努力实现在世界各航线、各海峡、各港口的"存在"。

在经济全球化时代，跨国交流已经普遍存在，不可阻挡，"中国制造"已经真正走遍天下。然而，客货交流与"交流工具"在交流地的存在更有其意义。交流对象与交流手段虽然都可以化约为货币，但两者扩展的空间是大不相同的。中国制造可以走遍"天下"，但"天下"的中国必定会消费美国制造、巴西制造等来自异域的商品和服务。而中国航运可以既走遍"天下"，也走遍"天下"的中国。

中国永远不称霸，中国不会像当年的英国那样用武力统治全世界，但可以让自己的航运业"运"动整个世界；中国不会像美国那样向全球派送成群结队的航母，随时向伊拉克、利比亚或其他国家发号施令，但可以让世界的航运市场更加公平、更加高效、更具中国色彩。

---

① 李珠江、朱坚真：《21世纪中国海洋经济发展战略》，经济科学出版社2007年版，第133页。

② 蔡一鸣：《构建当代和谐海洋观》，载《水运管理》2008年第11期，第9页。

③ ［英］J. F. C. 傅勒：《西洋世界军事史》，广西师范大学出版社2004年版，第37页。

世界各国都有中国大使馆，世界各地的港口都有中国船队驶入驶出，世界各地都有中国船队运送的物资。中国使馆无国不有，中国航运业无港不访，中国航运船队运送的客货无处不散布，这些应当成为我国的战略目标。中国对经济全球化就应该这样去积极响应。

（四）海洋油气业

能源资源对于我国的战略意义无须赘述，从而，海洋油气业在我国的战略地位也无须多费唇舌。发展海洋油气业，大力扶持海洋油气业是前述"锻造资源（能源）磁铁"的题中之义。"澳大利亚石油和天然气产量的 90% 产自海洋"①。我国陆上石油天然气资源并不十分富有，所以，也应以澳大利亚为学习榜样，把获取更多石油天然气的希望寄托于海洋。

除了关于我国国民经济和社会发展对能源需求的认识，支持我们把海洋油气业作为战略产业来对待之外，从海洋油气业发展的状况来看，我们也需要从战略高度来发展海洋油气业。

第一，我国管辖海域有大量油气蕴藏，开发前景可观。据连琏先生等的研究，我国"在 135.7 万平方公里的大陆架上查明含油气盆地面积近 70 万平方公里，已圈定大中型新生代油气盆地 16 个。这些盆地石油资源量为 150 亿 ~ 200 亿吨，天然气资源量约 6.264 万亿立方米。经初步估计，整个南海的石油地质储量大致在 230 亿 ~ 300 亿吨之间，约占中国总资源量的 1/3，属于世界四大海洋油气聚集中心之一，有'第二个波斯湾'之称，仅在曾母盆地、沙巴盆地、万安盆地的石油总储量就将近 200 亿吨，是世界上尚待开发的大型油藏之一，其中有一半以上的储量分布在中国海域。在我国南海已勘探的 16 万平方公里海域中，发现的石油储量有 55.2 亿吨，天然气储量有 12 万亿立方米。"② 既然拥有"第二个波斯湾"，我们便不需要为能源不足而犯愁，便不需要担心马六甲海峡被控扼会给我国能源供应带来的不利影响。③

然而，"第二个波斯湾"还只是理论上的可能性，远不是"石油滚滚来"的油田。"我国深水海域油气资源……勘探程度非常低，目前只对其中 10% 海域进

---

① 荆公：《澳大利亚海洋产业发展战略》，载《海洋信息》1998 年第 6 期，第 5 页。

② 连琏：《海洋油气资源开发技术发展战略研究》，载《中国人口·资源与环境》2006 年第 1 期，第 66 页。

③ 有美国专家用"马六甲之痛"来形容中国对进口石油的依赖，进口石油对马六甲海峡的依赖。也有人假设："美海军只要在马六甲海峡及其他战略性咽喉要点，如霍尔木兹海峡采取军事行动，就可控制从中东到亚洲的整条运输路线，从而迅速关闭供应中国的阀门。"（参见王德华：《试论中国的"和谐印度洋战略"》，载《社会科学》2008 年第 12 期，第 32 页）

行了勘探。"① 建设"第二个波斯湾"油气田应当成为我国的重要战略任务，国家应当把南中国海油气田开发放在重要的战略地位。

第二，"资源（能源）磁铁"在全球范围内的吸引力不够强大。按照前述"锻造资源（能源）磁铁"的设计，我们要去发现资源，包括发现或参与发现外国管辖海域的和国家管辖海域以外的资源，还要开发、开采或参与开发、开采外国管辖海域的和国家管辖海域以外的资源。与"第二个波斯湾"还只是潜在的油气田一样，我国发现或参与发现、开采或参与开采外国管辖海域的和国家管辖海域以外的资源，总体上来说还只是我们的愿望。我国的"深水勘探（钻探）能力仅达 600 米，开发作业能力 503 米"②。这样的发现、开采能力无法形成"资源磁铁"，这样的资源磁铁的吸附力还太小。

五、科技服务和引领

我国政府一向重视海洋科技工作。不管是《海洋议程》，还是《国家"十一五"海洋科学和技术发展规划纲要》（以下简称《"十一五"海洋科技纲要》）、《海洋经济纲要》、《海洋规划纲要》等都用较大的篇幅就海洋科学技术做出规定。经过几十年的努力，我国的海洋科技水平取得了长足的进步，对海洋事业、国家总的经济和社会发展发挥了重要的作用。在"科技兴海工作"已经"取得了很大成绩"的基础上，从海洋经济事业发展的需要着眼，我们认为还应对科技提出更高的要求。海洋经济事业发展战略中的科技工作不仅应当对海洋经济事业的发展提供服务，而且还应对海洋经济的发展发挥引领作用。

服务是指解决海洋经济等海洋事业发展中遇到的科技难题。海洋事业发展面临各种科技难题。如何为养殖鱼虾防病治病就是一道科技难题。科技人员发现医治的办法，保证鱼虾丰收就是对海水养殖业的一种服务。为海洋事业发展提供优质的科技服务不是一件易事。比如，理论上已经判定南中国海的深海底存在石油蕴藏，但深海钻探技术、深海石油开采技术难题却不是一朝一夕就能解决的。再如，减少海洋产业发展中的资源浪费，提高资源利用效率也绝非一蹴而就。陈国生先生对海洋"资源开发利用"提出"减少资源浪费"、"降低对生态环境的负面影响"的要求，希望实现由"以往粗放式的开发方式向集约型的开发方式"的"转变"。至于如何满足他提出的要求，实现他所说的转变，行动措施被具体

---

①② 连琏：《海洋油气资源开发技术发展战略研究》，载《中国人口·资源与环境》2006 年第 1 期，第 66 页。

化为"依靠科学技术"或加大海洋开发活动的"科技含量"①。

引领是指科技为海洋经济的发展创造新产业、指出新方向等。比如，发现海洋生物的药用价值、催生海洋制药产业。再如，可燃冰的发现对能源开发指出新的方向。李珠江先生等指出，"海洋高新技术是 21 世纪世界各国在海洋竞争中占据优势的最有力武器。"② 我国要实现海洋经济的领先，必须先在海洋科技领域取得领先的地位；要在海洋经济的国际竞争中取得优势地位，必须先在海洋科技的竞争中取得优势。

杨国桢先生认为，"由于生产力的发展和生产关系的变化"，海洋经济的发展"呈现出不同的层次，不断地从低级向高级演进"。在他看来，海洋经济的"低级层次只是与陆地经济空间地理上的分工"。"中级层次"则不仅形成了"海洋渔业、海水制盐、海洋交通（造船与海运）、海洋贸易和海洋移民""五大板块"，而且随着"与沿海陆地经济的互动加速，为直接海洋经济活动提供劳力、资金、技术、商品和市场的陆地经济活动变为海洋经济的有机组成部分"。而海洋经济的"高级层次"科技含量更高。杨先生对其做了如下描述：

"以海洋科学技术为先导的生产力突破，海洋开发呈立体形推进，海洋实业结构发生革命性的变革，传统产业科技含量不断增大，发展出新兴的海洋业（海洋矿产、海洋医药、海洋生物工程、海洋化工、海水淡化等）、海洋牧场、海洋社区（海底城市等）、海洋旅游、海洋环境保护等部门，从索取利用型向保护增殖型转化。"③

杨先生笔下的"高级层次"海洋经济的最大特点可以说就是"以科学技术为先导"，或者以科学技术为支撑。传统海洋产业"科技含量不断增大"离不开科学技术的加入，而"海洋矿产、海洋医药、海洋生物工程、海洋化工、海水淡化"等"新兴的海洋业"都是在高科技的支持下才创立的。"新兴的海洋业"离开科学技术就无法运转，没有科学技术推进就无法取得新的发展。所以，在杨国桢先生看来，海洋经济的未来，也就是他所说的"未来的海洋经济"将不得不"以高新技术为发展动力"④。如果杨先生的说法是对的，那么，我国的海洋经济事业应当按照这样的指引去发展——大力发展海洋科学技术，由科学技术取得的进步引领海洋经济的发展。

---

① 陈国生：《海洋资源可持续发展与对策》，载《海洋开发与管理》2009 年第 9 期，第 109 页。
② 李珠江、朱坚真：《21 世纪中国海洋经济发展战略》，经济科学出版社 2007 年版，第 141 页。
③ 杨国桢：《关于中国海洋社会经济史的思考》，载《中国社会经济史研究》1996 年第 2 期，第 3 页。
④ 杨国桢：《论海洋人文社会科学的概念磨合》，载《厦门大学学报》2000 年第 1 期，第 97 页。

第九章

海洋军事战略

在我国，讨论海洋军事战略，几乎从来都是在"百年屈辱"的背景下进行的。这个背景使得有关的讨论显得更加有针对性，得以避免空泛和玄远，也给讨论平添了民族利益这一正当性。然而，这个背景对有关的讨论也是一个深深的暗影，这个暗影使得讨论无须展开便已经具备了倾向，便埋设了引出结论的前提。恐惧、耻辱、抵御、反抗等都是这道暗影为海洋军事战略讨论先行设定的"气质"。这种气质不利于思想者把握当今世界的海洋形势，筹划符合当今中国真实需要的海洋军事战略。我们不做忘记过去的背叛者，但我们更应当成为面向未来的建功人。牢记过去和建设未来两者的统一是我们制定的海洋军事战略真正成为国家海洋战略、国家发展战略的有机组成部分的前提。一方面，列强入侵来自海上的历史记忆应当是海洋军事战略吸收的成分；另一方面，海洋军事战略应当是服从国家海洋战略大局的战略安排。

第一节 "海权"与海权战略

在我国研究海洋军事战略需要先对一个被广泛使用的概念——海权做出界定，否则这个"多解"的词汇就会把研究者拉入不知所从的困境。从以往研究海权战略的著作来看，虽然出自不同作者的作品似乎都可以自圆其说，但这些作者"圆"其说的过程要么是煞费苦心地在自己的概念与其他研究者使用的概念之间深挖鸿沟，要么忽略他人使用的事实上含义不同的海权概念的存在。这样的做法显然不利于研究的深入和学术的发展。为了使我们的海洋军事战略研究能顺利展开，我们需要先扫除这一概念障碍，尽管我们的工作有可能是步挖鸿沟者的后尘。

一、"海权"辨析

海权概念是从清朝末年开始出现在我国书刊中的。[①] 尽管作为一个汉语词汇它的历史并不长，可对它的释义却种类繁多。大致说来，有以下 6 种：

（一）海权有广义、狭义之分说

张仁善曾发表题为"近代中国的海权与主权"的论文，文中把海权划分为广义和狭义两种。以下是他界定海权的主要文字：

"狭义的海权指海洋权益，是国际或国家通过法律对各国在海上既定权益的肯定。广义的海权不单指既定的海洋权益，还包括人们对海洋权益的争取、控制、利用、保护的行为和过程，是一个历史的、动态的概念，也是一个国家战略理论。"[②]

按照此说，狭义的海权是"海洋权益"，而广义的海权包括"海洋权益"和"争取、控制、利用、保护""海洋权益"的办法（"行为和过程"、"理论"混合在一起或可称为办法）。

海权在我国很早就出现了广义、狭义的区分。据皮明勇先生考察，清末海军学术界对海权的理解有狭义、广义之区别。他说：

"清末海军学术界对海权的理解有狭义、广义之区别。狭义海权系指按照当时国际法的规定，各国对其海湾和沿海岸线三海里之领海的主权；广义海权与马汉的海权内涵基本相同。笛帆在'海上主管权之争夺'一文中称：'主管海上权之要素有二：一曰'巨大海洋贸易'，一曰有能制海洋之军舰'。"[③]

清末海军学术界对海权的理解与近来一些学者的认识存在强烈的共鸣。这里的广义、狭义之分与下文的"海权与海权权益"的划分没有实质性差别，而笛帆对广义海权的解释与下文"海权与军事海权二分说"、"海权包含军事和经济两部分说"则大同小异。

---

①③ 皮明勇：《海权论与清末海军建设理论》，载《近代史研究》1994 年第 2 期，第 39 页。
② 张仁善：《近代中国的海权与主权》，载《人文杂志》1990 年第 4 期，第 2 页。

（二）海权包含军事和经济两部分说

刘永涛先生指出："倘若对马汉的思想进行较为细致地整理，我们可以发现，他的'海权'理论主要由两大部分组成：一是强调民间商业航海及海军军事活动同国家利益及国际政治之间的联系；二是规定一系列可用于指导美国海军战略决策的理论原则。"简单说来就是，马汉的"海权理论"包含"军事的和经济的两方面"①。

刘一健先生认为"海权是一个综合的复杂的体系"，且"海权体系的有效运行依赖于其构成要素的平衡和良性互动"。他所说的"综合的复杂的体系"大致相当于刘永涛先生所说的"军事的和经济的两方面"。刘一健先生与人合写的论文说：

"海权实际上是一个综合的复杂的体系，它包含两个分体系：海上军事力量和海上非军事力量。前者即指海军，后者则指开发利用海洋所必需的生产航运体系，主要包括商船队、捕鱼船队、造船业、港口基地等。"②

刘一健先生也把"两个分体系"称为"海上军事力量和海上非军事力量"两个"要素"。他们接着写道：

"在马汉看来，海权体系构成要素——海上军事力量和海上非军事力量是相互作用，相辅相成的。海上非军事力量主要用于发展海上贸易，稳定地增加国家财富和影响，同时为海军建设提供资金和物质基础，而海军则以支援和保卫海上非军事力量为主要任务。要使海权体系有效运转，必须使其构成要素保持平衡，如果其中一个要素偏弱，这个体系就需要及时作内部调节，否则整个海权体系就会失去其应有的作用。"③

刘新华先生也是军事和经济两部分说的秉持者。他的判断是："在马汉看来，海权的内涵实际上包括两大部分，一是海上军事力量；二是海上非军事力量。"④

（三）海权与军事海权二分说

牛宝成先生认为"谁掌握了海权，谁就掌握了打开未来生存和可持续发展

---

① 刘永涛：《马汉及其海权理论》，载《复旦学报》1996年第4期，第70页。

②③ 刘一健：《试论海权的历史发展规律》，载《中国海洋大学学报》2007年第2期，第1页。

④ 刘新华：《试论中国发展海权的战略》，载《复旦学报》2001年第6期，第68页。不过，有研究者注意到，刘先生似乎没有始终如一地坚持这样的观点。在后来发表的文章中他"更强调制海权是海权的基本目的和功能"（参见叶自成、慕新海：《对中国海权发展战略的几点思考》，载《国际政治研究》2005年第3期，第10页注释2）。

大门的钥匙"。他所说的那具有决定未来之神力的海权，在他的笔下被分为两类，一类叫海权，一类则叫"军事海权"。在牛先生看来，海权"是一个历史的范畴"，其"涵义""不断发生变化"。在他所说的变化中，大概最大的变化就是出现了"海权"和"军事海权"这两个概念，而其中的海权又有广义与狭义之分。牛宝成先生认为：

"狭义是指一个国家对本国领海（主要是领水及其上部大气层空间）、毗连区、专属经济区具有实际的管辖控制能力和自卫能力。狭义的海权，是一个国家主权的组成部分，它所包括的领海主权、海域管辖主权和权益，等等，直接关系着国家的安全利益和发展利益。因此，世界上任何一个沿海、海洋国家都力争拥有自己的这种意义上的海权。"

"广义的海权，是指一个国家除了对本国的领海具有实际的管辖和控制能力外，还具有在一定的公海、国际海底区域自由航行、开发利用的能力和权力。"[1]

对军事海权，牛先生做了如下界定：

"所谓军事海权，是指交战一方在一定时间内对一定海洋区域的控制权。主要表现在战争时期，通过战争行动取得必要的海权。有了军事海权，[2] 就能够确保己方兵力海上行动的自由，保障己方海上交通运输和沿海安全，同时，剥夺敌方的海上行动自由，破坏敌方的海上交通运输和沿海安全。"[3]

牛先生不仅把海权分成海权与军事海权，而且还对军事海权做了进一步的划分。划分的结果是一分为三，即"战略性海权、战役性海权和战术性海权"。"所谓'战略性海权'，是指对一个或数个海洋战区，在整个战略期间或者某一个战略阶段，为了便于实施战争或者战略性战役而拥有的海权；'战役性海权'，是指对海洋战区的一定区域，在较长的时间内，为了顺利地实施某次战役而取得的海权；而'战术性海权'，通常是指对有限海洋区域，在较短的时间内，为了顺利地进行战斗而夺取的海权。"[4]

（四）海权和海洋权益二分说

刘中民先生在注意到海权解说存在"混乱"之后对海权的含义做了廓清的努力，而他努力的结果之一就是把"海权"和"海洋权益"区分为两个不同的

---

①③④　牛宝成：《海权、海洋战略地位与军事斗争》，载《现代军事》2000年第5期，第23页。

②　这里存在一个巨大的疑问，即"通过战争行动取得"的"海权"和作为"在一定时间内对一定海洋区域的控制权"的海权是两个对象，还是一个对象。接下来的一个疑问便是，牛先生的军事海权是实施"战争行动"的能力，还是"战争行动"的结果，作为"在一定时间内对一定海洋区域的控制权"的海权是能力，还是某种能力释放之后达到的某种结果。尽管下文有"夺取军事海权必须通过强大的军事力量"的说法，但这个说法带来的是另一个问题，即那"必须通过强大的军事力量"来夺取的"军事海权"又是什么。或许是由于论文篇幅的限制，牛先生没有帮我们释解这些疑惑。

概念，并赋予它们不同的身份——前者是"权力政治的概念"，后者是"权利政治的概念"。对作为"权力政治的概念"的海权，刘先生主要给了两个说明，一个是"马汉所称的海权"——"包括了战时的海洋上的军事实力，以及和平时期的贸易与航运"；另一个是刘先生总结的"海权概念最基本的内涵"——"国家在经济、军事等方面控制和利用海洋的力量"。对作为"权力政治的概念"的海洋权益，刘先生认为"主要就是海洋权力及有关海洋利益的总称"。它包括如下两个方面：其一，"属于国家的主权及其派生权力的范畴"，"是国家领土向海洋延伸形成的权力"；其二，"是国家在海洋上所获得的利益"，"受法律保护"①的利益。

刘先生的观点客观上存在支持者。比如，"海权与军事海权二分说"大致上是在海权和海洋权益二分的基础上对海权所做的进一步划分。

（五）"海洋力量、海上影响和海上资源"三要素说

李小军先生认为，由于"各国为获得和拓展与己有关的海权利益"，所以他们对海权概念做了各取所需的"诠释"。尽管如此，李先生还是发现了海权论首创者马汉思想的"真谛"。他说，"马汉认为海权是'凭借海洋或利用海洋能够使一个民族成为伟大民族的一切东西'。"②从这个判断出发，在讨论中国海权时，他把海权归结为"海洋力量、海上影响和海上资源"③三个要素。

李先生不仅确定了自己的海权"概念"，而且还根据这个概念，"从海上力量、海上影响与海上资源三个指标出发""对中国海权的现状进行"了"检视"④。

（六）海洋权利、海上力量、海上权力、海洋霸权四分说

张文木先生认为，"海权"作为一个"涉及海洋的概念"，其来源是以天赋人权为理论渊源的"海洋权利"（sea right）。这个海洋权利是国家主权概念内涵的"自然延伸"。也就是说，在现代的国家主权概念中包含着海洋权利的内容。张先生也把这种权利称为"基于主权的海权"⑤。

张先生从这种海洋权利出发提出了一个以国家主权为核心的概念组合——国家主权包括海洋权利，国家主权及其所包含的海洋权利的存在要求国家享有

---

① 刘中民：《海权与海洋权益的辨识》，载《中国海洋报》2006 年 4 月 18 日。
② 李小军：《论海权对中国石油安全的影响》，载《国际论坛》2004 年第 4 期，第 16 页。
③④ 李小军：《论海权对中国石油安全的影响》，载《国际论坛》2004 年第 4 期，第 17 页。
⑤ 张文木：《论中国海权》，载《世界政治与经济》2003 年第 10 期，第 9 页。

"自卫权",而这个"自卫权"实现的工具落实在海上就是"海上力量"①。对张先生这一概念组合的介绍必须借助于英语词 sea power。首先,在张先生看来,这 sea power 并不是"海洋权利"意义上的海权。它与海权"虽有联系,但却是完全不同的概念"。在张先生把 sea power 翻译为"海上力量"时,它是"海洋权利"的"载体和实现手段而不是海权本身"。在张先生的论文中,sea power 不仅可以翻译为"海上力量",实现 sea power 与 sea right 的结合,即用"海上力量"担当实现"基于主权的海权"的手段,还可以翻译为海权。② 这一海权虽然使用与"基于主权的海权"相同的汉语语词,但其性质却与后者不同。简单说,前者是"以武力为特征的海权"。这一海权与"海上力量""虽同出于英文 sea power 一词,但其语义却是有性质的区别。"区别在哪里呢?张先生的判断是:"'海上力量'是个中性概念,它既可以为'海上权利'服务,也可以为'海上权力'服务"。作为"海上力量"服务的另一个对象的"海上权力"是什么呢?从张先生的论述中可以看出,它大概还有两种类型,一种是由"主权国家让渡出部分主权利益""形成"的"联合国具有强制力的海上权力(sea power)";另一种是"没有联合国授权的情形下的'海上权力'"③。在张先生看来,这后一种就是"海上霸权"④。

在张先生提供的这个概念组合中有两重关系需要理顺:第一重关系,"海上权力"与"海上霸权"。前者因来源于联合国成员国,所以可以称为合法的海上权力,而后者是没有权力根据的"海上权力"。用张先生的话说,这种权力就是"海上霸权"。第二重关系,作为行使"自卫权"之"工具"的"海上力量"和"作为追求海上霸权的工具"的"海上力量"。前者是"用以自卫本国'海洋权利'(sea right)的'海上力量'",是合法的力量,或者追求合法利益的海上力量;后者则是"失去自卫性质而异化为追求霸权的工具"的"海上力量"。这种

---

① 张文木:《论中国海权》,载《世界政治与经济》2003 年第 10 期,第 8 页。

② 张先生对此给出了明确的判断。他说:"确切地说,英文中的 sea power 一词表示的是'海上权力'和'海上力量'而非'海上权利'的含义。"(参见张文木:《论中国海权》,载《世界政治与经济》2003 年第 10 期)

③ 张文木:《论中国海权》,载《世界政治与经济》2003 年第 10 期,第 8 页。不过,张先生的划分实际上还没有进行到底。如果合法的海上权力仅仅属于联合国,那么,这是否意味着国家只有合法的"海上力量",而没有合法的"海上权力"呢?如果张先生发现这个瑕疵,我猜想他会用进一步的分类加以处理。

④ 张文木先生也把"使用这种力量的国家"称为"霸权国家"(参见张文木:《论中国海权》,载《世界政治与经济》2003 年第 10 期,第 9 页)。

海上力量只能被宣布为非法的力量，或者追求非法利益的海上力量①（大概前者可以简称为自卫性海上力量，而后者可以简称为谋霸性海上力量）。

张先生对"中国海权实践"的一段分析或许可以帮助读者理解张先生头脑中的海权图谱。他说：

"中国统一台湾和中国海区其他属于中国主权范围的岛屿，这是中国海权实践的重要内容，但这只是维护中国的主权及其相关海洋权利（sea right），建设对这些地区的海上利益的海上保护力量（sea power）的实践，而不是追求霸权意义的海洋权力（sea power）的实践。而美国在台湾海峡的海军活动及对中国台湾的军事插手活动，则是一种霸权意义上的海权，即'海上权力'实践。从这个意义上看，中国的海上力量（sea power）属于国家主权中的自卫权的范畴，而美国在中国台湾地区的海上军事介入，则是一种为实现其海上'权力'（sea power）的海洋霸权行为。"②

尽管这里缺少了合法的"海上权力"，即"联合国具有强制力的海上权力"，但这个实例确实有助于读者理清张先生所开列的海权、海洋权利、海洋权力、海上力量等几者之间的关系。

张先生的观点得到了不少学者的赞同，或者被有关论者部分接受。比如，刘中民教授对张先生的"观点"就表示"比较认同"③。

对海权之所以会出现如此多的解说，基本原因在于国人所认可的海权论的创始人美国人阿尔弗雷德·塞耶·马汉"一直没有对'海权'一词进行准确定义"④。另外一个重要原因则在于，在汉语言的发展演进中出现了含义有密切联系的两个单音词"权"：一个是表达权利的权，一个是表达权力的权，而后一个"权"又是多义词。由于海权研究无所宗，所以，每一个研究者都可以尽情地创造而不必担心受"离经叛道"的指责。由于权力之"权"一词多义，所以，研究者便不得不在多义之间奔波往返。如果我们接受海权论是舶来学说的判断，那么，上述"基本原因"是本源性原因或本体原因，而"重要原因"则是移入环境的原因，或者水土原因。如果说本体原因和水土原因都是造成海权多解的客观原因，那么，还有一个主观原因，一个类似于栽培方法不当的原因——对已经移入中国的"海权"概念的误读，或者对两个单音词"权"的混用。

我们已经把马汉没有提供"准确定义"和汉语中的"权"是多义词看作是

---

① 尽管张先生曾把"海上力量"明确界定为"中性概念"（参见张文木：《论中国海权》，载《世界政治与经济》2003 年第 10 期，第 9 页），但这个"中性概念"所指向的"海上力量"却可以用来当做自卫的工具，或用来当做"追求海上霸权的工具"。

② 张文木：《论中国海权》，载《世界政治与经济》2003 年第 10 期，第 10 页。

③ 刘中民：《海权问题与中美关系述论》，载《东北亚论坛》2006 年第 5 期，第 69 页。

④ 刘中民：《海权与海洋权益的辨识》，载《中国海洋报》2006 年 4 月 18 日。

导致海权多解的客观原因。这是由果求因的认识过程产生的结论。而如果从对海权的一般认识过程来看，从一定的既存情况与对其可能产生的认识结果的联系上看，这些"原因"其实只是出现认识错误的条件——因为它们对产生正确认识设置了障碍。也就是说，这些所谓的"客观原因"的存在不必然导致错误的认识结果。它们作为产生正确认识的障碍并非绝对不可克服。出于这样的考虑，我们对海权多解的由来的考查还是先从"主观原因"开始。

造成海权多解的主观原因主要有二，其一，对两个单音词"权"的混用；其二，创造海权新概念的活动脱离海权的本源。

马汉是海权论的"创始人"①，或主要创造者②、"集大成者"③。这是学界一致的看法。这种一致应当产生对海权和海权论的大致相同的诠解。然而，事实并非如此。对海权的最不应该出现的异解就是由"栽培方法不当"造成的。在我们还无法对海权做出准确定义之前可以先行接受一个判断，即海权与权利无关，与海洋权利，或者海洋权益无关。

李立新先生考察海权的线路可以说明这一点。他的考察的出发点不是被大家用乱了的"海权"，而是海上力量。他说：

"'海上力量'来源于英语'sea power'。这个词，也译为海权。海上力量包括各种组成部分：'诸如作战舰只和武器、辅助船只、商船、基地，以及训练有素的人员等。控制海上运输的飞机也算海上力量，航空母舰的飞机则是海上力量的延伸'。广义上的'海上力量'是'利用控制海洋的权力'，主要含义是'海上军事力量'，也就是指海军。"④

不管他的可"译为海权"的海上力量是否有广义、狭义之分，它的基本特点都是"控制"或"利用控制"，因为他对"海上力量所包含的思想"的历史"追溯"说的都是这种控制。从"希腊史学家色诺芬"的"谁控制了海洋，谁就

---

① 其原话为："自海权理论创始人艾尔弗雷德·塞耶·马汉（Alfred Thayer Mahan, 1840～1914）的《海权对历史的影响》（The Influence of Sea Power Upon History, 1660～1783）及相关著作发表近百年来，海权问题成为军事学术的重要组成部分。"（参见张文木著：《论中国海权》，载《世界政治与经济》2003年第10期，第8页）

② 刘新华先生认为"系统的海权论"是"到19世纪末才出现"的新的学说，而他为了支持自己的这个判断而提到的唯一人物就是作为"美国战略学家、历史学家、海军军官"的马汉，唯一的著作是马汉的"《海权对历史的影响》（1890）"（不知"1890"何所本——引者注。参见刘新华：《试论中国发展海权的战略》，载《复旦学报》2001年第6期，第68页）。章佳先生不仅把"海权说"看作是由马汉"提出"的，而且列举了足以说明这一学说之为"著名"学说的例证，即马汉的代表作（参见章佳：《评马汉的海权说》，载《国际关系学院学报》2000年第4期，第15页）。

③ 刘中民：《关于海权与大国崛起问题的若干思考》，载《世界政治与经济》2007年第12期，第7页。

④ 李立新：《海洋战略是构筑中国海外能源长远安全的优选国策——缓解"马六甲困局"及其他》，载《海洋开发与管理》2006年第4期，第6页。

控制了世界", 到 19 世纪下半叶美国的舒费尔把"海军"看作是"商业的先锋"和给"美国商人"提供"永久保护"的"枪炮", 再到"马汉在其《海上力量对历史的影响》一书中"所表达的"海上力量对于国家的作用", 所说的"获得制海权和控制海上要冲的国家, 就掌握了历史的主动权"①, 等等, 无一例外。这样的海上力量, 即使也可以"译为海权", 是很难产生"基于国家主权的海权"概念的。

刘一健先生等提出的由"海上军事力量和海上非军事力量""两个分体系"构成的"海权""体系"也无法产生孕育出"海洋权利"概念。当他说"海权发展与大国的兴衰息息相关, 强大的海权是大国崛起的必要条件"时, 其中的"强大"这个修饰语已经把权利排除在外。在他的著作中, 由马汉"用巨大的篇幅""说明"的英国"凭借海权优势""确保国家胜利", 而法国和荷兰因"丧失了海权而一蹶不振"的经验和教训显然也与权利或海洋权利毫无瓜葛。当他说"海权发展史是一部争夺海洋控制权的活动史, 海权的发展始终围绕着海洋控制权的争夺而进行"时, 这海权已经被牢牢地钉在国家机体上, 被特定化为一个以武装力量为直观表现形式的概念。他对海权历史的一段描述足以让人把权利从海权的论域中彻底地排除:

"地理大发现首先将世界范围内的海洋控制权争夺推向高潮, 两次世界大战中海洋控制权的争夺更是空前激烈, 核时代的海洋控制权争夺是美苏争霸的重要内容。期间充满了海上兵力的激战、血腥的征伐、残酷的掠夺和野蛮的屠杀, 同时也产生了海洋上的'生存法则'——谁的海权强大, 谁就能在海洋控制权的争夺中占据优势, 谁享有的海洋权益也就越多。称霸海洋者, 无不是海军强国, 无不倚仗于海上武力。"②

刘永涛先生总结的由"军事的和经济的两方面"构成的马汉海权理论无法给海洋权利概念以滋生的土壤。他指出:

"马汉'海权'理论的主要支撑框架是建立海军体系、运输体系和驻泊体系, 核心是强调国家对海洋拥有强有力的控制权; 建立强大的海军体系是实现国家海上霸权的支柱。马汉认为, 为了取得未来争霸战争的胜利, 国家必须拥有强大的、能够取得海上统治地位的海军力量。有了强大的海军, 国家就能打破敌人的海上封锁, 切断敌人的海上交通, 摧毁敌人的舰队, 从而拥有制海权; 否则, 这个国家就不能在国际政治中取得威势。"③

---

① 李立新:《海洋战略是构筑中国海外能源长远安全的优选国策——缓解"马六甲困局"及其他》, 载《海洋开发与管理》2006 年第 4 期, 第 6 页。
② 刘一健:《试论海权的历史发展规律》, 载《中国海洋大学学报》2007 年第 2 期, 第 4 页。
③ 刘永涛:《马汉及其海权理论》, 载《复旦学报》1996 年第 4 期, 第 70 页。

尽管刘先生所说的马汉的海权论已经被"极大地丰富"了，但刘先生所做的使之丰富的努力始终是围绕马汉理论的"主要支撑框架"、"核心"和这个理论所追求的目标——"为了取得未来争霸战争的胜利"而展开的。在如此展开的讨论中不会凭空产生出海洋权利概念，不容许在海权的概念中加进权利的成分。

总之，尽管马汉没有给海权一个"准确定义"，为海权多解埋下了本体原因，但这个本体原因不会导致在海权概念中容纳海洋权利内涵。① 我们的论者加给海权概念的权利含义是由"主观原因"造成的。

虽然研究者都认可马汉是海权论的创始人，都把自己所讨论的海权当做由马汉创立的海权论发展而来，但不少研究者不满足于接受前人，而且还是一个外国人，一个不太受欢迎的外国的人创立的海权论。例如，叶自成等先生认为："传统的海权理论研究往往都是从军事意义上的制海权为切入点的，也就是说，海权的军事维度是大多数海权论者所采用的固有角度。"他不喜欢这种"固有角度"，因为从这个"固有角度"出发提出的"传统的海权理论对当代中国学者思考今天中国的海权发展之路"会带来"很深的"不利"影响"②。这个评判使用的标准是是否影响了对"今天中国的海权发展之路"的思考，而不是这个"角度"是否"固有"。叶先生接下来的论述说得更清楚，他既不寻求马汉海权论的原初含义，也不想顺着马汉海权论的"固有角度"去思考。他说：

"在西方历史中，海权也许就是马汉所说的那样，是以争夺和控制海洋为其基本目标的，是以强大海上军事力量为主要表现形式的。但时过境迁，今非昔比，虽然马汉的海权对今天仍有一定启迪意义，但毕竟时代不同了，中国今天面临着不同的时代环境，如果仍然按照传统的海权思维来考虑今天中国的海权建设，即把建设强大的海军和控制海上交通要道作为中国海权发展的根本目标，那么中国的海权建设有可能重蹈北洋海军的覆辙，走进死胡同。因此有必要对马汉的海权概念做更多的思考，尤其需要超越马汉的海权概念，建树与中国的历史文化和当今中国的海洋空间的发展相适应的海权新思维。"③

即使历史上的"海权""就是马汉所说的那样"，也要"对马汉的海权概念做更多的思考"，而所谓"更多的思考"就是推陈出新，就是"超越马汉的海权概念"。这话已经说得十分清楚了，他所要的海权不是历史上的某个真实存在的概念，而是他认为需要创造的概念。结果也正是这样，叶先生等创造了自己的海权概念。他定义的海权是"一个国家在海洋空间的能力和影响力"。他进一步解

---

① 上述"海权有广义、狭义之分说"的明显错误是把海洋权利和海权都装进海权概念里去了。
② 叶自成：《对中国海权发展战略的几点思考》，载《国际政治研究》2005 年第 3 期，第 9 页。
③ 叶自成：《对中国海权发展战略的几点思考》，载《国际政治研究》2005 年第 3 期，第 10 页。

释说：

"这种能力和影响力，既可以是海上非军事力量（如由一个国家拥有的利用、开发、研究海洋空间的能力）及其产生的影响力，也可以是海上军事力量及其产生的影响力。它既可以是一个国家保卫本国合法的国家海洋空间利益的工具，也可以成为一个国家侵犯、损害和破坏其他主权国家陆地和海洋空间利益甚至用以称霸世界的工具。海上力量有大有小，同样，海上的影响力也有大有小，不同的海上力量拥有不同的影响力。制海权只是海上影响力的一种，虽然重要，但并非海权的全部。这样来定义的海权是一个综合概念而非单一概念。这一定义的最大特点是，把海权概念从军事学、战略学的束缚下解放出来。它首先应该是一个政治学的术语，而不是一个军事术语。"①

已经不需要再追问什么，这里的海权不是历史上存在的海权概念，不是某个历史时期被人们使用过的海权概念，而是 21 世纪初由叶先生创造的概念。应该说叶先生的创造精神是可贵的，但他创造新概念的努力所带来的却使学界对海权概念的理解愈加混乱。②

试图创造海权概念的不只叶自成、慕新海两位。刘新华、秦仪两先生所做的从 "以军事上的制海权为理论切入点" 到 "以海权资源、海洋战略与海洋能力为理论切入点" 的 "置换"（为论述方便以下简称从军事海权到资源海权的置换），使 "国家海权的探寻维度""由军事制海权" 到 "基于资源、战略与能力的研究范式" 的 "转换" 等，说到底就是因为不喜欢 "过去强调海权的军事性质" 的马汉海权论，而欲对海权论进行 "丰富和发展"③。刘新华、秦仪两位先生的努力在逻辑上似乎是无懈可击，但实际上却有 "偷梁换柱" 之嫌。"从军事海权到资源海权的置换" 得以成立的逻辑前提是有一个在上位的海权概念，或者是一个海权属概念。在海权属概念下存在或可分解出两个或若干个海权种概念，其中包括种概念一 "马汉海权"、种概念二 "刘秦海权" 和其他种概念。它们之间的关系如图 9－1 所示：

---

① 叶自成：《对中国海权发展战略的几点思考》，载《国际政治研究》2005 年第 3 期，第 11 页。

② 如果说马汉的海权论是服务于帝国主义国家的，那么，我们可以批判它的服务目标的非正当性，并使之服务于社会主义国家。如果说马汉的海权论的某个或某些结论已经过时，我们可以消除那些过时的结论对于当今时代的时间差，给当今时代的海权发展提出新思路。这些方面和我们没有提到的方面，研究者都可以通过创造实现其发展。这样的创造都是正当、值得鼓励的，也是学术发展所必须的。而叶自成等的创新是否定曾经存在的概念，是撤掉了人们研究海权问题的共同的出发点。这样的讨论不管多么丰富，其结果都是 "关公战秦琼" 式的搏杀。

③ 刘新华：《现代海权与国家海洋战略》，载《社会科学》2004 年第 3 期，第 73 页。

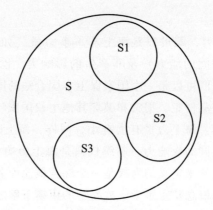

图 9 - 1　两种关系的海权概念关系图

注：图中 S 代表海权属概念、S1 代表海权种概念一、S2 代表海权种概念二、S3 代表海权种概念三。

　　显然，在"马汉海权"和"刘秦海权"之外并不存在一个海权上位概念。刘新华、秦仪两位先生缺少实现由"马汉海权"向"刘秦海权""置换"的逻辑条件。他们所做的"置换"实际上是抛弃，即抛弃一个换上另一个。用图形来表示就是图 9 - 2 所示的逻辑关系：

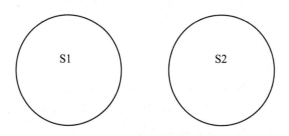

图 9 - 2　两种海权概念关系图

注：图中 S1 代表马汉海权概念、S2 代表刘秦海权概念。

　　在图 9 - 2 所示的逻辑关系中，S1 和 S2 之间不存在属种关系，是两个各自独立的概念，在二者之间也无法建立逻辑上的置换关系。当刘新华、秦仪两位先生说要使"国家海权的探寻维度"实现"由军事制海权"到"基于资源、战略与能力的研究范式"的"转换"时，由于不存在一个对于"马汉海权"和"刘秦海权"来说是上位概念的"国家海权"概念，所以他们所要实现的"转换"只能是从 S1 概念走向 S2 概念，即抛弃马汉海权，选择自己创立的另一个海权概念，也就是图 9 - 2 中的 S2 所代表的"刘秦海权"概念。

　　上文提到，叶自成、慕新海先生"创造了自己的海权概念"。他们的创造活动遵循的也是图 9 - 2 所示的逻辑。他们实施创造的结果是用自己创立的海权概念取代马汉所创立的海权论中的海权概念。

　　这么多的学者创立了新的海权概念，而另外一些专家却力图发现马汉和受马汉影响的人们在所开展的海权论研究中所使用的海权概念，如皮明勇先生对清末海军学术界所接受的海权和海权理论的探讨，[①] 这就难免会出现不同研究结论之间南辕北辙的现象。可以说，一些学者创造海权新概念的活动脱离海权的本源是造成海权多解的主要原因。上述"海洋权利、海上力量、海上权力、海洋霸权四分说"显然出自研究者的概念创新。"海权与军事海权二分说"的思想观点虽然与马汉的海权论，或者说与一些学者所理解的马汉海权论有些相似，但此说中的狭义海权与广义海权划分、海权与军事海权划分都与马汉的海权论著作没有任何联系，都是出于作者在马汉思想之外的创造。

　　我们判定由"马汉海权"向"刘秦海权"的"置换"缺少成立的逻辑条件，创造新的海权概念的努力是造成海权多解乱局的主要原因。我们这个判断的依据是逻辑关系，而非事实。也就是说，我们实际上还不知道我们不同意其被"置换"、被取代的马汉海权的内涵究竟是什么，它与"刘秦海权"、其他先生创造的海权究竟有何区别。我们既不希望看到海权多解的乱局，也不同意接受"刘秦海权"等新创海权概念，而要彻底否定新创海权概念，化解海权多解的乱局，最好的方法是弄清马汉海权论中的海权概念究竟是什么。那么，造成海权多解乱局的"客观原因"，是否真的不可克服呢？我们的回答是否定的。以下便是我们尝试给出的回答。

　　为了"辨识""海权"和"海洋权益"，[②] 刘中民先生指出一个事实，即马汉"一直没有对'海权'一词进行准确定义"。我们也接受这个判断，并把它宣布为海权多解的"客观原因"之一。然而，这个判断包含的要求，即要求马汉给"海权"一个"准确定义"却有强人所难之嫌。因为马汉并不知道中国人所要求的海权指什么。如果说马汉创立海权论的活动存在不足的话，这个不足在于他没有对海权论的关键词 sea power 一个"准确定义"，而不是没有给中国语中的海权一个"准确定义"。这里，中国学人诠解海权遇到的实际上是同类型的两个难题：一个是，上文提到，中文中的"权"本身是多义词。这构成影响准确解读海权的"水土原因"。仅就本书的议题而言，"权"一解为势，[③] 一解为力。[④] 当海权出现在中文中时，疑难便产生了——海权本身不能说明它表达的是"海

---

　　① 皮明勇：《海权论与清末海军建设理论》，载《近代史研究》1994 年第 2 期，第 37～47 页。

　　② 刘中民：《海权与海洋权益的辨识》，载《中国海洋报》2006 年 4 月 18 日。

　　③ 《战国策·齐策》"恐田忌欲以楚权复于齐"注云："权，势也。"

　　④ 《诗·巧言》"无拳无勇"传云："拳，力也。"《文选·吴都赋》"览将帅之拳勇"注云："拳与权同。"

势",还是"海力"。另一个是,英文中的 sea power 也是个多义词。同样以本议题的需要为限,这个词组中的 power 一解为能力,一解为对另一方的支配、控制或者影响。① 当 sea power 走进中国语言环境时,难题自然发生——从字面上中国人难以分辨它究竟是指"海洋能力",还是指"海洋控制"。清末学者把 sea power 直接翻译成海权,这便造成了中国的海权识别和海权研究的双重困难——从"海权"难以判断 sea power 究竟是"海洋能力"还是"海洋控制",而从 sea power 难以判断海权究竟是"海势"还是"海力"。张文木先生等之所以把 sea power 一译"海上力量",一译"海上权力",② 除了因为马汉没有把海权准确定义为"海洋能力"或"海洋控制"③ 外,显然考虑了这个英文词存在多义这一客观情况。那些把海权与海洋权益明确区分为两个概念的学者,那些仅仅是从与 sea power 的渊源关系上讨论海权的学者之所以大多选择让海权概念容纳作为国家权力的海权和开发利用海洋的能力两项内涵,④ 是因为被海权论的最初翻译者给 sea power 抢注的"商标"是权,而由"权"构成的海权既可以被理解为国家权力,也可以被理解为海洋能力。

那么,我们怎么才能克服海权识别和海权研究的双重困难呢?最好的办法,目前来看也几乎是唯一的办法,就是从马汉的著作中寻找答案,通过析取马汉海权论的核心思想寻找海权的真意,在此基础上再给马汉的海权概念"训诂"出恰当的汉语词汇,或赋予已经被译配的汉语词汇以与马汉海权概念相洽的含义。

海权研究专家在以往的研究中已经为"析取马汉海权论的核心思想"做了卓有成效的工作。尽管马汉没有给他的海权论的关键词 sea power 一个"准确定义",这使得研究者们难以形成一致的结论,但许多研究者还是在某些看法上实现了趋近。这个趋近的看法就是认为马汉的海权论,或马汉海权论的理论体系是一个由多个环节或多个要素等组成的一个体系,或者一个复杂的体系。例如,刘永涛先生认为,"马汉'海权'理论的主要支撑框架是建立海军体系、运输体系和驻泊体系","海军体系、商船运输体系和驻泊体系构成马汉'海权'理论的三个重要连环"⑤。曹云华、李昌新则把马汉的"国家海权"概括为"一个相互

---

① Bryan A. Garner: Black's law dictionary (seventh edition): "power: 1, The ability to act or not act. 2, Dominance, control, or influence over another."

② 张文木:《论中国海权》,海洋出版社 2009 年版,第 3 页。

③ 对于中国学人的实际需求来看,刘中民先生所说的马汉"一直没有对'海权'一词进行准确定义"这一不足就在于没有把海权"准确定义"为"海洋能力"或"海洋控制"。

④ 例如,曹云华先生等显然是运用政治学中的权力概念来解说海权的(他解释海权的术语来自美国学者丹尼斯·朗的著作《权力论》),然而,在完成了对海权的权力论界定之后,他笔下的海权立即转化为虽兼有权力,但却以海洋开发能力为主的"整体力量",其中包括"海军、商船队、基地和海外殖民地"等(曹云华:《美国崛起中的海权因素初探》,载《当代亚太》2006 年第 5 期,第 23 页)。

⑤ 刘永涛:《马汉及其海权理论》,载《复旦学报》1996 年第 4 期,第 70 页。

关联并不断延伸的链条"。他们认为，这个"链条"共有五个环节，即"工业—市场—控制—海军—基地"①。章佳先生对"马汉最大的贡献"的评述包括马汉以下的观点："商业、殖民地、海军三者不可分割而应视为统一的整体"②。在他看来，这也正是"最伟大的海权国家"的经验，③或者这也正是马汉所总结出的经验。前述"海权与军事海权二分说"、"海洋力量、海上影响和海上资源三要素说"等，都赋予海权或海权论多要素、多环节的特点。这些研究者不仅"发现"了这个"完整"的体系，而且还找到了海权论之所以是，甚至不得不是多环节构成的体系的理由。刘一健先生认为，海权体系是一个"海上军事力量和海上非军事力量""相互作用、相辅相成"的体系。他说出了两者之间的"相互作用、相辅相成"的关系：

"海上非军事力量主要用于发展海上贸易，稳定地增加国家财富和影响，同时为海军建设提供资金和物质基础，而海军则以支援和保卫海上非军事力量为主要任务。要使海权体系有效运转，必须使其构成要素保持平衡，如果其中一个要素偏弱，这个体系就需要及时作内部调节，否则整个海权体系就会失去其应有的作用。"④

刘永涛先生不仅认定"马汉'海权'理论的主要支撑框架是建立海军体系、运输体系和驻泊体系"，而且系统阐述了这样的体系的合理性。他在对"海军体系"的价值做了充分肯定之后说：

"在马汉的思想逻辑里，海权并不仅仅指国家拥有强大的海军，还包括国家拥有庞大的商船队，即建立庞大的商船运输体系。他认为，商业和贸易是一个国家赖以富强和发展的先决条件，国家对海洋的兴趣主要应表现为对海上运输和商业贸易的兴趣，而国家贸易的繁荣和强大又是与国家对海洋的控制密切相连的……海军舰队和商船队相辅相成，构成国家海上力量的重要内容。马汉还指出，建立广泛的驻泊体系也是'海权'理论的重要组成部分。一个国家的商船队和舰队在向海外扩张时，必须拥有海外殖民地和海军基地作为上述船只在海外停泊、交易、补给、避风和维修的据点，否则，'好比陆地上的鸟儿，不能飞出离岸边很

① 曹云华：《美国崛起中的海权因素初探》，载《当代亚太》2006 年第 5 期，第 23 页。在马汉看来，这个"链条"是对英国海权发展历程的总结（参见［美］马汉：《海权论》，中国言实出版社 1997 年版，第 159 页）。

② 章佳：《评马汉的海权说》，载《国际关系学院学报》2000 年第 4 期，第 16 页。

③ 章佳先生在指出"商业、殖民地、海军三者"应为一个整体的马汉观点之后说：这"正如富商与海军的结合，再加上殖民地的开拓，最终使英国成为历史上最伟大的海权国家"（参见章佳：《评马汉的海权说》，载《国际关系学院学报》2000 年第 4 期，第 16 页）。

④ 刘一健：《试论海权的历史发展规律》，载《中国海洋大学学报》2007 年第 2 期，第 1 页。

远的地方'。"①

他们对理由的表达并不完全相同，但他们所提供的理由都主要讨论两组关系。一组关系是海权论所涉及的不同要素之间的相互关系。或者"相互作用"，或者不可或缺。李小军先生的"海洋力量、海上影响和海上资源"的海权三要素说已经不是马汉海权，而是李先生自己创立的"中国的海权概念"②，但它保持了与上述从马汉著作中发现的海权论不同要素间关系的逻辑。他说："海上力量是确保海上影响和获取海上资源的保证，海上资源与海上影响则会制约海上力量的发展。"③ 另一组关系是海权论多要素与建设强大国家之间的关系。上引刘永涛先生的观点之一为"商业和贸易是一个国家赖以富强和发展的先决条件"。与之相匹配的是另一个观点——"建立强大的海军体系是实现国家海上霸权的支柱"④，而这个"支柱"当然也是"国家贸易的繁荣"的支柱。在马汉著作中文译者中显然有人赞同这样的思路。他们把马汉著作的有关段落翻译为海权"从其广义来说"，"涉及了有益于使一个民族依靠海洋或利用海洋强大起来的所有事情"⑤，或"凭借海洋或利用海洋能够使一个民族成为伟大民族的一切东西"⑥。一方面是"所有事情"、"一切东西"，另一方面则是"伟大民族"或"强大"民族。如果我们把"不同要素之间的相互关系"这组关系简化为海军和海上贸易的关系，那么，另一组关系就是海军、海上贸易等与"强大"民族的形成的关系。经过这样的简化处理，实际上也就是排除庞杂的细枝末节提取"核心思想"，我们发现这样的一组关系所表达的不是海权。即使把中国语中的海权解释为"海势"、"海力"，把 sea power 翻译成海洋权力、海上力量等都错了，这个待解的海权也不会是这样一种关系。"海军、海上贸易等与'强大'民族的形成的关系"可以是关于某对象的学说、方案，而不会是某个对象。这种关系既不是"海军"、"海上贸易"，也不是"强大民族"，而海权应当是像"海军"、"海上贸易"或"强大民族"那样的事物或状态、局面等具体的对象。那么，他们所论述的是什么呢？从刘永涛先生的论文里我们发现，他所说的由"海军体系、运输体系和驻泊体系"构成的"支撑框架"是"马汉'海权'理论"的框架，这个"支撑框架"表达的是"马

---

①④　刘永涛：《马汉及其海权理论》，载《复旦学报》1996 年第 4 期，第 70 页。
②⑥　李小军：《论海权对中国石油安全的影响》，载《国际论坛》2004 年第 4 期，第 16 页。
③　　李小军：《论海权对中国石油安全的影响》，载《国际论坛》2004 年第 4 期，第 17 页。
⑤　　孙璐：《中国海权内涵探讨》，载《太平洋学报》2005 年第 10 期，第 82 页。

汉的思想逻辑"①，而不是其他。② 刘永涛先生的这一表达点破了一个难以为人察觉的秘密，即大家关于海权的种种解说实际上是对海权论的解说，不管他们的解说是否正确。

马汉的海权论的确是关于"海军、海上贸易等与'强大'民族的形成的关系"的学说。吴征宇先生研究发现，"在现代战略思想史上，马汉海权思想的核心价值在于首次从国家大战略角度对海权进行了详细考察，即他首次阐述了海权作为一种国家政策工具的价值和有效性"③。原来海权是一种国家政策工具，而这种"国家政策工具的价值和有效性"的典型表现就是给国家"带来两方面的优势"：第一，"对海洋的控制"（海权）"将会使一国享受不受来自跨海威胁的安全，且同时具有到达敌人海岸的机动性和能力"；第二，"控制海洋这片广阔公用地"，"拥有绝对优势的海上力量"，也就是"关闭了进出敌人海岸的商业通道"。④ 由海权到国家安全、对敌的主动地位，或由海权到禁闭敌方，这是马汉构思的"工具—作用"过程，是对马汉学说的概括。这个"工具—作用"过程就是上述的"海军、海上贸易等与'强大'民族的形成的关系"。海权是马汉构思的"工具—作用"过程中的工具，但不是"工具—作用"过程的全部。同样，"海军、海上贸易等与'强大'民族的形成的关系"中包含海权，但海权显然不是这个关系的全部。如果说"海军体系、运输体系和驻泊体系"构成的"支撑框架"是"马汉'海权'理论"的框架，我们可以到"马汉'海权'理论"的框架中寻找海权，那么，海权包含在马汉构思的"工具—作用"过程中，只有其中的工具才是海权。马汉的最著名的著作《海权对历史的影响》是关于 sea power 对历史的影响的学说，而不是简单介绍 sea power 本身的著作。以往的海权研究所犯的一个比较隐蔽的错误就是误把关于 sea power "对历史的影响的学说"当作 sea power，误把海权论"直译"为海权。

在取得了海权不同于海权论这一浅显的知识，驱散了蒙蔽在海权上的云雾之后，我们可以对海权做最后的探摸了。

打开海权迷宫的金钥匙就在马汉的著作中。马汉专门讨论海权的最重要的著

---

① 刘永涛：《马汉及其海权理论》，载《复旦学报》1996 年第 4 期，第 70 页。不过，刘先生的这一表达并不说明他已经认识到他所阐述的是"马汉'海权'理论"的"支撑框架"，而不是海权的框架。他实际上并没有把海权和海权论区别开来。例如，他在谈马汉海权理论的"三个重要连环"中的一个连环时就说道："在马汉的实现逻辑里，海权并不仅仅指国家拥有强大的海军。"

② 他的话可以支持我们做一个排除性的判断，即这个"支撑框架"不是海权的框架，这个"支撑框架"所表达的不是海权。

③ 吴征宇：《海权的影响及其限度——阿尔弗雷德·塞耶·马汉的海权思想》，载《国际政治研究》2008 年第 2 期，第 98 页。

④ 吴征宇：《海权的影响及其限度——阿尔弗雷德·塞耶·马汉的海权思想》，载《国际政治研究》2008 年第 2 期，第 99 页。

作是《海权对历史的影响，1660～1783》、《海权对法国大革命和法兰西帝国的影响，1793～1812》和《海权与1812年战争的关系》等。这些著作都讨论海权的影响，或者是对历史的影响，或者是对具体的法国、具体的战争的影响，我们不需要过分关注影响是什么、有多大，需要的是寻找产生影响的是什么，只要我们知道了对历史、对法国产生影响的是什么，我们便也就知道了海权（实际上是书里的 sea power）是什么。

马汉的《海权对历史的影响，1660～1783》一书开篇便宣布："海权的历史乃是关于国家之间的竞争、相互之间的敌意以及那种频繁地在战争过程中达到顶峰的暴力的一种叙述。"① 这已经告诉我们，海权不是和平鸽、友谊花，而是"敌意"和"竞争"（rivalry），虽然不能说它就是战争，但它却是"频繁地在战争过程中达到顶峰"（frequently culminating in war）的"暴力"（violence）。说"海权的历史"是关于某种"暴力"的"叙述"，这几乎就是宣布海权就是暴力。马汉接下来说的不正是暴力吗？

"为了使本国民众所获得的好处超越寻常的份额，有必要竭尽全力排除掉其他竞争者：要么通过垄断或强制性条令的和平立法手段，要么，在这些手段不能奏效时，诉诸直接的暴力方式"。②

显然，马汉的著作不是讨论如何制定带有"垄断或强制性"的"条令"的，而是研究"和平立法手段"已经被注定"不能奏效时"需要采取的那种方式的。③ 可以说马汉已经开门见山地说出了海权的特点，即暴力，而且可能是"直接的暴力"（direct violence）。马汉的这十分直白的表述已经从海权概念中排除了"海权有广义、狭义之分说"中的"海洋权益"、"海权包含军事和经济两部分说"中的"经济"部分、"海权和军事海权二分说"中的"海权"④。

海权是怎样的一种暴力呢？无须多费考索的笔墨，它不是"家庭暴力"中的拳打脚踢，不是警察、监狱之类用于和平治理的国家暴力，而是军队这种与战争相联系的暴力，具体来说就是海军这种主要用于海战的暴力。这绝不是马汉的狭隘，因为自己在海军队伍里供职、从事海军教学和理论研究，便无端地编排海

---

①② ［美］阿尔弗雷德·塞耶·马汉：《海权论》，中国言实出版社1997年版，第2页。

③ 马汉在阐述美国应该占领美国以外的市场时就谈道，"宽阔的大洋彼岸"的"世界市场""只有通过生气勃勃的竞争才能进入和占有"，"诉诸法令以求保护的习惯是不会增进竞争能力的"（［美］阿尔弗雷德·塞耶·马汉：《海权论》，中国言实出版社1997年版）。

④ 张文木先生曾谈道："欧美海权思想更多地侧重于力量、控制和霸权，即使是欧美一些国家在为自己的海洋权利而非权力斗争的时候，它们也更多的是从控制海洋而非从捍卫本国海洋权利的角度看问题。"（张文木：《论中国海权》，载《世界政治与经济》2003年第10期，第9页）。这话指出了海权的固有特点，但不幸的是，张先生、叶自成先生、刘新华先生等研究者认为"欧美一些国家"的做法错了，甚至马汉自己也错了。而正是这样的判断使这些研究者寻找海权的行动迷失了方向。

军重要的理由。支持他提倡海军这种"海权"的是两个层次的深入思考：第一个层次，国家如何才能变得比别的国家强大，才有能力"使本国民众所获得的好处超越寻常的份额"。他对通过发展海洋事业致强与发展陆上事业致强两条道路做过比较。他的基本结论是"海权对'历史进程和国家繁荣'有着巨大乃至决定性的影响"。他认定，"当条件同时有利于两种发展时，一国最好是选择海上发展而不是陆上发展；其次，同一个拥有陆上优势的国家相比，一个拥有海上优势的国家对世界事务有更大影响力。"① 第二个层次，确保国家能够走通"海上发展"这条路的"直接的暴力"手段是海军。他坚信"海上力量的历史，在很大程度上就是一部军事史"②，而这部军事史的基本色调是蓝色的。在马汉的著作中随处可见的是"大帆船时代海上战争的历史与经验"③，是法国人错误地"将海上战事服务于其他军事考虑"，"对于海军军费缩手缩脚"④，是第二次迦太基战争中"罗马在海上所占据的优势对战争进程产生了决定性影响"的"断言"⑤，等等。不仅如此，马汉还发现，陆上强国往往会败给海上强国。1793年到1812年间，英法交锋是海上占绝对优势的国家与陆上占绝对优势的国家之间的竞争，而英国皇家海军对法国的严密封锁决定了英国在这场战争中的最后胜利。他写道："这个世界还从来没有目睹过更加令人难忘的海权对历史影响的展示。那些陆上大军从没有见过的、遥远且饱经风浪的战船，阻挡了它们对这个世界的征服。"⑥

马汉海权概念中的暴力是军事力量，而且是海军军事力量。对这一点，我们的许多研究者都能够接受。章佳先生的认识是：马汉的"海上力量的实质是一支集中的战列舰队，它能够担当与敌人战列舰队对阵并击败它从而对海洋实行控制的主要战略任务，任何舰只不过是辅助舰，由它们组成的军队不能称为海军"⑦。刘新华先生的判断是："海军是海权的支柱。"⑧ "海军"既然是"海权"的"支柱"，那它无疑具有"海权"概念中的"暴力"的一般特点。曹云华、

① 吴征宇：《海权的影响及其限度——阿尔弗雷德·塞耶·马汉的海权思想》，《国际政治研究》2008年第2期，第101页。

② ［美］阿尔弗雷德·塞耶·马汉：《海权论》，中国言实出版社1997年版，第2~3页。

③ ［美］阿尔弗雷德·塞耶·马汉：《海权论》，中国言实出版社1997年版，第3页。

④ ［美］阿尔弗雷德·塞耶·马汉：《海权论》，中国言实出版社1997年版，第7页。

⑤ ［美］阿尔弗雷德·塞耶·马汉：《海权论》，中国言实出版社1997年版，第15页。

⑥ 《海权对法国大革命和法兰西帝国的影响，1793~1812》（The Influence of Sea Power upon the French Revolution and Empire，1793~1812）。转引自吴征宇：《海权的影响及其限度——阿尔弗雷德·塞耶·马汉的海权思想》，载《国际政治研究》2008年第2期，第102页。

⑦ 章佳：《评马汉的海权说》，载《国际关系学院学报》2000年第4期，第16页。

⑧ 刘新华：《试论中国发展海权的战略》，载《复旦学报》2001年第6期。

李昌新两位的判断是："海权是战争中的决定性因素。"① 曹云华、李昌新两位先生的"海权"无论做多么宽泛的解释，那作为涉及海洋的"战争"的"决定性因素"的海权也只能是海军，而不会是陆军。

那么，我们能否由此得出结论说具有暴力特征的海权就是海军呢？早期的海权研究者似乎可以接受这样的结论。笛帆认为："观察各国势力，即以其海上权力之大小定之。何以故？海军强大，能主管海上权者，必能主管海上贸易；能主管海上之贸易者，即能主管世界之富源。"② 简化一下就是："强大""海军"主管"海上权"——"主管海上权者"主管"海上贸易"——"主管海上之贸易者"主管"世界之富源"。按照这个逻辑，海权论的最后归宿就是"强大""海军"。范腾霄认为："立国之道，国防而已，处此弱肉强食之秋，立国之元素在军备，军备之撷要在海权。时会所趋，固舍所谓黑铁赤血以外无主义，坚船巨炮以外无事功矣。"③ 然而，海军并不等于海权，海权概念绝不像海军概念那样简单、"平直"。这是一个涉及"暴力"所要解决的问题和所要达到的目标的问题。如前所述，"海权"要解决的问题来自于"国家之间的竞争"，在"海权的历史"上之所以要"频繁地"运用"战争"手段，"在战争过程中达到顶峰"，是因为"国家之间的竞争"十分激烈。海权所要达到的目标是"使本国民众"在竞争中"所获得的好处超越寻常的份额"。这样的"超越"以竞争的获胜或保持竞争中的优势地位为条件。仅仅有海军并不能保证在"竞争"中获胜或保持竞争中的优势地位。马汉的海权论绝不只是关于提倡国家建立海军的理论，虽然他的海权的暴力特征表现在海军这个外形上，而是贡献给美国的如何在竞争中取得优势地位、战胜敌国的理论。马汉的海权论绝不仅仅是告诉海军将领如何打赢一场海战的理论，虽然他的海权论要求国家取得战争的胜利，而是让美国因赢得并保持军事竞争的优势而使美国"民众""获得的好处"能长期甚至永久"超越寻常的份额"。海权不只是战胜之道，更是"一种国家政策（大战略）工具"④，是追求国家持续繁荣的战略。

那么，海权的秘密究竟是什么？什么才能使国家取得那样的优势？怎样才能使国家得以保证其"民众""获得的好处"能长期甚至永久"超越寻常的份额"呢？答案是：控制海洋。

---

① 曹云华：《美国崛起中的海权因素初探》，载《当代亚太》2006 年第 5 期，第 69 页。
② 皮明勇：《海权论与清末海军建设理论》，载《近代史研究》1994 年第 2 期，第 41 页。
③ 转引自皮明勇：《海权论与清末海军建设理论》，载《近代史研究》1994 年第 2 期，第 42 页。
④ 吴征宇：《海权的影响及其限度——阿尔弗雷德·塞耶·马汉的海权思想》，载《国际政治研究》2008 年第 2 期，第 107 页。

在马汉的《海权论》中随处可以看到"控制海洋"①、"控制了海洋"②、"对于海洋的控制"③、"对于海洋的控制地位"，④ 等等。这类提法表达了马汉海权论的核心思想和海权的基本内涵。

《海权对历史的影响，1660～1783》所要表达的基本思想是舰船等武器装备等在技术方面的提高不能改变已由历史经验证明了的战争原则，⑤ 而这部著作所要证成的"在所有时代里放之四海而皆准"的"规则"⑥，能帮助"所有时代里的伟大军事统帅获胜"的"原则"⑦ 之一，就是在这篇著作的引言部分就提到的控制海洋（原文为 control of the sea）。⑧ 这篇论文研究的主要战例是罗马—迦太基之战。在总结第二次迦太基战争的经验教训时他引用德国历史学家毛姆森的话说："战争之初，罗马即控制了海洋。"这种控制表现为"布匿战役"中"确立"的"海上优势"，表现为汉尼拔在"西班牙沿岸的舰队还没有强大到足以与罗马舰队相抗衡的地步"⑨。罗马在"两个国家之间的角逐中具有决定性意义"的"梅陶罗河之役"中之所以获胜，"除了哈兹德鲁拔（迦太基将领——引者

---

① 例如，书中谈道"凭借海军力量控制海洋的好战国家"（［美］阿尔弗雷德·塞耶·马汉：《海权论》，中国言实出版社 1997 年版，第 300 页），"控制该海域（指加勒比海域——引者注）具有巨大的天然优势"（［美］马汉：《海权论》，中国言实出版社 1997 年版，第 301 页）。

② 例如，马汉说："战争（指第一次罗马与迦太基间的布匿战争）之初，罗马即控制了海洋。"（参见［美］阿尔弗雷德·塞耶·马汉：《海权论》，中国言实出版社 1997 年版，第 15 页）又说，第二次迦太基战争中罗马"控制了从西班牙的泰拉弋那到西西里岛西端的马萨勒，再从那里到亚德里亚海的布林迪西一线以北的海域……这种控制不受冲击地持续于战争的全过程"（参见［美］马汉：《海权论》，中国言实出版社 1997 年版，第 17～18 页）。还说，"对于小安德烈群岛的军事占领完全取决于对于海洋的控制。"（参见［美］阿尔弗雷德·塞耶·马汉：《海权论》，中国言实出版社 1997 年版，第 103 页）

③ 例如，马汉说："对于海洋的控制，无论如何有效，都不意味着敌军战舰不可能单枪匹马或成群结队地偷偷溜出港口。"（参见［美］阿尔弗雷德·塞耶·马汉：《海权论》，中国言实出版社 1997 年版，第 15 页）又说，在罗马与迦太基战争中，"罗马""没有放弃""对于第勒尼海的控制"（参见［美］阿尔弗雷德·塞耶·马汉：《海权论》，中国言实出版社 1997 年版，第 17 页）。还说，"对于海洋的控制已被坚持视为决定性因素"，对于"直布罗陀与梅诺卡岛"的"占据""十分明显地取决于对海洋的控制"（参见［美］阿尔弗雷德·塞耶·马汉：《海权论》，中国言实出版社 1997 年版，第 103 页）。

④ 关于沙弗伦战役的经验总结，书中提到："在那里的一切都取决于一个优势的海上力量对于海洋的控制地位。"（参见［美］阿尔弗雷德·塞耶·马汉：《海权论》，中国言实出版社 1997 年版，第 101 页）

⑤ 马汉说："在茫茫大洋之上，从单层甲板船小心翼翼地由一个港口向另一个港口蠕动到大帆船雄心勃勃地远征于世界各地，再从后者演进到我们当今时代的蒸汽船，这一系列演进扩展了海军行动的广度与速度，却并不一定要改变对它们加以指导的原则。"（参见［美］阿尔弗雷德·塞耶·马汉：《海权论》，中国言实出版社 1997 年版，第 9 页）

⑥ ［美］阿尔弗雷德·塞耶·马汉：《海权论》，中国言实出版社 1997 年版，第 23 页。

⑦ ［美］阿尔弗雷德·塞耶·马汉：《海权论》，中国言实出版社 1997 年版，第 22 页。

⑧ ［美］阿尔弗雷德·塞耶·马汉：《海权论》，中国言实出版社 1997 年版，第 9 页。

⑨ ［美］阿尔弗雷德·塞耶·马汉：《海权论》，中国言实出版社 1997 年版，第 15～16 页。

注）的姗姗来迟的因素之外，则是由于罗马控制住了海洋"①。他"分析""1778年的海战"这个"个案"所得出的基本结论是"从一支强大的海军手中夺取（对于海洋的）这种控制权只能通过兵戎相见，并且战而胜之"；打击敌国"商业"这一"海战中最具重要性的辅助性行动"，对于"其财富分散于数以千计的来往穿梭的船只"，"这种制度的根系扩散广泛且深远，并能深深地扎根下来"的敌国，"唯有以军事控制海洋的方式，通过对于战略性商业中心的漫长控制……才会是致命性的"②。

马汉的著作不仅充分阐述了控制海洋这个中心议题，而且还把对海洋的控制聚焦在对交通线的控制。《海权对历史的影响，1660～1783》所阐述的控制海洋的原则进一步具体化为"保护交通线的原则"③。他认为，在1788年"尼罗河之战"中，英国方面就是因为遵循了这一原则才取得了战争的胜利。英国的所谓"尼罗河大捷"的主要成果是消灭了法国"二十七艘战舰"，"摧毁了"法国保护其与埃及之间的交通线的"海上力量"。而这对法国是致命的打击，因为"埃及企业生存的关键取决于与法国的联系能够畅通无阻"④。所以，斩断了这条交通线，也就注定了法国在这场战争中的失败。他对1778年的海战这个"个案"的分析也集中说明了控制交通线的意义。他说：

"在某场海战中……从一开始就有两件事情至关重要——一处位于边界的基地，在这种情况下是海滨地区，军事行动正是从那里得以展开；一支有组织的军事力量，在这种情况下是海军舰队，其规模和素质应与所发起的军事行动相称……如果那场战争扩大到了这个星球十分遥远的地区，那么，在每个这样的遥远之地都需要有能适用于航运的安全港口，以作为局部战争中次要的或临时性的基地。在这些辅助性港口与主要的或本土基地之间，必须存在着十分稳定的交通线，而它则取决于对中间相隔海域的军事控制。这种控制权的操作必须要由海军来加以执行，要么通过清除大海之上四面八方的敌军舰船，从而使得本国船舶得以十分安全地穿行；要么通过武力伴随（护航）每一梯队为支援遥远的军事行动而必须的供给船只，对这种控制权进一步加以强化。"⑤

"无论采取何种方式，通过对于沿途适当分布却又为数不至过多的优质良港的军事占领，例如好望角、毛里求斯，无疑会进一步巩固交通线。诸如此类的据点总是必不可少的……因为……今天油料补充更加频繁。海内外据点的配合，以

---

① ［美］阿尔弗雷德·塞耶·马汉：《海权论》，中国言实出版社1997年版，第20页。
② ［美］阿尔弗雷德·塞耶·马汉：《海权论》，中国言实出版社1997年版，第125～126页。
③ ［美］阿尔弗雷德·塞耶·马汉：《海权论》，中国言实出版社1997年版，第2页。
④ ［美］阿尔弗雷德·塞耶·马汉：《海权论》，中国言实出版社1997年版，第11～12页。
⑤ ［美］阿尔弗雷德·塞耶·马汉：《海权论》，中国言实出版社1997年版，第102页。

及它们之间来往沟通的状况，可被称之为一般军事形势的战略性特征。"①

"那些海外基地……一般而言，它们都资源匮乏——而这却是构成其战略价值的一个重要的因素，海陆军的储备和装备，以及在相当大的程度上，供海上使用的补给物质，都不得不从本土运抵它们那里……因此，交通线的战略问题又具有了新的重要意义。拦截一大队供应舰船是一场仅次于消灭一支战舰的军事行动。"②

"只有海军才能确保或威胁这些至关重要的生命线……它们是将整个战场连为一体的纽带。"③

这里的中心话题是控制交通线，而与此直接相关的是"安全港口"或"优质良港"、"海外基地"（当然也绝不忽视"本土基地"）、"据点"、"航线"，即从"本土基地"到"军事行动正是从那里得以展开"的"十分遥远的地区"，或从"本土基地"到就近提供"海陆军的储备和装备"，提供"海上使用的补给物质"的"海外基地"、"据点"之间的路途。

马汉无疑十分了解交通线的价值。例如，他对英国拥有的由"加拿大太平洋铁路连接起来的哈利法克斯和基蒂马特"构成的这条"替代性的交通线"就十分看好。他注意到，"这条线比前者（指英国'经地中海通往东方的航线'④——引者注）以及经由好望角的第三条航线在避免受到海上攻击方面要好得多，而且两大基地（指位于横穿加拿大南部的加拿大太平洋铁路两端的哈利法克斯和基蒂马特）对于英国在北大西洋和太平洋的商业活动和海军行动起着至关重要的作用。"⑤也正是因为注意到了这条交通线的重要价值，他才毫不隐晦地说："在战时，美国无疑应控制加拿大铁路，即使与我们相敌对的他国会对我们的海岸施以威慑性行动。"⑥他预见"中美洲地峡的运河开凿"将带来的是"对西半球和平的潜在的和尚未被预见的危险"。他清楚地知道这条运河的好处——"改变贸易路线的走向，从而会导致商业活动和通过加勒比海的航运量的巨大增加"；"如今相对冷清的这一海域将成为像红海那样的航运要道，前所未有地勾起海洋国家的兴趣和雄心"。"这片海域的每一个地点的商业和军事价值都会上升，而运河自身将成为最为举足轻重的战略中心"。正是因为认识到巴拿马运河极端重要的价值，认识到那些"凭借海军力量控制海洋的好战国家"也会极力想"拥有"⑦它，所以他才对美国"无力控制中美洲运河"忧心忡忡。他的判断是："就美国军事和海军准备而言，在欧洲国家卷入的情形下，地峡的

① ［美］阿尔弗雷德·塞耶·马汉：《海权论》，中国言实出版社1997年版，第102页。
②③ ［美］阿尔弗雷德·塞耶·马汉：《海权论》，中国言实出版社1997年版，第107页。
④⑤⑦ ［美］阿尔弗雷德·塞耶·马汉：《海权论》，中国言实出版社1997年版，第300页。
⑥ ［美］阿尔弗雷德·塞耶·马汉：《海权论》，中国言实出版社1997年版，第300～301页。

凿通对美国只能是一场灾难，对太平洋海岸尤为危险。"①

他对海外基地的重视集中体现在对夏威夷的态度。在题为《夏威夷与我们未来的海权》的文章中，他指出："美国占领夏威夷同美国西海岸的防御能力密切相关，同美国必须控制的贸易通道密切相关，同美国控制太平洋、特别是北太平洋的商业和军事密切相关，这些地区是美国在地理上最应该得到的利益所在。"② 夏威夷就是这样一个难得的天然的"优质良港"或"据点"，它"构成澳大利亚、新西兰向美洲、亚洲环绕的圆圈的中心，为太平洋的中心战略据点"③。它对美国国家利益，尤其是在太平洋地区的利益具有无比的重要性，所以马汉主张美国坚决地控制这个战略据点。

总之，马汉的海权说到底还是对那句古老格言的演绎。古人说"谁控制了海洋，谁就控制了世界"。马汉说为了控制世界必须先控制海洋。英国人瓦特·罗列所说的"谁控制了海洋，就控制了贸易；谁控制了世界贸易，就控制了世界财富，因而也控制了世界本身"清晰地表述了希腊箴言和海权论的逻辑结构，而其中的海权的秘密就是控制海洋。海权不是静态的海军的概念，马汉绝不简单地赞美海军；也不是仅仅可以比较强弱的海洋军事力量的概念，马汉的注意力在"控制"而不在量的多少或其增减；而是带有"压倒"、"战胜"之类内涵的概念，笛帆所说的"主管海上之权"的第二要素"能制海洋之军舰"中的"制"比较贴切地表达了海权的含义。马汉的著作《海权对历史的影响》不是谈海军的影响，也不是谈海军力量的影响，而是"对海洋的控制"所具有的那种影响。马汉学说中的 sea power 的本意是 dominance，是 control，或者达到 dominance、control 这种强度的 influence。海洋控制意义上的海权是表达一方对于另一方关系的概念，如果要用单音词"权"来表达它，那么，"权"这个词的基本含义应当是"势"，作为"胜众之资"④ 的势，是一方使另一方"屈"的"势位"⑤。对用以表达 sea power 的汉语词汇"海权"的更准确的释义是"海势"，而不是"海力"。

为了更清晰地给马汉的海权概念与一些学者笔下那些疑似的概念划清界限，强调以下几点是必要的：

---

① ［美］阿尔弗雷德·塞耶·马汉：《海权论》，中国言实出版社 1997 年版，第 301 页。

② 刘从德：《地缘政治学：历史、方法与世界格局》，华中师范大学出版社 1998 年版，第 64 页。转引自刘中民：《地缘政治理论中的海权问题研究——从马汉的海权论到斯皮科曼的边缘地带理论》，载《太平洋学报》2006 年第 7 期，第 38 页。

③ 刘中民：《地缘政治理论中的海权问题研究——从马汉的海权论到斯皮科曼的边缘地带理论》，载《太平洋学报》2006 年第 7 期，第 38 页。

④ 《韩非·子八经》。

⑤ 《慎子·威德》。

第一，马汉的海权是一个反映一方凌驾于另一方之上这种关系的概念，是与国内政治中的"统治"具有类似含义的概念。因此，那些把海权解释为"自卫能力"等的说法虽然反映了 power 一词的力量特征，但却与控制海洋相去万里。所谓"有限海权"的说法，即使包含了"区域性海军"之类的"目标"①，也只是具有海权之"形"而无海权之"神"。

第二，前已述及，海权不是海军。虽然对海洋的控制是对海洋的军事控制，对海洋的军事控制无疑由或主要由海军来实现，但把海权解释为海军也是顾了海权之末而失了海权之本。"海权力量"②、"强大的海权"、"美国拥有世界最强的海权"③ 的说法，虽在不同的作者笔下或有不同的功用，但其共同的错误在于把海权降低为海军了。

第三，马汉的海权不是国家权力意义上的权。张文木先生所说的"联合国具有强制力的海上权力"④ 是张先生创造的概念，而不是马汉的海权，虽然张先生对海权的讨论也从马汉的海权论说起。对海权做"国际法释义"，包括"以《联合国海洋法公约》的相关规定为中心"⑤ 所做的"释义"，都是徒劳的。

第四，马汉海权概念中的"对海洋的控制"指的是海军对海洋，尤其是对海上交通线的军事控制。学者们总结出的作为"一个国家在一定时间内在一定海域里的政治、经济、军事等各方面的自由活动权"的"综合性海权"⑥，看起来内容非常全面，但实际上却丢掉了海权的特质。其他研究者在对海洋的军事控制之外为海权所做的披红戴绿的装扮，其效果与加工"综合性海权"一样都背离了海权的真实含义。

第五，马汉的海权论无疑就是霸权论，不管是为马汉学说提供理论源泉的英国，还是按照马汉学说取得成功的美国，⑦ 都是控制海洋的典型，也都是几乎可

① 莫翔：《试析中国的有限海权》，载《云南财经大学学报》2009 年第 1 期，第 61 页。

② 刘中民：《关于中国海权发展战略问题的若干思考》，载《中国海洋大学学报》2004 年第 6 期，第 95 页。

③ 刘新华：《试论中国发展海权的战略》，载《复旦学报》2001 年第 6 期，第 72 页。

④ 张文木：《论中国海权》，载《世界政治与经济》2003 年第 10 期，第 9 页。

⑤ 尹东长：《海权的国际法释义——以〈联合国海洋法公约〉的相关规定为中心》，载《广东海洋大学学报》2008 年第 5 期，第 1 页。

⑥ 刘新华：《试论中国发展海权的战略》，载《复旦学报》2001 年第 6 期，第 69 页。

⑦ 刘中民教授对马汉学说与美国控制巴拿马运河之间的关系做了如下总结："1901 年，对'海权'情有独钟的西奥多·罗斯福成为美国总统，美国'大海军主义'更是蓬勃发展。西奥多·罗斯福完全赞同马汉对巴拿马地峡问题的分析，积极采取行动对巴拿马运河进行控制。1901 年和 1902 年，罗斯福派军舰到巴拿马地峡，谓之保护地峡交通安全；1903 年，策动哥伦比亚的巴拿马省独立，与之签订美国在巴拿马开凿运河的条约；1914 年 8 月 15 日，巴拿马运河正式开通，主权归属美国。北美海岸东西两大洋的通道掌控于美国之手，为美国走向世界海洋强国开辟了道路。"（参见刘中民等：《地缘政治理论中的海权问题研究——从马汉的海权论到斯皮科曼的边缘地带理论》，载《太平洋学报》2006 年第 7 期，第 38 页）

以排除掉所有竞争对手的霸权国家。"谁控制了海洋，谁就控制了世界"这一战略思想所包含的战略目标是"控制""世界"，而控制世界的战略目标仅仅属于霸权国家。那些为发展中国家"发展海权"① 而为的设计，那些总结"近代中国在海权问题上的教训"② 的努力，等等，都是没有吃透海权的精神。海权，作为谋求霸权的国家"政策工具"，不仅不适合内陆国家采用，也不是所有的沿海国家都可以采用的，这正像马汉《海权之要素》③ 一文中所分析的那样。

二、海权战略与我国对于"海权"的战略

海权是谋求霸权的国家"政策工具"，它不仅不适合内陆国家采用，也不是所有的沿海国家都可以采用的。按照马汉对"影响一个国家海上实力的主要因素"的分析，除"政府特征"这一因素之外，不管是"地理位置"、地理"形态构成"、"领土范围"，还是"人口数量"、"国民性格"，都说明我国难以走通海权战略之路。例如，人口因素。虽然我国人口众多，人力资源丰富，但我国却不具有走控制海洋之路的"人口"条件。这是因为，马汉所说的"人口因素""并非仅仅指纯粹的总数，而是指从事于海洋事业的人口数量，或者至少能够迅速为航海业所使用且从事海洋物质生产的人口数量"。④ 马汉以法国为例说明走海权之路所需要的"人口因素"的重要性。他说：

"在法国革命以前和直至紧随法国革命而来波澜壮阔的战争结束之际，法国的人口都比英国要多得多，然而一般就海洋权力而言，无论是和平贸易还是军事效能，法国都要比英国大为逊色。……在战争爆发之初的军事准备方面，法国通常占有优势，然而，它却不能维持住。因此，在 1778 年，当战争爆发时，通过其海上动员，法国能够迅速控制住五十艘战列舰，而英国则正好相反，由于其海上力量所充分依赖的舰队遍及全球，要想在本土集结四十艘战列舰都困难重重。然而，在 1782 年，它已有一百二十艘战列舰投入或准备投入战争，而法国则从来没有超过七十一艘。迟至 1840 年，当两个国家再度于地中海东部剑拔弩张，大战一触即发之际，一位当时十分杰出的法国军官，在一方面极力赞扬法国舰队极高的效率状态及其海军统帅与众不同的素质，表达对于与一个旗鼓相当的对手发生遭遇战的结果充分信心的同时，他继续说道：'在我们集结了（此三字系据语义添加——引者）当时所能集结到的二十一艘战列舰队伍之后，就不再具有

① 刘新华：《现代海权与国家海洋战略》，载《社会科学》2004 年第 3 期，第 68 页。
② 刘新华：《试论中国发展海权的战略》，载《复旦学报》2001 年第 6 期，第 70 页。
③ ［美］阿尔弗雷德·塞耶·马汉：《海权论》，中国言实出版社 1997 年版，第 25～92 页。
④ ［美］阿尔弗雷德·塞耶·马汉：《海权论》，中国言实出版社 1997 年版，第 45 页。

了预备队，没有别的舰船可以在六个月以内投入现役。'这并非仅仅由于缺乏舰船与适当的装备，尽管两者当时都青黄不接难以为继。'我们的海上动员已由于我们的所作所为（集结了二十一艘战舰）而筋疲力尽到这种地步，在各个方面所建立的永久征召制度却不能征集到足够的后备力量，为那些已经巡游了三年多时间的人提供休整的机会。'"①

马汉所述说的事实包含一个十分简单的道理，即更多的人口不等于更多的海军战士，人口的优势不必然能够转化为海军战斗力优势，人口众多的国家不等于海军人力强大的国家。

一些海洋研究专家、海军军事专家都认识到我国在海洋自然地理上的不利。仅仅就太平洋岛链和利用这个岛链所形成的和可能形成的军事的和经济的封锁而言，中国就失去了走英、美两国控制海洋并进而控制世界的道路的可能性。以中、日两国作对比，海洋形势有利于日本而不利于我国。这一对比与历史上曾出现的法、英对抗的海上形势相近。以中、美两国对比，海洋形势有利于美国而不利于我国。美国在两洋均不存在强硬对手。考虑到两洋宽阔浩渺，美国甚至可以忽略海岸相向国家的存在。② 中国就大不相同了。北有俄国、朝鲜、韩国，东有日本，南有菲律宾、越南、马来西亚、文莱、印度尼西亚等，即使我们也可以忽略美国这个海岸相向国家的存在，但我们却无论如何都无法忽略上述东北亚、东亚、东南亚国家的存在。戴旭先生所描述的"C型包围"③ 对我们的最大的启发意义在于，中国不具备利用海洋成为世界霸主的地理条件。中国在世界地理上的位置的优越性是有辽阔广大的陆地和作为陆地外缘屏障的海洋，④ 而不是便利的向世界扩张的通道。即使历史再回到殖民地时代，再回到"冷战"时期，中国面对自己的海洋形势所能做成的最好的选择也只能是防御，而不是争取做世界霸主，不是参与像历史上的苏、美海上军备竞赛那样的军事竞争。

我们已经无法回到殖民地时代，似乎重回"冷战"时期的可能性也不大。历史已经走进以和平、发展和合作为主题的时代——一个为我国所热切盼望并努力维护的和平时代。如果说在这个时代，在我们的地球上实际上存在着一个世界霸主，即美国，那么，美国的一国独大绝不是这个世界所欢迎的。如果说我国对美国霸权主义始终持批评态度，那么，我们克服霸权主义影响的办法显然不是把

---

① ［美］阿尔弗雷德·塞耶·马汉：《海权论》，中国言实出版社1997年版，第45～46页。

② 美国既是太平洋沿岸国家，又是大西洋沿岸国家，这种地理形势原本是美国发展海军的不利条件。因为两洋相隔时期海军难以攥成拳头。然而，巴拿马运河的开通以及美国对运河的实际控制彻底改变了这种不利局面。

③ 戴旭：《C型包围——内忧外患下的中国突围》，文汇出版社2010年版。

④ 张文木先生说"古代中国人""是在大自然保护的摇篮里生活"（参见张文木：《经济全球化与中国海权》，载《战略与管理》2003年第1期，第88页）。反映了我国地理在这方面的优势。

自己也建设成霸权国家。我国选择的和平发展战略（参见本书第七章）决定了中国不存在也不需要海权战略。当我国领导人向世界宣告"中国永远不称霸"时就已经告诉世界，告诉我们的政治学家、军事学家、人民子弟兵，中国没有海权战略，中国也不需要有海权战略。

不少学者研究过中国的海权战略问题，提出过关于中国海权战略的许多很深刻的认识，很有指导意义的观点，但仔细推敲就会发现，他们所主张的海权战略不是作为寻求国家霸权的"政策工具"的海权，不是作为霸权论的海权论。他们对"中国海权战略"或"中国海权"所发表的真知灼见实际上是为维护我国的海洋权益而发的议论，是关于如何用海军力量来维护我国的海洋权益的见解。例如，张文木先生的大作《经济全球化与中国海权》就充分表达了经济全球化时代我国的海洋权益，或超出海洋权益以外的国家利益的特点，以及国家应当通过加强海军建设以维护或实现这种利益的思想。一方面，他认为，在经济全球化时代，在脱离本土的环境中必然存在中国的国家利益。比如，海洋能源的取得就是国家的重大利益。另一方面，这些利益与他国的利益之间存在重合或冲突，或者有其他力量妨碍我国的利益的实现。国家要取得这些利益、维护这些利益，就必须有必要的维护力量。这就如同他所说的，"保卫海外能源自由贸易权利的能力取决于海外军事投送能力的远近。没有海上军事投送能力，海外贸易的保护就只是一纸空文。"[1] 他还谈道对华侨的保护问题。"中国的海外侨民"要想无论走到哪里都"有底气"、"有安全感"，就要靠中国军队，尤其是"我们的海军"撑腰。如果国家没有良好的"军事外投能力"，则侨民就很难"有底气"、"有安全感"，他们的利益就很难有保障。总之，这里存在与"全球化"相适应的"自卫手段的全球化"[2] 问题，而"自卫手段的全球化"只能靠海军来实现。

按照张文木先生等的论证逻辑，如果论者关心的海权是海洋权益，即刘中民先生所说的"海洋权利及有关海洋利益"[3]，那么，他们所说的海权战略的真正意义是维护海洋权益的战略，或者对于海洋权益的战略。中国无疑需要这样的战略，或者说中国的海洋战略无疑需要对此做出战略安排。如果论者关心的是用以实现国家海洋权益或维护国家海洋权益的军事力量，即张文木先生所说的"关乎中国的未来发展"的"海权"，那么，他们所讨论的海权战略是海军战略，或海洋军事战略。中国过去需要，现在和将来都需要海洋军事战略。

在上文，我们曾说中国没有海权战略，中国也不需要有自己的海权战略。在这里，我们还必须说，中国有自己的海洋军事战略，中国也应该有自己的海洋军

---

① 张文木：《经济全球化与中国海权》，载《战略与管理》2003 年第 1 期，第 90 页。

② 张文木：《经济全球化与中国海权》，载《战略与管理》2003 年第 1 期，第 91 页。

③ 刘中民：《海权与海洋权益的辨识》，载《中国海洋报》2006 年 4 月 18 日。

事战略。

第二节　建设强大的海军——有效维护国家海洋利益

　　军事无疑是与战争联系在一起的。军事是战争的主要力量，而战争主要是军事力量的较量。然而，军事的存在并不必然导致战争的发生，军事建设的加强并不必然导致战争的升级。在奉行"丛林法则"的年代，军事力量的积蓄常常继之以对外军事行动。近代欧洲每一个拥有强大军事力量的大国都走上了对外扩张殖民的道路。但在当代，尤其是进入全球化时代以来，军事力量的使用情况已经发生了根本的变化。虽然建立和保持常备军是世界各国普遍的做法，但这却没有把世界各国推入经常的战争之中，也没有使世界各国之间普遍处于战争状态。相反，民族国家的主权自觉（包括自卫军事力量的建立）带来的是更加稳定的国家关系和国际秩序，是更持久的和平。中国作为一个大国，一个曾经长期遭受外来军事力量摧残的国家，不能不建立自己的军事力量。中国作为一个海洋大国，一个历史上曾因"有海无防"而让西方列强一再畅行无阻地打进家门的大国，不能不建立自己的海洋军事力量，不能不建设强大的海洋军事力量，但是，这丝毫不意味着中国追求战争目的，谋求在海洋上实施战争行为。如果说实施战争是为了战争之后的和平生活，那么，服务于战争的军事建设可以直接迎来和平生活，也就是不必经过战争直接实现和平生活。我国的海洋军事战略应当以"和平利用海洋"为指针，而不是以海洋战争为目的。我国不会也不应放弃"和平利用海洋"的方针，不会也不应走历史上英、美先后走过的海权之路。我们不会为争取世界霸权而发展海洋军事，但我们为了世界和平，为了维护自己的海洋权利和利益又必须有自己的海军，甚至用强大来形容的海军，必须有自己的经深思熟虑之后形成的海军战略。

一、建设强大的海军是中华民族的必然选择

　　在中国，不是只有海军将士才要求建设强大的海军。胡锦涛总书记在接见海军第十次党代会代表时就提出"努力锻造一支与履行新世纪新阶段人民军队历史使命要求相适应的强大的人民海军"[1] 的要求。著名海洋战略专家杨金森先生

---

　　[1]　房功利等：《中国人民解放军海军 60 年》，青岛出版社 2009 年版，第 289 页。

一再强调中国应该建设强大的海军。他提出的建设目标是"有强大综合作战能力的现代化海军"、"蓝色海军"。这样的海军须"具备与强国争夺一定海域制海权的能力，保护海上交通线的能力，自由进出大洋的能力"，须有"保护我国与欧洲、非洲、西亚、南亚国家的贸易通道，确保运送战略物质的海上通道不被切断"的能力，须有"控制重要海峡、水道"的能力等。①

中国为什么要建设强大的人民海军？我们既然要一心一意搞经济建设，既然经济建设需要大量的投入，为什么还要建设海军，在海军建设上做大量的投入？既然我们对国际形势的分析是以和平、发展、合作为主旋律，我们也想利用这个大好的和平环境实现经济上的腾飞，为什么还要再腾出手来建设海军？我们的回答是：

（一）接受历史的教训，我国应该建设强大的海军

已经有无数的政治家、学者、人民教师等在他们的讲演中、著述里、课堂上等不止一次地总结中华民族百年来的屈辱，并不止一次地将这屈辱同海洋，同"有海无防"的糟糕局面，同海军的羸弱联系在一起。这在百年中一次再次遭受的伤痛是比任何经典学说都更有说服力的教科书。

百年的屈辱是国格丧失的屈辱，是民族尊严被践踏的屈辱，是有着辉煌历史的伟大国家不能独立自主的屈辱。在这屈辱的历史里，最为深刻的历史教训是中华民族丢掉了维护民族尊严、国家独立的武装力量，一种对于任何一个政治国家来说必不可少的支柱，没有跟随时代的进步掌握确保民族尊严不受凌辱、国家独立不被损伤的自卫能力，尤其是抵御来自海上打定主意要凌辱我民族的尊严、损伤我国家独立的入侵者的能力。吸取这惨痛的历史教训，我们应该做的是积聚起自卫的能力，掌握抵御来自任何地方、掌握任何新式武器、怀揣任何军事意图的来犯之敌的能力。

因吸取百年教训而建设的海军是自卫的海军，是足以抵御任何从海上来犯的敌人，足以粉碎来犯者的任何军事企图的海军。这样的海军的最大功用是确保民族独立、国家主权不受侵犯。这看起来是十分卑微的要求，但却是那百年中无法企及的要求。这看起来是十分谦和的要求，但却是自立于民族之林的保障，是自由地参与国际社会的活动的前提。我们需要这样的保障，需要这样的前提。为了这样的保障，这样的前提，我们应该建设强大的海军，我们必须建设自己的强大的海军。

---

① 杨金森：《建议把建设海洋强国列入国家战略》，载于杨金森：《中国海洋战略研究文集》，海洋出版社 2006 年版，第 290 ~ 291 页。

为了百年屈辱而建设海军，显然不包含霸权的意图。这里深藏着的民族精神是不甘屈服，是自强和独立。由这种民族精神支持的自强和独立并不是一个自私的打算，而是形成国际社会的基础，是建立良好的国际秩序的保障。为了独立，为了良好的国际秩序，我们需要建立强大的海军。

此外，考虑到我国与周边国家的岛屿和海域争端，我们就更应该相信建设强大海军的必要性。一位印度学者这样说："战争被认为是解决国际争端的最后一种方法。通常，国家通过和平方法解决争端。如果失败，则使用次于战争的强制方法。如果争端仍未获致解决，一些国家即诉诸战争，以解决与他国的争端。"① 我国一直主张通过和平谈判解决领土争夺，但这种主张、这种良好的愿望绝不等于放弃使用军事手段解决岛屿和海域争端。

（二）维护民族利益，需要我国建设强大的海军

不仅国家的独立需要军事力量的维护，而且更广泛意义上的民族利益、国家利益、人民的利益也需要包括海军在内的军事力量的维护。建设强大的人民海军是维护我们民族的利益的需要。

我们常常把军队建设同国防联系在一起。这样一个习惯的思路是在"闭关锁国"的历史条件下形成的。上述建设强大海军以"自卫"的观点也出自建设"国防军"的思路。我们喊了几十年的"四个现代化"中的"国防现代化"同样也是出于这样的思路。② 然而，军事不等于国防，军队的功能早已不只是防御外敌入侵。

我们的许多研究者都熟读马汉的"海权论"。马汉"海权论"与以往的军事理论的最大区别在于，主张走出国防军事战略，倡导用走出国门的海军为国家开辟利益空间，并维护国家在世界各地的利益空间。这是告别中世纪的军事理论，是服务于殖民时代的军事理论。除了其霸权的内核之外，它也是适合经济全球化时代需要的军事理论。

从马汉的"海权论"我们应该学到，中国的海洋军事战略必须从以往的国防军事战略脱离出来，转变为国家利益军事战略。如果说上述自卫战略就是国防战略，那么，我们现在需要的不是国防战略。从国防军事战略到国家利益军事战

---

① 盛红生：《运用军事措施解决海洋争端的法律问题》，载《法学论坛》2010 年第 5 期，第 17 页。

② 与"工业现代化"、"农业现代化"、"科学技术现代化"相对应的应当是军事现代化，而不是国防现代化。按照本书多种海洋事业的观点，与工业、农业等事业相对应是军事事业，而不是国防事业。在以往的几十年中人民之所以一直接受国防现代化的提法而未曾提出异议，是因为特定的民族历史和长期处于"守势"的国际地位使人们习惯把军事与国防同一起来，是因为我们的军队建设一直仅仅承担国防的任务还唯恐不能胜任。

略，这是一个根本的变化。我们的战略设计必须发生这样的变化。任何按照国防战略思路所展开的战略设计不论多么精巧，看起来有多大的合理性，这种设计都注定是过时的。今天的中国需要的是保卫大国利益的海军，而不是守土御侮的水兵。

我们有哪些利益需要纳入军事战略的考虑范围，需要我们用制定或调整海洋军事战略的方式来实现或维护？

首先，中国侨民在海外的生产生活利益和生命财产利益，中国产品在海外的生产、销售利益，中国企业在海外的生产、销售、收益等利益，中国国家驻外机构的地位和尊严，国家驻外代表的生命、财产利益等。张文木先生所担心的"军事外投能力"就与这些利益的实现和维护密切相关。

其次，海外能源及其他资源利益。在经济全球化的背景下，不管是资源富有的国家还是资源相对贫乏的国家，都不得不告别自给自足的经济发展模式，转而通过交换满足资源的需求或实现资源配置上的优化。我国是资源相对贫乏的国家，不管是今天的经济建设还是未来的更高水平的社会发展，都离不开国外资源的供应，尤其是能源资源的供应。从客观的情况看，海外资源，尤其是海外能源已经成为我国国民经济和社会发展的生命线，是我国的重大国家利益，甚至是国家核心利益。我们能够平安地取得这种利益吗？利益相关国能容许我们公平地取得这些利益吗？反过来说，我们有能力保证国家获得这种利益吗？当"远洋海域"成了"争端的藉口"① 时，我们有足够的军事力量平息争端吗？张文木先生对美国的海权战略给予好评——"凡是威胁到美国的因素，不管在哪，美国海军就（疑为'都'——引者注）可以就地将它消灭在萌芽之中。"② 我们的海军战略不以寻求霸权为目的，但应当有能力防止对我国利益的"威胁"，有能力对侵害我国利益的力量实施有效地打击。

再次，海洋运输利益。如前所述，海洋运输是使经济全球化得以实现的桥梁，是国家与海外市场、原材料产地等沟通的纽带。这个桥梁和纽带无疑需要保护。马汉曾说过："一支海军的必要与否，从狭隘的词义来看，来源于一支和平运输船队的存在，并随之消失而消失。"③ 这话反映了海军与海洋运输之间的密切关系。同样也是根据马汉的分析，这种利益不仅表现为船队，还表现为港口、锚地、通道等。

这些利益以及这些利益脱离本土的存在方式要求国家建设强大的海军。任何一个国家，只要它不想放弃海外利益和在海外实现的利益，不想仅仅维持一种闭

---

① 孔志国：《中国海权现状及其发展战略》，载《新经济导刊》2011 年第 5 期，第 78 页。
② 张文木：《经济全球化与中国海权》，载《战略与管理》2003 年第 1 期，第 87 页。
③ ［美］阿尔弗雷德·塞耶·马汉：《海权论》，中国言实出版社 1997 年版，第 26 页。

关锁国的生活，不想脱离已经实现经济全球化的时代，都必须寻求保护"海外利益或在海外实现的利益"的办法，而最好的也是最靠得住的办法就是把自己的有足够能力保护这些利益的海军"投送"到需要的地方。

张文木先生曾就利益与军事之间的关系发表了很好的意见。他说："在全球化时代，利益安全"已不再只是"国土安全"。"只要威胁到我们的利益，而不管我们的利益在哪里，就威胁到我们的安全。利益所在即我们国家安全之所在。"① 尽管他所使用的"安全"概念似乎与"自卫"战略有瓜葛，但围绕利益需求考虑军事安排的结论是恰当的。今天的中国应当按照利益的需要设计海军战略，海军战略不应忽略任何存在中国利益的地域、国家和场合。

（三） 维护世界和平和国际秩序，需要我国建设强大的海军

在国际大家庭中，尤其是在经济全球化时代，每个国家都有其独自享有的利益，包括依据国际法所享有的国家利益，也都有因大家庭的存在和全球化的环境而与其他国家分享的利益，包括良好的国际秩序这种利益。这两种利益是相辅相成的。没有国际秩序这种利益，就无法实现本国的特殊利益；不能主张本国的特殊利益，也就意味着没有获得国际秩序这种利益。任何一个希望走进国际大家庭，分享经济全球化提供的谋取利益的机会的国家，都会看重国际秩序的维护，都会努力营造便于实现本国利益的国际秩序，或积极促成这种秩序的形成和维持。

那么，怎样才能形成或者维持良好的国际秩序呢？仅仅有期待无法保证秩序的降临。比如，国际海底蕴藏着可以供人类共享的矿藏，而要开发国际海底取得矿产资源惠益，在全球化时代，需要各国间的协作或者合作。要使各国间实现有效合作，而不是一方对另一方的不得已地配合，不是一方强迫另一方贡献什么，因而需要形成各国间的相互制衡。制衡需要力量。没有制衡便容易形成专断，形成个别国家的专断。缺乏军事上的制衡容易出现军事上的霸道；没有经济上的制衡，即旗鼓相当的经济能力，就容易形成经济上的垄断。对于人类可以共享的利益而言，制衡是合作的前提，是分享利益的必要条件。军事力量与惠益分享之间的关系大致呈如下三个环节之间的连接：

海军力量制衡——海洋事务合作——海洋惠益分享

不管是为了分享具体的惠益，还是为了维护使这种惠益得以产生的国际秩序，包括使国际合作或协作得以进行的秩序，都需要更多的国家掌握与他国抗衡的力量。中国是海洋大国，为了造成在海洋上不同国家间相互制衡的局面，必须

---

① 张文木：《经济全球化与中国海权》，载《战略与管理》2003 年第 1 期，第 91 页。

建设自己的足以对其他国家产生一定影响的海洋军事力量。从海洋安全的角度来看，中国应该按照"全球海洋安全"的要求对待自己的海军建设。全球海洋安全是全球的利益，但同时也是中国的利益。只有实现了全球海洋安全，才能实现中国的海洋安全，才能实现中国的海洋安全利益和与海洋安全相关联的其他利益。

二、控制世界与影响世界的选择

中国需要建设强大的海军，这是确定无疑的。然而，这样一个判断却会引出一个疑问，即如何处理中国建设强大海军的需要与对海权战略的否定之间的关系。

海权战略的确以强大的海军为核心，用强大到足以控制海洋的海军实现对海洋的控制，进而因控制了海洋而控制世界的财富，因控制了世界的财富而控制世界。当我们说中国也要建设强大的海军时，就出现了我国海军战略中强大的海军与作为海权战略之核心的强大的海军的重合。海权战略和中国的海军战略都要建设强大的海军，这岂不说明中国也要实行海权战略，也要追求海洋霸权吗？不是这样的。中国海军战略中的强大的海军和海权战略中的强大的海军只有形似，两者实际上并不相同。

海权战略所需要的强大的海军是进攻性的海军，它的基本功能是夺取，包括夺取对海洋的控制权。这种海军活动的逻辑是：如果特定环境对我不利，就控制这个环境，使之对我有利。在海峡的使用上表现为：如果某海峡的管理对我不利，就夺取对该海峡的管理权，以便使相关管理对我有利。我国海军战略中强大的海军是防御性的海军，它的基本功能是防御，包括防备依据国际通行的法则属于我国的利益受到他国的侵犯。这种海军活动的法则是：如果我国的合法利益受到侵犯，则采取行动对来犯者实施防御或者打击。虽然这种海军战略也需要强大的海军，但这种战略对海军提出的"强大"的要求只是为了防卫的成功。我人民海军已经实施过护航行动。这种行动的特点就是防卫，即防御海盗或其他海上力量对合法的航行活动的侵扰，护卫合法的船、货等利益，防止海盗或其他海上力量对合法地从事船运业务的船员等的人身财产利益的侵犯。

出于防御目的对海军提出的"强大"的要求和出于谋求霸权目的而提出的强大的要求，两者表达程度的词汇"强大"是相同的，都是"强大"或"强大的"，而两者对"强大"的要求却存在实质性的差别。海权战略所要求的"强大"是实现对世界的控制所需要的"强大"，因为这种战略的最后目标是"控制世界"。不能控制世界就意味着这种战略的战略目的没有实现，而要真的实现这一战略的战略目的，海军就必须"强大"到足以控制世界。我国海军战略对海军所提出的"强大"的要求是足以对侵犯者形成打击，从而使侵犯者不敢轻易来犯，或迫使侵犯者为其侵犯活动付出代价。按照海权战略的设计，双方的竞争或利益冲突以一方的获胜或一方利益的实现为结束，而且只能这样结束。这种竞争是国家间的胜败之争，就像英、法之间调动全部国力开展的以 121 艘战列舰与 70 艘战列舰较量的争霸战争。而我国海军战略对海军军事力量的使用只限于对侵犯行为的防御或打击，军事力量的如此使用是保护性行动与攻击性行动之间的对抗。这种对抗以合法的海上活动的顺利实施或合法的海上利益的实现而宣告结束，不必以参与对抗的两个国家或两个国家集团中的一方获胜而宣告结束。

海权战略追求对世界的控制，所以它对海军提出的"强大"的要求以能否控制世界为衡量的标准，而我国海洋军事战略仅只是为了维护合法的利益，所以这个战略所要求的"强大"只需要能够对世界产生影响。我们只要求这样的"强大"，这并不是弱者的自娱自乐，而是我们的战略目标只需要这般强大就够了。①

在我们的军事理论中存在正义的战争和非正义的战争的概念。这一对概念完全可以用在我们对海权战略和我国海军战略的讨论中。我们可以说海权战略追求的是非正义的目标，其强大的海军是用来夺取非法利益的军事力量。因为是夺取，是取得非法利益，因为需要挑战正义的力量，所以海权战略要求的海军必须强大到足以控制世界的程度。因为海权战略追求的利益以控制为条件，一旦失去控制力的支持这种利益就会立刻丧失，所以，为了保持这种利益或夺取更大的利益，实施海权战略的国家必须保有控制世界的海军。中国海军战略所追求的利益是合法利益和正义的利益，是由《联合国海洋法公约》等国际法律赋予的利益，也是合乎正义的利益。这种利益在正常情况下都可以因合乎正义和取得了国际法的保护而得以实现。为了取得和维护这种利益而建立的海军，包括我们所主张的强大的海军，是维护正义的利益，是国际法的执行力量。② 因为是维护正义的力量，有全世界正义力量的支持，所以便不需要控制世界那样的征服力；因为是国

---

① 强大海军的标准至少可以分为三个层次：第一层次，建立足以对付全世界的海军；第二层次，建立足以对付最强大的敌人的海军；第三层次，建立足以应对可能的军事需要的海军。第一个层次符合霸权的要求；第二个层次，是苏美冷战的模式；第三个层次才是我国所需要的。我们应该按照这个层次的强大海军确定自己的海军建设目标，制定自己的海军建设战略。

② 徐弃郁先生认为，"二战"以后，尤其是"冷战"结束之后，虽然国际竞争更加激烈，但"各国利益相互依存的日益增长迫使彼此之间加强政治经济协调"，从而"使国际竞争越来越多地在一定规范和制度框架下进行"，各国的军事力量虽然依然发挥着"后盾"的作用，但这后盾却是国际关系朝向"有序化"方向发展的进程中的后盾（参见徐弃郁：《海权的误区与反思》，载《战略与管理》2003 年第 5 期，第 16 页）。他的"有序"条件下的"后盾"与我们所说的国际规则的执行力量两者含义是相近的。

际法的执行力量，而国际法本身包含着力量，它实际上只需要发挥补充的作用，所以，这种海军力量只需要有对世界的影响力，而不是对世界的控制力。美国总统西奥多·罗斯福曾把海军比喻为"国家军事力量的进攻性长臂"[①]。我们也需要这样的"长臂"，但是，一方面，我们不是要把这个"长臂"用来进攻；另一方面，因为不以控制世界为目的，所以不必按照足以从总体上打败任何竞争对手的标准来设计这种"长臂"。

论者也曾使用"丛林法则"的概念来评述殖民时代的军事行动和军事理论。借用这个概念，我们可以说海权论对海军力量的要求奉行的就是"丛林法则"，而我们所设计的中国海洋军事战略虽然也主张建设强大的海军，但我们的设计是以国际法规则为遵循的。马汉的海权论要为美国争取的是"超出寻常的份额"[②]的利益，而不是依法应当取得的利益。这样的利益诉求遵循的是弱肉强食的逻辑，是巧取豪夺的路径。我国制定海洋战略的前提是国际法已经构建起稳定的国际关系，或确定了国际关系的框架。我国是在国际法和国际法确定的国际秩序基础上主张权利，获取利益。我们寻求海洋利益遵循的是法治的逻辑，是循规蹈矩的思路。

我们常把世界描述为一个国际大家庭。这个比喻也有利于我们区分海权战略与我国的海洋军事战略。海权论以控制世界为目标，这种理论的出发点是站在国际大家庭之外的。贯彻海权论就必须与国际大家庭为敌，就必须力求征服整个国际大家庭。要实现这样的征服，要在与世界为敌的战争中获胜，自然需要至少是超过世界上任何一个国家的海军力量；要维持对世界的控制，就不得不小心任何一个国家或国家集团的海军力量超过自己或自己所在的集团。我国海洋战略中海军是国际大家庭中的一支力量，它对国际法发挥"执行"作用，它与国际大家庭中的其他海军力量一起维护国际法和国际秩序。它是国际大家庭中的成员，它对正义的维护，对国际法律秩序的维护以国际大家庭的整体力量为后盾。它因是国际大家庭的一部分而强大。所谓正义的力量在这里就是国际大家庭的力量。

总之，我们需要建设强大的海军，但我们所要建设的强大的海军以有能力对国际法发挥"执行"作用，足以对世界产生一定的影响为标准，而不是以征服世界、控制世界为标准。

三、海军能力建设的原则和战略目标

我国国家和执政党的领导人曾多次发出加强海军建设的号召。2008 年 4 月 9

---

① ［美］阿伦米利特：《美国军事史》，军事科学出版社 1989 年版，第 257 页。
② ［美］阿尔弗雷德·塞耶·马汉：《海权论》，中国言实出版社 1997 年版，第 2 页。

日，胡锦涛视察海军驻三亚部队时再次号召全体海军官兵，为建设一支与国家地位相称、与履行新世纪新阶段军队历史使命要求相适应的强大的人民海军而努力奋斗。胡锦涛指出："海军是一个战略性、综合性、国际性军种，在维护国家主权、安全、领土完整、维护国家海洋权益中具有重要地位和作用。""我国是一个海洋大国，在捍卫国家主权和安全，维护我国海洋权益中，海军的地位重要，使命光荣。"根据历史条件的变化，他要求"推动海军建设整体转型"，包括"提高海军信息化条件下防卫作战能力"，"提高打赢信息化条件下海上局部战争"的"能力"。① 胡锦涛同志和老一辈党和国家领导人对海军建设提出的要求，对我们设定海军能力建设的原则和目标是很有帮助的。

（一）"精干"、"顶用"的海军能力建设原则

我们认为，我国海军能力建设应当贯彻"精干"、"顶用"的原则。所谓"顶用"，简单说来就是要真正现代化，具备适应现代海战需要的能力。实现了现代化才能"顶用"，才有可能成为强大的海军。在谈海军装备问题时，邓小平同志提出的原则性要求就是"顶用"、要"顶用的"。② 刘中民先生曾对现代海战的能力做了一个分解。他认为，"现代海战能力，就是海军在现代条件下尤其是高技术条件下进行海上局部战争的能力"，这种能力表现为"海上多层次空间机动作战能力"、"武器装备的精确打击能力"、"海上后勤保障能力"、"高技术条件下"的"有效指挥的能力"。③ 我国的海军建设就应当具备这些能力。

"顶用"是一个有时代内容的要求。我们所说的时代内容主要就是指高技术在军事领域里的运用。用于海军建设的高技术首先是信息技术。何家成先生把实现"武器装备信息化"④ 视为海军建设的当务之急。他认为，"综合指挥控制系统是信息化装备系统的'躯干'，高精度远距离大范围的探测器材是系统的'眼睛和耳朵'，各种威力强大的武器则是系统的'拳头'。"而为了使躯干、眼睛、耳朵、拳头等之间能成为"一个有机整体"，各种"装备"还要"能够充分兼容，实现无缝链接"。⑤

与"顶用"原则相联系的海军建设原则是"精干"。"顶用"和"精干"两者在战斗力上可以实现一致。按照"顶用"原则的要求，我国海军不仅不需要

---

① 刘永路：《从"零和对抗"到"合作共赢"——中国特色海洋安全观的历史演进》，载《军事历史研究》2011 年第 4 期，第 128 页。

② 转引自杨国宇：《当代中国海军》，中国社会科学出版社 1987 年版，第 709 页。

③ 刘中民：《试论邓小平的海洋政治战略思想》，载《中国海洋大学学报》2005 年第 5 期，第 15 页。

④⑤ 何家成：《国际军事安全形势及我国的国防经济发展战略》，载《军事经济研究》2005 年第 1 期，第 13 页。

在兵员数量、舰船数量上"扩军"，因为数量的加大并不必然造成战斗力的提高。相反，在投入建设的财力不变的情况下，提高海军战斗力的路径是建设"精干"海军。所以，在关于海军建设的讨论中，不少研究者都主张给海军消"肿"①。"精干"原则不追求海军数量的加大，但要求把好钢用在刀刃上。建设"远程海军"就是我国海军建设的"刀刃"。张文木先生主张，"海军必须是远程的，不然就不配称海军。"② 杨金森先生希望我国的海军应当是能够"进入西北太平洋的区域性海军、蓝色海军"，是"具备……自由进出大洋的能力"③ 的海军。这些观点对海军的基本要求是战斗力的提高。不能开展"远程"作战的海军不能算有战斗力的海军，连在"西北太平洋"都没有打赢战争能力的海军显然也不符合中国对海军战斗力的要求。而要按照这些要求提高海军的战斗力，国家要做的不是征召更多的海军官兵、建造更多的驱逐舰、巡洋舰等，而是有远程作战能力的"远程海军"、深水海军。

（二） 建设具备 5 种能力的海军

"顶用"、"精干"的海军建设原则已经包含了对海军能力的一般要求，即战斗力要求。我们还需要把这种原则性、一般性的能力要求具体化为军事斗争中的能力。我们认为，中国海军应当具备以下 5 种能力：④

（1） 与陆防力量配合行动，可以战胜任何侵犯我内海、领海来犯之敌的能力。现代海军建设不应沿用传统的"国防军"的建设思路，但国家安全利益又要求国家军事力量必须具备防御能力。即使拥有世界上最强大海军的美国也不得不在其国土上部署防御系统就是这个道理。我国的海军不应只是陆防部队的延长，不应只是进入近海实施防御的海上部队，但我国海军必须具备对我国管辖海域实施防卫的能力，包括与陆防部队配合战胜来犯之敌的能力。

这里所说的战胜来犯之敌并不等于要求我国海军只能在内海、领海等"洗澡盆"里活动。现代军事理论所说的"防御纵深"、"安全边界"早已把防御部

---

① 刘中民：《试论邓小平的海洋政治战略思想》，载《中国海洋大学学报》2005 年第 5 期，第 15 ~ 16 页。

② 张文木：《经济全球化与中国海权》，载《战略与管理》2003 年第 1 期，第 87 页。

③ 杨金森：《建议把建设海洋强国列入国家战略》，载杨金森：《中国海洋战略研究文集》，海洋出版社 2006 年版，第 290 ~ 291 页。

④ 以往也有研究者对海军提出过 5 种能力建设的建议。我们这里所说的能力不同于有关研究者的建议。曹瑞臣先生提出的 5 种能力是："维护国家战略安全和统一能力，控制海洋战略通道能力，捍卫中国海洋主权能力，通过海洋开发、发展海洋经济服务于中国现代化发展全局的能力，实现以陆制海、由海向陆的能力。"（参见曹瑞臣：《西方大国崛起视角下中国海权与海洋大战略探析》，载《大连海事大学学报》，2011 年第 5 期，第 93 页）

队安排在大洋深处，甚至来犯之敌的家门口。考虑到已经发生的针对我国的"远程对岸攻击作战"①的战术安排，我国海军必须运用远海作战能力，发挥"拒敌于千里之外"，歼敌于侵犯未举之先的作用。

（2）可以安全抵达世界上任何有中国利益存在的地方并对中国利益实施有效保护的能力。海军不只是为版图服务的，它的使命是为国家的利益、民族的利益、国民的利益服务。海军建设，关于海军建设的战略设计应当服从利益的需要，而不必一定以版图为转移。如果真的要以版图为转移的话，那么，海军运动的版图应当是经济版图，②而不是国家的地理版图。如果说在海军建设上我国长期奉行的都是防御战略，那么，今天，我们的海军建设应当实施利益保护战略。这个战略的基本要求是：利益在哪里，就保护到哪里；利益在哪里实现，就到哪里去保护。

实施利益保护战略意味着军队必须到远离本土的任何地方，利益保护行动展开的任何地方去。印度前陆军参谋长 K. 森德吉上将曾指出："当今真正具有战略抵达能力的是海军，而不是陆军和空军。"③ 实施利益保护战略首当其冲的应当是海军。海洋利益维护战略对海军能力的最基本的要求是可以安全地抵达任何需要它出现并实施保护行动的地方。海军怎样才能具备这种能力？从各国海军的发展情况来看，最能帮助海军履行这种保护任务的装备是航空母舰，以及以航母为核心的舰队。美国人格雷厄姆·韦伯给我们提供了一个数据，"由航母搭载的40 架战斗机将产生 200～800 架陆基战斗机的空中支援效力"④。这告诉我们，只有以航母为核心的舰队才能在到达履行保护任务的异国他乡时不至于陷入"孤军奋战"的窘境。从这个意义上说，可以安全抵达世界上任何有中国利益存在的地方这个能力指标的毫无疑义的内涵是拥有以航母为核心的舰队。⑤

世界上"任何有中国利益存在的地方"可能是非常遥远地方，抵达这类遥远的地方的海军必须与其母港、油料、供给地等保持顺畅的联络和物质供应，才能保持其战斗力，从而才能有效履行其保护职责。所以，"安全抵达"实际上不

---

① 刘中民：《试论邓小平的海洋政治战略思想》，载《中国海洋大学学报》2005 年第 5 期，第 14 页。

② 张世平先生认为，"全球化的迅猛发展""已经大大改变并将继续改变世界经济版图"。参见张世平：《中国海权》，人民日报出版社 2009 年版，第 191 页。

③ 转引自孙士海：《印度的发展及其对外战略》，中国社会科学出版社 2000 年版，第 223 页。

④ ［美］格雷厄姆·韦伯：《中国未来局势冲突必定与海洋有关》，载《晚报文萃》2011 年第 13 期，第 36 页。

⑤ 我国研究者异口同声地赞成建立航母舰队。例如，张世平先生把航空母舰视为"现代海上力量的核心"（张世平：《中国海权》，人民日报出版社 2009 年版，第 268 页）。曹瑞臣先生希望建立"一支以航母为核心的现代化远洋海军"（曹瑞臣：《西方大国崛起视角下中国海权与海洋大战略探析》，载《大连海事大学学报》2011 年第 5 期，第 93 页）。

只是一个"定性"的要求，而是一个一定表现为具有"实物"形态的要求。它可以是由分布在由舰队母港到舰队执行保护任务的目的地之间的若干个舰队组成，也可以由舰队、舰队的母港和向舰队提供给养的其他军事基地等组成。

（3）可以摧毁任何沿岸军事和非军事目标的能力。保护本国利益的有效方式之一是战胜侵犯者，摧毁侵犯者的军事设施和其他军事打击能力。维护国际秩序的有效方式之一是战胜破坏国际秩序的力量，摧毁其用以破坏秩序的力量。因此，不管是为了维护本国利益还是为了维护国际秩序，"打击"、"摧毁"都是必要的和有效的手段。为了有效地维护本国的利益和国际秩序，必须具有打击和摧毁能力。从技术上来看，现代海军具有这种能力。张召忠先生告诉我们："海军可以从海上对世界上任何一块陆地进行攻击，而世界上60%以上的人口和绝大多数城市和工业区都濒临海洋。在爆发海上局部战争的条件下，海军可以使用舰载电子战飞机和预警机对敌进行海空电磁侦察；可以利用强大的海上舰队摧毁敌潜艇、水面舰艇等海上有生力量；可以使用舰载机和巡航导弹在战役纵深内进行远程对地攻击作战；可以运用潜艇、水面舰艇或飞机进行敌前攻势布雷，迟滞敌方舰队的军事行动，封锁作战海区；可以利用两栖作战部队在敌占岛礁或沿岸滩头进行登陆，或使用直升机群进行大规模垂直登陆并夺占之。"[1] 张先生说的是现代海军的技术能力，而我们的战略设计必须提出以下的要求：我国海军必须实际地形成这种能力。

（4）可以有效开展登陆作战和对沿岸目标或内陆目标实施有效救援和其他保护的能力。我国的海洋军事战略本质上是利益保护战略，这一战略的理想目标是利益不受侵犯。如果不能达到这样高的目标，退而求其次，当利益受到侵犯或有被侵犯之虞时，实施有效救援，以便减少损失。不管是为了实现最高目标，即使利益不受侵犯，还是为了达到保守一点的目标，即对被侵犯者实施有效地救援，都需要把保护力量或救援力量"投送"到利益所在地或救援行动展开地去。这利益如果在沿岸，保护和救援力量必须上岸，或对沿岸产生影响；如果在内陆，保护和救援力量则必须深入内陆，或对相关内陆产生有效影响。不管是几年前我驻南斯拉夫使馆被炸，还是利比亚政局变化，都反映了登陆保护与救援的必要性。我国海军必须具备开展登陆救援，也包括登陆作战的能力，因为有时候保护和救援是以作战为手段；必须具备在陆上克敌制胜的能力，因为有时候保护和救援的实现以战胜侵犯者为前提，不能战胜侵犯者就无法达到保护和救援的目的。

（5）可以战胜任何一支海军舰艇编队或至少可以严重损伤其战斗力的能力。我们不希望与任何国家决战，除非某个国家愿意与国际大家庭决战。但是，为了

[1] 张召忠：《纵论现代海军》，载《当代海军》1996年第6期，第20页。

我国的海洋利益，为了国际海洋秩序，我们必须随时准备面对侵犯行为或破坏行为。不管实施侵犯行为或破坏行为的主体是一艘军舰、一座海军基地、一个大型舰队，还是一个港口、一条国际通行海峡的管理机构，我们的海军都必须有能力战胜之，或与其他维护正义利益和国际秩序的国家的舰队一起战胜之，否则便不足以有效维护我国的海洋利益和国际海洋秩序。

美国将军格雷厄姆·韦伯曾做出这样的判断："将来与中国有关的军事冲突很有可能因为海洋而触发，并且战场也将在海上。"① 当我们把海洋军事战略定位为利益保护战略，当我们的利益广泛地分布于世界各地时，冲突可能就会"因海洋"而发生，比如因对海洋通道的利用而发生。我们不希望这种冲突一定升级为军事冲突，但我们必须做好应对军事冲突的准备，并且在这种冲突中有效保护我国利益的准备。如果我们的保护行动将表现为战争这种形式，我们倒希望把战场选在海上，而不是像历史上一再发生的那样，总是在我们的家园里自救。从这一点上来考虑，我们也应为以海洋为战场的战斗能力建设做出战略安排。

---

① ［美］格雷厄姆·韦伯：《中国未来局势冲突必定与海洋有关》，载《晚报文萃》2011 年第 13 期，第 36 页。

第十章

海洋政治战略

从一般政治概念认识海洋政治，人们会赋予它"国际海洋政治和国内海洋政治"两个方面的内容。这样理解的海洋政治的政治主体包括"国家"和"地区"。① 我国更多的研究者乐于把海洋政治看作是"国际政治和国际关系的重要组成部分"，相应地，他们把这种政治的主体限定为"主权国家"，把"海洋政治"界定为"主权国家之间围绕海洋权益而发生的矛盾斗争与协调合作等所有政治活动的总和"。② 按照这样的界定，"海洋政治战略"被看作是"主权国家"，或者"海洋国家为维护和巩固其海洋权益"而"确立"的"对指导国家的海洋政治活动具有重大指导意义的方针、政策及其战略安排"，或这类"方针、政策及其战略安排"的"总和"。③ 我们并不认为海洋政治只属于"国际政治和国际关系"。"政治的核心是政权"、"政治的根源是经济"等关于政治的判断都告诉我们，政治主要是或首先是以国家为舞台表现的"艺术"，④ 这种"艺术"并未因受了"海洋"一词的限制就被赶出国内舞台。然而，从海洋战略研究展开的前景，尤其是从我国海洋政治战略研究展开的前景来看，对海洋政治的"国内海洋政治"部分的暂时忽略似乎也无伤大雅。这主要基于以下两点考虑：第一，属于政权建设，包括职权划分、管理机关设置及其体系安排等政治事务，

---

① 巩建华：《海洋政治分析框架及中国海洋政治战略变迁》，载《新东方》2011 年第 6 期，第 6 页。

② 王德华：《试论中国的"和谐印度洋战略"》，载《社会科学》2008 年第 12 期，第 34 页。

③ 刘中民：《试论邓小平的海洋政治战略思想》，载《中国海洋大学学报》2005 年第 5 期，第 12 页。

④ 王惠岩著：《政治学原理》，吉林大学出版社 1996 年版，第 5 ~ 6 页。

在海洋战略中已经被习惯地划归管理领域；第二，在我国把经济当成国家和执政党"最大的政治"的时代，政治尤其是表现为政策的政治更多地专注于经济建设。在我国海洋战略中，这种政治倾向也造成了海洋经济战略对政治的"体现"甚至一定程度的取代。

以"国际政治和国际关系"领域里的活动为主要关照对象的海洋政治战略主要涉及四个重要议题，或者说是四类重要的"活动"。第一，国家对国际海洋秩序的营造；第二，国家对本国与相关国家间关系的处理；第三，国家对本国海洋权利的主张、行使，对本国海洋利益的维护和争取；[①] 第四，国家实现本国海洋安全的努力。由这些议题可知，海洋政治战略其实是海洋外交战略、海洋安全战略、海洋权利和利益战略的合一。

第一节　建设和谐海洋

海洋政治战略是国家海洋战略的组成部分，对我国来说，按照我们的理解，就是全面推进我国海洋事业的总战略的组成部分。海洋政治战略的战略目的应当是国家海洋事业的全面推进。这是全面推进海洋事业的国家海洋战略的要求。从和平与国家建设两者间的一般关系上看，要全面推进海洋事业必须营造和平的环境，包括海洋上的环境。因此，建设和谐海洋应当是实施全面推进海洋事业战略的首要战略步骤。

一、"建设和谐海洋"的本意

2009 年 4 月 23 日，时任军委主席的胡锦涛同志在中国人民解放军海军成立60 周年纪念会上的讲话中指出："推动建设和谐海洋，是建设持久和平、共同繁荣的和谐世界的重要组成部分，是世界各国人民的美好愿望和共同追求。加强各国海军之间的交流，开展国际海上安全合作，对建设和谐海洋具有重要意义。"[②]

---

① 刘中民先生对海洋政治战略的解释就是更多地关注了国家海洋权益。他说："海洋政治战略就是一个国家为维护和巩固其海洋权益在较长时期内所确立的，对指导国家的海洋活动具有重大指导意义的方针、政策及其战略安排的总和。"（参见刘中民：《世界海洋政治与中国海洋发展战略》，时事出版社 2009年版，第 363 页）

② 胡锦涛：《胡锦涛会见参加中国海军成立 60 周年庆典活动的 29 国海军代表团团长上的讲话》，载《人民日报》2009 年 4 月 24 日。

这一讲话明确提出"建设和谐海洋"的口号，把胡锦涛关于建设"和谐世界"的思想①用于海洋事务，总结为"建设和谐海洋"的重要思想。此后，许多专家开始研究建设和谐海洋的思想，以及如何建设和谐海洋这一主题。不过，研究者们的看法并不一致。有的人把"和谐海洋"理解为国内建设中的"和谐社会"的组成部分（以下简称"和谐海洋国内说"），而另外一些人则把"和谐海洋"放进国际关系领域去理解。（以下简称"和谐海洋国际说"）除这两种观点之外还有试图给国内生活中的和谐社会与国际关系领域中的和谐搭建桥梁的解说（以下简称"和谐海洋社说"）。

李百齐先生属于"和谐海洋国内说"的代表。他首先判定"和谐海洋是和谐社会的重要内容"，认定"建设和谐海洋是建设和谐社会的题中应有之义"，然后把这"和谐海洋"限定为"我国广阔的海域和广大沿海地区"，也就是"沿海地区社会经济发展"依其展开的地方、"沿海地区的青山绿水"所在的地方。他所理解的"和谐"主要就是"经济社会发展"或更具体一点说就是"经济发展"或"社会经济发展"与"海洋环境、海洋资源"之间的"和谐"，或"和谐、协调的状态"。用他的话说就是："海洋经济发展处于与海洋环境、海洋资源支撑力相适合的运行状态并与沿海地区社会经济发展处于较为和谐、协调的状态中"。由于"建设和谐社会的一个重要目标就是要实现人与自然的和谐相处，实现经济活动处于可持续发展的状态，使社会经济快速发展的同时，资源得到有效利用，自然环境得到充分保护，能给子孙留下蓝天、碧海、青山、绿地"，所以"建设和谐海洋"就应"重在保护'碧海'，保护沿海地区的青山绿水，使海洋环境资源能永续为人类服务"。考虑到和谐海洋的提法来自和谐社会概念，所以，和谐海洋建设还需要做到"沿海地区各种矛盾能得到妥善解决，人海关系、陆海关系比较融洽"②。

李权昆先生也是"和谐海洋国内说"的支持者。他说："党的十六大提出要'努力形成全体人民各尽所能、各得其所而又和谐相处的局面'。建设和谐海洋是建设和谐社会的重要组成部分。根据建设和谐社会的目标，和谐海洋的基本内涵是指在一个区域内海洋生态环境良好，海洋经济和谐运转，与海洋生态环境相互促进，与沿海地区经济和社会协调发展，各种关系处于一种比较融洽的状态。"③

---

① 据专家研究，"2005 年以来，胡锦涛在不同场合多次提出构建'和谐世界'的主张。"（参见刘永路：《从"零和对抗"到"合作共赢"——中国特色海洋安全观的历史演进》，载《军事历史研究》2011 年第 4 期，第 131 页）

② 李百齐：《建设和谐海洋，实现海洋经济又好又快地发展》，载《管理世界》2007 年第 11 期，第 154 页。

③ 李权昆：《建设和谐海洋面临的挑战及战略选择》，载《生产力研究》2007 年第 10 期，第 75 页。

"和谐海洋国际说"也有一些持说者和支持者。刘永路先生认为"胡锦涛'和谐海洋'思想的主题就是'和平、和谐、合作'"。这个"主题"无疑是国际关系的专利。不仅如此，刘先生还从胡锦涛思想的发展过程中发现了和谐海洋作为"国际关系说"的根源。他认为，胡锦涛是先提出了"和谐世界"的思想，然后才提出了"和谐海洋"的口号。之所以说"和平、和谐、合作"是"和谐海洋"思想的"主题"，是因为它们是"和谐世界"思想的"核心内容"。刘先生坚定地认为，"'和平、和谐、合作'构成了'和谐世界'与'和谐海洋'重大战略思想的核心内容"。[①]

吴胜利先生显然是"和谐海洋国际说"的支持者。这从他所记述或理解的胡锦涛讲话中能清楚地看到。他说：

"2009年4月23日，胡主席在出席庆祝人民海军成立60周年活动和会见多国海军代表团团长时指出，'推动建设和谐海洋，是建设持久和平、共同繁荣的和谐世界的重要组成部分，是世界各国人民的美好愿望和共同追求'；强调'加强各国海军之间的交流，开展国际海上安全合作，对建设和谐海洋具有重要意义'。胡主席提出建设和谐海洋的战略思想，为人民海军履行远洋护航等多样化军事任务，提供了重要思想武器，在护航实践中发挥了十分重要的指导作用。"[②]

这些话里确实找不到国内生活中的社会和谐的语句。

"和谐海洋社会说"的特点是既给和谐社会找到了人与自然和谐的根底，又把和谐社会放大为和谐的国际社会。蔡一鸣先生给"和谐海洋"总结出"三个重要组成部分"。一是"经略海洋把全球资源配置与经济目的紧密联系起来"，也就是发挥"海洋"，包括"海运"的配置资源的作用。二是"开发海洋获取优质能源等资源，释放新生产力，走可持续的发展道路"。这是发挥"海洋"提供"可再生能源等优质资源"的作用。这两个方面的结合解决了人对资源的需求，也就实现了人与自然的和谐。三是"促进国际和平，走交流合作之路"。[③]海洋配置资源的功能有助于"促进国际和平"，促使各国"走交流合作之路"。用建设和谐社会的思想去处理国际关系，再加上对海洋的资源配置功能的发挥，会迎来国际和平，造成一个带海洋标记的国际社会和谐。他还说："经过航海合理配置全球资源，开发海洋获取可再生能源等优质资源，与促进国际和平，走交流合作之路这三者的关系是相互协调、相互联系、相互作用的。通过远洋运输资源的

---

① 刘永路：《从"零和对抗"到"合作共赢"——中国特色海洋安全观的历史演进》，载《军事历史研究》2011年第4期，第132页。

② 吴胜利：《牢记千钧重托，不负护航使命——写在人民海军执行远洋护航任务两周年之际》，载《求是》2010年第24期，第13页。

③ 蔡一鸣：《和谐海洋三段论——关于构建和谐海洋新的海洋控制权益的探讨》，载《中国港口》2010年第4期，第59页。

整合，合理配置资源，开发海洋获取可再生能源等优质资源，也是促进国际关系中和平、交流与合作的最好途径。"① 他还认为，"和谐"本来就有"两层意思，一是和平发展，二是合乎科学、自然的规律"②。

尽管"和谐海洋国内说"可以从和谐社会学说那里找到深厚的理论根据，"和谐海洋社会说"也能通过对和谐社会理论做延伸解释而自圆其说，但胡锦涛发表于海军建军节上的讲话所说的和谐海洋、从他对海军的时代使命的看法中延伸出来的和谐海洋，都只能是国际关系意义上的和谐。也就是，还是"和谐海洋国际说"准确地把握了胡锦涛"建设和谐海洋"思想的本意。

按照经济建设是最大的政治的判断，我国政治战略安排要把发展经济、营造有利于经济发展的国际国内形势当成基本原则；按照和平与发展是当今时代的主题，我国面临难得的发展经济的战略机遇期的判断（参见本书第四章），我国的海洋政治战略安排应当以维护和创造和平环境作为战略目标。这是与这个"战略机遇期"及国家在这个期间总的战略目标相匹配的政治战略目标。胡锦涛的讲话不仅为我国海洋政治战略的制定指明了方向，而且也为国家的对外交往战略确定了基调。"和谐海洋"应当成为我国海洋政治战略的基本战略目标，而"和谐世界"则是我国政治外交战略的努力方向。胡锦涛的讲话是针对海军建设讲的，所以，他为我国海洋政治战略所确定的"和谐海洋"战略目标对我国海洋军事战略也必将产生深远的影响。从另一个角度说，我们在制定海洋军事战略时也应贯彻"和谐海洋"的精神（关于海洋军事战略的构想请参阅本书第九章）。

二、建设和谐海洋的可能性

在我国提出"建设和谐海洋"的口号后，我们立即遭遇了一个难题，即和谐的目标与不和谐的现实之间的矛盾如何处理。当我们要把"建设和谐海洋"提高到海洋政治战略的高度时，这个矛盾就越发显得尖锐了。美国在世界上奉行霸权主义，在海洋上大肆炫耀自己的兵舰和其他威力强大的武器。这是不和谐因素。由于能源短缺的日益加深，海洋石油天然气的重要性日益凸显，针对石油的争夺遍布从石油蕴藏，到石油勘探、开采，再到石油交易、消费的全过程。这也是不和谐因素。我国与一些邻国存在岛屿、海域主权争端，与几个邻国之间的大陆架、专属经济区划界的任务还没有完成。这种"未定"状态不断引出这样那样的分歧、纠纷。这又是不和谐因素。在世界上的许多海域，尤其是重要海运通

---

① ② 蔡一鸣：《和谐海洋三段论——关于构建和谐海洋新的海洋控制权益的探讨》，载《中国港口》2010 年第 4 期，第 59 页。

道经过的海域，经常发生海盗侵扰。海盗等非传统海洋安全问题的存在还是不和谐因素。如此等等，不一而足。这些不和谐因素的存在真的让人怀疑实现海洋和谐的可能性，怀疑"建设和谐海洋"战略的可行性。然而，上述不和谐因素的存在不能说明实现海洋和谐不可能，不足以说明"建设和谐海洋"的战略不可行。在充分注意上述因素以及上面没有提到的不和谐因素的前提下，我们仍然可以对实现海洋和谐、实现"建设和谐海洋"的战略目标充满信心。

首先，不同国家间意识形态的不同不一定表现为政治关系上的剑拔弩张。不管是在新中国成立之初，还是在苏、美争霸的"冷战"时期，国家间的紧张关系都与意识形态有关。以美国为首的帝国主义国家对我国的围堵，为实现围堵而发动的朝鲜战争、越南战争，为实现围堵而对中国统一大业的干涉和阻挠等，都以"主义"为缘由，至少以"主义"的不同为重要缘由。我国实行改革开放政策以来，在国际上发生了苏联解体事件之后，这种敌对状态不仅已经被国际交往的加深而淡化，而且客观上也已经不存在"两大阵营"对立的局面，至少不存在以社会主义和资本主义为标志的"阵营"之间的军事对峙。近几十年国际交往的现实是，各国继续坚持自己的"主义"、自己的政治体制，等等，在各自独立自主的前提下自愿开展国际经济、技术、文化等方面的交流。这一实践已经证明，"社会主义国家与发达资本主义国家的对抗是可以避免的"。依据这一判断，沈骥如先生提出，"我国的外交，应该摒弃苏联与西方国家关系恶性循环模式，即：互不信任—互相敌对—对峙争霸—冷战。建立一种中国与西方国家关系的良性循环模式，即：和平共处—平等的合作与竞争—增加信任、减少麻烦、不搞对抗、进一步加强合作—共同繁荣。"[①] 沈先生选择的国际交往模式符合当前国际关系的实际。

其次，世界走向和谐、国际海洋事务走向和谐是一个大趋势。如前所述，在一个"空"的世界里，国家、集团、个体更多地受制于"丛林法则"。无序、殖民主义奉行的弱肉强食等是少数强国"闯天下"时的"正常状态"。然而，这种状态已经一去不复返了（参见本书第四章）。如果说"海洋发展的历程"本来就是"人类社会个体、群体、区域社会、国家之间围绕海洋的开发、利用和保护，以及海洋权益的分割、分享，从竞争到合作、从冲突到共处、从无序到有序的反复协调适应的过程"[②]，那么，当今的时代，国际社会逐渐形成，也逐渐走出了无序而走向有序。世界各国，尤其是沿海国家纷纷把注意力投向海洋，把产业、管理力量投入海洋等，则促进了"序"的形成。这个"序"（即使我们认为它才

---

① 沈骥如：《21世纪中国国际战略"路线图"》，载《社会科学报》2010年3月4日。

② 刘中民：《国际海洋形势变革背景下的中国海洋安全战略——一种框架性的研究》，载《国际观察》2011年第3期，第4页。

刚刚开始形成）主要靠国际社会成员的"协调"、"合作"来形成，而不是靠通过"战胜"国树立的权威、威慑来营造。刘永路先生从各国间的依存关系论证了走向有序的必然性。他说：

"经济全球化导致各国的经济依存关系不断加深，安全的'链接性'增大，使得国家利益之间不再是一种简单的'零和'结构，而是一种复杂的'共和'结构。"

"同时，在政治多极化的条件下，大国间形成了错综复杂的安全利益关系，都力求将彼此的矛盾尽可能限制在可控范围内，并努力通过协调与合作解决矛盾和分歧。"①

经济全球化造成了国家间开展合作的需要，而政治多极化的形成则促使各国产生合作的主观动机——各国，包括有关大国迫于自身利益的需要而选择用"协调与合作"来解决矛盾和分歧。

作为"新自由主义"代表的罗伯特·基欧汉（Robert. O. Keohane）、约瑟夫·奈（Joseph Nye）提出的"相互依赖理论"或者"复合相互依赖（complex interdependence）理论"② 对我们的判断提供了有力的支持。"依赖是指受到外部力量支配或极大影响的一种状态。"国家间的"相互依赖指的是国家之间或者不同国家中的行为体之间相互影响的情形。"而"复合相互依赖"则是指不同国家间不只存在一个方面的"相互影响的情形"，而是存在两个甚至多个这样的情形。尽管依赖或相互依赖不必然导致依赖者和被依赖者之间、相互依赖的双方或多方之间的互利，但复合相互依赖却足以让理性的行为主体更多地选择与对方的合作。"复合相互依赖"理论所说的"多渠道的社会联系"、"问题间等级之分的消失"、"军事力量的作用大为减弱"③ 三个重要方面都趋向于不同国际关系主体间影响力差距的缩小，即以往处在统治地位或较高优势地位的一方的优势越来越不明显，这种优势越来越失去"统治"力。这种趋势有利于国际社会的形成，有利于国际社会关系走向有序。这样形成的秩序显然比处于统治地位或明显优势地位的国家统治世界，或凌驾于国际社会之上更加符合我们所追求的"和谐"。

三、建设和谐海洋的战略措施

国际社会的和谐是可能的，实现海洋和谐也是可能的。那么，怎样去建设和

---

① 刘永路：《江泽民新海洋安全观的理论新贡献》，载《政工学刊》2006 年第 2 期，第 15 页。
② 刘中民：《复合相互依赖论和海洋政治研究》，载《太平洋学报》2004 年第 7 期，第 90 页。
③ 刘中民：《复合相互依赖论和海洋政治研究》，载《太平洋学报》2004 年第 7 期，第 91 页。

谐海洋，使可能性变为现实呢？我们认为，海洋和谐应当从以下 6 个方面开展
建设：

（一）减少海洋上的军事冲突和对抗，增加对话与交流

如同对世界和谐的最大威胁是战争一样，对和谐海洋建设的最大威胁也来自
海上军事冲突和对抗。

除了偶然的政治、经济等因素可能引发的军事冲突和对抗外，发生海洋上的
军事冲突和对抗的情况主要有两类：一类情况是霸权国家为了达到其目的动用海
上军事力量对其他国家实施打击；另一类情况是存在海上或陆上重大利益冲突的
国家，比如存在海岛主权争议的国家之间，为了利益之争启动海上军事力量，或
在海洋上对对方实施打击。

为了防止第一类情况的发生，有效的方法显然不是战胜霸权国家（因为这
是不可能的，即使可能也意味着海洋和谐的丧失），而是造成对霸权国家的制
约。如能对霸权国家的海上力量，包括局部地区的海上力量形成有效制约，便会
降低霸权国家使用军事打击手段的几率。沈骥如先生设计的从"推动多极世界
格局的形成"到"与世界各国共建和谐世界"的中国国际战略"路线图"就是
这样的一个思路。[①] 防止第二种情况发生的有效方法无疑是消除利益冲突，铲除
发生冲突的根源。在一时不能消除利益冲突的情况下，相关国家间加强对话，也
包括暂时搁置争议都可以在一定程度上化解矛盾，降低冲突的激烈程度，或推迟
冲突的发生。

（二）建立良好的海洋秩序

应该说防止海上军事冲突和军事对抗发生的有效办法是良好的海洋秩序的建
立。海洋秩序的形成意味着众多国家或者一些国家对秩序的接受和维护，而有关
各国遵循秩序而为的海洋利用行为一般都不会引发与同样接受制度约束的国家间
的冲突和对抗，更不要说直接的军事冲突和军事对抗。

《海洋法公约》（以下简称《公约》）的生效已经为国际海洋秩序的持续完
善奠定了良好的基础。用于国际通行的海峡制度、无害通过制度、沿海国的管辖
权制度等都对海洋的有序利用发挥了积极的作用。我国是《公约》的缔约国，
对《公约》所规定的一些基本海洋制度的确立，如专属经济区制度、国际海

---

① 沈先生的"路线图"是："推动多极世界格局的形成——促进国际关系民主化——社会和谐的社
会主义中国坚持包容精神，与世界各国共建和谐世界。"（参见沈骥如：《21 世纪中国国际战略"路线
图"》，载《社会科学报》2010 年 3 月 4 日）

底制度等最后写进《公约》并最后获得通过发挥了积极的作用。在《公约》通过 30 年后，我国应当根据国际海洋事务的需要，推动《公约》建立的机构、《公约》缔约国继续完善国际海洋法（关于国际海洋法的完善可参阅本书第十四章）。

（三）建立良好的公共海洋利益的共享机制和责任分担机制

按照现行的国际海洋秩序，公海、国际海底都可以由世界各国，包括内陆国共享。然而，在实践中，可以被世界各国利用的公共的海域和海底往往是或只是少数国家在利用。比如公海渔业资源就存在利用上的不公平。另外，对公共资源的不合理地开发利用还造成了资源再生能力的降低，对可以由世界各国利用的公共资源造成了事实上的损害。这类损害发生之后会产生治理的任务。谁来治理、如何治理也是不好处理的国际事务。这类情况都可能引发或已经引发了矛盾。及时采取措施，建立公共利益的共享机制和海洋环境保护（包括海洋资源与生态保护）的责任分担机制，对防止矛盾的扩大和及时化解是必要的。

（四）使海洋的天然的便利更方便国际社会利用

海洋和谐是以各国顺畅利用海洋为内容的一种国际关系状态。如果没有这一内容，如果某种强制、某种关系阻碍了相关国家对海洋的正当利用，即使没有发生海上军事冲突，我们也不能把这种状态叫作"和谐"。

海洋可以给人类提供许多种天然的便利，如海峡可以为海上交通提供通行的便利。再如，极区对于一些研究工作来说是难以复制的科研场所。当然，公海也无数次成为一些国家试验飞行器、远程武器等的无干扰的场所。为了建设和谐海洋，我们便应促成对海洋的天然便利的方便使用。比如，防止个别国家对用于国际通行的海峡的控制，尤其要防止个别国家利用对海峡的管理权而对他国的通行设置障碍。

（五）对世界各国共同面对的海洋问题形成妥善的解决机制或程序

海盗活动、海洋环境污染尤其是船舶溢油污染、生物资源衰退包括专属经济区内渔业资源的衰退等，都是世界各国共同面对的难题。这些问题往往都涉及国家关系，从而也就影响海洋和谐。我们不能期望彻底消除这类难题，但有关各国可以一起努力，建立解决这类问题的有效机制。问题的及时解决便意味着矛盾的及时化解，便意味着朝着海洋和谐前进。

（六）形成便于各国、各国际组织等国际主体发起或参与国际海洋事务处理的良好机制和程序

任何良好的法律文件对解决文件形成之后新出现的事务都会无能为力，但是良好的法律文件可以为解决它公布实施后新出现的事务储备下解决的程序。《公约》并没有把海洋利用和海洋管理中的所有问题都解决，《公约》以及其他国际法文件也没有把与海洋利用和海洋管理有关的所有国际关系都纳入其调整范围。比如，《南极条约》适用期届满之后人类将如何管理南极地区这个问题，在现行国际法中就没有明确规定。我们不能等待《公约》自动改头换面，把所有的缺陷都填补起来，也不能等待《南极条约》有效期届满之后"再做道理"。先行制作一个《南极条约》替代方案当然是一个不错的主意，但这先行制作的替代方案即使可以解决替代方案规定了的问题，却无法解决它未曾规定的问题，比如北极航道打开之后如何使用与管理之类的问题，更何况这先行制作的方案由谁来做，为什么由某国或某组织来做等都存在问题，甚至是足以引发不和谐的问题。有效的方法是建立世界各国发起或参与国际海洋事务处理的机制和程序。有了这种机制和程序，有关国家既可以循之以解决南极问题，也可以据之解决北极问题及其他各种问题。

第二节　海洋外交战略和海洋事务上的陆台关系处理

"建设和谐海洋"作为全面推进海洋事业发展战略的重要战略步骤，它应当成为我国海洋外交战略的基本原则，成为我国处理海洋事务中的陆台关系的准则。依照这一准则，在海洋事务的处理上，我国对台湾问题应采取"安内"战略，而对有关国家则应当采取"睦邻、交远、抑霸"的外交战略。把这两个方面结合起来，我们主张，在海洋事务上我国应实行"安内、睦邻、交远、抑霸"的对台战略和对外战略。

一、"安内"

台湾是我国最大的海岛，也是我国唯一一个直接面对太平洋的海岛。在大陆和台湾处于敌对状态时，它构成包围中国大陆的海上"封锁线"的重要一环；而如果实现了大陆和台湾的统一，则台湾构成我国军事和非军事船舶直出太平洋的门户。从这一点上看，为了中华民族的共同利益，我们应当争取尽早实现祖国统一。

在一时还不能实现祖国统一的情况下，我们能够做出的最好选择是实现两岸之间的相安无事。从国家战略安排的角度看就是采取措施，实现台湾的安定。因为一个不主动对大陆挑起事端的台湾是和谐海洋建设的一个积极因素，一个和谐因素。

我国政府一直对台湾采取使之安定的政策。促进两岸经贸往来、实现两岸"三通"、以谈判方式解决两岸分歧的承诺等，都是谋求台湾安定的努力或这种努力所取得的成果。除了处理两岸关系的这类一般措施外，大陆对台湾还可以谋求海洋事务上的合作。例如，可以在钓鱼岛问题的处理上采取一致的行动。可以在维护南中国海的海洋权益上采取联合的或一致的行动。为了东中国海、南中国海维权也可以考虑寻求双方的联合军事演习。以上所有这些都有助于实现"干戈"向"玉帛"的转化。

当然，安定台湾并不意味着纵容台湾。我们除了要继续充分发挥《反分裂国家法》的作用之外，应适当限制台湾军事船只在海上的活动，防止台湾大幅度提高海军作战能力。

二、睦邻

从海洋划界的实践出发，人们一般接受"海岸相接或相向"的海邻概念，而从建设和谐海洋的实际需要来看，海邻至少有三类：第一，海岸相接或相向的国家或地区；第二，对同一海域的污染防治、资源养护等环保事务富有责任的临近国家和地区；第三，在海洋利用上具有必不可少的依存关系的国家。内陆国与其出入海洋的过境国之间就构成这样的海邻关系。

我国的海邻（海洋邻国和地区）共有 12 个。它们是：俄罗斯、朝鲜、韩国、日本、琉球、① 菲律宾、马来西亚、文莱、印度尼西亚、新加坡、泰国和越南。② 同对待陆上邻国一样，我国对这些邻国（地区）一直奉行睦邻友好的交往原则。从我国海洋事业的需要来看，我国除了继续用睦邻友好的态度去对待有关国家和地区外，还应根据它们与我国关系的实际情况等采取不同的亲睦措施。也

---

① 这里需要说明，琉球是与我国海岸相向的一个地区，而且是一个国际关系意义上的地区。琉球并不是日本的一部分。以往的研究者多忽略了这一点（参见徐祥民：《美国将琉球群岛返还给日本的国际法效力》，载高之国：《国际海洋法发展趋势研究》，海洋出版社 2007 年版，第 199～210 页）。

② 从地理上看，我国与美国也存在着海岸相向的关系，但从海洋事务的实践来看，中国与美国只是"天涯""比邻"意义上的邻国，而非国际交往实践意义上的邻国。

就是说，我们的睦邻战略还应有更具体的内容。

俄罗斯和朝鲜是我国在日本海区域的海上邻国。许多研究者都忽略俄罗斯也是我国的海洋邻国这一点。图们江入海前的一段（约 15 公里）是俄罗斯和朝鲜的界河，而依据《海洋法公约》的规定，我国享有沿图们江出海通行的权利。[①]我国享有的这一"法定权利"把我国和俄罗斯连接成了海上邻国。在日本海区域，我国在行使出海通行权时，应与俄罗斯和朝鲜加强协商和合作，既要据理力争，又要考虑因时因地制宜。比如在航道的疏浚、交通标志的制备、出海和入江的交通管理、海洋污染防治等方面，均应通过谈判协商解决。我国东北地区还可沿黑龙江经俄罗斯入海。我国也因此而与俄罗斯构成海邻关系[②]（关于我国沿黑龙江经俄罗斯入海的情况，可参见本书第二章）。

在黄海，我国有三个邻国，即朝鲜、韩国和日本。我国与这些国家，主要是与朝鲜和韩国都存在大陆架和专属经济划界这一待完成的任务。朝鲜海峡也是我国船只由黄海进入日本海的重要通道。另外，黄海的环境保护，包括污染防治、渔业资源保护和生态系统的保护等，是我国与这些国家，尤其是朝鲜和韩国的共同利益。

在黄海事务的处理上，我国应积极主张和参与对共同利益的维护，比如积极配合联合国开发计划署（United Nations Development Progtamme，NUDP）和全球环境基金（Global Environment Facility，GEF）支持的"减轻黄海大生态系环境压力"（Reducing Environmental Stress in the Yellow Sea Large Marine Ecosystem）项目等有助于黄海生态保护的工程。此外就是积极推进与相关国家的海洋划界。

已故季国兴先生曾注意到，"黄海划界，不涉及岛屿主权争议"，与其他海域划界相比，"相对容易"[③]。考虑到这一点，以及实现黄海海域国际关系和谐的需要，我国应积极推动与朝鲜、韩国的谈判。如果专属经济区划界涉及日本，也可以组织中、朝、韩、日四方的谈判。

海洋划界是我国面临的一个难题。到目前为止，除了与越南完成了北部湾地区的划界之外，其他海域的划界进展甚微。从策略上来看，我们主张"成熟一个解决一个"。可以考虑先与韩国实施划界，然后再考虑与朝鲜的划界。国家关系的良好状态有时也是稍纵即逝。我们应利用中韩关系密切且向更良好的状态发展的大好时机，抓紧完成中韩划界。此外，国际关系中的不确定状态随时都有可能出现意想不到的新问题。可以说不确定就是变数，就是危机。

---

① 《联合国海洋法公约》第一百二十五条。

② 按照"海洋利用上具有必不可少的依存关系的国家"都是海洋邻国的理解，我国和俄罗斯是鄂霍茨克海上的海洋邻国。

③ 季国兴：《解决海域管辖争议的应对策略》，载《上海交通大学学报》2006 年第 1 期，第 15 页。

在东中国海，我们的海邻是日本和韩国，此外有琉球群岛地区。在东中国海，我国可以与日本开展环保、气象、科研、考古等方面的合作与交流。考虑到琉球群岛地区暂时没有恢复作为国际法主体的行为能力，所以，我们可以考虑在文化、教育、体育、旅游、经贸等方面与之开展合作。正面的、积极的合作是推进国家和地区间关系向好的力量。我们不可忽视对这种力量的使用。

在东中国海地区，影响海洋和谐的重要因素是钓鱼岛主权争端以及与此相关的大陆架、专属经济区划界。刘中民教授主张"加强对中日海洋权益争端的战略应对"[①] 也是充分考虑了这一点。我们认为，我国应当按照邓小平同志当年向日本社会所做的表态，把钓鱼岛的主权归属问题暂时搁置起来，不作结论。不能因为这一个问题不解决而影响整个中日关系，影响整个东中国海地区的和谐海洋建设。我们应积极推动与日本、韩国的大陆架划界。首先，与韩国的东中国海划界没有太多分歧，容易完成。其次，按照中国大陆与琉球群岛不在同一个大陆架，一个属于中国大陆板块，一个是冲绳海槽以东的海地陆块，在暂时搁置钓鱼岛归属的前提下，可以完成钓鱼岛以北中国与日本的大陆架划界。

对钓鱼岛主权争端的前景我们还需要思考以下两个方面的问题：第一，日本对钓鱼岛的实际占有时间越久，我国索回对钓鱼岛的主权的难度越大；第二，随着日本实际占有钓鱼岛时间的加长，我国民众，包括台湾民众"保钓"的热情会逐渐高涨，而这种高涨也会引发日本方面更强烈的对立情绪的产生。考虑到这一点，在一时无法索回对钓鱼岛的主权的前提下，为了实现东中国海地区的海洋和谐，我国可以谋求与日本接受我方和平进入钓鱼岛及其周边水域。所谓"进入"，其核心是我国也实现对钓鱼岛的占有或局部占有，使钓鱼岛争端进入一个持续的和有形的"争议"状态。[②] 当然，日本方面很难接受我们的要求。我们要实现这样的"进入"需要付出代价，比如与日本关系的一度紧张。但是，我们认为这是既可以维护我国对钓鱼岛的主权，又可以为东中国海地区迎来持久和谐的最小代价。

南中国海地区是我们实施睦邻战略最困难的地区。我国在南中国海的邻国共有 7 个，即菲律宾、马来西亚、文莱、印度尼西亚、新加坡、泰国和越南，[③] 其中 5 个，即菲律宾、马来西亚、文莱、印度尼西亚和越南，与我国存在岛屿主权争端或海域争端。这严重影响了南中国海地区的和谐。然而，经过多年的努力，

---

① 刘中民：《国际海洋形势变革背景下的中国海洋安全战略———一种框架性的研究》，载《国际观察》2011 年第 3 期，第 6 页。

② 即使不能形成我方对钓鱼岛及周围岛屿的占有，也要采取其他措施保持争议状态。

③ 按照《南海各方行为宣言》的签署情况，南海的"各方"还包括柬埔寨王国、老挝人民民主共和国、缅甸联邦。这样我国在南中国海地区的邻国就应增加到 10 个。

我们也为在这个海区实施建设和谐海洋的战略奠定了基础，积累了一些经验，培育了积极求"和"的因素。第一，"主权在我，搁置争议，共同开发"的原则大大缓和了紧张气氛。如果不"搁置"主权问题，便意味着随时都有可能因为主权而诉诸武力。第二，《南海各方行为宣言》的签署。2002 年 11 月 4 日我国和文莱达鲁萨兰国、柬埔寨王国、印度尼西亚共和国、老挝人民民主共和国、马来西亚、缅甸联邦、菲律宾共和国、新加坡共和国、泰王国、越南社会主义共和国，共 11 个国家，在柬埔寨王国首都金边签署了《南海各方行为宣言》。《南海各方行为宣言》以"增进本地区的和平、稳定、经济发展与繁荣"为立约目的，[1]"以《联合国宪章》的宗旨和原则、1982 年《联合国海洋法公约》、《东南亚友好合作条约》、'和平共处五项原则'以及其他公认的国际法原则作为处理国家间关系的基本准则"[2]，表达了各方"通过友好磋商和谈判，以和平方式解决""领土和管辖权争议，而不诉诸武力或以武力相威胁"[3]，"保持自我克制，不采取使争议复杂化、扩大化和影响和平与稳定的行动"[4] 等承诺。正像《南海各方行为宣言》的序言所宣示的那样，《南海各方行为宣言》对"促进南海地区和平、友好与和谐"[5]，已经发挥了并还将继续发挥积极的作用。第三，2003 年 10 月，中国正式加入《东南亚友好合作条约》，与东盟建立战略伙伴关系。这使我国与东盟的关系变得更加紧密。战略伙伴关系的结成使得伙伴间的分歧也发生了性质上的细微变化。正像杨青先生所说的那样，这使中国与东盟有关国家间的"南海争端已成为战略伙伴之间的争端"。争议"主体"间关系的这种变化促使有关各方在处理争端问题时不得不更多地考虑争议双方或多方的"政治利益和长远战略利益"，尽可能地选择双方或多方"'共赢'的解决方案"[6]。第四，我国最高领导人明确宣布建设"友谊"、"合作"南海的立场。2005 年 4 月，胡锦涛主席在出访印尼、菲律宾和文莱三国时做了把南中国海建设成"友谊之海"、"合作之海"的宣告。这是"对中国解决南海争端政策的重大宣示"[7]。这一宣示既表明了我国处理争议的原则，同时也对有关各方提出了解决问题的出路，即按照"合作"、"友好"协商的路径去寻求对有关争议的解决。

实施睦邻战略遇到的最大难题无疑是岛屿和海域主权争端。我国处理争端的基本方针是由邓小平同志提出并确定下来的。1984 年 10 月 22 日，邓小平同志在中央顾问委员会第三次全体会议上的讲话回顾了他关于处理中国和日本、中国

---

[1][5]　《南海各方行为宣言·序言》。

[2]　《南海各方行为宣言》第一条。

[3]　《南海各方行为宣言》第四条。

[4]　《南海各方行为宣言》第五条。

[6]　杨青：《正确认识和处理南海权益争端》，载《瞭望》2006 年第 3 期，第 39 页。

[7]　杨青：《正确认识和处理南海权益争端》，载《瞭望》2006 年第 3 期，第 37 页。

与南海周边国家之间的岛屿争端的思路的形成过程。他说：

"我跟外宾谈话时还提出：解决国际争端，要根据新情况、新问题，提出新办法。'一国两制'，是从我们自己的实际提出来的，但是这个思路可以延伸到某些国际问题的处理上。好多国际争端，解决不好会成为爆发点。我说是不是有些可以采取'一国两制'的办法，有些可以用'共同开发'的办法。'共同开发'的设想，最早也是从我们自己的实际提出来的。我们有个钓鱼岛问题，还有个南沙群岛问题。我访问日本的时候，在记者招待会上他们提出钓鱼岛问题，我当时答复说，这个问题我们同日本有争议，钓鱼岛日本叫尖阁列岛，名字就不同。这个问题可以把它放一下，也许下一代人比我们更聪明些，会找到实际解决的办法。当时我脑子里在考虑，这样的问题是不是可以不涉及两国的主权争议，共同开发。共同开发的无非是那个岛屿附近的海底石油之类，可以合资经营嘛，共同得利嘛。不用打仗，也不要好多轮谈判。南沙群岛，历来世界地图是划到中国的，属中国。现在除台湾占了一个岛外，菲律宾占了几个岛，越南占了几个岛，马来西亚占了几个岛，将来怎么办？一个办法是我们用武力统统把这些岛收回来；一个办法是把主权问题搁置起来，共同开发。这就可以消除多年积累下来的问题。这个问题迟早要解决。世界上这类的国际争端还不少，我们中国人是主张和平的，希望用和平方式解决争端。什么样的和平方式？'一国两制'，'共同开发'。"①

这段话不仅把小平同志对解决海岛主权争端的战略思考的形成过程做了简要的回顾，而且也反映了我国解决海岛主权争端的战略构思的基本内容。如果说这段话的中心思想，或者说我国解决海岛主权争端的基本战略构思可以概括为"搁置争议，共同开发"的话，那么，"搁置争议，共同开发"是既能回避主权争端，又不影响海洋开发和中国实现发展目标的新思路。其基本内容包括以下几个方面的内容：

（一）"把主权问题搁置起来"

"搁置争议，共同开发"是关于解决海岛主权争端的战略思考，这个思考的出发点是国家间存在海岛主权争议，这项思考的任务是解决已存在的国际争端。所以，它的首要的内容是如何对待主权，也就是如何对待两个或多个国家争议的焦点，即主权归属于哪个国家。这是一个难以解决的问题。如果容易解决也便不需要冥思苦想了。因为一时难以解决，所以才需要寻找某种战略性的解决方法而不是战术性的解决方法。

---

① 邓小平：《邓小平文选》（第三卷），人民出版社 1993 年版，第 87～88 页。

邓小平同志提出的战略性的解决方法就是暂时"把主权问题搁置起来","把它放一下"。暂时不忙着去解决，往往就是最好的解决。从他的讲话看，他是寄希望于"下一代人比我们更聪明些"，寄希望于下一代"会找到实际解决的办法"。

（二）不放弃主权

搁置争议的前提是享有主权。一个不享有主权的主体没有资格与占有国土、管辖海域的国家谈什么搁置争议。邓小平同志谈道的"南沙群岛……属中国"就表达了这个前提。[①] 作为主权的享有者提出的搁置争议，其实只是暂时认可主权行使不充分的现状。所谓主权行使不充分主要包括主权客体被敌方实际占领、主权国家由于其他主客观原因无法对主权客体实施实际占有和管理等。不管是钓鱼岛，还是菲律宾、越南、马来西亚"占"的那些岛都存在我国主权行使不充分的事实。对这种现状的暂时认可决不等于放弃主权。

既搁置主权争议又不放弃主权，这是对主权问题的一个权宜处置。这个权宜处置需要相关国家的国家政策和国家行动的配合。它不可能是一出独角戏，必须是"合唱"，甚至是"大合唱"。也就是说，"搁置争议，共同开发"政策需要相关各国的配合才能真正实施。在我们提出"搁置争议，共同开发"的政策主张后，如果争议对方不接受这种主张，继续在有争议的岛屿、海域上做文章，比如实施新的占领、单方实施勘探开发、在实际占领的岛屿上新建军事设施、驱赶我方在实际占领或使用的岛屿或海域从事和平利用活动的渔民和非军事管理人员，等等，我方的"搁置"主张，或继续"搁置"的行动就意味着或者放弃主权，或者原本就不享有主权。享有主权的国家不会听任侵犯其主权的行为的一再实施而不作出任何主张主权的反应。作为享有主权的国家，作为不想放弃主权的国家，其对侵犯其主权的行为必然实施抵制侵犯的行动。如果"搁置争议，共同开发"的政策是有效的，是得到争议相关方配合的政策，那么，"搁置争议"的底线是争议对方承认政策发出者的主权地位，至少是承认其有作为主权争议一方的主体资格，而其在行动上的底线要求是争议对方不以其行动扩大争议。

搁置主权争议是我国为了和平和发展而做出的牺牲，是我国为了赢得世界和平和我国自身和平发展的机会而愿意做出的牺牲，但这种牺牲是有限度的，这个限度就是在不放弃主权的前提下搁置主权争议。尽管我国需要发展，而实现发展

---

① 邓小平同志曾多次明确表达主权在我的思想。比如，1988年4月16日，邓小平会见来访的菲律宾总统科·阿瓦诺时指出，"中菲之间"虽然"有一些小疙瘩，但不难解决"。"要解决此问题，可在承认中国主权的条件下，各方都不派部队，共同开发"，载《人民日报》1988年4月17日。

需要世界和平，尽管为了实现世界和平我国需要做出牺牲，但我国的牺牲绝对不能是放弃主权。

（三）"共同开发"，"共同得利"

"搁置争议，共同开发"政策要"搁置"的是主权争议，而其要实现的目标是发展，包括经济的发展、邻国关系的改善等。邓小平同志注意到争议"岛屿附近的海底石油之类"有用资源。这类资源是各国实现发展所需要的，是在全球范围内已经显现出短缺的有用资源。既然它们是有用资源，是各国实现发展所需要的资源，而主权归属问题一时又解决不了，所以便把主权问题"先放一下"，由争议各方"共同开发"这些有用资源。这就是邓小平同志提到的"合资经营"，"共同得利"①。

只要相关国家接受"搁置争议，共同开发"的政策，我国与这些国家的关系便有望实现全面改善，双方或多方其他方面的合作便会开展得更加顺畅。1992年，时任外交部长的钱其琛先生参加东盟外长会议时说："我们提出'搁置争议、共同开发'的主张，愿意在条件成熟时同有关国家谈判寻求解决的途径，条件不成熟可以暂时搁置，不影响两国关系。沿岸国之间还可望开展广泛的互利合作。"② 他所说的"不影响两国关系"、"开展广泛的互利合作"表达了我国政府与有关国家开展国际合作的愿望，同时也反映了"搁置争议，共同开发"政策谋求"发展"的内涵。

（四） 主权争议"迟早要解决"

邓小平同志主张暂时把主权争议搁置起来，认为这样可以暂时"消除多年积累下来的问题"，为我国的和平发展争取时间。但他接着说，"这个问题迟早要解决"。主权问题，不管是国际上的先例，还是我国的实际情况，都不允许无限期地搁置。"迟早要解决"不仅是对"不放弃主权"观点的一种语义更强烈的表达，而且也表明了积极寻求解决办法的态度。"先放一下"不是从此不再过问，也不是消极地把任务交给"下一代"，而是积极地寻找"实际解决的办法"，包括可能由"比我们更聪明些"的下一代想到的办法。

---

① 1979年9月6日国务院副总理谷牧在东京举行的记者招待会上在谈道钓鱼岛问题时也指出，"我们首先动起手来，开发这一地区石油资源，这对（中日）双方都有利"，载《人民日报》1979年9月7日。

② 《就经济合作与地区安全问题钱其琛向东盟阐述我国主张》，载《人民日报》1992年7月23日。

（五）"用和平方式解决争端"

"搁置争议"的政策符合中国近阶段发展的需要，符合中华民族的整体利益。从根本上来说，中国最需要的是发展。这一点，尤其是在中国共产党最初提出实行改革开放政策的时候更加明显。中国要发展就需要对外开放，但要真正实现对外开放必须有和平的国际环境。我国只有处于和平状态才能真正收获改革开放带来的经济建设和社会发展的成功。邓小平同志多次强调："为了使中国发展起来，实现我们的宏伟目标，需要一个和平的国际环境"。我国"诚心诚意地希望不发生战争，争取更长时间的和平。集中精力搞好国内的四化建设"，"中国对外政策的目标是争取世界和平"。"把争取和平作为对外政策的首要任务"。"争取和平是世界人民的要求，也是我们搞建设的需要。没有和平环境，搞什么建设？"①，时任全国人大常委会委员长的李鹏也曾向全世界宣告："中国坚定不移地奉行独立自主的和平外交政策。这一政策的基本目标是维护国家的独立和主权，努力为我国的改革开放和现代化建设创造一个长期的良好的国际环境，维护世界和平，促进共同发展。"② 我们之所以要搁置争议，不是因为我们不敢与有关国家争，更不是因为我们没有理由争，而是因为我们不想因为主权争议而干扰我国的和平外交政策的实施，不想因为主权争议而对邻国关系、亚太局势，甚至整个国际关系带来不利于实现和平的影响。这一分析告诉我们，搁置争议的合理性需要用和平的国际环境对我国的意义来说明。我们暂时放弃主权争议，实际上就是争取国际和平。邓小平同志关于争端一旦解决不好就会成为"爆发点"的担忧清楚地说明了这一点。他不想让岛屿主权争端成为影响国际和平的"爆发点"。他提到"用武力"把争议海岛统统"收回来"的解决办法，但他不主张用这样的办法。这不是因为他没有用武力解决的信心，而是因为他不想为收回这些海岛而牺牲我国与周边国家之间的和平。"用武力统统把这些岛收回来"是一个一了百了的办法，但不是一个效果良好的解决办法，因为"武力"解决自然会造成中国与周边国家之间的关系紧张，甚至是军事敌对。如果仅仅是为了解决主权争端问题，如果仅仅以实现我国对有关岛屿的主权为目的，我们完全可以采用武力解决的办法。但从中华民族的长远利益计，我们既要维护自己的主权，又要不失时机地实现发展，在这两个同样不可忽视的历史任务面前，我们必须寻求"两全其美"——既不放弃主权，又能赢得发展。和平解决争端就是这样的"两全其美"之策。邓小平同志态度非常明确："我们中国人是主张和平的，希望用

---

① 转引自张良福：《中国与邻国海洋划界争端问题》，海洋出版社 2006 年版，第 289 页。

② 李鹏：《共同努力缔造一个和平与发展的新世界——在各国议会联盟第 96 届大会上的讲话》。

和平方式解决争端"。

和平的方式，最简单的解释就是非战争的方式，非动用武力的方式，不开动国家军事机器的方式。总之，和平的方式就是不致对我国所努力争取的世界和平带来消极影响的武力方式。那么，究竟什么样的方式才是和平的方式呢？协商、谈判、合作等都是和平的方式。除此之外，"共同开发"也是和平的解决方式之一。邓小平同志提到的"和平方式解决争端"的方式之一就是"共同开发"。在谈论岛屿主权争端的时候，人们常常只把注意力放在主权上，忽略了主权所包含的实际利益，比如作为主权客体的国土上的资源、国土的其他使用价值等。邓小平同志注意到了这一点。"岛屿附近的海底石油之类"就是这类利益。许多研究者也都注意到，我国周边的一些国家对我岛屿、海域提出的主权要求都是朝着岛屿、海域所代表的资源来的。既然争议者争议的目标是资源，所以，我国要与之"共同开发"资源并愿意与之"共同得利"，这自然是争议者所乐于接受的。①

我国自 20 世纪 70 年代末提出"搁置争议，共同开发"的思路②以来，一贯主张实行这一政策，希望和平解决我国与周边国家之间的岛屿主权争端。比如，1984 年 2 月 22 日，邓小平在会见美国乔治城大学战略与国际问题研究中心代表团时明确指出，"有些国际上的领土争端，可以先不谈主权，先进行共同开发。"③ 1988 年 5 月 12 日，外交部发表的"关于西沙群岛和南沙群岛备忘录"宣布，一方面，中国无可争辩地拥有西沙群岛和南沙群岛的领土主权；另一方面，"中国一贯主张和平解决国与国之间的争端"，在南沙群岛问题上，中国主张"暂时搁置一下，将来商量解决"④。1993 年 3 月 15 日，国务院总理李鹏在第八届全国人民代表大会第一次会议上作的政府工作报告宣布："在南海问题上，我国主张搁置主权争议，共同开发，我国将致力于南海地区的长期稳定及互惠合作。"再如，1994 年 11 月，国家主席江泽民出席雅加达亚太经合组织领导人非正式会议时宣布，关于南中国海问题，我们主张与有关国家通过双边谈判，寻求和平解决。⑤

经过我国的一再努力，这一政策赢得了一定的支持，由一家"独唱"一定程度上变成了"合唱"。例如，1992 年 7 月，东盟第 25 届外长会议通过《东盟

① 我国作为主权享有者许可争议者与我"共同得利"，是把我们自己赢得的利分割给争议者。对我国来说这是一种牺牲。争议者如果承认这一点，它必然乐于接受我方的共同开发主张。但这一判断不排除有的国家不接受我国的主张。因为有的国家可能不愿意与我"共同得利"，而是妄想独霸开发之利。

② 最初这个思路是在 1978 年邓小平同志访问日本时由邓小平同志提出的。起初的提法就是把钓鱼岛的问题先"放一下"（参见张良福：《中国与邻国海洋划界争端问题》，海洋出版社 2006 年版，第 281 页）。

③ 邓小平：《邓小平文选》（第三卷），人民出版社 1993 年版，第 49 页。

④ 《人民日报》1988 年 5 月 13 日。

⑤ 《江主席在雅加达同八国领导人会晤》，载《人民日报》1994 年 11 月 15 日。

关于南中国海宣言》（以下简称《宣言》）。该《宣言》呼吁有关国家"保持克制"，"通过和平手段，而不是诉诸武力"去解决争端。《宣言》还就南中国海的航海及通讯安全、海上环境保护、对付海盗和毒品走私等问题表达了与会各国的共识。再如，在2002年11月于金边举行的东盟与中国"10＋1"会议签署了《南海各方行为宣言》。[①] 签署宣言的各方一致认为"中国和东盟有必要促进南海地区和平、友好与和谐的环境"，"希望为和平与永久解决有关国家间的分歧和争议创造有利条件"[②]。为此各方承诺"根据公认的国际法原则，包括1982年《联合国海洋法公约》，由直接有关的主权国家通过友好磋商和谈判，以和平方式解决它们的领土和管辖权争议，而不诉诸武力或以武力相威胁"[③]；"保持自我克制，不采取使争议复杂化、扩大化和影响和平与稳定的行动，包括不在现无人居住的岛、礁、滩、沙或其他自然构造上采取居住的行动，并以建设性的方式处理它们的分歧"[④]；"在全面和永久解决争议之前"可以在"①海洋环保；②海洋科学研究；③海上航行和交通安全；④搜寻与救助；⑤打击跨国犯罪，包括但不限于打击毒品走私、海盗和海上武装抢劫以及军火走私"等领域"探讨或开展合作"[⑤]。2005年3月，中国、菲律宾和越南的3家石油公司在马尼拉签署了《在南中国海协议区三方联合海洋地震工作协议》。不管依据该协议实施的"三方联合海洋地震工作"取得的实际效果如何，[⑥] 它都是对"搁置争议，共同开发"主张的重要实践，都足以说明在存在主权争议的前提下有关各方可以避开争议开展"共同开发"[⑦]。又如，2008年6月18日，中日双方通过平等协商，就东中国海问题达成原则共识。双方同意以由"①北纬29°31′，东经125°53′30″；②北纬29°49′，东经125°53′30″；③北纬30°04′，东经126°03′45″；④北纬30°00′，东经126°10′23″；⑤北纬30°00′，东经126°20′00″；⑥北纬29°55′，东经126°26′00″；⑦北纬29°31′，东经126°26′00″"等"各坐标点顺序连线围成的区域为双方共同开发区块"，"双方经过联合勘探，本着互惠原则，在上述区块中选择双方一致同意的地点进行共同开发"。"双方将努力为实施上述开发履行各自的国

---

① 该《宣言》此后也为有关各方所遵守。例如，2005年4月25日签署的《中华人民共和国与印度尼西亚共和国关于建立战略伙伴关系的联合宣言》第七条承诺"推动落实《南海各方行为宣言》，使南中国海成为合作平台和友谊桥梁"。

② 《南海各方行为宣言·序言》。

③ 《南海各方行为宣言》第四条。

④ 《南海各方行为宣言》第五条。

⑤ 《南海各方行为宣言》第六条。

⑥ 据于文金先生说，3家公司约定要在一个总面积为14.3万km²的协议区内研究评估石油资源状况（参见于文金：《南海开发与中国能源安全问题研究》，载《地域研究与开发》2007年第2期，第9页）。

⑦ 季国兴先生曾做出"共同开发并非绝不可能"的判断（参见季国兴：《解决海域管辖争议的应对策略》，载《上海交通大学学报》2006年第1期）。事实证明，在季先生的论文发表时，他的推断就应验了。

内手续，尽快达成必要的双边协议"。双方还同意"为尽早实现在东海其他海域的共同开发继续磋商"。此外，双方还达成了关于日本法人依照中国法律参加春晓油气田开发的谅解。内容包括"中国企业欢迎日本法人按照中国对外合作开采海洋石油资源的有关法律，参加对春晓现有油气田的开发。中日两国政府对此予以确认，并努力就进行必要的换文达成一致，尽早缔结。双方为此履行必要的国内手续。"① 这是事例更是在搁置争议的前提下可以实现共同开发。

三、交远

交远是在海洋事务上处理与非邻国之间关系的战略。这里的"远"指我国海洋邻国之外的所有国家和地区，而"交远"就是与这所有的国家，尤其是沿海国家建立友好关系，与它们开展政治、经济、文化、体育、社会等各方面的交流与合作，与它们一起建设和谐海洋，享受和谐海洋给经济社会发展、国际交流合作等带来的好处。

如果说我国与邻国间的岛屿和海域纠纷对我国建立与周边国家的友好关系具有不容忽视的消极影响，那么，我国与"远"国之间没有这样的障碍。虽然说意识形态的差异曾经影响了我国"入关"、加入 WTO 的进程，对我国在经济贸易文化体育等方面融入世界也产生了消极的影响，那么，实行改革开放政策以来我国在国际市场、赛场等之上的良好表现已经使这种消极的影响大大减弱。中华民族勤劳、勇敢、善良、爱好和平等优秀品质和我国悠久的历史文化传统等的展示使以往帝国主义国家所做的关于我国的歪曲宣传不攻自破。经过此前 30 多年的努力，我们已经让"中国制造"走遍世界、享誉世界。在当代世界的主题写作"和平、发展、合作"的今天，只要秉持"建设和谐海洋"的信念，我们就可以让我们的船舶走遍世界所有的航线，光顾世界上所有的港口，把我们的产品送往世界的各个角落，把世界上所有有利于满足我国人民日益增长的物质文化需要的优秀产品和其他成果运回我们的大陆、海岛，帮助世界各地的企业、政府把

---

① 新华社北京 2008 年 6 月 18 日电："外交部发言人姜瑜 18 日就中日就东海问题达成原则共识发表谈话"。谈话全文如下："中日双方经过认真磋商，同意在实现有关海域划界前的过渡期间，在不损害双方各自法律立场的情况下进行合作，在东海选定适当的区域迈出共同开发第一步。""中日此次就东海问题达成原则共识并就共同开发第一步达成谅解，是双方为落实两国领导人关于使东海成为和平、合作、友好之海的重要共识而采取的重要步骤，也是双方本着求同存异的精神，通过平等协商达成的互利双赢的成果。上述成果的取得，有利于东海的和平与稳定，有利于中日加强在能源等领域的互利合作，有利于中日关系的健康稳定发展，符合两国和两国人民的根本利益。"

它们需要的货物送达它们需要送到的地方。[①]

交远显然不只是做生意，不只是为了发展海运业。如果说我国的国家形象曾经被帝国主义国家浇满污垢，经过几十年的努力也没有完全清洗干净，那么，我们的清洗努力还需要继续，而与外国直接交往是洗刷污垢也包括洗刷殖民地时代蒙受的民族耻辱的最有效的办法。与世界交往，让世界了解，就可以成为世界的朋友。不去交往，不让世界了解，世界只好接受由帝国主义国家歪曲宣传所造成的"先入之见"。不仅政府要与世界交往，企业、学校、交响乐团等要与世界交往，而且军队，尤其是海军也要更多地走出去。与人"老死不相往来"就容易让人产生陌生感，在客观上就容易造成类似"对峙"的局面。

和谐海洋的标志之一是良好的海洋秩序（见本章第一节），而良好的海洋秩序不会自动形成。它一定需要许多国家参与建设才能形成。今天，虽然我们的船队也在世界上许多港口进出，我们的产品和我们需要的货物也源源不断地通过海路送进国内或运送到世界各地，但我们不能仅凭这一点就说国际海洋秩序已经十分良好。例如，刘中民教授提到的"资源分配的问题"、"如何圈占或防止他人圈占全球公地的问题"[②] 等"海洋政治""中心"议题[③]都暗含了对建立海洋秩序或优化海洋秩序的需要。国际海洋秩序不是我们自己宣布的，它必须通过国际社会的共同努力来形成或改善。我们需要做的是积极参与国际规则的设计和调整，与国际社会一道努力填补国际海洋秩序的空白，改变那些不公平、不合理的国际规则，使国际海洋秩序更有利于实现海洋和谐。

有效参与国际规则制定或修改的途径之一是走进国际组织，在国际组织中发挥领导作用或在国际组织中形成较大的影响力。"复合相互依赖"论的持论者罗伯特·基欧汉和约瑟夫·奈提醒我们，"多种联系渠道的存在使我们可以预期，国际组织将在国际政治中起一种新的重要作用"。国际组织的优势之一是"特别有助于国际议题的确定"，再一个优势是有可能"成为联盟产生的催化剂"以及"弱国提出政治主张和推行联系政策的场所"[④]。按照他们的判断，想对国际事务（包括对国际海洋秩序的形成和改善）发挥更大的影响，就应该积极参与国际组织，更好地利用国际组织所独具的那些优势。

罗伯特·基欧汉和约瑟夫·奈所说的国际组织的优势是一般国际组织的优势，而没有限定为由特定的某个国家发起的国际组织。这个判断包含着这样的思

---

① 这一目标与我们提出的"战略产业扶持战略"是一致。关于"战略产业扶持战略"可参见本书第八章。

② 刘中民：《复合相互依赖论和海洋政治研究》，载《太平洋学报》2004 年第 7 期，第 95 页。

③ 刘中民：《复合相互依赖论和海洋政治研究》，载《太平洋学报》2004 年第 7 期，第 93 页。

④ 刘中民：《复合相互依赖论和海洋政治研究》，载《太平洋学报》2004 年第 7 期，第 91 页。

想，即我们要用来影响国际海洋秩序形成和改善的国际组织不必一定是我们加入进去的，它或它们也可以是我国发起的或我国与其他国家一起发起或建立的。罗伯特·基欧汉和约瑟夫·奈在分析国际组织的优势时还指出一个客观情况，即在从 1945 年到他们写作其论文的期间，"与海洋问题领域有关的国际组织的数目增加了近 3 倍"，"在海洋问题领域中，国际组织的多边联系"也"不断增加"①。这提醒我们，参与国际事务的处理，寻求在国际秩序的优化中传达我国的意愿，不能仅靠政府参与这一种形式，甚至不能主要靠这种形式。反过来说，我国政府，我国的石油、航空、森林等业界，渔民和环保主义者、航海运动爱好者等，应该以世界主人翁的姿态积极建设或参与建设社会组织，并在国际海洋事务中发出自己的声音。

四、抑霸

当今的世界需要和谐，我国海洋事业的全面推进也需要和谐，而美国的海洋霸权是当今世界的，也是国际海洋事务中的最不和谐的因素。《海洋法公约》的产生过程就可以说明这一点。当百余个国家都对《公约》表示赞同，期待由《公约》构建起崭新的国际海洋新秩序的时候，美国作为《公约》起草、讨论的参加国却拒绝签署《公约》。到 2012 年，《公约》已经通过 30 年了，美国还游离在《公约》之外，不愿接受《公约》的约束。这与美国参与《联合国全球气候变化框架公约》的制定却拒不参加作为执行《框架公约》的最重要法律文件的《京都议定书》，不愿承担《议定书》将要加给它的减少温室气体排放的义务一样。因为它是超级大国，所以它可以不顾及其他国家的愿望和要求，只要不是对其十分有利就坚决不干。因为它是霸权国家，所以它希望它做的一切事情都一定能给它带来好处，而且是超出"寻常份额"②的好处。这样的霸权逻辑必然会导致世界的不和谐——即使全世界都要做，因为不能给美国带来超出"寻常份额"的好处，美国也拒绝做，而且阻挠其他国家去做。

怎样才能克服美国这个不和谐因素对世界的消极影响呢？沈骥如先生谈道："21 世纪所需要的国际新秩序，不是要寻找一个替换美国的新超级大国，不是要形成一个新霸权国家，而是要把美国从世界霸主的宝座上'请'下来，建立一个没有霸主的、平等协商的民主和谐的新的国际秩序，使周而复始的一个个大国

---

① 刘中民：《复合相互依赖论和海洋政治研究》，载《太平洋学报》2004 年第 7 期，第 96 页。
② 此语出自马汉的《海权论》。美国政府是马汉"海权论"的忠实践行者。直到今天，美国依然奉行着一定要"多吃多占"的霸权逻辑。

称霸的时代成为历史。"① 沈先生提出的是一个一了百了的办法——没有了霸权国家也就没有了霸权对建立"国际新秩序"的阻挠。然而，美国不太情愿吃"请"，世界各国很难"把美国从世界霸主的宝座上'请'下来"。我们现在能做的不是除霸，而是抑霸。

作为世界大国同时也是海洋大国的我国应该在抑制美国霸权上发挥积极作用。而抑霸的最简单易行的办法就是表达自己，积极影响世界。作为反对霸权主义的国家，我国对世界的影响的加大就意味着霸权国家影响的降低。张海文先生曾谈道："中国……签订了国际上包括《联合国海洋法公约》在内的很多涉海国际公约，所以中国……有义务在国际上共同维护海洋的秩序和安全。"一方面，"我们不去首先破坏公约"；另一方面就是"维护这些公约"，"遏制"其他国家"危害海洋的行为"②。从这段话中我们能体会到张先生希望我国政府有所作为的强烈愿望。

国际联合是抑制强权的有效方法。如果说《海洋法公约》的诞生就是弱国联合达成的一份代表大多数国家利益的国际法律文件，那么，我国为赢得海洋和谐而与其他国家的团结一致必将对遏制霸权国家的专横发挥新的作用。美国之所以拥有霸权，一方面是因为它拥有强大的军事力量、经济力量等，另一方面则是因为它把其他一些国家和地区也捆绑在它的战车上。根据这种情况，遏制美国霸权的另一个办法是拆解它的战车。比如，如果韩国、日本、菲律宾等地都不再是美军基地，都不再允许美军驻扎，美帝国主义在东亚地区的影响就会削弱，其干涉东亚事务的能力就会大大降低。

作为联合国安理会常任理事国，抑制美国霸权也有我国自己的"杀手锏"，那就是大国否决权。在重大海洋事务的处理上，如果美国想把自己的意志强加给世界各国，我国就可以行使否决权。也许这样做会对中美关系产生不利的影响，但这样做的影响远远小于在海洋上真刀真枪的交锋。

第三节　海洋安全

海洋安全在我国是一种极易被理解的状态或情形，因为我们国家在历史上所遭遇的殖民地半殖民地灾难可以帮助人们获得有关海洋安全的注释资料。学者们

---

① 沈骥如：《21世纪中国国际战略"路线图"》，载《社会科学报》2010年3月4日。
② 张海文：《国家层面推进海洋管治》，载《21世纪商业评论》2005年第4期，第142页。

认为，"从本质上说，安全是主体利益没有危险的客观状态"，"国家安全是指国家利益没有危险的客观状态"[①]。按照这一解说，海洋安全则是国家的海洋利益没有危险的客观状态。不过，我们这里所讨论的海洋安全中的国家海洋利益指的是作为国际关系主体的国家的利益，而"危险"则来自另外的国际关系主体。国内法中侵犯国家利益的犯罪所可能引起的国家利益不安全不属于本书探讨的范围。

我国的国家海洋安全战略需要对海防安全、海洋通道安全和能源供应安全、海洋环境安全做出安排。

一、海防安全

海防安全曾经被当做实现国土安全或国疆安全的措施。[②] 与海防相对应的是陆防，与海防安全相对应的是陆防安全（当然，人们也可以由此推演出空防安全）。这样的海防概念显然已经落后了，因为海洋早已不再是家门外的可据以防卫的壕堑，而是自家的领海，在领海之外还有自己的大陆架、专属经济区。这部分海域虽然不像陆地国土那样清晰地竖立着国家界碑，但它们也是国家在自然地理上的组成部分，是国家的政治机构需要保护的对象。同陆地国土一样，只有这些海域都在政权的控制之下或管辖之下，才实现了"领土"完整。如果说历史上的海防安全是要保证本国陆地国土不受侵犯，那么，今天我们讨论的海洋安全所要求的"没有危险的客观状态"首先指向领海等有关海域（我们可以笼统地称之为国家管辖海域，下同），而不是陆地。陈晓幸先生的观点从一个层面说明了海防安全所涉及的防卫区域的扩大。陈先生的核心思想是沿海地区所具有的重要的经济地位。陈先生认为"沿海地区举足轻重的经济地位"使得沿海地区成为国家的重要海洋利益。"沿海地区的经济发展必然呼唤建立新的海防体系，希冀强有力的海防力量能保护和推动自己不断地开拓。"[③] 其实，国家之所以需要扩大防卫区域，主要还不是因为沿海地区的经济发展取得了"举足轻重"的地位，而是因为一个国家的内海、领海、专属经济区和大陆架及其上覆水域是这个国家的"海洋生存空间"[④]。就像陆地国土不因其是富庶还是贫瘠都一样得到政

---

① 吴慧：《当前我国海洋安全形势及建议》，载《国际关系学院学报》2010 年第 5 期，第 48 页。

② 也就是吴慧先生所说的把海洋当成"领土安全的屏障"从"海上维护国家陆地领土安全"（参见吴慧：《当前我国海洋安全形势及建议》，载《国际关系学院学报》2010 年第 5 期，第 48 页）。

③ 陈晓幸：《沿海地区经济发展对海防的新要求》，载《军事经济研究》1989 年第 7 期，第 39 页。

④ 刘中民：《国际海洋形势变革背景下的中国海洋安全战略——一种框架性的研究》，载《国际观察》2011 年第 3 期，第 1 页。

权的忠实维护一样，海洋生存空间，在国家安全的意义上，并不因在其上的经济活动是否活跃等而提高或降低价值。

从历史上以海为堑的海防到今天的国家管辖海域安全，虽然"安全"所关照的区域扩大了，从仅仅是陆地疆土扩展到国家管辖海域，但两者的本质都是一样的，即都是"国土"安全。在这个意义上，我们把可以海洋安全还称为海防安全。这种安全面临的危险主要是擅自闯入国家管辖海域、在没有国际法依据和主权国家许可的情况下在国家管辖海域从事各种活动、阻挠主权国家依国际法和本国法执行职务的活动等。①

今天的海防安全比历史上的海防安全更难以界定，也更难以实现。首先，今天的海疆之外再也没有"壕堑"可供设防。其次，安全威胁不再只是明火执仗的军事进犯或寇扰。对这种海洋安全，危险可以随时来临，而危险的制造者可以不费气力地把管辖国家陷入事实上的危险之中。因为即使是"明火执仗"地把军舰开进某国的管辖海域也不需要经过"过五关斩六将"的过程。如果再把远程武器的普遍采用考虑进去，我们便不能不说很多国家其实都早已深陷危险之中。对这种海洋安全，危险常常都可以在合法的旗号掩护下发生，制造危险的一方常常都可以从法律的"模糊地带"为自己的侵犯行为找到借口。

根据海洋安全的新特点，我们的海洋安全战略必须做不同于历史上的海防的安排。对于来自军事进攻的危险，我们应该在战略上做以下调整：第一，把军事防御改变为军事加外交防御。外交"防御"的主要功能在于不让潜在的危险变成实际发生的危险。比如阻止那足以摧毁管辖国家目标的导弹向目标国家发射。第二，必须加大防御纵深。沿岸设防、入海河口设炮台之类的办法对于今天的海洋安全威胁肯定是无济于事了。袭扰一旦实际地发生在管辖海域，危险便已经发生。第三，把防御改变为以攻为守。"攻"不必是实际的进攻，而是造成足以对可能的危险制造者构成致命打击的态势。教育部东北亚重点研究基地吉林大学东北亚研究院的专家在谈道东北亚地区的稳定、繁荣与政治的关系时提出："在处理同周边国家的关系上，要花大力气建立各国之间能够相互制约的安全机制，只有建立起这种机制，东北亚地区的政治局势才能保持长久稳定"②。这个观点同样也适用于我们的抑霸战略。要知道，越是对付强大的对手，越需要打出去，越不能收回来守。这是因为强大的国家更关心的不是战胜对手，而是自身免受伤

---

① 我们把海洋安全定义为国土安全，不同意把所有"海洋权益、海洋开发利用活动不受到侵害或遭遇危险"都看做是海洋安全的看法，也不同意把对海洋安全的威胁放到不加限制的"来自海上的威胁"（参见吴慧：《当前我国海洋安全形势及建议》，载《国际关系学院学报》2010年第5期，第49页）的看法。

② 刘清才、高科：《东北亚地缘政治与中国地缘战略》，天津人民出版社2007年版，第26~27页。

害。曹文振教授主张实施"全球安全"战略。[①] 他的主张最大的合理性也在于让霸权国家因丢不起坛坛罐罐而不敢轻举妄动。

对于来自非军事力量的危险，我们常常不太重视。这大概是因为这种危险不会产生硝烟，不会造成"山河破碎"。但是，这种危险却比军事进攻更容易给管辖国家造成实际危害。因此，对这种危险我们更应该从战略的高度加以重视。对付这种危险主要靠海洋行政执法力量。从目前情况来看，我国的海上执法力量不足以有效防止海洋危险的发生和降临（参见本书第十一章）。

二、海洋通道安全和能源供应安全

海防战略要完成的使命是"保障国家的海洋生存空间"[②]。不管是内海、领海还是专属经济区和大陆架都可以说是"国家的海洋生存空间"。在国家可控的"海洋生存空间"之外，也就是在本书所称的国家管辖海域之外，我国还有很多海洋利益。从本书的研究需要来看，足以构成国家安全问题的是海洋通道和海外能源输入。海洋通道是国家对外交流的咽喉，所以海洋通道安全是国家在海外的最大国家利益，至少是重大国家利益。海外能源输入解决的是国家能源供应问题，海外能源能否顺畅地输入直接关系到国家的能源安全。所以，我们也有理由把海外能源输入问题上升到国家能源供应安全的高度。海洋通道安全和能源供应安全两者是紧密联系的，因为海外能源输入主要是经过海洋通道来实现的。所以，海洋通道安全同时也可以说就是能源供应安全。

曹文振教授对通道安全重要性的分析恰好说明了海洋通道安全与能源供应安全之间的联系。他说："在全球化时代，国际贸易仍然是通过陆地、海上和空中通道实现的"。比如，"日本能源供应的90%是通过中国南海运输的，美国40%的国际贸易是通过海上运输的。因此海洋通道的安全与稳定对国际贸易和世界经济的发展是至关重要的。全球化并没有使国家摆脱地理因素的影响"。"正像历史上的大国一样"，现在的大国"仍然必须保护、控制和巡视重要国际交通要道[③]。曹先生的推断早已被证实。根据程铭先生的研究，"20世纪90年代以后，日本的海洋战略中不再单纯以通商贸易为指向，而是更多地加进了确保和支

---

① 曹文振：《全球化时代的中美海洋地缘政治与战略》，载《太平洋学报》2010年第12期，第49页。

② 刘中民：《国际海洋形势变革背景下的中国海洋安全战略———一种框架性的研究》，载《国际观察》2011年第3期，第1页。

③ 曹文振：《全球化时代的中美海洋地缘政治与战略》，载《太平洋学报》2010年第12期，第46页。

配海上航路的防卫课题"①。日本在 90 年代以后便开始关注"确保和支配海上航路的防卫课题"。我国也早就应该关注这个课题，今天则更应该把对这个课题的关注放在国家战略的高度来对待。袁和平先生根据"对国际能源等资源型商品的依赖程度增加，大量商品出口海外"的情况，称我国已经进入"依赖海洋通道的外向型经济""状态"。对处于这种发展"状态"的国家来说，海洋通道无疑已经成为"海上生命线"②。

海洋通道安全，也就是使海洋通道处于"没有危险的客观状态"是难以保证的，除非像美国那样把巴拿马运河置于自己的控制之下。我们不可以效仿美国，当今时代也不应推崇美国那样的海洋安全战略。为实现通道安全，我国应当与海峡所在国建立和保持良好的外交关系，积极参与各用于国际通行海峡的维护与管理，包括参与海峡及附近航线上打击海盗的行动。

此外，江泽民同志提出的"海洋合作安全"③ 以及前述曹文振教授主张的"全球安全"都是解决海洋通道安全以及广泛意义上的国家海洋安全的好办法。江泽民同志的"海洋合作安全"观建立在这样的基础性判断之上，即"海洋安全问题不是哪一个国家可以单独解决的"，"国家海洋安全与国际海洋安全是统一的"。既然"任何国家"都无法单独实现海洋安全，那些想寻求海洋安全的国家便只好"开展国际合作"，把本国海洋安全的实现与"国际海洋安全""统一"④ 起来。

三、海洋环境安全

本书所说的海洋环境安全主要是指易受人为因素引起的或以人为因素为主引起的污染、生物多样性破坏和海岸侵蚀等危害的环境状态。反过来说，本书所说的海洋环境安全的主要威胁来自由人为因素引起的或以人为因素为主引起的污染、生物多样性破坏和海岸侵蚀。海洋环境安全在海洋安全分类中属于非传统安全。刘中民先生曾对海洋非传统安全做过系统的表述。他认为，"海洋领域的非传统安全威胁主要包括：首先，地震、海啸、台风、风暴潮、赤潮等海洋自然灾害无疑是最典型的海洋领域的非传统安全威胁。……其次，海盗、海上恐怖势力泛滥，已经成为威胁全球安全的国际公害。第三，部分濒海国家面临海平面上升

① 程铭：《从地缘政治角度看日本的海洋国家战略构想》，载《长春教育学院学报》2011 年第 1 期，第 14 页。

② 袁和平：《中国海洋权益和战略安全呼唤航母》，载《国防科技工业》2011 年第 6 期，第 61 页。

③④ 刘永路：《江泽民新海洋安全观的理论新贡献》，载《政工学刊》2006 年第 2 期，第 15 页。

侵吞国土的严峻威胁。第四，海洋环境污染和生态系统危机不断加剧造成全球公害。"① 本书所说的海洋环境安全包括刘先生所列的第四种情况和第一种情况中的"赤潮"，因为在当代发生赤潮的根本原因还在于海洋环境污染。刘先生所列第三种情况，即"海平面上升"淹没国土也属于"以人为因素为主引起的"的环境问题，但考虑到这类环境问题的来源主要不是海上活动，从而也是海洋事业无能为力的一个领域，所以本书没有把它列为海洋环境安全威胁，在我们的海洋安全战略安排中没有涉及这一威胁。

多年来我国的海洋环境安全始终处于被严重威胁的状态之下，而最大的威胁因素是海上溢油。近年发生在天津近海的"塔斯曼海"轮溢油事件和新近发生的蓬莱 19 - 3 油气田溢油就是其中的显例。

2002 年 11 月 23 日，马耳他籍油轮"塔斯曼海"（Tasman Sea）轮与中国大连"凯顺一号"轮在天津大沽口东部海域约 23 海里处发生碰撞。"塔轮"所载 205.924 吨文莱轻质原油大量泄漏。监测结果表明，受溢油事故影响海域面积达 359.6 平方公里，沉积物中油类含量高于正常值 8.1 倍，原油泄漏使作为海洋渔业资源重要产卵场、索饵场和肥育场的渤海湾西岸的海洋生态环境遭受严重破坏。事发后的诉讼可以在一定程度上反映此次溢油的危害。天津市海洋局代表国家向被告提出的索赔要求包括，海洋环境容量损失 3 600 万元、海洋生态服务功能损失 738.17 万元、海洋沉积物恢复费用 2 614 万元、潮滩生物环境恢复费用 1 306 万元、浮游植物恢复费用 60.84 万元、游泳动物恢复费用 938.09 万元、生物治理研究费用和监测评估费等 579.8 万元，共计 9 836.9 万元；天津市渔政渔港监督管理处代表国家向被告提起索赔渔业资源损失人民币 1 782.8 万元；天津市塘沽区大沽渔民协会等代表 1 490 户渔民、河北省滦南县渔民协会代表 921 户渔民和 15 户养殖户、天津市塘沽区北塘渔民协会代表 433 户渔民、大沽渔民协会代表当地 236 户渔民以及汉沽地区 256 户渔民和养殖户向被告提起索赔渔业损害约 7 228 万元。②

2011 年 6 月 4 日和 6 月 17 日，中国最大的海上油气田——蓬莱 19 - 3 海上油气田的 B 平台和 C 平台先后发现漏油。到 7 月 5 日，国家海洋局召开新闻发布会时，此次溢油单日最大分布面积达到 158 平方公里，油田附近海域海水石油类平均浓度超过历史背景值的 40.5 倍，最高浓度达到历史背景值的 86.4 倍，已造成劣四类海水面积 840 平方公里。到 8 月 30 日，国家海洋局发布的《应对蓬

---

① 刘中民：《国际海洋形势变革背景下的中国海洋安全战略——一种框架性的研究》，载《国际观察》2011 年第 3 期，第 3 页。

② 参见徐祥民等：《海上溢油生态损害赔偿的法律与技术研究》，海洋出版社 2009 年版，第 1 ~ 3 页。

莱 19－3 油田溢油事故纪实》报告，此次溢油污染面积至少达到 5 500 平方公里，其中造成劣四类海水海域面积累计约 870 平方公里，溢油点附近海洋沉积物样品有油污附着，个别站点石油类含量达到历史背景值的 37.6 倍。这是多么巨大的危害呀！5 500 平方公里是我国最大的淡水湖青海湖的 1.2 倍（青海湖面积为 4 583 平方公里），是整个渤海面积的 7.16%。

　　一般认为，海洋生物多样性破坏的人为原因主要有四，包括污染、过度捕捞海洋生物、破坏生物栖息地和引进物种。如果说 20 世纪 90 年代，来自全球的大多数国家就已经认识到"一些人类活动正在导致生物多样性的严重减少"①，那么，现在，虽然仅仅过去了 20 年，"严重减少"的严重程度已经极大地提高，严重性加大的趋势更加明显。因而，生物多样性降低作为一种安全威胁亦愈发严重。比如，引进物种造成的物种入侵。在我国沿海地区引进的多种藤壶、海鞘、多毛类、沙筛贝（Mytilopsis sallei）、大米草等，都不同程度地排斥本地物种。这些生物的引进造成我国沿海地区生物多样性的破坏。

　　海岸侵蚀从物理上看是海水动力冲击造成的海岸线后退和海滩下蚀，而引发海岸侵蚀的人为因素主要有近岸矿产资源开采、滩涂围垦和岸上植被破坏、河流阻断或改变等。我国海岸侵蚀十分严重。据夏东兴先生等的研究，在 20 世纪末，约有 70% 的沙质海滩和大部分处于开阔水域的泥质潮滩受到侵蚀，而且岸滩侵蚀的范围和侵蚀速度都呈上升趋势。② 夏东兴先生预见的趋势已被证实。许多侵蚀个案让我们相信海岸侵蚀真的是一种现实的安全威胁。比如，2003 年监测结果表明，辽宁省营口市盖州鲅鱼圈岸段"20.9 公里的砂质岸段受蚀后退，海蚀陡坎平均高度 4.5 米，最高达 8 米；最大侵蚀宽度 3 米，年平均侵蚀宽度为 0.9 米。""该岸段的侵蚀导致道路遭到破坏，农田和防护林受到严重威胁。"③ 再如，2006 年对"山东省龙口至烟台岸段"的监测所证明的侵蚀："该岸段海岸线全长约 167.3 公里，2003 年 8 月至 2006 年 8 月，侵蚀的岸线约 35.6 公里，海岸侵蚀总面积 0.47 平方公里，累积最大侵蚀宽度 57 米；年最大侵蚀宽度 19 米；平均侵蚀宽度 13.1 米；年平均侵蚀宽度 4.4 米。""与 2003 年监测结果相比，海岸侵蚀长度增加 6.8 千米，侵蚀总面积增加 0.16 平方公里，年海岸侵蚀速度增加 3 米。"这是直接的侵蚀结果。海岸侵蚀导致的社会经济损失包括："部分海滨浴场、渔港和养殖设施破坏，沿岸农田和居民区受到威胁。"发布上述监测结果的《中国海洋环境质量公报》还分析了导致侵蚀的原因——"海滩和海底的海沙开采、海岸工程修建的不合理是海岸侵蚀的主要原因"。该《公报》还对导致包括

---

① 《生物多样性公约·序言》。
② 夏东兴：《中国岸滩侵蚀述要》，载《地理学报》1993 年第 5 期。
③ 《2003 年中国海洋环境质量公报》第六章。

"山东省龙口至烟台岸段"在内的各岸段侵蚀的原因做出一个总的推断："除监测岸断地质岩性相对脆弱、海平面上升和频繁风暴潮影响等自然因素外，海滩和海底采砂对海底自然平衡的破坏，海岸工程修建对环境动力条件的改变，以及上游泥沙拦截使得入海泥沙量的减少等人类活动是导致海岸侵蚀速率增加的主要原因。"①

应对海洋环境安全威胁的基本手段也就是国家保护海洋环境的那些手段。所以，海洋环境安全的战略措施和海洋环境保护战略的有关措施是一致的（关于海洋环境保护的战略可参阅本书第十三章）。

第四节 海洋权利和海洋利益

在如今的涉海研究话题中常能听到海洋权益这个说法。翻阅文献可以在最近的官方文件中找到它的渊源。比如，《中国海洋 21 世纪议程》就曾把"参与国际海洋立法，维护国家海洋权益"确立为"国际海洋立法"这个方案领域的"目标"之一。② 国家海洋局于 1998 年制定的"中国海洋政策"设专门章节论述"维护海洋权益基本政策"。该"政策"规定了"海域划界基本原则和政策"、"黄海海域划界基本政策"、"东海海域划界基本政策"、"南海海域划界基本政策"等。③ 无法考证是这些文件中的用法影响了知识界，还是知识界的一些作品影响了官方文件的起草者，此后海洋权益的提法便铺天盖地一般倾泻在报刊、互联网等媒体上。或许是因为权力和利益两者有密切的联系，且二者之间的某些差别也因它们之间的联系而变的"微不足道"，所以人们才乐于使用似乎既可以包容权力和利益二者的固有含义又兼有"相乘"效益的权益这个词汇。

然而，对权益一词的这一高效益的用法似乎不适于战略学研究。战略学研究不可避免地要讨论诸如战略目标、战略利益、战略部署等。如果研究者要为海洋权益战略做某些设计或思考，他必须先回答何谓权益，给权益一个明确的界定。如果战略利益和战略目标不明确，研究者便无法设计战略措施、战略力量配置等。

在现代海洋制度下，权利有两类，即法定权利和依传统享有的权利。其中法定权利包括主权、主权权利和管辖权等。比如，依照《海洋法公约》的规定，

---

① 《2006 年中国海洋环境质量公报》第八章。
② 国家海洋局：《中国海洋 21 世纪议程》第十章第九条。
③ 国家海洋局：《中国海洋政策》，海洋出版社 1998 年版，第 139～145 页。

"各国"享有"开发其自然资源的主权权利"①。而依传统享有的权利指其权利来源不是《海洋法公约》等国际法律文件，而是有关国际法律文件有所涉及的来源于历史传统、习惯以及其他客观事实的社会性权利或国际法律文件虽未涉及但有历史传统、习惯以及其他客观事实依据的社会性权利。《海洋法公约》第十条第六项规定的"历史性海湾"对有关国家来说就是传统权利。

利益是为了满足生存和发展而产生的对于一定对象的客观需求。作为利益的客观需求，有的已经表现在法律中，被法律明确界定或处在明确的法理的认同之下，有的则没有进入法制，或没有得到具体法律条款的专门指称和清晰的行为规范的圈定。《海洋法公约》第六十九条关于"内陆国"与"同一分区域或区域的沿海国"在"制订"内陆国参与有关区域"生物资源"开发的协定时需要考虑的情况之一，即"有关各国人民的营养需要"，是作为法律化的"内陆国的权利"的利益。在把海洋和谐说成是我国的重大利益时，这种利益是没有进入法制的利益。在国家管辖海域"建造和使用""人工岛屿、设施和结构"的"管辖权"归有管辖权的国家，而通过"建造和使用""人工岛屿、设施和结构"而可能获得的利益，尤其是当这种"建造和使用"的主体是非管辖国家时，也不是被法律明确"圈定"的利益。

我国的海洋战略既要实现和维护国际法上的法定权利，也要实现和维护历史上我国就已享有的传统权利；既要实现在国际法上有明确界定的利益，也要实现和维护虽无明确的法律界定但具有道德上的合理性的利益。

一、海洋权利行使和维护

我国的海洋权益研究者一般都把努力方向限定为维护。他们常用的"维权"一词充分反映了这种取向。② 然而，一般的权利论并不只关注对权利的维护，尽管这种维护是必要的，也是重要的。因为设定权利的初衷是让享有权利的人行使权利、享用权利。与一般的权利论相对照，我们的海洋权益论者是悲观的权利论者。

我国的海洋事业不能接受悲观的海洋权利论。所以，今天的海洋政治战略不只讨论海洋"维权"，而且把海洋权利的行使和实现作为更重要的内容。

---

① 《联合国海洋法公约》第一百九十三条。

② 我本人的研究也曾经取位于维护（参见于宜法：《中国海洋事业发展政策研究》，中国海洋大学出版社 2008 年版，第 111～112 页）。

（一）对无争议的海洋权利的行使与维护

我国研究者津津乐道的"海洋权益"，仅仅从海洋权利和海洋利益的种类上来看，其实只是其中很小的一部分，具体来说主要是其行使有障碍的那一部分权利。这类"权益"论所主张的权利是残缺的。只看这一点，我们就可以把这类议论称为残缺的海洋权益论。

我国的海洋权利，依照现行的海洋法，包括《海洋法公约》和《南极条约》等的规定，按照权利客体沿由陆地向海洋扩展的方向和海域由近及远展开的不同，可以分为管辖海域范围内的权利、公海和国际海底的权利、他国管辖海域的权利和极地区域的权利。纵贯不同海域的还有对于"用于国际通行的海峡"的权利等。这是一个庞大的权利体系，其中包括主要指向管辖海域的主权、主权权利和管辖权，主要指向公海的航行权、捕鱼权等，主要指向国际海底的分享"人类共同继承财产"的权利，主要指向他国管辖海域的航行自由和飞越自由等。在各国的海洋实践中，这个权利体系中的权利，除发生主权争议（下文详述）的情况外，最易受侵犯的权利是管辖权。我国海洋权益维护论者常常谈道的海洋维权就包括"维护"管辖权。比如，以科学研究为名进入我国专属经济区的船舶未取得我国主管部门的同意，就侵犯了我国对专属经济区内的"海洋科学研究"的"管辖权"[①]。

本章第三节提到的国家管辖海域安全与这里所说的管辖权受侵犯两者存在交叉关系。他国舰船擅自闯入本国管辖海域，从国家安全的角度来看，属于国土安全中的管辖海域安全问题；从国家对专属经济区等区域的管辖权的角度来看，属于海洋权利问题。上文还提到，对付擅自闯入我管辖海域给我国管辖海域带来危险的情况主要靠海洋行政执法力量。同样，维护我国海域管辖权的主要办法也是加强海洋行政执法。

（二）对存在争议岛屿、水域的权利行使和维护

我国与周边国家间既存在岛屿主权争议，也存在历史性水域争议。所以，我们既面临着对存在争议的岛屿主权及周边海域权利的恢复和维护的任务，又肩负着实现对历史性水域的权利的任务。

在我国，海洋权益或海洋维权的概念之所以被使用的频率极高，在很大程度上是由于在我国与海洋邻国之间存在岛屿主权争议。站在民族利益的立场上看，我国的国家权利遭到侵犯，中华民族面临着夺回权利的历史任务。

[①] 《联合国海洋法公约》第五十六条。

其实，我国岛屿主权问题远比一般议论文章所说的要复杂。首先，我国的岛屿主权同时遭遇到被侵占和被主张两类情形。所谓被侵占，就是原本属于我国的岛屿被他国以某种形式形成实际占有或控制（以下简称岛屿被占或岛屿被占情形，有关岛屿称被占岛屿）；所谓被主张，就是我国享有主权同时也由我国实际占有或未形成实际占有的岛屿，有他国声称对其享有主权（以下简称岛屿被污或岛屿被污情形，有关岛屿称被污岛屿）。其次，我国享有主权但未对其形成实际占有或控制的岛屿分两种情况，一种是被他国侵占，形成他国实际占有和控制；另一种是他国未对其形成实际占有和控制。南海岛屿中的一些屿、礁、沙等都处于这种状态。再次，我国与有关国家为被占岛屿和被污岛屿的主权争议都有两个方面的内容，一方面是作为露出海面的"陆地"的岛屿的主权；另一方面是被占岛屿和被污岛屿的大陆架和岛屿周围海域的主权和其他权利。

我国不仅对南中国海岛屿享有主权，而且对南中国海海域享有历史性权利。"九段线"以内的海域都是我国的历史性水域。我国对这些海域享有历史性权利。这一权利是在《海洋法公约》产生之前就已经存在的。它不以《海洋法公约》的认可为存在的条件，也未因《海洋法公约》的通过而被取消。在历史上，我国对这些海域享有的权利得到了周边国家的认可和许多文明国家的支持。《海洋法公约》没有对我国享有历史性权利做任何否定性规定。①

因为存在争议，所以我国便无法像对渤海、黄海近岸那样从容地行使各项权利。然而，争议是可以改变的，即使一时不能彻底改变。我们也不能因为争议的存在而放弃行使权利的要求，停止实现权利的努力。那么，如何处理这些存在争议的海洋权利呢？我们的方案是：

第一，坚决保卫对被污岛屿的权利。在历史上，由于殖民主义、帝国主义国家的侵略、干涉以及这种侵略、干涉对我国政治、经济和社会生活秩序等的破坏，对我国政府管理能力削弱，我国的一些岛屿被他国侵占，出现了岛屿被占的情形。今天，绝不允许这种情况的发生，绝不能允许再出现岛屿被占的情形。

我国应采取政治、经济、外交等手段，必要时也包括军事手段，对污称对我岛屿享有主权的国家予以有力的反击。

第二，实现对被占岛屿及相关水域权利的基本策略：主权在我，搁置争议，共同开发。

实现我国对争议岛屿及其周边海域的主权、主权权利和管辖权的最简便的办法是军事解决，但这种办法不符合我国和平解决国际争端的一贯原则。尽管这一

---

① 如果《海洋法公约》有否定历史性权利的规定，或许它就无法得到那么多国家的赞同获得通过。即使勉强得到通过，我国也同意签署这份《海洋法公约》，我国也会对这样的规定作出"保留"。

原则并不等于对武力解决方式的彻底放弃，但使用武力解决争议毕竟是最后的方案。

排除武力解决方案，也就排除了在短时期内彻底解决争议的可能性，因为占领者不会轻易放弃已经形成的占有。在这样的前提下，我国实现对争议岛屿和海域的主权和其他权利的基本策略是在坚持"主权在我"的基础上与相关国家"搁置争议"，实施"共同开发"，以实现岛屿、海域所具有的功能。

实施这一策略必须坚持以下"十六字方针"，即"明确海疆，主权在我，搁置争议，共同开发"。这一方针是要说明：其一，"归我"有理由。以往在与争议国家的交涉中，"共同开发"之所以没有取得太大进展，最重要的原因是有关国家不愿接受"主权在我"的事实。"明确海疆"就是要明确或宣示我国对有关岛屿、海域的主权和相关的管辖权。我国应以有关国家承认我"九段线"这一传统疆界线为开展其他合作的条件。其二，"搁置"有必要。我国不主张用武力解决岛屿和海域争议，但也没有放弃用使用武力的方式维护自己的岛屿或海域的主权，就像20世纪70、80年代曾经做过的那样。"搁置"是我们的建议，但不是我们的最终目标。我们最终是要寻求彻底解决的。之所以要"搁置"，一是面对现实，承认争议的复杂性；二是承认维持和平的必要性，避免兵戎相见。搁置争议不应成为我国单方的一种表态，而应成为我国外交出击的武器——直接目的是迫使争议对方接受搁置争议以避免矛盾激化的建议。三是"开发"有收益。如果争议双方不能搁置争议，不管是采取军事对峙，还是进行外交交涉，那么争议岛屿及其周边水域的任何开发活动都难以进行。也就是说，不搁置争议，必搁置岛屿。如果争议双方暂时搁置争议，对争议岛屿及其周边水域实施共同开发，则争议双方或多方可从开发中获益。

为了推进"共同开发"，我国必须采取强有力的商业、外交交涉与武装支持相结合的措施。商业交涉是要提供共同开发的途径、办法，商讨共同开发的利益分配方案。这一交涉的中心是选择共同开发方案。按照我国目前的职权分工，这一交涉应当由经济部门，比如矿产资源管理部门等来实施。外交交涉是要让争议对方相信争议（岛屿、海域主权）"归我"有理由，"搁置"（争议）有必要，（共同）"开发"有收益的我方判断，促使对方选择与我国一起（共同）开发争议岛屿及其周边海域和其他争议海域。武装支持不是用武力解决争议，而是用武力阻止对方单方开发，造成不搁置争议就搁置岛屿、不搁置争议必停止开发的局面，迫使争议对方接受共同开发的解决办法。从商业交涉，或商业性的交涉到外交交涉，再到武力支持是实现"搁置争议，共同开发"构想的三部曲。以往"搁置争议，共同开发"的解决办法之所以没有得到普遍采用，主要是我们的"三部曲"没有配合好。第一，我们并没有拿出真正行之有效的共同开发方案。

我们所说的"共同开发"更多的是口号，而不是共同开发的真实行动和胸有成竹的开发方案。这样，一方面影响了我国处理有关争端的重要政策的实施，另一方面则降低了我国外交政策的信誉。第二，我们并没有采取迫使争议对方接受共同开发方案的行动。如果不能形成不搁置争议就搁置岛屿的压力，就很难，甚至可以说就不可能让争议双方以争议岛屿或海域为基础展开开发上的合作。更直白一点说，既然占领或控制了我国岛屿的国家可以自行开发而不受我国的干涉，它们就没有必要也不可能主动寻找与我国合作的共同开发。第三，因为没有实施武力支持的行动甚至准备，所以，我国的外交交涉也一直都是比较温和的。外交交涉既不能告诉争议对方共同开发可以获得什么好处，也不能让它们相信不接受共同开发会遭遇什么坏处。

我们这里所设计的从商业交涉到外交交涉，再到武力支持的三部曲实际上是推进"搁置争议，共同开发"构想的三步走战略。这里的三步走战略是指：①积极提倡共同开发；②不准独自开发；③实现共同开发。其中"积极提倡共同开发"是出发点，"不准独自开发"是关键，而"实现共同开发"是争议对方不得已的选择。如果说我们期待第三步"实现共同开发"，那么，我们一定要清楚，这第三步是争议对方不得已才接受的。所以，能否走到这第三步，关键是要看能否让争议对方"不得已"。

搁置争议的前提是"主权在我"。我们不仅要说没有这个前提便没有"搁置争议，共同开发"构想；没有这个前提所谓"搁置争议，共同开发"就会变成空中楼阁；而且还要说这个前提越是强有力，"搁置争议，共同开发"构想付诸实施的可能性便越大。在以往的二十多年中，"搁置争议，共同开发"之所以渐渐变成了我国单方欣赏的外交口号，没有成为解决争议的有效办法，归根结底就在于我国没有使作为"搁置争议，共同开发"构思之前提的"主权在我"得到加强。

在对钓鱼岛主权争端问题上，为确保主权归我，我国应当采取以下措施：第一，不许日本在钓鱼岛上增修任何建筑、设施，两国协商共同建设的除外；第二，不许日本就钓鱼岛做买卖、租赁之类的处理；第三，除目前已有的活动外，日本不得在钓鱼岛开展新的活动，已有的活动种类也应逐步减少；第四，不准日本人登岛居住或领有钓鱼岛户籍；第五，在日本占领钓鱼岛的现状下，我国渔民和其他业主、民间组织可以利用钓鱼岛，或其中的一个或几个岛屿从事采集、避风等生产生活活动。

要在争议岛屿及周边海域强化"主权在我"，可以采取以下"武装支持"措施：第一，实行例行的执法巡航，在争议区域行使《海洋法公约》赋予管辖国家的各项权利；第二，不干涉此前已经形成的对有关岛屿的实际占有和控制以及与这种占有控制直接相关的岛上活动，但禁止除进出岛屿所必须的通航、靠泊外的一切开发利用岛屿及其周围海域的活动。

第三，实现和维护对历史性水域的权利。前已述及，我国在南中国海海域的海洋权利有两种不同的情况，一种是法定的权利，主要是以《海洋法公约》为依据的以拥有岛屿为前提的领海权、大陆架权利、专属经济区权利等；另一种是传统权利，主要是我国对历史性水域的权利。后一类权利在现行国际法中难以找到实现路径、行使程序之类的准据，所以，对它的主张和维护必须走另外的道路。我们主张实施以下战略安排：

第一，证成。所谓证成就是用证据证明我国对历史性水域享有权利的事实和逻辑。尽管南中国海是中国的海，但在有争议发生的今天，我们还是要有耐心去"证成"这个历史早已形成的结论。这是一个主要由三个环节构成的论证过程：第一，对事实的证明。即证明存在足以支持历史性权利形成的历史事实。第二，对合理性或合法性的证明，即论证前项被证明的历史事实产生历史性权利的合理性。第三，对权利内容、范围的论证。即阐明一个或一种有具体内容的权利，比如权利的客体、权利的内容等。

第二，持续。所谓持续是指历史性权利的持续状态或延续状态。历史性权利或传统权利应当是处于延续状态的权利，而不是历史上，比如汉唐时期，曾经存在的权利。我国先民有开发南中国海之功，经过一代又一代人的努力把南中国海建成了中华民族生存繁衍的家园。在后来的历史上，中华民族的子孙们世世代代都在这块海疆上生存发展，即使在遇到来自殖民主义者、帝国主义者和其他侵略者的侵略和干涉的时候。我们对有关海域开发利用的持续时间越长、这种持续越是强有力，越有利于促使国际社会接受我国的历史性权利。

我国对历史性权利的持续享有可以通过积极的海洋管理来实现。比如，我国已经建立并实施"海洋功能区划"制度，[①] 在已经制定的或拟制定的"海洋功能区划"中，把我国历史性海域纳入规划区。再如，我国已经建立并实施海域有偿使用制度，[②] 海洋管理部门可以对我国历史性海域中符合该法适用范围的或具有与该法规定的适用范围[③]有同等地位的海域实行有偿使用，即将使用权转让给

---

① 《中华人民共和国海洋环境保护法》第六条规定："国家海洋行政主管部门会同国务院有关部门和沿海省、自治区、直辖市人民政府拟定全国海洋功能区划，报国务院批准。""沿海地方各级人民政府应当根据全国和地方海洋功能区划，科学合理地使用海域。"

② 《中华人民共和国海域使用管理法》第三条规定："海域属于国家所有，国务院代表国家行使海域所有权。任何单位或者个人不得侵占、买卖或者以其他形式非法转让海域。""单位和个人使用海域，必须依法取得海域使用权。"

③ 《中华人民共和国海域使用管理法》第二条："本法所称海域，是指中华人民共和国内水、领海的水面、水体、海床和底土。"

申请使用有关海域的"单位或者个人"。

第三，说服。所谓说服是指对国际社会的说服。以《海洋法公约》为主体的国际海洋法律文件已经构建起一个相对完整的海洋权利体系。这是我们讨论历史性权利的法制背景。由于存在这一法制条件，今天的人们理解和处理海洋争议多倾向于从现行海洋法中找依据，没有耐心去挖掘历史依据。同时，在全球化时代，任何两国之间的纠纷都是，至少都可能是全世界普遍关心的事。我们主张对特定海域的历史性权利。这种主张要想变成一种现实的权利，必须让世界接受。如果仅仅把这种主张当做与邻国处理争议的一种说辞，那么，这一主张的说服力和影响力便会随着时间的推移而渐渐淡去。

第四，维护。所谓维护是指主权国家调动其力量支持本国公民、企业利用和保护有关海域，依据我们所主张的历史性权利在有关海域开展生产和生活。非常清楚，在国际海洋法制建设已经取得历史性进步的今天，历史性权利是几乎已被国际海洋法完全遗忘的权利。这种"被遗忘的权利"，只有主权国家积极争取才有可能获得国际社会的支持，进而结束被遗忘的历史，走进国际海洋法的制度体系之内。对这种权利，主权国家不主动维护就意味着放弃。这里所说的维护也包括主权国家主动采取行动维护历史性水域的自然条件和人工设施，保护这些水域的环境、生态等。

二、海洋利益实现

以往的海洋权益讨论关心的问题实际上是两类，即海洋权利问题和海洋利益问题；以往的海洋权益战略设计实际上也是设计了服务于海洋权利的战略和服务于海洋利益的战略。今天，我们也必须明确，我国既需要有自己的海洋权利战略，也需要有自己的海洋利益战略。不管是研究者还是国家和国家有关部门的领导者，都应该把海洋权利和海洋利益分开，尽管二者有联系；都应该建立海洋权利战略和海洋利益战略这两种战略的概念，尽管它们二者似乎无法区分开来。

从以下几个例子可以看出，我们在海洋权利之外存在着值得国家从战略高度加以关注的海洋利益，尽管这种海洋利益可能与海洋权利有某些联系。比如，巩建华先生对国家海洋利益的看法：

"一个国家的海洋利益既反映了该国家对海洋的需要，也反映了该国海洋生产力的发展水平，同时也反映了该国和特定国家间在海洋方面的生产关系。海洋利益需求取决于海洋利益的主体，海洋利益的实现则由海洋利益主体间的关系来决定，海洋利益主体间的关系既可能是共同利益关系，也可能是利益矛盾关系，至于国家主体间出现何种海洋利益关系，则由海洋利益主体——国家之间的互动情况来决定。"①

这里讨论的不是国家海洋权利，而是国家的海洋利益，而这海洋利益并不是与海洋权利共进退的利益。这种利益是国家"对海洋的需要"的"反映"。也就是说，如果国家对海洋没有需要，这个国家也便没有海洋利益。这种利益还是一国"海洋生产力的发展水平"的"反映"。这个判断大概包含这样的意思，即一定国家是否有能力从海洋获得利益，比如有没有能力或有多大能力利用公海享受航行自由。这种利益的实现虽然受制于"海洋利益主体"之间的关系，但作者所说的关系并不是一国的海洋权利是否被另一国侵犯，而是不同利益主体的利益是否一致，不同利益主体之间是否存在可以通过"互动"加以调整的"海洋利益关系"。

再如袁和平先生的论述：

"现在，我国对国际能源等资源型商品的依赖程度增加，大量商品出口海外，已进入'依赖海洋通道的外向型经济'状态。……而作为'外向型经济'国家，若要保持国内繁荣，首先必须在海外维持其力量、保护贸易通畅。从中国正在转型成现代海洋国家来看，领海和沿海资源的保护、海上生命线的保障、海外利益的维护，对潜在国际敌对势力的威慑等，这些实实在在的需要形成了我们对以航母为核心的远洋海军的呼唤。"②

他把利益点得很清楚："海洋通道"或者"海上生命线"提供的服务是巨大的利益，那需要"维护"的"海外利益"无疑是利益，而需要"保护"的"领海和沿海资源"对于已经"依赖""国际能源等资源型商品"的我国来说当然也是利益。他说的我国对"以航母为核心的远洋海军"的需要，他提出的"在海外维持"军事"力量"的要求等，都是为了这种利益，而不是海洋法或其他国际法律文件规定的某项权利。

又如，杨青先生主张"在战略伙伴关系的框架内解决南海争端"，而他所关心的利益也不是海洋权利。他说：

"中国在南海……有着重大的经济利益。在中国加速推进现代化的进程中，南海的丰富资源，尤其是油气资源，对中国这样一个逐步迈向工业化的大国来说，具有极其重要的作用和影响。然而，经济利益取舍也有一个两权相衡取其重的问题。中国和东盟在南海存在经济利益纷争，但在区域经济合作方面又有着重大的共同利益，这就需要我们作出必要的抉择。"③

他所说的利益可以直接具体化为"经济利益"，也就排除了再把它硬解释为

① 巩建华：《海洋政治分析框架及中国海洋政治战略变迁》，载《新东方》2011年第6期，第7页。
② 袁和平：《中国海洋权益和战略安全呼唤航母》，载《国防科技工业》2011年第6期，第61页。
③ 杨青：《正确认识和处理南海权益争端》，载《瞭望》2006年第3期，第39页。

海洋权利的可能性。而他在说"资源"、"油气资源"这种经济利益，这种对于"一个逐步迈向工业化的大国"来说无疑十分重要的利益时，他关心的是资源、油气资源这种具体的利益或利益载体，而不是取得资源、勘探或开采资源的权利。

以上几位研究者的论述给我们一个十分重要的启示，即我们在世界上并非只有权利，而是还有利益，对于权利来说具有相对独立性的利益；我国在国际海洋事务中不只有主张权利、实现权利的任务，而是还有取得海洋利益、分割海洋利益甚至创造海洋利益的任务。① 当注意到权利和利益可以适度分离这一情况之后，我们发现，权利是有限的，至少权利的种类是有限的，而利益却是无限的，至少某些利益可以是无限的。之所以存在这种有限与无限的关系，如果从海洋权利配置上找原因，或许是因为某些权利指向广袤的人类共有空间，那里存在无限多的利益。然而，我们无法把利益的无限性仅仅归功于海洋权利配置上的"人类共同体"倾向。里弼东先生注意到"由于经济的区域性和渗透性特点，任何国家都无法保持自己在经济上的绝对独立性"。② 在这个具有"区域性和渗透性"特点的经济环境中（放大到极限就是人们常说的"全球化"），任何一个国家都可以获得无限的利益，因为这个"环境"中包含着无限的利益。在具有"区域性和渗透性"特点的经济环境中，一个国家可以利用自己的对于全球来说仅仅是一个部分、一个枝节的经济行为获得无限的利益；在国际海洋环境中，一个国家可以从自己看起来可能微不足道的海洋权利出发获得无限的海洋利益。这就是研究者可以脱开海洋权利讨论海洋利益的理由，就是国家海洋利益作为独立的话题的价值之所在。如果说一些国家可以"把经济利益作为确定国家安全战略的最高准则"③，那么，我们似乎也可以把赢取海洋利益作为制定海洋政治战略的最高准则。

我国不仅要实现并维护本国的海洋权利，而且更要努力实现海洋利益。从战略上来看，后者其实更重要。我们以往较多地关注了"维权"，那是因为我国长期处于权利被侵犯而又无力行使、无力维护的状态。今天，我们依然面临着"维权"的任务，但这一任务显然不像以前那样急迫。我们今天更应该关注的是实现利益，从蕴含着"无限"的海洋里取得无限利益，从按照人类共同体的要求宣布为"国际通行的海峡"里运出无限利益，从具有"区域性和渗透性"的国际海洋事务领域获取无限利益，通过行使有限的海洋权利创造无限利益。以下

① 权利本来是主体的需要，甚至是强烈的需要。行使权利、主张权利绝不是执行任务，不是"迫不得已"而为。这里之所以使用"任务"这一概念，是因为以往的讨论没有穷尽我国享有的权利，海洋权利和海洋利益研究还应继续前进。在这个意义上说，这"任务"是认识上的任务、是权利识别的任务。

②③ 里弼东：《新时期海洋军事地理研究的特点》，载《海洋测绘》1998 年第 4 期，第 55 页。

5 点可以算作是我国海洋利益战略的点滴：

（一）实现海洋和谐是我国最大的海洋利益

建设和谐海洋是我国海洋政治战略的一般目标，也是我国的重大海洋利益，因为我们需要和平，因为我国比任何一个国家都更需要抓住目前的和平发展的战略机遇期。这一点，是我国执政党的重要文件、全国人民代表大会及其常务委员会的重要文件都反复申明的。

国家的一些战略目标，至少有的战略目标是不可以"广而告之"的，但我国建设和谐海洋这个战略目标却可以广泛宣传。国家的一些利益，至少有些利益往往在"只做不说"的状态下实现，而我国所需要的"实现海洋和谐"这个利益却既可以做又可以说。这是因为，我国要实现的这个利益笼统说来是世界各国共同的利益，是所有爱好和平的国家的共同利益。我国愿意与世界一道争取这样的利益，实现这样的利益。一些人、一些国家对我国的"和平崛起"心存疑虑，他（它）们担心崛起的中国会对某些国家造成某种威胁。这样的疑虑出自不了解中国与世界共享和平利益的必要性。只有和平才有中国的迅速崛起，才有中国全部战略目标的顺利实现。一些人（也包括我国的一些人）、一些国家，对我国能否实现"和平崛起"表示怀疑，因为他（它）们所见所闻的"崛起"者走的都不是和平的道路。存在这样的怀疑是因为一些人没有真正读懂我国与世界共享和平对于中国的意义，没有看清楚和平对于全球化时代的一个发展中大国的意义。我们的"实现海洋和谐"的利益也是与世界分享共同的利益，只要我们坚定地实施建设和谐海洋的政治战略，就一定能够与世界一起收获海洋和谐及海洋和谐带来的其他丰富的海洋利益。

上文提到，许多研究者、政治家都注意到马六甲海峡等重要海峡对于我国能源供应安全的意义。我们所说的海洋和谐包括海峡使用上的和谐。如果能确保海峡使用和谐，我国的能源安全问题就有了保障。这海洋和谐就是我国重大利益的一个例子。

（二）以充分行使权利实现应有的海洋利益

现代海洋秩序是以各国际法主体的权利为"本位"建立的权利义务体系。这个权利义务体系中的权利指向任何合法的海洋利益，也具有创造无限利益的法律功能。比如，《海洋法公约》奉行公海自由原则，允许各国为"和平目的"[①]

---

① 《联合国海洋法公约》第十八条。

而利用公海，赋予各国各种权利和自由，包括"航行权"①、"在大陆架以外的公海海底铺设海底电缆和管道"②、其国民"在公海上捕鱼"③ 等。我国应充分行使和确保我国公民行使《海洋法公约》赋予的权利和自由，积极参与公海和国际海底的开发和利用，通过这种积极的开发和利用活动获得我国所需要的资源和其他财富。

充分行使权利说起来很容易，因为人们总认为权利是权利主体天然喜欢的一种社会福利。然而，事实上权利的行使并不总是积极的，因为行使权利有时比"委曲求全"要艰难得多。为国家利益计，我们必须提倡主动行使权利，充分行使权利。比如，由图们江入海通行的权利就是我们享有但长期没有主张，从而也就长期没有进入"运行"状态的权利。我国应该尽快把这类"潜在的权利"变成运行着的权利，变成可以给国家、给我国的企业带来利益的国家权利。为早日实现入海权，我国可先从渔船等小型船舶，从旅游、科学考察等项目入海开始，逐步实现大吨位船舶的进出。为提高图们江的通航能力，我国应就疏浚河道，修建码头，改建或拆除碍航桥梁、设施等问题，与俄罗斯、朝鲜尽快达成协议。④

再比如，在海洋管理上，《海洋法公约》赋予沿海国诸如"登临权"、"紧追权"等权利。这些权利对于维护管辖国家的海洋利益都是十分有意义的。但在实践中，我国海洋执法机关，也就是我们国家，很少行使这样的权利。我国的海洋利益有可能就由于行使权利上的怠惰而丧失或受损。我国应尽快把法律赋予的权利用起来，让权利势能发挥作用，产生功效。

如果能够得到"实现海洋和谐"这个利益，再加上对各项海洋权利的充分行使，便可确保我国获得丰硕的海洋利益。剩下的便是如何克服利益创造和利益实现过程中的诸如海盗抢劫之类的障碍了。

（三）积极参与护航等活动，确保我国利益不受损害

包括海盗、海啸等自然灾害在内的海洋非传统安全威胁对正常的海上生产生活已经造成了或造成过严重影响，对我国海洋利益也已构成严重威胁。为了实现我国的海洋利益，我国应主动实施护航或参加联合护航等行动，积极参加应对海

---

① 《联合国海洋法公约》第九十条。

② 《联合国海洋法公约》第一百一十二条。

③ 《联合国海洋法公约》第一百一十六条。

④ 出海权同样也是蕴藏着无限利益的权利。几年前本书作者提出海洋权益"十大政策"时就谈道，"我国中央政府、吉林省人民政府曾就图们江区域乃至'大图们江区域'共同开发与俄罗斯、朝鲜及其有关地方政府进行过交涉，并取得了一些进展"（参见于宜法：《中国海洋事业发展政策研究》，中国海洋大学出版社2008年版）。这一交涉意味着我国在图们江区域存在巨大的商机和利益，而这些利益的实现仅仅系于"出海权"这一权利能否行使。

啸的联合行动，包括联合建立应急机制，实施联合救灾、联合灾后重建等。

（四）通过"共同开发"获得争议区开发的利益

"主权在我，搁置争议，共同开发"的战略构思在本质上是一种"不争权利争利益"的策略。也就是说，这个战略思路原本的追求就是利益。可以这样说，如果失去了利益，也就是失去了这个构思的意义。如果我们的这个判断是正确的，是符合实际的，那么，对这一战略思想的贯彻就不应忽略利益追求。具体到对南中国海地区与越南、菲律宾、马来西亚、文莱、印度尼西亚等国间争议的处理，我国应以实现共同开发为直接目标，而这个目标的潜台词是阻止相关国家单方开发。非常清楚，任何他国单方的开发都是我国利益的损失。

据季国兴先生研究，在日本北方四岛争议的处理上，俄罗斯曾提出"共同拥有"① 的解决思路。这对我国解决与邻国间的岛屿争端具有借鉴意义。对南中国海争议的解决，季国兴先生就提出了"共同管辖"② 的办法。为了实现共同开发，获取被占岛屿及其周围海域的利益，我国可以考虑与争议对方多分享一些"共同性"。如能形成"共同管辖"之类带"共同性"的谈判结果，对实现共同开发就是"前进了一步"。

（五）共享"共同财产"的惠益

公海是一个被宣布为"共有"的区域，是一个可以从中获得"无限"利益的区域。作为一个人口大国，面对内海、领海、专属经济区内人均占有海洋资源偏少的客观情况，我国应积极行使和确保公民行使《海洋法公约》赋予的权利和自由，从科技、财政等方面加强对公海开发利用的支持。

国际海底区域及其资源是"人类的共同继承财产"③。对这份财产任何国家都不得"主张或行使主权或主权权利"，不得"据为己有"④。但是，这个区域向"所有国家""开放"，许其"专为和平目的利用"⑤，包括按照《海洋法公约》的规定开发包括"多金属结核"在内的"固体、液体或气体矿物资源"⑥。我国已经在太平洋底取得了一块 7.5 万平方公里的多金属结核矿区，并做了一些勘探开发工作。我国将继续加强国际海底区域的开发工作，在大力开展多金属结

---

①② 季国兴：《解决海域管辖争议的应对策略》，载《上海交通大学学报》2006 年第 1 期，第 14 页。

③ 《联合国海洋法公约》第一百三十六条。

④ 《联合国海洋法公约》第一百三十七条。

⑤ 《联合国海洋法公约》第一百四十一条。

⑥ 《联合国海洋法公约》第一百三十三条。

核、富钴结壳、热液硫化物、生物基因等多种深海资源调查①的基础上，争取多取得一些开发矿区。我国开发国际海底区域的活动将严格遵守《海洋法公约》及我国缔结或参加的国际条约关于保护海洋环境的规定。

根据《南极条约》的规定，各国在南极地区依然享有对公海的权利。② 我国在极地科考方面已经做了大量的工作，在科学研究方面也取得了较大的进展。我国创造了人类首次从地面登上南极冰盖最高点的记录。这不仅标志着我国极地科考能力已经达到世界先进水平，而且也反映了我国对极地科学研究所做出的贡献。两极地区不仅具有科学研究的价值，同时也具有经济、政治等价值。我国应进一步加大对极地科研的投入，通过科学考察站的建设等，加强我国在极地的实质性存在，通过对极地科考等事务的广泛参与，提高我国在极地各项事务处理中的影响力。同时，为了《南极条约》所承认的"全人类的利益"，我国将积极履行包括采取有利于"南极有生资源的保护与保存"的措施在内的国际义务。

从"共同财产"中可以获得"无限的利益"。与这种利益相对应的是对人类共同体的义务，包括保护环境的义务等。我国积极开发或参与开发人类"共同财产"，也积极参加对公海等共同财产的保护。使用"共同财产"必须注意对使用活动所获得的惠益的分配问题。惠益共享应当是处理通过使用共同财产所获得的利益的基本原则。在讨论应当如何保护共同的海洋环境、利用共同的海洋的原则时，我们曾把"惠益共享"界定为"分享财富、避免危机"的最好办法。③惠益共享的基本含义是：从人类共享空间取得的惠益由人类共享。这一原则中的惠益不是处于私人消费者控制之下的利益，不是私营企业家收获的产品和利润，而是海洋向人类提供各种服务的能力。如出产鱼虾贝藻，提供货物运输通道，海底石油等矿产可以供人类用于生产和消费，潮汐、波浪等可以给人类提供动力，等等。所谓惠益共享的基本要求有二：其一，私主体，不管是个人、区域，还是个别国家、少数国家，都不得独享或联合独享海洋对人类的惠益，不管是海洋的某种服务功能，还是某个特定海域可能给人类带来的利益。总之，海洋的惠益不

---

① 国家海洋局局长孙志辉2006年2月24日在全国海洋厅局长会议上的讲话指出："大洋工作这几年也拓展了新的领域，从单一的多金属结核调查扩展到了富钴结壳，热液硫化物，生物基因等多种深海资源的综合调查。"孙局长所说的这些调查为实施加强国际海底区域开发的政策打下了良好的基础。

② 《南极条约》第六条。

③ 参见于宜法：《中国海洋事业发展政策研究》，中国海洋大学出版社2008年版，第118～120页；徐祥民：《为了更蓝的海洋——海洋环境保护和海洋利用应当贯彻的六项原则》，载《中国海洋大学学报》2012年第4期，第6页。

得由个人、少数人或国家、少数国家垄断。① 其二，海洋开发活动不得以牺牲海洋的服务功能为代价。开发活动是为了取得海洋的惠益，而这种取得在绝大多数情况下都是人类个体利益的需要。为满足个体需要的海洋开发活动不能以牺牲海洋的共同惠益为代价。即使是为了人类的共同利益，也不应牺牲海洋对人类的服务功能，除非所得的利益明显大于所失的海洋惠益，因为人类不应为了眼前的开发利益而牺牲长远的利益。

在从人类共享空间取得的惠益由人类共享的原则之下，我们应当承认不同的国家在开发利用作为人类共同遗产的海洋上的均等机会。按照从人类共享空间取得的惠益由人类共享的原则，我们应当赞同用从共享空间取得的收益实施对共享空间质量的维护。这包含两个方面的内容：其一，开发利用共享海洋空间的行为如果造成海洋环境损害，开发者有义务治理海洋损害。其二，从共享海洋空间取得的收益应当成为用于修复海洋创伤的财政来源。按照从人类共享空间取得的惠益由人类共享的原则，应当承认一些活动的优先地位。这包括：①保护海洋的活动对开发利用海洋的活动具有优先性；②认识海洋的活动（包括为认识海洋而开展的科学研究活动）对开发利用海洋的活动具有优先性；③为公共利益开发利用海洋的活动对私人或个别国家开发利用海洋的活动具有优先性。②

---

① 我们曾就禁止或限制围海造地做过较深入的思考，提出的禁止或限制围海造地的理由之一就是"海洋是人类的共同财产，而填海所造之地归某些个人或单位占有或使用"（参见徐祥民、凌欣：《对禁止或限制围海造地的理由的思考》，载《中国海洋报》2007 年 3 月 13 日）。也就是惠益由个别社会主体享受。

② 徐祥民：《为了更蓝的海洋——海洋环境保护和海洋利用应当贯彻的六项原则》，载《中国海洋大学学报》2012 年第 4 期，第 6 页。

第十一章

海洋管理战略

海洋管理是一个成果丰硕的研究领域。国家海洋行政主管部门关心、支持并从事这个主题的研究，关心海洋事业的学者、官员、军人等重视这个领域的研究。这样两股力量推动了海洋管理研究，创作了一系列的研究成果，包括专著、论文、研究报告以及以这些研究成果为学术依据的规划、政策、对策、立法草案等。这样的研究也给这个主题下的学术成果加添了浓重的"对象研究"的色彩——以实际存在每天都在重现的，以国家海洋局为中心的管理活动及其所体现的精神、遵循的制度等为基本研究对象。不管是对海洋管理的基本理论的研究，还是对海洋管理体制、管理职权划分等的研究；是为了给海洋管理中存在的问题找对策，还是谋划海洋管理的未来发展，都以我国海洋管理的事实为根据。讨论完善之法的冲动来自于对现行海洋管理中存在的某些问题的发现，寻求借鉴目的是为我国海洋管理立"鉴"。我们从这种"务实"的研究中学到很多东西。然而，讨论海洋管理战略，尽管无疑是我国的海洋管理战略，我们却不得不适当超越这种"务实"的思路。

海洋管理是国家海洋事业中的一项，是"全民推进海洋事业战略"中的一项事业，是这个国家战略"推进"的对象之一。在这个意义上，我们应当按照"全民推进海洋事业战略"的要求在海洋管理领域把国家战略具体化，把国家的"总体战略"具体化为"分支战略"，或把国家总体战略的战略目标"分解"为具体事业的"子目标"①，实现战略的细化。然而，当从战略实施的角度去讨论

---

① 薄贵利：《国家战略论》，中国经济出版社 1994 年版，第 384～385 页。

"全民推进海洋事业战略"时,我们却不得不给海洋管理增添新内容、新任务——承担国家海洋战略的"推进"任务。在这个意义上,海洋管理战略首先应当服务于对国家海洋战略的有效"推进"。这样说并不意味着对国家海洋战略的降低,即把国家海洋战略降低为海洋管理战略,而是明确了国家海洋战略的一个显著特点,即它的和平属性。我国的海洋战略不是遵循军事战略规律的战略,而是遵循和平建设规律的战略。我国的海洋战略作为国家战略,显然属于国家政治的范畴,但因为它的基本战略措施是和平管理的,再加上它是以海洋为战场的,所以它便与海洋管理之间形成了"不一般"的关系。

第一节　"全面推进海洋事业"战略的推进者

我国的海洋管理工作最初是从水产研究、海道测量开始的,其后慢慢扩大到资源调查、综合调查、水产管理、海运管理等。① 我国的海洋管理研究一直追寻着海洋管理的实践在前进,当然有时也指导海洋管理向前进。战略研究是一种具有明显"前瞻取向"②的思想过程,它虽然绝不忽略"背景因素"③,但更加关心"改变中的现实"④。不仅如此,战略研究的话题之一是战略资源的配置,包括资源"配置方向"、"配置重点"⑤ 等,而这样的话题还会提出"改变""现实"的要求。我们的海洋战略研究就提出了改变现实的要求,就做了规划未来的尝试。

一、"全面推进海洋事业"战略需要推进者

著名战略研究家李德·哈特把"战略"看作是"分配和使用军事工具以达到政策目标的艺术"⑥。战略如果是一门艺术,这门艺术的创作就少不了艺术家。战略既然要"分配和使用军事工具",这战略的核心就一定是实施"分配和使用"的主体。这也就是说,战略的重要组成部分甚至核心部分是"分配和使用

---

① 国家海洋局:《中国海洋事业的发展》,海洋出版社1998年版,第73~75页。
② 钮先钟:《战略研究》,广西师范大学出版社2003年版,第102~110页。
③ 钮先钟:《战略研究》,广西师范大学出版社2003年版。第五章即为"战略思想的背景因素"。
④ 博弗尔语。全句为"战略家必须经常考虑改变中的现实,而且还不限于可以预见的未来,连多少年后的可能发展也包括在内。"引自钮先钟:《战略研究》,广西师范大学出版社2003年版,第108页。
⑤ 侯若石:《战略选择与资源配置》,时事出版社1990年版,第3页。
⑥ 引自钮先钟:《战略研究》,广西师范大学出版社2003年版,第11页。

军事工具"的主体，是那位"艺术家"。战略可以出自一个普通的幕僚，或一个智囊机构、一个上知天文下知地理的"游方僧"，但战略之中必定有一个重要的角色，一个可以称为"艺术家"的主体。

我们，不是"幕僚"、"智囊机构"，也不是"游方僧"，而是关心国家海洋事业并接受了国家的项目支持的研究者，为国家设计了一个叫做"全面推进海洋事业"的战略。我们这一战略的核心是谁，我们应该把"艺术家"的徽章挂在谁胸前呢？如果说艺术的主人是艺术家，那么负责"分配和使用军事工具"的主体应当是某个具有"中枢"特性的机构。

"全面推进海洋事业"战略是关于多种多样的海洋事业的战略。这海洋事业包括海洋经济事业、海洋国防或海洋军事事业、海洋外交事业、海洋管理事业、海洋科技事业、海洋教育事业、海洋资源开发保护事业、海洋环境保护事业，等等。这个战略可以对不同的海洋事业做轻重不同的安排。① 一个包容如此多事业的战略不能不有一个总的指挥调度机关。为同一个战略目标实施这么多的"事业"，这符合"战略"通过"会战"达到"战争目的"② 的一般特点。"全面推进海洋事业"这场"会战"如果没有一个指挥中心恐怕难以达到"战争目的"。

一位中国海洋发展战略的研究者给中国海洋发展战略规定了"九大总体原则"，即"①维护国际海洋新秩序和国家海洋权益。②以海洋经济建设为中心。③适度快速发展。④统筹规划海洋的开发和整治。⑤合理利用海洋资源，促进海洋产业协调发展。⑥海洋资源开发和海洋环境保护同步规划、同步实施。⑦海洋开发，科技先行。⑧协调发展。⑨积极参与海洋领域的国际合作"③。这 9 项原则覆盖了从经济到资源开发、环境保护、科学技术的领域，涉及海洋事务中的发展速度、开发整治规划、协调发展和产业的协调发展、科技对海洋开发的配合，它们的贯彻需要从国内实施、国际合作、权利维护、国际海洋秩序建设几个战线协同动作。要全面贯彻这 9 条原则，要保证它们"协调"发展，就必须先建立一个实施中心。

郑贵斌先生把集成思想运用于海洋经济发展战略研究，他的"海洋经济集成创新论"对海洋经济战略提出的要求之一是建立一个"集成管理"机关。他认为"海洋经济集成创新的本质是创新系统的整合和创新过程的协同"。他的创新论要求从"多视角和多层面来对待各项创新资源要素"，"运用多种方法和手

---

① 对于"全面推进海洋事业"战略的内容可参阅本书第七章"中国国家海洋战略：全面推进海洋事业"。

② 克劳塞维茨把"战略"解释为"为战争目的而使用会战"。引自钮先钟：《战略研究》，广西师范大学出版社 2003 年版，第 10 页。

③ 王德华：《试论中国的"和谐印度洋战略"》，载《社会科学》2008 年第 12 期，第 34 页。

段""促进要素、功能及优势之间的相互匹配"①。要实现这种创新,首当其冲的是"塑造集成的海洋经济战略创新主体,建立健全战略创新体制与机制"。他还把这里的"创新主体"建设和"体制与机制"创新通俗化为"执政能力建设"。他所说的执政能力包括"统筹海洋开发与保护、统筹海陆发展,统筹国内开发与国际合作的能力";实施"全球空间定位思考与整体优化行动"的能力;"实施全球视角下的以实现集成经济性、提高国际竞争力为目标的集成创新战略"的能力;"制定长期集成规划,协调资源、环境、产业、经济区协调发展,把政府宏观控制和市场调节有机结合起来"的能力;"提高海洋经济的创新能力和开发保护水平,促进海洋经济国际化进程,实现海洋经济最优化集成创新发展"②的能力。集成是对多种力量、多支队伍、多个长项或短项的集成,这个集成的要求排除了处于这"多种力量、多支队伍、多个长项或短项"中的任何一方对于全局的决定性作用,而要实现对这"多种力量、多支队伍、多个长项或短项"的集成,离开集成的组织者是无法实现的。也就是说,即使仅仅考虑实现海洋经济集成创新的需要,国家就需要一个运筹中心;如果我国的海洋事业发展战略贯彻这种集成创新的思想,这个战略也需要以推动集成创新的中枢机构作为战略的组成部分,作为战略实施的核心。

二、"推进者"从哪里产生

"全面推进海洋事业"战略是国家战略。这个战略所需要的中枢应该设在哪里呢?应该设在中央。这个回答没有错。国家战略的中枢肯定不能设在地方,比如设在山东省或山东省的青岛市等。然而,我们的疑问并非来自对中央和地方关系的处理,而是来自对海洋事业与国家管理职能之间关系的处理。

现代国家,事业种类繁多,管理职能部门也远比半个世纪之前的国家增加了许多。海洋事业是今天的国家,尤其是沿海国家的一项或一类事务,这项或这类事务应当由哪个或哪些职能部门负责管理呢?海洋管理事务交给海洋管理部门,或海洋行政主管部门来办,这没有什么问题。虽然世界各国职能划分和职能部门的设置不完全相同,但沿海国家大多都有称为海洋、海事、渔业与海洋、海洋与大气等的专门机构。前面提到,我们的疑问不是来自对中央和地方之间关系的处理,这里我们又不得不说,我们的疑问不是因为对海洋行政主管部门和海洋行政管理之间的对应关系不了解或不赞同。

---

① 郑贵斌:《海洋经济创新发展战略的构建与实施》,载《东岳论丛》2006年第2期,第84页。
② 郑贵斌:《海洋经济创新发展战略的构建与实施》,载《东岳论丛》2006年第2期,第85页。

我们给我国海洋战略的战略定位已经清楚地说明，它既不是"作为海洋行业全局性规划的海洋发展战略"，也不是"作为部门战略的海洋发展战略"，而是"作为国家战略的海洋发展战略"（参见本书第五章）。这个战略不是要发展某一项海洋事业，而是要"全面推进"各项海洋事业发展，而且还要收获各项海洋事业"集成"所产生的集成效益。这个战略与其要发展的事业并非只是指向我们所熟悉的海洋行政管理。全面推进海洋事业中的各项事业都能在我国现行的职能划分和职能部门的设置中找到对应关系。比如，海洋经济事业与渔业部门、盐业部门对应，海洋国防或海洋军事事业与中央军委、国防部对应，海洋外交事业与外交部对应，海洋科技事业与科技部、国家海洋局对应，海洋环境保护事业与环保部、国家海洋局对应，海洋教育事业与教育部、国家海洋局对应，海洋文化事业与文化部、国家海洋局对应等。如前所述，当我们要实施对这些事业的"集成"时就自然会发现，与众多海洋事业中的某一项事业对应的国家职能部门是被集成的对象，而不是集成的操作者。

让我们用"减法"处理这道难题。

国土部门与海洋事业有密切的联系。当我们说依照《海洋法公约》的规定和我国开发中国大陆和沿海岛屿的实际情况，我国可主张管辖海域 300 万平方公里，并习惯地把这 300 万平方公里称为海洋国土时，我国的国土面积增加到 1 260 万平方公里。这是我国国土主管部门的管理对象。显然，国土主管部门与海洋事业有不可分割的联系。但是，国土主管部门管理海洋国土的职能显然不等于"全面推进"各项海洋事业的职能。

工业主管部门与海洋事业有密切联系。许多工业生产和工业活动都在海洋里进行或利用海洋进行。海洋食品的生产自然离不开海洋。作为新兴产业的海洋药业以海洋里的生物资源为原材料。船舶建造，当然这里说的是海船的建造，既服务于海洋，又在海洋上进行。与造船相对应的还有拆船，也是不可忽视的一门产业。我国的海洋事业以在海洋上实施的和利用海洋进行的工业为内容，但这些工业不仅不是全部海洋事业的主体，甚至也不是全部海洋产业的核心。所以，"全面推进海洋事业"战略的推进者不适于由工业主管部门担当。

矿业主管部门与海洋事业有密切联系。《海洋议程》对我国"主要矿产资源"做出的"不能满足需要"的"分析"[1] 显示了从国土之外获取资源对于中国的重要性。我国政府关于我国发展中遭遇资源"瓶颈"约束的判断进一步说明从国土之外获取资源对于我国经济和社会发展的急迫性。公海、国际海底等海洋区域既然可以向我国提供资源，这些区域既然允许我国实施矿产资源开发，那

---

① 国家海洋局：《中国海洋 21 世纪议程》第一章第五条。

么，向海洋要矿产资源的事业毫无疑问应当成为我国的重要事业。在这个意义上，我国矿业主管部门是我国海洋事业发展的重要管理部门。但是，这个部门不能担当"全面推进海洋事业"的重任，尽管这个部门和其主管的事业都重要，但它的重要不能说明工业部门、国土部门不重要，它主管的事业的重要不能说明农业部门主管的事业就不重要。

农业主管部门与海洋事业有密切联系。我国不仅有历史悠久的渔业捕捞业，而且还有世界上最发达的海水养殖业。[①] 我国的渔业不仅在历史上承担了保证"粮食"供应的任务，而且还被我们认定为需要国家重点扶持的"战略产业"（参见本书第八章），不仅给我们提供了维持生命所必须的蛋白质，而且还给我们提供了种类多样的食品和其他海产品，不仅在我国管辖海域有收益丰厚的捕捞和养殖业，而且在公海和他国管辖海域内也有海洋捕捞和水产品加工的广阔舞台。农业部门是我国海洋事业的重要主管部门，但它是"百业"中的重要一"业"，而非重要的海洋事业的全部。

交通主管部门是海洋事业的管理部门。当我国已经成为世界闻名的"中国制造"的生产国之后，在我国对来自国外的石油等资源的依赖程度越来越大的今天，海洋交通的重要性可以说是与日俱升。我们希望我国的船舶穿行于世界所有的海峡，进出于世界所有的港口，所载人货散布于世界的所有地方，所以，海洋交通还应该是与海洋水产业一样的国家重点扶持"战略产业"（参见本书第八章）。海洋事业中的交通管理是十分重要的，交通主管部门对海洋事业的发展也是十分重要的，但是，这种重要性只是官能性的重要。眼睛再重要也无法取代耳朵、鼻子。同样的道理，重要的耳朵、鼻子也无法取代眼睛。用器官与肌体的关系作比，交通主管部门只能是被"全面推进"的"海洋事业"中的一个"器官"，而不是中枢，也无法担当中枢。

环境保护主管部门也是海洋事业的管理部门。不仅因为《中华人民共和国海洋环境保护法》已经把"对全国海洋环境保护工作"的"指导、协调和监督"的职责交给了环境行政主管部门，[②] 而是因为随着陆上和海上的工农业生产的发展、居民生活水平的提高，海洋环境污染、资源减少、生态破坏和海洋自然形态不利改变等环境不利变化越来越严重，需要国家加强海洋环境保护，需要加强对海洋环境保护工作的领导。海洋环境保护以及整个环境保护工作对于永续发展的意义毋庸多言，但环境保护主管部门无法担当"全面推进海洋事业"战略的推

---

① 索菲·吉拉尔先生等提供的数据是：中国水产养殖产量占"全球总量的 62%"，除三文鱼外，"几乎在所有的养殖品种中，中国都保持着绝对领先的位置"（见〔法〕皮埃尔·雅克等：《海洋的新边界（看地球Ⅱ）》，社会科学文献出版社 2013 年版，第 76 页）。

② 《中华人民共和国海洋环境保护法》第五条。

进者也同样是一目了然的。我们要"全面推进"的"海洋事业"在总体上服务于"创造性文明"建设，其中的主要"海洋事业"门类，比如海洋经济事业、海洋科技事业等，也都是服务于"创造性文明"建设，而环境保护这项事项要建设的大致说来属于"适应性文明"①。让担当"适应性文明"建设任务的机构负责总体上属于"创造性文明"的事业的总指挥，这显然是不妥当的。

军队和军事管理部门是海洋事业的"局内"机构。不管是执行我国的防御战略，还是争取实现对被占岛屿的主权，海军都是主要战斗力量；不管是与他国开展一般性的"远海合作"，还是实施护航等"应对非传统安全威胁"②的行动，海军都是不可替代的。按照目前的职能划分，"沿海和海洋防卫警戒，防范、制止和打击外来入侵、蚕食、挑衅以及越界破坏等活动"③都由军队来执行。如果说海洋经济事业、海洋科技事业、海洋文化教育事业等都是建设性的事业，那么，海洋军事事业既向建设成果提供保卫，又为更好地建设提供支持，甚至开辟道路。海洋军事事业是重要的事业，海洋军事管理部门是海洋军事事业取得进步的组织保障。然而，我们同样不能说军事管理部门是恰当的"全面推进海洋事业"战略的合适推进者，因为保卫建设成果毕竟不是建设，为建设提供支持和开辟道路也不等于建设本身，因为"保卫建设成果"、"为建设提供支持和开辟道路"显然不能统括"各项建设事业"和"保卫"各项事业的"建设成果"、为"各项事业"的建设"提供支持和开辟道路"这整个战略。

外交部门是海洋事业的"局内"机构。由海洋的流动性和连通性所决定，海洋事业本身就具有国际性的特点。这项事业的发展注定离不开对外交手段的运用。而我国的海洋事业的发展一直与外交交涉"同行"。不管是已经完成的中越北部湾划界，还是有待开展的中韩、中朝、中日、中菲划界等，都既是我国海洋事业的组成部分，也是我国的重要外交事务。不管是处理我国与国际海底管理局等国际海洋组织的关系，还是协商与他国联合开发专属经济区内的资源，等等，都是外交与海洋"合体"的事业。我国要让自己的船舶走遍全世界，而船迹所至必为外交所及。在这个意义上，繁荣的海洋事业以成功的外交为保障，成功的外交是海洋事业走向繁荣的条件。然而，外交部门也不可能担当"全面推进海洋事业"战略的推进者，因为"交"毕竟不是"做"，"交"海洋之事不等于

---

① 关于创造性文明和适应性文明的划分，徐祥民：《被决定的法理——法学理论在生态文明中的革命》，载《法学论坛》2007 年第 1 期，第 32 页。

② 中华人民共和国国务院新闻办公室：《2010 年中国的国防》（白皮书）第三章，人民出版社 2011 年版，第 12 页。

③ 中华人民共和国国务院新闻办公室：《2010 年中国的国防》（白皮书）第四章，人民出版社 2011 年版，第 22 页。

"做"海洋之事，"条件"不等于"结果"，"保障"不等于被保障的利益或事业。

海关、公安也是海洋事业的"局内"机构。历史上的中国曾因丧失海关监管权而使国家痛失"利权"，今天的《海洋法公约》所设立的毗连区制度的功能之一就是方便管辖国家"防止"或"惩治""在其领土或领海内"违犯"海关""法律和规章"① 的行为。海关在海洋上管理着一项"海洋事业"。我国的公安边防部队"负责""沿海地区和海上治安管理"、"防范、打击""沿海地区偷渡、贩毒、走私等违法犯罪"、"组织参与""沿海地区的反恐怖和处置突发事件工作"② 等，公安部门也是重要的海洋事业的管理部门。海关和公安都管理着重要的海洋事业，但在面对"全面推进海洋事业"的推进者这个"岗位"时，它们似乎还不如工业、农业、军事、外交等部门"够格"。

科技、文化、教育等部门也都是海洋事业的"局内"机构。它们都主管着重要的海洋事业，包括海洋科技事业、海洋文化事业、海洋教育事业。然而，它们所主管的重要的海洋事业都是需要被"集成"的海洋事业中的一项或一类，因而，它们也应该是被另外一个机构所"集成"的对象，而不是实施这一集成的机关。

上述部门都主管着某一项或某些项海洋事业，它们主管的海洋事业都是我国海洋事业的重要组成部分，都是"全面推进海洋事业"战略中的事业，但"全面推进海洋事业"战略的推进者却不能从它们，包括海洋行政主管部门，也包括这里没有提到的可能与海洋事业有关的其他部门当中产生。

当我们说"全面推进海洋事业"战略需要有推进者时，这个推进者的轮廓就已经显现——一个可以"协调"各项海洋事业的机构，一个对各项海洋事业都具有"分配和使用"的权威的机构，一个有能力实现只有对各项海洋事业实现"集成"才能产生的效益的机构。

三、对"推进者"的设计和建设方案

那么，谁应该是我国"全面推进海洋事业"战略的中枢和推进者呢？首先，我们需要明确，"全面推进海洋事业"战略的推进者，从行政级别上来看，应当是国家级的机构，因为非如此便无法对各项海洋事业实施"分配和使用"；以国

---

① 《联合国海洋法公约》第三十三条。
② 中华人民共和国国务院新闻办公室：《2010 年中国的国防》（白皮书）第四章，人民出版社 2011 年版，第 22 页。

家管理职能为尺度，应当是一个综合各种职能的机关，因为不综合便难以实现对各项海洋事业的"协调"。

我们所需要的"推进者"与以往海洋研究中所设计的"综合管理"机关两者之间有一定程度的"重合"。比如，两者都要求具有综合性。这种"重合"在一定程度上方便了我们今天对"推进者"的设计，因为以往的研究者已经就海洋"综合管理"的执行者提出了种种设计方案，或是为建立海洋综合管理体制而提出了种种涉及机关建设的方案。这些方案以及其他一些涉及国家海洋管理高层机关建设的设计方案对我们设计"全面推进海洋事业"战略的推进者很有参考价值。①

以往的研究者为我们提供了以下方案：

第一种方案：国家海洋部或海洋委员会。

唐任伍先生曾提出建立国家海洋部或国家海洋委员会的主张。他的理由有二：第一，中国海洋事务的一般要求。他说："我国海洋国土面积 300 万平方公里，且涉及范围广，关系复杂，面临的问题很多，要加强海洋管理，首先要从组织上加以保障"。建立海洋部或海洋委员会便于处理如此复杂的海洋事务。第二，目前形势的需要。从他的论述来看，建立海洋部或海洋委员会的直接理由还是"当今海洋的战略地位和面临的严峻形势"。他对所提议的海洋部或海洋委员会的一般要求是"强有力"、"职能清晰、权威性高"。不过他所说的"职能清晰"是一件说起来轻巧做起来难的事。他的要求是"整合涉及海洋管理的各种职能"，实现"一家管海，改变群龙管海、职能分散、管理无序的现状，从空间和时间上将海洋国土管理、海洋环境保护、海洋渔业、海洋勘探、海洋监察等各项职能集于一体"②。至于建立海洋部或海洋委员会的路径，在唐先生看来，很简单，将国家海洋局"升格"③。

王敏旋先生设计的执行综合管理职能的中央国家机关也是一个叫做"海洋部或海洋委员会"的"统一"的、"全国"性的和具有"权威性"的"海洋管理机构"④。

第二种方案：涉海部门协调委员会。

---

① "全面推进海洋事业"战略的推进者与海洋综合管理体制的执行者，这两者之间差别是明显的，甚至是本质性的。前者是为了给我们设计的海洋事业发展战略选择的战略推进中心，而后者是一个已经在许多国家实施过的一种类型的管理体制而设置相应的机关。我们把二者联系起来，只是利用两种设计的"重合"部分。两者之间之所以可以互相借用，是由两者之间的关联性决定的，而不是由设计思想或设计目标的一致性决定的。

②③ 唐任伍：《论海洋管理》，载《太平洋学报》2005 年第 10 期，第 43 页。

④ 王敏旋：《国内大力开发海洋经济的十点思考》，载《环渤海经济瞭望》2011 年第 12 期，第 45 页。

　　李百齐先生在为实施海洋综合管理提出把国家海洋局升格为"国家海洋总局"的方案之外，建议设立"海洋管理委员会"，"以统一协调各涉海部门的工作"。其中"国家海洋总局"是在"国家层面"建立的"统一的、具有高度权威性的海洋行政机构"，一个享有"管辖所有海域和海岸带海洋开发、海洋环境保护的全权"的"国务院直属"机构。他的"海洋管理委员会"取法于"美、日等国"，是一个其"主任委员"由"一名副总理或国务委员担任"的有很高"权威"①的机构。这个委员会的主要职责是"统一协调各涉海部门的工作"。李先生设计的这个机构可以称为"涉海部门协调委员会"。

　　第三种方案：全国海洋工作领导小组。

　　这是张海文先生的建议。他建议，"在中央或国务院成立一个全国海洋工作领导小组"。这个"领导小组"的特点之一是"高"，即层次"高"。它是一个"高层"机构。设计这一"高层"机构是为了克服以往的"内部协调机制"中的机构"层次太低"的缺点。特点之二是"总"，即"汇总"。它是一个"总的海洋机构"，一个"汇总"而成的"部门（机构）"②，而不是主管某个方面的事务的机构。特点之三是"宽"，即涉及面宽。它是一个可以对较"宽"的"面"实施"协调"的"机构"。设计这一具有"宽"的特点的机构是为了弥补以往的"内部协调机制"存在的"涉及面太窄"的不足。这个建议的参照模型是美国在 2001 年成立的"美国海洋政策委员会（the US Commission on Ocean Policy）"，一个其"长官由总统直接任命"的机构③。

　　第四种方案：部际联席会。

　　这是郑贵斌先生的方案。他从实现集成创新的实际需要出发，认为国家应当建立一个能够把与海洋经济有关的各项事业"集成"起来的机构或具有这种功能的体制。他的具体主张是"采用涉海部门联席会制度"，而这个制度的基本功能是"协调各类主体间的相互联系，统筹思考、协调实施海洋经济的集成创新战略"④。这个制度如果表现为一个实体机构的话，它可以称为"涉海部门联席会"或"部际联席会"⑤。"部际联席会"制度的最大特点是超出单一海洋部门。

---

　　① 李百齐：《对我国海洋综合管理问题的几点思考》，载《中国行政管理》2006 年第 12 期，第 51 页。

　　② 作者的本意是一个机构，而不是一个部门，那由"所有的涉海部门都参加"而组成的只能是一个机构，不会是一个部门（参见张海文：《国家层面推进海洋管治》，载《21 世纪商业评论》2005 年第 4 期，第 143 页）。

　　③ 张海文：《国家层面推进海洋管治》，载《21 世纪商业评论》2005 年第 4 期，第 143 页。

　　④ 郑贵斌：《海洋经济创新发展战略的构建与实施》，载《东岳论丛》2006 年第 2 期，第 84 页。

　　⑤ 郑贵斌先生也把他建议设立的机构称为"海洋事务委员会"。这个表达可能不够准确，因为从实践上来看，一个称为委员会的机构往往就是一个部门，比如上述方案一种与海洋部具有相同功能的海洋委员会，它未必具有"部际联席会"的功能。

郑先生对此项制度提出的一点具体要求就是"多出台超越部门或地区利益的政策措施"①。

以上这4种方案具有相同之处,比如,都比现有的海洋行政主管部门地位高。要么是与其他部委平级的国家海洋部或海洋委员会,要么是国务院特别设立的部际联席会,甚至是由副总理担任主任委员的"涉海部门协调委员会"。那在"中央或国务院"设立的"全国海洋工作领导小组",其级别肯定也不会低于部委。再如,它们都具有综合性特点。"部际联席会"、"涉海部门协调委员会""综合"了涉海各部门,具有综合性特点;全国海洋工作领导小组是"所有的涉海部门都参加"②的小组,自然也是综合性的。按唐任伍先生的方案,尽管最后建成的是一个部或一个委员会,但他的本意是把"海洋国土管理、海洋环境保护、海洋渔业、海洋勘探、海洋监察等各项职能"都"集于一体"③。这个机构无法消除"综合性"特点。这两个特点都是"全面推进海洋事业战略"的推进者所需要的。所以,上述方案对于我们设计海洋战略的推进者都有参考价值。

但是,上述方案又有一些方面不符合我们对"推进者"的要求。第一,上述方案中的方案一和方案二是为实施海洋综合管理而设计的,而综合管理说到底是为加强海洋日常管理服务的,是符合海洋事务自身规律的一种良好的管理方案。④它对于"全面推进海洋事业战略"不存在呼应关系,也不符合实现对海洋事业的"全面推进"这个目的的需要。所以,综合管理体制和为建立综合管理体制而设计的机构可能"有利于""全面推进海洋事业战略"的实施,但无法产生专门设计的机构那样的作用。第二,这些方案虽然都注意了"综合",但由于设计目的的限制,它们的综合程度都不够高。唐任伍先生的方案涉及"海洋国土管理、海洋环境保护、海洋渔业、海洋勘探、海洋监察",李百齐先生希望新的机构能够把"海域使用、海洋环境保护、海上交通、功能分区、普查规划"等"融为一体"⑤,这两个方案与我们所见的海洋管理的范围没有"宽"出多少来。郑贵斌先生的方案追求的是"海洋经济的集成创新",所以,在他的方案中被"集成"的只是海洋经济部门或为发展海洋经济所需要的那些部门。"全面推进海洋事业战略"中的海洋军事事业、海洋政治事业等的主管部门都不在他的方案要"集成"的部门的范围之内。所以,上述方案中的机构还不能代替我们要寻找的"全面推进海洋事业战略"的推进者。

---

① 郑贵斌:《海洋经济创新发展战略的构建与实施》,载《东岳论丛》2006年第2期,第85页。

② 张海文:《国家层面推进海洋管治》,载《21世纪商业评论》2005年第4期,第143页。

③ 唐任伍:《论海洋管理》,载《太平洋学报》2005年第10期,第43页。

④ 下文将指出,"综合管理"其实是适于海岸带管理的管理模式。

⑤ 李百齐:《对我国海洋综合管理问题的几点思考》,载《中国行政管理》2006年第12期,第51页。

我们对"全面推进海洋事业战略"的推进者的设计和建设主要有以下几点想法：

（一）"全面推进海洋事业战略""推进者"的定位

对"全面推进海洋事业战略"的中枢的设计必须以这个中枢的地位和作用等为依据，而不是简单地对国家机关做各种形式的组合。我们已经把本书讨论的海洋战略定位为"作为国家战略的海洋发展战略"（参见本书第五章），已经把"全面推进海洋事业战略"界定为"国家经济社会发展总战略的组成部分"、"三十年'开放'战略的自然延伸"（见本书第七章），这样的战略的指挥中心就是国家战略的中心、"国家经济社会发展总战略"的中心、"三十年'开放'战略"的中心。这个中心，借用张海文先生的说法，就是"中央和国务院"。这是国家战略与国家战略的指挥中心之间的"天然"联系所决定的，而不是设计者的一厢情愿。如果不能保持这种"天然"联系，那就只能有两种结果：第一，这个战略不是国家战略，没有被这个国家的"中心"接受为国家战略并作为国家战略来实施；第二，国家虽然把这个战略设计定位为国家战略，但这个战略以失败而告终，因为没有恰当的推进者推进这个战略的实施。我们认为国家应该把海洋战略确定为国家战略，坚信"全面推进海洋事业战略"是我国需要的国家战略，所以我们同样确信这个战略的推进者是"中央"，而不是中央的某个部门。我们衷心地希望实施"全面推进海洋事业战略"，通过这个战略的实施使中华民族早日实现民族复兴的夙愿，不想看到这个战略失败，不想看到民族富强的脚步因为这个战略没有得到有效实施而放慢，所以我们不能接受把"推进者"降格的方案。

（二）"全面推进海洋事业战略""推进者"组织形式

说"全面推进海洋事业战略"的推进者是"中央"，这只解决了一个问题，即这个指挥中心的定位问题。这个答案还没有回答作为推进者的"中央"通过什么样的组织形式实施"推进"。从政权运行的一般情况看，这个"中央"既可以由一个人"独断乾纲"，也可以组成代表大会；既可以"议行合一"，也可以"议行分离"；既可以微细必决于朝堂，也可以轻重有差分层处断；既可以庶务悉集于一处，也可以分班议事各主其一。那么，"全面推进海洋事业战略"的推进者应当采用什么样的组织形式呢？我们建议采用委员会的形式。由国务院为实施"全面推进海洋事业战略"组建国家海洋事务委员会。①

（三）"全面推进海洋事业战略""推进者"的构成

一般来说，委员会是一个极便于组成的机构。因为它完全可以是由随机选择的或确定的委员构成，而不必考虑委员的身份、地位、委员来源的代表性等。然而，作为国家战略的指挥中心，这个委员会的构成又需要认真斟酌。以下几个因素是不可忽视的：第一，委员会的权威性。因为这个中心的主要职能是"分配和使用"战略资源，没有一定的权威性是无法担当起这份职能的。上述专家之所以特别重视对现行海洋主管部门的"升格"，特别在意美国"海洋政策委员会"的"长官"出自"总统直接任命"②，就是要解决权威性问题。从我国的政治实践来看，解决委员会的权威性问题的有效办法是选择国家级长官担任委员会主任或主任委员。有专家建议的"从副总理或国务委员中选任"是解决这个问题的最佳方案。第二，委员会的成员成分。"全面推进海洋事业战略"是各项海洋事业一起推进的战略，其中的"全面"的基本要求是"推进"对象的全面。在实行委员会推进的安排之下，它要求委员会中有代表各项海洋事业的委员。根据对海洋事业的理解及有关事业与国家管理职能划分的对应关系的认识，我们认为这个委员会的委员至少应当包括以下部门的成员：公安、民政、国防、外交、海关、国土、农业、工业、商务、交通、矿产、能源、气象、环保、海洋、财政、工商、税务、科技、教育、文化等。③ 第三，委员会的常设机构。委员会制度的优点之一是其形成的决议可以轻易地传达给有关职能部门，因为来自不同部门的委员可以把决定带回本部门。委员会制度也有其天然的缺点。比如，会议中和闭会后的影响力有天壤之别。会议中具有不容辩驳的决定力，闭会后却全无执行力。会议形成的决策能否执行全凭委员所在部门的理解和选择。再如，委员会的会议议题的来源、选择等具有随意性。委员会的主任委员可以靠"拍脑袋"确定议题，委员可以根据所在部门的需要提出议题，委员会以外的组织也可以给委员会提出议题。总之，议题的来源是随意的，而不是委员会审慎选择的。要克服委员会的这些不足，有效的办法是给委员会设常设机构。我们的建议是为国家海洋事务委员会设常设委员会。常设委员会由来自海洋、国防、科技、商务、工业、农业、交通、外交、能源等9个方面的委员组成。考虑到下面将要讨论的国

---

① 这个委员会并不是国务院目前设立的部委之外的一个"委"，而是实施国家"全面推进海洋事业战略"的决策中心。委员会是它的组织形式，而不代表它的行政地位。

② 张海文：《国家层面推进海洋管治》，载《21世纪商业评论》2005年第4期，第143页。

③ 这显然不是一个来自现行国家机关体系的排列。比如，负责工业的部委有若干个，国家海洋局不是一个独立的部委，而是隶属于国土资源部的一个局。

家海洋事务委员会的工作方式问题，我们建议常设委员会主任委员由来自海洋部门的委员担任。

（四）"全面推进海洋事业战略""推进者"的工作方式

在构成得到优化、常设委员会健全的基础上，国家海洋事务委员会要真正有能力"全面推进"国家海洋事业，还必须建立有效的工作方式。我们所说的工作方式集中为以下几点：

第一，国家海洋事务委员会的决议应当成为国家制定国民经济和社会发展规划的依据，国家海洋事务委员会的重要决策必须进入国民经济和社会发展规划。

第二，国家有关部委以国家海洋事务委员会的决议为行政依据，国家海洋事务委员会的有关决议是有关部委的政绩考核的指标体系的组成部分。

第三，国家海洋事务委员会设执行总部，负责国家海洋事务委员会及常设委员会决议的传达、落实，海洋事业发展情况、国家海洋事务委员会及常设委员会决议执行情况的汇核、分析，向国家海洋事务委员会及常设委员会提出建议、起草行动方案等。

从职能相关性的角度考虑，国家海洋事务执行总部可以设在现在的国家海洋局。

第二节 "全面推进"战略中的海洋管理战略

对"全面推进海洋事业战略"的"推进"思考把我们从"中央"推到了一个具体的管理部门——国家海洋局。这不是一个预设目标的歪曲证明所得出的结论，而是沿着"和平发展道路"① 而为的战略设计的必然选择。这样的选择对我国的海洋管理提出了更高的要求。今天，我们必须按照这样的要求建立或完善国家海洋管理制度。而我们要实施的"建立或完善"必然面临两种思想的交汇和三种方案的碰撞。这里所说的"两种思想的交汇"是指按照"全面推进海洋事业战略"的要求提出的想法与以往为改善海洋管理而提出的看法之间的交汇。"三种方案的碰撞"所说的三种方案是指：①现行的海洋管理模式。它是正在运行着的方案；②以往的海洋管理研究提出的改进方案；③按照"全面推进海洋

---

① 中华人民共和国国务院新闻办公室：《2010 年中国的国防》（白皮书），人民出版社 2011 年版，第 6 页。宣布："中国坚定不移地走和平发展道路"。

事业战略"的要求设计的方案或正在设计的方案。我们应当积极利用"两种思想的交汇",争取通过三种方案的比较使第三种方案更加有助于对"全面推进海洋事业战略"的推进,使我国的海洋管理更加成功。

"两种思想的交汇"和"三种方案的比较"集中在海洋管理上就表现为以下3个方面的战略思考:①如何加强对海洋的管理;②如何加强海洋上的管理;③如何加强海洋管理者。

一、加强海洋管理机关体系建设

这是对"如何加强海洋管理者"这一问题的回答。

要实现对国家海洋事业的全面推进,推进者自身能力是关键,而作为"推进者"的"执行总部"的国家海洋行政主管部门也处于举足轻重的地位。仅仅考虑这一点,现有的国家海洋局的行政层级就应当提高。我们的建议是改设为国家海洋部。

上文已经提到一些研究者提出的将国家海洋局"升格"的建议。除了提到的这些建议外,还有不少研究者主张设立比现在的国家海洋局规格高的海洋管理机构。比如,杨金森先生的建议是:"合并国家海洋局和有关机构,建立国家海洋管理总局,并且依据其承担综合管理的职责授予相应的权力。"[①] 虽然我们的建议与这些研究者以及我们没有提到的一些研究者的看法一样,都要求建立一个比现在的国家海洋局"级别"高一些的机关,但建议内容的相同并不等于提出建议的理由也相同。

我们主张设立国家海洋部既不是为了实施海洋综合管理,也不是为了"从众"或学习发达国家的榜样,因为别的国家设立海洋部所以要求我国也把国家海洋管理机关提升为部,而是为了实施"全面推进海洋事业战略"。"全面推进海洋事业战略"的实施至少在两个方面向海洋行政主管部门提出了更高的要求:其一,担当国家海洋事务委员会执行总部;其二,更科学、高效的海洋事务管理。其中包括对海洋的管理和在海洋上的管理两个方面管理水平的提高。

我们建议,新设立的国家海洋部除担任国家海洋事务委员会执行总部之外,主要担当以下职责:

---

① 杨金森:《重大海洋政治、经济和环境问题综述(之二)》,载《海洋开发与管理》1997年第3期,第27页。

（一）海域管理和海岛管理

《中华人民共和国海域使用管理法》第七条规定："国务院海洋行政主管部门负责全国海域使用的监督管理。"《中华人民共和国海岛保护法》第五条规定："国务院海洋主管部门和国务院其他有关部门依照法律和国务院规定的职责分工，负责全国有居民海岛及其周边海域生态保护工作。""国务院海洋主管部门负责全国无居民海岛保护和开发利用的管理工作。沿海县级以上地方人民政府海洋主管部门负责本行政区域内无居民海岛保护和开发利用管理的有关工作。"按照这些规定，海域管理和无居民海岛管理都已经是国家海洋行政主管部门的职权。"依照法律和国务院规定的职责分工"对"有居民海岛及其周边海域生态保护工作"也享有部分职权。

（二）海洋环境保护

2008 年 7 月国务院批准的国家海洋局"三定"方案（国务院［2008］63 号文件）（以下简称"2008 三定方案"）[①] 规定的国家海洋局的第六项职责是"按国家统一要求，会同有关部门组织拟订海洋环境保护与整治规划、标准、规范，拟订污染物排海标准和总量控制制度。组织、管理全国海洋环境的调查、监测、监视和评价，发布海洋专项环境信息，监督陆源污染物排海、海洋生物多样性和海洋生态环境保护，监督管理海洋自然保护区和特别保护区"。从其中"会同有关部门组织拟订海洋环境保护与整治规划、标准、规范，拟订污染物排海标准和总量控制制度"的规定来看，国务院已经把国家海洋行政主管部门放在海洋环境保护的核心管理机关的位置，国家海洋行政主管部门已经成为"承担保护海洋环境的责任"的部门。

（三）海洋科学技术研究规划和管理

根据"2008 三定方案"第七项的规定，国家海洋行政主管部门负责"组织海洋调查研究，推进海洋科技创新，组织实施海洋基础与综合调查，承担海水利用和海洋可再生能源的研究、应用与管理，管理海洋系列卫星及地面应用系统，

---

① 2013 年 6 月 9 日，国务院批准了国家海洋局的新"三定方案"（见《国务院办公厅关于印发国家海洋局主要职责内设机构和人员编制规定的通知》国办发［2013］52 号）。本书的海洋战略思考，尤其是关于海洋管理体制问题的设想，都是以 2008 年的"三定方案"为基础的。为了保持全书思想的整体性，今仍保持 2008 年"三定方案"这一论证依据。对 2013 年"三定方案"的新规定与作者原本形成的思想有明显冲突的地方，以脚注方式予以说明。

拟订海洋技术标准、计量、规范和办法。"第九条还有"监督管理涉外海洋科学调查研究活动"。这些规定把海洋科学技术研究的许多管理职权都交给了国家海洋行政主管机关。应当在此基础上把海洋科学技术研究的规划和管理都交给海洋主管部门，以便统筹规划海洋科学技术的发展，包括与海军、气象、矿产等部门加强科研协调。此外，"2008 三定方案"第一项还授权国家海洋行政主管部门"组织拟订并监督实施""海洋科技规划和科技兴海战略"。

（四）协助海洋划界，负责海洋划界和维护岛屿主权需要解决的科学、技术、法律等问题

"2008 三定方案"第十项规定国家海洋行政主管部门有权"依法维护国家海洋权益，会同有关部门组织研究维护海洋权益的政策、措施"。在我国，大家常说的海洋权益所面临的问题不是维护而是实现，是把潜在的权利变成运行着的权利，或者说让权利运行起来。简单来说就是依据《海洋法公约》的规定等，我国可主张海域的范围一直处于不确定状态。在国家海洋权利这个主题下我们面临的主要任务是实现我国对被占岛屿的主权，确定我国的管辖海域。一般说来，这项任务应当由外交部门承担。但考虑到此项任务的复杂性、艰巨性，建议在外交部一个口径对外的前提下，赋予国家海洋行政主管部门协助处理海洋划界、实现被占岛屿主权问题的职责，并把处理其中的科学、技术和法律等问题明确为国家海洋行政主管部门的职责。

我们的建议与"2008 三定方案"第二项对国家海洋行政主管部门提出的"处理国际涉海条约、法律方面的事务"的要求具有一致性。

（五）海洋执法

"2008 三定方案"第十项规定的职责是："依法维护国家海洋权益，会同有关部门组织研究维护海洋权益的政策、措施，在我国管辖海域实施定期维权巡航执法制度，查处违法活动，管理中国海监队伍。"这一规定还不够。国家应当把海洋执法的职权统一交给国家海洋部（详见下面章节）。

（六）海洋信息服务和海洋防灾减灾

"2008 三定方案"第八项给国家海洋行政主管部门规定的任务是"承担海洋环境观测预报和海洋灾害预警报的责任。组织实施专项海洋环境安全保障体系的建设和日常运行的管理，发布海洋灾害和海平面公报，指导开展海洋自然灾害影响评估工作"。我们认为，第一，海洋信息服务属于公益服务，应当把它从整体

399

上交给海洋行政主管部门，并允许其按照"服务"的实际需要扩充内容。第二，防灾减灾，包括防治海平面上升带来的灾害，已经逐渐成为国家管理的重要内容，需要把它列入政府工作的重要日程。海洋防灾减灾不仅具有其特殊性，包括科学上的特殊性，而且还具有国际性。这项工作，或这个方面的工作应当由一个部门主管，当然最好是由国家海洋行政主管部门主管。从加强海洋事务上的国际交流与合作的角度看，把此项工作交给国家海洋行政主管部门也有助于扩大我国海洋行政主管部门在国际上的影响。

（七）海洋渔业

它原本属于农业部门的职权范围。我们建议把它划归海洋行政主管部门。主要理由有二：第一，海洋渔业的生产活动总体上都是在海洋里进行的，海水养殖总体上都是在近岸海域进行的，而对海洋的管理，包括对海洋水体的管理、对海域的管理都是海洋行政主管部门的职权范围，海洋行政主管部门管理海洋渔业具有得天独厚的条件；第二，海洋环境保护遇到的最大问题包括海洋生态破坏、污染影响海洋生物资源的生长和再生能力两个大的方面，多头管理不便于这些问题的解决。在国家已经将海洋环境保护的任务交给国家海洋行政主管部门的前提下，把海洋环境保护和对海洋生物资源的可持续利用一并交给国家海洋行政主管部门，可以避免管理重叠，提高管理效能，有助于实现海洋环境质量的提高和海洋生物资源的可持续利用。当然，从实践经验来看，许多国家都把海洋和渔业合并在一个部门，我国有些省份（如山东省）也把海洋和渔业放在同一个部门。这在一定程度上反映了海洋管理和海洋渔业管理之间的联系。

（八）海洋工程和海岸工程管理

2006年颁布的《防治海洋工程建设项目污染损害海洋环境管理条例》把"全国海洋工程环境保护工作的监督管理"交给了"国家海洋主管部门"（第四条）。这一规定正确地反映了海洋工程建设项目污染损害海洋环境的防治工作的实际需要。2007年修订的《中华人民共和国防治海岸工程建设项目污染损害海洋环境管理条例》依据《中华人民共和国海洋环境保护法》确定的海洋环境管理体制，把"全国海岸工程建设项目的环境保护工作"的主管权交给了"国务院环境保护主管部门"（第五条）。这一规定维持了《海环法》的一贯精神，却不利于海洋环境的保护。建议按照《防治海洋工程建设项目污染损害海洋环境管理条例》的做法，把"全国海岸工程建设项目的环境保护工作"也交给国家海洋行政主管部门。如果认为需要保持环境保护工作的统一性，可以仿照《防治海洋工程建设项目污染损害海洋环境管理条例》的规定，在把监督管理工作的职责交给海洋行政主管部门的同时，要求其"接受国务院环境保护主管部门的指导、协调和监督"①。

"2008 三定方案"第九项对国家海洋行政主管部门还有"依法监督涉外的海洋设施建造、海底工程和其他开发活动"的授权。这一授权与《防治海洋工程建设项目污染损害海洋环境管理条例》的规定是一致的。

（九）海洋文物考古

我国是《保护水下文化遗产公约》的缔约国，我国沿海水下文物埋藏丰富，从而我国担负着保护"人类文化遗产"的重要使命。水下文化遗产保护工作过去是由国家文物总局负责。我们主张把这项职权转移给国家海洋行政主管部门。理由主要有：第一，国家海洋行政主管部门具有更好的科学技术、船舶及其他设备设施等条件开展水下文化遗产保护工作；第二，我国沿海水域的水下文化遗产保护与岛屿主权、海域管辖权等海洋权利、利益有密切联系，把水下文化遗产保护工作交给国家海洋行政主管部门更有利于实现我国的利益，履行我国的国际义务。

（十）海水利用和海洋可再生能源的研究、应用与管理

"2008 三定方案"第七项要求国家海洋行政主管部门"承担海水利用和海洋可再生能源的研究、应用与管理"工作。这一规定与第三条的规定是一致的。第三条要求国家海洋行政主管部门"组织开展海洋领域节能减排和应对气候变化工作"。海水利用和海洋可再生能源开发是一类前景广阔的工作。不管是为了满足经济和社会发展对水资源的需要，还是为了减少因能源消费带来的温室气体排放，国家都应该加强这方面的建设，加强对这方面工作的推动和监督管理。

（十一）海洋国际交流与合作

"2008 三定方案"第九项授权国家海洋行政主管部门"组织对外合作与交流，参与全球和地区海洋事务，组织履行有关的国际海洋公约、条约，承担极地、公海和国际海底相关事务，监督管理涉外海洋科学调查研究活动，依法监督涉外的海洋设施建造、海底工程和其他开发活动"。

---

① 《防治海洋工程建设项目污染损害海洋环境管理条例》第四条。

（十二）组织拟订国家海洋方针政策，会同有关部门制定海洋事业发展规划，协调、监督国家海洋事业发展规划、地方海洋事业发展规划的执行

"2008 三定方案"授予国家海洋行政主管部门的职权包括"组织拟订国家海洋事业发展战略和方针政策，组织拟订并监督实施海洋主体功能区规划、海洋信息化规划、海洋科技规划和科技兴海战略，会同有关部门拟订并监督实施海洋事业发展中长期规划、海洋经济发展规划"。这项授权与国家海洋事务委员会执行总部的职司是一致的。

与国家成立国家海洋部相一致，沿海各省市应成立海洋厅，赋予其与国家海洋部相应的职权。省、直辖市以下的沿海市县也可成立相应的局。

二、实行海岸带综合管理

上文提到的"两种思想的交汇"和三种方案的比较在海洋管理体制上有较为集中的体现。主要原因有二：第一，在以往的海洋管理研究中，研究者提出的最集中的且最重大的问题是管理体制；第二，从"全面推进海洋事业战略"对海洋管理的需要来看，管理体制的完善最重要。

海洋综合管理是许多研究者积极向国家决策者推荐的海洋管理模式。然而，这个被推荐的管理模式其实并不是新近取得的发明。据我国著名海洋管理专家鹿守本先生介绍，从 1988 年开始，海洋综合管理就已经成为我国海洋行政主管部门"心向往之"的方案。大致历程是："国家海洋局酝酿于 1988 年"，"见诸于文字是 1989 年"的"国家海洋局体制改革方案"，"1992 年之后""正式推进海洋综合管理和海洋可持续发展"①。从 1988 年起国家海洋行政主管部门就接受了综合管理体制的概念，今天的研究者却仍然在向国家决策者推荐海洋综合管理（本书也在为这种管理体制而设谋），这说明，从 1988 年开始的欣赏到 1992 年之后的"推进"，如《海洋议程》所做的规划，并没有把这种体制"推进"到真正实施的阶段。经过近 30 年的推荐和 20 多年的"推进"，而且是来自国家海洋行政主管部门的推进，这种体制依然没有得以实施，说明实施这种管理体制不是很容易，或者说这种体制不太容易被接受；在经过了近 30 年不成功的过程之后，人们却还在坚定不移地支持这种管理体制，希望国家采纳这种体制，说明这种体

---

① 鹿守本：《当代海洋管理理念革新发展及影响》，载《太平洋学报》2011 年第 10 期，第 2 页。

制有其难以替代的价值。

那么，海洋综合管理体制的优点在哪里，实行这种管理体制的好处在哪里呢？从不实行这种管理体制的弊病可以反观综合管理体制的优点。

姜雅先生曾对日本海洋管理出现的情况做过考察："由于日本没有专门负责海洋管理事务的综合型职能部门，因此常常出现涉海主管机构众多、职权重叠或冲突等问题，在发生涉海问题时，有关省厅间的协调费时费力，反应迟缓，难于有效应对。"① 按照这一考察，日本海洋管理存在的突出问题是海洋事务处理上"职权重叠或冲突"。

刘振东先生等通过对加拿大海洋管理的专门考察产生的"体会"之一是应"成立综合性的管理机构"。这样的"体会"来自对加拿大与我国海洋管理的共性问题的发现："涉海部门众多"，"管理分散、资源浪费、协调配合差"②。概括起来就是多头管理，协调困难。

美国海洋大气局海洋和海岸带资源管理办公室等组织在关于美国的海洋管理体制的研讨会上批评美国的海洋管理"分散而无效"，认为美国曾经采用的管理方式"对渔业资源、环境保护和海洋经济发展的支持造成耗时、不合理的管理"。这个办公室特别关注的是"跨州行政边界的海洋管理"，是解决"内陆汇水区和滨海海域的相互影响问题"、"州管辖水域和联邦管理水域之间"③ 的关系问题。这里除了存在"州"和"联邦"两个或两类管理主体之外，还有负责"渔业资源、环境保护和海洋经济发展"管理的若干部门。正是因为有州和联邦管理主体的并存，有负责"渔业资源、环境保护和海洋经济发展"的若干管理部门的并存，所以才造成了"分散而无效"的后果。

鹿守本先生对我国的海洋管理有全面的了解。他发现的问题是："开发利用行业、部门之间，整体与局部之间，近期与长远之间，资源开发与环境保护之间等的矛盾以致冲突，并伴随而发生海洋资源浪费、破坏、衰退和海洋环境质量下降、污染及人为灾害的频繁发生、损害损失加重"④。"海洋资源浪费、破坏、衰退和海洋环境质量下降、污染及人为灾害的频繁发生、损害损失加重"是由那些"矛盾以致冲突"造成的，"矛盾以致冲突"又是谁造成的，怎样造成的呢？多个"行业、部门"在海洋上从事着或"开发"或"保护"的不同作业，从事"开发"的"行业、部门"的"开发"项目也各不相同。总

---

① 姜雅：《日本的海洋管理体制及其发展趋势》，载《国土资源情报》2010 年第 2 期，第 8 页。

② 刘振东：《加拿大海洋管理理论和实践的启示与借鉴》，载《海洋开发与管理》2008 年第 3 期，第 75 页。

③ 鹿守本：《当代海洋管理理念革新发展及影响》，载《太平洋学报》2011 年第 10 期，第 5 页。

④ 鹿守本：《当代海洋管理理念革新发展及影响》，载《太平洋学报》2011 年第 10 期，第 8 页。

之是同一片海与多个"行业、部门"之间的矛盾造成了那些"矛盾以致冲突"。

上述总结、分析并不都是为证成海洋综合管理体制的合理性而为的，但它们都指出了不实行综合管理的海洋管理体制所存在的问题。尽管这些总结、分析的结论并不完全相同，但有一点是相同的，即它们都把问题的来源同"多个部门"的存在联系起来。日本"涉海主管机构众多"，加拿大"涉海部门众多"，我国有多个"行业、部门"管海，而美国不仅有"州和联邦管理主体"并存，而且还有负责"渔业资源、环境保护和海洋经济发展"的若干管理部门并存。① 事实上美国管海的部门真的是很多。据夏立平先生考查，"美国的领海、海岸带、海上专属经济区由联邦 20 多个机构根据 140 多项联邦法律实施管理，这些部门包括国防部、内政部、农业部、卫生和公共服务部、商业部、劳工部、交通部、能源部、国土安全部、环境保护署、管理与预算署、航天航空局、国家信息署、科学技术政策署和国家科学基金会等。"② 如此说来，问题就出在这个多上。正因为如此，所以包括海洋综合管理体制的提倡者在内的许多研究者都主张"化多为一"。哲伦先生对美国的建议是"建立一个独立的国家海洋机构"③。唐任伍先生建议把"涉及海洋管理的各种职能""整合"起来，由"一家管海"④。张海文先生赞成"把海洋的管理机构汇总成一个部门"，⑤ "制定""统一的海洋纲领性文件"⑥。

这些学者所提倡的"一"与海洋综合管理的综合是一致的。唐任伍先生主张把"涉及海洋管理的各种职能"都"整合"起来，而他所期望的"一家管海"在他看来就是实施"综合管理"⑦这种管理体制。一些学者经常把综合管理和统一的综合管理机构联系在一起，⑧ 也反映了这里所说的"一"与"综合"之间的关系。

如此说来，问题就出在这"一"和"多"的关系上。难道"多"即为错，"一"即为对？显然不是。以上述美国的情况为例。包括国防部、内政部、农业部、卫生和公共服务部、商业部、劳工部、交通部、能源部、国土安全部、

---

① 多部门管海的问题普遍存在，在有些国家还非常严重。

② 夏立平：《美国海洋管理制度研究——兼析奥巴马政府的海洋政策》，载《美国研究》2011 年第 4 期，第 88 页。

③ 哲伦：《反思美国的海洋管理》，载《资源与人居环境》2011 年第 1 期，第 34 页。

④⑦ 唐任伍：《论海洋管理》，载《太平洋学报》2005 年第 10 期，第 43 页。

⑤ 作者本意或为一个"机构"。

⑥ 张海文：《国家层面推进海洋管治》，载《21 世纪商业评论》2005 年第 4 期，第 142 页。

⑧ 例如，刘明先生主张"逐步实行统一综合的海洋管理体制"，而在他对这个体制运作的描述中，"海洋统一综合管理机构"是核心内容（参见刘明：《我国海洋经济的十年回顾与 2020 年展望》，载《宏观经济研究》2011 年第 6 期，第 28 页）。

环境保护署、管理与预算署、航天航空局、国家信息署、科学技术政策署在内的 20 多个机构都是美国重要的行政管理机构，在美国政府的运行中都发挥着几乎无可替代的作用。在对我国海洋管理的讨论中，公安、海关、农业（渔政渔港）、交通、海洋、环保等部门都经常成为被评论的对象。这些部门都是历经国家多次机构改革，经过反复推敲、淘洗而被保留下来的重要部门，它们都有功于我国的社会主义现代化建设，它们所担当的管理职能更是现代国家的客观需要。看来，"多"并不为过，问题的根源并不在于国家管理部门多、国家管理职能复杂。①

在关于海洋管理体制的讨论中，除了综合管理这个较为集中的话题之外，海洋区域管理和基于生态系统的海洋管理也是出现频率比较高的关键词。这两个关键词可以引导我们去发现非综合的海洋管理弊端的根源。

海洋区域管理的科学依据是海洋区域。鹿守本先生认为，"海洋区域"是"根据海域地理区位、地理环境条件、自然属性及特征"，"采用科学的、定性或定量的指标体系所划分出来的""空间单位"。这个"空间单位"也可以是"连续的海洋或既有海洋也有毗邻陆地"构成的。以"这样的区域"为管理范围的"管理活动"就是"海洋区域管理"②。这个"空间单位"尽管是被"划分"出来的，但却不是根据纯行政的需要划分的。按鹿守本先生的说法，这种"划分"的直接依据是"科学的、定性或定量的指标体系"，而这"科学"的"指标"的客观依据是"海域地理区位、地理环境条件、自然属性及特征"。这些所谓"区位"、"条件"、"属性及特征"不是随便列举的某些特性，而是足以让对象区域构成一个"具有紧密内在联系的自然整体"③ 的那些特性。所谓海洋区域管理是对"具有紧密内在联系的自然整体"的管理。为什么专家们主张实行区域管理，区域管理的长处在哪里？因为一定的海域，不管是生产鱼虾贝藻的能力，还是承载交通的能力、支持一个生态系统的能力等，都是"具有紧密内在联系的自然整体"的能力，一定海域对可再生能源资源的储藏、矿产资源的蕴藏等，都天然地附属于"具有紧密内在联系的自然整体"。人类要利用大自然的这种能力，要充分挖掘大自然赋予的包括取之不尽、用之不竭的可再生能源资源在内的资源，就必须把这个区域当成"具有紧密内在联系的自然整体"来对待，而不能采取"分而治之"的办法。产卵场、索饵场、洄游线路等连成一体才能保证

① 按照管理职能划分管理部门本来就是现代政府建设普遍遵循的原则（参见徐祥民：《渤海管理法的体制问题研究》，人民出版社 2011 年版，第 13～14 页），因贯彻这一原则而产生的每个部门都有其存在的合理性。
② 鹿守本：《当代海洋管理理念革新发展及影响》，载《太平洋学报》2011 年第 10 期，第 5 页。
③ 李波：《从地理观念谈国家海洋管理问题》，载《中国软科学》1997 年第 11 期，第 61 页。

渔业资源源源不断，码头、港口、航线相互衔接才能建成航运基地。多头管理，如美国的三海里之内由州政府管理，三海里之外由联邦政府管理，就有可能从管理上造成对"具有紧密内在联系的自然整体"的分割，从而降低甚至毁灭一定海洋区域的生产能力。多部门管理，如渔业开发和航运由不同部门主掌，就有可能造成航运污染对渔业的损害，或者渔业生产对航运的阻碍，使"具有紧密内在联系的自然整体"的多种功能不能充分发挥。这告诉我们，要按照海洋的科学规定性利用海洋，就必须在管理上还海洋以其整体性，至少是区域的整体性。以往的海洋管理，不管是日本的"涉海主管机构众多"，加拿大的"涉海部门众多"，还是我国多个"行业、部门"管海，美国不仅有"州和联邦管理主体"并存，多个联邦海洋管理部门并存，都潜藏了将具有"整体性"的海洋肢解的政治原动力。

海洋的区域性或区域整体性，要求利用海洋的人类，要求想尽可能充分地挖掘海洋的服务潜能的各国政府对海洋实行综合管理。

"基于生态系统的海洋管理"这个提法已经将其科学依据直接表达出来，即这种管理的科学基础是生态系统或生态系统的科学规定性。鹿守本先生给海洋生态系统提供了一个表达非常严谨的界定——"在海洋一定地理区域范围内，由生物群落及其环境所组成的、具有一定格局、结构，借助于系统内的功能流（含物种流、能量流、物质流、信息流和价值流）而存在、演化并处于相对稳态性的一类自然系统。"[①] 鹿先生对海洋生态系统所做的界定、基于生态系统的海洋管理或者基于海洋生态系统的海洋管理的提法已经将这种管理的"玄机"透露出来——一种对于作为"整体"的对象的管理，一种适用于对作为"整体"的对象实施管理的管理模式。哲伦先生专题"反思美国的海洋管理"的论文提到以下几个事例，当然都是反面的事例："哥伦比亚河流域的水坝破坏了太平洋的三文鱼种群；墨西哥湾沿岸玉米带的化肥流失导致墨西哥湾 1 000 英里范围了无生机；海獭数量的下降导致与其共生的海带减产。""哥伦比亚河流域"和"太平洋"两者之间存在一个生态系统，对哥伦比亚河流域的扰动（建水坝）破坏了以三文鱼为中心的生态系统。"墨西哥湾沿岸"和"墨西哥湾"共同支持着一个生态系统，在"墨西哥沿岸"的行动会影响"墨西哥湾沿岸"和"墨西哥湾"共同支持的生态系统。"海獭"和"与其共生的海带"显然同处于一个生态系统之中，两者之间唇齿相依的关系要求人们动"海獭"必须同时考虑"海带"。哲伦先生特别强调："土地和海洋互相联系，海洋本身也是一个相互关联的复杂系统"。管理实践中所犯的错误在于"把土地和海洋割裂开，忽视了它们

---

① 鹿守本：《当代海洋管理理念革新发展及影响》，载《太平洋学报》2011 年第 10 期，第 4 页。

本是相互作用的因果和利害的集合"。他所说的"集合"就是一个整体，一个生态意义上的整体。他所说的"要想维护一个可持续的健康的海洋"就"需要有生态系统的整体观念"①，进一步强调了生态系统的这种整体性，从而也进一步强调了对海洋实施整体的管理的必要性。

海洋对人类有多方面的服务功能，而支持生命系统无疑是其中最为重要的功能之一。海洋的这项服务功能与其他功能（如承载船舶的功能）的不同之处在于它必须以生态整体的形式实现。人类要接受海洋的这份服务，充分发挥海洋的这一服务功能，就必须顺应海洋生态整体性的客观要求，让海洋生态系统在保持其整体性的前提下做功，把海洋生态系统当成一个整体来保护。夏立平先生给"以生态系统为基础的"海洋管理总结出两个"要素"，其中之一是"区域协调"。这个"要素"之"要"在于"突破行政区域界线"，也就是防止因"行政区域界线"的分割而造成管理工作对生态系统整体性的破坏或消极影响。他所赞同的"从生态系统而非行政边界角度考虑和解决问题的方式"② 实质上就是为保持生态系统的完整性而牺牲行政区域（行政边界之内的区域）的完整性。

不管是海洋区域管理还是基于生态系统的海洋管理，两者的科学依据都是海洋的整体性，或者表现为海洋区域的整体性，③ 或者表现为海洋所支持的或者海洋和陆地一起支持的生态系统的整体性。是这种整体性要求对海洋的利用应充分考虑其整体所具有的能力，要求管理海洋的活动把海洋当成整体来对待。非综合管理之所以被海洋综合管理的提倡者批评为"分散型海洋管理体制"④，是因为这种管理把整体的海洋区域或海洋生态系统"分散"给不同的部门、不同的地方、不同的层级去管理了，而如此管理的结果有可能把完整的生态系统给撕碎，把一体的海洋区域给分散，或者如夏立平先生所说的那样，"使本来是有机整体的海洋区域变得支离破碎"⑤。

---

① 哲伦：《反思美国的海洋管理》，载《资源与人居环境》2011 年第 1 期，第 33 页。

② 夏立平：《美国海洋管理制度研究——兼析奥巴马政府的海洋政策》，载《美国研究》2011 年第 4 期，第 90 页。

③ 区域的整体性和生态系统的整体性有时可能实现重合或一定程度上的重合，因为有些生态系统是以海水为必要依托的，而海水一定处在某个海洋区域中。夏立平先生关于"以生态系统为基础的区域战略"（参见夏立平：《美国海洋管理制度研究——兼析奥巴马政府的海洋政策》，载《美国研究》2011 年第 4 期，第 90 页）的提法反映了区域整体性和生态系统整体性两者之间的某种一致性。

④ 姜雅：《日本的海洋管理体制及其发展趋势》，载《国土资源情报》2010 年第 2 期，第 8 页。

⑤ 夏立平：《美国海洋管理制度研究——兼析奥巴马政府的海洋政策》，载《美国研究》2011 年第 4 期，第 88 页。

海洋综合管理的优点是什么？就是适应海洋的整体性，[①] 就是克服非综合管理体制下的分散管理、多头管理。从"一"与"多"的数量关系上看就是把多管理主体的管理变成单一管理主体的管理或"综合性的管理机构"[②] 的管理；从众多的国家管理部门或众多的涉海管理机构的作为上看，就是把"'条条'政府机构"的"功能""综合"起来，使之"互补互利"，而不是"相互重叠"[③]。

既然海洋综合管理具有这么多优点，我们便应接受这种管理体制。那么，怎样采纳这种体制，也就是如何把这种体制镶嵌到我国的海洋管理中去呢？不少研究者都把建立海洋综合管理体制的希望寄托于一个执行这种体制的部委的建立。王敏旋先生认为，要建立海洋综合管理体制必有海洋综合管理机构，而这个机构或这个机关体系的核心是"作为全国的海洋管理机构"的"统一的、权威性的海洋部或海洋委员会"[④]。孙斌先生认为，"实行综合管理前提，就是要有一个被授予相当职权的综合管理机构"。"如果没有这样一个机构"，综合管理就"只是一句空话"[⑤]。于淑文不仅要求建立国家级的综合管理机构，而且认为省这一级也需要建立这样的机构。以下是其理由：

"我国海岸带管理涉及众多行业、诸多部门的利益诉求，而我国涉及海岸带管理的部门较多，这就带来了管理上的困难和矛盾。海岸带管理在实质上要求管理者将其作为一个特定的区域和独立的系统，制定专门的法规，成立统一的管理机构，以进行有效的管理。为此，我们认为有必要在国家和省一级层面建立'海岸带管理委员会'，该委员会的主要任务可定为协调各行业主管部门的关系，

[①] 对海洋的整体性理解需要借助于关于生态系统的知识，因为生态系统的存在形式常常是超越海洋本身的自然地理范围的。而对生态系统整体性的理解需要建立不同生态系统相互联系的概念，把对海洋生态系统的关注建立在不忽略陆地生态系统的前提下。周秋麟先生等指出："海岸带综合管理的关键之一在于设计出综合/协调的机构机制过程，以克服行业管理固有的片段化，以及陆地和水域界面的管辖权分离。"（参见杜建国、周秋麟等：《以海岸带综合管理为工具开展海洋生物多样性保护管理》，载《海洋通报》2011 年第 4 期，第 459 页）。为什么要"克服""陆地和水域界面的管辖权分离"的缺陷，为什么把"陆地和水域界面的管辖权分离"视为一种缺陷呢？这是因为"海岸带是陆地生态系统和海洋生态系统的交接地带"，"陆地和水域界面的管辖权分离"难免会造成生态系统管理上的"顾此失彼"。一方面，在对生态系统的保护难以兼顾两类生态系统；另一方面，难以充分发挥两类生态系统间的相互扶持（参见陈宝红、杨圣云、周秋麟：《以生态系统管理为工具开展海岸带综合管理》，载《台湾海峡》2005 年第 1 期，第 122 ~ 128 页）。在这个意义上，海岸带综合管理的科学依据是海陆生态系统之间的关联性，而不只是海洋的整体性或生态系统的整体性。

[②] 刘振东：《加拿大海洋管理理论和实践的启示与借鉴》，载《海洋开发与管理》2008 年第 3 期，第 75 页。

[③] 蔡程瑛先生也把这种意义上的综合叫做"功能综合"。与"功能综合"对应的还有"系统综合"、"政策综合"等（参见蔡程瑛：《海岸带综合管理的原动力——东亚海域海岸带可持续发展的实践应用》，海洋出版社 2010 年版，第 97 ~ 99 页）。

[④] 王敏旋：《国内大力开发海洋经济的十点思考》，载《环渤海经济瞭望》2011 年第 12 期，第 122 页。

[⑤] 孙斌：《论海洋综合管理》，载《东岳论丛》1992 年第 3 期，第 30 页。

指导、监督海岸带各主管部门的工作。海岸带管理委员会由海洋、交通、国土、水利、农业、盐业、渔业、环保等部门主要负责人参加，海岸带管理委员会，可由政府一名分管领导挂帅，以此实现对海岸带开发和环境保护的有效管理。"①

实行海洋综合管理真的需要至上而下吗？真的以成立国家相应部委、省相应厅局为必要条件吗？

按照鹿守本先生的理解，实行海洋综合管理目的是要使"对管辖海域的空间、资源、环境和权益等"的管理实现"全面"、"统筹协调"②。从这样的目的性中不能自然地推导出为实施海洋综合管理必须成立海洋部的结论。金永波先生从海洋管理的区域性特点提出了改善海洋管理的建议。在他看来，实行"海洋区域管理不一定要打破原有的行政区划重新划分行政海域"。改革的关键是"建立一套完善系统的协调机制"，以便"整合区域内分散的、冲突的海洋管理方式，实现特定海区各级海洋行政管理主体间管海行为的和谐状态"。管理上的"和谐"、"建立一套完善的系统的政府间管海行为协调机制"③ 才是关键。如果说为实现海洋区域管理不必一定"打破原有的行政区划"，那么，根据他的判断可以得出另一个相类似的结论，即实现海洋区域管理不必一定改变现有的国家部委设置。

从日本等国为克服非综合的海洋管理体制弊端所采取的措施来看，成立海洋部之类的专门中央国家机关也不是必需的。姜雅先生总结了日本海洋管理体制"逐渐向综合型转变"的情况，而在作者所做的全面的总结中没有看到一个叫做海洋部或海洋委员会的机构。帮助日本的海洋管理走向"综合型"的是：① "海洋权益相关阁僚会"。该会的由来大致如下："为了解决各部门间的协调问题，日本政府在 1980 年成立了'海洋开发关系省厅联席会'，以此机构在各个海洋管理部门之间进行协调，统一制定和落实海洋管理政策，由内阁官房长官牵头，组织运输、农林等各省长官进行决策。2004 年，日本政府对海洋开发关系省厅联席会实施改组，设立海洋权益相关阁僚会。阁僚会由首相牵头，相关省厅大臣参与，下设专门的干事会，通过共享信息、共同制定政策的方式实现各部门间顺畅的沟通和协调，从而加强日本对海洋的管理，更加有效地应对与海洋问题相关的紧急事态。"② "海洋开发审议会"。姜雅先生也考查了它的来历——"1969 年，日本成立了海洋科学技术审议会，由内阁总理和当时的 14 个省厅官

---

① 于淑文：《以科学发展观为指导　大力加强海岸带管理》，载《中国行政管理》2008 年第 12 期，第 82 页。

② 鹿守本：《海洋综合管理及其基本任务》，载《海洋开发与管理》1998 年第 3 期，第 22 页。

③ 全永波：《论我国海洋区域管理模式下的政府间协调机制构建》，载《中国海洋大学学报》2010 年第 6 期，第 16 页。

房长官组成，负责协调制定各省厅海洋开发推进规划，并提出了发展海洋科学技术的指导规划。为了把发展海洋科学技术与建立新兴的海洋产业和发展海洋经济更紧密地结合起来，1971 年，日本把海洋科学技术审议会改组为海洋开发审议会，负责调查、审议有关海洋开发的综合性事项，制定海洋开发规划和政策措施。该审议会先后提出'日本海洋开发远景规划构想'和'基本推进方针咨询报告'，明确了 1990 年海洋开发的目标，并提出'21 世纪海洋开发远景规划构想'。"③ "大陆架调查及海洋资源协议会"。该会比较"年轻"。据姜雅先生考查，它是为"推动日本大陆架调查工作"而成立的。大致情况如下："2002 年 6 月日本内阁成立了由内阁官房、外务省、国土交通省、文部科学省、农林水产省、环境省、防卫厅（现防卫省）、资源能源厅、海上保安厅等组成的省厅大陆架调查联络会。2004 年 8 月，大陆架调查联络会改组，扩大为以官房副长官为议长的有关省厅关于大陆架调查、海洋资源"的"联络会议"。该会议"制定了《划定大陆架界限的基本构想》"。"在该构想的指导下，日本在 2007 年 12 月完成了大陆架地理数据勘测，2008 年对调查数据资料进行分类、整理，2009 年 5 月向联合国递交了详尽的日本大陆架调查书面资料，为日本扩大其大陆架范围及开展周边海域的资源能源开发做了大量的工作"①。在姜雅先生看来，日本通过建立上述海洋开发协议会或审议会等解决了管理上不综合、不协调等问题。

一些研究者认为美国在海洋管理上已经成功地解决了不够综合的问题，而其解决这个问题的关键措施则是在美国联邦成立了综合性的海洋管理机构。② 然而，我们虽可以从美国涉海管理机构中找到具有"综合性"特点的机构，但却无法证明这种机构是为实行综合管理而建立的，也看不出这种机构对于综合管理的作用。夏立平先生用大段文字褒扬美国的海洋综合管理。他说：

"为了加强美国联邦政府高层对海洋政策实施、海洋综合管理的协调和领导，美国联邦政府开展新的海洋体制建设。2004 年 12 月，时任美国总统小布什签署行政命令，决定成立一个内阁级的海洋政策委员会（The United States Committee on Ocean Policy），任命白宫环境质量委员会负责人康诺顿（Kang Norton）担任海洋政策委员会主席。"

"2010 年 7 月，奥巴马政府颁布《政府部门间海洋政策特别工作组最终报告》，决定对现行的海洋政策委员会的结构进行一系列整合，建立新的会（National Ocean Council），以发挥更强有力的指导作用，实现更高水平的管理；明确

---

① 姜雅：《日本的海洋管理体制及其发展趋势》，载《国土资源情报》2010 年第 2 期，第 8 页。

② 在李百齐先生看来，"在国家一级设'海洋管理委员会'"就是美国和日本在实行海洋综合管理上贡献给我们的，从而也就是值得我们"参照"的经验（参见李百齐《对我国海洋综合管理问题的几点思考》，载《中国行政管理》2006 年第 12 期，第 51 页）。

国家海洋委员会的角色，强化决策与争端解决的程序；加强国家海洋委员会与国家安全委员会、国家经济委员会、能源与气候变化办公室、环境质量委员会、科技政策办公室、管理与预算办公室以及白宫其他机构之间的协调。国家海洋委员会成为一个确立美国海洋管理高水平的政策导向的权威部门，鼓励联邦政府各部和其他机构持续高水平地参与海洋事务，使海洋管理工作更加高效。"

"为了推进国家海洋委员会工作，国家海洋委员会下设指导委员会（Steering Committee），由国家海洋委员会主席、来自国家科技政策办公室和国家环境质量委员会的五位成员，来自部门间海洋资源管理政策委员会（Oceanic Resources Management-Interagency Policy Committee，英文缩写 ORM－IPC）和部门间海洋科技政策委员会（Oceanic Science and Technology-Interagency Policy Committee，OST－IPC）的各一位成员组成。该指导委员会至少每两个月举行一次会议，与国家安全委员会、国家经济委员会等部门磋商，确保获得它们的支持。国家海洋委员会领导下的指导委员会是确保在优先发展领域综合协调的重要平台。"①

不管是"国家海洋委员会"，还是"国家海洋委员会指导委员会"，抑或是作为国家海洋委员会指导委员会成员来源单位的"海洋资源管理政策委员会"②、"部门间海洋科技政策委员会"都带有明显的"综合性"特点。然而，这些综合的组织却没有为实施海洋综合管理（包括"基于生态系统"的"海洋综合管理"和"基于海洋区域"的"海洋综合管理"）而有所作为的迹象。夏立平先生曾给出"国家海洋委员会"的组成——"成员包括：国务卿、国防部长、内政部长、农业部长、商业部长、交通部长、能源部长、国土安全部长、国家环保署署长、环境质量委员会主席、国家航天与航空管理局局长、国家科学基金会主任、总统国家安全事务助理、国家海洋与大气管理局局长等"。如此构成的委员会既不是为了实行海洋综合管理，也不是为了推进沿海州、市镇的海洋综合管理，而是"统筹和协调联邦各部门的涉海工作，以便有效地贯彻落实国家海洋政策"③。夏立平先生还向我们提供了奥巴马政府确立的写进了《政府部门间海洋政策特别工作组最终报告》的"九大优先发展目标"。看了这些目标我们就可以断定那"综合性"的海洋机构不是为实行海洋综合管理而设立的。这"九大优先发展目标"是：

"①推进基于生态系统的管理。把采用基于生态系统的管理方法作为指导海

---

①③　夏立平：《美国海洋管理制度研究——兼析奥巴马政府的海洋政策》，载《美国研究》2011年第4期，第89页。

②　根据夏立平先生提供的英文名字（Oceanic Resources Management-Interagency Policy Committee），翻译成"海洋资源管理部间政策委员会"似乎更合适。相类似地，下文的"部门间海洋科技政策委员会"翻译成"海洋科技部门间政策委员会"（Oceanic Science and Technology-Interagency Policy Committee）更符合原意。

洋、海岸与大湖区管理工作的基本原则；②开展近海与海洋空间规划。在美国开展全面、综合和基于生态系统的近海与海洋空间规划与管理；③科学决策，加深对海洋的认识。提高科学技术与知识水平，为管理和决策连续地提供更多的信息，进而提高管理与决策水平和应对各种变化及迎接挑战的能力。通过正式和非正式的宣传教育计划，加强对公众进行海洋、海岸和大湖区知识的教育；④加强相互协调与支持。更好地协调和支持联邦和相关州、县、市的海洋、海岸及大湖区管理工作，加强联邦政府各部门间的协调与整合，并酌情与国际社会进行沟通；⑤应对气候变化与海洋酸化。提高沿海州和海洋与大湖区环境对气候变化和海洋酸化的适应与应对能力；⑥地区性生态系统的保护与恢复。制定并实施综合的生态系统保护与恢复战略，该战略必须以科学为依据，并与联邦、州、县、市层面的保护与恢复战略保持一致；⑦重视水质保护与陆地上的可持续利用活动。在各类陆地活动中坚持可持续原则，以改善海洋、近海和大湖区水质；⑧解决北极海域和附近沿海地区因气候变化和其他环境变化而引起的各类环境管理问题；⑨加强海洋、近海与大湖区的观测、测绘与基础设施建设。加强海洋观测系统建设和传感器研制，加强资料搜集平台建设与资料管理工作和提高测绘能力，对其进行整合，使之联合成国家系统并纳入国际观测系统。"[1]

在"九大优先发展目标"中，第一项就是"推进基于生态系统的管理"，也就是那种笼统说来可以视同海洋综合管理的管理。这就足以说明这"九大优先发展目标"并不是为实施海洋综合管理而制定的，足以说明确定这"九大优先发展目标"的机构也不是为实施海洋综合管理而建立的。再稍微仔细阅读就可以发现，这"九大优先发展目标"中的一些目标与海洋综合管理几乎没有任何关系。例如，第五项，"应对气候变化与海洋酸化"。它关心的是"提高沿海州和海洋与大湖区环境对气候变化和海洋酸化的适应与应对能力"，没有要与其他部门、行业"综合"的任何迹象。再如，第八项，"解决北极海域和附近沿海地区因气候变化和其他环境变化而引起的各类环境管理问题"。"气候变化和其他环境变化"都是严重的环境问题，它们也会引发难以处理的"环境管理问题"。美国政府把应对这类问题列为"优先发展目标"是很正常的，其间看不出与海洋综合管理有什么瓜葛。

研究者以美国、日本为例说明要实行海洋综合管理就必须先从建立中央级的海洋综合管理机构开始，上述分析却说明，日本和美国都没为实行海洋综合管理而建立专门的中央国家机关，或为了实行海洋综合管理而将原设的海洋管理机

---

[1] 夏立平：《美国海洋管理制度研究——兼析奥巴马政府的海洋政策》，载《美国研究》2011年第4期，第91页。

关"升格",或赋予其实施海洋综合管理的特别职能。

　　海洋综合管理,不管是原初的构思,还是成功的经验,都来自海岸带管理。它是发源于海岸带管理的一种管理模式,也是适于海岸带管理的管理模式。从来源上看,所谓海洋综合管理就是海岸带综合管理(integrated coastal zone management,ICZM)。联合国东亚海环境管理伙伴项目负责人蔡程瑛博士回顾了海岸带综合管理模式发生发展的历史。我们从他的总结中选取若干带有阶段性标志的事件:

(一)海岸带综合管理模式起步

　　1965 年,"以建立旧金山湾自然保护与发展委员会(San Francisco Bay Conservation and Development Commission)为标志","海岸带综合管理"正式"起步"。在这个时期,美国政府"启动了早期的海岸带综合管理活动"。

(二)海岸带综合管理模式被立法确认

　　1972 年,美国颁布《海岸带管理法》。该法"鼓励全美国沿海各州制定和实施海岸带综合管理规划"。该法的鼓励和依据该法设立的财政支持,美国大多数沿海州"实施了海岸带资源管理项目计划"。

(三)海岸带综合管理模式走出美国,推广至拉丁美洲、东亚等地区

　　"从1983 年开始,在美国国际开发署的努力下,美国的海岸带综合管理模式推广到拉丁美洲和东亚的许多发展中国家。"为总结实施海岸带综合管理的经验,1984 年,"中南美洲第一届海岸带资源管理会议"在阿根廷的马德普拉塔举行。

(四)海岸带综合管理进入《21 世纪议程》,成为全世界普遍接受的管理模式

　　1992 年,联合国环境与发展会议制定了《21 世纪议程》。海岸带综合管理是《21 世纪议程》第十七章的"有机组成部分"。在这之后,在"捐赠者、多边贷款机构和联合国机构"的支持下,"发展中国家"实施了一系列相关"海岸带环境和资源管理"项目。"为了从这些活动中总结重要的经验教训,从 20 世纪 90 年代开始,国际社会定期召开了一系列重要的会议",其中包括 1993 年在荷兰召开的"世界海岸带会议(World Coast Conference)"(会议通过了《海岸带综合管理诺德韦克指南》)、加拿大海岸带会议(从 1994 年开始每隔两年举行

一次）、中国厦门海岸带综合管理国际会议（1996 年）、在澳大利亚举行的第一届亚太海岸带综合管理会议（2004 年）等。①

海洋综合管理作为成功的管理模式也是被海岸带管理所实践的。著名海洋管理专家周秋麟先生及其研究团队告诉我们以下事实：

"自 1972 年美国实施《海岸带管理法》开始，经 1992 年联合国环境发展大会通过的《21 世纪议程》呼吁沿海国家开展海岸带综合管理和实现可持续发展以来，海岸带综合管理作为海洋环境、资源和生物多样性的管理手段，其效力不断得到认同。据统计，截至 2001 年，全世界已有 95 个国家在 385 个地区开展海岸带综合管理，其中北美地区 100% 的海岸带都制定了海岸带综合管理规划。"②

我们还可以对周先生提供的数字作一个补充：全球环境基金（Global Environmental Facility，GEF）在我国沿海支持了 10 个实行海岸带综合管理的试点单位，其中包括海口、防城港、阳江、泉州、文昌、连云港、青岛、东营、乐亭、盘锦。如果说我国已经有实施海洋综合管理的成功经验，那么，这个经验是厦门市的海岸带综合管理。③ 如果说这个经验已经被更多的沿海地区所采纳，那么采纳者，包括海口、防城港、阳江等城市，要做的都是海岸带综合管理。

根据我们对海洋综合管理理论的研究和"东亚海环境管理伙伴关系"（Partnership of Environment Management in the Sea of East Asia，PEMSEA）支持的海洋综合管理项目（包括我国厦门市实施海岸带综合管理的经验）、日本濑户内海环境治理的经验，我们认为，海洋综合管理是适合在海岸带地区实行的一种海洋管理体制，而不是一种可以在全海域普遍推行的管理体制，尤其不是适合在全国范围内从上到下普遍推行的管理体制。

全球环境基金在我国沿海支持的 10 个实行海岸带综合管理的试点单位都是经过认真挑选的。这些城市开展海岸带综合管理的试点已经具备了一些条件，也得到了国家海洋局、地方政府及其有关部门的支持。国家应该继续培育厦门海岸带综合管理这个典型，关心和支持上述 10 个城市试行海岸带综合管理，并力争把它们也建设成具有推广价值的海岸带综合管理试点单位。在这些单位试点成功的基础上，再在更大范围内推行海岸带综合管理。

从厦门实行海岸带综合管理的经验来看，地方政府是这一管理体制实施的关

---

① ［马来西亚］蔡程瑛：《海岸带综合管理的原动力——东亚海域海岸带可持续发展的实践应用》，海洋出版社 2010 年版，第 14 页。

② 陈宝红：《以生态系统管理为工具开展海岸带综合管理》，载《台湾海峡》2005 年第 1 期，第 112 页。

③ 厦门市已经成立了海洋管理协调领导小组及其办公室，在"健全和完善海岸带综合管理体制"上取得成功经验（参见杨圣云、周秋麟：《论厦门市海岸带综合管理》，载《台湾海峡》1997 年第 4 期，第 493 页）。

键。综合管理中的"职能综合"难以通过国家立法的形式来解决，也无法由中央国家主管部门用行政权力推行。如果当地政府或区域管理机关认识到综合管理的好处并愿意争取综合管理的好处，它们便可以把有关部门（职能机构）聚集起来，成立委员会或其他形式的协调机制，对海洋事务实行综合决策，对它们有权管理的海岸带地区实行综合管理。根据这种经验，中央政府对实行海岸带综合管理给予政策引导或支持是十分必要的。

三、统一海上执法

在海洋管理研究中，"综合"是一个非常响亮的口号。之所以这样是因为在对三类问题的处理上都提出了"综合"的要求。这三类问题是：第一，在海洋利用上的综合；第二，对海域管理，或对海岸带管理上的综合；第三，在海洋上实施的管理活动的综合。

我们刚刚讨论了海域管理上的综合。它是更适合于在海岸带地区采用的一种管理体制。对海洋利用上的综合是为实现海洋最大利用效益的综合。海洋可以对人类提供多方面的服务，人类可以在海洋上或利用海洋开展多种活动，可以通过在海洋上开展的活动或利用海洋开展的活动获得多种利益，怎样才能使"多方面的服务"达到最大值，使"在海洋上的活动或利用海洋开展的多种活动"达到最和谐，使"通过在海洋上的活动或利用海洋开展的多种活动获得多种利益"达到最大化，这是对国家宏观决策提出的"综合"的要求。著名海洋经济学家郑贵斌主张建立国家"海洋事务委员会"，希望通过这个机构的建立促进海洋经济发展的"集成创新"。他所说的"努力提高统筹海洋开发与保护、统筹海陆发展、统筹国内开发与国际合作的能力，做到全球空间定位思考与整体优化行动"都是要提高决策的"综合"性，实现效益的"集成"性，即所谓"最优化集成创新发展"[1]。夏立平先生建议美国建立"综合性国家海洋政策"，其理由是"海洋的问题都是有战略性高度的综合性问题"。虽然各涉海部门都可以有自己的政策，如海洋防卫政策、海洋运输政策、海洋渔业政策等，但是，它们都没有"综合性的国家海洋政策"涉及的面那么"广"，"层次"那么"高"。综合性的海洋政策"综合考虑各种海洋利用活动"，"平衡各种开发利用活动"，对各种海洋利用活动都"全面覆盖"，所以才能"既保证可持续发展，又达到整体利益的

---

① 郑贵斌：《海洋经济创新发展战略的构建与实施》，载《东岳论丛》2006年第2期，第85页。

最大化"①。哲伦先生主张美国"建立一个永久性的国家海洋政策委员会"。其主要的看法是，希望由这个"委员会""协调和监督国家海洋政策法案的落实情况，协调解决机构间的争端"，总之是为了"协助总统和国家海洋政策委员会实行《国家海洋政策法》"②。他们所说的"综合"、"综合性"都是为了实现对多种海洋利用活动的宏观关系的优化。如果把关于如何处理这种利用，或这种优化的活动也叫管理的话，那么，这种管理所体现的综合是宏观管理上的综合，或者战略层面的综合。

在海洋上实施的管理活动的综合与这两类"综合"相近但又有明显的不同。如果说"对海洋利用上的综合"追求的是国家海洋事业的收益最大化，"对海域管理上的综合"的核心是遵循海洋自然规律，那么，这第三种"综合"，即"在海洋上实施的管理活动的综合"所要实现的是管理活动的最大管理效益。"统一海上执法"的建议所要实现的就是在海洋上开展的各种执法活动的最大管理效益。

我国海洋管理实践中暴露出的突出问题是杨金森先生所说的"海上执法队伍分散薄弱"。这实际上是两个缺点：一是分散，二是薄弱。但二者又可以看作是一个问题，即如果不"分散"可能也就不"薄弱"了。"执法队伍分散薄弱"的突出表现就是"五龙闹海"——"海监、港监、渔政、公安、缉私等海上行政执法队伍分散于不同的行政部门"。这是分散。国家要照顾每一支队伍的建设，把有限的力量分散地投入不同队伍的建设，结果每一支队伍的"技术装备"都很"落后"。再加上"相互之间又缺乏执法协助制度"③，所以执法力量才薄弱。管理力量分散而又薄弱，所以很难产生良好的管理效果。王曙光先生曾建议加大"我国专属经济区和大陆架等管辖海域的巡航监视力度，有效监管涉外的海洋科学调查、海洋设施建造、海底工程、电缆管道和其他涉外海洋勘探开发活动"④。这无疑是我国海上执法机关应当做的事。但是，如果没有必备的船舶等设备就很难完成这些任务；如果没有足够的船舶，就很难保证巡航监视的经常化和及时出现在需要"监管"的海域。

摆在我国海洋管理实践面前的任务是如何提高管理效力，而要解决这个问题，就必须设法加强管理力量。杨金森先生认为，只要解决了"分散"的问题，"薄弱"的问题也就解决了大半。他的办法是把几只海上执法力量，如渔政、港

---

① 夏立平：《美国海洋管理制度研究——兼析奥巴马政府的海洋政策》，载《美国研究》2011 年第 4 期，第 87~93 页。

② 哲伦：《反思美国的海洋管理》，载《资源与人居环境》2011 年第 1 期，第 34 页。

③ 杨金森：《重大海洋政治、经济和环境问题综述（之二）》，载《海洋开发与管理》1997 年第 3 期，第 27 页。

④ 王曙光：《在海洋管理专题研究班上的讲话》，载《海洋开发与管理》2005 年第 6 期，第 8 页。

监、海监等合并起来，组建成一支队伍。用这个合并的办法，即使"不增加基本建设投资"，也可以实现执法队伍力量的壮大。在杨先生看来，国外的"建立一支海上行政执法队伍"① 而不是多支队伍的做法就值得我们学习。刘容子先生加强海上执法队伍建设的思路与杨先生是一致的。不过，刘先生给"建立统一的海上执法管理队伍"这一建设任务制定了时间表："1998 年前后建立海监、港监、渔政执法协助制度；2000 年以后，合并上述队伍，正式建立统一的海上执法管理队伍。"②

　　不少研究者都注意到，不少国家都建立了统一的海上执法力量，或者说是把"分散"的执法队伍"统一"起来了。例如，日本就"由海上保安厅负责海上执法工作"，其中包括"维护海上治安和保障船舶安全"。此外，海洋保安厅还是"日本防卫体制和海上武装力量的一部分"。韩国成立了"海洋警察厅"。它在和平状态下的任务包括"海上反渗透、反偷渡、反走私、护渔护航、海上救难、维护海上治安、防治海洋污染"。美国、澳大利亚、瑞典等国家建立的"海岸警卫队"担当与"日本海上保安厅、韩国海洋警察厅大致相同"③ 的职责。④

　　不管是研究者推荐的"中华人民共和国统一的海上执法机构和队伍"⑤，还是日本、韩国、美国等采用的由海岸警卫队或类似名称的机构统一执行海上执法任务，其中的"统一"相对于多样的执法内容来说也就是"综合"。统一海洋执法就是在海上实施综合执法。夏立平先生把美国的海岸警卫队称为"美国海上唯一的综合执法机构"，同时又认为美国经验的突出优点是"实行集中统一的管理"⑥，说明"统一"与"综合"具有相近性。学者们所说的统一执法与综合执法两者没有实质性差异。说统一，强调的是机构上的"一"，也就是把执法任务交给一个机构来执行；说综合，强调的是"综"或"合"，是把多种多样的执法任务，甚至"保护国防"⑦（如美国）、与海军"联合防御作战"⑧（如韩国）等"合"起来。

---

　　① 杨金森：《重大海洋政治、经济和环境问题综述（之二）》，载《海洋开发与管理》1997 年第 3 期，第 27 页。

　　② 刘容子：《积极开发海洋资源　建设海洋经济强国》，载《国际技术经济研究》1997 年第 4 期，第 24 页。

　　③⑧ 白俊丰：《构建海洋综合管理体制的新思路》，载《水运管理》2006 年第 2 期，第 31 页。

　　④ 我国台湾地区也把"原来的海岸巡防司令部、水上警察局、关税总局缉私艇部门"等组合成"海岸巡防署"，"成为东亚地区继日本、韩国之后第 3 支相对统一的海上执法队伍"（参见何忠龙等：《组建我国海岸警卫队的必要性研究》，载《装备指挥技术学院学报》2006 年第 2 期，第 11 页）。

　　⑤ 刘喜礼：《关于我国海洋管理体制的探讨》，载《海洋开发与管理》1997 年第 1 期，第 44 页。

　　⑥ 夏立平：《美国海洋管理制度研究——兼析奥巴马政府的海洋政策》，载《美国研究》2011 年第 4 期，第 91 页。

　　⑦ 周放：《美国海洋管理体制介绍》，载《全球科技经济瞭望》2001 年第 11 期，第 11 页。

从在海洋上的管理工作的实际需要来看，国家应当统一海上执法力量；从美国、日本、韩国等的经验来看，国家可以建立统一的海上执法机构。我们的建设方案是：

第一，机构。以现在的中国海监为基础，合并港监、渔政、边防、缉私等现有海上执法队伍，组建"中国海洋巡察"。[①] "中国海洋巡察"可以设总队、支队、大队等层级。

第二，性质。"中国海洋巡察"是具有准军事性质的国家行政执法机构，是专门从事海洋执法的准军事机构。

第三，职责范围。中国海洋巡察全面行使海关缉私、公安边防、渔政监督、港航监督、海上救助、海洋环境监视监测等职权，代表国家行使在专属经济区和大陆架上的管辖权，应对海上非传统安全，参与职权范围内的海上国际合作和国际联合行动，实施或配合海军实施护航，配合海军的演习、训练和其他军事行动。

第四，划分巡察区。应当建立：①黄海—朝鲜海峡—日本海—西北太平洋—白令海峡巡察区；②渤海—黄海巡察区；③东中国海—西太平洋—台湾海峡巡察区；④南中国海—马六甲海峡—印度洋巡察区。

第五，工作机制。总的工作机制可以概括为"统一执法，分类处理"8个字。所为"统一执法"是说各类海上执法活动统一交由中国海洋巡察来执行，操作上则为中国海洋巡察总队或其下的某个支队、大队来执行。所谓"分类处理"是说把巡察过程中处理的事项按照我国的国家管理职能的划分分别通报给主管部门。必要时，对有关事项的处理也可以与有关职能部门协商。

第六，装备、设施建设。主要应当考虑：①增加船舶数量，提高单船吨位和续航能力；②建立高效灵敏的数据处理系统和指挥系统；③配备高性能监测监视设备和其他设备；④改善巡察船队靠泊、补给、维修条件。

---

① 第十二届全国人大第一次会议通过的《国务院机构改革和只能转变方案》宣布"重组国家海洋局"，授权国家海洋局以"中国海警局名义开展海上维权执法"。应该说这个"重组方案"与本书的设计不是太一致。笔者并不认为这个"重组方案"是最好的选择，所以，尽管国家已经实施了重组方案，本书还是维持作者原本形成的想法。

第十二章

海洋科学技术战略

在我国的经济社会发展总战略中，科技发展占有十分重要的地位。这从以邓小平为代表的党的第二代领导集体对科学技术的高度重视，从自实行改革开放政策以来历次党的和政府的重要会议通过的文件、发布的决议等中都可以看得出来。国家陆续制定的《国家中长期科学和技术发展规划纲要（2006～2020年）》（以下简称《中长期科技规划》）等重要文件反映了党和国家领导人对科技工作的态度，而这些文件的内容则更直接地表达了党和政府对发展科技以及发展科技与实现国家发展目标之间关系的一般认识。《中长期科技规划》开宗明义："党的十六大从全面建设小康社会、加快推进社会主义现代化建设的全局出发，要求制定国家科学和技术长远发展规划，国务院据此制定本纲要。"① 《中长期科技规划》是我国执政党和我国政府的共同意志，而编制该《中长期科技规划》的出发点是"全面建设小康社会"，"加快推进社会主义现代化建设"，也就是我们所说的实现国家总战略的战略目标。《中长期科技规划》所确立的"为实现全面建设小康社会目标、构建社会主义和谐社会提供强有力的科技支撑"② 的指导方针等明确了发展科技与国家战略目标之间的服务与被服务的关系。

与科学技术发展与国家战略目标之间关系相一致，我国政府及其有关部门也把海洋科学技术作为服务国家海洋事业的工具。发展海洋科学技术为海洋事业服务是政府有关部门明确的态度和清醒的认识。《"九五"和2010年全国科技兴海

① 《国家中长期科学和技术发展规划纲要（2006～2020年）·引言》。
② 《国家中长期科学和技术发展规划纲要（2006～2020年）》第二章第一节。

实施纲要》（以下简称《"九五"科技纲要》）说："中国的可持续发展必然越来越多地依赖海洋，把海洋开发作为跨世纪的国家经济发展战略，走科技兴海之路，从海洋中获取日益增加的财富，为保持经济和社会的可持续发展做出更大的贡献。"① 这话有三项关键内容：第一，"从海洋中获取日益增多的财富"。这是直接目的。之所以要"从海洋中获取日益增多的财富"，是因为"中国的可持续发展必然越来越多地依赖海洋"。第二，"科技"。这是手段。之所以要发展海洋科技，是因为要实现"从海洋中获取日益增多的财富"这个目的需要科技，而且需要更高水平的科技、更能帮助我们"从海洋中获取日益增多的财富"的科技。《"九五"科技纲要》在很大程度上就是为创造这样的科技服务的。因为"开发海洋资源，必须更加依靠科技进步"，所以"首先要重视推广先进的适用技术，改变落后的海洋开发方式和生产方式"。还要"狠抓科技攻关，解决海洋产业和各项海洋事业发展的关键技术问题"，以便"提高生产力水平"；"大力发展海洋高新技术"，以便"加速海洋传统产业的改造，促进海洋新兴产业的发展"②。所谓"科技兴海"是对关于科技与开发海洋之间关系认识的浓缩。第三，"为保持经济和社会的可持续发展"做"贡献"。这是发展海洋科技的间接目的，或者说是"终极目的"。《"九五"科技纲要》把服务这一"目的"的"总体目标"，"海洋对于实现国家整体战略目标的贡献"规定为："到 2000 年，使海洋产业的增加值，占国内生产总值的 3.5%，2010 年达到 5% ~ 10%。"③

对海洋科学技术，对海洋科学技术与海洋开发、利用的关系，对海洋科学技术与经济社会发展关系的如此理解很具有时代性。然而，也正是因为时代性特点过于明显才难免失之偏颇。科学有其独立的价值，科学技术对国家和社会的服务也不限于"科技成果的转化"、"先进适用技术大面积推广"④。"科技进步因素对海洋产业产值增长的作用"、"促进海洋产业群快速发展"、"为调整海洋产业结构做出贡献，促进海洋产业结构优化"⑤、"增加就业机会"⑥ 等只是科技对

---

① 国家科委、国家海洋局、国家计委、农业部：《"九五"和 2010 年全国科技兴海实施纲要·引言》。

② 国家科委、国家海洋局、国家计委、农业部：《"九五"和 2010 年全国科技兴海实施纲要》第二章。

③ 国家科委、国家海洋局、国家计委、农业部：《"九五"和 2010 年全国科技兴海实施纲要》第二章第二节第四条。

④ 国家科委、国家海洋局、国家计委、农业部：《"九五"和 2010 年全国科技兴海实施纲要》第二章第二节第一条。

⑤ 国家科委、国家海洋局、国家计委、农业部：《"九五"和 2010 年全国科技兴海实施纲要》第二章第二节第二条。

⑥ 国家科委、国家海洋局、国家计委、农业部：《"九五"和 2010 年全国科技兴海实施纲要》第二章第二节第三条。

"经济社会发展"作用的一部分。

海洋科学技术战略是我国海洋战略的组成部分，正像海洋科学技术事业是我国海洋事业的一个组成部分一样。因为它是国家海洋战略的组成部分，至少在我们的研究设计中是这样的，所以它便不能不服从后者的要求，否则它便与国家海洋战略"离心离德"。然而，作为海洋战略组成部分的海洋科学技术战略毕竟也是一个战略，哪怕只是一个分支战略，所以它便一定有其特殊的内容，否则它就无法成为国家海洋战略的必要组成部分。国家海洋战略和国家海洋科学技术战略，以及上文谈道的和将在下文谈道的其他海洋事业战略之间的关系就是总体战略与这个战略中的"必要的组成部分"之间的关系。如果说我国海洋战略服务于国家发展总战略，那么，海洋科学技术战略的价值至少表现在三个方面：第一，规划海洋科学技术事业的发展；第二，服务国家海洋战略的战略目标；第三，服务并通过国家海洋战略服务国家总战略。这三个方面都是我们规划海洋科学技术事业发展所需要充分考虑的。

第一节　对海洋科技的当代需求与我国海洋科技战略的制定

从科学技术与海洋事业的关系，科学技术服务于海洋事业发展的需要这一角度来看，制定海洋科技战略必须优先考虑海洋事业对海洋科技的需要。鹿守本先生曾断言："现代海洋事业是以高科技为特点的事业"[1]。这个判断从一个层面反映了现代社会或现代海洋事业对科学技术，当然主要是海洋科学技术的需求。相信这一判断适用于我们要全面"推进"的各项海洋事业。按照这一判断，要发展现代海洋事业就必须发展"高科技"，要在现代海洋事业上取得更大的成就必须花更大的气力去发展"海洋高科技"。我们规划海洋科技事业的发展，对海洋科技发展做战略规划，不能不十分注意"现代海洋事业"对"高科技"的需求，不能不考虑"海洋高科技"自身发展的规律。

一、海洋科学技术的当代需求

《国家"十二五"海洋科学和技术发展规划纲要》（以下简称《"十二五"

---

[1]　鹿守本：《当代海洋管理理念革新发展及影响》，载《太平洋学报》2011 年第 10 期，第 6 页。

海洋科技纲要》）对当今世界发展中的科学技术进步曾做出全面的总结。《"十二五"海洋科技纲要》说：

"当今世界，全球科技进入新一轮的密集创新时代，以高新技术为基础的海洋战略性新兴产业将成为全球经济复苏和社会经济发展的战略重点。海洋开发进入立体开发阶段，在深入开发利用传统海洋资源的同时，不断向深远海探索开发战略新资源和能源，大力拓展海洋经济发展空间。气候变化等全球性问题更加突出，世界海洋大国将依靠科技创新和国际合作应对气候变化，走绿色发展的道路。与此同时，海洋科技向大科学、高技术体系方向发展，进入了大联合、大协作、大区域研究阶段；海洋调查步入常态化和全球化，海洋观测进入立体观测时代，并向实时化、系统化、信息化、数字化方向发展，为社会经济发展服务的业务化海洋学逐步形成。海洋科技向现实生产力转化的速度加快，不断催生海洋新兴产业。"①

这一总结不仅用对发展"现状"的判断反映出了时代对海洋科学技术发展的"需求"，而且也对海洋科学技术"明天可能发生"的发展做了一些"预见"②。第一，"全球科技进入新一轮的密集创新时代。"③我们正处于科技发展的"密集创新时代"。这是全球科学技术发展总的态势，也是我们讨论海洋科技战略的宏观环境。密集创新意味着某些科学技术领域会连续发生新突破，意味着科学技术进步总的发展速度的加快。在这样的时代条件下，仅仅以发表论文、提交研究报告、取得专利证书等为表现形式的科学研究和技术发明不应成为"战略部署"考虑的项目。像"培养一大批有文化、懂技术、会经营的渔民技术能人和科技示范户"之类的"新型渔民科技培训工程"④，尽管需要，也显然不应成为国家的主要战略目标。第二，"海洋开发进入立体开发阶段"⑤。人类发现了海洋的多重价值，并开始全面发掘海洋的这些价值。所以，海洋开发不再仅仅表现为对"传统海洋资源"的"开发利用"，而是"不断向深远海探索开发战略新资源和能源"。在这个立体地开发海洋的时代，我们需要重视传统海洋产业的发展，而且还要继续把渔业产业作为战略产业（参见本书第八章）来加以"扶持"，但发展"扶持"技术必须和科学创新结合起来才能形成科学技术发展的"立体"结构，从而为立体开发海洋提供全面的支持。第三，"气候变化等全球性问题更加突出"，因而"世界海洋大国将依靠科技创新和国际合作应对气候变

---

① ③ ⑤ 《国家"十二五"海洋科学和技术发展规划纲要》第一章第一节。

② 著名学者周应祺先生把"战略研究""通俗"化为"研究明天可能发生的事"，并把"战略预见"看作是战略思维的重要方法（参见杨子江、周应祺：《关于中国渔业科技中长期发展战略研究的对话》，载《中国渔业经济》2008 年第 5 期，第 105 页）。

④ 《中长期渔业科技发展规划（2006～2020 年）》第三章第二节第二条。

化，走绿色发展的道路"①。对于海洋事业来说，气候变化是一个新的难题；对于科学研究来说，气候变化是新的课题；对于科学技术与海洋事业的关系而言，气候变化使二者的联系更具复杂性。我们的海洋科学技术战略思考必须注意这样的复杂性。第四，"海洋科技向大科学、高技术体系方向发展，进入了大联合、大协作、大区域研究阶段"。海洋的整体性、经济社会发展对海洋整体性的依赖在人们的认识中都越来越清晰，为了进一步回答整体性的问题，给经济社会发展提供更有力的整体性支持，所谓"全球性的'海洋大科学'"② 就成为必要。我们的海洋科学技术战略设计必须有这种大科学的概念。第五，"海洋调查步入常态化和全球化，海洋观测进入立体观测时代，并向实时化、系统化、信息化、数字化方向发展"。这不是科学发现问题，也不是纯粹的技术发明问题，而是关于科学技术手段的应用问题。科学技术战略本身并非只追求发现新规律、提出新方法、凝练新工艺，而是也要考虑科学的转化和技术的应用以及转化、应用与创新之间的关系。第六，"海洋科技向现实生产力转化的速度加快，不断催生海洋新兴产业。"这是对当代海洋科技发展与海洋产业发展之间关系的揭示。在科学技术研究的广大领域中，可转化为产业的科学技术往往具有较强的生命力，为产业发展而发现的科学技术最容易在商业领域受到青睐。我们的海洋科技战略设计不仅不能忽略这个方面，而且，考虑到我国海洋战略对经济发展的目标设计，还应更多地考虑产业发展对科学与技术的需求。

这些总结对我们全面把握当代社会对海洋科学技术的需求很有价值，包括指引方向的价值和提供思考线索的价值等。海洋事业的发展和海洋科技的发展是两条常常交错的线，而《"十二五"海洋科技纲要》站在这两条线的箭头端，指出了端点的位置。这个端点对我们全面认识海洋事业的发展和海洋科技的发展，正确把握时代对海洋科学技术的需求无疑是有帮助的。

以下几点是我们得助于《"十二五"海洋科技纲要》的指引而做出的判断，关于当代对海洋科学技术的需求的判断：

（一）从享用"鱼盐之利，舟楫之便"到提取"生物活性物质"

对于一个国家或一个民族来说，海洋首先是一片生存空间。从古到今，人类在这个或有或没有边界的空间里谋求生存或求取生存所需要的财富。人类求利于海的历史已经经历了许多的变化，其中科学技术既是变化的内容，也是变化发生的动力。起初的享用海洋的"鱼盐之利，舟楫之便"就是富有科技含量的。然

---

① 《国家"十二五"海洋科学和技术发展规划纲要》第一章第一节。
② 杨金森：《我国海洋科技发展的战略框架》，载《海洋开发与管理》1999 年第 4 期，第 47 页。

而，与后来人类利用海洋空间的实践相比，这最初的科技毕竟只能算是科技"启蒙"。大致说来，起初对海洋的利用只是运用人类的智慧直接索取海洋中的财富，或者利用海洋的某些直观的特点。渔业捕捞是如此利用海洋的典型。虽然船舶制造技术、网具制作及相关捕捞技术等在不断提高，但海洋对于人类生存的帮助主要还在于提供海洋生产的鱼虾等水产资源。

向海洋索取"鱼盐之利"的科技启蒙已经是过去，尽管这个"过去"还在一定程度上延续着。①从全球范围看，海洋利用已超过了简单提取海洋产出、简单利用海洋直观特性的阶段；从我国近年的发展来看，简单提取海洋产出、简单利用海洋直观特性的海洋利用逐渐被对海洋的深度开发利用所取代。笼统说来，我国对海洋这片生存空间的利用已经进入"从资源依赖型向技术带动型转变"②的时期。

在"九五"时期，我国就已经开始解决"海水化学资源提取"之类的"技术问题"③。这显然是在超出海洋直观特性的科学空间中发现海洋的价值，寻求对海洋的开发和利用。据陆铭先生考察，海洋的这类非直观的价值已被大量发现。人类"已从海洋生物中发现了2 000余种有生理活性的化合物以及大量的微量元素"④。这个数据一方面告诉我们，海洋对人类存在许多凭生活常识无法识别的价值；另一方面也告诉我们，海洋科学技术的发展不应仅仅跟着生活常识指引的方向走，而应从科学，包括分析科学取得的成就中寻找方向。《全国科技兴海规划纲要（2008~2015年）》对我国海洋科技的"发展现状"给出的评价之一是"促进了传统产业优化升级，培育和发展了新兴海洋产业"。其中包括"水产养殖、加工等产业快速发展，渔业结构得到优化，盐业产品逐步多样化，交通运输业国际竞争能力明显增强。海洋油气、海水利用及海洋生物医药等产业不断发展壮大，在海洋产业中的比重逐年增加，有力地促进了沿海地区产业结构调整"⑤。可以看得出来，这些成就还都比较"直观"，或者还都处在对海洋的直观特性的识别和利用阶段。据陆铭先生了解，"近年来，日本海洋经济正从以往依

① 1996年发布的《"九五"和2010年全国科技兴海实施纲要》承认，经过"改革开放十几年来"的发展，虽然"我国海洋产业结构发生着积极的变化。但是由于种种原因"，"传统的海洋产业仍占主导地位。1995年海洋渔业产值占整个海洋产业总产值的一半。按三次产业分类法，1995年我国海洋产业的第一、第二和第三产业的产值比例为5∶1∶4。根据海洋产业结构现状，需要加强产业结构调整的力度。"（第一章第三节第三条）
② 刘燕华：《大力推进科技兴海工作》，载《海洋开发与管理》2008年第10期，第3页。
③ 邓楠：《高举"科技兴海"旗帜 迎接海洋新世纪》，载《海洋开发与管理》1997年第1期，第6页。
④ 陆铭：《国内外海洋高新技术产业发展分析及对上海的启示》，载《价值工程》2009年第8期，第54页。
⑤ 《全国科技兴海规划纲要（2008~2015年）》第一章第一节第三条。

靠扩大海洋资源开发，转为依靠科技进步，以技术创新改造传统海洋产业，实现可持续发展。"① 如何"依靠科技进步"，陆先生所说的"科技进步"指什么？如果仅仅指可以"改造传统海洋产业"的那种"技术创新"，那么，结论可能是两个：其一，或许陆铭先生并未发现日本"依靠科技进步"的全部情况；也就是说，日本在"依靠科技进步"方面还有比"改造传统海洋产业"更大的作为；其二，日本所发生的"转"变不过是从低水平阶段中的一个等级转到了同样还处在低水平阶段的另一个等级。可以用"改造传统海洋产业"来褒扬的科技进步说到底就是"跟在渔船之尾"的研究。渔船马力太小吗？设计更大马力的渔船；渔网网目太疏了吗？织网眼更小的渔网；鱼汛提前了吗？明年早点下海；如此等等。这种研究最多可以为应用者（渔民等）排忧解难，很难给实践者（企业家、管理者、政府）指出另一片蓝天。

我国曾经奉行，至少有人主张奉行"经济建设必须依靠科学技术，科学技术工作必须面向经济建设"② 的方针，这个方针的主要功能在于把"科技工作"引向"渔船之尾"，让科学服从渔捞，让科学家跟着渔民走。

我们必须明确，海洋科学研究已经告别了享用"鱼盐之利，舟楫之便"的时期，走进了提取"生物活性物质"的阶段，走进了其发展不再依赖常识的引领的时期。

（二）从"取之不尽，用之不竭"到"总量控制"制度

海洋是个无尽的资源宝库。以往不知海洋的"深浅"，对它的出产只能做"无尽"的估计。今天虽然知道它其实仅占地球的71%左右，只是地球这个小小星球的一部分，但对于任何一个实际的海洋利用者，包括国家这种世界上最庞大的利用者来说，它仍有资格领受"无穷无尽"这一评价。因为它如此广大，所以"许多国家均把合理开发利用海洋作为求生存、求发展的基本国策"③。因为它如此富有，所以我国也和其他许多国家一样向海洋求生存、求发展。"海上山

---

① 陆铭：《国内外海洋高新技术产业发展分析及对上海的启示》，载《价值工程》2009年第8期，第55页。

② 《全国科技发展"九五"计划和到2010年长期规划纲要（汇报稿）》第一章。

③ 邓楠：《高举"科技兴海"旗帜 迎接海洋新世纪》，载《海洋开发与管理》1997年第1期，第6页。

东^①、"海上福建"^②，以及"'海上牧场'工程"^③之类的工程、项目等，都是到这个宝库中去掘宝。

然而，海洋不仅空间有限，在其中生长的和其中赋存的资源也很有限。不仅渔业资源有限，而且航线资源、港湾资源也有限；不仅水中的资源有限，而且水下的各类矿产资源等也有限；不仅近海的资源有限，而且远海大洋的资源也都有限。今天，我们还要说：不仅海洋的产出有限，而且其容纳能力也有限，以至于"海纳百川"的形容力都因此而降低了。

为了防治海洋环境污染，各国法律、政策采取了一系列的措施，包括污染物达标排放、污染企业合理布局、污染企业限期治理等，但治理污染的实践告诉人们，最为有效的防治制度是污染物排放的总量控制制度。我国《海洋环境保护法》规定了总量控制制度（参见本书第十三章）。污染物排放总量控制制度是对海洋容量有限这一事实的科学反映。因为海洋容纳、降解污染物的能力是有限的，所以，当出现了接纳污染物总量超过海洋的容纳能力或降解能力时，海洋便被污染，而且常常是持续的和严重的污染。正是因为认识到了这一点，所以国家要求"加快实施以海洋环境容量为基础的总量控制制度，遏制近岸海域污染恶化和生态破坏趋势"^④。正是因为认识到了这一点，所以国家不仅在立法、发展规划中应用总量控制的道理，而且还把如何使这总量控制发挥防治污染的作用列入科技发展的规划。《"十二五"海洋科技纲要》要求"深入研究……基于区域承载力的海域总量控制模型、基于近岸海域环境质量的流域污染总量控制技术"^⑤。

从对海洋做"取之不尽，用之不竭"的判断，到污染物排放"总量控制"制度进入科技发展计划，这是一个巨大的变化。这是科学技术发展历史的一个转折。如果说此前的用于海洋的科学技术都是人类"利海"的科学或技术，是发

---

① 王诗成先生对"海上山东"做过一系列的研究，仅以"海上山东"为题的著作就有《将"海上山东"建设提升为海洋强省战略的建议》、《"海上山东"建设的新思路、新范畴与新目标定位研究》、《突破"海上山东"建设定位研究》、《实施"六大突破"，打造"海上山东"建设新优势》、《加快"海上山东"建设进程的建议》、《加快"海上山东"建设的新思路、新举措》、《"海上山东"建设10周年反思》、《"海上山东"建设推动海洋经济实现新突破》等（参见王诗成：《王诗成论蓝色经济》（第1卷），山东科学技术出版社2009年版）。

② 陈思增：《建设"海上福建"战略的构想》，载《中国水产》2005年第7期，第74页。

③ 王诗成：《实施"海上牧场"工程，打造生态渔业经济》，载《王诗成论蓝色经济》（第2卷），山东科学技术出版社2009年版，第17～25页。

④ 《国务院关于国家海洋事业发展规划纲要的批复》（国函［2008］9号）第四条。

⑤ 《国家"十二五"海洋科学和技术发展规划纲要》第三章第四节第三条。

明出来用以实现人类从海洋取利目的的科学与技术，① 那么，"基于区域承载力的海域总量控制模型"、"基于近岸海域环境质量的流域污染总量控制技术"是"利于海"的科学与技术，是帮助海洋免于灾难的科学与技术，是医治海洋的创伤，帮助海洋康复的科学与技术。②

我们今天固然依然需要"利海"的科学或技术，但今天我们却已经不是只需要用于索取的科学与技术，而是还需要"利于海"的科学与技术，而且对后者的需要越来越急迫了。我们应当认识到这种时代需求。如下文将要提到的那样，"利海"的科技一定意义上就是"吃海"的科技，而以"总量控制"为标志的制度和科技转型实际上是打开了历史的新的一页。这一页将要书写的是呵护海洋，是科技"利于海"。只有当我们的科技做了更多的"利于海"的工作之后，所谓"兴海"才能长久。

如果说科技的发展也如同其他经济、政治、文化等的发展那样有一种惯性力，那么，要扭转科技发展的方向非有政府的有意调整不可，就像经济、政治、文化的转向需要用政府力量加以调控一样。在这个意义上，出自国家并由国家组织力量实施的海洋科学技术战略还有理性地指引海洋科学技术发展方向的作用。

（三）从"秦皇岛外打鱼船"到深海基因资源

人类的海洋事业是从海洋的沿岸地区开始的，后来随着海洋科技的不断进步，海洋事业的空间渐渐发生了由近及远、由浅入深的变化。曾经的"秦皇岛外打鱼船"早已因远洋捕捞业的大发展而显得黯淡无光。③ 我国已经连续多年荣膺第一海水养殖大国，但这样的地位却没有给我国带来在海水养殖业界领军的荣耀。因为我国的养殖海域多为浅海，在深水网箱养殖方面我们大大落后于欧洲发达国家和日本等国。我们的石油勘探已经从陆地走向海洋，但现在还只能说已经从海边走到了浅海，还有 1 000 米、2 000 米、3 000 米水深等待我们的钻机探访。2012 年 6 月 19 日，我国载人深潜器"蛟龙"号 7 000 米级海试第二次试验

---

① 据刘燕华先生回顾，从"20 世纪 90 年代初"起，"沿海地区掀起了'科技兴海'的热潮，尤其是 1994 年在山东召开首次'全国科技兴海经验交流会'之后，科技兴海工作进入了新的发展阶段。"（参见刘燕华：《大力推进科技兴海工作》，载《海洋开发与管理》2008 年第 10 期，第 3 页）。处在这个发展阶段的科技大抵都是利海的科技。

② 这样说绝不等于我们赞同所谓动物权利论、生命体权利论甚至无生命体权利论等泛权利主体论的观点，更不等于我们接受所谓非人类中心主义的观点，因为不管是"帮助海洋免于灾难"，还是"医治海洋的创伤，帮助海洋康复"，本质上都是保护人类所需要的自然环境。

③ 据农业部渔业局 2000 年提供的数据，1985～1999 年，我国外派远洋渔船从 13 艘增加到 1652 艘，入渔国家从 2 个增加到 39 个，远洋渔业产量从 0.26 万吨增加到 90 万吨（参见《中国远洋渔业发展总体规划（2001～2010 年）》第一章第一节）。

最大下潜深度达 6 965 米，① 把人类直接接触海洋的活动范围下沉到了深海。不过，这些还都是物理学上的距离，或者加深，或者放远。在人类利用海洋的活动发生这类距离变化的同时，还出现了另外的更具革命性的变化，那就是发现了埋藏在更深的海底的诸如深海基因资源之类的财富。虽然我们探索的路在空间上一直在向下，500 米、1 000 米、6 000 米，但我们却不能不说深海基因资源等的发现是一次飞跃，一次必须用"向上"来表达的进步。这一进步或飞跃的真正价值不在于人类又向大洋深处走了多远这类同质的扩张，而在于发现了新的质。

这新的"质"的发现告诉我们，海洋事业的未来、海洋科学技术的未来不应只是沿着已经走过多级的台阶迈向新的一级，而是还有腾跃、飞翔的可能。在这样的历史条件下，"推进海洋开发从浅海向深海的发展"② 就不应仅限于把钻机打向更深一些的海底。更深的海底、更远的极区还有不为人知，或人类知之甚少的秘密。我们的海洋科学技术战略应当为揭示那些秘密采取战略措施。

（四）从"在海言海"到"海气陆相互作用"

海洋的自然特点之一是广大，"沧海一粟"之比就是用海洋的大来比况有关事物之渺小。在海洋这个广大的空间之中，各种产业活动都显得微不足道。起初的对海洋开展的科学研究也可用孙悟空跳跃于如来佛手心作比。在广大的海洋的笼罩下，人们似乎只可以"在海言海"，难以跳到海洋之上给海洋把脉。现在的情况不同了。宇宙飞船已经可以"藐视"地球，将其微缩为一个蓝色的小星球。人造地球卫星可以精确地测量出无边无际的海洋的尺码。不仅因为人类已经掌握了认识海洋的工具，而是还因为人类已经提出这样的需要并且也可以做到把海洋与大气和大陆作为一个整体来认识。2012 年 7 月初，热浪袭击美国东部，给华盛顿等地带来美国有气象记录以来最酷热的天气。科学家解说成因，认为罪魁祸首是"北大西洋涛动"③，而不是北美大陆上的事物或活动。海洋对气候的影响、海洋与陆地上的气象变化之间的联系等已经部分地被科学家发现。现在，科学家不仅已经开展"海气相互作用"研究，而且还开展了"海气陆相互作用"研究。科学早已跨越大海，走向海气共同占有的空间；已经不再只是以海为对象，而是研究海洋在由海洋、大气和陆地三者构成的整体中的地位和作用，研究海洋在海洋之外的作用和影响。

---

① "Jiaolong dives to 6 965m", < China Daily >, Wednesday June, 20, 2012.
② 刘燕华：《大力推进科技兴海工作》，载《海洋开发与管理》2008 年第 10 期，第 4 页。
③ 《2012 美国热浪罪魁是大西洋涛动》，载《参考消息》2012 年 7 月 9 日。

（五）从靠海吃海，到向海求解生命谜团

从人类享用海洋的"鱼盐之利"和"舟楫之便"的年代到"科技兴海"的当代社会，海洋都以其资源丰富而让人类心生感激，感激大自然造就了如此神奇的处所，造就了如此种类多样的物种，鱼虾等物种的存量如此巨大。正是因为大海如此富有，所以人们，首先是靠海而居的人们才形成了"靠海吃海"[①] 的传统，而后是更多的人走向海洋，向海洋索取他们所需要的鱼盐和鱼盐之外的其他财富。初期的"科技兴海"大致说来就是为"吃海"而"兴"的运动，而作为"兴海"手段的"科技"大致说来也是用于"吃海"的科技。

我们今天还在发展"吃海"的科技，同时我们已经开启了科技的另一扇门——向海洋求解生命的来历。海底热泉活动的发现，海底热泉活动区内奇特生命现象的发现向人类展示了足以让人们对以往关于生命起源的权威假说提出怀疑的奇观。在高温、高压、没有阳光的海底世界竟然存在生命现象！这类与生命存在的常规状态迥然不同的现象把科学家求解生命起源之谜的注意力再度引向海洋。科学家们的初步研究认为，氨基酸是构成有机体的最主要成分，而氨是构成氨的基本成分，因此氮怎样转变成氨是生命起源过程中必要的一步。在高温和高压下利用金属矿物质作为催化剂，氮分子可以与氢发生还原反应生成由一个氮原子和三个氢原子组成的具有活性的氨分子。早期地壳和海底热泉系统恰好具备由氮转变成氨的条件。[②] 这些研究显然还不能给生命起源这个课题做最后的结论，但它却明明白白地告诉我们，这个问题的答案更有希望从"深不可测"的海洋里得到。

二、制定我国海洋科技战略的原则

科学事业自身的特点、当代社会面临的海洋科学技术需求、海洋科学技术与国家总战略的关系，是我们制定国家海洋科学技术战略的基本依据。[③] 从这些基

---

① 姜旭朝先生等指出，"渔民自古有'靠海吃海'的说法，沿海地区也一直有吃海鲜的传统"。一直到新中国成立之后，尤其是内地，"大量购买、食用海产品的不多"。"由于冷藏设备缺乏"，"非鱼汛季节""海洋水产品的需求很低"。海洋水产在满足社会需求上依然基本保持着"靠海吃海"的格局（参见姜旭朝：《中华人民共和国海洋经济史》，经济科学出版社 2008 年版，第 136 页）。

② 孙崇荣、冷麟：《生命的起源》，载《自然杂志》1987 年第 10 期，第 766 页。

③ 上文把海洋科学技术事业战略的价值归结为：（1）规划海洋科学技术事业的发展；（2）服务国家海洋事业发展战略的战略目标；（3）服务并通过国家海洋事业发展战略服务国家发展总战略。要使海洋科学技术事业战略真正具有这三种价值，就必须全面考虑科学事业自身的特点、当代社会面临的海洋科学技术需求、海洋科学技术与国家发展总战略的关系这三个方面。

本依据出发，我们认为，国家海洋科学技术战略的制定应当充分照顾以下几对关系。这几对关系也就是制定国家海洋科学技术战略所应遵循的原则。

（一）海洋经济发展的需要和其他海洋事业发展的需要

海洋科学技术无疑具有向经济社会发展提供服务的功能，我国也正处在经济社会发展对海洋科技需求非常旺盛的时期。我们应当充分调动海洋科学技术对经济和社会发展提供服务的功能。在这个前提之下，海洋科学技术战略应当考虑在两类需求之间的布局。这两类需求就是海洋经济事业发展的需求和其他海洋事业发展的需求。在"以经济建设为中心"的原则指导下，海洋经济事业对海洋科学技术的需求，更宏观一些的经济建设对海洋科学技术的需求容易得到满足，而其他海洋事业，如海洋环境保护、海洋文化遗产保护等对科学技术的要求得到满足的程度往往不高。职能部门往往强调本部门所管理的事务对科技的需求，地方政府往往舍得向本地区产业发展急需解决的科学技术问题，尤其是技术问题投资。这是无法避免的。但是，对海洋科学技术发展的战略安排必须努力均衡经济和其他事业发展所需要的海洋科学技术的发展。

（二）眼前发展的需要与未来发展的需要

科学技术，尤其是科学，往往都是需要长期投入才能有所收获，不太容易在短期内见到效益。在科学技术已经与经济社会发展建立了紧密联系的今天，科学面临着尴尬。理由很简单，科学无效益——不能满足眼前的需要，不能在有特定时限的"任期"内产生效益，对于"投资"者无法给予立竿见影的回报。科技发展需要付出成本与成本占有者对效益的本能要求这两者的关系，决定了最先得到发展的是能够满足眼前需要的科学技术。同样的道理，对于一个发展中国家来说，最先被发展的也是可以在短期内能够见到效益的科学技术。科学技术"投资者"需要"短平快"。

然而，满足眼前发展的需要只能是海洋科学技术发展的目的之一，而不是全部。"人无远虑必有近忧"的话既是对普通人的警语，也是可以用来治国的原理。对于一个大国来说，即使是在极其困难的时期也不能忘记未来，即使眼前的任务极其繁重也不能没有远谋。只有善于谋远，才能使未来的"眼前"变得轻松；仅把注意力投向眼前，就很难摆脱困窘，即使到了将来也只能是疲于应付。

一个企业要想在长期的经营中始终保持优势地位就得建立自己的技术储备，一个国家的国民经济发展也需要建立自己的技术储备。从海洋事业发展的实际需要看，技术储备也是制胜的法宝。我国要成为海洋科技强国，而海洋科技强国的标志应当是有自己的替代技术、储备技术和换代技术。如果把这些技术转换成产品，就有自己的替代产品、储备产品和换代产品。

国家科技计划常有近期规划、中期规划和远期或长期规划之分，这类的规划常出现近期实而远期虚，近期重而远期轻的现象。科技发展的战略安排在跨越的时段上一般比较长，长于一般的科技发展规划，因而它面向未来的特点应当更突出。

眼前发展的需要一般都表现强烈，因为它有广大的和直接的需求者;[①] 未来发展的需要常常都是"隐性"的，因为它不仅没有强大的支持者队伍，而且对它的需求也常常不够明确具体，甚至有关的需求是否成立都有待未来科学工作的证成。这些都告诉我们，要实现眼前发展的需要和未来发展需要之间的均衡是十分困难的。

（三）科学服务的各项事业的需要和科学发展的需要

人们一直注意利用发挥科学技术的工具价值，或许所有的科学在终极意义上都要服务于人类。然而，在服务的语境下，科学也有自身的需要，一种脱离具体服务对象甚至忽略服务目的的自身发展需要。任何一门科学，如果它真的是科学，都有其自身发展的客观要求。对科学的发展，人们可以做出工具价值评价，而科学本身的发展需要却可能并无工具目的性。

列入科技发展规划，尤其是职能部门开列的科技发展规划大都以科学服务的有关事业的需要为根据。这不是个别现象，而是一种常态。科学发展如果不能从经济建设、海关管理、军事打击能力等事业中找到依据似乎就会失去发展的合理性。然而，我们需要向科学家请教，而不是向船长请教科学应当向哪里发展。我们应当沿着科学攀登的阶梯寻找新的工作目标，应当摸清科学已经达到的高度，并将它设为科学发展的新起点，而不是按舰长的指示搜寻先进的外国战舰，然后以这些战舰的先进性作为攻关目标来规划我们的科技战略。上文提到的关于深海底生命现象的研究，尤其是关于生命起源的研究也许在可以预见的将来都只是科学的需要，不能满足海洋渔业、海洋运输、海洋军事、海洋矿产资源开发等事业的需要。事实上从 20 世纪 60 年代发现"海底烟囱"现象到现在，这个伟大的发现和接踵而来的研究并没有给研究者或研究的投资者带来经济回报。在这个意义上，尊重科学就是按照科学发展的需要去支持科学研究，而不是按照对另外的某种事业甚至某种产业的满足程度来决定科学研究的继续与停歇。

---

① 如"民众对水产品的基本需求"就是对"渔业科技发展"（参见杨子江：《周应祺：关于中国渔业科技中长期发展战略研究的对话》，载《中国渔业经济》2008 年第 5 期，第 106 页）的强大的支持力量。

（四）本国海洋事业的需要与国际社会的需要

科学技术研究本质上是无国界的事业，因为科学技术，尤其是基础科学的一般结论在全世界具有普遍适用性。因为科学无国界，所以才有国际间保护知识产权的条约、协议；因为科学无国界，所以在国际交往中才广泛存在技术引进、技术出口等活动。

科学技术无国界，科学技术的发展也常常表现出无国界的特点。第一，同一个科学问题需要国家间的联合行动。全球海洋观测系统（Global Ocean Observing System，GOOS）就是由政府间海洋学委员会（Intergovernmental Oceanographic Commission，IOC）、世界气象组织（World Meteorological Organization，WMO）、国际科学联合会理事会（International Council of Scientific Unions，ICSU）和联合国环境规划署（United Nations Environment Programme，UNEP）共同发起的国际联合行动的气象科学课题。第二，对同一或同类科学问题，不同国家之间可以开展分工合作。"人体基因图谱"就是由我国和美国、英国、日本、德国、法国等经过10年的联合行动才攻克的科学难题。第三，对非机密科技项目，不同国家的科学家可以开展合作研究。第四，科学研究手段，包括技术手段、观测数据等，不同国家的科学家可以共享。

海洋科学技术的发展应当努力争取与其他国家的合作。如能形成分工合作关系，我国的有关研究就可以达到既节约成本又提高效率的目的。如能在一些大型科学研究项目上开展合作，那便可以实施我国原本无力实施的科学研究。我们不得不承认，我国的海洋科学研究总体水平还不能算是世界先进国家。在这样的科研水平上，我们应当积极争取开展国际合作的机会，应当力图把一些科研项目做成分工合作的项目。国际分工和合作的形成需要不同国家间需求的同步或大致同步。在这个意义上，国家海洋科学技术战略应当是与中外海洋科学技术合作战略伙伴关系计划相匹配的设计。

我国是大国，也是海洋大国，与我国的经济发展必须走开放的道路相近，我国的海洋科学技术的发展也需要走"国际化"的道路。我们应当发挥我国的号召力、影响力，联合相关国家一起解决海洋科学技术难题，而不是继续关起门来搞科研，把那些已经成为科学常识的试验数据还当成绝密材料锁在抽屉里。

（五）本国竞争地位的需要与人类共同利益的需求

海洋有让不同国家开展合作的天然条件，但也是国际竞争的战场，而且是竞争越来越激烈的战场，所以，许多海洋科学研究项目都只能是机密项目，只能是关起门来搞的项目。美国是海洋大国，与其在海洋军事上长期保持绝对优势地位相一致，其在"海洋高科技"领域也一直走在"世界前列"。20 世纪 80 年代，美国就提出"全球海洋科学规划"，目的仍在于"保持并增强"其"在海洋科技领域尤其是高科技领域的领先地位"①。我国的海洋科学技术研究水平虽然还不够高，但在认识到海洋的战场意义之后，出于国际竞争的考虑，我国也应当努力在海洋科学技术研究上成为先进国家，也就是《"十二五"海洋科技规划》所说的"进入世界先进行列"②。也许我们今天还不能真正成为海洋科技方面的世界先进，但在战略上，我们应当朝这个目标前进，或把"进入世界先进行列"设定为国家海洋科学技术发展的战略目标；也许我们一时还难以在海洋科学技术的所有领域都取得领先，但我们必须保持在某些领域里的领先地位，并争取在更多的领域成为世界先进国家。

我们的海洋科学技术战略必须按照这种要求去设计目标、调动力量、规定并采取措施。不过，除此之外，我们也不应忽略人类共同利益对海洋科学技术发展的需要，应当在科学技术发展的战略布局上给服务于人类共同利益的研究一定的关照。中国是世界大国，中国一向都是关心人类共同利益的大国、对国际大家庭的事务敢于负责任的大国。按照这样的大国地位的要求，国家必须在服务人类共同利益的领域做出自己的贡献，发挥自己的作用。一般来说，基础科学更符合人类共同利益的需要，按照科学本身的要求所从事的研究更能满足人类共同利益的需要，那些用于解决气候、气象、环保问题的科学技术更具有人类共同性，更能满足人类共同利益的要求。

第二节　我国的海洋科学技术战略

《"十二五"海洋科技规划》确定的"指导方针"之一是"使我国海洋科技水平尽快进入世界先进行列"③，其所确定的"发展目标"分两个时间段："'十二五'期间""海洋基础研究水平和关键核心技术逐步进入世界先进行列"；"到2020 年，海洋科技总体水平跻身世界先进行列"④。这些规定对我们思考我国的海洋科学技术战略具有依据和参考的双重价值。说它是依据是因为我国海洋科学

---

① 陆铭：《国内外海洋高新技术产业发展分析及对上海的启示》，载《价值工程》2009 年第 8 期，第 54 页。

② 《国家"十二五"海洋科学和技术发展规划纲要》第一章第一节。

③ 《国家"十二五"海洋科学和技术发展规划纲要》第二章第一节。

④ 《国家"十二五"海洋科学和技术发展规划纲要》第二章第三节。

技术未来 10 年左右的发展实际上要以它为依据。为了不让我们所做的战略设计过于"脱离实际",我们不得不以《"十二五"海洋科技规划》为依据。说它是参考是因为我们所做的海洋科学技术战略思考要回答的主要问题是应该怎样,而不是事实上怎样。为了对"应当"的战略负责,我们应当以这份《"十二五"海洋科技规划》为"参考",因为它不仅正在实施,且表现出了极大的合理性。如上述"指导方针"、"发展目标"都反映了我国海洋科学技术发展的实际需要。

按照当代社会对海洋科学技术的需求,考虑到海洋科学技术发展需要照顾的几对关系(上文已述及),我们认为在我国海洋科学技术事业的发展中应当对海洋科学、海洋技术和海洋信息做"分类指导",而我国的海洋科学技术事业战略可以划分为海洋科学事业发展战略、海洋技术事业发展战略两部分。

一、海洋科学的发展

我们已经习惯了科技的提法,就像我们习惯了权益的提法一样。这种含混的提法有助于提高相关词汇的语言功能,也可以减少讲演者、写作者对科学和技术做逻辑划分的功夫,可谓一举两得。然而,就像权益一词经不起严密的逻辑推敲一样,科技一词也会给读者、听众带来理解上的困难。为了使我们的战略设计更明确、清晰,我们想努力排除读者、听者可能遇到的理解上的困难,尽管我们会遭遇科学与技术之间由于"天然"联系而难以排除的某些含混。[1]

本书所说的海洋科学是作为自然科学分支(分科)的学问,而不是与海洋有关的一切科学。[2]

海洋科学发展战略主要要解决两个问题:一是选题。也就是确定研究领域,在确定的研究领域中选择重点科学问题。二是组织实施。

(一) 选题

到目前为止,我国"海洋重大基础研究"还"不深"[3]。也就是说,我们对已经被科学界注意的一些基础科学问题还没有做深入的研究,还没有取得让人满意的科学突破。这种现状给我国的海洋科学事业留下的是任务。

我们认为,我国海洋科学事业应当首先争取在以下领域实现突破:

---

① 参见马强:《浅论科学与技术的关系》,载《山西师范大学学报》2011 年第 1 期,第 106 页。

② 我们所说的科学不包括《国家"十二五"海洋科学和技术发展规划纲要》所说的"海陆统筹、建设海洋强国、发展海洋经济、维护海洋权益、保障海上通道安全和拓展国际海域利益等重大战略问题研究"(第三章第五节第一条)之类的内容。

③ 《国家"十二五"海洋科学和技术发展规划纲要》第一章第三节。

1. 海洋与气候变化

气候变化已经成为全球关注的重大问题，也是重大的科学问题。占地球表面71%面积的海洋对全球气候具有决定性的影响。气候规律、气候变化的机理等都深埋在海洋里。不管是为了挖掘气候变化的根据，还是为了找寻遏制气候异常变化的方法，都不得不研究海洋，研究海洋与大气之间的相互作用，研究海洋—大气—大陆之间的相互作用。

气候异常变化已经构成对全球的威胁，我国也已经感受到这种威胁。研究海洋与气候之间的科学问题，为解释或解决全球气候异常变化有所作为既是我国经济和社会发展的需要，也是对全人类的贡献。《"十二五"海洋科技规划》确定的"重点支持"领域之一就是"海洋与气候"①。国家应该继续在这个领域组织力量，推进实施，争取解决其中若干关键科学难题。

2. 海洋与生命起源

我们赞同科学应以解释经济和社会发展中遇到的重大疑难问题为使命，也拥护把有限的科研资源首先用于解决经济和社会发展最急待解决的科学问题上。但是，如前所述，科学事业的发展规划应该尊重科学自身的规律；回答与经济社会发展没有直接关系的基础科学问题也是科学的使命。《"十二五"海洋科技规划》规划了一批属于"海洋基础研究"的"重大关键科学问题"的课题。总的感觉是，它们大多都在易于"转化为生产力"的领域。例如，《"十二五"海洋科技规划》所列的"古海洋学记录与气候变化"、"近海环境变异与生态安全"、"深水油气系统形成与构造和沉积过程"、"深海热液系统与成矿作用"、"天然气水合物形成机理及其环境效应"、"海底资源开发与利用的环境影响"都与我们所需要的"矿"、对我国工农业生产和居民生活有明显影响的"气候"（气象）有直接或间接的关系。我们认为，除了这类课题之外，我国还应投入力量研究更具"基础"性特征的科学问题。深海生命现象以及这类生命现象与生命起源的关系，这类生命现象对解释生命起源所可能产生的帮助，这类生命现象对发现生态规律、解释生态变化的原因和机理等可能具有的作用，等等，都非常值得研究。可以说深海生命现象既是待解的科学难题，又是解决其他科学难题的钥匙。我国应当在解决这些难题上投入力量，并努力掌握这把科学钥匙。

3. 极地综合研究

我国在南极科考上已经取得了举世瞩目的成就。在刚刚结束的第28次南极科学考察中，科考队在南极昆仑站安装并成功调试了自主研发的南极巡天望远镜；在冰川、天文、大洋等科学领域取得了多项突破性进展。此外，还首次在南

---

① 《国家"十二五"海洋科学和技术发展规划纲要》第三章第一节第二条。

极半岛海域进行了大规模的大洋考察，为认识南极周边海洋环境、气候特征及其演变规律，深入了解极地海—冰—气相互作用的过程及其对全球气候变化影响等，提供了丰富"线索"①。我国不仅应当继续保持在南极科学考察上已经取得的优势，而且应扩大研究领域，在气候、地质、生物和生态、环境等领域开展或加强研究，争取从科学上全面掌握地球上这个特别的区域，在认识和掌握这个人类共同经营管理的地球板块上抢占先机。

与南极科考几乎具有相同价值的是北极科考。我国在新中国成立之前就已经享有在北极地区开展科学研究的法定权利。近年来，我国在北极科考上也投入了一些精力，并取得了一些研究成果。② 北极，因为被加拿大、丹麦、芬兰、冰岛、挪威、瑞典、俄罗斯、美国所包围，北极圈内的一些区域历史上已经被有关国家占有或使用过，依《海洋法公约》，上述国家还可以主张专属经济区、大陆架权利，因而其为人类共有的属性是不完整的。但是，这些并不能成为我们停止向北极开展科学进军的脚步的理由。除了科学研究本身的需要之外，对这个特别的区域的未来处置是一个需要严肃对待的问题。北极是地球两极中的一极，对全球气候、生态都有重大影响。随着北极研究的深入，它在气候、生态、环境等方面的重要性正不断被认识。在北极部分区域的利用存在两种可能和两种价值之间的冲突。所谓两种利用是指：其一，主权国家依主权、主权权利和管辖权自由使用；其二，人类为共同的利益使用或按世界各国认可的用途使用。前者是现行国际法，主要是《海洋法公约》许可的用途。依照现行的法律，有关国家可以对相关区域主张权利，在有关区域行使权利。后者在一定程度上就是保持北极未开发之前的状态。所谓两种价值是指：其一，主权国家的权力和利益；其二，人类共同的利益。科学需要回答的问题是，在北极地区的利用上是否存在为了人类共同利益这种价值而要求北极国家放弃或限制权力和利益的充分理由。

4. 生态科学研究

就像海洋与气候研究不只是海洋里的学问一样，生态科学研究也不只是以海洋为研究对象，或仅以海洋里的事物为研究对象。海洋与气候的研究超出海洋的空间范围，我们这里所说的生态科学研究也需要把海洋、陆地、气候等联系起来。人类行为，主要是陆地上的人类行为对地球生态系统，如对生物多样性的危害正在加大，与人类行为有关的气候变化正在威胁着地球生态系统的健康。人类

---

① 《国家"十二五"海洋科学和技术发展规划纲要》充分肯定了我国在南极科考方面取得的成就，包括"完成了人类首次从地面到达南极冰盖最高点的科考活动，建立了南极地区海拔最高的昆仑站"等（第一章第二节第一条）。

② 被《国家"十二五"海洋科学和技术发展规划纲要》看作是我国"海洋调查观测能力显著提高"标志的活动就包括在"第四次北极科学考察中，首次实现抵达北极点"（第一章第二节第一条）。

需要找到遏制生态系统退化的办法，当然这里说的是科学上的办法，需要找到医治生态系统创伤、恢复生态系统健康，或重建受害生态系统的途径，需要探寻生态系统适应气候变化以及其他不利变化的能力或条件，等等。

我国是《生物多样性公约》的缔约国。依照《生物多样性公约》的规定，我国有义务"促进和鼓励有助于保护和持久使用生物多样性的研究"①。我们加强生态科学研究，既是对国际公约义务的履行，又可以回答关于生态保护的理论难题，还可以为我国的生态保护工作提供科学依据。

（二）组织实施

如何组织实施是海洋科学发展战略的重要组成部分，也可以说是成败的关键。我们认为，不管是解决上文所列几个领域的海洋科学问题，还是扩展研究其他涉海科学问题，都需要政府大力扶持、加强国际合作、组织协同攻关。

1. 政府扶持

海洋科学的发展，政府扶持是关键。这一点是由我国的国情决定的。越是大规模的科学研究越需要政府的直接领导；越是其价值超出本国利益的科学研究越需要政府的推动。《"十二五"海洋科技规划》设计了一个"海洋应用技术创新体系"——"以企业为主体的海洋应用技术创新体系"②。这个设计用于"海洋应用技术"的发展是恰当的，也会是有效的，因为"海洋战略性新兴产业"、"区域海洋经济"方面的应用技术都是有关企业急需的技术，是可以给企业带来收益的技术，有关企业乐于在这类技术的研发中投资，担当这类技术研发活动的"主体"。这个"体系"显然不适合用于海洋科学事业。与发展海洋应用技术"以企业为主体的海洋应用技术创新体系"相对称，我们主张建立一个"以政府扶持为主干的基础科学创新体系"。《"十二五"海洋科技规划》为"完善科技基础条件，提升海洋自主创新能力"而规划的"海洋科学研究试验基地建设"，包括"国家深海基地、极地中型考察基地和国内基地、深海研究国家实验室、海洋科学与技术国家实验室、南方海洋科学研究中心的建设；组建 3～5 个跨学科、跨单位的重大科学创新基地，新建 5～8 个海洋科学国家重点实验室"③ 等都可以纳入我们所说的这个"创新体系"。

2. 国际合作

许多科学项目都不是一个国家的科学力量所可以独立完成的。要在这类科学

---

① 《生物多样性公约》第十二条（b）项。
② 《国家"十二五"海洋科学和技术发展规划纲要》第三章第六节第二条。
③ 《国家"十二五"海洋科学和技术发展规划纲要》第三章第七节第一条。

项目上取得理想的科研成果，必须开展国际合作；有些重大科研项目的实施往往需要跨越不同的国家和地区（或海区）。这类科学项目，由一个国家的科学家用在全球到处跑的办法去实施，即使有足够的力量也很不经济。更为有效的办法也是开展国际合作。国际大洋探索计划（International Ocean Exploration Program，IODP）、上文提到的"GOOS"等大型科学计划都是国际合作的典型。

3. 协同攻关

协同攻关其实就是国际合作的科研组合方式在国内的适用。开展国际合作必须先取得相关国家的政府的同意，没有这个先决条件就没有合作。国内的"协同攻关"不存在主权障碍。在科学意义上，"协同攻关"的必要性来自于科学问题的多维性、复杂性和单一研究机构研究力量的有限性、研究领域的单一性之间的矛盾。例如，在"海洋与气候"这个研究领域，不管是海洋、大气，还是海气相互作用等都构成一个独立的研究领域。这项研究至少需要三支队伍。而海—气—陆相互作用的研究还需要组织熟悉陆海关系、陆与大气关系的专家一起努力。这类科学项目没有多个研究单位的"协同"是很难取得成效的，至少是很难取得理想的效果。

二、海洋技术的发展

我们常说科学技术是生产力，而且是第一生产力。直观地看，技术比科学更具有生产力的功能。把科学技术"转化为生产力"的说法更多地是被应用技术，尤其是生产技术的转化实践的。为了向我国海洋事业提供更多的"生产力"，我们应该努力发展海洋技术。

技术还是科学研究的手段。我们也可以把这种技术叫作非生产技术。例如，我国发射的海洋水色卫星对于海洋科学研究就具有手段的作用。它可以帮助科学家探测叶绿素、悬浮泥沙、海温和污染物等，科学家可以根据这些探测结果掌握海洋初级生产力分布情况以及海洋渔业和养殖业资源与环境质量状况，为防治污染、开发利用海洋生物资源提供依据。如此说来，为了给海洋科学研究提供更强有力的手段，我们也应该努力发展海洋技术。

与海洋科学研究相比，我国海洋技术研究取得的成就更大。《"十二五"海洋科技规划》确认的"海洋技术创新""新突破"包括"研发了一批"有利于"提高近海资源利用水平和深海战略性资源的储备"的"重大技术和装备"；"自行设计、自主集成研制的'蛟龙号'深海载人潜水器"经过海试；"一批近海、深水油气田和大洋海底固体矿产资源勘探开发关键技术与重大装备已投入应用，3 000 米半潜式钻井平台等大型海洋工程装备研制取得突破"；"一批海洋药物、生物制品研究开发以及水产品加工与质量安全控制关键技术" 被 "攻克"; "初步构建起海水直接利用—淡化—化学资源利用的产业链技术体系"; "潮汐能、波浪能发电技术开始示范运行,海上风能发电技术实现商业化应用"; "研发了一批海洋环境实时监测仪器和系统"; "精细化海洋灾害预警报技术、海上突发事故应急预报技术和海洋灾害风险评估技术得到示范应用"[①]等。当然,在这些成就背后也还隐藏着许多不足。如 "海洋科技自主创新和成果转化能力还不能满足" 国家的 "战略需求", "海洋开发的关键核心技术自主化程度不高,深海技术亟待突破,海洋高技术的引领作用和产业化水平仍较薄弱"[②],等等。

海洋技术的发展与海洋科学相比,容易得到企业界的支持,或者说容易吸引企业界的参与。例如,我国海水养殖的几次浪潮[③]都以技术上的突破为先导,而相关技术的研发一般都得到了中央政府、地方政府或企业的支持,或得到了政府和企业的共同支持。与海洋技术研究响应者众多、易于转化为 "生产力" 的特点相适应,发展海洋技术也可以采取与发展海洋科学不同的实施办法。《"十二五" 海洋科技规划》确定的 "以企业为主体的海洋应用技术创新体系"[④] 就是一个不错的选择。

我们认为,以下 8 个方面应当列为我国海洋技术的重要发展领域:

(一)海水养殖技术

我国是海洋养殖业最发达的国家,或最发达的国家之一。但是,这一发达并不等于科学养殖的水平高。我们已经把海洋渔业列为国家 "战略扶持产业"(参见本书第八章),对这个产业发展所需要的技术应优先发展。《"十二五" 海洋科技规划》与我们的认识存在共同点。它在 "突破海洋开发关键技术,培育战略性新兴产业" 一节首列 "海洋生物资源开发与高效综合利用技术",其中列举了一系列海水养殖技术,包括: "数字化、集约化的养殖技术", "重要海水养殖生物的良种选育及扩繁、生殖调控及性别控制理论和技术", "优质环保饲料"、 "重大病害防治和环境调控" "技术"、 "适于水深 20～40 米海域自动化养殖设施与技术", "海洋牧场建设和评估技术"[⑤] 等。在这些技术之外,精确渔业技术也

---

① 《国家 "十二五" 海洋科学和技术发展规划纲要》第一章第二节第三条。

② 《国家 "十二五" 海洋科学和技术发展规划纲要》第一章第三节。

③ 一般认为已经经过了 "五次浪潮",即 20 世纪 60 年代的海洋藻类养殖浪潮、20 世纪 80 年代的海洋虾类养殖浪潮、20 世纪 90 年代的海洋贝类养殖浪潮、世纪之交的海洋鱼类养殖浪潮和近年兴起的海珍品养殖浪潮。

④ 《国家 "十二五" 海洋科学和技术发展规划纲要》第三章第六节第二条。

⑤ 《国家 "十二五" 海洋科学和技术发展规划纲要》第三章第二节第一条。

是海水养殖中可以广泛使用的技术。据周应祺先生介绍，所谓精确渔业就是"将遥感技术、地理信息系统、全球定位系统、计算机技术、通讯和网络技术、自动化技术等高新技术"组合起来，以实现对"渔业生产全过程""从宏观到微观的实时监测"的技术。采用精确渔业技术可以对"水产养殖对象的生长发育状况、病虫害、水体状况以及相应的外部环境状况进行定期信息采集和动态分析"，支持"诊断和决策。"精确渔业技术的核心是"对生产的全过程实行量化的精确控制"[①]。

我国已经有"深水抗风浪离岸网箱"养鱼的实践，但还不能说已经建立了成型的技术体系。随着我国浅水区海水养殖业的扩张，海域空间的有限性和污染不断加剧的困难都要求我国的海水养殖业向深水区进军。为了给深水区海水养殖提供强有力的技术支持，国家应尽快提供深水网箱养鱼技术并为这些技术的完善做长期跟踪研究。

减少污染的养殖技术应当列为我国海水养殖技术发展的重点。陈平先生曾指出一个严峻的事实："水产养殖水污染严重，对海洋环境造成恶劣影响"。陈先生分析了这种恶劣影响的由来："随着近海渔业资源的衰减和养殖产业迅猛发展，海水养殖业也由半集约化养殖方式转为高度集约化养殖方式"。其特点是"采用网箱养殖，对鱼产品进行高密度放养，并依靠大量投喂外源性饵料获得尽可能多的鱼产品"。这种养殖方式"导致生产中产生的鱼体排泄物、未被鱼类吸收的饵料、氮、磷等营养要素以及抗生素药物大量进入了海水，造成水质恶化"。"这种超容量高密度养殖还会导致海水自净能力和纳污能力下降，水体富营养化加重，赤潮发生率提高。"[②] 陈先生所说的不是个别事例，而是普遍现象；不只是理论上成立，而是已被反复证明。针对这种情况，如何让海水养殖活动少产生甚至不产生污染应当列为急待解决的技术难题。刘峰先生述及的多层次生态养殖技术、工厂化循环水养殖等都有助于解决这一难题。

刘峰先生对多层次生态养殖技术、工厂化循环水养殖技术的推崇是以对"海水养殖业产生污染的一般机理"的深入研究为基础的。在他看来，"多层次生态养殖"是"以维持养殖生态系统平衡的理念为指导"的，其基本原理就是"利用不同层次营养级生物的生态学特性，在养殖环节使营养物质循环重复利用"。这种养殖技术"不仅可以减少养殖自身的污染，还可以生产出多种有营养价值的养殖产品"。刘先生相信，这种技术的运用和推广有利于"解决海水养殖

---

① 杨子江：《周应祺：关于中国渔业科技中长期发展战略研究的对话》，载《中国渔业经济》2008年第 5 期，第 109 页。

② 陈平：《海洋开发可持续发展战略思考》，载《海洋开发与管理》2012 年第 1 期，第 37 页。

污染问题"①。"工厂化循环水养殖"技术，也称"陆基工厂化养殖、工厂化养殖"。其特点是集中设施、设备，集中使用多种技术手段，"使水产养殖动物处于一个相对被控制的生活环境中"。"工厂化循环水养殖"解决水产养殖环境污染的基本诀窍是"使工厂化循环水养殖向系统外排放的养殖用水达到最小化"。在刘峰先生看来，如何实现这里所说的"最小化"② 是这项技术的关键。

（二）船舶制造技术

2006 年 8 月 16 日，时任国务院总理温家宝主持召开的国务院常务会议审议并原则通过了《船舶工业中长期发展规划（2006～2015 年）》（以下简称《船舶规划》）。《船舶规划》规定了到 2010 年和到 2015 年的发展目标，其中船舶制造能力目标是："2010 年，自主开发、建造的主力船舶达到国际先进水平，年造船能力达到 2 300 万载重吨，年产量 1 700 万载重吨"，"本土生产的船用设备平均装船率（按价值计算）达到 60% 以上"，"船用低、中速柴油机年生产能力分别达到 450 万千瓦和 1 100 台，基本满足同期国内造船需求"。"2015 年，形成开发、建造高技术、高附加值船舶的能力，年造船能力达到 2 800 万载重吨，年产量 2 200 万载重吨"，"船用低、中速柴油机年生产能力分别达到 600 万千瓦和 1 200 台，本土生产的船用设备的平均装船率（按价值计算）达到 80% 以上"③。这是一个比较宏伟的规划。这一规划也对船舶制造技术提出了要求，其中包括"提高产品优化设计、开发创新和制造水平"④，"加强基础技术、关键共性技术研究，增加技术储备"⑤ 等。这足以说明，国家对发展船舶工业和船舶制造技术已经早有打算。

船舶制造并非新兴产业，船舶制造技术也是历史悠久的技术门类，但在今天，"海洋装备技术和船舶工业的发展"仍然可以说"正迎来一个前所未有的历史机遇，正处在一个发展的加速上升阶段"。这是因为，"船舶技术正经历着一场超越传统的更新与变革"，"船舶制造技术也正进入一个基于信息化技术提升质量和管理效率的新时期"⑥。我国发展船舶工业正逢这个历史机遇，而我们主张把船舶制造技术纳入国家海洋科学技术战略是为了帮助中国的船舶工业更牢地抓住这个历史机遇。研究者所说的"船舶技术"的"更新与变革"并非仅仅表

---

①② 刘峰：《山东蓝色经济区建设需要发展环境友好型海水养殖业》，载《水产养殖》2011 年第 12 期，第 35 页。

③ 《船舶工业中长期发展规划（2006～2015 年）》第一章第一节第二条。

④ 《船舶工业中长期发展规划（2006～2015 年）》第一章第二节第三条。

⑤ 《船舶工业中长期发展规划（2006～2015 年）》第一章第二节第五条。

⑥ 徐玉如：《积极发展海洋装备，维护国家海洋权益》，载《科学中国人》2006 年第 11 期，第 27 页。

现为船体内之装备的"更新与变革",尽管新造船舶的装备都发生了变革,而是还包括与信息技术进步、材料科学的进步等相适应的新型船舶、特种船舶的建造。科学考察船、救捞作业船、大型工程船、个性化游艇以及远洋渔船等的制造,这些船舶上需要配备的救捞装备、工程装备、捕捞加工装备等的制造,都需要有技术研发走在前头。

"船舶工业"还不是仅仅为"水上交通、海洋开发"服务的行业,而是还要向"国防建设""提供技术装备的现代综合性产业"[1]。船舶制造的重要方面是军事船舶制造,对我国来说尤其如此。船舶制造技术中的尖端技术也常常是,甚至首先是服务于军事船舶制造(关于军事船舶制造技术有关看法,详见下文)。

(三) 海洋油气资源勘探开发技术

我们设计的国家海洋经济战略的内容之一是"锻造资源(能源)磁铁"。毫无疑问,这一"磁铁"首先要吸附的是能源资源,而且主要是海洋油气资源。"磁铁"要吸附更多的油气资源,就必须先有足够强大的吸附力。海洋油气资源勘探开发技术就是要努力增加"磁铁"吸附力的技术。

显然,我国目前的油气资源开发技术还不够高。连琏先生曾坦率地说:"我国海洋资源勘探开发技术总体水平落后于先进国家 15 年左右。"目前我国"油气开发主要集中在陆上和近海,其后续发展能力明显不足"。其中"深水海域油气资源仍处在勘探开发的初期,勘探程度非常低"[2]。虽然深海油气资源勘探开发技术早已引起我国政府的高度重视,也取得了较大的发展,例如,"一批近海、深水油气田""勘探开发关键技术与重大装备已投入应用,3 000 米半潜式钻井平台等大型海洋工程装备研制取得突破"[3],但是,"海洋资源勘探开发技术总体水平"相对落后仍然是我国海洋经济、海上安全、海洋环境保护等海洋事业发展的重要"制约"[4] 因素。

海洋油气资源勘探开发技术的发展应当沿以下三条路向前发展:一是与我国现有勘探开发技术水平比较接近的近海勘探开发技术的提高;二是针对我国已知油气矿藏海域的地质构造和油气藏特点发展勘探开发技术;三是攻克深海油气资源勘探开发的常规技术,追赶甚至超过世界先进水平。

---

[1] 《船舶工业中长期发展规划(2006~2015 年)·序言》。

[2] 连琏:《海洋油气资源开发技术发展战略研究》,载《中国人口·资源与环境》2006 年第 1 期,第 67 页。

[3] 《国家"十二五"海洋科学和技术发展规划纲要》第一章第二节第三条。

[4] 连琏:《海洋油气资源开发技术发展战略研究》,载《中国人口·资源与环境》2006 年第 1 期,第 66 页。

我们先讨论近海油气田勘探开发技术。近海油气田开发是我国在海洋石油天然气勘探开发方面的重要作业领域。在渤海、黄海、东中国海、南中国海的珠江口、北部湾进而琼东南等海区发现含油气构造，发现了渤海大油田，有些油气田已经正式投产。油气开采集中于"近海区域"① 是在我国低水平的海洋石油天然气勘探开发技术②制约下所做出的必然选择。相比较而言，我国近海油气田勘探开发相对成熟。不过，成熟不等于不需要再做新的努力。"多波多分量地震勘探技术、剩余油藏监测技术"、"时移地震油藏监测技术、地质导向钻井技术、随钻测井技术和三次采油关键技术"、"海上油田水面工程技术、海底管线设计/敷设技术、水下作业技术"、"海底管道检测维修技术"③ 等都有待攻克或提高。

再来看针对我国管辖海域地质构造和油气藏特点的勘探开发技术。我国管辖海域主要是南中国海海域存在科学上所说的灾害性环境条件，需要有针对性地研发油气田勘探开发技术。据科学家估计，南中国海"属于世界海洋油气聚集中心之一，石油的地质储量大致在 230 亿～300 亿吨之间，约占中国总资源量的三分之一；天然气水合物的储量相当于中国陆上石油量的一半左右。"④ 这样大的蕴藏已经吸引了全世界的目光，自然也引起周边国家进入这个海域，进行掠夺式的开采。我们要在南中国海油气资源勘探开发中取得先机，除了从外交、军事等方面解决主权和管辖权等问题外，解决勘探开发技术问题便成了关键。按照连琏先生的说法，南中国海特有的灾害环境、复杂原油物性及油气藏特性本身就是世界石油领域面临的难题。他认为，"只有通过核心技术自主研发、突破深水油气田勘探开发的技术瓶颈"，我国才能在这个区域的深水油气资源勘探开发中获得"主动权"⑤。他所说的主动权包括掌握"开发新型深水平台技术、深水油气集输技术、深水水下生产系统技术"⑥ 等。国家应当组织力量尽快突破这些技术难题。

最后看深海油气资源勘探开发的常规技术。深海油气资源勘探开发技术

---

① 卢布：《我国"十一五"海洋资源科技发展的战略选择》，载《中国软科学》2006 年第 7 期，第 43 页。

② 连琏先生的总结说明了我国勘探开发技术已经走了多远。"我国油气资源开发目前仍主要集中在 200 米水深以下的近海海域，深水海域油气资源仍处在勘探开发的初期。目前我国海洋工程实践经验仅在 200 米水深之内，深水钻井的最大深度仅 505 米。"（参见连琏：《海洋油气资源开发技术发展战略研究》，载《中国人口·资源与环境》2006 年第 1 期，第 66 页）

③ 连琏：《海洋油气资源开发技术发展战略研究》，载《中国人口·资源与环境》2006 年第 1 期，第 67 页。

④ 徐玉如：《积极发展海洋装备，维护国家海洋权益》，载《科学中国人》2006 年第 11 期，第 26 页。

⑤⑥ 连琏：《海洋油气资源开发技术发展战略研究》，载《中国人口·资源与环境》2006 年第 1 期，第 66 页。

（也包括南中国海的深海油气资源的勘探开发技术）是整个海洋油气资源勘探开发技术国际竞争的核心。徐玉如先生认为，"着眼于海洋资源探测、开发与利用的海洋先进平台及装备技术是决定未来海洋技术优势，保证国家海洋竞争优势的关键高新技术领域，其中某些技术的复杂性与难度甚至超过航空航天技术。"①所以，美国、法国、日本等发达国家都加大了对海洋资源勘探开发技术研发，尤其是深海油气资源勘探开发技术研发的投入。这个国际竞争激烈进行的领域恰恰也是我国应当集中力量实现突破的领域。连琏先生认为，"开辟深水油气勘探开发领域"是我国海洋油气业面临的主要任务，"深水海域油气勘探开发技术"②应该是我们努力发展的技术领域。

深水油气资源勘探开发是一个需要应用多种技术的技术领域。从世界各国的发展和我国目前的发展看，平台及装备技术、探测技术、深水油气集输技术、深水水下生产技术等方面都还存在大量技术难题。西欧国家实施的尤里卡海洋计划仅第二期中的水声应用部分就有"水下图像传输技术、长距离声通信技术、声学研究沉积物现场特性技术、用 SAR 和回声探测仪研究浅海水下地形的动态特征、海底地形测绘技术"③等项目。在连琏先生看来，仅"深水海域油气勘探开发重大装备方面""亟待解决的关键技术"就有"深水地震勘探船关键技术、深水起重铺管多功能船关键技术、3 000m 深水半潜式钻井平台关键技术"④，等等。这些以及这里远没有完全列举的其他许多技术需要我国有计划有步骤地开展研究，各个击破，形成自己的技术体系。

（四）海底矿产资源勘探开发技术

前已述及的"资源（能源）磁铁"要吸附的对象除石油天然气等油气资源外，还包括其他矿产资源。海底，尤其是国际海底，显然是一个勘探开发不充分的区域。任建国先生对深海勘探能力的估计是："水深超过 2 000 米的深海，约占海洋总面积的 90.3%，是海洋的主体部分。"这个广大的区域"仍有 95%""处于研究空白和待开发状态"。因而，他也把"深海"看作是"地球上尚待开发的最后疆域"⑤。这个估计向我们展示了到海底找资源的光明前景。不过，这个前景不只是中国官员看到了，日本、西方大国都早已盯上了海底资源，包括国

---

① 徐玉如：《积极发展海洋装备，维护国家海洋权益》，载《科学中国人》2006 年第 11 期，第 26 页。
②④ 连琏：《海洋油气资源开发技术发展战略研究》，载《中国人口·资源与环境》2006 年第 1 期，第 66 页。
③ 徐玉如：《积极发展海洋装备，维护国家海洋权益》，载《科学中国人》2006 年第 11 期，第 27 页。
⑤ 任建国：《我国海洋科学"十一五"发展战略与优先资助领域》，载《中国科学基金》2007 年第 1 期，第 12 页。

际海底区域的资源。如果说世界上正在发生为争夺油气资源的战争，那么，其他矿产资源的争夺也已临近"战争"的前夜。除油气资源以外的海底矿产资源虽然还没有真正进入商业开发阶段，但争夺却已悄悄展开。例如，日本早已为开发深海资源磨刀霍霍。据卢布先生考查，日本"从1968年开始""先后推出了《深海钻探计划》、《大洋钻探计划》、《海洋高技术产业发展规划》、《天然气水合物研究计划》、《海洋研究开发长期规划》、《综合大洋钻探计划》等。"[①] 我国较早启动了海底矿产资源勘探开发技术的研发，但进展不够理想，收效不够明显。从勘探实践来看，"天然气水合物资源量尚未正式勘查，海底多金属结核等矿产基本没有开采"[②]。我国资源短缺，海底又埋藏着我们需要的资源，为什么不去开采呢？除了开采成本较大影响了海底资源进入商业化开采的进程之外，许多技术问题尚未解决或现有技术未过关是关键。例如，深海作业技术。如果不能解决大深度水下运载技术、深海作业装备技术、深海空间站技术、高保真采样和信息远程传输技术等，就很难对海底多金属结核矿等开展商业开采。再如，南中国海海底就有天然气水合物埋藏，但是，在没有解决开采天然气水合物的钻井技术、天然气水合物的安全开采技术等之前，这种资源也只能是潜在资源。[③]

根据海底矿产资源勘探开发的实际需要，海底矿产资源勘探开发技术的发展可以走"通用技术"和"专用技术"双管齐下之路。所谓通用技术是指海底勘探开发的通用技术，如水下装备技术、水下运载技术等。所谓专用技术是指勘探开发特定种类的矿产资源所需要的技术。如天然气水合物的开发技术、开发活动的环境影响控制技术等。天然气水合物的开发远没有油气资源开发那么容易，或者说开发技术远没有油气资源开发技术那样成熟。如热激发开采法、减压开采法、化学试剂注入开采法等都存在严重缺陷。形成天然气水合物的主要气体为甲烷，[④] 而甲烷是强温室气体。在天然气水合物的开采过程中，如果不能对甲烷气体进行有效控制，就会对环境造成不利影响。到目前为止，这种环境影响防治技术依然是摆在海洋技术界面前的难题。

（五）海洋军事技术

军事科学技术的发展正在改变战争的形态。航空母舰不仅扩大了战争范围，

---

① 陆铭：《国内外海洋高新技术产业发展分析及对上海的启示》，载《价值工程》2009年第8期，第55页。

② 卢布：《我国"十一五"海洋资源科技发展的战略选择》，载《中国软科学》2006年第7期，第43页。

③ 卢布：《我国"十一五"海洋资源科技发展的战略选择》，载《中国软科学》2006年第7期，第45~46页。

④ 所以，研究者也把甲烷分子含量超过99%的天然气水合物通常称为甲烷水合物。

445

而且可以有效地把战争引向国外，或引向战争设计者希望发生的领域。导弹技术不仅拉大了打击者和打击对象之间的空间距离，而且提高了打击精确度和打击力量，使战争不仅可以"运筹于帷幄之中"，而且也可以"决胜于""帷幄之中"。在这样的战争中，"武功"、"膂力"已经很少能派上用场；在这样的战争中，兵士所着的"甲胄"、砖石结构的"城防工事"，甚至给军舰披挂的"铁甲"都失去了护卫作用。在这样的战争中，攻防双方的较量主要是武器，而武器中的精髓是科技。[1]

海洋军事技术的基础部分是船舶技术。沈骥如先生认为"中国应当拥有向海外投掷部队的能力"，而要具备这个能力就需要有自己的航母，所以他主张"发展以航母为核心的远洋作战能力"[2]。沈先生所说的这种能力的基础是特殊的船舶——航空母舰。建造航母是我们刚刚开始"学步"的一项船舶制造技术。虽然我们的首艘航母已经过海试，但这离宣布建造成功、技术过关还差十万八千里。未经过实战演练，未经过与其他舰船配合行动的检验，自然无法对有关技术说"验收成功"。即使首艘航母的建造是成功的，我国的航母建造技术也依然是低水平的，因为我们建造和使用航母的"实战经验"太少了。所以，提高航母建造技术将是我国海洋军事技术发展长期的和艰巨的任务。

我国军事船舶制造还面临许多待解的技术难题。舰载飞机及其他武器装备技术和建造技术应当作为我国海洋军事技术研发的重点。我国的潜艇技术比较领先，但不管是反侦察技术（隐身技术）、导弹及导弹发射技术等还都需要提高。另外，与军事船舶建造有关，我国的反潜技术也有待提高。

（六）海洋生物技术[3]

海洋生物技术是许多沿海国家普遍关注的技术领域。"不仅美国、日本、挪威、澳大利亚、英国、德国等发达国家先后制定了国家发展计划，把海洋生物技术确定为 21 世纪优先发展领域"，而且包括中国、印度、墨西哥、东南亚各国等在内的"发展中国家"，"也不失时机地把海洋生物技术的研究提到国家发展的日程上来"[4]。总体来说，"海洋生物技术"是"国际上重点发展的海洋高新

---

① 郑淑英先生根据的"海上作战"所使用的设备与手段"多以高技术为技术支持"的特点，把"科技"判定为"海上国防力量建设的基础与保障"（参见郑淑英：《科技在海洋强国战略中的地位与作用》，载《海洋开发与管理》2002 年第 2 期，第 42～43 页）。

② 沈骥如：《21 世纪中国国际战略"路线图"》，载《社会科学报》2010 年 3 月 4 日。

③ 海洋生物技术与海水养殖技术之间存在交叉。本书之所以允许这种交叉的存在是因为：我们认为，海水养殖技术的重要性远超过一般意义上的海洋生物技术。不管海洋生物技术是否能用于海水养殖，海水养殖技术都应当是我国海洋技术发展的重中之重。

④ 唐启升：《海洋生物技术前沿领域研究进展》，载《海洋科学进展》2004 年第 2 期，第 123 页。

技术领域"之一，①而我国在这个领域也取得了巨大的进步。其中包括"攻克了一批海洋药物、生物制品研究开发"等"关键技术"，"海洋生物功能基因研究""进入世界先进列"②。

从经济社会发展对海洋技术的需求和海洋生物技术发展的趋势来看，海洋生物技术近期发展主要集中在"海洋动植物养殖生物技术、海洋天然产物生物技术和海洋环境生物技术"③等方面。这几个方面都有强烈的社会需求。水产养殖是海洋生物产业的重要方面，人们希望利用生物技术手段提高养殖种类的产量、质量，培育出性状优良、抗病抗逆能力强的新品种等。这就为海洋动植物养殖生物技术提供了用武之地。据唐启生先生了解，近年的"重要功能基因"研究就是可以为海水养殖所利用的技术。"通过基因组学研究"，可以"鉴定、发现和克隆能够调控养殖生物生长、发育、繁殖、性控、免疫和抗逆等相关的重要功能基因，为遗传改良、基因改造、品种培育和规模化养殖，乃至'分子育种'提供广泛的关键应用技术"。海洋天然产物生物技术是我国相对较为发达的海洋制药业所利用的一个技术领域。④这项技术也称为海洋"天然产物开发"技术。它主要是开发分离海洋生物的"天然物质、活性物质和化合物"⑤。海洋环境生物技术，主要是应用生物技术进行海洋环境的监测和修复两个方面。海洋环境生物技术在环境监测领域的应用主要是利用"生物传感器""感知"海洋环境变化。⑥海洋环境生物技术用于海洋环境修复大致可以归结为对海洋污染物质的"生物降解"。据吴志纯先生介绍，"通过重组 DNA 构建的'超级菌'可以分解海上石油，其降解烃类的能力比野生菌高出几十倍至几百倍。降解相同面积的海上石油，野生菌需要一年以上，'超级菌'只需要数小时。"⑦

我国是海水养殖大国，以养殖方式生产更多的水产品是我国海洋事业需要长期承担，甚至永远承担的任务。因此，我国应当大力发展海洋动植物养殖生物技术，并在全球取得领先地位。如果说海洋渔业是我国的战略扶持产业，那么，海洋动植物养殖生物技术也应当列入国家战略扶持的技术领域。我国的海洋制药，

① 陆铭：《国内外海洋高新技术产业发展分析及对上海的启示》，载《价值工程》2009 年第 8 期，第 54 页。

② 《国家"十二五"海洋科学和技术发展规划纲要》第一章第二节第三条。

③ 杨宝灵：《海洋生物技术研究现状与前景展望》，载《大连民族学院学报》2005 年第 1 期，第 67 页。

④ 周百成先生回顾说："我国有长期应用海洋药物的历史和经验，自 1978 年全国科学大会期间提出'向海洋要药'以来，海洋药物的研究有很大的发展，以 PSS 为代表的一批海洋药物已进入市场。"（参见周百成：《海洋生物技术——机遇和挑战并存的新领域》，载《生物工程进展》1997 年第 6 期，第 53 页）

⑤ 唐启升：《海洋生物技术前沿领域研究进展》，载《海洋科学进展》2004 年第 2 期，第 125 页。

⑥ 参见段黎萍：《欧盟海洋生物技术研究热点》，载《生物技术通讯》2007 年第 6 期，第 1055 页。

⑦ 吴志纯：《发展中的海洋生物技术》，载《中国科学院院刊》1990 年第 1 期，第 38 页。

包括其所利用的海洋天然产物生物技术已经取得了较为领先的地位，而这项技术应用前景十分广阔。国家应花气力保持已经取得的领先，并争取取得引领相关技术发展方向的地位。海洋环境污染既是全球性的难题，更是我国的难题。我国近海污染越来越严重。国家为应对环境污染已经采取了若干措施，但海洋环境保护的形势却从未让人感到乐观。国家应当大力发展海洋环境生物技术，为治理海洋污染储备和使用这种不产生二次污染的技术。

此外，我国还应加强以下几个方面的研究：其一，生物烃研究。有专家称，"生物烃是国际上看好的新能源"。即使仅仅为寻找新能源，国家也应把海洋生物技术应用研究列为国家海洋技术发展的重点。[①] 其二，海底基因资源。徐洵先生认为，深海生物是"结构特异，性质特殊的海洋生物天然产物"。它们"含有高／低温酶"，这些酶的"极端性质超出了传统酶催化功能的临界范围"。这些酶的应用"将为需酶工业带来一场革命"[②]。其三，"生物固碳"。这是用于应对全球气候变化的一种技术。随着我国减少温室气体排放压力的不断加大，对生物固碳技术的需求会很快提上日程。

（七）海水利用技术

据高从堦先生鉴别，海水利用是指"沿海城市工业和居民生活的海洋直接利用、海水淡化和海水的化学物质提取"，应用有关技术形成的产业则可称为"海水利用技术产业"[③]。不管是海水淡化，还是海水直接利用、海水化学物质提取，都已经有几十年的历史、应用前景广阔，在相关产业发达的国家已经取得了成功的经验。相比之下，我国虽有海水利用的强烈需求，但相关技术还不够发达，至少与海洋利用产业发达的国家相比还有一定差距。[④]

海水淡化无疑有广阔的前景，这是因为淡水缺乏已经成为全球性问题，而这一问题在我国尤其严重，在我国的北方比南方更为严重。"我国水资源有2.81万亿立方米"，总量不算小，但"人均淡水资源只有世界人均水平的3/10"。因而我国被联合国列为"世界上水资源严重紧缺的21个国家之一"[⑤]。如果说我国现在已经严重缺水，那么，我国经济和社会的进一步发展必将提出更大的淡水资源需求。但是，我国目前的海水淡化技术不仅无法满足经济社会发展所提出的淡水

---

① 唐启升：《海洋生物技术前沿领域研究进展》，载《海洋科学进展》2004年第2期，第128页。

② 徐洵：《海洋生物技术与资源的可持续性利用》，载《中国工程科学》2000年第8期，第41页。

③⑤ 高从堦：《加快我国海水利用技术产业发展及政策》，载《中国海洋大学学报》2004年第3期，第1页。

④ 《国家"十二五"海洋科学和技术发展规划纲要》虽然把"初步构建起海水直接利用—淡化—化学资源利用的产业链技术体系"宣布为我国在"海洋技术创新"方面取得的"新突破"（第一章第二节第三条），但有关创新依然不足以支持我国海水利用真正形成有强劲市场竞争力的产业。

需求，而且远远没有达到其他海水淡化先进国家的水平。以下几点足以说明这一点：第一，技术水平。屈强先生告诉我们，"尽管近年来我国海水淡化工程规模发展较快，但关键设备及零部件受制于人。在全国已建成的42.5万T/D海水淡化工程中，万吨级以上全部或部分使用自主技术的只有2个。反渗透膜、能量回收装置、高压泵及耐蚀材料等主要依靠进口"①。第二，生产能力。2009年沙特建成采用"热法"的海水淡化工程日产淡水88万吨，目前世界上最大的"膜法"海水淡化工程（以色列）日产淡水33万吨，而我国作为海水淡化工程之代表的项目多为千吨级或万吨级项目，十万吨级以上项目不仅技术主要靠进口，而且规模也没有达到上述沙特、以色列工程那样的程度。第三，淡化水的价格。新加坡通过海水淡化生产的淡水的价格低于新加坡正常水价，以至于海水淡化已经成了新加坡"利润丰厚的朝阳产业"，成为新加坡淡水供给的"第四大水喉"②。我国海水淡化工程生产的淡水显然还不具有这样的市场优势。

海水直接利用，不管是海水直流冷却、循环冷却，还是海水冲厕，都有广阔的空间。据专家考查，"截至2006年底，香港拥有海水抽水站29个，装机容量173万 m^3/d"。"在港总人口694万之中，获取海水供应的人数为555万人，占总人口的80%。""冲厕用水每日每人约70L，冲厕用海水最高能减少住宅用水40%。全港平均每日耗用海水量80万 m^3/d，年耗用海水量为2.63亿 m^3"③。我国大陆的海水直接利用总规模不大、利用分布范围也不算广泛。与日本、欧美和我国香港相比还处于起步阶段。"日本和欧洲每年都约3 000亿立方米"，而我国大陆仅"100多亿立方米"④。这在很大程度上也都是由技术水平达不到生产的需要而造成的。仅就"海水循环冷却技术"而言，"美国一石化企业已有循环水量22 000m^3/h的规模"，而我国的该项技术"尚处研究阶段"⑤。

海水化学物质提取技术在我国的利用价值巨大。这主要是因为从海水中可以提取的化学物质恰好可以弥补我国相关资源存量不足的缺陷。高从堦先生谈道："我国陆地钾资源十分匮乏，90%靠进口。""工业用溴量"每年递增"3% ~ 5%"，而"溴产量远不能满足工农业发展的需要"。琉和镁对我国也有特别的需要——"我国南方12个省的耕地缺琉、镁"⑥。他提到的钾、溴、琉、镁等都是可以从海水中提取的。尽管经济和社会发展需要我们从海水中提取化学物质，但

---

① 屈强：《海水利用技术发展现状与趋势》，载《海洋开发与管理》2010年第7期，第22页。

② 屈强：《新加坡水资源开发与海水利用技术》，载《海洋开发与管理》2008年第8期，第42页。

③ 屈强：《香港特别行政区的海水利用技术》，载《海洋开发与管理》2008年第12期，第18页。

④⑤ 高从堦：《加快我国海水利用技术产业发展及政策》，载《中国海洋大学学报》2004年第3期，第2页。

⑥ 高从堦：《加快我国海水利用技术产业发展及政策》，载《中国海洋大学学报》2004年第3期，第1页。

我国目前的提取能力还明显不足。例如，盐田制盐后剩下的"苦卤"为"苦卤化工"的原料，而我国目前的"工艺技术落后，深加工水平低，生产规模小"，致使苦卤化工很难产生较高的"经济效益"①。

海水利用市场需求强烈，应用前景广阔，现在缺少的就是利用技术。根据这种情况，海水利用技术的研发应当成为我国海洋技术的战略重点。从海洋淡化、海水直接利用、海水化学物质提取现有技术和相关产业发展遇到的技术瓶颈来看，国家应当将用于海水淡化的"大型化低温多效技术"、"大型反渗透工程技术"、"反渗透膜"制作技术，②以及"耐腐蚀材料，防腐涂层，阴极保护，防生物附着"等技术，用于海水直接利用的"超大型海水循环冷却技术"及"装备"制作技术，③等列为海洋技术发展的重点。

（八）海洋能开发技术

海洋能是依附于海水中的能源。其基本存在形式是波浪、海流、潮汐、潮流、温差等。由于海洋能是"清洁的可再生能源"④资源，所以，我们也可以称其为海洋可再生能源资源。相应地，海洋能开发技术也可称海洋可再生能源资源开发技术。

海洋能开发早已引起世界各国，尤其是沿海国的重视。此项开发也应该引起各国的重视。首先，能源减少、能源供需矛盾加剧是全球共同面临的压力。开发海洋能可以缓解传统化石能源供应不足给经济和社会发展带来的压力，纾解发展中国家遭遇的能源"瓶颈"。其次，在环境保护上人类正遭遇双重的打击：一方面是污染不断加剧，包括海洋污染，尤其是油类污染难以消解；另一方面是由温室气体排放造成的全球气候变化。这双重的压力都与化石能源的开发使用有关，或者说在一定程度上都是由化石能源的开发利用造成的。海洋能是清洁能源，它既不会产生传统化石能源那样的污染，也不会释放传统化石能源使用过程中产生的温室气体。因此，开发使用海洋能资源，有利于减少化石能源的使用，从而有利于减轻污染，缓解温室气体排放对全球气候系统的压力。最后，海洋能开发利用可以为远海活动提供能源供应。这是由海洋能在海洋上分布广泛的优

---

① ③ 高从堦：《加快我国海水利用技术产业发展及政策》，载《中国海洋大学学报》2004 年第 3 期，第 3 页。

② 屈强：《海水利用技术发展现状与趋势》，载《海洋开发与管理》2010 年第 7 期，第 22 页。

④ 游亚戈：《海洋能发电技术的发展现状与前景》，载《电力系统自动化》2010 年第 14 期，第 1 页。

势决定的。① 开发远海海洋能，可以为执行远海作业的船舶提供能源，使这些作业船舶可以摆脱对陆上能源或港口提供的能源的依赖。

我国海洋能资源比较丰富。陈国生先生给我们提供了以下数据：

"我国海洋能资源经调查和估算，海洋能资源蕴藏量约 4.31 亿 kW。我国大陆沿岸潮汐能资源蕴藏量达 1.1 亿 kW，年发电量可达 2750 亿 kW/H。……波浪能总蕴藏量为 0.23 亿 kW，……海洋潮流能……可开发的装机容量为 0.183 亿 kW，年发电量约 270 亿 kW/h。我国海洋温差能按海水垂直温差大于 18℃的区域估计，可开发的面积约 3000km²，可利用的热能资源量约 1.5 亿 kW……我国河口区海水盐差能资源量估计为 1.1 亿 kW。海流能资源量估计约 0.2 亿 kW。"②

这是一系列可观的数据。这些数据说明，我国海洋能开发有广阔的空间。

开发海洋能，对于我国来说，除了上述优势，包括弥补能源供应不足、减少能源使用带来的污染、为远海活动提供能源供应便利等之外，还有一种独特的区位优势。那就是为经济社会发展的发达地区就近提供能源供应，降低能源输入成本。陆得彬先生等算过这样一笔账——浙江省 90%以上的化石能源要从外省输入，平均运输距离超过 1500 千米。如此大的运输里程使到达浙江的能源价格上升 1 倍。③ 这笔账说明浙江的经济社会发展付出了因远距离获取能源而增加的成本。开发海洋能源可以帮助浙江降低由此带来的成本。陈国生先生的研究表明，我国海洋能资源在浙江福建两省分布最为广泛。这两个省分布的海洋能资源"约占全国的 81%"④。开发这些海洋能资源可为浙江就近提供能源，省去远距离运送能源的花费。

我国政府对开发海洋能资源给予了重视。早在 1995 年，国家计委、国家科委、国家经贸委就共同制定了《1996～2010 年新能源和可再生能源发展纲要》（计办交能〔1995〕4 号）。在有关部门的领导和支持下，我国海洋能开发技术研究取得长足进步。《"十二五"海洋科技纲要》确认，我国在"海洋技术创新"方面取得的"新突破"包括"潮汐能、波浪能发电技术开始示范运行，海上风能发电技术实现商业化应用"⑤。这是巨大的进步，也为我国海洋能开发技术的进一步研发提供了经验和较高的技术起点。

我们认为，在以往已经取得的成就的基础上，我国海洋能开发技术的未来发

---

① 游亚戈先生等告诉我们，"在远离大陆的海洋中，海洋能是所有能源中获取较为方便和成本相对低廉的能源。"所以，"发展海洋能技术，可以大大降低海洋开发"，尤其是远海资源开发，包括远海海底矿藏开发的"成本"（参见游亚戈：《海洋能发电技术的发展现状与前景》，载《电力系统自动化》2010 年第 14 期，第 10 页）。

②④ 陈国生：《海洋资源可持续发展与对策》，载《海洋开发与管理》2009 年第 9 期，第 107 页。

③ 陆得彬：《制定优惠政策推进新能源事业的发展》，载《中国能源》1996 年第 1 期，第 43 页。

⑤ 《国家"十二五"海洋科学和技术发展规划纲要》第一章第二节第三条。

展应当注意以下几个方面：第一，应研究大规模海洋能开发技术。只有实现了大规模开发，才能把海洋能的潜在优势变为实际存在的优势，真正发挥替代化石能源的作用。第二，应大力研发对环境无污染、少污染的海洋能开发技术。虽然海洋能被称为清洁能源，但这绝不意味着海洋能的开发不会对环境造成污染。消除或降低能源开发带来的负面环境影响，是海洋能开发应有的优势。我们应努力使这种优势更加明显。第三，因地制宜、因事制宜，发展实用的海洋能开发技术。海洋能分布范围广、不同类型的海洋能的发布各不相同，国家应根据经济和社会发展的现实需要，优先发展在特定地区、特定生产生活领域需求迫切的开发技术。第四，海洋能开发技术与海洋油气资源、其他矿产资源开发技术的协调发展。油气资源、其他矿产资源与海洋能资源的存在条件的一致性或关联性，油气资源、其他矿产资源开发与海洋能开发在产业链条上的关联性，为海洋能开发技术与油气资源、其他矿产资源开发等技术的一体化发展提供了前提条件。[①] 国家应当利用这个前提条件，提高技术研发的效率。

---

① 白玉湖先生等曾提出发展"海洋新能源一体化开发技术"的设想（可参见白玉湖：《基于海洋油气开采设施的海洋新能源一体化开发技术》，载《可再生能源》2010年第2期，第140页）。

第十三章

海洋环境保护战略

若干年前在一个名气不大、创刊时间不长的杂志——《青年思想家》上读到一篇短文,名曰"我的'负历史'观",感觉其思想颇为深刻,体现了作者的也是文中所表述过的"新型悟性"。作者毛志成直言不讳地说:"我认为在人类历史的后面,还有一部'负历史',人类只能在具有极高悟性的时候才能发现它、承认它。"而在人类"发现它、承认它"的时候,"历史'负值'的堆积很可能已经十分可观"。他所说的"负值"包括地球变得"褴褛、枯槁","'现代化'的工业、商业、生活方式,使地球上每年有 56 亿吨矿物烟尘滞留在大气中,有 500～1 000 立方公里工业污水排进洁净水源,致使地球上平均每天有 27 种生物灭绝","有 400 万人患上各种环境病","珠峰冰雪样中含汞含锰,大西洋海底有铅、铬沉积,南极企鹅体内含苯,北极云雾在加浓变酸"。毛先生揭示历史发展的"负值"并不是为了什么"反动"的目的,而是希望培育起"新型悟性"的人类能够努力放慢"负历史"前进的速度,"最大限度增值'正价值'、最大限度减少'负价值'"①。

我们一直在努力创造历史的"正价值",包括毛先生所说的"工具化程度的提高"、"技术化程度的提高"、"交换化程度的提高"、"物质化程度的提高"等,我们所规划的海洋战略的战略目标显然也包括这类正价值的实现。对这一点,我们必须有明确的认识,我们必须有在"负价值"概念映衬下对战略目标的明确认识。笼统说来,海洋经济战略以追求这种正价值为主要目标。但是,我

---

① 毛志成:《我的"负历史"观》,载《青年思想家》1995 年第 1 期。

们规划的海洋战略，不管是在重读了毛先生的警世名篇之后，还是在这之前，都已经为克服历史"负价值"猛增的惯性而有所思考。例如，在海洋经济战略中讲究"科学发展"，在海洋科技战略中强调环保科技的发展。而这里讨论的海洋环境保护战略则是专门为减缓历史"负价值"增长的速率、减少历史"负价值"的"堆积"而设计的。

第一节 海洋环境保护——难以被建设的"事业"

我们曾尝试着把环境保护作为一个特定概念而对其加以阐释，以便让更多的人了解环境保护一词所具有的含义。而我们努力的结果是一定要借助于另一种现象才能对它做出准确表达，这另一种现象就是毛志成先生的"负价值"的载体——环境损害，包括污染、生物多样性降低等人类的"所失"①。环境保护不是别的什么，而是"由环境问题赋予我们的任务"。它是那些"为了解决现实的和潜在的环境问题，处理人类对环境的利用与维护、人类生活的生存与发展同自然的固有秩序之间的关系而采取的各种措施"而实施的"各种行为"②。这项"任务"不是要创造什么，其总的方向是要维护、恢复，而且这项任务要维护和恢复的对象还不是人们经过劳作、持有等而取得的价值体，而是纯粹的"身外之物"。当我们把这项任务当成一项事业来看待时，我们发现，它是不同于以往各项事业的事业。以往的事业大致说来都是被人类创造的，或都是创造的对象。前面章节讨论过的海洋经济的使命是创造更多的渔业产品、更多的高质量的船舶、更高效的海洋运输。海洋科技事业要创造的是能够到更深的海底开发油气资源的技术、能提高海水养殖产量的技术，等等。海洋环境保护不会产生这类的业绩，它只能维护、恢复。这项事业难以创造，难以成为创造的对象。

不过，生态文明概念的提出使我们有可能在观念形态上把环境保护变成创造的对象，即创造生态文明。所谓建设生态文明中的建设不就是一种创造活动吗？但实际上，此建设非彼建设。生态文明总体上说来不是创造性文明，而是"适应性文明"。"这种文明不是人类创造力的展示，不是主体对客体的征服与改造，不是主体对客体的胜利，而是主体对客体的适应，是主体通过按照客体的要求约

---

① 毛先生的"所失"包括"失去""大自然的原生态"（参见毛志成：《我的"负历史"观》，载《青年思想家》1995 年第 1 期）。

② 徐祥民：《环境与资源保护法学》，科学出版社 2008 年版，第 10 页。

束自身行为而达成的人与自然和谐相处的'社会—自然'状态"①。在这种文明成为人类追求（尽管可能是"不情愿"的追求）的目标的时候，我们需要去"建设"，因为这种文明不会自动到来。然而，这种建设是为适用自然而为的努力。也就是说，建设生态文明中的"建设"其实就是努力。环境保护就是需要通过这样的"努力"去营造的事业。我们所规划的海洋环境保护战略就是实现这种营造的战略。

一、一项神圣事业的另一半

我们规划的海洋战略是"全面推进海洋事业"的战略。在这个战略中，从研究或实施的角度看，它包含着海洋经济、海洋科技、海洋管理等，而不是只有其中的海洋经济或海洋科技等，只有当把那些为研究或实施而分解开的各项事业放在一个整体之中的时候，才构成了我们设计的中国海洋战略。如果说我们设计的海洋战略整体上是一个"创造性"的战略，或是实现创造性目标的战略，那么，这个战略同时也是力求最大限度地消解为实现创造性的正价值而带来的负价值的战略。如果从这个战略的实施与其所可能产生的价值的角度来看，这个战略既创造正价值，又努力消解负价值。

实施这样的战略是一项神圣的事业，也是一项伟大的事业。这里的神圣是实现人类科学发展的神圣性，而不是以往那种简单追求"工具化程度的提高"、"技术化程度的提高"、"交换化程度的提高"、"物质化程度的提高"。这里的伟大是对简单追求经济增长的狭隘和"自私"的摆脱，是对人类个体的利己动机的超越。在这项伟大的事业中，由人类与自然之间的不可移易的关系所决定，存在着产生正价值和负价值的两种走势，从而写在历史上便会形成两种"轨迹"②。我们事业的伟大就在于：我们既要让正价值之走势趋强，又要使负价值最小化，使负价值的历史轨迹不再向前延伸，或只让它在正价值的重重轨迹下轻轻划过。

海洋环境保护是两种"轨迹"的交汇点。福建省政协委员们在一次视察活动中做了以下这番总结：

"辽阔的海域面积、漫长的深水岸线、众多的岛屿是我省（指福建省——引者注）经济发展的宝贵资源，但同时面临着发展经济和环境保护的双重任务。随着城市的不断扩张，人口密度的不断增加，生产和生活污水、垃圾正源源不断

---

① 徐祥民：《被决定的法理——法学理论在生态文明中的革命》，载《法学论坛》2007年第1期，第32页。

② 毛志成先生认为"负历史""不是偶然现象，不是人类史可以回避的突然性事件"，而"是人类史的另一种轨迹"（参见毛志成：《我的"负历史"观》，载《青年思想家》1995年第1期）。

地侵入海洋，海洋被当成最大的'垃圾场'和'下水道'。一些地方由于不科学、不合理的开发建设，使一些海域遭到不同程度污染。海洋的容量是有限的，海可以纳百川，却纳不下无穷无尽的垃圾和污水。"①

这是非常质朴的一段文字，它被倾吐而出的动力或许就是政协委员们对"一方水土"的熟悉和亲热，它清楚地表达了科学昌明时代普通社会成员都不难接受的道理，清晰地描画出了两条清晰可见的轨迹。"海洋的容量是有限的，海可以纳百川，却纳不下无穷无尽的垃圾和污水"。这是事实，所以我们才说"普通社会成员"也"难接受"②。然而就是这个事实，这个无法改变的"人—天"关系决定了人类文明的历史会出现两条"轨迹"。按照福建省政协视察团的总结，"经济发展"、"发展经济"、"城市"的"扩张"、"人口"的"增加"以及"城市"的"生产和生活"都是正价值轨迹上的"点"，都是正价值；"污染"，由于"生产和生活污水、垃圾""源源不断地侵入海洋"所造成的海洋污染则是帮助"负价值""轨迹"前行的力量，是"经济发展"、开展"生产"、享受"生活"所带来的"负价值"。

海岸带是认识两条"轨迹"的最好的观察点。③ 于淑文和李百齐两位教授执行的一项"浙江省 2007 年度哲学社会科学规划课题"在讨论有关海岸带管理的议题时做出如下结论：

"造成目前海岸带地区生态环境恶化的主要原因是对海岸带的过度开发，这包括工业企业在海岸带的无限制扩张，围海造地的无序进行，浅海和滩涂养殖和开发的无度。"④

几个方向的努力都指向海岸带："在海岸带"上"扩张""工业企业"，包括在岸上的企业、岸边的企业和岸下的企业，不管是在海岸线的一侧，还是就在海岸线上，它们的活动都给"海岸带地区"带来使"环境恶化"的影响。这些活动的危害方向都直指"海岸带地区"。"围海造地"，不管是"无序"的（如于先生等所说）还是有序的，都是发生在海岸带上的活动，都会给海岸带带来或大或小的影响，都会成为导致"海岸带地区生态环境恶化"的"原因"。"浅

---

① 林志强：《构建人与海洋的和谐——省政协委员视察福州市海岛经济发展和海洋生态环境侧记》，载《政协天地》2007 年第 11 期，第 13 页。

② 江苏省的一位政协常委恰好帮我们证明了这一点。他指出："千条江河归大海，面对大量的陆源污染，海洋除了默默承受，没有其他的选择余地。目前向海洋中排放的污染物数量已经超过了近海海域的自净能力，这是海洋污染状况逐步加重的主要因素。"（参见魏绍芬：《我省海洋环境现状及保护对策》，载《江苏政协》2003 年第 3 期，第 11 页）

③ 海洋已经是一个很好的观察点，因为"百川东到海"，所有的"负价值"都将在这里汇合。

④ 于淑文：《以科学发展观为指导，大力加强海岸带管理》，载《中国行政管理》2008 年第 12 期，第 82 页。

海和滩涂养殖和开发"，有的发生在海岸线上，有的发生在海岸线以下的近海，但它们一般都在海岸带区域之内，所以，这些"养殖"也好，"开发"也罢，都会给海岸带地区带来消极的影响。

许多委员、官员，许多研究者都注意到了我们常说的经济社会发展过程中出现的负价值，令人触目惊心的负价值。

中国海洋大学资深教授张克先生指出：

"天津市沿岸蕴藏着丰富的贝类资源，原有蛏子滩涂约1.8万亩，蛤蜊滩涂4万亩，1958年可产蛏子、蛤蜊100多万斤，而现在（1987年——引者注）绝迹了。"[①]

国家海洋局第三海洋研究所的周秋麟先生、何明海先生告诉我们：

"胶州湾是我国的优良海湾，其环境优越，生物种类丰富，是我国北方近岸区的生态系代表区。20多年来，受工业污染的影响，胶州湾的自然环境和自然资源受到严重破坏。沧口潮间带原有生物254种，现在（1989年——引者注）仅剩下17种。"[②]

"文昌鱼是国家野生动物重点保护对象，在研究生物进化和生物教学方面意义极为重大。这种世界珍稀动物，过去盛产于厦门刘五店，然而，大面积的围垦筑堤改变了海域的水动力条件，使文昌鱼赖以生存的纯砂质环境渐渐地被泥质环境所取代，导致这个'文昌鱼故乡'的文昌鱼资源日趋枯竭。"[③]

还是发生在厦门，当时的厦门大学博士后研究人员郑冬梅教授向读者提供了她调查所得的数据：

"（厦门）杏集海堤、马銮海堤、筼筜海堤及厦门城市建设中的填海造地使厦门市的海岸侵蚀及滩涂湿地受到比较严重破坏，红树林面积锐减80%以上。"[④]

农工民主党广西区委会的一位部长指出：

"20世纪50年代，海南全岛有红树林面积1万多公顷；而2000年统计，全岛红树林只剩下3 930公顷，减少了60.07%。"[⑤]

"绝迹"、"日趋枯竭"、"锐减"或"减少""60.07%"甚至"80%以上"、从"254种"到"17种"，如此等等，不能不说是惨重的损失、高昂的"负价值"。难怪毛志成先生断定在人类"发现"、"承认""负历史"时"已经很

① 张克：《加强海洋环境保护》，载《中国环境管理》1987年第5期，第21页。

②③ 何明海：《关于我国海洋自然保护区的问题》，载《海洋开发与管理》1989年第2期，第37页。

④ 郑冬梅：《海洋生态文明建设——厦门的调查与思考》，载《中共福建省委党校学报》2008年第11期，第67页。

⑤ 朱寿育：《我国北部湾地区生态环境建设存在的问题和解决思路》，载《前进论坛》2009年第7期，第25页。

晚"①。

因为人类（承受上述数字的是中华民族）已经遭受了"惨重的损失"，付出了"高昂的'负价值'"，因为我们认识到用"负价值"书写的"负历史"时"已经很晚"，所以，我们便不能不做"立地成佛"式的转变，做"神圣的事业"，把人类进步的脚步引向"伟大的事业"，既追求海洋事业的正价值，又防止出现或扩展海洋事业的负价值，既谋"经济发展"、"城市""扩张"，谋开展"生产"享受"生活"，又谋防止或减少"经济发展"、"城市""扩张"带来的生态破坏，谋防止或减少开展"生产"享受"生活"带来的污染等环境危害。这是海洋战略中的海洋环境保护战略的基本价值。如果说"有限而且脆弱的海洋资源正在应付着人类没有节制的利用"是我国海洋环境所面临的"严重的环境威胁"②，那么，海洋环境保护的基本任务就是纾解这种"威胁"，创造"节制"人类对"有限而且脆弱的海洋资源"的"利用"的办法。

是的，环境保护就是要"节制"人类为实现"正价值"而为的行为，让人类的谋利行为不过"度"。海洋环境保护的首要任务就是建立这个"度"，发挥这种"节制"作用。于淑文先生用"度"的普遍价值说明了来自四面八方的向海、向海岸带施加压力的行为必须保持在"度"之内的道理：

"事物的发展都要有'度'，用海行为也要有度。需知在一定海域、一定海岸线承受的开发力度是有限的，人类在海洋开发中，一定要循海洋自身之理，守海洋所能容纳之度，即按照海洋自身的容纳能力、承受能力决定人类的用海活动。"事物承受外力均有最大承受能力，不超过那最大承受能力便为适度，或不过度。这是人们研究环境保护所得出的一般的也是一致的结论。

不过，海洋环境保护战略还需要强调另外的一个"度"。那就是在国家海洋战略中的其他事业的"度"，包括比如海洋经济等规划的"度"、战略设计的"度"。上述不超出海洋承受能力的"度"（可称"点环境承受度"）是就环境（海洋自然条件）与影响环境的活动（各种用海活动）之间关系而言的，是来自对环境的"点"（如上文所说的最佳观察点）的观察，是对珊瑚礁、红树林、蛤蜊滩涂等的观察所发现的"度"，而国家海洋战略中的"度"是由这个战略中的海洋环境保护战略确定的，是全局性的"度"，是以海洋环境的总的承受能力为依据的"度"，是用来指导海洋经济、海洋科技以及下文将要讨论的海洋社会等的发展的"度"（可称"整体环境接受度"）。于淑文先生在阐发了"度"的普遍性和"海洋自身的容纳能力、承受能力"的有限性之后，只是对"临海和

① 毛志成：《我的"负历史"观》，载《青年思想家》1995年第1期。
② 刘家沂：《构建海洋生态文明的战略思考》，载《今日中国论坛》2007年第12期，第46页。

沿江地区政府领导人"提出了"加强环保意识",不要"片面追求 GDP 增长率"[1] 的要求,而不是向中央政府提出这样的要求,是因为从海洋的承受力向施加给海洋的环境压力倒推,只能推到"临海和沿江地区"的生产者、生活者和他们的地方长官。而"整体环境接受度"是给海洋事业规定的"度",是需要这项事业的真正决策者遵守的"度"。我们把今天设计的海洋事业称为神圣的事业、伟大的事业,这个称号的必要内涵是贯彻了"整体环境接受度"。依照"整体环境接受度"制定发展战略是这个事业称为神圣的事业、伟大的事业的必备条件,是让我们的海洋事业摆脱个体所有者的卑微、自私之约束的必要条件。

刘明先生曾指出一种现象——"在我国'十五'和'十一五'期间,沿海地区经济规划的显著特点就是各地重视滩涂、盐田、浅海等海洋空间资源的开发,纷纷在临海地区布局建设电厂、钢铁厂、造纸、炼油厂等,生产力布局集中向沿海推进。以环渤海地区为例,环渤海沿岸重化工类大型建设项目密集,重点发展的是港口、重化工业、石油开发、钢铁、造船等。"海洋管理部门知道海洋环境承受能力之度,审批刘先生所提到的"电厂、钢铁厂、造纸、炼油厂"等项目的机关长官也懂得海洋环境承受能力并非无限,申请项目的人们也明白海洋接受过"度"多的污染物就会出现污染的道理,但"十五"和"十一五"期间还是在渤海沿岸,在其他"沿海地区"出现了"港口、重化工业、石油开发、钢铁、造船"等的"密集""布局",就是因为这些懂道理的人们都只把"度"停留在"点环境承受度"的水平上,没有接受"整体环境接受度"或没有建立"整体环境接受度"的概念,没有用"整体环境接受度"指导自己的行为,包括决策行为。

"点环境承受度"考虑的是两个点之间的关系,一个点是局部环境,另一个点是污染物的出处。"点源污染"这个词比较形象地表达了第二个点。直白一点说,也是形象一点说,这个"度"是关于排污口与养鱼池之间关系的表达。接受这个"度"概念的人关心的是具体的排污行为与具体的海域之间的关系,是某排污口要不要关闭,而不是有关海域之中或之外的人们正在做什么,做到什么规模。

"整体环境接受度"是对作为"整体"的环境,或为一个海湾、环岛的一定区域,或为近岸的一定区域、河口的一定区域等的整体判断,是一个建立在"穷尽"基础上的判断,从而也是一个排除了"变量"因素的判断。因而,对这个度的遵守不能指望"只约束排污行为",因为企业不排污的忍受度也是有限

---

① 于淑文:《以科学发展观为指导,大力加强海岸带管理》,载《中国行政管理》2008 年第 12 期,第 82 页。

的。大量的合法兴建的、注定要排污的企业一起被禁止排污既是不科学、不经济的，用政治标准评价也可以说是危险的和不负责任的。

"点环境承受度"是针对排污行为的，而作为国家海洋事业发展战略中的战略分支之一的海洋环境保护事业发展战略，它所指示的"整体环境接受度"是针对相关事业的，前者是环保局行政执法的依据，后者是政府规划的依据；前者是在排污者运营条件下提出的要求，后者则是在企业成立之前就存在的要求。

我们正从事的海洋事业是神圣的事业、伟大的事业，因为它已经用"整体环境接受度"这个标杆把可能引发"负价值"的活动挡在人类要继续书写的"历史"的舞台之外。环境保护事业说到底就是专门消解人类活动的"负价值"的事业，就是把人类历史变成较少留下"负历史""轨迹"的事业。环保部门，尤其是专门从事海洋环境保护工作的海洋局，正在做着这样的事业，正在为把人类的前行书写成伟大的事业、神圣的事业而从事着这个事业中最艰难的一半。[①]

二、海洋环境保护的任务

度的概念已经揭示了环境问题的实质，也指出了环境保护的任务，即防止人类行为对自然环境的影响超过其所能承受的度，消除或医治因过度使用自然环境而造成的不良后果。那么，人类活动对自然环境的过度使用有哪些，保护环境的任务究竟有哪些呢？如果说"度"的概念说明了环境保护任务的"质"，那么，我们还需要明确这个任务的"量"。这个"量"实际上就是环境保护工作要解决的环境问题或所要防治的环境损害有哪些类型。

一般来说，普通社会成员最熟悉的环境损害是环境污染，也就是因人类活动向环境投入了超出环境自净能力这个度的污染物质而出现的情况。刘家沂先生关于"海洋垃圾场"的点评说的就是污染。她说：

"海洋是人类最大的垃圾场，是所有河流的最下游，是地球生物圈的最低部位。人类活动所产生的废弃物和垃圾，不论是扩散到大气，还是堆积到荒野山林，或排放到江河湖泊，最终都会因为风、雨、径流等因素，或自然或人为的进入海洋。"[②]

---

① 我们把沿着以海洋环境保护事业战略为重要内容，用环境保护战略所确定的度规定其他事业发展的战略而展开的事业称为神圣的事业、伟大的事业。按照这样的理解，我们可以说没有对海洋环境保护做出安排的海洋发展战略是残缺的战略，是把人类引向困顿的战略，是对子孙后代不负责的战略。

② 刘家沂：《构建海洋生态文明的战略思考》，载《今日中国论坛》2007 年第 12 期，第 44 页。

不管是通过"排放到江河湖泊"流到大海，还是由风吹进海、被雨带进海，走进海洋这个"最下游"的都是污染物质。

国家海洋局每年发布的《中国海洋环境质量公报》（以下简称《公报》）放在最前面报告的一般都是海水污染。例如，2002年《公报》的概述章除介绍全年的海洋监测和调查外，主要就是报告"监测结果"。而所谓监测结果就是对海洋污染状况的监测结果。报告称：

"监测结果表明，2002年，全海域未达到清洁海域水质标准的面积约17.4万平方公里，与2001年基本持平。其中，轻度污染和严重污染海域面积分别约为2.0万平方公里和2.6万平方公里。近岸海域海水污染范围略有扩大，长江口、珠江口、辽河口等局部海域污染依然严重。渤海未达到清洁海域水质标准的面积已占渤海总面积的41.3%，较上年增加了16.7个百分点。海洋贝类受重金属污染程度加重。滨海湿地、珊瑚礁、红树林等典型海洋生态系统受损情况没有明显好转。海洋赤潮发生仍较频繁，主要集中在东海海域，有毒赤潮增加。海水浴场环境状况总体良好。海洋倾倒区和海洋油气区环境质量基本符合功能要求。海洋自然保护区内部分珍稀濒危物种和生态环境得到初步恢复。"

这全部监测结果都是对污染状况的反映。

接下来的第二章《全海域环境质量状况》首列"海水环境质量"一节，这一节报告的内容主要是"全海域未达到清洁海域水质标准的面积"、"较清洁海域面积"、"轻度污染海域面积"、"中度污染海域面积"、"严重污染海域面积"有多大，"海水中的主要污染物"是什么等，都是海洋污染的信息。

《中国海洋环境质量公报（2011）》的第一章是《海洋环境状况》。其第一节《海水》中的第一条就是"海水环境状况"。该条报告的信息都是关于污染的。如"近岸海域海水污染依然严重"，"符合"各类水质标准的"海域面积"有多大，"近岸海域主要污染物质是无机氮、活性磷酸盐和石油类"等。

海洋污染，具体说是海水污染，是海洋环境的最明显的损害类型。[①] 防治这种损害也是海洋环境保护的首要的任务，但防治海洋污染绝不是海洋环境保护的全部任务。

第二类环境损害是资源减少。资源减少属于"取竭性环境问题"[②]。在海洋

---

① 我们也称这类问题为"放累性环境问题"（参见徐祥民：《环境与资源保护法学》，科学出版社2008年版，第7页）。

② 徐祥民：《环境与资源保护法学》，科学出版社2008年版，第7页。

资源减少这类环境损害中，最典型的资源减少是渔业资源减少。① 渔业资源减少是一个全球性的环境问题。据慕永通先生考查，到 2000 年，"在海洋鱼类种群或种群组中"，"约 47% 的主要种群或种群组处于完全开发状态"，"18% 的种群或种群组处于过度开发状态"，"10% 的种群资源已严重衰退"②。在这之后情况就更严重了。"广东省海洋渔业'十一五'规划研究课题组"报告称："按照联合国粮农组织对人类开发海洋渔业资源情况的统计结果"，"只有 3% 的海洋渔业储量没有得到足够的开发，21% 的渔业储量正被适度开发，即还能够提升开发量的渔业储量只占 24%；而 52% 的渔业储量已被完全开发，不能再进一步加大开发力度；更为严重的是，24% 的渔业储量已被过度开发，其中 7% 的渔业储量已枯竭"。"粮农组织的统计结果还显示，占开发总量 30% 的 10 种最大的渔业物种中，有 7 种处于完全被开发或枯竭状态"③。这一统计结果足以让任何资源丰富国家的领导人感到恐怖。

我国渔业资源状况更值得担忧。根据居占杰先生等的研究，"我国……近海大部分资源品种均出现数量下降、低龄化、低质化的现象。"也就是说渔业资源减少或衰退在我国近海是普遍现象。他们引用农业部南海区渔政渔港监督管理局的调查数据说：我国"浅海区的渔业资源密度已下降到很低水平，现有资源密度为 $0.2t/km^2$，仅相当于原始资源密度的 1/20 和最适密度的 1/10；近海和外海的现存资源密度为 $0.3t/km^2$，也仅为原始密度的 1/7 和最适密度的 1/3；80 年代以来，南海北部陆架区的底拖网渔获率一直呈下降趋势，90 年代末的渔获率大致只有 80 年代初的 1/6 ~ 1/5，而且绝大多数是年龄不满 1 周岁的幼鱼，若扣除幼鱼中明显未达到食用规格的部分，则渔获物中可食用部分仅占总渔获量的 40%。特别是一些分布在沿岸、经济价值较高的鱼类，如大黄鱼、尖吻鲈、海鲶和鲷类等，在 20 世纪 70 年代就已过度捕捞，目前在渔获物中已很少见到。"④ 在已经获得全球性渔业资源大幅度减少的信息后再品读对我国渔业资源衰退情况的报告，我们的恐怖感不能不进一步加剧。

渤海原本是富庶的海，而现在资源匮乏已到极点。河北省渔政处干部刘耀林

---

① 渔业等海洋资源减少是最严重的海洋环境问题之一，但在《中国海洋环境质量公报》中却看不到这方面的信息，至少看不到以渔业资源减少为专题的信息。这是受国务院各部门职能划分影响的结果。渔业归农业部主管，不属于国土资源部及其所属国家海洋局主管，所以国家海洋局不便对渔业资源的问题过分关心。由国家海洋局主办的《中国海洋环境质量公报》不见渔业资源减少这类环境问题信息就是这样来的。我们还可以看到一份公报——《中国渔业生态环境状况公报》。它是由农业部和国家海洋局共同主办的。国家海洋局参与主办，大概是因为海洋里的生态问题属于它的职权范围。

② 慕永通：《渔业管理——以基于权利的管理为中心》，中国海洋大学出版社 2006 年版，第 88 页。

③ 课题组：《全球海洋经济及渔业产业发展》，载《综述新经济杂志》2009 年增刊，第 76 页。

④ 居占杰：《加强我国海洋渔业资源管理的思考》，载《河北渔业》2009 年第 9 期，第 48 页。

先生的观察：总的状况是，"渤海的渔业资源状况很差"。差到什么程度？"渔船出海一天捕捞的渔获物少得可怜，连燃油钱都不够，很多渔船干脆停在港里不出海生产。"由于无鱼可捕，渔民"为了生存"不得不使用非法的"办法"，包括"使用禁用的渔具，[1] 违反禁渔期、禁渔区的规定出海生产"[2]。

人们都知道"浙江海域历史上是一个大渔场"。研究者告诉我们，这个大渔场"总面积在22万平方公里以上，渔场内有黑潮和其分支台湾暖流、黄海冷水及长江径流为主的近岸低盐水系。浙江渔场分为舟山渔场、舟外渔场、鱼山渔场、鱼外渔场、温台渔场和温外渔场等六个渔场。其中舟山渔场是我国最著名的渔场，也是世界四大渔场之一。"就是这个得天独厚的渔业生产胜地，现在的状况是："浙江近海乃至东海渔场的主要渔业资源逐渐衰退，单位渔获量不断下降，渔获群体组成小型化、低龄化，渔获种类组成低龄化、低质化现象日趋严重，有的传统经济鱼类几乎已经绝迹。"[3]

这些惊心动魄的数字让我们相信海洋资源减少不仅是一个海洋环境问题，而且是一个十分严重的、必须尽快解决的环境问题。

第三类海洋环境损害是海洋生态破坏。前述张克先生、朱寿育先生、周秋麟先生和何明海先生等提到的蛏子滩涂"绝迹"、文昌鱼"枯竭"、红树林减少60%等都是海洋生态破坏。《中国水生生物资源养护行动纲要》（以下简称《纲要》）认为，"生物多样性程度是衡量生态系统状态的重要标志"。我国近年来生物多样性的状况是，"水生生物遗传多样性缺失严重，水生野生动植物物种濒危程度加剧、灭绝速度加快，外来物种入侵危害不断加大"[4]。《纲要》所说的这些情况都属于海洋生态破坏。

2004年，为落实国务院领导的批示精神，国家海洋局组织沿海省（自治区、直辖市）在我国近岸海域部分生态脆弱区和敏感区建立了15个生态监控区。监控结果是部分监控区的某些"生态系统健康状况良好"，部分监控区的某些"生态系统处于亚健康或不健康状态"。该年度的《中国海洋环境质量公报》把"亚健康"解释为"生态系统基本维持其自然属性。生物多样性及生态系统结构发生一定程度变化，但生态系统主要服务功能尚能发挥"，把不健康解释为"生态系统自然属性明显改变。生物多样性及生态系统结构发生较大程度变化，生态系统主要服务功能严重退化或丧失"[5]。从《中国海洋环境质量公报》对生态系统

---

① 刘先生所说的禁用渔具包括"小拖网、耙拉网等破坏资源严重的网具"（参见刘耀林：《当前海洋渔政管理面临的问题与对策》，载《河北渔业》2003年第1期，第44页）。

② 刘耀林：《当前海洋渔政管理面临的问题与对策》，载《河北渔业》2003年第1期，第44页。

③ 张元和：《建设海洋渔业资源特别保护区》，载《浙江经济》2005年第20期，第46页。

④ 《中国水生生物资源养护行动纲要》第四部分"引言"。

⑤ 《2004年中国海洋环境质量公报》第四章。

亚健康和不健康的界定来看，有关监控区的海洋生态破坏问题也是十分严重的。防治这类损害也是海洋环境保护的重要任务之一。

美国海洋政策委员会的《21 世纪海洋蓝图》提出的"制订新海洋政策时必须遵循"的原则包括"以生态系统为基础原则"、"海洋生物多样性的保护"[①]等。这些都是保护海洋生态的原则或有利于保护海洋生态的原则。无疑，保护海洋生态在美国也是海洋环境保护的任务之一。

第四类海洋环境损害是海洋自然形态破坏或不利改变。如海岸侵蚀就是这类的破坏。2003 年国家海洋局监测结果表明，"辽宁省营口市盖州——鲅鱼圈岸段""20.9 公里的砂质岸段受蚀后退，海蚀陡坎平均高度 4.5 米，最高达 8 米；最大侵蚀宽度 3 米，年平均侵蚀宽度为 0.9 米"；"山东省龙口市至烟台市海岸""侵蚀长度为 28.8 公里，侵蚀面积为 310 000 平方米，累计最大侵蚀宽度 51 米，年最大侵蚀宽度 6.7 米"；"江苏省滨海县岸段""岸线侵蚀长度为 29.1 公里"，"岸线侵蚀造成 6.4 公里海堤被损坏，沿岸滩涂养殖受到威胁"；"海南省海口市新海乡新海村和田秀镇镇海村岸段""侵蚀长度约为 800 米，平均侵蚀宽度为 2 米，最大侵蚀宽度为 5 米，侵蚀面积约 2 500 平方米。1998～2003 年，侵蚀的平均宽度为 30 米"[②]。这些都是出于官方检测统计的数据。

围海造地总地来说也会造成海洋自然形态的不利变化。台湾学者郑先佑教授指出："填海造地海岸水域即消失成为陆地，对海岸地形言乃不可逆性之改变。"[③] 这种改变对自然环境来说其不利影响是多方面的。例如，在围填滩涂的情况下，会造成滩涂纳潮能力降低、占压滩涂生物生境。张克先生所说的天津海岸带蛏子绝迹或许正与海岸自然形态的改变有关。

我们注意到，《中国海洋环境质量公报》在报告生态系统健康状态之后往往都对导致海洋生态系统亚健康或不健康的原因加以分析，而围填海多被判定为重要原因或原因之一。如 2005 年的部分监测结果是："锦州湾、莱州湾、黄河口、长江口、杭州湾和珠江口生态系统处于不健康状态，主要表现在富营养化及营养盐失衡、生物群落结构异常、河口产卵场退化、生境丧失或改变等。主要影响因素是陆源污染物排海、围填海侵占海洋生境、生物资源过度开发等。"这里已经把"围填海侵占海洋生境"判定为导致有关监控区"生态系统处于不健康状态"的"主要影响因素"。在对各监控区分别做的报告中，《中国海洋环境质量公报》在对致害因素的具体分析多次提到"围填海"。例如，"锦州湾生态监控区""生

---

① 参见伍业锋：《美国海洋政策的最新动向及其对中国的启示》，载《海洋信息》2005 年第 4 期，第 28 页。
② 《2003 年中国海洋环境质量公报》第六章。
③ 施民信：《海岸危机》，晨星出版社 1998 年版，第 152 页。

态系统处于不健康状态”，“影响锦州湾生态系统健康的主要因素”之一是“围填海工程”。“渤海湾生态监控区”“生态系统处于亚健康状态”，“围填海工程”是排在第三位的主要“影响”“因素”。“苏北浅滩生态监控区”“生态系统处于亚健康状态”。分析认为，“陆源排污、滩涂围垦、过度捕捞和滩涂养殖等是威胁苏北浅滩湿地生态系统健康的主要因素”。“长江口生态监控区”“生态系统处于不健康状态”。分析结果把“滩涂围垦”列为“威胁长江口生态系统健康”的仅次于“河口航道整治”的“因素”。“乐清湾生态监控区”、“闽东沿岸生态监控区”等“生态系统”都是“处于亚健康状态”。两个监控区引起“生态系统健康状况下降”的首要“因素”都是“围填海”。“珠江口生态监控区”“生态系统处于不健康状态”，引起不健康的首要因素也是“围填海”①。这些分析告诉我们，即使仅仅为了保护海洋生态系统，或为了维护海洋生态系统的健康，我们也应防止对海洋自然形态的破坏。

第二节 积极推进海洋环境保护

王敏旋先生在较为全面地了解了一些国家海洋发展状况的基础上做出了如下的判断：“‘维护海洋健康’将成为 21 世纪保护人类自己的超级保护活动。”根据对海洋环境状态的了解，尤其是在做了上述海洋环境损害的总结之后，相信这个判断并不难。然而，王敏旋先生做出上述判断并不仅仅因为他也像我们一样注意到了海洋环境遭受的严重损害。除了发现海洋环境问题之外，他还注意到各国的“超级保护活动”的某些表现或某些前奏。他提到：

“澳大利亚政府在积极推进海洋开发利用的同时为了保护大堡礁优美的自然景观和动植物的多样性，于 1975 年颁发了《大堡礁海洋公园法》。1989 年澳大利亚联邦总理霍克发表了《我们的国家、我们的未来》的声明，公布了一系列有关环境保护与治理方面的重大行动计划。1999 年澳大利亚制定了《2000 年海洋营救计划》，提出了保护海洋环境可持续发展的具体办法和措施。”

“美国国家海洋政策的指导原则——可持续性原则——提出‘海洋政策的制定应确保海洋的可持续利用，确保未来子孙的利益不受到侵犯’。”

“加拿大政府制定的 21 世纪海洋战略确定的四个紧急目标中的第三目标是‘保护好海洋的环境，最大限度地利用海洋经济的潜能，确保海洋的可持续

---

① 《2005 年中国海洋环境质量公报》第五章。

开发'。"

"日本在实施海洋政策中提到'海洋环境保护及修复的综合措施'。为了保持自然所具有的物质循环系统功能的正常发挥，人类活动对环境的负荷应保证不超过海洋所承受的净化能力及净化容量等的极限。"

他的上述判断其实是对许多国家已经开始的行动的总结，或者从这些行动中发现的世界性的动向——"注重海洋资源的保护确保海洋的可持续利用"，已成为各沿海国家的"自觉行动"。我们应该向这些发达国家学习，在开发海洋之前就把保护好海洋作为"出发点"[①]。这些国家的做法对我们来说是个借鉴。总之，不管是来自国外的经验，还是我国海洋事业发展中所提出的保护海洋环境的任务，都要求国家采取有效措施保护海洋环境。

我们所说的"要求"也许已经过时了，因为我国并非没有采取保护海洋环境的措施，甚至在海洋环境保护上并不是没有舍得投入。我国为保护海洋环境已经投入了巨大的人力、物力和财力。国家海洋局及沿海各省、市、县（区）的海洋行政管理部门为治理海洋环境污染也都尽心尽责。我国为保护海洋环境还制定了一系列法律、法规、规章、规划等规范性文件。然而，我国海洋环境的治理却不能令人满意。国家海洋局编制的《2006年中国海洋环境质量公报》（以下简称《2006海洋公报》）的两段文字足以说明这一点。《2006海洋公报》称：

"2006年我国海域总体污染形势依然严峻。全海域未达到清洁海域水质标准的面积为14.9万平方公里，污染海域主要分布在辽东湾、渤海湾、长江口、杭州湾、江苏近岸、珠江口和部分大中城市近岸局部水域……近岸海域海水中主要污染物是无机氮、活性磷酸盐和石油类……近岸海域部分贝类体内污染物残留水平依然较高。81%的入海排污口超标排放污染物，多数排污口邻近海域环境污染严重，对周边海洋功能区的损害加剧。河流携带入海的污染物持续增高，河口生态环境受损。

近岸海域生态系统健康状况恶化的趋势尚未得到有效缓解，大部分海湾、河口、滨海湿地等生态系统仍处于亚健康或不健康状态，主要表现在水体富营养化及营养盐失衡、河口产卵场退化、生境丧失或改变、生物群落结构异常等。我国目前仍处于赤潮多发期，因有毒藻类引发或协同引发的赤潮仍维持在较高水平，赤潮多发区主要集中在渤海湾、长江口外和浙江中南部海域。海岸侵蚀范围和强度仍在不断增大。"

这段综述性的文字显然没有带来让人们欣喜的信息。让我们再看一下渤海海

---

① 王敏旋：《国内大力开发海洋经济的十点思考》，载《环渤海经济瞭望》2011年第12期，第44页。

域的情况，从这里我们可以获得一些更为具体的信息：

我国自 2001 年开始实施"碧海行动计划"，渤海碧海行动计划是其中之一。那么，在实施了这样的计划之后我们是否已经把渤海治理好了呢？

（2001 年）"渤海……海水污染程度较重……未达到清洁海域水质标准的面积约 18 990 平方公里，已占渤海总面积的 24.6%。其中，轻度污染海域面积约 1 300 平方公里，中度污染和严重污染海域面积约 2 080 平方公里"。[1]

（2002 年）"污染程度仍然较重。未达到清洁海域水质标准的面积约为 3.2 万平方公里，占渤海总面积的比例由上年的 24.6% 增加到 41.3%。主要污染物是无机氮、磷酸盐、铅和汞。"[2]

（2003 年）"污染范围减小。未达到清洁海域水质标准的面积由 2002 年的 3.2 万平方公里降至 2.1 万平方公里，占渤海总面积的 27.3%。污染范围减小的海域主要包括莱州湾和辽东湾。"[3]

（2004 年）"污染范围比上年扩大。未达到清洁海域水质标准的面积约 2.7 万平方公里，占渤海总面积的 35%，较上年面积增加约 0.6 万平方公里，增加约 29%。其中，轻度污染、中度污染和严重污染海域面积较上年分别增加了 44%、256% 和 57%，污染程度明显加重。污染区域仍然集中在渤海湾、莱州湾和辽东湾近岸海域，主要污染物为无机氮、活性磷酸盐和石油类等。"[4]

（2005 年）"海域污染依然严重。未达到清洁海域水质标准的面积约 2.0 万平方公里，占渤海总面积的 26%。其中，严重污染、中度污染、轻度污染和较清洁海域面积分别为 0.2 万、0.3 万、0.6 万和 0.9 万平方公里。严重污染海域主要集中在渤海湾、莱州湾和辽东湾近岸，主要污染物为无机氮、活性磷酸盐和石油类等。"[5]

（2006 年）"海域污染依然严重。未达到清洁海域水质标准的面积约 2.0 万平方公里，占渤海总面积的 26%，与 2005 年持平。其中，严重污染、中度污染、轻度污染和较清洁海域面积分别约为 0.3 万、0.2 万、0.7 万和 0.8 万平方公里，严重污染和轻度污染海域面积均比 2005 年增加约 0.1 万平方公里。严重污染海域主要集中在辽东湾近岸、渤海湾和莱州湾，主要污染物为无机氮、活性磷酸盐和石油类等。"[6]

---

[1] 《2001 年中国海洋环境质量公报》。
[2] 《2002 年中国海洋环境质量公报》。
[3] 《2003 年中国海洋环境质量公报》。
[4] 《2004 年中国海洋环境质量公报》。
[5] 《2005 年中国海洋环境质量公报》。
[6] 《2006 年中国海洋环境质量公报》。

除 2003 年的报告"喜忧参半"① 之外，其他各年度的报告给予我们的都是忧。

我们无须再做证明以往的治理力度不够之类的努力，因为海洋污染持续加剧或者说得不到有效治理的重要原因是太多的陆源污染物质不断投入海洋。

长江和珠江向海洋输送污染物质的情况在我国应该具有代表性。

长江自 2002～2006 年排放入海污染物总量依次为：4 353 333 吨、2 929 360 吨、7 914 300 吨、5 324 036 吨、6 311 259 吨。

珠江自 2002～2006 年排放入海污染物总量依次为：1 623 937 吨、1 917 930 吨、2 481 861 吨、2 012 848 吨、2 511 777 吨。②

陆地向海洋排放的污染物没有明显的减少，海洋环境质量就难以发生明显的改善。这些年之所以一边花力气治理，一方面海洋"污染形势依然严峻"，归根结底是因为排海污染物的数量没有明显减少。

面对这样的状况，我们相信采取措施保护海洋环境的要求绝对不过分。

上面使用的数据基本都是 2006 年以前的。从 2006 到现在，又过去几年了，情况是否有所改善呢？《中国海洋环境质量公报》的编者认为，"2011 年，我国海洋环境状况总体维持在较好水平。"那么，这较好水平是怎样的"水平"呢？我们从各类水质海域面积的变化情况就可以做出判断。

先来看黄海海域（见表 13 - 1）：

表 13 - 1   2007 与 2011 年黄海海域各类水质海域面积对照表

年度	二类	三类	四类	劣四类	合计
2007	9 150	12 380	3 790	2 970	28 290
2011	13 780	7 170	4 240	9 540	34 730
增加	4 630	- 5 210	450	6 570	6 440

表 13 - 1 显示，2011 年与 2007 年相比，在黄海海域，除三类海水水质的区域有下降外，四类、劣四类海水水质的海域面积都有明显增加，而且二、三、四和劣四类海水水质的海域总面积也有增加。

再来看东中国海海域（见表 13 - 2）：

---

① 《2003 年中国海洋环境质量公报》对渤海海域所做的"污染范围减小"的评价让我们"喜"，但这个喜讯是虚假的，因为这一年"减小"的污染范围比 2001 年的"范围"要大得多。2001 年为"18 990 平方公里"，2003 年是 2.1 万平方公里；2001 年"未达到清洁海域水质标准的面积""占渤海总面积的24.6%"，而 2003 年占到了 27.3%。

② 数据来源于 2002～2006 年《中国海洋环境质量公报》。

表 13 - 2　　　2007 与 2011 年东中国海海域各类水质海域面积对照表

年度	二类	三类	四类	劣四类	合计
2007	22 430	25 780	5 500	16 970	70 680
2011	15 430	12 820	9 150	27 270	62 670
增加	- 7 000	- 12 960	3 650	10 300	- 8 010

表 13 - 2 中的数字似乎可以带给我们一些安慰，因为东中国海海域二、三、四和劣四类海水水质的海域总面积减少了 8 010 平方公里，然而，仔细观察就会发现，减少的数字都来自二类水质、三类水质栏中。这两栏分别减少了 7 000 平方公里和 12 960 平方公里。四类海水水质和劣四类海水水质栏中的数字都有增长，而劣四类海水水质栏中的增加还非常明显，增加了 10 000 多平方公里。

最后看一下四大海域 2011 年与 2007 年各类海水水质的海域面积变化情况（见表 13 - 3）：

表 13 - 3　　　2007 与 2011 年四海域各类水质海域面积对照表

年度	二类	三类	四类	劣四类	合计
2007	51 290	47 510	16 760	29 720	145 280
2011	47 840	34 310	18 340	43 480	144 290
增加	- 3 450	- 13 200	1 580	137 600	- 990

从合计数看，结论是：2011 年的海洋污染比 2007 年略微有所减轻，四大海域二、三、四和劣四类海水水质的海域总面积减少了 990 平方公里。这一减少可以归功于海洋环境保护工作所取得的成效。然而，这份成效依然经不起推敲。仔细阅读上列表格，读者很容易得出否定的结论。不仅合计数中减少的这个 990 平方公里都来自二类和三类海水水质的海域，而且，二类和三类海水水质的海域面积数还掩盖了严重污染海域的存在。仅劣四类海水水质的海域面积就增加了 137 600 平方公里。从这个数字的对照来看，2011 年与 2007 年相比，我国全海域海洋污染情况没有减轻，而是有所加重。

我们不仅面临着保护海洋环境的任务，而且还面临着重新审视以往为保护海洋环境所采取的办法、所制定的政策和法律是否有效的任务。不仅在海洋事业发展战略的总体中，在理论上存在着伟大的海洋发展事业的另一半——海洋环境保护事业，而且海洋环境的现实状况，包括经治理后的海洋环境状况也要求我们为保护海洋环境做出战略上的安排。

我们认为应当做如下安排：

一、以海定海，整体保护

海洋环境保护的任务主要有 4 个方面，即海洋污染防治、海洋资源养护、海洋生态保护和海洋自然形态保护。这 4 个方面的任务中的后 3 个方面基本上都可在包括海岸带在内的海洋里完成，都可以通过对海洋开发和利用行为的规制来完成。例如，引起海洋生态损害问题的原因，除了陆源、船源污染等"海外"因素之外，都出自海上。那引起海洋生态损害的活动主要有 3 类情况：① "围填海侵占生物生境"；② "生物资源过度开发"①；③ 不当养殖。这样的判断是以许多相关判断为基础的。仅以 2005 年海洋环境监测结果及其原因分析为例即可说明这一点。2005 年，锦州湾"生态系统处于不健康状态"。"影响锦州湾海洋生态系统健康的主要因素"是"过度捕捞和围填海工程"。渤海湾"生态系统处于亚健康状态"。"影响渤海湾生态系统健康"的"主要因素"也是"过度捕捞和围填海工程"。苏北浅滩生态监控区"生态系统处于亚健康状态"。除了"陆源排污"之外还有什么与这种状态的形成有关呢？《2005 海洋公报》的判断是："滩涂围垦、过度捕捞和滩涂养殖等是威胁苏北浅滩湿地生态系统健康的主要因素"。广西北海生态监控区虽然总体处于"健康状态"，但仍存在"红树植物""虫害"、"海草""退化"等生态问题。而影响这个区域生态系统的致害活动包括"不合理的工程开发及养殖活动"。在这一年中，乐清湾生态系统、闽东沿岸生态系统、珠江口生态系统的健康状态是"亚健康"或"不健康"，而导致这些生态系统"亚健康"或"不健康"的主要影响因素之一是"海水养殖"，或者叫"不合理的海水养殖"②。

在上述造成海洋生态系统"不健康"或"亚健康"的原因中，"围填海工程"、"滩涂围垦"、"不合理的工程开发"属于第一类。可以将其概括为"围填海侵占海洋生境"。"过度捕捞"、"过度采挖和捕获海洋经济动物"、"盗采""珊瑚礁"③ 属于第二类。"养殖活动"、"滩涂养殖"、"海水养殖"、"不合理的海水养殖"则是第三类。这些情况实质上都是利用海洋的行为，包括捕捞行为、养殖行为、围填海行为、工程建造行为、采取珊瑚礁行为等。这些行为都不必然影响海洋生态的健康，不必然给海洋生态带来"不健康"或"亚健康"的危害。它们之所以引起了相关海域或滨海湿地生态系统"不健康"或"亚健康"，原因十分简单，那就是上述《海洋公报》对捕捞行为所加的修饰词，也是上文我们

---

① 《2006 年中国海洋环境质量公报》。另外，《2005 年中国海洋环境质量公报》的判断与此相同。
②③ 《2005 年中国海洋环境质量公报》。

反复使用过的那个概念："过度"。

引起海洋自然形态变化的原因，这里当然是指人为原因，主要是工程建造和海洋矿产资源开发。《2006 海洋公报》在分析"重点岸段侵蚀"的原因时指出："除监测岸断地质岩性相对脆弱、海平面上升和频繁风暴潮影响等自然因素外，海滩和海底采砂对海底自然平衡的破坏，海岸工程修建对环境动力条件的改变，以及上游泥沙拦截使得入海泥沙量的减少等人类活动是导致海岸侵蚀速率增加的主要原因。"其中，"地质岩性""脆弱"是发生岸段侵蚀的客观条件，"海平面上升和频繁风暴潮"在岸段侵蚀的话语下属于"自然因素"。除这两项自然因素之外，《2006 海洋公报》提到的其他原因都是人为原因，或者像《2006 海洋公报》说的那样，都是"人类活动"。如果我们把"上游泥沙拦截"这一与用海活动无关的人类活动暂时抛开不论，那么，造成岸段侵蚀的人类活动就是海洋矿产资源开发（即"海滩和海底采砂"）和工程建造（即"海岸工程修建"）。《2006 海洋公报》所载的几个实例都向我们提供了这样的结论。

1. 辽宁省葫芦岛市绥中岸段

"……海岸侵蚀长度为 40.8 公里。从 2002 年 8 月到 2006 年 7 月，侵蚀总面积 0.49 平方公里，最大侵蚀宽度 16.6 米，年均侵蚀宽度 3 米。导致该岸段侵蚀的主要原因是六股河口门外海底大量采砂破坏了海底自然平衡……"

2. 山东省龙口至烟台岸段

"该岸段……2003 年 8 月至 2006 年 8 月，侵蚀的岸线约 35.6 公里，海岸侵蚀总面积 0.47 平方公里，累积最大侵蚀宽度 57 米；年最大侵蚀宽度 19 米；平均侵蚀宽度 13.1 米；年平均侵蚀宽度 4.4 米……海滩和海底的海沙[①]开采、海岸工程修建的不合理是海岸侵蚀的主要原因。"

3. 海南省海口市新海乡新海村和长流镇镇海村岸段

"海岸侵蚀长度 546 米，近年来，民生燃气码头与粤海轮渡南港码头防波堤先后建成，海岸侵蚀有所加剧。"

"长流镇镇海岸段……2003 年至 2006 年，海岸侵蚀长度达 1 539 米，平均侵蚀宽度 3.0 米，最大侵蚀宽度 8.0 米，侵蚀总面积 4 300 平方米。与 2003 年监测结果相比，侵蚀长度增加 739 米，平均侵蚀宽度增加约 1.0 米，最大侵蚀宽度增加 3.0 米，侵蚀总面积扩大 1 800 平方米。除海平面上升和风暴潮等自然因素外，人工构筑物的修建和取沙等人为因素是海岸侵蚀速度增加的主要原因。"[②]

把上述事例中的致害原因归纳起来就是两大类：其一，开采海砂资源。"海

---

① 《中国海洋环境质量公报》有时用"砂"，有时用"沙"。
② 《2006 年中国海洋环境质量公报》。

滩和海底"的"大量采砂破坏了海底自然平衡",引起岸段侵蚀。其二,人工构筑物建设。海口市新海乡岸段建造的"民生燃气码头"、"粤海轮渡南港码头防波堤"等,引起海水流速、流向等的改变,破坏了陆海之间原已形成的依存关系,造成海岸侵蚀。

不论是开采海洋矿产资源,还是修建海洋工程、海岸工程,都不必然造成海岸侵蚀。许多岸段之所以因这些原本正常的用海活动而引起侵蚀,是由于在这些岸段上实施这类活动违反科学规律,也就是《公报》对这些行为所给的评价:"不合理"。

捕捞、养殖等活动原本都是海纳百川的海洋所可以接受的,但一旦"过度",结果就是生态破坏;采砂、海岸建设本来也为特别"有容"的大海所可以承受,但建设"不合理"就带来了海岸侵蚀。由此看来,要想有效保护海洋环境,必须使人类的相关用海行为"合理"、"有度"。那么,这个"理"、"度"在哪里呢?就在海洋本身,在一定海域、一定岸段自身的自然条件。人类要寻海洋自身之理,守海洋所能容纳之度,就是以海定海,即按照海的容纳能力、承受能力(用 SC 表示)定人类的用海活动(用 MA 表示)。人类用海行为对海洋的影响等于或小于海洋对人类用海行为的容纳能力或承受能力,人类用海行为就是合理的和有度的。以海定海可以用以下公式来表示:

$$MA \leqslant SC$$

（以海定海公式）

以海定海公式适用于人类用海活动之量决定用海活动所致结果之质条件下的海洋环境保护战略。它可以分解为防治海洋污染以海定海公式和防治海洋生物资源减少以海定海公式。前者为:

$$MP \leqslant SPC$$

（防治海洋污染以海定海公式）

其中 MP 表示人类活动污染总量,SPC 表示海洋最大纳污能力;后者为:

$$MC \leqslant SP$$

（防治海洋生物资源减少以海定海公式）

其中 MC 表示人类捕捞和其他索取总量,SP 表示海洋最大生产能力。[①]

以海定海,遵守海洋对人类行为的承受能力之度,这样的原则、要求看起来并不过分,它所体现的道理也并不是多么深奥难懂,但真要实施以海定海,或按照以海定海的要求实施对海洋环境的保护,却不是很容易的。这里所说的不容易不是指用海者是否乐意接受以海定海的限制、政府是否真心根据"海"的承受

---

① 这里所说的海洋最大生产能力并非简单的生产能力,而是以最佳可持续捕捞量为依据的生产量。

能力对用海行为做肯定或否定的评价，批准还是禁止某个具体的用海行为，而是指如何操作，即用海者、管理者怎样使自己的用海行为、管理行为合于海洋的"度"，他们怎样才能让自己的用海行为或管理行为与海洋的"度"对接。这并不是一个"小技术"问题，而是涉及海洋环境保护的实践路径选择问题。

我们以往的环境保护实践路径大体说来是以环境行为为观察点，对环境行为设定标准，实施许可、监督、处罚等管理。政府环境保护工作的对象是污染者或生产者、生活者。政府开展环境保护工作的基本原则是让生产者、生活者不要违反法律政策对生产、生活活动所提出的保护环境的要求。换言之，只要生产者、生活者的每一个行为都符合有关法律、政策的要求，这环境保护工作就算万事大吉。这种实践路径大致可以概括为"设定环境行为准则，监督环境行为人遵守准则"。这样开展环境保护工作似乎没有什么问题，也符合依法行政的法治理念，但如此实施的环境保护工作却会出现，事实上是出现了，"个体守法，总体失效"的执法结果。以渔业捕捞为例。每条渔船依法入渔，不管是渔船还是渔网等渔具都符合法律的规定，既没有做河北省干部所说的那类违法的事，也没有违反技术准则，不管是船工的身份①，还是他们实施的操作技术都符合渔业规范，总之所有的行为都合法，但结果却是渔业资源逐渐减少，"渔越抓越小"，渔业"总体效益越来越差"，渔业"竞争实力越来越弱"②。让渔者守法的目的达到了，但保护渔业资源的目的却没有实现。用有关法律规范了渔者的行为，但却没有有效地保护住渔业资源。在这种情况下，人们只好说那些为保护渔业资源而制定的法律实际上是"失效"了。海洋环境保护工作沿着这样的实践路径前行，即使所有的环保工作者都很勤勉，上级政府也给予下级的环保工作以充分的支持，公民们，不管他们是以个体的身份，还是以企业代表者的身份，都严格奉公守法，听从环保工作者的指挥，也难以让为保护海洋环境而建立的法律产生保护海洋环境的效果。③ 即使这样的法律的制定者已经深刻领会了海洋环境有"度"的道理，执法者也从立法者那里和法律中体会到了为海洋环境守"度"的必要性并为之付出了艰苦努力，这样的法律也不能如其制定者设想的那样实现对海洋环境的"度"的有效守护。

我们需要以海定海，遵守海洋对人类行为的承受能力之度，而要想真正把"海"自身的"度"变成约束人类环境行为的尺度，必须改变环境保护的实践路

---

① 《中国水生生物资源养护行动纲要》为实施"负责任捕捞管理"要求"职务船员持证上岗"（详见《中国水生生物资源养护行动纲要》第三部分第三节第三条）。

② 江毅海：《政府职能与海洋捕捞业可持续发展》，载《中国渔业经济》2002年第3期，第12页。

③ 如果环保工作者并非都很勤勉，上级政府也不是总能给予环保工作充分的支持，公民们不都那么严格守法、听从指挥，有关法律就更不能指望产生有效保护环境的效果了。

径——由"以环境行为为观察点"转变为"以海洋的最大承受能力为观察点,或者说就是以环境为观察点;由规范"环境行为"转变为控制环境行为的最大负载。简单说就是根据海洋环境最大承载力控制环境行为负载,确定上文所述之"整体环境接受度"。

根据海洋环境最大承载力控制环境行为负载的实践路径的最大特点就是对环境实施整体保护,或从整体上保护,作为一个整体来保护,而不是寄希望于分散的保护行为产生保护的效果。① 整体保护,遵守整体环境接受度,因为保护工作以保护对象的整体为依据,所以只要工作无误,就一定能实现保护的成功。与这种整体保护相对称,"设定环境行为准则,监督环境行为人遵守准则"的实践路径是"各个保护"。"各个保护"的成功不等于保护的最后成功;所有的"各个保护"都成功换不来整体的成功。

实施整体保护,保护工作的依据和出发点是环境,也就是海洋的最大承受能力。在渔业资源保护中所实行的"捕捞限额制度"就是这种整体保护的范例。这种保护制度的出发点和基本依据是"总可捕捞量",其实现对渔业资源保护的基本手段是把许可捕捞能力控制在"总可捕捞量"的范围之内。只要控制住了总捕捞能力,就守住了"总可捕捞量"这个"度",也就实现了有效保护渔业资源的目的。②

要走整体保护的实践路径必须先摸清整体,就像用"捕捞限额制度"保护渔业资源必须先摸清渔业资源的"总可捕捞量"那样。以海定海是按照海洋自身的规定性用海,而海洋自身的规定性是多方面的。要想从整体上保护海洋环境,或海洋环境的某个方面,必须先了解有关的规定,掌握环境保护工作要守的"度"。捕捞、养殖、采挖生物或非生物资源等方面都有自己的"度",在建设海岸和海洋工程项目时也需要不违"理"。不管叫"度",还是叫"理",它都是对环境的一个整体的了解。为采取整体保护的实践路径,国家需

① 我国的一些环境保护文件使用过"整体保护"的提法。《中国水生生物资源养护行动纲要》确定的"水生生物资源养护"的"原则"之一就是"坚持整体保护的原则"。该原则的具体内容是:"坚持整体保护的原则,处理好全面保护与重点保护的关系。将水生生物资源养护工作纳入国家生态建设的总体部署,对水生生物资源和水域生态环境进行整体性保护。同时,针对水生生物资源在水生生态系统中的主体地位和不同水生生物的特点,以资源养护为重点,实行多目标管理;在养护措施上,立足当前,着眼长远,分阶段、有步骤地加以实施。"(《中国水生生物资源养护行动纲要》第二部分第二节第二条)看得出来,这里的整体保护与本书所说的整体保护是有明显区别的。

② 《中国水生生物资源养护行动纲要》提出要"实行捕捞限额制度"。这是一个巨大的进步。《纲要》规定:"根据捕捞量低于资源增长量的原则,确定渔业资源的总可捕捞量,逐步实行捕捞限额制度。建立健全渔业资源调查和评估体系、捕捞限额分配体系和监督管理体系,公平、公正、公开地分配限额指标,积极探索配额转让的有效机制和途径。"(《中国水生生物资源养护行动纲要》第三部分第三节第一条)看来真正的"捕捞限额制度"的实施还需要等待。我们只能说"神圣的事业"即将开始。

要针对环境问题，或者说是海洋环境保护的任务去确定"环境整体"的额度。这包括：①渔业等水生生物资源的最大可捕捞量；②海砂等矿产资源的最大合理采掘量和最佳采掘程度（针对防止出现海岸侵蚀的环保任务）；③海域最大养殖容量；①④滩涂、浅海的最大可围填量（针对生态保护的任务、海洋自然形态保护的任务）等。②

二、以海定陆，海陆协调

"以海定陆"也是要求以海洋环境所能接受的"度"为依据保护环境。

对海洋纳污能力有最大极限值，也就是可承受的"度"这一点，海洋管理部门和其他部门的人们都有清楚的认识。江苏省政协常委魏绍芬先生这样判断："目前向海洋中排放的污染物数量已经超过了近海海域的自净能力，这是海洋污染状况逐步加重的主要因素。"③"近海海域的自净能力"是海洋接纳污染物质的最大承受量，因为人类活动向这片海域排放的污染物质超过了"最大承受量"，所以便造成了污染；要消除这种污染，办法很简单，把向海域排放污染物质的量限制在"最大承受量"以内。福建省政协委员们对治理海洋污染提出的建议是"遏制海洋污染，必须先从陆地做起"。为执行这一原则，他们还提出具体建议："科学测算沿海地区生态环境承载量，加快建设沿海城市、江河沿岸城市污水和固体废弃物处理设施，减少陆源污染物的入海排放量。"④"遏制海洋污染"之所以要"从陆地做起"，是因为"陆源污染物"对海洋接受污染物质超负荷发挥了重要的作用。按照魏淑芬先生对江苏省情况的判断："海洋污染主要来自陆源"⑤。福建省政协委员们提到的"沿海地区生态环境承载量"，魏绍芬先生所说的"近海海域的自净能力"，说的都是"海"，是用以"定陆"的依据。

以海定陆的核心是对排海污染物实行总量控制。我国《海洋环境保护法》曾提出"建立并实施重点海域排污总量控制制度"⑥的要求。王曙光先生提出的

---

① 据说厦门市海洋环境治理经验之一就是"依据海洋生态环境容量，规划发展海洋经济"（郑冬梅：《海洋生态文明建设——厦门的调查与思考》，载《中共福建省委党校学报》2008年第11期，第70页）。

② 我曾提出在海洋环境保护中贯彻"以海定陆"原则，那时因担心实现这一原则的贯彻会严重影响人们按照习惯的"发展"程式用海，所以把"以海定海"与长远利益、生态利益联系起来，希望利用生态利益的说服力说明以海定海的必要（参见徐祥民：《保护海洋环境应当贯彻的几项基本原则》，载徐祥民：《海法法律、社会与管理》（第二卷），海洋出版社2010年版，第5页）。

③⑤ 魏绍芬：《我省海洋环境现状及保护对策》，载《江苏政协》2003年第3期，第11页。

④ 林志强：《构建人与海洋的和谐——省政协委员视察福州市海岛经济发展和海洋生态环境侧记》，载《政协天地》2007年第11期，第13页。

⑥ 《中华人民共和国海洋环境保护法》第三条。

"建立污染物'达标排放制度'与'总量控制制度'"的建议似乎是对这一制度的专门解释。他所说的"总量控制制度"指的是"为严格控制陆源污染物排海，减轻近岸海域环境压力……对受纳海区实行污染物总量控制"。在他看来，需要实行这一制度的区域非常有限——"封闭、半封闭海区和其他水动力较弱的海区"①。这些区域大概就是《海环法》所说的"重点海域"。

防治海洋污染的以海定陆战略中有 3 个关键词，即①特定海域，也就是王曙光先生所说的重点海域；②陆源污染物；③对陆源污染物的收纳能力。这一战略可以用以下公式来表示：

$$TLP \leqslant SLC$$

（以海定陆公式）

公式中的 TLP 表示陆源污染物总量，SLC 表示特定海域陆源污染物最大受纳能力。

实施以海定陆战略首先要做的基础性工作就是确定海洋接受陆源污染物的最大容量，也就是一定海域在维持海水水质不低于一定标准的前提下可以容纳污染物的总量。这与前述"以海定海"要确定海洋对人类行为的承受能力之"度"是一样的。

不过，以海定陆战略必须服从以海定海战略的约束，也就是说，以海定海战略对于以海定陆战略具有优先性。这是因为一定海域陆源污染物最大受纳能力是由海洋最大纳污能力决定的。特定海域陆源污染物最大受纳能力有多大决定于海洋最大纳污能力中的多大部分拿来受纳陆源污染物。海洋最大纳污能力与特定海域陆源污染物最大受纳能力之间的关系可以用以下公式表示：

$$SLC + SSC + \cdots\cdots \leqslant SPC$$

其中 SSC 表示特定海域海源污染物最大受纳能力。这个公式告诉我们，海洋污染有多个来源，而海洋最大纳污能力必须接受陆源污染、海源污染等来源的污染的分割。

根据这个公式，以海定陆战略中的特定海域陆源污染物最大受纳能力只能是海洋最大纳污能力（SPC）减去特定海域海源污染最大受纳能力（SSC）及分配给其他来源污染物的受纳能力之后的一个值。用公式表示就是：

$$SLC = SPC - SSC - \cdots\cdots$$

实施以海定陆战略要求各排污单位排污的总量不超过控制总量。这意味着在排污总量达到控制总量时必须停止排放。对排污叫停，对于某些企业来说就意味着对生产的叫停，对于城市来说就意味着对生活消费的减损，对于乡村则意味着

---

① 王曙光：《海洋环境保护刻不容缓》，载《海洋开发与管理》1999 年第 1 期，第 37 页。

对农药、化肥等的使用的叫停。这是实行总量控制制度遇到的最大困难。城市不能停止生活消费、农村不能完全停止化肥、农药的使用，企业不能不继续它们的生产，尤其是那些生活必须品的生产。在这对矛盾面前，我们要做的不是非此即彼的取舍，不应因为生产、生活都非常重要就放弃对以海定陆战略的实施，也不应为实施这一战略而废弃所有的生产和生活。我们应该做出的选择是，既要坚持以海定陆，又注意协调海陆关系。一方面照顾国民经济和社会发展对生产、生活的需要，使之不受大的影响；另一方面则按照控制总量减少陆地向海洋排放污染物的数量，通过逐步缩减，最后使排海污染物的量降低到控制总量以下。这是以海定陆战略实施过程中的一种"权变"。

在海洋环境保护的实践中，人们也把这种权变称为海陆协调或海陆统筹。海陆协调是在海洋环境保护上把陆地和海洋看作是一个互相联系的整体，为了改善海洋环境或防止海洋环境的继续恶化把陆地和海洋两个方面的两种需要，即发展生产的需要和保持海洋环境质量的需要"统筹"考虑。正是从这个角度看问题，有研究者把海陆协调也称作"海陆统筹"或"陆海统筹"。王倩先生认为："以往'海陆分割'的环境保护措施从根本上违背了海、陆生态环境的客观整体性，对遏制我国海洋环境恶化的形势收效甚微"①。不管王倩先生所说的海陆统筹的具体内容为何，有一点是可以肯定的，即海陆分割不利于实现对海洋环境的有效保护。

2010 年 3 月 2 日，环境保护部与国家海洋局双方代表在北京签署《关于建立完善海洋环境保护沟通合作工作机制的框架协议》。这是一个重要的举动，原本一个不下"海"一个不上"陆"的两个职能部门现在开始坐下来"协调"海和陆的关系了。按照王倩先生的说法，此举标志着"我国海陆统筹保护海洋环境的新局面将进一步形成"②。

从海洋污染防治的任务来看，海陆协调主要包括两个方面的内容：其一，协同治污；其二，分步骤实施。面对经济和社会发展对生产、生活的要求，直白一点说就是对"排污"的需求，面对这种理直气壮的要求，我们既不能对生产生活叫停，也不应放弃以海定陆这一符合科学规律的选择。所谓陆海协同治污就是在生产生活的需要和治理污染的需要两者之间选择"两利"的方案，使之既不至于对生产生活造成重大的影响，又有利于减少海洋污染。例如，不同海域污染的严重程度可能差不多，但污染物质却可能有所不同，有的主要污染物是无机氮和磷酸盐，有的可能主要是铅或者石油。根据这种差别，陆上治污可以先从消减

---

① 王倩：《关于"海陆统筹"的理论初探》，载《中国渔业经济》2011 年第 3 期，第 33 页。
② 王倩：《关于"海陆统筹"的理论初探》，载《中国渔业经济》2011 年第 3 期，第 34 页。

某种主要污染物开始，而不是对所有排污都同时叫停。海里则采取有利于消除其他污染物的生物的、化学的措施等，以便使各种污染物的比重同步下降。再如，陆上主要排放某种污染物质的行业需要经过一个较长时段的技术改造或设备更新才能削减排污，在这种情况下，降低污染的任务就先由海洋上的生产者来承担。经过这样的协同作战，可以在不至于对生产生活造成严重影响的前提下使海洋污染得以减轻。同时，由于治污是从个别污染物的排放开始的，这种治理活动对没有被列入治理重点的排污单位也能起到良好的示范作用，引导它们及早采取治理措施。

所谓分步骤实施就是分阶段地实现理想海水水质目标。我所说的步骤是，可以先按较低水质标准确定污染物控制总量，一个较大的量，同时也就是一个被放大的海洋污染最大受纳能力（SPC）。经过一定时期的海陆协调之后，再按照较高水质标准确定污染物控制总量，把控制总量降低到理想海水质量所能够容纳的数量，也就是把海洋污染最大受纳能力（SPC）"还原"。分步骤实施的核心是按照理想海水水质的污染物控制总量实施陆地分步减排。如说可以在 5 年内把排海污染物缩减到控制总量，也可以用 10 年、15 年、20 年，甚至更长时间实现这个目标。用多长时间实现控制目标，应当通过海陆协调来确定，也就是根据陆地和海域及其相互关系等情况来确定。即使有些海域需要很长时间才能把污染物缩减到控制总量，从而需要我们继续容忍污染，我们也应该接受这样的安排，因为只要认认真真地实施了缩减污染的每一个步骤，我们总能盼到海水变蓝、海鲜复鲜的那一天。

对于海洋污染防治这项任务，按照以海定陆、海陆统筹的实践路径，我们需要制定分步骤实现防治目标的战略规划。例如，以 2011 年四大海域劣四类海水水质海域面积 29 720 平方公里为基数，每年减少其中的 5%，20 年内使四类海水水质在四大海域消失。按照这个净化计划，陆地制定相应的减排计划。陆地减排计划可以考虑地区差异而确定不同的时间表，也可以根据产业差异确定不同的减排步骤，但在做了这些考虑之后，在充分照顾了某些地区、某些产业的特殊性之后，到 2032 年，四大海域必须实现彻底消除劣四类海水水质的海水。

说到这里，我们还需要考虑以海定陆战略在其他存在"海外"原因的海洋环境损害治理上的应用。例如，海岸侵蚀就受来自海洋之外的因素的影响。上引《2006 海洋公报》对"重点岸段侵蚀"给出原因之一是"上游泥沙拦截使得入海泥沙量的减少"这一"人类活动"[①]。"上游泥沙拦截"对于海岸侵蚀这一海洋环境问题来说就是来自海洋之外的原因。2006 年公报提到的造成海洋生态系

---

① 《2006 年中国海洋环境质量公报》第八章。

统"亚健康",加重海洋生态系统"不健康"的原因同样也涉及"海外"。从这些分析来看,生态保护难以简化为一个由量到质的简单过程,因为生态系统的维持是由多方面的因素决定的。在这个意义上,海洋生态保护不适用"以海定海公式"。然而,对生态系统的维持构成影响的那些具体因素与生态系统之间也存在由量到质的规律。下文将要讨论的河流来水的量的变化就可以引起河口区等区域生态的"质"的变化。①

先看"黄河口生态监控区"。该区"生态系统处于亚健康状态。"具体表现:"生物群落结构状况一般","8月,浮游植物密度偏高,平均密度为 2 357 × 104 细胞/立方米;5月,底栖动物栖息密度偏低,平均栖息密度为 73 个/平方米。产卵场退化,鱼卵、仔鱼的种类少,密度低。"尽管不好,但这却是转好的一年。《2006 海洋公报》称:"连续三年的监测结果表明,黄河口生态系统健康状况总体处于恢复状态,生态系统健康指数明显增加。"对为什么会出现"恢复"和"增加",《2006 海洋公报》没有告诉原因。但是对另一个好转,《2006 海洋公报》给出了原因。《2006 海洋公报》指出:这个监控区"生物群落结构略有改善,浮游植物密度、浮游动物密度和生物量渐趋于正常,底栖生物栖息密度也略有好转"。之所以会出现这样的好转,原因很简单——"黄河来水量的明显增加"。也就是说,"好转"的功劳属于黄河来水。《2006 海洋公报》又说:这个监控区尽管生态状况好转,但仍然存在"底栖生物栖息密度偏低,鱼卵、仔鱼种类少,密度低"的问题。这问题的原因是什么呢?"陆源排污、黄河来水量和过度捕捞等是影响黄河口生态系统健康的主要因素。"这"黄河来水量"对于"底栖生物栖息密度偏低"② 之类问题的责任就是"太少"。也就是说,"黄河来水量"虽有"明显增加",但还没有达到让"底栖生物栖息密度"进一步增高所需要的程度。

再来看"长江口生态监控区"。总的评价是"生态系统处于亚健康状态"。具体表现为:"长江口栖息地状况一般"、"生物群落结构状况较差","产卵场退化,鱼卵、仔鱼的种类少,密度低,平均每百立方米有 7 个鱼卵和 29 尾仔鱼"。"连续三年的监测结果"总地来说是:"长江口生态系统健康状况总体处于恢复状态,生态系统健康指数有所增加",其中包括"长江冲淡水区域生物群落结构基本保持稳定"。但是,"长江口生物群落结构状况总体上仍然较差,长江口门以内区域生物群落结构趋于简单,鱼卵、仔鱼种类少,密度低"。"生态系统健康状况"实现"恢复"、"生态系统健康指数有所增加"可能是保护环境的努力

---

① 海洋自然形态变化与有关影响因素也存在类似的关系。
② 《2006 年中国海洋环境质量公报》第五章。

所产生的结果，而让"长江口生物群落结构状况"无法摆脱"总体上仍然较差"之类不好状态的因素又是什么呢？回答是："长江来水量"是"威胁长江口生态系统健康的主要因素"① 之一。

《2006 海洋公报》还报告了"杭州湾生态监控区"的情况。"生态系统处于不健康状态"是一个总的判断。这个判断的依据包括以下监测结果："生物群落结构状况较差，浮游植物密度异常偏高，4 月和 8 月平均密度分别为 25 606 × 104 细胞/立方米和 34 967 ×104 细胞/立方米；浮游动物密度明显偏低，3 月和 8 月平均密度分别为 339 个/立方米和 825 个/立方米；4 月，底栖生物栖息密度偏低，平均栖息密度为 19 个/平方米；产卵场退化，鱼卵、仔鱼种类少，密度低。""连续三年的监测结果表明，杭州湾生态系统始终处于不健康状态，生态系统健康指数变化不大。""生物群落结构状况依然较差，浮游植物密度继续呈上升趋势；浮游动物和底栖生物栖息密度仍然偏低；鱼卵、仔鱼种类少，密度低。"为什么会出现这样差的结果？除"杭州湾湿地面积"连续 5 年"每年减少5% 以上"这个原因之外，"陆源排污、滩涂围垦以及长江来水量等是导致杭州湾生态系统不健康的主要因素"②。

上述三个生态监控区的生态环境状况存在类似问题，而这三个监控区出现类似环境问题的原因也相类似。陆源排污、滩涂围垦和河流来水量是造成生态状况恶化或没有恢复到良好状态的主要原因或"主要因素"，而其中的河流来水量，不管是黄河对"黄河口生态监控区"的来水量，还是长江对"长江口生态监控区"、"杭州湾生态监控区"的来水量，都是重要原因之一。要彻底改善这些监控区的海洋生态状况，除了减少陆源排污、减少或停止滩涂围垦之外，还必须保证河流保持向监控区提供足够多的淡水。为改善这些监控区的生态状况而调节河流来水显然需要以海定陆，而不是以陆定海。要想在不对河流沿岸经济和社会发展造成过分剧烈的动荡的条件下解决上述监控区以及其他河流下游海域生态恢复或改善问题，只有实行陆海统筹。为了确保在不对陆上经济和社会发展造成太大限制的情况下实现海洋生态系统状况的改善，也需要制定"分步骤实现防治目标的战略规划"。

三、普遍保护与分区保护"双管齐下"

在海洋污染防治上，我们早已开始了"依法行政"的实践。我国不仅制定并修订了《海洋环境保护法》，而且制定颁布了许多海洋污染防治单行法规。这

①② 《2006 年中国海洋环境质量公报》第五章。

些法律、法规对防治海洋污染无疑发挥了重要的且不可替代的作用。然而，它们的重要作用无法改变这样一个现实，即我国"大部分海域水质良好，局部海域污染依然严重"①，或者"近岸局部海域水质略有好转，但总体污染程度依然较高"②。这一点从国家海洋局提供的"污染海域分布示意图"或"水质等级分布示意图"中可以轻易地看出来。《中国海洋环境质量公报》每年做出的污染海域分布报告都可以为这张图作注脚：

"严重污染海域主要分布在长江口、珠江口、双台子河口、杭州湾和部分大中城市近岸水域"③（2002 年）。

"严重污染海域主要分布在鸭绿江口、辽东湾、渤海湾、长江口、杭州湾、珠江口和部分大中城市近岸局部水域"④（2003 年）。

"严重污染海域主要分布在渤海湾、长江口、江苏近岸、杭州湾、珠江口和部分大中城市近岸局部水域"⑤（2004 年）。

"严重污染海域……主要分布在辽东湾、渤海湾、长江口、杭州湾、江苏近岸、珠江口和部分大中城市近岸局部水域"⑥（2005 年）。

"严重污染海域……主要分布在辽东湾、渤海湾、长江口、杭州湾、江苏近岸、珠江口和部分大中城市近岸局部水域"⑦（2006 年）。

"污染海域主要分布在辽东湾、渤海湾、黄河口、莱州湾、长江口、杭州湾、珠江口和部分大中城市近岸局部水域"⑧（2007 年）。

"污染海域主要分布在辽东湾、渤海湾、莱州湾、长江口、杭州湾、珠江口和部分大中城市近岸局部水域"⑨（2008 年）。

"严重污染海域主要分布在辽东湾、渤海湾、莱州湾、长江口、杭州湾、珠江口和部分大中城市近岸局部水域"⑩（2009 年）。

"主要污染区域分布在黄海北部近岸、辽东湾、渤海湾、莱州湾、长江口、杭州湾、珠江口和部分大中城市近岸海域"⑪（2010 年）。

---

① 《2006 年中国环境状况公报》。《公报》在这里说的是"近岸大部分"海域，我把这个结论用在全部海域上并不违背《公报》的原意，因为《公布》接下来的一个判断是"远海海域水质良好"。"远海海域"和"近岸海域大部分"和在一起仍然是我国海域的"大部分"。

②⑨ 《2008 年中国海洋环境质量公报》第二章第一节。

③ 《2002 年中国海洋环境质量公报》。

④ 《2003 年中国海洋环境质量公报》。

⑤ 《2004 年中国海洋环境质量公报》。

⑥ 《2005 年中国海洋环境质量公报》。

⑦ 《2006 年中国海洋环境质量公报》。

⑧ 《2007 年中国海洋环境质量公报》第二章第一节。

⑩ 《2009 年中国海洋环境质量公报》第二章第一节。

⑪ 《2010 年中国海洋环境质量公报》第二章第一节。

"主要污染区域分布在黄海北部近岸、辽东湾、渤海湾、江苏沿岸、长江口、杭州湾、浙江北部近岸、珠江口等海域"①（2011 年）。

尽管各年度的《公报》表达污染区域的措辞有所不同，有"污染海域"、"严重污染海域"、"主要污染区域"等，尽管各年度的这类海域与上一年度不尽相同，但从更长时段的考察来看，这类区域基本上是固定的。在以上几个年度的报告中频繁出现的海域包括"辽东湾"、"渤海湾"、"莱州湾"、"杭州湾"、"长江口"、"珠江口"、"黄海北部近岸"、"江苏近岸"和"部分大中城市近岸局部水域"，有些年份还出现了"双台子河口"和"鸭绿江口"。除"双台子河口"和"鸭绿江口"忽略不计之外，这些主要的污染区域可以简单概括为"四海湾"、"两河口"、"两近岸"和"一些局部"。

2010 年的《公报》把海洋污染的主要区域都聚焦在"四海湾"、"两河口"、"两近岸"和"一些局部"。这告诉我们，所谓海洋污染并不是我国可主张管辖海域的 300 万平方公里都同时遭受同样严重的污染。尽管海水是流动，海洋是广泛连通的，但污染物在海洋中的分布是不均匀的。如果说主要区域聚焦在"四海湾"、"两河口"、"两近岸"和"一些局部"是我们面对的污染现状，那么，这个现状却给我们排定了任务——治理海洋污染的任务主要就是对这"四海湾"、"两河口"、"两近岸"和"一些局部"的污染治理。环境损害决定环保任务的定律在这里得到充分的验证。②

不只是海洋环境污染存在区域分布的不均匀的情况，资源减少、生态破坏等也都存在区域不均衡的问题。让我们还是从污染说起。时任城乡建设环境保护部部长的李锡铭先生在向第五届全国人民代表大会常务委员会所做的《关于〈中华人民共和国海洋环境保护法〉（草案）的说明》中有这么一段话："目前我国海洋环境已经受到了不同程度的污染，在一些入海河口区、港湾、内海和沿岸局部区域，环境污染已经相当严重……长江口、杭州湾的污染越来越严重，开始危及到我国最大的渔业基地舟山渔场……许多滩涂养殖场荒废"③。这段话主要是为了说明我国的海洋污染状况，它提到了许多区域或具有区域特点的场所："入海河口区"、"港湾"、"内海"、"沿岸局部区域"、"长江口"、"杭州湾"、"舟山渔场"、"滩涂养殖场"。这些区域都是被污染的区域，但这不同的区域由被污染所产生的影响却并不相同。海湾，如这里提到的"杭州湾"被污染，其影响

---

① 《2011 年中国海洋环境质量公报》第二章第一节。

② 我们曾把环境保护判定为由环境问题或环境损害"赋予"人类的"任务"（参见徐祥民：《环境与资源保护法学》，科学出版社 2008 年版，第 10 页）。这个判断可以说是表达了一条定律。

③ 李锡铭：《关于〈中华人民共和国海洋环境保护法〉（草案）的说明》，载《中华人民共和国国务院公报》1982 年第 14 期，第 608 页。

比较大。这是因为海湾相对封闭，湾内水交换速度慢，从而海洋的自净能力偏低，被污染的水质难以改善。对海湾污染，人们主要担心的"影响"是污染多么大和污染如何消除。"舟山渔场"被污染，其影响也比较大。可是人们对发生在这个海域的污染主要担心的就不再只是污染是否容易消除的问题，而是对渔业资源的危害。李锡铭先生的《说明》提到的"渔场外移，鱼群死亡"[1] 可能就指发生在舟山渔场的情形。在谈论海洋污染对舟山渔场的影响时，舟山已经不再是一个简单的地理区域，而是一个资源"蕴藏"场所，尽管舟山依然还是一个地理区域，污染无法改变它作为一个地理区域的天然特征。作为一个地理区域的舟山之所以不同于其他区域，是由资源"蕴藏"的特殊性决定的。舟山有特殊的资源蕴藏，别的区域没有这样特殊的资源蕴藏。这说明，环境保护事业中的资源保护的任务也存在区域差别。道理非常简单——资源分布是不均匀的，所以保护资源的任务也就不是均匀地分布于各个地方。用"环境损害决定环保任务的定律"来说明就是，资源保护的任务来自资源减少，而资源减少这种环境损害发生在蕴藏资源、生长资源的地方。

环境的区域性问题其实不是一个新问题，尤其海洋环境的区域性问题更是这样。从 1989 年开始，我国实施了划分海洋功能区的工作。所谓海洋功能区，按照来自国家海洋局的解释是，"根据海洋的自然资源、环境状况和地理位置，并考虑到海洋开发利用现状和社会经济发展需求，所规定的具有特定主导功能有利于资源的合理开发利用、能够发挥最佳效益的区域"[2]。"自然资源、环境状况和地理位置"是划分的基本"根据"。"自然资源"等状况不同，其所具有的功能也就不同。没有类似舟山渔场那样的"自然资源"，就成不了"农渔业区"，不具备水深、水流、岸基等建港的"地理位置"条件，就难以成为"港口航运区"，海底或者近岸地下没有石油天然气蕴藏，就没有人会把这个区域规定为"油气区"[3]。这些"天然"的区域具有天然的功能，我们的环境保护工作必须服从它们的"天然的功能"的规定性。

如果说海洋污染这类环境问题的区域性与人类活动的"定点排放"有关，那么，这种区域差别在很大程度上依然是由不同海域的自然特点决定的。所以，治理海洋污染必须建立区域概念。如果说治理海洋污染需要对不同的区域区别对待，那么，对海洋资源的保护、海洋生态的保护、海洋自然形态的保护也需要根据区域的不同"对症下药"。总之，有效保护海洋环境的办法是普遍保护与分区

---

[1] 李锡铭：《关于〈中华人民共和国海洋环境保护法〉（草案）的说明》，载《中华人民共和国国务院公报》1982 年第 14 期，第 608 页。

[2] 李鸣峰：《中国海洋功能区划》，载《海洋开发与管理》1991 年第 2 期，第 30～32 页。

[3] 以上功能区名称出自《全国海洋功能区划（2011～2020 年）》。

保护双管齐下，而不是对全部管辖海域都"平等对待"。

上文谈道的"以海定海，整体保护"战略、"以海定陆，陆海协调"战略总体上来说走的都是"普遍保护"的路线。我国《海洋环境保护法》规定的许多基本制度、基本行为规范，总体上来说也都是追求"普遍保护"的效果。如果说国家在"普遍保护"海洋环境方面已经做了很多工作、采取了很多措施，那么，作为对海洋环境保护事业的战略安排，应该更多地向分区保护倾斜。

我们认为需要分区保护的区域主要有以下几类：

（一） 内海和海湾

渤海和上文提到的，也是《中国海洋环境质量公报》反复提到的辽东湾、渤海湾、莱州湾、杭州湾等属于此类特殊区域。

渤海是我国唯一的半封闭性的内海，也是全球 21 个典型的闭海之一。[①] 渤海海域面积为 77 284 平方公里，平均水深仅 18 米。从平面看，渤海呈 "C" 型，内径大出口窄，仅靠渤海海峡与外海相通，海水的交换持续时间长。据专家估计，渤海完成一次海水交换需要 16 年。渤海的这种自然状况决定了它的环境特点——自净能力差，环境容量低。简单一句话，渤海承受环境压力的能力低下。另一方面，渤海地处温带，不仅海洋里物产丰富，而且其周围地区从古至今都是经济发达、社会繁荣的区域。沿海三省一市及其所属 13 城市的发展都得益于渤海。在经济全球化的今天，渤海位于欧亚大陆桥的东桥头，是我国东北、华北和西北地区进入太平洋，走向世界的最佳对外通道，也是这些地区同隔海相望的朝鲜、韩国、日本进行经济和社会往来的重要通道。可以说渤海托举着环渤海区的经济，承受着来自环渤海区经济和社会生活、我国三北地区对外交流以及环渤海区和三北地区同朝鲜、韩国、日本等的经济和社会往来的压力。[②]

既然存在特殊海域，既然对特殊的海域需要采取特殊治理行动，与这样的特殊治理行动相应的社会关系是否也需要用特殊的法律来调整呢？回答是肯定的。

世界上跨国边界的闭海和半闭海共有 15 处，其中除海域面积比较大的黄海、东中国海、南中国海、日本海、墨西哥湾、孟加拉湾等外，大多都有相邻国家为治理环境而签订的条约、协定、公约等。北海沿岸国家签订的《防止船舶和航空器倾倒废弃物造成海洋污染的公约》（亦称《奥斯陆公约》）、《防止陆源污染物质污染海洋的公约》（亦称《巴黎公约》）的适用范围是北海，而海湾地区沿

---

① 据总部设在日本的"国际闭海环境管理中心"统计，世界上共有 21 个最需要给予高度重视的"闭海"。其中有 15 个是跨国边界的区域海，6 个为跨省州边界的国内海。

② 参见周珂、吕霞：《关于制定渤海环境保护单性法必要性的思考》，载徐祥民：《中国环境资源法学评论》（2006 年卷），人民出版社 2007 年版，第 233～246 页。

岸 8 国签订的《关于保护海洋环境防止污染的科威特区域合作公约》的适用范围则是 8 国共同关心的海湾。《保护波罗的海区域海洋环境的公约》、《保护地中海防治污染的公约》、《关于保护红海和亚丁湾的地区公约》、《保护和开发泛加勒比海地区海洋环境的公约》、《保护黑海免遭污染的公约》都是治理相关海域环境的专门性法律文件。也就是说，北海、地中海、波罗的海、红海、加勒比海、黑海等都有专门的环境治理公约，这些海洋的沿岸国都采取了制定专门公约的形式谋求有关海洋环境的改善。

世界上属于单一主权国家管辖但又跨省州边界的闭海共有 6 处，除哈德逊湾因面积较大接受污染又少而没有得到专门法的照顾外，日本的濑户内海有《濑户内海环境保护特别措施法》，美国的切萨比克湾有《切萨比克湾协议》、旧金山湾有《法案》等专门法律文件。现在美国虽然还没有专门为加利福尼亚湾的环境保护立法，但要求建立加利福尼亚湾环境保护特别法的呼声早已十分强烈。①

国外闭海、半闭海环境治理的经验还告诉我们，针对闭海或半闭海环境治理的专门法的形成大致经历了以下 3 个变化过程：第一，从一般法到专门法；第二，从临时措施到永久措施；第三，从简单的或单一项目的规定到复杂的系统的规定。闭海或半闭海环境保护最初适用的基本上都是一般法，而在一般法不足以解决有关闭海或半闭海的环境保护问题时，有关国家或一国才为闭海或半闭海制定专门的法律或签订专门的公约。如日本在 1970 年 12 月制定《水质污染防治法》、1972 年 6 月实施《海洋污染及海上灾害防治法》的情况下，又于 1973 年 2 月根据濑户内海的实际情况制定了《濑户内海环境保护临时措施法》。可以说，为跨国界或跨省州边界的闭海或半闭海制定专门的环境治理法律法规是应对闭海或半闭海环境污染的最后的也是最有力的办法。在出现了用其他办法难以应对的环境问题时，人类处理闭海或半闭海环境问题的最好选择就是为之制定专门的法律，用专门法规范闭海或半闭海的环境治理活动。

在出现了海洋污染的情况，国家间和一国内首先做出的反应是采取临时措施。当临时措施治理成效不佳或没有达到治理目标时，立法者们便把临时措施改变为永久措施，或不得不放弃临时措施而采用永久措施。海洋污染不是偶发现象，而是具有明显的持续性。要想彻底解决一个海区的环境保护问题，必须把临时措施持续地实施下去，也就是把临时措施转变为一个永久性治理措施。日本的《濑户内海环境保护特别措施法》就经历了这样一个转变过程。日本政府根据濑

---

① 参见周珂、吕霞：《关于制定渤海环境保护单性法必要性的思考》，载徐祥民：《中国环境资源法学评论》（2006 年卷），人民出版社 2007 年版，第 233 ~ 246 页。

户内海的实际情况先是制定了《濑户内海环境保护临时措施法》，5 年之后，日本国会通过决议将其改为永久性的法律，并且将其名字改为《濑户内海环境保护特别措施法》。

人们对海洋环境污染的最初的关注集中在具体种类或具体来源的污染物上，如石油污染、海洋倾倒污染，相应地人们为治理海洋污染而制定的规划和立法也经历了从控制单一污染物或单一污染源到综合整治海洋污染的变化过程。如说海洋出现了船舶漏油这种污染情况时，人们就会根据出现的油类污染物进行特别的规划和立法。而随着时间的推移，人们利用海洋的活动越来越频繁，也就产生了由更多种类的活动引发的污染。当原来的法律文件已经不能适应由新型的污染物的出现而提出的海洋环境治理需要的时候，人们就会向规定更多种类和更能适用新出现的污染源的法律文件以寻求帮助。北海地区的区域合作来自 1969 年针对 1967 年"托雷·卡尼翁"号油轮事件签署的《关于处理北海油污事件的合作的协定》。随后，北海沿岸国又先后签订了《奥斯陆公约》和《巴黎公约》，尽管这两个公约在防止海上倾倒和陆源污染方面取得了"积极的结果"①，但仍"不能充分控制一些主要的来源的污染"②，因此"在区域层面采取更严厉的措施来防止和消除海洋环境污染"③ 就成为必要。这就是《奥斯陆巴黎公约》签订的原因所在。④

根据我国海域和海洋污染防治的具体情况，我们认为应当对渤海、杭州湾、北部湾等特殊海域制定特别法。从法制实践的角度分析，主要理由有三：

第一，特别的污染防治行动应当有相应的特别法的规范。我国曾针对特别海域实施了"碧海行动计划"。这些行动计划总的实践效果已由这些海域长期无法免去"主要污染海域"的桂冠作了回答。为什么会是这样的结果？从管理的角度看问题，也就是用法制实践的眼光看问题，这些行动计划缺少走向成功的法律保障。"碧海行动计划"至少涉及这样一些复杂的关系：其一，它涉及陆地和海上的关系；其二，在我国现行的政府管理体制下，至少涉及环境保护行政主管部门、海洋行政主管部门、交通行政主管部门、农业行政主管部门之间的关系；其三，在我国经济社会发展的现阶段，又直接面对经济社会发展和环境保护的尖锐矛盾。要在这样复杂的关系中采取行动，仅仅靠极富弹性的"行动计划"作为行动的依据，可以说从一开始就注定难以取得良好的效果。仅仅从"行动计划"

---

① 《奥斯陆巴黎公约》序言第八段。

② 《奥斯陆巴黎公约》序言第十段。

③ 《奥斯陆巴黎公约》序言第九段。

④ 参见周珂、吕霞：《关于制定渤海环境保护单性法必要性的思考》，载徐祥民：《中国环境资源法学评论》（2006 年卷），人民出版社 2007 年版，第 233～246 页。

所涉及的管理体制等方面的复杂关系来看，要实施这样的行动计划，实现管理目标（在这里就是环境治理目标），就必须有与这个行动计划相应的专门法。

第二，特别的污染防治战略需要与之相应的特别法。我们认为，特别海域的污染防治必须贯彻"总量控制"原则。作为一项原则的总量控制不是靠一个临时措施、一次活动就能实现的，它必须落实为需要长期坚持的制度。而总量控制的确立、执行又需要具体化为系统的法律规范，否则，也难以发挥制度的作用。我国《海洋环境保护法》关于"建立并实施重点海域排污总量控制制度"① 的规定，支持实行总量控制制度。这种表态和许可要真正对环境保护发挥支持和规范作用，必须进一步尺度化、条理化。特别法更方便解决此类问题。非常明显，有关排污量分配及其依据②、具体污染物的排放总量的确定及其依据、排污总量及具体污染物排放数量的削减计划及其实施、管理机构和管理手段、具体控制方式等，由针对不同海域的专门法来规定更容易有的放矢，更有利于治理目标的实现。③

对污染物实行总量控制必然遇到海陆协调的问题。根据本书的分析，总量控制的难点在海陆协调。如何实现海陆协调，如何把总量控制落实在具体的海陆关系中，这一点，靠现行的《海洋环境保护法》及其配套法规是无法解决的，为各海域制定通行的协调法也不是上策。因为不同海域的陆海关系各不相同。例如，渤海接受黄河、小清河、海河、滦河、辽河等40余条河流的来水，而珠江口区域的污染物主要来源是珠江；北部湾虽然也具有封闭性特点，但其海水交换速度快，而渤海就不具有这样的条件；胶州湾在青岛市一个市的辖区内，而渤海沿岸有3省1市和其所辖13个城市，等等。考虑到这些情况，我们认为，最便捷、可行性最强的办法是针对具体海域制定特别法。

第三，特别复杂的社会关系需要特别的调整手段。我国现行的环境保护法，包括《海洋环境保护法》都以行政区划为执行单位，虽然海洋上有按南中国海、东中国海和黄渤海设置了国家海洋局的几个分局，但总体上看，环境执法和海洋执法仍维持着以一定的行政区为一个执法单位的格局。如果说国家海洋局几个分局的设置还与自然的海洋存在基本对应的关系，那么，省市县等行政区划的确定却与海洋污染防治本身的要求几乎完全不相干。也就是说，在我国实际上存在着

---

① 《中华人民共和国海洋环境保护法》第三条。

② 在污染物排放数量的安排上，必须遵循海水自净的规律，如在海流活跃区可以排放比海流滞缓区更多的污染物（参见赵章元、孔令辉：《渤海海域环境现状及保护对策》，载《环境科学研究》2000 年第 2 期，第 27 页）。

③ 《中华人民共和国海洋环境保护法》第三条关于由国务院"制定"针对"重点海域"的"主要污染物排海总量控制指标"等的"办法"的授权也告诉我们，在"重点海域"实行总量控制制度需要制定专门法。

污染防治任务和现行的行政区划不一致的矛盾。环境治理的对象区域是自然存在的，非人力所能改变的，而行政区划作为文化发展的结果和主要依照行政管理的需要而做的人为设置，与自然的海域之间没有形成对应关系。这种不一致造成了管理需要与管理利益之间的矛盾。同一个治理对象区域需要统一的管理，而不同行政区划的管理机关的管理利益各有归属，并不统一。在分配利益时，各方都想多得一些；在分摊责任时，各方都想少摊；在需要做出牺牲时，各方都想让他方冲在前头，自己躲在后头。

在一般情况下，这种不一致会使统一管理难以实现，统一的管理目标难以实现，而在关系到污染防治这一与经济社会发展的眼前利益存在明显摩擦关系的任务结合时，就使管理目标的实现更加困难，因为发展经济和社会进步的需要等堂皇的理由使本来就复杂的社会关系变得更加复杂。而海洋污染防治任务下的这种不一致则更进一步加强了社会关系的复杂性，因为陆海关系本来就比不同行政区间的陆陆关系更加复杂。①

（二）海岛及其周围海域

海岛是海洋中的特殊环境要素。首先，作为海洋中露出水面的陆地，它的存在就是一种资源，而且还是不可创造的资源。这种资源有时可以成为开发其他资源的条件。例如，可以利用海岛开发风力资源等海洋可再生能源资源。其次，有些海岛的陆地部分、周围海域或者海岛的陆地和其周围海域一起支持着一定的生态系统。如大连蛇岛、海南大洲岛等都维持着独特的生态系统。再次，海岛与海域、海流等是较大生态系统的组成部分，或者是鱼类活动场所、洄游线路，从而在大生态系中的有其必不可少的功能。姜秉国先生等对海岛的环境特点做过总结："地域面积狭小，地质结构简单，生物多样性指数小，环境容量有限，生态和环境系统脆弱"②。这大概是绝大部分海岛所具有的共性。环境脆弱的海岛对人类活动的承受能力比较差，而且许多海岛，尤其是小岛，其生态系统非常脆弱，一旦被破坏长期恢复不了，甚至永远无法恢复。考虑到这一点，我们认为也应对海岛实行分区保护，对海岛采用单独的保护措施和设立单独的保护制度。

我国《海岛保护法》第一条关于"立法目的"的规定列举了"保护海岛及其周边海域生态系统"、"合理开发利用海岛自然资源"、"维护国家海洋权益"、"促进经济社会可持续发展"等若干内容，其中排在第一位的是"保护海岛及其

---

① 处理如此复杂的关系，没有尺度精确、程序细密、责任严明、涵盖周全的法律，是绝难奏效的。关于为特别海洋区域制定特别保护法的论述，可参阅本书第十四章。

② 姜秉国：《科学开发海岛资源，拓展蓝色经济发展空间》，载《中国海洋大学学报》2011年第6期，第28页。

周边海域生态系统"。这在一定程度上规定了这部"海岛法"的性质——除保护"特殊用途海岛"之外，总体上是保护海岛资源、海岛及其周围海域的生态系统的法。该法确实也是这样界定的："本法所称海岛保护，是指海岛及其周边海域生态系统保护，无居民海岛自然资源保护和特殊用途海岛保护。"① 该法对海岛的保护不仅做了"一般规定"（第二章第一节），而且对"有居民海岛生态系统的保护"（第二章第二节）、"无居民海岛的保护"（第二章第三节）等做了专门规定。根据这些规定，可以说我国在海洋环境保护中已经实行了对海岛环境的分区保护。

不过，适用于海岛的海洋环境分区保护还有待加强。第一，对海岛开发和海岛保护之间关系的处理。《海岛法》虽然宣布了要实行"科学规划、保护优先、合理开发、永续利用"原则，但这个原则缺乏贯彻实施的保障。首先，该法对如何保证"保护优先"没有规定具体的办法。其次，"国务院和沿海地方各级人民政府应当将海岛保护和合理开发利用纳入国民经济和社会发展规划"② 的规定给重视开发忽视保护提供了可能。地方各级人民政府随时都可以用"合理开发利用"的理由对海岛实施它们所认可的并经过程序被纳入"国民经济和社会发展规划"的开发和利用。第二，用《海岛法》保护海岛环境在海洋环境保护事业的整体中是分区保护，但用《海岛法》保护具体的海岛及其生态又是"普遍保护"或一般保护。海岛也有不同类型，不同海岛上的环境状况各不相同，不同海区的海岛往往也有不同的特点，对这不同的海岛应当采取更有针对性的保护措施，就像国家把大洲岛、蛇岛宣布为海洋保护区一样。第三，《海岛法》的条文一般都比较原则。这些原则的规定需要加以"细化"。《广西海岛保护规划（2010～2030年）》就是对《海岛法》的规定加以"细化"的先例。③

（三）滨海湿地

《中国湿地保护行动计划》（以下简称《湿地行动计划》）认为，"湿地与人类的生存、繁衍、发展息息相关，是自然界最富生物多样性的生态景观和人类最重要的生存环境之一，它不仅为人类的生产、生活提供多种资源，而且具有巨大的环境功能和效益"。它还引用世界自然资源保护联盟（IUCN）、联合国环境规划署（UNEP）和世界自然基金会（WWF）在"世界自然保护大纲"中的说法，

---

① 《中华人民共和国海岛保护法》第二条第三款。
② 《中华人民共和国海岛保护法》第三条第二款。
③ 关于广西海岛保护的情况，可参阅杨小光：《对广西海岛保护规划实施管理体系的思考》，载《南方国土资源》2011年第10期，第47页。

称"湿地"是与森林、海洋并称的"全球三大生态系统"之一。[①] 我们所说的滨海湿地在《湿地行动计划》中被归为"浅海、滩涂湿地"这一类。

我国现在保有滨海湿地"面积约 200 万公顷"[②]。沿中国大陆由北向南分布着鸭绿江河口湿地、黄河三角洲湿地、莱州湾沿海湿地、江苏盐城湿地、广西钦州湾湿地等大型湿地。

湿地曾经是重要的后备农用地和盐田资源。历史上曾"有 2.5 亿亩滩涂"被"围垦成农田"。在新中国成立之后的几十年中,又有"1 000 多万亩"[③] 被围垦。实行改革开放政策以来,工农业生产、城市建设对土地的需求也是通过围垦滨海湿地来满足的。这从海域管理的统计数字就能看出来。据国家海洋局统计,"我国每年填海造地确权面积从 2002 年的 20 平方公里增加到 2010 年的 136 平方公里(2009 年达 179 平方公里);2002~2010 年总确权面积达 874 平方公里。"[④] 依据现行的《全国海洋功能区划》(以下简称《区划》),我国的海洋功能区之一是"工业与城镇用海区"。按照该《区划》的规定,"工业与城镇用海区""是指适于发展临海工业与滨海城镇的海域,包括工业用海区和城镇用海区"。正像《区划》提到的那样,"工业和城镇建设"需要"围填海"[⑤]。"工业与城镇用海区"在一定程度上就是为"工业和城镇建设"准备的等待围填的区域,而等待围填的区域常常就是滨海湿地。

不管是把湿地开垦为农田,还是围填之后从事"工业和城镇建设",对滨海湿地都是极大的威胁,尤其是在大量的滨海湿地已经被围垦的情况下更是如此。我国自 1992 年正式加入《国际湿地公约》,在这之后还制定了一些保护湿地的法律法规。但从实践效果来看,我国的湿地保护还不是很理想。著名环境法学者黄锡生先生认为,我国现行与湿地保护的法律法规主要存在两大缺点:一是"法律概念不明确"。例如,"湿地与属于湿地亚类的'内陆水域'、'河口'、'滩涂'、'海湾'、'渔业水域'等相提并论"就说明尚未形成统一的"湿地"法律概念。二是"管理机构和权限不明确"。其中的突出表现是:国务院明确规定由国家林业局"组织、协调全国湿地保护"工作,但实际上"多头管理、交叉管理","各部门各行其是、各自为政"[⑥] 的问题没有解决。

---

① 《中国湿地保护行动计划·导言》。

② 刘洪滨:《海洋保护区——概念与应用》,海洋出版社 2007 年版,第 20 页。

③ 相建海:《中国海情》,开明出版社 2002 年版,第 134 页。

④ 王敏旋:《国内大力开发海洋经济的十点思考》,载《环渤海经济瞭望》2011 年第 12 期,第 44 页。

⑤ 《全国海洋功能区划(2011~2020 年)》第三章第三节。

⑥ 黄锡生:《我国湿地保护的法律思考》,载《中国人口·资源与环境》2005 年第 6 期,第 127~128 页。

对滨海湿地的"分区管理"，我们认为除加强对以往颁布的包括《自然保护区》条例在内的法律法规的执行之外，还应从以下几个方面开展工作。第一，扩大滨海湿地保护区的面积。《全国海洋功能区划（2011～2020年）》提出的目标之一，或目标之一中的一项内容是"扩大海洋保护区面积"[①]。具体要求是"至2020年，海洋保护区总面积达到我国管辖海域面积的5%以上，近岸海域海洋保护区面积占到11%以上"[②]。这或许是保护滨海湿地的有效办法。第二，针对具体的湿地采取具体的保护措施，包括为特定的湿地制定专门的保护法。《海南省红树林保护规定》等地方法规就是把湿地保护"具体化"的一个先例。第三，针对湿地的社会利用采取特别的保护措施。例如，许多湿地都被辟为旅游观光区。旅游产业对滨海湿地生态系统的健康具有潜在威胁。为协调旅游产业和滨海湿地生态系统保护之间的关系，国家或各地、各滨海湿地保护单位应制定特别措施。

（四）特殊生态区域

在我国沿海存在一些以特殊海洋自然地理条件为存在基础的海洋生态系统。它们是海流、大气、陆地、动物、植物、微生物等多种元素相互作用的结晶。南麂岛海域的贝类藻类生态系统、广西合浦海草床生态系统就是其中的代表。南麂岛周围海域有良好的气候条件，"受台湾暖流和浙江沿岸流影响"，是"海洋生物栖息生长"的"良好的场所"[③]。这个区域的生态特点是："贝藻类丰富，是我国海域的重要贝藻类基因库。其中，有海洋贝类344种，占我国贝类总数的30%；有底栖藻类174种，约占我国海藻类总数的20%；还有其他一批珍稀物种。"对这样的在生物多样性保护上具有"全球""意义"[④]的特殊生态区域就应当采取特殊的保护手段。广西壮族自治区合浦县山口镇至沙田镇海域生长着大面积的海草，在这个区域，以海草床为基础形成了从微生物、海草到古老海洋哺乳动物儒艮的完整生态系统。海草是一种根茎植物，生长于近海海岸淤泥质或沙质沉积物上，有减弱海浪冲击力、减少沙土流失、巩固及防护海床底质和海岸线的作用。海草床可以给一些海洋生物提供食物。食用海草的生物包括儒艮（俗称美人鱼）、海胆、马蹄蟹、绿海龟、海马、鱼类等。海草床还可以为海洋生

---

① 这个目标的完整内容是"改善海洋生态环境，扩大海洋保护区面积"。其中的"改善海洋生态环境"要实现的目标包括"主要污染物排海总量得到初步控制，重点污染海域环境质量得到改善，局部海域海洋生态恶化趋势得到遏制，部分受损海洋生态系统得到初步修复"（参见《全国海洋功能区划（2011～2020年）》第二章第三节）等，而"扩大海洋保护区面积"似乎只是实现这个目标的手段。

② 《全国海洋功能区划（2011～2020年）》第二章第三节。

③④ 郭院：《中国海岛自然保护区法律制度初探》，载《中国海洋大学学报》2005年第3期，第15页。

物，包括底栖动物、附生生物、浮游生物、细菌和寄生生物提供栖息地。仅仅从保护美人鱼这一珍稀动物的需要出发，国家就应对儒艮的家园——海草床生态区采取特别保护措施。

农业部于1995年5月29日发布了《海洋自然保护区管理办法》（以下简称《管理办法》）。该《管理办法》为实现对特殊生态区域的"分区保护"提供了法律依据。其第六条规定的"应当建立海洋自然保护区"的区域类型之一就是"典型海洋生态系统所在区域"。但是，这个《管理办法》以及作为这个《管理办法》的立法根据的《中华人民共和国自然保护区条例》（以下简称《自然保护区条例》），对实现特殊生态系统所在区域的"分区保护"存在明显不足。首先，不管是《自然保护区条例》还是《管理办法》都没有对保护特殊海洋生态系统区域做具体的规定（这大概是因为它们都不是专门规范特殊海洋生态系统区域而制定的）。从实施情况看，这些法律文件对保护生态系统的效果也不够明显。其次，"海洋自然保护区"的门槛过高。不管是"典型海洋生态系统所在区域"，还是"高度丰富的海洋生物多样性区域或珍稀、濒危海洋生物物种集中分布区域"、"具有特殊保护价值的海域、海岸、岛屿、湿地"① 等，说的都是极其特殊的区域，就像上述儒艮生长的区域、可以成为"贝藻王国"② 的区域那样。我们认为，需要实行"分区保护"的特殊生态区域的"入选"范围应当大于自然保护区。

（五）其他海洋功能区

《全国海洋功能区划（2011～2020年）》（以下简称《2011功能区划》）共规定了8类功能区，即"农渔业区"、"港口航运区"、"工业与城镇用海区"、"矿产与能源区"、"旅游休闲娱乐区"、"海洋保护区"、"特殊利用区"和"保留区"。这8类功能区对海水水质等环境品质的要求显然是不一样的。例如，《2011功能区划》对不同功能区的海水水质就规定了不同的执行标准。例如，"海洋自然保护区执行不劣于一类海水水质标准，海洋特别保护区执行各使用功能相应的海水水质标准"③。"旅游休闲娱乐区执行不劣于二类海水水质标准"④。"保留区执行不劣于现状海水水质标准"⑤。对"特殊利用区"只规定"加强监

---

① 《海洋自然保护区管理办法》第六条。
② 郭院：《中国海岛自然保护区法律制度初探》，载《中国海洋大学学报》2005年第3期，第15页。
③ 《全国海洋功能区划（2011～2020年）》第三章第六节。
④ 《全国海洋功能区划（2011～2020年）》第三章第五节。
⑤ 《全国海洋功能区划（2011～2020年）》第三章第八节。

测、监视和检查，防止对周边功能区环境质量产生影响"①。

《2011 功能区划》规定了对不同功能区的海水水质标准。做出这样的规定并不难，难的是如何达到相应标准，也就是说国家采取怎样的办法才能确保达到那些标准。要满足不同功能区对环境的不同要求，就必须对这不同的功能区采取不同的保护措施。

（六）特别污染区

上述"四海湾"、"两河口"、"两近岸"和"一些局部"等严重污染区域中的"两近岸"和"一些局部"都是特别污染区。它们大多都属于"人口密度大、工业区集中的大中城市沿海近岸海域"②。这类区域既不是海湾，也不是河口区，不适于采用对海湾和河口区适用的环境管理办法。但是，如果仅仅用"普遍保护"的办法来对待，这些区域的环境状况就很难改善。对这类区域，应该根据沿岸工农业生产和城市发展的特点采取不同的治理措施。

核电厂等高度危险的污染源所临海域也是特别污染区，或者说是潜在的特别污染区。对这类区域应该结合放射性污染防治法的完善制定特别的防治措施。

四、广泛开展海洋环境保护国际合作

海洋环境保护离不开国家合作。这是由海水的流动性和海洋的连通性所决定的。例如，黄海位于我国、朝鲜和韩国之间，这一地理关系把中国、朝鲜、韩国联系在一起，成为环境事务上"一损俱损、一荣俱荣"的共同体。一方面，这些国家的大量地面径流流入黄海，从而也就把大量污染物质携带进黄海；另一方面，这些国家都依赖黄海里的资源，如渔业资源，发展经济。不管是为了治理黄海污染，还是要保持或恢复黄海渔业资源，都需要这些国家，甚至还包括其他周边国家一起合作。

海洋环境保护不只是保护管辖海域的环境。中国作为一个大国，一个海洋大国，除了保护本国管辖海域的环境之外，至少还有以下 3 个方面的责任：第一，保护或参与保护公海、极地、国际海底的环境；第二，保护或参与保护用于国际通行的海峡的环境；第三，参与对其他国家管辖海域的环境保护。例如，我国渔民在其他国家专属经济区开展捕捞作业势必对相关区域带来环境影响。对这类区域的环境保护，包括渔业资源养护，我国也有"参与"的责任。

---

① 《全国海洋功能区划（2011~2020 年）》第三章第七节。
② 《2001 年中国海洋环境质量公报》。

《中国水生生物资源养护行动纲要》（以下简称《纲要》）在渔业资源保护上就把"务实开放"、"履行国际义务"等宣布为一条原则。《纲要》规定"要负责任地履行我国政府签署或参加的有关国际公约和规定的相应义务，并学习借鉴国外先进保护管理经验"[①]。从这一规定来看，在海洋环境保护上开展国际合作也是我国的国际义务。[②]

国际海底区域的环境保护合作是势在必行的。据王斌先生考查，国际海底管理局对海底区域的环境保护已经有所动作。他谈道："国际海底管理局正在研究制定《勘探规章》，草案中一项重要内容就是在勘探开发中对海洋环境的保护。"管理局"在充分考虑到海洋环境专家的意见后，在《勘探规章》第五部分专门规定了'保护和保全海洋环境'的内容，其中第 31 条规定了保护和保全海洋环境的具体内容，包括国际海底管理局、担保国和承包者在国际海底区域活动的环境保护工作中的责任和义务，主要措施有利用最佳技术和采取必要的措施预防减少和控制对环境的污染和破坏、确定环境基线并作出海洋环境影响评价、制定和执行环境监测方案等。"[③] 对于此类要求，我国既需要考虑如何"适应"，使我国成为国际海底环境保护的"守法者"，又需要考虑如何推动有关制度的建设，使之既符合海洋环境保护的需要，又能公平地对待所有国家。

区域海洋环境保护是海洋环境保护国际合作开展得最多也最成功的领域。区域海洋环境保护国际合作取得的成功集中表现为若干合作模式的形成。如"北海—东北大西洋模式"、"波罗的海模式"、"地中海模式"[④] 等。我国就区域海洋环境保护与周边国家之间开展合作，不必一定模仿其中任何一种模式，[⑤] 尽管它们都有其成功之处。不管是黄海海域、东中国海海域还是南中国海海域，邻国间关系、海域环境状况等都与上述模式得以确立的海域有很大差异。我们需要做是从海域的环境状况、邻国间关系的现状出来，借鉴上述模式中的合理因素，通过与邻国间的谈判协商，形成有关各海域环境保护国际合作的具体方案。

广泛参与国际海洋事务是我国海洋政治事业发展战略的重要内容（参见本

---

① 《中国水生生物资源养护行动纲要》第二章第二节第四条。

② 由美国海洋政策委员会制作的《21 世纪海洋蓝图》提出"制订新海洋政策时必须遵循以下 13 项指导原则"，其中之一是"国际责任"（参见伍业锋、赵明利、施平：《美国海洋政策的最新动向及其对中国的启示》，载《海洋信息》2005 年第 4 期，第 27 页）。由此可以发现一个道理，即在环境保护上各大国都有不可推卸的责任。

③ 王斌：《太平洋国际海底区域资源开发的海洋环境保护》，载《太平洋学报》2002 年第 2 期，第 87 页。

④ 参见姚莹：《东北亚区域海洋环境合作路径选择——"地中海模式"之证成》，载《当代法学》2010 年第 5 期，第 134～135 页。

⑤ 姚莹先生力主在东北亚区域海洋合作中学习"地中海模式"（参见姚莹：《东北亚区域海洋环境合作路径选择——"地中海模式"之证成》，载《当代法学》2010 年第 5 期，第 137～139 页）。

书第十章）。国家应当把对国际海洋环境保护事务的参与当成重要的参与领域，当成实施"交远战略"的重要领域。

在南中国海海域实施海洋环境保护的区域合作是十分必要的。这片海域的渔业资源开发与养护对我国具有重大意义，也是周边邻国所关心的重大资源问题。这片海域存在一些重要的生态系统，如珊瑚礁生态系统、海草床生态系统等。对这些生态的保护早已引起"全球环境基金"（GEF）等国际组织的重视。南中国海周边国家之间的合作是有效保护这些生态系统的根本出路。这片海域的海底埋藏着丰富的油气资源、天然气水合物资源等。这些资源需要科学开发，有序利用，对这些资源的开发可能引起的污染等不利影响需要采取防治措施。

与南中国海周边国家就海洋环境保护开展区域合作还具有超出环境保护的意义。这是实施"睦邻"战略（参见本书第十章）的最便捷的门径之一，这就像中国与"东盟"在经济贸易领域的合作容易展开一样。

第十四章

海洋法制建设战略

我们曾说"全面推进海洋事业战略"需要"推进者"。这是根据战略实施的需要做出的判断。在这个判断的基础上，进一步的思考是：推进者通过什么或运用什么"推进"这个战略的实施。我们的回答是用法律制度，主要是海洋法律制度。如果说上文设计的海洋管理机关是"全面推进海洋事业战略"的"推进者"，那么，海洋法制则是这个"推进者"运用的"推进器"。

张开城先生曾把"全球化背景下的海洋"称为"法制海洋"。他这样说的基本理由是"需要"，即"全球化"条件下的海洋需要成为法制的海洋。他的"法制海洋"需要具有保证"人们的海洋活动正当而有序"的"健全的'游戏规则'和权威的裁判"。他认为，如果没有法制这一条件，"海洋世纪"就会"成为诉讼世纪甚至战争世纪"。既然"全球化背景下的海洋"需要变成"法制海洋"，所以，"无论就国际还是国内而言，海洋法制建设都是必需的和紧迫的"①。如果说张先生提出的"法制海洋"反映的是"全球化背景下的海洋"的要求，是"全球化背景下"海洋开发利用活动的需要，那么，"全面推进海洋事业战略"的实施就更需要把海洋变成法制的海洋，实施"全面推进海洋事业战略"的国家更需要建立健全海洋法制。

为了卓有成效地推进"全面推进海洋事业战略"，我国也需要为打造海洋法制这个推进器实施一项海洋法制建设战略。

---

① 张开城：《文化思维统摄五位一体的现代海洋战略》，载《海洋开发与管理》2006年第6期，第18页。

第一节　完善我国海洋法律体系

我国已经建立起自己的社会主义法律体系，而在这个体系中毫无疑问存在一系列海洋法律法规。然而，这样的判断并不能说明我国已经建立起完整的能够让人满意的海洋法律体系。客观的立法现状也告诉我们，我国海洋立法，尤其是在把它当成一个法律部门，或一个法律分支来看待时，还很不完备。而当把现有的海洋法律法规与全面推进海洋事业战略放在一起，用战略需求的眼光审视这些法律法规时，我们不得不承认，我国海洋法制建设的任务还很繁重。这项建设任务首先表现为海洋法律体系在整体上的完善，而不是局部的修补。

一、从海洋法制在海洋战略中的地位看我国海洋法制建设的现状

以往的研究者对我国海洋法制建设提出过许多批评。概括起来批评的观点大致有以下几点：

第一，在《宪法》中没有相应地位。有研究者认为，"我国海洋法体系缺乏充分的《宪法》根据"。这一批评的根据是，《宪法》仅仅与"海洋沾一点边"，而没有对海洋做系统的规定。批评者所说的"沾边"是指《宪法》第九条中的"矿藏"可以解释为包括"海底矿产资源"，"滩涂"可以解释为包括"河岸滩涂和沿海滩涂"。研究者认为，中国作为"一个海洋大国"在自己的《宪法》中对海洋只做"附带性的规定""不能不说是我国海洋法体系的严重缺陷"[1]。按照这一看法，我国需要修改《宪法》，在《宪法》中增加关于海洋的专门规定。[2]

第二，体系不健全。张海文先生认为，"在立法层面上……需要建立一个完整的金字塔型的法律体系来保证我国的海洋权益。"仅就"保证我国的海洋权益"的要求来看，我国尚不具备"一个完整的金字塔型的法律体系"，至少不具备一个完备的"金字塔型的"海洋法律体系。缺少"高于涉海行业政策和法律

---

① 许维安：《我国海洋法体系的缺陷与对策》，载《海洋开发与管理》2008年第1期，第130页。

② 张海文先生也注意到这一点。她说："我国现行的宪法中没有涉及海洋及其资源的条款，这与我国海洋的重要地位是不相符的。"（参见张海文：《国家层面推进海洋管治》，载《21世纪商业评论》2005年第4期，第142页）

的""综合性""法律"① 就是这个体系的最明显的残缺。郁志荣先生曾对《海洋环境保护法》提出尖锐批评。他认为,《海洋环境保护法》存在的问题之一是"法律名称与其所规定内容不吻合,头大身子小。名称为《海洋环境保护法》其实是五大污染源的防治措施,虽然经过修改还是未改这个先天不足。"② 这个批评是指向特定的《海洋环境保护法》的,但它同时也是对我国海洋法律体系的批评,因为《海环法》中的"先天不足"并没有被其他法律法规弥补。

第三,存在明显缺项。郁志荣先生认为,在我国海洋法律体系中还存在一些"空白点"。他提到"各国都普遍重视"海岸带使用管理法,而我国不仅没有制定这种法律,而且"也没有立法计划"。他进一步阐述说:"海岸带地处于海陆交界,是人类生产和生活等活动最方便、最频繁、最活跃的地方,也是生态环境最脆弱之处,在开发利用的同时必须采取保护性措施,所以制定类似这样的法律十分必要。"③

还有研究者提到,"在我国三大生态系统中,森林和海洋均已通过立法得到保护,惟独湿地无法可依。"④ 这里所说的湿地自然包括滨海湿地。福建省政协委员们从对福建省有关情况的调查了解中也发现了湿地保护无法可依的问题。他们建议"尽快出台《湿地生物多样化保护条例》,运用法律手段制止一切不利于湿地保护的开发活动"⑤。根据这种情况,有关研究者建议"尽快制定《湿地法》,把湿地保护与合理利用纳入法治轨道"⑥。

有研究者建议"借鉴国外先进经验,及时建立游钓渔业的管理制度",其中包括"游钓许可证管理制度"、"游钓资源保护和分配使用制度",妥善处理"游钓业对生态系统的影响"⑦。这一建议向立法的延伸就是建议规范游钓业的法律法规。这样的法律法规尚待建立也说明现在的海洋法律体系尚不健全。

第四,某些方面虽被纳入有关法律的调整范围之内,但法律规范、相关制度设置很不系统。例如,有研究者认为,"我国目前关于海洋环境保护和防止海洋污染方面的法律法规,多数属于行政法律规范,它们仅对环境和资源损害的民事赔偿责任作了原则性规定,缺乏系统和具体的规定,操作性很差。"简单来说,

---

① 张海文:《国家层面推进海洋管治》,载《21 世纪商业评论》2005 年第 4 期,第 142 页。

②③ 郁志荣:《我国海洋法制建设现状及其展望》,载《海洋开发与管理》2006 年第 4 期,第 31 页。

④⑥ 楚庄:《保护与合理利用湿地资源是我国可持续发展的重要组成部分——在全国政协九届五次会议上代表民进中央的发言》,载《民主》2002 年第 4 期,第 4 页。

⑤ 林志强:《构建人与海洋的和谐——省政协委员视察福州市海岛经济发展和海洋生态环境侧记》,载《政协天地》2007 年第 11 期,第 12 页。

⑦ 杨子江:《周应祺:关于中国渔业科技中长期发展战略研究的对话》,载《中国渔业经济》2008 年第 5 期,第 111 页。

"我国尚无专门的民事法律规范油污损害行为"。所以，有关学者建议我国应当"健全海洋环境资源损害赔偿法律子体系"①。

第五，立法内容存在不足。比如，刘卫先博士认为，"中国《海环法》虽然规定了民事责任、行政责任和刑事责任，但这些法律责任的规定从海洋生态保护的视角观之，其实施都不能达到有效保护海洋生态环境的目的。海洋生态保护的正确路径是预防，民事责任的补偿性与此相悖。行政责任由于自身的局限性也不能完全担负起预防生态损害的重任。生态刑事责任的规定必不可少，而中国所谓的海洋环境污染刑事责任的规定存在缺陷，不足以保护海洋生态环境。"② 此类的问题在我国海洋法律法规中当不在少数。

如上批评总体上来看都是言之成理的。总结这些批评意见，一方面，我们应当接受这些批评中的合理部分；另一方面，承认这些批评的正确或部分正确并不等于否定我国海洋法制建设取得的成就。从实行改革开放政策以来，我国海洋法制建设取得了巨大的成就。周应棋先生对渔业管理法制的看法从一个侧面说明了海洋法制建设的成就。他对渔业法制的总的评价是："渔业管理制度"已经"建立"，且日益"健全"，而"管理法制化程度"也是"日益"提高。他谈道："随着1986年《中华人民共和国渔业法》的颁布和实施，我国渔业制度建设进入法制化的快车道。目前我国渔业的基本管理制度包括：以捕捞许可证制度、养殖证制度、捕捞限额制度，以及实施禁渔区、禁渔期，限用、禁用渔具、渔法，禁止电、炸、毒鱼和人工放流增殖等为代表的渔业资源保护和增殖制度；以渔业水域生态环境的监督管理、水生野生动植物和渔业水域环境保护、渔业污染事故的调查处理、珍贵和濒危水生野生动物保护为代表的渔业水域环境保护制度；以渔业港航安全管理、渔港水域安全监督管理、渔船管理为代表的渔业生产管理制度，以及水产品质量安全管理和其他渔业经济活动管理的制度、法规。"③ 从周先生的评述来看，不能不说我国海洋法制建设成就巨大。其他方面，如海洋污染防治、海域使用管理、海岛管理等，也都取得了巨大的成就。

本书的任务不是一般地评价我国海洋法制建设达到的水平，也不是一般性地回答具体的法律法规应当如何加以完善，而是从国家海洋战略的需要来检视海洋法制的建设情况，为满足全面推进海洋事业发展战略的实际需要提出建设和完善海洋法制的方案。

---

① 张可心：《论海洋环境资源整体观的树立与我国海洋环境保护法律体系的完善》，载《法律适用》2011年第11期，第102页。

② 刘卫先：《中国〈海环法〉法律责任的局限性分析——海洋生态保护的视角》，载《环境科学与管理》2008年第10期，第24页。

③ 杨子江：《周应祺：关于中国渔业科技中长期发展战略研究的对话》，载《中国渔业经济》2008年第5期，第112页。

以实施"全面推进海洋事业战略"的实际需要为依据，我国的海洋法制存在以下 3 点不足：

第一，"高度"不够。一般来说，以往建立的海洋法律法规都是"因事立法"，即在海洋利用开发保护管理中遇到什么事就立什么法。例如，为管理渔业而有《渔业法》、为管理海上交通而有《海上交通安全法》、为防治海洋污染而有《海洋环境保护法》及先其发布的和与其相配套的污染防治条例、因管理海域而有《海域使用管理法》等。这些法律法规，以及这里没有提及的海洋法律法规即使都十分完美，以相关的"事"为参照而言的完美，也难以满足"全面推进海洋事业战略"的需要。因为这些法律法规所由产生的"事"都是普通的事，而非国家战略之事。上述研究者所说的海洋不见于《宪法》最充分地说明了我国现有海洋法律法规的"高度"。从立法依据上来说，它们非直接出于国家根本大法；从与基本国策的关系上来看，它们与发展海洋事业这样的基本国策无关，因为海洋不仅没有成为《宪法》确定的基本国策的主题，甚至都没有直接进入《宪法》。

第二，体系不完整、不严密。"因事立法"难免使由所立之法形成的"法律体系"陷入支离破碎。整个法律体系缺少统一的指导思想、统一的规划和布局，不同法律文件之间存在重叠、矛盾，相关法律制度没有得到应有的凝练、提高进而在法律体系整体中不能发挥基本制度的作用，法律规范体系存在空缺，等等，都是"因事立法"所造成体系上的缺陷。上述研究者提出的批评大多都属于对海洋法律体系不完整、不严密的批评。"全面推进海洋事业战略"是一个统一的国家战略，与这个统一的战略相适应的应当是一个"统一"的海洋法律体系——统一的指导思想、统一的规划设计、共同的立法原则和基本法律制度，等等。这样的要求并不是期望在法律真空中从头开始海洋法律体系设计和制定，而是强调法律体系与国家战略之间的一致，至少是协调。国家不可能将现有海洋立法做推倒重来的处理，但国家完全可以按照统一战略的要求制定新的法律法规，修订、补充已有的法律法规。

第三，创新不足。"21 世纪是海洋世纪"的提法包含着为海洋法律体系不完备辩解的理由，即海洋事业从整体上来说是新兴的事业。或许可以这样说，即对我国来说整体意义上的海洋事业是新兴的事业。海洋事业的这一特点可以用来解释海洋法制何以不够完善。然而，海洋事业的这一特点也向海洋法制提出了不断创新的要求。几十年来，除制定《海域使用管理法》，在海域管理中引进所有权与使用权分离制度之外，我国的海洋法制建设基本上都是模仿欧美国家，或转化《海洋法公约》等国际公约、条约中的制度或有关规定。在我国海洋立法走过的几十年的历程中，看不出由于"海洋世纪"的到来而出现在法制舞台上的"万象更新"。

在总结我国海域有偿使用制度时我们曾经做出这样的判断："财产法向海洋的进军是世界性的，而这一行动对中国尤其急迫。"[①] 原因是我国"陆域"不足的情况比其他国家更严重。大力发展海洋事业，中国也比其他国家更加急迫。这是因为中国的未来发展，中华民族与国际社会共享繁荣的希望在海洋。这也是我们主张制定并实施"全面推进海洋事业战略"的最重要的理由。中国对海洋、对海洋事业的急迫需要应当表现为在海洋法制建设中的不断出新。而我国的海洋立法实践没有留下足够丰硕的业绩。

二、我国海洋法律体系的架构

讨论海洋法体系必须先扫清一个认识障碍，即排除那种认为海洋法仅仅是国际法的通常观点的影响。

海洋法一直被认为是国际法的一个部分，被纳入国际法的范畴。这一认识得到了广泛的支持。第一，海洋法学者把海洋法界定为国际法。司法部原设的法学教材编辑部就认为"海洋法是国际法的一个分支学科。"[②] 美国《布莱克法学词典》说海洋法是"关于国家如何使用和控制海洋及其资源的国际法体系。"[③] 台湾著名海洋法专家，台湾海洋大学海洋法学研究所前所长陈荔彤在其所著《海洋法论》中明确表示："海洋法""是国际法中最早形成的法规之一"，"是国际法中最古老的部门之一"。[④] 应当说，海洋立法的实践早已突破了国际法的界限，进入国内法领域。国家海洋局海洋发展战略研究所的贾宇先生对"新中国成立后[⑤]的海洋法制建设"进行了总结。在她列举的建设成果中既有《关于领海的声明》、《领海及毗连区法》（1992 年）、《专属经济区和大陆架法》（1998 年）等典型海洋法，也有《海域使用管理法》、《海洋环境保护法》等新兴的海洋法。[⑥]但是，包括海洋法学者在内的许多研究者迟迟不敢把《海域使用管理法》、《海洋环境保护法》等非传统的海洋法纳入海洋法这个概念之内。贾宇先生把她列

---

① 徐祥民等：《中国海洋有偿使用制度研究》，中国环境科学出版社 2009 年版，第 2 页。

② 司法部法学教材编辑部对魏敏主编的《海洋法》教材所作的"说明"（参见魏敏：《海洋法》，法律出版社 1986 年版）。

③ Bryan A·Garner：Black's Law Dictionary（Seventh Edition），West Publishing CO. P. 894.

④ 陈荔彤：《海洋法论·绪言》，元照出版有限公司 2008 年版。

⑤ 登载她的论文的著作出版于 2006 年 8 月，所以其所总结的时限范围不超过 57 年，即从 1949 年至2006 年。

⑥ 贾宇：《中国的海洋立法与海洋法实践》，载《国际海洋法的理论与实践》，海洋出版社 2006 年版，第 93~96 页。

第十四章 海洋法制建设战略

举的那些建设成就称为"海洋法制"或海洋立法,而不是直呼它们为海洋法。国家海洋局海洋战略研究所稍后出版的《中国海洋发展报告》在报告我国"关于海洋事务的法律制度"的发展情况时使用了"海洋法律制度"或"海洋法律、法规"①的措辞。这个提法与同书使用的"国际海洋法"、"海洋法"②形成鲜明对照。我本人也曾为有别于典型海洋法的海洋法寻找恰当的语词,为明确不同于典型海洋法的海洋法的概念做过专门的讨论。我的处理方法是建立包括海洋法在内的两个有包含关系的概念,即"海洋法"和包含海洋法的"海洋法制"。其中海洋法特指仅仅属于国际法的传统海洋法或狭义海洋法,而海洋法制则包括狭义海洋法和可以成为国内海洋法的海洋法。③应当说把传统海洋法与现代内容变得丰富的海洋法加以区别是有积极意义的,但硬把国内海洋法从海洋法的概念中排除,设置海洋法和海洋法制两个概念则不仅不必要,而且会给学术研究和日常的交流带来新的麻烦。

通过研读国际法学的著作、回顾海洋法发展的历史,我们发现,海洋法首先是以领土法或空间法的身份取得国际法的地位的。至少在许多学者的眼里,海洋法首先就是国家间划分海洋的法。《奥本海国际法》的《国家领土》章(第五章)专门讨论"国家领土的各部分"。其所列4个目为①"陆地、内水、领海";②"群岛水域";③"空气空间";④"沿岸国有管辖权和权利的其他区域"。按照该书的划分,内水、领海是与陆地领土具有同等意义的"国家领土"。该书把"国家领土"界定为"隶属于国家主权的地球表面的特定部分"④。按照这一界定,内水、领海就是像陆地一样的"隶属于国家主权的地球表面的特定部分"。该书明确指出,"一个国家的领土首先是其疆界以内的陆地,包括其下的土壤。如果是一个有海岸的国家,它的领土就包括其陆地疆界内或与其陆地相邻接的某些水域。这些水域有两种——国内水或内水和领海。"⑤此外还有"沿海国可以扩充施行其某些法律的那个公海上区域",即"毗连其领海的公海区域"⑥。在这部经典的国际法学著作中,海洋法被定位为领土法中的海洋领土法。日本学者寺泽一山、山本草二认为,"地球上的空间在国际法上按照国家能够行使权力的性质,分为国家领土和公海。国家领土是由以领陆为中心和周围的

---

① 国家海洋局海洋战略研究所课题组:《中国海洋发展报告》,海洋出版社 2007 年版,第 65 ~ 78 页。

② 国家海洋局海洋战略研究所课题组:《中国海洋发展报告》,海洋出版社 2007 年版,第 3 ~ 18 页。

③ 徐祥民:《对海洋法制及其特点的理解》,载徐祥民:《海洋法律、社会与管理》,海洋出版社 2010 年版,第 3 ~ 21 页。

④ [英]詹宁斯:《奥本海国际法》第一卷第二分册,中国大百科全书出版社 1998 年版,第 3 页。

⑤ [英]詹宁斯:《奥本海国际法》第一卷第二分册,中国大百科全书出版社 1998 年版,第 7 页。

⑥ [英]詹宁斯:《奥本海国际法》第一卷第二分册,中国大百科全书出版社 1998 年版,第 41 页。

领海以及它们上空的领空所组成……除领海外的一切海洋部分称为公海，它不属于任何国家所有。"① 其主编的《国际法基础》设 14 章，其中第七章为"领土和领土主权"。其所讨论的海洋领土空间包括内水、领海、毗连区、大陆架、专属经济区等，此外还有国家可以行使某些权利的公海和深海海底。按照这两位学者的理解，《联合国海洋法公约》（以下简称《公约》）的大部分内容都可以归结为"领土"法。② 而领土法显然是调整国家或其他国际法主体之间关系的法。

仔细检阅《公约》我们发现，海洋法的确以划分"地球上的空间"为主要任务。《公约》共有 17 章，除第一章"用语和范围"、第五章"争端解决"、第十六章"一般规定"、第十七章"最后条款"外，其余 13 章中的 10 章的内容或者是关于空间划分的，或者与空间划分有关。"领海和毗连区"（第二章）、"专属经济区"（第五章）是划分空间的法，"大陆架"（第六章）、"公海"（第七章）、"岛屿制度"（第八章）、"区域"（第十一章）也是划分空间的法，"群岛国"（第四章）关注的主要不是群岛之上，而是群岛之间或群岛周围的水域及其底土空间。"用于国际航行的海峡"（第三章）、"闭海半闭海"（第九章）、"内陆国出入海洋的权利和过境"（第十章）无疑也都与空间划分及其主权归属有关。

在《公约》问世之前，人类创造了著名的"日内瓦海洋法四公约"。这 4 项公约中的 3 项都与空间和领土有关。《领海和毗连区公约》（Convention on the Territorial Sea and the Contiguous Zone）第一条第一款规定："一个国家的主权在其陆地领土和内水之外延伸所至的与其海岸相连的海水带称为领海。"③ 非常清楚，所谓领海就是从公海和沿海国家的陆地国土及其内水之间划出的一个带状区域；所谓领海法就是把这个带状区域宣布为沿海国享有主权的法。该《公约》接下来的规定都是为实现这个基本目标服务的。如《公约》第 24 条规定，沿海国在遇有某种"必要"④ 时可以在"公海的毗连其领海的一个区域行使管辖权"。所谓"毗连区"就是毗连沿海国领海的一个原本被视为公海的区域，而毗连区法的作用就是使沿海国对这个区域的某些管辖活动合法化。《领海和毗连区

---

① ［日］寺泽一山等：《国际法基础》，中国人民大学出版社 1983 年版，第 217 页。

② 上文提到陈荔彤先生的《国际海洋法论》具有国际海洋法"实践"的特点。那么，国际海洋法在台湾都在哪些领域"实践"了呢？陈先生提到的有"台湾之海域纷争"（第一篇）、"我国拥有钓鱼台列于领土主权"（第二篇）、"东海护渔争端解决与海域划界"（第四篇）等。这些"实践"所涉及的也是"领土"问题。

③ 其原文为："The sovereignty of a state extends, beyond its land territory and its internal waters, to a belt of sea adjacent to its coast, described as the territorial sea."

④ 该条规定了两种"必要"的情况。

公约》第二章"毗连区"就是一部毗连区法。该章第二十四条以下的那些条款都服务于确定毗连区及明确沿海国在毗连区的管辖权。《公海公约》(Convention on the High Seas) 第一条宣布:"所谓公海是指海洋的不属于国家领海和内水的所有部分。"把公海和内水、领海并列在一起,用领海和内水这些表现为空间的水域界定公海,被界定的公海也只能是,至少首先是一个区域,一个不归属于任何一个主权国家的,对所有国家都开放的区域。① 宣布这个区域不是国家领土的意义之一是明确国家领土的界限,所以这样的公约也具有领土法的意义。《大陆架公约》(convention on the continental shelf) 宣布"大陆架"指"领海以外与海岸相临区域的水下的"一定深度的"海床、底土",或者与此相近的与岛屿海岸相连的"海床、底土"②。如果说领海、毗连区、公海是沿海平面展开的区域,那么,大陆架则是水下(submarine)的区域。自然地理常识告诉我们,"大陆架"、"海床"(seabed)一定是一个展开的区域,而不能只是一个点或一条线。"底土"不会只是一撮土,而是和陆地国土一样平面展开的且有一定规模的区域。不管是《领海和毗连区公约》使用的"带"(belt)、区域(zone)概念,还是《公海公约》使用的"部分"(part)概念、《大陆架公约》使用的范围(area)概念,其所传递的基本信息都是区域,而把这些区域与"主权"(sovereignty)、控制(control)等联系起来,它们所界定的这些区域也都具有界定领土的意义。

海洋法就是关于划分海洋区域,明确国家主权区域界限的法,确定国家在不享有完全主权的海域可以享受权利的法。这样的法不能不是国际法。规定领海、毗连区、大陆架等制度的法或许就是典型的海洋法。对这样的海洋法做归类处理,其处理结果只能是国际法。海洋法的国际法地位就是这样奠定的。在这个意义上,学者们断定海洋法就是国际法是正确的。

然而,海洋法却不仅仅是划分海域确定国家在海洋上的主权范围或者享有某些权利的区域范围的法。《海洋法公约》的"序言"称,是因为"意识到各海洋区域的种种问题都是彼此密切相关的,有必要作为一个整体来加以考虑","缔约各国"才"协议"创造了《公约》。这样的《公约》显然不能只解决划分"各海洋区域"及其上的国家权利有几何的问题,《公约》的"缔约各国"所

---

① 《公海公约》第二条把"公海对所有国家开放"作为一个既定条件来表达。该条有这样的表达:"the high seas being open to all nations"。

② 《大陆架公约》第一条。其原文为:"For the purpose of these articles, the term of 'continental shelf' is used as refering (a) to the seabed and subsoil of the submarine areas adjacent to the coast but outside the area of territorial sea, to the depth of 200 metres or, beyond that limmit, to where the depth the superjacent waters admits of the exploitation of natural resources of the said areas; (b) to the seabed and subsoil of similar submarine areas adjacent to the coasts of the islands."

"认识到"的，也是它们制定《公约》所要追求的"便利国际交通和促进海洋的和平用途，海洋资源的公平而有效的利用，海洋生物资源的养护以及研究、保护和保全海洋环境"① 等，也显然不只是与划分海域和确定管辖权有关。② 那么，海洋法还规定些什么？按照上文的总结，《公约》的13个核心章中有10章的内容都与领土划分有关，那么，另外的3章都规定了什么？

概括起来，《公约》第十二章"海洋环境的保护和保全"、第十三章"海洋科学研究"、第十四章"海洋技术的发展和转让"都有以下7个方面的内容：

（1）对相关事务的一般义务和一般责任。例如，第十二章第一百九十二条规定："各国有保护和保全海洋环境的义务。"再如，第十三章第二百三十九条规定："各国和各主管国际组织应按照本公约，促进和便利海洋科学研究的发展和进行。"又如，第十四章第二百六十六条第一款规定："各国应直接或通过主管国际组织，按照其能力进行合作，积极促进在公平合理的条款和条件下发展和转让海洋科学和海洋技术。"

（2）在相关事务领域里的权利。例如，第十二章第一百九十三条规定："各国有根据其环境政策和按照其保护和保全海洋环境的职责开发其自然资源的主权权利。"再如，第十三章第二百三十八条规定："所有国家，不论其地理位置如何，以及各主管国际组织，在本公约所规定的其他国家的权利和义务的限制下，均有权进行海洋科学研究。"又如，第十四章第二百六十七条规定："各国在……促进合作时，应适当顾及一切合理利益，除其他外，包括海洋技术的持有者、供应者和接受者的权利和义务。"

（3）处理相关事务的一般原则、要求。例如，第十二章第一百九十二条第二款规定："各国应采取一切必要措施，确保在其管辖或控制下的活动的进行不致使其他国家及其环境遭受污染的损害，并确保在其管辖或控制范围内的事件或活动所造成的污染不致扩大到其按照本公约行使主权权利的区域之外。"再如，

---

① 《联合国海洋法公约·序言》。

② 张爱宁的《国际法原理与案例解析》在《海洋法》章（第七章）只列"基线"、"内水""领海"、"群岛水域"、"毗连区"、"专属经济区""大陆架"、"公海"、"国际海底区域"和"用于国际航行的海峡"十个问题，没有涉及《联合国海洋法公约》规定的"海洋环境的保护与保全"，但在该书的《国际环境保护法》一章的《国际环境保护的主要领域》一节把海洋作为"领域"之一来介绍，其所单列的标题之一为"海洋环境的保护与保全——1982年《联合国海洋法公约》及其他"（参见张爱宁：《国际法院里与案例解析》，人民法院出版社2000年版，第599～604页）。该书对该领域的介绍主要包括"关于陆地来源的污染"、"来自国家管辖范围内的海底活动造成的污染"、"来自'区域'活动造成的污染"，"来自倾倒造成的污染"和"来自船只的污染"等。这些内容都是由《公约》第十二章规定的。张爱宁之书的这一处理把《联合国海洋法公约》第十二章与《联合国生物多样性公约》、《联合国防止沙漠化公约》放在并列的位置。而这一处理也恰好说明，传统的海洋法首先是领土法，而现代海洋法除领土法之外还包括与生物多样性保护法、沙漠化防治法等相类似的较晚发生的法。

第十三章第二百四十条规定："进行海洋科学研究时应适用下列原则：①海洋科学研究应专为和平目的而进行；②海洋科学研究应以符合本公约的适当科学方法和工具进行；③海洋科学研究不应对符合本公约的海洋其他正当用途有不当干扰，而这种研究在上述用途过程中应当适当地受到尊重；④海洋科学研究的进行应遵守依照本公约制定的一切有关规章，包括关于保护和保全海洋环境的规章。"又如，第十四章第二百七十二条规定："在海洋技术转让方面，各国应尽力确保主管国际组织协调其行动，包括任何区域性和全球性方案，同时考虑到发展中国家特别是内陆国和地理不利国的利益和需要。"

（4）国际合作。例如，第十二章第二节是关于"全球性和区域性合作"的特别规定。第十三章和第十四章也都专设"国际合作"一节。①

（5）遵守国际标准、准则、规则。例如，第十二章第二百一十一条第五款规定："沿海国为⋯⋯执行的目的，可对其专属经济区制定法律和规章，以防止、减少和控制来自船只的污染。这种法律和规章应符合通过主管国际组织或一般外交会议制订的一般接受的国际规则和标准，并使其有效。"再如，第十三章第二百五十八条规定："在海洋环境的任何区域内部署和使用任何种类的科学研究设施或装备，应遵守本公约为在任何这种区域内进行海洋科学研究所规定的同样条件。"又如，第十四章第二百七十一条是关于国际合作的"方针、准则和标准"的规定。该条规定的这些"方针、准则和标准"显然都是要求缔约国遵守的。

（6）国际组织的地位和作用，相关海洋事务的国际管制。例如，第十二章第二百零五条规定："各国应发表依据第二百零四条②所取得的结果的报告，或每隔相当期间向主管国际组织提出这种报告。"再如，第十三章第二百三十九条规定："各国和各主管国际海洋组织应按照本公约，促进和便利海洋科学研究的发展和进行。"又如，第十四章第二百七十六条规定："各国在与各主管国际组织、管理局和国家海洋科学和技术研究机构协调下，应促进设立区域性海洋科学和技术研究中心，特别是在发展中国家设立，以鼓励和推进发展中国家进行海洋科学研究，并促进海洋技术的转让。""一个区域内的所有国家都应与其中各区域性中心合作，以便确保更有效地达成其目标。"

（7）行动要求和相关事务操作规范。例如，第十二章第二百零六条规定：

---

① 《联合国海洋法公约》第十三章第二节共3条，即从二百四十二条到二百四十四条，第十四章第二节共有5条，即从二百七十条到二百七十四条。

② 《联合国海洋法公约》第二百零四条的原文是："各国应在符合其他国家权利的情形下，在实际可行范围内，尽力直接或通过各主管国际组织，用公认的科学方法观察、测算、估计和分析海洋环境污染的危险或影响。""各国特别应不断监视其所准许或从事的任何活动的影响，以便确定这些活动是否可能污染海洋环境。"

"各国如有合理根据认为在其管辖或控制下的计划中的活动可能对海洋环境造成重大污染或重大和有害的变化，应在实际可行范围内就这种活动对海洋环境的可能影响作出评价，并应依照第二百零五条①规定的方式提送这些评价结果的报告。"再如，第十三章第二百五十条规定："关于海洋科学研究计划的通知，除另有协议外，应通过适当的官方途径发出。"又如，第十四章第二百七十七条列举的"区域性海洋科学与技术中心"的9项"职务"都是此类要求或规范。

上述七类规定也存在于《公约》的其他章节。如第一百一十七条规定的"各国为其本国公民采取养护公海生物资源措施的义务"属于上述第一个方面，即"对相关事务的一般义务和一般责任"。第一百一十六条规定的"公海上捕鱼的权利"属于第二个方面的内容，即"在相关事务领域里的权利"。第一百一十八条规定的"各国在养护和管理生物资源方面的合作"属于第四个方面的内容，即"国际合作"。第一百一十九条"公海生物资源的养护"属于第三个方面，即"处理相关事务的一般原则、要求"的内容。第一百三十九条"确保遵守本公约的义务和损害赔偿责任"属于第五个方面，即"遵守国际标准、准则、规则"的内容。第一百五十二条"管理局权力和职务的行使"属于第六个方面，即"国际组织的地位和作用，相关海洋事务的国际管制"的内容。第一百六十一条关于管理局理事会的"组成、程序和表决"的规定属于第七个方面"行动要求和相关事务的操作规范"的内容。

这些规定，包括《公约》第十二章、第十三章、第十四章的内容和上述其他章节中的内容，都是国际法。这是没有什么疑问的，不管是它们载于其中的《公约》这一文件的法律性质，还是这些内容与国际法主体之间的关系，都说明它们是无疑义的国际法。然而，这些规定坚守国际法品质的能力远不如作为领土法的海洋法那样强大。这些规定所涉及的事务领域与海洋领土法的领域相比有明显的不同。

上述这七个方面的内容可以进一步概括为关于海洋公共事务的规定和海洋共有事务的规定。在海洋上存在公共事务和共有事务是由具有广泛连通性的海洋可以且事实上被划分为"国家管辖范围外的海域"②和"国家管辖范围内的海域"③两部分决定的。因为有"国家管辖范围外的海域"，而这部分海域又被《公约》缔约国一致认同为"对所有国家开放"，不论是"沿海国或内陆国"在公海都享有"航行自由"、"飞越自由"、"捕鱼自由"等自由，④对这部分海洋

---

① 《联合国海洋法公约》第二百零五条的内容已如前述。
② 赵理海：《海洋法的新发展》，北京大学出版社1984年版，第168页。
③ 赵理海：《海洋法的新发展》，北京大学出版社1984年版，第86～128页。
④ 《联合国海洋法公约》第八十七条。

的利用和管理是公共事务，是缔约各国甚至全世界各国的公共事务。例如，"公海应只用于和平目的"① 的规定就是这种公共事务。② 因为有"国家管辖范围内的海域"，而处于不同国家管辖下的海域之间，这些海域与公海之间是互相联通的，这些海域都有相同的品质，这便决定了在各国管辖海域存在由各国分别实施管理的共有事务。例如"各国开发其自然资源的主权权利"③ 的行使就是"缔约各国"的共有的"事务"。

上述 7 个方面的内容，包括第十二章、第十三章和第十四章中的规定和其他各章中的同类规定，根据其系公共事务、共有事务大致可以归纳为以下 3 种情况：

第一，关于海洋公共事务的规定。例如，第二百四十条规定的"海洋科学研究应专为和平目的而进行"等原则就属于海洋公共事务。它追求的目标是建立具有"和平"特点的，各国"依照"《公约》"制定的一切有关规章"④ 规定的公共海洋秩序。此外，《公约》第十一章"区域"关于"支配'区域'的原则"的规定，关于"管理局"的性质、组成、权力等的规定，第七章"公海"关于公海制度的规定，第十五章"争端的解决"关于"用和平方法解决争端的义务"⑤ 的规定，关于调解、管辖、临时措施等的规定，都属于海洋公共事务领域。

第二，关于海洋共有事务的规定。例如，第一百九十三条规定的"各国根据其环境政策和按照其保护和保全海洋环境的职责开发其自然资源的主权权利"属于各沿海国家的共有事务。依据这一主权权利，各国可以在其管辖海域内开发其所拥有的自然资源。再如，第二零七条规定的"制定法律和规章，以防止、减少和控制陆地来源，包括河流、河口湾、管道和排水口结构对海洋环境的污染"是各国普遍实施的海洋污染防治事务，是各国的共有事务。又如，第二百三十九条规定，"各国""应按照本公约，促进和便利海洋科学研究的发展和进行"。这里虽然有"按本公约"的要求，似乎带有一点强制，但各国"促进和便利海洋科学研究的发展和进行"的活动是各国各自开展的活动，是各国的共有事务。

第三，既是海洋公共事务又是海洋共有事务的规定。例如，第一九二条规

---

① 《联合国海洋法公约》第八十八条。

② 无疑，海洋公共事务并不仅限于关于公海和国际海底管理的事务，但公海和国际海底的管理却是最为典型的公共事务。这里为论述方便，暂时不讨论其他的公共事务。下文将提及的"海洋科学研究应专为和平目的而进行"这一海洋公共事务就不必一定发生在公海和国际海底区域。

③ 《联合国海洋法公约》第一百九十三条。

④ 《联合国海洋法公约》第二百四十条规定的"进行海洋科学研究"应遵守的"原则"之四。

⑤ 《联合国海洋法公约》第二百六十九条。

定："各国有保护和保全海洋环境的义务。"在国内事务中它表现为国家组织其公民、法人实施海洋环境保护；在国际关系领域，它表现为主权国家对邻国或国际社会履行保护海洋环境的义务。再如，第二百一十一条规定的对"通过主管国际组织或一般外交会议制订的一般接受的国际规则和标准"的遵守义务，既是各国在各自管辖海域实施的共有事务，也是对这些国家参与海洋公共事务的要求，从而也是关于海洋公共事务的规定，因为"主管国际组织或一般外交会议"完全可以制定参与公海、区域活动的国际行为规则和标准。① 又如，第十二章第二节规定的"全球性和区域性合作"既是海洋公共事务，又是海洋共有事务。"各国应尽力积极参与区域性和全球性方案，以取得有关鉴定污染的性质和范围，面临污染的情况以及其通过的途径、危险和补救办法的知识"（第二百条）是各国的事务，一般来说是发展中国家的共有事务，而运用"有关鉴定污染的性质和范围，面临污染的情况以及其通过的途径、危险和补救办法的知识"却是"消除污染的影响并防止或尽量减少损害"（第一百九十九条），包括消除污染在公海上的影响，减少污染在公海上造成的"损害"所需要的，属于各国的公共事务。从保护整体的海洋环境的需要来看，这类事务都是海洋公共事务。

这些关于海洋共有事务和公共事务的规定都是国际法，都具有国际法的一般特征。然而，它们又具有"转化为国内法"②的先天条件。首先，《公约》关于海洋共有事务的规定需要转化为国内法。不管是对"各国根据其环境政策和按照其保护和保全海洋环境的职责开发其自然资源"的"授权"，还是对各国提出的"制定法律和规章，以防止、减少和控制陆地来源，包括河流、河口湾、管道和排水口结构对海洋环境的污染"的要求，抑或是对各国提出的"按照"《公约》的规定"促进和便利海洋科学研究的发展和进行"的要求，都需要在各国国内实施。各国把这类事务纳入国家立法的调整范围之内，通过建立国内各主体间关系的制度、制定处理国内各主体间权利义务关系的规范的方式来处理这些事务，这些各国共有事务就变成了一国内的事务，而规范这些事务的法是"对内事务"的国内法。③ 贾宇先生总结的"中国海洋法"中的《海域使用管理法》、《对外合作开采海洋石油资源条例》等就是这样的国内海洋法。这些法所涉及的

---

① 国际海底管理局的"法律和技术委员会"的职责之一就是"拟订第一六二条第二款（O）项所指的规则、规章和程序"。

② 张乃根：《国际法原理》，中国政法大学出版社2002年版，第26页。

③ 张乃根：《国际法原理》，中国政法大学出版社2002年版，第22页。

事务都以《公约》第一百九十三条的授权为依据。① 其次，上文总结的既是海洋公共事务又是海洋共有事务的那些国际法规范可以转化为国内法。不管是海洋环境保护，还是海洋科学研究、海洋技术的发展与转让，总体上说都既是海洋公共事务又是海洋共有事务。它们可以是海洋共有事务意味着它们可以用处理国内不同主体间关系的法来调整。因为海洋环境保护也是海洋共有事务，也就是说可以是一国国内的事务，所以任何一个国家都可以为保护海洋环境向其公民授予权利、施加义务，形成自己的国内海洋环境保护法。贾宇先生总结的"中国海洋法"中的《海洋环境保护法》就是这样的国内海洋法。因为海洋科学研究既具有揭示对人类普遍有益的自然奥秘、科学道理的意义，又具有为不同国家实现各自利益的意义，所以任何一个国家都可以在其管辖范围内开展海洋科学研究，并用与处理普通公民、法人之间关系的法相同特点的国内法来推动、促进甚至强制海洋科学研究的发展。

以《海洋法公约》为海洋法范本的考查告诉我们，海洋法关于海洋共有事务和公共事务的国际法向"国内法"的"转化"是海洋法具有冲出国际法限制的要求，而各国的海洋立法实践了这种转化。我国的《海洋交通安全法》、《海洋环境保护法》等都体现了国际海洋法向国内法转化的要求，它们都是国内海洋法。我们以往所做的海洋法和包含海洋法的海洋法制的划分实际上是对国际海洋法和国内海洋法两者关系的一种处理。在明确了二者其实都是海洋法时，国际海洋法和国内海洋法两者之间的逻辑关系应当是：国际海洋法和国内海洋法都是海洋法的种概念，也就是说，在海洋法这个属概念下有两个种概念：一个是国际海洋法，另一个是国内海洋法。

在明确了海洋法内部的基本逻辑关系之后，我们可以做发现海洋法体系，也是我国可以建立的海洋法体系的努力。如果以《公约》为范例的话，国际海洋法可以概括为一个由海洋领土法、公海和国际海底等人类共同海洋空间法、海洋事务（包括海洋公共事务和共有事务）共同规则、海洋国际组织法和海洋争端处理法构成的体系。国内海洋法部分应当是一个由国内海洋事务的内容及其法律需求决定的海洋法律体系。根据目前我国和其他一些国家海洋法制建设的实际情

---

① 这一分析说明，上文所说的"《公约》外法"与"《公约》内法"之间并不存在一条明确稳定的界线。海洋的连通性和同质性等特点是海洋公共事务和共有事务存在的自然基础，在这一自然基础上，具体的海洋事务在不同国家的发生不一定是同步的。它们可能先成为个别国家国内法调整的对象，而后才进入国际法的领域；就某些国家来说，它们也可能先行成为国际法关注的事务。不管是一国对某种海洋事务先行立法，还是一国创造管理某种海洋事务的制度并将其上升为法律，都会造成"《公约》外法"或国际法之外的海洋法的出现。国际法对先行进入国内法调整范围的海洋事务的关注，如《公约》关于海洋环境保护的规定会使以往处于国际海洋法之外的法，如我国 1974 年的《防止沿海水域污染暂行规定》，"走进"国际海洋法之内。

况，可以进入这个体系的法律主要有以下几个分支：①海洋规划和海洋功能区法；②海洋交通法（含港口法）；③海岸带和海岛管理法（含海域使用管理法）；④海洋渔业法；⑤海洋矿产资源法（含海洋能源法）；⑥海洋科学研究管理与促进法（含海洋监测法）；⑦海洋污染防治法；⑧海洋生态保护和海洋自然形态保护法（含海洋自然保护区法）；⑨海洋自然遗产和文化遗产保护法；⑩海上治安管理法；⑪海洋突发事件应急处理法；⑫海事诉讼法。这可能还不是国内海洋法的全部。一方面，有些应当建立的法律支系可能由于立法者认识上的原因，或者由于管理上的习惯等，还没有建立起来；另一方面，海洋事业的发展、海洋事务种类的增加或减少会对这个体系提出充实或削减的要求。如果说海域使用管理、海洋监测等在我国都是在 20 世纪 80 年代以后才开始走进立法者视野的海洋事务，那么，随着海洋开发利用的深度、广度的加大还会有新的海洋事务出现。新的海洋事务的出现会提出建立相应法律的要求。这个由国际海洋法和国内海洋法组成的海洋法体系大致如表 14－1 所示：

表 14－1   **海洋法体系简表**

海洋法	国际海洋法	海洋领土法（含领海法、毗连区法、大陆架法、专属经济区法等）
		公海和国际海底等人类公共海洋空间法
		海洋事务共同规则
		海洋国际组织法
		海洋争端处理法
	国内海洋法	海洋规划和海洋功能区法
		海洋交通法（含港口法）
		海岸带和海岛管理法（含海域使用管理法）
		海洋渔业法
		海洋矿产资源法（含海洋能源法）
		海洋科学研究管理与促进法（含海洋监测法）
		海洋污染防治法
		海洋生态保护和海洋自然形态保护法（含海洋自然保护区法）
		海洋自然遗产和文化遗产保护法
		海上治安管理法
		海洋突发事件应急处理法
		海事诉讼法

这是通过对国际间已经形成的国际海洋法律文件和相关实践的考查，通过对

我国和其他一些国家海洋立法及其实践的考查总结出的海洋法体系，也是我国应当建立的海洋法体系。面对这个体系，尤其是面对图表对这个体系的简单勾勒时，我们不能不说我国海洋法制建设的任务还很重。而为了有效实施"全面推进海洋事业战略"，我国应当尽快建立起这样一个海洋法律体系。

第二节　制定国家海洋基本法

我们喊着 21 世纪是海洋世纪的口号进入 21 世纪，与这个 21 世纪一起到来的是一部又一部海洋基本法的诞生。1997 年，加拿大颁布实施了《海洋法》（该法于 1997 年 1 月 31 日生效）。此举使加拿大成为世界上第一个实施综合性海洋立法的国家。[①] 日本国会众议院于 2007 年 4 月 3 日，参议院于 4 月 20 日通过日本《海洋基本法》。这部"日本海洋领域的根本法"于 2007 年 7 月 20 日开始实施。[②] 英国"进入 21 世纪后""正式启动综合性海洋法的制订工作"。2008 年英国政府发布《英国海洋管理、保护与使用法》（简称《英国海洋法》）（草案）。2009 年 11 月 12 日英国王室批准该法。[③] 最近，越南十三届国会第三次会议于 2012 年 6 月 21 日审议通过《越南海洋法》。[④] 中国作为一个海洋大国，一个要在海洋世纪里大有作为的大国，一个海洋法律体系有待完善的大国，在海洋基本法建设上也应走在前列，起码应紧追加拿大、日本等国海洋立法的步伐。

在关于与海洋有关的基本法建设的讨论中，也有学者建议制定国家《海洋开发基本法》。金永明先生就提出了这样的建议。他提到，由于"我国未出台综合规范海洋事务的法律"，以至于"无法改变管理海洋事务的机构众多、职责不明、无法形成合力的弊端"。于是，他建议"以制定《海洋开发基本法》为契机，设立由国家高层领导为成员的'国家海洋事务委员会'，以统一协调管理海洋事务"[⑤]。金先生建议的内容也许与海洋基本法无大异，但其使用的"开发法"

[①] 参见朱建庚：《〈加拿大海洋法〉及其对中国的借鉴意义》，载《海洋信息》2010 年第 4 期，第 28 页。

[②] 参见宋慧敏：《日本〈海洋基本法〉的制定及地位》，载徐祥民：《海洋法律、社会与管理》，海洋出版社 2010 年版，第 81～96 页。

[③] 李景光：《英国海洋事业的新篇章——谈 2009 年〈英国海洋法〉》，载《海洋开发与管理》2010 年第 2 期，第 87 页。

[④] 《越南海洋法》将我西沙群岛、南沙群岛的部分岛屿划入其主权范围，严重侵犯我国主权。我外交部等部门已向越方提出强烈抗议和严正交涉（参见《全国人大外事委员会就越南国会通过〈越南海洋法〉致越南国会的函》，载《华西都市报》2012 年 6 月 23 日）。

[⑤] 金永明：《论中国海洋安全与海洋法制》，载《东方法学》2010 年第 3 期，第 42 页。

一词恐怕与时代的要求不大相适应。如果考虑到海洋开发一定是指向公海和其他公共的海洋区域的，那么，"开发法"的提法也不利于维护我国的国家形象。

一、制定海洋基本法的必要性

加拿大等国制定海洋基本法的做法是否值得我们效仿、学者们提出的建议是否应当落实为国家立法实践、海洋世纪对海洋法制究竟会提出怎样的要求，这些都值得我们认真思考。完善我国海洋法制（当然包括完善我国海洋法律体系）的重要举措或许就是制定海洋基本法。

让我们来探讨制定国家海洋基本法的必要性。

（一）制定海洋基本法是我国海洋事业发展的需要

我国实行改革开放政策以来，海洋事业得到迅速发展，已经成为我国国民经济和社会发展的重要方面军，对国家总体战略目标的实现发挥了重要的作用。第十一届全国人民代表大会第四次会议第一次把"推进海洋经济发展"列入《国民经济和社会发展第十二个五年规划纲要》（以下简称《"十二五"规划纲要》），设专章，即第十四章对"海洋事业"做出规定。这是对海洋事业在以往的国民经济和社会发展中所做出的贡献的肯定。同时，更重要的，也是对海洋事业的发展提出了更高的要求。在"坚持陆海统筹，制定和实施海洋发展战略，提高海洋开发、控制、综合管理能力"的总要求之下，《"十二五"规划纲要》对"优化海洋产业结构"、"加强海洋综合管理"提出一系列具体的要求。

海洋事业在国民经济和社会发展中的重要性进一步凸显了海洋和海洋事业的特殊性，而这种特殊性要求我们用特殊的或者专门的法律来对待。

对海洋的自然特性，科学界，尤其是海洋科学界早已掌握；普通民众，尤其是以海为生的人们更有切身体会。海洋事业有其特殊性，我们也可以概括出这类事业的大致特点。例如，我们可以说海洋事业是在海洋上，或以海洋为依托创立的事业，这种在海洋上（当然包括海面上、海洋里和海洋底）创立的事业必须符合海洋的特点、顺应海洋自身运动的规律等。然而，受海洋自身特点、规律约束的具有特殊性的海洋事业对法律制度建设有哪些要求，人类的立法如何适应海洋事业的特点呢？这个问题不像海洋具有哪些特点之类的问题那样容易作答。这是因为，它只能产生在海洋的自然特点，海洋对人类需求的供给能力和人类就海洋的使用"管理"等形成的国际关系、社会关系等多维度的交汇点上，而不是产生于对其中一个维度的认识。为了回答这个问题，让我们按照海洋事业的需要看一下海洋的特点（这显然不是海洋的全部自然特点，也不是其可为社会利用或向社会提供服务的全部特点）。

第一，海洋的整体性。海洋国土和陆地国土的最大不同在于它是一个整体，而这个整体是不可分的。这与陆地国土是不同的。我们可以把中国大陆划分为山东、河南、江苏等省份，也可以把山东、河北、天津等省市再集中起来称为华北，以与湖北、湖南、安徽等所构成的华中地区相区分，还可以把张家的一亩三分地与李家的地之间树上篱笆、挖出壕沟，而海洋是不可以做如此划分的。我们习惯上所称的渤海、黄海、东中国海、南中国海虽都具有某些地理特征，但我们所能发现的所有特征都无法掩盖它们作为海洋整体中的一部分的特性。我们在管理上也把我国管辖海域分为北海、东海和南海三个区块，与三个区块相对应设三个分局分别管理，但这种划分的主要意义在于方便海洋管理，主要是对一些海洋开发和利用活动的管理，而不是真的把海洋分成了三个部分。依据《海域使用管理法》，企业、个人可以取得对某特定海域的使用权。这片海域可以用经纬度测量，或以某陆地标志、海岛标志为测量的依据。但是，该海域却不像陆地上张家或李家的一亩三分地那样可以树桩、挖沟，与其他人家的土地"划清界限"。

第二，海洋的流动性。海洋的整体性和海水的流动性是密切联系在一起的。海水的流动把海洋连接为一个流动的无法分割的整体，它是海洋的整体性这种自然特性的另一种表现形式。除此之外，海洋的流动性还赋予海洋影响人类的海洋开发和利用活动，甚至利用形式的另外的特性。首先，流动的海洋为渔业资源等海洋生物资源提供不受行政区划、海域使用权证书规定界限等的限制的生存空间；其次，流动的海洋为船舶等运载工具提供四通八达的航行载体；再次，流动的海洋使利用海洋的人们不得不"同甘共苦"——同享"渔"利，同受污染之害。日本福岛核泄漏事件中排入太平洋的受核辐射的水不是总停留在日本沿岸，而是循着大洋环流的"既定"路线流向加拿大沿岸、美国沿岸、太平洋的其他区域，甚至流向印度洋、大西洋等。流动意味着扩散、传播，意味着分布上的趋向均衡。这样的海洋使得所有的海洋利用者既不能"独善其身"，也不能"独往独来"。

第三，海洋的跨界性。这是海洋的整体性和流动性这些自然属性在与社会相"结合"时产生的一大特性。海洋是一个整体，海水在整体的海洋里流动，而利用海洋的人们却分为不同的国家、民族或企业、个人。这就形成了海洋的跨界性。[①] 海洋的跨界性自然会把海水的流动性所可能携带的信息、物质、能量当作跨界的输运，把分割占有海洋的不同国家、地区、海域使用权人等"牵扯"到

① 这实际上是人类对海洋的分割"占有"造成的，从人类对海洋的划分的角度来看，可以把这一特点概括为"人类的分割占有性"。

一起。这种牵扯提出的是对"独善其身"和"独往独来"的禁止。在国际社会，相关国家对海洋的开发和利用必须相互"关照"；在一国之内，相关地区、海域使用者对海洋的开发和利用必须考虑其他地区、其他海洋使用者等的利益。

第四，海洋的公共性。海洋占地球表面的71%，是地球上最大的地理单元。尽管在以往的历史上形成了不同国家对海洋的分割占有，《海洋法公约》的实施引发的海上"圈地运动"把大面积的海域转变成了有关国家的"海洋国土"，但海洋的绝大部分面积依然是全人类共同的财富。《海洋法公约》关于"公海自由"的规定明确了公海作为人类共同继承财产的地位。[①]

不仅公海可以为全人类"自由"使用，而且那些依据《海洋法公约》划归主权国家管辖的海域也肩负着提供"公共"服务的任务。后一种情况也是海洋的公共性的表现形式之一。例如，领海内的"无害通过"[②]、"穿过专属经济区的航道"的"过境通行"[③]等，都让主权国家管辖下的领海、专属经济区承担了对世界各国提供"公共服务"的任务。这不是现行国际海洋法对有关国家强加的义务，而是具有服务人类能力的海洋本身的自然属性所决定的。

我们的海洋事业就是要在这样的海洋里展开的事业。这份事业无法用"关起门来搞建设"的办法，用在一国之内"八仙过海各显神通"的办法来实现，也不适合用把水产、环保、能源、矿产等"分而治之"的办法来实现。这项事业需要有与之相应的法，需要有符合这项事业发展需要的法。这个法只能是海洋基本法，而不能是处理某个方面的海洋事务的单行法，也不是简单汇拢在一起的一系列海洋单行法。

（二）制定海洋基本法是处理海岸相邻（或相接）、相向国家间关系，维护国家海洋权益，与周边国家共同治理和开发海洋的需要

不仅我们的海洋事业要在具有"跨界"特点的海洋上实施，而且这个具有跨界特点的海洋还给我们出了若干需要花费气力去解答的"国际争端"难题。这种难题主要是指民族国家间要在本来无界的海洋上划定国界引起的矛盾。我国学界、军界、政界有不少人士都是出于维护我国海洋权益的愿望才提出加强海洋

[①] 《联合国海洋法公约》对"公海"地位的准确界定是"公海自由"。自由的内涵包括三个方面：其一，"公海对所有国家开放，不论其为沿海国或内陆国"；其二，《公约》规定的"自由"、《公约》和其他国际法规则所规定的条件下行使"的自由；其三，"适当顾及其他国家行使公海自由的利益"和《公约》"所规定的同'区域'内活动有关的权利"（第87条）。自由的外部条件是《公约》第86条规定的范围，也就是关于《公约》"公海"章得以适用的范围。"任何国家不得有效地声称将公海的任何部分置于其主权之下。"（第89条）。根据这些规定，我们可以把公海理解为全人类共同的财富。

[②] 《联合国海洋法公约》第十七条。

[③] 《联合国海洋法公约》第三十八条。

法制建设①或加强海军建设等建议的。我国与菲律宾之间就黄岩岛的主权归属刚刚发生的对峙属于这类难题。越南长期侵占我国南沙群岛岛屿，开发我岛屿及附近海域资源，无疑也是这一类的难题。最近越南又以《越南海洋法》的形式把我西沙群岛、南沙群岛等"包含"在其"'主权'和'管辖权'范围内"②，是中越之间的难题愈加难解。这类问题不解决，显然会给国家的海洋事业带来不利的影响。

海洋维权，尤其是南中国海维权固然是重要的，但海洋邻国间并非只有单一的疆界争夺关系。我国海洋法的使命也不是画一个可以把我国与其他国家分割开的圈。如果说我国的《专属经济区和大陆架法》等还不足以把我国与周边国家"划清界限"，给我国固有的海洋权利和利益，我国依据《海洋法公约》应当享有的权利等以明确的界定，那么，我们还没有与海岸相邻或相向的国家就如何避免"独善其身"和"独往独来"而制定的法。我国的海洋事业显然不只是需要把我们封闭起来搞建设，虽然明确权利界限有减少纠纷的作用。金永明先生认为，"从国际社会实践来看，在国际、区域和双边关于海洋问题的制度还未健全或难以修正完善的情形下，处理和应对海洋问题争议的有效途径是之一为制定国家海洋发展战略和完善海洋法制机制，而保障上述措施实现的重要路径为……应尽快制定和实施综合管理海洋事务的法律——海洋基本法。"③ 海洋的跨界性与海洋法的国际性决定了我们对海洋的开发利用需要良好的国际合作。不管是资源的合理开发和养护、海洋污染的防治、特殊海洋生态系统的保存和保护、海洋航道等人类公共资源的使用和管理等，都需要建立稳定的规则，在不能形成国际条约、公约的条件下，都需要主权国家用稳定的法律表明国家的态度，为国内的管理、开发、利用提供稳定的行为遵循。不管是为了完成这个任务，还是要明确界定我国的海洋权益，补《专属经济区和大陆架法》等的不足，都需要制定国家的海洋基本法。

（三）制定海洋基本法是国家参与国际公共海洋事务处理的需要

我们常常说中国是一个大国，是一个负责任的大国，但在海洋事务的处理上，我们却一直缺乏作为负责任的大国的自信。这充分表现在对公共海洋的管

---

① "中华人民共和国第一届全国人民代表大会第四次会议建议、批评和意见"第2992号《关于尽快出台〈海洋基本法〉的建议》提出制定海洋基本法建议的重要依据就是我国"约一半的主张管辖海域与周边国家存在争议"。

② 《全国人大外事委员会就越南国会通过〈越南海洋法〉致越南国会的函》，载《华西都市报》2012年6月23日。

③ 金永明：《中国制定海洋基本法的若干思考》，载《探索与争鸣》2011年第10期，第21页。

理，对海洋公共事务的管理上的裹足不前。实际上，对海洋公共事务和海洋共有事务的管理是所有大国都应该有所作为的一个领域，是我国应当有所作为的领域，也是中国作为一个大国可以大有作为的领域。

由《海洋法公约》确定的公海，同国家管辖空域之外的太空空间相近，是人类共同继承的财产，是各国人民共同生活于其中的家园，对这份财产的使用、管理，对这个家园的经营、维护，是人类共同的责任，从而是世界各国，尤其是各大国的责任。对以公海为平台或以具有整体性的海洋为平台的各种海洋公共事务和海洋共有事务的管理，对有关秩序的建立与维护是世界各国，尤其是各大国的责任。所以，我们说对海洋公共事务和海洋共有事务的管理，各国都应该有所作为。

在以"和平"和"发展"为主题的国际环境下，世界上充满竞争。这是人所共知的。在这场已经发生且将来会愈演愈烈的竞争中，竞争最广阔的赛场显然不在主权国家管辖范围之内，而是在国家管辖海域以外的区域。这种区域首先就是海洋，更直观地说就是公海。我国是一个最典型的人口多而陆地资源少的国家。要实现中华民族的伟大复兴，实现我国国民经济和社会发展的战略目标，就必须在管辖领域之外找到资源，找到发展的机会。而能否从公共的海洋获得我国所需要的资源，能否在公共的海洋里找到发展自己的机会，这取决于现有的和即将形成的国际海洋开发管理秩序。从这个意义上说，不管是为了履行大国的责任，还是要使国际海洋秩序的形成和发展对我国有利，中国都应该在对公共的海洋和海洋公共事务的管理上有所作为。

我国是一个大国，在过去，在国家发展处于低潮的时期就曾成功地与第三世界国家结成伙伴，对《海洋法公约》的制定和生效发挥了积极的作用。实行改革开放政策以来，随着综合国力的不断提升，我国在国际舞台上的影响力正不断提高。在这样的历史条件下，中国在公共海洋事务的管理上完全可以有所作为。

国际秩序，包括国际海洋秩序，不是自然形成的，也不是某个超国家主体强加于国际社会的，而是国际社会的主体——主权国家和其他国际关系主体在求同存异的基础上共同建立的。在国际秩序建设的舞台上，国家既可以制定足以对国际社会产生影响的法律，也可以通过实施其他国家行为影响国际公约的形成和优化。我们对"超级大国"在国际关系领域实施强权政治，左右国际秩序的建立和改变等一直持批评的态度。这是正当的，也是必须的。但是，开展对霸权主义的批评不能代替对国际秩序的建立和优化的参与，也不影响用自己的积极作为主动对国际秩序的形成和发展施加影响。

我国有《领海及毗连区法》（1992 年通过）等法律，也有制定渤海管理法的动议。① 这些法律和这些动议所涉及的法律，大体说来都属于两类，一类是处理国内事务的法律，比如动议建立的渤海管理法、已经颁布实施的《海域使用管理法》；另一类是在国际社会寻求自保的法律，如这里提到的《领海及毗连区法》、上述《专属经济区和大陆架法》等。后一类法律有时也可以对国际海洋秩序的形成和优化发挥型塑、引领等作用。我国的这一类法律似乎不具有这种型塑、引领的作用，因为上述法律文件总体上来说都只是将《海洋法公约》"落实"为本国法，是遵循之作，而非创新之作。除了上述两类海洋法律法规之外，我国没有就如何利用具有"公共性"的海洋制定自己的法律，像《加拿大海洋法》、《日本海洋基本法》那样的法律，没有颁布足以对公共的海洋和更大范围的海洋公共事务构成实质性影响的国家立法。如果我们想弥补这一不足，想对国际海洋秩序的改善发挥我国的影响作用，就应该制定自己的海洋基本法。

（四）制定海洋基本法是完善我国社会主义法律体系的需要

吴邦国委员长在第十一届全国人民代表大会第三次会议上所作的常委会工作报告宣布："一个立足中国国情和实际、适应改革开放和社会主义现代化建设需要、集中体现党和人民意志的，以宪法为统帅，以宪法相关法、民法商法等多个法律部门的法律为主干，由法律、行政法规、地方性法规等多个层次的法律规范构成的中国特色社会主义法律体系已经形成。""国家经济建设、政治建设、文化建设、社会建设以及生态文明建设的各个方面"都已"实现有法可依"。"涵盖社会关系各个方面的法律部门已经齐全，各法律部门中基本的、主要的法律已经制定，相应的行政法规和地方性法规比较完备，法律体系内部总体做到科学和谐统一"。委员长的郑重宣告肯定了我国法制建设所取得的巨大成就。② 同时，我们也注意到，委员长告诉全国人民，"完善中国特色社会主义法律体系也是一项长期的历史任务"。而我国海洋事务发展对立法的要求就是对我国"立法工作"提出的，委员长在报告中提到的"新课题"和新任务。

人们都知道，我国是一个陆海兼备的国家，国人还常常骄傲地说我国是一个海洋大国，有一万八千公里的海岸线和依法可以主张的约 300 万平方公里的海洋国土，但对这大面积的国土、漫长的海岸线，在海洋被称为人类"第二生存空

---

① 周珂：《关于制定渤海环境保护单行法必要性的思考》，载《昆明理工大学学报》2007 年第 3 期，第 6 页。张海文先生等曾就渤海区域环境管理立法展开专题研究（参见张海文、刘岩等：《渤海区域环境管理立法研究》，海洋出版社 2009 年版）。我本人也就渤海管理法制定中必然遇到的体制问题等做过专题研究（参见徐祥民等：《渤海管理法的体制问题研究》，人民出版社 2011 年版）。

② 用吴邦国委员长的话说，"仅仅用几十年时间就形成了中国特色社会主义法律体系"。这的确是巨大的成就。

间"的时代，在我国的发展急需向海洋要资源、要空间的历史条件下，我国的社会主义法律体系中却不存在一个海洋法部门，海洋法在这个体系中还没有取得"合法席位"。这无疑是我国已经形成的社会主义法律体系所存在的一大缺陷，是法律体系不能满足事业发展需要的缺陷。

我国有海洋法律，或者称涉海法律，但没有形成海洋法律部门，这主要是因为现有涉海的法律法规都不能成为海洋法律部门的旗帜，就像《中华人民共和国民法通则》是民法部门的旗帜，《中华人民共和国刑法》是刑法部门的旗帜那样，它们都被行政法、经济法、环境法部门，甚至民法部门"收编"了。① 为了使我国社会主义法律体系能得到进一步的完善，我国应该尽快制定《海洋基本法》，以便给已经存在的海洋法律法规树起"旗帜"，促进我国社会主义法律体系中的海洋法律部门的早日形成和不断完善。

（五）制定海洋基本法是完善我国海洋法律体系的需要

正如一些全国人大代表、全国政协委员所注意到的，我国已经制定了不少海洋法律，不少直接以海洋命名的法律和虽不以海洋命名但却以海洋事务为主要规范对象的法律，例如，《海洋环境保护法》、《渔业法》、《海域使用管理法》、《海上交通安全法》、《海岛保护法》，前述《专属经济区和大陆架法》、《领海和毗连区法》等。这些法律之间也存在一定的分工。② 然而，我国却不能说我国已经形成了一个完整的海洋法律体系。王晓霞先生认为，"健全的海洋法律体系的一个重要特征是有高层次的海洋基本法。"③ 我们海洋法律体系最缺少的就是一部海洋基本法。上述那些法各自"分而治之"，它们都没有"统"而治之的功能。从一般法律原理和我国政治运行的一般规律上来看，我们可以说《中华人民共和国宪法》对这些法律具有统帅作用。除此之外，在我国现有整个社会主义法律体系中找不到任何一部法律可以担当它们共同的统帅。在我国法律体系上没有这些法律法规的统帅，这些法律法规不是按照既定的体系设计而先后出台，而是出于政府不同部门的加工，由不同部门以不同理由报送国家立法机关，在不同的主客观条件下通过的。它们无法形成一个有机的法律体系。如果说我们已经制定了若干海洋法律法规，这些法律法规或许可能就是理想的海洋法律体系的骨

---

① 从立法上来看，它们实际上也没有独立为海洋法律部门，不是按照海洋法律部门的既定任务、目标等制定的。所以这里说被"收编"只具有形式上的合理性。

② 立法机关在制定这些法律时，包括在论证这些法律制定的必要性时，显然是考虑了它们各自的分工的。

③ 王晓霞：《〈日本海洋基本法〉系列研究——尽快制定我国海洋基本法是建设海洋强国的必由之路》，载《海洋信息》2008 年第 3 期，第 30 页。

干立法，那么，仅仅是为了使它们早日形成一个有机的整体，我国也需要制定
《海洋基本法》。①

我国有若干海洋法律法规，但我国没有形成海洋法律体系。若干海洋法律法
规和一个海洋法律体系，这两者之间最大的区别在于体系的完整性和部分之间的
协调性，而这完整性和协调性在很大程度上决定于所有规范、制度的指导思想的
一致性。当我们说要建立一个海洋法律体系时，这个海洋法律体系是指在统一的
经略海洋的思想、海洋事业总体战略安排等的指导下制定的，适用于各海洋事务
领域的法律规范体系。这样的法律体系至少需要 3 个要件：第一，同一的适用领
域，即适用于海洋事务领域。这个要件是说，在这个体系中的法律是服务于海洋
事务这个特定领域的；第二，统一的服从海洋事务需要的法制建设方针。所谓经
略海洋的思想就是指国家如何对待海洋的思想，包括开发、利用和保护的思想、
国际海洋合作的思想、维护海洋权益的思想、对待国际海洋事务的原则和主张等
等。在统一思想的指导下制定法律，统一对内采取诸如扶持、激励、保护、管
理、控制、禁止等态度或措施，对外采取积极或不积极、参与或拒绝参与、合作
或拒绝合作的态度，争取引领国际海洋秩序和国际海洋法的发展或者等待承受在
其他国家掌控下或影响下形成的国际海洋秩序和国际海洋法。第三，按照调整海
洋事务的需要形成若干规范群，或者叫亚规范体系。这些规范群或亚规范体系应
按照统一的指导思想连接成一个有机的体系。

怎样才能形成这样的一个法律体系呢？怎样避免被立法机关赋予法律效力的
海洋法律文件不再只是若干海洋法律文件中的一个文件，而是一个海洋法律体系
的有机组成部分呢？制定海洋基本法是最好的办法，因为只有海洋基本法才能回
答海洋事务领域的界限、适用于整个海洋事务领域的指导思想是什么、怎样才能
让海洋法规不再只是"涉海"，而是一个统一的整体中的一个有机组成单元等
问题。

制定海洋基本法，在海洋基本法的"统帅"下建立调整海洋事务的法律规
范群或亚规范体系，这是以往的法制建设所反复证明了的有效办法。各国法律中
的民法部门、刑法部门等都以其基本法典的总则部分为"统帅"形成其完整的
民法部门、刑法部门。晚近发生的环境法部门则更适合以环境基本法②或环境政
策法③为核心构成一个新的法律部门，尽管这个法律部门一直到今天还不是很成

---

① 加强法律部门建设的另外一个更有效的办法是制定法典。如民法典的形成是民法部门已经达到十
分完善的程度的标志，颁布刑法典可以使刑法部门更加完善。为了实现海洋法部门的形成和完善，国家自
然也可以选择编制海洋法典的路径。然而，这一路径很难走通。相比之下，制定海洋基本法这一路径，即
颁布用以统帅海洋单行法基本法，从而实现海洋法部门的形成，要便捷得多。

② 大致来说，日本 1993 年颁布的《环境基本法》是日本环境法部门的核心。

③ 如美国的环境法部门就可以说是以美国《国家环境政策法》为核心形成的。

熟。制定海洋基本法就是要给已经颁布的和将要制定的海洋法律法规设计一个"统帅",为众多已经存在的和将要制定的海洋法律法规树立一个"核心"。以往正是由于没有这个"统帅"和"核心",所以我们看到的只能是一批"群龙无首"的海洋法律法规,或者分别是属于其他法律部门的若干涉海法律法规。

二、我国海洋基本法的基本框架

确定海洋基本法的基本框架的依据是国家海洋事业发展的需要,尤其是长远发展的需要。国家海洋事业的需要在国家法律体系中的分布自然呈国际和国内两个部分。海洋基本法需要反映国家海洋事业的国内部分和国际部分,应当是国内海洋法和中国"涉外"海洋法(也就是中国国际海洋法)两部分的"大纲"。

当然,我国海洋基本法的建设不能忽视从《海洋法公约》等国际海洋法向我国国内海洋法的"转化"。从有关国家海洋立法的实践来看,不仅《公约》的许多内容都在不同程度上"转化"为国家立法机关制定的法律,而且连立法的结构等也或多或少地接受《公约》的设计思路。

确定海洋基本法的重要参照是加拿大、日本、英国等国家的海洋法或海洋基本法。这些国家的《海洋法》或《海洋基本法》(以下泛指这些法律时统称各国《海洋基本法》)大多设有总则、基本政策、海洋区域、海洋管理组织及其职权、附则等章。如表14-2所示:

表14-2　　　　　　　海洋基本法章节对照表

日本	加拿大	越南	英国①
(1) 总则		(1) 总则	
	(1) 加拿大海洋区域	(2) 越南海域	(2) 专属经济区、其他海洋区域与威尔士渔业区域
(2) 海洋基本计划			(3) 海洋规划
		(3) 越南海域内的活动	
(3) 基本政策	(2) 海洋管理战略	(4) 发展海洋经济	(5) 海洋自然保护
			(6) 近海渔业管理

---

① 以李景光先生所做的介绍为依据(参见李景光:《英国海洋事业的新篇章——谈2009年〈英国海洋法〉》,载《海洋开发与管理》2010年第2期,第87～91页)。

521

续表

日本	加拿大	越南	英国
			(7) 其他海洋渔业事务与管理
			(9) 海岸休闲与娱乐
(4) 综合海洋政策总部	(3) 大臣的权力、职责与功能		(1) 海洋管理组织
			(4) 海洋许可证
	(5) 海上巡逻与检查		(8) 海洋执法
	(6) 违法行为的处理		
			(10) 其他
(5) 附则	(7) 实施条款		(11) 补充条款

根据如上几个判断，我们认为，我国海洋基本法应当包含以下几个部分：

(一) 国家海洋管理范围

中国有漫长的海岸线，有众多的岛屿、群岛和礁沙，有 10 余个海上相邻国家和地区，国家海域跨越温带、亚热带、热带，区域界定和分区管理是我国国家海洋事业的必然要求。国家需要用海洋基本法的形式明确我国海域，包括依照《海洋法公约》享有的管辖海域界线和其他海域界限、大陆架界限、国家海域内的内海、领海、毗连区、专属经济区等的范围。海洋基本法规定"国家海洋管理范围"主要解决两个问题：其一，确定国家海域界限，包括依照《海洋法公约》的规定国家享有管辖权的海域、大陆架的外部界限，我国其他海域的界限；其二，明确国家管辖海域内的不同部分之间的划分。不管是对外部界限的确定还是对国家管辖海域内不同部分之间的划分，都需要明确国家享有的权利或权力。

加拿大《海洋法》第一部分规定的是"加拿大海洋区域"，英国《海洋法》第二章是"专属经济区、其他海洋区域与威尔士渔业区域"，越南《海洋法》第一章是"越南海域"，这些国家的海洋法关于海洋区域的规定反映了"区域"在海洋基本法中的地位。借鉴这些国家的做法，我国的海洋基本法也应把国家海洋管理范围作为重要组成部分。

(二) 国家海洋管理政策

在全球性向海洋进军的潮流中，我国需要明确自己利用、开发、保护海洋的基本政策，用以统一政府和社会、中央和地方、立法和行政、沿海地区和内陆地区在制定政策、开展经济社会文化建设等方面的行动。

哲伦先生通过对以往历史经验和教训的总结，对美国的海洋管理提出若干建议，其中第一条就是"制定《国家海洋政策法》（NOPA）"。他说：

"国会应制定一个《国家海洋政策法》，要求联邦、各州和领土机构保护、维护和恢复海洋和沿海地区的生态系统，并以此为目的制定国家和区域决策。这项法例应提供明确的、可衡量的目标和标准，以规范影响海洋活动的行为，建立机制以确保国家和区域机构能够实施并遵守这项政策。"①

哲伦先生显然也注意到了"联邦、各州和领土机构"保持政策和行动上的一致的重要性；注意到了"保护、维护和恢复海洋和沿海地区的生态系统"这项复杂的工作需要步调一致的行动。尽管他的建议主要来自对美国海洋管理历史的回顾，但对我国推动海洋事业发展的国家实践无疑具有借鉴意义。

以往在海洋利用、开发中存在的种种问题，目前依然争议不休的海洋管理体制等问题，在很大程度上都是由于国家对待海洋、对待海洋事业的基本政策不明确、不确定。国家对待海洋和海洋事业的态度常常出现"摇摆"。比如，发生蓬莱 19－3 油气田溢油便关注海洋环境保护，钓鱼岛主权争端升级便引发对海军建设的格外重视。这些都是因为国家没用真正形成稳定的和明确的海洋政策。

我们认为，国家海洋基本法主要应当明确以下海洋基本政策：

1. 基本海洋政策

根据我们的研究，国家应当确立"全面发展海洋事业"的基本政策，其中包括发展海洋产业、海洋管理、海洋科学研究和海洋技术、海洋环境保护、海洋文化建设、海洋教育等海洋事业。应当把实现和维护国家海洋权益、维护海洋安全、参与国际海洋事务管理、维护和改善国际海洋秩序等确定为我国海洋事业的重要组成部分。

值得注意的是，日本、加拿大、越南等国的海洋法也都有基本海洋政策或类似叫法的一章。《日本海洋基本法》第三章是"基本政策"，其内容涉及"推进海洋资源的开发利用"（第十七条）、"保护海洋环境"（第十八条）、"促进专属经济区等的开发事项"（第十九条）、"确保海上运输"（第二十条）、"确保海洋安全"（第二十一条）、"促进海洋调查"（第二十二条）、"推进海洋科学的研究和开发"（第二十三条）、"振兴海洋产业提高国际竞争力"（第二十四条）、"沿岸地区的综合管理"（第二十五条）、"孤岛的保护"（第二十六条）、"增进国际联合合作"（第二十七条）、"加强国民对海洋的理解"（第二十八条）等。

---

① 哲伦：《反思美国的海洋管理》，载《资源与人居环境》2011 年第 1 期，第 34 页。

《加拿大海洋法》第二部分是"海洋管理战略"。其基本内容是国家海洋政策。比如，该部分第二条，也就是该法第二十九条规定的"战略发展和实施"（Development and implementation of strategy），第三十条规定的"国家战略的原则"（Principles of strategy），第三十一条规定的"综合管理计划"（Integrated management plans），第三十二条规定的"综合管理计划的执行"（Implementation of integrated management plans）、第三十三条规定的"协商制度"（Consultation）等，都属于国家基本政策。

《越南海洋法》第四章是"发展海洋经济"，规定的是越南发展海洋经济的国家政策，其中包括"发展海洋经济的原则"（第四十二条）、"发展海洋经济产业"（第四十三条）、"海洋经济发展规划"（第四十四条）、"建设和发展海洋经济"（第四十五条）、"优惠、鼓励投资发展海岛经济和海上活动"（第四十六条）等。

2. 国家海洋事业发展规划

我国推动经济社会发展的重要政策工具是规划，包括国民经济和社会发展规划以及其他专项规划等。遵循这一工作路径，海洋事业的发展也应有自己的规划。同时，我们注意到，日本《海洋基本法》规定了"海洋基本计划"（第二章），英国《海洋法》也有"海洋规划"一章（第三章）。据金永明先生考查，日本"综合海洋政策研究本部"已于"2008年2月8日出具了《海洋基本计划草案》"。同年3月18日，"日本内阁会议批准了以《海洋基本计划草案》为基础的《海洋基本计划》"。这份计划"将成为2008年起五年指导日本海洋事务的行动指针"[1]。我国似乎也需要这样的由全国人民代表大会常务委员会通过的用以规范一个时期海洋事业发展的"行动指针"。英国《海洋法》中的"海洋规划"被李景光先生称为"战略性海洋规划体系"。李先生指出："该体系的第一阶段工作将是编制海洋政策，确立海洋综合管理方法，确定海洋保护与利用的短期与长期目标；第二阶段将制订一系列海洋规划与计划，以帮助各涉海领域落实海洋政策。"[2] 我国也许不需要跟在英国、日本之后亦步亦趋，我国实施海洋功能区划甚至比世界上任何一个国家都先进，但是，英国等国的做法无疑也是对规划或计划工具合理性的说明。它们对我国使用规划或计划工具推进经济和社会发展的做法也是一个肯定和支持。同时，它们的一些做法对我国也并非绝无可借鉴之处。

我国近几十年海洋事业发展中经常使用规划工具，具体表现为各种各样的规划和计划。比如，1996年的《"九五"和2010年全国科技兴海实施纲要》、2000年的《远洋渔业发展总体规划》、2003年的《全国海洋经济发展规划纲要》、

---

① 金永明：《日本最新海洋法制与政策概论》，载《东方法学》2009年第6期，第110页。

② 李景光：《英国海洋事业的新篇章——谈2009年〈英国海洋法〉》，载《海洋开发与管理》2010年第2期，第89页。

2006 年的《国家中长期科学和技术发展规划纲要 （2006～2020 年)》、《国家"十一五"海洋科学和技术发展规划纲要 （2006～2020)》等。这些以及这里没有提到的规划、实施纲要、规划纲要等的频繁发布说明，规划已经成为我国海洋管理的重要工具；另外，也告诉我们这样一个道理，即规划也需要规范。在既没有国家海洋事业总体规划也没有《基本法》对规划的制定设定规范、提供政策依据的情况下，上述由不同机关制定、在不同时期发布的规划难免彼此抵牾。即使不考虑通过基本法为海洋事业的发展规定总的方向，仅仅为规范由有关部门实施的规划工作，也需要对规划的制定设定基本原则、程序等。

3. 国家海洋渔业等各业发展政策

国家海洋基本法不需要对国家海洋事业的各个方面都规定详细的规范，但需要为海洋渔业、海洋旅游业及其他海洋产业，海洋教育、海洋科学技术研究、海洋文化等其他海洋事业设定原则性的政策要求。考虑到海洋事业涉及范围广、新兴事业不断出现等情况，国家海洋基本法还应就不同海洋事业之间的协调提供政策依据。考虑到我国作为海洋"地理不利国"[①] 的情况，未来的海洋开发利用的重要领域应当是深远海。所以国家海洋基本法应当就深远海开发利用规定国家政策。海洋划界是我国面临的重要海洋问题。制定海洋基本法并不能使海洋划界问题得到最后解决，但可以为海洋划界确定国家政策。确定国家海洋划界基本政策既可以给外交等部门提供划界谈判的政策依据，也是对有关国家的一个庄严的政策宣告。

（三） 海洋管理职权与执行程序

我国海洋事业最近几十年的发展取得了举世瞩目的成就，但也遭到来自政界、学界的许多批评。其中最突出的批评指向我国海洋管理中的体制、职权划分等。不管那些批评，比如"五龙闹海"、"低层次重复建设"等，是否允当，都说明海洋管理在海洋事业发展中处于关键地位。加拿大、日本等国的立法实践也告诉我们，对海洋管理机关及其职权的设定是海洋基本法的重要内容。金永明先生在谈日本海洋法制的"最新"发展时特别强调，"在《海洋基本法》中应引起注意的内容是，日本创设了综合海洋政策研究本部。"[②] 从国内海洋事务管理的角度看，这个值得注意的机关的设立"改变了"日本海洋事务管理中缺少"综合"的"代表性机构"的局面。而日本设置这个综合性机构的意义还不仅在于此。宋慧敏先生曾指出："综合海洋政策总部由日本最高行政级别领导担任部长一职"，不仅"提升了日本海洋行政管理的级别"，有利于"顺利推行相关海洋

---

① 《联合国海洋法公约》第二百七十二条。
② 金永明：《日本最新海洋法制与政策概论》，载《东方法学》2009 年第 6 期，第 108 页。

政策",而且,"这种统筹格局的海洋管理机制在应对海洋权益争端时优势突出",有利于提高"日本控制海洋的力量"①。

英国《海洋法》设立"海洋管理组织"。该组织"是一个肩负管理职能的公共机构,受主管海洋事务的大臣领导,通过大臣向英国议会报告工作"。这个"'海洋管理组织'的主要职能是:①组织编制海洋规划与海洋计划;②审批海洋使用许可证;③负责海洋自然保护;④海洋执法;⑤海洋渔业管理;⑥海洋应急事件处理;⑦海洋可持续发展问题咨询与建议。"② 这样的海洋管理组织可以说是国家海洋事业的"枢机"机关。除了"审批海洋使用许可证"、"海洋执法"、"海洋渔业管理"看起来像普通的行政管理机关之外,"海洋自然保护"是一项服从久远利益需要的工作,而"组织编制海洋规划与海洋计划"是对国家海洋事业发展具有根本性影响的工作。"海洋可持续发展问题咨询与建议"具有"左右"国家海洋政策走向的功能。"海洋应急事件处理"则是一项具有极大弹性的职权。在实践中完全可以把它解释为某种对外职权。

不管考虑便利对外海洋事务的处理,还是着眼于提高国内海洋管理的效能,我国都需要建立具有较高行政地位和较大管理职权的海洋管理机关,需要理顺海洋管理体制。这一点应当成为海洋基本法建设中需要解决的首要问题。

我国是个大国,行政管理部门多、海域范围大、海域延及的行政区域多,在海洋事业发展中无法回避职权或管理权划分的问题。不管是海洋管理的效能,还是管理的科学性等,都与管理职权的划分有关联。海洋基本法建设应当成为科学划分管理职权的一次政治行动。

海洋管理职权是明显具有涉外特性的职权。人们常说的海洋"维权",用有序管理的眼光来看,都首先是有管理职权的机关的管理活动。人们常常对我国的海洋维权现状表示不满意。之所以出现让公众不满意的局面,在很大程度上是由于管理权范围界定不清、③ 职权划分不清造成的。④ 海洋基本法建设应当给海洋

---

① 宋慧敏:《日本〈海洋基本法〉的制定及地位》,载徐祥民:《海洋法律、社会与管理》,海洋出版社 2010 年版,第 81~96 页。

② 李景光:《英国海洋事业的新篇章——谈 2009 年〈英国海洋法〉》,载《海洋开发与管理》2010 年第 2 期,第 89 页。

③ 据金永明先生考查,我国"于 1996 年 5 月 15 日发表了《中国政府关于中国领海基线的声明》。它宣布了中国大陆领海的部分基线和西沙群岛的领海基线。当然,上述大陆领海的部分基线和西沙群岛领海基线为各相邻基点之间的直线连线。同时,该声明还规定,中国政府将再行宣布中国其余领海基线。"(参见金永明:《新中国在海洋法制与政策上的成就和贡献》,载《毛泽东邓小平理论研究》2009 年第 12 期,第 68 页)。但在那之后,我国没有再"宣布中国其余领海基线"。领海基线不明,领海宽度所至的边界也就无法"明"。

④ 在管辖海域巡航是维护国家海洋权益的必要实践活动。由于这项管理职权长期没有明确的归属,从而国家也就没有针对巡航活动的执法能力建设。这是我国目前巡航能力无法满足维权需要的制度原因。

管理职权,尤其是具有涉外性的管理职权找到明确的归属。

(四) 国际海洋事务管理

中国是世界上的大国,对海洋利用开发保护的走向、国际海洋秩序的形成、维护和完善负有不可推脱的责任。海洋世纪与以往的世纪的最大区别就是更多国家把更多的注意力投向海洋,更多的国家的更多的海洋利用、开发等行为发生在海洋上。不管是人类共有的公海、国际海底、极地区域,还是国家管辖海域,与以往世纪相比,更需要建立某些共同规则,采取某些一致的行动。不管是海洋利用、开发、保护的基本制度建设,还是全球性或区域的海洋秩序,中国都没有理由等待现成产品,而应主动肩负起义不容辞的责任。海洋基本法应当确定国家对国际海洋事务的态度和行动原则。在这方面,依据《日本海洋基本法》制定的日本《海洋基本计划》已经给我们树立了一个榜样。金永明先生对日本《海洋基本计划》在国际合作方面的内容做过深入的研究。金先生介绍道:

"《海洋基本计划》建议,日本应与相邻国家构筑与推进相关体制,以确保马六甲海峡附近海域的运输安全、控制海盗事件的发生。为此,应积极利用应对海盗事件的亚洲区域海盗事件合作协定,并尽可能地让更多的国家参与。为确保海峡航行安全,应与海峡沿岸国、海峡利用国共同研究新的合作体制。为确保放射性物质的运输安全,应与对运输该物质有影响的国家间强化双方的信赖关系,建议日本政府应积极参与国际海事组织等制定国际公约工作,尽早缔结应对海洋恐怖事件及运输大规模杀伤性武器的国际公约。为此,应积极计划国际合作问题。对于水产资源的开发利用问题,《海洋基本计划》指出,为保持日本在水产业上的传统优势,建议在中日韩的专属经济区内构筑合理利用资源的合作体制,以养护管理该海域的水产资源。另外,在应对地球温暖化引发的海洋灾害问题上,《海洋基本计划》指出,日本应积极采取措施支援亚太区域的地区合作工作、及时向可能受到海洋自然灾害的国家或地区提供相关情报、积极支援海洋自然灾害后的复兴工作。"①

虽然只是建议,但《海洋基本计划》不仅涉及日本开展海洋国际合作的主要领域,其中涉及确保海峡通道畅通、应对非传统安全、中日韩渔业等资源管理合作、放射性物质的运输安全、对国际海事组织的工作和制定国际公约工作等的参与,等等。这些领域无疑都是中国应当关心,应当投入力量的。日本《海洋基本计划》提出的上述建议应该成为我国确定海洋基本法中的"国际海洋事务管理"政策的重要参照。

---

① 金永明:《日本最新海洋法制与政策概论》,载《东方法学》2009 年第 6 期,第 111 页。

我国《海洋规划纲要》提到，我国应"做好参与制定国际公约的政策储备，深化国际海洋法理研究，积极参与国际和区域海洋法律法规的修订和制定工作。"①《海洋规划纲要》提出的这一要求应当进入我国的海洋基本法，应当由海洋基本法来加以确认。

我们认为，应当进入海洋基本法的"国际海洋事务管理"政策应当包括：①国际海洋事务管理一般政策；②公海、极地、国际海底管理政策；③国际海洋合作基本政策；④非传统安全应对政策；⑤对护航的特别政策；⑥科研国际合作政策等。

（五）总则

许多基本法都设有总则部分。《日本海洋基本法》、《越南海洋法》等也都设了"总则"章。按照我国的立法习惯，我国海洋基本法也应设总则章。

对我国海洋基本法的总则章，我们建议规定以下内容：

1. 海洋观

即明确我国对海洋的基本认识和基本态度。建议规定：第一款："海洋是地球的重要组成部分和人类环境的重要组成部分。"第二款："中华民族有悠久的利用、开发、保护海洋和管理海洋事务的历史，在以往的数千年中创造了灿烂的海洋文化，对人类海洋文明的发展做出了巨大的贡献。"第三款："全面发展海洋事业是中华人民共和国实现经济持续繁荣和社会不断进步的保证。"立法目的。建议规定："为明确国家海洋政策，加强海洋管理，促进海洋事业发展，制定本法。"

2. 海洋管理

是对海洋管理的界定。建议设两款。第一款："海洋管理是指国家有关机关对发生在本法第三章规定的区域范围内的开发、利用海洋的活动，科学技术研究活动等的管理。"第二款："前款所称海洋管理包括对违反本法、我国其他法律法规、我国缔结或参加的国际公约和条约等的行为的处理。"

3. 海洋主权

主要是为了宣示主权。建议设两款。第一款："渤海、黄海、东中国海、南中国海和其他临近海域都是中华民族生息繁衍的家园。中华人民共和国对台湾及其包括钓鱼岛在内的附属各岛、澎湖列岛、舟山群岛、西沙群岛、南沙群岛、中沙群岛享有无可争辩的主权。"第二款："维护国家对前款所列海域的主权，所列群岛、岛屿及其附近海域的主权、主权权利和管辖权，维护我国应当享有的其

---

① 《国家海洋事业发展规划纲要》第七章第三节。

他海洋权益不受侵犯，是中华人民共和国政府和每一个公民的神圣责任和义务。"

4. 和平、合作、共同发展的基本海洋政策原则

建议设两款。第一款："和平、合作和促进世界各国共同发展是中华人民共和国参与和处理国际海洋事务的指导原则。"第二款："参与公海、国际海底、南极、北极事务管理和其他国际海洋事务管理是世界各国的权利，也是我国对人类应尽的义务。"

5. 海洋节

即确定国家海洋节。建议规定"为弘扬海洋文化，推进海洋宣传教育，建立国家海洋节"。

（六） 附 则

按照我国的立法习惯，附则也是我国海洋基本法的必要章节。这一章可以规定"用语"、"生效时间"等内容。

第三节　制定渤海专门法

在讨论海洋环境保护时我们曾为海岸带综合管理花费了许多笔墨。而综合管理这一构思的提出在很大程度是为了解决从海洋获利活动（我们也称海洋利用与开发）与减轻人类活动对海洋的压力的努力这两个方面的平衡，以便维持海洋对人类的可持续的供给能力（包括资源供给、生态供给和纳污能力的供给），实现人类利用海洋的可持续。然而，人类既实现利用环境的目的，又使环境不受伤害这样的"两全其美"是很难实现的。这是中国几十年来，全世界半个多世纪以来遇到的最大难题。这个难题又突出地表现在海洋利用和开发与海洋环境保护两种互斥的努力中。如何化解这一对矛盾对 21 世纪人类的发展有重大意义，对我国实施"全面推进海洋事业发展战略"更是具有非同寻常的意义。我们之所以主张实行海岸带综合管理，是寄希望于综合管理体制解决海岸带地区经济发展与环境保护的关系问题。在这里，我们则希望采取措施解决我国内海的经济发展与环境保护之间的关系问题，谋求在区域海上实现可持续发展的愿望。

我国的一些海湾，包括杭州湾、北部湾、胶州湾，以及渤海中的渤海湾、莱州湾、辽东湾等，一些河口地区，包括长江口、珠江口、黄河口等，都是环境压力比较大的区域。对这些区域（上文概括为"四海湾"、"两河口"、"两近岸"

和"一些局部"。见本书第十三章)的环境治理,或者说在这些地区寻求经济发展与环境保护的平衡,"特域特法"是理性的选择。[①] 我们在制定并实施适用于全国各海域甚至全国陆域和海域的环境保护法等法律的同时,应当把制定适用于特定海域的特别法作为海洋法制建设的一个战略选择。

渤海是我国的内海,又是一个半闭海,它是一个易受伤害的海洋区域。同时,由于它地域相对狭小、与黄海等开阔海域相对隔绝,便于作为一个独立的自然体采取保护措施,或者说,容易对开发、利用和保护等实施统筹管理。我们建议通过制定渤海专门法实现渤海地区经济社会发展与环境保护之间的协调。同时我们也认为,对制定渤海专门法的合理性的阐述也是对"特域特法"原则合理性的有效说明。

一、海洋区域立法趋势

世界上跨国边界的闭海和半闭海共有 15 处,属于单一主权国家管辖但又跨省州边界的闭海共有 6 处,如前所述,它们中的绝大多数都处在专门的国际公约、条约或国家立法的治理之下。针对闭海、半闭海的环境治理而制定专门法是这类海域环境治理法长期发展的结果,是有关国家依法处理闭海或半闭海环境问题的最后选择(参见本书第十三章)。以往的立法实践表明,针对特别海域的专门立法便于采取特别措施。北海沿岸国签订的《奥斯陆公约》和《巴黎公约》就能说明这一点。尽管这两个公约在防止海上倾倒和陆源污染方面取得了"积极的结果",[②] 但"不能充分控制一些主要的来源的污染"[③]。环境保护的实践说明有必要"在区域层面采取更严厉的措施来防止和消除海洋环境污染"[④],而区域海便于实施特别的,包括比一般海域"严厉"的防治措施。《奥斯陆巴黎公约》就是这样的公约。

二、制定渤海专门法的必要性

首先需要明确,渤海的自然条件决定了渤海易受污染损害,渤海的海洋生物

---

① 我们曾提出保护海洋应当贯彻的几项原则,其中之一是"特域特法,一般法和特别法相结合"(参见徐祥民:《保护海洋环境应当检车的几项基本原则》,载徐祥民:《海洋法律、社会与管理》2010 年卷,海洋出版社 2010 年版,第 3~25 页)。

② 《奥斯陆巴黎公约》序言第八段。

③ 《奥斯陆巴黎公约》序言第十段。

④ 《奥斯陆巴黎公约》序言第九段。

资源量有限，资源衰退后难以恢复。渤海是我国唯一的半封闭性的内海，也是全球 21 个典型的闭海之一。① 从平面展开角度看，渤海呈"C"型，内径大出口窄，仅靠渤海海峡与外海相通，海水的交换持续时间长。渤海的这种自然状况决定了它的环境特点——自净能力差，环境容量低，海域环境具有明显的敏感性和脆弱性。简单一句话，渤海承受环境压力的能力低。另外，渤海地处温带，不仅海洋里物产丰富，而且其周围地区从古至今都是经济发达、社会繁荣。沿海 3 省 1 市及其所属 13 城市的发展都得益于渤海。在经济全球化的今天，渤海位于欧亚大陆桥东桥头，是我国东北、华北和西北地区进入太平洋，走向世界的最佳对外通道，也是这些地区同隔海相望的朝鲜、韩国、日本进行经济和社会往来的必经之路。这方面也可以概括为一句话，渤海托举着环渤海区的经济，承受着来自环渤海区经济、我国三北地区对外交流以及环渤海区和三北地区同朝鲜、韩国、日本等的经济和社会往来的压力。渤海的这两个特点交织为"有限"与"无限"的矛盾，即渤海环境容量的有限与以渤海为依托的经济和社会发展给渤海带来的无限环境压力的矛盾。这一矛盾既反映了渤海的特殊性，也说明了渤海环境保护的特殊需要。这个特殊需要就是为特殊的渤海制定专门的（也可以说是特殊的或特别的）环境保护法。

其次，现行海洋环境保护法规定了海洋环境保护的一般制度，没有充分反映渤海这个特殊海域的特殊情况，也没有为优先改善渤海环境提供制度支持。

我国 1979 年颁布《中华人民共和国环境保护法（试行）》，1982 年制定专门保护海洋环境的《中华人民共和国海洋环境保护法》（以下简称《海环法》）。在这之后，我国还陆续颁布实施多项与海洋环境保护有关的法律、法规，其中包括《中华人民共和国渔业法》（1986 年 1 月 20 日通过，同年 7 月 1 日起实施；2004 年 8 月 28 日第二次修订并实施）、《中华人民共和国港口法》（2003 年 6 月 28 日通过，2004 年 1 月 1 日实施）、《中华人民共和国海域使用管理法》（2002 年 10 月 27 日通过，2002 年 1 月 1 日起实施）、《防止陆源污染物污染损害海洋环境管理条例》（1990 年 8 月 1 日颁布实施）、《海洋石油勘探开发环境保护管理条例》（1983 年 12 月 29 日颁布实施）、《海洋倾废管理条例》（1985 年 3 月 6 日颁布实施）、《防治船舶污染海域管理条例》（1983 年 12 月 29 日颁布实施）、《防治海岸建设项目污染损害海洋环境管理条例》（1990 年 6 月 25 日发布，1990 年 8 月 1 日实施）等。这些法律、法规的颁布实施对治理渤海环境发挥了重要的作用，这是毋庸置疑的。但是，我们也不得不面对另一个严酷的现实：自 1983

---

① 据总部设在日本的"国际闭海环境管理中心"统计，世界上共有 21 个最需要给予高度重视的"闭海"。其中有 15 个是跨国边界的区域海，6 个为跨省州边界的国内海。

年 3 月 1 日《海环法》实施到今天，已经过了 20 多年，渤海环境未见有效改善。

面对渤海的污染问题，不管是研究环境问题的专家学者，还是国家环境保护职能部门都给予了足够的关注。国家为保护和治理渤海环境制定并实施了专门规划，采取了有力措施。从 2000 年起，国家有关部门先后制定了《渤海沿海资源管理行动计划》、《渤海综合整治规划》和《渤海环境管理战略》。2001 年，国务院又批复了《渤海碧海行动计划》（以下简称《行动计划》）。《行动计划》是针对渤海环境污染治理举行的一次大战役。它第一阶段的目标是：到 2005 年渤海海域的环境污染得到初步控制，生态环境破坏的趋势得到初步缓解，陆源 COD 入海量比 2000 年削减 10% 以上，磷酸盐、无机氮和石油类的入海量分别削减 20%。当然，第二、第三阶段的目标更令人向往。但结果怎么样呢？结果显然不能让人满意。依然如故的赤潮、依然有广大的海域保持"未达到清洁水质标准"[1] 的状态。

再次，渤海正面对越来越大的环境压力。国家发改委副主任张平在 2005 中国企业五百强发布暨高层论坛会议上指出，天津滨海新区开发建设是"环渤海地区乃至全国发展战略布局中重要的一步棋"。这个新区代表的是中国自改革开放以来继珠江三角洲、长江三角洲之后的又一个经济快速增长的区域。滨海新区"立足天津，依托京冀，服务环渤海，辐射三北，面向东北亚"，将要"建成高水平的现代化制造和研发转化基地、北方国际航运中心和国际物流中心"。这样的定位已经充分反映了这个新区在环渤海经济区中的重要地位。专家认为"滨海新区将发展为环渤海经济圈的龙头"，正像"深圳带动了珠江三角洲经济圈的崛起"、"浦东新区成功引领了长江三角洲经济圈的崛起"[2] 一样。可以预见，环渤海区将迎来经济建设的高潮。

环渤海经济区的建设将给国家和社会带来巨大的经济成就，同时，也必然给已经不堪重负的渤海带来新的、更大的环境压力。不管是填海造地，还是开工建厂等，都会产生环境影响，而这种环境影响必将或快或慢地传递给渤海。被列为对北京环境"施暴"的四大杀手之一的首钢的涉钢产业正东迁河北唐山的曹妃甸。这对渤海环境是新的威胁。自 2012 年 6 月 4 日发生的蓬莱 19 – 3 油气田溢油事件可以说是对渤海正在承受日益加重的环境负担的最好说明。如果说我们以往对改善渤海环境所作的努力没有产生理想的效果的话，那么，面对这些压力和

---

① 周珂先生等曾用具体的数字说明"渤海的污染并没有得到有效地治理，渤海的环境状况没有达到明显改善。"（参见周珂、吕霞：《关于制定渤海环境保护单行法必要性的思考》，载《昆明理工大学学报》2007 年第 4 期，第 5 页）

② 刘强：《环渤海经济圈的新增长极——天津滨海新区建设》，载《宏观经济管理》2006 年第 2 期，第 46 页。

挑战，我们要想有效治理渤海环境，必须采取更加有力的措施。

三、渤海专门法的基本框架

我们曾就渤海专门法的结构和条目做过初步的安排。我们建议这部法律设9章，即①总则；②渤海管理委员会；③渤海保护规划；④渤海资源开发利用；⑤渤海污染防治；⑥渤海自然形态保护和生态保护；⑦基本管理制度；⑧监督与考核；⑨附则。在这个框架中最需要加以说明的是我们对渤海管理委员会的设计。

（一）设计"渤海管理委员会"的理由

渤海管理委员会是渤海专门法的关键设置，是对渤海实施综合管理的组织形式，也是渤海管理成败的关键设置。建立这样的综合管理组织主要基于以下几个方面的考虑：

1. 渤海、海岸带、近岸陆域管理一体化的思考

渤海是我国的唯一一个内海，它上接黄河、辽河、海河等河流，以辽东半岛南端与山东半岛北端之间的连线与黄海相分相连，包括辽东湾、渤海湾、莱州湾3个湾和中部海区，海域总面积为 77 000km²。人们所关心的渤海就是指这片内海。然而，如上文所言，渤海所遭受的打击却并非只发生在 77 000km² 水面以内（包括水中、水下），实现保护渤海目的的行动也不能只在这 77 000km² 的范围内实施。

不管是用人类生存环境的眼光看渤海，还是用生态系统的尺度衡量渤海，它都不是仅限于 77 000km² 的空间范围。海岸侵蚀在渤海区已有发生。[①] 海岸侵蚀过程反映了海陆之间的依存关系，而要防止海岸侵蚀的发生，必须按照海陆之间的依存关系采取措施。脱离这种依存关系的单纯的陆上活动和海里活动都难以解决这个问题。

---

① 早在 20 世纪 90 年代就有学者著文阐述渤海海蚀的普遍性和严重性并积极寻找对策（参见李凤林：《渤海沿岸现代海蚀机制及危害与对策》，载《中国地质》1994 年第 1 期，第 19 页）。此后，又有关于山东半岛、黄河三角洲、秦皇岛等渤海沿岸局部地区海岸侵蚀的研究文章若干（如徐宗军、张绪良、张朝晖：《渤海沿岸现代海蚀机制及危害与对策》，载《科技导报》2010 年第 10 期，第 19 页）。这些文章有一个共识就是作者所关注的海岸侵蚀不仅相当严重，而且有加速的趋势。

渤海引起广泛重视的另一个严重问题是湿地减少、湿地生态系统受损。[①] 除陆上来水减少外，引起这一严重损害的更为重要的原因是围海造地等人类开发活动。这类主要发生在海岸带上的经济行为正在威胁着滨海湿地系统。这从不绝于耳、不绝于报刊的要求禁止或限制围海造地的呼吁中就可以看出来。[②] 国家海洋局海域司原司长孙书贤先生曾指出，"围海造地在带来经济效益的同时，也对海洋生态环境和海洋的可持续发展产生了不良影响"。他所说的不良影响之一就是"造成天然滨海湿地削减"，致使"许多重要的经济鱼、虾、蟹、贝类生息、繁衍场所消失，许多珍稀濒危野生动植物绝迹，海洋生物多样性迅速下降"。此外还包括"降低""湿地调节气候、储水分洪、抵御风暴潮及护岸保田等功能"。[③] 渤海湿地减少不是发生在渤海海域里的活动造成的，而是由发生在海岸带上的人类活动造成的。要保护渤海湿地系必须把渤海的海岸带地区作为一个整体来管理。

科学家研究发现，渤海面临的再一个严重生态问题是河口区域的"产卵场退化"甚至"消失"[④]，而造成这种损害的重要原因之一是入海河流的来水量减少、水质变差。以下图表（见图 14－1、表 14－3）可以说明这一点。

"渤海入海水量对照图"告诉我们，自 20 世纪 60 年代以来，渤海入海水量逐渐减少。90 年代的来水量不及 60 年代来水量的一半。

---

① 据 2007 年 12 月 2 日《人民日报》："国家海洋环境监测中心副主任李培英说，……渤海的一些优良海岸线和滩涂正逐渐减少。辽东湾、黄河三角洲、河北等地原有较多湿地，近几年受人为和自然因素影响，面积大为缩小。辽河口湿地甚至在 20 年间退化了 60% ~ 70%，黄河三角洲湿地损失 1/3 以上。"此外，环渤海地区的湿地目前还存在"湿地退化"、"生态环境脆弱"、"生物多样性减少"以及"污染日益严重"等问题（参见李学梁：《环渤海地区发展中的湿地保护与生态治理》，载《天津行政学院学报》2007 年第 3 期）。并且，《渤海环境保护总体规划（2008 ~ 2020）》也明确指出了这个问题："湿地面积萎缩，生态防护林体系未建成。沿海海岸带无序开发、近海海域利用密度过大，一方面导致滨海湿地退化，湿地环境容量持续减少，净化能力不断降低，位于辽河三角洲的盘锦滨海湿地、海河三角洲的天津近岸湿地和黄河三角洲湿地破坏最为严重。另一方面，沿海地区生态防护林体系未建成，其中山东、河北两省环渤海地区的森林覆盖率仅为 16.4% 和 16.8%，低于全国平均水平。"（参见《渤海环境保护总体规划（2008 ~ 2020）》·内容摘要）

② 本书作者也曾发表过主张禁止或限制围海造地的论文（参见徐祥民、凌欣：《对禁止或限制围海造地的理由的思考》，载《中国海洋报》2007 年 3 月 13 日）。

③ 孙书贤：《关于围海造地管理对策的探讨》，载《海洋开发与管理》2004 年第 6 期，第 22 页。不过需要注意，孙先生显然并没有把湿地减少看作是围海造地造成的唯一危害。

④ 张海文、刘岩等：《渤海区域环境管理立法研究·前言》，海洋出版社 2009 年版，第 2 页。

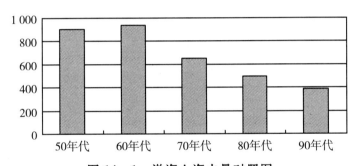

图 14-1　渤海入海水量对照图

资料来源：渤海环境保护总体规划（2008～2020）》第一章第二节。

表 14-3　　　　　1980 年前后时段主要入海河流年均
入海水量变化表　　　　　单位：亿立方米

区域	多年平均	1956～1979 年	1980～2000 年	1980 年前后时段比较	
	1956～2000 年			减少数量	减少（%）
辽河区	177	194	158	35	18
海河	101	155	39	116	75
黄河	313	410	203	207	51
山东半岛	33	43	22	21	48
合计	624.9	802	423	379	47

资料来源：《渤海环境保护总体规划（2008～2020）》第一章第二节。

　　"1980 年前后时段主要入海河流年均入海水量变化表"向我们提供了 3 组基础数据，一组是自 1956 年到 2000 年的年均入海水量，另外两组是 1956 年至 1979 年时段和 1980 年至 2000 年时段的年均入海水量。这 3 组数据显示，后一时段的入海水量不仅比前一时段减少（包括总量和每一条河流的来水量），而且下降幅度很大。海河入海水量减少了 75%，黄河减少了 51%，总入海水量减少了 47%。入海水量的大幅度减少改变了河口区的水质，从而也就改变了以原来水质为条件的生态条件。渤海入海水量减少或者增加，这不是由渤海容量或渤海的其他属性决定的。除了自然的原因不论外，它是由近岸陆域的水资源消费活动，甚至是入海河流的中游、上游的水资源消费活动和其他影响河流来水的活动决定的。

　　渤海水体覆盖的空间（含渤海海面、水体、水下）与海岸带、近岸陆域等是一个环境整体，在很多情况下，是这三部分的集合才能构成一个完整的生态系统，为生态过程提供完整的条件。要保护作为人类生存环境的渤海，必须明确地把渤海视为一个环境整体，按照生态系统完整性的要求管理这个环境整体。[①] 然而，在现行的管理体制下，不管是土地管理部门、交通管理部门、旅游管理部门，还是环境保护部门、海洋管理部门、农业管理部门、林业管理部门等，都无法在自己的管理活动中把渤海连同海岸带、近岸陆域等当成一个整体来对待，即使某个部门，比如海洋管理部门自告奋勇乐于从整体上考虑渤海保护问题，其整体性思考也是没有意义的。因为，它事实上无法让土地部门、农业部门、交通部门等放弃其原有的管理权，接受海洋局出于综合性思考而作出的决定的约束。要对渤海海域、海岸带、近岸陆域以及入海大河流域实行一体化管理，就必须有实施一体化管理的机构或者组织形式。

2. 污染防治、海洋开发利用（资源可持续利用）、生态保护综合管理的思路

关于建立渤海特别法的讨论，从国家管理职能的角度来看，涉及若干种事务，比如污染防治、生物资源尤其是渔业资源可持续利用、物种保护、生态系统保护、自然和人文景观保护、岛屿管理、一般岸线保护等。这些事务似乎都可以单独实施，单独完成。世界各国在管理机构的设置上一般也都是按照事务的类型建立相应的管理机关和从上到下的管理机关体系。"按事设官"是国家管理的常规做法，也是被证明为有效的做法。在这个意义上，渤海管理中的若干事务分别交给国家相关管理机关来管理是无可厚非的，由不同的国家职能部门行使相应事务管理法的执行权也是理所当然的。国家按照管理事务的类型建立专门法律，比如与污染防治事务相应制定污染防治法、与渔业资源保护事务相应颁布渔业法、与岛屿管理事务相应而有海岛法等，也有不容置疑的合理性。然而，对海洋这个特殊对象——一个立体的空间，一个流动的世界，一个可以包容生产、流通、消费、废物处置，甚至还包容产生人类需求、形成产品设计等人类与自然之间信息、能量交换全过程的自然系统的管理却一再表明，这种"分兵把口"的管理模式是低效的，甚至是无效的。或许正是因为发现了传统管理模式在海洋管理方面效用低下的事实，综合管理的理念、制度应运而生。联合国《21世纪议程》明确要求"沿海国承诺对在其国家管辖内的沿海区和海洋环境进行综合管理和可持续发展"[②]。

在海洋管理中运用综合管理模式还有其他合理性。目前人们所见的全部海洋

---

① 所谓基于生态系统的环境管理就是出于这种认识。

② 《21世纪议程》第17章第5条。其具体要求有6项。它们是："（a）提供综合政策和决策过程，包括所有有关部门来促进使用上的兼容和平衡；（b）查明沿海地区现有和计划的使用以及其相互作用；（c）集中注意经明确界定的与沿海管理有关的问题；（d）在项目规划和实施方面采用预防和防备方针，包括事先评价和系统地观察重大项目的影响；（e）促进发展和应用各种方法，例如国家资源和环境会计，这些方法应反映由于沿海和海洋区的使用包括污染、海洋侵蚀、资源损失和生境毁坏等等而引起价值的变化；（f）尽可能让有关个人、团体和组织接触有关资料，让他们有机会在适当级别上进行协商和参与规划和决策。"

管理事务，大致可以分为两类：一类是开发事务，如海洋盐业、海洋交通、海洋矿产、海洋渔业等；另一类是保护事务，其典型如海洋污染防治。这两类事务都发生在海上，或者说都以海洋为做功的对象，但两类事务却是一对矛盾。开发在一定意义上意味着破坏，而保护的主要任务就是防止破坏和治疗开发活动给海洋带来的创伤。学者们、从事海洋管理以及其他事务管理的官员们已经在不同程度上发现了，现在说来，在大多数情况下承认了这一矛盾。如何才能解决这一矛盾呢？有专家提出了"在发展中保护，在保护中发展"① 的原则。这一原则包含这样一个前提性判断，即开发海洋和保护海洋都不可放弃。在这样的前提下，海洋管理工作的难点就成了如何处理这一对矛盾，也就是如何处理开发海洋与保护海洋的关系，或者更宽泛些说是如何处理发展与保护的关系。

如何处理这一对矛盾呢？"在发展中保护，在保护中发展"这句话说出来容易，作为一项原则也非常可取，但如何保证这一原则的落实，如何实现这句话的美意呢？负责开发（发展）的部门做不到，负责保护的部门也做不到。非常明显，负责保护的部门，海洋行政管理部门和环境保护部门不能通过本部门的努力实现"在发展中保护，在保护中发展"，因为即使把它们享有的职权扩展到极致，它们也只能是一个合格的海洋保护者，海洋盐业、海洋运输、海洋渔业等的"发展"不可无端干涉。在以往的渤海管理中，一方面，如前所述，海洋环境状况在恶化；另一方面，环渤海区的"发展"确是"喜人"的。表14-4可以说明这一点：

表14-4　　　环渤海4省市三个五年规划时期年均增长速度表

省市	"九五"时期		"十五"时期		"十一五"时期	
	规划值	实现值	规划值	实现值	规划值	实现值
河北	—	11	8~9	11.2	11	13
山东	10	11	9	13.2	10	13.5
辽宁	9~10	8.6	9	11.2	11	13.2
天津	—	11.3	10	13.9	12	14

资料来源：根据周立群、谢思全：《环渤海区域经济发展报告（2008）：区域协调与经济社会发展》，社会科学文献出版社2008年版，第77页提供的资料编制。

这样好的"发展"（经济增长）显然不是环境保护部门或者海洋部门有效地协调了发展与保护之间关系的结果，因为它们肯定不乐于牺牲自己负责的"保

① 参见孙书贤：《关于围海造地管理对策的探讨》，载《海洋开发与管理》2004年第6期，第23页。

护"工作而追求"喜人"的发展结果。

负责发展的部门也没有能力保证"在发展中保护，在保护中发展"的实现。表 14-4 所反映的喜人的发展成果与渤海虽经认真治理环境状况仍然"恶化"的对照，从另一方面来看也说明了负责发展的部门的良好工作与是否可以有效地处理发展与保护的关系是两回事。以下一段关于渤海区域未来经济发展前景的文字进一步说明，开发者无法把握"在发展中保护，在保护中发展"的原则：

"环渤海地区将是中国的第三个区域支撑点，成为中国经济发展最活跃的地区之一……到 2010 年环渤海地区的总产值将达到全国的 28%，环渤海地区将与华东、华南沿海一起成为中国经济发展的热点地区……未来环渤海地区不仅是中国经济发展新的热点地区，而且也是世界经济发展最活跃的地区。环渤海地区经济总量约占全中国的 1/5，它不仅将成为继'长三角'、'珠三角'后的第三个区域经济支柱，也将成为拉动中国北方地区经济发展的发动机。"①

这或许只是一个估计，但这个估计却反映了负责发展的部门以及它们所领导的企业家、其他开发者的选择和使命：经营"热点地区"、"经济发展最活跃的地区"，担当中国的"区域经济支柱"和"中国北方地区经济发展的发动机"，实现"经济总量""占全中国的 1/5"甚至更多。在这样的使命之下，即使某些有识之士也曾注意到"生态与环境问题"之类的"区域经济发展的制约因素"，但这与全面思考和着力解决发展与保护的矛盾不可同日而语。②

解决发展与保护的矛盾，综合管理是唯一的选择。所谓综合管理，在明确了上述矛盾的前提下我们会发现，其真谛在于协调开发与保护两类相互冲突的事务之间的关系。这样的协调工作没有一个稳定的机构或强有力的管理机制是无法完成的。具体到渤海管理，实现这种协调的有效办法是建立一个独立的综合管理机构，即我们所主张的渤海管理委员会。由这一个机构在一杆秤上称量开发与保护的分量才能化解开发与保护之间的矛盾，真正实现渤海区域在发展中保护，在保护中发展。由这个对发展和保护这两个存在一定冲突的方面都负责，也都有影响力，甚至决定力的机构统一安排发展与保护两类事情，发展与保护的矛盾才能得到妥善解决。

3. 省市协调行动的思路

渤海是一个完整的自然个体，而围绕这个自然个体的是众多的社会单位，其

---

① 张海文、刘岩等：《渤海区域环境管理立法研究》，海洋出版社 2009 年版，第 71~72 页。
② 周立群先生等在谈"环渤海区域经济增长"时谈道了制约因素问题，而在他们看来，应对这些制约因素的办法无非就是做一点"发展循环经济，走可持续发展道路"之类远远不能解决发展与保护之间矛盾的事（参见周立群、谢思全：《环渤海区域经济发展报告（2008）：区域协调与经济社会发展》，社会科学文献出版社 2008 年版，第 89~97 页）。

中包括省级单位 4 个（山东省、河北省、辽宁省和天津市）及其所属 12 个地市级单位（烟台市、潍坊市、东营市、滨州市、沧州市、唐山市、秦皇岛市、葫芦岛市、锦州市、盘锦市、营口市、大连市）和几十个县级单位。这些社会单位的总人口约为 6 000 万。[①] 77 000km² 的渤海和环渤海的这些行政区划单位及其居民、产业组织等构成一个庞大的自然——社会系统。如果我们用自然系统的眼光看渤海，这个自然——社会系统还要扩大，即扩大到入渤海河流的全部流域和坐落在这个流域中的所有社会单位。包括除山东、天津等临海省市之外的北京市、河南省、陕西省、山西省、吉林省、四川省、甘肃省、宁夏回族自治区、青海省、内蒙古自治区 14 个省级单位和兰州、银川、西安、洛阳、郑州、济南、济宁、泰安、烟台、秦皇岛等 72 个地市级单位，流域总面积 123 万 km²（占中国全部国土面积的 12.8%），涉及人口 3.2 亿（占全国总人口的 25%）。[②] 我们所讨论的渤海保护，在本质意义上是对这个自然——社会系统内部的自然与社会之间矛盾的处理。上述开发与保护的矛盾来自对这类矛盾的"抽象"处理。[③]

如何处理渤海自然——社会系统内部的矛盾呢？如果不能正面回答这个问题，关于渤海保护的理论观点、制度设计就都是经不起推敲的，对渤海实施的保护行动、整治规划等就都难以产生理想的效果。

以往的渤海治理从总体上来说是不成功的。《渤海环境保护总体规划》（以下简称《保护规划》）对"十五"（2000～2005）期间的"渤海环境保护"做了系统的总结。它虽然充分肯定了这个期间所取得的"进展和成效"，但也指出了渤海环境保护工作中存在的"主要问题"。如果我们把"进展和成效"（以下简称"主要成效"）和"主要问题"加以对照，就会发现，"主要成效"是枝节性的，而"主要问题"却是带根本性的。

《保护规划》列举了 5 个方面的"主要成效"。它们是：

（1）完善了相关法律法规；

（2）增强了环境监测预警能力；

（3）加大了环境监管力度；

（4）建立了应急反应机制；

（5）实施了"渤海碧海行动计划"的相关项目。

这 5 个方面的"主要成效"有一个共同的特点，即它们都是渤海管理工作本身的成效，而不是工作所产生的渤海治理的成效。如果一定要说它们是工作产

---

① 这是 2005 年的数字。据估计，2010 年之前，这个区域的人口不会超过 6 300 万（参见《渤海环境保护总体规划（2008～2020）》第二章第一节）。

② 该部分的数据由中国海洋大学法政学院马英杰教授根据国内各方统计数据经过计算得来。

③ 人们也把环境问题抽象为社会系统与自然系统的矛盾。

生的成效的话，那么，它们都是管理者的工作所产生的直接效果，即关于工作手段、工作方式、工作条件的效果，而不是这种工作对工作的最后作用对象所产生的间接效果，即通过工作手段、工作条件的运用而对海洋这个保护对象产生的效果。总之，这效果不是表现在渤海生态环境上。与之形成强烈对比的是，下文所说的"主要问题"都是"渤海生态环境"存在的问题。

《保护规划》列举了"渤海生态环境"存在的 7 项"主要问题"，除了第六项和第七项是渤海生态环境治理工作的问题之外，"渤海生态环境存在"的主要问题有 5 项。它们是：

（1）流域淡水入海量明显减少；

（2）陆域入海污染物排污总量居高不下，部分海域海洋功能受损；

（3）湿地面积萎缩，生态防护林体系未建成；

（4）溢油风险加大；

（5）赤潮发生概率增大。①

如果把第五项中的"生态防护林体系未建成"去掉，我们会清楚地发现，经过"十五"期间的治理，渤海的生态环境没有得到改善，而是进一步恶化。"流域淡水入海量"应该增加但没有增加，反而减少，这是恶化；"陆域入海污染物总量"② 应当减少但没有减少，而是"居高不下"，这是恶化；"湿地面积"应当增加但没有增加，低标准的要求是维持一定保有量，这个目的也没有达到。"萎缩"只能说明发生了恶化；不管是"溢油风险加大"，还是"赤潮发生概率增大"都只能说成是恶化，因为它们实在与改善和治理成效无缘。

总之，"十五"期间，虽然国家采取了"渤海碧海行动计划"等治理渤海环境的专项行动，但是渤海自然—社会系统内部的自然系统与社会系统之间的矛盾并没有得到妥善解决。实事求是地说，这一矛盾进一步恶化了。可以预见，随着已经进入计划的环渤海大规模经济开发活动的开展，这对矛盾会更趋尖锐。

治理未见成效的问题出在哪里，怎样才能解决社会系统与自然系统这对矛盾？造成不治反乱结果的原因或许是多方面的，解决这一矛盾或许并非采取某种单一的措施就能奏效，但分析处于这一矛盾主动方面的社会系统的构成，并针对

---

① 这五点问题说明《渤海环境保护总体规划（2008～2020）》在肯定"十五"期间的工作成绩的段落里所说的"'十五'期间，渤海水质未出现明显恶化"的话只能做如下几种解释：第一种解释，这句话强调的是"恶化"是否明显。其前提是恶化了。这种解释包含着对"十五"期间工作的否定。第二种解释，这句话强调的是没有恶化，意为工作有成效。其中包括"中部海域水质状况良好，绝大部分水质指标满足二类海水水质标准"等成绩。只不过这些成绩因有"近岸海域污染严重"之类的不足才造成了"不容乐观"（《渤海环境保护总体规划（2008～2020）·内容摘要》）的局面。第三种解释，这是一个"抽象"肯定，它与后面的具体否定，即下文所列的五项恶化指标相呼应，至于是否恶化，这交给读者判断。

② 原文"陆域入海污染物排污总量"中的"排污"二字疑系误增。

其构成特点寻找社会系统有效舒缓与自然系统矛盾的办法，对这对矛盾的解决或许能提供某种启发。

4 省（直辖市）及其所辖 12 地市，或者 14 个省（直辖市、自治区），72 个地市，这些行政区域内的 6 000 万人口，或者 3.2 亿人口，作为渤海自然——社会系统矛盾体的一方，怎样才能采取一致的行动，怎样才能在多样的渤海管理事务上都采取一致的行动，怎样在相互间存在冲突的不同管理事务上无例外地采取一致行动，怎样在不同行政区域之间存在着获取、付出等利益冲突的情况下也能在各种不同的管理事务上都采取一致行动？这是一个难以作答的问题，而这些问题所反映的事务是难以取得成功的事务。或许我们给不出一种绝对有效的办法，因为涉及 72 个行政区，3.2 亿人口的大工程中包含着无数个变数，但我们可以挑选出理论上效果更好的办法。

以往的渤海治理，从各行政区都作为参与主体的角度来看，其基本特点之一是：同一立法分头执行，同一政策分头落实，同一工程分头施工。在这样的治理模式下，一致的只是立法目的、政策目标和工程设计思想，而不是法律、政策、工程实施后的结果，甚至也不是治理行动。[①] 我们说"十五"期间渤海治理不成功，从逻辑上来看就是法律、政策、工程实施的结果与法律、政策、工程制定或设计的初衷不一致。这个逻辑的结论告诉我们，有效治理渤海，也就是有效缓解渤海自然——社会系统内容矛盾的关键是怎样让社会系统治理渤海的行动结果与治理目标一致，或者说如何使社会系统治理渤海的行动结果达到或接近法律、政策等设定的目标。能使行动结果与行动目标接近的办法就是渤海治理的有效方法。

分头行动的办法不利于实现行动结果与行动目标之间的一致，不同行政区及其居民协调行动，比分头行动更容易实现行动的一致，从而也有利于推动行动结果接近行动目标。这是《渤海环境保护总体规划》（以下简称《保护规划》）得出的结论。《保护规划》认为"渤海生态环境存在的主要问题"之一是"渤海环境保护工作缺乏系统性"。它这样写道："渤海环境保护工作缺乏系统性，尚未形成海陆一体、综合治理的机制，尚未形成陆域、海域和流域联动的部门、地方间协调机制和工作合力。"[②] 这段话所说的"系统性"包括两个方面的内容。一方面是针对治理对象的系统工作。它表现为对海域、陆域和流域的通盘考虑和各

---

① 《渤海环境保护总体规划（2008～2020）》提供的结论："渤海环境保护和生态建设工作不但涉及海洋、环保、水利、建设、林业、渔业、交通、科技、财政等多个部门，也涉及有关省市间的协调，工作中尚未形成陆域、海域和流域联动、部门和地方间协调机制，缺乏系统性。"（参见《渤海环境保护总体规划（2008～2020）》第一章第三节）

② 《〈渤海环境保护总体规划（2008～2020）〉·内容摘要》。

种治理活动上的协调配合。另一方面是治理行动和治理者的工作的系统性。它表现为不同部门之间、不同地方之间有利于形成渤海治理"合力"的协调性、一致性。《保护规划》对"渤海生态环境存在的主要问题"的这一判断说明，《保护规划》的制定者更看好具有系统性特点的治理模式，能够在不同部门、不同地方之间实现治理行动"协调"的治理模式。总之，协调行动，不管是部门间的协调、地方之间的协调，还是部门之间、地方之间的双重协调比分头行动更有利于渤海环境治理。

协调行动胜过分头行动，这个结论是明确的。那么，如何才能更好地实现治理行动"协调"，实现不同部门之间、不同地方之间的协调呢？让我们再复述一遍有关的数字：77 000km^2 的渤海海域，被 4 省（直辖市）及其所辖 12 地市，约 6 000 万人口所环绕，在全流域范围内有 14 个省（市、自治区），72 个地市，约 3.2 亿人口。如果没有一个强有力的机关，稳定的工作机构，经常的组织协调工作，很难让它们协调起来，很难克服它们相互之间的利益冲突、对环保与发展关系等重大问题上的政见不一等，从而实现它们的行动的协调。

渤海综合管理委员会主要不是直接面对作为公民、法人的行政相对人的执法机关，而是决定与渤海管理有关的省市自治区从渤海里分享多少利益、为了渤海保护分担多大负担，决定实施怎样的渤海管理活动以及有关管理活动实施到怎样程度的机关。它需要在各省市自治区之间协调工作，也包括必要时对有关省市自治区施加压力。这个机构在行政序列中的地位应不低于省市自治区。

为了履行对渤海实施综合管理的职能，渤海综合管理委员会的组成人员应当包括渤海全流域有关省市自治区（以下简称区内省市）的代表或代表团，或以区内省市的代表为主。渤海管理涉及的省市自治区包括：山东、河北、天津、辽宁、北京、内蒙古、山西、河南、陕西、甘肃、宁夏、青海等。这些省市自治区派出的代表是委员会的主要部分。区内省市派出的代表既是派出省市的利益的代表，也是接受和执行委员会分派给相关派出省市的任务的代表。因为他们是派出省市利益的代表者，所以，他们会在委员会积极工作，给委员会的工作带来动力。他们又是接受和执行委员会分派给派出省市的任务的代表，所以，他们必须是对派出省市的相关工作具有影响力的人物，必须有足以代表派出省市的领导地位。

在关于渤海管理的讨论中，持综合管理观点的学者都主张让渤海区域有关省市参与渤海管理，但他们往往只考虑到直接临海的省市，也就是他们所说的 3 省 1 市（山东、河北、天津、辽宁）。如王琪、高中文二位主张"建立健全渤海环境综合整治的统一协调机制"。他们的具体办法是"由中央有关部委会同三省一市共同组成'环渤海地区环境整治委员会'"。① 再如，由国家发展改革委员会牵头编制的《渤海环境保护总体规划（2008～2020）》主张"成立渤海环境保护部际协调机制"。其具体方案是"环渤海三省一市，（国家）发展改革委、财政部、科技部、环境保护部、住房城乡建设部、交通运输部、水利部、农业部、海洋局、林业局、全军环办等相关部门成立渤海环境保护统筹协调机制。"② 这样的协调机制看起来已经照顾了足够多的方面，但该规划提供的方案所能"协调"的范围仍然太小。仅就渤海污染治理而言，如果没有黄河、辽河、海河全流域的配合，仅靠环渤海省市是无法彻底解决问题的。正像《渤海环境保护总体规划（2008～2020）》在评价"十五"期间渤海治污情况时所指出的那样，渤海"污染物主要来自陆域"，而且其中"60%～70%的污染物来自13个沿海市以外区域"。③ 不管环渤海3省1市（包括它们所属12市）如何协调，它们也无法让这些污染物从此不再进入渤海。

我们设计的方案赋予渤海管理委员会以下职权：

（1）召开渤海管理省部际联席会议，决定渤海管理中的重大事项；

（2）组织编制渤海保护总体规划并监督、评估规划的实施情况；

（3）组织核定渤海入海河流纳污总量和渤海地区排海污染物控制总量并监督检查排海污染物控制总量的执行；

（4）负责渤海环境预警、应急处理工作的统筹协调和监督管理；

（5）审查渤海地区与渤海管理有关的专项规划、流域规划、城市建设规划以及渤海专门法规定由该委员会审查的其他规划、标准等；

（6）组织协调渤海专门法规定的各项基本制度的实施；

（7）领导渤海地区联合执法行动；

（8）领导、协调和组织实施渤海地区的海洋教育；

（9）协调跨区域、跨部门的管理事项和其他重大事项；

（10）决定专门工作委员会的设置；

（11）向国务院报告渤海管理工作；

（12）向国务院提出渤海地区国民经济和社会发展规划建议；

（13）决定委员会的财政收支，批准本法规定的管理基金的年度使用计划；

---

① 王琪：《关于渤海环境综合整治行动的反思》，载徐祥民：《海洋权益与海洋发展战略》，海洋出版社2008年版，第132页。

② 《渤海环境保护总体规划（2008～2020）》第五章第一节。

③ 《渤海环境保护总体规划（2008～2020）·内容摘要》。

（14）决定执行局局长、副局长的人选；①

（15）评估国务院有关主管部门及渤海地区各省市、自治区人民政府实施渤海专门法和与渤海管理有关的法律法规规章的情况；

（16）裁决不服本委员会和专业委员会决议的复议申请；

（17）渤海专门法规定的其他职权。

在我国，综合管理的管理模式总是难以实施。实践中所见的所谓综合管理常常被"翻译"为协调管理，而协调管理要么表现为由一个实体机构实施命令服从式的管理；要么就是协而不调，协调机制形同虚设。前者与单独设立的国家职能机关无异，而后者则往往变成临时会议。渤海综合管理委员会要克服这一障碍，必须把"协调"和"执行"分开。这里所说的协调主要是决策过程的协调，具体表现为在污染防治、资源管理、生态保护、海洋自然形态保护、各项海洋产业的开发与管理等事务领域的决策上的协调，区内省市及其所属市县相关利益和义务分配上的协调等。所谓执行主要是对协调产生的决策（姑且称为"决议"）的执行，比如督促区内省市完成决议确定的减少近海捕捞船只总吨位的任务、检查相关河流区内省市断面水质是否达到了决议确定的水平，等等。由于委员会由区内省市的代表和国家有关职能部门（以下简称相关部门）的代表组成，它不能是常设机构，也不应办成常设机构（一个新的职能机关）。所以，这个机构只宜负责协调，制定决策。但是，委员会的决策如果没有专门机关负责执行，这所谓的决策将难以产生应有的约束力，而委员会这个综合管理机构也将沦为一个新的"临时会议"。为了使委员会的决策得以实施，需要给委员会设立常设执行机构。这个机构可名之为渤海综合管理委员会执行局。执行局的职能是执行委员会的决议，监督区内省市履行决议下达的工作任务，组织实施委员会确定的管理项目，执行渤海特别法规定的其他任务等。②

（二）渤海专门法各章的设计方案

除为"渤海管理委员会"单独设立的一章（第二章）外，其他各章的设计方案大致如下：

1. 第一章，总则

按照我国立法的习惯和渤海专门法的特殊性，这部法律第一章应当是总则。

---

① 我们设计的渤海管理委员会下设常设的执行局（详见徐祥民等：《渤海特别法的关键设置：渤海综合管理委员会》，载《法学论坛》2011 年第 3 期，第 37 页）。作为渤海管理委员会之常设机构，其长官人选所当然地由渤海管理委员会决定。

② 关于渤海管理委员会常设执行机构的设置、职权等，可参见徐祥民等：《渤海特别法的关键设置：渤海综合管理委员会》，载《法学论坛》2011 年第 3 期，第 39 页。

该章主要规定渤海地位、立法目的、适用范围、基本原则、设置渤海管理委员会等内容。

2. 第三章，渤海保护规划

规划是我们设计的渤海管理的重要手段。渤海管理委员会及其常设执行机构、渤海流域各省市自治区通过制定、审查、执行和监督执行渤海治理规划实现渤海治理和保护的目的。按照我们的设计，渤海保护分"总体规划"、"专项规划"和"区域流域规划"三类。渤海保护总体规划是从事渤海开发、利用和管理、保护活动的重要依据。专项规划指渤海污染防治规划、海域资源开发利用规划、生物资源开发保护规划、矿产资源开发保护规划、可再生能源开发保护规划、海水资源开发利用规划、滨海湿地利用与保护规划等。区域流域规划指渤海地区主要河流流域水污染防治规划、水资源管理规划等和渤海地区各省、市、自治区的渤海保护规划。

3. 第四章，渤海资源开发利用

我们把渤海资源开发利用分为"海域资源开发保护"、"生物资源开发保护"、"矿产资源开发保护"、"可再生能源资源的开发与保护"、"海水资源开发利用"几个方面。在海域资源开发保护方面，我们对"围填海"拟订了"总量管制"等制度。在生物资源开发保护方面，我们设计了"捕捞限额"、"渔业资源调查"、鼓励发展"渔业科学技术"和限制"养殖规模"等制度。在矿产资源开发保护方面，我们特别设计了"维持渤海自然形态"的制度。在可再生能源资源的开发与保护方面，我们对"可再生能源电力优先入网"做了制度设计。在海水资源开发利用方面，我们对"开发海水资源"设计了鼓励性的制度。

4. 第五章，渤海污染防治

我国《海洋环境保护法》的核心内容是污染防治。为渤海制定专门法也不能不把污染防治放在重要地位，因为渤海面临的最突出的环境压力还是污染。我们在充分考虑"陆源污染物排放"、"废弃物倾倒"、"采油、拆船等作业的污染"等之外，采用了"纳污总量及排放总量"制度、"新建排污项目的禁止"制度、"排污指标交易"制度等。

5. 第六章，渤海自然形态保护和生态保护

海洋自然形态保护是我们创立的一项新的环境保护制度。渤海自然形态是指渤海的立体物理形态，是渤海与陆地相互依存、渤海与黄海和入渤海河流相互影响等而形成的自然形态。我们认为，渤海海岸线、濒临渤海的湿地与渤海水面、渤海中的海岛、渤海海底等构成渤海自然形态。

在渤海自然形态保护方面，我们设计了"改变岸线的禁止和限制"、"不得改变岸线的具体禁止"、"人工渔礁不碍交通"、"围填海总量控制"、"围填海项目的频度限制"等制度,对"填海连岛"、海上"架设桥梁"、"海岛采砂采石"、"海岛沙滩建筑"、"海洋构筑物"、防止"海岸侵蚀"以及"海洋工程"的实施等设定了规范。

在渤海生态保护方面,我们设置了"生态调查"、"生态保护规划"、"引进物种风险评估"、"引进物种登记"、"入海河流流量"保障、"生态修复"等制度。

6. 第七章,基本管理制度

我们共设计了13类基本管理制度。这13类是:

(1)"监测制度"。这里所说的监测一般都包括监视和监测。渤海环境监测包括海洋污染监测、渔业资源监测、海域资源监测、海洋生态监测、海平面变化等海洋自然形态变化监测、海洋倾废监测、海冰等海洋灾害监测、海洋事故监测等。

(2)专项调查制度。渤海专项调查是为渤海开发和保护提供系统完整基础数据而开展的专项调查。我们所说的渤海专项调查包括自然状况调查和渤海使用管理状况调查两类。渤海自然状况调查包括渤海自然形态调查、渤海海岛资源调查、渤海矿产资源调查、渤海可再生能源资源调查、渤海物种调查以及渤海管理委员会认为需要的其他自然状况调查。渤海使用状况调查包括海域使用状况调查、海岛开发管理状况调查、滨海湿地保护状况调查、渤海岸线变动状况调查、渤海重大海洋事件调查、渤海对经济社会发展的贡献调查以及渤海管理委员会认为需要的其他调查。

(3)档案制度。渤海档案是就渤海管理中的单一管理行为、单个管理对象和单个事件等设置的档案。渤海档案包括管理对象档案、开发保护活动档案和海洋事件档案三类。管理对象档案包括海岛档案、滨海湿地档案、自然和人文景观档案、入海河流档案、城市排污档案、海岸工程档案、海洋工程档案、矿产资源开发项目档案、可再生海洋能源资源开发工程档案、港口建设档案、港口排污档案以及渤海管理委员会认为需要的其他管理对象档案。保护活动档案包括人工渔礁档案、人工鱼苗放流档案、渤海环境治理行动档案、滨海湿地保护行动档案以及渤海管理委员会认为需要的其他保护活动档案。海洋事件档案包括污染事件档案、生态事件档案、海岸侵蚀事件档案以及渤海管理委员会认为需要的其他海洋事件档案。

(4)名录制度。渤海名录包括物种名录、海岛名录、海湾名录、海洋自然景观和人文景观名录三类。物种名录指渤海大生态系的水生、陆生物种名录和消失物种名录。海岛名录指渤海海域的有居民和无居民海岛名录。海湾名录指渤海地区现存的和已经消失的海湾、港湾名录。自然和人文景观名录指渤海海域和海岸带地区的海洋自然景观和人文景观名录。

（5）功能区制度。这里所说的功能区指依据渤海海域的自然特征、服务功能、利用现状、经济社会发展和渤海管理的需要而划分的海洋区域。海洋区域包括实现海洋功能所需要的一定范围的沿岸地区。

（6）生态补偿制度。这里所说的生态补偿指对因执行本法的规定而遭受经济损失或其经济发展受到限制的地区的居民、企业事业单位等所给予的补偿。

（7）资源养护和生态建设基金制度。资源养护和生态建设基金是指为养护渔业等水生生物资源、保护渤海海洋生态而建立的基金。

（8）管理信息制度。渤海管理信息指开展渤海管理所需要的信息、在渤海管理中和与渤海有关的管理活动中取得的信息。渤海管理信息制度是提高渤海管理水平，促进渤海地区经济社会发展和生态文明建设的重要制度。我们所说的渤海管理信息主要包括：①气象信息；②水土资源信息；③植被变化信息；④人口信息；⑤产业信息；⑥沿渤海城市建设和发展信息；⑦本法规定的专项调查制度所涉及的管理事务的信息；⑧渤海管理委员会认为需要的其他信息。

（9）预报服务制度。我们提出，国家级海洋预报台和沿渤海各省市海洋预报台应当开展渤海海洋预报业务，加强预报业务管理，为渤海地区经济建设、社会发展、人民生活、预防和减轻海洋灾害服务。我们主张风暴潮、巨浪、海啸、海雾、严重海冰、异常海温、厄尔尼诺现象、赤潮、海洋溢油扩散、生物入侵、海岸侵蚀、海岸土地盐碱化等海洋灾害预报应以预测、公报、通报、速报等形式发布。

（10）防灾减灾制度。我们设计了包括由国务院海洋主管部门和地方各级海洋主管部门负责赤潮、风暴潮、海冰等海洋灾害的预警、应急处理和灾害调查评估等。我们认为灾害监测应当成为防灾减灾工作的重要组成部分，渤海管理委员会、国务院有关主管部门、沿海各级人民政府应当把灾害监测纳入防灾减灾整体部署之中。

（11）管理目标责任制度。管理目标责任制度是指依据渤海专门法和渤海管理委员会的决议，有关部门、地区、大型国有企业集团因未达到管理目标而应承担的责任。我们设计的"管理目标责任制适用范围"包括：①渤海入海污染物排放总量控制；②生态用水保障；③海洋自然保护区建设和濒危物种生境保护；④有重要经济价值的海洋生物产卵场、索饵场保护；⑤改变岸线的禁止和限制；⑥围填海总量控制和频度限制；⑦渤海管理委员会认为需要的其他管理事务。

（12）海洋教育制度。我们认为，渤海具有丰富的海洋教育和爱国主义教育资源。渤海管理委员会、国务院海洋主管部门、沿海各省市人民政府应当把利用和培育渤海海洋教育和爱国主义教育资源，推动海洋教育和爱国主义教育列入渤海管理的议事日程。我们提出：渤海管理委员会、国务院海洋主管部门、沿海各省市人民政府应当对在渤海地区义务开展海洋教育和爱国主义教育的单位或对开展海洋教育和爱国主义教育提供支持和帮助的企业、事业单位给予表彰奖励。渤海管理委员会、国务院海洋主管部门和沿海各级人民政府应当鼓励、支持海洋旅游爱好者团体、动物保护组织等非营利组织等开展海洋教育活动。

（13）公众参与制度。我们提出：渤海管理委员会、国务院海洋主管部门和国务院其他相关主管部门、沿海各级人民政府应当鼓励、支持动物保护组织及其它非营利单位等参与渤海管理，并为这些组织参与管理提供便利。我们还设计了检举与诉讼制度，建议赋予任何单位和个人对违反渤海管理法、破坏渤海环境的行为和管理人员的失职行为进行检举的权利。我们还设计：渤海管理委员会、沿海各级人民政府应当根据管理权限对检举事项进行审查处理，并给检举人以书面答复。检举人对答复不满意的，可以向答复机关的上级机关提出复议申请。检举人对复议决定仍不服的，可以向人民法院提起诉讼。

7. 第八章，监督与考核

这一章设"执法检查监督"和"管理业绩考核"两节。我们所说的执法检查监督包括对渤海专门法的执行情况的检查监督和对适用于渤海管理的其他法律法规执行情况的检查监督。我们为执法检查监督设计了"联合执法"制度。它是由渤海管理委员会组织，由国务院有关主管部门和沿海各省市有关主管部门参加的联合执法。这种执法行动是检查渤海管理有关部门的执法情况，督促有关部门加强执法工作的一种办法。我们还设计了监督渤海专门法规定的基本制度实施的制度。此外，我们还设计了"部门检查"和"辖区检查"。前者是国务院各主管部门对本部门负责执行的适用于渤海管理的法律法规的执行情况实施的检查；后者是指渤海地区各省市、自治区人民政府对本辖区与渤海管理有关的法律法规规章的执行情况实施的检查。

我们所说的管理业绩考核包括管理目标考核和其他管理业绩考核两类。管理目标就是前述渤海管理"目标责任制"所设计的目标。其他管理业绩指国务院有关主管部门、渤海地区各省市自治区人民政府的其他管理业绩。对这类业绩的考核由渤海管理委员会负责。

为提高有关部门的工作责任心，加强对职能部门或机构的检查监督，我们设计了"渤海管理年度报告"制度，要求渤海管理委员会向国务院提交渤海管理年度报告；国务院有关主管部门、渤海地区各省市人民政府向渤海管理委员会提交渤海管理年度报告。我们把渤海管理年度报告设计为考核渤海管理委员会、国务院有关部门、各省市自治区人民政府渤海管理业绩的重要依据。为提高管理业绩考核的严肃性，我们还设计了"管理业绩考核结果公报"和"执法、守法排名榜"制度。该制度要求渤海管理委员会制作公告发布渤海管理业绩考核结果和渤海管理业绩考核不合格单位制作的改进执法方案。我们设计的方案要求渤海管理委员会以公报形式公布国务院有关部门或有关省市、自治区各级执法机关执法情况排名榜和企业事业单位遵守渤海管理法律法规情况排名榜。

8. 第九章，附则

在我们的方案中附则章主要规定该法中的若干术语以及实施细则的制作、该法生效等。

549

第十五章

海洋社会发展战略

海洋战略并不是一个自完的体系。当我们把这个战略定位为国家战略（在层级上），界定为国家发展战略的战略分支（在属从关系上）的时候，这个战略就已经定位在一个完整的战略之中，取得了战略分支的身份，成为一个需要与其他战略"联络"、协调的相对独立的战略体系。在海洋战略这个相对独立的战略体系中存在海洋经济战略、海洋政治战略、海洋军事战略、海洋科技战略等。它们也不是自完的战略体系。作为海洋事业战略的组成部分，它们需要发挥其专门"功能"实现海洋战略的完整、服从海洋战略的总体目标及其他要求，同时与其他战略分支保持设计上的协调一致。海洋事业战略的这些分支，包括海洋社会事业战略、海洋文化战略、海洋军事战略等，对于海洋战略来说是"枝节"，不是整体，而对于国家发展战略来说则是"末梢"。一方面，它们是海洋战略的分支，需要与相关分支协调配合；另一方面，它们也需要与海洋战略以外的国家战略相关分支"沟通"、"互动"。比如海洋科技战略与国家发展战略中的科技战略之间、海洋军事战略与国家战略中的军事战略之间等，都需要取得一定程度的"一致"。这一点是海洋事业发展战略取得成功的必要条件，也是国家发展战略对作为其战略分支的海洋事业发展战略的必然要求。

在我们讨论或设计海洋社会事业战略时，我们需要明确，这个对象是海洋战略这个战略体系中的一个分支，它必须与海洋经济战略、海洋政治战略等相衔接，同时还需要与国家发展战略中的社会发展战略或有别的称谓，但安排社会发展事务的战略之间形成呼应。①

第一节　海洋社会与海洋事业

　　不管是海洋社会，还是海洋社会学都不是 20 世纪才出现的新概念，② 作为研究对象或一门学问，它们早已被历史学界、社会学界等所接受，并因而在诸多名刊大报上分占版面。在我国，海洋社会学已经被全国社会学学会接受为学科分支，学会还为这个分支设立了专门的海洋社会学研究会。不过，学术的繁荣并不等于相关学术领域不再有疑难问题，也不意味着不会出现对于相关学术领域的基本范畴的反复评说或锤炼。宁波先生在论海洋社会学与社会学之间关系时谈道，"对社会与社会学概念的再次认识，有助于认识和分析海洋社会与海洋社会学的内涵。"③ 借用他的话，对社会、海洋社会、海洋事业等概念的再认识，有助于我们在海洋战略中给海洋社会事业以准确的定位。

一、社　会

　　在今人的语言活动中，社会这一语词更多的是被用为形容词。比如社会团体、社会行为、社会正义、社会道德、社会舆论、社会心理等词组中的社会表达的是社会性的、社会方面的、社会的等含义。作为名词的社会是个多义词。比如，奴隶社会、封建社会、资本主义社会、社会主义社会中的社会指的是社会制度，在人类历史不同发展阶段占统治地位因而既可以代表一种制度类型又可以代表一个历史时代的社会制度。再如，中国社会、美国社会、中国香港社会中的社会指民间，即非政府、非军方。又如，古代社会、当代社会、前工业社会、工业社会和后工业社会等，其中的社会的基本含义是"时代"，是按照历史的久远程

---

　　① 海洋事业发展战略中的其他战略分支的设计也是这样。比如，海洋经济事业发展战略需要同海洋科技事业发展战略等相协调。海洋科技事业发展战略安排如果能解决实现海洋经济事业发展战略的目标所急待解决的关键科技问题，那就实现了高水平的协调。再如，海洋科技事业发展战略需要与国家发展战略中的科技战略实现一定程度的汇流。这样海洋事业发展战略中的科技战略和国家发展战略中的科技战略才能形成"合力"，或构成"同道"。
　　② 杨国桢先生于 1996 年发表的论文就把海洋社会与海洋经济并称，说明它们并非资本主义所专有（参见杨国桢：《中国需要自己的海洋社会经济史》，载《中国经济史研究》1996 年第 2 期，第 109 页）。
　　③ 宁波：《关于海洋社会与海洋社会学概念的讨论》，载《中国海洋大学学报》2008 年第 4 期，第 18 页。

度或其他在人类历史上发生的阶段性变化等标准划分的时代。当然按阶段性变化划分出来的不同时代会有不同的特点，比如后工业时代的特点是知识取得主导地位，科技精英引领发展方向。除了这些之外，我们还会用到作为社会组织的社会概念。当人们说社会"由……（人）……组成"[①] 时就是在讨论社会组织意义上的社会。

这里至少存在四种意义不同的社会：作为社会制度的社会、指代历史时代的社会、意指民间的社会和以社会组织为内涵的社会。我们不需要对这不同的社会概念一一做追根溯源的考索，因为那不是本书的研究目的所在。我们需要了解的只是这样一个社会概念：它存在于可以成为海洋事业发展战略的"发展"对象之一的海洋社会之中，或者可以作为海洋社会的上位概念。作为海洋事业"发展"对象的海洋社会，其上位概念不能是作为社会制度的社会，因为我们的海洋事业发展战略不可能发展出一个像封建主义社会、资本主义社会那样的一个社会，或者对这类社会有所发展。作为海洋社会上位概念的社会也不是指代历史时代的社会，因为我们的海洋事业并无创造一个新的历史时代的野心，也没有要给当今的社会主义时代加以改造的奢望，或者刻意地要在这个时代的健康行进上有所作为的专门考虑。作为海洋社会上位概念的社会也不能是意指民间的社会，因为我们的海洋事业发展战略无意在政府和民间、国家与社会之间关系上做什么文章，尽管这个战略的实施可能会提出诸如"公众参与"之类的话题。作为海洋社会上位概念的社会只能是以社会组织为内涵的社会，正像下文将要讨论到的那样，我们的社会组织意义上的海洋社会需要建设和发展，而海洋社会的建设和发展对整个海洋事业的发展具有重要价值。

以往的研究者为给海洋社会的研究扫清道路，已经对社会一词做过诠释的努力。闫臻先生、宁波先生就是其中的代表。他们既翻检了中国古典，也查阅了西学文章，在海洋社会研究的"共同话语"平台建设上做了卓有成效的工作。现在，在明确了对"社会"概念的追溯方向之后，我们可以在以往研究者铺垫的基础上做"水到渠成"的疏引。

社会是得以独立生存繁衍的人群，或者得以长久存续的人群。首先，我们先排除动物社会、生物社会等"拟人"概念的干扰，搜寻原初的社会。它是以人为"要素"[②] 组成的组织，是人的群体。其次，这个人的群体有两个主要特征，这两个特征都无法掩饰地表现在最初的社会组织中。这两个特征是：

---

① 比如说"由一群具有共同文化与地域的互动关系的个人与团体组成"（参见蔡文辉：《简明英汉社会学辞典》，中国人民大学出版社 2002 年版，第 220 页）。

② 郑杭生先生等认为"人是社会系统最基本的要素"（参见郑杭生：《社会学概论新修》，中国人民大学出版社 2003 年版，第 53 页）。

第一，它是可以独立维持生存的群体。曲金良先生说："人类在部分地进入农耕文化之前，最早的文化是渔猎文化。"他所说的这"最早的文化"就是最初的社会组织形态之一的渔猎社会维持生存的方式——渔猎。渔猎是"人类获取生活资料"的方式，郑杭生先生也把它称为"生存方式"或"生计模式"①。它是人们得以组织成"相互联系的""有机整体"的"基础"②。马克思主义经典作家把社会的本质归结为生产关系，③而在"渔猎"和渔获物、猎获物等的管理、分配、消费或使用中就孕育了全部生产关系的萌芽。

第二，它是可以长期存续的群体，是有"生命力"的组织，是不因某个时刻的某个"当事人"的存亡而兴亡的组织。不管是"新石器时代"的"长期定居的村落"④，还是"铜石并用时代""中心部落"的形成，以及与之相应的"城墙设施"⑤等的出现，都说明社会是具有自体延续能力的人的群体。这个自体延续能力也可以说是再生产能力，其中包括物质资料的再生产和人的再生产。从恩格斯的《家庭、私有制和国家的起源》等著作中可以清楚地看到人的再生产在社会进步中，尤其是在社会组织化程度提高这一进程中的关键作用。闫臻先生所说的社会的"继承性"⑥首先就是通过人的再生产实现的后代对前代的继承。在社会发展的早期，血缘上的继承，或者说种族延续，是社会繁荣的关键。正像郑杭生先生等所说的那样，"在前资本主义社会中，血缘关系是社会组织的基础"⑦。

作为社会组织，其长期存续是具有个体性特征的存续，即特定社会组织在与周围世界交流、与其他社会组织并存意义上的存续，一种由某种内聚力聚合成的存续。这种存续在很大程度上可以说是独立存续——独立地谋生、独立地实现人口的繁衍。当然，这种独立并不是封闭，不是"与世隔绝"，而是指生存和繁衍上的相对独立性。社会的谋生活动可以与其他社会开展交换，比如拿自己社会拥有的兽皮换取其他社会组织的米粟，但这种交换不影响本社会组织生活的独立。社会的繁衍需要与其他人群实施某种形式的"通婚"，但通婚不改变社会组织的完整性和对于其他社会组织的独立性。这大概就是闫臻先生所说的特定社会组织

---

① 郑杭生：《社会学概论新修（精编版）》，中国人民大学出版社 2009 年版，第 84 页。

② 朱力：《社会学原理》，社会科学文献出版社 2003 年版，第 98 页。

③ 马克思曾说："生产关系总合起来就构成为所谓社会关系，构成为所谓社会"（参见《马克思恩格斯选集》第三卷，第 363 页），这是对社会的本质属性的揭示。

④ 白寿彝：《中国通史》第二卷《远古时代》（苏秉琦），上海人民出版社 1994 年版，第 45 页。

⑤ 白寿彝：《中国通史》第二卷《远古时代》（苏秉琦），上海人民出版社 1994 年版，第 213~215 页。

⑥ 闫臻：《海洋社会如何可能——一种社会学的思考》，载《文史博览》2006 年第 24 期，第 56 页。

⑦ 郑杭生：《社会学概论新修（精编版）》，中国人民大学出版社 2009 年版，第 86 页。

的"相对的独立性"①。

许多论者都指出社会与地域、文化之间的联系，有的论者还把地域和文化看作是社会的构成要件或重要特征。宁波先生从许多学者对社会的解说中归纳出"一些共识"，其中之一是："社会由一群有共同文化与地域的个人与群体组成。这种共同的文化与地域为个人与群体的互动提供了基础"②。这的确是对社会的常见的解释。不过，本书的研究对象要求我们对这"常见的解释"再说些什么。

首先，地域其实不是社会的特征，而是社会的另外某种更深刻的特征的表现形式。这个更深刻的特征大概可以概括为郑杭生先生所说的"生计"，或"生计模式"。曲金良先生曾对我国历史上的"贝丘遗迹"的分布做过考察，说这些遗迹"珍珠串一般"地"散落在中国滨海南北漫长的海岸线上"。这些遗迹所"记载"的"海洋渔猎"③ 社会的活动都发生在离海不远的地方，这给社会与地域之间的联系提供了有力的证据。仅曲金良先生提到的就有"广西东兴贝丘遗址，海南三亚落笔洞、东方、乐东贝丘遗址，广东珠江三角洲地区贝丘遗址，台湾八仙洞长宾文化、大坌坑文化、芝山岩文化、圆山文化、营埔文化和凤鼻头文化遗址，福建富国墩贝冢遗址、壳丘头遗址、昙石山遗址，浙江余姚河姆渡遗址及舟山群岛新石器时代遗址，山东龙口贝丘遗址，即墨贝丘遗址，蓬莱、烟台、威海、荣成贝丘遗址，以及辽东半岛沿海的小珠山遗址等"。但是，这些证据并不说明地域概念恰当地反映了社会的本质特点。"地域"这一概念并没有反映社会与这里提到的"落笔洞"、"八仙洞"等地域之间的本质联系。曾经活动在我国东部海岸线上的渔猎社会与贝丘遗址等"地域"之间的本质联系是社会与其生存环境之间的关系。也就是"沿海"是这些社会的生存环境，反过来说就是，这些渔猎社会发生、存续于生长有易于捕、猎的鱼虾、其他小动物的自然环境中。

苏秉琦先生等为确定发现于我国东北地区的新石器时代村落"兴隆洼"的社会类型时做了如下分析：

"兴隆洼村落的壕沟和一些房屋及坑穴中常见到动物骨骼，以鹿科动物占大宗，其他动物比例最高的是猪。兴隆洼文化分布区属于我国动物生态地理中的温带森林动物群和森林草原动物群的范围，在这个范围内鹿科是最主要的植食性兽类，野猪也占有相当比重。因此，兴隆洼文化先民以鹿和猪作为主要猎获或饲养

---

① 这是不影响"和周围的社会发生""横向联系"的独立性（参见阎臻：《海洋社会如何可能——一种社会学的思考》，载《文史博览》2006 年第 24 期，第 56 页）。

② 宁波：《关于海洋社会与海洋社会学概念的讨论》，载《中国海洋大学学报》2008 年第 4 期，第 18 页。

③ 曲金良：《中国海洋文化的早期历史与地理格局》，载《浙江海洋学院学报》2007 年第 3 期，第 2 页。

对象，与当时适于动物生存的自然条件有关。目前尚无材料使得可能把驯养鹿的起始时间，推到像兴隆洼文化那样早的年代，猪的饲养则应以一定的农业发展作为前提，而兴隆洼文化迄今尚未发现农作物的迹象，所出土的生产工具中也没有能够确认是属于农业工具的……因此，可以认为兴隆洼文化先民即使已开始经营农业，也不会在经济生活中占多大比重。即是说，所发现的那些动物骨骼，绝大多数可能是被人们猎获的野生动物之遗骸。"①

除了鹿类动物驯养和种植农业是否发生的判断之外，这里提供的最重要的信息是"兴隆洼文化分布区属于我国动物生态地理中的温带森林动物群和森林草原动物群的范围"。"兴隆洼村落"这个社会之所以发生在这里，是因为这里存在着"温带森林动物群"和"森林草原动物群"，这里有大量的鹿和野猪可供猎获。事实上这个社会主要靠狩猎鹿和野猪维持其存续。对这个具体的社会来说，重要的不是"兴隆洼"所在的地域有地理上的特殊性，而是这个支撑了一个小社会的地点处在"动物生态地理中的温带森林动物群和森林草原动物群的范围"之内。"兴隆洼"社会之所以是这样一个"狩猎"社会而不是一个"渔捞"社会，不是由"兴隆洼"的其他地理特征规定的，而是由这里属于"动物生态地理中的温带森林动物群和森林草原动物群的范围"所决定的。"适于动物生存的自然条件"是这个社会存在，存在于这个地方的生存条件。如果人们一定要把这说成是社会的地域特征的话，这个所谓的"区域界限"、"空间范围"② 只是对一定社会生存条件的地域描述。这些社会在"兴隆洼"，那些社会在"沿海"，"兴隆洼"是对可以猎获"温带森林动物"和"森林草原动物"的生存环境的描述，"沿海"是对可以"渔获"鱼虾等的生存条件的描述。如果说可以独立存续的社会有一个因与对象世界的联系而发生的特点的话，那么，这个特点就是社会都存在于一定的环境中并受环境的制约。③

其次，文化在哪种意义上是社会组织的特征。按照"对社会的常见的解释"，每一种社会或每一个社会都有其文化，甚至我们也可以说没有没有文化的社会。在这个意义上，我们可以说社会是"有文化、有组织的系统"④。我们可以把这一点概括为社会的文化性。不过，这一点的核心含义是社会、是人类进化到一定阶段才出现的现象。这样的说法相当于说社会不是羊群。

研究者们也相信，每个社会都有自己的文化，因为那组织成社会的人们之间

---

① 白寿彝：《中国通史》第二卷《远古时代》（苏秉琦），上海人民出版社1994年版，第353～354页。

② 闫臻：《海洋社会如何可能——一种社会学的思考》，载《文史博览》2006年第24期，第56页。

③ 把赋予社会存在于环境受制于环境这一特点，可以使我们的社会概念容纳"新兴"的社会类型，比如网络社会。或许我们可以说网络社会是存在于网络环境中并受制于网络环境的社会。

④ 朱力：《社会学原理》，社会科学文献出版社2003年版，第98页。

的"交互作用"在创造"社会"这一"产物"① 的过程中也与这个社会的文化同步生长。在这个意义上，人的提高、社会的建设和文化的创造是同一个过程的三种成果。② "兴隆洼"这一"狩猎"社会创造了"狩猎"社会的文化，包括非用于农业种植的"生产工具"、"房屋"等物质文化。"贝丘"这类社会创造了"渔捞"社会的文化或渔猎社会的文化，比如渔船桨、渔网、鱼叉等渔捞工具。"仰韶文化"时期的村落社会则创造了农耕文化，比如用来"翻耕"的"石铲"，用来"割穗"的"石刀"或"爪镰"③ 等农业生产工具。我们可以把这一点概括为社会的文化创造能力。从这一点可以引出另外一个结论，即文化的差异性。不同类型的社会会有不同的文化，每一个社会组织，即使是属于同一类型的不同的社会组织，都可能有仅属于自己的文化。

研究者也相信，特定的社会是由因某种共同文化的纽带聚合而成的群体。社会就是如闫臻先生所说的"享有共同文化"的"人类生活的共同体"，或者如宁波先生所说的"基于共同的文化"而"形成"④ 的组织。按照这种说法，文化对于社会具有某种先在性。所谓社会就是以共同文化为"基础"而形成的不同的"个人与群体"的聚合或它们之间的"互动"⑤。我们可以把这一点概括为社会的文化规定性。文化规定性在社会成员身上表现为文化认同。⑥

社会的文化性、社会的文化创造能力、社会的文化规定性这三点，对于一个社会组织的发展而言，尤其是把特定社会组织放在人类生活大背景下看时，有意义上的只有第三点，即社会的文化规定性。一定的社会不同于其他社会的文化上的标志就是其文化规定性，而不是其文化性，也不是其文化创造能力。⑦

根据如上的分析，我们可以给社会一个更明确、清晰的描述：社会是处在同一环境中的由文化上相互认同的人组成的可以长期存续的群体。在这一描述中，环境和文化取得了相同的地位，就像上引"常见的解释"把"共同文化与地域"并列那样。但是，文化和环境对社会组织发展的意义是不同的，而且这两个因

---

① 马克思：《马克思致巴瓦安年柯夫》，载《马克思恩格斯选集》（第四卷），人民出版社 1972 年版，第 320 页。

② 当然我们也可以说这个过程还有第四种成果，那就是生产经验的积累甚至技术的发明。人、社会、文化、生产力同步发展大概是文明时代的常规，尽管文明时代早期的人与社会之间的"分离"是不明显的。

③ 白寿彝：《中国通史》第二卷《远古时代》（苏秉琦），上海人民出版社 1994 年版，第 232 页。

④⑤ 宁波：《关于海洋社会与海洋社会学概念的讨论》，载《中国海洋大学学报》2008 年第 4 期，第 18 页。

⑥ 宋宁而先生曾发表关于文化认同与海洋社会关系的专论（参见宋宁而：《群体认同：海洋社会群体的研究视角》，载《中国海洋大学学报》2011 年第 3 期，第 23～27 页）。

⑦ 文化创造能力所创造出来的不同文化，或者仅仅属于特定社会的文化，未必就是这个社会的文化规定性。

素在不同的时代对社会组织发展的影响也是不同的。在社会（作为人类文明的最重要成果之一的社会）出现的早期，环境对社会组织的规定是决定性的。在便于捕捞到鱼虾的环境中出现的社会一般都是渔猎社会或渔捞社会，而在"动物生态地理中的温带森林动物群和森林草原动物群的范围"内形成的社会一般都是狩猎社会。[①] 在那个时代，环境对于社会的文化也往往具有决定性的影响。比如，狩猎社会可能形成虎豹等大型动物图腾崇拜，而农耕社会则发展出与雨水有关的龙图腾崇拜。这些社会在运用其"文化创造能力"创造了特定的文化之后使自己的社会取得新的"文化规定性"[②]。文化对社会组织没有环境那样的决定力，龙图腾的信仰者并不是因为信仰才从适于渔捞的地方迁入内地，并把自己的渔捞社会改造为农耕社会，虎豹图腾的信仰者也不是因为这种信仰才告别了易于耕作的土地而选择"适于（陆上）动物生存的自然条件"作为自己的家园。

文化对于社会的影响主要表现在社会成员间的文化认同，而这种认同可以对具体社会的发展产生决定性影响。比如，社会成员的文化认同可以表现为对秉持不同文化的人的排拒。这样的文化排拒可以保持社会的文化规定性，防止因外来文化的侵入而发生变异。社会成员的文化认同也可直接表现为对异质文化的排斥，比如北美印第安人对农业文化、工业文化的排斥。这样的排斥可以使社会继续保持其原有的文化和原已固定的前进方向。在封闭的社会系统中，往往就是靠文化的规定性保持具体社会的特点。文化所具有的保持社会纯洁的功能，也可以被观察者用为区别甲社会与乙社会的标志，但此类作用并不是一定社会之所以是甲社会（比如渔猎社会）而不是乙社会（比如采集社会）的决定力量。

在当代，文化对社会组织的影响越来越不具有决定性。首先，因为文化原因而不能走进一个社会的情况已经十分罕见。具有保持社会"纯洁"这种功能的文化似乎已经不多见。其次，除少数对信徒的经济生活、社会生活、文化生活都设有严格界限的宗教文化，比如藏传佛教文化外，对一个社会具有规定性的文化越来越少。基督教广泛流传，信众甚多，但它不具有社会组织功能。是否信仰基督并不是人能否成为一个社会的成员的根据，基督教信仰很少成为社会成立与否的根本理由。再次，某些作为规定社会组织特定性的文化对社会组织的凝聚力不强。比如，在许多国家的华侨聚居的地方都存在"华人社会"。这是由来自中国

[①] 如果在这个范围内形成的社会靠近河流或湖泊，这个社会则可能是渔猎社会。如赫哲人那样生活的社会就是内地的渔捞社会。

[②] 这并不等于说由社会的"文化创造力"创造的所有特定文化都会成为具有"文化规定性"意义的文化。

或来自中国的人们的后代因文化上的相互认同而组成的群体。这类群体的成员互为婚配优先选择的对象，也常常存在职业上的联系。在这个意义上，这类组织具有长期存续的功能。但是，作为这个社会建立依据的共同文化却没有力量把社会真正凝聚成一个具有强大生命力的共同体。这是因为这种共同文化不足以让共同体的成员间建立必然联系，不足以让共同体成员与共同体之间建立牢固的联系。或者说这种文化力量不足以战胜其他力量，比如职业、婚姻等的力量，从而排除其他力量的吸引，把共同文化下的所有的个体聚合为一个具有自体延续能力的组织。

二、海洋社会

承上文的考察，这里所说的海洋社会是作为社会组织之一种的社会。为了更好地理解海洋社会，我们还有必要先探讨一下作为社会组织的社会的类型，也就是先了解与海洋社会具有"同类"关系的社会的类型。不过，这不是一个简单的逻辑分类工作，它在很大程度上应当算是一次历史追溯。

能够维持其成员的生存并能够长期存续的人群首先面对的，或者说每日每时都面对的是如何维持生存的问题。人类发展史，尤其是人类早期发展史的一条主线就是如何获得生活资料。沿着这条主线我们可以发现不同社会类型的形成和发展。在人类社会发展的早期，旧石器时代，出现了3种基本社会类型，即以狩猎为生存手段的社会、以采集为生存手段的社会和以捕捞为生存手段的社会。崔连仲先生等认为，"在旧石器时代早期和中期，人们主要靠采集野生的根、茎和果实为生，同时也猎取动物。采集和狩猎是他们生产活动的主要内容。"[①] 他提到了两种类型的社会，即采集社会和狩猎社会。阎家岗（位于松花江右岸）社会应该是典型的狩猎社会。考古学家发现，在阎家岗遗址"有两处用兽骨垒成的营房遗迹。一处用二百多块骨骼垒成椭圆圈，东西长4米，南北宽3米，所用兽骨至少属于六只野驴、五头野牛、二头披毛犀、一只鹿和一只狼。在其西北约40米的另一处营房系用三百多块兽骨垒成的半圆圈，所用兽骨至少属于五头披毛犀、五只野驴、三头野牛、四只鹿、二只羚羊、一只鬣狗和一只狼。兽骨上多有人工砸击痕，圈内还发现有碳屑。"专家分析，这两处宿营地"是当时的猎人把吃剩下的兽骨作支架搭成窝棚住宿留下的遗迹"[②]。周口店的北京直立人也是以"采集

---

① 崔连仲：《世界通史·古代卷》，人民出版社1997年版，第19页。
② 白寿彝：《中国通史》第二卷《远古时代》（苏秉琦），上海人民出版社1994年版，第42页。

和狩猎"维持生存的社会。① 在旧石器时代也已出现以渔捞为生的或以渔捞为主要生存手段的社会。在位于辽东半岛北部的海城小孤山生活的"小孤山"社会就以渔捞为生存手段或主要生存手段。在小孤山出土的器具中不仅有"蚌器",而且还有带有"双排倒刺"的"鱼叉"②,说明小孤山社会的生活来源之一是渔捞。

进入新石器时代的人类,"从攫取天然产物的掠夺经济转变为以种植农业、饲养家禽为主的生产经济"③,从而形成了从此之后在中国大地上属于主流形态的社会类型——农耕社会,或农业社会,后来发展为乡村社会。④ 在此后的人类发展历史上,尤其是在中国这片土地上演出的人类历史上,出现了多种社会类型。除农耕社会之外至少有采集社会、狩猎社会、渔捞社会、游牧社会和兼用采集、狩猎、渔捞、农耕等生存手段的社会。

仰韶文化是典型的农耕文化,在仰韶文化区形成的社会是典型的农耕社会。存在于甘青地区的齐家文化的居民组成的社会也是农耕社会。专家对齐家文化做过如下描述:"齐家文化居民的经济,仍是以种植谷子的旱地农业为主。农业工具中有石斧、石铲、骨铲、石锄及石刀、石镰……用动物肩胛骨或下颌骨制成刃部宽、薄的石铲,加工粮食的工具是石杵和石磨盘。齐家文化的房址、灰坑及墓葬中,都发现了粟,以及30%左右的墓葬中使用猪下颌骨随葬的现象,反映了种植农业发展的情况。"⑤

上述"兴隆洼"社会当属这个时期的狩猎社会类型。

在广西桂林发现的"甑皮岩和仙人洞"遗址上的先民,其"经济当以狩猎、采集为主"。"从文化特征看,甑皮岩和仙人洞下层应属新石器早期阶段,磨制石器和陶器都已显著增加,还出现了家畜饲养","其经济的主要成分仍属狩猎采集这种攫取经济的范畴"⑥。这里的先民还继续以采集为谋生的手段,说明这里的社会发展尚处于种植农业出现之前的阶段。

---

① 郭沫若等对北京直立人生活的描述是:他们在周口店附近的树林里"寻找果实充饥,采集丰富时就储备起来。肿骨鹿和梅花鹿是北京人打猎的主要对象"。"狩猎是他们的一个重要生活来源。在北京人住过的山洞里发现大批被打碎或被烧过的鹿类骨头,其中有肿骨鹿的,也有梅花鹿的。这说明他们曾经猎取不同的鹿作为食品。他们也捕捉其他小动物或软体动物,并采集植物的果实和根茎来维持生活。"(参见郭沫若:《中国史稿》第一卷,人民出版社1976年版,第8~13页)

② 白寿彝:《中国通史》(第二卷)《远古时代》(苏秉琦),上海人民出版社1994年版,第40~42页。

③ 白寿彝:《中国通史》(第二卷)《远古时代》(苏秉琦),上海人民出版社1994年版,第45页。

④ 在仰韶文化前期已经形成了类型多样的村落结构(参见白寿彝:《中国通史》(第二卷)《远古时代》(苏秉琦),上海人民出版社1994年版,第97~103页)。

⑤ 白寿彝:《中国通史》(第二卷)《远古时代》(苏秉琦),上海人民出版社1994年版,第454页。

⑥ 白寿彝:《中国通史》(第二卷)《远古时代》(苏秉琦),上海人民出版社1994年版,第472~475页。

在东南沿海的一些贝丘先民的生活中，渔捞占相当重要的地位。在同样属于"华南新石器时代早期遗存"的"沿海地区的早期贝丘遗址"（比如广东潮安贝丘）中发现的"遗骸""最清楚地反映了当时的经济主要是狩猎采集和捞取水生动物"①。"与这种经济相适应"的"石器"反映了那里的先民有条件建立以渔获为主要谋生手段的社会。

在甘青地区的马家窑文化、半山—马厂文化、齐家文化所代表的社会已经出现了放牧社会的雏形。根据从属于马家窑文化的林家遗址等发现的器物，研究者认为，"马家窑文化居民广泛使用石刃骨刀和石刃骨匕首，当与养羊业已成为他们的重要经济部门有关"②。专家根据属于齐家文化的大何庄出土物品与处于同一文化发展的更早期的"秦魏庄"出土物品的比较发现，大何庄不仅"羊下颌骨"数量增多，而且"墓葬出现了以羊下颌骨代替猪下颌骨随葬的情况"。由此可以推断，"到齐家文化进入晚期，牧羊业存在逾益发展的趋势"③。这预示着人类文明发展历史上第一次社会大分工的开始。如果说在我国的中原地区农业的产生是通过采集农业向种植农业的过渡实现的，而不是社会分工的结果，那么，在新石器时代的甘青地区文明中却出现了从采集狩猎这种直接获取自然物的经济到划分农业和牧业的迹象。文明从这里继续前进就是农业和牧业的"社会分工"。后来的历史证明，在我国的北方，匈奴人发展为"游牧民族"，其"经济生活以畜牧业为主"，"畜群是他们的主要财富"，其生活的典型特征是"逐水草迁徙"④。

在以上文化类型中，也就是我们所说的社会类型中，仰韶文化中的农耕社会、"兴隆洼"狩猎社会、"甑皮岩和仙人洞"采集社会、匈奴人游牧社会等都与我们所要发现的海洋社会无关。只有潮安贝丘社会才同我们的研究主题直接挂钩。出于简单历史追溯的这一结果向我们传递的显然不是让人兴奋的信息。或许我们可以把海洋社会遗存不丰归结为文化分布不利，许多海洋社会的文化可能已经被海洋的潮起潮落所淹没。

那么，历史对海洋社会又有哪些记述呢？中国历史书籍向我们展示了"海上丝绸之路"的繁荣以及其所带给沿途各国各地的福利，"海上通商"对中外物

---

① 白寿彝：《中国通史》（第二卷）《远古时代》（苏秉琦），上海人民出版社 1994 年版，第 472 ~ 475 页。

② 白寿彝：《中国通史》（第二卷）《远古时代》（苏秉琦），上海人民出版社 1994 年版，第 432 页。

③ 白寿彝：《中国通史》（第二卷）《远古时代》（苏秉琦），上海人民出版社 1994 年版，第 454 页。

④ 白寿彝：《中国通史》（第四卷）《中古时代·秦汉时期（上册）》（白寿彝、高敏、安作璋），上海人民出版社 1994 年版，第 130 ~ 131 页。

质文化交流所发挥的巨大作用。① 史学家告诉我们，我国古代曾经有"较为先进的造船技术和航海技术"。他们对"东南沿海的海外贸易"曾经出现的"空前繁荣"、"中国沿海港口城市发展"存在"不同层次和地理环境的差异"② 等做过描述。但是，从他们所做的展示和描述中，我们很少获得关于海洋社会的信息。看了这些历史书会让我们产生这样的疑问：贝丘文化所代表的海洋社会到哪里去了？

对海洋社会不常见于历史书这一点，我们可以找到以下答案：第一，在漫长的古代历史上，实际存在的海洋社会比农耕社会、游牧社会、狩猎社会要少。著名历史学家杨国桢先生在论证"海洋是人类生存发展的第二空间"时谈道，"在漫长的岁月里，人类陆地生存发展空间非常广阔，海洋社会群体只占少数，人类社会主流意识忽略海洋作为生存空间的意义，是可以理解的。"③ 因为"海洋社会群体只占少数"，这种社会或这种社会群体的遗迹保留下来的就自然要少，它们的事迹被历史书记载下来的也就不会多。第二，海洋社会遭到"学术"的"忽略"，没有被"真实"展现。杨国桢先生曾对历史学界"重陆地轻海洋的倾向"提出过尖锐的批评。他指出一个事实，即"沿海地区及其所属海域，在学术研究上长期"未被作为海洋区域对待"。具体表现包括："所谓海疆开发史，只是中心区的农业文化扩张和延伸的历史。航海贸易等海洋事业，只在专业史领域占有一席之地，在通史建构上仅仅归属于经济部门或对外关系。以海洋为对象的经济活动和社会活动与陆地经济和社会发展的互动关系，往往被忽略不计。"他也把这种情况说成是"海洋因素在中国传统学术中的长期'缺席'"，认为它造成了史学建构上的"偏颇"。在杨先生看来，史学研究中的"重陆地轻海洋"倾向来自一种"根深蒂固"的"观念"，即视"海洋是中国历史发展的'水沙漠'"。许多研究者"相信海洋文化只存在于西方"，把"海洋文化"当成是"西方资本主义工业文明的代名词"。总之，由于"历史学界对海洋缺乏应有的热情"，所以才"妨碍了对中国以海洋为舞台的真实历史的追求"④，其中也包括对海洋社会、海洋社会对历史发展的贡献等的发现和颂扬。把这两个解释结合起

---

① 袁行霈先生等对"丝绸之路和中外文化交流"所做的总结提到："南北大运河的开凿"，"使水系交通连接了大陆南北，从长安附近可沿黄河下达开封，又能至钱塘江口的杭州，再从浙江、福建的海岸南下广东"。"海上通商是突破陆地交通的尝试，唐朝通过海洋建立了与外部世界更广泛的联系，从广州出发到波斯湾、红海等地的航线已经开通，广州港中外商船云集，成为世界循环交通的一环。"（参见袁行霈：《中华文明史》（第三卷）（袁行霈），北京大学出版社 2006 年版，第 63～65 页）

② 袁行霈：《中华文明史》（第四卷）（楼宇烈），北京大学出版社 2006 年版，第 384～401 页。

③ 杨国桢：《人海和谐：新海洋观与 21 世纪的社会发展》，载《厦门大学学报》2005 年第 3 期，第 37 页。

④ 杨国桢：《关于中国海洋社会经济史的思考》，载《中国社会经济史研究》1996 年第 2 期，第 2 页。

来，我们可以得出这样的结论，即尽管在古代历史上"以农业文明为基础的中国传统生活时代"，海洋社会只能是在"沿海地区"延续的"海洋性的小传统"，但它毕竟"一直存在着"，"从未被割断"①。所以，如果不是由于历史学家的"忽略"，它在文献中也会占有更重要的"席位"。

既然这样，要认识海洋社会就只能靠我们去发现，靠已经纠正了研究上的"偏颇"的历史学家和我们一起去发现。我们能够找到的海洋社会大致有以下几种类型：

（一）"渔村社会"②

渔村社会应该与"贝丘"有历史的联系。沿海居民在捕捞能力得到提高之后并未放弃岸上的村落，至少没有全部放弃这样的村落。这样就形成了以渔村为居住地，以渔船为基本生产工具，以渔业捕捞为基本谋生手段的社会类型。同春芬教授曾就"海洋渔业社会"的"和谐发展"③做过专门研究。她所说的"海洋渔业社会"与这里的渔村社会当属同类。

在杨国桢先生的著作中使用过"渔民社会群体"这一概念。他说："渔民社会群体，一般由居住沿海渔村的陆居渔民，与居住船上的水居渔民组成。陆居渔民，一部分是水居渔民和部分疍户被纳入官府统治体系内，上陆居住，仍保留原有的生计，一部分是农民的兼业转化而来的专业渔户。水居渔民主要指世代以舟楫为家的疍户和没有土地以捕鱼为生的渔户。"④杨先生对"渔民的生计"做过考察。说捕捞作业"受渔船、渔具、渔场、渔汛的制约，不像农民耕种那样稳定。如舟山渔场是中国最大的海洋渔场，也是江苏、浙江、福建三省渔民共同开发、利用的渔场，每年四月的黄鱼春汛与十一月的带鱼冬汛，都有千余艘渔船作业。各地渔船结成渔帮，集体行动，争取最大的渔业利益。"杨先生还曾应用岑尧臣《嗟渔户》描述渔民的生活："渔户不解耕，只以海为田。托身鱼虾族，寄命波涛间。……海熟心欢喜，海荒怀忧煎。一朝风信好，得鱼辄满船。……竟忘风信恶，无鱼但临渊。"⑤

渔民社会的典型群体是疍民。据欧阳宗书先生考察，疍民从秦朝就"走向了海洋，成为中国海洋的专业渔民"。这个群体在唐宋时期已有相当大的规模，

---

① 杨国桢：《中国需要自己的海洋社会经济史》，载《中国经济史研究》1996年第2期，第108页。

② 杨国桢：《关于中国海洋社会经济史的思考》，载《中国社会经济史研究》1996年第2期，第3页。

③ 同春芬：《海洋渔业社会的和谐发展》，载《自然辩证法研究》2006年第8期，第7页。

④⑤ 杨国桢：《海盗与海洋社会权力——以19世纪初"大海盗"蔡牵为中心的考察》，载《云南师范大学学报》2011年第3期，第3页。

并因其在社会上的广泛影响而成为苏东坡、杨万里等诗人咏唱的对象。到明清时期，疍民社会发展到顶峰。① 疍民的生产活动总体上看是"个体的，一家一艇的经营方式"，"各艇之间在生产上基本保持""各自的独立性"。但在明清时期，他们的生产活动也常表现为集体或合作形式。比如，为捕捞巨型"鳝鱼"，疍民就"聚船数十"，一起行动。再如，他们已经形成一种可以用"罟朋"来概括的作业方式。罟是他们制作的一种大型渔具。生产时，"或十余艇，或八九艇联合一罟"。"同罟捕鱼""称为同罟"②。

疍民早期的生产活动主要是捕捞，明清时期扩大到"彩珠"、养鱼。"鱼花户"是那时发展起来的专门从事鱼苗养殖的业户。③ 但总体来看，疍民生产活动的基本特征还是"以船为家，以捕鱼为业"。《高要县志》将这一特点概括为"以舟楫为家，捕鱼为业"④。据杨国桢先生估计，这种"与土地无缘"，"靠海吃饭的中国人"数量可观。在清代，仅广东一省就有"一百万人左右"⑤。这是渔民社会的一支重要"方面军"，尽管他们也被研究者称为"中国海洋少数民族"⑥。

考虑到渔民社会以"水居渔民"为典型，所以，杨国桢先生也把渔民社会看作是"船上社会"⑦的一种。

（二）海商社会、海运社会、码头社会

海商社会以船为基本生产工具，以沿海、海岛和海域为基本生活区域，其典型特征是"以船为家"且"以贩番为命"⑧。刘淼先生对明清时期中外贸易情况的总结是对这一特征的证明。他认为，16～18世纪，"东南沿海的民间海商主要从日本进口白银和铜"。同时，这些"中国海商"还向"东亚各地""运销""中国的丝、瓷器、糖和其他日用品"⑨。不过，除对外贸易外，也有大量的海上贸易活动是发生在中国南北方之间。王万盈先生所著《东南孔道——明清浙江海洋贸易与商品经济研究》（海洋出版社 2009 年版）特别说明："明代浙江海洋

---

① 欧阳宗书：《海上人家——海洋渔业经济与渔民社会》，江西高校出版社 1998 年版，第 97～100 页。

② 欧阳宗书：《海上人家——海洋渔业经济与渔民社会》，江西高校出版社 1998 年版，第 109 页。

③ 欧阳宗书：《海上人家——海洋渔业经济与渔民社会》，江西高校出版社 1998 年版，第 107 页。

④ 欧阳宗书：《海上人家——海洋渔业经济与渔民社会》，江西高校出版社 1998 年版，第 101 页。

⑤⑧ 杨国桢：《海洋迷失：中国史的一个误区》，载《东南学术》1999 年第 4 期，第 32 页。

⑥ 欧阳宗书：《海上人家——海洋渔业经济与渔民社会》，江西高校出版社 1998 年版，第 108 页。

⑦ 杨国桢：《论海洋人文社会科学的概念磨合》，载《厦门大学学报》2000 年第 1 期，第 99 页。

⑨ 刘淼：《明清沿海荡地开发研究》，汕头大学出版社 1996 年版，第 335 页。

贸易并不是特指与海外诸国贸易而言", 它"也应该包括与临近诸省的海上贸易"①。王先生告诉我们, 实际发生的浙江海洋贸易包括浙江"与临近各省的海上贸易"。下文引述的关于南北沿海商船数量的资料等也说明了这一点。

杨国桢先生多次讨论过"海商社会"②。他曾把"海商社会群体"界定为"从事海上贸易的商业人员组合"。在杨先生看来, 广义的"海商社会群体""包括陆地出资造船的船主和置货的货主(通常是巨族大姓或绅衿富户多人投资合股的'公司'), 以及经销海船进口货物的商人。船主大户有船三十、五十只, 小户一至数只"。狭义的"海商社会群体""指奔波海上的船主即船长, 又称出海, 通常是船货的合伙人之一或委托代理人, 负责海上航运和贸易的营运。管理人员有:财副掌管货物钱财, 总管(亦称总掇)分理事件, 掌管勤杂人员, 总铺(亦称总哺、总管、总官)掌管厨房火食。附搭的客商, 即租舱位置货随船出海的货主。"据杨先生考察, 清中期"南北沿海商船总数约在9千至1万艘之间, 通贩外国的商船200艘左右, 从业人员有数10万人。"③从海商从业人员队伍和运用船舶数量来看, 我国历史上曾形成了发达的海商社会类型。

海运社会是伴随着海洋运输业的发展而形成的另一种海洋社会类型。杨国桢先生所说的由以"从事海上运输为生计的人员组合"而成的"船民社会群体"大体上就是我们这里所说的海运社会。杨先生谈道:按照清朝海禁的规定, "当时南北通商之船……舵水人等14名到28名, 包括舵工、亚班、大缭、头碇等。通贩外国之船……'如一丈八尺樯头, 连两披水沟统算有三丈者, 许用舵水八十名', 小如'一丈四五尺樯头, 连两披水沟统算有二丈五六尺者, 许用舵水六十名'。"受海禁限制的船民社会群体已经具备维持长期存续的能力。

码头社会是和海运社会、海商社会同步生长的社会。码头社会主要由在码头从事装运、货物管理等工作的人员及其家庭组成, 这种社会与海商社会、海运社会有千丝万缕的联系——三者的活动区域相交叉甚至重合, 三者的生活内容紧密联系甚至交叉, 三者的人员也存在交叉(同一个人有可能从事海商、海运、码头服务中的两种或者三种工作), 所以, 这三者也常常构成一个社会, 或者组合成海商—海运社会、海运—码头社会、海商—海运—码头社会。杨国臻先生描述的"海上运输与海洋贸易合而为一"反映的就是海运与海商结合的社会, 就是

① 林枫:《海洋社会经济史视野下的商品经济研究——王万盈〈东南孔道——明清浙江海洋贸易与商品经济研究〉读后》, 载《中国社会经济史研究》2011年第3期, 第109页。

② 杨国桢:《关于中国海洋社会经济史的思考》, 载《中国社会经济史研究》1996年第2期, 第3页。

③ 杨国桢:《海盗与海洋社会权力——以19世纪初"大海盗"蔡牵为中心的考察》, 载《云南师范大学学报》2011年第3期, 第3页。

由"共处一艘船中"的"船民社会群体与海商社会群体""结成"的"以海为田"的"生命共同体"①。

（三）"海盗社会"②

"海盗"是"特殊"的"海上族群"。明清时期，东南沿海一带是海岛活动比较集中的区域。③ 据杨国桢先生考察，清中期，"在闽浙粤三省的洋面上，活跃着数以百计的大大小小的'洋盗'、'土盗'帮群。""他们时合时分，时兴时灭"，"在海上'讨生活'"④。从被清政府宣布为"海洋首逆"的蔡牵、朱濆为首的海盗的活动来看，那时的确已经形成了一个海盗社会，甚至是超过社会的政治组织。首先，蔡朱海盗动辄行船几十艘，率众数百人，已经拥有十分强大的力量。⑤ 事实上这一海盗群体已经有能力与政府的追剿力量相抗衡。其次，蔡朱海盗已经取得控制区域，并在控制区内征收捐税，取得了维持"存续"的经济能力。乾隆朝的《福清县志》有如下的记载："洋盗蔡牵私造票单，卖给出洋商船渔船只，如遇该匪盗帮，见有单据，即不劫掠，及领单去后，装载货物回来，又须分别船只大小，明立货物粗细，抽分银两。"⑥ 最后，蔡朱海盗已经获得沿海居民和"商渔力量"的认可，从而获得了社会生存条件。沿海居民愿意向蔡朱海盗提供粮食、船上装备等接济，甚至愿意为蔡朱海盗造船、提供火药。

（四）盐民社会

"盐业"在历史上的发展造就了一个盐民社会。盐民社会的主要成员是"灶户"。张彩霞先生谈道："煎盐需灶，所以有灶户的名称。"她认为，"灶户是国

---

① 杨国桢：《海盗与海洋社会权力——以19世纪初"大海盗"蔡牵为中心的考察》，载《云南师范大学学报》2011年第3期，第3页。

② 杨国桢：《关于中国海洋社会经济史的思考》，载《中国社会经济史研究》1996年第2期，第3页。

③ 我国沿海其他海域也有海岛活动。如在山东沿海，海盗也构成"社会结构的一部分"（参见张彩霞：《海上山东——山东沿海地区的早期现代化历程》，江西高校出版社2004年版，第24页）。

④ 杨国桢：《海盗与海洋社会权力——以19世纪初"大海盗"蔡牵为中心的考察》，载《云南师范大学学报》2011年第3期，第1页。

⑤ 杨国桢先生对蔡牵海盗的力量估计是："势力盛时，有船百余艘、部众上万人。"（参见杨国桢：《海盗与海洋社会权力——以19世纪初"大海盗"蔡牵为中心的考察》，载《云南师范大学学报（哲学社会科学版）》2011年第3期，第7页）

⑥ 杨国桢：《海盗与海洋社会权力——以19世纪初"大海盗"蔡牵为中心的考察》，载《云南师范大学学报》2011年第3期，第6页。

家直接控制下的生产者"①。根据刘淼先生的考察，明清时期，盐业生产管理已经形成盐场盐课司、总、"团"或"团灶"、"总催"、"甲首"的官方和版官方组织。盐业的基本生产单位、收盐单位和课赋单位是"团"，而参加盐业生产的人以"灶户"为单位。"灶户"分上、中、下三等。每个"总"大致就是一个"盐业村落"。如果排除盐课司等官方机构，这盐民社会的主体应当是由灶户构成的村落（也就是官方建制中的"总"）。如果把盐民活动的地域因素也考虑进去，则可以说盐民社会由"荡地"、制盐"作业场所"和与"作业场所距离较近"的"灶户"居住区组成。②

根据盐业生产的规模估计，明清时期的盐民社会也应有一定规模。明代山东都转运盐使司的盐业管理范围可以作为一个例证。山东都转运盐使司设分司二。大致情况如下：

"胶莱分司治在胶州西关，下辖信阳（坐落诸城县）、涛雒（坐落日照县）、石河（坐落胶州）、行村（坐落莱阳县）、登宁（坐落福山县）、西由（坐落掖县）、海沧（坐落掖县）等7场；滨乐分司在蒲台，辖王家冈（坐落乐安县）、官台（坐落寿光县）、固堤（坐落潍县）、高家港（坐落乐安县）、新镇（坐落乐安县）、宁海（坐落利津县）、丰国（坐落利津县）、永阜（坐落利津县）、利国（坐落沾化县）、丰民（坐落沾化县）、富国（坐落沾化县）、永利（坐落沾化县）等12场，共计盐场19处……"③

在如此庞大的盐业生产体系下，盐民社会一定颇具规模。

（五）"海洋移民社会"④

海洋移民社会并不是独立于渔民社会、海商社会、海运社会、码头社会、盐民社会等之外的一个独立的社会类型。

林德荣先生对闽粤移民荷印与海峡殖民地等地区的"年龄、性别、职业、文化、区域"等"构成"做过专门研究。他发现，1840年以前，闽粤移民"身份"依次为"商人、工匠（包括木匠、油漆匠、装修匠、泥水匠、石匠、铁匠等）、水手、惯于种田和栽种花果的农民，以及一些会制糖、酿酒、榨油的工人"。1840年以后，闽粤移民身份无大变化，只是资料的"可考性"更强。他掌

---

① 张彩霞：《海上山东——山东沿海地区的早期现代化历程》，江西高校出版社2004年版，第22页。

② 刘淼：《明清沿海荡地开发研究》，汕头大学出版社1996年版，第298~303页。

③ 张彩霞：《海上山东——山东沿海地区的早期现代化历程》，江西高校出版社2004年版，第21~22页。

④ 杨国桢：《关于中国海洋社会经济史的思考》，载《中国社会经济史研究》1996年第2期，第3页。

握的其身份可考的移民的移出地包括厦门、汕头、广州。从这 3 地移出的人的身份情况大致如表 15-1 所示：

表 15-1　　　　　厦门、汕头、广州移出者身份简表

移出地	移出人数	海洋职业及其位序	其他职业
厦门	29	渔民。第二	农民、工人、小商、小贩、兵士、医生、学生
汕头	27	渔民、船夫。第四、第五	农民、商贩、手工业者、失业者
广州	148	水手、船主、渔民。第三、第四、第五	小贩、店主、农民、手工业者、雇工、更夫、乞丐、失业者

资料来源：以林德荣先生考察所的资料为根据（参见林德荣：《西洋航路移民——明清闽粤移民荷属东印度与海峡殖民地的研究》，江西高校出版社 2006 年版，第 36~44 页）。

从这些移民的身份来看，他们中的一部分在到达荷属东印度和海峡地区之后的职业仍有可能保持渔业、海商、船运等。如果他们继续从事原来所从事的职业，并依据这种身份加入那里已经存在的渔民社会、海商社会、海运社会等社会，或建立新的渔民社会、海商社会、海运社会等，那么，他们将是加强当地海洋社会的力量，或者在移入地区复制他们移出地的海洋社会。

不过，研究者给出的结论中涉及海洋的不多。关于荷属东印度华侨的"经济活动"的研究显示，"在荷印殖民政府统治时代，荷属东印度华侨的经济活动几乎涉及所有的经济领域"，其中最重要的是商业、工业、农业、金融与保险、林牧业，最后才是水产业。[1] 林德荣先生谈道，"荷印华侨经营的水产业以在苏门答腊东部的巴眼亚比最为集中。早在 18 世纪中叶，中国福建的渔民就已经在此地从事渔业活动，此后不断有华侨前往该地从事渔业生产，使之逐步成为荷印最主要的渔场和渔业中心。"[2] 然而，这类的经营活动在华侨经济活动中显然不是主流。黄文鹰先生《荷属东印度公司统治时期吧城华侨人口分析》附列一则"18 世纪 40 年代吧城华侨所从事的行业分布表"，该表提供华人从事行业共 21 种，包括手工业 18 种、服务业及自由职业 2 种和农业。[3] 这 21 种职业中没有一项可以称为海洋产业或直接服务于海洋产业。

---

[1]　林德荣：《西洋航路移民——明清闽粤移民荷属东印度与海峡殖民地的研究》，江西高校出版社 2006 年版，第 76~79 页。

[2]　林德荣：《西洋航路移民——明清闽粤移民荷属东印度与海峡殖民地的研究》，江西高校出版社 2006 年版，第 79 页。

[3]　林德荣：《西洋航路移民——明清闽粤移民荷属东印度与海峡殖民地的研究》，江西高校出版社 2006 年版，第 69 页。

如果说职业还不等于社会，从事工商业的人未必不是海洋社会的成员，而从事海洋职业的人员未必一定过海洋社会组织的生活，那么，移民海外的华人单独组建包括渔民社会、海商社会等在内的海洋社会的机会也不多。荷兰、英国统治东南亚期间，它们采取了"集中设置唐人（华侨）社区"，"委任"华人领袖"甲必丹、雷珍兰"管理"华侨事务"[1] 等办法管理华人。这样的管理如果可以成就某种社会组织的话，那么，这样建立的社会应当是华人社会、华侨社会或称唐城社会，很难成为前述渔民社会、海商社会那样的海洋社会。刘正刚先生研究过闽粤移民在台湾和四川两地重建社会的情况。经过这些移民建立的社会的突出特点是"枝繁叶茂复制家族"、"木本水源延续血脉"，是"克隆""草根文化"，是"故土神祇聚乡情"，而不是因为漂洋过海（对去台湾的移民来说）而一定建立一个带海味的社会。从产业上看，两地移民走的路是"殊途同归"——"农业垦殖各有招"[2]。越洋行动没有把他们整建制地留在海上或海边。曾玲先生专门就新加坡华人社会的建设做过研究。华人对新加坡的繁荣无疑是发挥了巨大的甚至是决定作用的。这里的华人社会对中国海外移民社会应当有一定代表性。然而，曾先生的研究带给我们的海洋社会建设的信息并不多。在那里，沿着"聚族而居"的路线建立的著名的华人村落"潘家村"，其主业是种植业。[3] 这个小社会不是海洋社会。作为"新加坡华人社会""重建""基本完成"之标志的"坟山组织"的设立，没有留下海洋社会如何繁荣的信息。这是因为，坟山是"帮群"的象征。它在"帮群的外部"具有"界定移民所属帮群的作用"，在帮群的"内部"则对"所属帮群"发挥"整合"作用。以这样的坟山为象征的华人社会向人们传递的信息主要有二：第一，这个社会是华人的社会。因为坟山文化仅属于华人，或仅仅对华人的社会组织具有重大意义。第二，具体的坟山属于具体的华人"帮群"。比如，"恒山亭"坟山属于福建帮、"泰山亭"坟山属于潮州帮、"玉山亭"坟山属于琼帮等。[4] 把这些社会称为华人社会是没有任何问题的，但如果称它们为海洋社会，则显然牵强。

不过，海外移民，除前述苏门答腊巴眼亚比的渔民社会之外，也有长期从事与海洋有关的职业并保持组织长期延续的群体。明清时期在琉球出现的"久米"，又号"唐荣"，是"中国村"。聚集在这里的中国人"都善于航海，通晓

---

① 林德荣：《西洋航路移民——明清闽粤移民荷属东印度与海峡殖民地的研究》，江西高校出版社2006年版，第57页。

② 刘正刚：《东渡西进——清代闽粤移民台湾与四川的比较》，江西高校出版社2004年版。

③ 曾玲：《越洋再建家园——新加坡华人社会文化研究》，江西高校出版社2003年版，第30～59页。

④ 曾玲：《越洋再建家园——新加坡华人社会文化研究》，江西高校出版社2003年版，第60～63页。

中琉语言，被中山靖王任用为朝贡相关的人员"。这个村落就是一个海洋移民社会。杨国桢先生也称为"专事朝贡航海活动的'航海技能集团'"①。严从简《殊域周知录》中提到的被严先生称为"皆我中华无耻之士"的"四夷使臣"，就是我国的"海外移民"。他们在"侨居国"组成华人社会。②

考虑到海洋移民在海外建立的华人社会有些还从事渔业、海洋交通等职业，而这样的社会群体又都是通过涉海移民而组成的，所以，我们还是把它们作为一个特殊类型的海洋社会来对待。说它特殊，是因为它以"涉海"为建立的条件。但是，这样的条件设定并不等于把所有"涉海"移民建立的华人社会都称为海洋社会。

三、海洋社会与海洋事业

许多研究者研究海洋社会是把海洋社会与海洋事业联系起来考虑的。这些研究者研究海洋社会的问题在很大程度上是为了解决海洋事业发展的问题。这一研究倾向恰与本书的研究旨趣相合。比如，同春芬教授研究海洋渔业社会，关心的是如何"走出海洋渔业生态环境的困境，实现渔业社会协调发展"③。张国玲先生把"海洋社会"看作是"21世纪""亟待研究的课题"，并从"在全球化和生存关怀的语境中"发现其"特殊意义和价值"。他让海洋社会负载的事业不限于海洋事业，而是"经济发展、科技进步、生态平衡、法制健全、文化繁荣的统一"④。宁波先生"分析""探讨""海洋社会与海洋社会学"在很大程度上是因为注意到"海洋成为世界瞩目的焦点"，而"全球目光"在"海洋"上的"聚焦"是有方向性的———一种可以用那句古老的格言"谁控制了海洋，谁就控制了一切"来标示的方向。⑤ 总之，朝向或大或小的海洋事业。研究者或追忆历史上创造的海洋事业的业绩，或憧憬海洋事业未来的辉煌，并把他们的追忆和憧憬与海洋社会连在一起。

我国的确有辉煌的海洋事业的历史，虽然明清王朝政府对海洋事业的发展设置了种种障碍，传统的大陆文明对海洋事业的发展产生了极大的限制。

杨国桢先生为传统史学未能充分反映我国历史上海洋事业的伟业而做的一段

---

① 杨国桢：《闽在海中——追寻福建海洋发展史》，江西高校出版社2007年版，第92~94页。
② 杨国桢：《海洋迷失：中国史的一个误区》，载《东南学术》1999年第4期，第31页。
③ 同春芬：《海洋渔业社会的和谐发展》，载《自然辩证法研究》2006年第8期，第8页。
④ 张国玲：《构建和谐的海洋社会》，载《海洋开发与管理》2007年第6期，第21页。
⑤ 宁波：《关于海洋社会与海洋社会学概念的讨论》，载《中国海洋大学学报》2008年第4期，第18页。

甄别性的评论很有代表性。他说：

"海洋也是中华文明的一个要素，悠久的海洋活动是中国大传统下一个小传统，古代中国环海地区在区域海洋时代是一个可与欧洲地中海海洋文明区、印度洋海洋文明区并列……汉、唐、宋、元的海洋交通雄踞世界前列，也是举世公认的。在全球性海洋时代，即'地理大发现'之后，中国的海洋活动也并非传统史学文本所载的那样苍白无力。16～18世纪，中国海商在马六甲以东的亚洲海域的海贸竞争中，占居着优势。中国官方从明中叶的海洋退缩到晚清的重返海洋，并非只是外来刺激的反应，更有其内在的因素。然而，我们的许多中国史文本仍是没有海洋区域、海洋经济、海洋社会、海洋文化的观念，仅仅把中国海洋发展的成果置于农业、手工业经济和中外经济文化交流的层面分别加以表述，实质上是把海洋发展当作传统农业文明从中心向边缘的扩散。"①

从这段话里我们可以读出中国历史上的海洋事业的业绩。第一，一个总的评价："海洋也是中华文明的一个要素，悠久的海洋活动是中国大传统下一个小传统"。第二，在"在区域海洋时代"以我国为中心创造了"'亚洲地中海'海洋文明区"。其中在"汉、唐、宋、元"历朝历史上，我国的"海洋交通"都是"雄踞世界前列"。"事实上，中国比西欧更早环抱（疑为'拥抱'，引者注）海洋，有自己的传统海洋经济和海洋社会，并以渐进的方式向近代转型。"② 第三，"在全球性海洋时代"，中国的海洋事业并不落后。"16～18世纪，中国海商在马六甲以东的亚洲海域的海贸竞争中，占居着优势"。清末政府开始重视海洋有来自我国海洋事业本身的"内在的因素"。

除杨先生之外，许多研究者都已注意到我国历史上海洋事业所取得的业绩。比如徐凌先生认为，"中国航海传统悠长丰富，航贸之利也是早已为人民所认识和追逐"③。海洋事业不仅已经留下光辉灿烂的过去，而且其未来的前进更不可低估。所谓"海洋世纪"的说法已经充分地表达了海洋对于今天和未来的重要性。正是这样的重要性促使历史学家们也不得不对海洋做"登高放眼"的观察。杨国桢先生谈道：

"20世纪，随着世界人口的快速增长，陆地生存空间紧张，海洋空间成为人类的一种生存预求。从围海造地到设计建立人工岛屿、海上机场、海上油气平台、海上城市、水下居室、海底酒店海底隧道、海底工厂，反映了这种渴望。陆

---

① 杨国桢：《海洋迷失：中国史的一个误区》，载《东南学术》1999年第4期，第31页。
② 杨国桢：《关于中国海洋社会经济史的思考》，载《中国社会经济史研究》1996年第2期，第3页。
③ 徐凌：《中国传统海洋文化哲思》，载《中国民族》2005年第5期，第27页。

地资源紧缺、环境恶化，渴求从海洋得到弥补，驱动了人类对立体海洋空间的瓜分。"①

人类向海洋进军的大趋势预示着海洋对人类的重要性的提高，预示着海洋事业新的业绩。杨先生把海洋称为"经济发展的重要支点"，对未来海洋事业的前景，尤其是在经济上的前景做了一个粗线条的勾勒：

"海洋有丰富的生物、矿产资源，是巨大的自然资源宝库，是人类食物、工业原料、能源和药物的重要来源，支持人类持续发展的宝贵财富。海洋给人类提供食物的能力，估计等于全球农产品产量的一千倍，未来人类所需要的蛋白质将有80%来自海产品。全世界海洋理论上每年可供捕捞的自然生产的水产品2亿多吨，是目前每年实际捕捞总量的3倍。海洋是全球大通道，世界贸易总值，70%以上来自海运。全世界旅游收入，1/3依赖海洋。海水可以直接利用为工业冷却水、市政用水、生产工艺用水，可以综合利用海水化学资源，深加工为各类化工产品；还可以通过海水淡化成为生活用水，解决沿海地区缺水问题……技术发展显示，未来通过遗传改良和基因工程、细胞工程技术，培育耐盐作物，发展海水灌溉农业，让陆生植物重返海洋，可以缓解粮食安全和水资源短缺对陆地农业的压力。海洋能（潮汐能、波浪能、海流能、温差能、盐差能）是依附于海水的可再生性能源，总蕴藏量（可用量）在30亿千瓦以上。海洋石油和天然气蕴藏在水深300米以上的被动大陆边缘，预计储量有1.4万亿吨。占地球表面49%的国际海底区域，蕴藏丰富的多金属结核、富钴铁锰结壳、热液硫化物等陆地战略性替代矿产。在水深大于300米的大陆边缘海底与永久冻土带沉积物中，有天然气水合物成藏。1立方米的天然气水合物，可释放出164立方米的甲烷气体和0.8立方米的水，估计全球的资源量为2亿亿立方米，其所包含的有机碳总量相当于全球已知煤、石油和天然气总储量的两倍，够人类使用1000年。"

"海洋是人民生活的重要依托。居住、游泳、划船、钓鱼、观光是沿海人民的生活方式。世界经济、社会、文化最发达的区域，集中在离海岸线60公里以内的沿海，人口占全球总人口一半以上。目前，世界上每天有3 600人移向沿海地区。同时海洋也有很高的生态价值，包括气体调节、干扰调节、营养盐循环、废物处理、生物控制、生境、食物产量、原材料、娱乐和文化形态，可以为人类的和谐发展提供重要的支撑。"②

从丰富的生物资源到全球连通的海洋通道，无与伦比的承载运输的能力，从

---

① 杨国桢：《人海和谐：新海洋观与21世纪的社会发展》，载《厦门大学学报》2005年第3期，第37页。

② 杨国桢：《人海和谐：新海洋观与21世纪的社会发展》，载《厦门大学学报》2005年第3期，第38页。

种类繁多的矿产资源到广大的休闲场所和多样的娱乐项目支撑能力，再到强大的生态服务功能，海洋是不可替代的宝库家园。如此美丽的画卷，美丽的海洋事业的画卷展现在人们面前，怎么能不让更多的人"趋海"而动，怎么能不让兴业置产的企业家向海洋转移资本，怎么能不让政治家们为规划海洋发展蓝图而调动高参、智库。无须再罗列更多专家的论证，再测量、计算海洋的潜能，我们已经可以做出如下的判断：海洋事业即创造了历史，也代表着未来。

正是海洋的无穷潜力引起了各国对海洋的重视。《中国海洋21世纪议程》对此有明确的判断："21世纪是人类全面认识、开发利用和保护海洋的新世纪……从全世界范围来说，海洋新世纪应当是多数国家全面认识、开发利用和保护海洋的世纪。"[①] 正是因为海洋代表着未来，才促使许多学者极力提倡加强海洋人文社会科学的研究。[②] 也正是因为依托海洋可以成就伟大的海洋事业，才促使一些学者关注社会的发展，投身对海洋社会及相关问题的研究。

著名海洋管理学家鹿守本先生因注意到经济和社会发展的密切联系而批评我国没有把海洋社会建设放在应有的地位来对待。他说：

"经济与社会不仅是一个相互依存、密不可分的共生体，而且经济是社会存在与发展的基础，一切经济活动都是为了改善、提高社会的民生。基于两者的这种本质联系，因此国家的战略、政策、规划计划在经济与社会的发展上，一般都予以同步安排，如美国2004年发布的《美国海洋行动计划》、2005年发布的《规划美国海洋事业的航程》、2007年发布的《规划今后十年美国海洋科学事业》等。不知何种原因，我国海洋或海洋经济、科技的规划、计划的编制一直不含海洋社会发展的内容安排，或者分量严重不足。这不仅制约了海洋社会事业的发展，同时也造成海洋社会学研究的整体空白和薄弱。这是亟待解决的一个问题。应在海洋经济与社会协调可持续发展的理念下，大力推进海洋社会学理论和实践的研究，建立相应的管理制度及技术规范与标准。"[③]

无疑，鹿先生希望国家把海洋社会发展列入"海洋或海洋经济、科技的规划、计划"，希望把"海洋社会发展的内容"写进这些规划、计划。

闫臻先生虽然意识到"传统社会与现代社会的断裂"，注意到"人类观察社会和认识生活世界的思维方式"需要"革命"，或者已经发生"革命"，但他仍

---

① 国家海洋局：《中国海洋21世纪议程》第一章第一节。

② 杨国桢先生认为，"人类向海洋进军力度的加深"，不仅"造就了海洋科学和海洋高新技术的发展"，也"刺激了海洋人文社会学科的兴起"。尽管我国的"海洋人文社会学科的建设""才刚起步"，但杨先生预言，我国的海洋人文社会学科的"前景是光明的"。所以他才积极"扶持海洋人文社会学科"，希望其"尽快成熟起来"（参见杨国桢：《论海洋人文社会科学的兴起与学科建设》，载《中国经济史研究》2007年第3期，第114页）。

③ 鹿守本：《当代海洋管理理念革新发展及影响》，载《太平洋学报》2011年第10期，第7页。

然认可社会学"关注现实社会问题"的特点，并把"社会学研究海洋社会"看做是"人与自己的生存空间互动"。他要赋予作为人类"生活空间"的海洋以"社会性"，把它变成"社会结构的构成部分之一"①。这可以说是给"海洋社会"与海洋事业找到了最佳的结合，或者说是二者结合的最高境界。

到这里，海洋社会已经与海洋事业实现了理想的对接。但是，这个对接却未必完美。上文对海洋社会粗略的考查会促发我们提出以下怀疑：第一，历史上的海洋伟业都是海洋社会创造的吗？第二，海洋社会真的能够创造 21 世纪人类所期望的海洋事业吗？或者反过来说，21 世纪伟大的海洋事业能够指望海洋社会来创造吗？

品读以往研究者对海洋社会的分析和设计，可以感觉到研究者对海洋社会现状和海洋社会建设历史的不满。他们盼望着出现或建设起更有创造活力或具有更大的创造能力的海洋社会。这种期盼可以概括为对海洋社会的如下三种设计：

（一）以文化划界的海洋社会

如前所述，对海洋社会的"通常的解释"是兼顾地域和文化两个方面的。下面要提到的研究者，大致来说也都主张赋予海洋社会地域和文化两个特征。所不同的是，不同的研究者对地域和文化的重视程度不同，在他们所定义的海洋社会中，地域和文化对海洋社会概念的扩展能力也有大有小。接下来谈道的就是更为重视文化，从而借助于"文化扩张"实现海洋社会扩张的见解。

闫臻先生对海洋社会的一般描述是兼顾地域和文化的。比如，他谈道："一个共同体被称作社会，是有其特点的。首先，社会是有组织、有文化的系统，人们是按照一定的文化模式组织起来，共同生产和生活。其次，它具有明确的区域界限，存在于一定的空间范围内。"但他对文化这个特点似乎格外重视。他认为，"社会的存在和维系除了经济、技术等因素的支持外，一个很重要的观念就是，社会不仅指地域上的联系，而且还应该靠一种文化，靠一种成员的认同感和归属感把人们聚集在一起的。而且，海洋社会本身具有特殊性，不是传统意义上的地域性社会……要维持和成为人们的一种生活方式的话，需要一种共同的群体意识和文化认同。"由于"海洋社会"具有不同于"传统意义上的地域性社会"的"特殊性"，所以，文化对于这种社会的意义就变得格外重要。他说：

"维系海洋社会的……最终是靠文化认同（cultural identity）。传统社会的文化认同通常源自亲缘与地缘连带的血缘关系认同、祖籍地认同、身份认同、宗教信仰认同、惯例习俗认同、价值观念认同等。海洋社会的群体以其对于所属的文

---

① 闫臻：《海洋社会如何可能——一种社会学的思考》，载《文史博览》2006 年第 24 期，第 57 页。

化载体（海洋），以及由此形成的归属感（sense of belonging）及内心的承诺（commitment）来形成，也同样以文化价值和文化习俗等因素构成的文化属性来组织海洋社会的文化认同。在社会层面上文化认同以文化为凝聚力，整合和表征着多元文化中的人类群体。我国的很多沿海地区就是这样建构着自我生存的社会。比如，在广东、福建、澳门、香港沿海，妈祖文化所形成的海洋生活认同，以及象征人们一种文化寄托的妈祖庙、天后庙，以及各地的妈祖巨像，不仅见证了这些地区发达的海河航运，也见证了海洋社会中人的生存状态和生活历史。"[1]

这里说的社会的文化维系，在很大程度上是把一定社会的兴衰、存亡寄托于文化的凝聚力。这符合原初意义上的社会的情况，但闫臻先生关心的不是一定社会的文化规定性，而是在文化多元的世界里，按照他对海洋社会的文化假设，寻找海洋社会的疆界。所谓"以文化为凝聚力"就是以他提到的"妈祖文化"等为旗帜，寻找可以"整合和表征"的"个体"或"群体"，把这所有可以"整合和表征"的"个体"或"群体"都纳入他笔下的海洋社会。这显然是"扩张"的逻辑，就像把所有到佛教寺庙里去烧香的香客都算作是佛教徒一样的逻辑。

（二）以地域划界的海洋社会

如前所述，学者们对海洋社会的界定一般都兼顾了地域和文化两大特征。[2]对海洋社会的这一基本共识决定了研究者对海洋社会的研究少不了地域这个"视角"。事实上，不少学者除了从文化上给海洋社会寻求"虚拟的"空间扩展之外，也从地域上为海洋社会寻找实实在在的"空间"，甚至是立体空间。

张开城先生显然更为重视地域对于海洋社会的意义。他认为："海洋社会是人类社会的重要组成部分，是基于海洋、海岸带、岛礁形成的区域性人群共同体。"虽然他同时也认为"海洋社会是一个复杂的系统"，其中包含着"人海关系和人海互动、涉海生产和生活实践中的人际关系和人际互动"等等，但"海洋社会"作为一个"有机整体"[3]却还是以地域为根本特征的，是"区域性"的社会群体。这样的判断与考古学上发现的海洋社会均处于"沿海"具有形式上的一致性。更为重要的是，这样的判断为海洋社会提供了走向深海、走向陆

---

　　[1]　闫臻：《海洋社会如何可能——一种社会学的思考》，载《文史博览》2006 年第 24 期，第 56 页。
　　[2]　例如，宁波先生认为："关于'社会'的理解基本上都达成这样一些共识：（1）社会由一群有共同文化（其实文化已经构成了社会关系）与地域的个人与群体组成。这种共同的文化与地域为个人与群体的互动提供了基础。（2）基于共同的文化与地域，人们形成了各种互动关系或者社会关系。这是有别于动物种群自然生态关系的一种人类创造的产物。"（参见宁波：《关于海洋社会与海洋社会学概念的讨论》，《中国海洋大学学报》2008 年第 4 期，第 18 页）
　　[3]　张国玲：《构建和谐的海洋社会》，载《海洋开发与管理》2007 年第 6 期，第 21 页。

地、走出国门的巨大空间。其他一些研究者正是利用了"地域"边界的可延展性扩展海洋社会的空间的。主要扩展方向有 3 种：

第一，让海洋社会上岸。杨国桢先生谈道："海岸区域间接进行海洋性实践活动的群体，是'船上社会'的支持和后援力量，与'船上社会'构成联动的系统，生产与生活和海洋结下不解之缘，行为方式也深受海洋的影响。"[①] 产业上和文化上的"联动"可以把"船上社会"与在"海岸区域间接进行海洋性实践活动的群体"连接起来，形成崔凤先生所说的"依赖海洋和深受海洋影响"的"区域性社会"，即"海洋区域社会"[②]。常城先生也直接把它叫作"海岸带社会"[③]。我们之所以把码头社会与海商社会、海运社会合并为海洋社会的一类，也是因为考虑到了海上与岸上活动的互补性、连续性等。杨先生所说的"连接"可以把海洋社会引上岸，崔凤先生所说的"影响"可以深入内地，而且不必一定通过江河，不同利用海河连通的自然条件。首先，海岸带陆域具有极大的伸缩性。按照杨先生的说法，"海岸带陆域，小则以海岸线向陆地延伸若干米或若干公里为界线，大则以拥有海岸线或岛岸线的市、县为单位，或以沿海省为单位。"[④] 海岸带区域的扩大就可以造成海洋社会地域范围的扩大。[⑤] 其次，海洋社会具有潜在的扩张能力。史伟先生认为，"海岸带陆域是海洋区域的基本构成之一，在其中进行的一部分陆地社会经济文化与海洋具有程度不同联系，属于海洋不可分割的一部分"。海岸带陆域面积的大小在"海洋发展的不同领域和阶段"有大小的变化，当然总的趋势是逐步变大。他说：

"在海洋经济的低级层次，海岸带陆域的经济发展受海洋经济辐射、牵引较少，海洋经济区域中海岸带陆域范围较狭；海洋经济发展进入中级层次，随着与海洋经济构成有机整体的陆地经济活动空间的拓展，海岸带陆域也得到扩展；高级层次的海洋经济借助市场的力量与更多的陆地经济活动发生密切的联系，海岸

[①] 杨国桢：《海洋世纪与海洋史学》，载《文明》2008 年第 5 期，第 9 页。

[②] 崔凤：《海洋与社会协调发展：研究视角与存在问题》，载《中国海洋大学学报》2004 年第 6 期，第 129 页。

[③] 常先生把海岸带社会看作是"海洋社会"的一种类型。他说："海洋社会包括海岸带社会、船上社会、移民社会的社会组织与管理，是各种海洋社会群体的组合，海洋社会主体的行为方式、生活方式和陆上社会既有联系又有区别。"（参见常城：《近代中国海洋社会经济史研究述评》，载《商丘职业技术学院学报》2011 年第 6 期，第 85 页）

[④] 杨国桢：《论海洋人文社会科学的概念磨合》，载《厦门大学学报》2000 年第 1 期，第 97 页。尽管杨先生在这里对海岸带陆域所做的界定不是以说明海洋社会为目的，但从杨先生的其他论述、其他作品中的论述可以看得出来，他认为海洋社会的区域特点与海洋区域之间存在着密切的，至少是一定的联系。

[⑤] 管理上的海岸带的宽度是认为"裁定"的，它具有很大的弹性。在这个意义上，杨先生的判断是十分正确的。但海岸带的认为扩展不必然带来海洋社会地域空间的扩张。

带陆域也因之占据愈多的陆地空间。"①

按照史伟先生的发展观，我们完全没有必要为海洋社会的现在和未来担忧，海洋社会一定会越来越壮大。其前景可能是杨国桢先生所说的"海洋国家"②。这是因为，完全可以想象"超高级层次"的"海洋经济"可以与整个陆地上的"经济活动发生密切的联系"，从而"海岸带陆域"可能"占据"全部的"陆地空间"。但是，"海洋经济活动"向内陆地区所为的空间扩展，以及与此相应的"海岸带陆域"的扩展并不等于海洋社会也必然如此扩展开去。

第二，让海上社会深入海底或浮在水面。按照海洋区域就是"海洋社会群体聚结的地域"的判断，不仅"沿海城市、岛屿、渔村"等可以是海洋社会的根据地，而且海底也可以容纳海洋社会，海面可以浮载海洋社会，因为人类已经有能力克服海洋的漂泊、颠簸而定居于水面，可以不必等待进化出新的呼吸系统就居住在海底。日本不就有在海上建设"大型浮式构筑物"的提案吗？③ 杨国桢先生对可能开发的海底海洋社会似乎也给予了认可。④

第三，让海洋社会向域外扩展。以海洋为出发点的活动既可以朝向就近的陆地、岛屿，也可以朝向遥远的"世界"。在不以政治国家为前提的话语体系中，从海洋这个出发点可以走向任何一个方向，也不存在域内域外的分别。在这个意义上，只要研究者赋予海洋社会沿海平面向四周扩展的功能，海洋社会便自然取得了走向被政治国家视为域外的区域的可能。这是我们按照区域海洋社会的概念推导出来的逻辑结论，也是一些论者的看法。"可以跨越洲界、国界"的"海洋区域"与如此扩展的海洋社会就是相呼应的。杨国臻先生说：

"海洋区域的'人地相关系统'，有政治的、经济的、军事的、社会的、法律的、语言文学的、民族的、宗教的等不同小系统，它们的'疆界'既有重叠，又不完全一致，这是人类社会生活的多样性造成的。它可以是海洋学意义上的海区，也可以是根据一定的自然条件和某种目的人为划定的海洋地域范围。大的可

---

① 史伟：《调适与磨合：海洋人文社会学科中的海洋区域》，载《经济研究导刊》2011 年第 36 期，第 214 页。

② 杨国桢先生设想一条由渔民社会到海洋国家的海洋社会发展路线。他谈道："海洋社会与海洋经济的兴衰相适应，有不同的层次，最初只是个别海洋沿岸地区和岛屿上的生产生活群体，进为一定海域的'渔村社会'、'海商社会'、'海盗社会'、'海洋移民社会'的组合，再进一步发展为面向海洋的开放型社会体系，形成'海洋区域'（以海洋发展为社会驱动力的海洋沿岸地区、岛屿和海域）和'海洋国家'（以海洋发展为国策的海洋沿岸国家或岛国）。"（参见杨国桢：《关于中国海洋社会经济史的思考》，《中国社会经济史研究》，1996 年第 2 期，第 3 页）。不过，本书对海洋国家有另外一种期待，参见第十六章。

③ 宋宁而：《日本海洋社会研究初探》，载徐祥民：《海洋法律社会与管理》（2009 卷），海洋出版社 2010 年版，第 359～386 页。

④ 在杨先生所说的海洋经济发展的"高级层次"就有包括"海底城市"在内的"新兴的""海洋社会"（参见杨国桢：《中国需要自己的海洋社会经济史》，载《中国经济史研究》1996 年第 2 期，第 109 页）。

以跨越洲界、国界，如'亚太地区'、'北大西洋区'等，小的可是地方性的海岛县以至某片'海洋养殖区'等。但不管如何，它们都有某种利益关系或相互依存的联结点，包括相互撞碰和冲突。"①

"人地相关系统"这一概念具有冲出国家主权界限的基因，这种基因生长出来的海洋社会演出走向域外的剧作是再自然不过的事情了。

史伟先生的"利益关系海域化"给杨先生的"人地相关系统"加入了价值成分——利益。他说：

"对以研究人类活动为主的人文学科而言，它所界定的'海洋区域'……有别于自然科学的主要标志，就在于具有'利益关系海域化'的本质特征。所谓'利益关系海域化'，是指由某种利益关系的海域共同体。人文学科研究中的'海洋区域'便是这些由利益关系而结成的共同体的活动范围。"②

如果说从"人地相关系统"的概念中还只是潜藏着海洋社会走向域外的倾向，那么，"利益关系海域化"就给海洋社会实现向域外的扩张提供了动力——利益驱动。在不考虑国家的政治要求或可能的限制（诸如"禁海令"那样的限制）的前提下，海洋社会将按照利益价值的指引走向世界上的任何一个地方。常城先生笔下的海洋移民不就是走向世界的海洋社会吗？常先生把"海洋移民"看作是"从海岸带移向岛屿、海外地区"的"社会群体"，是"开发利用海洋资源和海洋空间的延伸性、发展性行为"。这些群体也"是展现中国历史海洋性一面的重要社会群体"③。

不管是"人地相关系统"的地域扩张基因，还是"利益关系海域化"的利益驱动，都给海洋社会安插了走向世界的翅膀。可以想象，海洋社会有发展成海洋世界的可能。借用杨国桢先生的话，我们可以领略一下"海洋世界的空间结构"。杨先生说：

"海洋性实践活动包括直接的和间接的开发和利用海洋的活动，舟船是它的主要载体。舟船把它航行的所有起点和终点的陆地的海岸区域相连接，形成海洋区域的社会网络，因此海洋世界的空间结构，是由大陆海岸区域、岛屿、海域组合而成的。"④

杨先生并不是说有一个覆盖全球的海洋世界，而是用"海洋世界的空间结构"对由舟船"航行的所有起点和终点""连接"成的"社会网络"的一个比

① 杨国桢：《论海洋人文社会科学的概念磨合》，载《厦门大学学报》2000 年第 1 期，第 96 页。

② 史伟：《调适与磨合：海洋人文社会学科中的海洋区域》，载《经济研究导刊》2011 年第 36 期，第 213 页。

③ 常城：《近代中国海洋社会经济史研究述评》，载《商丘职业技术学院学报》2011 年第 6 期，第 85 页。

④ 杨国桢：《海洋世纪与海洋史学》，载《文明》2008 年第 5 期，第 9 页。

喻性说明，但是，我们却可以说杨先生的"海洋世界"是被赋予了坚实的地域基础并取得利益驱动力的海洋社会发展的可望前景。

（三）以经济活动划界的海洋社会

杨国桢先生赋予海洋社会的最突出的特点是经济。他给海洋社会的定义是："海洋社会，指向海洋用力的社会组织、行为制度、思想意识、生活方式的组合，即与海洋经济互动的社会和文化组合。"[①]

"向海洋用力"恐怕主要是经济活动，至少是以经济活动为中心。"与海洋经济互动"的说法也已指明了经济在海洋社会构成中的地位。而下文把海洋社会"初始"状态概括为在"沿海和海域专业从事海洋活动"的"群体"[②]更充分地表达了海洋社会的经济特征。

如果说地域意义上的海洋社会存在着向四周扩展的空间，那么，经济意义上的海洋社会，如果不加限制的话，向外扩张的势头会更猛，因为经济在很大程度就是受上述"利益关系"或"利益"推动的。在利益的强大推动力之下，不仅"以海洋为对象的经济活动"会迅速发展起来，而且这"以海洋为对象的经济活动"还会向不以海洋为对象的领域延伸，造成"以海洋为对象的经济活动"和非"以海洋为对象的经济活动"的结合或配合。史伟先生笔下的"海岸带陆域"向内陆的不断扩展不就是海洋经济从"初级层次"到"中级层次"、"高级层次"不断升级的结果吗？总之，以经济活动划界的海洋社会也会发生与以地域划界的海洋那样的扩张能力。

不管是"以文化划界的海洋社会"、"以地域划界的海洋社会"，还是"以经济活动划界的海洋社会"，都具有"宏大"的特点。海洋社会不能不"宏大"，因为只有"宏大"才能与历史上"宏伟"的海洋业绩相匹配，因为只有"宏大"才能与被研究者展望的辉煌的海洋事业相协调。

然而，宏大的海洋社会与宏伟、辉煌的海洋事业之间的这种对应关系，发生在研究者笔下的这种对应关系，并没有回答前文提出的两个问题：第一，"历史上的海洋伟业都是海洋社会创造的吗？"第二，"海洋社会真的能够创造21世纪人类所期望的海洋事业吗，或者反过来，21世纪伟大的海洋事业能够指望海洋社会来创造吗？"要知道，这两个问题是寻找创业主体的发问。这两个问题中的海洋社会必须是有创造力的人的群体或人的组织，而这个组织还必须与业绩之间具有对应关系。

---

①② 杨国桢：《关于中国海洋社会经济史的思考》，载《中国社会经济史研究》1996年第2期，第3页。

"历史上的海洋伟业都是海洋社会创造的吗?"回答是否定的。杨国桢先生对历史上的海洋伟业的"甄别"不能直接说明那些伟业是由海洋社会所创。从"悠久的海洋活动"可以推断出海洋社会的历史也可能不短,但无法说明海洋社会十分发达。以我国为中心创造了"'亚洲地中海'海洋文明区"的事实丝毫不能说明那就是海洋社会的历史;"汉、唐、宋、元""雄踞世界前列"说的是"海洋交通",而不是海洋社会,尽管海洋交通对海洋社会的发展会有一定的影响。

徐凌先生所说的"航贸之利""早已为人民所认识和追逐",只能说明海洋开发动力早已产生,无法说明"认识和追逐""航贸之利"的人们一定组成了海洋社会,一定要组成海洋社会。"明清乃至近代以来"在"沿海地区"形成了"以市场为纽带的市镇网络"。这说明那时的经济生活已经形成了海洋和陆地的紧密连接,已经建立了连接内地和沿海的市镇网络等,但这不能直接说明海洋社会已经建成到什么样态。我们可以根据"广袤的内陆地区对海洋产品的需求"推断出海洋产业的发达,但却无法由此推断出海洋社会是怎样发达,尽管这种"需求"可以为猜测海洋社会的状态提供有参考价值的信息。

"海洋社会""能够创造21世纪人类所期望的海洋事业吗","21世纪伟大的海洋事业能够指望海洋社会来创造吗?"回答也是否定的。杨国桢先生把海洋称为"经济发展的重要支点"。这个判断没有错,但从这个判断中推导不出海洋社会一定就是"经济"与"海洋"之间的唯一联络站。在杨先生向我们展示的21世纪海洋事业的动人画卷中显然活动着众多的角色。它不是对海洋社会的写真,而是对中国海洋事业甚至是全人类的海洋事业的美好前景的憧憬。鹿守本先生呼吁"国家的战略、政策、规划计划"重视"海洋社会发展",但支持他的如此动议的理由却来自"经济与社会"之间的关系。被他引为佐证的《美国海洋行动计划》、《规划美国海洋事业的航程》、《规划今后十年美国海洋科学事业》等并不是海洋社会建设的号角。它们规划的是海洋事业的发展,不是海洋社会的发展。

总之,"海洋事业即创造了历史,也代表着未来"这个令人鼓舞的判断不能说明海洋社会在历史上如何,在未来怎样。如果说不少研究者把历史上的海洋业绩不恰当地记在海洋社会的功劳簿上了,那么,同样,研究者们也把未来海洋事业发展的希望不恰当地寄托于海洋社会了。

研究者们为了创造宏大的从而也是力量强大的海洋社会,从文化、地域、经济等方面对海洋社会做了扩张的解释,而这些解释导致了海洋社会概念,一般来说也是解释者所认同的概念,因不堪鼓吹之剧烈而破裂。比如,几乎所有的海洋社会研究者都认同海洋社会的"开拓、进取、冒险精神"等文化特征。[①] 在这些研究者赋予海洋社会以"地域"扩张功能,把海洋社会在地域上扩大到广大的陆域,甚至"占据"全部的"陆地空间"之后,海洋社会如何保持其"开拓、进取、冒险精神"的文化特征呢?难道说只要地处内陆的某个区域被纳入海洋社会的"海岸带陆域",在这内陆生产生活的人们就自然变得富有"冒险精神"?难道说不管多么深远的内陆,只有海洋社会的"经济活动"与这个区域发生了"联系",或者"密切的联系",这个区域的居民就自然染上进取、开拓、冒险的精神?被研究者扩张的海洋社会还占领了"海底区域"。那么,是不是人一旦住进海底就自然产生冒险精神,或者只有已经具备海洋社会的特有精神——"进取、开拓、冒险"的人才会住进这海底城市呢?再如,许多研究者都承认"继承性"是作为人的组织的社会特征。闫臻先生对社会的界定包含这一特征。宋宁而先生认为"海洋社会群体""区别于其他群体的最为独特之处在于其通常拥有从事或参与涉海活动的共同祖先、共同文化、共同语言"。这一点是海洋群体的自我认识,"其他群体"也是据此"认定其作为独特社会群体的存在"[②]。这一判断揭示了典型海洋社会的强烈的继承性。杨国桢先生笔下的"海外移民社会"[③] 也明显具有这种继承性。这种社会由我国移居国外的人们组成,保持(继承)中华民族的血统和区别于移居地文化的文化传统等。当研究者借助于地域、经济等的扩张使他们笔下的海洋社会得到壮大之后,社会的继承性便无法保持了。常城先生的"海岸带社会"无法保证其成员的"来源共同性"[④]。那"小则以海岸线向陆地延伸若干米或若干公里为界线,大则以拥有海岸线或岛岸线的市、县为单位,或以沿海省为单位"的海岸区域难以成为具有"来源共同性"的海洋社会的计量单位。

海洋社会扩张解释导致社会概念破裂的情况提醒我们对扩张的解释做重新审视。上文已经谈道对海洋社会的考察结果:在现实生活中存在的可鉴别的海洋社会主要就是渔村社会、海运社会、海商社会、码头社会、海盗社会、盐民社会等类型。它们是实际存在的海洋社会,是作为社会组织、社会单元的海洋社会。

可以看得出来,海洋社会并不是十分繁盛的一种社会类型。用许多研究者都难以舍弃的"陆地文明"的眼光来看,不管是渔村社会,还是海洋移民社会,都不是社会的主流,海盗社会则带有"反社会"的色彩,海运社会、海商社会、

---

① 例如,宋宁而先生对海洋社会的文化就有如下评价:"'逐海寻利',使海洋社会群体获得了异于农耕文明群体的开拓、进取、冒险精神的社会评价。"(参见宋宁而:《群体认同:海洋社会群体的研究视角》,载《中国海洋大学学报》2011年第3期,第27页)

②④ 宋宁而:《群体认同:海洋社会群体的研究视角》,载《中国海洋大学学报》2011年第3期,第23页。

③ 杨国桢:《中国需要自己的海洋社会经济史》,载《中国经济史研究》1996年第2期,第108页。

码头社会等类型尽管与人类走进海洋时代的历史进程相合，但也不足以担当这个时代的代表。或许正是注意到了海洋社会与海洋时代的不相宜，而研究者们希望海洋社会与海洋时代同步发展，所以才有关于膨胀的海洋社会解释——一种愿望社会，一种加进了"期盼"内容的社会概念。然而，这样的努力并不能产生理想的结果，原因在于社会组织逐步衰退是大势所趋，海洋社会概念的扩张解释无法改变海洋社会逐步萎缩的趋势。

人类进入新石器时代以来曾建立了多种社会，包括农耕社会，采集社会，狩猎社会，渔捞社会，游牧社会，兼用采集、狩猎、农耕，或兼用采集、渔捞、农耕等生存手段的社会，笼统说来就是 7 种社会类型。经过人类历史发展的不断筛选，农耕社会、游牧社会和渔捞社会越来越发达，而狩猎社会逐渐萎缩，采集社会则慢慢退出了历史舞台。[①] 在广袤的中国陆海疆域内，最有生命力的三种社会类型——农业社会、游牧社会和渔业社会发展成为中国的主流社会类型。杨国桢先生曾对海洋文明在世界历史上的地位做过如下说明："海洋在世界历史体系和结构中应该不只是一个陆地文明之间交往联系的场所，而且还是一个与农耕世界、游牧世界对话、交流、互动的角色。"[②] 这里说的是 3 个"世界"的"对话、交流、互动"，而这 3 个"世界"的主体就是 3 种类型的社会——农耕社会、游牧社会和渔业社会。斯热文先生曾把"草原文化与海洋文化"看作是"辉煌灿烂的中华文化不朽的奇葩"，认为它们"虽然起源于不同的时期和地区，经历了不同的发展时期和历史沉浮，但同为中华文化的重要组成部分"[③]。他所说的这两种文化，从源头上来说就是由游牧社会和渔业社会创造的。

在农耕社会、游牧社会和渔业社会向前发展的历史过程中，一种新的社会类型——工商社会诞生了。早期的商贾和手工业者是工商社会的奠基者。以蒸汽机的发明为标志的工业文明的发展使工商社会迅速壮大。在 17、18 世纪，工商社会先是在欧洲，后来在美洲的一些国家发展成为现代"市民社会"。对于农耕社会、游牧社会和渔业社会来说，工商社会是后来的社会类型。然而，这个后来的社会类型却有非同一般的品质。它是一种"人为"的社会类型，从而也是具有突破"自然"约束功能的社会类型。在其发展的历史上，工商社会先是与农耕

---

① 斯热文先生对中华民族的形成有以下描述："自从文明的曙光初照神州，中华民族就在这块古老而神奇的土地上繁衍生息，不论是草原的牧民，森林的猎民、内地的农民，还是沿海的渔民，经过不断的迁徙、演化和融合，形成了多元一体、不可分割的中华民族。"（参见斯热文：《弘扬草原文化与海洋文化优秀精神内涵促进社会和谐与发展》，载《福建省社会主义学院学报》2010 年第 5 期，第 34 页）。这一说法就包含了四种社会类型。

② 杨国桢：《海洋世纪与海洋史学》，载《文明》2008 年第 5 期，第 10 页。

③ 斯热文：《弘扬草原文化与海洋文化优秀精神内涵促进社会和谐与发展》，载《福建省社会主义学院学报》2010 年第 5 期，第 34 页。

社会、游牧社会和渔业社会并驾齐驱，而后便是渐渐取得凌驾于后者之上的地位。不幸的是，工商社会走向繁荣的结果是对自身的否定。随着城市的扩大、支持工商业发展的科学技术的发展、工商业界劳动分工走向"精细化"，工商社会归于消亡。曾经与农耕社会、游牧社会和渔业社会并驾齐驱的工商社会被淹没在城市中，淹没在不以社会组织为单位的劳动分工之中。今天，不管是在发达的欧洲，还是在现代化水平偏低的亚洲，严格意义上的工商社会都很少被保存下来的。即使是在北京的王府井、上海的南京路等著名的商业活动中心，也难以发现作为社会组织的工商社会。更为不幸的是，城市文明、工商业文明的凯歌行进不仅葬送了工商社会，而且正在以越来越快的速度瓦解农业社会、游牧社会、渔业社会。工商业的发展带来的农业的机械化甚至电气化、农村的城镇化等，使血缘纽带对社会成员的系结功能丧失，使土地对人群的吸附力大大降低，以至于它的吸附力只能影响个体的人，不能造成"整建制"的人地关系。在美国等地先行出现的只见农业，不见农村社会的现象将会越来越普遍地出现在世界各地，包括我国"广大的农村"区域。工商业的发展对海洋社会也造成了灭顶之灾。渔船船主、渔船经营者和船员的分离，渔获物的工厂化加工处理等，使捕捞渔业背后的渔民社会逐渐萎缩。海水养殖的工厂化使海洋上的"农业"比陆地上的农业更缺少吸附社会组织的功能。借助工商业创造的技术成果，海洋运输业总体上说已经告别了"家庭作坊"式的生产方式。不仅船东、货主等都是市场上的普通的潜在合约方，而且船员也都是劳动大军中的普通成员。工商文明的发展把整个社会化约为单个人与单个人的关系，化约为由临时契约连接的单个人与单个人的关系，使人与人之间的关系普遍变为临时性、职业性和具有利益取向的关系。在这样的人与人关系中，既没有特定人群的特有文化标志，也不见具有"来源共同性"的、具有稳定关系的人群。总之，经过工商文明摧古拉朽的荡涤，原有的社会组织均被瓦解，组织形态的社会被虚化。留下来的是成千上万的人们临时聚集、随机聚集的大社会。① 所谓"陌生人"的社会在一定程度上反映了社会被虚化后的人与社会关系。如果说历史上的大社会包含"人——家庭——社会——大社会"的分层结构，那么，工商文明把大社会的结构简化为"人——大社会"。在这种大社会结构中，家庭既没有参与大社会活动的功能，也不负责支撑社会。

英国社会学家布莱恩·特纳关于工业社会与社会变迁关系的判断可以对我们以上的分析提供支持。这位学者指出：

---

① 20世纪晚期日本社会学界所注意到的"城市化带来的传统共同体的解体和人与人之间关系的日益淡薄"（参见朱伟钰：《日本社会学的历史发展及展望》，载《社会科学》2007年第12期，第81页）反映的就是社会被工商文明瓦解的情况。

"伴随着工业资本主义社会的演进,或者在更一般的意义上,伴随着现代化进程的扩散,社会范畴与人类活动的其他领域或维度逐渐分离。现代工业社会不是一种自然共同体,因为它应对各种需要、满足各种需求的方式是彻底革命的,是独一无二的。而自然共同体则受制于传统,受制于满足需求与需要的传统形式或习俗形式。"①

布莱恩·特纳说的是"工业资本主义社会",其实这个社会可以改用另一个概念,即"工业资本主义时代"来表达。这个时代对社会组织的影响更多地是通过商业活动实现的。所以,他所说的"工业资本主义社会"与我们所说的"工商社会"应当是同义的。"现代工业社会"给社会发展带来的最大的也是最具革命性的影响是其"独一无二"的"满足各种需求的方式"。产业分工加上商业网络对生产者和消费者的连接,使"满足需求与需要的传统形式或习俗形式"都变得毫无价值,甚至成为"满足需求与需要"的累赘。而当来自"传统"的"满足需求与需要的传统形式或习俗形式"已经变得多余时,与这些"传统形式或习俗形式"相联系的"自然共同体",也就是"传统"的社会继续存在的合理性便大大降低了。美国社会学家鲁思·华莱士等所说的由包括"工业革命"在内的"两次革命"所引起的"农耕社会的消逝"② 就是关于工商文明对传统社会的不利影响的一个很好说明。经济的全球化正在改造一切社会,正像工业污染可以给"在冰雪上依靠捕捉海豹为生"③ 的爱斯基摩人带来灾难一样。

常城先生希望用行为方式、生活方式等作为区分海洋社会和非海洋社会的标尺。他认为"海洋社会主体的行为方式、生活方式和陆上社会既有联系又有区别。"④ 这个标尺越来越派不上用场了。原来曾经属于比如船民的行为方式、生活方式,要么已经消失,要么已经被某种职业所接受。用行为方式、生活方式这把尺子衡量的结果是不同职业、不同教育水平、不同民族、不同信仰的人群,而不是不同的社会组织。

按照刘玉梅先生的看法,海洋社会曾经历过一个从"以海为食"到"以海为陆"、"以海为(新)家"⑤ 的扩张过程。不管这个过程经过了多少岁月的积累,在工商文明之光的普照之下,它停歇了。接替这个过程的是海洋社会走向消

① [英]布莱恩·特纳:《社会理论指南·序言》(第二版),上海人民出版社2003年版,第3页。

② [美]鲁思·华莱士等:《当代社会学理论(第六版)——对古典理论的扩展》,中国人民大学出版社2008年版,第159页。

③ [英]阿诺德·约瑟夫·汤因比:《历史研究》(上),上海人民出版社1997年版,第207页。

④ 常城:《近代中国海洋社会经济史研究述评》,载《商丘职业技术学院学报》2011年第6期,第85页。

⑤ 刘玉梅:《跨文化视角下的世界海洋文化》,载《海南广播电视大学学报》2010年第2期,第20页。

亡的痛苦过程。

前已述及，研究者曾对海洋社会做扩大的解释。不幸的是，即使是扩大解释的海洋社会也很难在工商文明的冲击下取得"自立"的资本。杨国桢先生认为，"海洋区域社会与陆地农业社会相比较，人口的流动性、社会的开放性，是主要的特点。"[①] 这或许是历史上存在的地域文化差别。即使可以把这样的特点算作是海洋社会的特点，今天，用这些特点也很难鉴别出哪里、哪些人属于海洋社会。在体现工商文明特点的"经济全球化"环境中，所有的地方都是开放的，或主动开放或被动开放，开放的经济没有再给社会留出"封闭"的空间；所有地方的人都是流动的，流向城市、流向沿海、流向发达国家或地区，总之流向市场。流动性、开放性不仅不足以表达海洋社会的规定性，而且也渐渐失去界分沿海与内地文化的功能。

不管研究者是否注意到海洋社会正在消亡这一事实，是不是在接受海洋社会正走向消亡这一判断的基础上讨论人文社会科学视野下的陆海关系，研究者们客观上总是习惯于把海洋和陆地作比较对象，比如"海洋区域社会与陆地农业社会"的"比较"[②]，"海洋社会经济"与"内陆社会经济模式"[③] 对称，等等。这样的比较与另外一种比较，即海洋文明与陆地文明的比较，看起来同样合理。然而，这样的合理性却恰恰宣布了海洋社会已经从研究者视野中隐退。陆地文明的存在不能说明同样存在着陆地社会，没有人说"东临碣石"的"遗篇"或赞美这"遗篇"的作品不属于海洋文明，但不会有人相信曹操或毛泽东是海洋社会的成员。[④] 事实上，杨国桢先生长期从事的与"内陆社会经济"相对称的"海洋社会经济"研究，并不是对"海洋社会"的经济的研究。在杨先生的研究中，与经济相联系的是海洋区域或与海洋有关的产业活动，而不是海洋社会。比如，他所说的"中国海洋社会经济史"要"研究的区域"是指"中国人""有海洋经济活动"的"海域"[⑤]，而不是"海洋社会""有海洋经济活动"的"海域"。那个由"海域"和"中国海洋发展区域"构成的"不同时空、内外推拉的海洋

---

① 杨国桢：《论海洋人文社会科学的概念磨合》，载《厦门大学学报》2000 年第 1 期，第 99 页。

② 崔凤先生认为"海洋区域社会就是指依赖海洋和深受海洋影响而形成的一个区域性社会。"（参见崔凤：《海洋与社会协调发展：研究视角与存在问题》，载《中国海洋大学学报》2004 年第 6 期，第 129 页）。按照这一定义逻辑，一定存在一个"依赖陆地和深受陆地影响而形成的"陆地区域社会。另外，杨国桢专门就"海洋区域社会与陆地农业社会"作过比较（参见杨国桢：《论海洋人文社会科学的概念磨合》，载《厦门大学学报（哲学社会科学版）》2000 年第 1 期，第 99 页）。

③ 杨国桢：《中国需要自己的海洋社会经济史》，载《中国经济史研究》1996 年第 2 期，第 108 页。

④ 这与杨国桢先生所说"亲近海洋不一定有海洋文化的自觉"（参见杨国桢：《瀛海方程：中国海洋发展理论和历史文化·自序》，海洋出版社 2008 年版）的道理差不多，创造海洋文化的人未必属于海洋社会。

⑤ 杨国桢：《中国需要自己的海洋社会经济史》，载《中国经济史研究》1996 年第 2 期，第 109 页。

经济圈"① 是海洋经济圈，而不是特指由"海洋社会"建立或"构成"的经济圈。这也正像"海洋社会经济史"的"研究区域"只是"逻辑上的研究区域"②，而不是特指一定海洋社会的特定活动区域一样。

第二节　关于海洋社会发展与建设的战略构想

我们虽然对作为社会组织的海洋社会做了比较深入的发展史的研究，但本书的研究任务显然不是要复原海洋社会原貌，清理海洋社会的边界。本书的研究任务概括起来就是做海洋战略设计。这一任务不允许我们在对海洋社会的历史考查上流连忘返。可是，一旦回到海洋战略这个大题目下，海洋社会的话题明显不如海洋经济、海洋政治、海洋管理等话题那样让人激动。人们可以说海洋事业发展的核心或重点是海洋经济的发展，可以说海洋政治是海洋世纪里的政治的重要形态，也可以说海洋事业发展的好坏在很大程度上决定于海洋管理的水平。这些判断都说明对象——海洋经济、海洋政治、海洋管理等在海洋事业发展中十分重要。这些判断都暗含着这样的要求，即必须对当前的思维对象给予重视。倾听着海洋世纪的呼唤，注视着海洋事业的蓬勃发展，研究者"期盼"海洋社会的繁荣。但是，海洋社会发展的趋势却不从人愿。经济的繁荣，包括海洋经济的繁荣，政治文明的进步，包括海洋政治的进步，管理的加强，包括海洋管理的加强都在对一种趋势推波助澜。这种趋势是包括渔业社会、航运社会等海洋社会在内的社会组织的全面衰退。这是在海洋大发展历史背景下的"反常现象"。面对这种"反常"，我们需要回答海洋社会在海洋事业发展中是否还可以有所作为，在国家海洋战略中，海洋社会是否还有必要进入战略体系。

一、海洋社会的生命力及其在海洋事业发展的作用

工商文明、城市化、经济全球化造成了社会同质化。这既是发展趋势，也已经被无数事实所验证。但是，这样的判断并不等于一切社会类型都归于———同一个大社会，不等于海洋社会已经消亡。除海盗社会不属于海洋事业发展的积极

---

① 杨国桢：《关于中国海洋社会经济史的思考》，载《中国社会经济史研究》1996 年第 2 期，第6 页。

② 林枫：《海洋社会经济史视野下的商品经济研究——王万盈〈东南孔道——明清浙江海洋贸易与商品经济研究〉读后》，载《中国社会经济史研究》2011 年第 3 期，第 109 页。

力量外，渔民社会、海运社会、海商社会等还都顽强地延续着。[①]

渔民社会虽然也在经受工商文明的冲击，因劳动力的商品化、生产技能的简化、[②] 渔业产品的高度商品化等而失去原有的纯洁，但这个社会类型却也有其抗冲击能力。渔民社会与农业社会具有某些相同的特点。共同的村落和共同港湾是渔民社会的地理标志，就像农业社会有共同的村落和共同的地域。以村落和港湾为轴心，渔民社会的活动分为两部分，船上或海上的作业和渔港及市镇的鱼产品加工、贸易。正是这共同的村落和共同的港湾为渔民社会的延续提供了保障。首先，具有天然特性的港湾对于渔民社会来说是强有力的"城防工事"。这个"工事"使渔民社会不至于轻易被大社会所溶解。其次，渔民社会的村落结构，从事养殖作业的渔民对于特定海域的依赖，有利于实现这个社会在血缘上的继承性。在这一点上，渔民社会与传统的农业社会没有明显差别。再次，渔民社会的经济生活与陆地上的种植、游牧社会的游牧存在明显的陆海差别。这一界限阻碍了非渔民社会向渔民社会的渗透。虽然现代渔业早已被工商文明所吸收或笼罩，但渔业生产本身的特殊性使渔民社会可以在较长的时间内保持"出淤泥而不染"，虽出入商海，但却仍然以大海为家。最后，渔业生产工具的特殊性有利于渔民社会的延续。对于许多渔民家庭来说，船舶是其主要财产，甚至是全部家当。船舶在家庭生活中的重要性有利于防止渔民社会成员的"外流"。

海商社会由于深陷"商海"，已无独立存在的条件。原来彼此联系的海商社会、海运社会和码头社会保留下来的是以海运为中心的社会。所以，可以给这类社会以"海运社会"之称。海运社会有防止被工商社会溶解的某些基因。一般来说，海运社会都存在港口依赖、航线依赖，有时也存在产业依赖——运输船舶和其他设施、设备与特殊类型客货的联系。这些都为船运社会的延续提供了"地域"特定、社会"成员"稳定的条件。其次，海运活动需要专门的技术和经验，其从业者需要掌握专门技能，当然也包括应对海上风险的技能。[③] 港口作业，这里当然说的是广泛意义上的港口作业，比如引航、船舶检查维修等，也具

---

① 这里需要说明：盐民社会先是被工商社会吸收，而后则被工商文明融化。作为一种社会组织类型的盐民社会已经不复存在。

② 山东荣成渔村中"最受尊敬的，不是至亲长辈，也不是那些有权有势的财主"，而是船老大。"老大"，或称"老艄""最具号召力、凝聚力"，甚至资本雄厚的"渔行"也不敢得罪他们。据吴德永先生等考察，这原因就是许多作业都很复杂，而高效完成有关作业的关键是老大的指挥。渔民出海早已形成了习惯，即"绝对服从指挥"，吴德永先生也把这种情况概括为"把多数人的力量、动作、思维，完全集中在一个人的意志之下"（参见吴德永：《荣成的渔家习俗》，载曲金良：《中国海洋文化研究》（第一卷），文化艺术出版社1999年版，第146页）。船老大的此类权威建立的基础是打渔活动非常复杂，需要倚重某种经验或艺术。

③ 杨国桢：《海盗与海洋社会权力——以19世纪初"大海盗"蔡牵为中心的考察》，载《云南师范大学学报》2011年第3期，第3~4页。

有类似的特点。海运活动对从业者的技能要求限制了其他社会成员向船运社会的流入。现代船运业通过职业教育补充或扩大从业者队伍，这自然会削弱海运社会的"凝聚力"。不过，此类的"外来户"加入海运业不会造成具有"来源共同性"的那些成员所保持的社会的完整性。

海洋移民社会同样也遭到工商文明的肢解，但这种社会类型，因其成员的"异类"特征而保持着强韧的内聚力。从甲国移入乙国的居民即使进入当地的某个行业工作，也会因其对甲国的继承性而难以融入当地社会。这种继承性按其对社会的维系力依次表现为：语言、文化、宗教、民族、种族等。从事海洋产业的海外移民社会也具有上述特点。除此之外，海洋产业从业者的职业共同性也有利于海洋性的海外移民社会的凝聚。

社会不是为某种事业而存在的，但现存的社会类型却可以服务于一个民族或国家的事业。对于我国来说，所有类型的社会都有责任对民族的振兴和国家的富强贡献力量。我们也有必要思考如何发挥海洋社会在国家海洋事业中的作用问题。尽管海洋社会正在遭受工商文明的冲击，而国家所进行的现代化建设在很大程度上是工商文明的推广，海洋社会仍然可以对海洋事业的发展有所作为。这主要表现在以下几个方面：

（一）渔民社会是海洋经济发展的重要力量

我们已经把海洋渔业设为国家的"战略产业"并主张实施"战略产业扶持战略"（见本书第八章）。渔民社会无疑是海洋渔业发展的最重要的力量。国家实施渔业"扶持战略"在一定程度上应表现为对渔民社会的"扶持战略"。

（二）海运社会在海洋事业中有广阔的舞台

海洋航运业也是我们提出的"战略产业扶持战略"扶持的产业之一（见本书第八章）。如果说海洋渔业是关涉全社会的蛋白质供应的大问题，那么，不管是国民经济发展，还是海洋政治、海洋军事、海洋管理、海洋科技、海洋环境保护等的发展都离不开海运和海洋航行。海洋航运业是整个国民经济运行的大动脉。随着我国经济对外开放程度的提高，包括对国外市场和国外能源、资源依赖程度的提高，海洋航运业将成为国民经济能否健康发展的关键。海洋政治、海洋军事、海洋管理、海洋科技、海洋环境保护的发展都要通过船运来实施，甚至就是特殊的船运活动。尽管并非全部这些船运活动都由海运社会来完成，但海运社会的发达无疑对实施这些船运大有助益。

（三） 海洋移民社会是国家海洋政治战略的重要支持力量

我们设计的国家"海洋外交战略"的重要内容是"交远战略"（参见本书第十章），这一战略的实施地域是所有沿海国家甚至是所有存在我国国家利益的国家。也就是说，我国要"交"的"远"国是所有存在我国利益的外国。以我国为移出国的海外移民社会不仅是我国经济贸易的伙伴，而且是我国与移民社会居住国之间开展政治、科技、文化，甚至军事交流的桥梁。

（四） 海洋社会有助于丰富海洋文化多样性

文化的多样性不只具有丰富文化的价值，也具有增强国力、增强民族自信心和自豪感、提高创造力等多种价值。文化也可以转化为资源，从而产生经济效益。海洋社会的多样性显然有利于保持海洋文化的多样性，从而保持民族文化的多样性。

从保护文化多样性的需要来看，与其单独保护作为创造物的海洋文化，即把海洋文化同文化的创造主体分开单独保护海洋文化，或单独保护已经与文化的创造者相分离的文化成果，不如保护活着的文化，即把文化的创造者和文化产品放在一起保护，保护文化的创造者运用、丰富文化成果的活动。比如对澎湖地区的石沪文化的最好保护办法是让渔民继续使用石沪，也就是把渔民社会和石沪文化一起保护，使石沪文化和渔民社会一起发展。

（五） 海洋社会是海洋环境保护的重要力量

于淑文先生曾就渔民与海岸带环境状况之间的关系做过考察，考察的结果是："世代居住在海岸带地区的渔民，是实现海岸带保护的重要力量，但有时也可能是海洋环境的破坏者。"[①] 虽然这个调查结果包含两项相互冲突的内容——既是保护力量，又是破坏力量，但这两个方面却可以说是统一的——渔民社会既是保护海洋环境的力量，又是防止海洋环境破坏的力量。不管是为了保护海洋环境，还是为了防止海洋环境的破坏都需要渔民社会的行动。这看起来是个悖论，但这确实是两个正确的判断构成的一对矛盾。从渔民社会本然的特点来看，它是海洋环境的保护力量。以海为生的人们不可能不爱海。浙江沿海的渔民逢鱼汛时集体出海，成群渔船联合下网。每期下三天网，无论是否有收获，都一起返回渔

---

① 于淑文：《以科学发展观为指导 大力加强海岸带管理》，载《中国行政管理》2008 年第 12 期，第 82 页。

港。① 这种宁愿空手而回的做法体现了对大自然的敬畏。这种文化就具有保护环境的力量。但是，当渔民社会过度发达，渔民社会维持生计或实现谋利的需求超出海洋的供给能力时，渔民社会的行动就会给渔业资源造成破坏。在这种情况下，只有解决渔民社会过度扩张的问题才能使海洋环境问题得以解决（这是我国海洋事业发展中遇到的一个社会问题。关于如何解决这个问题的讨论见下文）。

总之，海洋社会是海洋事业发展的重要支持力量，国家应充分发挥海洋社会在海洋事业中的特殊作用。

二、海洋社会建设的任务

大致来说，海洋社会建设的任务主要有两个方面，即维护和创建。所谓维护就是维护正在受到工商文明冲击的海洋社会；所谓创建就是根据社会发展的客观规律和海洋事业发展的实际情形，在有条件时促进新的海洋社会类型的建立和发展。

人类走进海洋世界，大规模地向海洋进军，这对"海洋社会"来说既是机遇，又是挑战。一方面，政治、经济、科技等向海，人口趋海移动，工商文明在海洋上全面铺开，这对海洋社会是强大的挤压。另一方面，各业在海洋上的聚焦，既巩固了原有的某些海洋社会类型，比如码头社会、以远洋渔业为主业的船民社会等，又创生了新的海洋社会类型，比如以海洋旅游为主业的海岛社会、以休闲渔业为主业的海运社会。

对海洋社会的维护和创建是时代性的任务。社会原本是独立发展的人的集团，也就是布莱恩·特纳先生所说的"自然共同体"，而在当今时代，不管是全球化浪潮的侵蚀，是随着政治的精致化而形成的政治对社会的充分照顾，还是文化上的趋同，都使社会独立发展的空间变窄，独立发展的能力降低。今天，社会已经普遍成为被政治照顾的对象，成为统一文化下按照分工体系组成的大社会有机整体的一个部门，成为须臾不可以脱离大集体的"小集体"。所以，社会只有成为国家有意维护和建设的对象，才能得以健康发展。在当今时代，某种"社会"的繁荣在很大程度上都是国家维护和建设的结果，而不是社会自身生命力的证明。

---

① 参见钟敬文：《中国民俗史（明清卷）》，人民出版社 2008 年版，第 31 页。

（一）海洋社会的维护

在工商文明肢解、瓦解各种社会的大背景下，不管是血缘纽带，还是地域上、经济上的联系都不足以有效维持一种社会的长期存续。在政治民主的国家，在信奉自由、平等的时代，不管是与社会有关的制度，还是政治国家，都无法运用直接的强制去维持一种社会，就像不能用设置"处级道士"、"科级和尚"的办法维持道观、寺庙的香火一样。但是，这并不意味着国家对海洋社会的发展无能为力。

我们先来看渔民社会。目前，政府存在运用政策杠杆扶持渔民社会发展的空间和必要。首先，一般来说，渔民的收入偏低，劳作较为辛苦。周应棋先生谈道："在发达国家，例如美国，有些渔业中的渔民一年只干一个月，可以说在这些国家当渔民是享受生活。在我国，渔民捕鱼是为了活命。记得村里乡间有个说法，世上有三件苦事：打铁、磨豆腐、打渔。"总之，"在我国，从事渔业是一件苦差事。"[①] 如何改善渔民的生活是政府需要考虑的问题。渔民生活水平的提高有利于稳定渔民社会的成员。国家应从政策上采取措施，帮助渔民走向富裕。其次，渔民接受教育较少。一项统计资料显示，2003 年"湛江有渔民 20.6 万人"，其中"一半以上为小学及小学以下文化程度，大专以上的仅占 2.82%，仅 2% 左右参加过各种农业技术培训"[②]。国家应采取措施让渔民接受更多的教育，把渔民社会建成由接受过良好教育的新型渔民构建的社会。再次，渔民生产生活的环境破坏严重。这里所说的环境包括海洋水体和海底的污染、海洋渔业资源的匮乏、海洋生态状况的恶化和海岸带等自然形态遭破坏。上文提到，渔民既是渔业环境的保护者，同时，他们的活动也是造成海洋环境破坏的重要因素。在渔村环境、渔业环境遭受严重破坏的情况下，仅仅靠渔民的"自治"难以解决全部环境问题，甚至根本无法解决环境问题。政府需要在一般性地保护海洋环境的前提下，根据渔民社会发展中遇到的环境问题，采取更有针对性的政策或者法律措施。最后，渔村文化资源缺乏整理和提升。学者们对我国文化传播上大陆文化一

---

① 杨子江：《周应祺：关于中国渔业科技中长期发展战略研究的对话》，载《中国渔业经济》2008 年第 5 期，第 112 页。

② 崔凤：《海洋环境变迁与渔民群体分化》，载徐祥民：《海洋法律、社会与管理》（首刊 2009 年卷），海洋出版社 2010 年版，第 323~336 页。

枝独秀的批评①既反映了海洋文化加工、传播的欠缺，也表达了社会对海洋文化产品的需求。渔村文化挖掘整理的欠缺不利于渔村社会的巩固。国家应在文化建设上给渔村文化建设更多的投入。

我国研究者曾提出建设"和谐海洋社会"②的口号。这项建设应首先在渔村社会实施。和谐海洋社会应首先表现为"和谐渔村"③社会。按照张国玲先生的看法，"和谐海洋社会是经济发展、科技进步、生态平衡、法制健全、文化繁荣的统一"④。这样的和谐海洋社会没有政府的大力支持是难以建成的。

再来看海运社会。海运社会凝聚和发展的主要不利影响因素有以下几点：第一，海运社会的劳动力与家人团聚受限。由于航线、航程等的限制，作为海运社会主体的船员，大多都遭遇与家人"分多聚少"的困扰。职业特点所决定的生活规律影响家庭的结成和稳定，从而影响海运社会的聚合。第二，海运从业者的性别比影响海运社会的健康发展。漂泊、长时间不能与家人团聚、高风险等特点影响女性进入船运行业，而这必然影响船运社会的巩固。非常明显，同一个家庭和同一个职业的组合，比如农民家庭的组合更有利于以这样的家庭为基础的社会的巩固。第三，船上生活的漂泊无定使船员不能经常地与陆上居民，包括码头社会成员交流、共同生活。这对海运社会的健康发展也是消极影响。

针对海运社会本省的特点，为巩固海运社会，国家可以从以下几个方面采取措施：第一，减少船员家属随船员出海的限制；第二，延长船员休假时间；第三，提高船员待遇，吸引更多的院校学生，包括更多的女性进入海运行业；第四，丰富船员的业余文化、体育生活，给船员间、船员与码头从业人员间的聚集创造更多的机会。

最后看海洋移民社会。海外海洋移民社会之所以成为我们关注的对象，是因为这种社会是在境外的中国社会。这种社会的巩固主要是巩固其中国特征，防止其因受住在国经济、文化等的融化而消失。巩固海洋移民社会最有效的办法无疑是中国人或华裔的源源不断地输入。然而，人类早已告别了殖民时代，当今的世

---

① 林枫先生就谈道："在中国史的研究模式上，仅仅限于承认和论述农业文明与游牧文明的二元冲突与互动，还没有跳出陆地史观的范畴。有关中国海洋的学术研究，都是附属在农业文明的框架内进行的。站在内陆遥望海洋，它是中原农业文明中心区辐射和延伸的边疆，海洋经济在经济总量上微不足道，濒海人群在社会结构上是'弱势群体'，海洋逐利冒险精神在社会价值取向上'形同化外'。这几乎是主流社会精英以及内地民众一致认同的看法。"（参见林枫：《海洋社会经济史视野下的商品经济研究——王万盈〈东南孔道——明清浙江海洋贸易与商品经济研究〉读后》，载《中国社会经济史研究》2011年第3期，第108页）

② 张国玲：《构建和谐的海洋社会》，载《海洋开发与管理》2007年第6期，第20页。

③ 同春芬：《和谐渔村的社会学解读》，载崔凤：《海洋与社会——海洋社会学初探》，黑龙江人民出版社2007年版，第231～240页。

④ 张国玲：《构建和谐的海洋社会》，载《海洋开发与管理》2007年第6期，第21页。

界也不允许国家有组织地向海外移民。所以对海洋移民社会的人员补充不能靠行政手段，而只能走产业输送或文化输送的路线。所谓产业输送就是通过我国与海洋移民社会之间开展经济合作，建立我国与海洋移民社会之间经常性的经济联系，让更多的中国人通过产业桥梁加入海洋移民社会。所谓文化输送是借助文化交流的桥梁造成中国与海洋移民社会之间的人员往来，形成中国对海洋移民社会的人员输入。当然，对海洋移民社会输入中国文化也是巩固海洋移民社会的有效办法。通过中国文化对海洋移民社会的输入，可以使海洋移民社会与我国文化同步发展，从而使海洋移民社会常保中国文化的本色。要实现这种输入，需要加强我国与海洋移民社会的文化交流。

（二）海洋社会的创建

所谓海洋社会创建大致来说就是一般社会学理论所说的"社会一体化"或"社会整合"[①]。也就是把原本不相统属的因素结合为一个社会整体。我们主张创建的新型海洋社会都是以某种特定产业为依托的。支持创建主张的一个基本依据是，产业的共同性以及特定产业与其他产业之间的某种界限是培育新型社会的条件。在这样的条件下有可能诞生新的社会组织，尽管这种新产品无法达到典型社会组织那样的纯洁度。

在海洋产业中，一个重要的海洋产业门类正在蓬勃兴起。它就是休闲渔业。大致说来，休闲渔业就是利用海岛、海底等自然空间资源，珊瑚礁、红树林、海草床等生物资源，渔村、渔业等文化资源提供旅游、度假等休闲服务的一种新型产业。这一产业的从业人员具有聚合为社会的众多有利条件。这包括：第一，地域特定性。浙江省三特水产合作社创办的"三特渔村"、广东省的乌石天成台"度假村"[②]等，都是利用海岛、渔村所在的海滨等条件兴办休闲渔业。地域的特定性有利于强化从业人员对产业的归属感和从业人员相互间的亲近感。第二，从业人员来源地的相近性。同春芬先生把发展休闲渔业看作是"转移渔业劳动力"[③]（实际上是剩余劳动力）的重要措施，充分说明休闲渔业从业者的来源地主要是渔村。崔凤先生在"渔民群体分化"的话题下谈"从事休闲渔业的渔民"[④]，也向我们提供了一个明确的指示——休闲渔业的从业者可以是从"渔民

---

① 郑杭生：《社会学概论新修》（第三版），中国人民大学出版社 2003 年版，第 362 页。

②④ 崔凤：《海洋环境变迁与渔民群体分化》，载徐祥民：《海洋法律、社会与管理》（首刊 2009 年卷），海洋出版社 2010 年版，第 323 ~ 336 页。

③ 同春芬：《海洋开发中沿海渔民转产专业问题研究》，载崔凤：《海洋与社会——海洋社会学初探》，黑龙江人民出版社 2007 年版，第 251 ~ 261 页。

群体分化"出来的,他们中的一部分原本就是渔民。① 在这个意义上"休闲渔业的从业者"就是"从事休闲渔业的渔民"。第三,文化的共同性。这里所说的文化共同性是指休闲渔业产业所利用的文化资源的共同性和经营文化的共同性。同春芬先生谈道的让游客感受"海洋历史"、"鱼文化和多彩的风土人情"② 等,不仅突出了休闲渔业的文化内涵,而且反映了文化的同一——鱼、海洋、与海洋有关的风土人情。沈明华先生举办的桃花岛塔湾金沙旅游项目不仅保持"海味",而且提出了"洗海浴,踩海滩,乘渔船,扯风帆,拔渔网,吃海鲜"的旅游文化口号。蚂蚁岛乡开展的"当一天渔民"③ 的旅游项目向游客传递的都是渔民文化。第四,船舶依赖性。沈明华先生的休闲渔业项目投资 180 多万元,新造"绿眉毛"帆船 6 艘。天成台度假村"有 10 多艘渔船服务于游客出海捕捞"。这些例子都说明休闲渔业必须具备船舶等特殊设备、设施等条件。休闲渔业的这些"特定性"、"相近性"、"共同性"和"依赖性"等都有利于从业者的内向聚合,有条件以"从业人员来源地的相近性"为基础形成新的社会组合。这个社会组合有机会吸收学习旅游、餐饮等专业的学生作为新成员,就像当年"知青"进入农村社会,成为乡村社会的新成员那样。

按照周应棋先生对欧盟国家休闲渔业的了解,休闲渔业社会有望成为一个规模大、活力足的社会类型。周先生谈道:

"2002 年,欧盟从事与娱乐性渔业有关的工厂、企业和批发商近 2 900 个,提供 6 万多个就业岗位,这些企业的年收入为 50 亿欧元;从事娱乐性渔业的渔民有 500 万人,占欧盟人口的 6.5%;共 12 900 个渔具商店雇佣了 39 000 员工。"④

欧盟国家今天从事娱乐性渔业人员的数字也许会更大。即使没有新的增加,仅就 2002 年的统计数字而言,我们就有理由对休闲渔业社会的前景做乐观的估计。不管是"500 万人"的渔民队伍,还是相关产业可以提供的"6 万多个就业岗位"都足以说明,休闲渔业形成了社会成员的聚集。在形成这样的聚集之后,文化、亲情等的作用,相关管理和政策服务的支持,会促进这个因职业而聚集的

---

① 据钱林霞先生考察,沈明华开办的休闲渔业项目就"安置转产渔民 50 余名"。转引自崔凤:《海洋环境变迁与渔民群体分化》,载徐祥民:《海洋法律、社会与管理》(首刊 2009 年卷),海洋出版社 2010 年版,第 323～336 页。

② 同春芬:《海洋开发中沿海渔民转产专业问题研究》,载崔凤:《海洋与社会——海洋社会学初探》,黑龙江人民出版社 2007 年版,第 251～261 页。

③ 崔凤:《海洋环境变迁与渔民群体分化》,载徐祥民:《海洋法律、社会与管理》(首刊 2009 年卷),海洋出版社 2010 年版,第 323～336 页。

④ 杨子江:《周应祺:关于中国渔业科技中长期发展战略研究的对话》,载《中国渔业经济》2008 年第 5 期,第 110 页。

群体发展成为一个新型的具有商业文明特点的社会类型。

三、海洋社会管理制度建设

在工商文明已经侵入人类社会生活的方方面面，经济全球化大潮已经席卷全球的各个角落的当今世界，除个别远离商业交换的极地爱斯基摩人社会、宗教对信徒具有高度控制力的社会等少数社会类型外，社会的维系力主要来自于职业（尤其是家庭职业倾向）、地域和文化。而这三者发挥作用的基本机理都是成员间的联络——通过成员间的联络形成相互间的认同、亲和。不管是家庭职业倾向，还是地域和文化，都包含着来自"父辈"的因素，都带有继承"父辈"的倾向，但这些"因素"或"倾向"要产生维系社会的力量还需要借助外力的帮助。换句话说，如果有外加的推动力，则这些"因素"或"倾向"的维系力就会被大大加强。

海洋社会管理，包括海洋社会的自我管理和来自国家有关部门的管理，可以激发来自"父辈"的因素和继承"父辈"的倾向在维系海洋社会上的活力。我们所说的海洋社会管理主要包括建立和实施以下管理制度。不过，我们这里所说的管理制度建设不是一般地建立某种制度并保证实施，而是一种战略构思，即通过制度建设实现维护和创建海洋社会的目的。

（一）海洋民间社团制度

所谓海洋民间社团制度指国家许可或支持建立与海洋社会发展有关的各种民间社团组织的制度。海洋民间社团制度应当表现为各类海洋民间社团的广泛建立。海洋民间社团包括很多种类。比如，它可以是职业社团，即以职业共同性为依据的社团。建立这种社团可以把职业共同体社团化，使散在的相同职业的从业者组织成社会团体，凝聚成自为的职业共同体。船员俱乐部、水产协会等就是这种类型的民间社团。再如，海洋民间社团也可以是以行政区划为依据建立的民间组织。在"塔斯曼海"轮溢油案中的原告，天津市塘沽区的"大沽渔民协会"、"北塘渔民协会"，河北省的"滦南县渔民协会"[1] 等，就是这类的民间社团。[2] 又如，海洋民间社团也可以是为共同应对风险而建立的互保

---

[1] 徐祥民：《海上溢油生态损害赔偿的法律与技术研究》，海洋出版社2009年版，第1~3页。

[2] 大概同春芬先生所说的"发展缓慢"的"渔村农民专业协会"（同春芬：《和谐渔村的社会学解读》，载崔凤：《海洋与社会——海洋社会学初探》，黑龙江人民出版社2007年版，第231~240页）也属于此类民间社团，只是同先生考察的对象只能以村为行政界限。

协会。还如，海洋民间社团也可以是为追求环境保护而组建的组织。为保护红树林而建立的红树林保护协会、为保护海龟而建立的海龟保护协会等都属此类。海洋民间社团当然也可以是以海洋科研为追求的学术团体（比如研究海洋生态文明建设的学术团体），为宣传海洋文化、海洋环保而建立的宣传组织等。

（二）海洋文化建设制度

海洋文化建设自然也可以表现为海洋文化团体建设。国家应支持建设海洋文化团体，比如妈祖文化研究团体。除此之外，可以通过建立海洋节庆日、开展定期的海洋文化交流，以挖掘、交流、传播海洋文化。海洋文化建设制度应追求更有吸引力的文化、更多的文化载体和更大范围的文化交流（关于海洋文化建设的战略构想可参见本书第十六章）。

（三）海洋产业界交流制度

海洋产业界对海洋社会的维护和发展具有强大的影响力。国家应当引导海洋产业界为维护海洋社会多做贡献。海洋产业界可以举办展销、展示等交流活动。比如，可以开展海洋旅游产品展示展销、海洋产业相关技术成果交流展示，举办海洋产业博览会、海洋生态保护成果展示会等。

国家有关部门、产业界还可以组织海洋产业界大联盟，给相关产业和产业从事者搭建全方位交流、合作的平台。

（四）海洋移民联盟和海外移民大联盟

海洋文化交流、海洋产业界的交流都可以吸引海外海洋移民参加。而建立海外海洋移民联盟和海外移民大联盟则是给处于不同国家的海洋移民和海外移民社会提供广泛交流的机会。

我国海外移民很多，但并不是所有的移民都是海洋移民。同样，我国海外海洋移民很多，但他们未必都进入了海洋移民社会。我们设想的海外移民联盟是在一国之内建立的联盟。这个联盟可以把更多的海外移民聚集到一起，促其走进海外移民社会。用这样的办法可以使海洋移民社会因得到更多海外移民的文化滋养而得到加强。而海外海洋移民社会大联盟则是促进不同国家的海外海洋移民社会相互交流的联盟。

第三节　海洋与社会发展之间的"协调"

　　海洋事业发展是一个伟大的工程。这个工程，或者实施这个工程的战略需要调动国家的政治、经济、军事、科技、文化、社会等各方面的力量。这里所说的社会力量既包括被我们定义为社会组织的海洋社会的力量，又包括作为非政府、非军事的社会存在的大社会的力量。后者或许就存在于社会学家所说的"现代社会"①之中。如果说海洋事业是一项建设任务，那么，这项建设任务需要社会来完成。那承担海洋事业建设任务的社会既包括海洋社会也包括非海洋社会，既指海洋社会也指包括海洋社会在内的"现代社会"②。

　　当我们的话题从海洋社会以及曾经与海洋社会一起度过人类的传统社会时代的游牧社会、农耕社会进入"现代社会"之后，海洋事业与社会之间的关系发生了一个看起来似乎并不明显的变化，即海洋事业对社会形成了一种"所属"关系，海洋事业成了"社会"海洋事业。③ 而在把"社会海洋事业"简化为社会事业之后，人们发现这项事业涉及社会与海洋的关系问题。崔凤先生注意到："海洋在人类社会发展中占有非常重要的地位"。"海洋与社会之间"存在"一种互动关系"。"一方面人类的开发利用活动促使""海洋发生了巨大变化，海洋再也不是原先意义上的'完全自然'的海洋"，它被打上了人类活动的深深的"烙印"；"另一方面，变化了的海洋也会对人类社会产生重要的影响"。对这种"互动关系"的直观的解说就是双方互相影响。在对海洋与社会之间关系做了这种理解之后，尤其是按照这样的理解发现了消极的或不利的"影响"之后，所谓海洋与社会发展之间的协调就成了自然产生的要求。崔凤先生不仅发现了这种协调的必要性，而且给这种协调提供了一种环境社会学的解释——"海洋环境与社会"之间的协调和发展社会学的解释——"海洋区域社会与社会整体的协调

---

　　① 法国社会学家迪克海姆按照所谓社会整合方式的不同把社会分为现代社会和传统社会。他认为现代社会的整合方式是"'异质'的有机团结"（参见郑杭生：《社会学概论新修》（第三版），中国人民大学出版社 2003 年版，第 362 页）。

　　② 当社会学家说现代社会甚至讨论"后现代"社会时不会忽略今天依然存在着"传统社会"。不管是草原上的游牧社会、我国西部藏区的藏民社会，还是北极地区的爱斯基摩人社会、广大的渔民社会，都还是传统社会，至少还都保持着浓厚的传统社会的基本特征。

　　③ 这与"经济史"之变为"社会经济史"颇相类似。

发展"①，也就是沿海地区和内陆地区的协调发展。② 这的确是研究海洋与社会发展之间关系的两个很好的思路。沿着这两个思路前行，我们发现"海洋与社会发展之间的'协调'"真的需要认真对待。

经济社会发展与海洋不协调的集中体现是海岸带承压过重。从沿海区域和内陆区域之间关系上看，表现为人口、经济和社会活动过分集中于海岸带地区。从人类活动与海洋之间关系上看，则表现为海洋不堪人类活动的重压，而这重压在海岸带地区的表现尤为突出。

不少研究者都已经注意到人类趋海移动的情况以及这种移动在海岸带地区形成的聚集。李珠江先生谈道："随着经济的发展，人口逐渐向沿海地区移动是一个大的趋势，其结果必然会使沿海地区形成人口稠密的城市带。"③ 人口向海洋的移动与工业向沿海地区的集中有直接关系。几十年来，在我的东部沿海已经形成一个工业带，而且这个工业带还在迅速加宽加长。比如，河北省近年来还在"加快工业向沿海转移，建设了一批沿海工业项目"。"唐山曹妃甸工业区"④ 就是知名度极高的沿海开发区。于宝华先生出于灾害防治的考虑分析了我国城市、人口和经济活动的区域分布——"我国约有 70% 以上的大城市，一半以上的人口和近 60% 的国民经济都集中在最易遭受海洋灾害袭击的东部经济带和沿海地区"⑤。正像于先生提到的那样，人类活动向海岸带的集中最直观地表现在大城市集中分布于沿海，且其规模不断扩大。郑冬梅先生提供了厦门市 20 世纪后期迅猛发展的若干数据：

"1980 年厦门特区成立时，城市建成区面积仅为 20 平方公里，人口 93 万，GDP6.4 亿元。到 1995 年增加到 58 平方公里，2005 年厦门城市建设用地为 155 平方公里，常住人口 264 万，GDP 1 029 亿元。"⑥

---

① 崔凤：《海洋与社会协调发展：研究视角与存在问题》，载《中国海洋大学学报》2004 年第 6 期，第 129 页。

② 如前所述，在工商文明的冲击下，传统社会类型走向衰亡，留下的是以工商文明为主流文化的大社会。在这个大社会下，能够保留下来的是越来越少的渔民社会。在这个大社会下不存在构成对立或对位关系的海洋区域社会和非海洋区域社会。崔先生着眼于区域的协调发展实质上就是沿海地区和内陆地区的协调发展。他用"沿海地区与中、西部地区经济与社会发展情况对比"和"我国东部沿海地区与中、西部地区经济社会发展之比"来加以证明的"不协调"证明了我们的判断。事实上崔先生也把这个不协调直接概括为"区域发展差距问题"（参见崔凤：《海洋与社会协调发展：研究视角与存在问题》，载《中国海洋大学学报（社会科学版）》第四部分——"海洋与社会发展中存在的问题：区域发展差距问题"）。

③ 李珠江等：《21 世纪中国海洋经济发展战略》，经济科学出版社 2007 年版，第 127 页。

④ 王保民：《积极探索海洋环境保护工作新途径——河北省海洋环境保护工作纪实》，载《海洋开发与管理》2011 年第 12 期，第 23 页。

⑤ 于保华：《21 世纪中国城市海洋灾害防御战略研究》，载《华南地震》2006 年第 1 期，第 67 页。

⑥ 郑冬梅：《海洋生态文明建设——厦门的调查与思考》，载《中共福建省委党校学报》2008 年第 11 期，第 67 页。

我们曾经为这些数字而骄傲，"迅猛发展"原本就是赞美之词。但在今天看来，我们只能把"迅猛"理解为可怕。

如此大规模的聚集不仅带来城市化所具有的各类社会问题，而且还造成城市化带来的社会问题在海岸带地区的集中爆发。这些问题又会向人类活动与海洋之间的矛盾上扩散，使海洋不堪重负的情形变得更加突出。比如，人类开发活动不仅造成海域资源短缺，而且资源不同用途之间的竞争关系还会导致海洋生态破坏。崔凤先生提供的以下事例就说明了这一点。①"2002年5月广西钦州市将茅尾海350亩浅海滩涂进行拍卖，该区域是钦州牡蛎、青蟹的育苗场，也是当地渔民传统流刺网作业场所，拍卖后被5家个体户所占有，而在此地靠近海养殖的一千多渔民失去作业场所。"这是其他开发活动与渔民传统作业用海之间的矛盾。竞争的结果，不仅"靠近海养殖的一千多渔民失去作业场所"，而且"牡蛎、青蟹的育苗场"也会被各种工程所淹没。②"河北省秦皇岛市"的一个"传统渔村""东姜庄村"，1991年和1997年两度"经山海关区人民政府、山海关开发区管理委员会""确权"，领取"海水养殖使用证"。2003年，"山海关开发区管理委员会"强行征用该村用于养殖扇贝的海域，迫使东姜庄村的养殖户不得不与开发区签订了"拆除养殖设施的协议"①。这是政府更加看好的陆地开发项目与海洋产业争夺海域资源。争夺的结果不仅是"陆地"战胜"海洋"，而且造成"失渔"劳动力的增加。再如，海洋污染。国家海洋局发布的《中国海洋环境质量公报》，环保部发布的《中国环境状况公报》的"海洋环境"章，国家环境保护总局与交通部、农业部等共同编写的《中国近岸海域环境质量公报》等涉及海洋环境质量的公报、年鉴等提供的数据虽然不尽相同，但基本结论是一致的，那就是我国海洋，包括近岸海域一直遭受着比较严重的污染。这只是社会与海洋之间出现的不协调的若干事例。这些事例已足以说明：第一，社会与海洋之间存在普遍的不协调；第二，两者之间的不协调已经十分严重；②第三，这种不协调是人类活动主动向海洋和海岸带"施压"造成的。

如果把社会与海洋之间的不协调看作是一对矛盾，那么，这对矛盾的主要方面是社会，化解矛盾的主动权也在社会这个方面。在不考虑经济社会发展速度的前提下，可以考虑通过以下路径化解矛盾：

第一，人口、居住区、经济活动的网状分布。有些国家城市恶性发展表现为

---

① 崔凤：《海洋环境变迁与渔民群体分化》，载徐祥民：《海洋法律、社会与管理》（首刊），海洋出版社2010年版，第334页。

② 吴忠民先生发表于1997年的论文称，"中国目前的社会问题尚未达到'充分化'的状态，中国的社会问题具有着很大的生长潜力"（参见吴忠民：《中国现代化进程中的社会问题》，载《浙江学刊》1997年第4期），也许今天中国的社会问题依然没有达到"充分化"的状态，但我们已经可以断言，社会发展与海洋之间的不协调已经十分严重。

人口、居住区和经济活动的点状分布，也就是过分地集中于某个点上，集中于某个，或某几个大城市。我国人口、居住区和经济活动目前的分布，就全国来看大致呈带状密集分布。所以，我国的海岸带也是社会活动的承压带。改善的办法就是有计划地实现人口、居住区和经济活动的网状分布。英国学者霍华德（Ebennezer Howard，1850～1928）提出的叫作"花园城"的"城市—乡村"结合体，一种"小规模的、开放的、经济均衡和社会均衡的社区"① 可以作为实现网状分布的参考模型。即使这种分布依然集中在东部地区，也比集中分布与海岸带一条线上要好得多。

第二，经济和社会发展上的"以海定陆"。在海洋环境保护上我们提出了以海定陆的建议（参见本书第十三章），从经济社会发展与海洋的关系上，也用得上这个建议。"以海定陆"应当表现为一种战略性的"海岸带减负行动"。

海洋，不管是海域还是包括近岸陆域在内的海岸带，其承压能力都是有限的。人类必须在海洋的承受能力范围内安排自己的活动，或者说人类活动必须控制在海洋可以承受的范围之内。这是"以海定陆"的基本要求。

海洋的承压能力是一个总的描述。这个总的承压能力会在具体的时间、地点分布，可承受的压力也有种类的分别。在"以海定陆"的原则下，人类活动的安排可以做时间、地点、压力类型上的选择。上述网状分布方案其实也是为防止在某个点上超越海岸带承压能力"临界点"而做的策略选择。

---

① 郑杭生：《我国社会转型加速期与城市社会问题》，载《东岳论丛》1996 年第 6 期，第 33 页。

第十六章

海洋文化建设战略

　　海洋战略是多路大军分头行进的宏大战略的展开。各路大军执行的任务各不相同、直接目标也不一样。海洋经济的目标是产品、产值、利润，海洋军事的目标是武器、战斗力、国家安全，海洋环保的目标是水质、可再生资源生产能力、海洋生物多样性，等等。在这样的大战略展开中，不同"军团"之间存在着摩擦、冲撞——每一路大军都认为本部人马的任务最重要，都希望其他"军团"给本部让路，向本部提供方便。海洋经济是海洋战略中的重要事业，执行这项事业的部门希望其他各部门都为本部门提供支持，对本部门的所作所为"开绿灯"；海洋军事无疑也是海洋战略中的重要事业，执行这项事业的部门也希望其他所有部门都为其提供支持，创造便利条件；海洋科技与海洋经济、海洋军事、海洋政治等相比，尽管本无可比性，也是十分重要的事业。因为这项事业里包含着海洋经济、海洋军事、海洋管理，甚至海洋文化、海洋环境保护等事业所依赖的科学技术，所以，这路大军也希望其他所有的部门，尤其是那些期待其所创造的科学技术的部门、行业给予"无私帮助"，如此等等。在军事战略中，有时只有最高统帅才知道各路大军的任务的一致性，只有到整个战略最后宣告成功时各路大军的统帅们才真正明白"本部人马"在整个战略中的地位和作用。而在国家的海洋战略中，各路人马的统帅不能等到战略实施结束时才明白整个战略的最终目标和本部人马的任务在总体战略中的地位，而应在战略展开的全过程中都始终明确本部人马的任务及其在总体战略中的地位，都充分考虑本部的任务与总体战略目标的协调一致。虽然这是一件困难的事情，但也正因为困难才需要各路统帅花费心力去做，才需要战略的制定、部署把总体战略目标和局部战略目标之间的关系理顺，才需要建立明确的和有机统一的战略目标体系——由近期目标、中期目标与远期目标，经济目标、军事目标与社会文化目标，单一目标与综合目标，进取的目标与防卫的目标等构成的体系。

如果说在各路大军分头行动的军事战略中关键是最高统帅的运筹帷幄，把"百万兵"在"胸中"，那么，在海洋战略这一并不涉密的大战略中，关键是制定"明确的和有机统一的战略目标体系"。这是一件极其困难的事情，也是军事统帅一般不愿意承担的事情。因为它要解决的首先不是如何用兵、如何夺取或守卫，而是应不应夺取或守卫之类的问题。在军事战略中，不同"军团"之间的"摩擦、冲撞"发生在战略实施过程中，而在海洋战略中，这不同"军团"之间的"摩擦、冲撞"在战略的制定过程中就已发生，而且还将伴随战略实施的全过程。[①]

海洋文化事业的发展在我国海洋事业发展战略中的地位如何？这与文化事业的发展在我国国家战略中的地位如何是同类的问题。在非审慎思考国家战略的时候，人们很少会把文化作为国家战略的内容来对待。同样，在非全面规划国家海洋事业，系统设计国家海洋战略的场合，人们也不会把海洋文化建设当成国家海洋战略的重要内容来对待。今天，我们承担的是"审慎思考"国家战略的任务，我们要做的是从战略的高度"全面规划"国家海洋事业的发展，所以，海洋文化以及可以包容这海洋文化的民族文化的战略地位之重要应当是不受怀疑的。作为国家海洋战略的一路大军，海洋文化事业的发展无疑也会发生与其他"军团"的"摩擦、冲撞"，但它不应因这种"摩擦、冲撞"而被轻视甚至忽略。

第一节　海洋文化"软实力"

人们把民族国家并存的世界称为国际社会，就像把由不同家庭、不同个人构成的人的组织称为社会那样。人是具有社会性的生物，国家，当我们称它为民族国家时，也是国际社会的一员，也具有国际社会性。当人们把国家置于国际社会的视野之中，而不是直观地面对作为统辖或拥有亿万之众人口的国家时，所谓国

[①]　"摩擦、冲撞"还不只是发生在不同的战略分支之间，而是还发生在同一个分支内容。本章讨论的主题是海洋文化事业发展战略，那么，这战略是以发展海洋文化为目标，还是以开发海洋文化的经济价值为目标就是难以避免的"冲撞"。比如，舟山市要建设的"海洋文化名城"这样的建设项目究竟应服从文化发展的需要，还是要遵守产业发展的规律呢？是整理、保护海洋文化，还是要实现"海洋文化的产业化发展"（参见陈智勇：《海南海洋文化发展中的问题及对策》，载《新东方》2009年第5期，第29页）。就需要在制定战略时加以解决。

家的发展、国家的振兴，就变成了有关国家在国际关系中或国际地位上的变化。一定国家实现了发展或者振兴就必然引起其在国际关系中和国际地位上所处位置的变化，不管这个国家是否期待这种变化。我国自改革开放以来在经济和社会发展中所取得的成就之所以被称为"中国崛起"，是因为中国在国际社会中原有的地位因国家经济和社会的发展而出现了突然的上升。一些学者之所以把我国的经济和社会发展战略，可以用"三步走"战略来概括的国家战略称为"和平崛起"战略，是因为"三步走"战略这个根源于国内事务的战略不能不对国际社会产生影响，不能不造成中国在国际关系中地位的变化。在一国之内的振兴表现在国际关系中则为崛起。

不过，视角的变化也会给我们带来新的发现。从国际社会看我国，看我国的发展或者崛起，我们会自然而然地产生这样的疑问，即影响国家崛起的程度、在国际社会中成长的速度的是什么。以往我们较多地关注了经济实力、军事实力，但实际上影响一个国家崛起、成长的却并非只有经济实力和军事实力。如果我们把经济实力、军事实力称为硬实力，那么，影响一个国家在国际社会中的成长的还有软实力。郭树勇先生认为，"大国成长具有双重性，即物质性与社会性。"这"社会性"主要是"国家的社会面貌"、"国际形象"、以"安全、文明与和平"等为内容的国际评价等。它们都可以归结为国家的软实力。按照郭先生的理解，国家的"物质性的增长"可以比喻为"一个国家的骨架与血肉之躯"，而"社会性成长塑造的则是这个国家的精神、文化与灵魂"①。显然，"精神、文化与灵魂"等也是国家实力的有机组成部分，是对国家在国际社会的地位有实质性影响的力量。

"文化软实力"是国家软实力的重要内容。它早已引起世界各国，尤其是各大国的重视。叶世明先生曾指出："当今时代，文化作为一种软权力，已成为影响未来的世界性力量，未来世界的竞争也将是文化的竞争，是文化生产力的竞争。文化建设与文化发展的自觉已成为世界各国的共识。"② 我国国家领导人对"文化""作为一种软权力"的意义也有明确的认识。在中国共产党第十六次全国代表大会上，江泽民同志就曾经指出："当今世界，文化与经济和政治相互交融，在综合国力竞争中的地位和作用越来越突出。"③ 文化软实力自然包括海洋文化软实力，因为海洋文化是一个国家、一个民族的文化的有机组成部分。我国

---

① 郭树勇：《中国软实力战略》，时事出版社 2012 年版，第 24～25 页。
② 叶世明：《"文化自觉"与中国现实海洋文化价值取向的思索》，载《中国海洋大学学报》2008年第 1 期，第 18 页。
③ 江泽民：《全面建设小康社会，开创中国特色社会主义事业新局面》，载《江泽民文选》（第三卷），人民出版社 2006 年版，第 558 页。

的海洋事业发展战略应当是发展海洋文化软实力、运用海洋文化软实力的战略。王德华先生的话指出了运用软实力的必要性："中国在 21 世纪实施海洋发展战略，一方面必须建设强大的海洋硬实力，另一方面迫切需要加强我们的海洋软实力。海洋发展战略不能光凭硬拳头……还需要我们有高效的海洋管理制度、智慧的海洋意识、凝聚力强的海洋文化，等等。"① 就我国 30 余年来实现快速发展在国际上产生的各种不同的反响来看，提高国家的海洋文化软实力不仅是必要的，而且也是更加策略的——发展海洋软实力既能使国家实力增长，又不至于让世界，主要是让那些担心中国发展太快的国家过于惊慌。这是因为，"软实力向硬实力的转化比较潜移默化、比较隐性化、不会引起很快的国际均势变化"②。从这一点来看，我国更应该大力发展海洋文化软实力。

从我国海洋事业发展的全局的高度观察，我国的海洋文化软实力战略主要是生成和运用海洋文化的凝聚力、"领导力"、创造力和"吸引力"。

一、海洋文化的凝聚力

王德华先生根据国际竞争的实际需要，在与以"硬拳头"作比的"海洋硬实力"的上下文中给"海洋文化"设定的唯一"技术指标"是"凝聚力强"③。这充分说明"凝聚力"之于文化的重要性。胡锦涛同志对海洋文化所具有的强大凝聚力有充分的认识。2006 年 1 月，他在福建考察工作时就强调指出："妈祖信仰深深扎根在台湾民众的精神生活中，福建要运用好这一丰富资源，在促进两岸交流中更好地发挥作用。"④ 因为"妈祖"已经"在台湾民众"中，在海峡两岸的普通民众中"深深扎根"，所以这个信仰物便成为凝聚海峡两岸的文化磁石。斯热文先生把妈祖文化理解为"华人华侨""推崇"的对象，称妈祖信仰是"祖国大陆与港、澳、台及海外华人华侨联系的精神纽带"。这就更充分地表达了以妈祖信仰为代表的海洋文化的凝聚力。他认为，"妈祖信仰同舟共济、救死扶伤、见义勇为、助人为乐、忘我无私、仁爱慈善、团结互助、思念祖国、忠于祖国的精神""需要我们永远继承和发扬光大"⑤。这个表态就是海洋文化凝聚力的体现。

---

①③ 王德华：《试论中国的"和谐印度洋战略"》，载《社会科学》2008 年第 12 期，第 34 页。

② 郭树勇：《中国软实力战略》，时事出版社 2012 年版，第 250 页。

④ 斯热文：《弘扬草原文化与海洋文化优秀精神内涵促进社会和谐与发展》，载《福建省社会主义学院学报》2010 年第 5 期，第 36 页。

⑤ 斯热文：《弘扬草原文化与海洋文化优秀精神内涵促进社会和谐与发展》，载《福建省社会主义学院学报》2010 年第 5 期，第 35 页。

不过，谈海洋文化的凝聚力，前提是海洋文化"磁石"的存在。王德华、斯热文先生谈论海洋文化的"凝聚力"或征服力都是以文化结晶或信仰对象为前提的。如果没有信仰对象，所谓"凝聚力"就会变得"苍白"无力。从制定海洋战略的现实需要来看，如果没有海洋文化成果，所谓"海洋文化的凝聚力"就是一句空话，而所谓"海洋文化'软实力'战略"就只能剩下海洋文化建设战略，也就是为取得海洋文化的力量而培养海洋文化的战略。

在这里，我们必须先行扫清一个认识障碍，即中国有没有海洋文化。① 德国思想家黑格尔曾做出中国没有海洋文化的判断，甚至把中国写成没有与海洋建立"积极的关系"的典型。他说：

"大海给了我们茫茫无定、浩浩无际和渺渺无限的观念；人类在大海的无限里感到他自己底无限的时候，他们就被激起了勇气，要去超越那有限的一切。大海邀请人类从事征服，从事掠夺，但是同时也鼓励人类追求利润，从事商业。平凡的土地、平凡的平原流域把人类束缚在土壤上，把他卷入无穷的依赖性里边，但是大海却挟着人类超越了那些思想和行动的有限的圈子。航海的人都想获利，然而他们所用的手段却是缘木求鱼，因为他们是冒了生命财产的危险来求利的。因此，他们所用的手段和他们所追求的目标却恰巧相反。这一层关系使他们的营利、他们的职业，又超越营利和职业而成了勇敢的、高尚的事情。从事贸易必须要有勇气，智慧必须和勇敢结合在一起。因为勇敢的人们到了海上，就不得不应付那奸诈的、最不可靠的、最诡谲的元素，所以他们同时具有权谋——机警。……人类仅仅靠着一叶扁舟，来对付这种欺诈和暴力；他所依靠的完全是他的勇敢和沉着；他便是这样从一片巩固的陆地上，移到一片不稳的海面上，随身带着他那人造的地盘，船——这个海上的天鹅，它以敏捷而巧妙的动作，破浪而前，凌波而行——这一种工具的发明，是人类胆力和理智最大的光荣。这种超越土地限制、度过大海的活动，是亚细亚洲各国所没有的，就算他们有更多壮丽的政治建筑，就算他们自己也是以海为界——像中国便是一例。在他们看来，海只是陆地的中断，陆地的天限；他们和海不发生积极的关系。"②

这里充满了海洋文化主体的自豪与骄傲——那"以敏捷而巧妙的动作，破浪而前，凌波而行"的"海上的天鹅""是人类胆力和理智最大的光荣"；驾驭这海上天鹅的人则是把"智慧"和"勇敢"结合起来的人，是"具有权谋"的或"机警"的人；这些人所从事的又是"勇敢的、高尚的"事业。然而，这自

---

① 这也是在海洋文化事业战略的讨论中我们需要扫清的第一个认识上的障碍。接下来还需要克服其他障碍，即把中国海洋文化简单地判断为农业类型的文化的看法。

② ［德］格奥尔格·威廉·弗里德里希·黑格尔：《历史哲学》，上海书店出版社 1999 年版，第 96 ~ 97 页。

豪和骄傲却没有"亚细亚洲各国"的份儿，因为它们把海洋看作是"陆地的中断"、"陆地的天限"，因为那里的人已经被"平凡的土地、平凡的平原流域""束缚在土壤上"，"卷入无穷的依赖性里边"。

我们愿意相信黑格尔描述的是真实的欧洲、真实的地中海、真实的古希腊，但我们却不能同样愿意相信他所描述的"亚细亚洲各国"是真实的，尤其不愿意相信他笔下的中国是真实的。徐凌先生说："今天中国海洋文化研究的初步结果，已使这种断言不攻自破。"[1] 其实黑格尔的断言只有远离中国的观察家才会相信，只有不了解中国人开发利用海洋的历史和现实的人才会相信。曲金良先生的判断就是对黑格尔的断言的最好的回答——"中国是世界上开发利用海洋最早的国家之一，也是世界上创造丰富灿烂的海洋文化的最早的国家之一。"[2]

中国古人创造了灿烂的海洋文化，即使在明、清王朝武断地命令百姓脱离海洋和海岸的时代，那时和后来的沿海居民也依然享受着先辈创造的海洋文化的恩惠，并用自己的努力给中国的海洋文化宫殿添砖加瓦。不过，指出这样的事实，否定黑格尔的断言并不意味着不再需要为中国海洋文化正名。因为存在黑格尔那样的误解的并非只有一个来自德国的黑格尔，而是还有许多人，包括许多中国人。因为许多中国人都相信黑格尔的断言。杨国桢先生早在 20 世纪 90 年代就指出一个事实，即在中国史学界认为"海洋是中国历史发展的'水沙摸'的观念根深蒂固"。他说：

"人们普遍相信海洋文化只存在于西方，海洋文化就是西方资本主义工业文明的代名词，以致《河殇》的作者们振振有词地宣称中国传统文化是黄河文化、黄土地文化，'已经孕育不了新的文化'，竟能引起许多人廉价的共鸣。至今还有一些新潮学者仍在弹唱中国传统与近代文明对立论，由此派生出中国近代史研究的种种'新论'，所谓'先有殖民化才有现代化'的说法仍有一定的市场。"[3]

由此看来，对中国海洋文化需要正本清源。首先，那与黑格尔的断言相类似的误解不是少数人的看法。"人们普遍相信"这一判断中的"人们"显然是多数人。让这些"人们"改变，或者消除这些"人们"的看法的不良影响恐怕不是一件容易的事。其次，误解首先来自学者，包括"新潮学者"。这就需要做一番

---

[1]　徐凌：《中国传统海洋文化哲思》，载《中国民族》2005 年第 5 期，第 26 页。

[2]　曲金良：《发展海洋事业与加强海洋文化研究》，载《中国海洋大学学报》1997 年第 2 期，第 1 页。

[3]　杨国桢：《关于中国海洋社会经济史的思考》，载《中国社会经济史研究》1996 年第 2 期，第 2 页。

　　文章，因为要让研究者改变必须做比研究者做过的更多的研究。① 再次，对中国文化的误解中包含着意识形态因素。把海洋文化看作是"西方资本主义工业文明"专有产品，把"海洋社会"看作是仅仅"只有资本主义一种模式"②，此类判断影响了人们发现真实的中国文化和中国文化中的海洋文化。

　　我国存在产生文化凝聚力的巨大的"凝点"，我们的先辈创造了强有力的海洋文化"磁石"。我们不仅要认识到这个事实的存在，而且要将这真实存在的文化展示出来，把它投入今天的生产、生活之中。为此，我国需要认真清理海洋文化凝聚力的"凝点"，包括清理我国海洋文化历史，梳理海洋文化体系。

　　如前所述，"中国作为一个濒海大国，利用海洋的历史""十分悠久"③。在这悠久的历史上，一代又一代的中国人创造了有悠久历史的海洋文化。正如杨国桢先生所言，"考古和历史研究证明，东部的海洋文化曾是中华古文明的源头之一。"虽然"中国传统社会时代""以农业文明为基础"，但在"沿海地区一直存在着海洋性的小传统"。这个"小传统""虽然表现时强时弱"，对于以广大的内陆地区和众多的农业人口为支撑的"强势农业文明"来说，似乎仅处于"附属"地位，但它"从未被割断"④。我们应该尽快编制出这部从"中华古文明"起源到今天"从未被割断"的中国海洋文化史。

　　中国海洋文化史不是一个简单的从古到今的线型延展过程，它存在地域上的广延性。张德华先生曾指出："中国独具东方特色的海洋文化，不但影响了东北亚、东南亚等环中国海文明圈，而且影响了中亚、西亚、非洲和欧洲的文明进程。"⑤ 在这个意义上，文化史不应限定为一国史或国别史，而应当是文化发展史、文化交流史。这部交流史将是一部覆盖全世界的历史。按照贝武权先生的判断，在历史上，"徐闻、番禺（广州）、泉州（刺桐）、扬州、明州（宁波）、琅琊及密州（青岛）、登州（蓬莱）等世界著名的对外港口，构成了世界著名的海

---

　　① 如果说20世纪的我国"历史学界对海洋缺乏应有的热情"，从而"妨碍了对中国以海洋为舞台的真实历史的追求"（参见杨国桢：《关于中国海洋社会经济史的思考》，载《中国社会经济史研究》1996年第2期，第2页），那就需要今天的历史学界和其他学界把更多的"热情"给予海洋，给予海洋文化研究。

　　② 杨国桢：《关于中国海洋社会经济史的思考》，载《中国社会经济史研究》1996年第2期，第2页。

　　③ 张德华：《中华民族海洋意识影响因素探析》，载《世界经济与政治论坛》2009年第3期，第85页。

　　④ 杨国桢：《中国需要自己的海洋社会经济史》，载《中国经济史研究》1996年第2期，第108页。

　　⑤ 张德华：《中华民族海洋意识影响因素探析》，载《世界经济与政治论坛》2009年第3期，第83页。

上丝绸之路的中国集散地"。这些"集散地"把"中国文化通过海路传播于世界"①。这被传播的中国文化自然也包括中国海洋文化。我们的海洋文化史应当是追踪这全部"传播"足迹的历史。从整理中国海洋文化史的眼前需要来看，我们应对中国海洋文化传播所至的国家和地区的中国海洋文化做全面的了解。曲金良先生就曾建议"对数千百年来传播承续在朝鲜半岛、日本列岛、东南亚地区等地的中华海外海洋文化遗产""进行系统勾勒、梳理和分类"②。毫无疑问，这是一项浩大的工程。

中国海洋文化的内容也十分丰富。从对文化的一般理解，我们可以把中国海洋文化宝库中的库藏分为物质文化成果和精神文化成果两大类，③ 或者也可以分为观念文化、制度文化、器物文化三类。也有研究者把它分为四类，即"海洋物质文化、海洋行为文化、海洋制度文化和海洋精神文化"④。其中"海洋精神文化，包括海洋文化哲学、海洋科学理论、海洋宗教与民间信仰、海洋文学艺术等"⑤。杨国桢先生倡导的"海洋思想文化史研究"，也就是关于"海洋意识、海权观念、移民思想、海洋性风俗信仰、海外知识"⑥ 等的研究。该项研究将收获海洋精神文化成果。舟山博物馆的贝武权先生等所从事的海洋"沉船"考古获得的主要是器物文化成果。他们从事的"海港考古、海洋聚落考古"⑦，曲金良先生所倡导的"市舶司（衙门）考古"等⑧则可获得海洋制度文化的信息。要想实现对中国海洋文化的精神成果、制度成果、器物成果等的系统梳理和全面再现，国家必须组织专门的力量开展挖掘和研究。

二、海洋文化的"领导力"

文化的力量不表现为军队摧城拔寨那样的立竿见影，而是持久、稳定地做

---

① 贝武权：《海洋考古与海洋文化建设——以舟山群岛为例》，载《浙江海洋学院学报》2008 年第1 期，第 40 页。

②⑧ 曲金良：《中国海洋文化遗产亟待保护》，载《海洋世界》2005 年第 9 期，第 7 页。

③ 李明春先生认为："海洋文化是中华民族自古以来随着其进化与发展逐渐积累、形成、发展和完善的海洋物质财富和精神财富的综合体现。"（参见李明春：《论建设"海洋强国"的文化基础》，载《中国海洋大学学报》2001 年第 3 期，第 54 页）

④ 冯梁先生也称为"海洋文化内部结构"中的"四个子体系"（参见冯梁：《论 21 世纪中华民族海洋意识的深刻内涵与地位作用》，载《世界经济与政治论坛》2009 年第 1 期，第 75 页）。

⑤ 张开城：《主体性、自由与海洋文化的价值观照》，载《广东海洋大学学报》2011 年第 5 期，第1 页。

⑥ 杨国桢：《关于中国海洋社会经济史的思考》，载《中国社会经济史研究》1996 年第 2 期，第6 页。

⑦ 贝武权：《海洋考古与海洋文化建设——以舟山群岛为例》，载《浙江海洋学院学报》2008 年第1 期，第 37 页。

功——虽然缓慢但却一直前行，虽然平静但却强韧不懈，虽不"显山露水"但却"指挥若定"。文化是沿着昨天确定的航向继续今天的航行，用昨天积累的动力推动今天的前行。总之，文化是有方向性的文明成果，是可以"规定"未来的神物。我们把这种规定力称为"领导力"。社会发展的"惯性"、历史前进的"连续性"等，都和文化基因的先行界赋有关，也都是文化"领导力"做功的结果。海洋文化作为人类"在开发利用海洋的社会实践过程中形成"的"生活方式"，是这种文化的主体所接受、认可、习惯的"生活方式"。作为这种"生活方式"的具体表现形式的"经济结构、法规制度、衣食住行习俗和语言文学艺术"① 是不会轻易改变的，至少不会轻易完全改变。这种"生活方式"的存在就代表了未来。文化作为一个具有"群体共享性"的系统，它是一种不为社会个体的偏好所左右的文明存在。② 除非发生社会对某种文化的集体放弃，否则，社会群体的行动方向和方式就一定是由这个群体共享的文化先行规定好了的。

在我国海洋战略中需要发挥海洋文化的"领导力"。我们注意到，杨国桢先生曾把海洋社会定义为"向海洋用力的社会组织编成"③。这"向海洋用力"的说法恰好反映了我国海洋战略的需要。没有人，没有强有力的"社会组织编成""向海洋用力"，所谓海洋战略就无法展开，更无望取得成功。为了实施这需要"向海洋用力"的海洋战略，我们需要调动海洋文化的"领导力"。

要调动海洋文化的领导力必须扫清关于中国海洋文化的另一个认识上的障碍，即否定那种把中国海洋文化简单定性为海洋农业文化的判断，恢复中国海洋文化独立的"向海"特质。

在一些研究者看来，我国海洋文化不过是大陆文化、农业文化的附属部分。在他们看来，"居于主导地位"的中国文化是"大陆农业文化"，它是"以个体农业经济为基础、以宗法家庭为背景、以儒家思想为核心发展起来的"。在这种"大陆农业文化""主导"之下，"海洋只作为大陆农耕的附属和补充"④。甚至

---

① 斯热文：《弘扬草原文化与海洋文化优秀精神内涵促进社会和谐与发展》，载《福建省社会主义学院学报》2010 年第 5 期，第 75 页。

② 美国人类学家克普亨（Clyd Kluckhohn）和凯利（Kelly）认为文化"具有为整个群体共享的倾向，或是在一定时期中为群体的特定部分所共享"。徐杰舜先生也认为"文化最本质的特征是群体共享性"（参见徐杰舜：《海洋文化理论构架简论》，载《浙江社会科学》1997 年第 4 期，第 112 页）。

③ 杨国桢：《海盗与海洋社会权力——以 19 世纪初"大海盗"蔡牵为中心的考察》，载《云南师范大学学报》2011 年第 3 期，第 2 页。

④ 张德华：《中华民族海洋意识影响因素探析》，载《世界经济与政治论坛》2009 年第 3 期，第 83 页。

有的学者干脆把"中国海洋文化"界定为"海洋农业文化"①。这种判断在逻辑上存在错误，也不符合历史的真实。中国作为一个经历过长期封建时代的国家，其典型的文化特点无疑是"陆地"，是"农业"，但政治国家的文化选择和中国社会的文化传承是不同的两回事。以农立国的官方政策的确会对社会文化的发展构成"深层制约"，"禁海令"、"迁海令"等国家行为影响沿海居民的生活，也制约海洋文化的传承与发展，但官方政策的抑、扬与海洋文化的盛衰或者有无并不相等。事实上，就像在以农立国的官方政策下游牧文化得以长期传承、发展一样，中国历代王朝基本政策上的"农业性、大陆性、封建性"②既没有造成中国海洋文化的消失，也没有使中国海洋文化失去"向海"的特点。

中国海洋文化发展的实际状况可以概括为以下三点：第一，中国始终存在着独立于农业文化之外的海洋文化。黑格尔所说的"茫茫无定、浩浩无际和渺渺无限的观念"显然不是只给予了欧洲人，大海也不是只"激起"了欧洲人的"勇气"，无数的中国船民都通过他们自身的经历领受了这样的观念，因体验大海的气势而获得了"勇气"。大海也不是只教会欧洲人"追求利润，从事商业"，从事海洋贸易的中国人也善于把"智慧""勇敢""结合在一起"，甚至也没有拒绝海上生活中那"最诡谲的元素"。吴建华先生给"西方海洋文化"之所以是"海洋商业文化"找到的根据之一是"地理环境"，其中包括"希腊地处半岛，三面临海，岛屿如星"③等。其实，只要是对中国东南沿海有粗略了解，只需要不经意地扫一眼中国和东南亚地区的地图，就会发现一个比希腊半岛更便利的海商环境，而且还会发现远比希腊半岛更广阔的海商市场。如果说西方海洋文化是"海洋商业文化"，那么，"中国传统海洋文化"同样"洋溢着商业气息"④。如果说郑成功是中国海洋文化史上的一个重要人物的话，那么，他在中国海洋文化史上的最大的成功是经营管理商业的成功，而不是开垦农田经营农业的成功的。在东南亚"中国海洋文化圈"中那些掌握"占统治地位"的"资本"的华侨，

---

① 徐凌先生对这种观点做了如下概括："一些相关学者认为，中国传统的海洋文化不过是封建统治方式在海洋上的延伸；中国古代的海洋观虽然是整体趋向开放的，却具有一种'有限开放性、边缘从属性和守土防御性'的形态；中国海洋文化是海洋农业文化等。"（参见徐凌：《中国传统海洋文化哲思》，载《中国民族》2005年第5期，第26页）

② 一些研究者认为这些特性造成了对海洋文化发展的"深层制约"，并进而推断中国海洋文化就是农业文化（参见徐凌：《中国传统海洋文化哲思》，载《中国民族》2005年第5期，第27页）。

③ 吴建华：《谈中外海洋文化的共性、个性与局限性》，载《浙江海洋学院学报》2003年第1期，第15页。不过吴先生没有拿东南沿海与希腊半岛作比较，而是拿了中国大陆与希腊半岛做比较，所以他的结论与我们这里的结论是不同的。

④ 叶世明：《"文化自觉"与中国现实海洋文化价值取向的思索》，载《中国海洋大学学报》2008年第1期，第19页。

不是也被欧洲人称为"天生的商业民族"① 吗？

第二，海洋文化与农业文化的确发生过并且还在发生着相互影响。在中国广阔的陆海空间里生成若干个文化类型是很自然的，而以千万、万万计的中国人在数千年共同生活的历史上，形成多种文化且各种文化之间相互影响也是再自然不过的事情。正像早期的渔猎社会往往同时使用采集、渔捞、狩猎等多种谋生手段那样，海洋文化和农业文化之间本来也没有截然相分的界限。

但是，相互影响不等于一种文化被另一种文化淹没，一种文化对另一种文化的因素的吸收也不等于这种文化就被另一种文化彻底同化。吴建华先生注意到农业文化在海洋领域里的影响力。他认为历史上"筑滨海长城——海塘"目的是发展"农业经济"。他提到"盐田、潮田、沙田、蛙田、蜡田"等"均以'田'立意"等现象。这些是客观存在的事实。它们确实可以算是反映农业文化影响力的证据。但我们不能根据这些就断定"古代中国海洋文化"就是"海洋农业文化"②。用文化多样性的观点看问题，我们对上述现象可能做出的判断是：它代表了陆海连接区的一种文化。即使这个判断不成立，也就是说那些现象还不足以构成我们所说的陆海连接区文化那样一种文化类型，我们也不能仅仅凭这些就给整个中国海洋文化一个"农业文化"的定性。

第三，海洋文化与农业文化相比长期没有取得主流地位。杨国桢先生等都注意到，海洋文化作为中国文化的一个组成部分，走过了中华民族繁荣发达的全部历程。即使是在明、清王朝统治时期，中国海洋文化也都顽强地延续着。用叶世明先生的话说就是："中国古代向海洋发展的小传统始终没有被割断，只是表现时强时弱而已。"③ 但是，必须承认的一个事实是，在强大的农业文化的挤压之下，海洋文化始终没有取得主流地位。这也如同草原文化或游牧文化虽也有过极盛的历史，但在与农业文化的竞争中最终还是只能屈居支流一样。

不少研究者喜欢用地域区分文化，并用以说明不同文化之间的关系。比如，徐晓望先生认为："世界历史上文化形态"虽然有"千姿百态"，但按照"谋取生活资料的方式"来划分，大致都可以归入"内陆文化和海洋文化""两大类型"。"内陆文化的主体是生活在远离海洋的内陆民族，他们生产力的体现，亦即改造自然界的方式，主要表现为对土地的改造，海洋文化的主体是居住在沿海区域和岛屿上的人类，他们的生活和海洋息息相关，他们生产力的发展，和海洋

---

① 徐晓望：《论妈祖与中国海洋文化精神》，载《东南学术》1997 年第 6 期，第 69 页。
② 吴建华：《谈中外海洋文化的共性、个性与局限性》，载《浙江海洋学院学报》2003 年第 1 期，第 15 页。
③ 叶世明：《"文化自觉"与中国现实海洋文化价值取向的思索》，载《中国海洋大学学报》2008 年第 1 期，第 20 页。

结下不解之缘。"中国也存在这两种文化类型，而且它们依地域不同形成两个文化圈，即"东南沿海区域和散布于东南亚的华人社会共同构成的海洋文化圈，以及除东南沿海区域之外，广袤的国土上形成的内陆文化圈"①。对文化做地域划分在文化研究中是常见的做法，本无可非议。但是，在讨论同一民族不同文化之间的关系时，地域的界限却容易造成"误导"。如果说我国古代主要存在三种文化类型，即农业文化、游牧文化和海洋文化，那么，它们三者之间更多地是互补、互不干涉，既不存在制度文化上的水火不容的，也不存在精神文化上的尖锐对立。② 作为独立的三类文化，它们"各有千秋"。用徐晓望先生的话说，"对它们强分高下是愚蠢的"。至于说到它们的地位，或地位差别，只能用主流与非主流来区分。农业文化在三类文化中处于主流地位。这一判断的依据是政府的采选。也就是说，是因为政府，除个别朝代的个别时期外的历代政府都把农业文化采选为官方文化，所以农业文化才成为中国古代文化的主流。游牧文化、海洋文化没有成为政府采选的文化，没有被政府用以指导其执政活动，所以只能作为文化支流继续其独立自主的前行。③

以上三点分析告诉我们，中国海洋文化尽管受到农业文化的影响（也不排除受到其他文化的影响），在古代历史上也没有成为中国文化的主流，但它一直保持着"向海"的本质特征，作为一种独立的文化类型一直在滚滚向前地流动着。

这是让设计、推行中国海洋战略的人高兴的结论，因为海洋文化的存在意味着海洋文化主体的存在，意味着"向海"的文化驱动力的存在。比如，妈祖信仰者们就是"向海"文化的主体，就是"向海"的驱动力的载体。

发现海洋文化主体，承认蕴藏在这些主体身上的发展的"惯性"、前进的"连续性"等固然重要，但我们讨论海洋文化的领导力不能仅仅满足于这类的发现、承认。我们还要设法让文化"发酵"、"裂变"，产生更强大的引导力。如前所述，农业文化之所以成为中国古代文化的主流，是因为历代政府将其采选为官方文化。海洋文化如能得到政府的采用或某种形式的认可，也会产生文化领导力

---

① 徐晓望：《论中国历史上内陆文化和海洋文化的交征》，载《东南文化》1988 年第 1 期，第 1 页。

② 斯热文先生就曾谈论过草原文化与海洋文化的相近性。他说，海洋文化"崇尚力量的品格，崇尚自由的天性，强烈的竞争意识、开创意识，激情与浪漫、壮美与豪迈等，与草原文化是一脉相承的。从哲学与审美的角度讲，海洋文化与草原文化一样，具有生命的本然性和壮美性。"（参见斯热文：《弘扬草原文化与海洋文化优秀精神内涵促进社会和谐与发展》，载《福建省社会主义学院学报》2010 年第 5 期，第 35 页）

③ 也有研究者把农业文化说成是中国古代的"主导"文化。我们认为不妥。不管是农业文化，还是游牧文化，都不具有对其他文化的"主导"地位。文化之间可以竞争，但似乎很难构成主导和被主导的关系。政府可以对不同文化采取抑扬不同的态度，从而对文化产生"导"的作用。这种情况的存在不能说明那种文化对于灵位的文化处于主导地位。

的"裂变"。事实上，实行改革开放政策以来，我国政府对海洋事务和海洋文化的重视已经给海洋文化的繁荣提供了强有力的支持，而焕发青春的海洋文化已经爆发出引导社会走向海洋的力量。《国家海洋事业发展规划纲要》已经提出"增强全民海洋意识，大力弘扬海洋文化"的要求，只要"各级政府"努力"增强全民海洋意识"，"弘扬海洋文化"，在"海洋文化遗产的保护和挖掘"、"海洋文化基础设施建设"等方面积极作为，"有针对性地开展各类海洋文化活动和海洋警示教育"[1]，就能产生出推动我国海洋事业发展的强大的文化力量。

三、海洋文化的创造力

本文所说的文化的创造力是指文化的有用性的外化，是对文化在特定环境下的正价值的一种表达。近年来，研究者们对海洋文化的研究主要是挖掘海洋文化的优点，而这些优点的释放就产生海洋文化的创造力。比如，斯热文先生认为，"海洋文化"的"显著特点就是开放、开拓和进取"。这种文化"崇尚力量"、"崇尚自由"，富有"竞争意识、开创意识"[2]。"开放、开拓和进取"的文化特点是表现在文化主体身上的特点，有更多的主体秉持这种文化，就意味着更多的"开放、开拓和进取"行为的发生。"崇尚力量"、"崇尚自由"、"竞争意识、开创意识"落实到活的文化主体身上就是创造力，就是"竞争"的发生，就是"开创"的实现。王德华先生所说的"深厚悠久的海洋历史文化"、"繁荣兴旺的海洋商贸文化"、"浩气长存的海洋军事文化"、"蓬勃发展的海洋旅游文化"、"多姿多彩的海洋民俗文化"、"浩如烟海的海洋文化艺术"[3]，等等，都充满创造力，都隐含着蓄势待发精神。按照张开城先生的理解，"文化不仅体现在对象物上，更体现于人的观念和行为"。"从外延上说，海洋文化""包括活动、能力和结果三方面"[4]。这样的海洋文化就不只是具有"方向性"，而且还具有"能动性"。海洋文化的创造力就存在于这种能动性之中。

发挥海洋文化的创造力，需要总结海洋文化的优秀元素，并运用政府采选之类的方式，激发其"创造"活力。商业文化、契约文化、协作文化、开放文化，等等，都需要我们打磨、加光，需要政府采选。

---

① 《国家海洋事业发展规划纲要》第十章第六节。

② 斯热文：《弘扬草原文化与海洋文化优秀精神内涵促进社会和谐与发展》，载《福建省社会主义学院学报》2010 年第 5 期，第 35 页。

③ 王德华：《试论中国的"和谐印度洋战略"》，载《社会科学》2008 年第 12 期，第 39 页。

④ 张开城：《哲学视野下的文化和海洋文化》，载《社科纵横》2010 年第 11 期，第 39 页。

四、海洋文化的"吸引力"

美国著名学者约瑟夫·奈曾把"软实力"界定为"在国际事务中通过吸引力，而不是通过强制来实现所期望的目标和结果的能力"。冯梁先生又把美国学者的"吸引力"扩展为"感召力"①。本书所说的海洋文化的吸引力就取自这两位学者的观点。我们认为，文化的吸引力可以造成力量的聚合，因为不同文化群体相互间的文化认同可以造成不同文化群体行为上的趋同。海洋文化研究专家常常对中国海洋文化圈津津乐道。这个"文化圈"可以说就是一个能量圈，它代表相同的感受和意愿，它能召唤起一致的行动。我们讨论海洋文化的吸引力就是要让中国的海洋文化把散布在世界各地的力量聚合起来。不过，在世界上存在一个中国文化圈，仔细考察也会发现一个中国海洋文化圈，但我们却不敢说中国海洋文化已经对世界产生了强大的吸引力，甚至不敢说中国海洋文化已经在中国海洋文化圈内产生了很强的吸引力。我们经常看到的是华侨捐助之类的个体行动，我们较少看到由中国海洋文化的吸引而发生的集体行动。要改变这种状况还需要得到强有力的海洋文化建设的推动。

文化的吸引力，不仅表现为同一种文化的内部吸引力，也表现在相近文化之间的相互认可。中国海洋文化与英美国家的海洋文化内容不同，特点各异，但两种文化的海洋相关性给它们提供了交流的机会，也给两种文化的主体提供了彼此"敬重"的理由。中国的海洋文化也许与其他民族的海洋文化之间没有太多共同性，但不同文化的创造者在海洋领域里的开拓，对海洋事务的投入等，可以让它们相互之间用平等的眼光对待对方。虽然不一定达成什么共识，但却有助于防止互相排拒。

文化交往与两军对垒遵守不同的游戏规则，追求的结果也大不相同。将军们总希望用斩将搴旗打江山，而文化建设却只需要自身的完善就可以让四面八方精神归附。如果说军队的战斗力可以用武器装备的数量、先进性，军种、兵种等的结构是否合理等来衡量，这种力量可以称为有形的力量，那么，文化则是一种无形力量。我们这里所说的海洋文化的吸引力就是一种无形的力量。一个强大的国家不能没有有形的力量，而一个真正伟大的国家必须拥有无形的力量。从有形力量上看，国家应当在军事上"拒敌"；而从无形力量着眼，国家应当在文化上"迎客"。中国，虽然有近代史上的连连惨败，在西方列强有形力量的进攻面前

---

① 冯梁：《论21世纪中华民族海洋意识的深刻内涵与地位作用》，载《世界经济与政治论坛》2009年第1期，第75页。

不得不承受权丧国辱的打击，但一直保持着它的无形力量，并靠了这种无形的力量重新构筑起民族独立、自强的铜墙铁壁。今天的中国无疑需要集聚有形的力量，因为眼下这个世界还不是一个太平的世界，各国还在进行有形力量竞争并时常发生真实的较量，但今天的中国更需要培育无形的力量。

首先，"内陆国家"的国家形象需要改变，"闭关锁国"政策的消极影响需要消除。黑格尔关于中国只有"壮丽的政治建筑"，没有"超越土地限制、度过大海的活动"，关于"人类胆力和理智最大的光荣"仅仅属于欧洲的判断，不只是一个学者的看法，而是代表了西方世界对中国海洋文化的"忽略"甚至蔑视；不只是对过往历史的描述，而是关于如何对待中国的态度的表达。拿破仑把中国比作"睡狮"，此比中的"狮"表达了中国的有形力量，而"睡"则表达了中国的无形力量。不管是黑格尔的内陆中国判断，还是拿破仑的"睡"之喻，都是西方人或外国人与中国人交往的"先入"之见，是他们决定如何对待中国的依据。只要他们的此类"先入"之见不改变，在他们的观念中，中国就只能是海洋世界之外的国家，中国人就只能是农民的代表。

其次，文化致败的历史教训值得记取。对伟大的中华民族在近代以来出现的颓势，研究者见仁见智，看法不一。甲午之败是民族历史走入最低谷的标志性事件，对北洋水师的甲午覆灭的不同评价比较充分地反映了研究者认识上的不一致。指挥失当是研究者对甲午之败败因的一种说明。① 这种理由是有根据的，因为中国陆海军力量均强于日本，因为指挥失当确实是让日军得逞的重要条件。我们可以接受这个判断，但我们的接受不能改变中国惨败的历史事实。如果没有指挥失当，中国或许不会遭受"甲午"之败，但却无法保证不会发生"乙未"之败。也就是说，甲午年的指挥得当可以帮助清王朝躲过甲午之败，但却难保甲午之后不会遭遇更惨重的失败。多数的研究者认为甲午之败败在体制，非败于器械。② 然而，更深刻的原因是文化。马克思对英国的大炮与中国天朝大国地位的江河日下之间关系的评价从一个侧面揭开了中国之败的文化原因。他说：

"英国的大炮破坏了中国皇帝的威权，迫使天朝帝国与地上的世界接触。与外界完全隔绝曾是保存旧中国的首要条件，而当这种隔绝状态在英国的努力之下被暴力所打破的时候，接踵而来的必然是解体的过程，正如小心保存在密闭棺木

---

① 楼宇烈先生对甲午战争失败的原因有如下的表达："由于方略失当、指挥失误以及清朝统治集团的腐败等一些深层的原因，中国战败了。"（参见楼宇烈：《中华文明史》（第四卷），北京大学出版社2006年版，第416页）

② 我本人也曾赞同这种的观点。在我编著的著作中对彭玉麟、邓华熙、张树声等关于政治制度为体，器械为用之类的判断都是引为真知灼见的（参见徐进：《新编中国法律思想史》，山东大学出版社1993年版，第258~260页；徐祥民：《中国法律思想史》，北京大学出版社2004年版，第354~356页）。

里的木乃伊一接触新鲜空气必然要解体一样。"①

马克思无意分析中国在鸦片战争中的节节败退的文化原因，这段引文所在的那篇文章主要是讨论"中国革命"，而不是中国之败，但马克思对发生"中国革命"的中国国情的阐述却反映了中国之败的文化原因。这里的关键词是"隔绝"和"接触"。

因为隔绝，所以天朝帝国成了落后于时代的古董，成了"小心保存在密闭棺木里的木乃伊"；因为隔绝，所以在"地上的世界"变成了"文明世界"的时候，还沉睡在古代的天朝大国竟然一无所知；因为隔绝，所以才使创造了辉煌灿烂的古代文化的中华民族陷入马克思所说的要通过将其"麻醉"才能从中唤醒的"历来的麻木状态"②。这种"隔绝"使中国文化停止了对外部世界的吸引，也使中华帝国无法接受外部世界的文化的吸引。

在长期的"隔绝"中，先进的中国与其所面对的"蛮夷"之间的先进与落后发生了乾坤颠倒。这是一个真实的历史过程。之所以会发生这样的乾坤颠倒，显然不是因为中国文化注定要被历史所淘汰，更不是因为中国遭遇了自然变迁等带给的巨大灾难，而是因为"隔绝"，因为文化上的长期分离。这种分离使沉睡的"狮子"不知道虎豹豺狼已经换上了新式的武装，使"麻木"的人民不知道"汉"之后已有"魏晋"，"魏晋"之后更有宋元，不知道烟花可以变成大炮，指南针可以给航母定位。对于清末的中国人来说，不管是英国人首先向他们展示的洋枪洋炮，还是清王朝从德国购进的铁甲舰，是郑观应笔下的议院，还是美国人在中国推行的"门户开放"政策，都是新的文化。中国是因为文化上的落后于时代才遭致一蹶不振的惨败，中华民族是因为文化上的封闭才陷入长达百年的低谷。

甲午战败不只是历史，今天的中国如果疏于同世界的文化联系，也会遭遇新的"甲午之败"，尽管新的败绩不一定是北洋水师全军覆灭，不一定是军事上的国门洞开，不一定是"马关条约"。既然大清帝国"野蛮的、闭关自守的、与文明世界隔绝的状态"已经"被打破"，既然中华民族已经与世界"建立起联系"③，已经开始与那个先中国走进现代的西方"接触"，我们的文化交流的大门就既不应该再关上，也不应再缩小。

再次，海洋文化的吸引力是我国海洋"外交"的重要内容。今天的中国比以往任何时候都需要运用海洋文化的吸引力。广泛参与国际海洋事务是关乎我国

---

① ［德］卡尔·马克思：《中国革命与欧洲革命》，《马克思恩格斯选集》（第二卷），人民出版社1972年版，第3页。

②③ ［德］卡尔·马克思：《中国革命与欧洲革命》，《马克思恩格斯选集》（第二卷），人民出版社1972年版，第2页。

海洋战略成败的重要战略措施，这个措施要求国家不只是要在"中国海洋文化圈"之内同华侨联络感情，而是要同所有沿海国家和地区，所有与我国的海洋利益有关的国家和地区建立友好关系，或者改善关系。海洋文化的吸引力显然是处理海洋事务的良好的粘合剂、催化剂。"广泛参与国际海洋事务"的战略措施要求国家不是一般地发展海洋文化，一般地与外国开展海洋文化交流，而是要把海洋文化建设当成国家海洋战略的组成部分来对待。

第二节 海洋文化保护与创造

我国需要海洋文化软实力，在理论层面，人们也乐于接受在发展国家硬实力的同时为海洋文化软实力的培育采取行动。但是，在面对海洋文化保护与建设的任务时，在落实投入人力、物力、财力等实施海洋文化建设时，许多人，包括参与决策的人，对海洋文化的热情一落千丈，原本怀抱的海洋文化软实力追求立即被降为次要目标，甚至从规划目标中删除。对海洋文化的态度发生如此"转变"是不应该的，但对于更看重经济或军事、政治等目标的管理者来说，理论上的爱好和行动时的态度的不一致又是可以理解的。其实，当我们把海洋文化当成"软实力"时，对海洋文化的"态度的不一致"就已经存在了。在"软实力"概念中包含"文化"和"力"两个对象，在这两个对象不一致时，人们便会为了"力"而放弃"文化"，或者为了"文化"而放弃"力"。要让人们对海洋文化保持始终如一的态度，就必须改变它对"力"的依附地位，赋予其独立的价值。我们的海洋文化保护和海洋文化建设战略应当建立在文化独立价值的基础上。

一、中国海洋文化的保护

对海洋文化"软实力"的认识对海洋文化事业的发展是一种支持力量。既然海洋文化存在"软实力"这种价值，那么，为了利用这种价值就自然应当赞同海洋文化建设。对海洋文化独立价值的认识对海洋文化事业的发展更是一种支持力量。既然它有价值就自然应当让这种价值得以实现。这样的判断都不必考虑文化的有无或盛衰，因为它们只是就价值而言的。当面对中国海洋文化的现实和未来发展这个实际时，关于海洋文化事业发展的选择会变得更加具体，也更加丰富。仅就中国海洋文化的保护而言，责任感和使命感会召唤我们努力前行。

（一）保护海洋文化多样性

制定海洋文化保护战略的出发点应当是对海洋文化的独立价值的肯定，是对海洋文化多样性的意义的充分认识。在海洋文化保护方面十分重要的任务是文化多样性保护，就像生态文明建设的重要任务是维护生物多样性一样。

以换取经济回报为目的的海洋文化观注定要走到海洋文化保护的反面。海南的"海洋文化的产业化发展方向"[①]说到底是产业发展方向，在具体的海洋文化不具有产业价值时，它就自然脱离"产业化"的轨道，进入被人（当然首先是被产业人）遗忘的角落。这也就是前述为了"力"而放弃"文化"那种选择。李平先生"海洋旅游资源"价值天平上的"海洋文化"是具有旅游开发价值的"资源"。虽然他也强调海洋文化的"文化内容"，对"看海景、吃海鲜、洗海澡"的海洋旅游思路和"穿凿附会的旅游文化建设"等持否定态度，但他所强调的"文化底蕴"以及"海洋文化的精髓"[②]都要服从旅游产业的需要。如果他所说的那些"精髓"、"底蕴"没有供游客观赏的价值，不"值得"旅游产业经营者"兜售"，也便没有人"开发"，从而也就被旅游产业界打入冷宫。

海洋文化保护必须是为海洋文化而实施的保护，必须是为实现海洋文化自身的价值而进行的保护。马树华先生曾对海洋无形文化遗产做了如下评价：海洋无形文化遗产"同物质文化遗产一样，是一个国家或民族的文化象征，不仅承载着历史的印证，而且还可以用来启迪民智、化导世风、增进文明"[③]。海洋文化保护应当是为保护"民族的文化象征"，保护"承载着历史的印证"的活动，应该是为了保护那有利于"启迪民智，化导世风，增进文明"的文明成果而做的神圣的事业。因为"无形遗产包含了更多随时代迁延与变革而往往被人们忽视或忘却"的"文化记忆"。海洋文化保护就应当以留住这"文化记忆"为目的，以保存那"寄寓在'人类无形遗产'中的宝贵的人类智慧和精神血脉"[④]为全部目的。

以保护海洋文化多样性为出发点的保护是不加拣选地保护所有海洋文化类型，包括被称为遗产的海洋文化。这种保护与按照经济价值的高低加以选择的保护，按照某种先定的标准划分出来的先进与落后、高尚与低俗等是格格不入的。

---

① 陈智勇：《海南海洋文化发展中的问题及对策》，载《新东方》2009 年第 5 期，第 29 页。

② 李平：《海洋文化与山东海洋旅游资源开发》，载曲金良：《中国海洋文化研究》（第 4～5 合卷），海洋出版社 2005 年版，第 280～285 页。

③ 马树华：《中国海洋无形文化遗产及其保护》，载曲金良：《中国海洋文化研究》（第 4～5 合卷），海洋出版社 2005 年版，第 182 页。

④ 马树华：《中国海洋无形文化遗产及其保护》，载曲金良：《中国海洋文化研究》（第 4～5 合卷），海洋出版社 2005 年版，第 184 页。

（二）海洋文化保护与海洋社会保护一体化

一谈道文化保护，人们常常会想到把某项文物搬进博物馆，增加密封措施等。这是对文化保护的误解，而这种误解或许与文化保护实践给人们的"误导"有关。从我国海洋文化实存状况和所处的环境来看，我国的海洋文化保护至少应从以下3个方面采取措施：

第一，防护。也就是采取防护、维护措施，以防止文化的实物载体被破坏。一般来说，作为器物文化的海洋文化，比如打捞出水的沉船、其他船上用品等，需要采取防腐、防虫等措施。

第二，抢救。是指对面临灭失危险的文化产品或文化现象等，采用复制、记录等方式，防止其灭失。比如对只保留在个别民间艺人记忆中的海洋故事，可以用录音、笔录等方式记录下来，防止因艺人过世而永远灭失。

第三，传习。这是指把前人接受或创造的文化成果按照前人的方式运用于实际生活，以保持海洋文化的存活。这是对海洋文化的最有效的保护，也是文化保护的最高境界。以"海洋社会组织"文化为例。"海洋社会组织"文化的3种类型之一是"地缘组织"[1]文化，而"比较典型的地缘性组织是社区组织"。这类组织一般都有自己的中心，"这个中心往往就是海神庙"[2]。这种组织的运作方式是一系列的庙会活动。保护这种组织文化，具体来说就是海神庙文化的最好方式是让庙会年复一年地举行下去。

在以上3类海洋文化保护措施中，最有效的保护方法是第三种，最符合文化保护真谛的方法也是第三种。这是一种"保鲜"式的文化保护办法。通过"保鲜"式的文化保护，留下来的是活的文化，是存在于人们生活中的文化，是给文化的创造者提供实实在在服务的文化，也是最容易感染文化主体以外的社会成员的文化。任何文物展出、任何形式的文化产品博览会、用任何先进的技术复原的文化场景展示，等等，都无法产生活着的文化对文化主体的生活意义，也无法产生"保鲜"的文化对另外的社会成员的文化感染力。

文化"保鲜"是最有效的，但却也是最困难的。首先，这种保护需要文化主体接受保护，乐于成为被保护的对象，就像英国王室成员乐于放弃以商人、文职官员、军人等身份参与社会生活而专享王室俸禄和政治尊荣那样。其次，这种

---

① 按照马树华先生的总结，其他两种类型是"血缘组织"和"业缘组织"（参见马树华：《中国海洋无形文化遗产及其保护》，载曲金良：《中国海洋文化研究》（第4~5合卷），海洋出版社2005年版，第184~185页）。

② 马树华：《中国海洋无形文化遗产及其保护》，载曲金良：《中国海洋文化研究》（第4~5合卷），海洋出版社2005年版，第185页。

保护的代价有时会很大，甚至比把文化复制为录像带、编制成"仿古电影"、送进博物馆等要大得多。尽管如此，如果看重的是文化自身的价值，而不是文化能够带来多大市场收益，国家也应该尽可能地采取"保鲜"保护的办法。

"保鲜"式的文化保护的有效办法不是雇佣"处级道士"、"科级和尚"装模作样地诵经、打坐，而是把海洋文化保护和海洋社会保护合一。这个办法也可以称为海洋文化和海洋社会一体化保护。比如，荣成渔民历来有过谷雨节的习俗，并形成了各式各样的祭拜仪式、庆祝活动。① 这些文化就是当地渔民的节庆活动。只要渔村社会得到保护，这些海洋民俗便可以活生生地传习下去。反过来说，要想把这些节庆仪式，把这些真正的民俗活生生地流传下去，而不是雇佣演员"演"下去，也只有保持渔村社会这一个办法。所以，可以确信，保护海洋文化多样性的最有效手段是保护海洋社会的多样性。

海洋无形文化遗产的保护是海洋文化遗产保护中的难点。它难就难在还活着，至少还保持着生机。按照马树华先生的考察，在丰富的海洋无形文化遗产中，有海洋社会文化遗产、海洋精神文化遗产和海洋语言文化遗产等多个种类。从若干种类的海洋社会文化遗产就可以看出海洋无形文化遗产保护的难度。他说："海洋社会文化遗产，是历代相承的、滨海民众在特定条件下所结成的社会关系的惯制。它所关涉的是从个人到家庭、家族、乡里、民族、国家乃至国际社会在结合、交往过程中使用并传承的集体行为方式，主要包括社会组织民俗……社会制度民俗……"② 其中的海洋社会制度包括"岁时节日"、"人生礼仪"、"游戏娱乐"。对"岁时节日"，马树华先生做了如下介绍："岁时节日""主要是指与天时、物候、渔业生产的周期性转换以及信仰心理相适应，在人们的社会生活中约定俗成的，具有某种风俗活动内容的特定时日"，包括"上网节、谷雨节、鬼节（即中元普渡）迎神赛会"③ 等。要把这些文化有效地保存下来、流传下去，没有这个文化的主体——渔村社会的完整保存是做不到的。为保护这些海洋文化遗产，马树华提出了8项"保护和抢救"措施。其中包括：①"全面考察"；②"抢救"；③"加强法制建设，尽快制定相应法规"；④"向文化产业转化，促进非物质文化产业（应为遗产——引者注）走产业化之路"；⑤"采取政府出资或民间集资等方式多方筹集资金，提供充足的保护经费"；⑥"对民众

---

① 张政利、吴高军先生对荣成渔民社会的谷雨节庆祝活动的仪式、来历等做过全面、深入的考察［详见张政利、吴高军：《荣成渔民的谷雨节仪式及其演变》，载曲金良：《中国海洋文化研究》（第一卷），文化艺术出版社1999年版，第153~155页］。

② 马树华：《中国海洋无形文化遗产及其保护》，载曲金良：《中国海洋文化研究》（第4~5合卷），海洋出版社2005年版，第184页。

③ 马树华：《中国海洋无形文化遗产及其保护》，载曲金良：《中国海洋文化研究》（第4~5合卷），海洋出版社2005年版，第185~186页。

进行教育";⑦为"弘扬文化遗产"建立节日;⑧"国际合作"。应该说这些措施都有积极意义,但又都不是根本性的措施。没有海洋社会的保持,海洋文化遗产保护就不可能实现马树华先生所说的"随着时代发展有所变化",并以"发达的现代形式"① 造福于人类。

(三) 海洋文化保护优先

海洋文化保护遇到的最大挑战不是不同文化上的冲突与矛盾,不是有保护责任或应承担保护责任的机关的进步与保守,而是与经济建设的冲突,至少最近几十年是这样。我国文化中虽然存在着所谓农业文化长期占据文化主流,政府对这种主流文化的采选难免会对其他文化的发展造成某种不利的影响;尽管我国存在着不同民族、不同宗教以及它们所代表的不同文化,这些文化之间也存在某些不一致,但所有这些都不构成文化上的尖锐对立,从而都不构成对海洋文化保护的实质性威胁。海洋文化保护遇到的最大的威胁是经济建设——一个同样高尚的事业。

经济建设对海洋文化保护的威胁是多方面的,首当其冲的是经济开发对海洋文化遗产,包括海洋文化遗址的破坏。曲金良先生谈道,"海上丝绸之路"经过的"历史岛屿"往往都是当时的船舶"起航、抵岸或靠泊的港口码头",往往还都"保存着或多或少的历史遗迹",而在今天"往往被人们忽视"。在现代化建设的过程中,这些"历史遗迹""往往被人们彻底铲平,从历史中彻底抹去"②。曲先生还分析了城市化和各种名目的安置工程对海洋文化遗产保护带来的巨大冲击。这些分析不仅值得有关地方认真思考,而且更值得海洋战略设计者认真思考。他说:

"城市建筑的增容,城市用地的扩张,城市不断翻新的'规划'和'旧城改造',城市建筑的高化和新化,每时每刻都在推翻、铲除着该城市原有的作为历史码头、历史商埠、历史渔港等建筑、街区、场地、标志的文化遗产积淀。尽管无论国家也好,地方也好,都有保护历史遗产的法律法规,但依然难以遏制得住对这些文化遗产的或多或少、或重或轻的破坏乃至荡平……人们很难确知,在这样大规模的城市化运动中,到底有多少历史文化遗产没有被发现,甚至发现了之后故意隐而不报,故意将其摧毁荡平,以免其'阻挡'城市的'现代化脚

---

① 马树华:《中国海洋无形文化遗产及其保护》,载曲金良:《中国海洋文化研究》(第 4~5 合卷),海洋出版社 2005 年版,第 190 页。

② 曲金良:《我国海洋文化遗产保护的现状与对策》,载《青岛市委党校学报》2011 年第 5 期,第 97 页。

步'。"①

他还说：

"沿海区域的工业化经济开发……断了一大批农民、渔民的生路，因此，沿海地方政府一方面不得不为这些失地农民、渔民另外寻找着出路，比如转产培训、重新就业……安居工程……最低生活保障等，一方面仍然不得不推进着这种工业化，为此不断地围海造地、修扩公路、开发海岸，近海、岛屿之间建坝造桥，于是大大小小的工程遍地开花，大大小小的工厂、'园区'拔地而起……与此同时，大大小小的沿海、海滨海岸区片及岛屿地块上的海洋历史文化遗产，有许多来不及普查摸底、来不及考古挖掘、来不及修缮保护，就被有意无意地破坏掉了。"②

实在不需要太多具体的数字、例证，因为此类的事情发生得实在太多、太普遍。曲先生称之为"通病"。因为是"通病"，所以就"很难找到不犯这种'通病'的城市"。

在曲先生看来，这个"通病"似乎还带有一定世界性——其病根在"海洋世纪"判断引来的全球性海洋开发浪潮。曲先生说：

"《联合国海洋法公约》生效之后……新一轮全球性的'重返海洋'的蓝色开发浪潮愈显高涨。'21世纪是海洋世纪'的国际'共识'日益普遍，沿海地区的海洋开发，在水产养殖、滨海旅游、房地产、港口扩建或新建、海底矿产资源开发工程等各个经济产业领域全面展开，比内陆地区的开发来得势头更为凶猛，开发实力更强，开发项目更多，规模与力度更大。"③

海洋文化遗产保护遭遇的困境不是个别的开发项目，不是个别城市的错误决策，而是世界性的"蓝色开发浪潮"。正因为压力来自一种世界性的潮流，所以保护海洋文化遗产才显得格外急迫。曲先生正是做出了如此判断。他说：

"在'海洋世纪'的蓝色开发大潮冲击下，这些海洋文化遗产已经或正在遭到灭顶之灾。面对如此大规模、高强度的开发破坏，系统研究、保护和抢救中国大量的海洋文化遗产包括自然文化遗产和历史文化遗产显得十分紧迫。"④

面对世界性的潮流，我们不应选择随波逐流。因为中国不只是一个经济相对不发达的国家，它还是一个文明古国，是文化上最富有的国家，至少是最富有的国家之一。不管是对中华民族，还是对全世界，中国都有义务有责任保护中国境内的海洋文化遗产。

在经济建设优先的基本信念的指导之下，管理者，也包括普通民众，常常做

---

①② 曲金良：《我国海洋文化遗产保护的现状与对策》，载《青岛市委党校学报》2011年第5期，第98页。

③④ 曲金良：《中国海洋文化遗产亟待保护》，载《海洋世界》2005年第9期，第6页。

出为了经济发展而牺牲文化的选择。为了避免"高尚"的经济建设损害海洋文化遗产，影响海洋文化保护，国家应当确立文化保护优先原则，用以处理经济建设与海洋文化保护之间的关系，尤其是用以处理两项事业之间的冲突和矛盾。海洋文化保护优先，就是在经济建设与海洋文化保护发生冲突时，优先考虑文化保护的需要，经济建设项目或经济建设规划的实施以海洋文化遗产得到妥善保护为前提。

为了把海洋文化保护优先原则落到实处，建议国家建立海洋文化环评制度。所谓海洋文化环评实际上就是海洋文化环境影响评价，其完整的称谓应当是经济建设对海洋文化环境的影响评价制度。这一建议是对环境影响评价制度的借鉴。因借用环评之名，故称文化环评，或海洋文化环评。

我们这里所说的文化环评不仅适用于城市建设，也适用于渔村建设，包括所谓新渔村建设工程；既适用于建设项目，相当于环境影响评价制度中的建设项目环境影响评价，[①] 也适用于规划，相当于环境影响评价制度中的规划环评。[②] 自然，海洋文化环评也需要采用公众参与制度。再就是，实施海洋文化环评也需要建立相应的文化环评机构。这种机构应当由考古学、历史学、海洋学、航海学、地理学等方面的专家组成。

二、中国海洋文化的发展

文化话语容易把人的注意力引向回头望的方向上去。这大概是因为研究者常常把文化解释为某种结果。如说文化是"人类意志行为及其结果"，是"人的本质力量的对象化"[③]，是人类实践所创造的"物质财富和精神财富"等。但实际上，文化不仅是历史，不仅是历史留下来的某种成果，而且还是现实，是正在流动着的世界。李隆华先生认为，"文化是人类社会实践中必不可少的因素，或者说'元气'。""'文化'作为文而化之于心的东西，将在人类行为的一切方面和所有时间里做出自己的表现。"[④] 按照这一理解，只要一种文化存在着，它就正在表现着，而且还是在"人类行为的一切方面和所有时间里"表现着。张开城先生把"文化"看作是"人类'全时态'的'自传'"[⑤]。这个"全时态"显然

---

① 参见《中华人民共和国环境影响评价法》第三章"建设项目的环境影响评价"。

② 参见《中华人民共和国环境影响评价法》第二章"规划的环境影响评价"。

③ 张开城：《主体性、自由与海洋文化的价值观照》，载《广东海洋大学学报》2011 年第 5 期，第 1 页。

④ 李隆华：《论海洋文化及其在中华民族伟大复兴中的意义》，载《浙江海洋学院学报》2006 年第 4 期，第 13 页。

⑤ 张开城：《哲学视野下的文化和海洋文化》，载《社科纵横》2010 年第 11 期，第 130 页。

包括了现在时。他认为，"文化的载体不仅是'人化'了的对象物，而且也包括主体自身。也就是说，在主体的文化创造中，不仅'化'物，而且'化'人。在改造客观世界的同时，人类也改造自己，在'互动'中改变人的价值观念，提高人的行为能力，影响人的行为模式和生活方式。"他不仅自己这样认识，还从马克思那里找到了根据。他转述的马克思的话是这样说的："在改造世界的生产活动中，生产者也改变着，炼出新的品质，通过生产而发展和改造着自身，造成新的力量和新的观念，造成新的交往方式、新的需要和新的语言。"① 文化既然已经"化"了文化主体，就自然会随主体的言行而运动，表现在人的"行为能力"、"行为模式"和"生活方式"等方面，成为藏于文化主体的"新的力量和新的观念"、"新的需要和新的语言"，存在于文化主体相交接时的"交往方式"之中。

把文化仅仅与过去相联系，注意了文化的由来，或者说文化形成的过程，但却忽略了文化的现状，或者说是文化的现实形态；注意了文化的"物"的形态，也就是张开城先生所说的"'化'物"的文化成果，但却忽略了被"化"的人这一文化成果。这种看法不利于文化建设的全面开展。当文化被看作是"物"或过去的成果时，人们会把文化建设等同于文化遗产保护。按照这样的文化观，文化建设只需要文物局一个部门来做就够了。按照这样的理解，文化这个对象只需要保护，无须建设。即使这种文化工作与建设有关，这建设所要做的也不过是博物馆建造之类的事。

文化不只需要保护，也需要建设；不只是过去的创造物，也是今天发展着的文明。它在发展着，因为它已经通过"化"人而走进了现实的社会，并跟随着社会在不停地前进。它还必将继续发展下去，因为每一个接受了某种文化的人都会非常自然地把这种文化释放在自己的行动中，而每一次的释放又都为文化的发展注入了新的力量。它也需要建设，因为文化的生命在"化"，而这个"化"的过程，包括"化"物、对文化主体自身的"化"、在更多的物上的"化"和对更多的文化主体的"化"，就是建设。

上文谈道，海洋文化在与农业文化的竞争中始终处于支流地位。海洋文化要改变这个不利的地位就需要加强自身的建设。我们正处在需要"向海"的年代，而我们的海洋文化似乎不足以满足这个年代对海洋文化的需求，不足以满足一个由约14亿人口组成的民族的文化需求。在这个意义上，海洋文化建设是我国的历史性任务。

我国应当如何回应这个时代对海洋文化的需求，应当如何开展海洋文化建设

---

① 张开城：《哲学视野下的文化和海洋文化》，载《社科纵横》2010年第11期，第130页。

呢？以下几点也许可以成为完成海洋文化建设战略任务的必要措施：

（一）通过海洋产业建设海洋文化

海洋产业中的生产形式、技术等也属于广义的海洋文化。我们这里所说的不是这类文化的传习，而是通过海洋产业传递、凝练、弘扬、创制观念形态、制度形态的海洋文化等。灯塔、码头、船舶建造等建造都是海洋产业，这些产业在制造船舶这种工具，建造灯塔、码头这类设施时，使用妈祖、徐福、鉴真等中国海洋人物形象做标志，或采用蓬莱仙岛的自然和人文场景设计建筑物，或用龙宫神话做产品宣传等，都是一种文化建设。可以想象，如果以妈祖为标志的船舶遍布世界所有的港口，中国海洋文化的人物形象也就走遍了世界各个港口，就是对中国海洋文化的宣传，就在对世界各港口的人们施"化"。如果中国的海产品包装上都使用了带有蓬莱仙岛图形的商标，那么，在"中国制造"走遍全世界时，中国海洋文化也便漂洋过海，让全世界的消费者在消费中国制造的物质消费品的同时消费中国的海洋文化产品。

其他产业也可以为海洋文化建设做出自己的贡献。比如，青岛啤酒的注册商标使用的青岛栈桥标志就反映了青岛的海洋文化成果。以往商家的努力方向是把文化商品化，挖空心思设计制造旅游文化商品。这是旅游公司实现自身利益的需要。但这个思路不能用来指导文化建设。海洋文化建设应走的路线是对商品的文"化"。商品携带着文化被消费者接受，就实现了经济和文化的双丰收。下文将要谈道的"经济搭台，文化唱戏"也是要发挥经济的驱动力带动文化的传播，实现产业和文化的共同发展。

（二）通过宣传、教育建设海洋文化

海洋文化建设最重要的指标是文化主体队伍的扩大，而实现这个指标最有效的方式无疑是宣传和教育。在我国，不管是海洋文化宣传，还是海洋教育都有很大的发展空间。在宣传方面，我国主要媒体为海洋文化宣传设计的频道、栏目或节目，都不多，海洋文化宣传的内容在有关栏目、节目占有的时间、空间也都不够多。在仅有的栏目、版面上，宣传的内容也不够丰富。在仅有的版面、栏目等中看到、听到的与海洋有关的作品、报道等还常常都是舶来品，真正宣传中国海洋文化的内容实在少得可怜。

通过教育扩大海洋文化主体的工作有两种类型，一种类型是通过涉海职业教育传播海洋文化。这主要发生在培养船员、港务管理人员等专业人才的院校里。另一种类型是通过普通的教育向受教育者传递更多海洋文化信息，比如让学习语言文学、经济管理等专业的学生学习一些海洋知识，尤其是我国开发利用海洋、

管理海洋的知识等。

我国的海洋文化宣传教育工作遇到的最大问题是海洋文化原创作品太少，系统阐述中国海洋文化的著作不能满足宣传教育的需要。更深层次的问题是，我们对海洋文化，包括中国海洋文化的研究不系统、不深入。杨国桢先生曾谈道海洋人文社会科学研究的不足。他的评价足以说明海洋文化研究的不足。他说："从海洋性的人文研究到海洋人文社会科学体系的建立，任重而道远。"① 以往做过的研究，笼统来说还只是"海洋性的人文研究"。学界尚未建立起"海洋人文社会科学体系"，相应地也就没有对海洋人文社会科学开展系统的、深入的研究。具体到海洋文化，有待研究的问题也很多。杨先生曾指出："中国存在海洋文化，这已为越来越多的学人所认识，但对中国海洋文化内涵和本质的理解，仍有很大的差距。"② 海洋文化研究的不足大大限制了学界向宣传界提供海洋文化宣传制品的能力，从而也就限制了海洋文化的传播和再造。所以，要充分发挥宣传机器、教育部门的海洋文化建设功能，还必须从海洋人文社会科学研究做起。根据杨国桢先生对海洋人文社会科学研究现状的估计，国家应当把海洋人文社会科学体系建设列为海洋文化建设的一项重大工程来对待。

我们所说的海洋文化原创作品少也包括我国音乐家、艺术家、作家等创作的海洋文学、艺术等方面的作品少。国家鼓励音乐家、艺术家等投身海洋方面的文学艺术创作也是加强海洋文化建设的必要举措。

（三）把海洋科技成果用于海洋文化建设

与海洋文学艺术创作相比，我国的海洋科学技术研究似乎更"先进"一些。不管是南北极科考、是深潜器下海、是海洋新药的研发，还是海水养殖中遇到的一个个科学难题的破解，等等，都取得了巨大的成就。这些科技成果是海洋文化建设的巨大资源宝库。以往人们常常强调的是科技成果向"生产力"的转化，主要是向产业的转化，比如海洋药物研究成果的产业化，那么，今天，我们需要强调的是科技成果向海洋文化成果的转化，当然也包括科技活动向海洋文化的转化。比如，在现有的海洋文化中，我们只获得了渔民如何勇敢的信息；赴南极科考队所经历的风险、所表现出来的大无畏精神等还没有成为我国海洋文化的资源。再如，在我国的海洋文化中存在虚构的龙宫，但龙宫里虚构的景物、"人物"大都来自近海、浅海；海底热液、深海生命现象等就没有进入艺术家想象的空间。

海洋科技向海洋文化的转化空间广阔，这一"转化"将大大丰富我国的海

①② 杨国桢：《论海洋人文社会科学的概念磨合》，载《厦门大学学报》2000 年第 1 期，第 100 页。

洋文化。

（四）海洋文化建设中的"经济搭台，文化唱戏"

以往我们见到的更多的是"文化搭台，经济唱戏"的说法和做法。今天，我们的主张是"经济搭台，文化唱戏"。它是保证海洋文化建设取得成功的重要战略措施。

"文化搭台，经济唱戏"是利用文化的资源价值，给产品、技术、人力资源等提供展示、交易、交流的平台、场所或机会等。"经济搭台，文化唱戏"恰好反过来，是要利用经济的舞台唱文化的戏。比如，可以利用广州商品交易会、青岛啤酒节、大连服装节等大型经济活动宣传、展示、传播海洋文化。如果说"文化搭台，经济唱戏"是企业界、政府借文化之影响力吸引客商，达到引进项目、销售产品等目的。在这台戏中，文化是被利用的，企业界利用文化是主动的和乐意的。在"经济搭台，文化唱戏"这台戏中，因为文化不是被利用的，所以也便没有了企业界的主动和乐意。这台戏要唱下去，只有一个办法，那就是把唱文化之戏变成搭经济台的企业界的义务或者责任。当然，国家对履行此类义务的企业或企业界也可以给予税收等方面的优惠或者其他形式的鼓励。《清洁生产促进法》可以对从事清洁生产的企业给予政策优惠，《循环经济促进法》可以对从事循环经济的企业给予鼓励，"海洋文化促进法"当然也可以对为海洋文化建设作出贡献或付出代价的企业予以某种形式的报偿。也就是说，国家完全可以像为促进清洁生产而颁布《清洁生产促进法》那样，为海洋文化的发展制定专门的促进法，把国家促进措施法律化。

三、培育"亚—大—非海洋文化圈"

文化建设是从既有到将有的主动引导和推动过程。它是既有文化积累、建设推动和未来目标这三者之间关系的处理过程。在充分考虑这三者之间关系的基础上，我们认为，我国可以启动一个海洋文化建设工程——"亚—大—非海洋文化圈"培育工程。这个工程的建设目标是"亚—大—非海洋文化圈"的形成，这个工程的既有文化基础是海上丝绸之路、历史上存在过的"环中国海文化圈"或"环黄海文化圈"等，而这个工程的建设者是中国、"亚—大—非海洋文化圈"之内的国家及其公民、企业、民间组织等。

自然地理给中国、历史上的朝鲜、俄罗斯、日本、历史上的琉球地区、东南亚诸国、印度洋沿岸国家，以及大洋洲国家和地区利用海洋开展经济文化社会交流，或开展海洋经济、文化交流提供了天然的便利。海洋把这些国家和地区连为一体，海洋为这个区域里的居民提供了生活的场域和文化创造的舞台。人们把这个大舞台称为文化圈。对这个文化圈，学界有不同的表达。这个文化圈的中心、延及范围等在历史上的不同时期也有不同。

例如，有学者使用"黄海文化圈"的概念。曲金良先生就曾使用"黄海文化圈"或"环黄海文化圈"的概念，考察了这一概念的特征等（详见下文）。

再如，有学者使用东亚文化圈的概念。韩国学者尹明喆把以中国、韩国、日本等为中心组成的经济文化圈称为东亚文化圈。他也把这个文化圈内的国家称为"东亚海洋圈国家"①。他认为，"这一地区的国家通过地理文化（geo-cultural）形成了宽广的文化共有范围，不仅是儒教、佛教等宗教现象，在政治制度、经济样式、汉文、生活习惯等方面也有很大的相似性。"在这个大的文化圈内，"非农耕文化圈受到了中国的很大影响，而中国也受到了游牧文化等的影响。正是由于这种文化上的相似性，外部世界把这个地区看做一个文化共同体。"②

又如，曲金良先生提出"东北亚文化圈" + "东南亚文化圈"的东亚文化圈概念。他认为，历史上的东亚文化圈包括两部分，即"东北亚文化圈"和"东南亚文化圈"。他所说的东北亚文化圈在覆盖范围上相当于尹明喆先生所说的东亚文化圈。曲先生把"地中海"作为文化圈的核心词。他所说的"东北亚文化圈"是围绕"东北亚地中海"形成的，而所谓"东北亚地中海"就是"黄渤海——东海"。这"东北亚地中海"的周围是"中国东部沿海暨山东半岛和辽东半岛—朝鲜半岛—日本列岛—琉球群岛—台湾岛屿"。他所说的"东南亚文化圈"是围绕被他称为"东南亚地中海"的"南海"形成的，这"东南亚地中海"的周围是"南中国大陆—台湾岛—海南岛—中南半岛—马来群岛即菲律宾群岛和印度尼西亚群岛—东南亚群岛"。在曲先生看来，"'东北亚文化圈'和'东南亚文化圈'是'东亚文化圈'的两个子系统，或两个'亚圈'"。这"两个子系统或两个'亚圈'的共同的核心层面"的"主导元素"的"基本属性"是"中国文化"③。

还如，"环中国海海洋文化圈"。吴春明先生认为，"以中国东南沿海为中心的'环中国海'是古代世界海洋文化繁荣发展的主要区域之一"。他也把这个文化圈称为"古代海洋文化繁荣发达地带"，并把这个地带圈定为"我国东南沿海

---

① ［韩］尹明喆：《古代东亚细亚海洋圈和文化交流》，载曲金良：《中国海洋文化研究》（第三卷），海洋出版社 2002 年版，第 36～48 页。

② ［韩］尹明喆：《古代东亚细亚海洋圈和文化交流》，载曲金良：《中国海洋文化研究》（第三卷），海洋出版社 2002 年版，第 45～46 页。

③ 曲金良：《"环中国海"中国海洋文化遗产的内涵及其保护》，载《新东方》2011 年第 4 期，第 23 页。

及东南亚半岛的陆缘地带、日本、中国台湾、菲律宾、印尼等岛弧及相邻海域"①。不过，吴春明先生还使用过另外一个概念，即"航海文化圈"，而后者的覆盖范围比"环中国海海洋文化圈"要大。他说："唐宋以来，以中国东南沿海为中心的历代船家，扬帆东洋、北洋、西洋、南洋之'四洋'海域，再次形成一个实际上超越国别，曾经驰骋于太平洋与印度洋之间广阔海域的巨大航海文化圈。"②

以上提法虽各不相同，但它们都包含相同的内核，即以中国周边海域为依托曾形成了一个文化圈。杨国桢先生也认为曾经出现过这样的文化圈，只不过他把这个文化圈说成是"环中国海沿岸与东南亚、西亚海域"形成的"海洋经济、文化互动网络"③。不管是文化圈也好，"互动网络"也罢，它们都反映了一个事实，即以中国周边海域为依托开展的经济文化交流曾经留下了辉煌的过去。

这个"互动网络"的构成无疑是有"经济基础"的。"海上丝绸之路"运送的首先是消费品，走这条路的人们，至少走这条路的私人主要追求的是私人的经济目的。但这个网络之所以被称为"文化圈"，显然不只是因为"丝绸"和"丝绸之路"也是文化，而是还有别的原因。对今天的研究者来说，是因为有别的理由我们才把这个"网络"称作"文化圈"。我们所说的理由主要有二，第一，这个"网络"是"文化互动"的网络，而且也是海洋文化"互动"的"网络"。不管"丝绸之路"运送的是什么，这条路的首要特征，尽管走这条路的人并不一定明确地意识到，是海洋。也就是说，是海洋提供了路，是在海洋上航行的船舶把海洋变成了可用的路，是海洋和船舶这条路把路两端的人、物、白银等联系到一起。第二，这个"网络"里渗透着文化，可以称为哲学、艺术、政治制度等的文化。曲金良先生把"环黄海圈"看作是"一个以地理地缘为自然条件，政治、经济、文化、社会、民族和人际等统括在内的综合概念"。因为这个"综合概念"所表达的"圈"里流动着的是中国文化，所以他也把它称为"中国文化圈"或"汉文化圈"④。"中国文化圈"或"汉文化圈"中的"中国"或"汉"的特征表现在多个方面。比如，语言。曲金良先生曾谈道，"环黄海一带的文明是以汉字文化为代表的文明，也就是西方人所说的远东文明，我们今天习惯上所称的东方文明。"⑤

---

①② 吴春明：《"环中国海"海洋文化的土著生成与汉人传承论纲》，载《复旦学报》2011年第1期，第124页。

③ 杨国桢：《海洋世纪与海洋史学》，载《东南学术》2004年增刊，第10页。

④ 曲金良：《环黄海圈的历史特性与中韩海洋文化关系》，载曲金良：《中国海洋文化研究》（第三卷），海洋出版社2002年版，第27~28页。

⑤ 曲金良：《环黄海圈的历史特性与中韩海洋文化关系》，载曲金良：《中国海洋文化研究》（第三卷），海洋出版社2002年版，第29页。

对以中国周边海域为依托形成的文化圈的地域或海域范围，研究者的看法不尽相同，但关于海上"丝绸之路"的研究结果却可以大致勾勒出这个文化圈的范围，并在一定程度上化解对中国海洋文化圈地域范围的不同解说之间的矛盾。[①]

宋晓先生认为，"海上交通线从中国山东半岛的东部起航，经朝鲜半岛沿海地区，再去日本或俄国；或经山东半岛南下宁波、上海、厦门、泉州、广州，直达东南亚和非洲各国。"[②] 这是两条线路：一路是北线，从山东半岛，经朝鲜半岛，到日本和俄罗斯；另一路是南线，从山东半岛，经中国东部、南部沿海的宁波、上海、厦门等地，到东南亚和非洲各国。郑一鸣也认为存在南线和北线，只是北线"在丝绸之路中据次要地位"，南线才是丝绸之路的主线。它的大致行走路线是"由中国沿海南下，再向西延伸，直至波斯湾地区"[③]。郑一鸣先生所说的"由中国沿海南下"的"沿海"不只是东南沿海。曲金良先生对自汉代开辟的"南方海上丝绸之路"的路线的考查丰富了"沿海"的内容。他提到，"合浦采珠业的发展，也为这一海洋区域（作者称为南海和泛南海区域）的商贸活动注入活力；与岭南、南海诸国的珍宝、珍禽异兽、异香、美木、佳果等的贸易，形成了亮丽的南海海上丝路航线和中外海洋贸易景观"[④]。这也就是说，北部湾地区也是海上丝绸之路的出发地之一。作为民间道教科仪书的《安船酌钱科》记载的"往西洋"航路大致是"从海澄（本港澳）出发"，"过西沙群岛"，"到越南北圻（交趾）"，再到"柬埔寨"、"下港（西爪哇的万丹 Bantam）"、"今印尼爪哇岛东部的饶洞"、"池汶（即帝问 Timor）"、"苏门答腊南部的旧港（即巨港 Palembang）"、"今属泰国的大泥（Patani）"、"今属马来西亚的彭亨（Pahang）"、"逻罗（Siam）"等地。该书提供的"往东洋"航路主要是"从海澄往台湾，往文莱，往吕宋，和从吕宋往文莱"[⑤]。丝绸之路的远端其实是多个端点，或者说是多个"散点"。主要的有：①"波斯湾地区"。这是一片"散点"。②非洲东海岸。郑和下西洋"政治上"建立"亚非国家间的和平局势"，"经济上""发展""亚非诸国间的国际贸易"，"文化方面"则"向亚非各国敷宣"

① 我们之所以用"路"来界定圈，是因为这个"圈"实际是由"路"圈定的，这个"圈"只扩展到可通航的地方。事实上，这个"圈"只扩张到"路"被走过的地方。

② 宋晓：《古代山东半岛与朝鲜半岛及日本之间的海上交流》，载曲金良：《中国海洋文化研究》（第一卷），文化艺术出版社 1999 年版，第 71 页。

③ 郑一鸣：《郑和下西洋的历史背景及其海洋发展方略的特点》，载曲金良：《中国海洋文化研究》（第一卷），文化艺术出版社 1999 年版，第 75 页。

④ 曲金良：《"环中国海"中国海洋文化遗产的内涵及其保护》，载《新东方》2011 年第 4 期，第 24 页。

⑤ 杨国桢：《闽在海中》，江西高校出版社 2007 年版，第 81~88 页。

"中国的教化"①。这里所说的"非（洲）各国"就是非洲东海岸的一片"散点"。③马来群岛。曲金良先生考察，"马来群岛的主要国家和地区，有印度尼西亚、菲律宾、新加坡、文莱、马来西亚、东帝汶和巴布亚新几内亚的部分地区。这些国家和地区，历史上大部分与中国本土通过南中国海海路结成了密切的政治、经济和文化网络"②。这是海上丝绸之路连接的马来半岛远端"散点"。

不管是海上丝绸之路，还是历史上以中国周边海域为依托的海洋文化圈的形成，都为培育"亚—大—非海洋文化圈"奠定了良好的基础。培养这样的文化圈，对于中国，对于这个设计中的文化圈内的国家都有重大的意义。

首先，它有助于提高文化自豪感。曲金良先生在总结环黄海圈的成就时谈道：

"以环黄海圈为中心的远东文明或曰东方文明，在近代以前所起的作用和所达到的辉煌程度，绝不亚于甚至大大超过了以欧洲环地中海为中心的西方文明。"③

从这段话的字里行间可以感受到作为这个文化圈的创造国的骄傲和自豪。今天的中国，今天的亚洲和非洲不正需要这种自豪吗？曲先生希望通过研究"环黄海圈历史与当代发展问题""唤醒我们环黄海圈人的'环黄海圈'意识"。他认为这具有"强化民族自信心"④ 的意义。

其次，"文化圈"与经济合作圈以及其他国际联合可以建立互为依托的关系。韩国学者尹明喆先生指出：

"现在世界各国除一些军事同盟外，还以所谓相似的文化圈、种族、地区为中心，通过像欧共体、欧盟、北大西洋自由贸易区、东盟等国家间的联合，促进了广泛的集团化，是利益达到最大的'自集团主义'。"⑤

尹先生强调的是发生在世界上的"广泛的集团化"，是这种"集团化"已经成为"世界化的趋势"。正是因为世界上已经出现了这种趋势，出现了"广泛的集团化"倾向，所以他才建议"包括中国、日本在内的东亚'地中海'国家为

---

① 郑一鸣：《郑和下西洋的历史背景及其海洋发展方略的特点》，载曲金良：《中国海洋文化研究》（第一卷），文化艺术出版社1999年版，第78页。

② 曲金良：《"环中国海"中国海洋文化遗产的内涵及其保护》，载《新东方》2011年第4期，第24页。

③ 曲金良：《环黄海圈的历史特性与中韩海洋文化关系》，载曲金良：《中国海洋文化研究》（第三卷），海洋出版社2002年版，第29页。

④ 曲金良：《环黄海圈的历史特性与中韩海洋文化关系》，载曲金良：《中国海洋文化研究》（第三卷），海洋出版社2002年版，第34页。

⑤ ［韩］尹明喆：《古代东亚细亚海洋圈和文化交流》，载曲金良：《中国海洋文化研究》（第三卷），海洋出版社2002年版，第45页。

对付世界其他强劲的集团"，"超越现有的关系，建立协力体"①，并且希望把它建成"世界上最紧密的命运共同体"②。

第三节　建设东方"海洋国家"

讨论海洋文化是一个沉重的话题，对海洋文化战略的思考过程常常让人陷入举棋不定的困窘状态。这大概是民族历史的沉重在思想者身上的自然反应。一方面，我们创造的海洋文化改变了世界，给世界带去富有和文明；另一方面世界创造的海洋文化又将我们击垮，给我们带来最难抹去的伤痛。历史典籍虽封存已久，但它清晰地记载着中国在海洋上的光荣，并且同样清晰地记载着中国在海洋上的耻辱。被弃置在成功和失败之间、光荣与耻辱之间的我们，解放自己的出路还得从自己的文化中去找。

叶世明先生有一番关于文化自觉的话对帮助我挣脱困窘很有帮助。他谈道：

"文化自觉是一定历史条件下对社会发展的文化建构、文化选择、文化发展的理性思考与实践，是指生活在一定文化中的人对其文化有'自知之明'……自知之明是为了加强对文化转型的自主能力，取得决定适应新环境、新时代的文化选择的自主地位。文化自觉既包括对自身历史、传统与现实的深刻洞悉与把握，也包括对他者的文明、对整个世界及其多样性的全面理解和认识。也是一个如何客观看待历史与现实、我者与他者的问题。"③

如果把文化自觉简化为文化的"自知之明"的话，文化的自觉其实主要不是回答自己是什么，自己的"历史、传统"怎样，尽管自知之明无疑包含对自身的了解，而是自己与"现实"之间的关系，自己与"他者"或"他者的文明"的关系，而他者是站在"我者"对面的"整个世界及其多样性"。

我们试图做一个"自觉"的人，代表中国文化尝试寻找"自知之明"。经过艰苦的寻找，我们做出的选择是：塑造海洋国家。

---

①② ［韩］尹明喆：《古代东亚细亚海洋圈和文化交流》，载曲金良：《中国海洋文化研究》（第三卷），海洋出版社 2002 年版，第 45 页。

③ 叶世明：《"文化自觉"与中国现实海洋文化价值取向的思索》，载《中国海洋大学学报》2008年第 1 期，第 18 页。

一、"海洋世界"需要建设"海洋国家"

杨国桢先生在阐释海洋社会的内涵时曾谈道:"海洋区域社会不是天然生成的,有海洋地理环境而在一定时段没有海洋社会群体活动的海岸带、岛屿和海域,不能形成海洋区域社会。"① 这段话告诉我们一个被一层"窗户纸"蒙了许久的道理,即自然的海洋和人类利用的海洋是不同的。在人类和自然共同经历的历史上,海洋是不变的,而人类是发展的。海洋与人类的关系因人类的发展而改变,或者说因人类对海洋的利用而改变。中国、中国文化、中华民族在与海洋的关系中有成功的"历史",同样也有失败的"现实"。从成功一转而为失败就发生在人类对海洋的利用发生改变的那一瞬间。

不少研究者怀着酸涩的心情总结过我们的先辈开发利用海洋所取得的成功。前述"环黄海文化圈"、环黄海"中国文化圈"、环黄海"汉文化圈"、"东亚文化圈"、"东北亚文化圈"、"东南亚文化圈"、"环中国海文化圈",等等,都是铭刻胜利的丰碑。前述"海上丝绸之路",不管是多个端点,还是多个"散点",都是记载成功的史册。对这成功的过去没有一个中国人不承认,没有一个外国人不羡慕。"海上丝绸之路"和陆上丝绸之路都是一个伟大民族的骄傲,都闪耀着中华文化的熠熠光辉。那些对中国在近代的经历痛心疾首的人们无须怀疑中华文化深厚和在历史上的先进,那些对征服非洲、亚洲、美洲的殖民主义业绩欢欣鼓舞的外国专家无人敢于奢望唐宗宋祖领受过的荣耀与辉煌。

然而,我们忽略了一个瞬间。而正是这个瞬间的失去让中华民族损失了三百年,② 忍受了一百年的屈辱。这也就是失败的"现实"。

在我们所说的这个瞬间里发生了若干重要的事件。这些事情本当引起中华帝国、中华民族的警醒或格外的注意,而事实上这个帝国没有警醒,这个民族没有去注意。

事件之一,郑和下西洋(1405～1433 年)。"郑和下西洋"受到国人几乎异口同声的好评,诸如"航海史上空前的壮举"③、"中国航海史上的绝唱"、"世

---

① 杨国桢:《论海洋人文社会科学的概念磨合》,载《厦门大学学报》2000 年第 1 期,第 99 页。

② 18 世纪中期北美 13 个殖民地建立美利坚合众国既是殖民政策取得世界性胜利的标志,也是更疯狂的殖民扩张的开始。从那时起一个世纪之后,中国陷入长达百年的空前的灾难。今天的中国还在艰苦挣扎,我们设定的目标是到本世纪中叶达到世界中等发达国家的水平。到那时,我国落后、挨打的历史大约三百年。

③ 郑一鸣:《郑和下西洋的历史背景及其海洋发展方略的特点》,载曲金良:《中国海洋文化研究》(第一卷),文化艺术出版社 1999 年版,第 74～79 页。

界远洋航海的先驱"① 等屡见于书刊。在 1405 年（明永乐三年）之后的 28 年间，郑和七次率船队远航西洋，航线从西太平洋穿越印度洋，到达西亚和非洲东岸，途经 30 多个国家和地区。吴晗先生对此举在历史上的地位的评价是："比哥伦布发现新大陆早 87 年，比迪亚士发现好望角早 83 年，比奥斯·达·伽马发现新航路早 93 年，比麦哲伦到达菲律宾早 116 年。"② 这的确是世界航海史上了不起的创举。

事件之二，葡萄牙窃据澳门（1557 年）。（明嘉靖三十六年）1511 年（明正德六年）葡萄牙殖民者侵入满剌加（马六甲），赶走那里的国王，并因此而使中国与马六甲海峡以西地区的交往与贸易中断。1516 年葡萄牙马六甲总督遣使来中国。次年，葡萄牙舰队到中国。此后不断在中国东南沿海滋扰。直到 1535 年，葡人进入香山县所属壕镜澳（澳门）作为停船贸易的海港，乘机混入澳门。1553 年，葡人以商船遇风暴，水浸贡物，请在澳门借地晒晾为由进驻澳门。1557 年，葡萄牙人在澳门筑城造房，自行设官管理。在这之后，在澳门的葡萄牙人虽然每年仍向广东香山县缴纳地租，接受粤海关征税，但事实上已经占据了澳门。

事件之三，西班牙在菲律宾建立殖民地（1565 年）。1542 年，西班牙航海家洛佩兹继麦哲伦之后到达菲律宾，用西班牙王子菲利普的名字命名该岛。1565 年西班牙入侵菲律宾。菲律宾本是经大明王朝册封的藩属国。首封于 1417 年。清朝初年，1726 年（清雍正四），苏禄苏丹遣使"朝贡"，清王朝与菲律宾重建"藩属"关系。西班牙在菲律宾建立殖民地就是在明、清王朝的藩属国建立殖民地。

事件之四，台湾失而复得（1622～1662 年）。郑成功是民族英雄。公元 1662 年（康熙元年），他率众收复被荷兰殖民者侵占达 38 年之久的台湾。荷兰人于 1604 年（明万历三十二）偷袭澎湖，被明朝军队击退退。1622 年（天启二年）五月，荷兰舰队再次侵占澎湖，被击败。同年八月，荷兰人侵占台湾岛西南部，先后建起台湾城、赤嵌城等城堡，开始在台湾的殖民历史。郑成功打败荷兰人，收复台湾，是名副其实的民族英雄。

这些历史事件，要么为中国官方所为，要么对中国有重大影响，为明、清政府所知晓。它们都发生在一个短短的瞬间，但它们都意义重大，只是中国政府没有认识到。

郑一鸣先生对"郑和下西洋"做了如下评价：

---

① 王佩云：《郑和下西洋的文化成就》，载曲金良：《中国海洋文化研究》（第 4～5 合卷），海洋出版社 2005 年版，第 126～129 页。

② 转引自袁行霈：《中华文明史》（第三卷），北京大学出版社 2006 年版，第 287 页。

"郑和下西洋所执行的海洋发展方略的历史意义，在于它第一次显示出一个国家走出国门，面向海洋，通过海路，是如何有声有色地把海洋当作可以开展政治、经济、外交、军事、文化各个方面活动的大舞台的，表现了人类在海洋上前所未有的开拓精神。"①

郑和下西洋的初衷究竟是什么②我们不去多做讨论，此举的最伟大的贡献在于发现了一个世界，一个海洋世界，一个可以在其上开展"政治、经济、外交、军事、文化各个方面活动"的流动的世界。如果说元朝派去征服日本的船队不见凯旋证明了大元王朝适合陆地世界，证明那个年代还处在陆上世界"一统天下"的时代，那么，郑和的壮举告诉中国政府和中国军队、中国习惯于陆地上生活的内地老百姓，中华民族已经可以走进海洋世界，就像我们的沿海居民、岛民，我们世世代代与苏禄、爪哇、逻罗等地区开展商贸往来的渔民、商人，总之我们的民间力量早已走进这个海洋世界那样。如果说"在郑和下西洋之后，哥伦布、麦哲伦的航海"的成就"仅限于地理发现这一方面"③，那么，郑和下西洋之举已经给横跨大西洋、印度洋的自然地理以人文内涵，已经做了把自然的海洋变成"人地相关系统"④的尝试，并取得了一些成功。然而，不幸的是，1433年，随着郑和最后一次下西洋凯旋，这个伟大的壮举就成了"绝唱"。从此，中国政府对那个由中国人亲自发现的海洋世界再未"回眸"。大明王朝和接下来的大清王朝不仅总体上结束了进入海洋世界的活动或尝试，而且还把已经习惯于开拓海洋世界的沿海居民、岛民、海外移民关在陆上，"锁"在国门之内。

对台湾的失而复得这件事，国人多把它与民族英雄的名字相联系，或从中吸取民族精神、或把它变成爱国主义教科书的内容。但在我们的这个历史瞬间中，它的真正的意义是荷兰人侵占中国台湾。葡萄牙窃据澳门、西班牙在菲律宾建立殖民地、荷兰人侵占中国台湾，三件事，由三个为华夏人闻所未闻的"蛮夷"所为，由远涉重洋的曾被赋予"红毛番"之类称呼的人们所为，由多少都掌握一点"奇技淫巧"的人们所为。这么多的"蛮夷"轮番进攻、这么多的"红毛番"、蓝眼番对我中华、我中华的属国如此流连忘返，这么多的"奇技淫巧"可以从那么遥远的地方闯进中国和中国属邦的世界，分明告诉中国：海洋世界到来了！葡萄牙人、西班牙人、荷兰人，后来的英国人、法国人等，他们来到中国分明是向中国的大明皇帝、大清皇帝报信：我们来了，海洋世界到来了！如果说历

---

①③　郑一鸣：《郑和下西洋的历史背景及其海洋发展方略的特点》，载曲金良：《中国海洋文化研究》（第一卷），文化艺术出版社1999年版，第74~79页。

②　袁行霈：《中华文明史》（第三卷），北京大学出版社2006年版，第287页。

④　杨国桢先生曾把"人文学科中的海洋区域概念"看作是"人地相关系统"（参见杨国桢：《论海洋人文社会科学的概念磨合》，载《厦门大学学报》2000年第1期，第96页）。我们所说的海洋世界就是这样一个人地相关的世界，而不是一个纯粹的自然世界。

史上的西班牙、葡萄牙、荷兰、英国、法国等都是海洋国家，那么，这些海洋国家对中国的无情造访应该惊醒明、清王朝用"闭关锁国"包裹起来的梦。不幸的是，明清王朝拒绝了海洋世界的邀请，辜负了海洋世界送来的可以让中国"青云直上"的"新风"。一直到鸦片战争英国人打进国门，到八国联军打进北京，大清王朝也没有意识到世界已经改变。[①] 于是，中国人开辟的"海上丝绸之路"向中国人关闭，苏禄、琉球、安南、缅甸、逻罗等属国渐次离开宗主国的怀抱，中国渔民、商人、华人渐渐从他们祖祖辈辈经营的海洋世界中的主人变成了西方人主宰的海洋世界中的奴隶、劳工……

面对这失败的"现实"，我们文化的"自觉"；急起直追，投身海洋世界。同样也是出于中国文化的"自觉"；建设海洋国家，[②] 实施投身海洋世界的"举国"行动。

对于中国来说，"海洋国家"并不是一个遥远的梦。我们需要告诉世界：中国原本就是一个海洋国家。在自然地理上，中国是陆海兼备的国家。在文化传统上，中国是农业文化、游牧文化、海洋文化等共同营造起来的东方大国。在经济构成上，中国既有农业经济、牧业经济，也有包括海洋渔业、海洋运输、海洋船舶制造、海洋工程建筑等在内的海洋经济，当然也不缺少商业贸易。中国只是因为错失一个瞬间才失去了三百年。

对于中国来说，建设"海洋国家"的关键不是进口海洋文化，也不是实行新的"文化革命"，而是改变民族文化中原本就有，实际上也是"与时俱进"的海洋文化在民族航船的运行中的影响力。我国的海洋文化由于在历史上一直处于非主流地位，所以才没有把中华民族的航船从"大河"引向海洋。《海洋议程》、

[①] 吕思勉先生的一段话恰恰好点到了大清王朝未觉"世界"之变。他说："近代欧人的到广东来求通商，事在一五一六，下距五口通商时，业经三百余年了。但在五口通商以前，中国讫未觉得其处于另一个不同的世界中，还是一守其闭关独立之旧。"（参见吕思勉：《中国通史》，当代世界出版社 2009 年版，第 371～372 页）

[②] 专家对海洋国家有不同的理解。比如，杨国桢先生就谈道出于两种不同理解的海洋国家。一种是以地域为根据的海洋国家，另一种是以经济和社会发展状况为根据的海洋国家。杨先生谈道："海洋国家，一般指海洋沿岸国家或岛国。但这一概念是不准确的。从远距离、长时段去观察，拥有海洋环境的海洋沿岸国家或岛国，虽然对海洋的开发利用有先有后，向海洋发展的程度千差万别，但迟早都会面对海洋，走向海洋，和外部世界文明接触、互动。因此，在宏观上可以把它们都视为海洋国家。但在研究的特定意义上，海洋国家是海洋发展到一定历史阶段的产物，不能完全等同于海洋沿岸国家或岛国。海洋国家一般是在海洋区域社会经济力量增大，对全国社会经济产生一定影响后才出现的，主要的指标是海洋发展的目标形成国策，有向海洋开放的经济社会文化运作系统。"（参见杨国桢：《论海洋人文社会科学的概念磨合》，载《厦门大学学报》2000 年第 1 期，第 99 页）。显然，杨先生赞同以经济和社会发展的状况，包括国家政策等为判断海洋国家的已经。本书赞同杨先生的选择，但又认为，没有必要给海洋国家设定一个构成标准。我们更倾向于使用杨先生描述海洋社会时使用的一个尺度，那就是"向"海。海洋国家就是国家做"向"海选择的国家。

《海洋事业白皮书》、《海洋经济纲要》、《海洋规划纲要》等，已经开始了走进海洋世界的"举国"行动。接下来的更艰苦的工作是克服"农业社会和大陆性格"对"文化"性地走向海洋的"深度制约"①，以确保海洋文化不再只是民族文化的支流。

建设海洋国家，扎实的行动胜过华丽的宣言。经济、政治、科技、军事、管理、社会、宣传教育等走向海洋就是脚踏实地的海洋国家建设行动。不过，"三百年"之失在文化上的消极影响非一日可以清除。因而，有组织的海洋文化建设是必要的和急迫的。李珠江先生等告诉我们："民族海洋意识也可以通过政府有计划、有重点的宣传、教育来培养和引导。"② 我们相信这样的判断。面对三百年所"积"之"重"，欲"返"于正道，非有大手笔的文化建设不可。为了把海洋文化"从海洋区域文化""提升"为"民族文化"甚至"世界文化"③，也非有大动作的海洋文化建设不可。

二、建设和平的海洋世界需要中国成为海洋国家

"文化自觉"的另一个任务是认识"我者"与"他者"或"他者的文明"的关系。不过，这个层面的"自觉"带给我们的更多的是"自省"，或"内自省"。

我们要建设海洋国家，这是"我者"的内在要求，也是"我者"在政治上的反映，而"他者"早就给了我们无数个"海洋国家"的实例。这些实例，这些"他者"的外化似乎并不值得我们起而效法。西班牙、葡萄牙、荷兰、英国、法国，再后来的美国，无疑都是海洋国家，或都可以被看作是海洋国家，它们在我国研究者的"海洋强国"名录中大都名列前茅。杨金森先生把世界上的"海洋强国"按照"强"的发生时间先后排列，在奥斯曼帝国之后为葡萄牙、西班牙、荷兰、英国、法国、俄国、美国、德国、日本等。④ 这几乎就是"八国联军"名单吗？尽管这个名单与八国联军的名单并不完全相同，但这两份名单揭示了同一个道理，即历史上的所有海洋强国，或者曾经被我们当作海洋国家榜样的国家都是殖民主义、帝国主义国家，都是曾经在非洲、美洲、亚洲等地犯下滔天罪行的国家，都是手上沾满包括中国在内的被压迫民族和人民的鲜血的刽子手们的国家。难道我们就要建设这样的海洋国家吗？不能，绝对不能！我们的文化

---

① 徐凌：《中国传统海洋文化哲思》，载《中国民族》2005 年第 5 期，第 26 页。
② 李珠江：《21 世纪中国海洋经济发展战略》，经济科学出版社 2007 年版，第 145 页。
③ 杨国桢：《论海洋人文社会科学的概念磨合》，载《厦门大学学报》2000 年第 1 期，第 100 页。
④ 参见杨金森：《海洋强国兴衰史略》，海洋出版社 2007 年版。

"自觉"的首要结论就是"他者"太野蛮，我与"他者"绝不同流合污。

"他者"是一种什么样的文化？马汉的学说既是对这种文化的提炼，是这种文化的精华。这种文化的核心就是掠夺，就是为了掠夺而开拓殖民地，为开拓、控制殖民地，为掠夺殖民地财富和殖民地人民的血汗而制造军事优势；就是为在掠夺中获得超出"寻常的份额"而建设足以战胜任何对手国家的强大海军，就是随时准备战胜任何强大的对手国家，就是为了确保在军事上的胜利而占领、控制海洋通道。这就是这些海洋国家建立国际秩序的法则。这些海洋国家建立的国际秩序就是按照军事力量的大小分配利益"份额"。中国所遭遇的"百年屈辱"就是这种秩序安排的结果。我们的文化"自觉"告诉我们，中华民族与这类海洋国家"其道不同"。中国不愿意接受这样的秩序安排，也不愿意让别人接受这种秩序以往留给中国的那种屈辱。如果说"海洋国家"曾经是西方学者"海权论话语策略中的一个概念"①，那么，我们要建设的海洋国家与他们的"话语策略"无关，我们使用海洋国家这个概念也不以借助"西方学术话语体系"中的"西方话语霸权"② 为目的。

人类早已走进海洋世界。因为这是历史的选择，中国也必须积极地走进这个世界。这个刚刚形成的世界的结构与中国文化存在着严重的冲突。这种冲突的主要表现形式就是这个世界一直不太平，这个世界留给中国的记忆尤其不太平，而太平恰恰是中国文化追求的境界。中国不能退出海洋世界，历史已经教训了明、清王朝。中国必须积极走进海洋世界，这是民族文化"自觉"的结论。中国不能接受以往的海洋世界所形成的秩序。这是中国文化"自觉"的一个清晰无比地判断。留给中国的只有一种选择，那就是走进海洋世界，按照中国文化的价值标准改造海洋世界的秩序，也就改变海洋世界以往形成的秩序，建立有助于实现"太平"的新秩序。

借用叶世明先生的话："一种文化只有具备自我反思与反省的能力，才能获得前行的力量。"③ 中国文化已经具备自我反思与反省的能力，它不仅获得了独自"前行的力量"，而且还将积聚起带领海洋世界"前行的力量"。

---

① 杨国桢：《重新认识西方的"海洋国家论"》，载《社会科学战线》2012 年第 2 期，第 226 页。

② 杨国桢：《重新认识西方的"海洋国家论"》，载《社会科学战线》2012 年第 2 期，第 224 页。

③ 叶世明：《"文化自觉"与中国现实海洋文化价值取向的思索》，载《中国海洋大学学报》2008 年第 1 期，第 18 页。

参考文献

1. ［美］阿尔弗雷德·塞耶·马汉：《海权论》，中国言实出版社 1997 年版。

2. ［美］罗伯特·阿特：《美国大战略》，北京大学出版社 2005 年版。

3. ［美］约翰·科林斯：《大战略》，战士出版社 1978 年版。

4. ［美］阿伦米利特：《美国军事史》，军事科学出版社 1989 年版。

5. ［美］布朗·A·加纳：《布莱克法学词典》（第七版），韦斯特出版公司 1990 年版。

6. ［美］鲁思·华莱士等：《当代社会学理论（第六版）——对古典理论的扩展》，中国人民大学出版社 2008 年版。

7. ［美］希尔·琼斯：《战略管理》，中国市场出版社 2005 年版。

8. ［美］杰拉尔德·丁·曼贡：《美国海洋政策》，海洋出版社 1982 年版。

9. ［美］理查德·罗斯克兰斯等：《大战略的国内基础》，北京大学出版社 2005 年版。

10. ［澳］约瑟夫·A·凯米莱里等：《主权的终结：日趋"缩小"和"碎片化"的世界政治》，浙江人民出版社 2001 年版。

11. ［英］J.R. 希尔：《英国海军》（上），海洋出版社 1987 年版。

12. ［英］布莱恩·特纳：《社会理论指南·序言》（第二版），上海人民出版社 2003 年版。

13. ［英］阿诺德·约瑟夫·汤因比：《历史研究》（上），上海人民出版社 1997 年版。

14. ［英］J.F.C. 傅勒：《西洋世界军事史》，广西师范大学出版社 2004 年版。

15. ［德］格奥尔格·威廉·弗里德里希·黑格尔：《历史哲学》，上海书店出版社 1999 年版。

16. ［德］卡尔·马克思：《马克思恩格斯选集》（第一卷），人民出版社

1995 年版。

17. ［德］卡尔·马克思：《马克思致巴瓦安年柯夫》，载《马克思恩格斯选集》（第四卷），人民出版社 1972 年版。

18. ［德］卡尔·马克思：《中国革命与欧洲革命》，载《马克思恩格斯选集》（第二卷），人民出版社 1972 年版。

19. ［马来西亚］蔡程瑛：《海岸带综合管理的原动力——东亚海域海岸带可持续发展的实践应用》，海洋出版社 2010 年版。

20. ［日］寺泽一山等：《国际法基础》，中国人民大学出版 1983 年版。

21. ［苏］特鲁汉诺夫斯基：《丘吉尔的一生》，北京出版社 1965 年版。

22. ［法］阿尔德伯特等：《欧洲史》，海南出版社 2000 年版。

23. ［英］詹宁斯：《奥本海国际法》（第一卷第二分册），中国大百科全书出版社 1998 年版。

24. 《战国策·齐策》。

25. 《慎子·威德》。

26. 《韩非子·八经》。

27. 《史记·秦始皇本纪》。

28. 《史记·商君列传》。

29. 《清史稿·宣统纪》。

30. 《清史稿·交通志》。

31. 《文选·吴都赋》。

32. 魏源：《圣武记》（下）。

33. 白寿彝：《中国通史》（第二卷）《远古时代》（苏秉琦），上海人民出版社 1994 年版。

34. 薄贵利：《国家战略论》，中国经济出版社 1994 年版。

35. 陈立奇：《北极小百科》，海洋出版社 2006 年版。

36. 陈德恭：《现代国际海洋法》，海洋出版社 2009 年版。

37. 陈荔彤：《海洋法论》，元照出版有限公司 2008 年版。

38. 蔡文辉：《简明英汉社会学辞典》，中国人民大学出版社 2002 年版。

39. 崔连仲：《世界通史·古代卷》，人民出版社 1997 年版。

40. 丛胜利、李秀娟：《英国海上力量：海权鼻祖》，海洋出版社 1999 年版。

41. 戴旭：《"C"型包围——内忧外患下的中国突围》，文汇出版社 2010 年版。

42. 傅崑成：《海洋管理中的法律问题》，文笙书局 2003 年版。

43. 房功利、杨学军、相伟：《中国人民解放军海军建军 60 年》，青岛出版社 2009 年版。

44. 郭培清：《北极航道的国际问题研究》，海洋出版社 2009 年版。

45. 郭树勇：《中国软实力战略》，时事出版社 2012 年版。

46. 郭文路、黄硕琳：《南海争端与南海渔业资源区域合作管理研究》，海洋出版社 2007 年版。

47. 高之国、张海文：《海洋国策研究文集》，海洋出版社 2007 年版。

48. 国家海洋局：《中国海洋政策》，海洋出版社 1998 年版。

49. 国家海洋局：《中国海洋发展报告》，海洋出版社 2009 年版。

50. 国家海洋局：《1986 中国海洋年鉴》，海洋出版社 1988 年版。

51. 国家海洋局：《中国海洋事业的发展》，海洋出版社 1998 年版。

52. 国家海洋局：《中国海洋发展报告》，海洋出版社 2007 年版。

53. 洪兵：《中国战略原理解析》，军事科学出版社 2002 年版。

54. 侯若石：《战略选择与资源配置》，时事出版社 1990 年版。

55. 鞠德源：《钓鱼岛正名》，昆仑出版社 2006 年版。

56. 李金明：《中国南海疆域研究》，福建人民出版社 1999 年版。

57. 姜旭朝：《中华人民共和国海洋经济史》，经济科学出版社 2008 年版。

58. 翦伯赞：《先秦史》，北京大学出版社 1988 年版。

59. 刘惠荣：《国际环境法》，中国法制出版社 2006 年版。

60. 刘清才、高科：《东北亚地缘政治与中国地缘战略》，天津人民出版社 2007 年版。

61. 刘中民：《世界海洋政治与中国海洋发展战略》，时事出版社 2009 年版。

62. 刘中民：《中国近代海防思想史论》，中国海洋大学出版社 2006 年版。

63. 刘洪斌：《海洋保护区——概念与应用》，海洋出版社 2007 年版。

64. 刘淼：《明清沿海荡地开发研究》，汕头大学出版社 1996 年版。

65. 刘正刚：《东渡西进——清代闽粤移民台湾与四川的比较》，江西高校出版社 2004 年版。

66. 李明春：《海权论衡》，海洋出版社 2004 年版。

67. 李珠江、朱坚真：《21 世纪中国海洋经济发展战略》，经济科学出版社 2007 年版。

68. 陆儒德：《中国走向海洋》，海潮出版社 1998 年版。

69. 林德荣：《西洋航路移民——明清闽粤移民荷属东印度与海峡殖民地的研究》，江西高校出版社 2006 年版。

70. 楼宇烈：《中华文明史》（第四卷），北京大学出版社 2006 年版。

71. 廖文章：《国际海洋法论——海域划界与公海渔业》，扬智文化事业有限公司 2008 年版。

72. 马克垚：《世界文明史》，北京大学出版社 2004 年版。

73. 慕永通：《渔业管理——以基于权利的管理为中心》，中国海洋大学出版社 2006 年版。

74. 欧阳宗书：《海上人家——海洋渔业经济与渔民社会》，江西高校出版社 1998 年版。

75. 蒲宁：《地缘战略与中国安全环境的塑造》，时事出版社 2009 年版。

76. 曲金良：《中国海洋文化研究》（第一卷），文化艺术出版社 1999 年版。

77. 孙书贤：《战略决策学总论》，军事译文出版社 1992 年版。

78. 施民信：《海岸危机》，晨星出版社 1998 年版。

79. 魏敏：《海洋法》，法律出版社 1987 年版。

80. 吴世存：《南海资料索引》，海南出版社 1998 年版。

81. 吴世存：《南海问题文献汇编》，海南出版社 2001 年版。

82. 吴世存：《南沙争端的起源与发展》，中国经济出版社 2010 年版。

83. 吴春秋：《大战略论》，军事科学出版社 1998 年版。

84. 吴纯光：《太平洋上的较量：当代中国的海洋战略问题》，今日中国出版社 1998 年版。

85. 王铁崖：《国际法引论》，北京大学出版社 1998 年版。

86. 王曙光：《论中国海洋管理》，海洋出版社 2004 年版。

87. 王诗成：《龙，将从海上腾飞——21 世纪海洋战略构想》，青岛海洋大学出版社 1997 年版。

88. 王诗成：《王诗成论蓝色经济》（第一卷），山东科学技术出版社 2009 年版。

89. 文天尧：《争洋霸海：制海权与国家命运》，凤凰出版社 2009 年版。

90. 相建海：《中国海情》，开明出版社 2002 年版。

91. 薛桂芳：《国际渔业法律政策与中国的实践》，中国海洋大学出版社 2008 年版。

92. 袁行霈：《中华文明史》（第三卷），北京大学出版社 2006 年版。

93. 杨金森：《中国海洋战略研究文集》，海洋出版社 2006 年版。

94. 杨金森：《海洋强国兴衰史略》，海洋出版社 2007 年版。

95. 杨金森、范忠义：《中国海防史》，海洋出版社 2005 年版。

96. 杨金森、高之国：《亚太地区的海洋政策》，海洋出版社 1990 年版。

97. 杨国宇：《当代中国海军》，中国社会科学出版社 1987 年版。

98. 杨国桢：《闽在海中——追寻福建海洋发展史》，江西高校出版社 2007

年版。

99. 于宜法、王殿昌等：《中国海洋事业发展政策研究》，中国海洋大学出版社 2008 年版。

100. 袁古洁：《国际海洋划界的理论与实践》，法律出版社 2001 年版。

101. 袁明：《国际关系史》，北京大学出版社 1994 年版。

102. 殷克东等：《海洋强国指标体系》，经济科学出版社 2008 年版。

103. 张小明：《中国周边安全环境分析》，中国国际广播出版社 2003 年版。

104. 张良福：《中国与邻国海洋划界争端问题》，海洋出版社 2006 年版。

105. 张耀光：《中国海洋政治地理学——海洋地缘政治与海疆地理格局的时空演变》，科学出版社 2004 年版。

106. 张世平：《中国海权》，人民日报出版社 2009 年版。

107. 张爱宁：《国际法院里与案例解析》，人民法院出版社 2000 年版。

108. 张乃根：《国际法原理》，中国政法大学出版社 2002 年版。

109. 张彩霞：《海上山东——山东沿海地区的早期现代化历程》，江西高校出版社 2004 年版。

110. 赵理海：《海洋法的新发展》，北京大学出版社 1984 年版。

111. 赵丕等：《大国崛起于国家安全战略选择》，军事科学出版社 2008 年版。

112. 郑杭生：《社会学概论新修》，中国人民大学出版社 2003 年版，第 53 页。

113. 中国海洋年鉴编纂委员会：《中国海洋年鉴 2008》，海洋出版社 2008 年版。

114. 朱听昌：《中国周边安全环境与安全战略》，时事出版社 2002 年版。

115. 朱力：《社会学原理》，社会科学文献出版社 2003 年版。

116. 周丕启：《大战略分析》，上海人民出版社 2009 年版。

117. 周立群、谢思全：《环渤海区域经济发展报告（2008）：区域协调与经济社会发展》，社会科学文献出版社 2008 年版。

118. 曾玲：《越洋再建家园——新加坡华人社会文化研究》，江西高校出版社 2003 年版。

119. 钟敬文：《中国民俗史（明清卷）》，人民出版社 2008 年版。

120. ［美］理查德·罗·斯克兰斯：《超越现实主义：大战略研究》，载［美］理查德·罗斯克兰斯等：《大战略的国内基础》，北京大学出版社 2005 年版。

121. ［美］格雷厄姆·韦伯：《中国未来局势冲突必定与海洋有关》，《晚报文萃》2011 年第 13 期。

122. ［美］查莫斯·约翰逊：《国家和日本大战略》，载［美］理查德·罗斯克兰斯等：《大战略的国内基础》，北京大学出版社 2005 年版。

123. ［日］平松茂雄：《中国进入海洋与海上自卫队的作用》，载《世界周报》2002 年 8 月 20 日。

124. ［韩］尹明喆：《古代东亚细亚海洋圈和文化交流》，载曲金良：《中国海洋文化研究》（第三卷），海洋出版社 2002 年版。

125. ［韩］洪成勇：《韩国的海洋政策》，载《太平洋学报》1996 年第 3 期。

126. 白俊丰：《构建海洋综合管理体制的新思路》，载《水运管理》2006 年第 2 期。

127. 贝武权：《海洋考古与海洋文化建设——以舟山群岛为例》，载《浙江海洋学院学报》2008 年第 1 期。

128. 陈平：《海洋开发可持续发展战略思考》，载《海洋开发与管理》2012 年第 1 期。

129. 陈智勇：《海南海洋文化发展中的问题及对策》，载《新东方》2009 年第 5 期。

130. 陈宝红、杨圣云、周秋麟：《以生态系统管理为工具开展海岸带综合管理》，载《台湾海峡》2005 年第 1 期。

131. 陈国生：《海洋资源可持续发展与对策》，载《海洋开发与管理》2009 年第 9 期。

132. 陈思增：《建设"海上福建"战略的构想》，载《中国水产》2005 年第 7 期。

133. 曹云华：《美国崛起中的海权因素初探》，载《当代亚太》2006 年第 5 期。

134. 曹瑞臣：《西方大国崛起视角下中国海权与海洋大战略探析》，载《大连海事大学学报》2011 年第 5 期。

135. 楚庄：《保护与合理利用湿地资源是我国可持续发展的重要组成部分——在全国政协九届五次会议上代表民进中央的发言》，载《民主》2002 年第 4 期。

136. 崔凤：《海洋与社会协调发展：研究视角与存在问题》，载《中国海洋大学学报》2004 年第 6 期。

137. 常城：《近代中国海洋社会经济史研究述评》，载《商丘职业技术学院学报》2011 年第 6 期。

138. 邓楠：《高举"科技兴海"旗帜　迎接海洋新世纪》，载《海洋开发与管理》1997 年第 1 期。

139. 戴旭：《一位空军上校的"盛世危言"："C"字型战略包围中国》，载《社会科学报》2010 年 3 月 18 日。

140. 段黎萍：《欧盟海洋生物技术研究热点》，载《生物技术通讯》2007 年第 6 期。

141. 费雪锦：《深海底矿物资源开发现状及前景》，载《中国锰业》1994年第6期。

142. 冯梁：《论21世纪中华民族海洋意识的深刻内涵与地位作用》，载《世界经济与政治论坛》2009年第1期。

143. 龚迎春：《试论〈南极条约〉体系确立的环境保护规范对各国的效力》，载《外交学院学报》1990年第3期。

144. 高之国：《关于苏岩礁和"冲之鸟"礁的思虑和建议》，载高之国等：《国际海洋法发展趋势研究》，海洋出版社2007年版。

145. 高之国：《关于21世纪我国东部大海洋战略的思考》，载高之国、张海文：《海洋国策研究文集》，海洋出版社2007年版。

146. 高之国：《贯彻十六大"实施海洋开发"的战略部署》，载高之国、张海文：《海洋国策研究文集》，海洋出版社2007年版。

147. 高之国：《从国际法论我国在图们江的出海权》，载高之国、张海文：《海洋国策研究文集》，海洋出版社2007年版。

148. 高从堦：《加快我国海水利用技术产业发展及政策》，载《中国海洋大学学报》2004年第3期。

149. 侯贵卿：《深海矿产资源勘探开发法规及开发前景分析》，载《海洋地质与第四纪地质》1998年第4期。

150. 何家成：《国际军事安全形势及我国的国防经济发展战略》，载《军事经济研究》2005年第1期。

151. 何明海：《关于我国海洋自然保护区的问题》，载《海洋开发与管理》1989年第2期。

152. 何忠龙等：《组建我国海岸警卫队的必要性研究》，载《装备指挥技术学院学报》2006年第2期。

153. 黄锡生：《我国湿地保护的法律思考》，载《中国人口·资源与环境》2005年第6期。

154. 焦永科：《南海不存在重新划界问题》，载《海洋开发与管理》1999年第3期。

155. 姜雅：《日本的海洋管理体制及其发展趋势》，载《国土资源情报》2010年第2期。

156. 姜秉国：《科学开发海岛资源，拓展蓝色经济发展空间》，载《中国海洋大学学报》2011年第6期。

157. 江淮：《鸭绿江口眺望黄海》，载《世界知识》2009年第23期。

158. 江淮：《拨开迷雾看南海》，载《世界知识》2010年第16期。

159. 江毅海：《政府职能与海洋捕捞业可持续发展》，载《中国渔业经济》2002 年第 3 期。

160. 江洋：《美国亚太安全战略中的南中国海问题》，载《东南亚研究》1998 年第 5 期。

161. 贾宇：《2004 年我国周边海上形势综述》，载高之国、张海文：《海洋国策研究文集》，海洋出版社 2007 年版。

162. 贾宇：《中国的海洋立法与海洋法实践》，载《国际海洋法的理论与实践》，海洋出版社 2006 年版。

163. 金永明：《中国制定海洋基本法的若干思考》，载《探索与争鸣》2011 年第 10 期。

164. 金永明：《日本最新海洋法制与政策概论》，载《东方法学》2009 年第 6 期。

165. 金永明：《新中国在海洋法制与政策上的成就和贡献》，载《毛泽东邓小平理论研究》2009 年第 12 期。

166. 金永明：《论中国海洋安全与海洋法制》，载《东方法学》2010 年第 3 期。

167. 金永明：《国际海底资源开发制度研究》，载《社会科学》2006 年第 3 期。

168. 金永明：《中日东海问题原则共识内涵与发展趋势》，载《东方法学》2009 年第 2 期。

169. 居占杰：《加强我国海洋渔业资源管理的思考》，载《河北渔业》2009 年第 9 期。

170. 季国兴：《解决海域管辖争议的应对策略》，载《上海交通大学学报》2006 年第 1 期。

171. 杨明、洪伟东、郁方：《全球海洋经济及渔业产业发展》，载《综述新经济杂志》2009 年增刊。

172. 孔志国：《中国海权现状及其发展战略》，载《新经济导刊》2011 年第 5 期。

173. 李德潮：《中国图们江通海航行权利与图们江国际合作开发》，载高之国、张海文：《海洋国策研究文集》，海洋出版社 2007 年版。

174. 李景光：《英国海洋事业的新篇章——谈 2009 年〈英国海洋法〉》，载《海洋开发与管理》2010 年第 2 期。

175. 李金明：《南海主权争端的现状》，载《南海问题研究》2002 年第 1 期。

176. 李立新：《海洋战略是构筑中国海外能源长远安全的优选国策——缓解"马六甲困局"及其他》，载《海洋开发与管理》2006 年第 4 期。

177. 李小军：《论海权对中国石油安全的影响》，载《国际论坛》2004 年第

4 期。

178. 李百齐：《对我国海洋综合管理问题的几点思考》，载《中国行政管理》2006 年第 12 期。

179. 李波：《从地理观念谈国家海洋管理问题》，载《中国软科学》1997 年第 11 期。

180. 李锡铭：《关于〈中华人民共和国海洋环境保护法〉（草案）的说明》，载《中华人民共和国国务院公报》1982 年第 14 期。

181. 李鸣峰：《中国海洋功能区划》，载《海洋开发与管理》1991 年第 2 期。

182. 李明春：《论建设"海洋强国"的文化基础》，载《中国海洋大学学报》2001 年第 3 期。

183. 李隆华：《论海洋文化及其在中华民族伟大复兴中的意义》，载《浙江海洋学院学报》2006 年第 4 期。

184. 林志强：《构建人与海洋的和谐——省政协委员视察福州市海岛经济发展和海洋生态环境侧记》，载《政协天地》2007 年第 11 期。

185. 林枫：《海洋社会经济史视野下的商品经济研究——王万盈〈东南孔道——明清浙江海洋贸易与商品经济研究〉读后》，载《中国社会经济史研究》，2011 年第 3 期。

186. 刘卫先：《中国〈海环法〉法律责任的局限性分析——海洋生态保护的视角》，载《环境科学与管理》2008 年第 10 期。

187. 刘强：《环渤海经济圈的新增长极——天津滨海新区建设》，载《宏观经济管理》2006 年第 2 期。

188. 刘容子：《积极开发海洋资源　建设海洋经济强国》，载《国际技术经济研究》1997 年第 4 期。

189. 刘明：《我国海洋经济的十年回顾与 2020 年展望》，载《宏观经济研究》2011 年第 6 期。

190. 刘新华：《现代海权与国家海洋战略》，载《社会科学》2004 年第 3 期。

191. 刘新华：《试论中国发展海权的战略》，载《复旦学报》2001 年第 6 期。

192. 刘永涛：《马汉及其海权理论》，载《复旦学报》1996 年第 4 期。

193. 刘一健：《试论海权的历史发展规律》，载《中国海洋大学学报》2007 年第 2 期。

194. 刘中民：《地缘政治理论中的海权问题研究——从马汉的海权论到斯皮科曼的边缘地带理论》，载《太平洋学报》2006 年第 7 期。

195. 刘中民：《海权与海洋权益的辨识》，载《中国海洋报》2006 年 4 月 18 日。

196. 刘中民：《海权问题与中美关系述论》，载《东北亚论坛》2006 年第 5 期。

197. 刘中民：《试论邓小平的海洋政治战略思想》，载《中国海洋大学学报》2005 年第 5 期。

198. 刘中民：《关于海权与大国崛起问题的若干思考》，载《世界政治与经济》2007 年第 12 期。

199. 刘中民：《关于中国海权发展战略问题的若干思考》，载《中国海洋大学学报》2004 年第 6 期。

200. 刘永路：《从"零和对抗"到"合作共赢"——中国特色海洋安全观的历史演进》，载《军事历史研究》2011 年第 4 期。

201. 刘家沂：《构建海洋生态文明的战略思考》，载《今日中国论坛》2007 年第 12 期。

202. 刘振东：《加拿大海洋管理理论和实践的启示与借鉴》，载《海洋开发与管理》2008 年第 3 期。

203. 刘喜礼：《关于我国海洋管理体制的探讨》，载《海洋开发与管理》1997 年第 1 期。

204. 刘岩、曹忠祥：《21 世纪海洋开发面临的形势和任务》，载高之国、张海文：《海洋国策研究文集》，海洋出版社 2007 年版。

205. 刘燕华：《大力推进科技兴海工作》，载《海洋开发与管理》2008 年第 10 期。

206. 刘峰：《山东蓝色经济区建设需要发展环境友好型海水养殖业》，载《水产养殖》2011 年第 12 期。

207. 刘耀林：《当前海洋渔政管理面临的问题与对策》，载《河北渔业》2003 年第 1 期。

208. 刘玉梅：《跨文化视角下的世界海洋文化》，载《海南广播电视大学学报》2010 年第 2 期。

209. 卢效东：《日本 21 世纪的海洋政策》，载《海洋信息》2002 年第 4 期。

210. 卢布：《我国"十一五"海洋资源科技发展的战略选择》，载《中国软科学》2006 年第 7 期。

211. 陆铭：《国内外海洋高新技术产业发展分析及对上海的启示》，《价值工程》2009 年第 8 期。

212. 陆得彬：《制定优惠政策推进新能源事业的发展》，载《中国能源》1996 年第 1 期。

213. 连琏：《海洋油气资源开发技术发展战略研究》，载《中国人口·资源与环境》2006 年第 1 期。

214. 鹿守本：《当代海洋管理理念革新发展及影响》，载《太平洋学报》2011年第10期。

215. 马英九：《从新海洋法论钓鱼台列屿与东海划界问题》，转引自袁古洁：《国际海洋划界的理论与实践》，法律出版社2001年版。

216. 马志荣：《海洋强国——新世纪中国发展的战略选择》，载《海洋开发与管理》2004年第6期。

217. 毛志成：《我的"负历史"观》，载《青年思想家》1995年第1期。

218. 莫杰：《国际海底区域矿产资源勘查概况》，载《海洋信息之窗》2000年第2期。

219. 莫翔：《试析中国的有限海权》，载《云南财经大学学报》2009年第1期。

220. 马强：《浅论科学与技术的关系》，载《山西师范大学学报》2011年第1期。

221. 倪志杰：《中日东海问题的历史演变》，载徐祥民：《海洋权益与海洋发展战略》，海洋出版社2008年版。

222. 牛宝成：《海权、海洋战略地位与军事斗争》，载《现代军事》2000年第5期。

223. 宁波：《关于海洋社会与海洋社会学概念的讨论》，载《中国海洋大学学报》2008年第4期。

224. 皮明勇：《海权论与清末海军建设理论》，载《近代史研究》1994年第2期。

225. 蔡一鸣：《和谐海洋三段论——关于构建和谐海洋新的海洋控制权益的探讨》，载《中国港口》2010年第4期。

226. 曲金良：《中国海洋文化的早期历史与地理格局》，载《浙江海洋学院学报》2007年第3期。

227. 曲金良：《发展海洋事业与加强海洋文化研究》，载《中国海洋大学学报》1997年第2期。

228. 曲金良：《中国海洋文化遗产亟待保护》，载《海洋世界》2005年第9期。

229. 曲金良：《我国海洋文化遗产保护的现状与对策》，载《青岛市委党校学报》2011年第5期。

230. 曲金良：《"环中国海"中国海洋文化遗产的内涵及其保护》，载《新东方》2011年第4期。

231. 屈强：《海水利用技术发展现状与趋势》，载《海洋开发与管理》2010年第7期。

232. 屈强：《新加坡水资源开发与海水利用技术》，载《海洋开发与管理》

2008 年第 8 期。

233. 屈强：《香港特别行政区的海水利用技术》，载《海洋开发与管理》
2008 年第 12 期。

234. 全永波：《论我国海洋区域管理模式下的政府间协调机制构建》，载
《中国海洋大学学报》2010 年第 6 期。

235. 任建国：《我国海洋科学"十一五"发展战略与优先资助领域》，载
《中国科学基金》2007 年第 1 期。

236. 史春林：《北冰洋航线开通对中国经济发展的作用及中国利用对策》，
载《经济问题探索》2010 年第 8 期。

237. 史伟：《调适与磨合：海洋人文社会学科中的海洋区域》，载《经济研
究导刊》2011 年第 36 期。

238. 沈骥如：《21 世纪中国国际战略"路线图"》，载《社会科学报》2010
年 3 月 4 日。

239. 宋慧敏：《日本〈海洋基本法〉的制定及地位》，载徐祥民：《海洋法
律、社会与管理》，海洋出版社 2010 年版。

240. 宋宁而：《群体认同：海洋社会群体的研究视角》，载《中国海洋大学
学报》2011 年第 3 期。

241. 斯热文：《弘扬草原文化与海洋文化优秀精神内涵促进社会和谐与发
展》，载《福建省社会主义学院学报》2010 年第 5 期。

242. 孙书贤：《关于围海造地管理对策的探讨》，载《海洋开发与管理》
2004 年第 6 期。

243. 孙璐：《中国海权内涵探讨》，载《太平洋学报》2005 年第第 10 期。

244. 孙斌：《论海洋综合管理》，载《东岳论丛》1992 年第 3 期。

245. 孙崇荣、冷麟：《生命的起源》，载《自然杂志》1987 年第 10 期。

246. 盛红生：《运用军事措施解决海洋争端的法律问题》，载《法学论坛》
2010 年第 5 期。

247. 唐任伍：《论海洋管理》，载《太平洋学报》2005 年第 10 期。

248. 唐启升：《海洋生物技术前沿领域研究进展》，载《海洋科学进展》
2004 年第 2 期。

249. 同春芬：《海洋渔业社会的和谐发展》，载《自然辩证法研究》2006 年
第 8 期。

250. 王秉和：《世界公海渔业资源及开发利用现状》，载《齐鲁渔业》1998
年第 2 期。

251. 王保民：《积极探索海洋环境保护工作新途径——河北省海洋环境保护

工作纪实》，载《海洋开发与管理》2011 年第 12 期。

252. 王琪：《关于渤海环境综合整治行动的反思》，载徐祥民：《海洋权益与海洋发展战略》，海洋出版社 2008 年版。

253. 王曙光：《论建设海洋强国》，载王曙光：《论中国海洋管理》，海洋出版社 2004 年版。

254. 王曙光：《海洋环境保护刻不容缓》，载《海洋开发与管理》1999 年第 1 期。

255. 王芳：《关于将海洋纳入全国国土规划的思考》，载高之国、张海文：《海洋国策研究文集》，海洋出版社 2007 年版。

256. 王诗成：《把建设海洋强国作为基本国策》，载《龙，将从海上腾飞——21 世纪海洋战略构想》，山东人民出版社 1997 年版。

257. 王诗成：《实施"海上牧场"工程，打造生态渔业经济》，载《王诗成论蓝色经济》（第 2 卷），山东科学技术出版社 2009 年版。

258. 王倩：《关于"海陆统筹"的理论初探》，载《中国渔业经济》2011 年第 3 期。

259. 王晓霞：《〈日本海洋基本法〉系列研究——尽快制定我国海洋基本法是建设海洋强国的必由之路》，载《海洋信息》2008 年第 3 期。

260. 王德华：《试论中国的"和谐印度洋战略"》，载《社会科学》2008 年第 12 期。

261. 王敏旋：《国内大力开发海洋经济的十点思考》，载《环渤海经济瞭望》2011 年第 12 期。

262. 邬长斌：《海底多金属硫化物开发动态与前景分析》，载《海洋通报》2008 年第 6 期。

263. 吴征宇：《海权的影响及其限度——阿尔弗雷德·塞耶·马汉的海权思想》，载《国际政治研究》2008 年第 2 期。

264. 吴志纯：《发展中的海洋生物技术》，载《中国科学院院刊》1990 年第 1 期。

265. 吴建华：《谈中外海洋文化的共性、个性与局限性》，载《浙江海洋学院学报》2003 年第 1 期。

266. 吴春明：《"环中国海"海洋文化的土著生成与汉人传承论纲》，载《复旦学报》2011 年第 1 期。

267. 魏绍芬：《我省海洋环境现状及保护对策》，载《江苏政协》2003 年第 3 期。

268. 伍业锋、赵明利、施平：《美国海洋政策的最新动向及其对中国的启示》，载《海洋信息》2005 年第 4 期。

269. 翁敏、杜清运、龙毅：《海上边界的划分技术方法研究》，载《第三届两岸测绘发展研讨会论文》，2000 年 12 月。

270. 徐宗军、张绪良、张朝晖：《渤海沿岸现代海蚀机制及危害与对策》，载《科技导报》2010 年第 10 期。

271. 徐凌：《中国传统海洋文化哲思》，载《中国民族》2005 年第 5 期。

272. 徐弃郁：《海权的误区与反思》，载《战略与管理》2003 年第 5 期。

273. 徐晓望：《论妈祖与中国海洋文化精神》，载《东南学术》1997 年第 6 期。

274. 徐晓望：《论中国历史上内陆文化和海洋文化的交征》，载《东南文化》1988 年第 1 期。

275. 徐杰舜：《海洋文化理论构架简论》，载《浙江社会科学》1997 年第 4 期。

276. 徐玉如：《积极发展海洋装备，维护国家海洋权益》，载《科学中国人》2006 年第 11 期。

277. 徐洵：《海洋生物技术与资源的可持续性利用》，载《中国工程科学》2000 年第 8 期。

278. 许维安：《我国海洋法体系的缺陷与对策》，载《海洋开发与管理》2008 年第 1 期。

279. 许倬云：《重印万国公法序》，载《万国公法》，台湾"中国国际法学会"1998 年版。

280. 辛向阳：《霸权崛起与挑战国家范式分析》，载《当代世界社会主义》2004 年第 4 期。

281. 夏立平：《美国海洋管理制度研究——兼析奥巴马政府的海洋政策》，载《美国研究》2011 年第 4 期。

282. 杨国桢：《中国需要自己的海洋社会经济史》，载《中国经济史研究》1996 年第 2 期。

283. 杨国桢：《人海和谐：新海洋观与 21 世纪的社会发展》，载《厦门大学学报》2005 年第 3 期。

284. 杨国桢：《海洋世纪与海洋史学》，载《文明》2008 年第 5 期。

285. 杨国桢：《海洋迷失：中国史的一个误区》，载《东南学术》1999 年第 4 期。

286. 杨国桢：《论海洋人文社会科学的概念磨合》，载《厦门大学学报》2000 年第 1 期。

287. 杨国桢：《重新认识西方的"海洋国家论"》，载《社会科学战线》2012 年第 2 期。

288. 杨国桢：《关于中国海洋社会经济史的思考》，载《中国社会经济史研究》1996 年第 2 期。

289. 杨国桢：《海盗与海洋社会权力——以 19 世纪初"大海盗"蔡牵为中心的考察》，载《云南师范大学学报》2011 年第 3 期。

290. 杨金森：《关于海洋强国战略的思考》，载《中国海洋战略研究文集》，海洋出版社 2006 年版。

291. 杨金森：《我国海洋科技发展的战略框架》，载《海洋开发与管理》1999 年第 4 期。

292. 杨金森：《建议把建设海洋强国列入国家战略》，载《中国海洋战略研究文集》，海洋出版社 2006 年版。

293. 杨金森：《海洋强国战略的基本框架》，载《中国海洋战略研究文集》，海洋出版社 2006 年版。

294. 杨金森：《把握海洋开发新形势，推动我国海洋事业发展》，载王曙光：《海洋开发战略研究》，海洋出版社 2004 年版。

295. 杨金森：《重大海洋政治、经济和环境问题综述（之二）》，载《海洋开发与管理》1997 年第 3 期。

296. 杨子江：《周应祺：关于中国渔业科技中长期发展战略研究的对话》，载《中国渔业经济》2008 年第 5 期。

297. 杨圣云、周秋麟：《论厦门市海岸带综合管理》，载《台湾海峡》1997 年第 4 期。

298. 杨宝灵：《海洋生物技术研究现状与前景展望》，载《大连民族学院学报》2005 年第 1 期。

299. 杨凤城：《邓小平与"三步走"发展战略的形成》，载《光明日报》2011 年 8 月 3 日。

300. 杨小光：《对广西海岛保护规划实施管理体系的思考》，载《南方国土资源》2011 年第 10 期。

301. 叶世明：《"文化自觉"与中国现实海洋文化价值取向的思索》，载《中国海洋大学学报》2008 年第 1 期。

302. 叶自成、慕新海：《对中国海权发展战略的几点思考》，载《国际政治研究》2005 年第 3 期。

303. 叶江：《改革开放以来中国对大国关系认识的发展轨迹辨析》，载唐晋：《大国外交》，华文出版社 2009 年版。

304. 闫臻：《海洋社会如何可能——一种社会学的思考》，载《文史博览》2006 年第 24 期。

305. 于淑文：《以科学发展观为指导　大力加强海岸带管理》，《中国行政管理》2008 年第 12 期。

306. 于保华：《21 世纪中国城市海洋灾害防御战略研究》，载《华南地震》2006 年第 1 期。

307. 余平：《深海底矿物资源及其开发研究现状》，载《矿山地质》1993 年第 2 期。

308. 姚莹：《东北亚区域海洋环境合作路径选择——"地中海模式"之证成》，载《当代法学》2010 年第 5 期。

309. 姚效瑞：《地缘环境对俄国海军发展的影响》，载《广播电视大学学报》1999 年第 3 期。

310. 游亚戈：《海洋能发电技术的发展现状与前景》，载《电力系统自动化》2010 年第 14 期。

311. 尹年长：《海权的国际法释义——以〈联合国海洋法公约〉的相关规定为中心》，载《广东海洋大学学报》2008 年第 5 期。

312. 郁志荣：《我国海洋法制建设现状及其展望》，载《海洋开发与管理》2006 年第 4 期。

313. 严宏谟：《迎接海洋事业发展的新时代》，载《中国海洋年鉴（1987～1990)》，海洋出版社 1990 年版。

314. 严宏谟：《严宏谟局长谈国家海洋局的工作方针》，载《中国海洋年鉴（1986)》，海洋出版社 1988 年版。

315. 哲伦：《反思美国的海洋管理》，载《资源与人居环境》2011 年第 1 期。

316. 张斯桂：《万国公法·序》，载于根据同治三年京都崇实馆存版由台湾中国国际法学会 1998 年出版的《万国公法》。

317. 张海文：《关于建设海洋强国的几点战略思考》，载高之国、张海文：《海洋国策研究文集》，海洋出版社 2007 年版。

318. 张海文：《国家层面推进海洋管治》，载《21 世纪商业评论》2005 年第 4 期。

319. 张文木：《经济全球化与中国海权》，载《战略与管理》2003 年第 1 期。

320. 张文木：《论中国海权》，载《世界政治与经济》2003 年第 10 期。

321. 张召忠：《纵论现代海军》，载《当代海军》1996 年第 6 期。

322. 张力：《后冷战初期影响印度战略变化的外部因素》，载《南亚研究季刊》2000 年第 4 期。

323. 张开城：《主体性、自由与海洋文化的价值观照》，载《广东海洋大学学报》2011 年第 5 期。

324. 张开城：《哲学视野下的文化和海洋文化》，载《社科纵横》2010 年第 11 期。

325. 张开城：《文化思维统摄五位一体的现代海洋战略》，载《海洋开发与管理》2006 年第 6 期。

326. 张德华：《中华民族海洋意识影响因素探析》，载《世界经济与政治论坛》2009 年第 3 期。

327. 张仁善：《近代中国的海权与主权》，载《人文杂志》1990 年第 4 期。

328. 张克：《加强海洋环境保护》，载《中国环境管理》1987 年第 5 期。

329. 张元和：《建设海洋渔业资源特别保护区》，载《浙江经济》2005 年第 20 期。

330. 张可心：《论海洋环境资源整体观的树立与我国海洋环境保护法律体系的完善》，载《法律适用》2011 年第 11 期。

331. 张国玲：《构建和谐的海洋社会》，载《海洋开发与管理》2007 年第 6 期。

332. 赵烨：《南极乔治王岛菲尔德斯半岛土壤发生类型及其诊断特性》，载《北京师范大学学报》1994 年第 4 期。

333. 郑必坚：《中国和平发展道路与中华文明的复兴》，载《世界》2006 年第 12 期。

334. 郑淑英：《科技在海洋强国战略中的地位与作用》，载《海洋开发与管理》2002 年第 2 期。

335. 郑贵斌：《海洋经济创新发展战略的构建与实施》，载《东岳论丛》2006 年第 2 期。

336. 郑冬梅：《海洋生态文明建设——厦门的调查与思考》，载《中共福建省委党校学报》2008 年第 11 期。

337. 郑杭生：《我国社会转型加速期与城市社会问题》，载《东岳论丛》1996 年第 6 期。

338. 中国地名委员会：《南海诸岛标准地名表》，载《南海诸岛地名资料汇编》，广东省地图出版社 1987 年版。

339. 周珂、吕霞：《关于制定渤海环境保护单性法必要性的思考》，载徐祥民：《中国环境资源法学评论》（2006 年卷），人民出版社 2007 年版。

340. 周放：《美国海洋管理体制介绍》，载《全球科技经济瞭望》2001 年第 11 期。

341. 周百成：《海洋生物技术——机遇和挑战并存的新领域》，载《生物工程进展》1997 年第 6 期。

342. 朱建钢：《南极资源及其开发利用前景分析》，载《中国软科学》2005年第8期。

343. 朱凤岚：《"自然延伸"还是"中间线"原则——国际法框架下透视中日东海大陆架划界争端》，载《国际问题研究》2006年第5期。

344. 朱凤兰：《亚太国家的海洋政策及其影响》，载《当代亚太》2006年第5期。

345. 朱寿育：《我国北部湾地区生态环境建设存在的问题和解决思路》，载《前进论坛》2009年第7期。

346. 朱建庚：《〈加拿大海洋法〉及其对中国的借鉴意义》，载《海洋信息》2010年第4期。

347. 朱伟钰：《日本社会学的历史发展及展望》，载《社会科学》2007年第12期。

348. 邓小平：《目前的形势和任务》，载《邓小平文选（1975～1982)》，人民出版社1983年版。

349. 邓小平：《维护世界和平，搞好国内建设》，载《邓小平文选》（第三卷），人民出版社1993年版。

350. 邓小平：《一切从社会主义初级阶段的实际出发》，载《邓小平文选》（第三卷），人民出版社1993年版。

351. 邓小平：《吸取历史经验，防止错误倾向》，载《邓小平文选》（第三卷），人民出版社1993年版。

352. 胡耀邦：《全面开创社会主义现代化建设的新局面——在中国共产党第十二次全国代表大会上的报告》，人民出版社1982年版。

353. 李鹏：《在第七届全国人民代表大会第一次会议上的政府工作报告》，人民出版社1988年版。

354. 胡锦涛：《高举中国特色社会主义伟大旗帜，为夺取全面建设小康社会全面胜利而奋斗》，载《中国共产党第十七次全国代表大会文件汇编》，中央文献出版社2008年版。

355. 胡锦涛：《在美国耶鲁大学德演讲》，载《十六大以来重要文献选编》（下），中央文献出版社2008年版。

356. 胡锦涛：《再接再厉　共促发展——在二十国集团领导人第五次峰会上的讲话》，载《十七大以来重要文献选编》（下），中央文献出版社2013年版。

357. 江泽民：《加快改革开放和现代化建设步伐夺取有中国特色社会主义事业的更大胜利——在中国共产党第十四次全国代表大会上的报告》。

358. 江泽民：《高举邓小平理论伟大旗帜把建设有中国特色社会主义事业全

面推向二十一世纪——在中国共产党第十五次全国代表大会上的报告》。

359. 江泽民：《全面建设小康社会开创中国特色社会主义事业新局面——在中国共产党第十六次全国代表大会上的报告》，人民出版社 2002 年版。

360. 江泽民：《当前的国际形势和我们的外交工作》，载《江泽民文选》（第二卷），人民出版社 2006 年版。

361. 江泽民：《加快改革开放和现代化建设步伐，夺取有中国特色社会主义事业的更大胜利》，载《江泽民文选》（第一卷），人民出版社 2006 年版。

362. 江泽民：《全面建设小康社会，开创中国特色社会主义事业新局面》，载《江泽民文选》（第三卷），人民出版社 2006 年版。

363. 温家宝：《在第十届全国人民代表大会第四次会议上的政府工作报告》，人民出版社 2006 年版。

364. 温家宝：《关于制定国民经济和社会发展第十二个五年规划建议的说明》。

365. 胡锦涛：《在参加中国共产党第十七次全国代表大会江苏代表团讨论时的讲话》，载《人民日报》2007 年 10 月 17 日。

366. 赵紫阳：《沿着有中国特色社会主义道路前进——在中国共产党第十三次全国代表大会上的报告》，人民出版社 1987 年版。

367. 《领海与毗连区法》。

368. 《专属经济区和大陆架法》。

369. 《海洋环境保护法》。

370. 《中国海洋 21 世纪议程》。

371. 《全国海洋经济发展规划纲要》。

372. 《"九五"和 2010 年全国科技兴海实施纲要》。

373. 《国家"十二五"海洋科学和技术发展规划纲要》。

374. 《国家中长期科学和技术发展规划纲要（2006～2020 年）》。

375. 《中长期渔业科技发展规划（2006～2020 年）》。

376. 《全国科技兴海规划纲要（2008～2015 年）》。

377. 《全国科技发展"九五"计划和到 2010 年长期规划纲要（汇报稿）》。

378. 《我国远洋渔业发展总体规划（2001～2010 年）》。

379. 《船舶工业中长期发展规划（2006～2015 年）》。

380. 《中国水生生物资源养护行动纲要》。

381. 《中国海洋环境质量公报（2001～2011 年）》。

382. 《中国水生生物资源养护行动纲要》。

383. 《国家海洋事业发展规划纲要》。

384.《国务院关于国家海洋事业发展规划纲要的批复》。

385.《中共中央关于制定国民经济和社会发展第十二个五年规划的建议》。

386.《全国海洋功能区划（2011～2020 年）》。

387.《中国湿地保护行动计划》。

388.《海洋自然保护区管理办法》。

389.《渤海环境保护总体规划（2008～2020 年）》。

390.《防治海洋工程建设项目污染损害海洋环境管理条例》。

391.《中国海洋事业的发展》（白皮书）。

392. 中华人民共和国国务院新闻办公室：《2010 年中国的国防》（白皮书）。

393.《关于钓鱼岛及其附属岛屿领海基线的声明》。

394.《中华人民共和国政府和苏维埃社会主义共和国联盟政府关于国境及其相通河流和湖泊的商船通航协定》。

395.《中国共产党中央委员会关于建国以来党的若干历史问题的决议》，人民出版社 1991 年版。

396.《中国共产党第十一届中央委员会第三次全体会议公报》。

397.《联合国海洋法公约》。

398.《公海公约》。

399.《大陆架公约》。

400.《生物多样性公约》。

401.《人类环境宣言》。

402.《里约环境与发展宣言》。

403. 印度尼西亚《关于专属经济区的声明》。

404. 印度尼西亚《专属经济区法》第二条。

405. 马来西亚《大陆架法》（1966）。

406. 马来西亚《专属经济区法》（1966）。

407. 韩国《专属经济区法》。

408. 日本《海洋基本法》。

409. 加拿大《海洋法》

410. 越南《海洋法》。

后　记

　　尽管海洋战略和海洋事业战略两者可以被赋予不同的含义，但我还是喜欢把海洋战略称为海洋事业战略。这在一定程度上是缘于我把我本人做的这项研究工作当成一项事业。

　　我夫人吕霞对我所做的这项工作的事业价值给予高度的认同，因而也对我长期不务正业——不研究法学、不料理家务甚至不思料理家务等给予充分的理解；对我为完成这项事业所需要的时间、精力，甚至金钱，都予以充分的满足。

　　我的学生们相信我做的是事业。他们，虽然有的已经是教授、副教授，有自己的事业；有的刚刚成为一名研究生，正在寻找自己的事业的所在，都心甘情愿地为这个课题付出艰苦的劳动。搜寻资料，查询信息，购买图书，编制研究综述，实施专题调研，开展专题研讨，校对文稿，核对数据，当然也免不了找财务部门报销课题开支，等等，足够开列堪称事业的业绩清单。这个清单就在我的面前。它的背面写着以下光彩的名字：

　　马英杰、王琪、田其云、张红杰、梅宏、时军、孙明烈、董跃、王刚、张华平、朱雯、王昌森、于晨、孔曙光、刘瑞聆、王文扬、徐建利、宋福敏、刘宏、张亮亮、李战强、张明君、门植渊、张俊睿……

　　这的确是一项事业，而且是一项了不起的事业，因为我深切地感受到，做成它不容易。面对完成的800千字左右的文稿，我不得不承认一个事实，即我欠缺很多为完成这个课题所需要的知识。它包容的事务领域如此广阔，它处理的关系如此多样，它涉及的知识领域如此众多。虽然没有被它压垮，但我已经在内心深处对它形成敬畏。

　　这算得上是一项事业。从项目论证到子课题实施，再到总体战略研究，从基础性研究到战略体系的设计，从对论证报告设想的否定到对初期研究结论的否定，从对局部结论的放弃到对基本判断的修正，既能感觉到由低到高的上升过程，又有"更上层楼"的发现。

　　这还是一项因得益于高水平专家帮助才得以成就的事业。在构思我心目中的

659

中国海洋事业发展战略的过程中，我急切求助于前辈学者，也不得不一次再次地对许多专家的研究结论做否定的评价。为了这份事业，我感谢他们，不管在我的作品中是否正式引用他们的话语：苏纪兰、唐启升、丁德文、相建海、高从堦、周应祺、连琏、鹿守本、杨国桢、庞中英、沈骥如、傅崐成、季国兴、钮先钟、郭树勇、李金明、李海清、高之国、郑贵斌、周秋麟、杨金森、周忠海、徐质斌、韩增林、薄贵利、张海峰、李百齐、张良福、张海文、张开城、刘中民、张文木、曲金良、崔凤、马志荣、吴春明、冯梁……同样也是为了这份事业，也希望专家们原谅我的无理和冒犯，如果我对他们的观点理解欠全面，对他们的观点的否定性评价有错误。

徐祥民

2013 年 12 月 20 日

教育部哲学社會科學研究重大課題攻關項目
成果出版列表

书　名	首席专家
《马克思主义基础理论若干重大问题研究》	陈先达
《马克思主义理论学科体系建构与建设研究》	张雷声
《马克思主义整体性研究》	逄锦聚
《改革开放以来马克思主义在中国的发展》	顾钰民
《新时期　新探索　新征程 ——当代资本主义国家共产党的理论与实践研究》	聂运麟
《坚持马克思主义在意识形态领域指导地位研究》	陈先达
《当代中国人精神生活研究》	童世骏
《弘扬与培育民族精神研究》	杨叔子
《当代科学哲学的发展趋势》	郭贵春
《服务型政府建设规律研究》	朱光磊
《地方政府改革与深化行政管理体制改革研究》	沈荣华
《面向知识表示与推理的自然语言逻辑》	鞠实儿
《当代宗教冲突与对话研究》	张志刚
《马克思主义文艺理论中国化研究》	朱立元
《历史题材文学创作重大问题研究》	童庆炳
《现代中西高校公共艺术教育比较研究》	曾繁仁
《西方文论中国化与中国文论建设》	王一川
《中华民族音乐文化的国际传播与推广》	王耀华
《楚地出土戰國簡册［十四種］》	陳　偉
《近代中国的知识与制度转型》	桑　兵
《中国抗战在世界反法西斯战争中的历史地位》	胡德坤
《近代以来日本对华认识及其行动选择研究》	杨栋梁
《京津冀都市圈的崛起与中国经济发展》	周立群
《金融市场全球化下的中国监管体系研究》	曹凤岐
《中国市场经济发展研究》	刘　伟
《全球经济调整中的中国经济增长与宏观调控体系研究》	黄　达
《中国特大都市圈与世界制造业中心研究》	李廉水
《中国产业竞争力研究》	赵彦云

书　名	首席专家
《东北老工业基地资源型城市发展可持续产业问题研究》	宋冬林
《转型时期消费需求升级与产业发展研究》	臧旭恒
《中国金融国际化中的风险防范与金融安全研究》	刘锡良
《全球新型金融危机与中国的外汇储备战略》	陈雨露
《中国民营经济制度创新与发展》	李维安
《中国现代服务经济理论与发展战略研究》	陈　宪
《中国转型期的社会风险及公共危机管理研究》	丁烈云
《人文社会科学研究成果评价体系研究》	刘大椿
《中国工业化、城镇化进程中的农村土地问题研究》	曲福田
《东北老工业基地改造与振兴研究》	程　伟
《全面建设小康社会进程中的我国就业发展战略研究》	曾湘泉
《自主创新战略与国际竞争力研究》	吴贵生
《转轨经济中的反行政性垄断与促进竞争政策研究》	于良春
《面向公共服务的电子政务管理体系研究》	孙宝文
《产权理论比较与中国产权制度变革》	黄少安
《中国企业集团成长与重组研究》	蓝海林
《我国资源、环境、人口与经济承载能力研究》	邱　东
《“病有所医”——目标、路径与战略选择》	高建民
《税收对国民收入分配调控作用研究》	郭庆旺
《多党合作与中国共产党执政能力建设研究》	周淑真
《规范收入分配秩序研究》	杨灿明
《中国社会转型中的政府治理模式研究》	娄成武
《中国加入区域经济一体化研究》	黄卫平
《金融体制改革和货币问题研究》	王广谦
《人民币均衡汇率问题研究》	姜波克
《我国土地制度与社会经济协调发展研究》	黄祖辉
《南水北调工程与中部地区经济社会可持续发展研究》	杨云彦
《产业集聚与区域经济协调发展研究》	王　珺
《我国货币政策体系与传导机制研究》	刘　伟
《我国民法典体系问题研究》	王利明
《中国司法制度的基础理论问题研究》	陈光中
《多元化纠纷解决机制与和谐社会的构建》	范　愉
《中国和平发展的重大前沿国际法律问题研究》	曾令良
《中国法制现代化的理论与实践》	徐显明
《农村土地问题立法研究》	陈小君

书 名	首席专家
《知识产权制度变革与发展研究》	吴汉东
《中国能源安全若干法律与政策问题研究》	黄 进
《城乡统筹视角下我国城乡双向商贸流通体系研究》	任保平
《产权强度、土地流转与农民权益保护》	罗必良
《矿产资源有偿使用制度与生态补偿机制》	李国平
《巨灾风险管理制度创新研究》	卓 志
《国有资产法律保护机制研究》	李曙光
《中国与全球油气资源重点区域合作研究》	王 震
《可持续发展的中国新型农村社会养老保险制度研究》	邓大松
《农民工权益保护理论与实践研究》	刘林平
《大学生就业创业教育研究》	杨晓慧
《新能源与可再生能源法律与政策研究》	李艳芳
《中国海外投资的风险防范与管控体系研究》	陈菲琼
《生活质量的指标构建与现状评价》	周长城
《中国公民人文素质研究》	石亚军
《城市化进程中的重大社会问题及其对策研究》	李 强
《中国农村与农民问题前沿研究》	徐 勇
《西部开发中的人口流动与族际交往研究》	马 戎
《现代农业发展战略研究》	周应恒
《综合交通运输体系研究——认知与建构》	荣朝和
《中国独生子女问题研究》	风笑天
《我国粮食安全保障体系研究》	胡小平
《城市新移民问题及其对策研究》	周大鸣
《新农村建设与城镇化推进中农村教育布局调整研究》	史宁中
《农村公共产品供给与农村和谐社会建设》	王国华
《中国大城市户籍制度改革研究》	彭希哲
《国家惠农政策的成效评价与完善研究》	邓大才
《中国边疆治理研究》	周 平
《边疆多民族地区构建社会主义和谐社会研究》	张先亮
《新疆民族文化、民族心理与社会长治久安》	高静文
《中国大众媒介的传播效果与公信力研究》	喻国明
《媒介素养：理念、认知、参与》	陆 晔
《创新型国家的知识信息服务体系研究》	胡昌平
《数字信息资源规划、管理与利用研究》	马费成
《新闻传媒发展与建构和谐社会关系研究》	罗以澄
《数字传播技术与媒体产业发展研究》	黄升民

书　名	首席专家
《互联网等新媒体对社会舆论影响与利用研究》	谢新洲
《网络舆论监测与安全研究》	黄永林
《中国文化产业发展战略论》	胡惠林
《教育投入、资源配置与人力资本收益》	闵维方
《创新人才与教育创新研究》	林崇德
《中国农村教育发展指标体系研究》	袁桂林
《高校思想政治理论课程建设研究》	顾海良
《网络思想政治教育研究》	张再兴
《高校招生考试制度改革研究》	刘海峰
《基础教育改革与中国教育学理论重建研究》	叶　澜
《公共财政框架下公共教育财政制度研究》	王善迈
《农民工子女问题研究》	袁振国
《当代大学生诚信制度建设及加强大学生思想政治工作研究》	黄蓉生
《从失衡走向平衡：素质教育课程评价体系研究》	钟启泉　崔允漷
《构建城乡一体化的教育体制机制研究》	李　玲
《高校思想政治理论课教育教学质量监测体系研究》	张耀灿
《处境不利儿童的心理发展现状与教育对策研究》	申继亮
《学习过程与机制研究》	莫　雷
《青少年心理健康素质调查研究》	沈德立
《灾后中小学生心理疏导研究》	林崇德
《民族地区教育优先发展研究》	张诗亚
《WTO主要成员贸易政策体系与对策研究》	张汉林
《中国和平发展的国际环境分析》	叶自成
《冷战时期美国重大外交政策案例研究》	沈志华
《我国的地缘政治及其战略研究》	倪世雄
《中国海洋发展战略研究》	徐祥民
＊《中国政治文明与宪法建设》	谢庆奎
＊《非传统安全合作与中俄关系》	冯绍雷
＊《中国的中亚区域经济与能源合作战略研究》	安尼瓦尔·阿木提
……	

＊为即将出版图书